Crisis Intervention Handbook: Assessment, Treatment, and Research (Fourth Edition) was originally published in English in 2015. This translation is published by arrangement with Oxford University Press.

Crisis Intervention Handbook

Assessment, Treatment, and Research
(Fourth Edition)

危机干预手册

评估、处置和研究　（第四版）

〔美〕
肯尼斯·R. 耶格尔
（Kenneth R. Yeager）主编

〔美〕
阿尔伯特·R. 罗伯茨
（Albert R. Roberts）原主编

周振超　花美娜　祁泉淞
贺知菲　刘斯阳　郭春甫　译

郭春甫　校译

社会科学文献出版社
SOCIAL SCIENCES ACADEMIC PRESS (CHINA)

中文版序言

危机无处不在。人的一生中至少会经历五次危机事件，尽管这些危机事件的持续时间和严重程度可能有所不同，但它们仍然是危机事件。危机响应与危机持续时间、产生影响、后果严重性和长期运作等多个层面相关。然而，很少有人意识到危机事件产生的诸种影响。当个体经历危机时，它通常是一种深刻的个人经历。作为单个个体，由于我们的应对技巧和思维逻辑经常被个体经验所湮没，所以我们倾向于不去寻求帮助。在危机时刻，我们的大脑实际上无法认识到危机对生活的影响程度及其严重性，也无法认识到我们所需的帮助以及这种帮助可能提供的救济（范围）。

从历史上看，创伤和随后经历的危机是有据可查的。现存最早的主要文学作品《吉尔伽美什史诗》（*The Epic of Gilgamesh*）可追溯到公元前 2100 年，这本书描述道：主角吉尔伽美什目睹了他最亲密的朋友恩奇都（Enkidu）的死亡，并一直被恩奇都之死所带来的创伤所折磨，经历着与事件相关的反复回放、侵入性记忆和噩梦。15 世纪后期，（根据吉尔伽美什的这段心理历程——译者注）瑞士医生约翰内斯·霍弗（Johannes Hofer）博士创造了“怀旧”一词来形容陷入绝望、思乡、失眠和焦虑的瑞士士兵。

雅各布·门德斯·达·科斯塔（Jacob Mendez Da Costa）博士研究了身体患疾的部分退伍军人，发现诸如心悸、呼吸受限和其他心血管疾病症状等问题，并不是在战斗中遭受身体伤害的结果，这些症状通常被认为是由心脏神经系统的过度刺激引发的，这种疾患情况被称为“士兵心脏”、“易怒心脏”或“达科斯塔综合征”。

直到 17 世纪，由创伤性经历引发的危机经历才波及平民。随着铁路旅行日益大众化，由铁路引发的各类事故也变得越来越普遍。这些事故的幸存者被诊断患有焦虑、抑郁、睡眠障碍，上述症状被认为是身体创伤的结果，这一诊断将危机与身体创伤和心理创伤联系起来。因为尸检时发现事故受害者的大脑和脊柱中存在被认为会影响中枢神经系统的微小病变，由此，事故受害者被贴上“铁路脊柱和铁路大脑”的标签。

塑造当前危机知识的决定性因素，不但包括危机事件的直接影响对象，还包括与危机事件间接相关的人员，如朋友、家人、急救人员、医疗保健提供者等。1942 年 11 月 28 日在美国马萨诸塞州波士顿发生的椰林夜总会（Cocoanut Grove）火灾，是美国历史上第二严重的单体建筑火灾，事故共造成 492 人死亡。

如果您将身体创伤和心理创伤视为触发事件，您也可以将个体危机视为危机后果或危机事后事件。因此，危机干预被认为是危机事件后保持即时稳定的处置方法。在写作本序言时，我们意识到危机情形普遍存在，这些危机范围包括与创伤相关的经历，但也可能包括悲伤和损失、身体健康和心理健康、就业和财务、生活安排和安全问题，还包括因犯罪行为而受害、汽车事故、天气事件和大规模伤亡事件（如枪击、火灾、地震等）。

现在，我们比以往任何时候都更加意识到世界各地面临的挑战。技术的进步为更多的潜在的能引发危机情境的暴露提供了催化剂。同时，这些技术进步使测量和量化创伤的影响以及测量所提供的护理和避免危机的影响成为可能。技术、科学和临床实践的创新为充分掌握该模型有效性的新证据提供了机会。我们以实践为基础、以证据为依据的方法，是当前最佳实践中所反映的经验依据的照护方法。

我们认为，有关章节论述了如何解决卫生医疗和医院工作人员的压力和危机，这些实践做法一定程度上居于领先地位。正是这种前瞻性思维，再加上对原主编阿尔伯特·罗伯茨博士在危机干预领域开创性贡献的尊重，推动了本书的出版设想。本书是罗伯茨博士去世后的首次出版，因此，本书保持了对罗伯茨博士工作的尊重，保证了本书体系的完整性。虽然本书部分章节已经更新，但这部作品的编制方式仍然保持了罗伯茨博士原作品的风格和示例。本书定位为危机干预的临床学术出版物，请铭记我们志同道合的朋友——罗伯茨博士，他对本书的重大贡献。

我们坚信，了解危机的性质和干预方法是所有卫生和公共服务工作者的基本技能。我们的观点是，无论学科、背景、经验或培训情况如何，本书都是每一位心理健康与风险处置专业人员的案头书和“资料库”。我们的目的是为解决严重危机提供一个连贯的、易于应用的七阶段模型。该模型基于当前的最佳实践和循证方法。本书的文本资料由专业临床医生和学界专家提供，他们提供了清晰简明的分步方法来管理和解决直接危机状态。

我们认为，本书所阐明的文本和方法构成了证明危机干预和危机预防策略有效性所需的知识体系。虽然未来总是充满不确定性，但大家都清醒地认识到，对准备充分、训练有素的危机干预者的需求不会减少。相反，公众会进一步认识到，随着世界的联系变得愈发紧密，这种对危机干预者的需求将继续增长，而本书为个人、组织、社区和民族国家提供了这方面的路线图。

我个人要感谢译者团队，他们为把本书翻译成中文付出了艰辛的努力，虽然我与译者团队没有见过面，但我对团队和他们所做的重要工作报以最高的敬意。还要感谢译者所在单位西南政法大学、重庆市高校维护稳定研究咨政中心。我很兴奋，迫不及待地想看到它。

肯尼斯·耶格尔

2022 年 1 月

目　录

第五部分　医疗机构的危机干预

第六部分　最佳实践结果

序　言

格雷斯·M. 西尔斯（Grayce M. Sills）

即便存在学科、背景、经验或专业训练的差异，本书仍可作为心理专业学者必读与图书馆藏书的必备之选。就其本质而言，公共服务专业人员每天可能接触到的危机远多于想象。本书为危机情境下的干预措施提供了一种权威的、概念层面的整合范式。纵观 21 世纪，伴随着战争的突发、恐怖主义的横行、频发的自然灾害，全球呈现出动荡不安的态势，导致所有人长期处于危机预警状态。本书探讨的阿尔伯特·罗伯茨（Albert Roberts）与肯尼斯·耶格尔（Kenneth Yeager）修订后的概念模型，可作为每个健康专家必备的基础工具包。通过本书，我们试图解答如下问题：为什么很多危机干预仍然不尽如人意？为什么在每个社区中配备一名具备全天候（24 小时×7 天）响应能力的危机干预骨干，对我们而言仍是一个建设性的难题？之所以如此，部分原因在于现代社会越来越多的公众希望在近乎所有危机干预行动中，都能立刻产生立竿见影的效果，以实现即时满足感。 ix

我们倾向于从历史中吸取教训，但有时候教训很容易被遗忘。第二次世界大战期间，在北非战役初期，罗伊·格林克（Roy Grinker）和约翰·斯皮格尔（John Spiegel）（1945）撰写的开创性论文，让我们了解到即时干预对于缓解“西线战场”上的士兵危机的功效。他们的文章显著影响了战地治疗所对二战老兵的治疗效果。士兵们在战地治疗所，即可进行短程的危机干预治疗。即时治疗的本质是在重要的社会支持条件下重演导致危机发生的事件，士兵们不再需要去到更偏远的军队医院接受治疗，便可很快重返战场。战后，拥有丰富治疗经验的精神科医生在政治参与层面变得活跃起来，他们倡导并成功地推动国会通过了《1946 年全国心理健康法案》。该法律提出要在社区层面设置心理健康服务中心，以全天候提供危机干预，使医生可以运用在战场上所获得的知识来提高社区干预项目的有效性。

x 然而，如何测量危机干预的效果仍是一个问题。例如，如何测量避免自杀或者消除沮丧的措施是否有效果？如果没有人们日益重视的医疗保健动态指标，危机干预计划或许将被集中住院治疗方式所取代。这些经验教训很快被人们遗忘，直到越南战争结束后才得以被重新认识。美国退伍军人管理局开始在诊所设立急救中心后，人们才重新发现时间因素在危机处置中的重要性以及治疗长期危机创伤的影响的难度。当前，我们再次处于重新学习危机干预的理论以应对危机/创伤的境地，该理论首先被格林克（Grink）和斯皮格尔（Spiegel）（1945）以例证的方式提出，并在林德曼（Lindeman）（1944）关于危机/创伤应对的损益研究中进一步被阐述。随着技术的进步，考虑到危机事件的可避免性，我们已经能够测量创伤和护理的全部影响。在多年的技术发展和创新基础上，通过提供反映当前最佳实践的经验性知情护理方法，科学和临床实践现在已能够固化为循证实践方法。

考虑到这一背景，读者将在这本新修订的书中找到各种危机干预的循证应对方法。相关章节及附带案例也为成功实施危机干预提供了清晰指引。显然，没有一种方法是在个人掌握后就能完美用于解决危机事件的。本书由相关领域的权威专家撰写，并由肯尼斯·R. 耶格尔博士对全书进行协调和统稿。耶格尔博士在其挚友兼同事阿尔伯特·R. 罗伯茨的工作基础上，成功地进行了拓展，以既尊重又怀念罗伯茨博士言行的方式精心雕琢了这一作品。在本书的部分章节中，读者将看到罗伯茨博士的工作是如何被更新的，但其工作的原始风格和示例仍得以保留。过去 10 年，耶格尔博士在医疗和康复领域的地位所带来的丰富经历，在本书相关章节中得到了充分展示，且相关内容在有关成瘾、家庭暴力的章节中都有详细介绍，并新增一个章节来展示耶格尔博士在解决医疗服务提供者危机方面的重要研究。本书介绍的相关研究均基于危机干预过程和证据的日常应用，阐述的重要内容既是未来危机干预措施的基础，也是指导干预的技术路线图。

将来会怎样？显然，有关童年不良经历（ACE）的开创性研究结果向我们持续展示了一种制订早期干预计划以及减轻童年不良事件经历性创伤
xi 的方法（Felitti et al.，1998）。同样重要的是，我们未来工作的指向是致力于“身-心联系”的整体研究。基科尔特-格拉泽（Kiecolt-Glaser）和牛顿（Newton）（2001）的开拓性工作，可以确定因未解决的危机而造成的破

坏性生理和身体影响，这是形成证明危机干预和危机预防策略有效性所需知识体系的开端。尽管未来总是充满不确定性，但目前看来似乎很清楚的一点是，对准备充分、训练有素的危机干预人员的需求不会减少。相反，随着世界联系越来越紧密，对危机干预人员的需求将继续增长。从这一层面来讲，这本手册可以为各组织、社区、民族国家提供解决问题的技术路线图。鉴于此，我想以已故的亚伯拉罕·卡普兰（Abraham Kaplan）（1973）的一句话结束本序言："我们曾经尝过一次知识树的果实。我们将天堂永远抛在了身后。但是，如果我们这样选择，我们就可以利用这些知识，不是在人间创造天堂，而是要合理配置我们周边的资源，当天使低头看一眼时，也知道这是人类的伟大财产。"（pp. 45–46）

参考文献

Felitti, M. D., Vincent, J., Anda, M. D., Robert, F., Nordenberg, M. D., Williamson, M. S.,… James, S. (1998). Relationship of childhood abuse and household dysfunction to many of the leading causes of death in adults: The Adverse Childhood Experiences (ACE) Study. *American Journal of Preventive Medicine*, *14*(4), 245–258.

Grinker, R. S., & Spiegel, J. P. (1945). *War neuroses*. Philadelphia: Blakiston.

Kaplan, A. (1973). *Love and death: Talks on contemporary and perennial themes by Abraham Kaplan*. Ann Arbor: University of Michigan Press.

Kiecolt-Glaser, J. K., & Newton, T. L. (2001). Marriage and health: His and hers. *Psychological Bulletin*, *127*, 472–503.

Lindeman, E. (1944). The symptomatology and management of acute grief. *American Journal of Psychiatry*, *101*, 141–148.

致　谢

我要对那些为本书贡献了专业知识和原创章节的作者表示由衷的感谢， xiii
没有他们的辛勤工作和奉献精神，就不可能完成这项工作。

感谢我的杰出编辑丹娜·布丽斯（Dana Bliss，系牛津大学出版社学术和专业书籍的高级编辑）对第四版修订工作的贡献。她对本书的奉献充分说明了她对编著者和本书所载贡献的了解和尊重。特别感谢牛津大学出版社的助理编辑布莱恩娜·玛洛（Brianna Marron），她回答了我没完没了的问题，总是竭尽所能地帮助我。

本书还欠格雷斯·西尔斯博士一个人情，她撰写了本书的序言。特别感谢我的妻子唐娜（Donna），感谢她对我不能陪她的每个周末的宽容，由于完成书稿所需的时间很长，也十分感谢与她偶尔进行的鼓舞人心的谈话。还要感谢凯特琳·威利特（Caitlin Willet）在组织、整理稿件以及整个修订阶段的帮助。最后，要感谢俄亥俄州立大学精神医学系主任约翰·坎波（John Campo）博士对本书的支持。

最后，我将本书献给已故的阿尔伯特·R. 罗伯茨博士。作为教授、导师、编辑和朋友，他在整个职业生涯中为年轻学者提供了诸多支持和指导。在完成本书修订的过程中，我被他的众多故事所震撼，所有有关罗伯茨的故事都遵循相似的故事情节，几乎没有例外，故事中的主人公讲述了阿尔伯特如何为他们提供了首次发表的机会。所有人都热衷于谈论他们与罗伯茨博士的友好互动，以及他对年轻学者的悉心指导和无私支持。许多人表示，如果没有阿尔伯特·R. 罗伯茨提供的思想支持与引导，他们就不会有今天的成功。

当我回忆起我第一次与罗伯茨博士进行电话交谈的场景时，我记得我首 xiv
先做了一个简短的自我介绍，随后进行了将近 90 分钟的交谈，这次交谈直接推动了我第一次发表文章。其他许多人似乎也是如此。在一个步履匆匆、需求极大的世界，有机会能与首先为别人着想的人互动，对个人而言，确实是一种不寻常的经历。然而，对很多人来说，阿尔伯特·R. 罗伯茨是一位能够倾听、引导、支持与激励的学者。

美国国家互联网资源和24小时危机干预热线

美国国家自杀预防生命线（National Suicide Prevention Lifeline，NSPL）**是一条24小时免费的自杀预防热线**。处于危机中的人可以拨打1-800-273-8255，连接到NSPL网络中离呼叫者位置最近的城市和州的115个危机中心之一。全国热线网络由纽约市心理健康协会（Mental Health Association）管理，并由美国卫生和公共服务部（US Department of Health and Human Services）物质滥用和心理健康服务管理局（Substance Abuse and Mental Health Services Administration，SAMHSA）的心理健康服务中心资助。

物质滥用和心理健康服务管理局的国家灾难技术援助中心（National Disaster Technical Assistance Center）位于马里兰州贝塞斯达，通过提供资源和专业知识，帮助各州、地区和当地社区准备或应对自然及人为社区灾难所造成的心理健康需求。资源可在线获取（网站域名为http://www.mentalhealth.samhsa.gov/dtac）或通过电话联系SAMHSA（联系电话为1-800-308-3515）。这些资源对各机构、组织和社区制订和执行救灾响应计划极为有益。

作者简介

主编

肯尼斯·R. 耶格尔（Kenneth R. Yeager），哲学博士，持牌独立社会工作者，是俄亥俄州立大学医学院精神医学和行为健康系临床副教授，俄亥俄州立大学哈丁医院质量改进主任，压力、创伤与复原力（Stress，Trauma and Resilience，STAR）项目主管。耶格尔博士在物质滥用与精神疾病合并症治疗、质量改进和发展质量指标，以及循证治疗实践等多个研究领域都有著述，其中包括在牛津大学出版社出版的《基于循证治疗的实践手册：健康与公共服务的研究与成果测量》一书。同时，耶格尔博士还是牛津参考书目在线编辑委员会成员、国家橄榄球大联盟（National Football League）物质滥用计划的临床医生。

章节作者介绍

克里斯托弗·D. 鲍林（Christopher D. Bowling），持续执法教育学硕士，是俄亥俄州哥伦布市警察局协调专员，危机干预小组（CIT）第四巡逻区指挥官。

安·沃尔贝特·伯吉斯（Ann Wolbert Burgess），注册护师，护理学博士，美国护理学会会员，是位于马萨诸塞州栗树山的波士顿学院护理学院精神与心理健康护理学教授。

索菲娅·F. 泽奇勒维施奇（Sophia F. Dziegielewski），哲学博士，持牌临床社会工作者，是位于佛罗里达州奥兰多市的中佛罗里达大学卫生与公共事务学院社会工作学院教授。

伊冯娜·伊顿-斯塔尔（Yvonne Eaton-Stull），社会工作博士，持牌临床社会工作者，是位于宾夕法尼亚州米德维尔市的阿勒格尼学院心理咨询中心主任。

xvi 布莱恩·弗林（Brian Flynn），社会工作硕士，持牌临床社会工作者，是位于纽约市的纽约州立大学宾汉姆顿分校社会工作系的招生及学生服务处主任。

吉尔伯特·J. 格林（Gilbert J. Greene），哲学博士，有监督资格的持牌独立社会工作者，是位于俄亥俄州哥伦布市的俄亥俄州立大学社会工作学院教授。

托马斯·K. 格雷瓜尔（Thomas K. Gregoire），哲学博士，是位于俄亥俄州哥伦布市的俄亥俄州立大学社会工作学院的院长。

达西·哈格·格拉内洛（Darcy Haag Granello），哲学博士，持牌专业临床顾问，注册健康顾问，是位于俄亥俄州哥伦布市的俄亥俄州立大学自杀预防计划项目总监、辅导教育学教授。

文森特·E. 亨利（Vincent E. Henry），认证保护专业人员，哲学博士，是位于纽约州南安普敦的长岛大学南安普敦学院国土安全管理学院教授、院长。

劳拉·M. 霍普森（Laura M. Hopson），哲学博士，是位于亚拉巴马州塔斯卡卢萨市的阿拉巴马大学社会工作学院副教授。

乔治·A. 雅辛托（George A. Jacinto），哲学博士，持牌临床社会工作者，是位于佛罗里达州奥兰多市的中佛罗里达大学卫生与公共事务学院社会工作系副教授。

劳拉·K. 琼斯（Laura K. Jones），哲学博士，是位于科罗拉多州格里利市的北科罗拉多大学教育与行为科学学院应用心理学与辅导教育系助理教授。

戴维·P. 卡西克（David P. Kasick），医学博士，是位于俄亥俄州哥伦布市的俄亥俄州立大学韦克斯纳医学中心精神医学系心理咨询与联络主任，临床精神医学助理教授。

乔舒亚·柯文（Joshua Kirven），哲学博士，是位于俄亥俄州克利夫兰市的克利夫兰州立大学社会工作学院助理教授。

卡伦·S. 诺克斯（Karen S. Knox），哲学博士，持牌临床社会工作者，是位于得克萨斯州圣马科斯市的得克萨斯州立大学社会工作学院教授兼现场协调员。

莫-伊·李（Mo-Yee Lee），哲学博士，是位于俄亥俄州哥伦布市的俄亥俄俄州立大学社会工作学院教授。

萨拉·J. 刘易斯（Sarah J. Lewis），哲学博士，是位于佛罗里达州迈阿密市的巴里大学社会工作学院副教授。

扬·利贡（Jan Ligon），哲学博士，持牌临床社会工作者，是位于佐治 xvii
亚州亚特兰大市的佐治亚州立大学社会工作学院副教授。

戈登·麦克尼尔（Gordon MacNeil），哲学博士，是亚拉巴马大学塔斯卡卢萨分校社会工作学院副教授。

米歇尔·米勒（Michelle Miller），社会工作硕士，持牌社会工作者，是位于宾夕法尼亚州米德维尔市的阿勒格尼学院顾问。

斯科特·纽加斯（Scott Newgass），社会工作硕士，持照临床社会工作者，是位于康涅狄格州哈特福德市的南康涅狄格州立大学社会工作部教授，康涅狄格州教育局单位协调员。

玛丽·肖恩·奥哈洛兰（Mary Sean O'Halloran），哲学博士，是位于科罗拉多州格里利市的北科罗拉多大学教育与行为科学学院心理服务诊所主任、心理咨询系教授。

艾伦·J. 奥滕斯（Allen J. Ottens），哲学博士，是位于伊利诺伊州迪卡尔布市的北伊利诺伊大学成人高等教育咨询系名誉教授。

德布拉·A. 彭德（Debra A. Pender），哲学博士，持牌临床专业顾问，是位于伊利诺伊州迪卡尔布市的北伊利诺伊大学成人和高等教育咨询项目主任、副教授。

阿尔伯特·R. 罗伯茨（Albert R. Roberts）（已故），哲学博士，美国法医鉴定委员会认证医师，是位于新泽西州皮斯卡特维镇的罗格斯大学利文斯顿校区文理学院刑事司法与社会工作教授。

贝弗利·申克曼·罗伯茨（Beverly Schenkman Roberts），教育学硕士，是位于新泽西州北布伦瑞克市“新泽西之弧”组织的健康倡导员和主流医疗保健方案主任。

唐纳·柯克帕特里克·平森（Donna Kirkpatrick Pinson），教育学博士，持牌临床专业顾问，国家认证咨询师，国家认证学校辅导员，是位于伊利诺伊州埃尔金市的美国路易斯大学人力资源咨询服务助理教授。

戴维·J. 肖恩菲尔德（David J. Schonfeld），医学博士，美国儿科学会会员，国家学校危机与丧亲中心主任，是位于宾夕法尼亚州费城的德雷克塞尔大学医学院儿科系系主任。

xviii 诺曼·M. 舒尔曼（Norman M. Shulman），教育学博士，系从事心理管理服务的持照心理学家，是位于得克萨斯州卢伯克的得州理工大学医学院神经精神医学与行为科学系临床助理教授。

乔纳森·B. 辛格（Jonathan B. Singer），哲学博士，持照临床社会工作者，社会工作播客的创始人和主持人，是位于宾夕法尼亚州费城的天普大学社会工作学院助理教授。

贾内·R. 索尼斯（Janae R. Sones），文科学士，是位于科罗拉多州格里利市的北科罗拉多大学教育与行为科学学院心理咨询系心理咨询学博士研究生。

克里斯·斯图尔特（Chris Stewart），哲学博士，是位于宾夕法尼亚州匹兹堡市的得州农工大学社会工作学院助理教授。

导 言

本书第一版（1990年版）和第二版（2000年版）的出版发行均取得了 xix
巨大成功，编辑保留了最初的五个逻辑框架。然而，第三版和第四版的部分章节受到“9·11”事件（是指恐怖分子对纽约市的世界贸易中心塔楼和华盛顿特区的五角大楼的袭击事件）的影响，做了部分调整。

自第一版出版以来，危机干预措施和方案已发生了很大变化。实际上，自本书第三版以来，专业实践、循证方法和技术的影响都推动了我们应对危机干预方式的显著变化。过去十年间，专业人士和公众对危机干预、危机应对团队、危机管理和危机稳定的兴趣大大增加，部分原因在于影响公众生活的严重危机事件日益普遍。本书侧重于为下述情境中的受害者提供危机干预服务：自然灾害，学校暴力和家庭暴力，暴力犯罪，如谋杀、大学生约会强奸，以及个人或家庭危机。

美国各地每年有成千上万的求助者在寻求健康照护、家庭咨询、家庭暴力和心理健康设施的帮助，以解决他们所面临的危机。许多危机由危及生命的事件引发，如急性心脏骤停、未遂谋杀、凶杀、机动车碰撞、儿童监护权争夺、药物服用过量、精神科急症、性攻击、殴打妇女、自杀及社区灾难。对许多人而言，危机事件或危机情境会成为他们生活中的关键转折点。一次危机可能成为快速解决问题和成长的挑战与机遇，也可能成为导致突然失衡、应对失败和行为模式失调的令人沮丧的关键事件。

我们正处于健康和心理健康服务供给领域前所未有的变革时期，这是 xx
“责任医疗组织”（accountable care organization）需要努力完善卫生和心理保健方法的时代。责任医疗组织将面临各种挑战，以不同的方式行动和思考如何提供服务以及哪些服务将获得补偿。这些挑战促使责任医疗组织不断变革其思维方式，使卫生和心理保健从传统的按服务付费模式，转变为基于结果的付费模式。当然，这一模式可行的前提是，卫生保健服务提供者能够实现从被动立场向主动态度的积极转变。然而，我们仍面临着诸多挑战，其中之一就是对熟练掌握危机干预措施的临床医生的需求。

或许很多人会认为，这一变化与特定的法律有关。一个典型的例子就是奥巴马政府的《平价医疗法案》的出台。实际上，从《艾森豪威尔委员会报告（1961）》以及《1963 年社区心理健康中心法案》等相关法律法规开始，精神健康领域已经历经 50 多年的发展变化。正如本书第一章中对此的详细介绍，这两个法律法规为危机干预的发展奠定了法律基础。1973 年的《康复法案》侧重于从精神疾病患者康复方面保持对危机干预工作的持续支持。该法案之所以继续支持精神疾病患者康复项目，主要是因为那些慢性、衰弱性的精神疾病患者经常需要危机干预和情绪稳定。2003 年总统新精神健康自由委员会提交的报告概述了康复原则的重要性。该报告的关键在于告知公众要意识到心理健康对整体健康至关重要。

我们应随时牢记，其实我们离陷入危机局势只有几秒钟的时间。危机天然具有突然性和灾难性，它可能压垮个人的应对机制，可能对个人或家庭带来毁灭性的后果。本书基于这样一个事实构建，即我们任何人的生活都可能在几秒钟内被打破，而恢复健康始于解决眼前的危机。危机干预对象可以是个人或团体，且经常需要多次干预及实证研究，甚至有时还需要以标准化方式来提供最佳结果的循证实践。

在本书第一章及后续章节中，作者聚焦于宏大的“递进-折中”危机干预模型（“危机干预”可以与“危机咨询”互换）。公众对心理健康专业人员在诸如大规模枪击、飞机失事和工作场所谋杀等创伤性事件情境下的危机干预范畴界定仍感到困惑。一线危机工作者和应急服务人员经过良好的培训，可以有效地挽救生还者并化解潜在的灾难性局势。在急救人员/一线危
xxi 机工作者的工作完成后，普通市民并未意识到急救人员/一线危机工作者工作的重要性。鉴于严格的道德规范和保密措施，社会工作者和心理学家发布新闻稿或接受记者采访将构成违法行为。

有关危机干预的发展争议来自是严格遵守单一模型/方法还是使用折中的观点承认并接受每种模型的最有效内容。**这是 21 世纪第一本为危机干预者快速评估和及时进行危机干预准备的综合性手册。**包括危机服务人员在内的训练有素的志愿者，可以有效进行情绪稳定和心理急救。但是，**危机干预**

或危机咨询比紧急事件晤谈和危机稳定涉及领域要广泛得多，通常需要更多的时间（一般为4至6周）以及心理健康学科的研究生水平课程的学习[①]。由于危机干预涉及多学科领域，因而，与危机临床医生认同特定学科相比，本书主编更关心研究生课程和相关培训的完成以及危机干预者的技能。

危机干预包含两个主要阶段。初始阶段是在危机事件或灾难发生后即刻实施，或在事件发生后48小时内实施。这一阶段通常被称为**危机稳定、情绪急救或危机管理**，通常由危机应对小组［美国心理学协会灾难工作组、国际严重突发事件压力基金会和（或）美国红十字会培训过的］、执法机构、医院和医疗中心以及惩戒机构的标准操作程序组成。

危机干预的具体性质取决于发生的危机事件的类型。在危机发生时，最初的干预措施围绕提供必要的紧急医疗服务展开，同时也为受危机事件影响的公众尤其是那些在事发现场目睹事件过程的公众提供危机稳定和情感支持。危机小组的第一项活动是与危机事件发生地点的关键人员会面，以制订行动计划。紧接着，危机小组将危机事件（病情已经稳定）的受害者和目击者召集起来，提供晤谈[②]（debriefing），并澄清事件相关事实；识别危机发生后的问题；概述危机事件后的情感期望；绘制可以帮助受害者和目击者获得个人咨询和支持的地点图示。此外，干预团队还推动个人和团体参加相关事件的会议讨论。最后，危机小组与社区或有关组织内的领导者进行沟通，以帮助他们了解如何通过转介给有资质的心理健康专业人员来识别和促进对受影响者的持续护理。

尽管上述危机小组干预法是应对人道主义灾难或自然灾害的建议措施， xxii
但并非总是有效。这一方法能否成功，取决于个体生活和工作所在社区的准备程度与态度，以及每个社区是否可以获得训练有素的危机干预人员，危机干预人员可以是本地的，也可以通过与附近城市的危机小组签订咨询合同获得。

个体危机干预的最常用模型通常称为**危机干预或危机咨询模型**，这一模型通常被应用于在危机事件发生后的几天到几周时间内。危机干预的第二个

① 原文为斜体，译成中文用黑体，下同。——译者注

② 晤谈起源于第一次世界大战时，指挥官在主要战役之后会听取下属的汇报，目的是通过分享战斗中发生的事件来鼓舞士兵的士气。后发展成为一种心理危机干预方法，使服务对象参与系统的会谈，疏泄情感，从而减轻创伤性事件造成的不良后果。——译者注

步骤或第二种类型通常由临床医生和心理学家在私人诊所、社区心理健康中心、儿童和家庭心理咨询中心以及医院内部的危机干预部门使用。包括三步模型（即“评估—归纳问题—应对替代方案”模型）在内的诸多应用模型，已被开发并协助临床医生在危机情境下与公众合作。本书将一如既往地利用罗伯茨的七阶段危机干预模型（Roberts's seven-stage crisis intervention model），以兹提供危机咨询的干预框架。该全面而有序的模型可促进及早识别危机诱因、积极倾听、解决问题、有效应对技巧、确定内在优势和保护因素，以及提供有效的危机解决方案。该模型包括以下步骤：

1. 评估致命性和心理健康状况；
2. 建立融洽关系并与服务对象互动；
3. 确定主要问题；
4. 情感处置；
5. 探索替代的应对方法，运用部分解决方案；
6. 制订行动计划；
7. 制定终止协议与后续协议。

本手册的读者主要包括一线危机工作者、研究生以及与危机中的个人、家庭和社区打交道的临床医生。危机理论和实践原则涉及咨询服务、社会工作、心理学、精神护理学、精神医学、执法和受害者援助等多个专业。因此，本书在写作和编辑时采用了跨学科方法。作为修订版，本书是多名学者协作的产物。第一版中，各章节的作者包括著名的临床社工、卫生社工、临床护士专家、临床心理学家、心理咨询师、社区心理学家和受害人辩护律师。每个实践章节都以一至三个案例研究或简介开头，然后是章节内容介绍、问题的范围以及与特定高风险人群（如患有抑郁症的青少年、乱伦幸存
xxiii 者、承受高压的大学生、受虐妇女、化学药物成瘾者）的复原力（resilience）和保护因素有关的研究文献。每章的主要部分都包括一个对特定目标群体进行危机干预的应用框架，还包括一些详细的案例正文和案例注释，以说明七阶段危机干预模型的操作步骤。每章还重点介绍了临床问题、问题争议、角色与技能。部分章节结尾包括对 24 小时移动危机小组的呼叫者、危机情境中的大学生、患有艾滋病的妇女、自杀未遂的青少年、暴力犯罪的受

害者、社区灾难的受害者与物质滥用者等特定目标群体所使用危机干预方法的总结和预测。

20 世纪 90 年代，考虑到有必要动员心理健康专业人员迅速应对当地社区发生的灾难，美国红十字会、美国咨询协会、美国心理学协会和全美社会工作者协会达成了一项合作协议。该协议旨在促进心理健康和危机应对小组的发展以提供即时干预。该协议取得的成果主要体现在美国国内发生重大灾难（如飞机失事或龙卷风）后的 24 小时内，社区危机响应小组即刻出现在现场，并提供危机干预服务。

我们无法预测危机事件所产生的心理影响，正如我们无法预测危机情况本身一样。每一个人都有对危机事件做出独特而深刻的个性化反应，即便是那些经历过相同危机（如龙卷风或其他自然灾害）情形的人，也会对危机做出个性化的反应。解决未来危机的最佳方法，首先要做好心理健康专业人员的储备、培训专业人员对急性致死性疾病的反应、临床评估所需的技能、基于循证的危机干预方案、关键事件压力管理、创伤治疗的培训以及其他灾难心理健康干预措施。

本书旨在为需要介入危机的包括个人和团体在内的专业人士提供重要资源。学校、家庭、身体健康、心理健康、受害者援助和私人诊所执业的专业人员将会受益于对本书涉及的危机理论和危机干预技术的应用。本书主要是为一线危机工作者（如门诊心理健康中心的临床心理学家和社会工作者、心理保健护士、社会工作案例指导师，以及在社区灾后重建中具有危机管理能力的临床医生等）所设计。同时，私人诊所的临床医生和需要了解最新方法以有效干预重大危机中的个体患者的研究生也是本书的重要读者。此外，本书还可用作危机干预、危机咨询、危机处置和短程治疗、社会工作 II 期实操和心理健康实操等课程的基础教材，以及健康社工、公共服务导论、精神护理学和社区心理学的补充读物。

第一部分

概述

第一章　架起危机干预和危机管理过去、现在与未来的桥梁

肯尼斯·R. 耶格尔（Kenneth R. Yeager）

阿尔伯特·R. 罗伯茨（Albert R. Roberts）

本书是一本跨学科的手册，由30多位受尊敬的危机和创伤专家组成的 3
团队专门编写，旨在为21世纪的危机工作者、危机咨询师、危机治疗师、紧急服务工作者、神职人员和学者等人员在快速致死性评估、及时危机干预、创伤治疗等方面的工作提供帮助。这是**《危机干预手册：评估、处置和研究》**的第四版。

我们生活在这样一个时代：突如其来的、不可预测的危机和创伤性事件已经成为日常新闻的常见主题。数百万人被危机引发的潜在事件所影响，而这些事件是他们自己无法解决的。他们需要心理健康专业人员、危机干预人员或他们的重要人员的直接帮助。本书的最新章节包括了引人深思的急性危机发作的病案说明，以及应用于所讨论的每个病案史的分步危机干预方案。

近期事件暴露了新的和不同形式的人为危机：弗吉尼亚理工学院（Virginia Polytechnic Institute）枪击案造成32人死亡、17人受伤，桑迪胡克（Sandy Hook）枪击案造成20名学生和6名成人死亡，科罗拉多（Colorado）电影院枪击案造成12人死亡，波士顿马拉松爆炸案造成3人死亡、大约264人受伤。

2001年9月11日，随着在纽约世贸中心双子塔、弗吉尼亚州阿灵顿的
五角大楼以及坠毁于宾夕法尼亚州尚克斯维尔的美联航93号航班发生的大 4
规模恐怖主义灾难，危机干预实践和服务的格局被永久改变了。2973人[①]因

① 原文如此。目前公布的数据为2996人。——译者注

这场灾难性的恐怖袭击而丧生，这是美国公民、消防员（纽约市消防局有343人死亡）和警察（纽约市警察局有23人死亡）历史上的最大损失。这次袭击的影响远远超出了纽约和华盛顿特区。在全美各地，危机干预程序都得到了审查和更新。

近年来，社会、心理、刑事司法和公共卫生问题出现的频率急剧增加。最值得注意的是以下这些潜在的引发危机或促发创伤的事件：

> 暴力犯罪（如人质事件、袭击、恐怖主义爆炸、生物恐怖主义威胁、家庭暴力、抢劫、狙击或飞车党枪击、性侵害、谋杀和谋杀未遂、学校和工作场所的暴力、大规模谋杀）
>
> 创伤性压力源或容易发生危机的情况（如与配偶离婚或分居、失业、因突发心脏病住院、被诊断出患有癌症、被诊断出患有性传播疾病、接受急诊手术、目睹亲人离世、在车祸中遭受重伤、经历近乎致命的遭遇）
>
> 自然灾害（如飓风、洪水、龙卷风、地震、火山爆发）
>
> 意外事故（如飞机坠毁、火车相撞、多起机动车和卡车相撞、公共汽车相撞、渡船相撞）
>
> 过渡性或发展性压力源或事件（如搬到新城市、年中换校、离婚、意外怀孕、生下残疾婴儿、身体残疾、被安置于养老院）

不断出现的恐怖分子威胁和随机暴力行为（如晚间新闻报道的大规模枪击事件）的风险造成了持续的焦虑和恐慌状态以及过度警惕反应，其中包括对下一步可能发生的事情以及其将如何影响自己所爱之人的强烈恐惧。除了对未来恐怖袭击的普遍担忧外，还有许多其他可能引发危机的情况：

> 美国联邦调查局（Federal Bureau of Investigation）的数据显示，2013年美国的凶杀率高于几乎所有其他发达国家。（http://www.fbi.gov/about-us/cjis/ucr/crime-in-the-u.s/2013/crime-in-the-u.s.-2013）
>
> 疾病控制和预防中心（Centers for Disease Control and Prevention）的
> 5 报告称，每年有超过38000人死于自杀，自杀率在过去10年中增长了30%以上。现在自杀人数超过了每年因机动车事故而丧生的人数。（请

参阅：http://www.cdc.gov/injury/wisqars/fatal_injury_reports.html）

在美国，每年大约1/5的儿童和青少年都呈现出精神障碍的征兆和症状。

家庭暴力在美国各地普遍存在。据估计，每年有870万起家暴案件，每四名妇女中就有一名在其一生中遭受过家庭暴力。

据疾病控制和预防中心报告，每年日均有331人死于意外事故（意外伤害）。

据美国卫生与公众服务部（Department of Health and Human Services）报告，每年日均有超过4500例新的癌症病例被确诊。

据疾病控制和预防中心报告，每年日均有1637名心脏病患者死亡。

所有这些危及生命或致命的事件都会导致急性危机发作和创伤后应激障碍（post-traumatic stress disorder，PTSD）。因此，对所有的心理健康和公共卫生专业人员来说，通过致命性评估、危机干预和创伤治疗等形式提供早期应对至关重要［参见本书第四、五、七、八章，获取灾害心理健康策略干预的概述和关于第一响应者和一线危机工作者应用ACT模型的讨论。ACT即：评估（assessment）、危机干预（crisis intervention）、创伤治疗（trauma treatment）］。

心理健康和医疗保健专业人员熟知创伤性事件（如前面列出的事件）带来的高昂生理和心理代价。第八章详细讨论了各种大规模杀伤性武器，第一响应者应如何准备和应对恐怖分子威胁，以及纽约市灾难联盟（Disaster Coalition）的重要工作。该联盟由300多名持有执照的临床医生组成，他们在"9·11"事件之后为幸存者及其家人提供了免费且保密的治疗。

危机干预可以使急性应激障碍（acute stress disorder）或急性危机发作（acute crisis episodes）得到早期解决，同时提供了一个转折点，使个人在经历事件后更加强大。危机和创伤性事件可以提供危险或警示信号，或大幅减少情感痛苦和脆弱性的机会。危机干预的最终目标是改善可用的应对方法或帮助个人重建应对和解决问题的能力，同时帮助他们采取具体步骤来管理自己的情绪并制订行动计划。对于那些因创伤性事件而被压垮的人而言，危机干预可以增强他们的力量和保护因素。此外，它旨在减少致命性和潜在的有害情况，并向社区机构提供转介服务。

当两个人经历同样的创伤性事件时，其中一个人可能会以积极的方式应对并承受可控的压力，而另一个人可能会因缺乏应对技能和危机咨询而经历
6 危机状态。决定一个经历多重压力源的人是否恶化到处于危机状态的两个关键因素是：个人对情况或事件的感知以及个人运用传统应对技能的能力。罗伯茨（Roberts）和达格利耶夫斯基（Dziegielewski）（1995）指出，危机诱因的强度和持续时间不同。同样，不同个体的应对能力也有很大的差异。尽管有些人认为压力源或危机诱因很强烈，但他们还是能够有效应对并调动其内在力量。然而，许多人需要学习新资源，并通过熟练的危机干预获得应对技能（Roberts，1991，2000）。专业人士经常混淆压力性生活事件（stressful life event）、急性应激障碍、急性危机发作和创伤后应激障碍的含义和操作性定义。第四章区分并明确界定了四个术语之间的区别，并提出了一个包含四个不同病案研究的范式：一个处于压力下的人、一个经历急性应激障碍的人、一个遭遇急性危机发作的人和一个患有创伤后应激障碍的人。第五章介绍了压力-危机-创伤连续体的六个层次，并给出了病案说明和治疗建议。

咨询师、社会工作者、精神科护士、精神科医生、心理学家和紧急服务工作者正在协同工作，为危机干预和危机响应团队提供新的视野和临床见解。危机干预已成为世界上应用最广泛的限时治疗方式。由于采取了危机干预和危急事件压力管理行动，数以百万计处于危机状态的人得到了及时有效的帮助。第二十二章和第二十三章提供了帮助照护人员（包括家庭成员和医疗保健专业人员）处理危机、压力、同情疲劳和倦怠的方法。尽管至关重要的是要确保应急响应人员能够获得帮助减轻灾害后果的服务，但受影响的不仅仅是应急工作者。在灾难事件中，响应人员的家属需要面对他们的长期缺席并担心他们的安全。而应急响应人员在面临创伤和破坏后返回家园，家属会感受到事件的后续影响。这项工作可被所有健康和人类服务专业的学生和专业人员使用来加深他们对危机及其缓解的理解，并作为危机干预实践的基础，以提高他们的技能。

病案场景

有些危机情况是针对个人的，例如亲人死亡或成为强奸、抢劫或严重殴打事件的受害者；另一些则是由突发的、全社区的创伤性事件触发的，例如

飞机坠毁、洪水、飓风、恐怖袭击或龙卷风。个人和社区范围内的创伤性事件都可能造成数十人、数百人甚至数千人的广泛危机。 7

在 2001 年 9 月 11 日世界贸易中心恐怖袭击之后的次级受害者：回顾

雪莱（Shelley）是一名 20 岁的大三学生，她的叔叔是 343 名勇敢的纽约市消防队员之一。2001 年 9 月 11 日的早晨，纽约世贸中心双子塔发生惨剧，343 名消防队员在营救被困人员时牺牲。雪莱和她舅舅（她母亲的哥哥）关系很好，离他和他的家人只有两个街区，都在斯塔顿（Staten）岛上长大。弗兰克（Frank）舅舅有三个孩子，其中两个在北卡罗来纳州和马萨诸塞州上大学，第三个是萨曼莎（Samantha），那时她才 10 岁。萨曼莎的父亲过去常常早上带她去一起工作，在那里她会和其他消防队员一起吃早餐，然后父亲会送她去学校。学校就在斯塔顿岛消防站附近。“9・11”袭击后，雪莱给了她的母亲、丧偶的舅妈和 10 岁的表妹很多支持，并尽力帮助她们解决眼前具体和紧急的需要。

自从回到位于曼哈顿下城的纽约大学上课以来，雪莱一直难以集中注意力，经常做噩梦，每晚只能睡几个小时，并且对自己的成绩和毕业感到焦虑。她几乎每天下课后都和妈妈或舅妈说话，还参加了弗兰克舅舅的葬礼和守灵仪式，以及两次追悼会。此外，雪莱和其他直系亲属在恐怖袭击发生后多次观看电视报道。雪莱似乎在情感上被她悲痛欲绝的舅妈和表妹，以及对双子塔倒塌和后续救援工作的电视画面的侵入性想法和噩梦所淹没。有时她会翘掉所有的课，完全把自己关在宿舍里。

在学术导师的转介下，雪莱去了大学心理咨询中心。然而，由于情绪低落和危机反应，她非常安静和孤僻。

配偶和子女突然离世

乔（Joe）开始为今晚的晚餐烤汉堡。他的妻子和两个女儿预计 20 分钟后到家。他的大女儿参加了一项田径比赛，妻子和小女儿去看她。电话铃响了，一名警官告诉乔，他的妻子和大女儿被一名醉酒司机撞死。那名司机开车闯红灯，在离他们家两个街区的地方撞上了她们的车。他的生活将从此改变。

与飞机失事有关的伤亡 8

一天早上 9 点，一架发生故障的空军攻击机的飞行员试图进行紧急降落，但没有成功。失控的飞机撞上了一座银行大楼的顶部，然后冲入附近一家酒店的大堂并且爆炸，造成 10 人死亡，数人受伤。这一悲惨的事故导致数百人陷入危机：那些在爆炸中受伤的人、死伤者的家属、目睹恐怖事件的酒店客人和幸存员工以及被飞机撞击的银行大楼的雇员和顾客（尽管银行里没有人受到身体上的伤害）。

殴打妇女

27 岁的外科护士朱迪（Judy B.）是一名妻子被殴打事件的幸存者。她和雷（Ray）结婚 6 年了，有两个孩子。随着雷的饮酒增加，他殴打朱迪的次数也越来越多。压垮她的最后一根稻草是一次猛烈的攻击，雷在朱迪的脸上打了好几拳。最后一次殴打的第二天，朱迪在镜子里看着自己肿胀的脸，到一家枪支店买了把手枪。当开车回家看着身边的枪时，她终于决定寻求帮助。她打电话给受虐妇女庇护所热线，说："我怕我会杀了我的丈夫。"

强暴

玛丽（Mary R.）被强奸时是一名 22 岁的大学四年级学生。一天晚上 11 点，玛丽离开大学的健康科学图书馆，正沿着三个长长的街区走到停车场，她的车停在那里。一周后，她回忆起自己的反应："我当时有点震惊和麻木。那是一次可怕、痛苦和可耻的经历。这是你不希望发生的事，但情况可能更糟。他强奸我时用刀抵住我的喉咙。我以为他后来会杀了我。我很高兴还活着。"

抢劫

24 岁的盲人约翰（John A.）是抢劫案的受害者。约翰下午与医生约诊后，在返回布朗克斯（Bronx）的公寓时遭到抢劫。约翰回忆起发生的事情：

> 一个家伙走到我跟前，把冰冷的枪管压在我脖子上。他说如果我不把钱给他，他就会开枪打死我和狗。我把我的 21 美元给了他。没人帮我，每个人都不敢干预。他们害怕，因为他们知道那个家伙会被释放或被判缓刑，之后可能会追杀他们。
>
> 9 抢劫案发生大约一个星期后，我醒来时满头大汗，严重哮喘发作。我住院治疗了一个星期。现在我尽量不去拜访曼哈顿的朋友或表弟。我很少出门，大部分时间待在家里听收音机或看电视。

破碎的恋情、抑郁和酗酒

21 岁的大四学生丽兹（Liz）非常沮丧。她和未婚夫刚刚分手，她感到无法应对。她一天中的大部分时间都在哭，感到焦虑不安，不能正常地睡觉或吃饭。自从一年前开始交往以来，丽兹就变得与社会隔绝了。她的家人非常不喜欢她的未婚夫，未婚夫劝阻她不要和朋友在一起。丽兹现在怀疑三个月后毕业了能否找到工作，正考虑搬回家住。她来自一个大家庭，父母和其他孩子联系密切。一想到要搬回家失去独立性，再加上感情破裂和缺乏社会支持系统，丽兹的心都僵住了，她在过去的一周里已经停了所有的课。她没有和朋友或家人谈论分手的事，她把自己“藏”在宿舍的房间里，喝得酩酊大醉，拒绝进食，甚至不出去走走。

雪莱、乔、朱迪、玛丽、约翰和丽兹正在经历高度紧张的危险事件后的危机反应。亲人突然死亡或成为暴力犯罪的受害者后，最初的危机反应通常是一系列生理和情感反应。创伤和危机事件后的一些常见反应和症状包括强烈的焦虑、失落和绝望感、内疚、强烈的恐惧、对突然损失的悲伤、困惑、难以集中注意力、无力感、易怒、侵入性意象、闪回、对他人的极度怀疑、羞耻、迷失方向、食欲不振、酗酒、睡眠障碍、无助感、恐惧感、疲惫感、宗教信仰缺失或失效，和（或）对人身安全的假设破灭。经历创伤性事件或压力性生活事件累积的人通常试图理解和减轻症状，重新获得对环境的控制，并联系他们的支持系统（如重要的其他人）。有时，个人的内部和外部应对方法都是成功的，并且避免了急性危机发作；有时，脆弱的个人和群体无法应对，危机发作不断升级。

本书的第一章至第五章将危机理论与实践联系起来。前五章的重点放在促进危机解决的个人和团体危机干预范式和模型的应用上。第一章将过去和现在概念化的危机理论、危机反应和危机干预实践的最新知识联系起来。第二章着重于如何进行致命性/危险性评估，并将危机干预模型的七个阶段中的每一个阶段应用于在危机中心或精神疾病筛查单位就诊的三名具有不同程度自杀意念的个体。第三章将罗伯茨的七阶段危机干预模型与聚焦解决治疗 10
和优势视角相结合。第四章描述并检验了压力、危机、创伤后应激障碍的分类范式，为执业医生有效评估初始事件的严重程度、诊断症状和治疗计划选择提供了指导。第五章开发了一个压力和危机发作的连续体，这个连续体包含了从低程度的躯体痛苦到兼有累积性和灾难性的急性危机发作。

第六、十一至二十章将罗伯茨的危机评估和干预的七阶段模型应用于特定的高风险群体和情况，如：

- 经历过重大损失的早期青少年
- 有自杀想法和计划的青少年和成人
- 儿童和青少年精神疾病急症
- 高校校园危机
- 处于危机中的受虐妇女
- 与分居、离婚和子女监护有关的危机
- 处于危机中的艾滋病毒阳性妇女
- 正在经历精神危机并前往当地心理健康中心或急诊室的人
- 物质滥用者经历的一系列危机
- 经历心理健康相关危机并得到一线 24 小时移动危机小组帮助的人
- 因照护身患绝症或残疾的父母而陷入危机的人

这是第一个全面的手册，始终如一地将全面的七阶段危机干预模型应用于广泛的处于急性危机的服务对象中。

问题的范围和广泛性估计

我们生活在一个创伤性事件和急性危机发作已经变得非常普遍的时代。每年，数以百万计的人面临着自己无法解决的造成危机的灾难性事件，他们经常求助于 24 小时电话危机热线、社区心理健康中心的危机单位以及基于医院的门诊项目。

在过去的 20 年中，美国和加拿大各地已经建立了数千个危机干预项目。
11 有 1400 多个隶属于美国自杀学协会（American Association of Suicidology）或当地社区心理健康中心的基层危机中心和危机单位。总共有 11000 多个受害者援助项目、强奸危机项目、儿童性虐待和身体虐待干预项目、基于警察的危机干预项目、受虐妇女庇护所和热线。此外，有数千个当地医院急诊室、医院创伤中心和精神科急诊服务中心、自杀预防中心和牧师咨询服务中心提供危机服务。

危机中心和热线提供信息、危机评估、干预和为有抑郁、自杀意念、精神疾病急症、化学药品依赖、艾滋病、性功能障碍、殴打妇女和犯罪受害者等问题的呼叫者提供转介。由于 24 小时待命，他们可以提供即时的（虽然是临时的）援助。一些危机受害者没有关心他们的朋友或亲戚可以求助，他们经常受益于富有同理心、积极的倾听者。即使有重要的其他人可以帮助处于危机中的人，热线也通过将来电者链接到适当的社区资源来提供有价值的服务。

大量记录在案的危机热线电话（估计每年 430 万次）表明了这些项目的重要性（Roberts & Camasso，1994）。2014 年 7 月，谷歌（Google）上对"美国危机热线"的搜索有超过 200 万次的点击量，而这只是冰山一角。当搜索自杀热线、强奸危机热线和家庭暴力热线时，这个数字会增加。根据 2011 年 10 月美国物质滥用和心理健康服务管理局发布的消息，自 2005 年成立以来，美国国家预防自杀生命热线（National Suicide Prevention Lifeline）接到了 300 万个电话。这条自杀预防热线现在每天接听 2200 多个电话（www. suicidepreventionlifeline. org）。

第一次全国组织的对危机单位和中心进行的调查获得了 107 个项目的回应（Roberts，1995）。研究人员的调查结果表明，在收到邮寄问卷之前的一年内，危机中心和项目总共处理了 578793 个危机呼叫者，或者说每个危机干预项目平均每年处理 5409 个呼叫者。1990 年，全美共有 796 个危机干预单位和项目（附属于社区心理健康中心）在运作，每个项目的年均呼叫者数量为 5409 人。罗伯茨（1995）将呼叫者的平均人数乘以项目的数量，估计每年呼叫者略高于 430 万人。如果我们把估计范围扩大到全美和地方的 24 小时危机热线，包括针对犯罪受害者、恐怖袭击幸存者、受虐妇女、性侵害受害者、受困员工、逃亡青少年、儿童虐待受害者以及那些在心理健康中心的危机干预单位，估计每年的呼叫者总数为 3500 万人至 4500 万人。

12

危机反应和危机干预

危机（crisis）可以定义为一段心理上不平衡的时期，是由于危险事件或情况而造成的，这种情况构成了无法通过使用熟悉的应对策略解决的重大问题。当一个人在实现重要的生活目标时遇到了障碍，而通过通常的习惯和应对方式的使用，这些障碍似乎是无法克服的，这时危机就发生了。危机干预的目标是在1至12周内通过集中和有针对性的干预来解决最紧迫的问题，旨在帮助服务对象开发新的适应性应对方法。

危机反应（crisis reaction）是指在发生危险事件（如性侵害、殴打、自杀尝试等）后不久出现的急性反应阶段。在此阶段，人的急性反应可能有多种形式，包括无助、困惑、焦虑、震惊、怀疑和愤怒。危机状态常常导致自卑和严重的抑郁。处于危机中的人可能表现为语无伦次、杂乱无章、烦躁不安、反复无常，抑或平静、压抑、孤僻、冷漠。正是在这一时期，个人往往最愿意寻求帮助，而此时的危机干预通常是最有效的（Golan，1978）。

危机干预可以给个人生活带来挑战、机遇和转折点。根据罗伯茨和泽奇勒维施奇（1995）的观点，鼓励危机临床医生从“危险与机遇”两个角度来研究心理和情境危机（p. 16）。危机发作的结果可能导致高度积极或高度消极的变化。由罗伯茨的七阶段模型指导的即时而结构化的危机干预有助于危机解决、认知掌握和个人成长，而不是心理伤害。

离婚、抢劫、解除婚约、成为家庭暴力的受害者，以及成为车祸或飞机失事中丧生者的近亲，这些都是高度紧张的事件，会导致处于活跃的危机状态。当事人可能表现出否认、极度焦虑和困惑；他们可能会表达愤怒和恐惧，或者悲伤和损失，但他们都能存活下来。危机干预可以减少眼前的危险和恐惧，并提供支持、希望及应对和成长的替代方式。

处于急性危机中的人对创伤性事件的反应相似，从最初的分裂和混乱的感觉到最终自我的调整。在影响阶段，加害行为和其他造成危机事件的幸存者经常感到麻木、迷失方向、破碎、恐惧、脆弱、无助和孤独。在遭受创伤或压力性生活事件后的几小时或几天内，幸存者可能会向朋友或专业人士寻求帮助、安慰和建议。

要帮助处于危机（在暴力犯罪、自杀未遂、药物过量、威胁生命的疾

病、自然灾害、离婚、恋爱破裂或车祸的余波中）中的人，需要危机干预者
特别的敏感性、积极的倾听技巧以及同理心。如果热线工作者、危机咨询
师、社会工作者或心理学家能够在急性危机发作后不久与处于危机中的人建 13
立融洽的关系，则可以避免在后期治疗中花费大量时间（Cutler，Yeager，&
Nunley，2013）。

定义危机和危机概念

人们可以从不同的角度来看待危机，但大多数定义都强调它可能是一个人生命中的转折点。根据巴尔（Bard）和埃利森（Ellison）（1974）的说法，危机是“对压力过大的生活经历的一种主观反应，它影响着个体的稳定性，其应对或发挥功能的能力受到严重损害”（p. 68）。

可以明确的是，当一个人的生活中发生一个事件或一系列事件，其结果是一个危险的情况时，危机就会发生。但是，必须指出，危机不是情况本身（例如，受害），而是人们对情况的感知和反应（Parad，1971，p. 197）。

危机最重要的诱因是压力大的或危险的事件。但是，要达到危机状态，还需要满足另外两个条件：（a）个人认为压力事件将导致严重的不安和（或）扰乱；（b）个人无法通过以前使用的应对方法解决这种扰乱（Cutler，Yeager，& Nunley，2013）。

危机干预（crisis intervention）指的是治疗师进入个人或家庭的生活状况，以减轻危机的影响，来帮助调动直接受影响者的资源（Parad，1965）。在概念化危机理论时，帕拉达（Parad）和卡普兰（Caplan）（1960）研究了“危机具有高峰或突然转折点”这一事实。当个人达到这个高峰时，紧张感会增加，并激发以前隐藏的力量和能力的调动。他们敦促及时干预，以帮助个人成功应对危机情况。卡普兰（1961）指出：“相对较小的力量在相对较短的时间内起作用，可以将平衡切换到一侧或另一侧，即切换到心理健康的一侧或精神疾病的一侧。”（p. 293）

临床社会工作者、咨询师、心理学家和紧急服务工作者普遍认为，处于危机中的人具有以下特征：

1. 认为促发事件有意义且具有威胁性；

2. 表现出无法用传统的应对方法来缓解或减轻压力事件的影响；
3. 感到恐惧、紧张和（或）困惑不断加剧；
4. 表现出较高的主观不适感；
5. 迅速进入活跃的危机状态，即不平衡状态。

14 这里所描述的“**危机**”一词适用于社会工作者、心理学家、紧急服务工作者、灾难心理健康工作者和为这本手册编写章节的专业咨询师等大多数服务对象。先前所述的危机定义特别适用于急性危机中的人，因为这些人通常仅在经历了危险事件并处于脆弱状态、无法通过常规应对方法来应对和减轻危机，并且想要外部帮助后，才寻求帮助。

基础假设和危机理论框架

本手册介绍的危机干预实践的概念框架包含了危机理论的基本原理。危机干预专业化是建立在危机理论和实践的基础知识之上的。危机理论包括危机临床医生和研究人员通常都同意的一系列原则。在这本手册中，危机干预方面的权威人士展示了危机干预过程和实践在高危特殊群体中的应用。但是首先对危机理论的基本原理进行总结并将其置于分步骤的危机管理框架中将是有帮助的。

危机理论的基本原则

如前所述，危机状态是一种暂时的不安状态，伴随着一些困惑和混乱，其特征是一个人无法通过使用传统的解决问题的方法来应对特定的情况。根据娜奥米·戈兰（Naomi Golan）（1978）的观点，危机理论和实践的核心在于一系列基本陈述：

> 危机情况可以在“个人、家庭、团体、社区和国家的正常生命周期”中偶尔发生，通常是由危险事件引发的。可能是灾难性事件，也可能是一系列连续的压力打击，它们迅速建立起累积效应。
>
> 危险事件的影响扰乱了个体的内稳态，并使他处于脆弱状态……
>
> 如果问题继续存在并且无法解决、避免或重新定义，那么紧张就会上升到峰值，而促发因素可能会导致一个转折点，在此期间，自动复原

> 手段将不再起作用，并且个人将进入失衡状态……（一种）活跃的危机。（p. 8）

危机的持续时间

人们不能无限期地处于心理混乱状态并生存下去。卡普兰（1964）指出，在典型的危机状态下，平衡将在4~6周内恢复，其他临床主管也同意这 15
一观点。但是，4~6周的指定期限令人感到困惑。几位作者指出，解决危机可能需要数周至数月。为了弄清有关这个时期的混乱，有必要解释恢复平衡与解决危机之间的区别。

在危机干预的最初6周内，以情绪混乱、躯体主诉和行为不稳定为特征的不平衡现象已显著减少。处于危机中的人经历的严重情绪不适会促使他（她）采取行动，从而减少主观不适感。因此，**平衡被恢复**，并且混乱是有时间限制的。

瓦伊尼（Viney）（1976）恰当地将**危机解决**（crisis resolution）描述为平衡的恢复，以及对情况的认知掌握和新应对方法的发展。费尔柴尔德（Fairchild）（1986）认为危机解决是一种危机的适应性结果，即通过发现新的应对技能和未来使用的资源，人们在危机经历中成长。在本手册中，危机干预被视为处理危机事件的过程，帮助人们探索创伤性经历及其对事件的反应。重点还放在帮助个人做到以下几点：

> 进行行为改变和人际关系调整。
> 调动内部和外部的资源及支持。
> 减少与危机相关的令人不愉快或令人不安的影响。
> 将事件及其后果整合到个人的其他生活经历和标记中。

有效解决危机的目标是消除个人过去的脆弱性，并通过增加新的应对技能来增强他（她）的能力，以缓解将来遇到类似压力的情况。

历史发展

早在公元前400年，内科医生就强调了危机作为危险的生命事件的重要性。希波克拉底（Hippocrates）将危机定义为一种突然的严重危及生命的状态。但是，直到20世纪，系统性的危机理论和危机管理方法才得以发展。帮助危机中的人们的运动始于1906年，第一个自杀预防中心的建立，即纽约市的全美救助生命联盟（National Save-a-Life League）。然而，当代危机干预理论和实践直到20世纪40年代才得到正式阐述，主要是由埃里希·林德曼（Erich Lindemann）和杰拉尔德·卡普兰（Gerald Caplan）提出的。

16 1942年，波士顿椰林夜总会（Coconut Grove）发生了一场当地史上最严重的火灾，492人在火灾中丧生。林德曼和他在马萨诸塞州总医院（Massachusetts General Hospital）的同事介绍了危机干预和限时治疗的概念。林德曼（1944）将危机理论建立在他们对幸存者和受害者痛不欲生的亲属的急性和延迟反应的观察上。他们的临床工作侧重于幸存者的心理症状和防止死者亲属间无法解决的悲痛。他们发现，许多经历过急性悲伤的人经常有五个相关反应：

1. 身体的痛苦；
2. 对死者形象的执迷；
3. 内疚；
4. 充满敌意的反应；
5. 行为模式的丧失。

此外，林德曼得出结论，悲痛反应的持续时间似乎取决于丧亲者是否成功地进行了哀悼和“悲伤工作”。一般来说，这种悲伤工作包括从死者身上获得解放，重新适应失去所爱之人后环境的变化，以及发展新的关系。我们从林德曼那里了解到，需要鼓励人们允许自己有一段时间的哀悼，最终接受失去亲人的痛苦，适应没有父母、孩子、配偶或兄弟姐妹的生活。如果正常的悲伤过程被推迟，就会形成危机的负面后果。林德曼的工作很快被用于干预二战中患有“战斗神经症”和失去亲人家属的退伍军人。

隶属于马萨诸塞州总医院和哈佛公共卫生学院的杰拉尔德·卡普兰扩大了林德曼在20世纪40年代和50年代的开创性工作。卡普兰研究了各种发展性危机反应，如早产、婴儿期、儿童期和青春期，以及意外危机，如疾病和死亡。他是第一个将内稳态的概念与危机干预联系起来，并描述危机的各个阶段的精神病学家。根据卡普兰（1961）的观点，危机是一种对稳定状态的扰动，在这种状态下，个体遇到了无法通过传统的解决问题的活动来克服的障碍（通常是实现重大人生目标的障碍）。对于每个个体来说，情感和认知体验之间都存在着相当稳定的平衡或稳定的状态。当这种内稳态或心理功能的稳定性受到生理、心理或社会力量的威胁时，个体就会采取旨在恢复平衡的解决问题的方法。然而，在危机情况下，处于困境中的人面临的问题似乎没有解决办法。因此，内稳态被破坏，或随之而来的是稳定状态的颠覆。

卡普兰（1964）进一步解释了这一概念，他指出，在这个问题中，个体 17
面对的“刺激是对基本需求满足的危险信号……环境是这样的，习惯性的解决问题的方法在过去预期成功的时间跨度内是不成功的”（p. 39）。

卡普兰还描述了危机反应的四个阶段。第一阶段是紧张情绪的最初上升，它来自情感上危险的危机促发事件。第二阶段的特点是，由于个人无法迅速解决危机，因此日常生活中的紧张和混乱程度加剧。第三阶段，当人们试图通过紧急问题解决机制来解决危机而失败时，紧张感会加剧到使个人陷入抑郁的程度。经历卡普兰模型最后阶段的人可能会经历精神崩溃或精神衰弱，或者可能会使用新的应对方法部分地解决危机。J. S. 泰赫斯特（J. S. Tyhurst）（1957）研究了经历突然变化的人生活中的过渡状态——移民、退休、平民灾难等。根据他对应对社区灾害的个体模式的实地研究，泰赫斯特确定了三个相互重叠的阶段，每个阶段都有自己的压力表现，并试图减少压力：

1. 影响期；
2. 退缩期；
3. 创伤后恢复期。

泰赫斯特建议针对特定阶段进行干预。他的结论是，不应将处于过渡危机状态的人从他们的生活情境中移出，干预应集中于加强人际关系网络。除了以林德曼和卡普兰的开创性工作为基础，莉迪亚·拉波波特（Lydia Rapoport）是最早写下自我心理学、学习理论和传统社会个案工作等方法之间联系（Rapoport，1967）的实践者之一。

在拉波波特（1962）的第一篇关于危机理论的文章中，她将危机定义为“稳定状态的颠覆”（p. 212），这使个人处于危险状态。她指出，危机状况导致的问题可以被视为威胁、损失或挑战。她接着说，通常有三个相互关联的因素造成危机状态：

1. 危险事件；
2. 对生命目标的威胁；
3. 无法以适当的应对机制做出反应。

在早期的作品中，林德曼和卡普兰简要地提到了危险事件会产生危机，但拉波波特（1967）最彻底地描述了这一危机促发事件的性质。她清晰地将
18 危机干预实践的内容概念化，特别是最初或研究阶段（评估）。她首先指出，为了帮助处于危机中的人，当事人必须能够迅速接触到危机工作人员。她说：“在一个战略时刻，理性地指导和有目的地集中精力提供一点帮助，比在情感可及性较低的时期提供更广泛的帮助更有效。”（Rapoport，1967，p. 38）

娜奥米·戈兰（1978）也赞同这一观点，她得出结论，在活跃危机状态中，当通常的应对方法被证明是不充分的，个人及其家庭正遭受痛苦和不适时，一个人往往更愿意接受建议和改变。显然，与缺乏动机和情感可及性的长期治疗相比，在服务对象受到激励时进行密集、短程、适当集中的治疗可以产生更有效的改变。

拉波波特（1967）断言，在最初的访谈中，执业医生的首要任务是对呈现的问题进行初步诊断。在第一次访谈中最重要的是，危机治疗师要向来访者传达一种对成功解决危机的希望和乐观。拉波波特建议，当访谈集中于相互探索和解决问题以及明确目标和任务时，这种希望和热情可以很好地传达给服务对象。潜在的信息是，服务对象和治疗师将共同努力解决危机。

寻求帮助

20 世纪 60 年代末，自杀预防运动开始兴起，美国各地都建立了自杀预防中心。从一开始，最初寻求帮助的请求通常是通过电话热线，这种做法一直延续到今天。在国家心理健康研究所（National Institute of Mental Health，NIMH）自杀预防研究中心的资助下，这些中心从 1966 年的 28 个增加到 1972 年的近 200 个。它们建立在卡普兰的危机理论和埃德温·施奈德曼（Edwin Schneidman）与诺曼·法伯罗（Norman Farberow）在洛杉矶自杀预防中心的工作基础上（Roberts，1975，1979）。

社区心理健康运动极大地促进了危机干预项目和单位的发展。24 小时危机干预和紧急服务被认为是所有综合性社区心理健康中心（community mental health center，CMHC）的主要组成部分。根据《1963 年社区心理健康中心法案》，作为获得联邦资金的先决条件，CMHCs 必须在其系统计划中包括一个紧急服务组成部分。在 20 世纪 70 年代，包含危机干预单位的综合性社区心理健康中心数量迅速增长，从 1969 年的 376 个增加到 1980 年的 796 个，增长了一倍多（Foley & Sharfstein，1983）。这一发展（始于 20 世纪 70 年代末，一直持续到 80 年代初至中期）背后的理念是将危机服务尽可能地深入到自然环境中，通过利用他们社区中直接可用的资源，防止处于危机中的个人发 19
展到更深层次的危机状态（Gerhard，Miles，& Dorgan，1981）。这种模式的概念化要早得多，并在当时的佐治亚州州长詹姆斯·厄尔·“吉米”·卡特（James Earl “Jimmy” Carter）的领导下实施；这一概念随后发展起来，并最终成为 20 世纪 70 年代和 80 年代社区心理健康中心医院认证联合委员会（Joint Commission on Accreditation of Hospitals，JCAH）标准的基础。自那时以来，公共心理健康系统已发展成为干预处于急性危机中的人的日益复杂的模式。当地心理健康诊所和医院紧急服务中心全天提供工作人员或随叫随到的危机服务。专业人员和通才人员都致力于提供危机管理、紧急干预、紧急非自愿扣留和民事承诺（Nunley，Nunley，Dentinger，McFarland，& Cutler，2013）。

是什么促使人们在危机中寻求帮助？里普尔（Ripple）、亚历山大（Alexander）和波莱米斯（Polemis）（1964）认为，维系不安和希望之间的平衡是激励痛苦的人寻求帮助的必要条件。**希望**，正如斯托特兰德（Stotland）

（1969）定义的，是达到目标的感知可能性。

危机临床医生知道应对危机的方式因人而异。他们也知道，一个人要忍受和度过危机（比如失去亲人，经历地震或龙卷风，试图自杀，或被性侵害），他（她）必须有一个有意识的生存和成长的目标。每个处于危机中的人都必须明确自己的目标。处于危机中的人需要宣泄，被接受，得到支持、帮助和鼓励，以发现解决危机的途径。

对于服务对象来说，理解事件的具体个人意义以及它是如何与他（她）的期望、生活目标和信仰体系发生冲突的非常有用。当服务对象在进行危机谈话时，思想、情感和信念通常会自然地流露出来。危机临床医生应该仔细倾听并注意任何认知错误、（过度概括、灾难化的）扭曲或不合理的信念。临床医生应避免过早地为服务对象陈述理性信念或基于现实的认知。相反，他（她）应该帮助服务对象识别差异、扭曲和非理性的信念。最好通过经过精心措辞的问题来达到这个目的，比如“当你意识到资历小于5年的人都被解雇了时，你现在是如何看待自己的?”或者“你有没有问过你的医生，他是否认为你会在年轻时死于癌症，或者你患癌症的实际风险是多少?”

危机干预模型和策略

一些系统的实践模式和技术被开发用于危机干预工作。本书中采用的危
20 机干预模型建立在卡普兰（1964）、戈兰（1978）、帕拉达（Parad）（1965）、罗伯茨（1991，1998）以及罗伯茨和泽奇勒维施奇（1995）所开发的模型的基础上，并将其加以综合。所有这些实践模型和技术都集中于通过最少的接触来解决眼前的问题和情感冲突。以危机为导向的治疗时间有限且目标明确，而长期的心理治疗则相反，需要数年才能完成。

危机干预者应“发挥积极和指导的作用，而不应过早地将问题所有权从处于危机中的个人手中夺走”（Fairchild，1986，p. 6）。熟练的危机干预者表现出接纳和希望，以便向处于危机中的人传达他们剧烈的情感波动和危险境地并非毫无指望的信号，事实上，他们（就像在他们之前遇到类似情况的人一样）将成功地度过危机并为未来潜在的危险生活事件做好更充分的准备（Roberts & Yeager，2009，pp. 40–47）。

要想成为有效的危机干预者，评估干预的阶段和完整性很重要。以下七

个阶段的范式应被视为指南，而不是一个死板的过程，因为对于某些服务对象而言，这些阶段可能会重叠。

罗伯茨（1991）的七阶段危机干预模型（见图 1–1）已用于帮助处于急性心理危机、急性处境危机和急性应激障碍的人。七个阶段如下：

> 1. 计划并进行彻底的评估（包括致命性，对自己或他人的危险程度以及即时的社会心理需要）。
> 2. 进行心理接触，融洽交往，并迅速建立关系（传达对服务对象的真诚尊重、接纳、保证和无偏见的态度）。
> 3. 检查问题的维度以便定义问题（包括“最后一根稻草”或促发事件）。
> 4. 鼓励对情感和情绪的探索。
> 5. 生成、探索和评估过去的应对尝试。
> 6. 通过实施行动计划恢复认知功能。
> 7. 进行跟进，并为 3 个月和（或）6 个月后的推进会谈敞开大门。

1. **计划并进行彻底的社会心理和致命性评估**。在许多情况下，阶段一和阶段二会同时发生。但是，首先需要获取基本信息，以确定呼叫者是否处于迫在眉睫的危险中。危机临床医生接受培训，对所有处于危机中的服务对象进行持续、快速的风险评估。危机咨询师、心理学家和社会工作者在危机中遇到各种各样具有自毁倾向的个体，包括那些吸食了可能致命的过量毒品的人，试图自杀的孤独的求救者，以及有冲动性行为威胁要伤害某人的青少年。在发生迫在眉睫的危险时，往往需要紧急医疗或警察干预。所有预防自 21
杀和其他 24 小时危机热线都可以与医护人员、紧急医疗技术人员、毒物控制中心工作人员、警察以及紧急救援队联系。对于危机干预者，在医疗稳定和出院之前、住院期间和出院之后与危机呼叫者保持密切联系至关重要。

在许多其他危机情况中，存在着一些潜在的危险和伤害。由于部分危机呼叫者有鲁莽驾驶、酗酒、化学药品依赖、双相情感障碍、爆发性愤怒、被动攻击行为、精神分裂症史和（或）一直有自杀念头或幻想，危机呼叫者可能面临潜在危险，危机干预者必须使用罗伯茨模型的阶段一至阶段七作为危机干预指南。

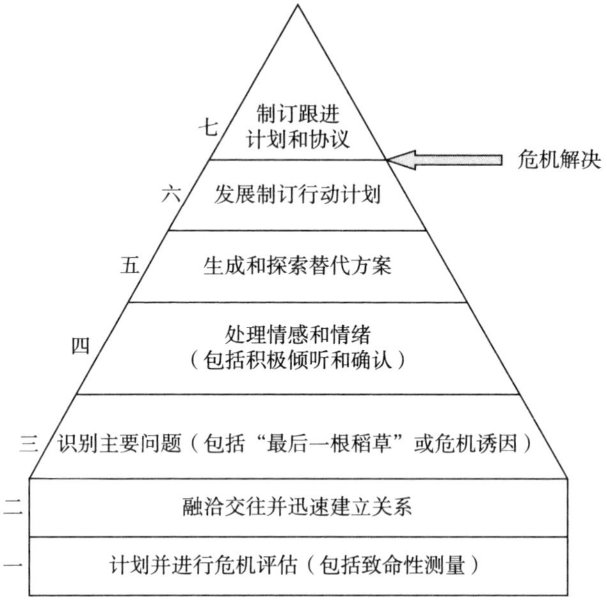

图 1-1　罗伯茨的七阶段危机干预模型

对**迫在眉睫的危险**和**潜在致命性**的评估应审查以下因素：

- 确定危机呼叫者是否需要医疗护理（如吸毒过量、自杀未遂或遭家庭暴力）。
22 - 危机呼叫者想要自杀吗?（是大致的想法，还是呼叫者有明确的带地点、时间和方法的自杀计划或约定?）
- 确定呼叫者是不是家庭暴力、性侵害和（或）其他暴力犯罪的受害者。如果呼叫者是受害者，询问殴打者是否在附近或可能很快回来。
- 确定是否有儿童处于危险之中。
- 受害者需要紧急送往医院或收容所吗?
- 危机呼叫者是否受到酒精或毒品的影响?
- 呼叫者是否会伤害自己（如自残行为或自我毁损）?
- 询问居住区是否有暴力者（如攻击性寄宿者或虐待老人或兄弟姐妹的行凶者）居住。

如果时间允许，风险评估应包括以下内容（认识到处于紧急危险中的服务对象需要立即前往安全地点）：

- 在发生家庭暴力的情况下，确定呼叫者之前尽力保护自己或子女的本性，以确定她保护自己的能力。
- 为了全面评估家庭暴力案件中施暴者的威胁，调查施暴者的犯罪史、身体虐待史、物质滥用史、毁坏财产、冲动行为、精神障碍史、先前的精神疾病诊断、先前的自杀威胁或表态、跟踪行为，以及不稳定的就业或长期失业状况。
- 如果呼叫者是暴力犯罪的受害者，是否曾因身体虐待、吸毒过量或自杀未遂而前去医院急诊室就诊？
- 家里有手枪或步枪吗？
- 最近有人对呼叫者使用过武器吗？
- 呼叫者是否收到任何恐怖威胁，包括死亡威胁？
- 确定呼叫者是否患有重度抑郁、强烈焦虑、恐惧反应、焦虑不安、偏执妄想、急性应激障碍、适应障碍、人格障碍、创伤后应激障碍和（或）睡眠障碍。

2. **进行心理接触，迅速建立关系**。阶段二是危机干预者和潜在服务对象之间的初步接触。临床医生在这一点上的主要任务是通过传达对服务对象的真诚尊重和接纳来建立融洽的关系。服务对象还经常需要得到保证，他（她）可以得到帮助以及这里是接受这种帮助的适当地方。例如，强迫症（obsessive-compulsive disorder，OCD）和恐惧症（如广场恐惧症）患者常常 23
认为自己永远不会好起来。当他们被一位从未见过强迫症或广场恐惧症患者的临床医生误诊为精神病或人格障碍时，就会出现这种情况。如果危机临床医生帮助过许多其他患有广场恐惧症的服务对象，他（她）应该描述一下前一位服务对象的情况，例如，有一个人在 4 个月的时间里甚至不能离开他的房间，现在他结婚了，并且成功地每周在外面工作 5 天。

3. **检查问题的维度以便定义问题**。尝试确定以下情况是有用的：（a）“最后一根稻草”，或导致服务对象寻求帮助的促发事件；（b）以前的应对方法；以及（c）危险性或致命性。危机咨询师应该通过具体的开放式问题来探索这些维度。重点必须放在**现在**以及**如何做**而不是**当时**和**为什么**。例如，关键问题应该是："什么情况或事件导致你此时寻求帮助？""这件事是什么时候发生的？"

4. **鼓励对情感和情绪的探索**。这一步骤与检查和定义问题的维度密切相关，特别是与促发事件密切相关。这里把它作为一个单独的步骤，因为一些治疗师在试图快速评估和发现促发事件时忽略了它。对于服务对象来说，在其接受的、支持的、私密的和非评判性的环境中宣泄和表达情感是非常有治疗作用的。

识别服务对象感受和情绪的主要技巧是**积极倾听**。这涉及危机干预者以同情和支持的方式倾听服务对象对所发生事件的想法及其对危机事件的感受。

5. **探索并评估过去的应对尝试**。大多数年轻人和成年人已经形成了一些应对机制作为对危机事件的响应，这些应对机制有些是适应的，有些是不太适应的，有些是不足的。基本上，当"通常自我平衡的、直接解决问题的机制不起作用"时，情感上的危险事件就变成了情感危机（Caplan，1964，p. 39）。因此，需要尝试去应对失败。危机干预的主要焦点之一是识别和改变服务对象在前意识和意识层面的应对行为。对于危机干预者来说，重要的是尝试将服务对象的应对反应带到意识层面（这种反应现在只是在表面之下、在前意识层面上运作），然后教育服务对象改变不适应的应对行为。具体来说，询问服务对象如何处理某些情况是有用的，例如强烈的愤怒、失去所爱的人（孩子或配偶）、失望或失败。

在这一阶段，应将以解决为基础的治疗纳入危机干预。这种方法强调利用服务对象的优势。服务对象被认为是非常足智多谋的，有未开发的资源或
24 潜在的内在应对技能可以利用。这种方法使用了特别明确的临床技术（例如，奇迹问题，部分奇迹问题，尺度技术），适合危机干预实践。聚焦解决疗法和优势视角认为服务对象是有复原力的。抗压能力强的人通常有足够高的自尊、社会支持网络和必要的解决问题的技能，能够在压力性生活事件或创伤性事件后重新振作、应对并茁壮成长。

整合优势和聚焦解决模式包括唤起服务对象的记忆，让他们回忆起上次一切似乎都很顺利的时候，他们心情很好而不是沮丧，和（或）成功地处理了之前的危机。以下是聚焦解决模式中的部分示例：

- 当你心情好的时候，你会如何应对父母的离婚或去世？
- 给父母写信，让他们知道你为自己设定了一个明确的目标，使得他们为灌输给你的价值观和抱负感到自豪。
- 如果你已故的父母在天堂俯视你，你能做什么让他们感到骄傲？

请参阅第六、十一、十二、十六和十八章，了解对受创伤的儿童和青少年以及有自杀倾向、受虐待、失业和吸毒成瘾的服务对象进行危机干预和简短的聚焦解决方案治疗的详尽应用。

重要的是帮助服务对象生成和探索替代方案及以前未试过的应对方法或部分解决方案。如果可能，这涉及服务对象和危机干预者之间的合作，以产生替代方案。在这一阶段，探索每种选择的后果和服务对象的感受也很重要。大多数服务对象对应对危机应该做些什么有一些概念，但他们很可能需要危机临床医生的帮助，以便定义和概念化更具适应性的应对措施。在服务对象很少或没有自省或个人见解的情况下，临床医生需要采取主动措施，并建议更具适应性的应对方法。定义和概念化更具适应性的应对行为是帮助服务对象解决危机情况的一个高效组成部分。

6. **通过实施行动计划恢复认知功能**。危机解决认知方法的基本前提是，外部事件和个人对事件的认知转化为个人危机的方式是基于认知因素的。使用认知方法的危机临床医生帮助服务对象关注为什么一个特定事件导致危机的状态（例如，它违反了一个人的期望），同时，服务对象可以做些什么来有效地掌握经验，并在将来发生类似事件时能够应对。认知掌握包括三个阶段。首先，服务对象需要对发生的事情和导致危机的原因有一个现实的了 25
解。为了走出危机，继续生活，服务对象必须了解发生了什么，为什么发生，涉及谁，以及最终的结果（例如，被锁在门外、自杀未遂、青少年死亡、离婚、孩子被殴打）。

其次，让服务对象了解事件的具体含义是很有用的：它是如何与他（她）的期望、生活目标和信仰体系冲突的。当服务对象在进行危机会谈时，他们的思想和信念的表达通常是自由的。危机干预者应仔细倾听并注意任何认知错误或扭曲（过度概括、灾难化）或非理性信念。临床医生应避免过早地为服务对象陈述理性信念或基于现实的认知。相反，临床医生应该帮助服务对象发现扭曲和非理性信念。这可以通过一些措辞谨慎的问题来促进，比如“既然你知道强奸你并残忍杀害前两名受害者的人今天将在电椅上被处决，你还想离开这个州吗?”或者“你有没有问过你的医生，他是否认为你年轻时会死于心脏病发作?”

认知掌握的第三部分，也是最后一部分，包括用理性信念和新的认知来重组、重建或取代非理性信念和错误认知。这可能涉及通过认知重建、家庭作业或转介给其他经历过或掌控过类似危机的人（例如，为寡妇、强奸受害者或遭遇学校暴力的学生设立的支持小组）来提供新信息。

7. **跟进**。在最后一次会谈时，应告知服务对象，如果在任何时候他（她）需要回来进行另一次会谈，都随时欢迎，临床医生都会有空。有时服务对象会在解决危机前取消第二次、第三次或第四次预约。例如，一名被持刀强奸的服务对象在与临床医生预约之前的大半夜还醒着。她错误地认为她的噩梦和失眠是由临床医生引起的。事实上，她并没有意识到自己的脆弱，也没有直面强奸犯会卷土重来的恐惧。临床医生知道暴力犯罪的受害者往往在犯罪周期日（例如，受害后1个月或1年）再次陷入危机，故通知服务对象希望再见到她，一旦她打电话，她将在当天得到紧急预约。

危机干预单位和24小时热线

处于危机中的人可以向哪里寻求帮助？他们如何找到他们所在地区危机
26 干预项目的电话号码？警察、医院急诊室工作人员、危机工作者和精神疾病筛查人员每周7天、每天24小时待命。事实上，在周末和晚上，他们往往是唯一可用的帮助。警察或信息接线员可以向处于危机中的人提供当地热线、社区危机中心、当地社区心理健康中心的危机干预单位、强奸危机中心、受虐妇女庇护所或提供家庭危机服务的家庭危机干预项目的名称。此外，许多大城市都有由联合劝募会（United Way）、社区服务协会或美国红十字会资助的资讯和转介（information and referral，I and R）网络。这些资讯和转介服务向危机呼叫者提供其所在地区社区机构的电话号码。遗憾的是，由于资源有限，其中一些资讯和危机热线只能在正常的上班时间使用。

美国各地的资讯和转介服务机构超过3万个，在不同的组织支持下运作，包括传统的社会服务机构、社区心理健康中心、公共图书馆、警察局、购物中心、妇女中心、旅行者援助中心、青年危机中心，以及地区老龄化机构（R. Levinson, personal communication, April 30, 2004）。资讯和转介网络的目标是促进获得服务和破除阻塞所需资源进入的许多障碍（Levinson, 2003, p. 7）。美国联合劝募会（1980）提出，“咨询和转介是一种服务，它通知、引导、指导和连接有需要的人，使其得到适当的服务，从而缓解或消除需求”（p. 3）。

一些资讯和转介网络是通用的，并向公众提供所有社区服务的资讯，包括危机中心。另一些则更为专业化，专注于满足呼叫者的需求，如抑郁并有自杀意念的人、处于危机中的儿童和青少年、处于危机中的妇女、暴力犯罪的幸存者、逃亡者和无家可归的青少年或老年人。

危机干预项目的**首要目标**是尽早干预。因此，考虑到电话危机咨询和转介的即时性和快速响应率，24 小时危机热线通常满足其目标（Waters & Finn, 1995）。随着危机中心在全国范围内的发展，电话作为一种快速危机评估和管理方法的使用已经获得极大增长。24 小时电话危机服务最大限度地提高了危机干预的及时性和可用性。它还为呼叫者提供匿名性，同时允许干预者评估自杀风险和迫在眉睫的危险。电话危机干预人员接受培训，与呼叫者建立融洽关系，进行简短评估，提供富有同情的倾听，帮助制订危机管理计划，和（或）将呼叫者引向适当的治疗项目或服务。在大多数情况下，只要提供转介和跟进服务，预防自杀热线就能帮助有效解决危机。

瓦特斯（Waters）和芬恩（Finn）（1995）确定并讨论了下列针对特殊和高危群体的危机热线的目标： 27

- 职业导向和工作资讯热线；
- 员工援助热线；
- 痴呆症照护者资讯及转介热线；
- 儿童热线；
- 媒体来电；
- 紧急报警电话（911）；
- 物质滥用危机专线；
- 自杀预防热线；
- 青少年专线（13~19 岁）；
- 老年人电话安抚项目；

- 广场恐惧症的电话危机治疗；
- 大学咨询热线；
- 有300名持证家庭治疗师、心理学家或社会工作者24小时候机提供电话治疗。

自杀预防和危机中心

自杀预防服务始于1906年的伦敦，当时救世军（Salvation Army）成立了一个旨在帮助自杀未遂者的反自杀机构。大约在同一时间，尊敬的哈里·M. 沃伦（Harry M. Warren）（牧师兼牧师顾问）在纽约市成立了全国救助生命联盟。多年来，联盟的24小时热线一直由全职工作人员和训练有素的志愿者接听，在少数情况下，还由担任该机构董事的咨询精神病学家接听。

20世纪60年代和70年代初，根据《1963年社区心理健康中心法案》和国家心理健康研究所的规定，联邦基金得以提供。在1968年到1972年间，大约200个自杀预防中心相继建立（Roberts，1979，p. 398）。在美国和加拿大，目前这个数字已经增长了7倍多。在过去的10年里，全美预防自杀危机热线网络（国家预防自杀生命线；www. suicidepreventionlifeline. org）已经建立，是全美各地预防自杀工作的关键组成部分（Gould & Kalafat，2009；Gold，Munfakh，Kleinman，& Lake，2012）。

大约在24小时自杀预防中心发展和扩大的同时，社区心理健康中心的危机小组也在美国各地建立起来。这两种危机干预项目的首要目标都是对有自杀倾向的呼叫者进行快速评估和早期干预。挑战是巨大的，有关预防成效的数字很难朝着积极的方向移动。凯纳（Caine）（2013）提出了让这些数字
28 变好的五个挑战：（a）无法区分相对较少的真实病案和大量的假阳性病案；（b）逃避预防检测的大量假阴性病例；（c）许多有自杀意图的个人无法获得临床服务；（d）关于造成不同人口和群体之间明显危险的基本生物、心理、社会和文化因素的知识仍然缺乏；（e）缺乏协调一致的预防自杀方法，无法有效处理极大数量的地方、区域、州和国家机构和组织预防自杀的办法。参见第二、五、六、十五和十六章，这些章节详细研究了针对抑郁症儿童、青少年和成人，以及有自杀意念和既往自杀未遂者的危机干预和后续治疗（Caine，2013，p. 823）。

全国家庭暴力热线

1996 年 2 月，24 小时免费的美国全国家庭暴力热线（National Domestic Violence Hotline，NDVH）开始运作。这条危机热线由位于奥斯汀的得克萨斯家庭暴力委员会（Texas Council on Family Violence）运营，提供即时的危机评估和干预，以及向全美各地的紧急服务机构和庇护所提供转介。全国热线最初从美国卫生与公众服务部获得了 100 万美元的拨款，其年度预算为 120 万美元。

表 1-1　使用率最高和最低的 15 个州的呼叫量

单位：次

州	数量
使用率最高	
1. 加利福尼亚	8645
2. 得克萨斯	7151
3. 纽约	4433
4. 佛罗里达	2875
5. 宾夕法尼亚	2353
6. 俄亥俄	2268
7. 新泽西	2223
使用率最低	
1. 维尔京群岛	21
2. 波多黎各	91
3. 北达科他	104
4. 佛蒙特	107
5. 南达科他	120
6. 阿拉斯加	132
7. 怀俄明	150
8. 罗德岛	150

1997 年 1 月，得克萨斯大学奥斯汀分校社会工作学院社会工作研究中心 29
完成了全国家庭暴力热线的首次评估研究（NDVH；Lewis，Danis，& McRoy，1997）。NDVH 接听电话的高频率（在运行的前 6 个月内有 61677 个电话）

是成功的重要初始指标。通话量远远超出了预期。

NDVH 报告称，2007 年接到超过 23 万个，平均每月超过 19500 个电话。到第二年，即 2008 年 10 月，报告称，自 2007 年的分析报告以来通话量增加了 10%~15%。NDVH 在 2007 年启动了“爱就是尊重”（“LoveIsRespect”）网站（loveisrespect. org），该网站面向 13~24 岁的年轻人，内容包括如何培养约会技巧、如何识别一段良好的关系，以及如何识别自己是否成为虐待的受害者。该网站页面利用了在线聊天和短信选项，并具有移动友好型设计，自成立以来已获得了惊人的使用量，每月有 8000 多个在线聊天。自 2011 年以来，共进行了 9 万多次聊天对话，其中约 25%发生在移动设备上。服务对象对这些在线聊天互动的平均满意率为 80%。

虐待儿童热线和转介网络

美国儿童救助组织设立了一个全国免费的儿童虐待热线（1-800-4-A-Child），致力于防止儿童遭受身体和精神上的虐待。它每天 24 小时配备专业的危机咨询师，通过译员可以提供 170 种语言的援助。这个项目利用了 55000 个资源的数据库，服务于美国、加拿大、美属维尔京群岛和波多黎各州。从 1982 年成立到 1999 年底，它已接到了超过 200 万个电话。

许多州、市和县都开通了热线，以举报涉嫌虐待和忽视儿童的案件。尽早发现案件并进行快速调查和干预，可以解决危机情况并防止进一步的儿童虐待。许多社区还开发了父母压力热线服务，为可能有伤害孩子风险的虐待倾向的父母提供即时干预。这些危机干预热线提供来自训练有素的志愿者支持性的安慰和建议，以及不加评判的倾听，通常每周 7 天、每天 24 小时免费提供。

大多数大城市都设有暂托中心或危机托儿所，为处于危机中的父母提供暂时的托儿服务。例如，纽约市的弃儿医院设有危机托儿所，无须评判或询问，为刚出生到 10 岁的儿童的父母或监护人提供最长达 21 天的托儿服务，一些例外情况是，有的儿童可以放宽到 12 岁，这些儿童的父母要么是面临儿童虐待或忽视儿童的风险，要么是因为缺乏儿童照料而处于危机之中。弃
30 儿医院还为这些家庭提供危机社会工作服务或紧急寄养服务，并由一名后期护理人员提供后续服务。

强奸危机计划

医疗中心、社区心理健康中心、妇女心理咨询中心、危机诊所和警察部门已经制定了强奸危机项目。强奸危机组织的社会工作者提供危机干预、宣传、支持、教育和社区资源转介。危机干预通常包括当受害者在医院急诊室接受检查时，社会工作者、危机咨询师或护士进行的初次探访或陪伴。虽然后续的治疗通常是通过电话咨询来进行的，但是在受害者没有压力的情况下，也可以进行面对面的咨询会谈。在美国几个地区，强奸危机计划已开始为性侵害受害者建立支持小组。有关对强奸和乱伦幸存者的评估和危机干预策略的全面回顾，请参见第十六章。

受虐妇女庇护所和热线电话

许多州的立法机构已经颁布了立法，为家庭暴力受害者的热线和庇护所提供了专项拨款、合同以及城市或县的一般收入基金支持。在美国的每个州和主要都会区都为受虐妇女及其子女提供危机干预服务。这些服务优先考虑的是确保妇女的安全，但是许多庇护所已经演变成不仅仅是提供安全住所的地方。对受虐妇女的危机干预通常需要 24 小时电话热线，安全可靠的紧急庇护所（平均停留时间为 3~4 周），由志愿家庭和庇护所组成的秘密网络，以及由实习学生和其他志愿者提供的福利和法庭支持（Roberts，1998）。庇护所还提供同辈咨询、支持小组、有关妇女合法权利的信息，以及转介到社会服务机构。

2010 年 9 月 15 日，在美国和领地被确认的 1920 个地方家庭暴力项目中，有 1746 个（约占 91%）参加了 2010 年全国家庭暴力服务普查。以下数据是参与项目在 24 小时调查期间提供服务的资料：

- 为 70648 名受害者提供了服务。
- 37519 名家庭暴力受害者在当地家庭暴力项目提供的紧急避难所或过渡性住房中避难。
- 33129 名成人和儿童获得了非居住地的帮助和服务，包括个人咨询、法律援助和儿童支持小组。
- 接听热线电话 23522 个。家庭暴力热线是处于危险中的受害者的 31

生命线，提供支持、信息、安全计划和资源。在 24 小时的调查期内，地方家庭暴力项目接听了 22292 个电话，全国家庭暴力热线接听了 1230 个电话，即每分钟接听热线电话超过 16 个。

关于这项调查的更多信息可以在网上找到（http://nnedv.org/downloads/Census/DVCounts2010/DVCounts10_Report_Color.pdf）。

在一些社区，为受虐妇女提供的紧急服务已扩大到包括为所有妇女提供的育儿教育工作坊，协助寻找住房，就业咨询和工作安置，以及为受虐者提供团体咨询的援助。在对受虐妇女的子女进行评估和治疗这一经常被忽视的领域，有少数但数量不断增加的庇护所根据需要提供团体咨询或转介到心理健康中心。有关受虐妇女及其子女危机干预措施的更全面讨论，请参见第十六章。

病案分析

纽约的受害者服务机构（Victim Services Agency）设有一条 24 小时犯罪受害者和家庭暴力热线，配备了 68 名咨询师和 20 名志愿者，在 1998 年响应了大约 71000 个来电。以下是一名受虐妇女的病案说明，她需要多次电话咨询，危机工作人员投入数小时，并进行个案协调，以解决她危及生命的情境危机。

贾丝明

一天早上 8 点，塞莉塔（Serita）15 岁的女儿贾丝明（Jasmine）打来了紧急电话，她恳求危机工作者帮助她的母亲，并发疯似地解释说，“我母亲的同居男友要杀了她”。危机工作人员报告说，女儿描述了之前这名男友制造的暴力事件。贾丝明描述了那天早上 6 点爆发的一场严重争吵，男友大声嚷嚷，并威胁着说要用他刚拿到的枪杀死塞莉塔，还把枪直接对准了她。

危机工作者试图与那名惊恐的女孩建立融洽关系，询问她母亲在哪里以及是否可以通过电话与她联系。贾丝明回答说，她的母亲暂时躲到了邻居家，因为男友在警察上门后冲出了公寓。几分钟后，贾丝明就给受害者服务机构打了电话。

32 贾丝明把邻居的电话号码给了工作人员，这名工作人员给在那里的塞莉塔打了电话。邻居在早上 6 点 45 分报了警，因为在附近的公寓里发生了争吵。这名男子之前曾对塞莉塔说，如果有人报警，他就会杀了她。在邻居报警后，塞莉塔知道她男朋友的暴脾气会变得更糟。她害怕去当地的受虐妇女庇护所，害怕他会找到她并杀死她。

塞莉塔有个妹妹住在佐治亚州，她愿意暂时收留她和贾丝明。和妹妹住在一起的好处是，塞莉塔从来没有跟男朋友说过妹妹住在哪里，只告诉他是“南方”，也从来没有提过妹妹的姓氏，她和塞莉塔的姓不一样。她相信，如果她从纽约远走高飞，他永远也找不到她。

工作人员需要与旅行者援助组织迅速协调计划，为塞莉塔和她的女儿当天晚上前往佐治亚州提供汽车票。塞莉塔获得了保护令，警察拿走了施虐者的公寓钥匙。在当天下午的一段时间里，施虐者在街对面监视着公寓。

一辆出租车（与受害者服务机构有特别约定）被叫来，载着塞莉塔和贾丝明去旅行者援助组织拿她去佐治亚州的汽车票。司机需要等到她男友离开后才能到达公寓。危机处理人员认为保密是必要的，以避免如果男朋友看到塞莉塔带着所有行李离开公寓时不可避免地发生了对峙。

塞莉塔从施虐者手中逃脱的过程被处理得天衣无缝；她到达了佐治亚州，施虐者并不知道她的计划和目的地。塞莉塔和贾丝明一直和塞莉塔的妹妹住在一起，直到她的第八区住房文件从纽约转移到佐治亚州。

第三章由吉尔伯特·J. 格林（Gilbert J. Greene）、莫-伊·李（Mo-Yee Lee）撰写，通过案例说明如何挖掘和增强服务对象在危机干预中的力量。本章说明了如何将罗伯茨的七阶段危机干预模型与聚焦解决治疗模式逐步结合起来。如果危机临床医生使用这种综合优势方法，那么他们就成为服务对象发现自身资源和应对技能的催化剂和促进者。格林等人通过强调他们的复原力、内在优势、在情感上恢复并继续成长的能力来系统地支持他们的服务对象。这一高度实用的概述章节恰当地将基于优势的方法应用于危机情况下的各种服务对象。

我坚信，聚焦于服务对象内在优势和复原力、寻求部分和全面解决方案的危机干预，将成为 21 世纪第一个 25 年的短程治疗选择。

33

总　结

回顾目前在对处于急性危机中的人采用有时限的危机干预方法方面的进展，可以清楚地看到，自该方法开始应用以来，我们已经走了很长一段路。危机干预由数百个自愿危机中心和危机热线，社区心理健康中心及其附属项目，以及遍布全美各地的大多数的受害者援助、儿童虐待、性侵害和受虐妇女的项目提供。此外，数以千计的当地医院急救室、以医院为基础的精神科急诊服务中心项目、自杀预防中心、危机托儿所、由当地联合劝募会资助的地方信息热线和牧师咨询服务也提供危机服务。近年来激增的危机服务通常针对特定群体，例如强奸受害者、受虐妇女、自杀未遂的青少年、学校暴力受害者以及在校但未受到直接伤害的学生、分居和离异的人、虐待父母的受害者和灾难的受害者。危机服务和单位的发展不断增加，反映出公共卫生和心理健康管理人员日益认识到社区危机服务的迫切需求。

这本手册提供了一个最新的、全面的危机模型和它在遭受严重危机的人中应用的考察。大多数社会工作者、临床心理学家、婚姻和家庭治疗师以及咨询师都认为危机理论和危机干预方法为处理各种类型的急性危机提供了极其有用的焦点。几乎每一个打电话或拜访社区心理健康中心、受害者援助项目、强奸危机小组或项目、受虐妇女庇护所、物质滥用治疗项目或自杀预防项目的痛苦的人都可以被视为处于某种形式的危机中。通过提供快速的评估和及时的反应，临床医生可以为限时危机干预制订有效和经济上可行的计划。

参考文献

Bard, M., & Ellison, K. (1974, May). Crisis intervention and investigation of forcible rape. *Police Chief, 41*, 68–73.

Bellak, L., & Siegel, H. (1983). *Handbook of intensive brief and emergency psychotherapy*. Larchmont, NY: CPS Inc.

Caine, E. D. (2013). Forging an agenda for suicide prevention in the United States. *American Journal of Public Health, 103*, 822–829.

Caplan, G. (1961). *An approach to community mental health*. New York: Grune and Stratton.

Caplan, G. (1964). *Principles of preventive psychiatry*. New York: Basic Books.

Cutler, D. L., Yeager, K. R., & Nunley, W. (2013). Crisis intervention and support. K. R. Yeager, D. L. Cutler, D. Svendsen, & G. M. Sills (Eds.), *Modern community mental Health: An interdisciplinary approach* (pp. 243–255). New York: Oxford University Press.

Fairchild, T. N. (1986). *Crisis intervention strategies for school-based helpers*. Springfield, IL: Charles C. Thomas.

Foley, H. A., & Sharfstein, S. S. (1983). *Madness and government: Who cares for the mentally ill?* Washington, DC: American Psychiatric Press.

Gerhard, R. J., Miles, D. G., & Dorgan, R. E. (1981). *The balanced service system: A model of personal and social integration*. Clinton, OK: Responsive Systems Associates.

Golan, N. (1978). *Treatment in crisis situations*. New York: Free Press.

Gould, M. S., & Kalafat, J. (2009). Role of crisis hotlines in suicide prevention. In D. Wasserman & C. Wasserman (Eds.), *The Oxford textbook of suicidology: The five continents perspective* (pp. 459–462). Oxford: Oxford University Press.

Gould, M. S., Munfakh, J. L., Kleinman, M., & Lake, A. M. (2012). National suicide prevention lifeline: Enhancing mental health care for suicidal individuals and other people in crisis. *Suicide and Life-Threatening Behavior, 42*, 1, 22–35.

Levinson, R. W. (2003). *Information and referral networks* (2nd ed.). New York: Springer.

Lewis, C. M., Danis, F., & McRoy, R. (1997). *Evaluation of the National Domestic Violence Hotline*. Austin: University of Texas at Austin, Center for Social Work Research.

Lindemann, E. (1944). Symptomatology and management of acute grief. *American Journal of Psychiatry, 101*, 141–148.

Nunley, W., Nunley, B., Dentinger, J., McFarland, B. H., & Cutler, D. L. (2013). Involuntary civil commitment: Applying evolving policy and legal determination in community mental health. In K. R. Yeager, D. L. Cutler, D. Svendsen, & G. M. Sills (Eds.), *Modern community mental health: An interdisciplinary approach* (pp. 49–61). New York: Oxford University Press.

Parad, H. J. (1965). *Crisis intervention: Selected readings*. New York: Family Service Association of America.

Parad, H. J. (1971). Crisis intervention. In R. Morris (Ed.), *Encyclopedia of social work* (Vol. 1, pp. 196–202).

New York: National Association of Social Workers.
Parad, H. J., & Caplan, G. (1960). A framework for studying families in crisis. *Social Work*, *5*(3), 3–15.
Rapoport, L. (1962). The state of crisis: Some theoretical considerations. *Social Service Review*, *36*, 211–217.
Rapoport, L. (1967). Crisis-oriented short-term casework. *Social Service Review*, *41*, 31–43.
Ripple, L., Alexander, E., & Polemis, B. (1964). *Motivation, capacity, and opportunity.* Chicago: University of Chicago Press.
Roberts, A. R. (1975). *Self-destructive behavior*. Springfield, IL: Charles C. Thomas.
Roberts, A. R. (1979). Organization of suicide prevention agencies. In L. D. Hankoff & B. Einsidler (Eds.), *Suicide: Theory and clinical aspects* (pp. 391–399). Littleton, MA: PSG Publishing.
Roberts, A. R. (1991). Conceptualizing crisis theory and the crisis intervention model. In A. R. Roberts (Ed.), *Contemporary perspectives on crisis intervention and prevention* (pp. 3–17). Englewood Cliffs, NJ: Prentice-Hall.
Roberts, A. R. (1995). Crisis intervention units and centers in the United States: A national survey. In A. R. Roberts (Ed.), *Crisis intervention and time-limited cognitive treatment* (pp. 54–70). Thousand Oaks, CA: Sage.
Roberts, A. R. (1998). *Battered women and their families: Intervention strategies and treatment programs* (2nd ed.). New York: Springer.
Roberts, A. R. (2000). An overview of crisis theory and crisis intervention. In A. Roberts (Ed.), *Crisis intervention handbook* (2nd ed., pp. 3–30). New York: Oxford University Press.
Roberts, A. R., & Camasso, M. (1994). Staff turnover at crisis intervention units and programs: A national survey. *Crisis Intervention and Time-Limited Treatment*, *1*(1), 1–9.
Roberts, A. R., & Dziegielewski, S. F. (1995). Foundation skills and applications of crisis intervention and cognitive therapy. In A. R. Roberts (Ed.), *Crisis intervention and time-limited cognitive treatment* (pp. 3–27). Thousand Oaks, CA: Sage.
Roberts, A. R., & Yeager, K. R. (2009). *Pocket guide to crisis intervention.* New York: Oxford University Press.
Stotland, E. (1969). *The psychology of hope*. San Francisco: Jossey-Bass.
Tyhurst, J. S. (1957). The role of transition states—including disasters—in mental illness. In National Research council (Ed.), *Symposium on preventive and social psychiatry* (pp. 147–172). Government Printing Office, Washington DC.
United Way of America. (1980). *Information and referral: Programmed resource and training course*. Alexandria, VA: Author.
Viney, L. L. (1976). The concept of crisis: A tool for clinical psychologists. *Bulletin of the British Psychological Society*, *29*, 387–395.
Waters, J., & Finn, E. (1995). Handling client crises effectively on the telephone. In A. R. Roberts (Ed.), *Crisis intervention and time-limited cognitive treatment* (pp. 251–289). Thousand Oaks, CA: Sage.

第二章　对有自杀意念的人进行致命性评估和危机干预

肯尼斯·R. 耶格尔（Kenneth R. Yeager）
阿尔伯特·R. 罗伯茨（Albert R. Roberts）

全美每 13.7 分钟就有一个人自杀，相当于每天有 105 人自杀。危机咨 36
询师和精神疾病筛查员必须做出评估，通常是在令人畏惧的情况下，这些评估可能会决定成千上万打电话到热线和出现在全国各地急诊室的人的生死。下面我们将叙述三个真实病案。您将如何评估这些情况？危机干预人员应如何应对？

病案 1 概要：玛丽安

玛丽安（Maryann）把自己关在卧室里已经 24 小时了。她打电话给表弟，把她最喜欢的音乐集送给他。她把她的 iPad 砸了，把手机扔下楼梯。她母亲隔着锁着的门都能听到她在抽泣。得知她刚刚和男友分手并且 8 个月前在类似情况下服用了过量安眠药，玛丽安的母亲很担心。更糟糕的是，玛丽安去年失去了父亲。玛丽安的母亲拨打了危机干预热线。

病案 2 概要：珍妮特，叫我“杰特”

更喜欢被称为杰特（Jet）的珍妮特（Jeanette）是一名 27 岁的女性，她
遭受了与她的海洛因依赖有关的创伤性事件。杰特在可卡因的影响下经历了 37
身体虐待和性虐待后来到了治疗中心。在接受治疗期间，杰特的戒断症状和拒绝参与项目导致她被认为是不听话的和不愿接受治疗。对于杰特的治疗需求，工作人员的看法大相径庭。不幸的是，她的躁动导致了与工作人员的争吵，并导致了一段时间的身体约束。在约束期间，杰特被工作人员再次伤

害，因为她被两名男性工作人员强迫躺在禁闭室的床上，其方式类似于她在入院前经历的身体虐待和性虐待。杰特说，在约束期间，她就像在被性侵害期间一样分裂，她在恢复对周围环境的感觉方面遇到了困难。幸运的是，她没有像以前那样代偿失调。

病案 3 概要：哈维

哈维（Harvey）现年 53 岁，是一名成功的牙医，患双相情感障碍已有 18 年之久。他因酒精依赖进入了物质滥用治疗机构，并成功接受治疗，当时他开始出现严重抑郁症的迹象。哈维向他的商业伙伴承认他计划开枪自杀。工作人员说，哈维计划结束自己的生命。因此，他被转移到了精神专科医院进行稳定治疗。哈维懊悔不已，努力地执行他的治疗计划。他同意不伤害自己，并完成了工作人员的安全计划。工作人员特别提到他已经为未来做了计划。他被送回了物质滥用治疗机构，然后又到了过渡教习所，在那里待了两周后，他得到了一个临时的回家假。

这三个人有自杀的即刻危险吗？危机咨询师或精神疾病筛查员将如何确定危机的严重程度和最有益的治疗？在本章中，我们考查这些重要的临床问题和自杀风险评估方法。我们回顾了有关急性自杀行为迹象的循证研究发现，并介绍罗伯茨的七阶段危机干预模型，这是对有自杀意念的人进行快速干预的最有效模型。读者将跟随危机干预框架中七个阶段中每一个阶段的过程，因为它适用于这三个人。最后，读者将发现，可能会令他们吃惊，玛丽安、杰特和哈维最终发生了什么。

问题的范围

自杀和自杀未遂是美国一个主要的社会和公共卫生问题。这个问题的范围在 2010 年的国家数据中得到了证明，有 38364 人选择自杀结束了他们的
38 生命。这相当于每天有近 105 人，或者每约 14 分钟就有一人死于自杀。自杀现在是美国人第十大死因，几乎是他杀的两倍（CDC，2012；Crosby，Han，Orgeta，Parks，& Gfoerer，2011）。2010 年，自杀死亡人数超过机动车死亡人数；当年，有 33687 人死于车祸，38364 人自杀（CDC，2012）。根据 2009

年对 16 个非暴力死亡报告系统州的自杀调查数据，33. 3%的自杀死亡者酒精检测呈阳性，23%的人服用抗抑郁药，20. 8%的人服用麻醉剂，包括海洛因和处方止痛药。

历史上，自杀一直被视为青少年和老年人的问题。然而，近年来，美国中年人的自杀率激增。从 1999 年到 2010 年，35~64 岁的美国人的自杀率上升了近 30%，从每 10 万人 13. 7 人上升到 17. 6 人。尽管中年男性和女性的自杀率都在上升，但有更多的男性选择了自杀。2012 年，中年男性的自杀率为每 10 万人 27. 3 人，而女性为每 10 万人 8. 1 人。最显著的增长出现在 50 多岁的男性中，在这个群体中，自杀率上升了近 50%，每 10 万人约有 30 人死亡。对女性而言，60~64 岁年龄段的比例增长最快，增长了近 60%，达到每 10 万人中 7 人死亡的程度（Reeves，Stuckler，McKee，Gunnell，Chang，& Basu，2012）。总的来说，美国由自杀事件造成的经济损失估计每年高达 340 亿美元。社会成本几乎全部来自工资和工作生产率的损失（CDC，2012）。

关注已完成的自杀只暴露了冰山一角。虽然没有对美国自杀未遂的总数进行统计，但据估计，每年约有 110 万成年人试图自杀。这相当于每 38 秒就有一次自杀尝试（Crosby，Han，et al.，2011）。近 830 万 18 岁以上的人报告说，他们曾认真考虑过自杀。在年轻人中，这一数字同样令人震惊，近 17%的高中生表示有过自杀的念头，而在同一时间段内，大约有 8%的人说他们确实尝试过。其中约 2. 6%的尝试严重到需要医疗干预［Crosby，Ortega，& National Center for Injury Prevention and Control（US），Division of Violence Prevention，2011；CDC，2012］。这些数字没有考虑到每年近 20 万人受到亲人自杀的影响（Eaton & Roberts，2002）。

美国各地的急诊科、心理健康中心和危机热线都是应对自杀风险的前线。2011 年，共有 48. 77 万人因自残行为到医院就诊。这个数字表明，每有 1 人结束自己的生命，就有大约 12 人伤害自己，但并非所有人都打算结束自己的生命。非致命的自残伤害造成的医疗费用和工作损失成本合计约 65 亿美元（CDC，2012）。

在急诊科等候区一个忙碌的夜晚，一位年轻的精神科住院医生收到了一 39
通电话留言。一位刚从住院部出院的患者问了一个问题："我觉得很好笑。这是药吗？"住院医生阅读了这通留言，并准确地确定优先级，以便为在急诊候诊室的活跃精神病患者提供治疗。20 分钟后，这位患者又发出了留言，恳求道："我觉得好笑……我现在需要找个人谈谈。"住院医生继续满足急诊室里四个极度痛苦的患者的需要。又过了 20 分钟，这位住院医生又收到了同一名患者的留言："如果在接下来的 10 分钟内没有人和我交谈，我就自杀。"当急性问题被解决后，住院医生回复了患者的呼叫。她问患者："你现在想自杀吗？"患者回答："不，我知道说我要自杀会引起你的注意……我等你的回电都等烦了。"精神科住院医师又累又沮丧，训斥患者说："以自杀相威胁不是解决问题的合适方式。"患者沮丧地回答说：

> 你不知道我每天都在经历什么，也不知道我有多少次想过自杀，你不知道我经历了什么。……你开的药的最好的效果也只能说是达到令人失望的程度，而且副作用也很糟糕。今年你给我开了三次药，而我正在尽我最大的努力服用你开的药。我只是需要一个可以说话的人，而你却表现得好像我什么都不是。

7 个小时后，患者服用了医生给她开的所有抗精神病药，由警车送到了急诊科。

患者在治疗上面临着明显的障碍。鉴于其疾病的性质，精神疾病患者很难获得服务。社区心理健康中心和私人精神科诊所正面临着等待服务的长队。绝望的人们为了让自己的声音被听到，有时采取极端的方式请求服务。心理健康专业人员的目标是确保每个人的声音都能被听到。对任何请求服务的恳求都不应置之不理。然而，服务费用正在缩水。心理健康服务专业人员的工作已经超出了合理的限度，而直属员工经常反映治疗提供系统的限制问题。本章为在当今健康实践环境的约束条件下提供有效的危机干预提出了一个清晰的框架。

危机干预

危机干预是一项艰巨的任务，尤其难以做好。随着心理健康服务对象敏
40 锐程度的提高，以及服务提供系统受到寻求服务者日益增加的压力，显然需要具体和有效的干预措施和指导方针以使这一进程能够顺利推进。越来越多的证据表明，自杀的风险因素包括促发事件（如多重压力源或创伤性事件）、严重抑郁、物质滥用的增加、社会或职业功能的恶化、绝望，以及自杀意念

的口头表达（Roberts & Yeager，2009；Weishaar，2004）。对一些人来说，处理矛盾心理（同时有自残的想法和即时满足的想法）是日常的事情。对另一些人来说，自杀的想法错误地出现，是对无法克服的情感上的痛苦或极度尴尬的情况的一种即时补救。

对于有物质依赖的人而言，自杀可能是摆脱滥用和戒断循环的简单方法。每个被带到当地医院急诊室或精神疾病筛查中心的人都是不同的。这些场景就像服务的人群一样无穷无尽、多种多样。因此，从危机的有效定义开始是有帮助的：

> 危机：一种心理内稳态的急性破坏，其中一个人通常的应对机制失效，并存在痛苦和功能损伤的迹象。一种对压力生活经历的主观反应，会损害个人的稳定性与应对和运作的能力。造成危机的主要原因是一个具有强烈压力的、创伤性的或危险的事件，但另外两个条件也是必要的：（1）个人认为事件是造成相当不安和（或）扰乱的原因；以及（2）个人无法通过以前使用的应对机制来解决扰乱。危机也指“稳定状态下的不安”。它通常由五个部分组成：危险或创伤性事件、脆弱状态、促发因素、活跃的危机状态和危机的解决。（Roberts，2002，p. 516）

这一定义特别适用于处于急性危机中的人，因为这些人通常只有在经历了危险或创伤性事件，处于脆弱状态，未能通过习惯的应对方法应对和减轻危机，缺乏家庭或社区社会支持以及需要外部帮助之后才寻求帮助。急性心理或情景危机事件可以用不同的方式来看待，但我们使用的定义强调，危机可能是一个人生活的转折点。

危机干预通常发生在咨询师或行为临床医生进入个人或家庭的生活情境时，通过促进和调动直接受影响者的资源来减轻危机事件的影响。危机咨询 41
师、社会工作者、心理学家或精神病医生的快速评估和及时干预至关重要。

危机干预者应是主动的和指导性的，同时表现出客观、接受、希望和积极的态度。危机干预者需要帮助服务对象识别可用于自我增强的保护因素、内在优势、心理韧性和复原力因素，这些因素可以用来增强自我意识。有效的危机干预者能够衡量危机干预的七个阶段，同时能够灵活地认识到干预的几个阶段可能会重叠。危机干预应以恢复认知功能、危机解决和认知掌握为终结（Roberts，2000；图 2-1）。

处理危机的实践者往往知道应采取的最佳方法，然而，在压力重重的情况下，他们可能会重新回到对需要危机干预的人群使用治疗效果不佳方法的行为表现。因此，我们为危机处理人员提供了一份应做和不应做的快速参考清单。尽管这些建议似乎显而易见，但重要的是要密切关注这些建议，以提醒人们采取有效的工具或方法进行危机干预。

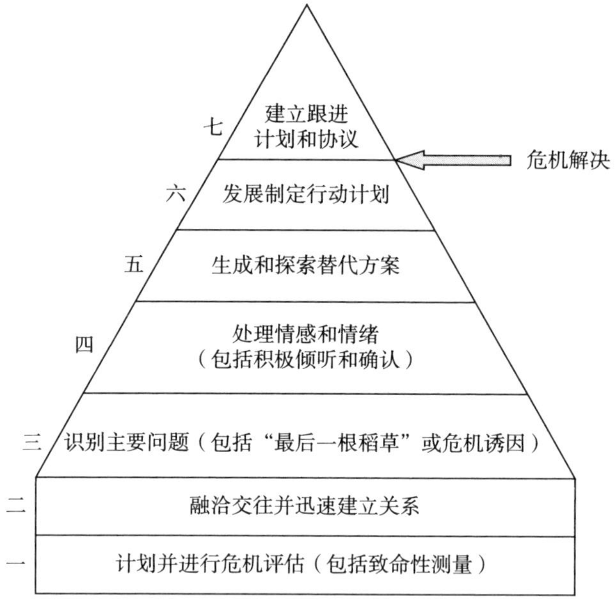

图 2-1　罗伯茨的七阶段危机干预模型

42 **应该做**

- 尊重每一位呼叫者：用你希望别人对你说话和倾听的方式说话和倾听呼叫者。
- 让呼叫者感觉自己打电话是正确的事情。“很高兴你打电话来。”
- 在你的脑海中评估该呼叫是否为紧急情况：
  - 呼叫者安全吗?
  - 有人或事处于紧急危险中吗?
  - 如果是，采取适当行动。
- 除紧急情况外，在通话开始时，应关注呼叫者的感受，而不是情况。
- 让呼叫者感觉自己被听到了。感同身受地说：“听起来你对你男朋友很失望。”

● 允许呼叫者发泄他（她）的情绪。

● 了解你自己的感受，以及它们是如何影响你处理电话的。例如，如果你在生活中对离婚有强烈的感受，你需要提醒自己在与有离婚问题的呼叫者谈论时排除这些感觉。

● 要意识到，尽管你可能觉得自己做得还不够，但只要倾听和“在场”就会非常有帮助，而且所有这些都是必要的。

● 如果不明显，询问是什么让呼叫者此时请求帮助。

● 帮助呼叫者做出选择和决定。

● 帮助呼叫者与机构建立关系，而不是与你个人建立关系。当呼叫者需要帮助时，你可能不总是在，但是机构可以。

● 结束通话时，了解呼叫者的计划是什么，接下来是什么，明天是什么样子。主动拨打跟进电话。

不应做

● 不要轻视呼叫者的感受。不要说：“你怎么会有那种感觉？这并不像你想象得那么糟糕。”

● 不要武断，不要指责，不要偏袒任何一方。在呼叫者的生活中，通常有足够多的人扮演这些角色。

● 保持中立，让呼叫者自己解决问题。

● 不要告诫、说教或诊断。

● 不要提供解决方案或告诉呼叫者你认为他（她）应该做什么。不要用问句的形式隐藏建议或陈述，比如“觉得待在那里感觉糟糕会更好，还是去和他谈谈会更好?”

● 不要给予超出呼叫者故事中所反映出的优势之外的赞美。

● 不要问呼叫者为什么有某种感觉或行为。呼叫者可能不知道原因，可能会做出防御反应，或者两者兼而有之。

● 不要与呼叫者分享你的想法或理论。只分享你对呼叫者的关心。 43

● 不要向呼叫者透露是否有其他人使用过该服务。

● 不要对在一次通话中可以完成的任务抱有不切实际的期望。如果呼叫者的问题随着时间的推移而发展，实现和改变也可能需要时间。

自杀评估措施、工具和指南

应用罗伯茨的七阶段危机干预模型（R-SSCIM）的关键第一步是进行致命性和生物心理社会风险评估。这涉及相对快速地评估风险因素的数量和持续时间，包括迫在眉睫的危险和致命武器的可用性、对自杀或他杀风险的口头描述、立即就医的需要、积极和消极的应对策略、家庭或社会支持的缺乏、活跃精神疾病的诊断和当前的吸毒或酗酒情况（Roberts & Yeager, 2009；Roberts，2000）。

自杀风险评估有助于引出风险因素和保护因素。风险因素和保护因素有：

- 存在情况和严重程度不同；
- 可能是可改变的或静态的；
- 可能对某些人造成风险，但对另一些人则不然；
- 包括患者当前的表现和病史的发展、生物医学、心理病理学、心理动力学和心理社会方面；
- 可能只有当它们与特定的心理社会压力源结合时才有意义。

自杀的风险因素可能是静态的，也可能是动态的。同时考虑风险和保护因素是很重要的，并要注意哪些因素是可以改变的。目标是通过以降低风险为重点的知识评估来估计风险，认识到风险因素本身并不能决定可预测性。通常，风险因素的严重程度各不相同，可能只有当它们同时出现时才具有相关性。为了降低自杀风险，重点应放在试图减轻风险因素和（或）加强保护因素上。

如果可能的话，医学评估应该包括当前问题、任何正在进行的医疗状况和当前用药情况（名称、剂量和最后一次用药时间）的简要总结。根据罗伯茨和耶格尔（2009）的说法，如果在自杀风险评估中，一个人表现出以下任何一个要素，那么叫救护车似乎是明智的；如果患者已经在急诊室，应由精神疾病筛查员、精神病学-心理健康护士或精神科住院医生对其进行进一步评
44 估，并在精神危机稳定病房住院进行48~72小时的观察和评估（见表2-1）：

- 患者表达自杀意念：考虑致命性和患者的期望、尝试史和致命性评估、矛盾心理程度、希望生存和（或）希望死亡。
- 患者有自杀计划：是否存在救援可能性。
- 患者有机会获得致命的手段，并表现出很差的判断力。
- 患者有机会获得可用的手段，特别是枪支。
- 患者情绪激动，并表现出对自己或他人迫在眉睫的危险：评估冲动程度、绝望程度、情绪激动程度。
- 精神病患者表现出与伤害自己或他人有关的命令性幻听。
- 患者因服用违禁药物而兴奋，行为冲动。
- 家庭成员报告患者的自杀想法：家庭关注表明潜在风险。

表 2-1　护理安置水平的辅助决定

直接安全风险，一项*	潜在安全风险，一项
——*DSM-IV-TR* **诊断** **——命令性幻听，指挥伤害自己或他人** **——自杀或杀人尝试** **——自杀或杀人意念，一项** ——明确计划 ——有手段、无威慑的非明确计划 ——有意图/潜在伤害他人 **——DSM-IV-TR 诊断在过去 24 小时内有相关症状和活跃的物质滥用，一项** ——过去一年内的自杀尝试 ——在过去 6 个月有高致死率/意图史 ——目前拒绝披露计划 ——自残和强度增加的模式 ——精神疾病药物治疗不遵从/症状强化特征的 DSM-IV-TR 诊断代码：___.__ ——并发的急性或使人衰弱的疾病 **——精神错乱，一项** ——无法集中/保持注意力 ——认知的变化 ——误解/幻想/幻觉 **如果满足任何一项标准，停止……需要住院。** **如果一项标准不满足，继续下一部分。**	——DSM-IV-TR **诊断，___.__和一项** ——躯体症状 ——行为症状 ——心理症状 **——自杀/杀人的意念，一项** ——非明确的计划 ——拒绝透露计划 ——高致死率/意图史 ——过去 24 小时内活跃的物质滥用/毒理学检测不合格 ——没有戒断潜力的物质依赖 ——目前患有急性/衰弱性疾病，实验室值可接受/医疗稳定性良好 ——自残 **需要继续采取行动：从下列护理水平指标中选择一项** • **严重损伤** • **中度损伤** • **轻微损伤**

45

续表

住院患者	部分住院/强化门诊项目	门诊患者
患者，一项 ——GAF<30 ——无法/拒绝接受治疗 ——近 3 年有住院病史 ——应遵守协商	**患者同意治疗，一项** ——GAF30 或以下 ——治疗前后不一致 ——近 3 年有住院病史 ——应遵守持续的协商	**患者同意治疗** ——GAF 30-50 ——希望患者接受治疗
DLs，一项 ——不能行动 ——不能注意卫生 ——无法滋养自己 ——无法完成日常工作/活动	**ADLs，一项** ——只能在辅助下行走 ——频繁提醒下才能保持个人卫生 ——营养状况下降 ——日常工作能力下降	**ADLs 轻度恶化，一项** ——行走 ——卫生 ——营养 ——日常任务/活动
人际关系，一项 ——孤僻 ——不用语言表达 ——不当性行为/性虐待 ——身体虐待 ——终止重要关系 ——限制令/家庭纠纷史	**人际关系，一项** ——和重要的人有中等程度的冲突 ——口头敌意/威胁增加 ——社会隔离/疏远 ——容易沮丧，表现出鲁莽或粗心 ——冲动行为或愤怒爆发	**人际关系，一项** ——另一半建议/要求治疗 ——增加社会隔离 ——偶尔争吵/避免接触 ——偶尔言语敌意
角色表现，一项 ——缺席>5 天工作日/10 天（上学） ——暂停/终止/辞职/开除 ——个体经营者无法维持业务 ——失业，无法找工作 ——不能照顾/忽视受抚养的子女/长者 ——让受供养的儿童/长者遭受身体虐待/性虐待 ——被当局从目前的生活环境中移出	**角色表现，一项** ——缺席>3~4 天（工作）/>5~9 天（上学） ——个体经营者工作效率明显降低 ——失业和找工作 1~3 天/周 ——正式警告/强制员工协助咨询 ——持续的学习困难/生产力显著下降 ——由于精神疾病/物质滥用问题造成的医疗 LOA ——对儿童和老人的照顾恶化 ——威胁要驱逐儿童/老人	**角色表现，一项** ——学习 1~2 天（工作）/1~4 天（上学） ——待业和找工作>每星期 4 天 ——工作/学习效率的轻微下降 ——非正式的关于工作或学习表现的警告 ——对受抚养儿童的照顾略有减少 ——在儿童/老人服务机构/当局登记的投诉
支持系统，一项 ——不可用 ——无法保证安全 ——故意破坏治疗 ——持续与施虐者接触	**支持系统，一项** ——仅周末/晚上可用 ——偶尔访问/电话联系 ——有能力/无法处理症状	**支持系统（持续、支持、胜任），一项** ——24 小时/天可用 ——仅周末/晚上可用 ——偶尔访问/电话联系 ——能够控制症状的强度

* 原文为 ONE，表示满足以下一项标准即可判定。——译者注

需要考虑的其他评估要点包括： 46

- 心理社会压力源；
- 支持系统；
- 实际或感觉到的人际损失；
- 经济困难或社会经济地位变化；
- 就业状况；
- 文化观；
- 宗教观；
- 物质使用现状和历史；
- 精神疾病史/诊断。

分诊评估

第一响应者（first responder），也被称为危机响应小组成员或一线危机干预工作者，被要求在不太稳定的情况下进行即时晤谈。有时，他们可能不得不推迟危机评估，直到患者稳定下来并得到支持；在其他灾害响应中，评估可以与晤谈同时完成。许多第一响应者认为，理想情况下，评估（用字母“A”特指）先于危机干预（用字母“C”特指），但在灾难或严重危机中，这种线性顺序并不可能总是如愿以偿（关于 ACT 综合模型的详细讨论，见本书第七章）。

在社区灾难发生后，由灾难心理健康专家进行的第一类评估应该是精神疾病分诊（triage）。分诊或筛选工具可用于收集和记录经历危机或创伤反应的人与心理健康专家之间初次接触的信息。分诊表应包括基本的人口统计信息（姓名、地址、电话号码、电子邮件地址等），对创伤性事件严重程度和应对方法的认识，任何呈现的问题，安全问题，以往的创伤性经历，社会支持网络，吸毒和酗酒，先前存在的精神疾病、自杀风险和凶杀风险（Eaton & Roberts，2002）。数百篇文章研究了紧急医疗分诊，但很少有文章讨论过紧急精神疾病分诊（Leise，1995，pp. 48-49；Roberts，2002）。**分诊**被定义为“根据患者的医疗条件和可用的医疗资源，为其分配适当治疗的医疗过

程”（Liese，1995，p. 48）。医疗分诊最早是在军队中使用，以快速响应在
47 战争中受伤的士兵的医疗需求。分诊包括将身体有病或受伤的患者分配到不同级别的护理，从“紧急”（即需要立即治疗）到“非紧急”（即不需要医疗治疗）不等。

精神或心理分诊评估指的是心理健康工作者确定致命性并转介到以下备选方案之一的即时决策过程：

- 精神科急诊住院；
- 门诊治疗机构或私人治疗师；
- 支持小组或社会服务机构；
- 无须转介。

ACT干预模式包括分诊评估、危机干预、创伤治疗和转介适当的社区资源。关于分诊评估，当快速评估表明个人对自己或他人有危险，或表现出可能使其处于危险之中的强烈和急性精神症状时，应采取精神科急诊响应。这些幸存者通常需要短期干预，包括支持、治疗和药物治疗，以保护自己免受自我伤害［如无法照顾自己、自杀风险和（或）自残行为］或伤害他人（如谋杀和谋杀未遂）。少数需要精神科急诊的个体通常被诊断为中度至高度潜在的致命性［例如，无法自理、有自杀意念和（或）有杀人念头］和急性精神障碍。在需要进行精神科急诊的少数病例中，这些人通常都经历过多次创伤性事件的累积（Roberts & Yeager 2009；Burgess & Roberts，2000）。

关于其他类别的精神疾病分诊，许多人可能由于无效的应对技能、薄弱的支持系统，或寻求心理健康援助的矛盾心理而处于危机前阶段。这些人可能没有精神症状，也没有自杀的风险，但可能正在经历心理创伤，需要心理急救、支持和观察。

由美国疾病控制和预防中心、美国卫生和公众服务部与国家卫生研究院概述的自杀预防策略，依赖于建立自杀行为的频率和严重程度，识别如前文讨论的风险因素和保护因素（US Department of Health and Human Services，2001；Crosby，Ortega，et al.，2011）。用于预测自杀的风险因素的研究一致建议，自杀意念和自杀尝试的历史是自杀最重要的风险因素（Beck，Brown，Steer，Dahlsgaard，& Grishman，1999；Brown，Beck，Steer，& Grisham，2000）。

值得注意的是，与常规临床访谈相比，自杀意念和行为的结构化评估能显著提高高危患者的识别。不幸的是，到目前为止，还没有一种标准的方法被确 48
定来预测自杀。准确评估的完成需要危机干预者使用有效和可靠的评估工具。建议每一位危机咨询师、精神疾病筛查员、医务社会工作者、精神病学-心理健康护士和精神科医师都接受使用这些自杀评估措施的培训。包括但不限于以下措施：

- 贝克绝望量表（Beck Hopelessness Scale）；
- 贝克抑郁量表（Beck Depression Inventory）；
- 贝克自杀意念量表（Beck Scale for Suicide Ideation）；
- 哥伦比亚自杀严重程度评定量表（Columbia Suicide Severity Rating Scale）；
- 自我毁灭性思想的费尔斯通评估（Firestone Assessment of Self-Destructive Thoughts）；
- 自杀意念修正量表（Modified Scale for Suicide Ideation）；
- 莱恩汉活着的理由量表（Linehan Reasons for Living Scale）；
- 自我监测自杀意念量表（Self-Monitoring Suicide Ideation Scale）；
- 最严重时的自杀意念量表（Scale for Suicide Ideation-Worst）；
- 一生准自杀性计数（Lifetime Parasuicidal Count）；
- SADS 人量表（SADS Person Scale）；
- 自杀潜在致命性量表（Suicide Potential Lethality Scale）。

有效的以证据为基础的自杀风险测量包括贝克绝望量表（BHS）、哥伦比亚自杀严重程度评定量表和最严重时的自杀意念量表（SSI-W）。最后一个有 19 个项目的量表是一个访谈者管理的评定量表，它似乎准确地测量了患者在自杀风险最高的特定时间段内的特定信念、行为、态度和自杀计划的程度。更具体地说，访谈者要求患者回忆他们最强烈想要自杀的大概时间框架和日期。然后，要求患者在回答问题时牢记这一最糟糕的经历，并对 19 个项目进行评分，这些项目与他们的死亡意愿、自杀意念的持续时间和频率、威慑力的数量、预期尝试的实际准备量以及主动或被动自杀尝试的愿望有关（Beck，Brown，& Steer，1997）。

在最初评估访谈后的平均 4 年时间内，对自杀意念最严重或最糟糕时刻的回顾性纵向研究似乎是精神科门诊患者最终自杀的有效预测因子。贝克和同事（1999）的这项重要研究基于 1979 年至 1994 年在宾夕法尼亚大学寻求精神科治疗的 3701 名门诊患者的大样本。在治疗结束后 4 年对所有患者进行随访，发现仅有 30 名前患者（少于 1%）自杀。所有 3701 名患者通过三种量表进行评估：当前自杀意念量表（Scale for Suicidal Ideation-Current，SSI-
49 C）、SSI-W 和 BHS。关于与 SSI-W 相关的研究结果："SSI-W 高风险组的患者自杀的概率是低风险组的 14 倍。"（p. 7）在 BHS 方面，绝望得分最高的患者自杀的概率是得分较低的患者的 6 倍。

这项纵向研究的一个意义是，在门诊诊所和社区心理健康中心就诊的患者可能不会像过去几天、几周或几个月那样有那么多的自杀想法或绝望感。因此，在最糟糕的情况下，诸如当危机中的人拨打 24 小时危机热线时，当危机中的人要求重要的人开车送他（她）去医院时，或当危机中的人到达急诊室时，及时确定自杀意念是非常重要的。在整个治疗过程中，定期监测自杀风险也是必要的。

哥伦比亚自杀严重程度评定量表旨在区分自杀意念和自杀行为的范畴。为此，需要测量四种结构。第一个是观念的严重程度，由 5 点顺序量表评定，其中 1 = 希望死亡，2 = 非明确的主动自杀想法，3 = 有方法的自杀想法，4 = 有自杀意图，5 = 有计划的自杀意图。第二个是意念强度子量表，它由五项组成，每个项目按 5 点顺序量表评分：产生意念的频率、持续时间、可控性、威慑性和原因。第三个是行为子量表，它在一个名义量表上评分，包括实际的、中止的和中断的尝试；预备行为；以及非自杀式自残行为。第四个是致命性子量表，用来评估实际的尝试；实际致命性按 6 点顺序量表评分，如果实际致命性为 0，潜在的尝试致命性按 3 点顺序量表评分。哥伦比亚自杀严重程度评定量表旨在（a）提供自杀意念、行为和非自杀性行为的定义及相应的调查；（b）量化自杀意念和自杀行为的全部范畴，并确定其在指定时间内的严重程度；（c）区分自杀行为和非自杀式自伤行为；以及（d）采用一种能够整合多种来源（如患者访谈、家属和其他访谈）的信息的格式（Posner et al.，2011）。

关于自杀致命性评估的两个注意事项

不幸的是，两个最常被引用的高自杀意图的风险因素——有过一次或多次自杀尝试的历史和目前的自杀计划——经常被误解。对于大多数临床医生和自杀学家来说，很明显，无论是有自杀前科还是有明确的自杀计划，都预示着高自杀风险。然而，至关重要的是，危机咨询师和精神疾病筛查员要意 50
识到，研究表明，没有自杀前科不应被视为危机呼叫者不会自杀或做出非常严重的自杀尝试（Clark，1998；Fawcett et al.，1990；Kleespies & Dettmer，2000；Maris，1992）。对自杀风险评估文献的回顾表明，60%～70%的自杀死亡者在第一次尝试时就完成了自杀，并且“没有已知的既往的尝试史”（Kleespies & Dettmer，2000，p. 1120）。

第二点值得注意的是，一些患者可能对自杀很矛盾，不信任临床医生或精神疾病筛查员，感到羞耻或有戒心，不愿与陌生人（如危机临床医生或精神疾病筛查员）分享自杀的想法。在其他情况下，自杀者可能有明确和具体的计划，包括地点和致命的自杀方法，但不愿意与任何人分享其想法。精神疾病筛查员、接诊人员、危机咨询师、精神科住院医生、急诊室护士和社会工作者在进行自杀风险评估时应保持警惕和谨慎，绝不应该因为一个危机呼叫者或患者报告没有自杀想法、愿望或计划就认为他（她）没有自杀风险。在研究中，福塞特（Fawcett）和同事（1990）发现，在临床自杀评估一年内自杀的一小部分抑郁症患者更有可能是那些说自己没有自杀意念或想法的患者。与此形成鲜明对比的是，在初次评估5年后仍然活着的大量抑郁症患者与临床医生分享了他们的自杀意念和想法。

关于自杀风险的估计和致命性评估，鲁德（Rudd）和乔伊纳（Joiner）（1998）指出，处于严重或即将发生自杀风险类别的个体具有诱发因素，如长期物质滥用史，父母或兄弟姐妹自杀的家族史，或有儿童身体虐待或性虐待史；多重急性风险因素，如近期因物质滥用而失业、情绪低落或有致命方法的特定自杀计划；缺乏保护因素，如重要的其他成员或亲密的家庭成员和用药依从性。

在目前的护理环境中，医生需要确定迫在眉睫的、中度和低度自杀风险。在这样做的过程中，要求个体医生将患者分配到最适当的护理级别。罗伯茨的 SSCIM 的实施为在个体寻求帮助时立即解决中度和轻度自杀意念提供了适当的干预措施。如果在最初的评估中遵循适当的临床路径，七阶段模型的应用可以以一种不带威胁的方式提供深入见解，帮助患者形成认知稳定性。

新兴技术

51 随着技术的进步，评估和预防精神疾病患者风险的机会也在增加。虽然危机干预过程可能涉及临床工作人员，但毫无疑问，技术将影响评估和干预过程。近年来，电子医疗记录的使用有了巨大的增长，这些记录的出现既是福又是祸。虽然电子记录提高了易读性并简化了使用同一记录平台的多个卫生系统之间的跨专业沟通和互联，但它们也可能成为不熟悉或不习惯使用技术的工作人员的障碍。然而，技术与医疗的结合是不可避免的。2013 年，美国人口普查局的最新人口调查显示，75.6%的家庭报告拥有“互联网连接”。利用基于网络的应用程序（APP）和越来越多的自助资源，现有的危机扩大服务范围的方法将得到发展。基于网络的服务范围扩大和预防计划将越来越多地提供给处于危机中的人，几乎在任何时间都可以提供支持性信息。社区论坛、自杀预防专家发布的博客以及提供反馈和建议的自我评估测试都可以集成到基于网络的应用程序中。

像脸书（Facebook）这样的社交网站最终将允许用户通过帖子、文本、电子邮件和消息进行交流。社交网站在危机干预和拓展方面的一个关键优势是，它们促进了有类似经历的同龄人之间的社交联系。这些网站有潜力促进与他人的支持性互动，并在那些正在应对类似挑战的人之间创建一个社区。

移动设备和智能手机能够提供循证评估工具，它们适合危机干预，因为它们是随身携带的，在一天中的任何时候都可以使用。应用程序是为移动设备设计的程序，可以帮助用户自我评估、监测精神症状，并在出现需求和问题时报告。用户可以在访问热线链接、心理工具（例如放松练习）和约会提醒的同时对内容进行个性化定制。应用程序提供了审慎且便捷可得的学习模式、沟通过程和指导方针，以支持症状处理，这似乎是对提供信息和治疗链接的保密的、非污名化的独特支持。

不幸的是，技术型项目有其局限性。尽管许多人可以访问互联网，但技术型项目必须适应那些寻求使用技术的人的交流习惯、需求和偏好。并非所 52
有的技术平台都是兼容的，这导致了访问障碍。此外，技术总是在变化和发展，很少考虑用户偏好、文化相关或对最终用户最好的沟通方法。其他需要考虑的问题是隐私问题和临床安全性。尽管互联网可以提供一种匿名感，但对可能违反保密的担心可能会阻止个人全面参与项目。提供者存在着保密、隐私和特权信息的问题，并且各州在使用文本和电子邮件与患者沟通方面有所不同。

社交网站和聊天室可以促进积极的支持性互动，但并不是所有寻求这种互动的人都有良好的意图。在分享负面信息方面，必须考虑到脆弱的个人群体，这些负面信息并非旨在保护个人，而是可能助长或支持自残行为。一个完美的例子可以在讨论如何完成自杀的小组中看到，比如使用一种被称为“氦罩包”的装置。一个相关的担忧是，在线资源缺乏监管。虽然危机呼叫中心等已建立的组织遵循道德准则和基于证据的方法，但许多其他网站不遵循可用的和公认的护理标准方法。进一步评估以技术为基础的项目对于确定最佳实践、确定经验支持和基于证据的结果以及成本效益和患者结果具有重要意义。显然，通过适当的创新，研究和评价技术可以以一种积极和可能拯救生命的方法加以应用。

自杀意念流程图及干预方案的探讨

对有自杀意念的人的危机干预方案和限时治疗方案的运作如图 2-2 所示。该流程图提供了不同的临床路径和移动危机干预项目、精神科急诊单位、住院治疗单位、部分医院项目、日间治疗设施和社区其他转介来源的功能的一般描述。

危机干预和自杀预防项目通常保持 24 小时的电话危机服务，为重度抑郁症或有自杀想法和意念的人提供救生索和行为保健的入口。当危机工作者响应求助时，他（她）的主要职责是启动危机干预，从快速的致命性和分类评估开始，并建立融洽的关系。从本质上，危机干预和自杀预防包括以下主要步骤，力图阻止自杀：

53

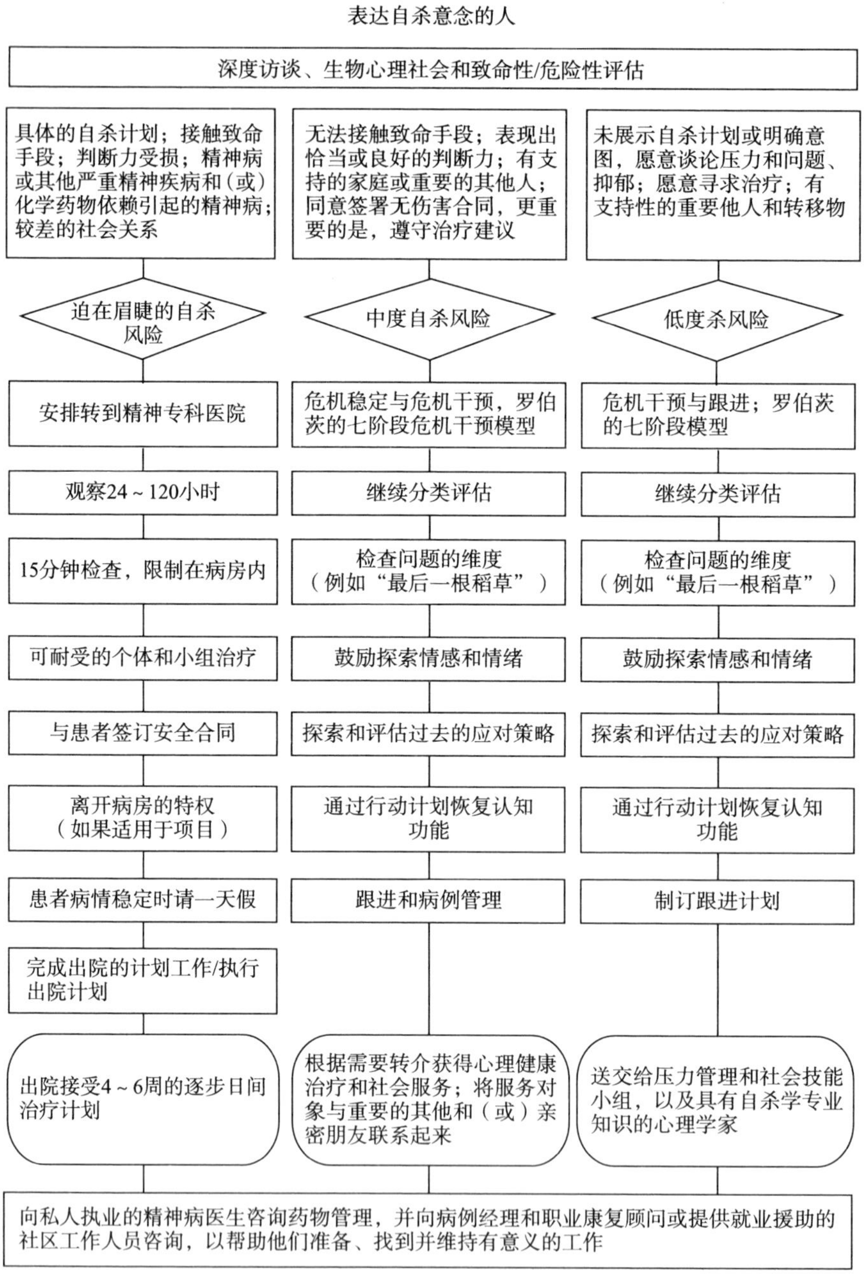
表达自杀意念的人
深度访谈、生物心理社会和致命性/危险性评估
具体的自杀计划；接触致命手段；判断力受损；精神病或其他严重精神疾病和（或）化学药物依赖引起的精神病；较差的社会关系
无法接触致命手段；表现出恰当或良好的判断力；有支持的家庭或重要的其他人；同意签署无伤害合同，更重要的是，遵守治疗建议
未展示自杀计划或明确意图，愿意谈论压力和问题、抑郁；愿意寻求治疗；有支持性的重要他人和转移物
迫在眉睫的自杀风险
中度自杀风险
低度杀风险
安排转到精神专科医院
危机稳定与危机干预，罗伯茨的七阶段危机干预模型
危机干预与跟进；罗伯茨的七阶段模型
观察24～120小时
继续分类评估
继续分类评估
15分钟检查，限制在病房内
检查问题的维度（例如“最后一根稻草”）
检查问题的维度（例如“最后一根稻草”）
可耐受的个体和小组治疗
鼓励探索情感和情绪
鼓励探索情感和情绪
与患者签订安全合同
探索和评估过去的应对策略
探索和评估过去的应对策略
离开病房的特权（如果适用于项目）
通过行动计划恢复认知功能
通过行动计划恢复认知功能
患者病情稳定时请一天假
跟进和病例管理
制订跟进计划
完成出院的计划工作/执行出院计划
出院接受4～6周的逐步日间治疗计划
根据需要转介获得心理健康治疗和社会服务；将服务对象与重要的其他和（或）亲密朋友联系起来
送交给压力管理和社会技能小组，以及具有自杀学专业知识的心理学家
向私人执业的精神病医生咨询药物管理，并向病例经理和职业康复顾问或提供就业援助的社区工作人员咨询，以帮助他们准备、找到并维持有意义的工作

图 2-2　对表达自杀意念的人的干预方案

1. 进行快速的致命性和生物心理社会评估。

2. 试着建立融洽的关系，同时表达出在危机中愿意帮助呼叫者的意愿。

3. 帮助处于危机中的呼叫者制订行动计划，将他（她）与社区卫 54
生保健和心理健康机构联系起来。抑郁或有自杀倾向的呼救者最常见的结果是，他们被送往精神疾病筛检和接诊单位、行为健康护理机构、医院或成瘾治疗项目。

危机干预工作者在接电话时对接听的案件承担全部责任。呼叫者不能被匆匆忙忙地转介到另一个机构。危机工作人员应跟踪案件，直到完成责任的完全转移，由其他机构承担责任为止。危机工作人员应完成国家规定的心理健康和精神病学筛查报告，以初步确定此人是否对自己或他人构成危险。这份报告应交给运输人员或救护车司机，并通过传真/扫描和电子邮件（通过安全网络）发送给在精神科或医院值班的接诊人员。在其他情况下，如果自杀的风险很低，而且亲密的家庭成员或其他重要的人能够并愿意为处于危机中的人承担责任，在紧急情况下，服务对象和家庭成员需要电话号码进行呼叫。所有危机和自杀预防服务的最终目标是减轻强烈的情感痛苦和急性危机发作，同时帮助呼叫者找到积极的方式来应对生活。

对所有的危机临床医生来说，通过耐心、充满希望、自信、感兴趣和知识渊博的方式倾听患者，与处于危机中的人建立融洽关系是至关重要的。有经验的危机工作者通过打电话来传达这个人做了正确的事情，而且，危机处理人员能够提供帮助。提供给危机呼叫者一个"有同理心的耳朵"，通过积极倾听来减轻他（她）的巨大压力。危机工作者应该以一种保密的、自发的、非机构化的方式与呼叫者联系（Roberts & Yeager，2009；Roberts，2000；Yeager & Gregoire，2000）。

在倾听了处于危机中的人的故事并问了几个关键问题之后，危机工作者可以判断呼叫者的自杀风险是高、中还是低。

如果呼叫者有致命的方法（如枪）和自杀的具体计划，或曾经试图自杀，他（她）被认为有很高的自杀风险。经常被认为自杀风险较低的人仍然需要帮助，但他们的主要问题是抑郁，有时表达关于天堂和地狱是什么样子的矛盾想法。他们还没有计划自杀的具体细节，也没有与危机咨询师分享具体的计划。如前所述，如果呼叫者有诱发因素（例如，可能的模仿性自杀，比如一个青少年，其高中同学、父母或兄弟姐妹自杀了），他（她）可能有中到高的自杀风险。其他呼叫者可能是为自己或家庭成员寻求信息的人，有
55 孤独感等个人问题的社会呼叫者，或需要紧急医疗护理的呼叫者。

关于是住院还是精神科门诊治疗，最重要的决定性因素应该是由于无法照顾自己或有致命的自杀手段而对自己或他人造成迫在眉睫的危险。对于危机临床医生和接诊精神疾病筛查员来说，多轴诊断也是极其重要的，该诊断可以确定急性或慢性社会心理压力源、不正常的关系、降低自尊或绝望、严重或不间断的焦虑、没有社会支持的独居生活、亲密伴侣暴力、人格障碍（特别是边缘型人格障碍）、重度抑郁症、双相情感障碍以及合并症（American Psychiatric Association，2003）。

R-SSCIM 的病案研究与应用

玛丽安

玛丽安的母亲说，她 17 岁的女儿把自己关在卧室里，昨天晚上弄坏了她的 iPad，把手机扔到了走廊上。玛丽安已经 24 小时没吃东西了。她的男朋友和她分手了，她妈妈已经听到她哭了好几个小时。玛丽安拒绝和她母亲说话。母亲非常担心，因为 8 个月前，玛丽安因为和前男友分手而心烦意乱，吃了很多安眠药，被紧急送往急诊室。几个小时前，玛丽安打电话给她最喜欢的表弟，告诉他她要把她所有的音乐集都送给他。玛丽安的父亲与她非常亲近，12 个月前因肝硬化去世。她的母亲打电话给新泽西州一家大型医疗中心的精神疾病筛查和危机干预热线，暗示她认为她的女儿患有抑郁症，可能会自杀。

自杀风险评估

在阅读了玛丽安的病案概要并回顾了自杀风险评估流程图（见图 2-2）后，您会将玛丽安的自杀风险的初步快速评估定为低、中还是高？

重要的是要记住，尽管许多高自杀风险的人都曾表示或表现出具体的自杀计划和可用的致命方法（如枪支或自缢），但也有例外。有一小部分人在

试图自杀之前不与任何人交谈，但他们确实给出了迫在眉睫的自杀风险的明确线索。例如，一个大学生第一次挂科，无法入睡，尽管他从来没有睡眠问题，而且在过去的 3 年一直是优等生。或者一个从未表现出偏执妄想的年轻 56
人，现在却表现出了非理性的恐惧，害怕一个有 100 名成员的暴力团伙正在追杀他，并试图在今晚杀死他。这些妄想是药物诱发的精神病的产物。**精神疾病筛查员、危机工作者、咨询师、社会工作者、家庭成员和亲密的朋友应该知道自杀意念和自杀尝试的关键线索是行为模式、日常工作或行动的重大变化**（例如，把自己关在一个房间里 24 小时，拒绝出来吃东西或去洗手间，赠送珍贵的所有物，第一次有偏执狂妄想或命令性幻听，谈论去天堂和刚刚去世的慈爱父亲在一起有多么美好）。

负责接听电话的精神疾病筛查危机工作者认为，玛丽安似乎有中至高的死亡风险，工作者需要立即前往玛丽安的家中。初步的致命性评估是基于以下七个高危因素：

1. 这是玛丽安第一次把自己关在房间里；
2. 她看起来很沮丧，24 小时不吃东西，哭了好几个小时；
3. 她在 8 个月前曾自杀未遂；
4. 她最近捐出了珍贵的所有物；
5. 与她关系密切的父亲在 12 个月前去世；
6. 她拒绝与任何人交流；
7. 她弄坏了她的 iPad（财产损失）。

你是危机工作者，被派往家中。下面的应用程序重点介绍到达时应该说什么和做什么。我们用与 R-SSCIM 七个阶段相关的具体细节、陈述和问题来描述此次危机情况。首先，重要的是要意识到阶段一和阶段二经常同时发生。然而，在危及生命和高风险的自杀意念、虐待儿童、性侵害或家庭暴力的情况下，重点是快速的危机、致命性和分类评估。

阶段一：评估致命性

危机工作者需要迅速从母亲那里获得背景信息（快速旁证评估）。询问母亲，女儿是否服用过药物或者最近服用的药物是否有变化。然后问她的母亲玛丽安是否曾被开过抗抑郁药。如果是，那么她知道那是什么吗？玛丽安是否一直在服用？是家庭医生开的还是精神科医生开的？玛丽安目前是否可以获得她的药物或其他毒品？询问母亲在过去的 20~30 分钟内（她打电话后），她女儿的情况是否有任何变化。接下来，让母亲做些事情，让她参与
57 到护理过程中（例如，让她给玛丽安的前男友或最好的女朋友打电话以获取背景资料，特别是玛丽安最近是否服用过非法药物）。评估玛丽安对自己和他人的危险（自杀或杀人的想法），以及药物滥用史和先前存在的精神疾病。询问有关症状、创伤性事件、压力性生活事件、未来计划、自杀意念、以前的自杀尝试和精神疾病的问题。询问那些危机中的年轻人所期待的即将到来的特殊事件或生日庆祝活动，或者对过去快乐事件或庆祝活动的回忆，这些事情可能会在未来重复发生（特殊事件可以给未来带来希望）。确定玛丽安是否需要立即治疗，她的房间里是否有毒品、安眠药或武器。

快速分诊评估

> 1. 个体对自己或他人是危险的，并且表现出强烈和急性精神症状。这些幸存者通常需要短期的紧急住院治疗和精神药物治疗，以保护自己免受自我伤害或对他人的伤害（优先级Ⅰ：紧急医疗、救护车或救援运输和精神疾病筛查中心）。
>
> 2. 由于缺乏有效的应对技巧、薄弱的支持系统或寻求治疗师帮助的矛盾心理，个体处于危机前阶段。这些人可能有轻微的或没有精神症状或自杀风险。他们可能需要 1~3 次的危机咨询和转介到支持小组。
>
> 3. 第三种类型的服务对象可能会因为悲伤、焦虑、孤独或抑郁而向自杀预防项目或 24 小时移动危机干预小组寻求信息。

重要的是要确定处于危机中的人是否需要移动危机干预小组对家庭或社区的其他地方做出快速反应。呼叫者可能刚刚尝试自杀或正在计划自杀或可能经历暴力性质的命令性幻听（优先级Ⅰ）。呼叫者可能正经历妄想，可能无法离开家（优先级Ⅱ），或可能患有情绪障碍或抑郁和短暂的自杀意念，没有具体的自杀计划（优先级Ⅲ，可能需要约一位有爱心的咨询师或治疗师）。

阶段二：建立融洽关系

介绍自己，以冷静和中立的方式说话是非常重要的。危机工作者应尽其

所能，在危机前或严重的危机情况下，与 17 岁的孩子建立心理联系。建立 58
融洽关系和让人放松的一部分包括不做评判、积极倾听和展示同理心。通过问玛丽安她喜欢的事情来建立起桥梁、纽带或联系：

- “你们的墙上现在有海报吗?”
- “你有最喜欢的电视节目吗?”
- “你有最喜欢的唱片艺术家吗?”
- “你最喜欢的食物或甜点是什么?”

另一种方法是简单的自我表露，比如，“在我 17 岁的时候，我男朋友和我分手了。我想我理解你所经历的情感上的痛苦和悲伤。我以为我非常爱我的男朋友。事实上，他是我的初恋。他为了另一个女孩和我分手了，我和你一样很伤心。但是，在分手两个月后，我遇到了另一个人，我们有了一段非常愉快的长期关系”。

重要的是要了解，许多青少年是冲动和没有耐心的；有些人可能有逃避幻想，其他人可能非常敏感和（或）喜怒无常。重要的是不要训斥、说教或反复灌输。简明扼要，充满爱心，表现出强烈的兴趣，不要发表任何贬低或侮辱性的言论，也不要过于简化你的沟通。阶段三和阶段四有时同时发生。

阶段三：识别主要问题，包括危机诱因或触发事件

通过提问来确定导致玛丽安陷入目前处境的“最后一根稻草”或促发事件。专注于一个或多个问题，优先处理最坏的问题。仔细倾听有关自杀想法和意图的症状和线索。直接询问自杀计划和非语言的手势或其他交流方式（例如，日记、诗歌、日志、学校论文、绘画或素描）。由于大多数青少年的自杀都是冲动的和没有计划的，所以确定青少年是否容易获得致命武器或药物（包括安眠药、甲基苯丙胺或巴比妥酸盐）是很重要的。

阶段四：处理情感和情绪，并提供支持

处理服务对象的即时感受或恐惧。允许玛丽安讲述她的故事，说出她为什么感觉如此糟糕。对玛丽安与男友分手的影响提供初步的同理心。使用积
极的倾听技巧（如释义、情感反应、总结、安抚、赞美、给予建议、重构和 59
探究）。使服务对象的体验正常化。确认并识别她的情绪。检查过去的应对

方法。鼓励精神上和身体上的情感宣泄。

阶段五：探索可能的替代方案

首先，重建平衡和内稳态，也被称为均衡（equilibrium）：问问玛丽安过去是从何处得到帮助。例如，在她父亲去世后，她是做了什么来应对失去亲人的损失和悲痛的。整合聚焦解决治疗（例如，全部或部分奇迹或例外问题）。例如：如果在你睡觉的时候发生了奇迹，而这个问题不再存在，你今天的生活会是什么样子？问她过去的闪光点（例如，爱好、生日庆祝、运动成就、学业成就、假期）。相互探索并提出基于先前确定的优势和替代方案的新的应对方案。对于危机工作者来说，唤起服务对象的记忆是很重要的，这样她就可以用语言来描述最近一次工作进展顺利、心情愉快的时光，从而帮助服务对象发现未开发的资源。

阶段六：帮助服务对象制订行动计划

向服务对象提供治疗师的具体电话号码。

阶段七：电话跟进，面对面强化会谈预约，或者家访

让玛丽安知道她可以给你打电话，并告诉她你的传呼机号码。让她知道传呼机是用来处理紧急情况的。根据危机工作者在离开家时的评估，安排与玛丽安被转介到的治疗师进行一次后续治疗可能是有用的，这样就可以使用团队方法。

跟进还可能包括在一周或 30 天后安排与危机工作者进行一次强化会谈。

珍妮特

珍妮特（Jeanette）在会谈时自我介绍说："我叫珍妮特，但大家都叫我杰特。"她是一名 27 岁的女性，因右眼上方严重撕裂而到医院急诊科就诊。在对杰特进行分诊的过程中，一名机敏的医科学生怀疑伤口是身体虐待的结果。杰特哭着说，在一所"正在举行派对"的房子里，她在"半昏迷"的
60 状态下被两名男子殴打和性侵害。杰特说："当这两个人走进房间的时候，我吸嗨了，几乎丧失意识。我当时太狼狈了，无力反抗，事情就这样发生了。其中一个很粗暴，他不停地打我……但我无法阻止他，我吸嗨了，无法保护自己。"随着评估的进行，杰特报告了目前的自杀意念，以及过去的自杀未遂和物质滥用史，包括在过去 3 年里吸入、注射海洛因和酗酒。杰特

说，只要有可能，她每天都会使用价值高达400美元的海洛因。杰特每天都喝酒，她说她有每天近两瓶酒的耐量。在入学面试中，杰特表示她觉得没有希望了，她想“结束这一切”。她对工作人员说，她知道大剂量的对乙酰氨基酚会“奏效”。她说她计划在回家的路上买两大瓶，连同“海洛因”一起服用，然后就再也不醒来。这一报告导致了自愿进入住院精神科进行精神病稳定和戒毒。

在进入住院部之后，杰特睡了近24小时。在治疗的第三天（在大约上午9点），杰特因为情绪剧烈波动而对同龄人大发脾气。这时，她因为头痛没有服用布洛芬而对护理人员大吼大叫。随着时间的流逝，杰特经历了各种各样的情绪，从宽慰到麻痹的焦虑。到了中午，她和每个值班护士都发生了争执。杰特说，她对自己的健康状况和戒断能力有剧烈的渴望和不确定感。到2点，工作人员报告说，尽管杰特病得很重，但还是参加了治疗小组，并很好地融入了社区。然而，随着轮班的变化，也出现了员工的变化和新的性格冲突。

杰特立即被夜班护士长以治疗活动迟到的理由质问，而在出席晚间的12步会议的问题上出现了第二次对峙。最后，晚上10点，杰特和护士在护士站互相大喊大叫。杰特要了一杯咖啡，护士长拒绝了，说：“你喝了兴奋剂就睡不着。”听到这话，杰特扑向护士，立即被两名男性工作人员控制住，并服用了氟哌啶醇（Haldol）和安定文（Ativan）。这种约束的效果与她受到身体虐待时的感觉相似。根据杰特陈述，她认为这两名男性员工要强奸她。她开始反抗，反抗得越厉害，她的经历就越糟糕。到10点30分，杰特被五级监禁，一边尖叫一边抽泣，再次经历了导致她被送进精神科和戒毒所的创伤。

R-SSCIM 应用

阶段一：计划并实施危机和致命性评估

七阶段危机干预模型的第一阶段始于夜班护士平静地与杰特交谈，并努
力使她进入理性状态，护士由此可以开始评估杰特在受到约束时所表现出的 61
反应的性质。护士准确地评估了约束是问题的关键部分。尽管工作人员之间就杰特的行为产生了冲突，但夜班护士开始通过一次移除一个约束的方法来减轻杰特的痛苦，并向杰特保证，在她表明了自己的配合力后，其他约束将

被移除。

阶段二：融洽交往并快速建立关系

随着杰特表现出合作的意愿，夜班护士开始了与她迅速建立融洽关系的过程，正如七阶段模型所描述的那样。融洽交往从微笑和安静的交谈开始。护士在杰特的额头上敷了一个冷敷布，又用另一块布擦了擦她的脸和胳膊。这些简单的善举将为进一步的调查、治疗和稳定打下基础。

建立关系看似很简单，但考虑到危机稳定过程中的时间限制，这往往很难做好。例如，在这个病案中，小组意识到杰特正在经历海洛因依赖特有的戒断和情绪波动。由于这个原因，夜班护士开始评估与戒断有关的身体痛苦，并开始以某种方式接近杰特来解决她的身体和情感方面的疾病。

阶段三：识别主要问题（包括“最后一根稻草”或诱因）

考虑每个工作人员在第一天治疗期间对杰特的反应是很有趣的。杰特被工作人员贴上了“抑郁”、“对自己和他人有害”、“不听话”和“吸毒”的标签。当小组回顾这个病案时，他们开始从哲学和理论的角度来看待这个病案以及杰特对治疗的反应。直到夜班护士开始确定案件的关键组成部分，才有人考虑到再次遭受创伤的可能性。

在与杰特交谈的过程中，护士运用探究式的提问和积极的倾听来促进杰特表达导致她被约束的“最后一根稻草”。这些探究式的提问是专门为研究问题的各个方面而设计的，以便进一步确定问题。杰特说道：

> 我开始想起那次袭击。当我被侵犯的时候，我吸高了，所以影响并没有那么严重……但是当那两个高大的男性职员把我按住的时候，所有的东西都冲了回来。我又去了那里。我一直试图告诉自己这不是真的，但它非常真实。我无法说服自己他们不会伤害我……那可能是因为他们弄痛了我。方式不同，但我当时的想法是一样的。我只记得在他们任意摆布我的时候，我动弹不得。

62 **阶段四：处理情感和情绪**

处理杰特由于再创伤而经历的情感和情绪成为危机干预过程的关键部分。在探索了杰特所概述的问题的维度之后，危机小组再次利用与夜班护士的积极融洽交往的优势来处理与这个病案相关的情感和情绪。危机干预者能够提供令人放心的评语，旨在重塑杰特的负面想法，同时确证其是否拥有正确的观念。干预者通过把问题澄清化，首先探索了与杰特的感知相反的事实概念：

干预者：杰特，你说虐待全是你的错。你觉得自己到底做错了什么？

杰特：我把自己置于被虐待的境地，而这不应该发生……我不应该吸（毒）那么多，我不应该参加那个聚会。

干预者：没有人应该经历你所经历的一切，无论是在聚会上还是在医院里。我们今天能做些什么来着手解决这个问题呢？

杰特：你真的能帮我戒掉吗？如果可以的话，我很乐意……我再也不想去那里了。

干预者：我同意，这是一个很好的开始，我们可以在这方面提供帮助，但你意识到在某个时候我们将不得不解决其他问题吗？

杰特：（含泪）是的。

阶段五：生成和探索替代方案

在这个阶段，杰特与小组一起为她正在进行的解决问题过程制订一个计划。整理了事实和看法，杰特和社会工作者为她自己制订了一份促进精神稳定并建立康复计划的行动清单。杰特同意除了她的戒断/维持协议之外，她将开始服用抗抑郁药物（an SSRI），并将与她的社会工作者一起解决与她的被虐待相关的问题。最后，杰特开始积极参与妇女康复小组。

阶段六：发展和制订行动计划

杰特意识到她需要建立一个自我指导的康复计划。随着时间的推移，她表现出清晰的思维。她能够制订计划，使自己远离导致她脆弱的情况，从而减少对之前驱使她行动的恐惧。杰特要求与第二班护士长、医务主任和参与约束事件的工作人员谈话，讨论她被约束当晚的经历。她有力地描述了工作 63
人员实际上是如何从事使她再次受到精神创伤的行动的情形。从本质上讲，杰特通过发展一种自我导向的行动计划，证明了认知功能的恢复。

阶段七：制订跟进计划和协议

考虑到有中度自杀想法的表达，以及制订了一项旨在检查和探究导致杰特承认危机和约束事件的行动计划，工作人员现在重新审视杰特的病案，以确定下一步最合适的行动。有了计划后，杰特说她感觉很稳定，可以回到家里了。工作人员重测了在危机干预开始时给出的抑郁量表和绝望量表。两种量表都有显著改善。更重要的是，杰特能够通过积极参与她的恢复计划来用语言表达寻找出路。该计划包括 3~6 周的部分住院治疗，以便为她提供必要的支持和机会，以执行其行动计划，并在她经历行动计划中包含的潜在压力事件时监测她的机能。

杰特的行动计划进展顺利。她出席并积极参加了部分住院项目。她每周至少参加三个 12 步支持小组。在此期间，她参加了小组和个人会议，以提高其整体功能。

一年后，杰特继续她的康复计划。她现在是她入学第一天晚上参加的女性团体的主席。她即将完成护理学校的第一年课程，并计划获得精神科执业护士的硕士学位。

哈维

哈维（Harvey）是一位非常成功的牙医，在一个中西部城市的郊区执业。他已婚，有三个孩子，年龄分别为 12 岁、15 岁和 18 岁。尽管非常成功，哈维从 33 岁起就一直与双相情感障碍做斗争，他现在 50 岁了。哈维被转介到一个针对酒精依赖的物质滥用治疗机构。在此之前，州医疗委员会曾连续三次接到关于他的投诉，称他身上有酒味。哈维承认自己酗酒，而且在收到投诉的日子里，他在午饭时喝了酒，下午才回到他的诊所。

哈维已经成功地完成了脱瘾治疗，在治疗的第二周，他表现出非常严重
64 的抑郁症症状。他几乎每天都表现出极度的绝望和抑郁情绪，对当天几乎所有的活动失去兴趣，精神运动性激动、疲劳、嗜睡，以及对“生病”的过度内疚。在第二周结束时，他表达了自杀的想法，包括计划用枪自杀，这是他在治疗休假期间得到的。这一信息是在与他的业务伙伴的对话中分享的，后者立即打电话给治疗机构，提醒其注意这个问题。

工作人员介入，完成了罗伯茨的七阶段模型的阶段一。在完成致命性评估的过程中，工作人员透露了另一个更紧迫的问题，那就是哈维的实际计划

是当天晚上在过渡教习所的洗手间上吊自杀。因此，哈维被转到精神专科医院进行了短暂的稳定治疗。

在这段时间里，哈维对自己的行为表示了懊悔，他说："我绝不会自杀。"他向员工报告说，他有太多的事情可以期盼，他不想浪费自己的生命。哈维勤奋地制订治疗计划，参与小组和个人会议，完成与特定需求领域相关的目标工作，包括家庭治疗和成瘾治疗。

关于自杀的想法，哈维在与家人谈话时公开表示他不会伤害自己。哈维同意完成一项安全计划来防止自己产生自杀的念头。他同意将自己的枪支藏品从家中移走，并公开谈论未来的计划。4 天后，哈维回到戒毒所。他被允许参加过渡教习所计划。在那里住了两周后，哈维获准休假。

哈维乘坐的飞机于下午 6 点抵达他的家乡。晚上 8 点，哈维的妻子联系了治疗机构，对他没有回家表示担忧。当晚 10 点，哈维的尸体在他的办公室被发现，明显是死于窒息。他被发现躺在他办公室的牙科患者椅上，戴着一氧化二氮呼吸器，但没有足够的氧气维持生命。虽然人们对意外死亡的可能性提出了疑问，但尸检表明，哈维体内存在足够致死剂量的巴比妥酸盐，就算没有发生窒息，也会导致过量服用。

R-SSCIM 应用

在哈维的病案中，对临床实践的回顾表明，工作人员已经完成了提供治疗计划的所有必要步骤，以保护患者免受自我伤害。精神科遵循了美国精神病学协会批准的抑郁症管理实践指南。家庭会议已经结束。哈维和他的家人同意把他所有的枪都从房子里拿走，另外还进行了一次安全清扫，清除了家 65
庭环境中可能会改变情绪的物质。

后来，治疗中心的工作人员表示，他们认为哈维没有办公室的钥匙，他在进入戒毒所时已经把钥匙交给了他的妻子。此外，他的同事和家人也不清楚哈维是如何或从哪里获得了能改变情绪的药物。与哈维室友的讨论并没有提供任何关于自我伤害潜在风险的见解。此外，每个人都相信哈维的治疗做得非常好。

治疗机构展开了调查，试图确定哈维的治疗是否存在差池，从而导致了这一事件的发生。对该病案的回顾表明，在许多情况下，对自杀意念的评估显然是完整的。每一次，患者都否认有自杀的想法。在记录中，许多笔记显示讨论了他对自杀想法的懊悔以及他努力解决可能导致未来自杀的想法。哈维服从了治疗环境的要求，包括小组和个人会谈以及药物治疗，并参与了家庭治疗。

精神科的患者出院会议总结了所有取得的进展，包括努力消除家庭中的风险因素。该记录与过渡教习所的记录相比，在病程记录上显示出显著的相似之处，病程记录也描述了患者在抑郁症状管理和自杀意念解决方面的进展。虽然治疗中心的工作人员得知这个病例显然没有处理不当后感到宽慰，但考虑到失去这名患者的现实情况以及怎么会发生这种情况，他们仍然感到担忧。

在对该病例的评估中，一些人提出了这样一个问题：患者是否有可能做出自杀的决定，但选择不与任何人分享这一信息。患者有可能瞒着工作人员吗？一项文献综述发现，贝克（Beck）、斯蒂尔（Steer）、贝克和纽曼（Newman）（1993）曾指出，仅将意图作为一个大体的概念来处理自杀问题是一种过于简单化的做法。自杀意念和自杀行为是复杂的行为模式，需要通过彻底地分析来更好地理解。此外，它还表明，交流自杀意念、计划和意图的决定是非常私人的。尽管许多人会在自杀尝试前讨论自杀意念，但有些人选择在事后用便条交流，还有一些人选择完全不交流。

在重述这个主题时，贝克和莱斯特（Lester）（1976）总结了以下关于自杀意念交流的结论：没有明确的证据表明言语交流、最后行为和之前的自杀尝试被合理地归类在一起，作为交流自杀意图的方式。先前对自杀意念或意图的描述与自杀尝试时所经历的死亡意愿的程度几乎没有关系。谈论或不谈
66 论自杀计划可能是一种个人风格的表现，而不是绝望或隐藏动机的指标。人们相信（但当然没有得到调查哈维案件的人的证实）患者确实在没有传达他的意图的情况下制订并执行了计划。事实上，这让这两家机构的工作人员感到无助，因为他们无法预测这种情况下可能发生的自残。

结　论

由于日益需要心理健康专业人员在时间和资源有限的环境中与日益复杂的人群合作，因此迫切需要采取直接、现实的方法来进行危机干预。

在本章中，我们的目标是为危机干预提供一个现实的框架，检查患者在

护理需求的连续过程中可能出现的临床路径。在危机干预和稳定环境中工作的心理健康执业医生应该始终如一地考虑评估策略、评估和重新评估患者状态的工具的使用、可用时间、患者负担、成本和所选干预的潜在结果。以循证审查为基础的最佳实践的应用和系统方法的使用，如 R-SSCIM，将通过提供一个稳定的框架来帮助执业医生在持续变化的护理环境中解决危机。所有心理健康执业医生面临的挑战是，根据七阶段危机干预模型所概述的患者的优势，发展他们在快速评估和风险及救援策略方面的技能。

参考文献

American Psychiatric Association, Steering Committee on Practice Guidelines. (2003). *Practice guideline for the assessment and treatment of patients with suicidal behavior*. Washington, DC: American Psychiatric Association.

Beck, A. T., & Lester, D. (1976). Components of suicidal intent in completed and attempted suicides. *Journal of Psychology: Interdisciplinary and Applied*, 92(1), 35–38.

Beck, A. T., Brown, G., & Steer, R. (1997). Psychometric characteristics of the scale for suicide ideation with psychiatric outpatients. *Behavior Research and Therapy*, *11*, 1039–1046.

Beck, A. T., Brown, G., Steer, R., Dahlsgaard, K., & Grisham, J. (1999). Suicide ideation at its worst point: A predictor of eventual suicide in psychiatric outpatients. *Suicide and Life-Threatening Behavior*, *29*(1), 1–9.

Beck, A. T., Steer, R. A., Beck, J. S., & Newman, C. F. (1993). Hopelessness, depression, suicidal ideation, and clinical diagnosis of depression. *Suicide and Life-Threatening Behavior*, 23, 139–145.

Burgess, A. W., & Roberts, A. R. (2000). Crisis intervention for persons diagnosed with clinical disorders based on the stress-crisis continuum. In A. R. Roberts (Ed.), *Crisis intervention handbook: Assessment, treatment, and research* (2nd ed., pp. 56–76). New York: Oxford University Press.

Centers for Disease Control and Prevention. (2012). National Center for Injury Prevention and Control. Web-Based Injury Statistics Query and Reporting System (WISQARS) (2010). Retrieved from www.cdc.gov/injury/wisqars/indes

Clark, D. (1998). The evaluation and management of the suicidal patient. In P. M. Kleespies (Ed.), *Emergencies in mental health practice* (pp. 379–397). New York: Guilford Press.

Crosby, A. E., Han, B., Orgeta L. A. G., Parks, S. E., & Gfoerer J. (2011). Suicidal thoughts and behaviors among adults age ≥ 18 years—United States, 2008–2009. *Morbidity and Mortality Weekly Report*, *60*(ss-13), 1–22.

Crosby, A. E., Ortega, L., Melanson, C., & National Center for Injury Prevention and Control (US)., Division of Violence Prevention. (2011). *Self-directed violence surveillance: Uniform definitions and recommended data elements. Centers for Disease Control and Prevention, National Center for Injury Prevention and Control, Division of Violence Prevention. Atlanta, Georgia.*

Eaton, Y., & Roberts, A. R. (2002). Frontline crisis intervention: Step-by-step practice guidelines with case applications. In A. R. Roberts & G. J. Greene (Eds.), *Social workers' desk reference* (pp. 89–96). New York: Oxford University Press.

Fawcett, J., Scheftner, W., Fogg, L., Clark, D. C., Young, M. A., Hedeker, D., & Gibbons, R. (1990) Time-related predictors of suicide in major affective disorder. *American Journal of Psychiatry*,

147, 1189–1194.

Kleespies, P. M., & Dettmer, E. L. (2000). An evidence-based approach to evaluating and managing suicidal emergencies. *Journal of Clinical Psychology, 56*, 1109–1130.

Leise, B. S. (1995). Integrating crisis intervention, cognitive therapy and triage. In A. R. Roberts (Ed.), *Crisis intervention nd time-limitea cognitive treatment* (pp. 28–51). Thousand Oaks, CA: Sage.

Maris, R. W., Berman, A. L., Maltsberger, J. T., & Yufit, R. I. (Eds.). (1992). *Assessment and prediction of suicide*. New York: Guilford Press.

Posner, K., Brown, G. K., Stanley, B., Brent, D. A., Yershova, K. V., Oquendo, M. A., . . . Mann, J. J. (2011). The Columbia-suicide severity rating scale: Internal validity and internal consistency findings from three multisite studies with adolescents and adults. *American Journal of Psychiatry, 168*, 1266–1277.

Reeves, A., Stuckler, D., McKee, M., Gunnell, D., Chang, S. S., & Basu. S. (2012). Increase in state suicide rates in the USA during economic recession. *Lancet, 380*(9856), 1813–1814.

Roberts, A. R. (Ed.). (2000). *Crisis intervention handbook: Assessment, treatment, and research*. New York: Oxford University Press.

Roberts, A. R. (2002). Assessment, crisis intervention and trauma treatment: The integrative ACT intervention model. *Brief Treatment and Crisis Intervention*, 2(1), 1–21.

Roberts, A. R., & Yeager K. R. (2009). *Pocket guide to crisis intervention*. New York: Oxford University Press.

Rudd, M., & Joiner, T. (1998). The assessment, management, and treatment of suicidality: Toward clinically informed and balanced standards of care. *Clinical Psychology: Science and Practice, 5*, 135–150.

US Census Bureau. (2013). "Computer and Internet use in the United States." Current Population Survey Reports, P20-568. Washington, DC: Author.

US Department of Health and Human Services. (2001). *National strategy for suicide prevention: Goals and objectives for action*. Rockville, MD: Author.

Weishaar, M. E. (2004). A cognitive-behavioral approach to suicide risk reduction in crisis intervention. In A. R. Roberts & K. Yeager (Eds.), *Evidence-based practice manual: Research and outcome measures in health and human services* (pp. 749–757). New York: Oxford University Press.

Yeager, K. R., & Gregoire, T. K. (2000). Crisis intervention application of brief solution-focused therapy in addictions. In A. R. Roberts (Ed.), *Crisis intervention handbook: Assessment, treatment and research* (2nd ed., pp. 275–306). New York: Oxford University Press.

第三章　如何利用服务对象的优势进行危机干预：聚焦解决模式

吉尔伯特·J. 格林（Gilbert J. Greene）
莫-伊·李（Mo-Yee Lee）

69 通过对文献、理论和病案的回顾，本章将阐述以下问题：

- 如何使用聚焦解决疗法，在危机中发挥服务对象的优势；
- 如何以循序渐进的方式构建一个聚焦解决/基于优势的危机干预方法；
- 如何持续地让服务对象参与到“改变谈话”中，而不是陷在“问题谈话”中；
- 如何与服务对象共同构建包括未来而无当前问题的结果目标；
- 如何以与增强服务对象优势相一致的方式发展合作关系和使服务对象变化。

危机“是由于危险事件或情况而经历的心理失衡时期，它构成了无法通过使用熟悉的应对策略来解决的重大问题”（Roberts，1991，p. 4）。**危机**这个词的中文翻译是由两个独立的字组成的，字面意思是“危险”和“机会”。危机干预将向危机中的服务对象提供服务视为服务对象学习新的应对
70 技能的“机会”。事实上，文献一直强调，服务对象需要开发新的资源和应对技能，以使危机干预措施获得成功（Eaton & Roberts，2009；James & Gilliland，2013；Roberts，1996；Roberts & Dziegielewski，1995；Kanel，1999）。危机干预的一个假设是服务对象的个人资源和应对机制不足以应对促发事件的挑战。因此，为了成功的危机干预，服务对象需要开发新的资源和应对技

能。危机干预的这种观点强调纠正服务对象的“亏损”。

处于危机中的人们也有“机会”进一步确定、调动和增强他们已经拥有的优势（应对技能）。一些学者认为，危机干预者也应该识别和利用服务对象的优势（Parad & Parad，1990；Puryear，1979；Roberts，1991）。在实现目标和积极改变的过程中，识别和放大服务对象优势在文献中越来越受到重视（Greene & Lee，2011）。**优势**（strength）被定义为

> 应对困难的能力，在压力面前保持正常运作的能力，面对重大创伤恢复的能力，利用外部挑战作为增长动力的能力，以及利用社会支持作为复原力来源的能力。（McQuaide & Ehrenreich，1997，p. 203）

阿斯平沃尔（Aspinwall）和斯陶丁格（Staudinger）（2002）指出，优势“主要在于能够灵活地运用尽可能多的不同资源和技能来解决问题或朝着一个目标努力的能力”（p. 13）。基于优势的方法已经成功地被用于各种环境中的各种问题。

基于优势的方法改变的假设是，服务对象已经拥有改变的资源和能力，但是他们没有使用它们，没有充分利用它们，或者忘记了他们已经拥有它们（Greene & Lee，2011）。因此，执业医生应该评估和识别服务对象的优势，并与服务对象合作以在变革服务中利用这些优势。文献中有证据表明，服务对象希望执业医生积极地看待他们（Bohart & Tallman，2010；Gassman & Grawe，2006；Kelly，2000），以及服务对象对那些对他们做出“敌意、轻蔑、批评、拒绝或责备”评论的执业医生有负面反应（Norcross，2010，p. 130）。强调服务对象优势而不是不足的执业医生可以帮助促进参与和与他们合作的成功（Bohart & Tallman，2010；Friedlander，Escudero，& Heatherington，2006；Sparks & Duncan，2010；Walsh，2006）。

一种强调在危机干预中与服务对象优势合作的实践方法是**聚焦解决疗法**（solution-focused therapy[①]）（DeJong & Berg，2012；DeJong & Miller，1995；

---

① 关于 solution-focused therapy，国内大多将其翻译成“焦点解决疗法”。但本书译者认为，“焦点”是一个名词，并无动词用法，与后面的“解决”连在一起会使读者认为是“解决焦点问题”的含义，而 solution-focused 意为专注于解决方法，solution 为在危机干预中找寻的内容，因此用“聚焦解决”更合适。——译者注

Greene & Lee, 2011)。还有一些是关于使用一种以解决方案为导向或聚焦解
71 决模式对各种类型的危机进行干预的研究（Bakker, Bannink, & Macdonald, 2010; Berg, 1994; Berg & Miller, 1992b; Brown, Shiang, & Bongar, 2003; DeJong & Berg, 2008; Fiske, 2008; Hagen & Mitchell, 2001; Henden, 2008; Hopson & Kim, 2004; Johnson & Webster, 2002; Kondrat & Teater, 2012; Lipchik, 2002; McAllister, Zimmer-Gembeck, Moyle, & Billett, 2008; O'Hanlon & Bertolino, 1998; Rhodes & Jakes, 2002; Sharry, Darmody, & Madden, 2002, 2008; Softas-Nall & Francis, 1998a, 1998b; Wiger & Harowski, 2003; Yeager & Gregoire, 2005)。

聚焦解决疗法认为服务对象是能复原的。复原力（resilience）不仅是一个人应对危机和创伤性事件，生存下来，并从危机和创伤性事件中恢复过来的能力，也是一个人在心理和情感上继续成长和发展的能力（Walsh, 2006)。然而，在危机干预文献中，重点一直是帮助人们恢复到危机前的功能水平，这与服务对象的复原力不一致。弗雷泽（Fraser）（1998）提出，临床医生应始终如一地将危机视为服务对象在危机前内稳态（二阶变化）之外经历成长和发展的催化剂。面向解决模式提供了可以促进这种增长和发展的观点和干预措施。

危机干预和聚焦解决疗法

危机干预

危机可以由情境压力源、过渡性变化或灾难引起（James & Gilliland, 2013; Parad & Parad, 1990)。一个事件作为危机被经历的程度取决于个人如何看待它；一个人的危机对另一个人来说可能不是危机（Roberts & Dziegielewski, 1995)。当促发事件扰乱了个人或家庭的正常运作方式，导致他们产生一种不平衡感时，危机就发生了（Roberts, 1991; Parad & Parad, 1990)。在这种状态下，人们会经历各种强烈的感受，如脆弱、焦虑、无力和绝望（Parad & Parad, 1990)。在这一点上，一个人可能会采取增加使用他（她）通常的应对策略，或尝试一些新的策略，以试错的方式处理危机的情况（Ewing, 1990)。如果这些额外的努力没有成功，这个人可能会经历紧张加

剧，并面临功能严重紊乱的风险（Caplan，1964）。4~6 周后，无论是否接受治疗，服务对象都会经历恢复到以前的平衡状态或新的平衡状态的情况，这可能会使他们比危机前更好或更糟地应对危机（Parad & Parad，1990）。危机干预的主要目的是加速恢复到平衡状态，至少防止个人在一个新的、退化 72
的平衡水平上稳定下来。危机干预有多种模式。最完整的模型之一是罗伯茨（1991）开发的七阶段危机干预模型：（1）评估致命性和安全需求；（2）融洽交往和沟通；（3）识别主要问题；（4）处理情感并提供支持；（5）探索可能的替代方案；（6）协助制订行动计划；（7）跟进。

由于服务对象的不平衡感和情绪困扰，他们往往会采取在危机前可能会抵制的措施，并在这个过程中发展新的应对技能（Ewing，1990；Parad & Parad，1990；Roberts，1991）。服务对象在危机干预中的变化是通过各种会谈和会谈间活动完成的。会谈中的一项临床医生活动包括通过使用“措辞谨慎的问题”来挑战服务对象消极的自我对话或不合理的信念（Roberts，1991，p. 8）。这些问题的目的是让服务对象用积极、理性的自我对话取代消极、非理性的自我对话。

临床医生还与服务对象合作，确定成功应对危机的替代方案。在确定了各种替代方案之后，临床医生和服务对象制订行动计划来实施它们。行动计划包括完成特定的任务，“主要由当事人完成，也包括由工作人员和其他重要的人完成，旨在解决当前生活状况中的特定问题，改变以前不适当或不恰当的运作方式，并学习新的应对模式”（Golan，1986，p. 323）。任务是为了使服务对象达到他（她）的治疗目标而必须执行的特定行动（重新建立平衡）（Fortune，1985；Golan，1986；Levy & Shelton，1990）。大多数任务是由服务对象以会谈间任务（家庭作业）的形式完成的，但有些是在治疗情况下完成的。成功地完成治疗任务应该使服务对象以新的和不同的方式感受、思考或行动。在危机干预中，临床医生应该“鼓励服务对象思考其他的想法、应对方法和解决方案”（Roberts，1991，p. 12）。然而，当临床医生面临帮助服务对象处理危机的压力时，他们往往会迅速介入，提供解决方案和建议。

向服务对象提供建议并提出解决方案的临床医生可能会加快危机的解决，但不会促进服务对象的赋权。服务对象通常不能像临床医生希望的那样迅速反应。然而，如果临床医生表现出耐心，服务对象更有可能找出他们自己的解决方案，因此感到能控制局势。也许即使是在危机中，如果临床医生有一个特定的模型在这种情况下指导他们，他们就不太可能“拯救”（Friesen & Casella, 1982）服务对象，而更有可能加强服务对象的优势。有一种治疗模式适合于在危机情况下利用服务对象的优势，那就是聚焦解决疗法。

聚焦解决疗法

73 聚焦解决疗法认为改变是不可避免的和持续的（Greene & Lee, 2011; Kral & Kowalski, 1989）。这种方法假定服务对象提出的问题存在波动，因此其严重程度和（或）频率不是恒定的；有时，问题要么不存在，要么至少不像其他时候那么频繁或强烈（Berg & Miller, 1992b）。临床医生使用聚焦解决模式的任务是与服务对象合作，确定他（她）已经在做的有助于减少问题的事情。因此，聚焦解决疗法，强调识别和扩大服务对象的优势和资源，用于解决或减少出现的问题的频率和（或）强度。这种治疗方法假设服务对象最终拥有解决问题的资源和能力（de Shazer, 1985）。因此，聚焦解决疗法是一种与服务对象合作的非病理学方法（Greene & Lee, 2011）。

在聚焦解决疗法中，重点是寻找解决方案（finding solution），而不是解决问题（solving problem）。聚焦解决的治疗师是一种催化剂，促使服务对象扩大和增加解决模式的频率，而不是减少问题模式；聚焦在“事情进展顺利时发生了什么”，而不是“问题出现时发生了什么”。聚焦解决疗法强调优势和解决方案，这有助于建立改变即将发生的期望（de Shazer et al., 1986）。根据德·沙泽尔（de Shazer）等人（1986）的研究，治疗性话语越关注可选择的未来和解决方案，服务对象就越期待改变发生。临床医生聚焦在通过鼓励“改变谈话”（Weiner-Davis, 1993）或“解决谈话”而不是“问题谈话”（Walter & Peller, 1992）来询问服务对象问题，以达到获得解决方案的目的。改变谈话包括服务对象识别问题中已经发生的积极变化或问题的例外情况，或者他们不再将情况视为有问题的（Weiner-Davis, 1993）。金格里奇（Gingerich）、德·沙泽尔和韦纳-戴维斯（Weiner-Davis）（1988）发现，当临床医生有意地参与改变谈话时，服务对象在下一轮谈话中讨论改变的可能性要高出四倍多。这与聚焦解决疗法的假设是一致的，即一个小小的改变就足以引发一个更大的改变（O'Hanlon & Weiner-Davis, 1989; Walter & Peller, 1992），从而导致积极的自我实现预言而不是消极的（Greene & Lee, 2011）。

聚焦解决疗法假设服务对象真的想要改变，而非认为他们是顽固的。服务对象不改变被视为他们想让临床医生知道如何帮助他们的方式。要求服务对象做更多他（她）已经有能力做的事情可以巩固治疗关系，因为临床医生不会要求服务对象做一些不熟悉的事情（Molnar & de Shazer, 1987）；服务对象很可能得到这样的信息：他（她）还好，没有缺陷或“修理”的需要。根据贝尔格（Berg）和贾亚（Jaya）（1993）的研究，当临床医生聚焦于与 74
服务对象合作并尊重他们解决问题的方式时，服务对象将为临床医生提供许多向他们学习的机会。适应服务对象看待自己处境的方式不仅是尊重，而且还促进了治疗中的合作。临床医生有责任谨慎对待服务对象的世界观（框架/参考系），并尽可能地与之相适应（Greene & Lee, 2011）。

聚焦解决疗法对于处于危机中的服务对象是合适的，众所周知的原因是，它能产生迅速和戏剧性的变化。聚焦解决疗法对于处于危机中的服务对象也是特别有用的，因为治疗师通常从现在开始，专注于快速发展与服务对象的合作关系，并理解服务对象对问题的看法。在问题被尽可能具体和明确地定义后，临床医生将焦点转移到解决方案的讨论上。聚焦解决疗法的一个基本原则是，人们不需要知道问题的原因或功能，就可以解决它（O'Hanlon & Weiner-Davis, 1989）。这与危机干预是一致的。在危机干预中，为了尽快成功地提供危机干预，临床医生不需要知道关于服务对象问题和目标的一切（James & Gilliland, 2013）。

危机干预的聚焦解决模式

危机干预的聚焦解决模式的结构包括以下步骤：（1）与服务对象建立协作关系；（2）倾听服务对象的故事，定义主要存在的问题，并识别不成功的解决问题的尝试（一阶变化）；（3）引出服务对象对他（她）所期望的结果目标的定义；（4）识别和放大解决方案模式（问题的例外情况）；（5）制订和实施涉及会谈间任务的行动计划；（6）终止及跟进。以解决为导向的危机工作者从与服务对象的第一次接触开始就评估其致命性和安全需求。然而，评估致命性和安全需求并不是单独列出的步骤，因为它是在整个危机过程中进行的。以解决为导向的危机工作者主要依靠在面谈中使用问题来识别和放大服务对象的优势、能力、成功和解决方案。

第一步：与服务对象建立合作关系

字典中对**合作**（collaborate）的定义是“与他人共同工作”。在合作关系中，“识别并朝着解决方案和目标努力是共有的”（Christenson & Sheridan,
75 2001, p. 97）。为了实现合作，危机临床医生必须使用许多技巧，包括共情（识别和反映服务对象的感受）、支持、接受、跟踪、匹配和镜像非语言沟通，以及学习和使用服务对象的框架（参考系）。合作贯穿于危机干预工作的始终，但在开始时尤其重要。为了促进合作，贝尔格（1994）建议临床医生应该避免与服务对象正面冲突，避免引发防御心理，避免与服务对象进行辩论和争论，并在适当的时候采取一种“下放的立场”，将服务对象视为自己处境的“专家”（p. 53）。这一步与罗伯茨的阶段二和阶段四类似。

在这个步骤中，危机工作者还应该立即开始评估服务对象对自己或他人的威胁程度，或被他人威胁的程度。这样的评估当然是最初的焦点并且应该在整个危机工作中继续进行。确保服务对象安全类似于罗伯茨危机干预模型的阶段一（评估致命性）。在这里讨论的聚焦解决的危机干预模型中，评估致命性（包括确保服务对象安全）不是一个单独的步骤，而是整个危机工作的主题。随着危机工作的展开，危机工作人员执行这些活动。

第二步：倾听服务对象的故事，定义主要呈现的问题，识别服务对象解决问题的不成功的尝试（一阶变化）

虽然本章所述的模式强调“解决方案”，但第一次面谈通常以服务对象描述引发寻求危机服务的问题开始。此时，服务对象可能想谈论问题的情况以及随之而来的痛苦感受。倾听并恰当地回应服务对象的故事是发展合作关系的手段。危机工作者可以这样开始面谈：“你现在有什么“**顾虑**”（concern）使你想见到像我这样的人?”与其使用“**问题**”（problem）这个词，危机工作者可能想使用“**顾虑**”或“**事儿**”（issue）作为一种使服务对象正在经历的危机事件正常化的方式。通过这种方式，危机工作者不再将危机归为病态并向人们传达这样的信息，即这样的事件可以成为生活的一部分，尽管大多数情况下是出乎意料的，这需要付出额外的努力来找到解决方案。许多治疗师在开始第一次面谈时都会问一个应该避免的问题：“什么情况使你来到这儿?”这个问题可以加强外部控制感，这是大多数服务对象已经经历过的（Frank，1982）。因为所有的临床工作都应该授权给服务对象，我们想要加强他们的内部控制。因此，在治疗对话中，我们需要注意我们使用的语言以及我们如何与他们交谈。

当服务对象提到一些问题时，危机工作者应该要求服务对象对这些问题 76
进行优先级排序。对于优先级排序，工作者可以这样说：“你提到了你现在面临的几个问题。我发现在所有可能的情况下，一次只处理一个问题是很有帮助的。你刚才提到的问题中，你希望在我们的合作中首先关注哪一个？”重要的是，对问题进行尽可能明确地（具体和行为）定义，包括谁、什么、何时、何地、如何以及多久一次。

服务对象故事的一部分包括描述他（她）已经尝试解决和应对困难的情况。如前所述，在与危机工作者交谈之前，服务对象通常会尝试不同的方法来解决和应对危机，但都没有奏效。这可能会导致服务对象感觉陷入一个失败的恶性循环。获得这些信息会告诉危机工作者不要和服务对象尝试什么，因为如果到目前为止服务对象的尝试都没有成功，那么成功的可能性就很小。服务对象之所以陷入这种恶性循环，是因为他们一直试图在现有框架内解决危机。此外，获得这些不成功的解决问题尝试的信息有助于使他们放松现有的框架，这样他们就会考虑尝试一些不同的东西。一旦工作人员认为服务对象已经尽可能清晰、具体地定义了问题和解决危机的失败尝试，他就应该继续要求服务对象定义他（她）的结果目标。然而，有些服务对象更希望宣泄，可能仍然希望专注于问题谈话。当这种情况发生时，最好不要催促服务对象定义目标，并在他们准备好之前专注于讨论解决方案。

第三步：引出服务对象对期望结果目标的定义

在聚焦解决疗法中，更多的是强调设定目标而不是定义问题（de Shazer，1985）。目标描述了服务对象对未来的期望状态，包括她或他将会有怎样不同的感受、想法和行为。像问题一样，目标应该由服务对象设定并尽可能具体地定义（de Shazer，1988）。在临床情况下，当工作的重点是在他们的目标上而不是临床医生设定的目标上时，服务对象更有可能合作（而不是抗拒）（Berg & Gallagher，1991；Greene & Lee，2011）。

通常当服务对象被问到他们的目标是什么时，他们可能会这样回答：“我想要停止抑郁”或“我想摆脱抑郁”。然而，目标应该以积极的而不是消极的方式表述（在感觉、思考或行为方面存在而不是缺乏某种东西），比如，“你想要什么样的感觉？”或者“你想有什么不同的感觉？”（Walter & Peller，1992）。目标设定包括服务对象描绘给自己的不包含当前问题的未来
77 现实。他们越详细地描述自己在未来想要怎样的感受、思考和行为，这些就越真实（Walter & Peller，1992）。因此，询问和回答奇迹问题以及后续问题的过程可以被认为是一种非导向意象的形式（Greene & Lee，2011）。

奇迹问题和梦境问题

有时候，服务对象很难设定一个具有足够行为指标和明确性的目标。临床医生可以使用**奇迹问题**（miracle question）或**梦境问题**（dream question）来促进实现这种明确性。下面是关于奇迹问题的一个例子：

> 假设我们今天开完会你就回家睡觉。当你睡着的时候，奇迹发生了，你的问题突然得到了解决，就像魔法一样。问题解决了。因为你在睡觉，你不知道奇迹发生了，但当你明天早上醒来，你会不一样。你怎么知道奇迹发生了？告诉你奇迹已经发生，问题已经解决的第一个小迹象是什么？（Berg & Miller，1992a，p. 359）

梦境问题是对奇迹问题的改编，展示如下：

> 假设今晚你在睡觉时做了一个梦。在这个梦里，你会发现解决你现在所关心的问题所需要的答案和资源。当你早上醒来，你可能记得也可能不记得你的梦，但你确实注意到你的不同。当你开始你的一天，你怎么知道你发现或发展了必要的技能和资源来解决问题？你这么做的第一个小小的证据是什么？（Greene，Lee，Mentzer，Pinnell，& Niles，1998；Lee，Greene，Mentzer，Pinnell，& Niles，2001）

这些问题应该慢慢地问，句子之间要有短暂的停顿。在询问奇迹或梦境问题后，重要的是临床医生要跟进问题，以便从服务对象那里获得对奇迹画面清晰而具体的描述。关系询问（relationship question）的使用对于获得这样的描述是必不可少的。

关系询问

个体从来不是单独存在的，所有的行为都是情境性的，尤其是人与人之间的情境。除了要求服务对象通过使用奇迹问题和梦境问题建立具体的、精确的行为变化指标，问问服务对象，对他们重要的其他人可能会注意到他们哪些不同之处，以及在想象的奇迹发生后他们会做出怎样不同的反应，这是很有帮助的（Greene & Lee，2011）。建立多个变化指标可以帮助服务对象更清晰地认识到他们所期望的适合于他们现实生活的未来。下面是这类问题的例子： 78

- "奇迹发生后的第二天早上，谁会第一个注意到奇迹的发生？"
- "人们首先会注意到什么，会告诉他们奇迹发生了？"
- "在这个奇迹发生后，人们对你的反应会有什么不同？"
- "对他们你会如何做出不同的反应？"

为了说明这一过程，我们将奇迹问题用于以下情况。

家庭暴力

一位匿名女士打来电话，她的声音几乎让人听不见。她听起来筋疲力尽、无精打采、绝望和沮丧。她在电话中一开始就说，她和一个虐待狂男人住在一起。他昨天打了她一顿，声称他必须管教她。他让她在纸上把她的错误写100遍，然后她必须给他写一封正式的道歉信，保证不再犯同样的错误。当他去上班时，他锁上所有的门、窗、碗柜和冰箱。他每天只允许她吃一顿饭，并且如果她正在接受惩罚，那么这顿饭也不能吃了。工作人员在与服务对象建立了积极的关系并让其定义了问题后，问了她以下问题：

工作人员：假设在你今晚睡觉的时候，奇迹发生了，你的问题突然得到了解决。就像魔术一样，问题消失了。因为你在睡觉，你不知道奇迹发生了，但是当你明天醒来的时候，你就不一样了。你怎么知道奇迹发生了？第一个能告诉你奇迹发生和问题解决的小迹象是什么？

服务对象：他不在家，我在这儿就安全了。

工作人员：你认为安全是什么样的？

服务对象：我可以在家里随意走动，想干什么就干什么。我甚至可能会离开家，步行去商店。

工作人员：一旦来到这家商店，你会做什么？

服务对象：我可能会打电话给我妹妹，跟她说话，我已经好几个月没这么做了。

79 工作人员：你会和她说些什么？

服务对象：我可能会告诉她比尔（Bill）是个多么没用的浑蛋，然后她会帮我想办法永远离开这个家。

工作人员：即使是这个奇迹的一小部分发生，需要发生什么呢？

服务对象：唔，我得有个计划。这个计划可以让我在比尔工作的时候偷偷溜出去。

工作人员：你以前做过吗？（关于过去成功的问题）

服务对象：是的，很久以前了。

工作人员：那时候你是怎么做到的？

骚扰

一位匿名女士打来电话，感到绝望、无助和愤怒。她是个女同性恋，因为其女同性恋行为而受到同事们的骚扰和歧视。她感到陷入困境，因为她喜欢她的工作而不想离开，但也厌倦了骚扰。最近，有人开始跟踪她，整晚开车经过她的房子。她认为可能是同事，但没有证据。服务对象说感到非常害怕，不知道该怎么办。

工作人员：假设今晚在你睡觉的时候，奇迹发生了，你的问题突然得到了解决，就像变魔术一样。问题已经解决了。因为你在睡觉，你不知道奇迹发生了，但是当你明天醒来的时候，你会变得不一样。你怎么知道奇迹发生了？第一个能告诉你奇迹已经发生，问题已经解决的小迹象是什么？

服务对象：我可以醒来，不用害怕，我能去上班，享受我的工作和与同事在一起，我能像其他正常体面的人一样被对待，而不是像一些带瘟疫的怪物一样被对待。

工作人员：这真是一个大奇迹！第一个能告诉你奇迹发生的小迹象是什么？（专注于小的、具体的行为，而不是大的、宏大的解决方案）

服务对象：嗯，首先，我会毫无恐惧地醒来。

工作人员：如果你毫无恐惧地醒来，你的伴侣会注意到你什么？

服务对象：嗯，她可能会觉得我更放松……呃，可能不那么紧张了。

工作人员：当你早上醒来时更放松了，她会注意到你在做什么？

服务对象：唔，我会有个好心情，也许会开个玩笑，给我们俩都准备一顿丰盛的早餐（她脸上挂着微笑）。那不是很好吗？

工作人员：你需要做什么才能开始表现得好像你醒来时没有恐惧？

服务对象：我需要知道我是安全的。 80

工作人员：你需要做什么才能感到安全？

服务对象：我可能需要让警察介入。也许我可以加强我的安保，呃，买一把门闩锁和一只剑齿虎（哈哈！）

工作人员：看，你有一些很棒的主意来帮助自己！（称赞）你首先要做什么？（协助服务对象制订具体计划，使其有安全感）

接下来的跟进是有帮助的，通过让服务对象用 0 到 10 的自锚式量表衡量问题和目标，以定义主要呈现的问题和相应的结果目标。这种量表不仅有助于进一步明确具体的问题和目标，而且有助于评估服务对象的治疗进展。

评量询问

评量询问（scaling question）允许量化服务对象的问题和目标，这不仅有助于评估服务对象的情况和进展，而且本身也是一种干预（Greene，1989）。评量询问要求服务对象将问题和目标按 0 到 10 的等级排序，0 是问题可能出现的最坏情况，10 表示最理想的结果。临床医生通常在每次会议开始时询问服务对象，他（她）在问题/目标连续体的 0～10 级中处于什么位置。在随后的会议中，当服务对象给自己打更高的分数时，即使是稍微高一些，临床医生也会问他（她）做了什么来实现这一点（Berg，1994）。这个方法可以帮助服务对象识别哪些是有帮助的，哪些可能是其他没有注意到的。下面的例子演示了评量询问的使用。

悲伤和失落

一个女人打来电话说她需要谈谈，她父亲昨天去世了。服务对象很心烦，但接着说她主要的问题是她的离婚终有一天会成为定局。她结婚3年了，有两个不到3岁的孩子。她丈夫抛下她和孩子们，搬去和另一个女人同居。她说她不知道该怎么做。

工作人员：我很惊讶你在过去的6个月里一直坚持。

服务对象：是的，我也是。我想情况更糟了。

工作人员：甚至比现在还要糟糕？

服务对象：是啊，他刚离开的时候，我的情绪空前低落。

工作人员：如果我让你给自己处理这种情况的方式打分，分值从0到
81 10，0代表6个月前，10代表你想要达到的目标，你认为你今天处于哪里？

服务对象：我想我在3或4。

工作人员：哇，考虑到你所经历的一切，这真是令人印象深刻。你是怎么从0到4的？

服务对象：唔，我决定为了孩子们，我必须坚持下去。虽然我的数学不好，但为了能够拿到美国高中同等学历证书（GED），我也一直在坚持上课。

工作人员：你的孩子给了你前进的动力，让你开始规划未来。

服务对象：是的，我想是的。

工作人员：从4移动到5，你需要得到哪些帮助？（利用评量询问帮助服务对象确定解决方案）

服务对象：这个嘛，我还没想过呢……如果我能得到家人的支持，那是最好的，比如我准备考试的时候他们能帮我照看一下孩子。

工作人员：你家谁能帮你照看孩子？（具体化）

服务对象：可能我的姐妹吧。

工作人员：她们怎么知道你需要她们的帮助呢？

服务对象：嗯，也许我需要和她们谈谈……我们的关系很好。

第四步：识别并增强解决方案

在服务对象详细描述了一个没有问题的未来后，危机工作者可以提出各种问题，以帮助服务对象识别和增强有助于实现预想的未来的解决方案。

例外询问（exception question）

当服务对象第一次见到危机临床医生时，他们通常会开始谈论他们的危机处境和相应的感觉（当前的问题）。与聚焦解决疗法的假设一致，即服务对象对问题的感受会有波动，临床医生通过提问来了解问题何时不存在或至少不太频繁或不太严重。关于这一点，克拉尔（Kral）和科瓦尔斯基（Kowalski）（1989）指出：

> 治疗师的工作不是发起改变，而是强调抱怨模式和例外（改变）模式之间的差异，从而明确"自然"发生的变化，这些变化会朝着期望的解决方案的方向发展。(p. 73)

假设在这段时间里，服务对象通常会做一些事情来改善情况，临床医生会提出进一步的问题来了解服务对象在做什么。在"做更多有用的事情"之后，出现了"做更多同样的事情"，把例外（exception）变成了惯例（rule）(Kral & Kowalski, 1989)。下面的病案演示了如何识别例外。 82

保持清醒

简（Jane）对自己最近的丧失节制感到极度失望和羞愧。她已经有 19 个月没喝酒了，但昨天她和前夫大吵了一架，整晚都在酒吧，喝得烂醉如泥。

工作人员：你能 19 个月保持清醒？

服务对象：是啊，但是有什么用呢？我昨晚没清醒！

工作人员：听起来你觉得喝酒是一种应对前夫压力的方法？

服务对象：对，通常是我喝得最醉的时候，他和我会打一架。

工作人员：在过去的 19 个月里，有多少次你和你的前夫争吵而不喝酒？

服务对象：嗯，有过几次。

工作人员：那时候你是怎么做到不喝酒的？

服务对象：唔，有一件事让我不喝酒，那就是去参加嗜酒者互诫会（AA meeting）。我真的依赖那些人的支持。

工作人员：当你和前夫吵了一架又不喝酒时，你怎么知道要去参加嗜酒者互诫会呢？

服务对象：我告诉自己，如果我不去互诫会，不和别人聊天，我就去喝酒。我从他身边逃了出来。

工作人员：你的想法很聪明。这是你将来愿意再做的事情吗？

服务对象：嗯，我想我可以，尤其是在这个项目的帮助下。

过去的成功

有时，服务对象起初很难识别当前生活或新近出现的问题的例外情况。当这种情况发生时，临床医生可以询问服务对象过去成功处理相同或类似情况的次数，以及他（她）是如何做到的（Berg & Gallagher, 1991）。对于目前的问题，临床医生甚至可以询问服务对象几年前发生的例外情况。如果患者不能提出任何例外，临床医生可以询问过去类似问题的例外情况。其目的
83 是找出过去行之有效的解决方案，并将其应用于当前的危机形势。下面的例子说明了识别过去成功经验的运用。

有自杀倾向的服务对象

这位不愿透露姓名的服务对象是一位 58 岁的女性，她报告说自己感到抑郁并有自杀倾向。圣诞节时，她姐姐和母亲发生了一场争吵，她开始有了这种感觉。服务对象说她花了几年时间和很多努力来修补这些关系，现在她担心这一切都是徒劳的。这次争吵也让她想起了很多童年的问题，现在她觉得有必要重新处理这些问题。服务对象说她非常沮丧，想要自杀。

工作人员：你过去有过自杀的念头吗？

服务对象：是的，大约 25 年前。

工作人员：那你那时尝试自杀了吗？

服务对象：不，不知怎么的，我摆脱了。

工作人员：你是怎么做到的？

服务对象：医生给我开了一段时间的抗抑郁药。我也一直培养自己散步和锻炼的生活习惯。和朋友聊天也很有帮助。

工作人员：你是怎么不去想那些家庭问题的？

服务对象：我让自己保持忙碌。

工作人员：你现在还在做那些你曾经做过的事情吗？

服务对象：没有，但我想我可以。

工作人员：你能从哪件小事开始？

应对询问

危机中的服务对象常常会说，一切都不顺利，他们在生活中找不到任何积极的东西，无法识别任何例外，无论是现在还是过去。这些服务对象可能对自己和自己的未来感到绝望（Berg & Miller，1992b）。危机工作者需要认识到这种消极情绪是极度绝望的迹象和寻求同理心帮助的信号。在这样的情况下，服务对象可以察觉到临床医生对积极的关注是人为的和强加的。应对询问（coping question）对于那些在危机中看不到积极改变可能性的服务对象来说是非常有效的（Berg & Miller，1992b）。应对询问可以促使服务对象产生一种赋权感，因为他们开始意识到他们不知道自己拥有或已经忘记的资源（Berg，1994）。下面的例子说明了应对询问的使用。

绝望的单亲妈妈 84

劳蕾恩（Loraine）是一名 26 岁的失业单亲母亲，带着一个 7 岁大的“很难对付的”男孩泰迪（Teddy）。据劳蕾恩说，她一直无法应付泰迪，泰迪从来不听话，几乎毁坏一切。最近，泰迪在公寓里放火，还猥亵了一名 5 岁的小女孩。劳蕾恩说她和泰迪的关系很差，很久没有和他说话了，她已经快要放弃了。劳蕾恩非常沮丧，当工作人员试图让她思考母子关系的积极变化时，她变得激动起来，这似乎是劳蕾恩不可能做到的。工作人员替换使用了应对询问。

工作人员：如果我让你把你和泰迪的关系按0到10的等级来评分，其中1是你们两个能达到的最糟糕的情况，10是你们两个都能拥有的最好关系，你现在会给你和泰迪的关系评多少分？

服务对象：我得说它在负值范围内。

工作人员：听起来情况真的很糟糕。我只是想知道你做了什么来防止关系恶化？你知道，情况可能会更糟，那你怎么才能不让情况变得更糟呢？

服务对象：我时不时地关注着他。我没有完全忽视他，即使有时我感到很沮丧和不知所措，我所能做的就是关注自己的情况。

工作人员：在你感觉很糟糕，很不喜欢做的时候，是怎么做到照顾泰迪的？

服务对象：我就是做了。我是他的母亲，对他负有责任。我真的不知道该怎么做。我放弃了一段时间，但最终我告诉自己，我必须照顾好泰迪，因为没人能做到。我知道我应该做一个更好的母亲，但现在我觉得我几乎不能照顾自己。

工作人员：有时候你让自己为泰迪做一些你不喜欢但你必须做的事情。用同样的0到10来衡量，1表示你根本不想照顾泰迪，10表示你会尽你所能来照顾他，防止他惹上麻烦，你会怎么评价你自己？

服务对象：7左右吧。

工作人员：这是相当高的。你最后一次照顾泰迪，不让他惹上麻烦是什么时候？（例外问题）

---

85 **称赞**

许多第一次看临床医生的服务对象都预期会受到医生的评判和批评，因此他们可能准备好了为自己辩护（Wall, Kleckner, Amendt, & duRee Bryant, 1989）。称赞服务对象是加强合作的一种方式，而非引发防御和抗拒。称赞不必与目前的问题直接相关，但可以与服务对象正在做的对他（她）有利的、他（她）擅长的或渴望去做的事情有关（Berg & Gallagher, 1991, p. 101）。因此，这种称赞是对服务对象关于优势、成功或例外情况的反馈。当服务对象从临床医生那里得到赞扬时，他们通常会感到惊讶、宽慰和高兴。治疗性称赞的一个后果是，服务对象通常更愿意寻找、识别和增强解决方案模式。下面是一个使用称赞的例子。

关系问题

当贝蒂（Betty）打电话寻求意见时，她是歇斯底里的。她是一位有四个孩子的单亲妈妈。贝蒂必须全职工作来养活她的孩子，她经常为自己没有和孩子们在一起而感到内疚。今天，当贝蒂下班回家发现她 7 岁的女儿和 9 岁的儿子在玩“性游戏”时，她的负罪感加剧了。她觉得自己作为母亲很不称职。

工作人员：哇，这对你来说一定非常难以承受。我要赞扬你今天在这里的力量和勇气。

服务对象：我不知道自己有多坚强。你看我的孩子们一团糟。这都是我的错。如果我不需要工作那么多，这可能不会发生。

工作人员：关于你的工作，你对你的孩子们说过什么？

服务对象：他们知道我工作是为了让他们有饭吃、有衣穿、有房住。

工作人员：那真是责任重大：工作，单亲抚养四个孩子，养家糊口，给孩子们添置衣服，还要将整个家庭维持下去。要做到这一点需要大量的精力、技能和动力。我真佩服你能做到这一切。

作为制订会谈间任务的开场白，在面谈的任何时候，称赞服务对象都是有帮助的，尤其是在会谈结束的时候。然而，处于危机中的服务对象往往被他们的问题状况所压倒，并倾向于悲观。危机工作者必须注意不要过度称赞，否则服务对象可能认为这是肤浅的和不真诚的。称赞应该基于服务对象在面谈中实际做过或提到的事情。 86

第五步：制订和实施行动计划

任务分配（task assignment）也被用于聚焦解决疗法，但其使用方式与其他危机干预模型不同［需要指出的是，我们更喜欢使用**任务**（task）一词而不是**家庭作业**（homework），因为许多服务对象对“做家庭作业”的概念有负面的联想]。正如前面提到的，聚焦解决治疗假设服务对象已经在某种程度上做了或者有能力做解决问题和达到目标所需要的任何事情。因此，聚焦解决疗法的任务包括服务对象识别解决方案和（或）做更多的解决方案（Walter & Peller, 1992）。聚焦解决方案的任务是基于服务对象过去或现在习惯的想法、感受和行为（Molnar & de Shazer, 1987）。

会谈间任务以会话结束信息的形式交付。这条信息包括首先称赞服务对象，然后提供一个框架［也称为**桥接语句**（bridging statement）］，在这个框架中，临床医生根据服务对象的参考系提供任务的基本原理，然后是任务本身。使用称赞已经在前面讨论过了，下面要讨论的是任务框架（task frame）和会谈间任务。

任务框架是信息的一部分，它将最初的称赞与总结的建议或任务联系起来。就像称赞一样，执业医生提出的任何建议都必须对服务对象有意义，否则就会被忽略。任务框架的内容基于服务对象对其情况的参考系，可以反映在他们的语言、价值观、信仰、目标、例外情况、优势或看法中。通常，执业医生会以这样的话来开始任务框架："我同意你的观点……"或"因为你相信……"或"因为你想……"如果可能的话，在任务框架中加入服务对象的词汇和短语也是一个好办法。

任务主要分为两类：**观察任务**（observation task）和**行为任务**（behavioral task）。在观察任务中，执业医生根据访谈中收集的信息建议服务对象关注他（她）的生活中可能证明对解决方案构建有用的特定方面。行为任务要求服务对象实际做一些事情，采取一些执业医生认为对服务对象构建解决方案有用的行动。与观察任务一样，行为任务基于在面谈中收集的信息，因此在服务对象的参考系内应该是有意义的。

在决定任务时要考虑的一个因素是服务对象的**求变意愿**（readiness to change）的水平。聚焦解决模式考虑了三个层次的求变意愿：**消费者**（cus-
87 tomer）、**抱怨者**（complainant）、**参观者**（visitor）。[①] 消费者层面是指某人意识到存在问题，并表示愿意为此做些事情。抱怨者层面是指某人意识到存在

① 在这里，作者是根据服务对象愿不愿意为问题"买单"的状态，将其进行了划分。在购物时，消费者，有购买意愿（看到了商品的价值）并且愿意付款（有购买的行动）；抱怨者，有购买意愿（看到了商品的价值），但并不想买，只会抱怨商品太贵；参观者，过来看一眼，不知道商品价值所在，也不会购买。——译者注

问题，但表示他（她）不准备采取任何措施。参观者层面指的是某人没有意识到问题所在，当然也不愿意对此做任何事情。因此，在与服务对象合作的整个过程中，特别是在开始阶段，临床医生要评估服务对象的**消费者身份**（customership）水平，也就是"服务对象要做什么样的消费者"，并将任务与服务对象的求变意愿的水平相匹配。例如，一个服务对象可能因为酒后驾车而被捕，之后可能会面临危机。服务对象可能看不到他（她）有喝酒的问题而确实想"摆脱法庭的纠缠"。临床医生应该问服务对象："你要怎么做才能摆脱法庭的纠缠？"

下面是一些常用的聚焦解决的任务。

第一次会谈任务公式

> 从现在到下一次我们见面的时候，我们［我］希望你能观察，以便下次你能向我们［我］描述，在你的［选择一项：家庭、生活、婚姻、关系］中发生了什么你希望继续发生的事情。（de Shazer，1985，p. 137）

处于危机状态的服务对象通常会觉得事事不如意，他们正在失去对自己生活的控制。这个任务帮助服务对象重新将注意力集中在他们**擅长**的事情上，而不是问题或失败。这种焦点的改变可以使服务对象意识到他们的生活中仍然有一些东西在起作用，因此他们能够控制自己的生活（Berg，1994）。

这项任务的名称来自它在第一次会谈结束时可以不考虑出现的问题而成功使用于各种各样的服务对象（de Shazer et al.，1986）。对于那些提出模糊定义的问题，并且对临床医生试图更具体和明确地定义这些问题没有反应的服务对象，第一次会谈任务公式尤其有用。在一项针对第一次会谈任务公式使用的跟进调查中，89%的服务对象在下次会谈时报告说，他们注意到他们想继续的事情，而其中92%说至少有一个是"新的或不同的"（de Shazer et al.，1986，p. 217）。

记录当前的成功

> 确定你可以坚持____的方法（问题行为的例外行为）。（Molnar & de Shazer，1987，p. 356）

或

88 注意并记录你做了什么来克服____的诱惑或冲动（表现出与问题相关的症状或行为）。(Berg & Gallagher, 1991, p. 101; Molnar & de Shazer, 1987, p. 356)

或

从现在到下次见面，我希望你关注和注意你在 0 到 10 的评分中上升了 1 分的时候以及你是如何做到这一点的。

这项任务的目的是帮助服务对象关注他们所拥有的技能和能力，并利用它们来改善其处境。服务对象的描述越具体、越详细，他们就越有可能把这些行为纳入他们的行为体系中。此外，他们越注意到自己的行为和积极结果之间的联系，就越有可能对自己的问题有一种控制感。

预测任务

通常情况下，服务对象觉得问题超出了他（她）的控制范围。服务对象能够识别例外，但认为自己无法控制这些事件。在预测任务中，服务对象被要求预测或评估一些事情，例如，“每天早晨的第一件事是评估（一个例外行为）在中午之前发生的可能性”（Molnar & de Shazer, 1987, p. 356）。这个任务的目的是帮助服务对象意识到异常行为可能比他们想象的更能控制。让服务对象仔细记录他（她）的预测，以及当天的实际情况，这将对服务对象将看似随机或自发的例外转变为有意的例外的能力产生重要的洞察(Berg, 1994)。然后危机工作者可以鼓励服务对象更多地采取这种有意的例外做法，最终将例外变为常规。

假装奇迹发生了

这项任务要求服务对象选择一天，假装奇迹发生了，让他（她）寻求帮助的问题或危机已经解决。工作人员应该鼓励服务对象做任何如果奇迹发生了他（她）会做的事情，并记录自己的不同之处，以及其他人对这些差异的反应（Berg, 1994）。此策略的目的是使服务对象有理由拥有良好感觉和成功，而这种感觉和成功无法以其他方式达成。服务对象不需要等待奇迹发生，就可以体验到与无问题情况相关的良好感觉、想法和行为。这项任务让
89 服务对象了解到，他们可以把一个期望的“幻想”变成现实。

聚焦解决的任务在各种各样的问题情况下都被证明是有效的。然而，对于工作人员来说，重要的问题是在服务对象的环境和优势与任务分配之间找到一个很好的契合点。工作人员必须判断任务对服务对象是否有意义，以及服务对象是否愿意参与特定的任务分配。

第六步：终止和跟进

处于危机状态的人通常会经历严重的不平衡。危机干预试图阻止一个人在退化的功能水平上稳定下来，最好是帮助其重新建立平衡，同时增强应对能力。终止（termination）的一个重要标准是，如果无法达到更高水平，服务对象应恢复到先前的功能水平，而不是解决他（她）所有的问题。在这方面，聚焦解决模式与危机干预在终止方面有着共同的理念。聚焦解决模式认为生活中充满了需要解决的问题，服务对象在结束案件之前解决所有问题是不现实的。相反，具体目标的实现被确定为终止的标准。因此，在终止时，工作人员要帮助服务对象回顾他们的具体目标，评估他们的终止意愿，并预测未来可能出现的挫折。在这个过程中经常使用评量询问。下面的例子说明了这个过程。

靠不住的单亲父亲

约翰（John）是一位37岁的单亲父亲，有一个9岁的儿子贾斯汀（Justin），贾斯汀被诊断出患有注意力缺陷多动障碍。父亲自己也有学习困难，没有读完高中。约翰和贾斯汀的母亲苏珊分开了，她有一些严重的“精神问题”和“糟糕的育儿技巧”。贾斯汀选择和他父亲住在一起。除了分居和单亲家庭的压力，约翰的母亲最近去世了，他变得非常抑郁。两个月前，约翰喝醉了酒，公寓着火了，显然是由一根点燃的香烟引起的。幸运的是，没有人受伤。儿童服务部因为约翰涉嫌忽视儿童而介入此事。约翰进行了六次危机干预，取得了巨大的进步。尽管约翰在为人父母方面仍然缺乏信心，但他和工作人员都认为在这个时候终止是合适的。

工作人员：约翰，假设我们第一次见面时，你照顾贾斯汀的能力是1，而你希望你的育儿能力是10。从0到10，你觉得你今天在什么位置？（评估进展情况）

服务对象：我想我大概 6 或 7。

90 工作人员：这是很大的进步。回顾过去，你做了什么来帮助自己成为一个称职的家长？

服务对象：嗯，我一直告诉自己，我不想把我儿子的生活搞糟。后来，当我回想起这件事的时候，我不敢去想如果我放火烧了公寓会发生什么。

工作人员：所以，你经常提醒自己不要再发生这样的事了。你还做过什么有帮助的事？

服务对象：嘿，我们列出的清单对我很有帮助（服务对象提到工作人员和他一起制定的关于合格的育儿应该做的事情的清单）。我把它放在冰箱上，这样我每天都能看到它。

工作人员：我很高兴听你这么说。你还和贾斯汀做了什么有用的事？（试着对父子之间的互动行为进行描述）

服务对象：和贾斯汀……哦，我想我应该和他做更多的事情。他真的很喜欢。

工作人员：你知道，自从我们开始以来，你已经取得了巨大的进步。我只是想知道，如果用 0 到 10 来打分，10 表示你完全有信心跟上自己的进步，0 表示你完全没有信心保持这些变化，那么今天你会把自己放在 0 到 10 之间的哪个位置呢？（评估维护改变的信心）

服务对象：我不知道，也许 5 吧。有时我怀疑这种情况是否还会重演。

工作人员：所以，你有点不确定。你从 5 到 6 需要什么？

服务对象：也许我只能继续做我一直在做的事情。嗯，我想有人提醒我是件好事。

工作人员：谁是提醒你的好人选？

服务对象：让我想想。我妹妹真的很关心贾斯汀和我。如果我问她，她可能会愿意帮忙。

工作人员：对你来说和她谈这件事容易吗？

服务对象：非常容易，应该没有问题。

工作人员：我想问你一个稍微不同但非常重要的问题。你开始退步的最早迹象是什么？你妹妹会注意到你的什么会让她觉得你开始犯错？

服务对象在终止时的主要任务是评估和巩固他们的进展。对服务对象来说，了解什么对他们有效是很重要的，这样他们就能将自己的行动与成功的结果联系起来。这样，生活就不再是一系列他们无法控制的危机。他们可以积极地参与到解决方案的制定中，并通过经验提高自己的技能和能力。重点不再是亏欠，相反，服务对象的优势会得到认可和赞扬。对于成功应对危机的服务对象来说，称赞的使用尤为重要。一般的指导方针是让服务对象拥有 91
自己的成功，并将其完全归功于自己。

除了评估和庆祝积极的进步之外，帮助服务对象超越目前的成功，锚定标杆，告诉他们未来什么时候可能需要帮助也是很重要的。聚焦解决模式把问题看作人类生活中正常的和固有的。因此，帮助服务对象改善他们所有的问题比帮助他们认识到什么时候他们将再次需要帮助和（或）给予他们处理新问题新情况的技能更不现实。

在危机干预终止后的某个时候，危机工作者应尽可能与服务对象联系，看看他（她）做得如何（Roberts，1991，1996）。终止和随访之间的时间长短会有所不同，但随访通常应在 1 个月内进行（Roberts，1991，1996）。在终止时，工作人员应告知服务对象他或她想要进行后续跟进并寻求服务对象的许可。这样的联系可以帮助支持和巩固服务对象的持续成功、解决方案和优势。此外，在后续联系过程中，如果服务对象要求，工作人员可以推介长期的临床工作。大多数治疗方法都没有将随访作为明确的组成部分，聚焦解决疗法也不例外。然而，本章的作者在这一点上同意罗伯茨的观点。

总结和结论

虽然危机干预和聚焦解决疗法来自不同的治疗传统，但是它们确实有共性。例如，危机干预认为大多数危机是自我限制的，因为不平衡状态通常持续 4~6 周（Parad & Parad，1990）。因此，危机工作往往是即时的、短期的和集中的。聚焦解决模式也强调对服务对象寻求帮助的快速和简短的响应，并与 4~6 周的时间框架相一致，因为无论出现什么问题，会谈的平均次数都在 3~5 次（Macdonald，2007）。

虽然聚焦解决模式假定服务对象已经拥有资源和优势，以及干预的目的是利用服务对象自身带到治疗情况中的东西帮助他们成功地处理其提出的问题，但是它不否认有时可能需要更直接的方法。聚焦解决模式鼓励服务对象寻找问题的例外，并执行更多维持例外的模式。然而，危机事件可能非常新奇而需要新的应对和解决问题的技巧。在聚焦解决模式中，如果找不到例
92 外，就鼓励服务对象做一些不同的事情。事实上，聚焦解决疗法的基本宗旨之一就是“如果奏效，就多做。如果不奏效，就不要再做，做别的事情”（de Shazer et al.，1986，p. 212）。此外，即使是解决为导向的危机工作者，也可能需要积极地提供具体的服务、实际的支持、信息和其他干预措施，以帮助减轻服务对象在其生活状况中的即时不平衡——这是典型的聚焦解决模式中没有强调的行动。然而，本章的作者鼓励危机工作者，只要有可能，在尝试专注于聚焦解决模式之前，不要过快使用直接的方法。更直接的方法可能会迅速解决当前的危机，但可能不会给服务对象带来更强的优势、能力和授权感。

经验、熟练的判断、灵活性和个性化治疗可能是使用聚焦解决模式进行危机干预所需智慧的最好描述。多年来，危机干预文献已经认识到危机情况中固有的“机会”，即一个人如果成功地处理了这种情况，就可以获得显著的个人成长（Caplan，1964）。本章采用了一种通过使用聚焦解决疗法结合危机干预来运作的优势视角。我们假定，尽管服务对象处于危机状态，但他们拥有目前尚未注意到的各种各样的优势和技巧。在聚焦解决的危机干预中，服务对象被帮助发现和扩大他们的优势和资源——这是一种预见服务对象在人生的各个阶段新的学习和优势的干预方法。这种方法为临床医生提供了一种系统的方法来利用服务对象的优势和复原力来帮助他们处理危机，体验个人的成长和发展。

在文献中有许多报告成功地对处于危机和困境的服务对象使用聚焦解决疗法，如自杀者（Kondrat & Teater，2012；Sharry，Darmody，& Madden，2002；Softas-Nall & Francis，1998a，1998b）、严重精神残障人士（Hagen & Mitchell，2001；Rhodes & Jakes，2002；Rowan & O'Hanlon，1999；Schott & Conyers，2003）或身体残疾者（Johnson & Webster，2002）、经历过儿童虐待或忽视的人（Berg & Kelly，2000）、家庭暴力的受害者（Lee，Sebold，& Uken，2002，2003）、经历过创伤和创伤后应激障碍的人（Bannink，2014；Dolan，1991；O'Hanlon & Bertolino，1998；Tambling，2012），以及那些自残的人（McAllister et al.，2008；Selekman，2002，2009）。作者们认为，危机干

预的聚焦解决模式是大多数危机情况下的治疗选择。在对聚焦解决疗法有效性研究的回顾中，金格里奇（Gingerich）和彼得森（Peterson）（2012）指出："我们得出的结论是，有强有力的证据表明，聚焦解决简易疗法是一种对各种行为和心理预后有效的治疗方法，此外，它似乎比其他替代疗法更简便、成本更低。"（p. 281）然而，针对聚焦解决模式有效性的研究已经在临床 93
情况下完成，这些情况下的治疗被认为是 10 个或更少疗程的短程疗法（brief therapy）。

由于伦理方面的考虑，在较短的时间（如危机突发事件）内对危机干预的有效性进行随机对照研究是困难的，甚至是不可能的。目前，还没有设计良好的研究来证明聚焦解决模式对危机干预的有效性。然而，在之前的一份危机热线工作中，其中一名作者记录到，在向工作人员介绍了聚焦解决技术后不久，花在与长期呼叫者的电话上的时间在一个月内从 1000 分钟减少到 200 分钟。只有未来的研究才能阐明这种急剧下降意味着什么，以及它是否可以归因于采用了聚焦解决模式。

为了与聚焦解决模式的基于优势的取向一致，研究人员强调了使用基于优势的工具的重要性（Smock，2012）。斯莫克（Smock）确定并回顾了几种可以有效用于研究一般聚焦解决模式效果的措施。许多注重解决方案的临床医生经常使用结果等级量表（Outcome Rating Scale，ORS）和会话等级量表（Session Rating Scale，SRS）来监测服务对象对干预和进展的反应（Guterman, 2013；Murphy, 2008）。ORS 和 SRS，由巴里·邓肯（Barry Duncan）和斯科特·米勒（Scott Miller）及其同事开发（Miller，Duncan，Sorrell，& Brown, 2005），构成了邓肯和米勒在不同时期提到的变更结果管理系统的合作伙伴（Partners for Change Outcome Management System，PCOMS），针对服务对象的结果通知（Client-Directed Outcome Informed，CDOI）方法，或反馈告知治疗（Feedback Informed Treatment，FIT）。ORS 和 SRS 各由四个项目组成，采用李克特量表，已确立了效度和信度。服务对象在会谈开始时完成 ORS，以了解他（她）的情况，然后在会谈结束时完成 SRS，以了解他（她）对面谈进行得如何的看法。为了监测服务对象对治疗的反应，每次服务对象和临床医生会面时都要完成 ORS 和 SRS。这个过程的主要目的是向临床医生和服务对象提供关于服务对象对治疗反应的反馈。如果服务对象病情没有好转甚至恶化，临床医生需要调整他（她）的临床工作方法，做一些不同的事情。虽然 ORS 和 SRS 可以用于任何理论上的治疗方法，但使用它们现在也被官方认为是有证据基础的。也就是说，使用它们不仅能对服务对象的进展提供反馈，而且对服务对象的改进有显著的贡献。

然而，在行为紧急情况下，服务对象可能没有时间完成 ORS 和 SRS，即使有足够的时间，服务对象也可能没有兴趣这样做。根据作者的经验，使用 0~10 量表可以达到与 ORS 和 SRS 相同的目的。使用 0~10 量表不仅可以为服务对象的进展提供反馈，而且其本身就是一种干预，可以在整个面谈过程中使用，而不仅仅是在开始和结束时使用。格林（Greene）和李（Lee）（2011）注意到，一些研究发现，0~10 量表与其他已确定效度和信度的量表具有良好的相关性。然而，需要做更多的研究来进一步检验这一点。

致谢：本章的部分内容改编自吉尔伯特·格林、莫-伊·李、朗达·特拉斯克（R. Trask）和莱茵希尔德（J. Rheinscheld）（1996），“Client Strengths and
94 Crisis Intervention：A Solution-focused Approach”（《服务对象的优势与危机干预：聚焦解决模式》），*Crisis Intervention and Time-Limited Treatment*（《危机干预与限时治疗》），3，43-63。

参考文献

Aspinwall, L. G., & Staudinger, U. M. (2002). A psychology of human strengths: Some central issues of an emerging field. In L. G. Aspinwall & U. M. Staudinger (Eds.), *A psychology of human strengths: Fundamental questions and future directions for a positive psychology* (pp. 9–22). Washington, DC: American Psychological Association.

Bakker, J. M., Bannink, F. P., & Macdonald, A. (2010). Solution-focused psychiatry. *The Psychiatrist, 34*, 297–300.

Bannink, F. (2014). *Post traumatic success: Positive psychology and solution-focused strategies to help clients survive and thrive.* New York: Norton.

Berg, I. K. (1994). *Family based services: A solution-focused approach.* New York: Norton.

Berg, I. K., & Gallagher, D. (1991). Solution focused brief treatment with adolescent substance abusers. In T. C. Todd & M. D. Selekman (Eds.), *Family therapy approaches with adolescent substance abusers* (pp. 93–111). Boston: Allyn and Bacon.

Berg, I. K., & Jaya, A. (1993). Different and same: Family therapy with Asian-American families. *Journal of Marital and Family Therapy, 19*, 31–38.

Berg, I. K., & Kelly, S. (2000). *Building solutions in child protective services.* New York: Norton.

Berg, I. K., & Miller, S. D. (1992a, June). Working with Asian American clients: One person at a time. *Families in Society*, 356–363.

Berg, I. K., & Miller, S. D. (1992b). *Working with the problem drinker: A solution-focused approach.* New York: Norton.

Bohart, A. C., & Tallman, K. (2010). Clients: The neglected common factor in psychotherapy. In B. L. Duncan, S. D. Miller, B. E. Wampold, & M. A. Hubble (Eds.), *The heart and soul of change: Delivering what works in therapy* (2nd ed., pp. 83–111). Washington, DC: American Psychological Association.

Brown, L. M., Shiang, J., & Bongar, B. (2003). Crisis intervention. In G. Stricker & T. A. Widiger (Eds.), *Handbook of psychology: Clinical psychology* (vol. 8, pp. 431–453). New York: Wiley.

Caplan, G. (1964). *Principles of preventive psychiatry.* New York: Basic Books.

Christenson, S. L. & Sheridan, S. M. (2001). *Schools and families: Creating essential connections for learning.* New York: Guilford Press.

DeJong, P., & Berg, I. K. (2012). *Interviewing for solutions* (4th ed.). Pacific Grove, CA: Brooks/Cole.

DeJong, P., & Miller, S. D. (1995). How to interview for client strengths. *Social Work, 40*, 729–736.

de Shazer, S. (1985). *Keys to solution in brief therapy.* New York: Norton.

de Shazer, S. (1988). *Clues: Investigating solutions in brief therapy.* New York: Norton.

de Shazer, S., Berg, I. K., Lipchik, E. Nunnally, E., Molnar, A., Gingerich, W., & Weiner-Davis, M. (1986). Brief therapy: Focused solution development. *Family Process, 25*, 207–221.

Dolan, Y. (1991). *Resolving sexual*

abuse: Solution-focused and Ericksonian hypnosis for adult survivors. New York: Norton.

Eaton, Y. M., & Roberts, A. R. (2009). Frontline crisis intervention. In A. R. Roberts (Eds.), *Social workers' desk reference* (2nd ed.) (pp. 207–215). New York: Oxford University Press.

Ewing, C. P. (1990). Crisis intervention as brief psychotherapy. In R. A. Wells & V. J. Giannetti (Eds.), *Handbook of the brief psychotherapies* (pp. 277–294). New York: Plenum Press.

Fiske, H. (2008). *Hope in action: Solution-focused conversations about suicide*. New York: Routledge.

Fortune, A. E. (1985). The task-centered model. In A. E. Fortune (Ed.), *Task-centered practice with families and groups* (pp. 1–30). New York: Springer.

Frank, J. D. (1982). Therapeutic components shared by all psychotherapies. In J. H. Harvey & M. M. Parks (Eds.), *Psychotherapy research and behavior change* (pp. 5–38). Washington, DC: American Psychological Association.

Fraser, J. S. (1998). A catalyst model: Guidelines for doing crisis intervention and brief therapy from a process view. *Crisis Intervention and Time-Limited Treatment*, *4*, 159–177.

Friedlander, M. L., Escudero, V., & Heatherington, L. (2006). *Therapeutic alliances in couple and family therapy: An empirically-informed guide to practice*. Washington, DC: American Psychological Association.

Friesen, V. I., & Casella, N. T. (1982). The rescuing therapist: A duplication of the pathogenic family system. *American Journal of Family Therapy*, *10*, 57–61.

Gassman, D., & Grawe, K. (2006). General change mechanisms: The relation between problem activation and resource activation in successful and unsuccessful therapeutic interactions. *Clinical Psychology and Psychotherapy*, *13*, 1–11.

Gingerich, W. J. & Peterson, L. T. (2012). Effectiveness of solution-focused brief therapy: A systematic qualitative review of controlled outcome studies. *Research on Social Work Practice*, *23*, 266–283.

Gingerich, W., de Shazer, S., & Weiner-Davis, M. (1988). Constructing change: A research view of interviewing. In E. Lipchik (Ed.), *Interviewing* (pp. 21–32). Rockville, MD: Aspen.

Golan, N. (1986). Crisis theory. In F. J. Turner (Ed.), *Social work treatment: Interlocking theoretical approaches* (pp. 296–340). New York: Free Press.

Greene, G. J. (1989). Using the written contract for evaluating and enhancing practice effectiveness. *Journal of Independent Social Work*, *4*, 135–155.

Greene, G. J., & Lee, M. Y. (2011). *Solution-oriented social work practice: An integrative approach to working with client strengths*. New York: Oxford University Press.

Greene, G. J., Lee, M. Y., Mentzer, R. A., Pinnell, S. R., & Niles, D. (1998). Miracles, dreams, and empowerment: A brief therapy practice note. *Families in Society*, *79*, 395–399.

Guterman, J. T. (2013). *Mastering the art of solution-focused counseling* (2nd ed.). Alexandria, VA: American Counseling Association.

Hagen, B. F., & Mitchell, D. L. (2001). Might within the madness: Solution-focused therapy and thought-disordered clients. *Archives of Psychiatric Nursing*, *15*(2), 86–93.

Henden, J. (2008). *Preventing suicide: The solution focused approach*. New York: Wiley & Sons.

Hopson, L. M. & Kim, J. S. (2004). A solution-focused approach to crisis intervention with adolescents. *Journal of Evidence-Based Social Work*, *1*, 93–110.

James, R. K., & Gilliland, B. E. (2013). *Crisis intervention strategies* (7th ed). Belmont, CA: Brooks/Cole Cengage Learning.

Johnson, C., & Webster, D. (2002). *Re-crafting a life: Solutions for chronic pain and illness*. New York: Brunner-Routledge.

Kanel, K. (1999). *A guide to crisis intervention*. Pacific Grove, CA: Brooks/Cole.

Kelly, A. (2000). Helping clients construct desirable identities: A self-presentational view of psychotherapy. *Psychological Bulletin*, *126*, 475–494.

Kondrat, D. C., & Teater, B. (2012). Solution-focused therapy in an emergency room setting: Increasing hope in persons presenting with suicidal ideation. *Journal of Social Work*, *12*, 3–15.

Kral, R., & Kowalski, K. (1989). After the miracle: The second stage in solution focused therapy. *Journal of Strategic and Systemic Therapies*, *8*, 73–76.

Lee, M. Y., Greene, G. J., Mentzer, R. A., Pinnell, S., & Niles, N. (2001). Solution-focused brief therapy and the treatment of depression: A pilot study. *Journal of Brief Therapy*, *1*(1), 33–49.

Lee, M. Y., Sebold, J., & Uken, A. (2002). Brief solution-focused group treatment with domestic violence offenders: Listening to the narratives of participants and their partners. *Journal of Brief Therapy*, *2*(1), 3–26.

Lee, M. Y., Sebold, J., & Uken, A. (2003). *Solution-focused treatment of domestic violence offenders: Accountability for change*. New York: Oxford University Press.

Levy, R. L., & Shelton, J. L. (1990). Tasks in brief therapy. In R. A. Wells & V. J. Gianetti (Eds.), *Handbook of the brief therapies* (pp. 145–163). New York: Plenum Press.

Lipchik, E. (2002). *Beyond technique in solution-focused therapy*. New York: Guilford Press.

Macdonald, A. (2007). *Solution-focused therapy: Theory, research and practice*. Thousand Oaks, CA: Sage.

McAllister, M., Zimmer-Gembeck, M., Moyle, W., & Billett, S. (2008). Working effectively with clients who self-injure. *International Emergency Nursing*, *16*, 272–279.

McQuaide, S., & Ehrenreich, J. H. (1997). Assessing client strengths. *Families in Society*, *78*, 201–212.

Miller, S. D., Duncan, B. L., Sorrell, R., & Brown, G. S. (2005). The Partners for Change Outcome Management System. *Journal of Clinical Psychology in Session*, *61*, 199–208.

Molnar, A., & de Shazer, S. (1987). Solution focused therapy: Toward the identification of therapeutic tasks. *Journal of Marital and Family Therapy*, *5*, 349–358.

Murphy, J. J. (2008). *Solution-focused counseling in schools* (2nd ed.). Alexandria, VA: American Counseling Association.

Norcross, J. C. (2010). The therapeutic relationship. In B. L. Duncan, S. D. Miller, B. E. Wampold, & M. A. Hubble (Eds.), *The heart and soul of change: Delivering*

what works in therapy (2nd ed., pp. 113–141). Washington, DC: American Psychological Association.
O'Hanlon, B., & Bertolino, B. (1998). *Even from a broken web: Brief, respectful solution-oriented therapy for sexual abuse and trauma*. New York: Wiley.
O'Hanlon, W. H., & Weiner-Davis, M. (1989). *In search of solutions: A new direction in psychotherapy*. New York: Norton.
Parad, H. J., & Parad, L. G. (1990). Crisis intervention: An introductory overview. In H. J. Parad & L. G. Parad (Eds.), *Crisis intervention book 2: The practitioner's source-book for brief therapy* (pp. 3–68). Milwaukee, WI: Family Service America.
Puryear, D. A. (1979). *Helping people in crisis*. San Francisco: Jossey-Bass.
Rhodes, J., & Jakes, S. (2002). Using solution-focused therapy during a psychotic crisis: A case study. *Clinical Psychology and Psychotherapy*, *9*, 139–148.
Roberts, A. R. (1991). Conceptualizing crisis theory and the crisis intervention model. In A. R. Roberts (Ed.), *Contemporary perspectives on crisis intervention and prevention* (pp. 3–17). Englewood Cliffs, NJ: Prentice-Hall.
Roberts, A. R. (1996). Epidemiology and definitions of acute crisis in American society. In A. R. Roberts (Ed.), *Crisis management and brief treatment: Theory, technique, and applications* (pp. 16–33). Chicago: Nelson-Hall.
Roberts, A. R., & Dziegielewski, S. F. (1995). Foundation skills and applications of crisis intervention and cognitive therapy. In A. R. Roberts (Ed.), *Crisis intervention and time-limited cognitive treatment* (pp. 3–27). Thousand Oaks, CA: Sage.
Rowan, T., & O'Hanlon, B. (1999). *Solution-oriented therapy for chronic and severe mental illness*. New York: Wiley.
Schott, Ś. A., & Conyers, L. M. (2003). A solution-focused approach to psychiatric rehabilitation. *Psychiatric Rehabilitation Journal*, 27(1), 43–50.
Selekman, M. D. (2002). *Living on the razor's edge: Solution-oriented brief family therapy with self-harming adolescents*. New York: Norton.
Selekman, M. D. (2009). *The adolescent and young adult self-harming treatment manual: A collaborative strengths-based brief therapy approach*. New York: Norton.
Sharry, J., Darmody, M., & Madden, B. (2002). A solution-focused approach to working with clients who are suicidal. *British Journal of Guidance and Counseling*, *30*, 383–399.
Sharry, J., Darmody, M., & Madden, B. (2008). A solution-focused approach. In S. Palmer (Ed.), *Suicide: Strategies and interventions for reduction and prevention* (pp. 184–202). New York: Routledge.
Smock, S. A. (2012). A review of solution-focused, standardized outcome measures and other strengths-oriented outcome measures. In C. Franklin, T. S. Trepper, W. J. Gingerich, & E. E. McCollum (Eds.), *Solution-focused brief therapy: A handbook of evidence-based practice* (pp. 55–72). New York: Oxford University Press.
Softas-Nall, B. C., & Francis, P. C. (1998a). A solution-focused approach to a family with a suicidal member. *The Family Journal*, 6, 227–230.
Softas-Nall, B. C., & Francis, P. C.

(1998b). A solution-focused approach to suicide assessment and intervention with families. *The Family Journal, 6*, 64–66.

Sparks, J. A., & Duncan, B. L. (2010). Common factors in couple and family therapy: Must all have prizes? In B. L. Duncan, S. D. Miller, B. E. Wampold, & M. A. Hubble (Eds.), *The heart and soul of change: Delivering what works in therapy* (2nd ed., pp. 357–391). Washington, DC: American Psychological Association.

Tambling, R. B. (2012). Solution-oriented therapy for survivors of sexual assault and their partners. *Contemporary Family Therapy, 34*, 391–401.

Wall, M. D., Kleckner, T., Amendt, J. H., & duRee Bryant, R. (1989). Therapeutic compliments: Setting the stage for successful therapy. *Journal of Marital and Family Therapy, 15*, 159–167.

Walsh, F. (2006). *Strengthening family resilience* (2nd ed.). New York: Guilford Press.

Walter, J. L., & Peller, J. E. (1992). *Becoming solution-focused in brief therapy*. New York: Brunner/Mazel.

Weiner-Davis, M. (1993). Pro-constructed realities. In S. Gilligan & R. Price (Eds.), *Therapeutic conversations* (pp. 149–160). New York: Norton.

Wiger, D. E., & Harowski, K. J. (2003). *Essentials of crisis counseling and intervention.* New York: Wiley.

Yeager, K. R. & Gregoire, T. K. (2005). Crisis application of brief solution-focused therapy in addictions. In A. Roberts (Ed.), *Crisis intervention handbook: Assessment, treatment, and research* (3rd ed.) (pp. 566–601). New York: Oxford University Press.

第四章　区分压力、急性应激障碍、急性危机发作、创伤和创伤后应激障碍：范式和治疗目标

肯尼斯·R. 耶格尔（Kenneth R. Yeager）
阿尔伯特·R. 罗伯茨（Albert R. Roberts）

99 为什么关注压力源、急性应激障碍、急性危机发作和创伤后应激障碍（post-traumatic stress disorder，PTSD）之间的区别要素？清晰的操作性定义和具体的病例说明能否阐明这四种临床概念的参数和差异？在治疗遇到这四种事件和障碍的人时，什么样的治疗目标是有效的？诊断压力-危机-创伤-创伤后应激障碍范式的要素是什么？这一章回答了这些重要的问题。此外，我们深入研究了推进心理健康评估、危机干预和创伤治疗所必需的临床议题和争论、诊断指标和治疗目标。我们的目标是在行为健康、公共健康和医疗环境中加强理论建设、评估和实践技能。

很少有人类的状况能被如此不同地描述为压力、危机和创伤。许多人表示，压力帮助他们高效工作，并在多个截止日期前完成任务；另一些人则陈述了关于管理职业生涯、养育孩子和照顾年迈的父母所带来的压力负担，这使个人进入了一种螺旋式下降的状态，最终在身体和情感上造成极大的影
100 响。还有**危机**这个词，有些人在过得很糟糕的时候会用，比如“一个接一个的危机”。与压力和危机感知形成鲜明对比的是，创伤反应往往是由随机、突然和任意的创伤性事件（如自然灾害、恐怖主义和大规模谋杀、暴力性侵害或驾车枪击）引发的（Roberts，2002）。过度使用“**压力**”、“**危机**”和“**创伤**”等词的一个原因是，人们缺乏对这些词的真正定义和参数的理解。在学术文献中，定义经常是重叠的。

每个人对压力的反应是不一样的。反应是独特的，通常由每个人的个性和性格、气质、当天的其他压力源、保护因素和应对技巧、对变化和意外事件的适应能力、支持系统，以及压力源的强度和持续时间所决定。因此，一

个人的简单压力可能会导致另一个人出现危机发作或创伤反应（Corcoran & Roberts, 2000）。有时，这种困惑导致否认或低估压力和相关条件，并在没有有效适应和应对的情况下形成多种压力源。

同样，自 1980 年 PTSD 被引入《**精神障碍诊断与统计手册**》（*Diagnostic and Statistic Manual of Mental Disorders*）（*DSM-III*）以来，关于 PTSD 也一直存在争议和困惑。从历史上看，*DSM-III-R* 和 *DSM-IV* PTSD 委员会对原来的 *DSM-III* 诊断标准进行了显著的改变。然而，一些人继续质疑这种诊断的准确性，甚至质疑是否存在超越社会结构的实际病症。斯科特（Scott）（1990）、萨默菲尔德（Summerfield）（2001）、永（Young）（2004）和琼斯（Jones）与韦塞利（Wessely）（2007）评论道，在最坏的情况下，PTSD 的诊断没有考虑，或在最好的情况下模糊了继发性增益在讨论与障碍相关的恢复失败现象中的作用。最后，麦克休（McHugh）和特雷斯曼（Treisman）（2007）认为，PTSD 的诊断使心理健康领域远离了对创伤的正常心理反应的理解。

本章描述并提出一种理解和处理压力、危机、创伤和创伤后应激障碍的三模态方法以供讨论。我们对每个术语进行了定义和比较，列出了导致心理健康专业人员混淆的相似之处。病例将展示准确描述和讨论每个人面临的问题的严重程度和严重性的方法，运用聚焦解决疗法、危机干预和优势视角。

历史概述、术语和当前证据

压力（stress）：具有可观察到的个人反应的任何刺激、内部状态、情况或事件，通常以积极或消极的形式适应环境中的新情况或不同情 101
况。这一概念通常指的是一种体验的性质，这种体验是一个人在他（她）的环境中通过生理过度唤醒或唤醒不足而相互作用的结果，其后果是心理或生理上的恶性压力（distress）（坏的压力结果）或良性压力（eustress）（好的压力结果）。压力源的范围有小有大，可以是积极的也可以是消极的事件。一般来说，压力源是生活事件，如日常烦恼、家庭或工作上的压力、婚姻不和与冲突、紧急情况、机动车事故、疾病和伤害。良性的压力性生活事件与变化包括孩子的出生、毕业典礼、家庭度假和升职。

梅森（Mason）（1975）对压力、压力源和压力体验提出了一个最具包容性的操作性定义。梅森描述了一个概念框架和三种不同的压力定义的应用，以解开对该概念的一般性使用的困惑。压力可能由以下原因引起：（a）生物体的内部状态，也称为基于生理和心理反应的焦虑；（b）外部事件或压力源，例如战斗创伤和自然灾害；人生中的重大事件，例如结婚、离婚和被解雇；有害的环境压力源，例如空气污染和过度拥挤；或角色紧张，例如婚姻破裂；（c）人与他（她）的环境之间的交易产生的经验，特别是在个人资源与感知到的挑战、威胁或需要之间不匹配或不适当的情况下（Mason，1975）。

汉斯·塞利（Hans Selye）（1956）从他颇有影响的生理研究中得出结论："压力是生命的一部分。这是我们所有活动的自然副产品。……生活的秘诀是成功适应不断变化的压力。"（pp. 299-300）根据塞利提出的全身适应综合征，人体对极端压力的反应通常分为三个阶段。首先是警觉反应，在此过程中，身体将其防御机制（腺体、激素和神经系统）激活。第二个阶段是适应阶段，这时身体会进行反击（例如，在心脏处于压力下时，动脉会变硬）。第三个阶段是衰竭阶段，此时身体的防御系统似乎无法应对，个体会患上重病并可能死亡（Selye，1956）。塞利的结论是，生存和发展的最好方法就是以积极的方式适应和应对生活的压力。

压力源通常被描述为从小到大，以及消极或积极的刺激或事件。它们包括日常问题。有时它们表现为压力，在其他时候，压力源被描述为令人不安的烦恼。诸如激烈的婚姻冲突或不和，家人和朋友的身体疾病，家人的住院治疗，照料孩子和亲人，事故，紧急情况，照顾有特殊需要的孩子或患绝症的父母，工作压力大，财务困难，甚至在城镇之间移动或恶劣的天气都可能
102 成为压力源。积极压力和消极压力所构成的挑战为我们的日常生活结构也提供了一定的意义。完全没有压力会导致无聊和生活缺乏意义。过多的压力，或多种压力源的堆积而没有有效的应对，往往会对个人的身心健康造成有害的影响。

一些职业，如救援工作、紧急服务工作、外科和紧急医学以及执法，众所周知都是压力很大、体力要求很高的工作。在这些高压力的工作中，人们可能会茁壮成长，不断重新获得活力，经历职业发展，或者他们可能会遭遇

替代性创伤。诺贝尔奖获得者、蒙特利尔国际压力研究所创始人汉斯·塞利在接受《现代成熟》（*Modern Maturity*）杂志采访（Wixen，1978）时表示，他在一个极其苛刻的日程安排中成长并获得了极大的满足。就在接受采访之前，塞利博士在欧洲的一个重要医学会议上发表了演讲，睡了 4 个小时，然后到达 2500 英里外的休斯敦，参加他的下一次采访和会议演讲。第二天，他飞往蒙特利尔，两天后开始了为期 9 天的斯堪的纳维亚演讲之旅。塞利博士从不试图逃避压力，相反，他指出压力给了他快乐和很大程度的满足（Wixen，1978）。相比之下，雷格尔（Regehr）（2001）最近的文章则侧重于灾难和紧急救援工作中隐藏受害者的替代性创伤，以及群体危机干预和紧急事件应激晤谈对工作人员的应激反应和 PTSD 症状的积极和消极影响。雷格尔系统地回顾了危机压力性小组晤谈的优势和局限性。

当极度紧张的生活事件和有据可查的生理事件处于运动状态时，这些对压力源的生理反应最好描述为一系列生化反应，有可能对所有主要器官系统产生影响。压力开始于大脑。对感知到的压力或紧急事件的反应引发了沃尔特·坎农（Walter Cannon）（1927）所描述的“战斗或逃跑反应”（fight-or-flight response）。在对神经化学信息的反应中，一个复杂的链式反应被触发，具体而言，影响血清素、去甲肾上腺素和多巴胺。肾上腺释放肾上腺素和其他激素。即时的生理反应是心跳加速、血压升高、瞳孔放大和警觉性增强。这些反应与人类的生存机制有关，自人类诞生以来就一直存在（Chrousos & Gold，1992；Haddy & Clover，2001；McEwen，1995）。

许多人试图回答压力影响的问题。简而言之，多少压力才算太多？似乎没有明确的答案，因为同样数量和类型的压力可能会给一个人造成消极影响，而对另一个人几乎没有或没有影响。托马斯·霍尔梅斯（Thomas Holmes）和理查德·拉厄（Richard Rahe）（1967）在询问了数百名具有不同背景的人对不断变化的生活事件的反应，并对应对这些生活改变单位（life-change 103
units，LCUs）所需要的相对调整程度进行排序后，构建了一个社会再调整适应评定量表。例如，孩子离开家去上大学 = 28 LCUs；职位提升 = 31 LCUs；分居 = 56 LCUs；配偶死亡 = 100 LCUs。一年累积 200 或更多的 LCUs 会增加心身障碍的发病率。

B. S. 多伦温德（B. S. Dohrenwend）和 B. P. 多伦温德（B. P. Dohrenwend）（1974）追溯了压力性生活事件与身体疾病以及精神障碍之间的关系。他们对研究的回顾表明，某些类型的压力性生活事件的堆积与抑郁、心脏病和自杀企图有关。有一些研究证据表明，特定类型的压力性生活事件，如婚姻、与老板有明显矛盾、被监禁以及配偶的死亡，可能在导致多种心身和精神障碍方面起着重要作用（Dohrenwend & Dohrenwend，1974）。然而，应当指出，B. S. 多伦温德和 B. P. 多伦温德记录了许多早期研究中的方法缺陷和抽样偏差，并恰当地建议更多地使用前瞻性设计和对照研究，并开发压力性生活事件和环境锚定措施的可靠和可衡量的属性。

> **特定心理应激**（specific psychic stress）：可被定义为一种特定的人格反应或无意识的冲突，造成导致心身障碍发展的内稳态失衡。（Kaplan & Sadock，1998，p. 826）

长期以来，人们一直认为身体在应对压力时所经历的变化会对健康构成重大威胁。弗朗兹·亚历山大（Franz Alexander）（1950）假设无意识冲突与某些心身障碍有关。例如，弗里德曼（Friedman）等人（1984）将高度紧张的所谓 A 型人格确定为一种易患冠心病的应激反应。临床研究继续证实压力和疾病脆弱性之间的联系，例如，对感染的抵抗力下降。有显著的证据表明，长期处于巨大压力下的人更容易患普通感冒。最近的研究表明，压力对免疫系统对抗疾病的能力有一定的影响。其中一项研究表明，在心理压力量表上得分最高的女性缺乏细胞因子，而细胞因子是一组由免疫系统产生的蛋白质，有助于愈合过程。尽管最近取得了一些进展，但医学研究人员仍无法解释对压力的高度个体化反应。许多人得出结论，环境因素结合基因组成和先天应对技能是一个人对压力的个人反应的最佳决定因素（Powell & Matthews，2002；Cutler，Yeager，& Nunley，2013）。

104 > **危机**（crisis）：一种心理内稳态的急性扰乱，患者通常的应对机制失效，并存在痛苦和功能性损伤的证据。一种对压力性生活经历的主观反应，它损害了个人的稳定性和应对或发挥机能的能力。危机的主要原因是压力巨大的、创伤性的或危险的事件，但另外两个条件也是必要的：（1）个人将该事件视为造成相当不安及（或）扰乱的原因；以及（2）个人无法通过以前使用的应对机制来解决扰乱。危机也指“稳定状

> 态中的不安”。它通常有五个组成部分：危险或创伤性事件、脆弱状态、促发因素、活跃的危机状态和危机的解决。(Roberts，2002，p. 1)

这种危机的定义特别适用于处于急性危机中的人，因为这些人通常只有在经历危险或创伤性事件并处于脆弱状态、未能通过习惯性应对方法减轻危机、缺乏家庭或社区社会支持以及需要外部帮助之后才寻求帮助。我们可以从不同的角度来看待急性心理或情境危机发作，但我们使用的定义强调，危机可能是一个人生活的转折点。当咨询师、行为临床医生或治疗师进入个人或家庭的生活环境，通过促进和调动直接受影响者的资源来减轻危机事件的影响时，即发生危机干预。危机咨询师、社会工作者、心理学家或儿童精神科医生的快速评估和及时干预至关重要。危机干预者应积极和有指导性，同时表现出非评判、接受、希望和积极的态度。危机干预者需要帮助危机服务对象识别保护因素、内在优势、心理韧性或复原力因素，这些因素可用于自我支持。有效的危机干预者能够判断危机干预的七个阶段，同时保持灵活性并意识到干预的几个阶段可能重叠。危机干预应最终以恢复认知功能、解决危机和掌握认知能力而完成（Roberts，2000a）。

> **急性应激障碍**（acute stress disorder，ASD）：急性应激障碍是一种常见的急性创伤后综合征，与创伤后应激障碍的后期发展密切相关。ASD既表现为对创伤的急性病理反应，也表现为解离现象在创伤的短期和长期反应中的作用。暴露于极端创伤性压力源后一个月内，会出现典型的焦虑、解离及其他症状。作为对创伤性事件的反应，个体发展出解离症状。患有ASD的个体可能在情感反应能力方面有所下降，经常发现 105
> 很难或不可能在以前愉快的活动中体验到快乐，并且经常对追求日常生活型任务感到内疚。(American Psychiatric Association，APA，2013)

DSM-IV 和 *DSM-5* 的主要区别在于 ASD 的压力源标准（A 标准）。标准变化要求具体说明创伤性事件是直接经历、目击还是间接经历。此外，针对创伤性事件的主观反应的 *DSM-IV* 标准 A2 已经被消除。这种变化建立在以下证据之上：急性创伤后反应是异质的，*DSM-IV* 先前强调解离症状可能过于严格；如果个人在侵入、消极情绪、解离、回避和唤醒类别中表现出 14 种

列出的症状中的任何 9 种，则他们可能符合 ASD 的 *DSM-5* 诊断标准（APA，2013）。

> **创伤**（trauma）：心理创伤是指人类对创伤性压力、暴力犯罪、传染病暴发和其他危及生命的危险事件的反应。对于心理创伤的发生，由于过度暴露于压力激素，个体的适应途径被关闭。与创伤性事件相关的持续的过度觉醒机制不断地重复发生，并被储存在大脑中的创伤记忆放大。创伤的受害者发现他们自己的精神状态迅速地在相对平静和平静之间转换到极度焦虑、激动、愤怒、高度警觉和极度唤醒的状态。（Roberts，2000a，pp. 2-3）

心理创伤或人类创伤反应，可以在观察或成为创伤压力源或事件的受害者后很快发生。在 ASD 中通常就是这种情况。然而，很多时候，个体对创伤性事件有延迟反应；在延迟数周至数月后，反应通常以心理创伤的症状出现，如避开熟悉的环境、强烈的恐惧、突然中断约会、社交孤立、恍惚状态、睡眠障碍和反复的噩梦、抑郁发作和过度唤醒。

根据特尔（Terr）（1994）的研究，受创伤儿童有两种类型。第一类是指经历过单一创伤性事件的受害者。第二类是指经历过多重创伤性事件的受害者，例如持续不断的乱伦、虐待儿童或家庭暴力。最典型的极其可怕的单一创伤性事件，其特征表现为多重杀人案（multiple homicides），以及包括惨无人道的景象（如肢解的尸体）、刺耳的声音和强烈的气味（如火和烟雾）。

106 潜在压力和产生危机事件后的个人影响可以从以下方面衡量：

- **空间维度**（spatial dimension）：一个人越接近悲剧的中心，压力就越大。同样，一个人与受害者的关系越密切，进入危机状态的可能性就越大。
- **主观的犯罪时钟**（subjective crime clock）：一个人受社区灾难、暴力犯罪或其他悲剧影响的时间［估计暴露的时间长度和估计暴露于感官体验（如汽油的气味加上火的味道）的时间长度］越长，其压力就越大。
- **再现**（reoccurrence）（感知到的）：对悲剧再次发生的感知可能性越大，强烈恐惧的可能性就越大，这种恐惧会导致幸存者处于活跃的危机状态（Young，1995）。

创伤后应激障碍：当一个人看到、参与或听到“极端创伤性应激源”后出现的一系列典型症状。PTSD 是一种具有急性、长期性、迟发性、衰弱性和复杂性的精神障碍。它包括改变的意识、分离、解离状态、自我分裂、性格改变、偏执想法、触发事件和生动的侵入性创伤回忆。PTSD 通常与重度抑郁、心境恶劣、酒精或药物滥用以及广泛性焦虑障碍共病。人对这段经历的反应是恐惧和无助、睡眠紊乱、过度唤醒和高度警觉，不断地通过图像和放大的恐怖闪回和侵入性思维来重温这段经历，以及试图避免被提醒的失败尝试。症状必须持续一个月以上，并必须显著影响生活的重要领域。（APA，2013）

PTSD 的 *DSM-5* 标准与 *DSM-IV* 中的标准有很大的不同。如前所述，压力源标准（A 标准）有关创伤性事件的个体经历更为具体。此外，A2 标准（主观反应）已被移除，通过分离认知和情绪中的回避和持续的负面变化，重点关注重新体验、回避/麻木和唤醒的症状群，因为这保留了大多数 *DSM-IV* 麻木症状。其他的变化包括重新概念化的持续性消极情绪状态的症状、觉醒和反应性的改变，这也是 *DSM-IV* 中大多数唤醒症状的主要内容。这也被扩展到解决易怒、攻击性、鲁莽和自我毁灭的行为。最后，PTSD 现在对儿童和青少年的发展阶段很敏感，因为诊断阈值降低了，对 6 岁或 6 岁以下患有这种障碍的儿童有单独的标准。

一些压力源非常严重，以至于人们可能更容易受到这种经历的巨大影响。PTSD 可能源于战争经历、酷刑、自然灾害、恐怖主义、强奸、袭击或 107
严重事故。

PTSD 的历史始于雅各布·达科斯塔（Jacob DaCosta）发表的论文《论易怒的心》（“On Irritable Heart”）（1871），文中描述了南北战争时期士兵所经历的压力症状。最初，这种障碍被称为创伤性神经官能症（traumatic neurosis），反映了精神分析的强大影响。在第一次世界大战期间，这一术语被“**炮弹休克**”（shell shock）所取代，因为精神病学家推测，这是由爆炸的弹丸撞击造成的脑损伤。直到 1942 年，椰林夜总会大火的幸存者开始表现出神经质、噩梦和对这场悲剧的生动回忆的症状，这个定义才被扩展到包括操作性疲劳、延迟悲伤和战斗神经衰弱。直到参加越南战争的退伍军人回国后，创伤后精神障碍的概念才出现在当时的背景下。纵观这一障碍的历史，一个不可避免的事实一直存在：该障碍的出现大概与压力源暴露的严重程度相关，最严重的压力源导致患者出现特征性症状。目前，有越来越多的证据表明，创伤性经历会通过自然灾害等情况给大量的人造成严重的心理问题（Smith et al.，2014）。

如前所述，PTSD 的关键特征是暴露于极端创伤压力源（包括直接个人经历事件，或直接或威胁死亡或严重伤害，对某人或他人的人身安全的威胁，或目睹意外的暴力死亡、严重伤害或威胁伤害自己或他人）后出现典型症状。在 *DSM-5* 中，这一点已被更改为明确说明符合条件的创伤性事件是直接经历的、目击的，还是间接经历的。虽然许多人在面对这种逆境时表现出很强的复原力，只表现出短暂的或亚急性的压力反应，这些反应会随着时间的流逝而减少（Bonanno & Diminich，2013），但其他人在遭受创伤后可能会出现一系列心理困难。

2000 年美国国家共病调查复测（NCS-R）估计，在暴露于创伤的成年人中，PTSD 终生患病率为 6.8%（女性为 9.7%，男性为 3.6%），目前（12 个月）的患病率为 3.6%（女性为 5.2%，男性为 1.8%），或每年超过 770 万美国成年人（Kessler et al.，2005）。一些人口群体或职业群体，如警察、消防/紧急医疗服务人员、医疗工作者和军事人员，由于创伤暴露率较高，患 PTSD 的风险较高（National Institutes of Mental Health，2012）。

对 PTSD 的预防、早期识别和管理可以显著减少个人遭受的痛苦负担和社会承受的成本。两种不同的预防策略可供使用。第一种策略是“普遍预
108 防”，即向所有遭受创伤的人提供干预，不论其症状或发展为 PTSD 的风险如何。第二种策略是有针对性的预防干预，它基于这样的假设：虽然许多人在创伤后会出现 PTSD 的一些症状，但只有相对较小的比例会发展成 PTSD 的精神障碍及其相关障碍。因此，有针对性的预防方法的目标是，从暴露于创伤性事件的较大人群中识别出那些最有可能发展成 PTSD 的人，然后只对那些高风险的人进行干预。

预防 PTSD 的干预可能涉及多种心理疗法和药理学方法，包括但不限于新出现的干预措施，如补充和替代医疗方法。根据个人需要和偏好，这些干预措施可以单独使用，也可以组合使用（Agency for Healthcare Research and

Quality, 2001）。尽管有证据表明，一些早期干预措施，如某些形式的晤谈，不能有效预防 PTSD，甚至可能造成伤害，但这些方法仍被广泛使用。最近的一项随机对照研究得出结论，尽管晤谈的使用不能阻止 PTSD 的发生，但是它可以有效地减少对个人有害的自我治疗方法，如减少有害的酒精消费/滥用（Tuckey & Scott, 2014）。晤谈的持续应用和发展表明，治疗方法的进步改善了晤谈过程。尽管对这种直觉上似乎应该有所帮助的干预在该领域内持续存在着不确定性和争议，但要谨慎行事，就必须在权衡各种形式的危机干预的利益和危害时，更多地考虑科学证据。

目前，支持用于预防 PTSD 的大多数干预措施的有效性的证据正在增加，但还需要更多的研究来确定最佳做法。我们认为，开发一种临床预测算法来识别那些最有可能患 PTSD 的高风险人群，可能是 PTSD 预防领域中比继续研究哪种干预措施更有效的下一步更为关键的步骤。识别最可能罹患 PTSD 的人，然后评估预防干预措施在这些个体中的有效性，应该是目前临床和研究工作的重点（Cutler, Yeager, & Nunley, 2013）。

为了开始这一进程，我们将讨论对个人和群体心理危机干预采取统一方法的必要性。施努尔（Schnurr）（2013）指出，89.6%的成年人在他们的一生中可能经历过创伤性事件。先前的观点认为，创伤暴露的风险与特定职业群体有关，包括军队、消防队员和执法人员。然而，最近发生的事件扩大了这一范围，包括教育工作者、紧急医疗人员，甚至无辜的旁观者，正如“9·11”恐怖袭击后在纽约市所显示的那样。

怎么强调迅速干预的必要性都不为过。十多年前，斯旺森（Swanson） 109
和卡本（Carbon）（1989）开始为美国精神病学协会（APA）的精神障碍治疗工作组撰写关于在压力、危机和创伤情况下迅速干预的必要性的文章。与此同时，罗伯茨提出了危机干预的七阶段模型，要求采取系统和折中的方式进行危机干预。为心理创伤受害者提供紧急援助和建立治疗联盟是一种迫切的需要和强有力的理由。问题不在于是否提供紧急心理服务，而在于如何以提供准确且一致的个性化护理方法的方式来构建互动和诊断。

临床框架

不难理解执业医生对**压力**、**创伤**和**危机**等术语的困惑，这些术语不仅用于描述事件或情况，还用于描述个体对事件的反应，有时还用于描述与反应相关的诊断。重要的是要从病人的感知和他们应对事件的独特能力来区分事件的严重程度。这样，临床医生就能更清楚地了解应用的适当诊断框架、标准和类别。

要利用表 4-1，执业医生必须首先检查事件的严重性及其对个人的潜在影响，同时考虑个人的个性和性格、气质、当天的其他压力、保护因素和应对技巧、适应变化和意外事件的能力、个人的支持系统以及压力源的强度和持续时间。一旦清楚地了解了初始事件的性质，执业医生就可以对个人情况进行准确的描述。注意：压力、危机、急性应激障碍和 PTSD 之间的准确区分应通过多测量、多学科方法来完成：完成信息访谈、社会环境检查、应用量表测量并咨询医生。这个过程使我们对影响个人的因素有了更深入的了解。通过这个过程做出的决定是近似值，试图构建一个框架作为治疗计划和护理提供的基础。此过程不是诊断标准，也不打算代替 DSM 分类。

下面的部分介绍了一系列区分压力、危机、急性应激障碍和 PTSD 的病案。需要特别强调的是事件、个人对事件的反应、在必要时适当诊断标准的应用、复原力因素和治疗计划。

110 **表 4-1　压力、急性应激障碍、PTSD 和危机分类范式**

病案 1	压力	压力事件的累积导致功能减退； 测量：生活改变单位； 严重压力导致心身疾病的发展； 缺乏 PTSD 或急性应激障碍的标准	事件症状/影响/后果的严重性
病案 2	急性应激障碍	暴露于威胁死亡或对自己或他人造成严重伤害的事件； 对周围环境的认识降低； 解离性遗忘症； 闪回和侵入性思维/创伤性事件再次体验； 职业功能损害，（例如）明显回避环境刺激，引发对事件的回忆； * 扰乱最长持续 4 周（区分因素）	
病案 3	PTSD	暴露于威胁死亡或对自己或他人造成严重伤害的事件； 对周围环境的认识降低； 解离性遗忘症； 闪回和侵入性思维/创伤性事件再次体验； 职业功能损害，（例如）明显回避环境刺激，引发对事件的回忆； * 干扰持续时间超过 1 个月。（区分因素）	

续表

病案 4	危机	个体内稳态的急性破坏； 常规应对机制失效； 对不可预测的压力性生活经历的主观反应，这种反应会损害个体的稳定性和应对能力。 危机的五个组成部分： ● 危险、压力或创伤性事件 ● 危机前的脆弱状态 ● 促发事件 ● 功能退化/分解 ● 活跃的危机状态	

病案说明

病案 1

凯文（Kevin）是一家大型保险公司的经理。他是在公司转型期间被引入公司的，接替了一位效率低下但很受人欢迎的经理。凯文担任这个职务已有 2 年。他发现自己一直处于部门员工和行政部门之间的关键和敏感的冲突之中。在他生命的这个阶段，凯文负责照顾年迈体弱的母亲，她 3 个月前被诊断出患有晚期癌症。他是一个单亲父亲，有 3 个孩子，其中最大的一个最近去上大学了。凯文遇到了财务困难，他的房子可能要被没收了。他请求心 111
理咨询来缓解工作压力，因为他担心公司会考虑降职或解雇他。从积极的方面来看，凯文说他已经开始了一段重要的新恋情，但是他担心这段恋情会在“他的工作开始出错”的时候结束。

病案 2

吉尔（Jill）是一名护士长，拥有 27 年的危重症护理经验，在一家大型大都会医疗中心的移植病房工作。在寻求帮助的前两天，她最后一位活着的也是最喜欢的叔叔因为轻微的心脏病发作住进了医疗中心。吉尔说，在她叔叔住院的第一天，她向他和他的妻子保证，他们将她的叔叔安排妥善。由于认识医护人员，吉尔安排了最好的心脏病专家和一群护士来照看她的叔叔，她本人也认识这些护士，觉得这些护士会做得很好。吉尔那天离开病房时对她所做的工作感觉良好。她第二天回去上班时，顺便看望叔叔。一名科室助理告诉吉尔，她的叔叔已经被转移到重症监护室，上个轮班时，他的病情恶化了。吉尔走进重症监护室时，她的叔叔经历了一次严重心脏病发作。在整个治疗中她始终在场，协助住院医生、心脏病专家和麻醉师。不幸的是，她的叔叔没能活下来。尽管如此，吉尔仍保持专注。她陪同心脏病专家告知其他家庭成员意外的结果。吉尔联系了教牧关怀，为她的婶婶和堂兄弟姐妹提供了私人空间来为逝者哀悼。她一直在那里，直到一切安排就绪，她的家人离开了医疗中心。吉尔意识到自己无法工作，便到离她科室最近的楼梯间去，向工作人员解释自己的缺席。她无法继续下去，工作人员发现她坐在楼梯上，眼泪汪汪，被这段经历击垮了。从那时起，她重温了这段治疗的经历，她最亲爱的叔叔的死和家人的面孔清晰地浮现在她的脑海。

病案 3

托马斯（Thomas）是一名在大都会区的一号引擎室（Engine House 1）工作的消防员，他在服装区仓库火灾中失去了 3 名同事。正如汤姆（Tom）叙述的那样，“这是我所见过的最猛烈的大火。烟雾非常浓而且有毒。随着时间的推移，高温无法控制”。汤姆注意到，当他听到一声巨大的爆炸声时，他和 3 个同伴正在仓库的 3 楼。“我知道这很糟糕。当你听到比大火的轰鸣声更大的声音时，那一定是非常大而且非常危险的。”爆炸发生时，汤姆已经离开了小组，去确保前进所需的设备，并指挥增援小组。他的陈述如下：

> 爆炸发生后，我转身想看看我的伙伴们在哪里，但我没有看到他
> 112 们……一开始我以为是烟，所以我靠近了一些……然后我看到了真正发生的事情……地板已经塌了，从他们下面掉了下来。我的两个朋友在楼下。我能听到他们在尖叫，他们被困在大火中，我对他们无能为力。我只是坐在那里，看着他们摆手、踢腿、尖叫，然后死去。一开始我没有看到文斯（Vince），后来我看到了他。他挂在我下面 4 英尺的一根管子上。我伸手去抓他。我本来有机会……但当他伸出手时，我只抓到了他的手套……我还能看到他倒下时的表情。我出来后，发现他的手套还在我手里……我意识到……天哪……他手上的肉还在手套里。我没有错过，只是没有东西可抓。现在我知道他脸上的表情是什么意思了……我好像没法摆脱它……我已经有 6 个月没睡好觉了……我在尽我所能帮

忙……我一直在想这件事。有时甚至都不是梦。我只是在想，然后它就出现了，砰……就在我脸上，好像我又重新活了一遍。我不知道我还能承受多少。我不知道我是怎么逃出来的……更糟糕的是，我也不知道为什么。

病案 4

54 岁的威廉（William）是一家大型制造公司的信息技术总监。一天下午，威廉在工厂工作时，被一件正在通过高架起重机搬运的大型设备击中，这导致了他闭合性脑外伤。一旦身体稳定下来，威廉受伤的真正后果就显而易见了。威廉经历了中度认知障碍，影响了他集中注意力和持续完成解决逻辑问题的能力。头部创伤也影响了威廉行走的能力。很明显，他的康复不仅是困难和漫长的，而且他将面临重新学会走路的挑战。更复杂的是，威廉被慢性偏头痛所困扰，这种症状通常会在没有任何征兆的情况下持续数天。威廉是其家庭的唯一支柱，他发现自己没有短期残疾保险，而他的长期残疾收入只有他固定收入的 60%。他不仅面临着严重的健康问题，还面临着严峻的经济压力。威廉的妻子和家人都非常支持他，积极参与他康复的每个阶段。威廉与一名社会工作者联系，开始建立社会、情感和职业康复的过程。

清晰地将每个案例概念化有助于识别压力、危机、ASD 和 PTSD 的决定性因素。图 4-1 为实习医生提供了一个路线图，用于审核个人呈现问题和促发事件的本质，并且可以充当基于 ACT 干预模型进行干预的基础（Roberts, 2002）。

随着危机、压力和创伤的发生，一个共同事件是一段挑战或威胁个人及其对世界感知的经历。根据事件的严重程度和个人对急性压力源、情境压力源或累积压力源的感知，每个人对触发/促发事件的反应都会有所进展。

113

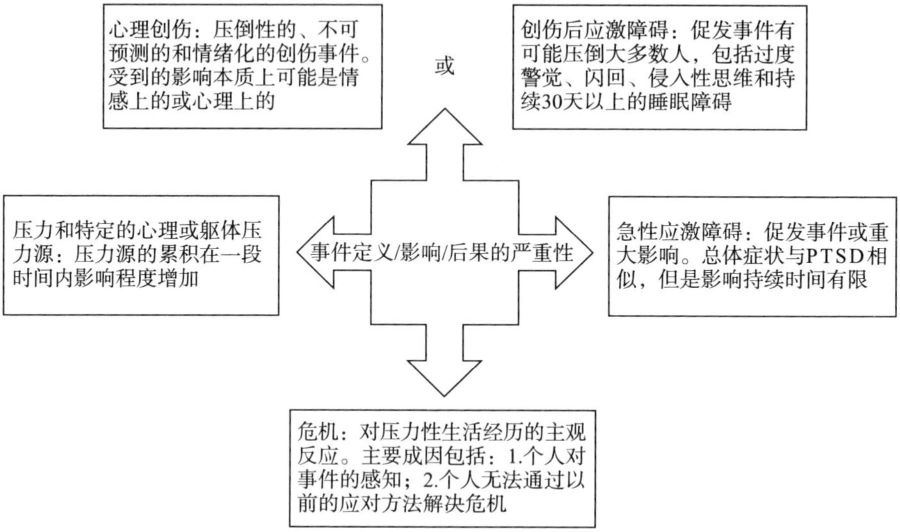

图 4-1　触发或促发事件及结果的五向图

ACT 干预模型

A：ACT 干预模型中的“A”指的是对当前问题的**评估**（assessment）。这包括（a）分诊评估，基于危机评估的精神科急诊响应，以及对即时医疗需求的评估；（b）创伤评估，包括生物心理社会和文化的评估方案。

C：ACT 干预模型中的“C”指的是**联系**（connecting）支持团体、提供社会服务、紧急事件应激晤谈和危机干预。

T：ACT 干预模型中的“T”指的是**创伤**（traumatic）反应、后遗症和 PTSD。（见图 4-2）

立即评估对自己或他人的风险（如自杀企图、自伤行为，以及对个人照
114 顾自己的能力的评估）或对他人的伤害（如对他人的潜在攻击性、谋杀未遂、谋杀）是 ACT 模型的第一步，即“A”。表现出杀人或自杀意念的个体，或明显缺乏自我照顾能力的个体，需要短暂的住院治疗以稳定病情。评估的主要目的是提供数据以更好地了解事件的性质、个体对事件的感知和反应、

个体的支持系统的范围、应对机制的有效性以及对寻求帮助意愿的看法。应利用接诊登记表和快速评估工具来收集足够准确的信息，以协助决策过程。重要的是要注意，尽管评估是针对个人的，但实习医生应始终考虑个人的直接环境，包括寻求有关支持性人际关系的信息（Lewis & Roberts，2002）。准确的评估将有助于对个人病情的准确诊断，进而将促进对服务对象来说可理解、可测量和可实现的治疗干预。

A	•评估/估计即时医疗需求、公共安全威胁和财产损失 •分诊评估、危机评估、创伤评估以及生物心理社会和文化评估方案
C	•与支持团体建立联系，提供救灾和社会服务，并实施紧急事件应激晤谈［米切尔（Mitchell）和艾弗利（Everly）的CISD模型］ •实施危机干预（罗伯茨的七阶段模型），通过优势视角和应对尝试得到支持
T	•创伤应激反应、后遗症和创伤后应激障碍 •十步急性创伤和压力管理方案（Lerner & Shelton），实施创伤治疗计划和恢复策略

图 4-2 ACT 模型

ACT 模型中的“C”处理危机干预和联系服务。尽管实习医生接受了各种理论方法的培训，但这些培训并不容易应用于在紧急或危机情况下实际实践中遇到的病案类型。精神科住院治疗的入院标准要求患者有杀人倾向、自 115
杀倾向或无法照顾自己。虽然这是一个关于入院标准非常简单的描述，但从事精神医学工作的人员也能敏锐地意识到这些简短而全面的入院标准里更精确的东西。当试图对危机干预采用明确、简明的方法时，无论诊断类别或个人在护理需求的连续方面提出什么诉求，实习医生都发现，传统的理论范式没有明确的方案那么有效。罗伯茨（1991，2000）的七阶段危机干预模型为实习医生提供了这样的框架（见图 4-3）。

ACT 模型中的“T”指的是创伤评估和治疗。创伤性事件是一种压倒性的、高度情绪化的经历，会显著影响个体维持心理/精神稳定性的能力。长期接触一系列创伤性事件（例如家庭暴力）可能导致心理健康状况恶化。此外，值得注意的是，在那些经历创伤性事件的人中，只有 3%～5%会发展成 PTSD。

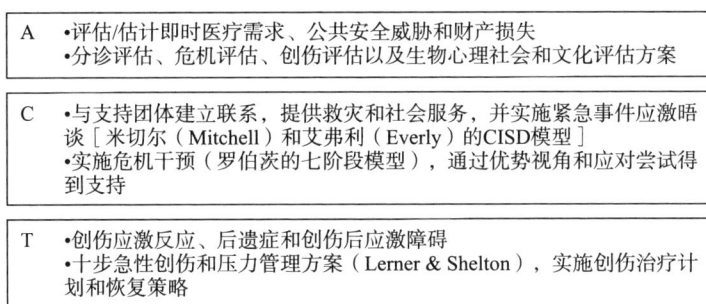

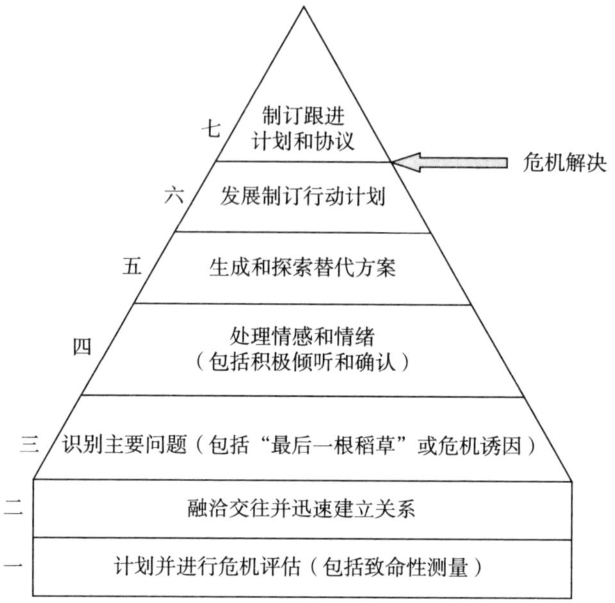

图 4-3　罗伯茨的七阶段危机干预模型

116　莱纳（Lerner）和谢尔顿（Shelton）（2001）开发了一种干预模型，他们认为该模型可以有效地干预创伤应激和心理创伤幸存者，防止其升级为PTSD：

1. 评估自己和他人的危险/安全。
2. 探讨损伤的物理和感知机制。
3. 评估反应能力水平。
4. 解决医疗需求。
5. 观察和识别每个人的创伤应激迹象。
6. 介绍你自己，陈述你的头衔和角色，开始建立联系。
7. 通过允许他（她）讲述他（她）的故事来限定他（她）。
8. 通过积极和有同理心的倾听来提供支持。
9. 规范化、验证和教育。
10. 把这个人带到现在，描述未来的事件，并提供转介。

ACT 模型和七阶段危机干预模型的应用

病案 1

凯文出现了一系列压力因素（见图 4-4）。在常见压力源的生活改变单位（LCUs）评分中，他的累积压力得分为 270 分。他的心身症状开始表现为头痛和明显的体重减轻，并伴有短暂的焦虑和绝望感。在对凯文的情况进行评估后，危机干预包括解决他在第一次会谈中优先考虑的问题。这些问题处理如下：

问题：工作压力。

目标：增加对个人压力反应的理解。

方法：

1. 按严重程度列出经历的压力情况（罗伯茨的七阶段危机干预模型的阶段三）。

2. 探讨有效的压力替代（罗伯茨的七阶段危机干预模型的阶段五）。

3. 列出针对特定压力情况的替代行动（罗伯茨的七阶段危机干预模型的阶段六）。

4. 记录下这些活动以及它们是如何影响你的压力水平的。

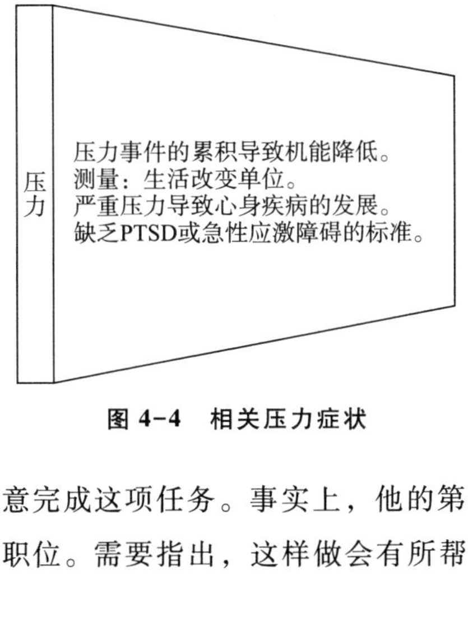

压力
压力事件的累积导致机能降低。
测量：生活改变单位。
严重压力导致心身疾病的发展。
缺乏PTSD或急性应激障碍的标准。

图 4-4 相关压力症状 117

起初，凯文不愿意完成这项任务。事实上，他的第一份清单包括每天查看招聘广告并找到新职位。需要指出，这样做会有所帮助，但是并不能解决凯文面临的所有问题。在随后的会谈中，凯文完成了一份包含在最初评估中确定的压力源的清单。他承认他需要更好地照顾自己。他的活动清单包括减少含咖啡因的饮料和酒精饮料，通过远离高脂肪和油炸食品来改善饮食，每天午休时间都去散步，下班后与家人和朋友做一些有趣的事，而不是专注于紧张的日常活动以及如何“修复”它们。

凯文经历了一系列的压力源，这些压力源正在将他转变到会影响他个人健康的特定心理压力状态。经过准确的评估，凯文能够通过七阶段危机干预模型来解决他生活中的压力源。在凯文的日志中有一段陈述，表明了他对于压力对他生活影响的理解：“我现在明白了，不是我的工作或周围的人在引起我的问题，这全与我如何处理给予我的一切有关。如果我把注意力集中在每一个小问题上，我将永远无法从我不断挖的洞中找到出路！”

ACT 模型中的“T”与罗伯茨模型中的阶段七（跟进）相结合。凯文表示，母亲即将去世的那段日子对他来说是一段非常艰难的时期。他能够和他的团队一起处理他的担忧。他说在他所有的问题中，这是最后一个遗留问题。在最后的会谈中，凯文分享了一个计划，详细说明了他将利用谁来支持他以及在失去母亲后他将采取哪些行动。他得到保证，如果有必要来参加额外的会谈，这里将会为他敞开大门。凯文同意如果有必要会这样做。

118 病案剖析

凯文总共参加了 6 次时长 1 小时的会谈，这些会谈基于聚焦解决模式，并结合了罗伯茨的七阶段危机干预模型。每次会谈都列出了明确的目标。家庭作业会谈聚焦了凯文和他的治疗师在协作互动的基础上采取的具体行动。凯文没有换工作。相反，他选择继续专注于完成日常任务并远离办公室政治。他严格按照手册管理他的部门，并根据公司政策记录每一个行动。治疗师利用凯文家庭的力量和他们愿意做出改变来解决需要解决的问题。凯文计划卖掉他住的房子，因为其家人不再需要这么大的房子了。和孩子们谈过之后，凯文买了一套带游泳池和地下娱乐室的小房子。他说，这对他和他的孩子们来说是一个很好的折中方案。凯文在出售房屋后能够消除大部分财务压力。他小心翼翼地远离办公室政治，一天，当他午餐间散步时，他的老板被解雇了。凯文说，他正在努力与员工建立更积极的关系。此外，凯文表现出了许多复原力因素：支持意义重大的其他人或家庭，愿意评估改变的需求，实施改变的能力，利用家里的金融资产来减少经济压力源，有益健康的持续稳定的全职工作。

病案 2

吉尔最喜欢的叔叔的意外死亡引发了情境性危机（见图 4-5）。吉尔很擅长处理压力情况；然而，这种情况比她在工作环境中面临的典型压力源更大。对该病例的评估包括使用贝克焦虑量表（Beck Anxiety Scale）。吉尔的分数反映了与此经历相关的显著焦虑。护理实践能力评估显示影响是最小的，然而，从感情上来说，吉尔并不准备重返工作岗位。有许多有力的论据表明，在发生创伤性事件后应尽早提供急性心理咨询并尽快建立治疗性融洽关系（Roberts，2000b）。斯莱库（Slaikeu）（1984）认为快速干预是成功解决危机的关键。麦吉（McGee）（1974）引用了“汉塞尔定律”（Hansel's law）指出随着个人处理创伤性事件在时间和地点上与危机事件的接近程度的增强，处理成功概率会快速增加。

在吉尔的例子中，ACT 模型的“C”和“T”采用了简洁的形式，聚焦解决干预与罗伯茨的七阶段危机干预模型相结合。这种干预是在创伤性事件发生后 48 小时内实施的。干预发生在与医院设施相关的精神科，因此为接 119
近事件提供了条件。吉尔的治疗师为她提供了支持，并向她保证，这些疗程不会与她的直接主管分享，他们会作为一个团队一起制订她正在进行的护理计划。吉尔认为在自己的工作机构中接受治疗是适当的。这些行动迅速建立了吉尔和她的治疗师之间的治疗关系（罗伯茨的七阶段模型的阶段二）。

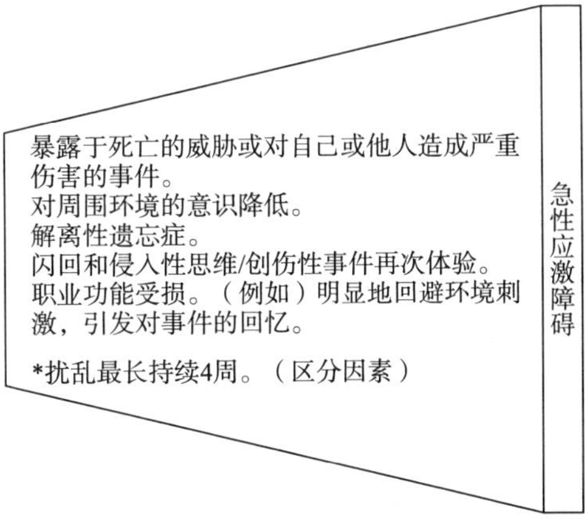

暴露于死亡的威胁或对自己或他人造成严重伤害的事件。
对周围环境的意识降低。
解离性遗忘症。
闪回和侵入性思维/创伤性事件再次体验。
职业功能受损。（例如）明显地回避环境刺激，引发对事件的回忆。
*扰乱最长持续4周。（区分因素）
急性应激障碍

图 4-5　急性应激障碍症状

晤谈的功能是使吉尔“心理降级”，让她有机会去探索和表达内疚感以及自己没有为她叔叔提供所有可能帮助的认知（罗伯茨的七阶段危机干预模型的阶段四）。随着晤谈的继续，出现了一种模式，吉尔认为她对叔叔的死负有超出合理范围的责任。吉尔在睡眠和保持注意力集中方面遇到了巨大的困难，这最终导致了社交和职业功能上的严重困扰。此外，吉尔被孤立于她的主要支持系统（她的家庭）之外，因为她觉得自己没有为叔叔做她所能做的一切，使得她无法向他们寻求帮助。与吉尔病例相关的干预采用了综合的
120 多成分方法，因为作为独立疗法的晤谈尚未像多成分方法一样成功。吉尔和她的治疗师一起开发并制订了她的治疗计划（罗伯茨的七阶段模型的阶段六）。干预措施包括：

1. 每周两次单独治疗会谈。吉尔被鼓励讨论这件事以及她对这件事的后续反应。

2. 心理教育干预，以提高她对各种应对机制（如放松技巧）的认识。

3. 药物治疗，在这种情况下睡眠药物（唑吡坦）被用来帮助她的睡眠需要。

4. 家庭会议，以授权家庭成员在面对严峻的危机情况时通过提供建设性支持的方式来提供教育和允许宣泄。

5. 因为吉尔说她有强烈的精神信仰，所以采用了教牧干预。

吉尔紧接着回应了家人的支持，表示自从那次事件以来，她第一次感到自己并不孤单。不到一周时间，吉尔觉得没有必要再使用处方药物了。在治疗的第二周结束时，吉尔要求回到其部门去看望她的朋友们。这次访问后不久，她表示相信自己有能力重返工作岗位。创伤性事件发生后的第三周，吉尔重新上班。值得注意的是，吉尔的经验符合 ASD 的诊断标准（见图 4-5），特别是时间部分。她的困扰发生在事件的 4 周内，并持续约 3 周，这是在最长 4 周的持续时间内（APA，2013）。

病案剖析

虽然吉尔对医院环境里的压力性经历并不陌生，但她没有准备好面对在工作环境中失去叔叔所带来的情感创伤。吉尔在治疗期间表示，住院医生后

来向她报告说，他感到很奇怪，她在叔叔去世的那天在重症监护室，但是由于当时护理人员短缺，他认为吉尔是在补一个班。事实上，响应治疗的危机小组成员无人意识到这是她的亲属。直到心脏病专家到达，团队成员才意识到事件的真实性质。吉尔说，心脏病专家在大厅与家人交谈时问她是否“还好”。直到今天，她仍不确定自己的反应。

吉尔在 4 个月的时间里参加了 6 次随访，没有出现过与创伤性事件相关的明显症状。她表现出的复原力因素包括：事前的培训和准备，强大的家庭支持，工作环境的支持，晤谈的快速反应以及危机干预、精神信仰和运用多元方法的认知能力的启动。

病案 3 121

汤姆的评估表明，他已经体验过多种急性 PTSD 的诊断标准（见图 4-6）。在最初的评估中确定的症状包括与事件相关的强烈无助感和恐惧感。汤姆表示这件事会令他不断想起痛苦的回忆，特别是他朋友脸的图像，以及他意识到为什么他的朋友在救援过程中不能坚持住。汤姆描述了强烈的感觉，暗示着与这段经历有关的闪回的出现，并说他一直在经历着反复出现的关于这一事件的痛苦的梦，这些梦非常真实。他还表示，自己感到与病友的疏远。一个显著的趋势是孤立和减少对重要活动的参与。最重要的是，汤姆开始避免与创伤性事件有关的想法、情感和谈话。最后，汤姆出现了睡眠障碍，包括失眠和早醒，注意力难以集中，在评估面谈过程中表现出了夸张的惊吓反应。

PTSD

暴露于威胁死亡或对自己或他人造成严重伤害的事件。
对周围环境的认识降低。
解离性遗忘症。
闪回和侵入性思维/创伤事件再次体验。
职业功能损害。（例如）明显回避环境刺激，引发对事件的回忆。

*干扰持续时间超过1个月。（区分因素）

图 4-6　PTSD 症状

随着时间的推移，汤姆的病情开始恶化，直到他有了自杀的念头。他说：“我无法忍受每天重温这件事所带来的折磨。我不明白我为什么要活下去。我应该死掉的。”在这种情况下，ACT 模型中的“C”要求进入精神科

122 住院，以便在安全的情况下促进精神疾病的稳定。汤姆的药物治疗包括选择性 5-羟色胺再摄取抑制剂（SSRI）和曲唑酮以协助睡眠。

汤姆努力接受所有形式的治疗。他与同病房的人相比，遇到了很大困难。在两个不同的场合，汤姆经历了剧烈的身体爆发。有一次，汤姆被病房火警报警器触发了。这个事件非常严重，以至于危机小组也参与其中，而汤姆被隔离起来以减少刺激。氟哌啶醇和安定文被用于减少汤姆的躁动和好斗性爆发。第二次，汤姆在与病友口头争吵之后变得激动。汤姆和工作人员合作，在这种情况下，他能够对语言降级技巧做出反应。

汤姆和多学科治疗小组一起制订了一个综合治疗计划。这是一个缓慢的过程，最初的重点是融入社区。

问题：缺乏参与项目。

目标：增加对项目的参与。

方法：

1. 汤姆将与玛丽·安·琼斯（持牌独立社会工作者）每天早上见面，并且每天选择三个小组参加。

2. 汤姆将在一天结束时与玛丽·安·琼斯交谈并讲述这些小组如何提供帮助。

3. 汤姆将和至少两个病友在社区房间吃晚餐。

4. 汤姆将把他看电视的时间限制在每天 1 小时以内。

5. 汤姆每晚至少睡 8 小时，使用睡眠所需的药物。

他最初的目标是与病友和工作人员建立关系（罗伯茨的七阶段危机干预模型的阶段二）。随着时间的推移，汤姆发现艺术疗法和音乐疗法有助于使他放松并增加他在病房与他人的互动。他在小组治疗中变得更加积极，并面临自己主要问题的挑战（罗伯茨的七阶段模型的阶段三）。汤姆表示再一次信任别人是很困难的。他首先以问题的形式，然后更详细地分享了反复出现的想法和梦境。不到 3 周时间，他就开始处理与创伤性事件相关的情感和情绪。

汤姆过渡到部分住院治疗计划。在小组中的一天，由于一辆救护车开着灯和警报器进入急诊室，他的病情恶化了。但是，他能够利用小组来探索他隔离和重温他的创伤的自然反应的替代选择。他和两个病友约定好在剩下的时间里和他们待在一起，并参加艺术疗法，因为他觉得这样会很放松。汤姆能够利用自己的优势并应用聚焦解决模式来制订当日有效的计划。 123

病案剖析

汤姆的治疗时间很长。他继续每月在门诊随访两次，以进行治疗和药物管理。他已经无法回到自己的工作岗位，也无法回到仓库火灾中已经空无一人的地方。汤姆的治疗计划仍然以聚焦解决为重点，主要处理环境诱因。他已申请职业康复，并对从事计算机教育感兴趣。汤姆偶尔参加一个以社区为基础的 PTSD 患者支持小组，但是，他承认他对这个小组的有效性存在矛盾心理。汤姆继续服药并参加治疗。他说治疗效果更好，因为他不喜欢服药。他表示现在很期待他的治疗会谈，他的复原力因素包括强烈的生存意志、学习意愿以及发现通过艺术、手工艺和音乐表达情感的能力。

病案 4

在威廉的病案中，一系列的神经认知测试表明他有严重的闭合性脑外伤。危机事件之后，威廉正面临着生活改变和终身调整（见图 4-7）。值得注意的是，他很开放，愿意做任何必要的事情。病情一稳定，威廉就被转移到长期居住的身体康复机构。评估表明他需要身体强化和康复，以建立最佳的机能运作能力。

威廉和他的家人会见了由内科医生、神经学家、理疗师和社会工作者组成的团队。威廉与社会工作者的联系最为紧密。在此基础上，治疗团队选择了请社会工作者与威廉一起回顾和制订治疗计划。最初，治疗计划强调身体强化和融入身体康复计划。然而，随着时间的推移，所有团队成员都参与到功能的评估和再评估中。例如，在康复两周后，威廉认为这个过程太痛苦，无法继续进行。团队没有和他争论，而是采取了制订治疗计划的方法，这种方法是在威廉过渡到一个扩展护理机构而不是按他的原计划返回家中的情况下确定的。内科医生、理疗师和社会工作者与威廉会面，讨论他扩展护理的性质，以及将注意力重新集中在过渡计划而不是康复的必要性（罗伯茨的七阶段模型的阶段五）。

124
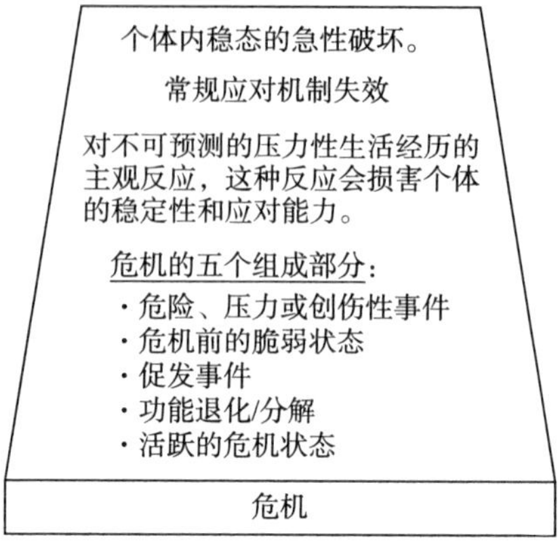

个体内稳态的急性破坏。
常规应对机制失效
对不可预测的压力性生活经历的主观反应，这种反应会损害个体的稳定性和应对能力。
危机的五个组成部分：
· 危险、压力或创伤性事件
· 危机前的脆弱状态
· 促发事件
· 功能退化/分解
· 活跃的危机状态
危机

图 4-7　相关危机症状

这种计划上的转变引起了威廉强烈的情感反应。团队为威廉抽出时间，听取他对自己缺乏照料的抱怨，明确这个感受，并着手重写他的治疗计划，使他以更积极的方式进行力量训练和康复（罗伯茨的七阶段模型的阶段六）。在聚焦解决模式中，设定目标比定义问题更受重视（de Shazer，1985）。在威廉的例子中，目标的设定基于一个理想的未来状态：一旦目标达成，他将如何察觉到他的行为、思维和情感的不同。毫无例外，威廉表示愿意与团队及其家人一起成功完成康复工作（Yeager & Gregoire，2000；Roberts & Yeager，2009）。

在这个病案中，解决经济压力是一个重大问题。起初，威廉的妻子承担了这一过程的责任。然而，社会工作者安排了一次与威廉的雇主、威廉、他的妻子和他的律师的病案会议。启动这一程序后，双方迅速达成了公平的和解而不是漫长的庭审。在这次会议之前，威廉和他的家人被要求为他们自己建立具体和准确的变化指标。这个过程使他们有能力清楚地表达他们的需求，以及家庭愿意为促进变化过程做出哪些让步。

125 **病案剖析**

威廉得以回到自己的家。如今，有了辅助设备的帮助，他能够走路了。他和他的家人过着简朴的生活。根据同康复机构达成的协议，威廉从他的公司获得残疾收入。在这个病案中，危机干预和聚焦解决疗法整合了有时限的、集中干预为重点的共同特征。通过呈现不同的现实避免了阻力。威廉选择继续接受康复治疗，因为这支持了他在出院后想要待在哪里的想法。他展示了以下复原力因素：利用多学科团队方法，明确当前生活计划重点，支持性家庭，综合治疗计划，利用解决问题的方法来解决经济问题，以及家庭合作。

结　论

每个病案都提到了完成诊断和制订治疗计划的关键组成部分，还提供了与每种疾病相关的特征症状的图表，以对与精确分类相关的关键因素进行综合概述。更重要的是，本章提供了一个范式来阐明关键组成部分和操作定义，并演示了一种方法来审查压力、危机、ASD 和 PTSD 内部及之间的参数和差异。

参考文献

Agency for Healthcare Research and Quality. (2001, August). *Methods guide for effectiveness and comparative effectiveness reviews.* Rockville, MD. Retrieved from www.effectivehealthcare.ahrq.gov

Alexander, F. (1950). *Psychosomatic medicine.* New York: Norton.

American Psychiatric Association. (2013). *Diagnostic and statistical manual of mental disorders* (5th ed.). Arlington, VA: American Psychiatric Publishing.

Bonanno, G. A., & Diminich, E. D. (2013). Annual research review: Positive adjustment to adversity-trajectories of minimal-impact resilience and emergent resilience. *Journal of Child Psychology and Psychiatry, 54*, 378–401.

Cannon, W. B. (1927). *A laboratory course in physiology.* Cambridge, MA: Harvard University Press.

Chrousos, G. P., & Gold, P. W. (1992). The concepts of stress and stress system disorders: Overview of physical and behavioral homeostasis. *Journal of the American Medical Association, 267*, 1244–1252.

Corcoran J., & Roberts, A. R. (2000). Research on crisis intervention and recommendations for further research. In A. R. Roberts (Ed.), *Crisis intervention handbook: Assessment, treatment and research* (2nd ed., pp. 453–486). New York: Oxford University Press.

Cutler, D. L., Yeager, K. R., & Nunley, W. (2013). Crisis intervention and support. In K. R. Yeager, D. L. Cutler, D. Svendsen, & G. M. Sills (Eds.), *Modern Community Mental Health: An interdisciplinary approach* (pp. 243–255). New York. Oxford University Press.

de Shazer, S. (1985). *Keys to solution in brief therapy.* New York: Norton.

Dohrenwend, B. S., & Dohrenwend, B. P. (Eds.). (1974). *Stressful life events: Their nature and effects.* New York: Wiley.

Friedman, M., Thoresen, C. E., Gill, J. J., Powell, L. H., Ulmer, D., Thompson, L., . . . & Bourg, E. (1984). Alteration of type A behavior and reduction in cardiac recurrences in postmyocardial infarction patients. *American Heart Journal, 108*, 237–248.

Haddy, R. I., & Clover, R. D. (2001). The biological processes in psychological stress. *Journal of Collaborative Family Healthcare, 19*, 291–299.

Holmes, T. H., & Rahe, R. H. (1967). Social adjustment rating scale. *Journal of Psychosomatic Research, 11*, 213–218.

Jones, E., & Wessely, S. (2007). A paradigm shift in the conceptualization of psychological trauma in the twentieth century. *Journal of Anxiety Disorders, 21*, 164–175.

Kaplan, H. I., & Sadock, B. J. (1998). *Synopsis of psychiatry: Behavioral sciences, clinical psychiatry* (8th ed.). New York: Lippincott Williams and Wilkins.

Kessler, R. C., Berglund, P., Demler, O., Jin, R., Merikangas, K. R., & Walters, E. E. (January 01, 2005). Lifetime prevalence and age-of-onset distributions of DSM-IV disorders in the National Comorbidity Survey Replication. *Archives of General Psychiatry, 62*, 593–602.

Lerner, M. D., & Shelton, R. D.

(2001). *Acute traumatic stress management: Addressing emergent psychological needs during traumatic events*. Commack, NY: American Academy of Experts in Traumatic Stress.

Lewis, S., & Roberts, A. R. (2002). Crisis assessment tools: The good, the bad and the available. *Brief Treatment and Crisis Intervention*, *1*, 17–28.

Mason, J. W. (1975). A historical view of the stress field. *Journal of Human Stress*, *1*, 6–27.

McEwen, B. S. (1995). Stressful experience, brain and emotions: Developmental, genetic and hormonal influences. In M. S. Gazzanga (Ed.), *The cognitive neurosciences* (pp. 1117–1138). Cambridge, MA: MIT Press.

McGee, R. K. (1974). *Crisis intervention in the community*. Baltimore: University Park Press.

McHugh, P. R., & Treisman, G. (2007). PTSD: A problematic diagnostic category. *Journal of Anxiety Disorders*, *21*, 211–222.

National Institutes of Mental Health. (2012). The numbers count: Mental disorders in America. Retrieved from www.nimh.nih.gov/health/publications/the-numbers-count-mental-disorders-in america/index.shtml

Powell, L. H., & Matthews, K. A. (2002). New directions in understanding the link between stress and health in women. *International Journal of Behavioral Medicine*, *9*, 173–175.

Regehr, C. (2001). Crisis debriefing groups for emergency responders: Reviewing the evidence. *Brief Treatment and Crisis Intervention*, *1*, 87–100.

Roberts, A. (1991). *Contemporary perspectives on crisis intervention and prevention*. Englewood Cliffs, NJ: Prentice-Hall.

Roberts, A. R. (Ed.). (2000a). *Crisis intervention handbook: Assessment, treatment, and research* (2nd ed.). New York: Oxford University Press.

Roberts, A. R. (2000b). An overview of crisis theory and crisis intervention. In A. R. Roberts (Ed.), *Crisis intervention handbook: Assessment, treatment, and research* (2nd ed., pp. 3–30). New York: Oxford University Press.

Roberts, A. R. (2002). Assessment, crisis intervention and trauma treatment: The integrative ACT intervention model. *Brief Treatment and Crisis Intervention*, 2, 10.

Roberts, A. R., & Yeager, K. R. (2009). *Pocket guide to crisis intervention*. New York: Oxford University Press..

Schnurr, P. P. (2013). The changed face of PTSD diagnosis. *Journal of Traumatic Stress*, *26*, 535–536.

Scott, W. (1990). PTSD in *DSM-III*: A case in the politics of diagnosis and disease. *Social Problems*, *37*, 294–310.

Selye, H. (1956). *The stress of life*. New York: McGraw-Hill.

Slaikeu, K. A. (1984). *Crisis intervention: A handbook for practice and research*. Needham Heights, MA: Allyn and Bacon.

Smith, L. E., Bernal, D. R., Schwartz, B. S., Whitt, C. L., Christman, S. T., Donnelly, S., . . . Kobetz, E. (2014). Coping with vicarious trauma in the aftermath of a natural disaster. *Journal of Multicultural Counseling and Development*, 42, 1, 2–12.

Summerfield, D. (2001). The invention of post-traumatic stress disorder and the social usefulness of a psychiatric category. *British Medical*

Journal, *322*, 95–98.

Swanson, W. C., & Carbon, J. B. (1989). Crisis intervention: Theory and technique. In *Taskforce report of the American Psychiatric Association: Treatments of psychiatric disorders* (pp. 2520–2531). Washington, DC: American Psychiatric Association Press. 2520–2531.

Terr, L. (1994). *Unchained memories: True stories of traumatic memories, lost and found.* New York: Basic Books.

Tuckey, M. R., & Scott J. E. (2014). Group critical incident stress debriefing with emergency services personnel: A randomized control trial. *Anxiety Stress Coping*, *27*(1),:38–54. doi:10.1080/10615806.2013.809421

Wixen, H. (1978, October–November). Lesson in living. *Modern Maturity*, 8–10.

Yeager, K. R., & Gregoire, T. K. (2000). Crisis intervention application for brief solution-focused therapy in addictions. In A. R. Roberts (Ed.), *Crisis intervention handbook: Assessment, treatment and research* (2nd ed., pp. 275–306). New York: Oxford University Press.

Young, M. A. (1995). Crisis response teams in the aftermath of disasters. In A. R. Roberts (Ed.), *Crisis intervention and time-limited cognitive treatment* (pp. 151–187). Thousand Oaks, CA: Sage.

Young, A. (2004). When traumatic memory was a problem: On the historical antecedents of PTSD. In G. M. Rosen (Ed.), *Posttraumatic stress disorder: Issues and controversies* (pp. 127–146). Chichester, England: Wiley.

第五章　基于压力-危机连续体的被诊断为临床障碍者的危机干预

肯尼斯·R. 耶格尔（Kenneth R. Yeager）
安·沃尔贝特·伯吉斯（Ann Wolbert Burgess）
阿尔伯特·R. 罗伯茨（Albert R. Roberts）

所有心理健康专业人员，包括危机临床医生，都将受益于应用七级压 128
力-危机连续体（stress-crisis continuum）。通过确定处于危机中的个体展现的程度和类别，临床医生将处于最佳位置来确定危机干预、认知行为疗法（cognitive-behavioral therapy）、药物治疗、住院治疗或其他治疗方式是否合适。本章描述并讨论了由七个级别组成的压力-危机连续体，可配合使用于诊断为临床障碍的患者。伯吉斯和罗伯茨的前两个级别被定义为躯体不适-危机（somatic distress-crisis）和过渡性压力-危机（transitional stress-crisis）。在这两种情况下，压力症状通常通过短程的危机干预和初级心理健康治疗得以减轻。从20世纪90年代开始，3、4、5级似乎出现得越来越频繁。遭受3级［创伤性压力-危机（traumatic stress-crisis）］的个体受益于个人和团体的以危机为导向的治疗；4级［家庭危机（family crisis）］受益于病例管理和法医干预的危机治疗；5级［严重的精神疾病（serious mental illness）[①]］可从危机干预、病例监测和日间治疗中受益；6级［精神科急症（psychiatric emergency）］从危机稳定、住院和（或）法律干预中获益；而7级［灾难性危机（catastrophic traumatic stress crises）］涉及与4级、5级或6级应激
源相结合的多重连续创伤性事件，需要危机稳定、创伤咨询、社会支持和症 129
状疏解。

① 原文为 mentally ill person in crisis，经核，疑有误，见本书9、151页。——译者注

医疗保健和后续的心理健康目前正面临着服务提供方面的转变问题。一些报告估计，扩大的医疗补助覆盖面和新的健康信息交换（health information exchange，HIE）保险选项的组合将为寻求治疗心理健康和物质使用障碍的600万~1000万人提供保险。新的HIE保险选择的实施将使多达5000万美国人获得保险。虽然这是必要的，但不足以改善健康和行为健康结果。除非告知消费者如何获得和使用其健康保险福利，否则不会出现改善。对于这一新的消费者群体，这可能成为一个重大挑战。如果没有明确的程序说明服务消费者将如何获得福利，许多人将无法参加新的保险和医疗补助计划。迄今为止，我们已经看到了挑战并担心这些可能只是冰山一角。此外，一旦加入，消费者很可能需要帮助以获得和利用扩大的医疗保险计划中的利益。消费者及其家庭将需要帮助来准确地理解改革对他们意味着什么，他们的福利如何变化，以及有哪些新的保险覆盖选项可供选择（Yeager，Cutler，Svendsen，& Sills，2013）。帮助这些人获得福利的重担很可能会再次落在护理提供者身上。毫无疑问，这将进一步加重本已负担过重的从业人员的压力。

随着我们进入心理健康改革的新时代，立法者、决策者和医疗保健管理人员对与患者护理质量、服务利用模式、成本和效益相关的问题越来越感兴趣。每天都有数以百万计的个人和家庭经历严重危机事件。这些人无法独自解决他们的危机，因此，许多人向所在社区的心理健康专业人员寻求帮助。

我们认为，要在心理健康保健管理领域竞争，危机干预将是至关重要的组成部分。实施危机干预需要对压力-危机连续体进行理论概念化，对压力-危机等级进行评估和分类，并为干预提供经验基础。

有一些问题需要回答，例如：什么是最好的模式？服务共置（co-location）模式是否比提供协作（collaborative）服务更具成本效益？选择一种模式而不是另一种模式将最终决定护理过程是继续以任务为中心还是回归以人为中心的模式。立法规定，最终措施将以结果为基础。因此，面临的问题仍
130 然是，什么将提供最好的结果？在共置的医疗服务系统中，人们几乎可以看到一条装配线，其中高血压在一个站点治疗，抑郁症在下一个站点治疗。这可能更有效，但它肯定无法解决疾病的相互作用。协作护理将处理疾病的相互作用，但可能无法提供以患者为中心的整体方法。尽管有可能达到同样的目的，但尚不清楚将采用哪种方法、会如何应用以及在医疗系统全面发展的

过程中将对其产生何种影响。好消息是，拨款将包括在改革立法中，并由物质滥用和心理健康服务管理局管理，以支持心理健康和初级保健提供者的共置。此外，种子资金将用于支持新的健康和预防项目，尽管行为健康在这些项目中的作用尚未明确（Yeager，Cutler，Svendsen，& Sills，2013）。无论如何，应将责任医疗组织（accountable care organization，ACO）构造为医疗保险制度下的捆绑式风险模型。在这种模型中，提供者创建一个护理网络，以解决 80/20 效应，即用提供的 80%的服务管理 20%的人口。提供者将采用积极主动的方法来寻求管理护理，提高质量并减少“高风险”患者的支出。（ACO 通常包括医院或多专科医生与额外的门诊提供者合作，为高风险人群搭成安全网。）因此，目标是在降低成本的同时，从被动治疗转变为更积极主动的治疗方法。为此，医疗服务提供者需要提高对涵盖各种医疗保健需求的清晰结构化评估模型的认识和利用水平。

本章介绍了评估情绪的分类范式。压力和急性危机发作分为七个等级，这七个等级是压力-危机的连续体。这一分类是对鲍德温（Baldwin）（1978）危机分类的改编和扩展。这七个级别分别是躯体痛苦-危机、过渡性压力-危机、创伤性压力-危机、家庭危机、严重的精神疾病、精神科急症和灾难性/累积危机（见鲍德温的表 2-1）。随着从第 1 级到第 7 级的升级，服务对象的内部冲突变得更加严重和持久。

例如，本章最后的病案说明了持续不断的压力和危机的累积水平，这些压力和危机与躯体痛苦和创伤性事件相互作用：艾滋病的诊断。这个女人是被收养的孩子（过渡性压力），她的性身份（过渡性压力）对她来说也是多年来的一个问题。她的许多物质滥用和自杀意图（精神科急症）使她对发展问题变得困惑和麻木，包括她的就业中断（过渡性压力）和被女性伴侣殴打（过渡性压力-危机）。男性患者的攻击（创伤性压力-危机）促使她诉诸法律（过渡性压力）。她的艾滋病毒阳性状态（躯体和创伤性事件）仍然是她一系列急性危机发作的最直接先兆。

七种危机类型中的每一种都有明确的特点和建议的治疗模式，这些治疗
模式与具有成本效益和时间效率的临床护理管理的心理健康保健目标相一 131
致。受管理的心理健康和物质滥用服务的成本效益措施应以明确界定和可衡量的参数为基础。例如，哪些具体的行为措施将表明接受“x”次危机干预会谈的服务对象群体的功能改善？从保险公司的角度来看，同样重要的是服

务对象的改善是否可预测，是否在保证的索赔额度之内，或者在理想情况下，是否低于当前的索赔成本。

理论框架

描述心理-生物压力连续体最清晰的框架是压力和人类健康医学研究所报告的模型（Elliott & Eisdorfer, 1982）。该模型包括三个主要元素，激活因子/压力源、反应和结果，可以称为“x-y-z 序列”（Elliott & Eisdorfer, 1982）。激活因子/压力源是这种类型的重点，可能是内部或外部事件或条件（如抑郁症状、严重的疾病、家庭成员的死亡、暴力犯罪受害、虐待儿童、精神病复发，或自杀企图）足够强烈，能引起个体的某些变化。反应包括对激活因子/压力源的生物学和社会心理的响应。结果是反应的长期累积效应，如身体和（或）精神痛苦。该模型通过对中介变量的概念化来处理整个序列中的个体差异和变异，中介变量在序列中起过滤和修正作用（Elliott & Eisdorfer, 1982）。该模型中还添加了旨在减少反应和结果之间的压力和症状的干预措施。这个模型表明，在个体和环境之间的压力连续体中有一个动态的、相互作用的过程（Lowery，1987，p. 42）。

伯吉斯和罗伯茨（1995）的压力-危机连续体是 1995 年发展起来的一种折中分类法，它是对早期模型（Baldwin，1978；Elliott & Eisdorfer，1982）的扩展。

1 级：躯体不适-危机

典型病案

患者加德纳夫人（Mrs. Gardner）是一位 30 岁的寡妇，因患有尿失禁和恶心、全身疼痛、头晕等身体不适而被送入精神科。患者即将再婚，在写婚
132 礼请柬时出现了严重的症状。患者未婚夫的兄弟在其入院前几周在一次铁路工作中因车祸突然丧生。这一死亡方式与患者的第一任丈夫的死亡相似，他在结婚后一年因车祸丧生。在儿童时期，患者经常尿床，直到 7 岁。尽管入院时排除了多发性硬化症的诊断，但这种诊断在以后几年仍可能出现。

起初，加德纳夫人对她的症状没有表现出任何痛苦。当其他患者对此行为施加负强化时，她能够放弃导尿管。经过这种环境干预后，加德纳夫人能够控制自己的尿液。与此同时，她开始和精神科护士谈论她害怕失去未婚夫，就像她失去了第一任丈夫一样，这使她害怕再次结婚。护士帮助患者将这种动态理解与她入院前所经历的多种躯体症状联系起来，尤其是尿失禁。加德纳夫人出院后症状没有复发。她和第二任丈夫婚后继续在门诊接受夫妻咨询。

此类危机被定义为躯体不适，源于（a）生物医学疾病和（或）（b）轻微的精神症状。心理健康问题可能会也可能不会被清楚地识别出来。这种类型的危机诱发因素的例子包括生物医学诊断，如癌症、中风、糖尿病和狼疮，以及轻微的精神疾病状态，如躯体化、抑郁、恐惧或焦虑。患者对这种程度的压力-危机的反应通常是焦虑和（或）抑郁症状。危机的病因是生物医学的，也就是说，通常存在免疫系统抑制、身体健康失衡，或者在轻微的精神症状方面存在未解决的动态问题。

初级保健提供者通常察觉到这种类型的躯体不适-危机。患者出现健康症状就去看医生或执业护士。通过实验测试进行体格检查通常可以明确患者的医学诊断。那些没有生物医学诊断的患者可能会在以后出现其他身体症状的情况下被移入第一组。

没有明确医学诊断的患者可能报告身体不适，范围包括与头部、背部、腹部、关节或胸部相关的一组特定疼痛症状，或月经或性交时疼痛；肠胃症状，如腹胀、恶心、呕吐；性症状；以及假性神经症状，如身体虚弱、感觉丧失、疲劳和注意力不集中（APA，1994）。在这个病案中，加德纳夫人有严重的身体症状，其中部分与未解决的悲伤问题有关。

有和没有医学诊断的患者都可能出现焦虑和抑郁的轻微精神症状。为了解决身体和精神障碍之间的常见共病，梅凯尼克（Mechanic）（1994）在一个综合系统中论证了身体和心理健康保健之间的密切联系。也就是说，癌症或糖尿病的医学诊断很容易增加一个人的压力水平，从而导致抑郁症状的发展。

研究 133

大约一半的心理健康保健是由普通医疗部门提供的（Regier et al.，1993）。

大量证据表明，高质量的初级保健与健康结果的改善之间存在正相关关系（Starfield, Shi, & Macinko, 2005）。在美国，初级保健提供者（primary care provider, PCP）供应最多的地区的健康结果更好（Shi et al., 2003）。其他研究表明，初级保健的质量和该保健的结果之间存在直接关系（Choudhry, Fletcher, & Soumerai, 2005）。研究表明，当患者出现身体症状并存在潜在的社会心理问题时，初级保健门诊服务的使用率会提高。这些研究表明，40%~60%的就诊涉及无法检测到生物医学疾病的症状（Barsky, 1981; Van der Gaag & Van de Ven, 1978）。压力和（或）社会心理问题可能导致身体反应或消极情绪。

此外，全国性的研究估计，在一年的时间里，高达30%的美国成年人符合存在一种或多种心理健康问题的标准，特别是情绪（19%）、焦虑（11%）和物质使用（25%）障碍（Kessler, Chiu, et al., 2005）。情绪和焦虑障碍是初级保健患者中最常见的障碍，在为混合收入人群服务的诊所中约有20%~25%的此类患者出现，而在为低收入人群服务的诊所中此类患者出现的比例高达50%（Kessler, Demler, et al., 2005）。在患有慢性疾病如糖尿病、关节炎、慢性疼痛、头痛、背部和颈部问题以及心脏病的患者中，心理健康问题的发病率是普通患者的两到三倍（Katon, 2004; Katon, Lin, & Kroenke, 2007）。当治疗不足或未经治疗时，心理健康问题与治疗依从性差、使身体健康问题复杂化的不良健康行为以及医疗费用过高有关（Almeida & Pfaff, 2005; Kessler, Demler, et al., 2005; Kinnunen et al., 2006; Merikangas et al., 2007; Scott et al., 2009）。

未治疗的轻微精神病症状对初级保健机构来说投入可能会更大。当化验结果为阴性的患者抱怨有模糊的躯体症状时，他们可能被称为**躯体化患者**（somatizer）。米兰达（Miranda）和他的同事（1991）检验了梅凯尼克（1994）的躯体化归因理论的预测，即处于压力下的躯体化患者会过度使用门诊医疗服务。正如假设的那样，生活压力与躯体化在预测就医次数方面相互作用；有压力的躯体化患者比非躯体化患者或无压力的躯体化患者去诊所的次数更多。尽管压力对躯体化患者的影响最大，但对所有患者来说，压力都预示着医疗利用率的增加。这些结果表明，旨在减少门诊医疗服务过度利用的心理服务可能最好侧重于减轻压力上，其对躯体化患者和情绪消极者最有益。

压力-免疫反应研究正在对压力和医疗疾病的病因进行攻关（Lowery,
1987）。利维（Levy）和他的同事们的一项研究通过检测中枢兴奋、免疫改 134
变和临床结果来解决压力-疾病的关联问题，尽管是针对不同的人群。利维、赫贝曼（Herberman）、李普曼（Lippman）和狄安杰洛（d'Angelo）（1987）以及李、赫贝曼、怀特赛德（Whiteside）、柯克伍德（Kirkwood）和麦克菲利（McFeeley）（1990）进行的一系列研究发现，被评为对疾病适应程度较差（即表现出更多的痛苦）的乳腺癌患者，其自然杀伤细胞（NK）的细胞活性水平低于那些不那么痛苦的患者。此外，NK 活性降低与肿瘤向腋窝淋巴结转移有关。在健康个体的样本中（Levy et al.，1990），报告感知压力更大的年轻受试者（18~29 岁）更可能具有较低的 NK 活性和较低的血浆 β-内啡肽水平，他们报告的感染性发病率也更高。

干预

有明确疾病的患者将接受与疾病相适应的医疗和护理协议。对于没有明确医学诊断的患者，干预策略是减少症状，这需要使用简短的自我报告评估工具，首先检测令人痛苦但不符合《精神障碍诊断与统计手册》（APA，2013）标准的精神症状。精神疾病症状学的早期治疗已被证明可以减少症状并阻断发展为严重精神障碍（Miranda & Munoz，1994）。

1 级躯体痛苦危机的一种选择干预是教育。长期以来，在医疗保健实践中，向患者介绍他们的疾病、症状和随后的医疗保健一直是优先事项。教学方法可以是自学，如观看录像带或阅读书面材料，也可以由护士或医疗保健提供者单独授课，还可以通过集体学习的方式进行。米兰达（Miranda）和米诺（Munoz）（1994）描述了一种教学方法，该方法报告了一个为期 8 周的旨在教会患者控制消极情绪的认知行为课程。该课程类似于认知行为疗法。

2 级：过渡性压力-危机

典型病案

8 岁的玛丽是已婚 12 年的父母唯一的孩子。母亲表示，她花了 4 年时间才怀上了玛丽。其因怀孕导致体重增加了 69 磅，长期消化不良以及 160 的血糖水平（母亲被告知患有妊娠糖尿病）而变得复杂。玛丽足月出生，因为其是枕后位［被母亲描述为“面朝上”（sunny-side up）］而使用了钳子，分娩因肩难产而复杂化。就胎龄而言，玛丽体形较大，出生时体重为10磅
135 13盎司。出生不到24小时，玛丽出现了持续约10分钟的全身强直阵挛发作。她不断间歇性发作，并接受安定和苯巴比妥治疗。她不再癫痫发作，血液检查也呈阴性。除了镊子造成的双侧血肿外，颅骨片均为阴性。玛丽继续服用苯巴比妥直到8个月大，从8个月大到15个月大都没有再服用抗惊厥药。玛丽还伴有心脏杂音。

8岁时，神经心理学测试显示她有“一种伴随右半球萎缩的缺陷模式，以及随后伴有轻度多动症的注意力缺陷紊乱（attention deficit disorder，ADD）”。玛丽的主要ADD症状包括视觉分散、处理速度降低、感知运动紊乱和冲动反应模式。家长和老师的检查清单都反映了玛丽在家庭和学校环境中存在严重的注意力缺陷、分心、冲动行为和中度行为偏差。玛丽的自尊心很强，但是，她的ADD症状会带来很多学习问题，而且她在课堂上表现不佳的风险依然存在。其机能在法律上被认定是新生儿头部外伤的结果。

这种危机反映了通常预期的压力事件，反映了儿童或成年人可能控制或可能无法实际控制的生活转变。过渡性压力的定义特征是预期发展事件或角色的中断。压力源通常可被识别；该事件本质上是发展性的，许多人都在经历。过渡是可以预期的，为应对发生的变化做准备。

过渡性压力包括围绕以下问题的规范性事件：生育，如不孕症或早产；幼年时期，如出生时受伤、好动或疾病；青春期，如少女怀孕或学校问题；成年期，如工作中断或慢性病；以及法律问题，如诉讼。个人的反应是人格特质的僵化和个人灵活性的丧失。危机的病因是没有掌握解决这些问题的技能。

本病案描述了正常的分娩生活中的医疗问题。过渡性压力源于婴儿期正常神经生物学发育的中断和延迟。玛丽的多动症和学业问题与分娩时受伤有关，而她和她的母亲对此无能为力。此外，这种伤害会对童年、青春期和成年期的正常发展产生影响。

埃里克松（Erikson）（1963）将中心冲突或核心冲突归因于八个发展性生活问题。他的理论进一步指出，相对成功地解决与每个发展水平相关的基

本冲突，为成功地进入下一个阶段提供了重要的基础。无论这些冲突的解决 136
是成功还是失败，其结果都会显著地影响人格发展。因此，在过渡性压力中，存在无法掌握一项发展任务的可能。

J. S. 泰赫斯特（J. S. Tyhurst）（1957）研究了在平民灾难中经历突然变化的人生活中的过渡状态，即迁移和退休。根据他对应对社区灾害的个人反应模式的实地研究，泰赫斯特确定了三个相互重叠的阶段，每个阶段都有自己的压力表现和减轻压力的尝试：影响期、退缩期和创伤后恢复期。

干预

对于过渡性压力，有几种有效的干预措施。在有时限的个人会谈中，危机咨询师的主要任务是教导患者了解已经发生或将要发生的变化，并探究这些变化对心理动力学的意义。根据需要提供支持，并使用预期的指导来帮助个人设计一个针对过渡期间所产生问题的适应性应对反应。如果事件在没有预期信息的情况下发生，则使用危机干预技术。

第二种干预措施是使用小组模式。在短程的个人治疗之后，服务对象被转介到特定过渡问题的自助小组（例如，单亲父母，患有慢性疾病的孩子的父母）。自助小组会为经历过类似人生转变的人提供帮助（例如，提前退休小组、分娩准备小组、大学入学指导小组）。

3 级：创伤性压力-危机

典型病案

卡罗尔（Carol）已经休了两个月产假，需要重返工作岗位。她是一位单亲妈妈，她还抚养了一个 4 岁的男孩和一个 7 岁的女孩，过去五年她依靠在当地餐馆做助理经理的收入来养家。卡罗尔在报纸上登了一则招聘保姆的广告。一位女士打电话来询问广告的事，约好见面时间，第二天就来她家面试。卡罗尔不在家，所以她让她的母亲过来和那个女人谈话。这位女士向卡罗尔的母亲做了自我介绍，卡罗尔的母亲当时抱着一个月大的婴儿。这位女士看上去是一个讨人喜欢、能干的女人，穿着也很讲究。她说她不需要钱，但想花时间做一些自己喜欢的事情。她说自己有两个十几岁的孩子，但错过

137 了照顾婴儿的机会。卡罗尔的妈妈想看看她是怎么抱孩子的，就把孩子交给了那位女士。正在这时，电话铃响了，卡罗尔的母亲走到另一个房间去接电话。她一看不见，这位女士就开车带着孩子离开了房子。当卡罗尔的母亲回到房间时发现屋里并没有人在。她跑到门口时那个女人刚好开车离开。

卡罗尔的母亲立即报了警，5 分钟后警察赶到了。卡罗尔不久就到了，并被告知她的孩子被诱拐。她崩溃了，开始责怪母亲。这件事发生后，卡罗尔的母亲开始做噩梦，无法入睡。卡罗尔几乎不能正常工作了，不得不把其他孩子送到他们父亲的家里暂住。

新闻媒体立即介入，四天后通过热线电话找到了婴儿。诱拐者丈夫的工作伙伴曾探望过这名婴儿，当他们注意到这名婴儿看起来不像新生儿时，便产生了怀疑。他们听到了媒体关于诱拐的公告，就拨打了热线电话。诱拐者是一名硕士预科心理治疗师，她通过假装怀孕来阻止离婚诉讼。她认罪后被送往精神专科医院 1 年，缓刑 4 年。

这种危机是由外部施加的强烈压力促发的。它们包括经历、目睹或了解击垮个人的突然、意外和无法控制的威胁生命的事件。其他创伤性危机的例子包括与犯罪有关的人身伤害、强奸和性侵害、纵火或劫持人质的受害者；自然灾害的受害者；严重交通事故或飞机失事的受害者；配偶或家庭成员突然死亡；身体被肢解的事故；以及接受威胁生命的医学诊断，例如癌症。1995 年 4 月 19 日发生了一起创伤性压力-危机事件，当时一辆恐怖分子的炸弹卡车在俄克拉荷马城（Oklahoma City）联邦办公楼外爆炸，造成 82 名成年男女和儿童死亡。数百名幸存者和死者家属的创伤、压力和危机反应被铭记多年。整个社区完全团结起来，数百名有爱心的市民前来帮助和支持幸存者。此外，联邦调查局迅速动员并逮捕了两名对爆炸事件负责的恐怖分子。然而，更致命的恐怖袭击发生在 2001 年 9 月 11 日，当时与宗教极端组织“基地”组织（al-Qaeda）有关的 19 名武装分子劫持了 4 架客机，并对美国境内目标实施了自杀式袭击。其中两架飞机撞上了纽约市世贸中心的双子塔，第三架飞机撞上了华盛顿特区外的五角大楼，第四架飞机在宾夕法尼亚州的田野中坠毁。在纽约和华盛顿特区的袭击中，近 3000 人丧生，其中包括 400 多名警察和消防员。

在灾难或创伤性事件中，个体的反应是强烈的恐惧、无助和行为混乱。

通常的应对行为由于压力的突发性、非预期性而变得无效。可能会有一段不应期（refractory period），在此期间患者会经历情绪麻痹和应对行为无法调动。 138

在本病案中，婴儿的外祖母直接经历了诱拐，即把婴儿交给诱拐者抱着，然后离开房间去接电话。婴儿的母亲回到家后，了解诱拐事件，并经历了创伤。她们无法处理有关创伤的信息，因此出现了功能失调的症状。在婴儿被送回之前，母亲和外祖母无法应付日常活动。

研究

1942 年，波士顿椰林夜总会发生了一场最严重的火灾，492 人在火灾中丧生。林德曼和他在马萨诸塞州总医院的同事们引入了危机干预和限时治疗的概念。林德曼（1944）和他的同事们将他们的危机理论建立在对幸存者和悲痛欲绝的受害者亲属的急性和延迟反应的观察上。他们的临床工作侧重于幸存者的心理症状和防止死者亲属间未解决的悲痛。他们发现许多经历过急性悲痛的人通常会有五种相关的反应：躯体痛苦、对死者形象的沉迷、内疚、敌对反应和行为模式的丧失。

此外，林德曼和他的同事们得出结论，悲伤反应的持续时间似乎取决于丧亲者在哀悼和“悲伤工作”上的成功程度。一般来说，这种悲伤工作是指从死者那里获得解脱，适应失去亲人的环境变化并发展新的关系。需要鼓励人们允许自己有一段时间的哀悼，最终接受失去亲人的事实并适应没有死者的生活。如果悲伤的正常过程被推迟，就会产生负面的后果。

在 20 世纪 70 年代，强奸的创伤通过术语“**强奸创伤综合征**”（rape trauma syndrome）（Burgess & Holmstrom，1974）被引入文献中。强奸创伤包括一个急性的混乱阶段和一个长期的重组阶段。在这两个阶段都有广泛的躯体、认知、心理和社会症状。

受害者遭受的创伤影响到她的家庭、社交网络和社区。强奸后的恢复是复杂的，受许多因素的影响，包括以前的生活压力、攻击方式、受害者和犯罪者的关系、施暴者人数、先前存在的精神障碍、要求的暴力或性行为的数量以及对受害者的官方反应、社交网络反应和随后的强奸受害者因素。临床医生在评估和识别那些受害者时，应考虑所有这些因素。这些受害者极有可能无法从强奸中缓慢康复，以及在很长一段时间内仍容易受到许多生活压力 139
的影响。

查尔斯·R. 菲格利（Charles R. Figley）和老兵研究联盟（Consortium on Veteran Studies）成员的开拓性工作（Figley，1978）为战争战斗的3级危机提供了深刻的见解。菲格利认为，战斗包括四个主要因素，这些因素使其具有极大的创伤性：高度危险，努力去阻止死亡的无助感，对生命和财产的摧毁和破坏的感觉，以及损失感。此外，战斗的长期情绪调节分为四个阶段：恢复、回避、反思和调整。

干预

危机反应（crisis reaction）是指急性阶段，通常发生在危险事件之后不久，包括创伤的神经生物学。在这个阶段，人的急性反应可能会以不同的形式出现，包括无助、困惑、焦虑、震惊、怀疑和愤怒。低自尊和严重抑郁往往是由危机状态产生的。处于危机中的人可能显得语无伦次、杂乱无章、焦虑不安、反复无常，或平静、压抑、孤僻、冷漠。正是在这一时期，个体往往最愿意寻求帮助，而此时的危机干预通常是最有效的（Golan，1978）。

泰赫斯特采取针对特定阶段的干预。他的结论是，处于创伤性危机状态的人不应脱离他们的生活处境，干预应该集中于加强人际关系网络。认知行为疗法协助创伤的信息处理（Burgess & Hartman，1997）是一种被推荐用于与强奸相关的创伤后应激障碍和抑郁症的治疗方法。这种疗法也被称为**认知加工疗法**（cognitive processing therapy）（Resick & Mechanic，1995），该疗法是有时限的且有效的。其他可以考虑的方式包括抗焦虑药物的药物治疗，以帮助治疗创伤后应激障碍的长期生理症状。此外，个体创伤治疗工作后，患者被转介到减压/放松治疗小组、危机或自助小组以及心理教育小组。

策略性聚焦解决疗法（Quick，1998）结合了策略疗法和聚焦解决疗法的原理和技术。在这种方法中，治疗师澄清问题，阐述解决方案，确定和评估尝试的解决方案，并设计包括验证、称赞和建议部分的干预措施。做有效的事、改变无效的事的实用主义原则是服务对象和治疗师的目标。有关详细信息，请参见第三章。

由弗朗辛·夏皮罗（Francine Shapiro）设计的一种治疗技术，眼动脱敏和再处理（eye movement desensitization and reprocessing，EMDR），包含了许多主要治疗方式的关键方面。最简单的基本原理来源于一个信息处理模型，
140 该模型旨在直接访问和处理在创伤性事件发生时存储在记忆中的功能失调的

感知。状态依赖性感知被认为是造成创伤后应激症状的主要原因。另外，僵化的想法被认为是由功能失调储存起来的早期生活经历引起的。EMDR 的主要目标是将服务对象从过去的非适应性约束中解脱出来，从而为他们提供在当前做出积极灵活选择的能力。治疗的八个阶段被认为是解决创伤所必需的（Shapiro，1998）。

4 级：家庭危机

典型病案

23 岁的梅雷迪斯（Meredith）第一次见到 29 岁的威利斯（Willis）时，是威利斯来到她和美发师室友合住的公寓理发。据威利斯所说，他们一见倾心，开始约会。从一开始，他们就把自己和其他人隔离开来。当梅雷迪斯和她的室友分开时，威利斯要求梅雷迪斯搬去和他一起住。梅雷迪斯忽视了内心的警告，即她觉得跟威利斯在一起不是一个好的决定。例如，在他们第一次约会时，威利斯向梅雷迪斯——一名心理健康咨询师，展示了他的精神疾病记录。她后来说，他的诊断对她来说应该是个危险信号：具有反社会、依赖和被动攻击特征的边缘性人格障碍。他还有酗酒史。

威利斯相信他已经找到了未来的婚姻伴侣，而梅雷迪斯没有。几个月后，她遇到了另一个想约会的男人，并告诉了威利斯。威利斯的反应比她想象的还要糟糕。他变得抑郁，开始割伤自己，在公寓到处留下带血迹的纸巾，并在墙上用鲜血写下“我爱你”。他恳求她不要离开。

当梅雷迪斯开始和她的新男友约会时，威利斯得到了他的地址和电话号码。他开始写恐吓信。后来她的男朋友离开了小镇，结束了这段关系。威利斯继续给梅雷迪斯寄便条和贺卡，恳求她，然后又斥责她。警探告诉威利斯他们不能逮捕他，因为他的信件是在新的州跟踪法案生效之前写的。他们建议他去精神专科医院。

梅雷迪斯离开了小镇，但几个月后威利斯找到了她。她发现她车上绑着一只气球和一张慰问卡，还注意到她公寓的前窗上有两个洞。当警察逮捕威利斯时，他们在他的车里发现了一支电击枪、一根绳子、乳胶手套、胶带和一把小刀。他对自己 16 个月以来对前女友的纠缠供认不讳。

141 有些情感危机是由于试图处理在家庭或社交网络中发展起来的主要人际关系状况而导致的（例如，关系功能障碍）。这些都与发展任务和2级过渡性压力-危机有关。如果问题得不到解决，家庭危机反映了一种与更深层次的，但通常受限的发展问题的斗争，这个问题在过去没有得到适应性解决，这代表着一种获得情感成熟的尝试。这些危机通常涉及发展问题，如依赖性、价值冲突、性别认同、情感亲密关系、权力问题或实现自律。通常情况下，特定关系困难的重复模式会随着时间的推移出现在那些出现这类危机的人身上（Baldwin，1978）。危机可能是由内部或外部引起的，就像长期虐待一样。

家庭危机的例子包括虐待儿童、利用儿童从事色情活动、父母诱拐儿童、青少年离家出走、殴打和强奸、无家可归和家庭谋杀。个人对这种程度的危机的反应是长期恐惧，无力保护自己和他人，以及一种习得性无助。危机的病因学与长期创伤的神经生物学有关。经常有不为人知的虐待关系和分裂的家庭归属感。

在这个病案中，男性伴侣威利斯的潜在危险被清楚地指出了。他的人格障碍的精神病学诊断暗示了一个尚未解决的发展能力问题，正如他的跟踪行为所提示的。

研究

值得注意的是，每种类型的情感危机都涉及外部压力源和个人脆弱性的相互作用。然而，在4级危机中，存在从产生危机的主要外部压力点到由个人的心理动力学和（或）先前存在的精神病理学（在问题情境中表现明显）所决定的内部压力点的转变。家庭暴力背景下的虐待和殴打儿童是家庭危机的主要例子。两者都是围绕长期关系而存在的人际关系。有关虐待儿童和危机干预研究的综述，请参见第十二章。

干预

在家庭暴力中，4级危机的干预目标是帮助个体重新稳定生活，加强其人际关系并阻止精神症状。首先，必须解决危机状态（如果存在的话）。必须停止一切虐待，儿童和成人必须安全。幸存者必须适应因揭露虐待和其他人的保护性反应而造成的直接损失和变化。必须解决家庭系统的功能失调问题。

罗伯茨（1995，1996）采用了七阶段危机干预模型。该模型为解决危机提供了一种综合的问题解决方法。这些步骤包括评估致命性和安全需求；建立融洽关系和沟通；识别主要问题；处理情感和提供支持；探索可能的替代方案；协助制订行动计划；并进行跟进。 142

恢复服务旨在帮助幸存者解决长期问题。减轻压力的干预措施有两种：（a）旨在帮助个人预防或管理压力的干预；（b）旨在消除或降低压力源效力的干预。可以考虑的技术包括：体育活动，以释放压抑的能量；营养疗法，以促进生理恢复；为重视宗教信仰的人提供精神支持，以促进他们与自然世界的圆满感；放松，以应对过度警惕；欢愉活动，以促进乐趣和幽默感；以及诸如阅读、艺术和音乐之类的富有表现力的活动。

各种各样的心理教育和治疗干预已经被开发出来，以改变犯罪者的行为，其中许多干预措施已经带来了暴力或剥削行为的实际减少。一般来说，干预包括旨在增加犯罪者在控制愤怒、调解、沟通和家庭角色方面的知识和技能的组成部分。

群体模型通常是有用的。例如，叙事理论为对处于危机中的人进行短程的集体治疗提供了一个有用的框架，因为它提出通过社会话语获得对经验的理解。群体为处于危机中的人提供了一个新环境，使他们能够为关键事件赋予意义（Laube，1998）。

5 级：严重的精神疾病

典型病案

迪伊（Dee）女士，32 岁，是由她的个案经理转介到心理健康诊所的。当她到达时，她的四个孩子紧抱着她：2 岁的多迪（Doddy）、3 岁的布莱恩特（Bryant）、5 岁的凯蒂（Katie）和 6 岁的萨利（Sally）。孩子们蓬头垢面，像流浪儿。迪伊太太一根接一根地抽烟，她说她想要一些安定来镇定她的神经。迪伊太太和她的丈夫吉姆（Jim）住在一个政府公房区中。她和她的家人（即三个姐妹、一个弟弟、父亲和母亲）在综合保健中心已经超过 15 年

了。经过询问，迪伊太太透露她觉得今天早上事情有点太过分了，于是她决
定打电话给她的病案管理人员。尽管她没有说自己情绪低落，但询问显示她
143 一直听到有声音告诉她不要吃东西，因为食物有毒。上个月她瘦了 20 磅，
她的睡眠很不稳定，因为她觉得邻居们都能看穿她家的墙。她和孩子们一
样，看起来很憔悴。尽管孩子们紧紧抓住母亲，但她似乎对他们不理不睬。

三个月前，迪伊太太做了子宫切除术。她对手术后得到的家庭护理很不满意。她曾被保证会有家政服务，但家政人员来到公寓后第二天就辞职了，她认为这是因为他们是黑人而自己是爱尔兰白人。一个月后，她和酗酒的父亲吵了一架。她的丈夫没有工作，大部分时间都在家或者出去打棒球。在这段时间里，她的三个姐妹在她的公寓里进进出出，她的弟弟也是如此。她所有的兄弟姐妹都吸毒或酗酒。两个姐妹有孩子，由于无人照管和无法解释的多重伤害，目前国家正在介入，将孩子从母亲身边带走。

迪伊太太做完子宫切除术后，从医院回到家不久就割开了自己的手腕。她被送到急诊室缝合手腕。她拒绝与精神科医生交谈。家政人员被派去她家，但她拒绝让家政人员进家。她和一名护士建立起了关系，讲述了自己充满挣扎的生活。她 26 岁时生了第一个孩子，两年后，她结婚了，又生了一个孩子，之后又离婚了，然后嫁给了现在的丈夫，又生了两个孩子。她和丈夫关系不好，他经常打她。在此期间，一位社会工作者来到了家里，最终所有孩子都被安置在一个寄养家庭，后来又被放弃收养。如此一来，迪伊太太禁止在这个时候对这些记录进行任何调查，因为她担心她的四个孩子会被带走。她声称她受到当局的虐待，她的孩子被强行从她身边带走。子宫切除术的常见压力源及其未解决的意义重新激活了潜在的精神病症状，加剧了这个家庭的多重问题。

这种危机反映了严重的精神疾病，其中先前存在的问题促发了危机。或者，这种情况可能涉及一种状态，即疾病的严重程度严重地损害或使适应性解决复杂化。这通常存在一个未被确认的动态问题。

其他严重精神障碍的例子包括精神病、痴呆、双相抑郁和精神分裂症的诊断。患者的反应会是思维和行为紊乱。病因是神经生物学的。

该病例表明，迪伊太太目前存在感知困难及思维偏执问题。对她来说，一个尚未解决的问题与子宫切除术和结束生育的心理意义有关。

干预

144

临床医生需要能够诊断精神疾病，并调整干预方法，包括欣赏患者的个性或人格特质方面。患有长期和反复发作的严重精神疾病的人需要传统医学和长期治疗相结合，以帮助维持他们的功能和作用。罗伯茨（1991，1995，1996）的七阶段危机干预模型可用于减轻急性危机中的症状。

危机治疗师的回应主要是针对患者目前的问题，强调解决问题的技巧和环境控制。治疗师要给予支持，但要小心，避免产生或加强依赖或通过分散治疗过程而让其退步。治疗师要承认服务对象的更深层次的问题，并在危机干预范围内尽可能地评估它们，但不去尝试解决代表深层情感冲突的问题。通过干预危机的过程，患者将被帮助在最大程度上稳定其功能，并准备在这个过程完成后被转介到其他服务。

这里需要指出的是病例监测和管理，以及对住院患者住院或收容护理的评估。精神病性思维需要药物治疗。在这种程度的危机中，护理的连续性是至关重要的，通常是通过病案管理人员来完成的。其他服务应该包括转介到职业培训和小组工作。

6 级：精神科急症

典型病案

65 岁的马尔斯（Mars）先生在自杀未遂后被送入精神科。根据他的记录，他有两个亲姐姐和几个同父异母或同母异父的哥哥和姐姐。他的母亲患有青光眼，90 多岁时去世，死因不明。他的父亲 66 岁时死于前列腺癌。马尔斯称自己是家里的“恶霸”，他一直觉得自己与姐姐们和父母的关系疏远。

高中毕业后马尔斯加入了海军陆战队并参加了第二次世界大战。战争结束后，他回到家乡，当了 20 年卡车司机，然后又当了 8 年狱警。他和妻子没有孩子。在被诊断为糖尿病之前，他经常喝啤酒，喜欢和酒馆里的朋友们在一起。在退休之前，他有很多兴趣爱好，他是社区团体、海军陆战队联盟和海外退伍军人协会的一员并且是教堂野餐会的主席。

马尔斯先生第一次住院是在 48 岁的时候，他抱怨说失眠，对工作不感

145 兴趣，有自杀的想法，想要伤害他的妻子，对数字特别着迷，食欲不振并且体重减轻。他最近的诊断是患有糖尿病，被认为是抑郁症的诱因。他被诊断出精神病性抑郁，之后接受了盐酸阿米替林（Elavil）、郁静（Trilafon）和小组疗法，并于6周后出院。马尔斯先生继续进行了一年的门诊咨询和药物治疗。咨询笔记显示，他在住院时曾讨论过自己的自杀打算，对自己的病情没有洞察力，后悔没有孩子，总是努力工作，很少与妻子沟通，交流很肤浅，而且有被动攻击行为（例如，为了察觉到的错误等了好几周才报复）。

马尔斯的医疗问题史包括糖尿病、高血压和青光眼。他接受了良性前列腺经尿道切除术。他第二次在精神科住院是在左手腕和手臂割裂伤后，这需要手术矫正。入院时，他说："我想结束这一切……在这么短的时间里发生了这么多事情。"那天晚上，他在6点左右吃完晚饭，晚上10点吃了一份全麦饼干。当他的妻子在合唱团练习时，他用剃刀割了几下手臂，把它放在浴缸里，希望晕倒而死。发现什么也没发生，他又割了几下胳膊。他说，退休后他"无法享受自己想要的生活；我被困在房子里，烦透了"。他声称住院治疗的目标是"改邪归正，变得更好，离开这鬼地方"。

马尔斯太太说，她的丈夫没有给她任何迹象表明他抑郁或想伤害自己。她去合唱团练习，回来时发现丈夫靠在浴缸上，手臂上有几处很深的伤口，她叫了救护车。马尔斯太太形容她的丈夫自私自利，不为别人着想。她说他们经常吵架，而他从不谈论自己的感受。他们结婚40年了。马尔斯太太说，当他们吵架时，她丈夫会怀恨在心，好几天不和她说话。

精神科急症涉及一般功能严重受损的危机情况。个人变得无能，无法承担个人责任，无法控制自身的感觉和行为。**对自己和（或）他人有威胁或实际伤害**。

精神科急症的例子包括药物过量、自杀尝试、跟踪、人身攻击、强奸和杀人。个人表现丧失自我控制。在紧急干预需要的即时评估中，患者的意识和取向、理性、愤怒和焦虑程度都会影响合作的水平。

这些危机的病因集中在自杀企图和药物过量的自我虐待成分。对他人的侵犯意味着支配、控制和性侵害的需要。

146 这个病案说明马尔斯先生有严重的自杀意图。引人注意的是马尔斯太太否认了任何警示信号。根据记录，马尔斯先生想把他的一些钱分给一个心爱的侄女，这时马尔斯太太出面调停。在医院的时候，他试图从一个小组活动中逃跑，然后跳进河里。入院三周后，凌晨12：30，他在30分钟的病房检查间隙在浴室成功上吊自杀。

干预

临床医生需要对自己管理服务对象失控行为的能力有信心，并且（或者）必须有足够的帮助。当紧急情况出现时，在适当的配合下，需要提出和回答有关患者的位置、患者到底做了什么以及是否有其他重要的人等问题。在自杀未遂的情况下，临床医生的当务之急是，评估行为的致命性，这在很大程度上得益于已公布的致命性量表。如果医学生物危险可以被确定存在或者没有足够的数据来进行确定，就需要紧急医疗护理。危险和不稳定的情况应由警察和当地救援队处理，他们可以提供到医院急诊室的快速运输。快速医学评估是解决当前和未来自杀危机的必要的第一步（Jobes & Berman，1996）。

精神科急症是最难管理的危机类型，因为可能没有关于该情况的完整信息，患者可能对事物具有破坏性，并且能提供的有效信息很少。当有对促发事件有一定了解的人员陪同患者时，对患者的评估是非常方便的。在许多情况下，他们可以帮助规划适当的心理和医疗服务（见第十一、十八、十九和二十四章）。

6级精神危机的基本干预策略包括以下组成部分：（a）迅速评估患者的心理和医疗状况；（b）明晰造成或导致患者出现病情的情况；（c）调动所有必要的心理健康和（或）医疗资源，以有效治疗患者；以及（d）安排跟进或协调服务，以确保适当的治疗连续性。正是在这种类型的精神科急症下，危机治疗师的技能受到了最大程度的考验，因为他（她）必须能够在充满压力的情况下有效且快速地工作，并在患者的病情可能危及生命的情况下进行干预（Burgess & Baldwin，1981；Burgess & Roberts，1995）。

警察或紧急医疗技术人员经常被叫去把患者送往医院或监狱。药物治疗、约束和（或）法律干预都适用于精神科急症。 147

7 级：灾难性危机

典型病案

一名 35 岁左右的年轻双性恋女子在一次严重的自杀未遂后被送入精神专科医院。在 3 个月的时间内发生了许多压力事件。当她的伴侣搬出她的公寓时，她开始酗酒；她在暴风雪中出了车祸；后来她的车被偷了，她开始“昼夜不停地喝酒”。她无法控制自己，于是请了一段时间的假，离开了她的电脑分析师工作。她在当地的精神专科医院住了一段时间。住院 3 周后的一天晚上，她和一个在酒吧遇到的男人喝酒。他开车送她回家，他们继续在她的公寓里喝酒。这个男人想要性交，但她拒绝了，于是他强奸了她。在他离开公寓后，她打电话给一个朋友带她去当地一家医院，那里的强奸检查显示阴道撕裂。回到家后，这名女子继续喝酒，喝醉后用碎玻璃割伤了自己的手腕。她再次打电话给她的朋友，她的朋友把她带回了医院，在那里她缝了 10 针。后来她被转到精神专科医院。

第二天，该女子不顾医嘱要求出院。她回到自己的公寓，又继续酗酒 6 周，在此期间她具有很强的自杀性。大约就在这个时候，她对一名男性患者和精神专科医院提起了法律诉讼，罪名是一般威吓（simple assault）[①]，血液测试显示她为 HIV 阳性。

---

7 级有两个或更多的 3 级创伤性危机结合 4 级、5 级或 6 级压力源。将一个人划分为上述危机等级中的一个取决于压力性生活事件的性质、持续时间和强度，一个人感知到无法应对和减轻危机。有时危机是暂时的，很快就解决了；在其他时候可以危及生命，极难接受和解决（例如，患有艾滋病或多重人格障碍，或因灾难失去所有家庭成员）。

① 美国法律体系中定义的一种侵权行为。这种行为会导致他人对即将发生的有害或攻击性接触产生合理的害怕或警觉。至于该行为是否伤害了原告，甚至是否碰到了原告，法律并没有明确规定。——译者注

总　结

缺乏确定情绪危机水平的最新分类模型，导致相关研究在推进危机理论的发展方面存在巨大差距。修订和扩展的鲍德温（Baldwin）（1978）危机类 148
型学的提出，是为了增加治疗师和其他危机护理提供者之间在临床评估、治疗规划和管理护理环境下的医疗保健连续性方面的沟通。

参考文献

Almeida, O. P., & Pfaff, J. J. (2005). Depression and smoking amongst older general practice patients. *Journal of Affect Disorders, 86*, 317–321.

American Psychiatric Association. (1994). *Diagnostic and statistical manual of mental disorders* (4th ed.). Washington, DC: Author.

American Psychiatric Association. (2013). *Diagnostic and statistical manual of mental disorders: DSM-5*. Washington, DC: Author.

Baldwin, B. A. (1978). A paradigm for the classification of emotional crises: Implications for crisis intervention. *American Journal of Orthopsychiatry, 48*, 538–551.

Barsky, A. J. (1981). Hidden reasons some patients visit doctors. *Annals of Internal Medicine, 94*, 492.

Burgess, A. W., & Baldwin, B. A. (1981). *Crisis intervention theory and practice*. Englewood Cliffs, NJ: Prentice-Hall.

Burgess, A. W., & Hartman, C. R. (1997). Victims of sexual assault. In A. W. Burgess (Ed.), *Psychiatric nursing: Promoting mental health* (pp. 425–437). Stamford, CT: Appleton and Lange.

Burgess, A. W., & Holmstrom, L. L. (1974). Rape trauma syndrome. *American Journal of Psychiatry, 131*, 981–986.

Burgess, A. W., & Roberts, A. R. (1995). The stress-crisis continuum. *Crisis Intervention and Time-Limited Treatment, 2* (1), 31–47.

Choudhry, N. K., Fletcher, R. H., & Soumerai, S. B. (January 1, 2005). Systematic review: The relationship between clinical experience and quality of health care. *Annals of Internal Medicine, 142*, 260–273.

Elliott, G. R., & Eisdorfer, C. (1982). *Stress and human health*. New York: Springer.

Erikson, E. H. (1963). *Childhood and society* (2nd ed.). New York: Norton.

Figley, C. (1978). *Stress disorders among Vietnam veterans: Theory, research and treatment implications*. New York: Brunner/Mazel.

Golan, N. (1978). *Treatment in crisis situations*. New York: Free Press.

Jobes, D. A., & Berman A. L. (1996). Crisis assessment and time-limited intervention with high-risk suicidal youth. In A. R. Roberts (Ed.), *Crisis management and brief treatment: Theory, practice and research* (pp. 53–69). Chicago: Nelson-Hall.

Katon, W. J. (2004). Clinical and health services relationships between major depression, depressive symptoms, and general medical illness. *Biological Psychiatry, 54*, 216–226.

Katon, W., Lin, E., & Kroenke, K. (2007). The association of depression and anxiety with medical symptom burden in patients with chronic medical illness. *General Hospital Psychiatry, 29*, 147–155.

Kessler, R. C., Chiu, W. T., Demler, O., Merikangas, K. R., & Walters, E. E. (2005). Prevalence, severity, and comorbidity of twelve-month *DSM-IV* disorders in the National Comorbidity Survey Replication (NCS-R). *Archives of General Psychiatry, 62*, 617–627.

Kessler, R., Demler, O., Frank, R., Olfson, M., Pincus, H. A., Walters, E. E., . . . Zaslavsky, A. M. (2005). Prevalence and treatment of mental disorders, 1990 to 2003. *New England Journal of Medicine*, 352

(24):2515–2523.
Kinnunen, T., Haukkala, A., Korhonen, T., Quiles, Z. N., Spiro, A., & Garvey, A. J. (2006). Depression and smoking across 25 years of the Normative Aging Study. *International Journal of Psychiatry in Medicine*, *36*, 413–426.
Laube, J. J. (1998). Crisis-oriented narrative group therapy. *Crisis Intervention and Time-Limited Treatment*, *4*, 215–226.
Levy, S. M., Herberman, R. B., Whiteside, T., Kirkwood, J., & McFeeley, S. (1990). Perceived social support and tumor estrogen/progesterone receptor status as predictors of natural killer cell activity in breast cancer cell patients. *Psychosomatic Medicine*, *52*, 73–85.
Levy, S. M., Herberman, R. B., Lippman, M., & d'Angelo, T. (1987). Correlation of stress factors with sustained depression of natural killer cell activity and predicted prognosis in patients with breast cancer. (1987). *Journal of Clinical Oncology*, *5*, 348–353.
Lindemann, E. (1944). Symptomatology and management of acute grief. *American Journal of Psychiatry*, *101*, 141–148.
Lowery, B. (1987). Stress research: Some theoretical and methodological issues. *Image*, *19*(1), 42–46.
Mechanic, D. (1994). Integrating mental health into a general health care system. *Hospital and Community Psychiatry*, *45*, 893–897.
Merikangas, K. R., Ames, M., Cui, L., Stang, P. E., Ustun, T. B., Von Korff, M., & Kessler, R. C. (2007). The impact of comorbidity of mental and physical conditions on role disability in the U.S. household population. *Archives General Psychiatry*, *64*, 1180–1188.
Miranda, J., & Munoz, R. (1994). Intervention for minor depression in primary care patients. *Psychosomatic Medicine*, *56*, 136–142.
Miranda, J., Perez-Stable, E., Munoz, R. F., Hargreaves W., & Henke C. J. (1991). Somatization, psychiatric disorder, and stress in utilization of ambulatory medical services. *Health Psychology*, *10*(1), 46–51.
Quick, E. K. (1998). Strategic solution focused therapy: Doing what works in crisis intervention. *Crisis Intervention and Time-Limited Intervention*, *4*, 197–214.
Regier, D. A., Narrow, W. E., Rae, D. S., Manderscheid, R. W., Locke, B. Z., Goodwin, F. K. (1993). The de facto US mental and addictive disorders service system: Epidemiologic Catchment Area prospective 1-year prevalence rates of disorders and services. *Archives of General Psychiatry*, *50*, 85–94.
Resick, P., & Mechanic, M. (1995). Cognitive processing therapy with rape victims. In A. R. Roberts (Ed.), *Crisis intervention and time-limited cognitive treatment* (pp. 182–198). Thousand Oaks, CA: Sage.
Roberts, A. R. (Ed.). (1991). *Contemporary perspectives on crisis intervention and prevention*. Englewood Cliffs, NJ: Prentice-Hall.
Roberts, A. R. (Ed.). (1995). *Crisis intervention and time-limited cognitive treatment*. Thousand Oaks, CA: Sage.
Roberts, A. R. (1996). The epidemiology of acute crisis in American society. In A. R. Roberts (Ed.), *Crisis management and brief treatment* (pp. 13–28). Chicago: Nelson-Hall.
Scott, K., Von Korff, M., Alonso, J., Angermeyer, M. C., Bromet, E., Fayyad, J., . . . Williams, D. (2009). Mental-physical co-morbidity

and its relationship to disability: Results from the World Mental Health Surveys. *Psychological Medicine*, *39*(1), 33–43.

Shapiro, F. (1998). Eye movement de-sensitization and reprocessing (EMDR): Accelerated information processing and affect-driven constructions. *Crisis Intervention and Time-Limited Interventions*, *4*, 145–157.

Shi, L., J. Macinko, B. Starfield, J. Wulu, J. Regan, & R. Politzer. (2003). The relationship between primary care, income inequality, and mortality in the United States, 1980–1995. *Journal of the American Board of Family Practice*, *16*, 412–422.

Starfield, B., Shi, L., & Macinko, J. (2005). Contribution of primary care to health systems and health. *Milbank Quarterly*, 83, 457–502.

Tyhurst, J. S. (1957). The role of transition states—including disasters—in mental illness. In The National Research Council (Ed.), *Symposium on social and preventive psychiatry* (pp. 149–172). Washington, DC: Walter Reed Army Institute of Research.

Van der Gaag, J., & Van de Ven, W. (1978). The demand for primary health care. *Medical Care*, *16*, 299.

Yeager, K., Cutler, D. L., Svendsen, D., & Sills, G. M. (2013). *Modern community mental health: An interdisciplinary approach*. New York: Oxford University Press.

第六章　自杀危机干预

达西·哈格·格拉内洛（Darcy Haag Granello）

自杀危机干预发生在各种组织框架内，如家庭暴力庇护所、24 小时热 151
线、医院、无家可归者收容所、门诊部和社区心理健康中心的危机干预单位。每年，数以百万计的人因生活状况或创伤性事件而感到沮丧或不知所措，以至于经历了急性危机。这些危机情况通常可能是一个人生活中的关键转折点。根据罗伯茨（2005）的研究，“在快速解决问题和成长方面，它们可以作为一个挑战和机遇，或者是导致突然的失衡、应对失败和功能障碍的行为模式的衰弱事件”（p. 3）。对某些人来说，危机会导致产生自杀的想法、尝试自杀或完成自杀。

与自杀危机中的个体合作是危机干预工作中最困难和最具挑战性的方面之一。每天，危机干预专家和筛查员都必须对自杀风险进行评估，并为他们所服务的人确定适当的干预策略。这些往往生死攸关的决定通常是在有限的时间和不完整的信息下做出的，而且这些工作者中的许多人在与自杀者打交道方面未经过充分的培训，或者没有足够的资源来支持他们的工作。自杀危机干预者经常与患有严重精神疾病或情感障碍的儿童和成年人合作，这些人的生活特点是反复出现重大危机和混乱。许多这样的人经历了一连串的危机事件，导致了与心理健康危机系统差异化方面的多次接触。对于这些个人来说，自杀危机不是精神残疾的必然结果，而是多重重要因素的综合影响，包括缺乏获得心理健康护理的机会、贫困、住房不稳定、共存的物质使用障碍、共发的健康问题、歧视和受害（SAMHSA，2009a）。正是在这种背景 152
下，一些最关键和要求最高的工作发生在危机干预领域。

也许最令人惊讶甚至令人振奋的是，尽管存在这些挑战，但有证据表明自杀危机干预有助于防止自杀。对不同类型的环境以及不同类型的干预措施进行的实证研究表明，使用服务的人自杀率降低，尽管许多研究存在明显的设计缺陷（如缺乏对照组）而很难对有效性做出明确的陈述。虽然这些研究的结果并非普遍一致，但大多数研究人员和临床医生都同意世界卫生组织的评估，即短暂的危机干预在自杀预防工作中发挥重要作用（Fleischmann et al.，2008）。

问题的严重性

在美国，每年有超过 3.9 万人自杀，相当于每天超过 108 人，或者每 13 分钟就有 1 人死于自杀（McIntosh & Drapeau，2014）。在美国，自杀死亡人数是凶杀死亡人数的 3 倍多（Federal Bureau of Investigation，2014）。在过去的十年中，美国的自杀率一直在稳步上升。2011 年（有数据可查的最近一年）的自杀率从 2000 年的每 10 万人中有 10.4 人升至每 10 万人中有 12.7 人（Suicide.org，2014）。

尽管这些数字令人震惊，但只关注已完成的自杀掩盖了问题的真正严重性。据估计，每年有 110 万成年人尝试自杀，也就是说，每 38 秒就有 1 次自杀尝试。还有更多的美国人有过自杀的想法。2008 年，一项全美自杀风险研究发现，在过去的一年中，有 830 万名（占人口的 3.7%）18 岁以上的美国成年人认真考虑过自杀，还有 230 万人（占人口的 1%）制订了自杀计划（Crosby，Han，Ortega，Parks，& Gfroerer，2011）。在青少年中，17%的高中生说他们在过去的一年中曾认真考虑过自杀，而超过 8%的人陈述他们在同一时期实际上曾尝试自杀，2.6%的人曾试图自杀并需要医疗护理（Eaton et al.，2007）。2006 年一项针对高校学生的研究发现，1/10 的人说他们在过去的一年中“认真考虑过自杀”（American College Health Association，2007）。

尽管所有种族、年龄和性别的人都受到自杀的影响，但有些群体的风险更高。男性死于自杀的可能性是女性的 4 倍，占自杀死亡总人数的 78.8%。
153 然而，女性试图自杀的可能性是男性的 3 倍，每次成功自杀大约有 59 次尝试（而男性每次成功自杀只有 8 次尝试）。白人/高加索人的自杀率高于其他任何种族或族裔群体。高加索人自杀率为每 10 万人 15.1 人，高于西班牙裔（5.2/10 万），黑人或非裔美国人（5.2/10 万），美国印第安人/阿拉斯加原住民（11.9/10 万）或亚洲/太平洋岛民（5.8/10 万）的比例（Crosby et

al.，2011）。

自杀风险因年龄而异。在25~34岁的人群中，自杀是仅次于事故的第二大死因。在15~24岁的年轻人中，自杀是第三大死因（每年约占所有死亡人数的13%）。此外，年轻人尝试自杀的可能性明显更高。在15~24岁年龄组中，对于每一次自杀完成，据估计有多达200次自杀尝试（Arias，Anderson，Kung，Murphy，& Kochanek，2003），而在65岁以上的成年人中，每一次自杀完成有2~4次自杀尝试（Miller，Segal，& Coolidge，2000）。

自杀风险在年龄上有显著的性别差异。例如，女性的自杀率在45~54岁达到峰值。男性的自杀率随年龄增长而上升，65岁以上男性的自杀率最高。65岁以上男性的自杀率约为40/10万，而女性则为6/10万。但是，所有年龄组中自杀率最高的是85岁以上的白人男性，他们的自杀率接近70/10万，是迄今为止所有人口统计群体中自杀率最高的（Granello & Granello，2007）。

显然，自杀影响着社会的每个人口群体，无论他们所服务的特定人群的人口统计资料如何。在危机干预背景下工作的专业人员都会遇到自杀者，没有一个群体能免受国民自杀负担的影响。

应对自杀危机的核心原则

2009年，物质滥用和心理健康服务管理局（SAMHSA）（2009a）为所有与处于自杀危机中的人的互动制定了实践指南。由于有多个专业人员和准专业人员进行干预并尽力提供帮助，因此制定一些基础广泛的危机标准是很重要的，可以确保每一个处在自杀危机中的人都能接受以符合康复和复原力的标准为指导的干预。该标准的核心有10项基本价值观，无论具体情况、环境、人口或提供帮助的人的资质如何，都适用于自杀危机干预。

标准1：避免伤害 154

在自杀危机中的个人可以把自己的安全以及危机应对者或其他人的安全置于危险之中。适当的自杀危机应对措施可为每个参与人员建立身心安全。虽然有时可能有必要采取身体约束措施，但只有当迫切需要建立人身安全，而且几乎没有可行的替代办法可以解决重大身体伤害的直接风险时，才采用这种约束。

标准 2：以人为中心进行干预

尽管在某些环境（例如，热线、急诊室）中与自杀者合作可能会成为例行公事，但适当的危机援助可避免基于诊断或机构历史实践的生搬硬套式干预。SAMHSA（2009a）表示，“适当的干预措施力求了解个人、他（她）的独特情况以及如何将个人喜好和目标最大限度地纳入危机应对中”（p. 5）。

标准 3：分担责任

当个体处于自杀危机时，他们通常会感到失控和无助。**对**（to）患者进行干预而不是**同**（with）他（她）进行干预会强化这种无助感。根据 SAMHSA（2009a）的观点，“恰当的危机应对应设法通过将个体视为服务的主动伙伴而非被动服务接受者来帮助个人重新获得控制权”（p. 5）。

标准 4：处理创伤

所有的危机，包括自杀危机，本质上都是创伤性事件。此外，干预的某些方面（例如，警车运送、身体约束、非自愿住院）可能会造成进一步的创伤。对于许多陷入危机的人来说，这些磨难因创伤、危机和混乱的历史而雪上加霜。SAMHSA 认为，一旦安全得到保障，危机干预人员就必须解决危机或危机应对所造成的任何伤害。此外，危机应对者应该“寻找并将［相关创伤史］纳入他们的治疗方法”（SAMHSA，2009a，p. 6）。

标准 5：建立个人安全感

处于自杀危机中的人迫切需要安全感。他们的行为，在别人看来可能充
155 满敌意或不安，往往源于自我保护的企图（Chiles & Strosahl, 2005）。SAMHSA（2009a）认为，“协助个人达到个人安全的主观目标，需要理解这个人需要什么来体验安全感……以及什么干预措施会增加脆弱感”（p. 6）。

标准 6：使用基于优势的方法

所有个人，即使是那些处于自杀危机中的人，都拥有可以用来培养能力感的个人优势。不幸的是，危机干预通常只关注个人的生活中的问题和困难。SAMHSA（2009a）认为，“恰当的危机应对应设法确定和加强个人可动

用的资源，不仅用于从危机事件中康复，而且有助于防止进一步发生危机”（p. 6）。

标准 7：考虑整个人

当人们处于自杀危机中时，可以根据他们的情况或精神疾病诊断来界定他们。重要的是要记住，这场危机只是一个复杂的人的一个方面。处于自杀危机中的人可能有其他精神、医疗或社会福利需求，他们所获得的服务通常是分开的，提供者之间很少有联系或沟通。他们可能会担心现实世界自己不在或无法工作时，他们的家庭、家人、宠物或工作发生了什么。需要提醒危机干预者尝试获得对个人更完整的了解，以帮助在提供者和服务之间建立联系，从而在危机期间为个人提供帮助。

标准 8：将寻求援助的人视为可靠的来源

由于处于自杀危机中的人很难提供关于事件顺序或症状细节的准确信息，特别是当故事中有明显的妄想或者没有充分的现实依据时，危机工作者可能会对其所提供的信息产生怀疑。故而合理的抱怨和担忧可能被忽视。然而，即使事实存在疑问，讲述自己的故事也是解决危机的重要一步，而且重要的一点是，不要忽视这个人作为事实和情感信息的可靠来源（SAMHSA，2009a）。

标准 9：关注恢复、复原力和自然的支持 156

因为自杀危机干预，顾名思义，是有时间限制的并且发生在急性危机中和高压力的情况下，所以人们很容易只关注危机。然而，SAMHSA（2009a）认为，“恰当的危机应对有助于个人走向恢复和复原力的更大征程，并纳入这些价值观。……干预应维护尊严、培养希望感，并促进与正式系统和非正式资源的接触”（p. 7）。

标准 10：从反应型转变为预防型

自杀危机干预必然是反应性的，任何有助于减少复发可能性的行为，都是危机应对进程的重要组成部分。这包括评估造成当前危机的因素，并解决任何可能造成复发的未满足需求。

这10项标准的主动性、预防性、自我指导性和整体性方面与倡导团体为帮助危机患者管理行为保健系统［如《关于心理健康恢复的全美共识声明》（*National Consensus Statement on Mental Health Recovery*）］而制定的标准一致。对于自杀者，这些标准不仅促进服务对象的安全和福利，而且有助于将所有互动集中在恢复希望上，这已被确定为自杀危机干预的关键组成部分（Joiner，2005）。当处于危机中的服务对象收到他们能够度过危机并继续过上有意义的生活的信息时，他们在与危机干预服务机构接触后，明显更有可能参加门诊服务（Asarnow et al.，2011；Millstein，2010）。

自杀风险评估

对处于自杀危机中的个体来说，接受适当、及时和有效的干预至关重要，只有完成适当的自杀风险评估，才能开始有效的治疗。但是，评估个人以确定自杀风险的水平是心理健康专业人员可能面临的最困难和最具挑战性的经历之一。准确的自杀风险评估对于识别急性的、可改变的和可治疗的风险因素以及帮助医疗保健专业人员认识到服务对象何时需要更具体的干预来帮助他们管理自己的生活至关重要（Granello，2010a）。自杀风险评估是与有自杀倾向的人互动的最重要的组成部分（Chiles & Strosahl，2005）。鉴于
157 危机环境中自杀行为的高流行率、准确风险评估的本质以及自杀行为对心理健康治疗社区的影响，危机干预专家和筛查员获得有关自杀风险评估的最新信息至关重要。

自杀风险评估需要一系列复杂的技能，包括知识、培训和经验。一般来说，自杀风险的确定是基于对个体风险因素和警示信号的综合评估，以及对有助于降低风险的保护性因素的仔细评估。从事自杀评估的危机干预专家通常依赖于正式的（结构化的）和（或）非正式的（非结构化的）测试和面谈协议。有几十种针对儿童、青少年和成人的商业上可利用的评估，以及针对各种特殊人群的评估。此外，不计其数的非正式清单和面谈协议也随时可用。自杀评估的内容和方法已经成为许多图书、文章和网站的主题。下面将讨论一些最常用的自杀风险评估策略。但是，需要注意的是，自杀风险评估是极其复杂的，从事这种类型评估的个人需要的培训和监管超出了任何单一文本提供的范围。因此，本综述仅作为了解自杀风险评估在自杀危机干预中

的作用的第一步。

自杀风险评估的关键原则

在讨论自杀风险评估所包含的具体内容之前，有必要先回顾一下全局，并考虑指导此类评估过程的原则。自杀风险评估的性质鼓励评估人员关注具体内容、详细内容和细枝末节，并提出具体、直接的问题，因此这些核心原则提醒人们关注大局，为评估提供背景，并提醒危机干预工作者在自杀危机期间最好地服务于其服务对象的基本原则。这些核心原则并不凌驾于确定具体风险因素的重要性之上，也不取代评估的具体内容或方法。相反，内容和过程这两个组成部分是互补的，它们结合在一起形成了一个全面的风险评估（Granello & Granello, 2007）。

这里列出的 12 个过程原则或临床格言是基于对研究和文献以及临床经验的全面回顾，并由 D. H. 格拉内洛（D. H. Granello）和 P. F. 格拉内洛（P. F. Granello）（2007）首先在一篇文章中阐述，随后的一篇文章（Granello, 2010a）对此进行了进一步描述。该列表并非详尽无遗；随着过程元素变得明显，临床医生可能会通过添加更多的此类元素来进一步讨论。此外，列 158
表的排序不是层次化的。总的来说，这个列表旨在把讨论带回到支撑自杀风险评估的核心原则上来。

原则 1：每个人的自杀风险评估都是独一无二的

评估一个人的自杀风险常常包括对风险因素和警示信号的综合分析。风险因素可以是人口统计学的（例如，男性、65 岁以上、白种人）、心理的（例如，未经治疗的情绪障碍、人格障碍、物质滥用）、认知的（例如，僵化的认知结构、解决问题的能力差、冲动性）和（或）环境/情境性的（例如，失业、重大关系破裂、监禁）。它们可以是近端的（例如，突然的危机或损失）或远端的（例如持续的压力源，如疾病或贫困）。

在研究和文献中有超过 100 个确定的自杀危险因素。警示信号（例如，赠送贵重物品、制订计划、远离他人）也可以帮助确定风险。这些风险因素是基于综合数据的。它们告诉我们人群中谁的风险最高。一般来说，一个人的警示信号和风险因素越多，风险就越高（Schwartz & Rogers, 2004）。因此，学习这些警示信号和风险因素是自杀风险评估培训的重要组成部分。

然而，当临床医生面对自杀者时，风险因素和警示信号并不能给他们完整准确的信息。例如，当坐在我们面前的中年非裔美国女性刚刚尝试自杀时，统计学上的中年非裔美国女性极不可能完成自杀并不是特别有帮助。在现实中，那些不“符合”概要描述的人可能面临迫在眉睫的风险，而两个具有相似风险概要的人可能处于非常不同的风险水平。自杀风险在不同的人身上有不同的表现，所有的检查表以及正式和非正式的评估都不能考虑到这个人的独特性和他（她）的风险状况。正因如此，在进行自杀风险评估时，从尽可能多的信息来源中尽可能多地了解个人，以确定风险因素、警示信号和保护因素如何以独特的方式结合在一起，以及它们如何表现在个人风险级别中是非常重要的。

原则 2：自杀风险评估既复杂又具有挑战性

有自杀倾向的人通常不想死；他们只是想结束他们的痛苦（Granello & Granello, 2007）。解决问题和应对问题的能力会受到认知僵化和强烈情绪的
159 影响，停止疼痛的唯一选择似乎是自杀。大多数自杀的人对自杀和死亡模糊不清的感觉使自杀评估变得异常困难。然而，模糊不清也是生存的最大希望，因为它允许干预发生。

当人们想自杀时，他们往往不能确定自己是否要自杀。当被问到这个问题时，他们可能说不出自己是否能够避免自残。即使他们确实知道这一点，这些感觉也可能每天都在发生变化，并且时时刻刻都会发生变化。因此，任何试图评估自杀企图的人都会从模糊的、纷乱的情绪状态和非理性的认知中预测风险，**即使是想自杀的人也无法完全理解**。这项任务的复杂性是巨大的。自杀风险评估只有在自杀可以预见的情况下才会成功，而所有这些特征都使得预测自杀风险变得异常困难。

原则 3：自杀风险评估是一个持续的过程

自杀风险不是固定的，自杀风险评估是一个过程而不是一个事件（Simon, 2002）。自杀的想法和行为是高度不稳定的，已完成的自杀评估很快就会过时。即使在那些不被认为风险升高的患者中，自杀风险评估也是治疗的一个重要组成部分，特别是在即将过渡、高度紧张或环境支持改变的时候

（Berman，Jobes，& Silverman，2006）。一个普遍持有的说法是，询问某人自杀会导致他（她）考虑自杀。然而，现实是，与所有的服务对象开启自杀讨论是很重要的，询问自杀并不会增加风险（Schwartz & Rogers，2004）。事实上，随机研究表明，向高危青少年谈论自杀竟然降低了他们的痛苦（Gould et al.，2005）。

频繁的风险评估也有助于区分即时风险和持续风险。在危机环境中遇到处于持续低水平自杀风险的服务对象是很平常的。然而，对大多数人来说，急性自杀危机往往是一个相对有时间限制的事件。在评估自杀时，可以通过问句“你今天早晨想自杀吗？昨天呢？上周呢？”来帮助发现自杀的想法是持续的还是急性的。

原则 4：谨慎对待自杀风险评估错误

也许原则 4 是如此明显，以至于有人认为它不能被包含在内。也许正因为如此明显，它可能在评估过程中被忽略了。在自杀风险评估中有两种可能的错误。在这种情况下，假阳性是指一个人被判断为有自杀倾向，而他（她）并没有。假阳性在大规模的筛查中比较常见，对于那些在常规筛查中 160
呈阳性的人，需要进行个体化和更仔细的评估（Sher，2004）。假阳性在时间和资源方面造成了负担，因此不应掉以轻心。第二种可能出现的错误是假阴性，这代表了一种非常危险的可能性。不可能知道一般筛查中假阴性的发生率，但是一项研究发现，筛查工具未能识别出退伍军人中 14%的主动自杀者（Herman，2006）。最终，假阴性错误的后果可能是致命的。

原则 5：自杀风险评估是合作性的

自杀风险评估尽可能使用团队合作的方式。多视角丰富了评估并提供了最佳的护理标准。它们有助于减少单个危机工作者遗漏重要信息或做出错误决定的可能性。团队方法有三个重要的组成部分：合作（collaboration）、确证（corroboration）和咨询（consultation）。

合作是一种具有紧迫感和承诺感，为了一个共同的目标而共同努力的行为，在这种情况下，可以避免自我伤害。合作可以发生在各种各样的人和机构之间，包括其他治疗专业人员、学校人员以及家庭和社区组织。关键是，临床医生认识到，保护某人的安全是一种责任，只有当信息在所有能够提供帮助的人之间自由流动时，才能发挥最佳作用。值得注意的是，虽然尽可能让服务对象同意治疗方面的合作模式是重要的，但服务对象的安全考虑高于保密问题。如果保密性必须被打破，则应进行适当的文件记录（Shea，2002）。

与朋友和家人**确证**自杀风险对了解风险水平非常重要，特别是在临床医生与服务对象互动有限且没有历史可判断服务对象当前功能的情况下。例如，在急诊室环境中，家庭可以提供关于情绪变化、行为变化或可用手段的信息。服务对象自我报告和确证来源报告之间的不一致可以突出或明晰风险（Shea，2002）。

在自杀评估中，**咨询**专业的同事是一种常见的做法，并且在治疗有自杀倾向的人时总是被建议要咨询专业人士（Packman & Harris，1998）。被称为
161 自杀学之父的埃德温·施奈德曼（Edwin Shneidman）（1981）警告说，在治疗师的职业生涯中，向同事咨询比有高度自杀倾向者的病案更重要。咨询可以提高治疗护理和法律保护水平。为了在法律上得到承认，咨询必须有很好的文件记录（Shea，2002）。监督是一种更正式和结构化的咨询类型，在自杀评估方面经验有限的临床医生在面对潜在的自杀服务对象时，应始终利用经验丰富的同事的监督（Shea，2002）。

原则 6：自杀风险评估依赖于临床判断

虽然有无数的正式和非正式的自杀测试、检查表和面谈协议，但是这些测评标准没有一个被发现可以准确地确定一个人是否会尝试或完成自杀。不确定性是自杀评估中不可避免的一部分（Simon，2006）。培训和经验可以帮助危机干预工作者发展临床判断力，以掌握（或至少管理）这种不确定性。临床判断允许临床医生根据他们的培训、经验和知识背景来解释所有现有的数据和信息（Silverman，Berman，Bongar，Litman，& Maris，1998）。自杀评估经验有限的临床医生不应该依靠他们自己的临床判断，而应寻求经验更丰富的治疗师的咨询和监督。然而，即使是在自杀者评估方面有多年经验的临床医生有时也会质疑他们是否做出了正确的选择或做了他们所能做的一切（例如，Meichenbaum，2005），这再次强调持续咨询的必要性。

原则 7：自杀评估重视所有威胁、警示信号和风险因素

尝试或完成自杀的人经常向其他人表达自己的意图。实际上，超过 90%

的自杀青少年会在尝试前提供线索（口头或其他警示信号）。大约三分之一尝试自杀的人会在一年内再次尝试自杀，10%～12%的威胁或尝试自杀的人会继续完成自杀，通常在第一次尝试自杀后的5～10年内完成（Runeson，2001）。多达20%的自杀热线电话来自朋友和家人，他们关心的是当他们所爱的人威胁自杀时该怎么办（Mishara，1995）。尽管有这些数字，但说服他人，甚至说服心理健康专业人员要认真对待威胁和尝试，有时仍具挑战性。自杀威胁和尝试往往伴随着巨大的后果，包括个人痛苦、家庭和朋友的痛苦、住院和治疗的经济成本（DeQuincy，2006）。那么，家人和朋友想要把 162
威胁降到最低也许就不足为奇了（Samy，1995）。

但是，危机干预人员必须认真对待每一个威胁或警示信号，并在可能令人担忧的事件出现时完成更全面的风险评估。法布罗和施内德曼（1961）将所有的自杀威胁和尝试都概念化为呼救声，将其比作一个溺水的人在空中挥舞双手，需要立即救助。将这些威胁降到最低可能是有吸引力的，特别是那些经常尝试或威胁的人，经常拨打热线电话或使用紧急服务的人，或自我伤害的人（Comtois，2002）。这些自杀威胁可能被视为操纵行为而不予考虑（Dear，Thomson，& Hills，2000）。然而，很明显，威胁自杀的人之所以这样做是因为他们拼命地想引起能够提供帮助的人的注意，而将这些威胁视为操纵性而不予理会，只会鼓励他们从事更有害的行为，以便获得他们需要的援助（Granello，2010a，b）。

原则8：自杀风险评估应询问棘手问题

有时，当人们正在考虑自杀时，他们会说些轻描淡写或含蓄的威胁，比如“他们再也不用把我踢来踢去了”或“我走了他们会更开心”。重要的是，临床医生不要模仿这种方法，而要问直接和具体的问题，并使用诸如“**自杀**”和“**死亡**”这样的词。这不仅限制了错误沟通的可能性，而且也传递了强有力的信息，那就是可以与临床医生讨论自杀念头。谢伊（Shea）（2002）认为，以一种平静、坦率的方式谈论自杀和死亡，对于那些认识到有一个安全的地方可以分享他们“可怕的秘密”的人来说是一种宽慰（p. 120）。美国精神病学协会指南强调了直接调查自杀想法、计划和行为的重要性（Jacobs & Brewer，2006）。推荐的方法是问一些简单明了的问题，目标是试图理解个人，以帮助减轻他（她）的痛苦（Schwartz & Rogers，2004）。开放式问题的复杂和模糊的答案也很重要，因为许多有自杀倾向的人并不是明确地想死，因此可能会对封闭式问题回答“否”。例如，“你对生和死有何感想?”通常比“你打算自杀吗?”更有成效（International Association for Suicide Prevention，2006）。最后，需要注意的是，在接诊时只使用一个“把关”的问题（比如“你曾经有过自杀的感觉吗?”或者“你现在想自杀吗?”）可能还不够。多达 44% 有自杀未遂史的人对有关过去尝试的一般把
163 关问题回答“不”，因此后续询问可能会被错过（Barber，Marzuk，Leon，& Portera，2001）。需要提出多个问题，而自我报告和陈述之间的不一致可能会提供线索，从而需要进一步的调查或附带信息（Jacobs & Brewer，2006）。

原则 9：自杀风险评估就是一种治疗

当危机干预工作者开始对个人进行自杀评估时，治疗就已经开始了。评估如果做得正确，就可以开始确定主题、模式和问题，这些将成为干预的基础。并且评估过程本身也对治愈及改变自杀者有帮助。自杀评估的一个主要部分是情绪宣泄，即允许人们讲述他们的故事，并感到被倾听和理解（Westefeld et al.，2000）。亚洛姆（Yalom）（1975）指出，讲述一个人的故事本身具有治愈作用。感觉被倾听和理解，体验来自他人的同理心，以及感觉被重视（无条件的积极关注）是卡尔·罗杰斯（Carl Rogers）的以服务对象为中心治疗的基石，而且大多数临床医生都同意，尽管它们可能不是改变的充分条件，但它们仍然是有价值的。许多人讲的故事都是善意的人对自己的自杀念头或感受进行了否定、嘲笑或轻视（例如，“别傻了，你活着有这么多意义!”或“天涯何处无芳草，他不值得”）。临床医生通过积极倾听来帮助那些有自杀风险的人，让他们感到被倾听和理解，从而帮助培养治疗关系，这是有效治疗的基础。事实上，研究发现，在评估自杀风险和确定自杀干预成功的预后中，最重要的因素之一是治疗关系的质量（Bongar，2002）。治疗关系在决定服务对象是否愿意寻求帮助方面起着重要作用，而服务对象表示，与助人的专业人员建立强有力的联盟对帮助他们渡过严重的情感危机有重大意义。

原则 10：自杀风险评估试图揭示潜在信息

有多少自杀者，就有多少自杀的原因。这是使评估变得如此复杂的原因

之一，也是为什么风险因素只能提供一般信息的原因。然而，每个自杀都有潜在信息，而自杀完成意味着这个信息没有被接收到（Portes，Sandhu，& Longwell-Grice，2002）。发现这些信息是自杀风险评估的重要组成部分，因为这些信息将在很大程度上决定干预措施。虽然对于是什么把一个人带到了死亡的边缘有很多解释，但大多数可以归纳为三个主要的类别：交流（com- 164
munication）、控制（control）和逃避（avoidance）。

对于一些人来说，自杀威胁和尝试是**交流**的一种形式，提供了一种方法来告诉其他人他们的心理痛苦变得多么难以忍受（Nock & Kessler，2006）。有时自杀者无法直接表达他们的痛苦，而他们的互动可能会表现为愤怒的、怀敌意的、讽刺的或孤僻的。另一些人以非常直接的方式表达他们的痛苦，却没有得到他们需要的帮助来控制痛苦。还有一些人发现，随着传统的交流方式变得不那么有效，其他人不再对口头呼救作出反应，自杀威胁和行为就增加了（Bonnar & McGee，1977）。

控制可以是一个强大的动力，自杀可以被用作一种控制自己命运或他人行动的方法。在完成自杀的那一刻，个体可能会觉得自己掌控了自己的世界，掌握了自己的命运，甚至相信自己能够影响他人的命运。尝试性或威胁性自杀，以使他人以特定的方式作出反应或在世界似乎混乱和不安全时夺取控制权，都是自杀式控制信息的例子。

第三个动力因素是**逃避**持久的或即将到来的身体或情感痛苦。那些考虑或尝试自杀的人通常会在解决问题的其他策略已经用尽，并且对如何减轻难以忍受的心理痛苦没有更多主意时才这样做。为逃避而自杀的人之间的共同联系是，他们相信自杀是解决一系列重大压力或预期痛苦的唯一办法。自杀的吸引力在于它将最终结束这些无法忍受的感觉。

原则 11：自杀风险评估是在一定的文化背景下进行的

从统计上讲，在美国，自杀仍然主要是一种存在于白人男性中的现象。但是，白人男性群体内部差异较大，而假设不存在同质性也不可取。此外，忽视其他文化或种族群体的自杀风险是极其危险和不明智的。一些少数族裔群体的自杀率很高，另一些少数族裔群体的自杀率也在急剧上升。其他群体（如拉丁裔妇女）完成率低，但尝试率高（Granello & Granello，2007）。在评估风险时，可以发现不同群体在自杀态度、可接受程度和适当的干预策略方面存在文化差异（Range et al.，1999）。有些文化有强烈的反对自杀的文化和（或）宗教禁令。虽然这可能是一种保护因素，但它也会阻止人们伸出手来寻求帮助。一般来说，其他文化对心理健康系统有强烈的信念，并且未充分使用可用的服务。

165 虽然从研究的角度我们对文化上适当的自杀评估所知甚少，但很明显，了解服务对象认同的特定文化群体或子群体、该群体对自杀的看法以及个人内化这些信念的程度非常重要。虽然没有清晰多元的自杀评估准则，但显然，对文化敏感的风险评估依赖于文化同理心和文化敏感性（Wendler & Matthews，2006）。

原则 12：自杀风险评估需记录在案

服务对象自杀是针对心理健康专业人士最常见的医疗事故索赔之一，而临床医生为保护自己免受诉讼所能做的最重要的一件事情就是记录他们的工作（Simon，2002）。法院认识到并不是所有的自杀都是可以预防的，他们通常会支持临床医生做出持续和系统的努力来保证他们服务对象的安全。法律系统确定这些努力（或缺乏努力）的唯一方法是通过文件记录。根据法律规定，不可进行没有文件记录的自杀风险评估。

自杀风险评估的内容

与概述基本原则相比，描述自杀风险评估中应包括的内容要困难得多。这是因为在研究和文献中已经确定了超过 100 个风险因素，而对于自杀风险评估的内容，并没有一个普遍认可的格式。显然，在背景和服务对象人口统计的基础上，存在关键的差异。这里提出了几种确定自杀风险评估内容的模型，但请注意，危机干预专家在实施任何自杀风险评估之前必须始终寻求培训、经验和监督。

实证支持最多的风险因素包括：

- 男性
- 单身
- 丧偶

- 离婚/分居
- 年老
- 精神疾患
    - 抑郁症*
    - 精神分裂症 166
    - 酗酒*
    - 吸毒成瘾*
    - 人格障碍（尤其是情绪不稳定）、易冲动、攻击性
    - 焦虑症
- 精神病*
- 绝望和无助
- 以前的自杀尝试/自我伤害*
- 社交孤立*/被他人拒绝
- 身体疾病（威胁生命/慢性/衰弱）*
- 失业/退休
- 情感障碍、酗酒或自杀的家族史*
- 丧亲/损失（最近）；专注于周年纪念或创伤性损失*
- 童年丧亲
- 极端的社会阶级（最穷或最富的人）
- 因损失、个人虐待、暴力、性虐待造成的家庭不稳定*
- 最近的创伤（生理/心理）*
- 制订具体的自杀计划*
- 表现出一种或多种非典型的强烈负面情绪*
- 对更早期虐待的关注*

警示信号

- 赠送珍贵的物品/整理好个人事务*
- 特征性行为或情绪的彻底改变*

吉利兰德（Gilliland）和詹姆斯（James）（1997）提出，如果4～5个或更多带有星号（＊）的因素被表现出来，那么个体就应该被视为高危人群。

要提醒临床医生的是，在评估风险时要经常使用临床判断。

一般来说，自杀风险评估使用的面谈形式不仅仅是问几个简单的问题。至少，通过对服务对象的引导来了解一系列主题领域，包括以下内容（Granello & Granello, 2007）：

- 自杀意图——目前/最近对自杀的想法。意图水平比计划的具体致命性更能预示自杀尝试/完成。
- 自杀计划的细节——越具体，越危险。
- 计划完成自杀的手段（用枪、上吊、服药过量等）。一定要考虑手段的致命性（一支枪比服用几片非处方的阿司匹林更致命）。然而，
167 人们对这种方法致命性的看法比实际的致命性更重要。如果此人认为阿司匹林具有致命性却没有死，他（她）可能会再次尝试使用更致命的方法。
- 自杀者获得这些手段的可能性（自杀者获得这些手段的容易程度）。换句话说，如果这个人没有枪，那么他（她）威胁要开枪自杀就不那么紧迫了，就好像有人说，“我会用我爸爸放在他的梳妆台抽屉里的手枪，还有车库里的子弹来开枪自杀”。
- 有自杀想法和尝试（包括自我伤害）的历史。
- 当前情绪的稳定性（例如，这个人昨天有过自杀的念头吗？上周呢？今天早上呢？）。
- 自杀未遂或自杀死亡的家族史以及精神障碍的家族史。
- 服务对象的精神状态，包括认知僵化、注意力不集中、烦躁、愤怒和冲动。
- 评估警示信号和特定风险因素。
- 遵守紧急/安全程序的意愿/能力。

除了这些特定的主题领域，评估一个人承受的心理痛苦的程度以及使选择生活变得困难的自我憎恨或自我厌恶可能是有用的。大多数临床医生都认为，了解**绝望**（hopelessness）程度对于理解风险至关重要，因为那些有严重心理痛苦、没有理由相信自己的生活会得到改善的人，自杀的风险很高。

美国自杀学协会

美国自杀学协会（American Association of Suicidology，AAS）评估自杀风险的模型使用了助记符“IS PATH WARM”（2006）。这句话的目的是提醒与潜在自杀者合作的人评估关键的风险领域，包括以下方面：

- 意念（ideation）——威胁的或传达出来的
- 物质滥用（substance abuse）——过量或增加
- 无目的（purposelessness）——没有生活下去的理由
- 焦虑（anxiety）——烦乱、失眠
- 陷入困境（trapped）——感觉没有出路
- 绝望（hopelessness）
- 退出（withdrawing）——从朋友、家庭和社会
- 愤怒（anger）（失控）——狂怒，寻求报复
- 鲁莽（recklessness）——冒险的行为，不加思考
- 情绪变化（mood changes）（剧烈）

与所有自杀助记符和量表一样，“IS PATH WARM”的目的是增强临床判断力。换句话说，无论自杀评估辅助工具（包括该评估辅助工具）所指出的结果或指定的干预措施如何，都应由临床医生来确保其服务对象的安全（Juhnke，Granello，& Lebrón-Striker，2007）。 168

美国精神病学协会

美国精神病学协会（American Psychiatric Association）（APA，2003）制定了评估自杀风险的实践指南，包括一系列可能在每个大类中使用的问题（参见 APA 指南来获得这些问题的完整列表）。总的来说，APA 建议对以下方面进行评估：

- 自杀倾向的当前表现
  - 自杀的想法、计划、行为和意图
  - 精神状态，包括绝望、冲动、快感缺乏、恐慌或焦虑

- 物质使用/滥用
- 对他人施加暴力的想法、计划或意图
- 生活的理由/对未来的计划

- 精神疾病（现在或过去）
  - 尤其是情绪障碍、精神分裂症、焦虑症、人格障碍和物质使用
- 病史
  - 先前的尝试或其他自残行为
  - 目前或过去的医学诊断
  - 有自杀企图或精神疾病的家族史
- 社会心理状况
  - 急性或慢性社会心理压力源或危机
  - 就业、生活状况、社会支持困难
  - 关于死亡或自杀的文化或宗教信仰
  - 个人优势或脆弱点
- 应对技能
  - 人格特质
  - 过去对压力的反应
  - 现实测试能力
  - 忍受心理痛苦和满足心理需求的能力

物质滥用和心理健康服务管理局

SAMHSA（2009b）也使用助记符帮助急救人员进行五步自杀风险评估分诊。这种被称为 SAFE-T［自杀评估、五步评估和分诊（suicide assessment,
169 five-step evaluation, and triage）］的模型比简单地寻找危险因素更具有总体性；它提醒那些与自杀者合作的人评估过程的步骤：

1. 识别风险因素，包括可以被修改以降低风险的因素。
2. 确定保护因素，包括可以加强的因素。
3. 进行自杀调查，包括自杀想法、计划、行为和意图。
4. 确定风险/干预水平，包括应对和降低风险的适当干预。

5. 记录风险评估、基本原理、干预和随访。

一般来说，所有这些风险评估的重点是提醒那些与潜在自杀者合作的人与他们所有的服务对象一起完成并记录自杀风险评估。尽管在识别尝试或完成自杀的人方面，没有发现任何明确的风险评估策略优于其他策略，但每个模型中关键内容领域的大量重叠突出表明需要制定包括这些重要的调查领域的风险评估战略。与特定服务对象群体（如儿童、青少年、LGBT①、退伍军人、残疾人）合作的危机干预专家可能会发现，除了在这里所包含的模型中强调的那些风险外，还应该将特定人群的风险类别纳入考虑范围。

对自杀危机中的个人进行短程干预

自杀学家普遍认为，大多数自杀者不愿死，只是很难去想象在他们目前的心理混乱状态中继续生活下去会怎样（Granello & Granello，2007）。事实上，自杀危机通常是暂时、可逆和矛盾状态的结果，对自杀服务对象的干预是基于这样一个前提，即自杀危机一旦成功解决，就不会致命（Granello，2010b）。接受适当治疗的精神障碍患者康复的可能性最大（Bongar，2002）。

虽然人们一直在尝试开发基于证据的最佳实践模型进行评估和干预，但目前，经过验证的评估和干预策略是有限的，尤其是在危机干预环境中。通常，在自杀危机中与服务对象合作包括许多级别的护理，包括住院、短期和长期门诊、日间治疗、热线或电子通信以及紧急干预。模型和算法可以帮助临床医生确定适当的护理水平。这些模型各不相同，但通常包括（a）进行 170
有意义的评估，（b）制订治疗计划，（c）确定护理水平，（d）参与药物治疗的精神疾病评估，（e）增加治疗的可及性，（f）制订风险管理计划，（g）管理临床医生责任，以及（h）评估结果（有关确定护理水平的更多信息，见Bongar，2002）。

通常，对有自杀倾向的服务对象的干预基于两层方法。第一层是短期稳定，这是危机干预工作的重点。与服务对象在自杀危机中合作的危机干预人

---

① LGBT，指性少数群体，为四个英文单词首字母的合拼，分别为女同性恋者（Lesbian）、男同性恋者（Gay）、双性恋者（Bisexual）与跨性别者（Transgender）。——译者注

员使用非常具体的急性管理策略来使服务对象存活，并投入足够长的时间在咨询上以便转向让他们探索自杀问题背后的核心问题的进一步治疗。第一层干预的目标是防止死亡或受伤，使服务对象恢复到平衡状态。第二层干预解决服务对象潜在的心理脆弱性、精神障碍、压力源和风险因素，通常通过长期门诊咨询进行。然而，直到使用危机干预策略使服务对象稳定下来之后，才能开始正在进行的咨询工作（Granello，2010b）。

危机稳定

自杀干预的即时干预目标基于危机干预的模式（例如，Aguilera，1998；Greenstone & Leviton，2002；James & Gilliland，2001），采用了针对该人群的独特策略和技术。通常，建议使用罗伯茨和奥滕斯（Ottens）（2005）的七步模型进行危机干预的扩展版本（Granello & Granello，2007）。该模型以危机理论为理论基础，从自杀学领域进行研究和实践，以奠定每个步骤中提供的特定干预策略的基础。因此，七步模型为咨询师与自杀服务对象合作提供了总体策略，大多数从事危机干预的心理健康咨询师都认可这种一般方法。此处提供了总体模型。格拉内洛（Granello）（2010b）的文章中提供了为模型的每个阶段开发的特定策略的详细信息和示例。

总体的自杀危机干预模式很宽泛，足以适应许多不同环境中的多种类型的个人。但是，这些策略仅作为指导，任何个人的需求可能与在此讨论的步骤或干预措施有很大差异。例如，服务对象具体的发展、多元文化或认知限制可能影响这些策略的实施。此外，尽管过程中的这些步骤以线性方式呈现，就像所有的阶段模型一样，但实施的现实往往意味着步骤之间有很多重叠和移动。重要的是，这些步骤并**没有取代现有自杀评估和干预的模型和算**
171 **法**，而是旨在提供具体的策略来帮助实施传统的干预指南。

第一步：评估致命性

与自杀者打交道的第一步也是最重要的一步是准确评估。虽然这种评估可能会缓慢进行，但在整个讨论过程中，随着人们讲述自己的故事，越来越多的信息变得明显，对致命性水平的总体理解将是指导整个过程的重要信息。自杀风险评估协议被用来帮助了解致命性。例如，一个处于自杀紧急状态的人有明确的意图要在机会第一次出现时就死掉（Sommers-Flanagan & Sommers-Flanagan，1995）。作为一般规定，危机干预者应该将所有的自杀风险情况作为潜在的自杀紧急情况来处理，直到他们获得足够的信息以使他人信服为止（Kleespies，Deleppo，Gallagher，& Niles，1999）。此步骤中包括有必要确保（自杀者和其他人的）安全，并在适当情况下使用该机构现有的自杀紧急计划。

第二步：建立融洽关系

研究表明，评估自杀风险和决定自杀干预成功预后的最重要因素之一是治疗关系的质量（Bongar，2002）。保尔森（Paulson）和埃韦拉尔（Everall）（2003）发现有自杀倾向的青少年认为治疗关系的质量是治疗中最有帮助的方面之一。相反，研究也发现，**治疗关系的缺乏**（lack of a therapeutic relationship）实际上对自杀危机中的服务对象的结果有负面影响（Maltsberger，1986）。基本的咨询技巧和罗氏（Rogerian）核心条件有助于传达一种真实的、关怀的、非评判的治疗立场（Chiles & Strosahl，2005）。在这一步中具体的策略包括与服务对象待在一起，管理反向移情，使话题规范化，传递冷静，从独裁模式转变为合作模式以及支持寻求帮助的决定。

第三步：倾听故事

有自杀倾向的人可能试图向他人表达自己的自杀念头和行为。事实上，研究表明，多达70%的自杀死亡的人在他们死前一周将他们的自杀意图传达给了其他人。在青少年和年轻人中，这一数字甚至更高，可能高达85%（US Department of Health and Human Services，2004）。然而，研究清楚地表明，大多数自杀陈述得到的回应都不是很有帮助，最常见的是沉默、嘲笑或 172
评判（Suicide Prevention Resource Center，2005）。允许自杀的个体讲述他们的故事，并充分探讨导致他们自杀风险的原因，这样做本身就是治疗（Yalom，1975）。威廉斯（Williams）和摩根（Morgan）（1994）指出，熟练的临床医生会认识到“伸出手和倾听来解决自杀危机的巨大价值，无论个人的问题看起来有多么复杂和明显无法解决”（p. 16）。这一步的具体策略包括倾听、理解和确认，放慢速度，创建治疗窗口，对问题进行分类以及识别消息。

第四步：控制情绪

处于自杀危机中的人往往会被自己的情绪所击垮。因为模糊性常常是危机的一部分（例如，不想死，但想结束痛苦），因此许多不同的情绪同时发生并不罕见。关于自杀者的精神状态，相关研究已经确定了一些共同的主题（Shneidman，1981）。这些主题包括急性扰乱或本已混乱的精神状态的恶化；负面情绪增加，如自我厌恶、内疚或羞耻；认知限制或无法解决问题；将注意力集中在自杀的想法上，以结束情感上的痛苦。为了帮助处于自杀危机中的个体管理他们的情绪，具体的策略包括鼓励情绪宣泄、直面心理创伤以及教导他们容忍负面情绪。

第五步：探索替代方案

有大量证据表明，处于自杀危机中的人们解决问题的能力有所下降。在自杀危机期间，人们会进行**选择性抽象化**（selective abstraction），使用一组滤镜来对这个世界和自己进行负面的概括（Granello & Granello，2007）。有自杀倾向的人往往没有意识到他们活着的原因，也没有意识到他们当前处境的潜在选择。探索替代方案与提供建议或答案**不是一回事**。这一步的策略包括最小化权力斗争，建立解决问题的框架，酌情动用社会支持系统，恢复希望，并帮助个人想象可能性和发展复原力。

探索替代方案是至关重要的，但同样重要的是不要在过程中过早地进行。换句话说，如果在双方关系完全建立之前以及在该人有机会讲述自己的故事或表达情感之前，临床医生将处于危机中的人过快地移到了这个阶段，他（她）可能会感到自己被轻视、仓促以及还没有准备好解决问题。时间是很重要的。

173

第六步：使用行为策略

自杀危机中的人们显然存在连续的风险，而全面的自杀风险评估将有助于确定风险水平和必要的护理水平。关键是制订并实施个性化的综合计划。例如，如果要进行持续的风险评估，多久进行一次，由谁进行？是否需要进行精神疾病评估来帮助治疗潜在的精神障碍？如果是在门诊进行治疗，是否应该增加治疗疗程的类型？所有这些问题以及更多的问题必须在一项全面的行动计划中加以解决。

一般来说，建议的策略是制订短期积极行动计划和安全计划。这些计划通常优先于更传统的不自杀合约，后者没有经验证据来支持其使用。安全计划为有自杀倾向的人提供了具体的、详细的、个性化的策略，让他们知晓在将来有自杀倾向时应该做什么（有关急诊科安全计划使用的详细讨论，请参见 Stanley & Brown，2012）。

第七步：跟进

所需的后续行动类型将取决于风险水平和实施的行动计划。一般来说，所有自杀风险增加的个体都需要积极和频繁的后续护理（Macdonald，Pelling，& Granello，2009）。研究表明，在自杀危机期间，低至中度风险类别的人从以下方面受益最大：（a）强化随访，包括病案管理、电话联系以及可能的家访；（b）如果风险升级，有明确的安全计划供个人遵循；（c）短期认知行为疗法，以改善解决问题的方法和减少自杀意念（尽管尚未证明这种方法可有效降低长期风险）。

多项研究调查了在自杀危机期间短暂干预后的后续接触的有效性。强化病案管理是通常推荐的方法，危机发生后的外展活动已被证明可以降低随后的自杀风险（Leitner，Barr，& Hobby，2008）。电话（例如，De Leo & Heller，2007），后续家庭访问（例如，Roberts & Everly，2006）和明信片（Carter，Clover，Whyte，Dawson，& D'Este，2005）都被证明是减少自杀意念和提高后续护理依从性的有效方法。最近，研究者在一项初步研究中使用了急症后护理短信，并取得了积极的结果。那些在出院后几天内收到四条短信的人认为该策略对他们的整体健康有积极的影响，而且样本中的大多数人认为它降低了他们的自杀意念（Berrrouiguet，Gravey，Le Galudec，Alavi，& Walter，2014）。无论联系机制如何，很明显，后续跟进是自杀个体危机后干预护理 174
的一个重要组成部分。

最后，在自杀危机结束的时候（或者在经常遇到自杀者的环境或机构中），工作人员必须评估所采用的策略，以确定是否需要对现有协议进行更改。一个基于事实的事后评估可以为改善未来的干预措施提供绝佳的机会。

研究现状及下一步工作

帮助处于自杀危机中的个体是困难和具有挑战性的，并且在提供此类护理时要克服很多障碍。然而，有证据表明，这些类型的干预措施为在急性危机中管理个人提供了希望。在几项大规模研究中，自杀热线已被证明是一种有助于降低自杀风险的具有成本效益的策略。在一项研究中，拨打自杀热线的人说，他们相信这种联系具有立竿见影的积极作用，这种互动让他们感觉到了自杀、孤独、恐惧和焦虑的减少以及更有希望、更受支持，也更想活下去（Coveney，Pollock，Armstrong，& Moore，2012）。另一项研究发现，呼叫者的消极情绪和死亡意图显著降低，并在后续随访中持续存在。重要的是，这项研究还发现，在具有严重自杀倾向的个体（例如，那些在打电话之前就有过尝试或计划的人）中，11.6%的人在跟进时表示，电话阻止了他们伤害或杀死自己（Gould，Kalafat，Munfakh，& Kleinman，2007）。另一项基于少年自杀热线的100条录音电话的研究发现，自杀率显著下降，在通话过程中，呼叫者的精神状态明显改善（King，Nurcombe，Bickman，Hides，& Reid，2003）。

急诊部门自杀危机干预的研究结果不太一致。但是，一些研究显示出在这种情况下短期干预的巨大希望。几项研究已经证明了这些类型的干预对于提高自杀青少年的事后护理依从性的价值（参见 Brent et al.，2013 年的综述），至少有一项试点研究证明了单疗程家庭危机干预项目的积极结果（Wharff，Ginnis，& Ross，2012）。

根据 SAMHSA（2009a）关于帮助自杀危机中的个人的准则，最关键和最直接的下一步是发展组织基础设施，包括急诊室、精神疾病项目、寄养和社区机构和资源，使自杀危机中的人能够尽可能得到最好的护理。建议包括以下内容：

175 • 接受过适当培训并证明有能力帮助所服务人群的工作人员；

• 理解、接受并促进康复和复原力的概念以及保护免受伤害和个人尊严之间平衡的工作人员和领导人员；

• 通过有效获取可靠记录来及时获得有关危机中的个人的关键信息（包括健康和精神疾病史、提前指示或危机/安全计划）的工作人员；

- 拥有灵活性和资源（包括时间）以建立真正个性化、以人为本的计划来解决眼前危机及以后危机的工作人员；
- 被授权与被服务的个人合作并被鼓励实施新的解决方案的工作人员；
- 不将项目或工作人员与周围社区隔离的组织文化；
- 与外部服务的协调服务以及与转介机构的积极合作；
- 以有意义的方式使用数据来完善提供给有自杀风险个人的危机护理和项目的严格绩效改善项目。

危机是许多人生活经历的一部分，对美国每年超过100万自杀尝试的成年人来说，接触自杀危机干预可能也是他们生活经历的一部分。虽然这项工作显然是复杂的和具有挑战性的，但它也具有巨大的潜力，可以发挥出令人难以置信的效果并带来巨大的回报。当一个人从自杀危机中恢复到社区的稳定生活中，对个人、家庭和整个社区的积极影响是巨大的。高达7%的美国人口（约2200万人）表示，他们过去一年内曾遭受自杀死亡的威胁，其中一项大型全国研究中有1.1%的样本表示，他们去年因自杀而失去了一名直系亲属（Crosby & Sacks，2002）。显然，在自杀危机干预中发生的有价值的工作有可能向外蔓延，超出直接参与的个人，并进入更大的社区。

参考文献

Aguilera, D. C. (1998). *Crisis intervention: Theory and methodology* (8th ed.). St Louis: Mosby.

American Association of Suicidology. (2006). *IS PATH WARM?* Retrieved from http://www.suicidology.org/c/document_library/get_file?folderId=232&name=DLFE-31.pdf

American College Health Association. (2007). *American College Health Association—National College Health Assessment: Reference group data report—fall 2006*. Baltimore, MD: Author.

American Psychiatric Association. (2003). *Practice guideline for the assessment and treatment of patients with suicidal behaviors*. Arlington, VA: American Psychiatric Publishing.

Arias, E., Anderson, R. N., Kung, H. C., Murphy, S. L., & Kochanek, K. D. (2003). *Deaths: Final data for 2001. National Vital Statistics Reports*, 52(3). Hyattsville MD: National Center for Health Statistics.

Asarnow, J. R., Baraff, L. J., Berk, M., Grob, C. S., Devich-Navarro, M., Suddath, R., . . . Tang, L. (2011). An emergency department intervention for linking pediatric suicidal patients to follow-up mental health treatment. *Psychiatric Services*, *62*, 1303–1309. doi:10.1176/appi.ps.62.11.1303

Barber, M. E., Marzuk, P. M., Leon, A. C., & Portera, L. (2001). Gate questions in psychiatric interviewing: The case of suicide assessment. *Journal of Psychiatric Research*, *35*, 67–69.

Berman, A. L., Jobes, D. A., & Silverman, M. M. (2006). *Adolescent suicide: Assessment and intervention* (2nd ed.). Washington, DC: American Psychological Association.

Berrrouiguet, S., Gravey, M., Le Galudec, M., Alavi, Z., & Walter, M. (2014). Post-acute text messaging outcome for suicide prevention: A pilot study. *Psychiatry Research*, *217*, 154–157. doi:10.1016/j.psychres.2014.02.034

Bongar, B. (2002). Risk management: Prevention and postvention. In B. Bongar (Ed)., *The suicidal patient: Clinical and legal standards of care* (2nd ed., pp. 213–261). Washington, DC: American Psychological Association.

Bonnar, J. W., & McGee, R. K. (1977). Suicidal behavior as a form of communication in married couples. *Suicide and Life-Threatening Behavior*, *7*, 7–16.

Brent, D. A., McMakin, D. L., Kennard, B. D., Goldstein, T. R., Mayes, T. L., & Douaihy, A. B. (2013). Protecting adolescents from self-harm: A critical review of intervention studies. *Journal of the American Academy of Child and Adolescent Psychiatry*, *52*, 1260–1271.

Carter, G. L., Clover, K., Whyte, I. M., Dawson, A. H., & D'Este, C. (2005). Postcards from the EDge project: Randomised controlled trial of an intervention using postcards to reduce repetition of hospital treated deliberate self poisoning. *British Medical Journal*, *331* (7520), 805.

Chiles, J. A., & Strosahl, K. D. (2005). *Clinical manual for the assessment and treatment of suicidal patients.* Washington, DC: American Psychiatric Association.

Comtois, K. A. (2002). A review of interventions to reduce the prevalence of parasuicide. *Psychiatric Services, 53*, 1138–1144.

Coveney, C. M., Pollock, K., Armstrong, S., & Moore, J. (2012). Callers' experiences of contacting a national suicide prevention helpline: Report of an online survey. *Crisis, 33*, 313–324. doi:10.1027/0227-5910/a000151

Crosby, A. E., Han, B., Ortega, L. A. G., Parks, S. E., & Gfroerer, J. (2011). Suicidal thoughts and behaviors among adults aged > 18 years—United States, 2008-2009. *Morbidity and Mortality Weekly Report, 60* (SS-13), 1–22.

Crosby, A. E., & Sacks, J. J. (2002). Exposure to suicide: Incidence and association with suicidal ideation and behavior. *Suicide and Life-Threatening Behavior, 32*, 321–328.

Dear, G. E., Thomson, D. M., & Hills, A. M. (2000). Self-harm in prison: Manipulators can also be suicide attempters. *Criminal Justice and Behavior, 27*, 160–175.

De Leo, D., & Heller, T. (2007). Intensive case management for suicide attempters following discharge from inpatient psychiatric care. *Australian Journal of Primary Health, 13*(3), 49–58.

DeQuincy, L.. (2006). Out of options: A cognitive model of adolescent suicide and risk-taking. *Journal of Child and Family Studies, 15*, 253–254.

Eaton, D. K., Kann, L., Kinchen, S. A, Ross, J. G., Hawkins, J., & Harris W. A. (2007). Youth risk behavior surveillance—U.S. 2005. *Morbidity and Mortality Weekly Report, 55*, (No. 2 SS-5), 1–108.

Farberow, N. L., & Shneidman, E. S. (Eds.). (1961). *The cry for help*. New York: McGraw-Hill.

Federal Bureau of Investigation. (2014). *Crime in the United States 2011*. Retrieved from http://www.fbi.gov/about-us/cjis/ucr/crime-in-the-u.s/2011/crime-in-the-u.s.-2011/tables/expanded-homicide-data-table-8.

Fleischmann, A., Bertolote, J. M., Wasserman, D., DeLeo, D., Bolhari, J., Botega, N. J., . . . Thanh, H. T. (2008). Effectiveness of brief intervention and contact for suicide attempters: A randomized controlled trial in five countries. *Bulletin of the World Health Organization, 86*, 703–709.

Gilliland, B. E., & James, R. K. (1997). *Crisis intervention strategies* (3rd ed.). Pacific Grove, CA: Brooks/Cole.

Gould, M. S., Kalafat, J., Munfakh, J. L. H., & Kleinman, M. (2007). An evaluation of crisis hotline outcomes, Part II: Suicidal callers. *Suicide and Life-Threatening Behavior, 37*, 338–352.

Gould, M. S., Marrocco, F. A., Kleinman, M., Thomas, J. G., Mostkoff, K., Cote, J., & Davies, M. (2005). Evaluating iatrogenic risk of youth suicide screening programs: A randomized controlled trial. *Journal of the American Medical Association, 293*, 1635–1643.

Granello, D. H. (2010a). The process of suicide risk assessment: Twelve core principles. *Journal of Counseling and Development, 88*, 363–371.

Granello, D. H. (2010b). A suicide crisis intervention model with 25 practical strategies for implementation. *Journal of Mental Health*

Counseling, *32*, 218–235.

Granello, D. H., & Granello, P. F. (2007). *Suicide: An essential guide for helping professionals and educators*. Boston: Allyn and Bacon.

Greenstone, J. L., & Leviton, S. C. (2002). *Elements of crisis intervention: Crises and how to respond to them*. Springfield, IL: Charles C. Thomas.

Herman, S. M. (2006). Is the SADPERSONS Scale accurate for the Veteran Affairs population? *Psychological Services*, *3*, 137–141.

International Association for Suicide Prevention. (2006). *IASP guidelines for suicide prevention*. Retrieved from http://www.med.uio.no/iasp/english/guidelines.html

Jacobs, D. G., & Brewer, M. L. (2006). Application of the APA practice guidelines on suicide to clinical practice. *CNS Spectrums*, *11*, 447–454.

James, R. K., & Gilliland, B. E. (2001). *Crisis intervention strategies* (4th ed.). Belmont, CA: Brooks/Cole.

Joiner, T. E., Jr. (2005). *Why people die by suicide*. Cambridge, MA: Harvard University Press.

Juhnke, J. A., Granello, P. F., & Lebron-Striker, M. (2007). *IS PATH WARM? A suicide assessment mnemonic for counselors*. Alexandria, VA: American Counseling Association.

Kleespies, P. M., Deleppo, J. D., Gallagher, P. L., & Niles, B. L. (1999). Managing suicidal emergencies: Recommendations for the practitioner. *Professional Psychology: Research and Practice*, *30*, 454–463.

King, R., Nurcombe, R., Bickman, L. Hides, L., & Reid, W. (2003). Telephone counseling for adolescent suicide prevention: Changes in suicidality and mental state from beginning to end of a counseling session. *Suicide and Life-Threatening Behavior*, *33*, 400–411.

Leitner, M., Barr, W., & Hobby, L. (2008). Effectiveness of interventions to prevent suicide and suicidal behavior: A systematic review. Edinburgh: Scottish Government Social Research.

Macdonald, L., Pelling, N., & Granello, D. H. (2009). Suicide: A biopsychosocial approach. *Psychotherapy in Australia*, *15*(2), 62–72.

Maltsberger, J. T. (1986). *Suicide risk: The formulation of clinical judgment*. New York: New York University Press.

McIntosh, J. L., & Drapeau, C. W. (for the American Association of Suicidology). (2014). *U.S.A. suicide 2011: Official final data*. Washington, DC: American Association of Suicidology. Retrieved from http://www.suicidology.org

Meichenbaum, D. (2005). 35 years of working with suicidal patients: Lessons learned. *Canadian Psychology*, *46*, 64–72.

Miller, J. S., Segal, D. L., & Coolidge, F. L. (2000). A comparison of suicidal thoughts and reasons for living among younger and older adults. *Death Studies*, *25*, 257–265.

Millstein, D. L. (2010). Predictors of caller feedback evaluations following crisis and suicide hotline calls. *Dissertation Abstracts International: Section B. Sciences and Engineering*, 71(5-B), 3362.

Mishara, B. L. (1995). How family members and friends react to suicide threats. In B. L. Mishara (Ed.), *The impact of suicide* (pp. 73–81). New York: Springer.

Nock, M. K., & Kessler, R. C. (2006). Prevalence of and risk factors for suicide attempts versus suicide gestures: Analysis of the National Comorbidity Survey. *Journal of Abnormal Psychology*, *115*, 616–623.

Packman, W. L., & Harris, E. A. (1998). Legal issues and risk management in suicidal patients. In B. Bonger, A. L. Berman, R. W. Maris, M. M. Silverman, E. A. Harris, & W. L. Packman (Eds.), *Risk management with suicidal patients* (pp. 150–186). New York: Guilford Press.

Paulson, B. L., & Everall, R. D. (2003). Suicidal adolescents: Helpful aspects of psychotherapy. *Archives of Suicide Research*, *7*, 309–321.

Portes, P. R., Sandhu, D. S., & Longwell-Grice, R. (2002). Understanding adolescent suicide: A psychosocial interpretation of developmental and contextual factors. *Adolescence*, *37*, 805–817.

Range, L. M., Leach, M. M., McIntrye, D., Posey-Deters, P. B., Marion, M. S., Kovac, S. H., Baños, J. H., & Vigil, J. (1999). Multicultural perspectives on suicide. *Aggression and Violent Behavior*, *4*, 413–430.

Roberts, A. R. (2005). Bridging the past and present to the future of crisis intervention and crisis managements. In A. R. Roberts (Ed.), *Crisis intervention handbook: Assessment, treatment, and research* (3rd ed., pp. 3–33). New York: Oxford University Press.

Roberts, A. R., & Everly, G. S. (2006). A meta-analysis of 36 crisis intervention studies. *Brief Treatment and Crisis Intervention*, *6*, 10–21.

Roberts, A. R., & Ottens, A. J. (2005). The seven stage crisis intervention model: A road map to goal attainment, problem solving, and crisis resolution. *Brief Treatment and Crisis Intervention*, *5*, 329–339.

Runeson, B. (2001). Parasuicides without follow-up. *Nordic Journal of Psychiatry*, *55*, 319–323.

Samy, M. H. (1995). Parental unresolved ambivalence and adolescent suicide: A psychoanalytic perspective. In B. L. Mishara (Ed.), *The impact of suicide* (pp. 40–51). New York: Springer.

Schwartz, R. C., & Rogers, J. R. (2004). Suicide assessment and evaluation strategies: A primer for the counselling psychologist. *Counselling Psychology Quarterly*, *17*, 89–97.

Shea, S. (2002). *The practical art of suicide assessment. A guide for mental health professionals and substance abuse counselors.* Hoboken, NJ: Wiley.

Sher, L. (2004). Preventing suicide. *QJM: An International Journal of Medicine*, *97*, 677–680.

Shneidman, E. S. (1981). Psychotherapy with suicidal patients. *Suicide and Life-Threatening Behavior*, *11*, 341–359.

Silverman, M. M., Berman, A. L., Bongar, B., Litman, R. E., & Maris, R. W. (1998). Inpatient standards of care and the suicidal patient: Part II. An integration with clinical risk management. In B. Bongar, A. L. Berman, R. W. Maris, M. M. Silverman, & E. A. Harris (Eds.), *Risk management with suicidal patients* (pp. 84–109). New York: Guilford Press.

Simon, R. I. (2002). Suicide risk assessment: What is the standard of care? *Journal of the American Academy of Psychiatry and the Law*, *30*, 340–344.

Simon, R. I. (2006). Patient safety versus freedom of movement: Coping with uncertainty. In H. Hendin (Ed.), *The American Psychiatric Publishing textbook of suicide assessment and management* (pp. 423–439). Washington, DC: American Psychiatric Publishing.

Sommers-Flanagan, J., & Sommers-Flanagan, R. (1995). Intake interviewing with suicidal patients: A systematic approach. *Professional Psychology: Research and Practice*, *26*, 41–47.

Stanley, B., & Brown, G. K. (2012). Safety planning intervention: A brief intervention to mitigate suicide risk. *Cognitive and Behavioral Practice*, *19*, 256–264.

Substance Abuse and Mental Health Services Administration. (2009a). *Practice guidelines: Core elements for responding to mental health crises*. HHS Publication No. SMA-09-4427. Rockville, MD: Center for Mental Health Services.

Substance Abuse and Mental Health Services Administration. (2009b). *SAFE-T*. US DHHS Publication No. (SMA) 09-4432 • CMHS-NSP-0193. Retrieved from http://store.samhsa.gov/product/Suicide-Assessment-Five-Step-Evaluation-and-Triage-SAFE-T-/SMA09-4432

Suicide.org. (2014). Suicide statistics. Retrieved from http://www.suicide.org/suicide-statistics.html#death-rates

Suicide Prevention Resource Center. (2005). Best practices registry. Retrieved from http://www.sprc.org/featured_resources/

US Department of Health and Human Services. (2004). *National consensus statement on mental health recovery*. Retrieved from http://mentalhealth.samhsa.gov/publications/allpubs/sma05-4129/

Wendler, S., & Matthews, D. (2006). Cultural competence in suicide risk assessment. In R. I. Simon & R. E. Hales (Eds)., *The American Psychiatric Publishing textbook of suicide assessment and management* (pp. 159–176). Washington, DC: American Psychiatric Publishing.

Westefeld, J. S., Range, L. M., Rogers, J. R., Maples, M. R., Bromley, J. L., & Alcorn, J. (2000). Suicide: An overview. *Counseling Psychologist*, *28*, 445–510.

Wharff, E. A., Ginnis, K. B., & Ross, A. M. (2012). Family based crisis intervention with suicidal adolescents in the emergency room: A pilot study. *Social Work*. *57*(2), 133–143.

Williams, R., & Morgan, H. G. (1994). *Suicide prevention—the challenge confronted*. London: NHS Health Advisory Service.

Yalom, I. D. (1975). *The theory and practice of group psychotherapy*. New York: Basic Books.

第二部分

危机干预：灾难和创伤

第七章　ACT模型：社区灾难后的评估、危机干预和创伤治疗

肯尼斯·R. 耶格尔（Kenneth R. Yeager）
阿尔伯特·R. 罗伯茨（Albert R. Roberts）

当被告知危机或社区灾难发生时，危机干预领域的专业工作者非常清楚 183
自己的感受。对一些人来说，这种感觉令人兴奋；对另一些人来说，这是一种因想到损失和悲痛而消沉的感觉。对一些人来说，这是一种精神召唤；对另一些人来说，这是一种使命召唤，或者是一种实施所有必要举措改变现状并促进康复过程的意愿。总之，这是一种包含了各种积极或消极情绪的、很难定义的、非常个性化的心理过程，也是一项需要充分准备的任务。尽管自本书第三版出版以来，社会各界加大了努力，但从事保健和心理健康的专业人员仍然不具备充分的能力，以应对成千上万遭遇心理创伤和严重危机事件的公众。虽然大多数卫生从业者都急切地想帮助遭遇灾难性事件或创伤性经历后的人，但是这些受害者却持续经历不同程度的震惊、恐惧、躯体应激反应、创伤、焦虑和悲痛，也很少有评估、危机干预和创伤治疗的综合性模式被纳入当前的实践模式。自然灾害、犯罪、机动车事故、精神健康或金融危机等非常现实的威胁强调需要制订危机导向的干预计划。对于全国而言这些风险仍然很高。因此需要在所有干预点上整合有效的危机干预模式，以改善那些经历心理创伤的人的机能。

本章提出了一个概念性的三阶段框架和干预模型，致力于帮助心理健康从业者提供急性危机和创伤治疗服务。评估（assessment）、危机干预（crisis intervention）和创伤治疗（trauma treatment）（ACT）模型可被视为一套连续的评估和干预策略，这一模型整合了各种评估、分诊方案与三种主要的危机干预策略：七阶段危机干预模型、心理晤谈和创伤支持服务。

概　述

本章作为《危机干预手册》第四版的一部分，是为管理人员、临床医生、危机咨询师、培训师、研究人员和心理健康顾问准备的，本章提供了最新的理论和最佳的危机干预策略，以及目前可借鉴的创伤治疗实践。危机干预或创伤治疗方面的专家应邀为手册的这一部分独撰或合著章节，这个知识库可以帮助所有有患者处于危机前或危机状态的医生。

自聚焦于“9·11”恐怖袭击事件的本书第三版出版以来，我们所面临的危机的性质在持续演变。尽管人们对恐怖主义的恐惧在波士顿马拉松爆炸案后还没有消散，但是桑迪胡克小学袭击事件、科罗拉多电影院枪击事件以及2011年对美国众议员加布里埃尔·吉福兹（Gabrielle Giffords）的袭击案，都显示威胁在不断演变出不同类型。在我们扩大和协调跨部门危机应对小组、危机干预计划及创伤治疗资源的过程中，近期无端袭击的突然性和极端严重性，加上对正在出现和今后可能出现的新的暴力所导致的恐惧，对所有心理健康从业者来说，既是挑战也是警钟。

那些在社区中目睹暴力的人与遭受暴力的青少年一样，更容易感到焦虑、恐惧、绝望和抑郁（Kelly，2010；DuRant，Treiber，Goodman，& Woods，1996；Becker，2006；Williams，2006）。很长一段时间以来，研究人员已经意识到接触暴力的有害影响，诸多已经发表的研究探讨了社区暴力对心理健康的可能后果。对这些研究文献的回顾可以证明，接触暴力与心理病症（包括外显症状如焦虑、抑郁、创伤后应激障碍以及其他内化行为）之间存在显著的正相关关系（Buka，Stichick，Birdthistle，& Earls，2001；Gorman-Smith，Henry，& Tolan，2004）。在这一研究阶段，这种相关性的强度在不
185 同研究成果中的变化模糊了研究发现所呈现的规律；而方法论上的差异和不同的调节变量，如社区暴力的不同子类型或不同年龄组，可以部分地解释以上差异。

自然灾害持续性地构成巨大的威胁。最近的事件包括2011年4月25～28日暴发的358场龙卷风，其中最致命的一次发生在亚拉巴马州的塔斯卡卢萨和伯明翰，其间有324人直接死于龙卷风，另有24人间接因天气原因死亡。过去对自然灾害的研究广泛表明，经历这类事件与罹患精神疾病之间存

在一致性，当然，这一点并未被明确阐释，也未得到研究者的一致认同。然而，一些研究（Davis，Tarcza，& Munson，2009；DiMaggio，Galea，& Richardson，2007；Kessler et al.，2008）证明了自然灾害与心理创伤之间的关联性，灾害的严重程度影响极大；遭遇灾害的严重程度与受害者自己报告的心理影响的严重程度相关（Toukmanian，Jadaa，& Lawless，2000；Sattler & Hoge，2006）。此外，据报道，个人财产损毁和遭受灾后压力事件会导致出现精神机能障碍，并且成为造成灾后困难增长的潜在的风险因素。相反，较高水平的社会和专业支持以及建立有效的应对行为可能是一些灾后保护因素。但是这些要素的影响似乎较为复杂、难以界定而且是高度个性化的。

本章提出了一个对提供危机和创伤治疗服务的心理健康从业者有用的理论框架和干预模型，它建立在两个前提之上：一是顾问、心理学家、护士和社会工作者应该有一个概念性的工作框架（也称为规划和干预模式），以精简和改善为处于危机前或创伤状态中的人提供的服务；二是心理健康从业者需要一个组织性框架来确定使用各种评估和干预策略的次序。阿尔伯特·R.罗伯茨提出了这个由三个部分组成的概念框架，作为启动、实施、评估并修改统筹协调良好的危机干预和创伤治疗方案的基础。

严重的危机常是突然的、意外的、危险的，并且可能危及生命，其中许多危机会影响到大量的人群，一些只影响到少部分人。然而，危机对人类的适应能力和基本应对技能的挑战是压倒性的；一个不变的事实是，似乎一直存在各种人类难以抵挡的危机情形。毫无疑问，我们必须保持对危机响应的持续需求。我们必须对所有应急服务人员和危机处理人员进行培训，使其能够进行即时、合适的应对。在灾难性事件发生后，无论事件的性质如何，都 186
需要对相关人员进行危机稳定疏导。许多经历过潜在创伤性事件的人可以恢复正常，一些人则不能，危机过后，人们会出现各种症状，包括惊讶、震撼、否认、麻木、恐惧、愤怒、肾上腺素激增、隔绝、孤独、兴奋、专注、警惕、易怒、悲伤和疲惫（Cutler，Yeager，& Nunley，2013）。

危机既能被视为机遇，也可以被视为危险的、可能危及生命的事件，这取决于既定时间点的情况或个人认知。压力或创伤性事件可能（实际上也）常与人生中的阶段性的问题结合起来，导致一种代表个人人生转折点的危机反应。当某个人被协助调动个人未开发的力量或未辨明的保护因素或能力时，他（她）或许能够从危机事件中获得新的价值，并走上一条积极的道路；在这种情况下，危机可以推动个人成长，并被视为一个有意义的改变人生的过程。相反，如果得不到支持，个人就有走上个人或社会心理毁灭道路的风险。消极的应对方式，比如酗酒，会导致职业和个人问题。危机对人的影响还基于个人对于干扰或中断个人应对机能的事件的认识，但随着时间的推移，在正确的社会支持机制下，个体的应对平衡可以重新建立（Cutler，Yeager，& Nunley，2013）。

个人无法通过其内在的应对机制解决干扰，可能会导致他们更加依赖消极的应对方式（例如，回避、拖延、愤怒、孤立、酗酒或使用其他改变情绪的药物）。在对危机进行定位时，以下因素应纳入考量：

• 每个人都会在生命中某一时刻经历急性或创伤性压力，这种压力不一定是有害的或对情绪有不良作用的，是事件在个人生命中所处整体背景决定了当事人克服急性压力和管理危机的能力。

• 内稳态是所有人都追求的一种自然平衡状态。当严重危机最终导致了不平衡状态时，当事人更容易接受干预。这种状态通常发生在个人试图通过惯常的应对机制解决危机，但遭到失败或不太有效的时候。

• 每个人都拥有未开发的资源或新的应对措施，可以获取和用于处理创伤性事件，而事件本身可作为催化剂以开发新的应对策略，用于满足当前和未来的应对需求。

187 • 以前对克服逆境的经验的缺乏，可以作为处理新出现的危机情势的积极因素；同样，以前处理危机情势的经验会造成焦虑，这种焦虑可以坚定当事人将更多个人资源用于解决新出现的挑战的决心。

• 任何危机情势的持续时间都是有限的，取决于突发事件本身、个人反应和可用资源。

• 必须通过一系列可识别和可预测的危机稳定阶段来掌握特定的情感、认知和行为任务。（Roberts & Yeager，2009；Cutler，Yeager，& Nunley，2013）。

危机工作者了解与危机干预相关的过程和循证方法非常重要。与心理健康领域的许多“纯概念”一样，由于缺乏实证危机的途径，临床指南对危机干预者的指导也有限。但危机干预在心理健康护理领域有着悠久的历史，在过程和证据方面有着丰富的传统，可供工作者在技能培养过程中参照。

本章的概论和本部分后余的章节研究了急性压力、危机和心理创伤的不同定义，以及灾后心理健康和危机干预策略。艾伦·奥滕斯和唐纳·平森（Donna Pinson）研究了护理人员面临的日益严峻的危机干预挑战，尤其是护理者负担对其心理和生理健康的影响。他们引导读者去了解护理人员如何应对面临的挑战，并向读者解释，当护理所爱之人时如何缓解需求、应对新出现的家庭冲突、如何解决日益增长和具有挑战性的问题，以及恢复护理人员生活平衡的方法。对于护理人员而言，他们的工作重心往往全部置于患者身上，而将自己排除在外。

戴维·卡西克（David Kasick）和克里斯托弗·保伶（Christopher Bowling）概述了危机干预小组（CIT）模式的发展，这一模式是由执法部门的一线巡逻人员和心理健康从业者之间 25 年的合作关系演变而来的，用以帮助执法人员更好地理解精神疾病患者的行为表现及其对执法人员与精神疾病患者在社区内会面的潜在影响。作者概述了 CIT 的发展和演变，详细地说明了该模式是如何设计、实施并被美国各地社区所接受的。本章回顾了 CIT 模式的影响和成果，以及它对社区内常经历危机情势的个人进行的系统的支持性干预。

文森特·亨利（Vincent Henry，现任长岛大学刑事司法教授、国土安全管理研究所所长）是世贸中心袭击事件的第一响应者，并参与了救援和恢复 188
行动。在“9·11”袭击事件发生后的几个星期里，也正是在他作为纽约市警官和侦探的 21 年职业生涯即将结束时，他担任曼哈顿下城的圣·文森特医院（St. Vincent's Hospital）楼顶上一个保护受伤幸存者、监视恐怖分子的狙击手小组的指挥官。他撰写的这一章概述了大规模杀伤性武器的具体类型以及警察、消防部门、紧急医疗服务和灾难心理健康联盟使用的响应程序的类型。他研究了恐怖袭击的第一响应者经历的一些心理危机和创伤，并描述了一个成功的临床服务案例——由 300 多名经过特殊训练的临床志愿者组成的纽约灾难咨询联盟。这个咨询和心理治疗小组对所有请求服务的急救人员及其家属提供免费且保密的治疗服务，志愿者们的办公室遍布纽约大都会区域、新泽西州北部、康涅狄格州南部和宾夕法尼亚州的部分地区。

斯科特·纽加斯（Scott Newgass）和戴维·J. 舍恩菲尔德（David J. Schonfeld）在他们撰写的关于学校危机干预、危机预防和危机应对的章节中，阐释了预先制订综合性危机应对计划的重要性。这些计划帮助学校预测和满足学生、员工及更大的社区在危机发生后关键时期的需求，提供了关于过程、干预水平以及通知和沟通步骤的必要知识，为所有危机干预小组成员划定了明确简要的任务和流程。

索菲娅·泽奇勒维施奇和乔舒亚·柯文（Joshua Kirven）撰写的恰逢其时的章节聚焦美国生化恐怖主义威胁的性质和程度，以及七阶段危机干预模型在减少生化恐怖袭击幸存者的恐惧、压力、危机和创伤方面的应用。

精神病学教授莉诺·特尔（Lenore Terr）（1994）称，儿童创伤有两种类型。Ⅰ型创伤是指经历单次创伤性事件的儿童受害者，1976 年加利福尼亚州丘奇拉（Chowchilla）的 26 名儿童在校车里被绑架，（劫持者）将校车埋在地下采石场，儿童在近 27 小时之后获救。Ⅱ型创伤是指经历过多次创伤性事件的儿童受害者，如持续的乱伦或虐待儿童。研究表明，大多数经历过单次、孤立的创伤性事件的儿童对事件有详细的记忆，没有出现分裂、人格障碍或失忆；与此形成鲜明对比的是，经历多次或重复性的乱伦或儿童性虐待创伤（Ⅱ型创伤）的儿童幸存者则表现出分离性障碍（也称为多重人格障碍）或边缘性人格障碍（borderline personality disorder，BPD）、反复的精神恍惚、抑郁、自杀意识或自杀行为、睡眠障碍，以及相对较低程度的自残行为和 PTSD（创伤后应激障碍）（Terr，1994；Valentine，2000）。乱伦受害
189 时的年龄常常会影响幸存者成年后面对危机和创伤的应对策略。研究表明，当儿童时期的乱伦持续时间长且严重时，成年后诊断为边缘性人格障碍、分离性障碍、恐慌症、酗酒或酒精依赖或创伤后应激障碍的频率更高（Valentine，2000）。在Ⅰ型创伤受害者中，长期精神障碍的发生率很低，但是有一个例外，即以多重杀人案为标志的极端恐怖的单次创伤性事件，包括毫无人性的场景（例如，被肢解的尸体）、刺耳的声音和强烈的气味（如火和烟）。“9·11”大规模恐怖袭击对心理的长期影响至少在未来十年内都不会被人们意识到，而届时，对于其前瞻性和回顾性的纵向研究就已经完成了。

美国创伤应激专家学会（American Academy of Experts in Traumatic Stress，AAETS）是一个由专业人员组成的多学科网络，致力于与紧急响应者（例如警察、消防员、紧急医疗服务人员、护士、灾难应对人员、心理学家、社会工作者、葬礼承办人和神职人员）一起制订和推广创伤应激减轻方案。临床心理学家、急性创伤性压力管理创始人马克·D. 勒纳（Mark D. Lerner）博

士和新泽西州拿骚县（Nassau County）警察培训学院急救医疗培训主任、ATSM 专业发展主任雷蒙·D. 谢尔顿（Raymond D. Shelton）博士为在创伤性事件中快速处理心理创伤提供以下指导：

> 危机干预和创伤治疗专家一致认为，在干预之前，必须对情势和个人进行全面评估。通过与在创伤暴露早期的患者尽早接触，我们可以防止急性创伤应激反应最终演变为慢性应激障碍。急性创伤应激管理（Acute Traumatic Stress Management，ATSM）的前三个步骤是：（1）评估自我和他人的安危；（2）考量财产损失或人身伤害的类型、程度以及受损方式；（3）评估响应水平——个人是否处于警惕状态，是否处于痛苦之中，是否意识到发生了什么事情，是否受到情绪冲击或药物的影响？（Lerner & Shelton，2001，pp. 31-32）

遭遇潜在压力和危机性事件对个人的影响可以通过以下标准来衡量：

- **空间维度**：一个人越接近悲剧的中心，压力就越大。同样，一个人与受害者的关系越密切，进入危机状态的可能性就越大。
- **主观的犯罪时钟**：一个人受社区灾难、暴力犯罪或其他悲剧影响的时间［估计暴露的时间长度和估计暴露于感官体验（如汽油的气味加上火的味道）的时间长度］越长，其压力就越大。
- **再现**（感知到的）：对悲剧再次发生的感知可能性越大，强烈恐惧 190
的可能性就越大，这导致幸存者处于活跃的危机状态（Young，1995）。

危机与创伤评估、治疗的 ACT 干预模型

躯体应激反应、危机和心理创伤经常发生在潜在的创伤性事件之后，不幸的是，大多数人对创伤性事件几乎或根本没有准备，这使他们在处理当前危机时手足无措。大多数人并没有意识到他们生而具有的能力，也几乎没有人理解克服突发事件所需的步骤。当进入危机干预状态时，重要的第一步是确定受危机情势影响者当下的社会心理需求。因此，本节的重点是探究急性

危机和创伤治疗的ACT干预模型中的“A”（assessment），即“评估”（见图7-1）。首先，我们简要讨论了精神分诊评估和不同类型的评估方案；其
191 次，研究危机评估的组成部分；再次，讨论和回顾生物-心理-社会（biopsychosocial）和人文评估的维度；最后，简要概述用于心理健康、危机和创伤评估的快速评估工具和量表的类型。

A	•评估/估计即时医疗需求、公共安全威胁和财产损失 •分诊评估、危机评估、创伤评估以及生物心理社会和文化评估方案
C	•与支持团体建立联系，提供救灾和社会服务，并实施紧急事件应激晤谈［米切尔（Mitchell）和艾弗利（Everly）的CISD模型］ •实施危机干预（罗伯茨的七阶段模型），通过优势视角和应对尝试得到支持
T	•创伤应激反应、后遗症和创伤后应激障碍 •十步急性创伤和压力管理方案（Lerner & Shelton），实施创伤治疗计划和恢复策略

图7-1 ACT模型

分诊评估

第一响应者或危机应对小组成员（也被称为一线危机干预工作者）被要求在情况未稳定时实施即时晤谈，有时则不得不被推迟到情势稍微稳定和提供支持之后，而与危机应对一样，危机评估有时可以在提供心理支持的同时完成。虽然许多危机干预专家认为，“A”（评估）优先于“C”（危机干预），但在混乱的灾难或严重危机中，其间顺序并不总是线性的。

在社区灾难发生后，灾难心理健康专家的第一类评估应该是精神疾病分诊。在收集和记录心理健康专家与经历危机或创伤患者最初接触的信息时，分诊/筛查工具很有用。分诊表格应包括基本的人口统计信息（姓名、地址、电话号码、电子邮件地址等）、对创伤性事件的严重程度的认知、应对方法、呈现的问题、人身安全问题、之前的创伤性经历、社会支持网络、药物和酒精使用情况、之前的精神状况、自杀风险和杀人风险（Eaton & Roberts，2002；Roberts & Yeager，2009）。**分诊**的定义是根据患者的病况和可用的医疗资源为患者分配恰当治疗方案的医疗程序（Leise，1995，p. 48）。医疗分诊方法最初应用于军队，以快速应对伤员的医疗需求。分诊涉及为身体不适或受伤的病患分配从“紧急”（即需要立即治疗）到“非紧急”（即

不需要治疗）的不同级别的护理方法。

精神或心理分诊评估是指心理健康工作者确定致命性、总体机能情况和最合适的后续护理级别的即时决策过程，包括以下可供选择参照的方案：

- 紧急住院治疗；
- 门诊治疗设施或私人治疗师；
- 支助小组或社会服务机构；
- 不需要转介。

罗伯茨 ACT 干预模型中的“A”指的是分诊评估、危机和创伤评估以及转介到适当的社区机构。根据分诊评估的要求，当快速评估表明患者对自己 192
或他人造成危险，并且表现出剧烈急性精神疾病症状，并需要在提供支持以帮助病患稳定下来的环境中进行护理时，应对其采取紧急精神疾病学应对措施。这类幸存者通常需要进行短期住院治疗和稳定过程，这是专门为保护他们免受自我伤害（例如不能自我护理、有自我伤害倾向或自我伤害行为）或防止伤害他人而设计的。需要紧急精神治疗的极少数人通常被诊断为具有中高度潜在危险性，其中许多人有精神疾病史。因此，那些在危机发生时表现不稳定的人可能变得更不稳定并出现致命问题（例如自杀意识或杀人想法）和急性精神障碍。在少数需要紧急精神疾病治疗的病例中，患者通常由于经历过几次创伤而遭受累积性的痛苦（Burgess & Roberts，2000；Cutler，Yeager，& Nunley，2013）。

关于其他类型的精神疾病分诊：许多人可能因应对能力不足、支持系统薄弱或对寻求心理健康援助的矛盾心理而处于危机前阶段。这些人也许本没有精神疾病症状或自杀风险；但是，由于危机事件或自然灾害的灾难性，突然失去所爱的人和之前没有过应对突然死亡的经验的患者可能特别容易产生急性危机或创伤应激反应。因此，所有的心理健康工作者都必须了解及时进行危机和创伤评估的知识。

危机评估

危机咨询师和其他临床工作者在进行评估时的主要作用是收集有助于解决“C”（危机）的信息。围绕危机的性质，制订着眼于识别危机相关的关键促成因素的个人评估方案，非常有意义。接诊登记表和快速评估工具能帮助危机临床医生或心理健康咨询师提出关于治疗类型和治疗期限的更合适建议。虽然危机评估面向个人，但它必须包含对个人所处直接环境和人际关系的评估。正如吉特曼（Gitterman）（2002）在《生命模型》（*The Life Model*）中所有力地指出的：

> 社会工作的目的是改善人与所处环境的契合度，特别是人的需要与
> 193 其所拥有的环境资源的契合度……（社会工作的专业功能）是帮助人们动员和利用个人和环境资源有效应对并减轻生活压力源、缓解相关压力。（p. 106）

危机评估是专门为推进治疗计划、推动决策而制订的。其最终目标首先是提供一种系统的方法来组织与个人特征、危机发作参数、危机强度和持续时长相关的患者信息，其次是利用这些数据来制订有效的治疗计划。用刘易斯（Lewis）和罗伯茨（2001）的话说：

> 多数接诊患者的工作人员无法区分压力性生活事件、创伤性事件、应对技巧和危机的其他中介变量，也无法区分出哪些是积极的危机状态。大多数危机爆发前都有一个或多个压力性、危险性或创伤性事件，但并非所有处于应激反应中或受创伤的个人都会转入危机状态。每天都有成千上万的人完全逆转危机，也有成千上万的人快速陷入危机状态。（p. 20）

因此，评估和衡量一个人是否处于危机状态是极其重要的，由此才能实施个人治疗目标和适当的危机干预方案。（关于针对具体危机的衡量工具和面向危机的快速评估工具的详细讨论，详见 Lewis & Roberts，2001；Roberts & Yeager，2009，pp. 14-23。）

生物-心理-社会和人文评估

旨在衡量服务对象情况、压力水平、目前呈现的问题和急性危机发作的评估方法有很多种，例如：监测和观察、患者日志、半结构化访谈、个性化

评定量表、目标达成量表、行为观察、自我报告、认知能力测量、诊断系统和编码（LeCroy & Okamoto，2002；Pike，2002）。

尽管广泛综合评估的每个要素应足够详细，其所准确描述呈现的或正在发生的问题是得到广泛认同的，但评估的具体要素将根据评估目的和患者的个性化需求而有所不同，这种差异的影响因素包括但不限于：

- 评估目的；
- 身体和心理健康史；
- 物质使用史；
- 发育状况、社会心理和社会文化状况。

范迪弗（Vandiver）和科科兰（Corcoran）（2002）适当地讨论并确定了生物-心理-社会和人文评估模式。作为临床会面的第一步，它旨在提供必要的信息以“确立治疗目标和有效的治疗计划”（p. 297）。对于个体评估而言，收集以下信息非常重要： 194

1. 目前健康状况和病史（如高血压）以及之前健康状况（如糖尿病）或受伤状况（如脑损伤）；目前用药和恢复情况以及生活方式（如健身锻炼、营养、睡眠习惯、物质滥用）；

2. 患者心理状况，包括精神状态、外表和行为、言谈和用语、思维过程和内容、情绪和情感、认知功能、注意力、记忆力、洞察力和综合智力水平。评估的另一个关键点是确定是否有自杀或他杀风险以及是否需要立即转介；

3. 物质使用和滥用史、首次使用年龄、使用频率、在一定时间范围内使用的物质总量；

4. 患者的社会人文经历和文化背景，包括民族、语言、同化程度、文化适应、精神信仰、环境联系性（如社区关系、邻里关系、经济条件、食物和住所的可得性）、社会网络和关系（如家庭、朋友、同事）；

5. 患者职业和从军史，包括目前的就业情况、工作类型及在工作环境中获取支持的程度；

6. 患者个人诉讼史，包括探讨任何当前或较远的法律问题及当前法律问题对恢复基本机能的可能影响；

7. 宗教史和信仰体系，患者个人对其宗教信仰体系的依赖程度和从中获得支持的方法。

评估过程应遵循一种循序渐进的方法，以对身心健康问题、环境条件、复原力和保护因素、积极生活方式和身体机能水平进行探索、识别、描述、衡量、分类、诊断和编码。奥斯特里恩（Austrian）（2002）描述了生物-心理-社会评估的十个基本组成部分：

1. 人口数据；
2. 之前和目前与咨询机构的联系情况；
3. 用药史、精神疾病史和物质滥用史；
4. 患者及其重要关系的简史；
5. 患者现状总结；
195 6. 患者呈现出的需求；
7. 根据患者和咨询师的界定呈现出的问题；
8. 患者与咨询师之间的协议；
9. 干预计划；
10. 干预目标。

对于心理健康工作者来说，诊断的黄金标准是《精神疾病的诊断和统计指导手册》（*Diagnostic and Statistical Manual-IV-TR*）（*DSM-IV-TR*；American Psychiatric Association，2000；Munson，2002；Williams，2002）。尽管多数资金提供方在使用《精神疾病的诊断和统计手册》（第五版）（*DSM-5*；APA，2013），但也有许多人继续使用 *DSM-IV-TR*。

关于疾病、功能和残疾的分类问题，美国疾病控制和预防中心发布的国际疾病统计分类编码表第九版（ICD-9）和第十版（ICD-10）都是被广泛接受的分类方法。更多信息可在 http://www.cdc.gov/nchs/icd.htm 网站上查阅。

快速评估工具包括：

- 抑郁、焦虑和压力量表（DASS；Lovibond & Lovibond，1995）；

- 人-环境适应系统（Person-in-Environment System）（Karls，2002）；
- 事件影响规模（修订版）（IES-R；Weiss & Marmar，1997）；
- 创伤暴露严重度量表（TESS；Elal & Slade，2005）；
- 目标达成量表（Pike，2002）。

更多心理健康筛查和评估工具的清单以及儿童和青少年的初级保健措施可以在 http://www.heardalliance.org/wp-content/uploads/2011/04/Mental-Health-Assessment.pdf 网站上找到。

危机干预战略

美国和加拿大所有社区都要求必须制订一个跨学科和综合性的危机响应和危机干预计划，以供在重大灾难后进行系统的实施和动员。危机干预模型和技术为从业人员提供了指南，以最少的接触来解决来访者呈现的问题、压力与心理创伤和情感冲突。危机导向性治疗是有时间限制和目标导向的，这与长期心理治疗是不同的，因为后者可能需要 1~3 年的时间完成（Roberts，2000）。

现在我们越来越需要通过一种多层次途径提供一种结构化、系统性的方法，来对在个体中呈现出的危机进行识别和治疗；这种方法要将初级医疗工作者纳入其中，后者能进行准确评估并为处于危机中的人链接最适宜的护理 196
方式。沃克（Walker）、塔克（Tucker）、浪池（Lynch）和德鲁斯（Druss）（2014）建议，在包括紧急情况在内的复杂情况下采取的心理健康干预措施必须落脚于社区卫生水平，在个人能获得服务和人文上合理的护理方式的基础上，以最有利于社区又能以最适宜的护理水平满足个人需求的方法，将持续性护理和可负担方式之间的联系最优化（Yeager & Minkoff，2013）。

我们必须将着眼于支持和教育家庭的社会心理干预作为社区服务的优先事项，以便于在危机和（或）创伤导致的复杂心理健康问题出现的早期尽早进行干预；与通过初级保健网络获得服务相结合，在医疗保健系统内提供最具经济效益的服务接入点。虽然还未经过正式测试，但初级卫生保健工作者提供的非判断性服务、在必要时提供的联动与药物治疗，已被发现对很多基层社区有价值、有助益（Seelig & Kayton，2008）。最后，有必要开展公共教育，以提高对与危机、创伤以及长期的心理健康影响相关的社会经济条件、家庭环境条件及对其长期健康的影响的认识。公共教育不仅应提高对处于危机中的人的情感需求的认识，还应提高对易引发社会心理问题的环境和面对痛苦作出移情反应的需要的认识，同时要将对人为或自然灾害的正常反应“去病理化”。媒体反复展示灾难画面和讲述令人不安的经历，也对个人再受创伤有影响。但应当注意的是，负责任的报道对公众亦是有益的，包括着眼于灾难挑战、个人需求的客观报道，以及关于自然或人为灾害后全新或恢复的社区资源的资讯（Cutler，Yeager，& Nunley，2013）。

罗伯茨的七阶段危机干预模型

尽管心理咨询师、心理学家和社会工作者已经接受了各种理论模型的培训，但大学学习很少为他们提供处理危机时可遵循的危机干预规程和指导方针。罗伯茨（Roberts，1991，2000）的七阶段危机干预模型为工作者提供了有用的框架。

案例：

新泽西州心理健康中心 24 小时危机干预部门接到了一名 22 岁大学生的
197 母亲的电话，这名学生的父亲（曾在世贸中心 95 层工作）在“9 · 11”事件中丧生。这名大学生一直把自己关在卧室里。他的母亲表示，她无意中听到情绪低落的儿子乔纳森（Jonathan）和他 19 岁表妹间的电话对话：乔纳森要她马上过来，因为他要把自己的超级任天堂套装（Super Nintendo set）游戏机和所有游戏送给她。这位母亲担心儿子可能会有自杀行为，因为他以前从未送出过任何他珍视的东西；此外，在过去两周里，他吃得很少，每天睡 12~15 个小时，拒绝返回学校，并提及天堂是个居住的好地方。他的母亲还经常听到他问表妹是否认为天堂里有篮球架，这样他就可以再和父亲打篮球了。

罗伯茨（1996）的七阶段危机干预模型（见图 7-2）即将启动。

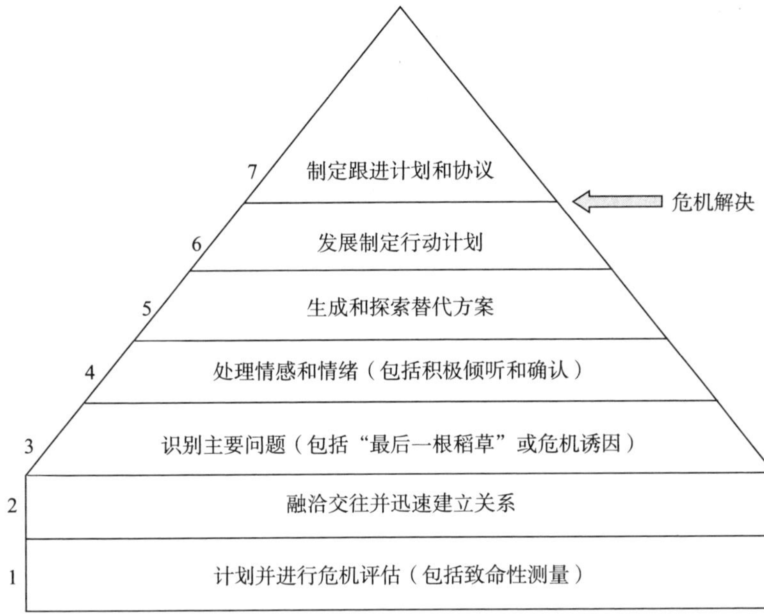

图 7-2　罗伯茨的七阶段危机干预模型

阶段一：评估致命性。打电话提出危机服务需求的这位母亲掌握了一些关于患者目前精神状况的信息。她表示，透过锁着的卧室门，她可以听到儿 198
子用低沉的声音轻声说话；自从打电话给表妹并把 CD 和任天堂游戏机放在屋前门廊后，他已经在卧室里待了大约 12 个小时。危机服务部门立即派了一名工作者前往服务对象住所。

阶段二：建立融洽关系。表示理解和提供支持是危机工作者与服务对象建立工作关系的两项关键技能，所以立即要求他打开他的卧室门不会是一种有益的干预。工作者需要从服务对象的角度出发。通过认真倾听、用自己的语言复述服务对象的话和使用开放性问题，这名工作者最终说服乔纳森同意他进入自己的房间，以便于彼此更好地交流。

阶段三：识别问题。幸运的是，乔纳森还没有做任何伤害自己的事情，但他正在考虑自杀。他有一个服用过量药物的模糊计划，但还没有可用的方法。他表达的主要问题是父亲的突然死亡。

阶段四：处理情绪。危机工作者允许乔纳森讲述他为何感觉如此糟糕的故事，这样能够识别和认可乔纳森的情绪。然后他们开始一起探讨更有效的应对抑郁情绪的方法。

阶段五：探索可供选择的方案。讨论包括住院和门诊心理健康服务在内的各种选择。在此过程中，服务对象允许他的母亲加入讨论；这位母亲也为服务对象提供了很多支持和鼓励。在此阶段，乔纳森表示感觉好多了，不会“做任何愚蠢的事情”。

阶段六：制订行动计划。乔纳森、母亲和危机工作者决定采取以下行动计划：

1. 服务对象签署了一份安全合同（这是一份书面协议，服务对象同意在其采取任何伤害自己或他人的行动之前，向危机服务部门寻求帮助）。

2. 获得仅限于工作者范围内的服务对象信息传播权，以便与门诊工作者联系。

3. 联系了一位门诊工作者，患者接到了第二天下午的预约。

4. 这位母亲根据危机服务中心的建议藏起了所有的药物。

5. 乔纳森和母亲都得到了一张危机卡，如果有任何担忧或出现问题可以打电话。

阶段七：跟进。第二天晚上，一个跟进电话打到了住所。乔纳森的母亲
199 表示儿子当天精神很好，并参加了他与治疗师的第一次预约。乔纳森告诉危机工作者“自己感觉很好”，他认为他的治疗师“真的很酷”，并计划“周六与朋友一起去打保龄球”。

高效的危机干预者本身应该是积极的、有指导性的、有重点的和充满希望的，危机工作者对干预的阶段和完整性进行估计是至关重要的。罗伯茨的七阶段危机干预模型“应被视为一种指导，而不是一个僵化的过程，因为对于一些服务对象这些阶段可能重叠。罗伯茨危机干预模型已被用于帮助处于急性心理危机、急性情境危机和急性应激障碍的人”（Roberts，2000）。现从优势视角讨论危机干预的七个阶段。

从优势视角看罗伯茨模型

阶段一

计划并进行全面的生物-心理-社会和危机评估。这涉及对风险和危险的快速评估，包括自杀、谋杀或暴力风险评估，对医疗护理的需要，选取积极

或消极应对策略，以及目前药物或酒精使用情况（Eaton & Ertl，2000；Roberts，2000）。如果可能，医疗评估应包括对呈现出的问题、医疗状况、在服药物（名称、剂量和最近一次服用情况）和过敏信息的简要概括，这些医疗信息对于试图治疗药物过量等问题的紧急医疗响应者至关重要。

药物或酒精评估应包括关于所用药物、用量、最后使用时间以及患者正在经历的任何戒断症状的信息。任何关于天使粉（一种强烈迷幻药）、甲基苯丙胺（即脱氧麻黄碱，一种中枢神经兴奋药物）或五氯苯酚（一种迷幻药，也用于医用麻醉）摄入的信息都应始终与警方一起采取团队危机应对措施，因为这意味着存在暴力和怪异行为的可能性。

初步危机评估应考查复原力和保护性因素、内外部应对方法和资源，以及大家庭和非正式支持网络的规模。许多人在危机前或危机情况下进行自我社会隔离，不知道也不了解哪些人会对他们努力解决危机和恢复健康提供最大支持。危机临床医生可以通过鼓励患者打电话或写信给可能支持他们的人来促进和增强患者的复原力。寻求关于如何最好地应对涉及自我毁灭行径的危机（如滥用多种毒品、酗酒、自残行为或抑郁）的建议，可以帮助患者获得来自个人支持网络的具有压倒性优势的支持、建议、忠告以及鼓励（Yeager & Gregoire，2000）。

阶段二 200

迅速建立融洽的治疗关系（这通常与阶段一同时进行）。传递尊重和接纳是这一阶段的关键步骤。危机工作者必须从服务对象的角度出发，例如，如果服务对象开始谈论他的狗或鹦鹉，这应该是我们的切入点（Roberts，2000）。我们必须表现出中立和不评判的态度，确保我们的个人观点和价值观是不明显、不公开表达的。气质稳重、行为冷静、自我控制是危机工作的基本技能（Belkin，1984）。

阶段三

识别与患者相关的问题和任何导致患者接触危机的因素。在请求患者解释和描述自己的问题、用自己的话讲述自己的故事的时候要使用开放式问题（Roberts，2000），这可以为危机工作者提供对呈现问题及性质的洞见。让患者感觉到工作者是真的在乎和理解他们是非常重要的，这也有助于建立融洽关系和信任。在阶段二和阶段三，使用聚焦解决疗法（solution-focused therapy，SFT）中的问题来识别服务对象的优势和资源也颇有助益，包括识别他们曾使用的有效的应对技能（Greene，Lee，Trask，& Rheinscheld，2000；另见 Yeager & Gregoire，2000）。以下是一些有益的 SFT 问题：

- 例外问题（辨识问题状况不存在或稍有好转的时间；识别当前危机与其他时间发生危机的状况有何不同）；
- 应对问题；
- 确定过去成功应对的实例的问题。

识别服务对象的优势和资源也有助于建立融洽关系和信任，因为服务对象往往会更快地适应那些不是只关注他们的缺点（缺陷、机能障碍和失败）的人（Greene，Lee，Trask，& Rheinscheld，2000）。

阶段四

通过有效地使用积极的倾听技巧来处理感觉和情绪。用鼓励的话语回应服务对象，比如“啊哈”和“噢”，让服务对象知道你在认真倾听他们在说什么。这种口头反馈在提供电话干预时尤其重要。其他技能包括回应、释义和情绪标签（Bolton，1984）。回应包括复述服务对象的话语、感受和想法；
201 释义包括用工作者自己的语言复述患者话语的意思；情绪标签包括工作者对服务对象提供信息之中的潜藏情绪进行总结，例如，“你听起来很生气”（Eaton & Roberts，2002，p. 73）。

阶段五

通过识别服务对象的优势和以往成功的应对机制，生成并探讨可供选择的方案。理想情况下，在此阶段，工作者和服务对象协同工作的能力可以产出最广泛的潜在资源和选择。根据罗伯茨的观点（2000），处于危机中的人被看作足智多谋和有复原力的个体，

> 并且拥有可利用的未开发的资源或潜在的内在应对技能……整合优势和聚焦解决疗法涉及慢慢唤醒患者的记忆，使他们回忆起上一次似乎一切顺利、自己心情很好而不是沮丧，并成功地处理了生活中危机的时候。（p. 19）

阿奎莱拉（Aguilera）和梅西克（Messick）（1982）指出，变得有创造性和灵活性、使想法适应患者个人情况，是高效工作者的一项关键技能。

阶段六

实施行动计划。危机工作者应以限制性最低的方式协助服务对象，使服务对象感到有力量。这个阶段的重要步骤包括辨识可供联系的工作者和转介资源，并提供应对机制（Roberts & Roberts，2000）。社区整合危机服务部门利用复写表格记录工作者和患者制订的计划，这是向服务对象提供电话号码和需要遵循的详细计划的一种有用机制，它还为其他危机工作者提供了必要的文字记录，以便于知道在与患者的后续联系中应鼓励什么内容，强化什么信息（Eaton & Ertl，2000）。

阶段七

制订跟进计划和协议。危机工作人员应在初步干预后对服务对象进行跟进以确保危机得到解决，并确定服务对象及其状况在危机之后的状态和情况，这可以通过电话或面对面接触完成。在团队环境中，当首个危机处理工作者之外的人将进行后续工作时，干擦板可以是一个很好用的组织工具；所有工作者都可以一眼看到需要跟进的案例列表、要求跟进的时间以及跟进联 202
系时要处理的事项。当然，服务对象列表中的文字记录会更加详细和具体（Eaton & Roberts，2002）。

危机与创伤反应的比较

在大多数情况下个人在日常生活中处于情绪平衡的状态，只是偶尔一个压力感强的事件会让一个人的幸福感和平衡感变得紧张起来。然而在人的日常生活中，即使是压力性生活事件，也常常可以被预测，并且个人能够调动有效的应对方法来处理压力。与此形成鲜明对比的是，创伤性事件使人们脱离惯常的平衡状态，并且难以重新建立平衡感。创伤反应通常由突发的、随机的、任意性的创伤性事件引起，最常见的诱发创伤的压力因素类型是暴力犯罪、恐怖主义行为和自然灾害（Young，1995）。

创伤评估和治疗

创伤性事件是一种压倒性的、无法预知的、情感上令人震惊的经历。能引发创伤的事件可能是大规模的灾难，如地震、佛罗里达州南部飓风“邦尼”（Bonnie）的破坏或者俄克拉荷马城联邦办公大楼的爆炸，这些都是发生在单个时间点的灾难。创伤也可能由一系列创伤性事件累积而成，这些事件可能在数月或数年内多次重复，如家庭暴力、乱伦和战争。创伤性事件对当事人的身心都有影响；即便如此，值得注意的是，大多数遭遇创伤性事件的人都会出现心理创伤症状，但未发展成创伤后应激障碍。

治疗大屠杀的幸存者和二次受害者的工作，给心理健康工作者带来了特殊的问题、难题，也需要他们具有专业知识、技能和培训。例如，患有创伤后应激障碍的患者可能需要在几乎没有事先通知的情况下紧急会面；或者，在经历了一夜的噩梦和记忆闪回后，他们可能需要在第二天一早去看创伤治疗师，而由于记忆侵扰和失眠，患者可能会在临床医生的办公室里大发雷霆。此外，在门诊和住院部中工作的心理健康从业者需要认识到，对于一些由灾难引发创伤的幸存者，应激和悲伤反应将持续 10~60 天才会完全消退；对另一些人来说，在灾难性事件的一个月或一周年纪念日里，可能会出现延迟的急性危机反应；还有一些人会患上严重的创伤后应激障碍，表现为长期
203 的思维扰乱、回避行为、记忆闪回、噩梦及过分警觉，这些都可能持续数年之久。创伤记忆不分昼夜地不断侵袭，直到变得无法忍受。

各种关于社区灾难对心理压抑、短暂应激反应、急性应激障碍、一般性焦虑障碍、死亡焦虑和创伤后应激障碍的影响程度研究的研究结论各不相同（Blair，2000；Chantarujikapong et al.，2001；Cheung-Chung，Chung，& Easthope，2000；Fukuda，Morimoto，Mure，& Maruyama，2000；Hasanovic，Sinanovic，Selimbasic，Pajevic，& Avdibegovic，2006；Kohrt et al.，2008）。创伤后应激障碍和高度心理压力似乎依赖于一些因素，如年龄、性别、个人资源和居住安排以及创伤性事件后的生活质量。列夫-维塞尔（Lev-wiesel）（2000）在对 170 名犹太人大屠杀的幸存者经历创伤 55 年后的回顾性研究中发现，预防 PTSD 最重要的影响因素是儿童幸存者战后的生活安排。研究结果表明，被安置在寄养家庭的儿童幸存者所经历的创伤压力和创伤后应激障碍最严重；受到游击队庇护或躲在树林里的幸存者创伤压力最低（Lev-wiesel，2000）。一项关于年龄和性别对亚美尼亚地震一年后 1015 名成年人抑郁症状严重程度的影响的研究发现：年龄在 31~55 岁的人报告的抑郁程度显著高于年龄在 17~30 岁的人，并且女性在贝克抑郁量表上的得分比男性高得多

（Toukmanian，Jadaa，& Lawless，2000，p. 296）。研究表明，复原力、个人资源、社会支持是影响和缓解创伤后应激障碍发展的重要变量（Fukuda et al.，2000；Gold et al.，2000；Lev-Wiesel，2000）。此外，虽然抑郁症状学表现似乎与创伤后应激障碍并发，但对一线战俘的研究发现，较高的教育水平和社会支持度与较低的抑郁症状和创伤相关（Gold et al.，2000；Solomon，Mikulciner，& Avitzur，1989）。

有几项研究考察了以下两个事件之间的相关性，即，创伤性事件期间的创伤暴露与目睹或经历与飞机失事相关的危及生命或濒死体验后的死亡焦虑之间是否存在关联。例如，张忠（Cheung-Chung）、钟（Chung）和伊斯特霍普（Easthope）（2000）发现，在一起于英国考文垂（Coventry）发生的空难中，飞机在 150 户私人住宅附近坠毁（尽管由于飞机坠毁，多处火灾蔓延到整个社区，但无人死亡），40%的目击者出现侵入性思维，30%的目击者发现其他事情不断地让他们想到这起空难，36%的人入睡或久睡困难，33%的人脑海中会突然出现空难画面。但与此形成鲜明对比的是，70%的受访者表示很少或从未做过有关这次坠机的梦。关于死亡焦虑或对死亡的恐惧，近三 204
分之一（29%）的人对死亡表示恐惧或焦虑。这项研究表明了目击空难的人的反应不同，不幸的是，这些类型的研究很少进行精神疾病史或生物-心理-社会史调查，以确定既往存在的精神障碍或身体疾病与部分或全面的创伤后应激障碍的发展之间的关系。

创伤后应激反应是行为和情绪的一种有意识和潜意识的表达模式，旨在处理创伤性或灾难性事件的环境压力因素及其直接后果的回忆。首先，必须维护公共安全，换句话说，警察、消防员和紧急服务人员应确保将所有幸存者转移到安全的地方，并确保灾难现场没有进一步的危险；只有在所有幸存者都在一个安全的地方后，才应开始进行集体的悲伤疏导和心理健康转介。在灾难发生后的几个星期和几个月里，心理健康从业者和危机干预工作者需要随时做好进行危机和创伤评估的准备。只有具备危机和创伤工作经验的精神健康专业人员才能进行评估和干预。由缺乏经验的从业者或志愿者使用标准化的心理健康收治评定表进行的仓促评估，曾经导致有人错误地将有创伤后应激反应的患者标记为有人格障碍。

在社区灾难发生后的几个月内，创伤治疗师应随叫随到，开展跟进工作。一旦创伤患者被转介给有经验的创伤治疗师，应采取以下措施：

1. 应完成全面的生物–心理–社会、危机和创伤评估。
2. 应制订具体的治疗目标和治疗计划。
3. 应在正式或非正式协议中就辅导会面次数达成统一。
4. 指导性和非指导性的咨询技巧都应使用，实证检验和实证支持的方法都应该用于创伤治疗。
5. 应秉持门户开放方针，以便服务对象在需要时可定期返回接受强化辅导会面或后续治疗。

急性应激管理

美国创伤应激专家学会是一个跨学科的专业人才网，为创伤性事件的幸存者提供专业的紧急响应和及时干预。马克 · D. 勒纳博士和雷蒙 · D. 谢尔顿博士（2001）撰写了一本专著，其中包括他们详细的创伤应激反应方案。
205 以下是对勒纳和谢尔顿的急性应激反应管理十阶段的总结，为所有灾后第一响应者（即紧急服务人员、危机应对小组成员和灾难心理健康工作者）提供了有用的指南：

1. 评估自身和他人的安危。
2. 考虑损伤的生理和认知机制。
3. 评估响应水平。
4. 解决医疗需求。
5. 观察和识别每个当事者的创伤应激迹象。
6. 介绍自己，说明自己的职衔和职业角色，并开始建立联系。
7. 通过让对方讲述自己的故事稳定对方。
8. 通过积极和共情的倾听提供支持。
9. 正常化、肯定价值和教育当事人。
10. 让这个人立足现下、描述未来，并提供转介机会。

眼动脱敏与再加工治疗

尽管许多从业人员认为其有争议，但眼动脱敏与再加工（eye movement

desensitization and reprocessing，EMDR）治疗作为另一种创伤治疗模式，取得了一定程度的成功，这种有时间限制的八阶段治疗方法是在与患者建立治疗关系后使用的。越来越多的证据表明，由接受过大量、正规的 EMDR 程序训练的经验丰富的治疗师实施的 EMDR 治疗法，对有单一（次）特定的创伤性经历的患者有效。EMDR 治疗法包括八个阶段，每个阶段都有具体的步骤（Shapiro，1995）。EMDR 治疗法整合了认知-行为策略，如脱敏、想象陈列、认知重构，还有系统的双向刺激和放松技术。包括荟萃分析在内的许多研究都证明了 EMDR 治疗法在治疗 PTSD 方面是有效的。与其他治疗创伤后应激障碍和其他创伤导致的问题的治疗方式或药物疗法相比，这种方法显示出显著的积极效果（Rubin，2002；Van Etten & Taylor，1998）。鲁宾（Rubin）回顾了发现这种积极效果的随机变量控制对照的研究，认为它在减轻遭受单一创伤或失去亲人的儿童的创伤症状方面尤其有效［参见凯伦（Karen）、诺克斯（Knox）2002 年的文章，了解 EMDR 治疗法在于世贸中心恐怖袭击中失去亲人的年轻成年家庭成员中的相关应用案例］。值得注意的是，研究表明 EMDR 治疗法在减少广场恐惧症、社交恐惧症以及广泛性焦虑症方 206
面并没有效果（Rubin，2002）。

认知加工疗法

认知加工疗法（cognitive processing therapy，CPT）是一种有时限性的疗法，已发现对创伤后应激障碍和其他创伤性事件后的衍生症状有效（Monson et al.，2006；Resick et al.，2002）。虽然最初关于 CPT 的研究主要着眼于强奸受害者，但至今 CPT 已经成为解决创伤后应激障碍或抑郁症患者特殊需要的系统有序的方法。具体来说，CPT 是一种可能在 12 个疗程内有效的短程治疗。当然，根据每个人的需要，也可以实施更长时间的 CPT 治疗。CPT 可以解决如下问题：

- 对患者进行有关创伤后应激障碍的教育，并解释其症状的本质；
- 帮助患者探索创伤性事件如何影响他们的生活；
- 了解与创伤相关的想法、感受和行为之间的联系；
- 回忆创伤性事件并体验与之相关的情绪；
- 提高患者挑战无法适应创伤的想法的能力；

- 帮助患者加深对无益思维模式的理解，帮助其学习新的、更健康的思维方式；
- 促进患者探索其创伤性经历如何影响五个核心主题中的每一个主题。

CPT 类似于认知疗法，因为它所基于的理念是：PTSD 症状源于创伤前的自我信念与世界观（例如对世间公正的信念，即如果我努力工作、行事正派，幸运就会眷顾我）和创伤后信息（例如，创伤证明世界不是一个安全的地方）之间的冲突。这些冲突是通过治疗识别的，并被认为是“胶着点”，CPT 通过写下创伤来解决它：在 CPT 治疗期间，患者被要求详细写下各自的创伤性事件；然后，指导患者反复大声朗读这些故事，在疗程内外都是如此。治疗师通过认知重组帮助患者识别和解决思维中的“胶着点”和错误，思维中的错误可能包括“我是个坏人”或“我做了一些事，所以报应不爽”
207 等想法。治疗过程通过检验支持和反对这些错误或“胶着点”的证据，帮助患者检查和解决这些“胶着点”或错误，并发展新思维来取代错误思维。

CPT 适用于经历过创伤性事件并患有 PTSD 或抑郁症的患者。它可能不适用于目前对自己或他人有危险的或由于卷入虐待关系（或被跟踪）而面临危险的患者。此外，如果患者有人格分裂或严重的恐慌症状，以至于根本无法讨论创伤，则可能需要在进行 CPT 治疗前进行其他治疗。

危机工作者的自我护理

在不讨论危机咨询师或社会工作者的情况下，我们无法讨论与受危机和创伤影响的人群合作的问题。危机工作中有一个被忽视的因素，那就是心理健康从业者有进行适当的自我护理的责任，因为危机干预者自身并非对压力和压力反应免疫。每个人都会根据危机的严重程度和危机对干预者、亲友或组织的意义，对不同的情况做出不同的反应，但是某些迹象和症状与应激反应调整不当相关。相比于在压力环境中工作过很久、经验丰富并发展和完善了自身应对压力状况的机制的专业人士，这些症状更有可能出现在新从事危机干预的人身上。

与应激反应调整不当相关的因素包括事件持续时长和严重程度，危机工作者所经历事件的强度应被视为导致应激反应发展的一个因素。由于不是所有人对同一特定事件的反应都相同，所以这个因素是非常主观的。在任何情况下，与危机相关的侵入性想法如果干扰了危机工作者在家庭、工作及社会环境中的正常机能，那就反映了焦虑症的出现。应考虑请报告此类症状的个人接受精神健康援助和转介，并暂停目前的危机工作直到这一问题被解决。有关应激反应调整不当的常见心理、情绪、认知、行为及生理反应的列表，见罗伯茨和耶格尔的作品（2009，第 189~192 页）。

结　论

2001 年 9 月 11 日的恐怖袭击造成了巨大的个人、心理和财产创伤。这种社区灾难使我们的传统应对方法不堪重负。心理健康从业者和危机响应人员随时准备并渴望帮助处于危机中的民众，但在“9·11”之前，没人想到 208
美国会遭受一场规模如此之大的袭击；因此，卫生保健和精神健康组织没有做好跨部门协作应对精神健康灾难的准备。自“9·11”以来，美国发生了许多人为和自然灾害。面对未来恐怖主义活动对美国和全世界的威胁，心理健康教育者和从业者必须对以下方面进行完善：危机干预者和创伤专家的培训和认证程序；经实证检验的系统化的危机响应、危机干预以及创伤治疗的程序与方案，以供在未来发生大规模灾难或恐怖袭击时使用；机构间统筹协调的灾害心理健康小组随时待命，以备迅速派遣到各自区域的社区灾害中。

社会越来越期望行为学临床医生、心理健康顾问和社会工作者能对患病个人或群体提供快速高效的危机干预和限时且有针对性的创伤治疗。本概述介绍了 ACT 的概念模型，以帮助社区应对灾难幸存者和为未来做好准备。公司、制造业厂房、医院和教育机构中日益增长的暴力威胁导致的担忧，正在组织层面上迫使医疗从业者增强技能，要求他们具备有效评估风险和亟待满足的需求并提供快速干预的技能。罗伯茨（1991，2000）的七阶段危机干预模型为临床医生提供了一个可遵循的有用的框架。勒纳和谢尔顿（2001）的十步创伤评估和干预模型也为促进创伤性事件幸存者的康复提供了一个有用的框架。这些概念模型将对从业者促进有效解决危机和减少创伤方面颇有助益。

许多研究和荟萃分析表明，某些人群尤其受益于危机干预计划。15~24 岁和 55~64 岁的女性从自杀预防和危机干预方案中受益最多（J. Corcoran &

Roberts，2000）。针对精神科急症患者的危机干预方案的有效性，也有研究同样显示出积极的结果。然而，那些预先存在严重人格障碍的患者通常在短期住院治疗、随后每周两次的门诊治疗及药物管理的强化之后，才能从危机干预中获益（J. Corcoran & Roberts，2000）。关于“9·11”恐怖袭击后危机干预有效性的研究尚未完成，因此，建议通过吸纳事前、事后、后续跟进时的标准化危机评估和对既往精神病的判定等研究内容以加强今后的研究。此
209 外，在可能的情况下，应创建匹配且自然形成的（无危机干预）对照组和准控制组。最重要的是，纵向的跟踪研究，无论是通过会面还是电话联系，都应该在统一的时间间隔内进行（例如，初次危机干预后1个月、3个月、6个月、12个月、24个月、36个月、5年和10年）。独立的评估员、研究员或大学研究员应受雇于地方社区心理健康中心、受害者援助项目或医院临床门诊的危机干预部门或与其签订合同。行动应目的明确、需求清晰。处理不断变化的危机的任务是一个永恒存在、与日俱增的艰巨挑战。在这个医疗保健和精神健康转型的时代，立法者、第一响应者、护理提供者和学术界应共同作为是非常重要的，由此才能确定应对危机的有效方法，共同努力以应对日益严峻的危机干预挑战。

参考文献

Aguilera, D., & Messick, J. (1982). *Crisis intervention: Theory and methodology* (4th ed.). St. Louis: Mosby.

American Psychiatric Association. (2013). *Diagnostic and statistical manual of mental disorders: DSM-5*. Washington, DC: Author.

Austrian, S. (2002). Biopsychosocial assessment. In A. R. Roberts & G. J. Greene (Eds.), *Social workers' desk reference* (pp. 204–208). New York: Oxford University Press.

Becker, S. M. (2006). Psychosocial care for adult and child survivors of the 2004 tsunami disaster in India. *American Journal of Public Health, 96*, 1397–1398.

Belkin, G. (1984). *Introduction to counseling* (2nd ed.). Dubuque, IA: William C. Brown.

Blair, R. (2000). Risk factors associated with PTSD and major depression among Cambodian refugees in Utah. *Health and Social Work, 25*, 23–30.

Bolton, R. (1984). *People skills*. Englewood Cliffs, NJ: Prentice-Hall.

Buka, S. L., Stichick, T. L., Birdthistle, I., & Earls, F. J. (2001). Youth exposure to violence: Prevalence, risks, and consequences. *American Journal of Orthopsychiatry, 71*, 298–310.

Burgess, A. W., & Roberts, A. R. (2000). Crisis intervention for persons diagnosed with clinical disorders based on the stress-crisis continuum. In A. R. Roberts (Ed.), *Crisis intervention handbook: Assessment, treatment, and research* (2nd ed., pp. 56–76). New York: Oxford University Press.

Chantarujikapong, S. I., Scherrer, J. F., Xian, H., Eisen, S. A., Lyons, M. J., Goldberg, J., et al. (2001). A twin study of generalized anxiety disorder symptoms, panic disorder symptoms and post-traumatic stress disorder in men. *Psychiatry Research, 103*, 133–145.

Cheung-Chung, M. C., Chung, C., & Easthope, Y. (2000). Traumatic stress and death anxiety among community residents exposed to an aircraft crash. *Death Studies, 24*, 689–704.

Corcoran, J., & Roberts, A. R. (2000). Research on crisis intervention and recommendations for future research. In A. R. Roberts (Ed.), *Crisis intervention handbook: Assessment, treatment, and research* (2nd ed., pp. 453–486). New York: Oxford University Press.

Cutler, D. L., Yeager, K. R., & Nunley, W. (2013). Crisis intervention and support. In K. R. Yeager, D. L. Cutler, D. Svendsen, & G. M. Sills (Eds.), *Modern community mental health: an interdisciplinary approach* (pp. 243–255). New York: Oxford University Press.

Davis, T. E., III, Tarcza, E., & Munson, M. (2009). The psychological impact of hurricanes and storms on adults. In K. Cherry (Ed.), *Lifespan perspectives on natural disasters: Coping with Katrina, Rita, and other storms* (pp. 97–112). New York: Springer Science and Business Media.

DiMaggio, C., Galea, S., & Richardson, L. D. (2007).

Emergency department visits for behavioral and mental health care after a terrorist attack. *Annals of Emergency Medicine*, *50*, 327–34.

DuRant, R. H., Treiber, F., Goodman, E., & Woods, E. R. (1996). Intentions to use violence among young adolescent. *Pediatrics*, *98*, 1104–1108.

Eaton, Y., & Ertl, B. (2000). The comprehensive crisis intervention model of Community Integration, Inc. Crisis Services. In A. R. Roberts (Ed.), *Crisis intervention handbook: Assessment, treatment, and research* (2nd ed., pp. 373–387). New York: Oxford University Press.

Eaton, Y., & Roberts, A. R. (2002). Frontline crisis intervention: Step-by-step practice guidelines with case applications. In A. R. Roberts & G. J. Greene (Eds.), *Social workers' desk reference* (pp. 89–96). New York: Oxford University Press.

Elal, G., & Slade, P. (2005). Traumatic Exposure Severity Scale (TESS): A measure of exposure to major disasters. *Journal of Traumatic Stress*, *18*, 213–220.

Fukuda, S., Morimoto, K., Mure, K., & Maruyama, S. (2000). Effect of the Hanshin-Awaji earthquake on posttraumatic stress, lifestyle changes, and cortisol levels of victims. *Archives of Environmental Health*, *55*, 121–125.

Gitterman, A. (2002). The life model. In A. R. Roberts & G. J. Greene (Eds.), *Social workers' desk reference* (pp. 105–107). New York: Oxford University Press.

Gold, P. B., Engdahl, B. E., Eberly, R. E., Blake, R. J., Page, W. F., & Frueh, B. C. (2000). Trauma exposure, resilience, social support, and PTSD construct validity among former prisoners of war. *Social Psychiatry and Psychiatric Epidemiology*, *35*, 36–42.

Gorman-Smith, D., Henry, D. B., & Tolan, P. H. (2004). Exposure to community violence and violence perpetration: The protective effects of family functioning. *Journal of Clinical Child and Adolescent Psychology*, *33*, 439–449.

Greene, G. J., Lee, M. L., Trask, R., & Rheinscheld, J. (2000). How to work with clients' strengths in crisis intervention: A solution-focused approach. In A. R. Roberts (Ed.), *Crisis intervention handbook: Assessment, treatment, and research* (2nd ed., pp. 31–55). New York: Oxford University Press.

Hasanovic, M., Sinanovic, O., Selimbasic, Z., Pajevic, I., & Avdibegovic, E. (2006) Psychological disturbances of war-traumatized children from different foster and family settings in Bosnia and Herzegovina. *Croatian Medical Journal*, *47*, 85–94.

Karls, J. M. (2002). Person-in-environment system: Its essence and applications. In A. R. Roberts & G. J. Greene (Eds.), *Social workers' desk reference* (pp. 194–198). New York: Oxford University Press.

Kasick, D. P., & Bowling C. D. (2013). Crisis intervention teams: A boundary-spanning collaboration between the law enforcement and mental health communities. In K. R. Yeager, D. Cutler, D. Svendsen, & G. M. Sills (Eds.), *Modern community mental health: An interdisciplinary approach* (pp. 304–315). New York: Oxford University Press.

Kelly, S. (2010). The psychological consequences to adolescents of exposure to gang violence in the community: An integrated review of the literature. *Journal of Child and Adolescent Psychiatric Nursing*, *23*(2), 61–73.

Kessler, R. C., Galea, S., Gruber, M. J., Sampson, N. A., Ursano, R. J., & Wessely, S. (2008). Trends in mental illness and suicidality after Hurricane Katrina. *Molecular Psychiatry*, *13*, 374–384.

Kohrt, B. A., Jordans, M. J. D., Tol, W. A., Speckman, R. A., Maharjan, S. M., Worthman, C. M., & Komproe, I. H. (2008) Comparison of mental health between former child soldiers and children never conscripted by armed groups in Nepal. *Journal of the American Medical Association*, *300*, 691–702.

LeCroy, C., & Okamoto, S. (2002). Guidelines for selecting and using assessment tools with children. In A. R. Roberts & G. J. Greene (Eds.), *Social workers' desk reference* (pp. 213–216). New York: Oxford University Press.

Leise, B. S. (1995). Integrating crisis intervention, cognitive therapy and triage. In A. R. Roberts (Ed.), *Crisis intervention and time-limited cognitive treatment* (pp. 28–51). Thousand Oaks, CA: Sage.

Lev-wiesel, R. (2000). Posttraumatic stress disorder symptoms, psychological distress, personal resources, and quality of life. *Family Process*, *39*, 445–460.

Leise, B.S., (1995). Integrating crisis intervention, cognitive therapy and triage. In A. R. Roberts (Ed.), *Crisis intervention and time-limited cognitive treatment* (pp. 28–51). Thousand Oaks, CA: Sage.

Lewis, S., & Roberts, A. R. (2001). Crisis assessment tools. In A. R. Roberts & G. J. Greene (Eds.), *Social workers' desk reference* (pp. 208–212). New York: Oxford University Press.

Lovibond, S. H., & Lovibond, P. F. (1995). Manual for the Depression Anxiety Stress Scales (2nd ed.) Sydney: Psychology Foundation.

Monson, C. M., Schnurr, P. P., Resick, P. A., Friedman, M. J., Young-Xu., & Stevens, S. P. (2006). Cognitive processing therapy for veterans with military-related posttraumatic stress disorder. *Journal of Consulting and Clinical Psychology*, *74*, 898–907.

Munson, C. (2002). Guidelines for the *Diagnostic and Statistical Manual (DSM-IV-TR) multiaxial system diagnosis*. In A. R. Roberts & G. J. Greene (Eds.), *Social workers' desk reference* (pp. 181–189). New York: Oxford University Press.

Pike, C. K. (2002). Developing client-focused measures. In A. R. Roberts & G. J. Greene (Eds.), *Social workers' desk reference* (pp. 189–193). New York: Oxford University Press.

Resick, P. A., Nisith, P., Weaver, T. L., Astin, M. C., & Feuer, C. A. (2002). A comparison of cognitive processing therapy, prolonged exposure and a waiting condition for the treatment of posttraumatic stress disorder in female rape victims. *Journal of Consulting and Clinical Psychological*, *70*, 867–879.

Roberts, A. R. (1991). Conceptualizing crisis theory and the crisis intervention model. In A. R. Roberts (Ed.), *Contemporary perspectives on crisis intervention and preven-*

tion (pp. 3–17). Englewood Cliffs, NJ: Prentice-Hall.

Roberts, A. R. (1996). Epidemiology and definitions of acute crisis episodes. In A. R. Roberts (Ed.), *Crisis management and brief treatment*. Chicago: Nelson-Hall.

Roberts, A. R. (2000). An overview of crisis theory and crisis intervention. In A. R. Roberts (Ed.), *Crisis intervention handbook: Assessment, treatment, and research* (2nd ed., pp. 3–30). New York: Oxford University Press.

Roberts, A. R., & Roberts, B. S. (2000). A comprehensive model for crisis intervention with battered women and their children. In A. R. Roberts (Ed.), *Crisis intervention handbook: Assessment, treatment, and research* (2nd ed., pp. 177–207). New York: Oxford University Press.

Roberts, A. R., & Yeager, K. R. (2009). *Pocket guide to crisis intervention*. New York: Oxford University Press.

Rubin, A. (2002). Eye movement de-sensitization and reprocessing. In A. R. Roberts & G. J. Greene (Eds.), *Social workers' desk reference* (pp. 412–417). New York: Oxford University Press.

Sattler, J. M., & Hoge, R. D. (2006). *Assessment of children: Behavioral, social, and clinical foundations*. San Diego: J. M. Sattler.

Seelig, M. D., & Kayton, W. (2008). Gaps in depression care: Why primary care physicians should hone their depression screening, diagnosis and management skills. *Journal of Occupational & Environmental Medicine*, *50*, 451–458.

Shapiro, F. (1995). *Eye movement de-sensitization and reprocessing: Basic principles, protocols, and procedures.* New York: Guilford Press.

Solomon, Z., Mikulciner, M., & Avitzur, E. (1989). Coping, locus of control, social support, and combat-related posttraumatic stress disorder: A prospective study. *Journal of Personality and Social Psychology*, *55*, 279–285.

Terr, L. (1994). *Unchained memories: True stories of traumatic memories, lost and found.* New York: Basic Books.

Toukmanian, S. G., Jadaa, D., & Lawless, D. (2000). A cross-cultural study of depression in the aftermath of a natural disaster. *Anxiety, Stress, and Coping*, *13*, 289–307.

Valentine, P. (2000). An application of crisis intervention to situational crises frequently experienced by adult survivors of incest. In A. R. Roberts (Ed.), *Crisis intervention handbook: Assessment, treatment, and research* (2nd ed., pp. 250–271). New York: Oxford University Press.

Vandiver, V. L., & Corcoran, K. (2002). Guidelines for establishing treatment goals and treatment plans with Axis I disorders: Sample treatment plan for generalized anxiety disorder. In A. R. Roberts & G. J. Greene (Eds.), *Social workers' desk reference* (pp. 297–304). New York: Oxford University Press.

Van Etten, M., & Taylor, S. (1998). Comparative efficacy of treatments for post-traumatic stress disorder: A meta-analysis. *Clinical Psychology and Psychotherapy*, *5*, 126–145.

Walker, E. R., Tucker, S. J., Lynch, J., & Druss, B. J. (2014). Physical healthcare and mental healthcare. In K. R. Yeager, D. Cutler, D. Svendsen, & G. M. Sills (Eds.), *Modern community mental health: An interdisciplinary approach* (pp. 217–227). New York: Oxford University Press.

Weiss, D., & Marmar, C. (2007). The Impact of Event Scale—Revised. In J. Wilson & T. Keane (Eds.), *Assessing psychological trauma and PTSD* (pp. 219–238). New York: Guilford Press.

Williams, J. B. W. (2002). Using the *Diagnostic and Statistical Manual for Mental Disorders*, 4th ed., text revision (*DSM-IV-TR*). In A. R. Roberts & G. J. Greene (Eds.), *Social workers' desk reference* (pp. 171–180). New York: Oxford University Press.

Yeager, K. R., & Minkoff, K. (2013). Establishing a comprehensive, continuous, integrated system of care for persons with co-occurring conditions. In K. R. Yeager, D. Cutler, D. Svendsen, & G. M. Sills (Eds.), *Modern community mental health: An interdisciplinary approach* (pp. 497–515). New York: Oxford University Press.

Williams, R. (2006). The psychosocial consequences for children and young people who are exposed to terrorism, war, conflict and natural disasters. *Current Opinion in Psychiatry*, *19*, 337–349.

Yeager, K. R., & Gregoire, T. K. (2000). Crisis intervention application of brief solution-focused therapy in addictions. In A. R. Roberts (Ed.), *Crisis intervention handbook: Assessment, treatment, and research* (2nd ed., pp. 275–306). New York: Oxford University Press.

Young, M. A. (1995). Crisis response teams in the aftermath of disasters. In A. R. Roberts (Ed.), *Crisis intervention and time-limited cognitive treatment* (pp. 151–187). Thousand Oaks, CA: Sage.

第八章　危机干预与涉恐和大规模杀伤性武器事件的第一响应者

文森特·E. 亨利（Vincent E. Henry）

214 7月4日，退伍军人纪念公园里美好的一天，中心城市警官佩德罗（皮特）·伯尔纳［Pedro（Peter）Bernal］和丹尼斯·奥拉夫林（Dennis O'Loughlin）那天很高兴被分配到公园巡逻。这座占地上千英亩的公园里到处都是散步、骑自行车和滑旱冰的人；一支乐队在露台上演奏；一些家庭在草坪上铺开野餐毯，在麦克阿瑟湖边的小沙滩上烧烤。"没有比这更好的了，"伯尔纳警官对他的搭档说，他们驾车慢慢地驶过满是孩子们欢笑的操场，"这肯定比整天在C区工作强多了，可惜不是每天都能像今天这样美好和轻松。像今天这样的一天会让你为活着而感到高兴。美国真是个美好的国家！"

"当然是。我们午餐吃什么？"奥拉夫林一边回答，一边享受着公园里手推车散发出的各种民族风味食品的香味。"快一点了，我饿坏了。"经过一番讨论，奥拉夫林决定吃一个古巴三明治，伯尔纳则吃两个热狗，里面有芥末、风味佐料、洋葱和泡菜。电话在他们回到巡逻车时响起。

"一号车在线吗？"

"一号车在，中心请继续。"

"一号车，我们接到多个在大草坪的露台附近的求助电话，呼叫者称有几个人癫痫发作，救护车正在赶来，请核实并告知。"

215 丹尼斯和皮特对视着。两人都是经验丰富、训练有素的警察，这通电话的含义对他们来说显而易见。就在本周，辖区的情报联络官，肯尼迪中尉，已经向将出发的派遣警员做了简报，要求特别警惕在周末假日期间可能发生的恐怖事件。根据在每周一次的区域反恐会议上收到的资料，肯尼迪说，可信但未指明的威胁——“智能聊天”——已被联邦调查局收到并传递给了当地机构。尽管信息并不明确，尽管国家和城市仍处于黄色警戒状态，但警员在应对不寻常事件时还是应特别注意。

“104 收到，请回拨号码，确定受害者人数以及是否有其他症状。让救护车在公园南入口待命，让二号车在船库附近待命，直到我们检查并发出通知。”

丹尼斯和皮特遗憾地把食物放在一边，启动巡逻车，慢慢地向大草坪驶去。他们已经做了将近 10 年的搭档，经验丰富，知道不应在这样的情况下仓促行事，而应谨慎应对；在前往现场的途中尽可能多地收集信息。在他们搭档的 10 年里，警察工作发生了许多变化，其中最重要的是他们现在响应可能涉及恐怖主义的行为时所采取的战略和战术方法。2001 年对世贸中心和五角大楼的恐怖袭击、2013 年波士顿马拉松爆炸案以及自“9·11”恐怖袭击以来 60 多起被挫败的恐怖袭击阴谋，要求全国的警察对他们的工作方式采取一种全新的、迥然不同的定位。在他们脑海中有一种可能性始终存在，即，即便看似普通的求助电话也可能与恐怖分子有某种联系。到目前为止，中心城市避免了恐怖主义造成的现实破坏，但皮特和丹尼斯以及他们整个部门都准备充分、训练有素，以处理恐怖事件。

也许正是因为训练有素、准备充分，皮特和丹尼斯对恐怖袭击的可能情况感到非常恐惧，尤其是涉及大规模杀伤性武器（WMDs）的袭击。似乎每个人都受到了“9·11”恐怖袭击的影响，在这方面，警察也没有什么不同，像其他许多人一样，他们被媒体对袭击的报道牢牢牵引；在此后的几天、几周当中，他们密切关注着新闻中令人恐惧和可怕的事件。不过，作为警察，伯尔纳和奥拉夫林对“9·11”事件有着特别浓厚的兴趣，因为他们都是经验丰富的警察，所以很容易就能体会到警察、消防员以及其他对世贸中心或五角大楼袭击做出响应的救援人员所面对的挑战和困难，并且感同身受。类
似地，他们也受到 2004 年马德里火车爆炸案，2005 年对伦敦地铁系统和标 216
志性双层巴士的恐怖主义袭击，2008 年 11 月在孟买发生的多起协同恐怖袭击，在胡德堡、科罗拉多州奥罗拉市和桑迪胡克小学的大规模枪击案，以及其他各种爆炸和大规模枪击事件的影响。他们非常同情受害者，也非常同情响应这些袭击的警察。这些事件引起了奥拉夫林和伯尔纳的共鸣，就像警察惯于做的，他们经常提出并讨论可能遇到的情况类型，讨论如果遇到类似事

件自己的战术反应。今天将证明，他们花在讨论和辩论战术对策上的时间没有浪费。

作为经验丰富的警察，奥拉夫林和伯尔纳能够充分理解这些和其他恐怖袭击所造成的人间悲剧的影响的深远程度：成千上万个家庭支离破碎的痛苦，成千上万人失去朋友的悲伤，所有受伤者的痛苦和磨难，失去工作的人和失去收入来源的家庭受到的经济影响。奥拉夫林和伯尔纳明白这一切，因为他们非常了解这一点，也因为他们是出色的警察，所以他们尽可能地为此类事件在自己城市发生的可能性做好充分的准备。虽然部门提供了很好的培训，但是和其他警察一样，他们自己也寻求额外的、在发生恐怖袭击时可能会变得很重要的知识和技能。

伯尔纳和奥拉夫林非常了解恐怖主义和大规模杀伤性武器，他们之前所知道的这些情况让他们感到害怕。他们现在很害怕，但他们不能让自己的恐惧使自己止步不前：因为他们有工作要做，有责任要履行。公众需要保护，而他们作为警察的职责就是提供这种保护。除了掌握认识层面的知识和技能外，两名警察还在身体、情感和心理上为这一天做足了准备。后来，他们都谈到自己是多么害怕，但全面的准备在情感和心理上坚定了他们的信念，让他们能把恐惧放在一边，达到公众对他们的期望和他们个人对自我深切的期望。两人后来都说，虽然他们感到害怕，但他们仍专注于完成指派的任务，并且他们的恐惧有似乎既遥远又抽象的性质。因为还有工作要做，他们不允许这种感觉到的巨大恐惧妨碍他们需要做的事情。

尽管天气很热，他们还是摇上了巡逻车的窗户，关掉了空调；如果情况是他们所不希望的那样，至少这样可以保护他们从一定程度上免受由通风系统吸入的空气中污染物的侵害。皮特在巡逻车后座上的装备包里翻找着，拿
217 出了两副双筒望远镜、一个小型辐射探测器和一本警察局关于危险物品和大规模杀伤性武器的现场指南。

在前往现场的路上，他们仔细观察了度假的人群，看有什么不寻常或超乎常规的事情发生。他们经过的人群中没有人看起来像生病了，也没有人似乎特别急于离开这个地区。丹尼斯在大草坪周围的树林边缘停下了巡逻车，那里距离露台大约四分之一英里。

皮特用望远镜扫视了整个区域，首先观察了露台附近嘈杂的人群，然后是草坪边缘的树木。丹尼斯也用望远镜扫视了现场。这时乐队已经停止了演

奏，激动的人们四散逃离，踩踏着野餐毯、打翻了烧烤架。一些人在地上趴着或打滚，另一些人则疲于进行救援；其他人集合了自己的孩子们，试图逃离混乱的现场；有的人跑着跑着摔倒在地，还有的人跪在地上呕吐。丹尼斯和皮特听到了疯狂的尖叫声，有几个人发现了巡逻车，朝警察跑去。

“没有鸟，我在树上没有看到任何鸟，而且有雾或云笼罩着这个地区，这可能是烧烤的烟雾，但我不确定。有一只狗有些癫痫症状。你看到了什么？”丹尼斯对他的伙伴说。“老鼠！看，那些老鼠在过马路，老鼠都跑了。风向西吹，吹散了雾气。把车开到山上东边的车道，但不要靠近露台。我想我在树林边看到死鸽子了。目前辐射探测器上没有任何发现，我们可能离得太远了。”

第一个赶到巡逻车旁的人看上去心烦意乱，满脸通红、泪流满面，衬衫上有呕吐物，疯狂地向警察呼救。皮特和丹尼斯都知道时间、距离和防护是他们自我保护的关键，正如他们都知道的，如果他们受到任何使眼前这些人发病的物质污染或影响，他们就会由救援资源变成负担。时间、距离和防护是他们自己和受害者生存的关键。皮特用扩音器命令这名男子离开警车：这个人有可能成为伤害人群的化学或生物制剂的传播载体，两名警察如果受到影响，对任何人都没有帮助。他们后来说，在这种情况下，最困难的事情之一是控制立即冲进去提供救援的冲动，毕竟，警察和救援人员的自然倾向是迎难而上、提供援助。但他们能活着讨论这一事件的事实证明，他们的行为是明智的，符合他们所受的训练。

尽管如此，他们后来还是会被一种不可名状的内疚所困扰——他们知道，这种罪恶感是相当不理性的，因为现实是他们在各个方面都表现得非常出色。然而，挥之不去的想法仍然存在：或许他们本可以做得更多，或许只要他们采取了不同的措施，就可以拯救更多的生命；如果他们没有停下来吃 218
午饭，如果他们反应更快，如果……

然而，内疚只是他们在其中经历过的一个持久性后果。在那一天以及随后几天和几周里，与他们的经历有关的可怕画面和联想一直伴随着他们，总是潜伏于意识表层附近，似乎随时准备在受极轻微的刺激之时重现。最困难的事情之一是，除了那天也在公园的人之外，似乎没有人真正地理解这个世界——他们的世界——变得有多不同。没有人理解他们都看到、感觉到、闻到和触摸到了什么，这一切又是如何改变了他们的心理世界。他们和其他响应者一起被赞为英雄，这个标签一开始令人陶醉，但他们很快就反感。他们和其他响应者在袭击发生后成了镇上的焦点——似乎每个人都想被别人看到他们和英雄在一起，都想沐浴在英雄经历的可怕事件所反映出的力量当中。他们开始怀疑，其他人在袭击发生后表达的支持、鼓励和感谢是空洞而虚伪的。这让他们愤怒，似乎没有任何人理解他们，明白一切都不再一样了。

皮特用扩音器与这名男子进行了交流，了解了更多第一批受害者发病时露台附近的情况，并记录了发病症状。他了解到，在第一批人发病时，有一种微弱的、像新刈草植的味道。

丹尼斯拿起收音机，冷静地说：

> 一号车呼叫中心。注意，大草坪上可能有大规模化学或生物安全事件，许多平民受伤。人群约有几百人，我们将把他们从现场转移到公园东侧靠近船库的地方。通知应急小队；通知中心医院、圣玛丽医院和其他所有医院准备接收受伤人员；通知巡逻主管我们将在大草坪北边的公园分部办公室设立一个临时应急指挥部，等待他的到来；通知局长和消防部门，让所有可用的警队封锁公园出入口和周边。派一支警队前往百老汇公交车站，以防止人们离开公园造成进一步污染。派救护车到船库区域设立救护站。中心，请提醒各响应单位不要接近露台或大草坪，直到我们有关于污染物及其影响的进一步信息；同时，提醒各响应单位注意次级装置或次生事件。以下是症状，中心……

涉及大规模杀伤性武器的恐怖事件的威胁是真实的，这里所描述的未来式情景一点也不牵强。

219 2001年9月11日，对世贸中心和五角大楼的恐怖袭击永远地改变了美国。为美国人民，国家情报与安全部门，医务人员，私营保卫机构，尤其是警察、消防员和急救医务人员，带来了一系列新的并无先例的现实。特别是警察、消防员以及急救医务人员，由于他们最有可能成为可能的恐怖袭击的第一响应者的机构和个人，所以面临的挑战要求他们开发和运用新的战略战术、进行新型培训，并从完全不同的思路看待自己的作用和工作。警察、消防员和紧急医疗服务人员作为第一响应者，是恐怖袭击发生时的第一道防线；但他们所面临挑战的艰巨性和复杂性非常清楚地表明，他们不能独自承担确保公共安全的责任。尽管第一响应者在国土安全、紧急情况和灾害管理以及国内预防工作中发挥着关键作用，尽管已经为打击恐怖主义威胁投入了大量的精力和资源，但仍需要做得更多。随着恐怖主义行为的新威胁、新方法和新策略的演变，应对恐怖主义行为的战略战术也必须发展。

也许最重要的是，美国人民、城镇、城市再次受到恐怖分子袭击的可能性真实存在，这就要求在广泛的公共领域和负责确保公共安全的私营部门中持续进行重大的系统性变革。我们必须针对恐怖主义和大规模杀伤性武器制订并实施更广泛、更协调、更有凝聚力和更有针对性的措施，而这种措施必然要求在所有公共部门和私营机构之间建立新的关系。

实现这些变化所需的行动是广泛的，它们远远超出了本章可以充分描述或探讨的范围。本章更狭义地侧重于恐怖组织手中的大规模杀伤性武器问题和它们对美国人民和整个国家构成的威胁，以及建立一个更可行的系统来应对这一威胁所需的步骤。自“9·11”事件以来的60多起被挫败的恐怖主义阴谋（Zuckerman，Bucci，& Carafano，2013）、波士顿马拉松事件和胡德堡恐怖袭击及学识广博的专家们关于未来更多恐怖活动不可避免的一致意见说明，为今后可能发生的涉及大规模杀伤性武器的恐怖行动做好充分准备是十分重要的。这类事件是否会发生已经不是问题，问题是它们何时发生（Shenon & Stout，2002）。

在本章第一节中，首先，我对大规模杀伤性武器作了一般性的界定，并概述了大规模杀伤性武器的具体类型，以便理解它们所构成的威胁的性质。其次，我以一种一般性的方式考察了警察、消防、紧急医疗服务和其他机构在一次大规模恐怖袭击中所采取的行动程序，强调了可能出现的一些困难和 220
问题。再次，我探讨了一些可能在恐怖主义和大规模杀伤性武器事件的第一响应者中出现的心理后果。最后，我描述了一种创新的、成功的方法，为第一响应者提供他们可能需要的临床服务的类型和质量。

很大程度上，由于我作为专业的第一响应者参与了“9·11”世贸中心袭击事件以及随后几个月开展的救援和恢复活动，所以本章从这些经历中吸取了许多案例和见解。围绕世贸中心袭击发生的事件作为一个有用的模型，从中可以提炼出多种指导原则和见解，包括关于影响恐怖事件第一响应者的心理后果的范围和质量的深入理解。

然而，这一章并不是对涉及大规模杀伤性武器的恐怖袭击的威胁、结果、短期或长期后果进行的详尽探讨。

大规模杀伤性武器：概述

大规模杀伤性武器是某种装置、生物有机体或化学物质，如果成功引爆或散布，极易造成大规模的伤亡。大规模杀伤性武器有各种不同的定义。例如，美国国防部将其定义为“具有高度毁灭性或其使用方式足以毁灭大量人口的武器”（Henneberry，2001）。该定义接着指出，这些武器包括核武器、化学武器、生物武器及放射性武器。就法律角度而言，《美国法典》第 18 章在其关于大规模杀伤性武器的定义中具体提到了各种类型的火器和其他武器，除此之外还包括：

> 任何旨在或意图通过释放、传播或通过有毒化学品及其前质或通过它们的影响造成死亡或严重生理伤害的武器；任何涉及致病微生物的武器；或任何旨在释放危及人类生命的辐射性或放射性的武器。（《美国法典》第 18 章第 113 条）（18 USC 113B）

联邦应急管理局（［FEMA］，2002，p. 9）将大规模杀伤性武器定义为“任何旨在或意图通过释放、传播有毒有害化学品或通过它们的影响以造成
221 死亡或严重生理伤害的武器、病菌、辐射或放射性、爆炸或火灾”。联邦应急管理局的定义接着指出，大规模杀伤性武器有别于其他类型的恐怖主义工具，因为它们的作用可能不会立即显现出来，很难确定它在何时何地被释放，也因为它给第一响应者和医务人员带来的危险。虽然对大规模杀伤性武器在战场上的使用情况进行了大量研究，但科学家对这类武器如何影响普通民众了解较为有限，尤其是在人口稠密的城市环境中。

另一个困难是归因问题。由于许多大规模杀伤性武器的性质，特别是生物制剂，可能无法迅速或立即确定对它的使用负责的个人或团体。在没有可信的责任声明的情况下，对重点调查、逮捕肇事者、阻止后续袭击以及以军事力量响应和开展执法行动来说，十分重要的归因过程可能会因此而大大推迟。

大规模杀伤性武器的例子包括核装置［从核弹到更小、更容易制造及在相对小的区域内传播致命辐射的“脏弹”（dirty bomb）］、生物装置（如炭疽、天花、蓖麻毒素和其他致命毒素）和化学制剂（如神经毒剂和气态毒剂）。这三类武器通常合称为核、生物和化学［核生化（NBC）］武器。我们还应该认识到，在 9 月 11 日对五角大楼和世贸中心的恐怖袭击中被劫持的客机符合联邦应急管理局对大规模杀伤性武器的定义：它们是装有高度易燃燃料的高能爆炸装置，造成了惊人数量的伤亡，作为武器它们一开始并不显眼，但对第一响应者和医务人员以及公众构成了极大的危险。

在波士顿马拉松爆炸案中使用的改装爆炸装置（IEDs）就安在高压锅里并藏在背包中。这与 2004 年马德里火车爆炸案和 2005 年伦敦爆炸案中使用的简易爆炸装置一样，它们很容易转化为“脏弹”，通过内置在 X 光机等医疗设备和在许多大学实验室中能找到的足量低级核材料，释放放射性物质。实际上，2014 年 7 月，恐怖组织 ISIS（全名为“伊拉克和大叙利亚伊斯兰国”）从摩苏尔大学的研究实验室中获取了近 90 磅据称是“低级”的铀料，尽管国际原子能委员会官员声明该材料不适合用于核装置（Cowell, 2014），但这警醒了美国国土安全部门，使其留意“脏弹”袭击的潜在威胁。

战争和恐怖主义中的生物和化学制剂 222

多年来，化学和生物制剂一直被用于国家间战争；在造成伤亡以及在敌人的士兵中传播恐惧和恐慌方面，它们是非常高效的武器。近年来，由于与此基本相同的原因及它们很容易制造和使用的事实，这些武器已成为恐怖和极端组织高度重视和寻求的武器。现代战争中第一次使用化学武器是在第一次世界大战期间，1915 年 4 月，德国军队在第二次伊普尔战役中使用氯气对付协约国军队；英军于当年 9 月进行报复，向驻扎在卢斯的德军发射了含有氯气的炮弹。毒气是一种相当成功但并不完美的战场武器：在伊普尔战役中，法国和阿尔及利亚军队在面对氯气时仓皇逃窜；而英军在对卢斯的行动中，风向的改变也给使用这些武器的英国部队造成了大量伤亡（Duffy, 2002）。毒气和某些生物制剂的传播和杀伤效果很容易受到风和其他环境因素的影响，这使它们具有不可预知的风险，且对第一响应者、救援人员和居住在人口稠密的城市区域的平民来说又极度危险。

对污染的恐惧以及对这些物质的有毒残留物可能留存于使用地点及其周

围区域内的担忧，可能会导致公众避开该地点附近区域。尤其是，如果化学或生物制剂的扩散发生在商业或贸易区、交通设施、购物中心或其他公共空间，该扩散还可能产生深远的经济后果。

毒气的开发和使用贯穿了第一次世界大战。当时冲突双方都使用光气，讽刺的是，它被视为一种改进的武器，因为它造成的窒息和咳嗽比氯气少，因此更容易被吸入。光气还有一种延迟效应，士兵可能在接触后 48 小时内突然死亡。芥子气是一种几乎没有特殊气味的化学物质，由德国研制，并于 1917 年在里加首次用来对付俄罗斯军队。芥子气（又称二氯二乙硫醚，Y-perite）的战略优势包括造成痛苦的水泡，它比氯气或光气更难防护，可以在土壤中保持数周效力，以及通过造成额外伤亡使夺回受污染的战壕或领土变得危险（Duffy，2002）。氯气、光气和芥子气的使用贯穿了第一次世界大战，造成了可怕的伤亡率。据估计，在第一次世界大战期间，有将近 124 万
223 名毒气的受害者，其中 9 万多人死亡，仅俄罗斯就有近 42 万例毒气伤亡事件（Duffy，2002）。

第一次世界大战后的几十年里，毒气继续发展，并在战场上得到了一些应用。20 世纪 20 年代，英国军队在伊拉克使用化学武器对付库尔德叛军；20 世纪 30 年代，意大利在征服埃塞俄比亚的战役中使用了芥子气；日本在入侵中国时使用了化学武器。1938 年，德国研制出第一种神经毒剂“塔崩”（tabun）。

在美国乃至世界各地，供水系统已被证明是一个非常有吸引力且经常被使用的载体，恐怖分子计划、尝试并成功地利用它对公民进行生物袭击。格里克（Gleik）（2006）提供了一份涉及供水系统犯罪和恐怖袭击的详尽清单，国内和国际恐怖组织企图或策划利用这一领域在美国境内传播包括生物制剂和毒剂在内的有毒物质。

例如，1970 年，美国国内激进恐怖组织“气象人”（Weathermen）的成员引爆了警察局、法院、五角大楼和美国国会大厦；据报道，他们还计划在美国主要城市的民用供水系统中投入生物制剂，以抗议越南战争和美国对外政策（Gleik，2006）。1972 年，一个名为“旭日令”（the Order of the Rising Sun）的右翼新纳粹组织多名成员因携带多达 40 公斤的伤寒病菌而被捕，他们本计划将其在包括芝加哥、圣路易斯在内的几个美国中西部城市的供水系统中扩散（Gleik，2006；Sachs，2002，p. 3）。1975 年，生存主义（或称原

教旨主义）组织（the survivalist/fundamentalist group）“圣约、圣剑和圣军”（Covenant，Sword，and Arm of God）被指控拥有30加仑的氰化钾，他们意欲将这些氰化钾投入纽约市、芝加哥市和华盛顿特区的供水系统。据报道，该组织试图通过毒杀美国城市中的“罪人”来加速“弥赛亚（救世主）”的到来。尽管，正如格里克（2006）指出的，他们拥有的毒药剂量不足以实现他们的目的。2003年，沙特阿拉伯的“基地”组织成员对美国城市的基础供水设施造成了普遍性威胁（Gleik，2006，p. 482）。

确实，正是因为认识到将生物或化学制剂引入供水系统所构成的巨大威胁，以及此前疏于防护的分布广泛的水库、大坝及高架桥潜在的薄弱环节，在“9·11”袭击后的几个月里，纽约市开始加固可能被恐袭所针对的供水基础设施。新的政策和战略包括增加对主要流域资源的监视巡逻，并且首次尝试制定有效限制约束公众进入流域的要求，其中包括纽约市开始在发放水库和流域的狩猎和捕鱼许可证之前要求提供身份证明。1984年，美国发生了 224
另一起生物恐怖主义事件，涉及一种更直接、技术含量更低的传播媒介：在俄勒冈州，一个被称为拉杰尼希（Rajneeshee）的邪教组织的多名成员使大约751人感染了沙门氏菌（Török et al.，1997）。邪教组织成员从一家医疗用品公司购买细菌培养物，从中培养细菌，并将细菌喷洒在餐馆的自助沙拉柜中。他们的目标是使大量选民因病重而无法在选举日投票，从而影响即将举行的地方选举的结果（McDade & Franz，1988；Sachs，2002，pp. 4-5）。事件刚爆发时，调查人员开始认为可能是生物恐怖袭击，但随后又认为不太可能。直到联邦调查局随后对该邪教组织的其他犯罪行为进行调查时，污染源才浮出水面。这一事件突显了区分生物恐怖主义袭击和自然发生的传染病暴发的困难（McDade & Franz，1988）。

2001年在美国各地发生的一系列炭疽袭击是一种恐怖袭击，在人群中传播着巨大的恐惧和惊恐。在这些事件中，炭疽孢子通过美国邮政服务可能被随机分发给个人、公司和政治人物，卫生官员记录了至少10例炭疽感染病例（Jernigan et al.，2001；Traeger et al.，2002）。尽管联邦调查局进行了深入而漫长的调查，却并未完全确定这些对袭击负有责任的人的身份和动机，这始终是一个有争议的问题。

伊拉克前总统萨达姆·侯赛因在1980年至1988年的两伊战争期间对伊朗军队使用了化学武器（神经毒剂）和生物武器（炭疽病毒），他还在1987

年和1988年对伊拉克库尔德叛军使用了氰化物。1995年，“奥姆真理（或最高真理）教”邪教成员在东京地铁系统散布致命的沙林毒气，造成多人死亡、超过5500人受伤（Lifton，1999）。

东京“奥姆真理教”地铁袭击事件是已知恐怖分子首次成功使用毒气或其他大规模杀伤性武器，因在公众中传播了极大恐慌和戒惧，对日本政府和日本社会产生了巨大影响。日本人民和世界其他国家的人民一样，对于一个相当小的、相对不知名的邪教会发动这样一次袭击和能发动这种类型的袭击没有做好充分准备。一个小团体能控制必要的资源来杀害、伤害大量的人并在整个国家传播恐慌，这起事件震惊了全世界，这说明恐怖或极端组织制造和传播致命的大规模杀伤性武器是多么容易的一件事啊！

“奥姆真理教”是一个世界末日邪教，其核心是领导人麻原彰晃的世界
225 末日哲学及其扭曲的观念，即只有真正的、信仰邪教的信徒会在世界末日时获得救赎；麻原彰晃发动袭击的目的是加速世界末日的到来。该邪教从其成员那里积累了巨大的财富，招募年轻科学家加入并让他们从事生产生物和化学武器的工作。它还囤积数百吨致命的化学物质，并购置了一架直升机用于在人口稠密的日本城市散播毒气（Kristof，1995；Lifton，1999）。

“奥姆真理教”恐怖袭击不同寻常之处在于，它成功地实施了这一阴谋，并使用毒气造成了大量人员伤亡。但该组织信奉的末日哲学和世界观并不是那么罕见。其实，以毁灭世界或世界上大部分人口为手段来加速世界末日的发生，建立新的世界秩序——通常是一个没有邪恶污染、更纯净的世界秩序——是宗教极端分子的共同主题（Lifton，1999；Strozier，2002）。

沙林是一种毒性极强的神经毒剂，比氰化物毒性大几百倍，最早由纳粹科学家在20世纪30年代研制。沙林也被称为GB，是一种相当复杂的化合物，可以以液态或气态形式存在。尽管它的制造需要相当高水平的技能、训练和化学知识，但它是由公众极容易获得的普通化学物质制成的。“奥姆真理教”成员制造了大量沙林后，采用一种相当简单和不显眼的方法来传播：邪教成员将液体沙林密封在油漆罐和其他容器中，并装在购物袋里带进地铁站。他们只需放下袋子，随意地用伞尖戳破容器，当液体蒸发成气体并扩散到整个区域时，他们就离开了。专家们一致认为，1995年的地铁袭击就像该邪教不太为人所知和不那么致命的1994年松本（Matsumoto）袭击事件（在长野县用沙林毒气实施）一样，只是一次试验、一次演习，为一次计划中更

大、更致命的袭击做准备。专家们也认为，如果“奥姆真理教”使用更纯质、更大量的沙林，或者将它更有效地扩散，将会有更多的人受伤甚至丧生（Kristof，1995；Lifton，1999）。

也许“奥姆真理教”对东京地铁系统的攻击中最可怕的一个方面是，该组织相对轻易地获取了制造大量沙林的必要的制毒化学品。许多其他的生物和化学制剂也相对容易获得、制造和传播，使它们对恐怖组织非常有吸引力。视所涉及的特定化学或生物制剂而定，该物质只需相对较小的剂量且易于运输就可以在整个区域传播，并污染或感染接触该物质的人。特别是当涉及潜伏期较长的有毒生物物质时，患病迹象可能不会立即显现。受有毒物质 226
感染的个人随后可能成为传播媒介，将该物质传播给与其接触的其他人。因为在第一批被感染的人明显发病之前，可能要经过几天甚至几周的时间，其间他们可以传播、感染成百上千的人，其中许多人又成为传播疾病的新载体。

相比之下，一场化学事件可能会立即产生数十名受害者，缺乏足够个人防护设备的急救人员也可能成为受害者。所有暴露其中的受害者在离开现场之前都必须进行消毒，因为医院急诊室在生化事件的受害者接受适当消毒之前是不会收治他们的。

化学制剂可以通过各种途径进入人体。有些制剂以气溶胶或气体的形式散播，通过呼吸道进入人体；另一些则以液体形式扩散，通过与皮肤接触进入体内。由于眼睛和黏膜对许多毒剂特别敏感，因此眼睛和鼻腔受到刺激往往表明接触了毒剂。虽然还有一些化学制剂可以通过被污染的食物或液体摄入，但吸入和皮肤接触是受害者和应急人员面临的主要危险。

化学制剂有三个基本类别：神经毒剂、水疱剂或起疱剂和窒息剂。

神经毒剂

神经毒剂，包括塔崩（GA）、梭曼（GD）、沙林（GB）和甲基硫代磷酸（VX）等物质，是一类毒性极强的化学武器，它通过中断中枢神经系统来阻止神经冲动的传导作用于人体。接触神经毒剂最初会导致抽搐和痉挛，最终导致中枢神经系统永久受损或在充分的接触下死亡。接触神经毒剂的其他典型症状包括瞳孔放大（或缩小）、流鼻涕和流眼泪、流涎（流口水）、呼吸困难、肌肉抽搐和痉挛、不自主排便或排尿以及恶心和呕吐。

根据其纯度，神经毒剂一般呈现为无色液体，如果有杂质，则有些可能有轻微的黄色调。塔崩和沙林可能有轻微的水果气味，梭曼可能有轻微的樟脑气味，甲基硫代磷酸闻起来像硫黄。神经毒剂蒸发相当快，可通过吸入或皮肤吸收进入体内。神经毒剂在毒性和导致症状出现所需的接触量方面有所
227 不同，但在极低的剂量下也都是极其致命的。接触致命剂量的神经毒剂如果不进行治疗，通常会在几分钟内导致死亡。对神经性毒剂的典型治疗方法是注射阿托品。

水疱剂或起疱剂

水疱剂或起疱剂通过在接触到的皮肤或身体其他部位产生灼伤或水疱而起作用，结果可能是致命的。它们迅速作用于眼睛、肺、皮肤和黏膜，当吸入时对肺和呼吸道造成严重损害，摄入时导致呕吐和腹泻。

水疱剂包括芥子气［又称二氯二乙硫醚（Yperite）或硫芥（sulfur mustard）］、氮芥（HN）、路易氏剂（L）和光气肟（CX）。芥子气和路易氏剂特别危险，因为它们造成的严重伤害目前尚无解毒剂或治疗方法。在皮肤上滴一滴液态硫芥，只需几分钟就会造成严重的伤害和瘙痒，而接触微量的芥子气也会引起疼痛的水疱、流泪和眼睛损伤。取决于天气状况、接触程度和持续接触时间，芥子气的影响最长可延迟一天。接触数小时后，对呼吸的影响变得明显，表现为咽喉、气管和肺部的严重灼痛。尽管大多数芥子气受害者都能幸存下来，但严重的肺水肿或肺部肿胀也可能导致死亡。唯一有效的芥子气防护方式是使用全身防护服（一级防护），以及使用防毒面具或呼吸器。

尽管防毒面具、呼吸器和全身防护服可供第一响应者使用，但它们并未由响应者常规携带，在该设备到达化学事故现场之前，可能会经过相当长的时间。然而，可能接近化学事件的公众是无法获得这种防护装备的。对化学事故的安全响应假定，第一响应者能够预知袭击即将发生或正在进行，有现成的保护装备；第一响应者经过了充分培训，并充分了解毒气袭击的迹象，以便在冒险进入它所在的位置之前采取必要的保护措施。

路易氏剂在液体状态下通常无色无味，但作为气体时可能会散发出天竺葵的微弱气味。路易氏剂引起的症状通常与芥子气引起的症状相似，但也包括血压和体温下降，吸入高浓度的路易氏剂可在几分钟内导致死亡。为了有效果，皮肤起疱剂的解毒剂（二巯丙醇）必须在真正开始起疱之前使用。

228 光气肟，有刺激性和穿透性的气味，可以作为白色粉末存在，或与水或

其他溶剂混合时以液态存在。与这种药剂接触是非常痛苦的，它会迅速刺激皮肤、呼吸系统和眼睛，导致眼睛病变、失明和呼吸道水肿。皮肤与之接触后会立即产生一片白色区域，区域周围皮肤发红肿胀。由于光气肟比空气重，可以在地势较低的区域停留相当长的时间，因此对救援人员造成了额外风险。

窒息剂

这种毒剂通过呼吸道进入人体，常常引起严重的肺水肿。因为这些药剂最有效的使用方式是气态的，所以在扩散到空气中之前，它们通常被储存在玻璃瓶或钢瓶中进行运输。正如其名，窒息剂会迅速发作，对肺部和呼吸系统造成严重损害，导致肺水肿和死亡。窒息剂包括液态、气态的光气（CG）、双光气（DP）和氯气（CL）。需要注意的是，虽然光气和光气肟的命名相似，但它们是化学性质不同的物质，具有不同的特性和症状。光气引起的症状包括严重咳嗽、窒息、恶心、流泪、呼吸困难和呕吐，最初的症状消退可能会长达一天的时间，但症状在肺水肿病发时会再现。而且，接触窒息剂的人可能因血压和心率急剧下降而休克。

生物制剂

生物制剂与化学制剂有一些共同特点，但这类大规模杀伤性武器与化学制剂有重要区别：尽管化学制剂通常会使人相对较快地产生症状，但生物制剂可能在长达数周的潜伏期内不会产生症状。因此，生物恐怖事件可能没有早期预警信号，而第一响应者可能不会轻易或立即意识到他们已经暴露。与上述三类化学制剂相比，生物制剂通常不会立即在皮肤或呼吸系统产生明显症状。许多生物制剂是活的有机体，由于我们的任何感官都无法检测到这些细菌或病毒、接触可能在没有警告的情况下发生、症状可能不会立即显现且用于检测和识别它们的科学设备复杂而难以使用，所以恰当的诊断和治疗可能会被延误。生物安全事件的检测通常只能在潜伏期过去、感染者发病之后 229
才能进行。

生物制剂包括炭疽、兔热病（土拉菌病）、霍乱、鼠疫、肉毒杆菌中毒（波特淋菌中毒）和天花，可以通过多种方式在人群中传播。虽然有些生物毒素（如炭疽）可能通过皮肤接触传播（直接接触或通过切割、撕裂伤口），但就大规模杀伤性武器和造成广泛伤亡的恐怖主义目的而言，最有效的传播方式是将生物制剂雾化成细雾或粉末，被公众在不知情的情况下吸入，或使公众摄入被污染的食物和水。

生物制剂的三种类别是细菌、病毒和毒素。细菌和病毒是活的有机体，它们需要有机体宿主才能生存和繁殖。在进入人体后（通常通过吸入或摄入），有机体在宿主体内定居，并开始自我复制、产生毒素，导致严重且往往致命的疾病。

当生物制剂导致社区健康危机缓慢形成或某种形式的流行病，当暴露或接触后人群在地理位置上变得分散时，涉及检测和诊断生物大规模杀伤性武器攻击的困难会尤其凸显。由于在出现症状之前往往有一段较长的潜伏期，生物恐怖袭击可能很难追根溯源，以被确认为其为恐怖主义行动的一部分。检测、诊断和追溯地理上已经分散的感染者的感染源所隐含的挑战，使得在交通设施或运输工具内——例如一座国际机场或一班国际航班——大规模生物接触的威胁状况对恐怖分子有特别的吸引力。2001 年秋季，在全美诊断和检测炭疽感染病例的相关困难提供了又一实例。

虽然更集中性的直接攻击，例如在办公大楼或公共交通中心快速释放大量疾速生效的生物毒素，可能会更快地被辨认和处理，但这两种形式的攻击都会对公众和第一响应者造成严重的心理影响。除了可能引致的死亡和疾病之外，这种袭击也符合恐怖分子的需要和目标，因为定会造成极大的恐慌和公众戒惧。如果公众开始避开此类已知发生过类似袭击的地点或设施（如公共交通枢纽），也可以实现重大的经济影响。交通设施、购物中心、电影院以及有公众聚集的其他设施，都是对使用化学或生物大规模杀伤性武器进行恐怖袭击来说特别有吸引力的目标。

230

恐怖主义与核材料的使用

虽然恐怖组织获得或制造能够毁灭极大区域的高级核装置的可能性很小，更不用说运到美国引爆了，但恐怖分子制造简易核装置（IND）或“脏弹”的可能性较大一些。这种简易武器造成的财产损失远远小于常规核装置，但也能将放射性污染扩散到整个人口稠密的城市区域，从而造成毁灭性的身心影响。

脏弹本质上是一种由放射性物质包裹的常规爆炸装置，通过爆炸将放射性物质在相对小的辐射区内扩散。根据装置的大小以及所涉放射性物质的类型和质量，爆炸附近的区域可能在很长一段时间内都无法居住，而那些直接暴露在放射性辐射物质中的人很可能患上辐射病，辐射的受害者可能最终患上癌症、白血病或其他与暴露于辐射中有关的疾病。

IND 或脏弹在城市地区引爆的可能性尤其令人戒惧，因为这种装置所需的材料可以被轻易地获取，而一个有效的装置并不需要大量的放射性物质，因为人类的感官无法探测到辐射。一场在人群或公众当中发生的看似“普通”的小爆炸可能会在人群中传播核污染物，且没有即时的明显的症状。制造这种装置所需的低级核材料在广泛的范围内被使用、运输和储存，可能涉及全美各地的医院和医疗设施、研究实验室和制造业厂房。尽管这些材料在今天比过去得到了更仔细的看管，但一个下定决心的恐怖组织并非没有能力获得它。

如上所述，恐怖组织（ISIS 组织）从伊拉克一所大学的研究实验室获得近 90 磅的核材料，这一事实证明了获得这些材料是相对容易的，这也说明该恐怖组织（可能还有其他恐怖组织）对制造和使用简易核装置感兴趣。

第一响应者安全：时间、距离和屏障

一般而言，可能会被指派对核生化事件进行响应的警察、消防员和急救人员并未得到有效处理这类事件的充分培训。这并不是说大多数警察和紧急 231
事件工作者缺乏这一领域的**任何**培训，而是他们缺乏所需的高度专业的培训和专长，以识别和应对此类事件造成的许多复杂而独特的威胁。这里所指的专业培训和专长是，第一响应者要确定爆炸中使用的化学或生物制剂的具体类型、立即制定对策以应对所有复杂变数带来的挑战，同时还要兼顾其响应的安全性，这是特别困难的。目前，许多第一响应者没有配备处置这些事件可能需要的特殊工具、装置和防护设备，也没有经过充足的培训以识别和安全地应对核生化事件。巡逻警员、消防员和紧急医疗服务人员在最初应对涉及大规模杀伤性武器的事件时，不应承担那些更适合由装备精良和训练有素的专家履行的特定义务和职责。恰恰相反，他们的主要作用应该是认识威胁，最大限度地减少跟化学或生物制剂的额外接触，确保受害者的安全，保护现场，并向更有能力处理这些问题的人报告其发现。

第一响应者的另一主要责任是最大限度地减少自己与化学或生物制剂的

接触，收集尽可能多的相关信息并传递给监管机构，以确保其他响应单位的安全和有效。赶赴大规模杀伤性武器事件的第一响应者，可能由于现场的次级装置而致残或有致伤风险，这些装置本就可能放置在现场或其周围用以杀伤救援人员，还可能因自身感染而对其他受害者和响应者构成重大拖累。匆忙进入现场并成为受害者的第一响应者可能会加剧整体困难，浪费宝贵的时间和资源。太接近或匆忙进入污染现场的准救援人员很容易成为额外的受害者。

正如戈登·M. 萨克斯（Gordon M. Sachs）（2002）指出的，响应者必须做出一些艰难的选择和决定：

> 在任何事件中，紧急事件响应者的第一反应总是冲进去救助尽可能多的人。但是，在与恐怖主义有关的事件中，有许多因素需要考虑：受害者可以得救吗？响应者会成为目标吗？恐怖分子是否散播了某种类型的制剂？如果是，响应者是否有能力检测到它？他们的装备能提供足够的保护吗？这些只是我们在应对与恐怖主义有关的事件时必须习惯考量的问题中的一小部分，我们没有理由让民众承受不必要的苦难，但也没有任何理由将响应者随意地置于未知的危险的环境中。（pp. vii–vii）

232 大规模杀伤性武器事件中，应急人员可以使用四种类型或等级的防护装备。**A 级**防护是指一种化学药剂防护服，它将应急人员完全包裹起来。防护服包括一个自给式呼吸器（SCBA）或独立的通气装置，以使工作者不会暴露于可能存在于环境中的烟雾、生物制剂或其他有毒物质中。这种等级的防护可提供最大限度的呼吸系统和皮肤防护，它所适用的情况通常涉及液体飞溅或蒸汽危害的可能性很高，抑或化学制剂未被识别。一般而言，训练有素的专业人员在进入“热区”（“hot zone”），即最接近大规模杀伤性武器扩散点的区域时，便会使用这种等级的防护。

B 级防护是一种化学药剂防护服，其包括手套和自给式呼吸器或独立的通气装置，但不完全包裹救援人员。这种类型的装置可提供高水平的呼吸系统保护，但对可能影响皮肤或可通过皮肤吸收的液体和气体的防护作用较小。它提供在“热区”中应使用的最低防护，但不建议长时间在该区域中暴露或使用它。

C 级防护由带帽化学药剂防护服和手套组成，配备有空气净化呼吸器或防毒面具。通常在由液体飞溅或直接接触造成危害的可能性很小或没有的情况下使用。

D **级**防护是大多数警察、消防员和紧急医务人员通常可使用的防护，是他们的制服、服装。这种类型的防护装备只能提供最低核生化危害防护，因此不应在主要污染区或其附近穿戴。

也许可用于确保第一响应者安全的最重要的工具与设备或装备无关。它们是时间、距离和屏障这些概念，如果应用得当，它们可能是急救人员自我保护的关键。就时间而言，应急人员应将他们在事故现场附近消耗的时间保持在绝对最低限度，尽量减少在核生化物质附近所花费的时间，可以通过最小化个人与该有毒物质的接触，减少患病或受伤的可能。如果应急工作者必须接近可疑引爆或扩散现场以营救某人或对现场进行更仔细的检查，他们在该处停留的时间不应超过绝对必要的时间。他们还应该意识到，如果他们确实接近了现场，他们可能会无意间成为传播该物质的媒介，因此他们应采取适当的步骤尽快进行净化。靠近现场的第一响应者应立即通知其主管和医务人员，以确保进行适当的消毒；并且，在进行消毒之前应避免与他人接触。

应指示预防措施或预防性去污净化的进行——通常涉及用大量水进行 233
“冲洗”——直到确定该物质为止。“9・11”世贸中心袭击时，由于意识到可能有未知污染物散布，作为一项预防措施，许多第一响应者都进行了“去污”处理，其制服被“装袋”，并在换上分发的新衣服之后才被允许进入警务场所或与没有出入现场的人员接触（Henry，2001，2004a）。

同样，紧急工作者应与危险保持安全适当的距离，并应尽可能向比源头地势更高的方向移动，以免暴露于可能聚集在较低区域的比空气重的气体中。在距离方面，紧急事件工作者还必须牢记，许多物质可能会通过风扩散，因此在确定安全位置时应考虑风向和风速。各种图表可以供第一响应者使用以确定适当的安全距离，有毒物质的特定类型、来源和数量，但我们对响应者在紧急响应过程中使用、查询和依赖于这些文件指导的可能性也许是存疑的。警察、消防员和紧急工作者应该获取这些图表，熟悉它们提供的指导，并在进入现场前再次进行咨询，以备大规模杀伤性武器袭击的不时之需。例如，由美国交通部、加拿大运输部和墨西哥交运部秘书处共同制定的《北美应急响应指南》（*North American Emergency Response Guide*），在涉及有害物质的交通事故中可供第一响应者使用，它使用户可以快速识别事故相关的物质类型，并在响应初始阶段保护自己和公众。该指南以智能手机或平板电脑 APP 的形式提供给急救人员。

第一响应者还应记住，这些图表只是提供了一般性指导原则，随后到达现场的有资质的专家很可能会重新评估情况并调整热区、温区和冷区区域的距离。在确立初始区域时，第一响应者应保持灵活，如有必要，宁可侧重于安全而延长距离。在距离方面，第一响应者还必须记住，在该区域内可能有意图伤害或使救援人员致残的次级装置或诱杀陷阱，因此应谨慎行事。次级设备可能与初级设备一样功能强大，也或许更强。

屏障是指任何可用于保护第一响应者免受特定危害的物体，包括建筑
物、车辆和任何可用的个人防护设备。响应者应使用的遮蔽物类型取决于多
234 种因素，包括天气、自然环境、地理及该地区地形。例如，城市地区的建筑
物可能会提供屏障（以及更有利的位置），而在农村地区则无法获取这种屏障，但丘陵或高地可以发挥同样的遮蔽功能。仅仅是卷起警车的窗户、关闭空调并戴上手套，就可以为接近潜在毒害事件现场的警员提供一定程度的安全防护。如果警务部门不提供个人防护装备（但理应提供），则建议个人购买廉价且轻便的泰维克（Tyvek）连体裤，并将其作为响应者装备包中的标准装备。

对于第一响应者来说，最关键的问题必须是他们自己的安全和防护，并且他们必须避免匆忙地进入现场提供帮助的冲动。对敬业的警务人员、消防员和紧急医务人员而言，控制向需要帮助的人提供帮助的冲动是格外困难的，因为这种冲动通常是响应者的职业和个人身份的关键特质，并且可能通过响应者职业生涯中的训练、经验和职业文化的规范和价值观的内化得到巩固和增强。即便如此，必须以训练和常识为准；如本章通篇所述，成为受害者的救援人员会使其他响应者必须面对的状况恶化和复杂化。

私营机构的作用

预防、制止、应对和调查与大规模杀伤性武器有关的恐怖袭击所涉及的问题非常困难和复杂，它们需要同样复杂的解决方案。我们必须认识到，恐怖主义大规模杀伤性武器袭击构成的威胁不仅涉及发展高效的第一响应能力，而且实际袭击将在不同程度上对整个当地（甚至可能是整个国家）的经

济、医疗系统、公司和商业群体、公共设施以及各级政府部门的行动造成巨大影响及反响。我们还必须认识到，根据大规模杀伤性武器袭击的类型、性质及程度，可能需要动用数百个公共机构和私营机构参与初步响应、救援和复原以及持续的重建工作。我们只需要看看纽约“9·11”世贸中心袭击，就可以发现那时数百个组织参与了整体复原工作。尽管在袭击发生后的几分钟乃至几小时内，警察、消防员和急救人员承担了大部分的第一响应职责，但很多其他组织的人员很快赶到了现场并加入他们，其中包括美国红十字会和其他救援组织，纽约市电信、天然气及电力公司，联邦执法机构［联邦调 235
查局，酒精、烟草和火器管理局（BATF）、特勤局和美国海关等］；其他州和辖区的执法人员（纽约州警察局、新泽西州警局以及当地几乎每个地方市政部门都立即将人员派往现场），联邦应急管理局，美军的每个支队，国民警卫队；其他大量的人员。所有来自这些组织的人员迅速聚集在现场，尽管他们愿意并且在很大程度上能够提供帮助，但缺乏集中领导和工作重点却造成了极大的混乱和重复工作；尽管每个人表现出的奉献精神和勇气一直都很高涨，但在每个人都努力介入并提供帮助的情况下，被称为“归零地”（世贸大厦原爆点）的区域却迅速退化到近乎混乱的状态（Henry，2004a，2004b）。

袭击刚刚发生时，纽约市方圆 100 英里范围内的医院急诊室都被动用并进入警戒状态。非值勤医务人员被召回到医院和医疗场所，私人执业的医务人员也来到医院。私人救护服务车被动员起来，用于运送受害者，市运输局的巴士被征用以运送警察和其他救援者到现场。企业、办公楼和大学校园进入高度戒备状态，一般都安排其保安人员疏散人员并封锁设施。该市的交通基础设施——公共运输设施，地铁和公交、桥梁和隧道、道路和高速公路——迅速被努力从曼哈顿下城疏散的成千上万的人挤满。

在此期间，通信系统不堪重负。曼哈顿下城的大部分手机服务都在世贸中心大楼倒塌、无线电中继器被摧毁时终止；并且，水管破裂后，该市的线接电话系统的主要中转站被水淹没，该地区的大部分服务中断。从一开始，警察与消防无线电通信系统之间就几乎没有互动，无线电中继器的损失使无线电通信更加困难。

袭击发生后的几天里，救援物资以人员、装备、食物和医疗用品的形式从全国各地涌入，必须建立并启用一个复杂的储存点和配送点物流系统。几天之内，从加利福尼亚远道而来的响应者都来到了“归零地”现场，这项工作一天 24 小时不间断地进行了几个月，工人需要食物、医疗护理以及轮班休息和恢复精力的场地。重型建筑设备被紧急送到纽约以帮助清除残砖碎瓦，数千名建筑工人被部署到位以确保该地区的安全。救援行动和恢复阶段持续了数周，徒劳地希望找到更多的幸存者，其间大火在世贸中心现场燃烧
236 了 99 天。火焰和烟雾以及空气中夹杂的有害物质，促使公共卫生局监测整个曼哈顿下城区域的空气质量。找到的尸体和残肢被送到医学检测人员的实验室进行 DNA 检测，以期查明死者身份，为幸存的家人和朋友带来宽慰。搜救犬救援队被调来协助搜寻受害者，这些动物也需要广泛而专门的兽医护理；心理学家、精神科医生和心理健康工作者前来为受事件创伤的人提供危机干预和治疗，还设立了一个专业的受害者亲属中心，以帮助他们处理亲朋丧失以及与此相关的法律、财务和个人后续问题。

甚至在救援和恢复阶段结束之前，就已经开始通过卡车和驳船将数百万吨碎片运到史泰登岛的一个场地。纽约警察局侦探和其他执法人员手工分拣碎片，以找到残肢以及任何可能被回收的个人物品或犯罪现场证据。所有回收的物品都必须记录在案、交接并运送到太平间或临时存储设施中。世贸中心遗址成为世界上最大、最难以处理的犯罪现场，这一事实使整个行动复杂化，因此为发现和保存证据而采取的所有常规预防措施都已到位。保障该地的安全是一项艰巨的任务。

在这种可怕而具有破坏性的袭击之后所采取的行动和活动清单远未到头，在此无须敷述，一言蔽之：这是有史以来恐怖主义大规模杀伤性武器袭击所导致的最大和最复杂的行动。成千上万人、数百个公共机构和数十个私营机构实体在最初的响应、救援、恢复或清理行动中发挥了作用。

对第一响应者的创伤影响

“9·11”恐怖袭击造成的心理影响广泛而深远，遍布全美和世界各地的人们都感受到了事件及其后果的创伤性影响。确实，恐怖主义袭击的后果和影响持续在公共讨论、政治领域、我们个人和集体的社会和心理世界中引起共鸣。虽然我们不应低估袭击对任何个人或团体造成的创伤影响，但是应该指出的是，作为世贸中心第一响应者（其中许多人目睹了这场灾难）的个人和团体，他们遭遇死亡和毁灭的深刻感官影像，无疑是长时间、非常紧密地

接触“归零地”异状的人，也无疑是受创伤最重的人群之一。按照罗伯特· 237
杰·利夫顿（Robert Jay Lifton）（1980）的定义，这些第一响应者就是幸存者：他们与死亡有着密切的身体和心理接触，但仍然活着。可以根据利夫顿（1967，1974，1980，1983）“幸存心理”的观点来理解他们的接触后生活和经历。幸存心理是对涉及严重死亡创伤的非自然经历的一种自然、适应性及普遍性的人类心理反应；作为一种适应性和保护性反应，它使个人得以从创伤性经历中在生理和心理层面上幸存下来。

世贸中心袭击事件的第一响应者清楚地表现出利夫顿幸存心理的五个主题和特征，后者是基于对其他被死亡阴影笼罩的人群的广泛研究得出的心理学观点。利夫顿研究的人群包括广岛原子弹爆炸（1967，1970）和自然灾害的幸存者（Lifton & Olsen，1976）以及越南退伍军人（1973）。利夫顿还从对纳粹医生和医学杀戮（1986）、种族灭绝心理学（1986，1990）、核毁灭威胁（1982，1987，1990）和邪教的洗脑过程（1963）的研究中发展和优化了这种观点。考虑到利夫顿对受创伤的个人和群体研究的广度和适用范围，以及该理论已成功应用到警察心理学领域的事实（Henry，1995，2001，2004a，2004b），他的模型似乎特别适用于理解恐怖事件第一响应者的经历。“9·11”事件过后第一响应者的持久性生活特征有精神麻木、死亡愧疚、对他们认为是虚伪的扶持的怀疑、持久的死亡烙印或对死亡创伤不可磨灭的心理印象、对寻求自身荒谬和痛苦的经历的合理意义的强烈求索（Henry，1995，2001，2004a，2004b）。

许多第一响应者，尤其是在实际袭击期间在场的警务人员、消防员和紧急医疗服务人员，以及在世贸中心倒塌后参与救援和恢复工作的人员，都因自身经历而深受创伤。袭击发生后的几天和几周内，在“归零地”工作的人们完全沉浸在死亡和毁灭的深刻感官印象中，许多人经历了失去朋友、同伴和同事的深切的悲伤。尽管每个人对事件的经历和理解都不同，但许多人，或大多数第一响应者都暴露在前所未有的大型创伤性景象和死亡的气味中。许多人在废墟中挖掘寻找幸存者和受害者时，经历了处理尸体的创伤。他们可能远比不在现场的普通人经历更多挥之不去的恐惧感，他们担忧之后的袭击会危及自身安全。他们暴露于从废墟中冒出的呛人的烟雾中，许多人知道
或猜测他们呼吸的有害烟雾包含各种可能影响其未来健康的致癌或有毒化合 238
物。许多救援者在碎石堆中或周围几乎无休止地工作了多个小时，再加上压

力、缺乏充足的睡眠和食物，他们的体力消耗很快，最后精疲力尽。由于他们几乎连续工作数周，许多人与家人在生理和情感上处于孤立状态；他们的倦怠、孤立和在公众极端恐惧之时的缺席，常常引起家人——尤其是儿童——的怨恨和愤怒，孩子们认为响应者的缺席证明了后者将职业职责置于家庭责任之上的优先地位。这给响应者最亲密的关系带来了巨大的（并且常常是持久的）压力，而这对于为受创伤的人提供所需的持续性的维护和支持恰恰是至关重要的。第一响应者所经历创伤的具体（且相当复杂）的维度和特征，以及该创伤遭遇的许多社会和心理后果及影响已在其他地方进行了详尽的描述（Henry，2004a，2004b）。

在本章所涉背景下，似乎没有必要对这一点进行更多说明。但应该指出的是，除了表现出幸存者心理外，预计世贸中心和五角大楼袭击与宾夕法尼亚州尚克斯维尔（Shanksville）空难的许多第一响应者最终将表现出创伤后应激障碍或其他创伤综合征的症状。响应者由于突然深陷于这深刻且史无前例的画面，其中充斥着死亡和毁灭，而所在社会、心理及物理环境又合成放大画面的创伤影响，所以他们或多或少有心理负担。尽管许多人持续遭受心理困扰，但仍然缺乏足够的可用治疗资源。即便有资源可用，许多第一响应者通常会拒绝获取和利用它们，因为寻求帮助并承认自己的脆弱或受害者身份可能会是响应者个人和职业身份所不能接受的。

一般来说，警察和消防员由于职业文化传统的原因，不愿为在工作中可能会遇到的心理困扰寻求援助或治疗。尽管这种被广泛认可的动态通常被简单地归因于其紧密且孤立的文化中的“男子气概”特征，这种文化通常被描述为怀疑外人并视个人勇气和坚忍自助的观念有极高价值的文化，但也必须认识到，警察和消防部门组织生活的现实与这些文化特征协同作用，极大劝
239 止了成员认清困难、寻求帮助。对于警察机构来说尤其如此，其正式和非正式政策实际上可能会惩罚寻求帮助的警官；至少，政策可以轻易地造成一种认识，那就是：主动承认自己有心理问题的警员会有负面的职业后果。

必须认识到的是，尽管许多警察、消防和紧急医疗服务机构向其成员提供员工援助计划或其他咨询服务，但这些服务的出现是相对较新的现象，而且并非机构中更宏观的组织的核心目标。也许尤其是在警察机构环境下，更大、更重要的组织目标是减轻责任，而该目标极大地影响了心理服务的提供。简而言之，主动承认心理困扰的警官在责任方面给警察机构带来了一个

明显的麻烦：如果这些承认有心理问题的警官随后卷入了例如涉及致命或非致命暴力使用的事件，他们便无形中增加了该机构的潜在责任。在这些或其他情况下，不可避免地会出现有关警员是否适合履责的法律问题，因此该机构必须证明在该警员履行执法职责之前，已经对其进行了尽职调查。鼓励成员主动提出问题的机构相应地也就增加了其对成员在执勤或休假时作为或不作为所负的潜在责任。

也许尤其是在（机构责任可能更大的）警察局中，承认有心理问题的成员可能会面临被迫退出服役状态、被剥夺武器和执法权及被调动到长期的内勤工作岗位上，以待治疗、健康评估及事件的行政处理。这种工作调动会在其工作部门成为公开的信息，不可避免地带来污名和严重的隐私泄露。由于此类调动涉及警官专业身份和公职象征的丧失，实际上可能加剧承认者的问题。使问题更加复杂的是，许多警察、消防员和紧急医疗服务人员对机构内治疗师的能力和保密承诺的信任度不高；毕竟，这些治疗师是该机构的雇员，代表该机构的利益，因此从本来就对其不信任的警员的角度看，关于存在利益冲突的内在认知可能会被放大。作为紧密且孤立的职业文化的成员，其特征未被“外人”很好地理解，因此他们通常不太相信民用治疗师能够理解其职场和社会环境的独特现实，理解其经常目睹的人间创伤遭遇的深度和广度，理解其生理或情感上日常面临的危害，或理解使他们与更广泛文化相区别的特殊世界观。因此，无怪乎许多警察、消防员和紧急医疗服务人员对 240
其所属机构的官僚体系和员工援助政策持怀疑态度，许多人因担心会受到污名化、惩罚或误解而根本不愿寻求帮助（参见 Henry，2001，2004a，2004b）。

这种复杂情况的结果是，尽管许多参加“归零地”、五角大楼和尚克斯维尔空难现场救援和恢复工作的警察、消防员和紧急医疗服务人员都因他们的这种经历而受到创伤，但他们普遍压抑住了承认问题并寻求帮助的冲动。关于究竟有多少第一响应者表现出创伤性疾病的临床症状这个实证性问题的答案仍不确定，并且可能还会在一段时间内得不到答案；但一些早期研究表明这一数字相当庞大（Centers fot Disease Control and Prevention，2002a，2002b，2002c，2002d；Galea et al.，2002；Goode，2001；Schuster，2001）。由于他们总体上不愿寻求帮助，而且与压力有关的症状事实上通常在遭遇创伤后很久才出现，所以，救援人员的创伤综合征可能历经数年也不为人所知。尽管无法完全确定“9·11”事件与创伤影响的明确因果关系，但是有基于传闻的证据表明，纽约消防队成员中与毒品和酒精有关事件（值勤或非值勤期间）的数量和严重性都剧增（参见 Celona，2004；Hu，2004）。

纽约灾难咨询联盟

对纽约市的第一响应者来说幸运的是，有一个组织为警察、消防员和紧急医疗服务人员及其家人提供一系列必要的心理服务，该组织的结构、宗旨和发展方向提供了一个可行且有吸引力的选择来替代上述各机构内的资源，这有助于克服很多情况下各机构内部不愿寻求帮助的传统。纽约灾难咨询联盟（The New York Disaster Counseling Coalition，NYDCC）由一群关心此事的临床医生和心理治疗师于 2001 年 9 月 12 日组建成立，他们意识到世贸中心袭击对第一响应者及其家庭可能造成创伤。他们还发现并解释了 NYDCC 的结构、政策和运作模式的制定，以及如何从组织和文化层面阻碍了第一响应者正式寻求帮助的可能性。

作为非营利性组织的 NYDCC 迅速发展成为一个网络，由近 300 名获得全面授权、保险、认证的临床医生组成，他们在各自领域拥有最高学位。这
241 些临床医生包括心理学家、精神科医生和临床社会工作者，他们来自各种不同的专业领域，使用多样化的治疗方法，自愿尽力向受“9·11”袭击影响的第一响应者或其家庭成员提供至少每周 1 小时的无偿治疗服务。重要的是，这些精神健康专业人员对第一响应者及其家庭成员所尽的努力是没有明确时限的，反映了 NYDCC 的座右铭：我们同意提供时长因人而异的服务。根据每次转诊的具体情况，对第一响应者或其家庭成员的治疗可能要经历几个疗程，甚至可能持续数年；但是，第一响应者及其家庭成员在任何时候都不会被收取任何费用。根据职业操守和适用法律的规定，NYDCC 适用医患保密原则，临床医生不会通知治疗中的患者所属的机构。

NYDCC 模式在美国是独一无二的，其高度创新和高效的方法可以明显满足第一响应者群体的特定需求。NYDCC 的运作模式旨在确保保密性和隐私性。在简短的旨在评估患者所面临特定问题的范围和维度的电话访谈（由受过训练的心理治疗师进行）之后，患者会获得三名在患者常住地区、拥有合适资质或专业领域的志愿临床医生的姓名和联系方式。近 300 名志愿临床医生成为 NYDCC 转介网络的成员，其办公室广泛分布于纽约大都会地区以

及包括新泽西州北部、康涅狄格州南部和宾夕法尼亚州部分地区在内的地区。与 NYDCC 完全保密承诺一致，就诊过程中不会记录任何个人身份数据。NYDCC 保留的信息仅出于统计目的而收集，包括致电者的所属机构、年龄、性别和居住地。个别临床医生会常规性地保留自己的机密临床治疗记录，但他们不会提交健康保险报销申请，并且该机构也无法追溯到表明响应者寻求或接受治疗的书面记录。

作为非营利实体，NYDCC 完全由慈善基金会提供捐款和资金支持。NY-DCC 转介网络中的所有志愿治疗师均经过全面审查，并要求提交执业证明、医疗事故保险证明、简历和来自至少认识两年的两位同事的专业推荐信。NYDCC 员工会定期更新记录以保证执照和医疗事故保险有效。志愿者们有机会参加一系列持续性培训课程，以帮助他们了解和治疗第一响应者所面临的各种特殊类型的困难。这些课程的主题包括了解警察和消防员的职业文化、执法人员家庭中的家庭暴力、警察的社会化过程和培训，以及其他一些 242
只影响第一响应者及其家人的特殊问题。考虑到能够在每周自愿奉献 1 个小时时间的健康专业人员的人数和转诊患者的人数，NYDCC 估计，它每年向第一响应者及其家人提供的治疗服务价值超过 140 万美元。NYDCC 模式的成本效益显而易见，因为以上数额大约是包括租金、水电费、两名员工的薪水以及所有外延费用在内的 NYDCC 总运营成本的六倍。

具有讽刺意味的是，影响向所有受“9·11”袭击波及者提供心理治疗服务的原因是，最初用于心理治疗的联邦、州和私人慈善资金来源被迅速耗尽，也无处获取充足的额外资金来维持 NYDCC 的运作。没有这笔资金，NYDCC 被迫在 2005 年终止运营。发生这样一件讽刺的事的一个原因是创伤性经历引发的心理特质往往直到创伤性事件发生数年后才开始显现出来，在第一响应者中尤其如此，他们可能会拒绝承认或上报他们的困难。无论是由于症状的延迟表现，还是由于部分第一响应者对治疗的抗拒，抑或由于两者皆有，NYDCC 的转诊统计数据显示，随着时间的推移，第一响应者及其家人的转诊率和转诊人数稳步上升。

另一个具有讽刺意味的因素是，根据当前的联邦法规，NYDCC（以及其他不收取服务费的非营利性或志愿者实体）没有资格获得联邦应急管理局或其他联邦机构的精神健康咨询补助金计划的资助。如果 NYDCC 临床医生收取治疗服务的全部费用并提交健康保险申请——也就是说，如果他们创建了会使第一响应者不愿使用 NYDCC 服务的书面记录——则该组织将有资格获得联邦支持。并且，联邦法规不允许志愿组织获得其他提供临床医学服务的资金。

除了向第一响应者及其家人提供免费、高质量和保密的精神健康服务之外，NYDCC 还实行了一系列举措旨在支持警察、消防员和紧急医疗服务人员（及其家人）和消除他们日常生理和情绪所面临的危险产生的压力。举措包括一系列旨在针对退休金、就业机会和退休后生活等方面培训退休响应者的研讨会，对这些研讨会的需求及研讨会的成功举办也使 NYCC 内的退休服
243 务部得以建立。由退休响应者组成的退休服务部可以与准退休人员就这些和其他问题进行磋商，并履行重要的同伴支持职能。私人捐款还使得 NYDCC 能够举办几场周末研讨会，以帮助近 200 名第一响应者及其配偶或其他重要的人培育更具复原力的关系。

NYDCC 的另一项举措是名为“盒子中的 DCC”的复制项目，旨在正式纪念 NYDCC 的经验，并且记录它在发展过程中汲取的教训，它经历了从“9·11”事件后的临时构想到后来运转正常的实体的转变，现在可以为数百名第一响应者及其家人提供免费且保密的临床医疗服务。复制项目的目标是向其他城市提供这些基本的经验教训，以有助于在灾难发生之前创建类似的灾难咨询联盟，从而使城市能够在遭遇袭击或灾难事件时迅速动员必要的人员和资源。显然，NYDCC 代表了一种独特且可行的模式，可以为第一响应者及其家人提供因遭受创伤而需要的广泛临床医疗或其他服务。该模式基于对第一响应者的困扰和需求的无私理解，是一种极具成本效益的模式，可以解释并克服许多阻碍警察、消防员和紧急医疗服务人员寻求所属机构帮助的因素。

结　论

恐怖主义和大规模杀伤性武器的新现实要求，应在负责确保公共安全的许多实体和机构之间建立一套全新的政策、规范和关系。正如“9·11”世贸中心和五角大楼袭击事件的经验教训所表明的那样，警察、消防员和紧急医疗服务人员在未来面临前所未有的挑战，且几乎美国的每个机构都面临类似的挑战。

本章概述了恐怖主义和恐怖分子使用大规模杀伤性武器的阴影所造成的一些问题、难题和威胁，确定了对高度协调的响应和恢复计划的需要，并以此整合一系列公共部门机构和私营部门组织的资源、技能、人力和职能。任何计划都不能假装完美，在特定事件中会出现太多无法预见的问题和紧急情况，因此必须针对其灵活性和适应性制订计划。这无非就是一种新的思维方式，那就是接受、解释并应对现实世界提出的挑战。

最近的历史揭示了大规模杀伤性武器所构成威胁的范围和广度、恐怖组 244
织和极端主义团体对它们的使用情况及其可能对公共安全人员和公众造成的巨大人员伤亡。这些威胁不太可能消退，而实际上，随着恐怖组织持续增强、发展和扩张其能力，它们可能会增加。在这种扩张和新的恐怖主义策略与能力的演变的同时，对美国国土、美国人民以及我们所享有的生活方式的威胁也在继续增长和更有经验。我们迫切需要对此类事件的第一响应者进行更多更好的培训，以使他们能够识别涉及大规模杀伤性武器的事件，并使其安全行动最大限度地减少死亡、受伤和破坏。同样，我们也迫切需要更多更好的设备来帮助第一响应者实现其目标。但是，我们从中再次发现，紧急工作者需要一种新的心态、一种渗透到他们所有职责和活动中的安全和预备意识。除了第一响应者发挥的重要作用外，我们也应该考虑对广泛的次级响应者和机构提供更好的培训、装备和协调的问题，因为度过危机以后，他们就有可能被调用。

恐怖主义和大规模杀伤性武器的使用对第一响应者，即警察、消防员和紧急医疗服务人员等构成了极大的威胁，而后者组成了我们抵御此类攻击的第一道防线，并且通常是袭击已经发生时最早进入该地点的个人和团体。由于工作的性质，对恐怖分子和大规模杀伤性武器事件的第一响应者会遭遇一系列创伤性经历，许多人不可避免地遭受随之而来的持久的身体、社会和心理后果。

由于各种复杂且相互关联的原因，遇到心理困扰的第一响应者通常不愿从其机构的员工援助计划中寻求帮助。这些人通常不信任机构提供帮助的动机，常常怀疑自己与机构所聘用的治疗师之间存在内在的利益冲突，并且他们常常不相信自己的问题会得到贴心和保密的对待。许多人认为，主动承认困难和寻求帮助会危害到他们的声誉和事业。结果，第一响应群体一般不愿意寻求他们所经常需要的帮助。

NYDCC 提供了一种创新的治疗模式，克服或最小化了导致第一响应者抵制的许多（或所有）因素。NYDCC 转诊和治疗方案的建立是由于他们认识到，许多世贸中心袭击事件的第一响应者会遭受持久的不良心理后果和推动其抵制治疗的因素，阐明了第一响应者需要的组织的类型。NYDCC 模式
245 可以很容易地在其他地区进行调整和实施，为恐怖袭击或其他形式的致伤灾难做准备，是一种可以为第一响应者及其家人提供优质心理服务的非常经济高效的途径。当今世界的现实是，诸如 NYDCC 一类的组织及其提供的危机干预和救援服务必须成为国家应对恐怖主义和大规模杀伤性武器威胁综合而明智的对策的一部分。

参考文献

Celona, L. (2004, August 16). 28th Firefighter booze bust. *New York Post*, p. 7.

Centers for Disease Control and Prevention. (2002a, September 11). Impact of September 11 attacks on workers in the vicinity of the World Trade Center: New York City. *Morbidity and Mortality Weekly Report, 51*(35), 781–783.

Centers for Disease Control and Prevention. (2002b, September 11). Injuries and illnesses among New York City Fire Department rescue workers after responding to the World Trade Center attacks [Special issue]. *Morbidity and Mortality Weekly Report, 51*.

Centers for Disease Control and Prevention. (2002c, September 11). Psychological and emotional effects of the September 11 attacks on the World Trade Center: Connecticut, New Jersey and New York, 2001. *Morbidity and Mortality Weekly Report, 51*(35), 784–786.

Centers for Disease Control and Prevention. (2002d, January 11). Rapid assessment of injuries among survivors of the terrorist attack on the World Trade Center: New York City, September 2001. *Morbidity and Mortality Weekly Report, 51*(1), 1–5.

Cowell, A. (2014, July 10) 'Low-grade' nuclear material is seized by rebels in Iraq, U.N. Says. *New York Times*. Retrieved From: http://www.nytimes.com/2014/07/11/world/middleeast/iraq.html

Duffy, M. (2002, May 5). Weapons of war: Poison gas. Retrieved from http://www.firstworldwar.com/weaponry/gas.htm

Federal Emergency Management Agency. (2002, July). *Managing the emergency consequences of terrorist incidents: Interim planning guide for state and local governments*. Washington, DC: Author. Retrieved from http:// http://www.fema.gov/pdf/plan/managingemerconseq.pdf

Galea, S., Ahern, J., Resnick, H., Kilpatrick, D., Bucuvalas, M., Gold, J., & Vlahov, D. (2002). Psychological sequelae of the September 11 terrorist attacks in New York City. *New England Journal of Medicine, 346*(13), 982–987.

Gleik, P. H. (2006). Water and terrorism. *Water Policy, 8*, 481–503.

Goode, E. (2001, September 25). Therapists hear survivors' refrain: "If only." *New York Times*, p. F1.

Henneberry, O. (2001, December 5). *Bioterrorism information resources*. Paper presented at the New Jersey Hospital Association conference "Thinking the Unthinkable: Biochemical Terrorism and Disasters: Information Resources for Medical Librarians."

Princeton, NJ. Retrieved from http://www.njha.com/ep/pdf/bio-cdchandout

Henry, V. E. (2001). *The police officer as survivor: The psychological impact of exposure to death in contemporary urban policing* (Unpublished doctoral dissertation). Graduate School and University Center of the City University of New York.

Henry, V. E. (2004a). *Death work: Police, trauma, and*

the psychology of survival. New York: Oxford University Press.
Henry, V. E. (2004b). Police, the World Trade Center attacks and the psychology of survival: Implications for clinical practice [Special issue: Dialogues on Terror: Patients and Their Psychoanalysts, Part 2]. *Psychoanalysis and Psychotherapy*.
Hu, W. (2004, February 29). Firefighter in crash took cocaine, city says. *New York Times*, p. B1.
Jernigan J. A., Stephens D. S., Ashford D. A., Omenaca C., Topiel M. S., Galbraith M., Tapper M., . . . Anthrax Bioterrorism Investigation Team. (2001, November–December). Bioterrorism-related inhalational anthrax: The first 10 cases reported in the United States. *Emerging Infectious Diseases*, 7(6). Retrieved from http://www.cdc.gov/ncidod/eid/v017n06/jernigan.html
Kristof, N. D. (1995, March 25). Police find more chemicals tied to sect. *New York Times*.
Lifton, R. J. (1967). *Death in life: Survivors of Hiroshima*. New York: Basic Books.
Lifton, R. J. (1970). *History and human survival*. New York: Random House.
Lifton, R. J. (1973). *Home from the war: Vietnam veterans: Neither victims nor executioners*. New York: Basic Books.
Lifton, R. J. (1974). The sense of immortality: On death and the continuity of life. In R. J. Lifton & E. Olson (Eds.), *Explorations in psychohistory: The Wellfleet papers* (pp. 271–287). New York: Simon and Schuster.
Lifton, R. J. (1976). *The life of the self: Toward a new psychology*. New York: Simon and Schuster.
Lifton, R. J., & Olsen, E. (1976). The human meaning of total disaster: The Buffalo Creek experience. *Psychiatry*, 39(1), 1–18.
Lifton, R. J. (1980). The concept of the survivor. In J. E. Dimsdale (Ed.), *Survivors, victims, and perpetrators: Essays on the Nazi Holocaust* (pp. 113–126). New York: Hemisphere.
Lifton, R. J. (1983). *The broken connection: On death and the continuity of life*. New York: Basic Books. (Original work published 1979)
Lifton, R. J. (1986). *The Nazi doctors: Medical killing and the psychology of genocide*. New York: Basic Books.
Lifton, R. J. (1999). *Destroying the world to save it: Aum Shinrikyo, apocalyptic violence, and the new global terrorism*. New York: Henry Holt.
McDade, J. E., & Franz, D. (1988, July–September). Bioterrorism as a public health threat. *Emerging Infectious Diseases*, 4(3). Retrieved from http://www.cdc.gov/ncidod/eid/v014n03/mcdade.htm
Sachs, G. M. (2002). *Terrorism emergency response: A workbook for responders*. Upper Saddle River, NJ: Prentice-Hall.
Schuster, M. A., Stein, B. D., Jaycox, L. H., Collins, R. L., Marshall, G. N., Elliott, M. N., . . . Berry, S. H. (2001, November 15). A national survey of stress reactions after the September 11, 2001, terrorist attacks. *New England Journal of Medicine*, 345(20), 1507–1512.
Shenon, P., & Stout, D. (2002, May 21). Rumsfeld says terrorists will use weapons of mass destruction. *New York Times*, p. A1.
Strozier, Charles B. (2002).

Apocalypse: On the psychology of fundamentalism in America. New York: Wipf and Stock.

Török, T. J., Tauxe, R. V., Wise, R. P., Livengood, J. R., Sokolow, R., Mauvais, S., . . . Foster, L. R., (1997, August 6). A large community outbreak of salmonellosis caused by intentional contamination of restaurant salad bars. *Journal of the American Medical Association*, *278*(5), 389–395.

Traeger, M. S., Wiersma, S. T., Rosenstein, N. E., Malecki, J. M., Shepard, C. W. Raghunathan, P. L., . . . Florida Investigation Team. (2002, October). First case of bioterrorism-related inhalational anthrax in the United States, Palm Beach, Florida, 2001. *Emerging Infectious Diseases*, *8*(10). Retrieved from http://www.cdc.gov/ncidod/EID/v018n010/02–0354.htm

United States Code, 18 USC 113B.

Zuckerman, J., Bucci, S., & Carafano, J. J. (2013, July 22). *60 Terrorist plots since 9/11: Continued lessons in domestic counterterrorism.* Washington, DC: Heritage Foundation Special Report No. 137. Retrieved from http://www.heritage.org/research/reports/2013/07/60-terrorist-plots-since-911-continued-lessons-in-domestic-counterterrorism

第九章　审视美国对生物恐怖主义的反应：通过危机干预来处理威胁和后果

索菲娅·F. 泽奇勒维施奇（Sophia F. Dziegielewski）
乔舒亚·柯文（Joshua Kirven）

248 随着世界成为一个共同体，世界正在迅速变化。但与我们的发展相伴而来的一个问题是，我们更安全了吗？美国曾一度觉得自己可以免受这些恐怖主义行为的影响，但现在却一再发现自己和世界上其他国家一样脆弱。在此之前，美国从未经历过“9·11”事件那样的恐怖袭击。在这些恐怖袭击之后，许多人都在努力寻找最好的方法来解决美国社会与恐怖活动有关的弱点，这让许多人高度警惕。当我们同时关注公共卫生和刑事司法时，我们已知的美国似乎已经永远改变了（Potter & Rosky，2013）。

当 2001 年 9 月 11 日的恐怖袭击事件发生时，美国和世界其他国家都感到震惊和错愕。恐怖袭击之后，有关美国国内恐怖活动和美国社会固有弱点的辩论开始出现。广袤的边界问题和移民对美国社会的相对容易的渗透，以及美国人所依赖的生活方式的全球性和开放性，使美国社会容易受到恐怖主义威胁和袭击。此外，生物战的威胁和对新型战争的恐惧比比皆是。

这一章指出了几个问题，这些问题已经影响了美国人先前开放的生活方
249 式，并带来了迫在眉睫的生物战威胁。这种动荡的环境使美国人民感受到了
前所未有的压力和恐惧。

本章的目的是简要概述美国反恐政策的加强，强调运用罗伯茨（1991）的七阶段危机干预模型，作为解决美国公众日益增长的恐惧的一种手段。所有提供帮助的专业人员，无论是否直接服务危机幸存者，都需要了解基本的危机干预技术，以及危机接触对公共卫生的影响。这一模型的应用被强调为在这一领域提供教育的一种方式，同时强调如何在面对常常难以察觉的新型

战争的持续威胁时，能够为个体应对危机提供最好的帮助。对于治疗内容的建议是在当前有限时长下的实践环境中提出的，需要执法部门、公共卫生中心、政府机构、社区组织者，以及专业的从业人员的积极参与来评估美国国内潜在的威胁，并解决美国人在安全和安保方面日益增长的恐惧。

恐怖主义与美国

美国国防部将**恐怖主义**定义为“蓄意使用暴力或威胁使用暴力来引发恐惧；旨在胁迫或恐吓政府或社会，通常为实现属于政治、宗教或意识形态层面的目标”（Terrorism Research Center，2005）。恐怖主义是一种以无辜和毫无防备的受害者为目标的犯罪，其目的是加剧公众的焦虑、恐惧和不安全感。尽管恐怖主义行为看起来是随机的，但它们是由犯罪者策划的，其主要目的是宣传其袭击。在美国及其盟国中，恐怖主义和恐惧行为变得越来越普遍（Graham，2011）。恐怖主义和恐怖活动日益增长的威胁在美国各地不断扩大，成功地打击恐怖主义，将要求各机构实施积极的方法和策略（Terrorism Research Center，2000，2005）。根据麦克维（McVey）（1997）的说法：

> 现在是时候将社会上正在发生的某些事件视为潜在的预警。忽视它们可能会导致悲剧性后果。历史清楚地表明，与进行适当准备的执法机构相比，那些陷于［恐怖主义］作战行动曲线后方的执法机构更难以控制它们并减少其对社会的破坏。（p. 7）

保密的终极代价 250

个人生命的价值已经受到质疑，对一些人来说，不顾自身安全的极端主义观点已成为仅次于为社会或政治事业而战的存在。在现代恐怖主义活动中，这种对自我安全的肆意无视、企图摧毁他人的做法继续受到越来越多的关注。在极端虔诚信徒愿意完成自杀任务的地方，威胁变得越来越普遍。如邦克（Bunker）和弗拉赫蒂（Flaherty）（2013）所描述的，这些新的殉难者被称为人体炸弹，并发展出一种新的恐怖文化。反恐战略面临进一步挑战，这是由于穷凶极恶的“骡子”（mules，即越境运毒者的喻称）体内携带隐匿毒品以逃避海关和警方的反侦查能力得到了加强（Flaherty，2008，2012，2014）。如今的恐怖分子有能力通过手术将爆炸物植入体内，从而成为一种新型的自杀式炸弹袭击者和安全隐患。

恐怖主义趋势

当前恐怖主义和恐怖主义活动的趋势要求必须采取积极主动的办法：

1. 恐怖主义正在成为一种越来越频繁的战争策略，引起现在和将来的关注。

2. 恐怖主义分子变得越来越老练，精通于利用科技。

3. 恐怖分子袭击的目标将从建筑物和飞机发展到化工厂、城市供水系统、公用事业单位、经济系统以及国家。

4. 传统武器将不再适用于技术先进的恐怖分子。

5. 美国将继续成为恐怖主义的目标（Bowman，1994；Levy & Sidel，2003；McCormick & Whitney，2013）。

6. 越来越多的人将成为自杀炸弹袭击者，作为自我牺牲、承诺和殉难的一种形式（Flaherty，2012；Terrorism Research Center，2005）。

自20世纪80年代以来，美国一直有反恐政策；然而，它本质上主要是被动的，并且缺乏先发制人的能力。这四项支柱政策声明：（a）美国不对恐怖分子做出任何让步，不达成任何协议；（b）美国利用“全场紧逼”来孤立恐怖分子，并向支持恐怖主义的国家施加压力，迫使它们改变其行为；（c）遵守法律规则，依法将恐怖分子绳之以法；（d）美国寻求国际支持以增强反恐能力（Badolata，2001；Nordin，Kasimow，Levitt，& Goodman，2008）。

251 ## 美国的弱点：开放的边界

研究美国固有的脆弱性可以进一步支持采取先发制人的办法打击恐怖分子和恐怖主义的必要性。第一，美国有非常容易渗透的广阔边界，每年有数百万合法和非法移民入境。第二，机场和其他入境口岸的安全措施薄弱，资源捉襟见肘，在大多数情况下，由训练不足和装备不良的人员保障入境口岸的安全。第三，美国的执法结构也可以被视为一个弱点，因为联邦、州和地方机构之间经常缺乏沟通，在管辖权和特许状重叠的情况下，机构之间经常发生摩擦。第四，运输安全管理局（TSA）内部在诸如机场规模、旅行时间、乘客交通量和 TSA 官员的工作满意度等方面的矛盾和做法令人担忧（Edwards，2013；Ramsay，Cutrer，& Raffel，2010）。最后，美国的基础设施是集中的，即大量人口聚集在面积狭小的地域范围。这些人口众多的地区容易引起恐怖分子的注意，因为它们可能导致更多的伤亡并提供更多可以攻击的公共场所（Terrorism Research Center，2000，2005）。

自“9·11”恐怖袭击以来，政府和执法机构已开始实施应对这些弱点的策略。然而，美国边境的开放性是最需要改变的关键领域，也是最难以有效控制的弱点。当前移民的涌入凸显了对一种可以审查、监控个人入境美国的有效系统的需求。

移民政策和开发潜力

有远见的美国人已经明白，我们欢迎移民的政策很容易被恐怖分子利用，漏洞百出的边境和宽松的移民执法不再是一种选择。由于每年至少有 800 万非法移民居住在美国，近 100 万新移民抵达美国，恐怖分子潜入美国的可能性很高（Camarota，Beck，Kirkorian，& Wattenberg，2007）。

调查这个国家的移民人口有很多原因。首先，5000 多万移民和他们的未成年子女现在占美国人口总数的 1/6，他们过得怎么样对美国来说至关重要。此外，了解移民情况是评估移民政策效果的最佳方式。如果政策没有改变，未来十年可能会有 1200 万到 1500 万（合法和非法的）新移民在美国定居， 252
而未来 20 年可能会有 3000 万新移民抵达美国。移民政策决定了允许入境的人数、使用的选择标准以及用于控制非法移民的资源水平。当然，未来还没有确定，当做出移民政策的决定时，了解移民流动在最近几十年中产生了什么影响是至关重要的（Camarota，2012）。

人口普查局 2010 年和 2011 年的最新数据，按出生国家、州和法律地位提供了美国 5000 多万移民（合法和非法）及其在美国出生的子女（18 岁以下）的详细情况。最重要的发现之一是，移民极大地扩大了国家低收入人口的规模，然而，移民之间因输出国和地区不同而存在很大差异。此外，许多移民在这个国家生活的时间越长，他们取得的进步就越大。但即使有了这样的进步，与土生土长的美国人相比，在美国生活了 20 年的移民更有可能生活在贫困中，也缺乏医疗保险，并更有可能依赖社会福利体系。成年后抵达的移民中，教育程度相对较低的比例很大，这在一定程度上解释了这一现象。

目前，美国的非法移民人数估计约为500万，每年增加约27.5万人。那些在各个入境口岸合法入境，然后在签证过期后消失在社会中的人，代表了大部分非法移民。非法移民有可能消失、迁移或使用不同的名字，这使得定位和驱逐他们极为困难（见表9-1）。

253 **表 9-1　关键事实**

移民是否可以发挥作用？

· 2010年，美国（合法和非法）移民人数创下4000万人的新纪录，比2000年12月的总数增长了28%。

· 排名靠前的移民来源国中，过去十年增长最大的是洪都拉斯（增长85%）、印度（74%）、危地马拉（73%）、秘鲁（54%）、萨尔瓦多（49%）、厄瓜多尔（48%）和中国（43%）。

· 过去十年，新移民（合法和非法）加上移民家庭新生儿为美国增添了2250万居民，相当于美国总人口增长的80%。

· 最近的移民对美国人口的年龄结构只有很小的影响。如果将2000年或更晚抵达的近1400万移民排除在计算之外，截至2010年，美国人口的平均年龄显示从37.4岁增加到37.6岁——大约2个月（Camarota，2012）。

生物恐怖主义：炭疽和天花的威胁

生物恐怖主义的定义是“个人、团体或政府为了意识形态、政治或经济利益等明确目的而公开或隐蔽地散布疾病病原体”（Texas Department of Health，2001）。进一步来说，**生物武器**被定义为“任何故意用于对他人造成伤害的传染源，例如细菌或病毒”（Texas Department of Health，2001）。自9月11日袭击事件以来，对生物恐怖主义的恐惧在美国不断升级。此外，以前的病例和炭疽感染的持续威胁暴露了美国容易受到生物制剂攻击的事实，这突出表明需要采取更多的安全措施来防范生物恐怖主义袭击。

生物恐怖主义的可能性

依据美国疾病控制和预防中心（CDC，2014a）的说法，生物制剂会给国家安全带来风险，因为它们很容易通过空气、水或食物进行传播。再者，生物恐怖主义可导致高死亡率，影响公共卫生系统，并引起民众恐慌和社会动荡，促使政府采取特殊行动和提供资金以提高公共预防能力（Ellis，2014）。生物恐怖主义与常规恐怖主义的相似之处在于，它也是旨在影响大量民众，两者都会在很少或没有警报的情况下实施，并且在民众中引起恐慌。但是，必须审视生物恐怖主义的其他几个方面。首先，可用于将生物制剂传播到环境中的方法多种多样，令人担忧。空气传播、药物污染、食品或饮料污染、注射或直接接触以及水污染都可能被企图释放生物制剂的恐怖分子利用（Levy & Sidel，2003；Texas Department of State Health Services，2013）。其他考虑因素包括存在大量可用于发动生物恐怖主义袭击的生物制剂，恐怖分子获取此类生物制剂的能力，以及如果发生生物恐怖主义袭击可能造成的巨大伤亡。

炭疽和天花

自“9·11”袭击以来被重点关注的生物制剂是炭疽病毒，它通过几家美国邮局的受污染信件传播给邮政工作人员和两名美国参议员的办公室（Ellis，2014；Levy & Sidel，2003）。根据美国疾病控制和预防中心的说法（2014b；也见 Ellis，2014；Levy & Sidel，2003），炭疽是一种由芽孢形成的细菌**炭疽芽孢杆菌**（bacillus anthracis）引起的传染病，也称为炭疽孢子。人类 254
可能通过吸入和皮肤裂口感染炭疽病，它不具有再传染性。如果炭疽是通过吸入感染的，潜伏期通常为2~5天，症状与流感相同：发烧、肌肉疼痛、恶心和咳嗽。更严重的症状包括呼吸困难、高烧和休克。一旦症状出现，吸入性炭疽几乎是致命的。如果疾病是通过皮肤传染的，潜伏期一般为1~2天。皮肤接触炭疽的症状始于一个小的、发痒的肿块，然后是皮疹。如果不进行治疗，病变部分会充满液体，并随着细胞组织死亡，最终会变黑。在未经治疗的皮肤感染病例中，约有20%的患者会死亡（CDC，2014b）。炭疽病虽然具有潜在的致命性，但如果及早治疗，则可以通过抗生素进行有效的治疗（CDC，2014b）。

作为可能的生物恐怖主义工具而受到关注的第二种生物制剂是天花。根据美国疾病控制和预防中心（CDC，2014c）的数据，当天花被用作生物武器时，其造成未接种疫苗的人的死亡率达到30%甚至更高，因此会构成严重的威胁。长期以来，天花一直被认为是所有传染病中最具破坏性的，今天它造成破坏的可能性比以往任何时候都要大得多。美国各地的常规疫苗接种在25年前就停止了。在现在高度流动的人口中，天花能够在这个国家和世界范围内广泛而迅速地传播（CDC，2014c）。

根据美国疾病控制和预防中心（2014c）的数据，天花病毒在暴露后的潜伏期为12天。最初的症状包括高烧、疲倦、头痛和背痛，随后面部、手臂和腿部出现皮疹。皮疹会发展成充满脓液的皮损，变成痂，最后脱落。天花具有很高的传染性，并通过受感染的唾液进行传播。虽然许多患有天花的人康复了，但其病死率仍然高达30%。目前还没有经过验证的有效治疗方法，但是如果在接触天花病毒后4天内接种疫苗，则可以起到预防和减轻症状作用。

美国准备好应对一场大规模的生物恐怖主义袭击了吗?

2001年6月22日至23日，约翰·霍普金斯民用生物防御研究中心、战略与国际研究中心、安塞尔国土安全研究所和俄克拉荷马州国家预防恐怖主义纪念研究所在华盛顿特区安德鲁斯空军基地举行了一场名为“暗冬”（Dark Winter）的演习。“暗冬”旨在构建一系列模拟的国家安全委员会会
255 议，以应对对美国发起的一场虚构的、隐蔽的天花袭击，这也是第一次进行此类演习（O'Toole & Inglesby，2001）。

演习结果凸显出政府在防范生物恐怖主义袭击中的几个令人担忧的方面。首先，各部门领导在生物恐怖主义问题上基本上缺乏理解。其次，对模拟攻击的早期反应迟缓，无法确定有多少人暴露在危险之中，以及需要多少训练有素的医务人员。最后，演习凸显了美国医疗体系缺乏处理大规模伤亡的能力，缺乏必要的疫苗和药物。最后，“暗冬”演习凸显了不同级别的联邦和州政府之间的冲突和权威的不确定性阻碍了政府对危机的响应（“Avoiding Dark Winter”，2001，pp. 29-30）。

由于这次演习的结果和9月11日的恐怖主义袭击，议员们正试图增加对多个机构的资金支持，以反击生物恐怖主义及其影响。为了增加对此的支持，劳工部、卫生和公众服务部以及教育部（HR 3061-H Rept 107-229）2002财年的支出法案中划拨3.93亿美元用于防御生物或化学攻击，相比往年在这一领域增加了1亿美元。此外，2002年参议院的法案（S 1536-S Rept

107-84）对此拨款 3.38 亿美元，参、众两院军事委员会也大大扩大了生物防御和研究工作。众议院的 2002 财年国防授权法案（HR2586-H Rept 107-194）为化学和生物防御采购提供了 3.617 亿美元的资金。众议院的法案将政府对化学和生物武器研发的请求削减了 500 万美元，最终达到 502.7 万美元，但它将国防高级研究计划局的生物战防御项目的支出增加了 1000 万美元，最终达到 1.5 亿美元。参议院的国防授权法案（S 1416-S Rept 107-62）也将类似的增加化学和生物武器计划作为应对恐怖主义和网络攻击等“非传统威胁”的 6 亿多美元整体计划的一部分。参议院的法案还指示国防部建造一个新的设施来生产炭疽和其他生物制剂的疫苗（McCutcheon，2001）。

恐怖主义的心理影响

恐怖主义的一个重要研究方面则是恐怖主义行为对美国民众的心理影响。对自然灾害和人为灾害的研究表明，人们对恐怖主义的心理反应比自然灾害后的心理反应更为强烈和持久（Myers & Oaks，2001）。恐怖袭击就其本质而言是为了给人们灌输恐惧、焦虑和不确定性。

恐怖主义的几个特点会增加心理影响的程度和严重性。首先，恐怖袭击 256
在没有预警的情况下发生，对社会和人们的生活方式造成了干扰。缺乏警报也会阻止个人采取身体和心理上的保护行动。恐怖袭击对个人来说变得更加可怕，因为现实和环境通常会突然发生变化。例如，当世贸中心大楼倒塌，只剩下一堆冒烟的建筑碎片时，纽约市的城市天际线在几个小时内就改变了。恐怖主义的另一个心理影响是对公民和响应人员的人身安全和保障的威胁。在建立安全的关系时，个人需要在环境中感到安全和有保障（Goelitz & Stewart-Kahn，2013）。以前被认为是安全的地区突然变得不安全，这种不安全感可能在个人身上保持很长一段时间。恐怖主义行为在其破坏范围内也可能造成创伤：公民、幸存者和响应者暴露在可怕的情况下；人为故意伤亡引起的愤怒；以及一个社会所面临的不确定性、缺乏控制和社会混乱的程度（Myers & Oaks，2001）。

“9·11”袭击不同于其他恐怖行为的地方在于，其引发的悲剧规模巨大且具有突发性，在美国领土上造成的巨大生命损失，公民通过广泛的媒体报道获得追踪袭击事件的能力，以及使用被认为是常见和安全的交通工具的飞机作为犯罪工具的方法（Dyer，2001）。

虽然每个经历过创伤性事件的人都会以一种独特的方式对该事件做出反应，但在悲剧发生后，仍然有许多常见的感觉和反应。这些症状包括悲伤、愤怒、恐惧、麻木、压力、无助感、神经质、喜怒无常或易怒、食欲改变、难以入睡、做噩梦、避免接触到引发创伤记忆的状况、注意力不集中以及在创伤性事件中因幸存或未受到伤害而产生的负罪感。这些反应对于孩子死后的父母来说尤其明显（Feigelman，Jordan，McIntosh，& Feigelman，2012）。

根据国家创伤后应激障碍中心（National Center for Post-Traumatic Stress Disorder，2001）的说法，在灾难发生后，个人可以采取几个步骤来减轻压力症状，并重新调整到某种意义上的正常状态。首先，在悲剧发生后，个人应该找一个安静的地方放松一下，并尝试至少短暂地睡觉。下一步，个人需要重新确定优先事项，以便重新获得使命感和希望。利用其他人，如朋友、家人、同事和其他幸存者的自然支持，从而建立团结感和帮助减轻压力。个人也应该尝试参加积极的活动，这些活动可以分散人们对事件的创伤记忆或反应的注意力。最后，在治疗抑郁症或创伤后应激障碍方面，个人应该寻求医生或咨询师的建议（PTSD；National Center for Post-Traumatic Stress Disorder，2001）。

257 美国（Canetti-Nism，Halperin，Sharvit，& Hobfoll，2009；Schuster et al.，2001；Silver，Holman，McIntosh，Poulin，Gil-Rivas，2002）、西班牙（Miguel-Tobal et al.，2006）以及以色列（Bleich，Gelkopf，& Solomon 2003；Shalev & Freedman，2005）的恐怖袭击心理影响研究指出，创伤后应激障碍是在遭受这类严重攻击之后最突出、最普遍的心理痛苦表现之一。当目击或经历了引起恐惧、无助或恐惧的威胁或有害事件时，就会出现这种情况。除了暴露在创伤性事件中之外，创伤后应激障碍的诊断标准包括创伤的持续再体验（如侵入性记忆和噩梦）、积极避免唤醒创伤和全身麻木，以及反应过度的症状（如愤怒、睡眠障碍、高度警惕）。此外，有 6 种症状一定至少出现 1 个月，并造成临床上显著的痛苦或功能障碍（American Psychiatric Association，2013）。由于诊断标准的多样性，许多人可能没有被诊断为患有创伤后应激障碍，但仍然表现出相关的症状，并经历着相当大的心理痛苦。根据美国心理协会（American Psychological Association，1994）的数据，经历或目睹恐怖袭击的个人会出现急性应激反应状态，并可能表现出以下一种或全部症状：

· 反复想到这件事；

· 变得害怕一切，不离开房子，或孤立自己；

· 停止正常运作，不再维持日常生活；

· 存在幸存者的负罪感（会想“我为什么能活下来?”或“我应该做更多”）；

· 感到巨大的失落；

· 不愿表达感情，对自己的生活失去了控制感。

罗伯茨七阶段危机干预模型在急性创伤后干预中的应用

对这种性质的危机造成的创伤幸存者进行有效干预，需要对个人、家庭和环境因素进行仔细评估。根据罗伯茨（1991）的观点，**危机**从定义上来说是短期的和势不可当的，其反应将包括情绪上的剧烈变化。在一次恐怖袭击中，危机事件对个人的正常和稳定的状态造成了难以理解的扰乱。这意味着个人通常的应对方法是行不通的，必须在一个安静的环境和地方让个人思考 258
和重整旗鼓。

根据罗伯茨（1991）的观点，危机干预有七个阶段：

1. 评估致命性和安全性需要；
2. 建立融洽关系和沟通；
3. 识别主要问题；
4. 处理服务对象的感受并提供支持；
5. 探索可能的替代方案；
6. 制订行动计划；
7. 提供跟进。

这一模型和对随后调整阶段发展的支持，可以帮助个人开始为随后的漫长恢复之旅做准备。尽早帮助处于危机中的个人开始这一过程，有助于相关人员做出更健康的调整。此外，施予援助的专业人员必须记住，快乐和痛苦都是成长、改变和适应的必要部分。允许遭受危机的人体验快乐和痛苦，并意识到这两种情绪可以共存，也会在整个治疗过程中此消彼长。

在应用这一模型时，需做出以下假设：（a）所有战略都将利用基于优势视角，遵循“此时此地”的方向（Jones-Smith，2014）；（b）所提供的大多数干预措施应尽可能接近实际危机事件（Raphael & Dobson，2001；Simon，1999）；（c）干预期频次密集，也是有时间限制的（通常是6～12次会面；Roberts，1991）；（d）成年幸存者的行为被视为对压力的一种可以理解的（而不是病理的）反应（Roberts & Dziegielewski，1995）；（e）危机调解者将在调整过程中发挥积极和指导性的作用（Parsonss & Zhang，2014）；（f）所有干预努力都旨在增加幸存者的机体的活化迁移能力，并恢复到以前的机能水平。

阶段一：评估致命性

恐怖袭击的不可预测性和对进一步袭击的恐惧使这种急性创伤的恢复尤其成问题。此外，不管实际原因是什么，环境中发生的其他事件更有可能使幸存者在情感上与恐怖活动联系在一起，这使得幸存者更难渡过主动危险阶段来确保安全。259 这里列出了一些可能与恐怖主义创伤性事件的认识或重现有关的危险事件或情况。同样，这些事件虽然可能与恐怖主义活动无关，但仍可能引发个人的焦虑反应：

1. 公众越来越意识到创伤性事件或类似创伤性事件的普遍性（即，意外的飞机失事，继而造成人员伤亡或与环境中的生物恐怖主义有关的事件）；

2. 患者的亲人或所敬重的人承认自己也是受害者（通常称为幸存者）；

3. 对个人或亲人看似无关的暴力行为，例如强奸或其他性侵犯；

4. 家庭变故或伴侣支持问题；

5. 引发其对于过去事件回忆的景象、声音或气味（这些可能高度针对个人和经历的创伤）。

因此，在处理创伤时，敏感性阈值和与个体解读过程相关的记忆可能因人而异（Wilson，Freidman，& Lindy，2001）。

直接危险

由于恐怖主义行为的严重性和不可预测性，任何干预行动都需要仔细评估自杀意念。此外，最初和随后的住院治疗和药物治疗可能需要帮助处理围绕危机事件的严重的焦虑或抑郁情绪。虽然没有人愿意体验疼痛，但一些专业人士认为，一定程度的疼痛有助于愈合过程。因此，药物只能用于病情最严重的患者或作为干预的辅助手段，而不能使患者仅仅是为了避免不舒服的感觉而依赖药物（Dziegielewski，2013a，2013b）。

在探讨自杀行为的可能性时，用来引出自杀意念或意图的迹象和症状的问题应该是直接的。应询问患者有关抑郁、焦虑、进食或睡眠困难、心理麻木、自残、闪回、惊恐发作或类似惊恐的感觉以及增加药物使用的情况。在仔细确定个人所经历的损失程度并根据所经历创伤时的年龄和创伤情况之后，需要对个人的生活状况进行评估。帮助当事人识别他们的支持系统的成员不仅有助于确保当事人不继续处于危险中，而且还将提醒当事人仍然可以立即获得支持的级别和类型。

危机处理人员与处于危机中的个人的最初几次接触应该是个性化的、有
组织的、以目标为导向的，以帮助后者度过创伤性事件。对于危机咨询师来 260
说，帮助服务对象理解所发生的创伤性事件超出了他们的个人控制是至关重要的。需要建立一个对话，在这个对话中个人可以自由地分享他们的经历，作为回应，咨询师以一种不加评判的方式做出回应（Derezotes，2014）。

在这些最初的会面（第1~3次会面）中，治疗干预的目标是认识到危险事件，并帮助幸存者承认实际发生了什么。此外，在具体处理恐怖主义时，个人需要意识到，其他看似无关的事件也可能引发类似的恐慌反应。一旦个体意识到恐慌症状可能会再次出现，就需要做特定的准备来处理这些症状及其引发的感受。由于创伤的幸存者目前正受到一段时间的压力，干扰了他或她的平衡感，咨询师应该尝试恢复其体内平衡。

个人也应该意识到，危机的情况可能是如此势不可当，幸存者可能会选择关注危机事件以外的事件。对于危机顾问来说，帮助幸存者找到问题的根源非常重要（例如，引发危机的事件或进行相应访谈的原因）。在这些最初的会议中，幸存者开始意识到并承认危机或创伤已经发生的事实。一旦意识到这一点，幸存者就进入了一个脆弱的状态（Roberts & Dziegielewski，1995）。创伤性事件的影响是如此可怕，以至于它会干扰幸存者和他们利用传统的解

决问题和应对方法的能力。当这些通常的方法被发现是无效的，紧张和焦虑继续上升时，个体机能就变得无法有效地运行。

在最初的会面中，评估幸存者过去和现在的应对行为是很重要的；然而，干预的重点必须放在此时此地。危机顾问必须尽一切努力远离过去或未解决的问题，除非它们与创伤性事件的处理直接相关。

阶段二：建立融洽关系并沟通

很多时候，那些围绕着失去至亲这件事的毁灭性事件会让幸存者觉得家人和朋友已经抛弃了他们，或者他们正在因为自己的所作所为而受到惩罚。危机顾问需要对这种不现实的解读导致幸存者产生压倒性负罪感的可能性做好准备。自责的感觉可能会削弱个体的信任能力，这可能会反映在负面的自
261 我形象和自尊心较差上。较低的自我形象和自尊心较差可能会增加个人对进一步受害的恐惧。很多时候，创伤幸存者质疑自己的脆弱性，并知道仍然有可能再次受到伤害。但无论是何种类型的治疗，咨询师与服务对象建立融洽关系都是至关重要的（Parsons & Zhang，2014）。

在可能的情况下，危机顾问应该慢慢地推进工作，尽量让幸存者为所有的干预行动设定进度，因为幸存者可能有被胁迫的历史，强迫他们面对问题可能没有帮助。让幸存者自己决定进度，营造出一种信任的氛围，传递出这样的信息："事件已经结束，你活了下来，你不会在这里受伤。"幸存者经常需要被提醒，他们的症状是对不健康环境的健康反应（Vazquez & Rosa，2011）。他们需要认识到，他们已经从恶劣的环境中幸存下来，并继续生活和应对。创伤受害者可能需要一个积极的未来导向，为了所爱之人而继续生活，以建立幸福、美满的明天为基础寻找愿望和梦想（Call，Pfefferbaum，Jenuwine，& Flynn，2012）。对幸存者的福祉来说，恢复希望、相信改变会发生是至关重要的。

也许最重要的是，在每一次会面中，这些幸存者都需要无条件的支持和积极的关注。这些因素对工作关系尤其重要，因为缺乏支持、指责和违背忠诚的经历是很常见的。治疗关系是一种持续增长和发展应对技能及超越创伤性事件的能力的工具（Call et al.，2012）。

阶段三：识别主要问题

恐怖袭击可以是多方面的，一旦识别并解决了与特定事件有关的主要问题，确定如何最好地提供支持就变得至关重要。一旦幸存者得到了个人的关注，他们可能就准备好参加集体活动了。在危机工作中，始终需要着重讲解放松技巧，鼓励体育锻炼并营造一种氛围，使幸存者了解自我保健是一切康复的根源，为将来的应对和稳定提供基础。

在接下来的几次会面（第 4~6 次会面）中，危机顾问需要扮演非常积极的角色。首先，必须找出要处理和解决的主要问题。这些问题必须直接关系到应对措施和行动对当前形势的影响。讨论通过教育提高对恐怖主义影响和后果的认识。讨论这类事件对个人来说可能是非常痛苦的；简单地重新承认所发生的事情可以将个人推入一种定期发作的危机状态，它表现为不平衡、混乱和静止等特征（例如，就像“最后一根稻草”）。虽然这个过程可 262
能是痛苦的，但一旦幸存者进入完全承认的状态，解决问题的新能量就会产生。这一挑战会激起适度的焦虑，并点燃希望和期望。实际失衡状态可能会有所不同，但对于遭受严重创伤的个人来说，保持这种状态 4~8 周，或者直到找到某种适应或不适应的解决方案并不少见。

阶段四：情感应对与提供支持

幸存者的个人感受、经历和感知产生的能量推动了治疗过程（Kira，2010）。至关重要的是，心理咨询师要表现出同理心，并对幸存者从恐惧和精神异常转变为复原力和力量的世界观有一个扎实的理解。对于失落或创伤的幸存者来说，一种有效的练习方法是能够回想和叙述快乐的记忆；另一种实践策略可以是通过设定目标和精神联系来延续至亲的遗产，创造一个基于内在力量和内在确认的最佳参照系（Kirven，2014）。幸存者出现的症状将被视为功能性的，并被视为避免进一步痛苦的一种手段。即使是严重的症状，如分离反应，也应该被视为一种建设性的方法，可以让自己从有害的环境中解脱出来，并探索替代的应对机制。幸存者的经历应该被正常化，这样他们才能认识到成为受害者不是他们的错。重塑症状是一种很有帮助的应对技巧。在这个阶段（第 7~8 次会面），幸存者开始重新融入并逐渐恢复到新的平衡状态，并逐渐准备好达到新的平衡状态。每种特定的危机情况（乱伦、强奸等类型和持续时间）可能遵循一系列的阶段，这些阶段通常是可以预测和规划出来的。在阶段三制造危机状态的一个积极结果是，在治疗过程中，达到活态的危机之后，幸存者似乎特别愿意接受帮助。当他们觉得自己被理解时，他们可以最自由地分享他们的担忧并创造对话（Derezotes，2014）。

一旦承认了危机情况，就需要纠正幸存者对所发生事情的扭曲想法和认识，并更新信息，以便幸存者能够更好地了解他们所经历的事情。幸存者最终需要面对他们的痛苦和愤怒，这样他们才能制定出更好的应对策略。此外，正常的反应可能包括在愤怒和爱或恐惧和盛怒之间波动的矛盾感觉，所有这些都被认为是反应的正常部分。应注重以优势为基础的方法，在整个咨询过程中，必须承认服务对象在面对和处理这些问题时的持续勇气（Jones-Smith，2014）。

263 随着美国人口的日益多样化，对从业者提供文化上适当的评估、治疗和预防服务的需求也越来越大（Paniagua，2014；Vazquez & Rosa，2011）。从业者需要认识到文化可能在期望和行动中扮演的角色。这在评估和治疗性功能障碍时尤其重要，因为文化不仅可以影响认知和个人经历，而且还可以影响由此导致的行为（Dziegielewski，2015）。此外，过于在乎媒体形象和缺乏教养可能会产生对业绩和实力的不切实际的期望，这显然不仅会影响关系，还会影响服务对象愿意分享的内容。

阶段五：探索可能的替代方案

取得进展需要经历一个哀悼的过程（通常是在第9~10次会面），面对个体生命的逝去，他人需要经历哀伤。围绕背叛和缺乏保护的悲痛表达使受害者能够敞开心扉，接纳已经麻木的全部情感。现在要学会接受和放手，与过去和平相处（Vazquez & Rosa，2011）。

阶段六：制订行动计划

在这里，危机工作者必须非常积极地帮助幸存者确定如何完成治疗干预的目标。实践、建模和其他技术，如行为排练、角色扮演、写下自己的感受和行动计划，在实施干预计划时是至关重要的（Dziegielewski，2013a）。通常，幸存者已经意识到他们没有过错，也没有责任。他们扮演了什么角色和起到了什么作用变得更加清晰，自责也变得不那么明显。幸存者开始承认，他们没有能力帮助自己，也没有能力改变事情。然而，这些认识往往伴随着他们对无法控制发生在他们身上的事情而感到的无助和愤怒。在这里，心理健康专业人员的角色变得至关重要，因为它可以帮助服务对象看到其因愤怒而采取行动的长期后果，并制定合适的行动路线。最后几次会面（第11~12次会面）的主要目标是帮助个人将学习和处理的信息重新整合到一个内在平衡状态里面，使他们的机能能够再次充分运作。此时应考虑和讨论转诊以进行额外治疗（即额外的个人治疗、团体治疗、夫妻治疗、家庭治疗）。

阶段七：后续措施

一般情况下，随访对于干预非常重要，但几乎总是被忽视。在成功的治疗交流中，幸存者在其先前的机能和应对水平方面发生了重大变化。测定这些结果是否维持一致的标准至关重要。通常，后续行动可以简单到打电话讨论事情的进展。会面结束后1个月内的后续行动很重要。建议进行晤谈或进行干预，以帮助幸存者达到更高的适应水平（Raphael & Dobson，2001）。重要的是，在个体准备好之前，不要强迫他们。有时幸存者需要时间来自我恢 266
复，一旦自我恢复完成，他们将会开放地接受进一步的干预。

可以采取其他后续措施，但需要更高级的规划。如第二十七章所述，可以添加前测-后测设计，只需在治疗开始时和结束时使用标准化量表即可。测量心理创伤的征兆和症状的量表很容易获得。请参阅弗舍尔（Fischer）和科科兰（Corcoran）（2007a，2007b）完整梳理的可用于行为科学的测量量表清单。

最后，重要的是，要认识到当处理这种类型的压力反应时，决定干预过程和类型的是幸存者。在后续行动中，许多幸存者可能需要额外的治疗帮助，但无法表达关于晤谈的请求，而其他幸存者在最初适应了危机并学会了如何应对之后，可能会发现他们想要更多的帮助。毕竟，帮助幸存者度过危机时期仍然是所有的帮助干预的最终目标。无论幸存者是否要求额外的服务，危机咨询师都应该准备好帮助服务对象了解可用于继续治疗和情感成长的选项。如果需要额外的干预，应考虑与其他类似创伤的幸存者进行团体治疗、个体成长指导治疗、伴侣治疗（包括重要的另一半）和家庭治疗。

有一种模型作为应对恐怖主义威胁和为其筹备的计划引起了人们的兴趣，这种模型被称为ALICE［字母代表步骤，即“警报”（alert）、“封锁”

（lock down）、“通知”（inform）、“反击”（counter）和“疏散”或“撤离”（evacuate）］。有关使用此模型所涉及的步骤的说明，请参见表 9-2（ALICE Training Institute，2014）。实施 ALICE 模型的基本目的是使用所有可用的技术提醒尽可能多的人他们可能在危险区域或接近危险区域，并提出减少威胁并将个人带到安全地带的方法。这种意识旨在赋予个人前进的能力，为自己负责，并帮助他人寻求安全。

264 **表 9-2　ALICE 模型的应用**

警报：使用通俗易懂的语言，避免使用暗语。

警报的目的是通知危险区内尽可能多的人存在潜在的生命危险。沟通是必不可少的，可以通过许多不同的方法（PA、文本、电子邮件、个人感觉）来促进沟通。无论以何种方式传递，目的都应该是传递信息，而不是告诉一个人必须做什么，也不是发号施令。

使用通俗易懂的语言，通过尽可能多的传递渠道进行传递，是确保在危险区内提高认识的最佳方式。它将使尽可能多的人有能力做出明智的决定，选择最好的选项，从而最大限度地增加生存机会。

ALICE 与国土安全部（DHS）和联邦紧急事务管理局（FEMA）一同建议使用简单而具体的语言。ALICE 培训讨论了清楚传达警报的方法，以及各种通信技术可以传达这些警报信息的方式。

封锁：隔离封锁房间，保持移动设备静音。如有需要，准备撤离或反击。

封锁是在遇到枪手或暴力入侵者时的重要应对措施，但必须有一个相对安全的起点，才能做出生存决策。

ALICE 培训项目解释了封锁是更好选择的情境，并打破了关于传统封锁过程的不实认知。在暴力入侵的情况下靠封锁将严重危及在场的个人，无论是在医院、学校、教堂或企业，传统的封锁制造了容易识别的目标，并使枪手的目标更容易被击中。

ALICE 培训师指导了如何更好地隔离房间，如何使用移动和电子设备，如何以及何时与警方沟通，以及如何利用封锁期间的时间准备其他策略（如：反击或疏散）等实用技术，这些在施暴者进入时可能会起作用。

通知：实时传达射击者的位置。

通知是警报的延续，需要使用任何必要的手段传递实时信息。视频监控、911 电话和个人报警器（Personal Alarm，PA）公告只是学校员工、安全官员和其他人员可能使用的几个渠道。

应急响应计划应该有明确的方法通知学校员工、医院工作人员或任何其他员工暴力入侵者的下落。没有人想要实施这样的方法，但在武装入侵者进入设施的可怕事件中，应急准备培训将可以发挥作用。

信息应该总是清晰和直接的。尽可能多地告知入侵者的下落。有效的信息可以让枪手失去平衡，让学校里的人有更多的时间进一步封锁或疏散到安全的地方。

射击者有 98%的可能性是单独一人。如果已知射击者位于建筑物的隔离区域中，则其他病房中的人员可以安全撤离，而处在直接危险中的人员则可以封锁区域并准备反击，知识才是生存的关键。

反击：制造噪声、移动、距离和干扰，目的是降低射手的精准射击能力。

ALICE 培训认为，无论是在学校、医院、企业还是在教堂，积极对抗暴力入侵者并不是确保所有相关人员安全的最好方法。

反击着重于产生噪声、移动、距离和干扰的动作，目的是降低射手的准确射击能力。创建动态的环境会减少射手击中目标的机会，并且可以提供撤离所需的宝贵时间。

续表 265

ALICE 不支持平民与行动中的枪手作战，除非直接面对生死攸关的情况。反击是最后的选择，也是最坏的情况。

如果一名枪手进入学校、医院、教堂或企业，可以采取一些步骤来努力在袭击中幸存下来。由于工作场所暴力在全美呈上升趋势，这种方法并不局限于防止校园枪击事件。ALICE 训练项目提供了在没有其他选择的情况下，真正有效地对抗枪手的方法的例子。

反击关乎生存，是枪手和潜在受害者之间的最后一道屏障，一个人为了获得控制权所能做的任何事情都是可以接受的。这与坐以待毙正好相反，其所采取的每一项行动都是走向生存的一步。

撤离：在安全的情况下，离开危险区域。

我们人类在面对危险时的本能就是把自己从这种威胁中解脱出来。ALICE 培训为更安全、更具战略性的疏散提供了技术方法。

建筑物中枪手的行动会造成一种前所未有的情况。撤离到安全区域可以使人们摆脱伤害，并有希望防止平民与射手进行任何接触。通过撤离，平民可以避免被迫使用 ALICE 培训中学到的技术来对抗射手。

你知道你应该从上角而不是从中心打碎窗户吗？有许多平民不知道的有用技术是存在的并且可以拯救生命。ALICE 培训师会教授如何通过窗户、从较高的楼层和在极端胁迫下疏散的策略。

ALICE 培训师还给出了在集会地点应该做什么的指导，包括与执法部门沟通和实施急救。其中疏散是首要目标。

有希望的是，在发生枪击事件时，把人们从学校、工作场所或教堂疏散总是一种选择。ALICE 培训项目为暴力入侵者进入建筑物的情况的各个方面提供课程和信息。安全是本项目的首要关注点，我们不支持学生或员工冒生命危险（ALICE Training Institute，2014）。

文化敏感性

正如罗伯茨的七阶段模型在应用中所概述的那样，危机干预的每个阶段都需要增强文化敏感性。由于不断增长的移民人口和对潜在恐怖主义的误解，对文化敏感性的需求从未像现在这样强烈。不足为奇的是，随着美国人口结构的日益多样化，对从业者提供符合文化背景的评估、治疗和预防服务 267
的需求也越来越大（Dziegielewski，2014；Paniagua，2014）。

未来方向

2001 年 9 月 11 日的悲惨事件经常被认为永远改变了美国人看待美国恐怖主义的方式。在全美范围内，各种形式的恐怖主义暴露出了加强国家边境安全的必要性，以及为确保免受生物战伤害而需要做出持续努力（Levy & Sidel，2003）。问题仍然存在，即便“9·11”劫机犯中的许多人都在 FBI 的监视名单上，他们是如何能够顺利通过机场安检的？（McGeary & Van Biema，2001，p. 29）而且，在针对美国的恐怖主义威胁不断上升的情况下，美国人如何才能再次感到安全呢？无论是否直接暴露在恐怖主义活动中，每个人都可能受到对恐怖主义畏惧的影响，解决这些恐惧导致我们安保的加强和变化，特别是在我们的机场，永远不会回到之前更宽松的政策。只要到当地机场一趟，无论是国内旅行还是国际旅行，都能看到这一悲剧事件对我们社会产生的最基本的影响。

由于如此多的人直接受到恐怖主义的影响，更多的人在不可预测的环境中生活，因此以危机咨询来解决压力和应对问题得到了极大的关注。这种日益增加的关注导致了许多理论、实证和应用研究的迅速增加，并为这一不断更新的文本提供了很大的动力。最近的事件使得一些研究人员声称，应对创伤和压力已经成为一种社会文化现象，这可能会造成由于大众文化中有关压力的信息的扩散而导致更高的自我报告压力水平。

从历史上看，已经确定了三种类型的压力：全身或生理压力、心理压力和社会压力（Levy & Sidel，2003）。然而，新近的恐怖主义经历以及应对由此造成的创伤和压力的方法仍然多种多样。这些幸存者经历的压力水平、压力的来源、与自尊心和自我认知有关的压力、压力和应对技能以及如何最好地处理压力都只是需要进一步研究的众多问题中的一小部分。

从 2001 年 9 月 11 日袭击开始的最近一系列事件引发的暴行在美国历史上是史无前例的。传统上，人们期望美国人适应新的社会环境，保持良好的个人和职业地位，以及直面由于帮助家庭、支持亲友带来的诸多压力。在治疗过程中，不能低估的是需要确保被服务的人不会感到被剥夺了权利、没有
268 价值、被看不见、被背叛和被边缘化。当这种情况发生时，他们可能陷入愤怒和绝望的消极心理状态，伤害他人或国家的冲动可能会增加。因此，作为从业者，重要的是我们要牢记以下几点，这可以被认为是“三 V”［指的是“价值”（value）、“认可”（validate）和“可见”（visible）］：

- **价值**：帮助所有人使他们感觉到自己有价值，并能够为他们的社区和国家做出贡献。
- **认可**：不论个人目前的状态或外表如何，从他们的角度认可他们和他们的经历。在促进其最佳的世界观和对未来的希望的过程中，保持不带偏见和专心致志。
- **可见**：永远不要忽视任何人！尊重所有人，不管他们目前的地位

或外表如何。使用眼神交流、闲聊、友善的话语、友好和积极的手势，在一天当中哪怕抽出极短的时间来认可他们的存在。

未来，在评估与恐怖主义有关的个体时，从业者需要留意到弱势群体，如无家可归者、智障人士、刑满释放的罪犯、创伤幸存者、与子女关系疏远的父母以及刚刚失去工作的人。所有这些特征和情况都会给个人带来严重的压力，倾听并对他们所表达的担忧保持敏感，可能会极大地帮助其减少挫折感，防止创伤性报复。

此外，创伤幸存者需要继续发展新的角色，并根据他们面临的发展任务来修改旧角色。当一个人受到这些多重需求的压力时，他们会经历角色紧张、角色超载和角色模糊，这通常会导致强烈的压力感。需要更多地注意危机最初发生时的反应，以及在创伤的初始阶段过去后将继续出现的反应。恐怖袭击的威胁可能会产生相当大的心理影响，包括即时反应和长期或延时的反应（DiGiovanni，1999）。此外，还需要更多有关最有效解决压力事件时间的信息（Raphael & Dobson，2001）。应对和压力管理技术可以帮助个人恢复到以前的机能水平，使遭受过严重创伤的个人可以得到所需的健康和支持。

致谢：特别感谢克里斯蒂·萨姆纳（Kristy Sumner）对本章先前版本的贡献。

参考文献

ALICE Training Institute. (2014). *How to respond to an active shooting event.* Retrieved from http://www.alicetraining.com/what-we-do/respond-active-shooter-event/

American Psychiatric Association. (2013). *Diagnostic and statistical manual of mental disorders* (5th ed.). Washington, DC: Author.

Avoiding dark winter. (2001). *The Economist, 361*(8245), 29–30.

Badolata, E. (2001). How to combat terrorism: Review of United States terrorism policy. *World and I, 16*(8), 50–54.

Bleich A., Gelkopf, M., & Solomon, Z. (2003). Exposure to terrorism, stress-related mental health symptoms, and coping behaviors among a nationally representative sample in Israel. *Journal of the American Medical Association, 290*, 612–620.

Bowman, S. (1994). *When the eagle screams.* New York: Birch Lane Press.

Bunker, R. J., & Flaherty, C. (2013). *Body cavity bombers: The new martyrs.* Bloomington, IN: iUniverse, Inc.

Call, J. A., Pfefferbaum, B., Jenuwine, M. J., & Flynn, B. W. (2012). Practical legal and ethical considerations for the provision of acute disaster mental health services. *Psychiatry, 75*, 305–322.

Camarota, S. A. (2012). *Immigrants in the United States, 2010: A profile of America's foreign-born population.* Center for Immigration Studies. Retrieved from http://cis.org/2012-profile-of-americas-foreign-born-population.

Camarota, S. A., Beck, R., Kirkorian, M, & Wattenberg, B. (2007, August). 100 Million more: Projecting the impact of the US population from 2007 to 2060. Center for Immigration Studies. Retrieved from: http://cis.org/articles/2007/back707transcript.html

Canetti-Nisim, D., Halperin, E., Sharvit, K., & Hobfoll, S. E. (2009). A new stress-based model of political extremism. *Journal of Conflict Resolution, 53*, 363–389. doi:10.1177/0022002709333296

Centers for Disease Control and Prevention [CDC]. (2014a). Emergency preparedness and response. Bioterrorism overview. Retrieved from http://emergency.cdc.gov/bioterrorism/overview.asp

Centers for Disease Control and Prevention [CDC]. (2014b). Anthrax. Retrieved from: http://www.cdc.gov/anthrax/

Centers for Disease Control and Prevention [CDC]. (2014c). Smallpox basics. Retrieved from: http://emergency.cdc.gov/agent/smallpox/disease/

Derezotes, D. S. (2014). *Transforming historical trauma through dialogue.* Thousand Oaks, CA: Sage.

DiGiovanni, C. J. (1999). Domestic terrorism with chemical or biological agents: Psychiatric aspects. *American Journal of Psychiatry, 156*, 1500–1505.

Dyer, K. (2001). What is different about this incident? Retrieved from www.kirstimd.com/911_health.htm

Dziegielewski, S. F. (2015). *DSM-5™ in action.* Hoboken, NJ: Wiley.

Dziegielewski, S. F. (2013a). *The changing face of health care social work: Opportunities and challenges for professional practice* (3rd ed.). New York: Springer.

Dziegielewski, S. F. (2013b). *Social work practice and psychopharmacology: A person and environment approach.* New York: Springer.

Dziegielewski, S. F. (2014). *DSM-IV-TR™ in action* (2nd ed.-*DSM-5* Update). Hoboken, NJ: Wiley.

Edwards, C. (2013). Privatizing the Transportation Security Administration. *Policy Analysis, 742*, 1–16.

Ellis, R. (2014). Creating a secure network: The 2001 anthrax attacks and transformation of postal security. *Sociological Review, 62*, 161–182. doi:10.1111/1467-954X.12128

Feigelman, W., Jordan, J. R., McIntosh, J. L., & Feigelman, B. (2012). *Devastating losses: How parents cope with the death of a child to suicide or drugs.* New York: Springer.

Fischer, J., & Corcoran, K. (2007a). *Measures of clinical practice: A sourcebook: Vol. 1. Couples, Families and Children* (4th ed.). New York: Free Press.

Fischer, J., & Corcoran, K. (2007b). *Measures of clinical practice: A sourcebook: Vol. 2. Adults* (4th ed.). New York: Free Press.

Flaherty, C. (2008). 3D Tactics and information deception. *Journal of Information Warfare*, 2(7), 49–58.

Flaherty, C. (2012) *Dangerous Minds: A Monograph on the Relationship Between Beliefs—Behaviours—Tactics.* Published by OODA LOOP (September 7, 2012). Retrieved from: http://www.oodaloop.com/security/2012/09/07/dangerous-minds-the-relationship-between-beliefs-behaviors-and-tactics/

Flaherty, C. (2014). 3D vulnerability analysis solution to the problem of military energy security and interposing tactics. *Journal of Information Warfare,* (*13*)1, 33–41.

Goelitz, A., & Stewart-Kahn, A. (2013). *From trauma to healing: A social worker's guide to working with survivors.* New York: Routledge.

Graham, S. (2011). *Cities under siege: The new military urbanism.* New York: Verso.

Jones-Smith, E. (2014). *Strengths-based therapy: Connecting theory, practice, and skills.* Thousand Oaks, CA: Sage.

Kira, I. A. (2010). Etiology and treatment of post-cumulative traumatic stress disorders in different cultures. *Traumatology, 16*(4), 128–141. doi:10.1177/1534765610365914

Kirven, J. (2014). The reality and responsibility of pregnancy provides a new meaning to life for teenage fathers. *International Journal of Choice Theory and Reality Therapy, 33*(2), 23–30.

Levy, B. S., & Sidel, V. W. (2003). *Terrorism and public health.* New York: Oxford University Press.

McCormick, S., & Whitney, K. (2013). The making of public health emergencies: West Nile virus in New York City. *Sociology of Health and Illness, 35*, 268–279. doi:10.1111/1467.9566.12002

McCutcheon, C. (2001). From "what-ifs" to reality. *Congressional Quarterly Weekly, 59*, 2463–2464.

McGeary, J., & Van Biema,D. (2001). The new breed of terrorist. *Time, 158*(13), 29–39.

McVey, P. (1997). *Terrorism and local law enforcement.* Springfield, IL: Charles C. Thomas.

Miguel-Tobal, J. J., Cano-Vindel, A., Gonzalez-Ordi, H., Iruarrizaga, I., Rudenstine, S., Vlahov, D., & Sandro, G. (2006). PTSD and depression after the Madrid March 11 train bombings.

Journal of Traumatic Stress, 19(1), 69–80.

Myers, D., & Oaks, N. (2001, August). *Weapons of mass destruction and terrorism.* Presented at the Weapons of Mass Destruction/Terrorism Orientation Pilot Program. Pine Bluff, AR: Clara Barton Center of Domestic Preparedness.

National Center for Post-Traumatic Stress Disorder. (2001). Self-care and self-help following disaster. Retrieved from www.ncptsd.org/facts/disasters. html

Nordin, J. D., Kasimow, S., Levitt, M. J., & Goodman, M. J. (2008). Bioterrorism surveillance and privacy: Intersection of HIPAA, the common rule, and public health law. *American Journal of Public Health, 98*, 802–807.

O'Toole, T., & Inglesby, T. (2001). *Shining a light on dark winter. Johns Hopkins Center for Civilian Biodefense Studies.* Retrieved from www.hopkins_biodefense. org

Paniagua, F. A. (2014). *Assessing and treating culturally diverse clients: A practice guide* (4th ed.). Thousand Oaks, CA: Sage.

Parsons, R. D., & Zhang, N. (2014). *Becoming a skilled counselor.* Thousand Oaks, CA: Sage.

Potter, R. H., & Rosky, J. W. (2013). The iron fist in the latex glove: The intersection of public health and criminal justice. *American Journal of Criminal Justice, 38*, 276–288. doi:10.1007/s12103-012-9173-3

Ramsay, J. D., Cutrer, D., & Raffel, R. (2010). Development of an outcomes-based undergraduate curriculum in homeland security. *Homeland Security Affairs,* 6(2), 1–20.

Raphael, B., & Dobson, M. (2001). Acute posttraumatic interventions. In J. P. Wilson, M. J. Friedman, & J. D. Lindy (Eds.), *Treating psychological trauma and stress* (pp. 139–157). New York: Guilford Press.

Roberts, A. R. (1991). *Contemporary perspectives on crisis intervention and prevention.* Englewood Cliffs, NJ: Prentice Hall.

Roberts, A. R., & Dziegielewski, S. F. (1995). Foundations and applications of crisis intervention and time-limited cognitive therapy. In A. R. Roberts (Ed.), *Crisis intervention and time-limited cognitive treatment* (pp. 13–27). Newbury Park, CA: Sage.

Schuster, M. A., Stein, B. D., Jaycox, L. H., Collins, R. L., Marshall, G. N., Elliott, M. N.,. . . Berry, S. H. (2001). A national survey of stress reactions after the September 11, 2001, terrorist attacks. *New England Journal of Medicine, 345*, 1507–1512.

Shalev, A. Y., & Freedman, S. (2005). PTSD following terrorist attacks: A prospective evaluation. *American Journal of Psychiatry, 162*, 1188–1191.

Silver, R. C., Holman, A. E., McIntosh, D. N., Poulin, M., & Gil-Rivas, V. (2002). Nationwide longitudinal study of psychological responses to September 11. *Journal of the American Medical Association, 288*, 1235–1244.

Simon, J. D. (1999). Nuclear, biological, and chemical terrorism: Understanding the threat and designing responses. *International Journal of Emergency Mental Health, 1*(2), 81–89.

Terrorism Research Center. (2000). Combating terrorism. In *U.S. Army field manual.* Retrieved from www.terrorism.com.index. html

Terrorism Research Center. (2005). Combating terrorism. In *Utilizing terrorism early warning groups to meet the national preparedness goal*. Retrieved from www.terrorism.com.index. html

Texas Department of Health. (2001). Bioterrorism FAQs. Retrieved from www.tdh.state.tx.us/bioterrorism/default.htm

Texas Department of State Health Services. (2013). Bioterrorism preparedness. Retrieved from https://www.dshs.state.tx.us/preparedness/chem_pros.shtm

Vazquez, C. I., & Rosa, D. (2011). *Grief therapy with Latinos: Integrating culture for clinicians*. New York: Springe.

Wilson, J. P., Friedman, M. J., & Lindy, J. D. (2001). Treatment goals for PTSD. In J. P. Wilson, M. J. Friedman, & J. D. Lindy (Eds.), *Treating psychological trauma and stress* (pp. 3–27). New York: Guilford Press.

第十章　危机干预小组：在个人心理健康危机中以警察为基础的第一响应

戴维·P. 卡西克（David P. Kasick）
克里斯托弗·D. 鲍林（Christopher D. Bowling）

273 ## 案例

在一个凉爽的秋天傍晚，日落之后不久，一名年轻女子拨打 911，报告她的男友可能要自杀。她向警察调度员描述，自从男友的母亲在当年早春时被诊断出患有晚期癌症并在两个月前去世以来，男友在最近一个月变得越来越沮丧。她说自从最近从大学毕业，男友一直在与失业做斗争，并且最近男友的家庭医生诊断出他患有抑郁症，还为男友开了一种抗抑郁药物，但她认为她男友没有服用，她还提到男友最近饮酒量的增加和同她关于琐碎问题的口头冲突的增加。当晚早些时候，男友在与她发生有关有线电视账单的争吵后离开了他们的公寓，并挑衅说，她下一次见到他时他就已经死了，并且男友已经一个多小时没有回复电话和短信了。她很害怕，担心男友可能会有获得枪支的途径。她向警察调度员描述了男友当时驾驶的车辆。

不到 30 分钟，警察局危机干预小组（crisis intervention team，CIT）的巡逻人员在当地公园的一个隐蔽区域的汽车旁边，找到了这名男子，他正坐在野餐桌旁。他静静地坐着，沮丧且泪流满面。尽管发现他没有武器，但一开始他脾气暴躁，回答警官的话简短生硬。警官注意到他正在翻看他童年时母亲的相册，他们向他了解了他最近的生活状况。同时，询问了他女朋友的担忧，并仔细记录下他对自身机能下降的描述，因为他们意识到这名男子身上
274 有很多他们在 CIT 培训期间了解到的多种抑郁迹象和症状。在讨论过程中，

警官们专心倾听，并注意到这名男子有一种逐渐解脱和平静的感觉。这名男子后来透露，在他们到达前不久，他购买了一瓶非处方止痛药，并有在公园进行过量服药的想法。他向警官们讲述了他的一些挣扎和失落，以及傍晚时候与女友的争吵。认识到该男子可能有失代偿性精神疾病的迹象和症状后，警官们与该男子商量一起去当地的心理健康危机机构，并鼓励他利用对方的服务进行进一步的心理健康评估和干预。他同意和警察去那里。到达健康危机中心后，警官向健康危机工作人员转述了事件细节以及他们对该男子行为的观察。在经过一系列鉴别分诊程序后，他住进了精神病院，进行持续的住院治疗。

简 介

在过去的 25 年中，CIT 模式得到不断发展，成为发展和引导个人心理健康危机执法应对措施的最佳实践框架。以社区和专业机构的合作伙伴关系为基础的危机干预小组充满了活力，并在执法机构内部培训和维护了一支基层巡逻人员队伍，在识别、评估、缓解冲突以及解决执法人员遇到患有精神疾病的高危个体情况处置方面，这支队伍接受了额外培训。当执法/公共安全机构调度员接到涉及心理健康危机的电话时，受过 CIT 培训的警官会被挑选出来处理这种情况。这些第一响应人员既是通才，又是专家，因为他们不仅履行一般警务职责，同时也作为警务专家被派往处理涉及心理健康危机人员的案件。配备这种与高危人员打交道经验丰富和拥有最多培训专业知识的联络人员，旨在对接触此类案件的安全性和处理结果产生积极影响。

在后去机构化时代，与执法部门接触往往是许多患有急性或慢性精神疾病的个人不可避免的现实。通过培训警官来更好地了解精神疾病的行为表现及其对执法接触的潜在影响，CIT 的目标是在不影响公共安全目标的前提下，同时提高对精神疾病患者需求的关注（Morrissey，Fagan，& Cocozza，2009）。通过提高刑事司法界和心理健康界之间的角色和关系的整合程度，执法人员能够通过他们作为心理健康和刑事司法系统的守门员的角色，更有效和安全 275
地进行干预。CIT 项目旨在提高警官和执法对象的安全，减少使用武力，增加个体患者转介到心理健康服务门诊的比例，同时在适当的情况下将他们从刑事司法体系转移出去（Compton et al.，2014a，2014b）。

在美国田纳西州孟菲斯市初步构思 CIT 并取得成功后，“孟菲斯模式”（Memphis model）被各个社区屡次调整和复制，形成了一个全国性和国际性的 CIT 项目网络。当地社区有机会组织 CIT 项目，开发培训课程，并保持积极的计划协调，这加强了执法部门和几个关键社区利益相关者之间的伙伴关系。CIT 平台为执法人员、心理健康消费者、家庭与心理健康倡导团体以及当地心理健康治疗提供者提供了一个交流平台，让他们从更多信息的视角了解彼此的文化、观点和需求，减少一些过去给这些群体之间互动带来消极影响的不信任或误解。作为联合利益相关者模式，CIT 提供了一个在执法接触后影响个人结果的机会，也提供了一种围绕心理健康危机治疗的协调来更好地组织社区资源的方式。这种超越刑事司法和心理健康社群之间传统界限的互利，影响了个体治疗效果，同时由于当地社区努力维持社区心理健康危机治疗的有效协调，整个系统的沟通也得以改善。

CIT 现在被视为执法中的最佳实践，并正在建立一个学术论证基础，以支持早期利益相关者所认识到的好处（Watson & Fulambarker，2012；Thompson & Borum，2006）。除了早期项目采用者注意到的好处之外，循证实践时代的进一步学术研究揭示了一个新兴的证据基础，该证据支持了 CIT 有助于改善危机中的个人和遇到他们的执法人员的双方安全和绩效表现。维持和发展 CIT 项目基层网络的新机会可能存在于社交媒体、电子教育和研究技术领域中。

CIT 的演变与传播

执法部门的危机干预小组模式，其渊源可以追溯到田纳西州孟菲斯市警察局于 1988 年开发的第一个项目。1987 年 9 月，孟菲斯市警察参与了一起致命的枪击事件，一名精神疾病患者用刀割伤自己，可能是自杀，他威胁警察，并且他没有遵照他们的指示。虽然在对事件进行审查后，没有发现这些
276 警官有任何刑事不当行为，但公众的强烈抗议促使一个由执法部门、心理健康服务者和心理健康倡导者组成的社区特别工作组成立，以分析该事件的相关因素，并制定更好的培训和应对模式。由于他们的联手努力，第一个 CIT 方案的框架出现了。

执法机构早就认识到，他们的工作人员可能会发现自己处于执法对象受亢奋的、严重精神疾病驱动而表现出异常行为的情况（Bittner，1967）。1996 年，一项对较大城市公安部门的调查表明，被认为涉及精神疾病个人的执法接触和调查的比例约为 7%（Deane，Steadman，Borum，Veysey，& Morrissey，1999）。当时，只有不到一半的受访者表示，他们的部门对这种情况有各种专门的心理健康响应措施。这些情况通常需要警官在决定如何处理时行使重大自由裁量权，以平衡保护公众福利的需求和保护患有精神疾病而无法自理的公民的需求（Lamb Weinberger，& DeCuir，2002）。

19 世纪 80 年代后期，在危机干预小组模式形成之前，部分学校开设的执法人员与精神疾病患者互动的标准化基础培训项目差异大不说，而且数量很少。学校的课堂时间通常用于核心主题，比如应对和管理犯罪活动和混乱、警察职业精神、刑法和交通法的理解应用、法律问题、武器的使用、驾驶技能和防御战术。由于缺乏对可能导致多种行为特征的个体的理解，这些核心要素往往掩盖了对个体更深入的探索，实际上，这些行为可能需要社区执法人员的协助或关注。例如，在 2006 年，俄亥俄州培训治安警察的最低标准是 16 小时（总共 582 小时），用于应对“特殊人群”，其中包括患有精神疾病、发育和身体残疾以及身体障碍的个人。除了对基础培训项目的最低要求以外，CIT 模式的成长为编外治安警官的培训和技能发展提供了一个继续教育框架。

在过去的 40 年中，美国患有严重精神疾病的人口数量不断增长，他们也从医院住院部转移到社区门诊。同时，伴随而来的是资金和服务短缺现状，精神病住院治疗床位取消，以及与过去几十年相比许多精神疾病患者获得的支持大大减少的情形（Lamb & Weinberger，2005）。与上一代人不同的是，越来越多的精神疾病患者已经不再在收容所或医院中接受治疗，而是被收容在监狱和其他教养所中接受治疗。再加上无家可归人员和成瘾性病患的脆弱性，精神疾病患者与执法部门进行街头接触的机会便增加了，从而导致 277
执法人员成为精神科急诊的主要转介来源（Borum，Deane，Steadman，& Morrisey，1998）。随着去机构化运动（deinstitutionalization）的发展，一些始料未及的后果开始呈现，患有严重行为性病症的患者从接受住院心理健康治疗系统的保护转而流落街头，并与刑事司法系统进行更频繁的互动，这使得执法人员越来越认识到涉及精神疾病患者的求助电话的复杂性。注意到人口的多样化和不断变化的需求，警官们发现他们需要与心理健康专家和其他社会机构合作，以将执法响应从临时干预转变为反映专业系统协作的全面政策（Chappell & O'Brien，2014）。难怪，CIT 模式在社区警务日益增长的时代蓬勃发展。

同样，随着社区认识到惩教环境中精神疾病患者的比例过高，人们对把危机干预小组作为促进监狱转向的机制的兴趣也有所增长。在许多情况下，执法人员在如何解决涉及危机中个人的报警求助电话问题上拥有相当大的自由裁量权。这类案件的结果可能包括刑事逮捕，通常是以轻罪指控为由，这些指控源于未得到充分治疗的精神疾病驱动的行为。在对有定期发作精神疾病驱动行为的个体进行治疗比进一步定罪更合适的情况下，CIT 已被概念化为逮捕前的分流方案，作为防止个体进一步走法律程序①的一系列连续拦截干预措施之一（Munetz & Griffin，2006）。降阶梯疗法是 CIT 模式中的一个核心培训要素，也可能对监狱分流至关重要，因为它可能有助于减少执法对象对警察挑衅做出的冲动或情绪化反应（Compton et al.，2014a）。提高警员对危机中个体的心理健康转介和治疗选项的认识，在警员认为某些执法对象在监狱中将比留在社区中能获得更好的心理健康服务时，可能有助于减少对“善意拘留”的需求。

除了在美国各地广泛使用外，危机干预小组模式也在加拿大各地、澳大利亚海外项目等国际范围内得以应用（Chapell & O' Brien，2014）。澳大利亚对这种专门的警察心理健康响应需求源于此前在孟菲斯发生的类似的涉及警员的枪击事件，之后澳大利亚确定了下一步与警员培训需求类似的后续鉴定。澳大利亚已经针对大型州立机构修改了核心的 CIT 概念，使其服务城市和广大农村地区。基于当前类似孟菲斯市 CIT 的多种模式，加拿大心理健康
278 委员会提出了 TEMPO②，作为加拿大警务人员的国家级、多层次学习战略，在讲述教学法（didactic instruction）之外，更加重视终身学习以及其他多种成人学习方法（Coleman & Cotton，2014）。麦克莱恩（McLean）和马歇尔（Marshall）（2010）报告说，苏格兰的警察缺乏类似 CIT 的心理健康危机应对模式，面对效率低下、获得心理健康危机服务的困难以及对于改善危机结果

① 危机干预的理念是能医疗干预，就不以司法判刑。——译者注

② 即当代警察精神疾病教育和培训模式，a contemporary model for police education and training about mental illness。——译者注

的协作护理模式的缺失，他们一直感到沮丧。

CIT 课程模型和最佳实践

最初的危机干预小组在孟菲斯市取得成功后，美国其他社区和执法机构也开始建立自己的危机干预小组。其中许多项目都是建立在地方一级的基层努力基础上的，以满足当地执法机构、心理健康系统和被服务社区的特定人群的独特需求。相反，其他机构作为成员参加了由中央统筹、自上而下的方式驱动的州级项目（如佐治亚州），这些项目具有共同的课程安排和行政管理结构（Oliva & Compton，2008）。

为达到利益相关者的目标要求，各种课程需要常态调整，许多机构继续参考孟菲斯市最先概念化的要素和结构，从而产生了“孟菲斯模式”的概念（Dupont，Cochran，& Pillsbury，2007）。该模式的目标强调 CIT 项目“不仅仅是培训”，重点是改善警官和执法对象的安全，并将精神疾病患者从刑事司法系统重新引导到医疗系统（Dupont et al.，2007）。各个项目继续将孟菲斯模式提出的现行核心元素纳入到其项目中，这些元素具有可操作性和可持续性，可以满足其社区的独特和动态需求。

孟菲斯模式强调的现行项目要素包括执法机构领导层（如警察局和治安官办公室、司法机构成员、惩教机构）与宣导社区成员和心理健康专业人员之间的积极的伙伴关系。每个小组的协调员被确定，并作为其他主要利益相关者小组的联络人。规划和实施指导当地 CIT 项目发展政策的关键是，通过 279
接触、缓解、传输、处置、风险评估和护理服务，将在一线互动的个体与能够人性化和促进服务对象利益的倡导者联系起来。如果没有这种伙伴关系的存在，在危机情况下很难利用教育、培训和共享社区所有权带来的互惠（Dupont et al.，2007）。

孟菲斯模式围绕执法部门和心理健康机构内部的政策和程序提出的操作要素，被认为对有效处理每一种危机情况是必不可少的（Dupont et al.，2007）。应训练足够数量的执法人员去执行巡逻职能，最好是部门巡逻人员的 20%～25%，使其能够全天候待命。相应的是，所有执法人员或公共安全调度人员也应接受培训，以便正确识别心理健康危机，并将最近的 CIT 人员派往现场。理想情况下，警官应该有多种住院和门诊转介选择，并有具体的政策保证，以便在必要时执法对象能随时获得心理健康保健。CIT 警官将个人送往心理健康护理机构的周转时间应尽量缩短，不应超过处理刑事逮捕所需的时间，以消除把监狱拘留作为一种耗时较少的首选方案的可能性。

孟菲斯模式下巡逻警官的 CIT 培训侧重于通过来自心理健康、执法和宣导团体的各种个人经验、想法和信息来开发危机缓和的能力（Dupont et al.，2007）。警员自愿申请培训，并被选中参加 40 小时的课程。

根据对美国各地项目培训时间表的审查，CIT 核心课程通常包括以下主要类别：精神疾病及其治疗、药物使用障碍和人格障碍等共生疾病、与家庭成员和执法对象的互动、法律问题、当地社区心理健康体系以及危机缓和技能。

课程在内容组织上各不相同，例如，精神疾病诊断术语或精神药物，它们的效果可能以集中的方式呈现，也可能与主要诊断类别相对应地被分成几块。一些项目包括自杀风险评估和儿童/青少年心理健康问题的具体模块。药物使用障碍是其中最常出现的共生障碍。项目还可能提供关于患有独立或共生精神疾病和发育残疾的人的培训和教育，帮助执法人员了解这些病状以及向这些人提供服务的不同机构。

CIT 核心培训课程为执法人员提供了与精神疾病患者家属和心理健康服务消费者互动的方法。这些方法包括小组讨论、参观设施，以及与心理健康
280 病案管理师一起实地考察。小组讨论在教室里举行，服务对象和家庭成员在课堂上有明确的时间向执法人员展示他们的信息。在资源允许的情况下，执法人员与提供心理健康服务的机构的病案管理师一起进入社区考察，或者到提供心理健康服务的机构进行访问。病案管理师同行的目的是让执法人员观察个案经理与当事人的互动，为传授缓和局势的技巧提供环境，以及让执法人员在精神病患还没有陷入危机时观察他们。与没有处于危机中的精神疾病患者互动为执法人员提供了一个额外的视角，因为当警员被呼叫时危机一般已然存在了。警员们通过倾听执法对象的观点和观察案件经理与服务对象使用的沟通和互动方法来学习有效的沟通技能。

地方民事承诺法的法律技能是核心培训课程的一部分。热门话题包括回顾州级层面上关于将某人紧急拘留以让医疗专业人员对他们进行评估的法令和方法，任何由州政府制定的紧急拘留程序，以及执法对象的权利。执法人员学习如何撰写有效的合理原因陈述，以及如何拘留一个人，并将他送到一

个提供护理和安全的地方。在课程的这一部分中，警官们还将了解地方、州和联邦各级的法院裁决，这些裁决规定了他们何时、如何拘留一个人，以及如何评估用来拘留一个人的各种力量的使用。

最后一项大型培训包括培训警官使用降级技能，然后让警官在实践中展示这些技能。语言降级模式和沟通方法论是在核心培训期间提供的，并作为行动-反应框架的一部分或单独部分。额外的框架可以用来帮助执法人员根据他们在呼叫服务现场对受试者的情绪、想法、焦虑和个性的观察来调整他们的反应。一旦执法人员接受了设计的降级培训，通常会利用实习来让他们将新学到的技能应用到实际环境中。最常用的练习方法是角色扮演。角色扮演场景是依靠为角色扮演者建立的指导方针和一系列规则而设置的，以便执法人员在使用所教授的危机缓和技能时能体验到成功使用技能的感觉。CIT项目使用各种角色扮演者，包括心理健康专业人员、医疗演员、经验丰富的CIT警官、家庭成员或执法对象。角色扮演因课程和设计的不同而不同。有些场景的设计允许指定的执法团队完成单个角色扮演场景；另一些场景允许多个执法团队完成单个场景，在分配的时间结束时切换。角色扮演完成后， 281
听取对场景的晤谈，使参与者能够直接学习，而观察角色扮演的人能够间接学习。

孟菲斯模式还建议对课程教员进行互惠培训，包括参与巡逻，“以便充分了解心理健康保健和执法之间存在的复杂性和差异”（Dupont et al.，2007）。许多项目的毕业生都会收到一个特殊的CIT制服别针，这提高了CIT项目的知名度，并向同事、执法对象和普通公众表明了他们的CIT培训地位。

CIT 项目的现状

CIT项目的迅速传播是意义深远的，据估计，2006年全美共有400个执法机构拥有活跃的CIT项目，到2013年已有多达2700个活跃的项目（Watson，Morabito，Draine，& Ottai，2008；Compton et al.，2014a）。虽然改善安全性、结果和监狱分流的共同目标可能存在于不同的机构，但围绕维持单个CIT项目的具体政策、需求和挑战可能会有很大差异。CIT项目存在于小型农村警长办公室、大城市警察部门、郊区警察部门以及大学和机场警察部门。每种环境都会带来人口的多样性、可用的社区资源，以及在任何特定时间在特定地区工作的警务人员的数量和密度的显著差异。因此，充分培训警员和调度员，以提供全天候 CIT 服务，可能会给需要为参加 40 小时培训的工作人员调班的小型部门带来困难（Compton et al.，2010）。在无法使用有“不拒绝”政策的精神急救接收设施的地区，或在近端心理健康资源有限的农村地区实施 CIT 计划，可能会面临危机干预小组项目的功能稳定性的挑战（Compton et al.，2010）。

然而，CIT 的实施和培训已经成功地适应了巡逻环境独特的需要，强调了特殊困难，克服了农村地区的实施障碍。麦格里夫（McGriff）及其同事（2010）主持的焦点小组研究回顾了在大型国际机场执勤的 CIT 警官的独特需求。与其他城市或郊区巡逻环境相比，机场警官面临着许多独特的挑战，包括高度集中的无家可归者和暂住者将机场作为收容所和获取食物或进行自
282 我护理活动的地方；需要评估因航班延误而紧张、焦虑和沮丧的旅客的精神症状；由于视频监控无处不在，需要仔细而有效地缓和事态；以及与执法对象接触时周围旁观的公众的密度。

斯卡比（Skubby）和他的同事（2013）最近分析了对执法人员和心理健康专业人员的焦点小组采访，后者已经克服了俄亥俄州农村社区的实施障碍。在农村地区，与城市的实施类似，利益相关者承认对精神疾病患者有不同的看待方式，并对彼此的专业文化和职责存在误解；随着 CIT 的发展，这一点发生了重大变化。尽管参培一周的巡逻警员调班十分困难，且兼职警员需要利用其他工作的假期参加培训，但是 CIT 的发展促进了沟通和更多的合作，这源于合作产生的协同与共的感觉。一些部门规模较小的农村地区仍然决定培训所有人员，以维持持续不断的 CIT 人员供应。农村地区资源的减少，包括州立医院的关闭和缺乏持续可用的落地心理健康评估场所，继续挑战着项目的可持续性。全国精神疾病联盟（National Alliance on Mental Illness，NAMI）提供的培训基金和增长的社区支持有助于促进培训课程的实施。在农村地区，进一步收集数据、项目评估、有效性目标和学术合作的方法仍在发展中。

除了警察为基础的 CIT 的警察响应模式之外，还有其他协作应对心理健康危机的例子。在一些地方，非宣誓执法的心理健康雇员被用来向宣誓的执法人员提供现场和电话咨询，当地社区卫生系统独立部署的流动心理健康危机小组也是如此（Borum et al.，1998）。尽管 CIT 模式越来越受欢迎，但还需要更

多的研究来明确它与其他危机应对模式相比可能带来的确切优势或劣势。

CIT 的影响和结果

CIT 项目似乎有可能对社区心理健康工作产生积极影响，并促进项目利益相关者之间的跨界伙伴关系。同时它们开始展现围绕警官层面结果的支持性数据，现在一些人将其视为执法最佳实践（Compton et al.，2014a；Watson & Fulambarker，2012）。在过去的十年里，学术界已经开始积累支持 CIT 优势的证据，以支持建立和维持 CIT 项目的合理性，并进一步勾勒出 CIT 项 283
目组织和培训的各个方面，这些方面都有可能成为循证实践。田纳西州孟菲斯市、俄亥俄州阿克伦市、伊利诺伊州芝加哥市以及佐治亚州和佛罗里达州的地方警察部门间建立了合作研究关系，它们协同当地大学学院，收集和检验数据，更准确地说明了 CIT 培训的影响和潜在价值。孟菲斯市和其他早期 CIT 采用者关于项目成功的初步报告和轶事看法正在接受更严格的调查，试图在城市和农村的部门复制。继续扩大 CIT 的服务范围，是对社会需求的有益回应，亦是一个有足够证据支持的模式，值得继续提供财政支援。

项目及其利益相关者在国家和国际层面组织了会议，自 2005 年以来每年都会召开会议，传播教学技术和战术实践方面的创新。对危机干预小组项目的进一步研究发现，危机干预小组项目的效果与培训差异、社区差异、互动处置、执法成本和收益以及社区安全状况相关，而分析上述相关要素似乎都是结果导向的危机干预小组项目研究的可行途径（Morrissey et al.，2009）。同样，CIT 利益相关者交流平台似乎代表了社区和大学心理健康专业人员之间合作研究的机会。

康普顿（Compton）和他的同事（2008）对现有的 CIT 研究进行了系统的回顾，指出尽管利益相关者之间的合作机会使人充满热情，也有资源被投入到 CIT 培训中，但可用的成果研究相对有限。目前的大部分研究都是由具有心理健康研究背景的作者完成的，而不是由犯罪学家或社会科学家完成的。基于现有的研究，康普顿认为，危机干预小组可能会产生积极的影响，从警官的态度和培训，到监狱分流和改善执法对象的结果都有表现。在当前的研究中，警官层面和系统层面的干预效果（如引发危机干预小组响应的报警电话和逮捕前监狱分流）比服务对象层面的干预效果更好。警官层面的干预效果仍然是当前研究的重点，这表明，在服务对象和系统层面的服务提供者之间进行数据捕获非常复杂。

CIT 理念在美国各地迅速传播的批评者指出，除了描述性证据之外，其缺乏严格的结果数据，考虑监禁的替代方案的警员缺少充足且可使用的接收设施，作为转运执法对象的目的地，而这恰恰被认为是孟菲斯市最初成功的关键（Geller，2008）。关于长期效用、更多样化和可控的研究样本、专业团队主动持续的联系影响、检验所需专业培训的确切数量和类型的具体研究，
284 以及原始孟菲斯模型的普适性等后续研究仍然是需要持续研究的领域（Tucker，Van Hesselt，& Russell，2008）。更具体地衡量利益相关者群体之间合作的强度可能有助于更好地理解促使项目成功的因素。

我们还需要对 CIT 如何影响当地心理健康系统的运作进行更多的研究。例如，警察可能意识到他们正在与精神疾病患者互动，但他们对过程中的障碍的认识可能会导致相信刑事逮捕是更可靠的处置方式。这些障碍可能包括为获得心理健康紧急服务而长时间等待，对于收治个人更僵化的心理健康标准，以及警官和心理健康危机工作人员之间本可加快释放的信息交流出现了困难（Lamb et al.，2002）。通过联合和促进利益相关者之间的定期沟通，危机干预小组中警官层面的干预效果很可能可以影响警官在使用当地紧急心理健康资源时报告的这些和其他常见问题如何协调解决。

CIT 警官层面的成果

执法人员作为“街角精神病学家”的非官方角色早已得到承认，这源于一个对精神疾病患者的执法响应更少的时代（Teplin & Pruett，1992）。现在，CIT 培训已带来培训和资源的改进，以应对执法人员在处理落难个人的情况时面临的挑战。接触过 CIT 培训后，孟菲斯的警官意识到，他们在维护社区安全的同时，更有效地满足了处于危机中的精神疾病患者的需求、使精神疾病患者免于监禁、在处理心理健康危机呼叫时最大限度地减少占用警官停工时间（Borum et al.，1998）。与其他基于警察的分流模式（Steadman，Deane，Borum，& Morrissey，2000）相比，孟菲斯 CIT 计划逮捕率低、警员在岗率高及响应时间快，并且可以频繁转介和转移执法对象以对其进行心理健康评估（Steadman，Deane，Borum，& Morrissey，2000）。社区伙伴关系的

实力和精神科分诊中心的可用性被认为是孟菲斯医疗模式成功的关键因素。

执法人员有几个选择来解决出警呼叫或与可能经历精神疾病影响的个人的分诊接触，包括将对方留在现场、将他们送往医院或治疗场所或将他们送进监狱。有时，法律义务并不排除警官的自由裁量权（例如，“必须逮捕”的情况）。里特（Ritter）、泰尔勒（Teller）、马库森（Marcussen）、蒙奈茨（Munetz）和蒂斯代尔（Teasdale）（2011）研究了俄亥俄州阿克伦的调度员呼叫代码和 CIT 培训对每次接触的处置可能起的作用，发现调度员代码和警官的现场评估都对决策传输产生了影响。具体来说，呼叫调度为“疑似自 285
杀”或“精神障碍”比“需要帮助”、“骚扰”、“可疑人员”、“袭击”、“涉嫌犯罪”和“遇见公民”更有可能导致执法对象被送往治疗。里特和他的同事还发现，CIT 警官识别培训中强调的精神或身体疾病的特定迹象和症状，如药物滥用和不坚持药物治疗等其他问题，无论什么样的呼叫调度，都会转交到治疗机构，并相应增加了治疗率。他们的研究强调了调度员培训作为 CIT 培训的一个组成部分的重要性，并支持了 CIT 警官更有可能考虑治疗方案而不是其他潜在结果这一概念。

其他研究也得出同样结论，即 CIT 改进了警官对特定精神疾病的理念和了解，并导致转介到精神科服务机构的人数增加（Broussard，McGriff，Demir Neubert，D'Orio，& Compton，2010；Compton，Esterberg，McGee，Kotwicki，& Oliva，2006；Demir，Broussard，Goulding，& Compton，2009；Dupont & Cochran，2000）。CIT 培训还被认为通过减少警官伤害提升了警官和个人的安全，并可能减少警官和精神疾病患者之间武力的使用（Compton et al.，2011；Dupont & Cochran，2000）。

在佐治亚州 CIT 培训的警官表示，他们的培训课程提高了警察在与抑郁症、精神分裂症以及酒精和可卡因依赖患者进行互动、面谈、降级和转介方面的自我效能（Bahora，Hanafi，Chien，& Compton，2008）。同样，这项研究还揭示了 CIT 培训与减少社交距离需求之间的相关性，例如，与精神疾病患者成为邻居、合作或与其成为朋友。这些感知到的信心或成见的变化将在多大程度上影响互动或警官决策，还未得到评估。

康普顿和他的同事（2014）对一大批接受过 CIT 培训和没有接受 CIT 培训的佐治亚州警官（总共 586 名警官）进行的进一步研究表明，接受 CIT 培训的警官在有关精神疾病的知识衡量标准、对精神疾病及其治疗的不同态度、自我效能、社会距离成见、降级技能和转介决定方面表现更好。在被研究的警官中，培训和研究评估间隔时长的中位数为 22 个月，支持了早先的发现，即警员自己报告的关于知识、态度、成见和自我效能的改善，在培训的直接影响之外依然持续延伸。这项发现，即对培训对象的预期影响是相当大和持续的，是一个重要的进展，支持了 CIT 可能是促使警员有效管理与精
286 神疾病患者的接触的能力发生了重大变革的概念。就警官层面的本项研究及其他类似研究而言，研究局限表现为：警官自我报告感知的有效性；经过培训后对阶段性培训的理解反馈是否一致，在此基础上是否持续地转化为实地行为的变化。

CIT 似乎也有可以在大城市警察部门复制的好处。芝加哥警察局的 CIT 培训已经成功实施，从培训到实际案例的技能应用、警察与社区服务提供者的合作、向心理健康服务的分流、志愿警员对心理健康热线的响应以及社区对接受 CIT 培训的人员的请求都证明了这一点（Canada，Angell，& Watson，2010）。沃森（Watson）和他的同事（2010）还发现，芝加哥的 CIT 培训似乎对那些个人熟悉精神疾病或对所在地区的心理健康服务有积极看法的警官的决策产生了更大的影响。然而，在芝加哥，CIT 培训在减少接触中的伤害方面效果不太明显（Kerr，Morabito，& Watson，2010）。

邦菲尼（Bonfine）、里特和蒙奈茨（2014）进一步研究了 CIT 如何影响俄亥俄州的个人警官，发现 CIT 培训被认为对警官、社区和个人安全的认知产生了积极影响，另外提升了警官信心、能力和对报警的落难个人的响应准备。CIT 警员亦注意到，人们对警局效能的认知进一步改善，这亦与对非 CIT 人员的信心提高有关，显示 CIT 概念可能已在各警局传播。对安全和部门效能的态度也随着与精神疾病患者更频繁的个人接触而增加。心理健康系统的辅助感知也提升了警官对警察部门效率的感知。

CIT 对心理健康服务体系的影响

CIT 作为一种促进利益相关者互动的机制，为心理健康保健提供者提供了加强与执法部门合作的机会。虽然这两种职业的文化可能过去有过互动，以及通过帮助执法对象度过危机的共同基础相互产生好奇心，但如果没有这样的合作伙伴关系，误解和不切实际的期望可能会更容易延续下去。与警官

层面的干预效果相比，迄今为止研究 CIT 培训对心理健康专业人员态度和认知影响的文章较少，尽管他们对执法人员角色的理念和态度值得考虑。心理 287
健康急救服务的可及性、响应性和辅助感知似乎对警察的感知产生影响，并可能对警方干预措施的处置产生影响（Borum et al.，1998）。因此，心理健康工作者对执法文化的态度、理念和理解很可能在塑造这些关系和跨越以前的界限方面发挥实质性的作用。

进一步的研究可以调查开发和实施 CIT 计划所需的协作是如何改善沟通，减少系统摩擦，以及更恰当地理解干预连续体在每一方面的局限性。除了开展学术研究的机会外，临床医生可能会发现，参与 CIT 计划的实施和教学是社区参与的重要渠道，有助于减少职业倦怠；甚至可能通过警官出现在危机设施中来增强工作场所的安全感。通过参与 CIT 项目与其他专业机构合作的机会也可能吸引考虑以心理健康专业人员为职业的学生。接触和参与 CIT 培训计划也可能是提高受训人员（医生、护士、社会工作者、咨询师）对社区资源网络的认识的重要工具，以及传统治疗环境之外的服务消费者和服务提供者面临的挑战。

CIT 对执法对象、家庭和倡导者的影响

从倡导执法对象权益的角度来看，CIT 计划为与执法人员接触后患有精神疾病的个人提供了一个取得积极结果的机会。在这些以倡导执法对象权益为导向的目标中，关键是有能力在危机中促进执法对象的治疗，而不是监禁或置之不理。然而，也许更重要的是能够被一名富有同情心的响应警官理解，由于手头进行的工作，身为 CIT 警员他可能会更好地理解和领会执法对象面临的常见问题。虽然目前的 CIT 研究大多集中在警官层面的干预效果上，但支持 CIT 结果影响了执法对象的数据正在涌现。

通过比较受过危机干预小组项目培训的警员带至治疗机构的患者特征与未受危机干预小组项目培训的警员或家庭成员带至治疗机构的患者特征之间的差异，布鲁萨尔（Broussard）（2010）等人研究了该培训是否会导致过度或不适当的转介。他们的发现表明，接受过 CIT 培训的警官转介的患者特征 288
与未受 CIT 培训的警官转介的患者的特征相似。这表明，CIT 培训并不会导致基于疾病的严重程度对需要急救服务的患者的更狭隘（仅指重病患者）或

更宽泛（指不需要急救服务的个人）的看法。

施特劳斯（Strauss）等人早些时候在肯塔基州路易斯维尔进行的一项研究（2005）揭示了类似的发现，并得出结论，CIT警官能够充分识别需要紧急护理的患者，尽管更高比例的精神分裂症患者是由CIT培训的警官转介的。施特劳斯和他的同事提出，CIT计划可以通过比其他情况更早地将重症患者转诊，进行适当水平的治疗，危机干预小组项目可以降低精神疾病的发病率。

通过增加与治疗的联系，危机中的当事人似乎受到了CIT模式发展的积极影响。在从俄亥俄州阿克伦市警察局收集的数据中，接受过CIT培训的警官似乎比未接受CIT培训的警官将经历心理健康危机的个人转运并进行治疗的比率更高（Teller，Munetz，Gil，& Ritter，2006）。此外，更大比例的个人自愿接受经CIT培训和未经CIT培训的警官的转送治疗，这可能是因为培训技术的传播或更具挑战性的情况被转介给了CIT警官。自阿克伦市开始执行该项目以来，涉及可能患有精神疾病的警察调度的电话数量和比例都有所增加。泰尔勒及其同事推测，这可能与调度员评估次数的增加以及对精神健康紧急情况的认知程度增加有关，也可能与当事人的心理自我安慰有关，毕竟当事人对该项目的认知一定程度上提高了通过报警来识别精神健康危机患者的频率。这项研究没有发现在降低逮捕率方面受过培训和未受过培训的警官之间存在的关系，这可能是由于对更困难案件的转诊偏倚（referral bias）或危机干预小组警官对阿克伦市精神健康法庭逮捕后转移计划的认知存在差异（Teller et al.，2006）。

同样，来自芝加哥警察局的数据表明，该部门的CIT警官将精神疾病患者送往心理健康系统的可能性更高（Watson et al.，2010）。在研究CIT培训的效果时，这项研究显示，引导个人进入心理健康系统和减少“仅限接触”的情况，在对心理健康资源可获得性持肯定态度的警员和先前熟悉精神疾病的警员中最显著。与阿克伦一样，芝加哥的研究没有显示逮捕人数的减少，尽管孟菲斯项目报告的逮捕人数较低（Teller et al.，2006；Watson et al.，2010；Dupont & Cochran，2000；Steadman，Deane，Borum，& Morrisey，2000）。在研究CIT的效果时凸显的局限包括缺乏培训前的控制、参培CIT的警员的非随机化、缺乏对受过培训和未受过培训的警员所遇对象的精神疾病的独立验证，以及可能缺乏对未受过CIT培训的人员所遇到的对象的精神疾病的认识

289

或记录（Watson et al.，2010）。

康普顿和他的同事（2014）继续展示了执法对象层面的好处，重申了CIT在不强制逮捕的情况下改变处置决定的潜在影响。在佐治亚州的一群CIT和非CIT警官中，接受过CIT培训的警官逮捕他们认为患有行为障碍的个人的可能性有所降低，包括严重的精神疾病、毒品或酒精问题或发育障碍。在这项研究中，尽管危机干预小组的警官在对方行为更为抵触时使用武力的可能性较低，但危机干预小组的训练对于武力使用的影响没有总体差异。与非CIT人员相比，CIT人员使用口头交锋或谈判作为其最高武力的比例更高，这表明缓和危机的语言技能的适用得到了加强，这可能是通过CIT培训得以实现的。与其他研究类似，CIT警员转送执法对象到治疗设施的可能性明显高于未受过培训的警官，包括当前者恢复使用武力时。

斯卡比（Skubby）和他的同事（2013）指出关于CIT在农村地区的优势，包括有些家庭认识到更有组织、更有效的降级应对措施的成效。他们的支持表现为更愿意主动打电话给执法部门，以防止家庭成员面临危机升级。焦点小组成员认为，与当大量警官被要求应对不断升级的危机时使得其在农村当地社区人尽皆知的情况相比，通过积极的医院运输来更安静、更私人地使危机降级，对家庭和执法对象来说要有益得多。全国精神疾病联盟在农村地区的宣传辐射范围，也被视为有助于促进项目组织和培训的关键因素，因为那里病患资源充足，也缺少学术利益相关者的竞争。

CIT的未来机遇与挑战

后续计划

随着CIT项目在各个社区中组织、建立和发展，许多因素对于维持和延续本地项目的成功至关重要。CIT项目始终依靠敬业的警员、专业志愿者、倡导者、服务对象及协调员的活力，他们一如既往地珍视协作的收益。在构建课程的背景下发展关系的第一代程序组织者和协调者见证了这样的课程对社区的变革性影响。CIT警官的晋升、调离巡逻任务和退休，就像心理健康 290
专业人员遵循职业道路变化一样。周到的领导和协调员继任规划不仅是职务或随之而来的职责，更是在项目领导换届时，确保团结和推动创始利益相关者的沟通渠道、协作精神和共同使命感得以延续的关键。心理健康 CIT 项目协调员需要奉献精神，有了解自己体系的优势和劣势的能力以及对使 CIT 项目永续发展的资源的不断追求。执法 CIT 项目协调员也需要类似的热情和投入，理想情况下，他们应在通过以往 CIT 警员核心培训和工作经历后自愿担当 CIT 警员。尽管可以建立执法指挥链来支持 CIT，但协调员必须参与并愿意承担执法部门与心理健康服务提供者、倡导者及执法对象协同工作中面对的各种问题。

针对经常处于危机中的个人的结构化支持干预

社区中的某些人经常使用危机服务或向 CIT 警官求助，他们将受益于其他主动或后续干预措施，而不再是反复向紧急调度员求助。得克萨斯州休斯敦市警察局成立了一个心理健康部门，负责协调 CIT 与其他幕后支持部门（http://www.houstoncit.org）的活动。其中一个项目是危机干预响应小组（CIRT，Crisis Intervention Response Team），它将一名 CIT 警官和县服务委员会的一名有执照的专业临床医生配对。他们不需要接听服务电话，而是回应最严重的求助电话并提供帮助，同时进行主动和后续的危机干预小组调查。危机干预小组的其他职能包括，积极支持心理健康专业人员团队和执行无家可归者外展工作的宣誓官员、检查寄宿所的宣誓官员，以及致力于长期消费者护理需求的病案管理师或宣誓官团队。

促进当前未覆盖需求领域的增长

危机干预小组成员发现，随着人们越来越能够辨识复杂的行为需求，对他们专业技能的需求也越来越大，这一角色符合美国司法部和《美国残疾人法案》的执法期望。由于危机干预小组成员通常被认为能够接受与具有不同
291 行为需求的群体进行合作，警官们现在发现自己的作用扩展到智力和发育残疾的个人、退伍军人、创伤性脑损伤患者以及有原发性药物成瘾问题（如鸦片成瘾）的人，以避免过量用药和其他形式的过早死亡。此外，代表孤独症谱系障碍和痴呆症患者的利益相关者团体正在与执法部门接触，以确保警官培训反映这些人特有的专门需求。了解当地危机干预小组成员的经验，也可能有助于分析社区行为需求的根本原因，并有助于利益相关者优先考虑社区行为服务和资源。

高级培训

随着医疗实践和法律标准的演变、社区的变化以及政策和程序的修改，需要对有经验的 CIT 警员进行持续的培训。然而，此类培训的内容、方式和促进者没有得到一致的定义或应用。根据他们在当地社区的经验，确定个别 CIT 警官的需求，可能有助于为高级培训课程开发过程提供信息，因为警官们会自我识别自己在某些特定领域的弱点。

数字时代潜在的 CIT 教育培训创新

大约 25 年前，孟菲斯市危机干预小组项目的核心课程理念被概念化，在线和混合学习模式在商业和中学教育领域获得了突出地位。尽管孟菲斯模式强调了 40 小时现场培训课程的体验和同理心培养价值，但还没有人研究促进新一代警官教学的最佳技术。年轻的警官可能会带着与前几代人截然不同的教育和学习经历来到 CIT 培训，比起传统的课堂授课形式，他们更喜欢主动的学习方法（Freeman et al.，2014）。

在参加 CIT 课程之前参加在线学习可以了解授课内容，并缩短核心培训课程剩余部分所需的时间。网上自定进度学习可取代 CIT 的部分核心培训课程，或成为经验丰富的 CIT 警官进阶培训的首选模式。体验式培训和应用仍将在初步模块考查后面对面进行。这种混合模式可以减轻执法机构需要允许警员离开岗位整整一周所带来的负担，并减少对讲师的时间要求，讲师可以作为主题专家处理预先审查的材料。还可以促进在线测试和项目数据收集， 292
较大的培训联盟可以分担开发和维护在线学习和软件平台的费用。降低课堂培训成本可以帮助将在线培训的要素扩展到可能无法支持 CIT 培训的机构。

社交媒体还有可能在熟练使用这些方法的年轻一代警官当中促进内容学习和记忆、数据收集以及 CIT 继续教育。社交媒体可用于 CIT 信息交流，前提是用户愿意自由地在预先建立的框架内进行同步或异步对话，值得注意的是，并非公务员的所有言论都受到赞赏或保护。

使用个人设备也有助于为 CIT 创造最高效能。由于这些设备在日常巡逻功能中易于访问，因此可以促进与 CIT 教师和同学的交流，并有助于增强对内容的记忆。移动或平板电脑应用程序、基于 Web 的专用维基百科，或者带有问答消息论坛的 CIT 警官虚拟实践社区都可以改善 CIT 知识和技能的传播。侧重于特定信息需求的虚拟课堂培训对于高级技能培训和促进学生与CIT主题专家之间的互动可能特别有用。

电子绩效支持系统（EPSS）还可以通过捕捉警察重返街头后基于所学发生的行为变化和知识应用程度，促进主动学习、课程成果研究和课程反馈。可每隔一段时间进行额外测试，以评估已完成核心课程或高级CIT培训课程的人员的知识保留程度；这亦可更容易调查受过训练或未受过训练的警员的情况。可以创建可从移动设备访问的EPSS平台，以帮助警官记住降级框架，提供有关药物及其用途的信息，并提供可用服务的列表。当局势稳定下来，必须做出评估和结果决定时，现场的响应警员可以迅速回顾其中一些材料。风险评估工具可以是这个EPSS的一部分，也可以作为各种专业人士携带的袖珍活页书的数字化版本。

适应不断变化的医疗环境

现代社区的心理健康工作需要了解多个利益相关者和亚文化群体的目标
293 和需求，以及心理健康服务的动态可获得性和供给情况。尽管人们对CIT项目的迅速激增对固定心理健康服务的影响或它们管理潜在的转诊涌入的能力知之甚少，但执法人员根据CIT培训中传授的责任担当、灵活性和沟通技能做出的调整是积极的，并得到了研究的支持。孟菲斯市取得初步成功的关键因素是，能够在最短的人员周转时间内提供一个集中病患收治点。如果有些地方没有持续可用的精神健康服务，或者分诊有复杂医学或成瘾表现的患者的体系过于庞杂和分散，抑或警员转送的患者缺少医疗保险，那么该模式的效率和精准性就可能受影响。同样，通过2010年《平价医疗法案》（Affordable Care Act）更广泛地获得心理健康保险福利，可能会增加对心理健康危机服务的需求。大量寻求危机服务的个人可能会以未知的方式影响CIT警官的体验，但有可能使危机中心的收治能力紧张，或影响CIT警官的可用性或周转时间。乐观地说，CIT项目已经促进了跨本地系统的重要合作伙伴关系和专业网络，这些合作伙伴和专业网络将给更有效地从系统影响角度评估和处理这些重要医疗保健提供当中发生的变化创造机会。

总　结

现代执法对心理健康危机人群的应对是在 CIT 模式的影响下演变而来的。协调执法机构、心理健康治疗提供者和执法对象个人的需求和目标，以制定有组织、安全和有效的危机应对政策和实践，在美国很受欢迎，也很成功，目前国外也在发展。在过去的 25 年里，CIT 项目在促进利益相关者沟通以及学习和发展的机会方面发挥了重要作用，它们是促进这方面持续改进的平台。在一个经济高效和循证实践的时代，正在进行的研究致力于了解关键课程要素的影响，由此维持和优化 CIT 项目所需的资源和方法得到进一步了解和优化。使用教育技术和社交媒体的机会也可能为弥合街道和心理健康保健体系之间的差距的第一批响应人员提供支持。为支持 CIT 项目而建立的跨领域的多学科专业伙伴关系，已具备继续加强社区应急准备的良好条件，因此需要精心维护。

294

参考文献

Bahora, M., Hanafi, S., Chien, V. H., & Compton, M. T. (2008). Preliminary evidence of effects of crisis intervention team training on self-efficacy and social distance. *Administration and Policy in Mental Health and Mental Health Services Research*, *35*, 159–167.

Bittner, E. (1967). Police discretion in emergency apprehension of mentally ill persons. *Social Problems*, *14*, 278–292.

Bonfine, N., Ritter, C., & Munetz, M. (2014). Police officer perceptions of the impact of crisis intervention team (CIT) programs. *International Journal of Law and Psychiatry*, *37*, 341–350.

Borum, R., Deane, M., Steadman, H., & Morrisey, J. (1998). Police perspectives on responding to mentally ill people in crisis: Perceptions of program effectiveness. *Behavioral Sciences and the Law*, *16*, 393–405.

Broussard, B., McGriff, J. A., Demir Neubert, B. N., D'Orio, B., & Compton, M. T. (2010). Characteristics of patients referred to psychiatric emergency services by crisis intervention team police officers. *Community Mental Health Journal*, *46*, 579–584.

Canada, K. E., Angell, B., & Watson, A. C. (2010). Crisis intervention teams in Chicago: Successes on the ground. *Journal of Police Crisis Negotiations*, *10*(1–2): 86–100.

Chappell, D., & O'Brien, A. (2014). Police responses to persons with a mental illness: International perspectives. *International Journal of Law and Psychiatry*, *37*, 321–324.

Coleman, T., & Cotton, D. (2014). TEMPO: A contemporary model for police education and training about mental illness. *International Journal of Law and Psychiatry*, *37*, 325–333.

Compton, M. T., Bahora, M., Watson, A. C., & Oliva, J. R. (2008). A comprehensive review of extant research on crisis intervention team programs. *Journal of the American Academy of Psychiatry and the Law*, *36*, 47–55.

Compton, M. T., Bakeman, R., Broussard, B., Hankerson-Dyson, D., Husbands, L, Krishan, S., . . . & Watson, A. C. (2014a). The police-based crisis intervention team (CIT) model: I. Effects on officers' knowledge, attitudes, and skills. *Psychiatric Services 65*, 517–522.

Compton, M. T., Bakeman, R., Broussard, B., Hankerson-Dyson, D., Husbands, L, Krishan, S.,. . . & Watson, A. C. (2014b). The police-based crisis intervention team (CIT) model: II. Effects on level of force and resolution, referral, and arrest *Psychiatric Services*, *65*, 523–529.

Compton, M. T., Broussard, B., Hankerson-Dyson, D., Krishan, S., Stewart, T., Oliva, J. R., & Watson, A. C. (2010). System- and policy-level challenges to full implementation of the crisis intervention team (CIT) model. *Journal of Police Crisis Negotiations*, *10*(1–2), 72–85.

Compton, M., Demir Neubert, B., Broussard, B., McGriff, J., Morgan, R., & Oliva, J. (2011). Use of force preferences and perceived effectiveness of actions among crisis intervention team (CIT) police officers and non-CIT officers in an escalating psychiatric crisis involving a subject with schizophrenia. *Schizophrenia Bulletin*, *37*, 737–745.

Compton, M. T., Esterberg, M. L., McGee, R., Kotwicki, R. J., &

Oliva, J. R. (2006). Crisis intervention team training: Changes in knowledge, attitudes, and stigma related to schizophrenia. *Psychiatric Services 57*, 1199–1202.
Deane, M. W., Steadman, H. J., Borum, R., Veysey, B., & Morrissey, J. (1999). Emerging partnerships between mental health and law enforcement. *Psychiatric Services, 50*(1), 99–101.
Demir, B., Broussard, B., Goulding, S., & Compton, M. (2009). Beliefs about causes of schizophrenia among police officers before and after crisis intervention team training. *Community Mental Health Journal, 45*, 385–392.
Dupont, R., & Cochran, S. (2000). Police response to mental health emergencies—barriers to change. *Journal of the American Academy of Psychiatry and the Law, 28*, 338–344.
Dupont, R., Cochran, S., & Pillsbury, S. (2007). Crisis intervention team core elements. University of Memphis School of Urban Affairs and Public Policy, Department of Criminology and Criminal Justice, CIT Center. Retrieved from http://cit.memphis.edu/pdf/CoreElements.pdf
Freeman, S., Eddy, S. L., McDonough, M., Smith, M. K., Okoroafor, N., Jordt, H., & Wenderoth, M. P. (2014). Active learning increases student performance in science, engineering, and mathematics. *Proceedings of the National Academy of Sciences of the United States of America, 111*, 8410–8415.
Geller, J. L. (2008). Commentary: Is CIT today's lobotomy? *Journal of the American Academy of Psychiatry and the Law, 36*, 56–58.
Kerr, A. N., Morabito, M., & Watson, A. C. (2010). Police encounters, mental illness and injury: An exploratory investigation. *Journal of Police Crisis Negotiations, 1*(10), 116–132.
Lamb, H. R., & Weinberger, L. E. (2005). The shift of psychiatric inpatient care from hospitals to jails and prisons. *Journal of the American Academy of Psychiatry and the Law, 33*, 529–534.
Lamb, H. R., Weinberger, L. E., & DeCuir, W. J. (2002). The police and mental health. *Psychiatric Services, 53*, 1266–1271.
McGriff, J. A., Broussard, B., Demir Neubert, B. N., Thompson, N. J., & Compton, M. T. (2010). Implementing a crisis intervention team (CIT) police presence in a large international airport setting. *Journal of Police Crisis Negotiations, 10*, 153–165.
Mclean, N., & Marshall, L. A. (2010). A front line police perspective of mental health issues and services. *Criminal Behavior and Mental Health, 20*, 62–71.
Morrissey, J. P., Fagan, J. A., & Cocozza, J. J. (2009). New models of collaboration between criminal justice and mental health systems. *American Journal of Psychiatry, 166*, 1211–1214.
Munetz, M. R., & Griffin, P. A. (2006). Use of the sequential intercept model as an approach to decriminalization of people with serious mental illness. *Psychiatric Services, 57*, 544–549.
Oliva, J. R., & Compton, M. T. (2008). A statewide crisis intervention team (CIT) initiative: Evolution of the Georgia CIT program. *Journal of the American Academy of Psychiatry and the Law, 36*, 38–46.
Ritter, C., Teller, J. L., Marcussen, K., Munetz, M., & Teasdale, B.

(2011). Crisis intervention team officer dispatch, assessment, and disposition: Interactions with individuals with severe mental illness. *International Journal of Law and Psychiatry* 34, 30–38.

Skubby, D., Bonfine, N., Novisky, M., Munetz, M., & Ritter, C. (2013). Crisis intervention team (CIT) programs in rural communities: a focus group study. *Community Mental Health Journal*, 49, 756–764.

Steadman, H., Deane, M., Borum, R., & Morrisey, J. (2000). Comparing outcomes of major models of police responses to mental health emergencies. *Psychiatric Services*, 51, 645–649.

Strauss, G., Glenn, M., Reddi, P., Afaq, I., Podolskaya, A., Rybakova, T.,. . . El-Mallakh, R. S. (2005). Psychiatric disposition of patients brought in by crisis intervention team police officers. *Community Mental Health Journal*, 41, 223–228.

Teller, J. L., Munetz, M. R., Gil, K., & Ritter, C. (2006). Crisis intervention team training for police officers responding to mental disturbance calls. *Psychiatric Services*, 57, 232–237.

Teplin, L., & Pruett, N. (1992). Police as street-corner psychiatrist: Managing the mentally ill. *International Journal of Law and Psychiatry*. 15, 139–156.

Thompson, L. E., & Borum, R. (2006). Crisis intervention teams (CIT): Considerations for knowledge transfer. *Law Enforcement Executive Forum*, 6(3), 25–36.

Tucker, A. S., Van Hesselt, V. B., & Russell, S. A. (2008). Law enforcement response to the mentally ill: An evaluative review. *Brief Treatment and Crisis Intervention*, 8, 236–250.

Watson, A. C., & Fulambarker, A. J. (2012). The crisis intervention team model of police response to mental health crises: A primer for mental health practitioners. *Best Practices in Mental Health*, 8(2), 71–81.

Watson, A. C., Morabito, M. S., Draine, J., & Ottati, V. (2008). Improving police response to persons with mental illness: A multi-level conceptualization of CIT. *International Journal of Law and Psychiatry*, 31, 359–368.

Watson, A. C., Ottati, V. C., Morabito, M., Draine, J., Kerr, A., & Angell, B. (2010). Outcomes of police contacts with persons with mental illness: The impact of CIT. *Administration and Policy in Mental Health*, 37, 302–317.

第三部分

针对儿童、青少年和年轻人的危机干预

第十一章　儿童和青少年精神疾病急症：移动危机应对

乔纳森·B. 辛格（Jonathan B. Singer）

本章介绍了罗伯茨（2005）的七阶段危机干预模型（R-SSCIM）和迈尔（Myer）（2001）的分类评估模型在经历精神危机（定义为自杀、杀人或活跃的精神病发作）的青少年中的应用。虽然大多数儿童在危机期间首次接触到心理健康服务（Burns, Hoagwood, & Mrazek, 1999），但关于危机干预的研究相对较少，几乎没有为儿童和青少年撰写的移动危机应对的文章（Singer, 2006）。本章试图通过呈现三个有关青少年经历自杀、杀人或精神病引发危机的案例研究来弥补这一差距，真实地描述了通过电话、学校、家庭、医院和无家可归青少年收容所进行的危机干预。同时，本章回顾了**《精神障碍诊断和统计手册》**（*Diagnostic and Statistical Manual of Mental Disorders*）（*DSM-5*; American Psychiatric Association, 2013）中对三种常见于经历精神危机的青少年疾病（抑郁症、双相情感障碍和精神分裂症谱系障碍）的诊断标准。整章使用对话说明危机评估以及以行为和聚焦解决为重点的干预技术。 299

案例研究

尼基（Nikki）：**患有双相情感障碍的有自杀倾向的青少年**

周二上午，当地一所小学的学校辅导员安德森（Anderson）打电话给儿童和青少年精神疾病急救团队（Child and Adolescent Psychiatric Emergency Team, CAPE Team），要求进行自杀评估。尼基是一名 8 岁的女孩，她画了一张画，在画中她自己用刀子从身上切下一大块肉，血溅得到处都是，一个 300

男人站在一旁笑着。辅导员说，尼基由于经常与其他孩子发生争吵和打架而在校长办公室尽人皆知，而之前有两起事件引起了人们对尼基健康状况的担忧。

第一次危机发生在 3 个月前。安德森先生描述道，在课间休息期间，尼基对着她的同学大喊大叫，并在地上跺脚，拒绝服从老师的要求。据说尼基捡起一块石头，朝她的一名同学扔去，这名学生的肩膀被擦伤。学校做了如下回应：尼基受到学校管理员的约束，被带离操场；她的同学被带回教室，受伤的学生得到了急救；尼基和受伤同学的父母都被召集起来，学校管理人员分别与两边家长进行了谈话；学校辅导员进入教室引导学生进行晤谈。尼基所在学校的零容忍政策要求她暂时被开除到另一所小学。虽然根据法律，学校不允许向家长推荐心理健康服务，但学校辅导员提到，许多有暴躁易怒问题的孩子会从咨询中受益，并提供了一些本地服务提供者的电话号码。在另一所学校度过混乱的第一周后，尼基的行为有所改善，这得益于个性化的关注、有组织的课程、禁止交谈政策以及每周去拜访学校的心理医生。尼基回到原学校后，辅导员再次来到教室，向学生们介绍了做朋友的意义。尼基的行为在第一天有些令人难以忍受，但那一周剩下的时间都平安无事。

第二次危机发生在当前危机的前两周。据说尼基在休息后拒绝进来，她的行为迅速升级，从争吵到喊叫，再到跺脚，再到咬胳膊。尼基的老师一看到自残行为的迹象，就叫来支援并约束住了尼基。在约束过程中，尼基用后脑勺砸向老师的脸，碰伤了老师的下巴，更激怒了尼基。尼基在她母亲到达之前被限制了大约 10 分钟。安德森先生说，尼基的母亲对尼基“暴怒”，并对她大喊大叫，要她“别再胡闹了”。尼基的行为迅速降级，她被停学 2 天，并被带回了家。学校在处理尼基同学时也遵循了类似的程序：学校辅导员进行了一次情况介绍，老师讨论了倾听老师意见的重要性，尼基的母亲再次被提醒，有些孩子会接受针对这种行为的治疗服务。

今天的危机似乎不同于前两次，因为尼基的行为没有不当之处。在确认尼基的父母已经被联系上并在路上后，一名危机工作者开车前往学校进行危机和自杀评估。

---

301 在本章后面的部分，我将介绍罗伯茨七阶段危机干预模型的应用，包括建立融洽关系、用药依从性、复发和发展问题。

罗兰多（Rolando）：具有活跃精神病和杀人倾向的青少年

晚上 8 点 55 分，CAPE 团队办公室的电话响了。“别接，”我对我的同事金（Kim）说。“5 分钟后换班，如果你接电话，我们可能会在这里待几个小时，让现在的值班人员来接吧。”金提醒我，她是当晚的值班工人。我同意如果需要的话我可以留下来帮忙，金也很多次为我做了同样的事情，这是团队合作的一部分。这个电话来自卢佩（Lupe），她是 CAPE 团队工作人员所熟知的一位母亲。她 16 岁的儿子罗兰多在两年前第一次住院后被诊断出患有精神分裂症，今晚将是这个家庭第三次参与移动危机服务。

之前的两次住院治疗非常相似。每次住院前，罗兰多都会停止服药，由于代偿失调，还扬言要杀死他弟弟，被治安部门的警官带到医院的心理健康科。受治疗经费限制，罗兰多第一次住院 6 天，第二次住院 4 天。这两次他都住进了青少年病房，在观察室待了 24 小时，每 15 分钟检查一次是否有自杀倾向。在没有伤害自己和他人的情况下，24 小时后，他被送进一间私人房间，接受了 15 分钟的检查，并在第 4、5、6 天参加了群体治疗。

根据医院记录，罗兰多描述了从 13 岁开始出现幻听、幻触等幻觉情况增多的问题。他说他 14 岁的时候，这些东西就开始困扰他，但他知道它们不是真的，所以他没有向任何人提起。他出现幻触的情况相对较少，但当幻触出现时，感觉像小昆虫被困在他的皮肤下。那些声音（在他的脑袋外面，无法辨认，既不是男性也不是女性）告诉他，要杀死他弟弟。他偶尔也会听到人们嘲笑他。他说在课堂上很难集中注意力，与同学打架，很容易招架不住。在医院住了 6 天之后，尽管不断有报告说他听到了声音，他还是出院去了 CAPE 团队，得到了该机构精神科医生的照顾。

今晚，卢佩说，罗兰多和他 13 岁的弟弟在争吵、推搡。卢佩担心暴力会升级。在过去的两天里，罗兰多一直被命令式的幻觉折磨着，这些幻觉告诉他要杀死他弟弟。罗兰多和赫克托（Hector）在前一天晚上打了一架。今天罗兰多待在家里不去上学。卢佩威胁说，如果罗兰多明天不回学校，她就报警。罗兰多把他的房间弄得乱七八糟，告诉卢佩他希望她死。不久之后，赫克托朝罗兰多扔了一个枕头，让他闭嘴。根据患者记录，罗兰多每年会发生两到三次活跃的精神病，并试图杀死他弟弟。听起来今晚又像是这样一个 302
夜晚，但可能会更糟。根据卢佩的说法，罗兰多指控房子里的每个人都试图杀死他。卢佩说她不记得罗兰多曾经相信他的妄想症是真的。

罗兰多的案例为阐明罗伯茨的七阶段危机干预模型（2005）和迈尔的分类评估模型（2001）提供了一个机会。本案例研究将阐述并讨论在医院环境和家庭中的处置方法，还将论述与高度冲突的家庭合作所带来的挑战和回报。以聚焦解决为中心的技术将与以家庭为中心的处置相结合。最后，文化问题将被提出并整合到案例研究中。

布兰登（Brandon）：离家出走的抑郁症青少年

周日下午，24 小时危机热线接到了当地青少年收容所工作人员的电话。一位名叫布兰登的 15 岁男孩在从加利福尼亚用了 4 天时间，坐了 30 小时的公交车后，于当天上午住进了收容所。他告诉工作人员，如果他们报警，他就会逃跑，不管自己是死是活。收容所督导师称，除非获得父母同意，否则无家可归的青少年可以在警察到来之前 24 小时留在收容所。根据布兰登的陈述，督导师要求对他进行自杀评估。

虽然这是布兰登第一次离家出走，但在他 11 岁之前，他和母亲一直无家可归。在那些年，他的母亲会和她要结交的男人一起找临时住所，其中一些人对布兰登进行了身体和（或）性虐待。布兰登在八年级时辍学，此前他上过 40 所学校。他在学校里经常很受欢迎，但由于频繁搬家，他的友谊从未长久。

CAPE 团队与青少年收容所有着共生关系。CAPE 团队将为收容所中自杀或患精神病的青少年提供危机评估。作为回报，收容所为在 CAPE 团队中显示主要由于家庭冲突而陷入危机的青少年提供了得以喘息的机会。如果孩子年龄在 14~17 岁（这个年龄段的孩子在家庭外发生自杀的风险较低，但在家庭中发生自杀的风险较高），那么收容所将同意在获得父母签字同意的情况下提供暂息（最多一周）。收容所大约每月使用 2 次 CAPE 提供的服务，CAPE 每年使用收容所 3~4 次。这两个机构之间的合作为不适合住院但其家庭缺乏阻止暴力升级应对技能的青少年建立了一个安全网。这种暂息使 CAPE 团队能够向收容所里的家庭和青少年提供危机干预。

布兰登的案例说明了与离家出走青少年合作的复杂性。国家逃亡者安全 303
线（1800runaway. org）（National Runaway Safeline，2014）信息显示，每晚美国都有130万离家出走或无家可归的青少年。与布兰登一样，近1/6无家可归的青少年在离家前有过被性侵史，75%的无家可归青少年已经或即将辍学（National Runaway Safeline，2014）。对该案例的应用将突出说明与处于危机中的年轻人建立融洽关系所面临的挑战，部分原因是他们与成年人的关系不佳。本案例研究还将强调技术和社交媒体在危机工作中的作用。

虽然布兰登危机的细节与罗兰多和尼基的有所不同，但这三个案例都说明了罗伯茨的七阶段危机干预模型（Roberts & Ottens，2005）如何帮助危机工作者提供及时有效的危机干预。对于案例研究中的青少年来说，如果不能及时提供危机干预，可能会导致其死亡。剧透提醒：因为这是一本教科书，所以没有人死亡，但并不是所有处于危机中的青年都有幸成为危机干预手册中的案例。在他们成为教科书中的案例之前，尼基、罗兰多和布兰登都是作者个案中的干预对象。干预措施和技巧来自作者的经验。本书提供了做什么和为什么的理由以及说明性对话。

罗伯茨（2005）将危机定义为“一段由于危险事件或情况而经历的心理失衡时期，其构成一个无法用熟悉的应对策略来补救的严重问题”（p. 11）。**移动危机小组**（mobile crisis unit）的作用是向社区外的人提供危机评估和干预。**危机评估**的目标是确定导致或触发危机的事件或情况。**危机干预**的目标是使来访者（个人或家庭）恢复到危机前的运转状态。一些人认为，有效危机解决方案的目标是让来访者处于比危机爆发前**更好**的境地（见第三章）。但是，如果危机前的机能几乎无法运转怎么办？如果在突如其来的事件发生之前，来访者经历了幻觉、妄想、慢性低风险自杀或杀人念头，该怎么办？在这些情况下，危机干预需要首先解决眼前的危机，然后筹划对潜在的精神功能障碍进行持续治疗（Singer，2006）。严重精神疾病的存在会使危机干预变得更加复杂。一名有效率的危机处理人员应该熟悉精神障碍的症状和典型表现，因为这些症状和表现会增加危机的脆弱性，如抑郁症、双相情感障碍和精神分裂症谱系障碍（American Psychiatric Association，2013）。对这些诊断进行简要回顾，方便危机工作者能够对症状有粗略的了解，并促使其意识到，在危机转介后进行处置时必须考虑哪些因素。

在本章中，我将着眼于对20%患有严重精神疾病的青少年进行移动危机 304

干预。严重精神疾病被定义为严重扰乱青少年在家庭、学校或社区的日常运转的情绪、行为或精神障碍（Merikangas et al.，2010）。本章始于对移动危机干预结构和机构概况的考量，转向对青少年精神机能障碍和针对青少年的门诊危机干预服务现状进行回顾。本章在简要解释了罗伯茨的七阶段危机干预模型和迈尔（2001）的分类评估模型之后，使用了三个案例研究来说明模型的应用。

机构的考虑

尽管存在各种模型程序（例如 Eaton & Ertl，2000），但移动危机服务的组织和结构将根据州和地方的要求而变化。在得克萨斯州奥斯汀市，移动危机服务是通过当地社区心理健康机构提供的，作者在 1996 年至 2002 年期间受雇于该机构。从 1996 年到 1999 年，作者每年向大约 250 名儿童和家庭提供移动危机响应服务，每周平均进行 5 次危机评估。18 岁以下的儿童，如果没有保险或接受医疗补助计划（Medicaid）或儿童健康保险计划（Children's Health Insurance Plan，CHIP）的覆盖，当他们处于危机之中，就有资格获得服务。而如果一个孩子有自杀、杀人倾向，或者是活跃的精神病，就会被认为处于危机之中。私人保险承保的儿童通过电话进行筛选，随后转介给他们的保险提供商，或者被告知如果风险紧急可以拨打 911。

移动危机干预是社会服务安全网的众多服务之一。服务强度从最低限制（门诊专科精神健康服务，如本章讨论的服务）到最严格（住院医院和住院治疗中心）不等（Schoenwald，Ward，Henggeler，& Rowland，2000；Wilmshurst，2002）。表 11-1 提供了一个示例，说明了本章所述的青少年在接受服务时，得克萨斯州奥斯汀市的儿童和家庭可以获得的**连续护理**。如果危机干预的目的是恢复机能运转，那么除了危机干预之外，还必须有其他服务来维持这种机能。对于处于危机中的儿童和家庭来说，一次或一小段时间的危机干预无法带来长期的变化，他们需要更长期的服务来应对推动危机变化的动态因素。不幸的是，在 2010 年，在过去的一年中符合 *DSM-IV* 疾病标准的青少年中只有不到一半（45%）使用了精神保健服务（Green et al.，2013），而且令人惊讶的是，症状更为严重的青少年使用服务的可能性并不大（Merikangas et al.，2010）。根据物质滥用和心理健康服务管理局（2010）的数据，

2009 年，290 万（12%）12~17 岁的青少年因情绪或行为问题接受特殊心理健康治疗或咨询。过去一年接受服务最大可能的原因是感到沮丧（46.0%），其次是家庭问题（27.8%），违反规定和“行为不当”（26.1%），以及考虑或企图自杀（20.7%）。此外，有 290 万（12%）青少年在教育环境中接受了心理健康服务，另有 60.3 万（2.5%）和 10.9 万（0.4%）青少年分别在普通医疗环境和少年司法环境中接受了心理健康服务。

表 11-1　得克萨斯州奥斯汀市儿童心理健康服务的连续护理 305

项目	针对群体	服务内容	持续时间	
CAPE 团队（儿童和青少年精神疾病急症）	有自杀、杀人倾向或活跃精神病的儿童	危机干预，IT*，FT**，服务协调；基于办公室和社区	按需求确定每天时长，最多 30 天	最集中
FPP（家庭保护项目）	参加可能使他们被带离家中或学校活动的儿童	危机干预，IT，FT，服务协调；基于社区	每周 6~8 小时，最多 120 天	
DPRS 项目（保护和监管服务部项目）	因父母疏忽或虐待的确诊案例而在 DPRS 开放案例中的儿童	提供针对儿童的传统的主要在诊所进行的治疗和技能培训；针对父母的保护性育儿课程；提供支持或反对重新团聚的建议	每周 1~2 小时，最多 2 年	
“狄格洛”加色剂（DayGlo）干预疗法	诊断出 *DSM-IV* 的儿童	IT，FT，GT***；基于办公室	每周 1 小时，最多 3 年	
济尔克公园（Zilker Park）项目	诊断出 *DSM-IV* 的儿童	针对 7~11 岁儿童的户外体验式治疗计划	每周 4 小时，6 个月到 3 年	最分散
接诊	18 岁以下的儿童，出现危机的儿童除外	接诊评估，诊断，转介到合适的项目	最多 2 小时	
服务协调	参与 DPRS、DayGlo 或济尔克公园项目的儿童和家庭。CAPE 和 FPP 提供服务协调。	协调药物检查，精神疾病评估，联系社区资源，包括租金援助、公共资源、食物	服务期间每月 1~2 小时	
药物服务	所有有生物学诊断的儿童	药物检查，精神疾病评估	按需	

* IT：个体化治疗，** FT：家庭治疗，*** GT：团体治疗。

在作者所在的机构内，最紧密合作的两个项目是 CAPE 团队和家庭保护 306
项目（FPP）。在 CAPE 团队提供了集中的危机稳定服务之后，FPP 将提供强度稍弱的基于社区的以家庭为中心的服务。FPP 工作人员将在来访者和家庭最受益的地方提供服务：家庭、学校、少年拘留所或医院。埃文斯（Evans）等人（2003）报告了使用类似于 FPP 的集中式家庭危机服务取得了成功。报告显示，超过 75%的儿童参加这一项目是在社区。这很重要，因为按照定义，进入 FPP 项目的儿童有被带离家的风险。由于移动危机小组的目的是提供危机干预，让儿童远离医院而处于家中，因此，当地的 FPP 为连续护理提供了合理的转介。

护理的连续性拓展到了机构以外的项目。儿童和青少年移动危机工作者定期与一些机构联系。有些机构是服务接受者，有些是服务提供者，有些既是接受者又是提供者。接受服务的机构包括当地的青少年无家可归者收容所、学校系统和青少年拘留所，提供服务的机构是执法部门和紧急医疗救援处。只要非自愿住院是相关机构工作的一部分，那么机构就必须与执法部门建立工作关系。奥斯汀警察局和特拉维斯县（Travis County）治安部门都设有心理健康部门，这些部门的工作人员接受过专门的心理健康培训。医院既接受又提供服务：它们为在社区中无法得到安全保障的来访者提供了最严格的环境，并通过特殊协议获得服务。在后一种情况下，机构的工作人员将与医院工作人员一起提供联合治疗，参加出院工作，并协调医院与来访者家庭之间的服务。

精神障碍

危机理论的基石之一是危机是普遍的，任何人都有可能陷入一种无法正常应对的境地（Lindemann，1944）。虽然危机的经历可能是普遍的，但素
307 质-应激（diathesis-stress）模型表明，那些初始应对策略较少的人（例如，由于情绪或行为问题）更有可能对压力状况做出较差反应，因此更容易陷入危机（Coyne & Downey，1991）。危机工作者需要评估危机前青少年的心理健康状况，以便对危机干预措施做出适当的修改。熟悉最常见的精神障碍会使危机工作者更好地做准备，以满足已患有精神障碍的儿童和青少年的需求。在案例研究中，我们简要回顾了抑郁症、双相情感障碍和精神分裂症谱系障碍，这三种疾病对儿童的生活产生了重要影响。读者应该注意到，虽然我们的审查是基于 *DSM-5* 标准，但本章中的青少年是根据 *DSM* 前一版本诊断的（APA，2000）。为了更全面地讨论这些疾病，建议读者查阅《精神疾

病诊断和统计手册》（American Psychiatric Association，2013）的最新版本或当前的异常心理学教科书（例如 Barlow & Durand，2014）。

抑郁症

80%试图自杀的青少年和 60%自杀死亡的青少年存在情绪障碍（Brent，Poling，& Goldstein，2011）。大约 11%的青少年会在成年前经历持续性抑郁症（dysthymia；［*DSM-5* code：300.4］）或严重抑郁发作，报告显示有抑郁症状的女孩几乎是男孩的三倍（12.4% vs. 4.3%；Merikangas et al.，2010）。重度抑郁症［*DSM-5* code：296.xx］的发病率在 13～16 岁显著增加，从 4%上升到 11.6%（Substance Abuse and Mental Health Services Administration，2010）。有严重抑郁症状的青少年更有可能有自残行为，如割伤和烧灼（也称为非自杀性自残），难以发展和维持亲社会的人际关系，更有可能在学习和工作环境中表现糟糕以及更有可能滥用违禁物质。大约 40%的青少年符合一种以上疾病的标准（即焦虑，行为、情绪或物质使用障碍；Merikangas et al.，2010）。抑郁和物质使用并存增加了青少年高致命性自杀尝试的风险，有（Jenkins，Singer，Conner，Calhoun，& Diamond，2014）和无（O'Brien & Berzin，2012）非自杀性自残史的青少年都是如此。

双相情感障碍

在 *DSM-5* 之前，双相情感障碍被认为是一种抑郁症。但是，双相情感障碍在 *DSM-5* 中是一个独立的类别（American Psychiatric Association，2013），部分原因是，研究发现，在抑郁症患者中出现躁狂症状并不总是等同于双相 308
情感障碍。这在儿童中尤其如此，对他们来说，情绪的快速波动和精力极其旺盛可以归于躁狂以外的其他原因。双相情感障碍的特征是同时出现躁狂和抑郁。[①] 双相 I 型障碍（*DSM-5* code：296.xx）的诊断需要重度抑郁发作和躁狂发作，伴有兴高采烈/欣快或急躁的情绪，并且活动或精力水平持续提高。双相 II 型障碍（*DSM-5* code：296.89）需要重度抑郁发作和不那么严重的躁狂，即**轻躁症**（*hypomania*）。虽然双相 II 型障碍最初被认为是一种较轻的双相情感障碍，但人们现在认识到，长期轻度躁狂症和抑郁症的存在会导

① 因此也被称为躁郁症。——译者注

致与I型障碍类似程度的功能障碍。此外，最近的一项研究表明，新的*DSM-5*标准将导致双相II型障碍的诊断率与双相I型障碍相近（Phillips & Kupfer, 2013）。

大约3%的青少年符合双相I型或II型障碍终生患病的标准（Merikangas et al., 2010）。在13岁（1.9%）到17岁（4.3%），这一比例增加了一倍以上。女性符合标准的可能性（3.3%）略高于男性（2.6%）。患双相情感障碍的风险主要来自遗传，父母或兄弟姐妹有双相情感障碍的青少年患该病的可能性是没有双相情感障碍家族史的青少年的6倍（Nurnberger & Foroud, 2000）。半数双相情感障碍患者在25岁之前发病（Kessler et al., 2005）。

精神分裂症谱系障碍

全世界约有1%的人符合精神分裂症（*DSM-5* code：295.90）的标准，但青少年精神分裂症的发病率尚未确定（McClellan, Stock, & American Academy of Child and Adolescent Psychiatry [AACAP] Committee on Quality Issues [CQI], 2013）。大多数男性的第一次精神病性发作是在他们20岁出头到25岁左右，而女性则是在将近30岁的时候（APA, 2013）。根据美国儿童和青少年精神医学学会（American Academy of Child and Adolescent Psychiatry）（McClellan et al., 2013）的实践参数，提供者应该使用*DSM-5*成人标准来诊断和指导符合精神分裂症标准的青少年的治疗，建议进行结构化的诊断访谈。在采访12岁以下的儿童时，服务提供者应在发展背景下评估精神病性症状。具体而言，提供者应阐明，“离奇想法”或关于看到或听到别人没有看到或听到的东西的描述，与形成适当的幻想或难以区分内心的声音和痛苦
309 的幻觉并不相同。真正的精神病患者通常表现的症状是混乱、痛苦和无法控制。标准A的症状在*DSM-IV-TR*中与在*DSM-IV*中相同（妄想、幻觉、言语混乱、行为严重失调或紧张以及消极症状）。然而，在*DSM-5*中，五种症状中至少有两种必须出现至少一个月（而不是*DSM-IV-TR*中的一种），其中一种症状必须是妄想、幻觉或言语混乱（APA, 2013）。针对青少年的标准包括排除孤独症谱系障碍，以及承认青少年可能在症状发作之前从未达到适合年龄的机能水平。针对精神分裂症的治疗需要采取多模式的方法，包括病例管理、危机干预、技能培训、抗精神病药物治疗、教育支持、社会支持和家庭治疗（McClellan, Stock, & American Academy of Child and Adolescent Psy-

chiatry Committee on Quality Issues, 2013; Roth & Fonagy, 2005; Schimmelmann, Schmidt, Carbon, & Correll, 2013)。在本章中，急性精神病发作是危机状态的同义词（尽管反过来不是正确的）。药物治疗作为危机稳定的主要手段的必要性将急性精神病发作与危机状态的传统定义区分开来。

DSM-5 的作者正确地指出，精神分裂症患者比普通人群中的受害者更为常见。也就是说，当有暴力（对自己或他人）风险时，危机工作者经常与精神分裂症患者接触。本章介绍的罗兰多案例研究就是暴力风险的一个例子。精神分裂症患者的自杀风险很高，其自杀率约为全国自杀率的 44.5 倍（579 vs. 13 每 10 万人；Hor & Taylor, 2010; Drapeau & McIntosh, 2014）。为了更好地说明这一数字，在美国，死亡的主要原因是心脏病，发病率为每 10 万人 191 人（Drapeau & McIntosh, 2014）。本内特（Bennett）和他的同事（2011）发现，精神分裂症患者“比一般社区的人更有可能犯杀人罪”（p. 226）。最近的一项荟萃分析发现，在所有精神病患者犯下的杀人案中，有 38.5%是在治疗前的第一次发作中犯下的（Nielssen & Large, 2010）。研究人员一致发现，当精神分裂症患者犯下杀人罪时，最有可能的受害者是家庭成员，尤其是住在家里的家庭成员（Estroff, Swanson, Lachicotte, Swartz, & Bolduc, 1998; Joyal, Putkonen, Paavola, & Tiihonen, 2004; Nordström & Kullgren, 2003）。家庭成员特别容易遭受暴力侵害，因为他们是严重精神疾病（包括精神分裂症）患者的主要照顾者（Solomon, Cavanaugh, & Gelles, 2005）。此外，“（一个家庭）缺乏管理暴力行为的知识和能力，可能会加剧攻击性事件，这会危及整个家庭单位的安全”（Solomon et al., 2005, p. 41）。总之，精神分裂症谱系障碍患者在首次精神病发作期间更有可能使用暴力，并且比 310
其他人更有可能杀死家庭成员。因此，移动危机工作者有道德和职业义务评估其自杀和杀人的风险，并在出现精神分裂症症状时向家庭成员提供安全计划和转介服务，即使处于危机中的人没有表现出足够的症状来满足诊断标准。

复原力和保护因素

尽管危机工作者有必要了解精神机能障碍的症状和表现，但任何成功的心理社会干预都可以识别并建立在服务对象的优势和资源上。危机干预尤其如此。根据定义，危机事件是有时限的。危机工作者提供的支持是暂时的，但是服务对象提供的优势和资源成为恢复危机前功能的基础。尽管任何人都可能经历危机，但迅速摆脱危机状态的人可以被认为是有复原力的。**复原力**（resilience）最初被概念化为个体内部的东西。马斯滕（Masten）、贝斯特（Best）和加梅齐（Garmezy）（1990）对复原力进行了“个性化”定义，即“在具有挑战性或威胁性的情况下，成功适应的过程、能力或结果”（p. 425）。他们确定了三种可以证明复原力的情况：（a）克服困难；（b）在逆境中保持能力；（c）从创伤中恢复过来。最近，复原力被理解为是内部/个人和环境因素共同作用的结果。迈克尔·昂加尔（Michael Ungar）（2012）将复原力定义为“随时间变化的一系列反映个人与其环境之间互动的行为，特别是可利用的个人成长机会”（p. 14）。降低伤害风险的行为被认为是**保护因素**（protective factor）（King，Foster，& Rogalski，2013）。

技术、精神疾病评估与危机干预

青少年精神障碍的准确识别通常需要临床访谈、观察，以及来自家庭成员和辅助联系人（如教师和缓刑监督官）的信息，以提供有关症状和功能障碍的数据。自我报告措施以及筛查和诊断工具是有用的，但不足以准确地识别精神障碍（Eack，Singer，& Greeno，2008）。鉴于非危机门诊心理健康服务提供者很少有时间或培训来评估及识别获得社区心理健康服务的人群中存
311 在的各种精神障碍，因此期望移动危机工作者能做出彻底的诊断评估并同时提供危机应对是不合理的。然而，了解一个人是否有情绪或行为障碍的历史可以帮助危机工作者弄清楚应对技能的暂时缺陷是由当前危机造成的还是受到先前长期缺陷的影响。有几种技术解决方案可以改善移动危机工作者的数据收集。

基于网络的应用程序和移动设备（如智能手机、平板电脑和笔记本电脑）使移动危机工作者能够携带先进的诊断工具出行，这在几年前是不可能的。行为健康筛查（Behavioral Health Screen）（BHS；G. Diamond et al.，2010）是针对青少年的基于网络的自我报告筛查工具的一个示例，该工具有望应对移动危机。BHS 可以识别多种疾病当前和过去几年中的症状，包括精神创伤、焦虑、抑郁和物质滥用，以及自杀意念和尝试以及非自杀性自残等行为。该数据库自动为提供者提供重要症状和关注领域的报告。该工具有多个

版本，但与危机工作者最相关的一个版本是为急救部门开发的（BHS-ED；Fein et al.，2010）。当在繁忙的城市急诊部门评估 BHS-ED 的可行性和效果时，研究人员发现青少年在大约 10 分钟内完成了 BHS-ED，并且对精神疾病问题的识别显著增加（Fein et al.，2010）。

诸如计算机评估和移动应用程序、广泛可用的安全高速互联网连接以及价格合理的硬件等技术已经开始改变医疗服务的提供和使用（Barak & Grohol，2011；Singer & Sage，2015）。技术的使用可能是无意识的，例如向服务对象发短信或使用在线地图来识别发现本地资源（Mishna，Bogo，Root，Sawyer，& Khoury-Kassabri，2012）。此外，还有一些有意的远程健康和移动健康项目，如远程监控和咨询以及使用移动应用程序跟踪精神症状，以及自我引导的计算机化治疗，用以减少抑郁和焦虑症状，并在群体层面上促进心理健康（Elias，Fogger，McGuinness，& D'Alessandro，2014；Okuboyejo & Eyesan，2014；Powell et al.，2013）。

随着移动技术的可用性和使用的增加，进行更全面的危机评估和干预的可能性也将会增加。例如，尽管不是为移动危机工作者设计的，但先前描述的 BHS 可以按以下方式使用：危机工作者可以携带平板电脑外出，通过安全的数据连接在线连接到 BHS，让年轻人在线填写 BHS，然后阅读报告。这些 312
数据可以用作危机评估和干预的一部分，或作为危机后出院和转介计划过程的一部分。除了标准化评估外，危机工作者还可以使用 MY3（my3app.org）这样的自杀预防应用程序来识别和动员自杀青少年支持网络，或者使用美国政府的延长暴露疗法应用程序帮助服务对象处理创伤症状（PE-Coach；www.t2.health.mil/apps/pe-coach；Aguirre，McCoy，& Roan，2013；Elias et al.，2014）。正如本章稍后所述，技术的使用甚至在离家出走和无家可归的青少年中也很普遍（Rice，Kurzban，& Ray，2012；Wenzel et al.，2012）。2010 年进行的一项研究发现，无家可归的青少年中有 62%拥有手机，每周有 41%的人使用手机与朋友和家人进行通信（Rice et al.，2012）。移动危机工作者可以利用大多数年轻人口袋里的技术——手机——来鼓励发短信、接触健康的社交网络，以及与他人建立联系。使用在线社交网络与家里的朋友和家人联系的青少年比那些主要与其他无家可归和出走的青少年有主要社交联系的年轻人的抑郁和焦虑要少得多（Rice et al.，2012）。有关技术和社会服务的更详细评论，请参阅辛格（Singer）和塞奇（Sage）（2015）以及巴拉克（Barak）

和格罗霍（Grohol）（2011）。

临床表现：问题、争论、角色和技术

尽管移动危机干预为有自杀、杀人行为或患精神病的青少年提供了基本的治疗服务（Evans, Boothroyd, & Armstrong, 1997; Greenfield, Hechtman, & Tremblay, 1995; Gutstein, Rudd, Graham, & Rayha, 1988; Henggeler et al., 1999），并且通过使青少年脱离住院环境而节省了大量经济开支（Evans et al., 2001; Evans et al., 2003; Schoenwald et al., 2000），令人惊讶的是，关于青少年精神紧急服务中什么有效和什么无效的研究很少。儿童心理健康的研究越来越多地集中在心理和生理保健服务的整合，以及父母精神机能障碍对青少年心理健康的影响上（Hoagwood et al., 2012）。关于如何在自杀危机中与青少年进行最佳合作的研究主要集中在急诊科的干预（Ginnis, White, Ross, & Wharff, 2013; Sobolewski, Richey, Kowatch, & Grupp-Phelan, 2013）或临床实验室环境上（G. S. Diamond et al., 2010; Esposito-Smythers, Spirito, Kahler, Hunt, & Monti, 2011）。门诊研究几乎完全集中在成年人（Salkever, Gibbons, & Ran, 2014）或有物质使用问题的青少年身上（Dembo, Gulledge, Robinson, & Winters, 2011）。因此，除非另有引用，否则本章中的建议均来自作者的经验。

313 罗伯茨的七阶段危机干预模型

R-SSCIM 提供了一个极好的框架来管理在危机评估期间收集到的信息。使用罗伯茨的模型有四个好处：（a）它提供了一个组织数据的结构；（b）它提醒执业医生应关注哪些重要领域；（c）它允许执业医生花费时间和精力来决定将要使用的技术、策略和技能；（d）可以验证和评价其疗效。当危机工作者遵循清晰、明确的协议时，个人犯错的空间就会减少，服务的连续性也会随着时间的推移而增强（例如，换班或使用救援人员时）。

迈尔的分类评估模型

迈尔（2001; Myer, Williams, Ottens, & Schmidt, 1992）的分类评估模型是一个有用的框架，可用于快速评估功能的三个领域：情感（情绪）、认知（思维）和行为（行动）。每个领域均以 10 分制进行评级，其中 1=无损伤，10=严重损伤。将三个分数相加以提供总体严重性等级。评分越高，来访者的伤害就越大。在情感领域，危机工作者根据三对情绪来评估来访者对危机的情绪反应：愤怒/敌意、焦虑/恐惧和悲伤/忧郁。如果存在一对以上的情绪反应，则危机工作者将这些情绪继续分为主要的、次要的及第三位的。准确地评估主要情绪和损伤的严重程度，对于成功地应用罗伯茨的阶段四（处理情感和提供支持）非常重要。在认知领域，危机工作者评估来访者对危机如何影响、正在影响或将要影响其生理、心理、社会和道德/精神生活的感知。在行为领域，危机工作者评估来访者对危机的行为反应。迈尔（2001）声称，来访者会使用三种行为之一：接近、回避或不动。每一种方法都可以使来访者迈向或远离成功的危机解决方案。根据迈尔（2001）的观点，“接近行为是解决危机的公开或私密的尝试；回避行为忽略或逃避危机事件；不动是指为了应对危机而采取的无效的、无组织的或事与愿违的行动”（p. 30）。

案例研究 1：尼基

阶段一：评估致命性

在评估致命性时，危机工作者收集数据以确定处于危机中的人是否有受到伤害的风险。无法评估致命性既会带来法律责任又是提供专业服务的失败（Bongar & Sullivan, 2013）。准确的致命性评估为危机工作者进行危机干预提供了坚实的基础。专业的评估会给来访者灌输信心。致命性评估分为三个部分，尽管它们不是按顺序进行的，而且根据具体情况的不同它们的权重也不相同。对自我伤害的评估也称为自杀评估，危机工作者必须确定是否有**构想**（ideation）（关于自杀的想法）、**意图**（intent）（自杀的欲望）和**计划**（plan）（何时以及如何自杀，包括自杀时所使用的手段）。在评估自我伤害时，危机工作者必须谨慎，避免在评估自杀时提及“伤害”（harm 和 hurt）。“我想伤害（hurt）自己”和“我想自杀（kill）”之间的区别很重要，前者暗示对持续的生命施加痛苦，后者则暗示结束生命的痛苦。危机工作者问：“你有想过伤害自己吗？”可能会得到口头回答“没有”及非语言表达出来的意思 314

“我已做过足够多伤害自己的事，我想终结痛苦，我计划通过自杀来终结它”。危机工作者可以这样问：“在过去 24 小时发生的所有事情中，你是否发现自己在想，你死了会更好?”如果直接询问自杀（例如，对悲伤的评估）则会破坏融洽的关系，轻松地进行自杀评估才是合适的。下面这个简单的例子演示了从“伤害”（harm）过渡到“杀害”（kill）的一种方法：

危机工作者：你是否有过伤害自己的想法?

来访者：没有。

危机工作者：你想过要死吗?

来访者：是的。

危机工作者：你有没有想过要自杀?

来访者：是的。

危机工作者：什么时候?

来访者：今天早上。

精确的问题可以得到准确的数据，只有准确的数据才能确定自杀风险（Shea, 2002）。

在美国许多地方，移动危机部门为学校的青少年提供评估和干预服务，但是大多数学校的心理健康专业人士报告说，他们感觉自己没有能力处理青少年经历的精神危机（Allen et al., 2002; Erbacher, Singer, & Poland, 2015;
315 Slovak & Singer, 2011）。由于学校是为美国的学龄青少年提供识别、转介和心理健康服务的最重要的服务场所（Green et al., 2013），因此无论学校人员培训或资源如何，移动危机小组都可以确保青少年获得他们需要的临床治疗。

处理儿童问题需要危机工作者使用简单的语言和概念，如下例所示：

危机工作者：嗨，尼基，我叫乔纳森（Jonathan）。你知道我整天都在做什么吗? 我和那些说正在考虑自杀的孩子聊天。一些小孩想伤害或杀害别人，另一些小孩能听到或看到别人听不到或看不到的东西。

尼基：我没那么疯狂。

危机工作者：哦。也许我来错地方了，真尴尬（微笑）。那你觉得我为什么会在这儿?

尼基：(微笑) 因为我画了那张图。

危机工作者：你知道吗，尼基，我认为你是绝对正确的。在你告诉我这张图之前，我想让你知道你可以告诉我几乎任何事情，我不会告诉别人，只有你知我知。有些事我必须告诉你妈妈或者安德森先生。你能猜到是什么吗?

案例中工作人员的语气很幽默，但内容却很严肃。通过把对保密性的评论（“有些事我必须告诉你妈妈”）变成一个游戏，工作人员向尼基证明，他说的是她的语言——游戏语言（Gil，1991）。因为游戏是 12 岁以下儿童的主要治疗方式，所以一袋美术用品（大张纸、记号笔、蜡笔、彩色铅笔）对于移动危机工作者来说是无价的工具。工作人员拿出几张绘画纸和记号笔，尼基就和工作人员边说边画。

尼基告知说她在教室里画画的时候有自杀的想法，但是当时并没有那样做。她的计划是用厨房里的刀把自己刺死，就像她在画中展现的那样。她不清楚何时会自杀：“也许我会在尚特（Shante）的生日派对后（下个月）自杀。”尽管必须认真考虑自杀构想，但尼基的时间表（下个月）为干预提供了重要的机会。她否认有杀人的构想，并说她没有听到声音或看到不存在的东西。

对家庭的致命性评估需要对父母和孩子双方进行评估。拉德（Rudd）、乔伊纳（Joiner）和拉杰卜（Rajab）（2001）建议评估父母履行基本职责（例如，提供资源，维护安全的、没有虐待的家庭环境）和养育职责（例如，设置限制，健康的沟通，积极的角色塑造）的能力。总体自杀风险会上升或下降，这取决于父母履行基本和养育职责的程度。根据尼基的报告，她没有计划也没有意图，她自杀的风险很低。采访尼基的母亲 D 女士将提供有关其履行基本和养育职责能力的重要信息。阶段二描述了与 D 女士进行的致 316
命性评估，以便强化这样一种观念，即“在评估致命性和确定促发事件/情况时建立融洽关系至关重要”（Roberts & Ottens，2005，p. 331）。

阶段二：建立融洽的关系和沟通

融洽关系是一种简短的说法，表示执业医生和来访者彼此都感到舒适的状态（Kanel，2013）。随着来访者在外部环境中感到更加安全，在阶段一就可能开始建立融洽的关系。在整个干预过程中，随着工作人员对如何最能帮助解决危机有了更深入的了解，融洽关系的建立也在持续进行。在建立融洽关系的初始阶段，危机工作者向来访者保证，他们通过寻求帮助做出了正确的决定，以及危机工作者将会为一些问题的解决提供帮助。卡内尔（Kanel）（2013，p. 60）指出了在危机情况下建立融洽关系的五种基本的专注技巧：参与行为（眼神交流、温暖亲切、身体姿势、声音风格、语言跟随和整体移情）；提问（开放式和封闭式）；释义（重述、澄清）；情感反映（痛苦、积极、矛盾、非语言）；概括（将促发事件、主观痛苦和其他认知要素联系在一起）。这些专注技巧可以用于整个危机干预过程。以下是一次30分钟采访的开始：

危机工作者：D女士，我很高兴你能这么快地来学校。

D女士：（皱着眉头）嗯，是的。没关系。

危机工作者：听起来你对被召到学校并不感到惊讶。

D女士：（生气）我该看起来很惊讶吗？办公室人员甚至不用查我的电话号码。就好像我在快速拨号上有一个预先录制好的信息一样，“我们担心尼基可能会伤害自己。”

危机工作者：你来到这里通常会发生什么？

D女士：你有孩子吗？

危机工作者：不，我没有。

D女士：好吧，如果你有，你就不会问这些愚蠢的问题了。

危机工作者：有时，我们不得不问一些看起来很愚蠢的问题，D女士。当你到达这里时，通常会发生什么？

317 D女士：校长在我面前大发雷霆，要我教她礼仪。

危机工作者：当你回到家呢？

D女士：（笑）没什么了。到此为止，我不会让她的行为毁了我的一天。

这段简短的互动表明D女士不相信尼基的自杀陈述是合理的，这种反应在孩子反复或长期有自杀念头的父母中很普遍（Slovak & Singer，2012）。对

D 女士的采访说明了很多事情。首先，建立融洽关系对她参与处置至关重要。其次，根据拉德、乔伊纳和拉杰卜（2001）的观点，她只是部分地完成了提供基本需求（如住所和交通）的基础职责，而没有履行培养和情感验证等育儿职责。特别是，她知道尼基有自杀念头已经好几年了，但是从来没有让其接受过治疗，她说“设置限制不起作用”。在采访的最后，社会工作者怀疑 D 女士是否有能力保证尼基的安全，或者提供一个相对没有情绪触发的环境。在涉及致命性的任何情况下，都建议与督导师进行磋商。由于对母亲的评估提高了致命性的风险，社会工作者联系了其督导师，督导师建议家属到精神科医生那里进行紧急评估。D 女士无奈地同意与社会工作者一起返回办公室。

阶段三：识别主要问题

尼基和她的母亲在 CAPE 团队办公室会见了工作人员，以完成更全面的社会心理评估，为预约精神科医生做准备。在家庭评估中一个有用的技巧是分别与每位成员谈话，然后作为一个家庭一起谈话（G. S. Diamond, Diamond, & Levy, 2013）。对于基于办公室的服务提供者来说，这是一个挑战，因为他们的机构政策禁止高危青少年独自待在等候室中（Singer & Greeno, 2013）。在这种情况下，当工作人员和 D 女士在确定他们家庭的主要问题时，CAPE 团队的另一名工作人员和尼基待在一起。D 女士说尼基接受了双相情感障碍的心理治疗和药物治疗，尼基的生气和愤怒是最大的问题。由于她不停地发脾气，他们的房东在他们今天上学前向他们送出了驱逐通知。

D 女士：他当着尼基的面说，**她**有 30 天的时间来停止破坏东西和打扰邻居，否则她将不得不找个新的地方睡觉。我对她**非常**生气，我告诉她，她最好行动起来，不要让我们被赶出去。

危机工作者：听起来你和房东都对尼基感到愤怒。当你说她最好让自己行动起来时，你有没有让她知道你到底是什么意思，她如果不这么做会有什么后果？ 318

D 女士：（怀疑地）嗯……她知道我的意思是不要这么大声打扰邻居。我确实没有给出后果。

采访进行了30分钟，很明显，D女士对尼基很生气，觉得女儿的行为给她带来了过多的负担。尼基这边则将母亲的严厉和批判的反应内化了。青少年的自杀行为可以在家庭中发挥多种作用，其中之一是用行为表达不能用语言交流的内容。当尼基对母亲的愤怒不知所措时，她采取了行动，以此告诉她母亲自己的感觉并不安全。自杀危机的另一个作用是迫使情绪不稳定的父母“团结一致”并去照顾孩子。需要对该家庭进行更多的评估和接触，以确定是否有一种动力在起作用。这些动力是双向家庭影响的一个例子。

D女士还分享了有关尼基在家中的行为信息，简要陈述了尼基会经历快乐、暴力和愤怒的快速循环（就像今天早上一样）。D女士说她不认为尼基有双相情感障碍，因为尼基的行为和她自己的双相情感障碍经历有很大的不同。

工作人员会见了尼基，认定事件的起因是房东签署了驱逐通知。当促发事件如此具体时，花时间在阶段四是有价值的：处理感觉和处理由事件引发的想法和感觉。为了继续确认问题，一家人同意和精神科医生谈谈尼基的愤怒和她的自杀念头。精神科医生审核了接诊评估结果，并确定尼基符合双相情感障碍的标准。她当时认为尼基不会对她自己构成威胁，因此不符合住院标准。工作人员制订了安全计划，并将副本交给了D女士。家人接到的指示是，如果遇到迫在眉睫的安全威胁，就联系911；如果尼基想自杀，就拨打24小时热线。工作人员同意当晚打电话给这家人登记入住。精神科医生开了一种情绪稳定剂，并与CAPE团队的一名工作人员每周进行两次治疗。因为D女士乘坐公共汽车上班，工作人员同意放学后在他们家见面。

319

阶段四：处理情感并提供支持

该计划旨在讨论尼基的自杀念头、探索情感，并提供关于双相情感障碍的心理教育。在自杀危机期间，定期评估自杀念头至关重要。我们建议社会工作者在每次会谈中提出一些基本问题，比如，“你今天有自杀的想法吗？如果是，如何以及何时？你的成功有多重要？”例行评估的适当文件记录将有助于在案件移交时提供极好的持续护理，并且在自杀完成的情况下将降低诉讼的风险（参见 Bongar & Sullivan，2013）。

有一个简单而巧妙的工具可以帮助个人和家庭更好地识别情绪。一个名为“你今天感觉如何？”的表列举说明了几十种常见的情绪，层压板可以用于使用白板笔圈出情绪，也可用来玩棋盘游戏。在“情绪”棋盘游戏中，棋子被放置在代表特定情绪的人脸图像上。当玩家将棋子移动到一种新的情绪时，他们会（a）识别这种情绪，（b）谈论他们有这种情绪的时候，或者（c）讨论他们可能有这种情绪时的情况。对于尼基这个年龄的孩子，这个游戏的一个流行变体是要求玩家模仿他们落子时的表情。

在探访学校期间，尼基和工作人员讨论了双相情感障碍和情绪问题。然而，在服务的前两周，D 女士拒绝让工作人员到家里进行预先安排的活动，还拒绝了工作人员在学校见面的邀请。

到第二周结束时，没有任何迹象表明 D 女士和尼基正在服药。D 女士拒绝签署便于尼基的危机工作者可以与 D 女士的危机工作者协调服务的信息发布协议。在更传统的治疗模式中，如果来访者在法律上阻止治疗师充分履行其职责，则最终拒绝提供服务是标准做法。对危机来访者的服务排除了拒绝服务的选择。

阶段五：探索可能的替代方案

在典型的阶段五，来访者将探索问题的替代解决方案。由于 D 女士拒绝参与服务，工作人员决定探索让家人参与的可能解决方案。存在这样一种重新构思的方法，偶尔能成功地与非参与治疗的父母建立治疗联盟。下面的对话说明了“不是你的问题，是它们的问题”的概念：

危机工作者：我想知道你是否注意到尼基的行为有所变化。

D 女士：我希望如此，但没有。 320

危机工作者：我一直在想这个问题。我的工作是帮助你们两个发展一些新的应对技巧，但我让你们失望了。据我所知，现在的情况和我第一次见到你时一样糟糕。

D 女士：（怀疑）嗯……嗯……

危机工作者：告诉我这是否正确：你的养育方式在别的孩子身上会非常有效。

D 女士：我 10 岁的侄子听我的，我不明白她为什么不听。

危机工作者：一点儿没错。所以我的想法是这样的，你的养育方式不是问题所在，问题是尼基的行为需要一种不同的养育方式。

D 女士：好吧，可不是的吗。

危机工作者：我想知道你是否记得曾经做过一些与众不同的事情，让你们的相处方式发生了改变？

D 女士：有一天晚上，我太累了，我没有叫她坐下，而是让她在公寓里跑来跑去。那天晚上我们没有起冲突。

促使本次干预成功的因素很多。首先是社会工作者对家庭问题负责，就好像他暂时背负一个拖累全家多年的沉重包袱。第二个因素是将问题外部化："不是你的问题，是它们的问题。"第三是例外问题的使用，这帮助 D 女士重新扮演了成功母亲的角色，即使只有一分钟的短暂时间。

这次对话之后，D 女士再次敞开大门接受治疗。尼基开始定期服用药物，工作人员也把"情绪"棋盘带来了。学校报告说尼基在教室里的行为变得更加稳定。由于家庭的进步，社会工作者讨论了将其转移到 FPP 进行家庭服务的问题。

首次通话四周后，周末值班的工作人员被呼叫到 D 女士的家中，尼基用钝刀割伤了自己。她被送往急诊室，之后出院，医生建议她"好好睡一觉"。在咨询了该机构值班的精神科医生之后，医生建议她留在这座城市，但暂时和她的祖母住在一起，她和祖母的关系非常亲密。

工作人员再次实施了阶段一和阶段二，在阶段三，他和尼基又探索了最
近一次自杀未遂事件。据尼基说，在她试图自杀的那天，她看到房东在她母
321 亲的门下放了一张纸，她认为这是他们四周前收到的驱逐通知。注意周年纪
念日或触发日期是非常重要的。社会工作者没注意到，但是尼基记得。

因为尼基暂时和她的祖母住在一起，社会工作者有机会收集关于家庭的新信息，包括确认 D 女士吸毒和卖淫的历史。有了新的信息，工作人员邀请 D 女士参与讨论家庭问题、可能的解决方案并制订新的行动计划。

阶段六：制订行动计划

在第二轮七阶段模型之后的家庭行动计划包括以下内容：

1. 每周召开一次家庭会议，讨论家庭问题，一起看电影；
2. 按医嘱定期服药；

3. D 女士定期去看精神科医生；

4. 定期参加戒毒匿名会议；

5. 过渡到家庭保护项目（FPP）。

阶段七：跟进

与来访者结束服务的传统术语是“**终止服务**”（termination）（Hepworth, Rooney, Rooney, & Strom-Gottfried, 2013）。由于危机干预具有短暂而集中的性质，几乎总是导致来访者转向另一种服务，因此“**过渡**”（transition）一词更为合适（Singer, 2005）。在第二个月的月底，社会工作者与这家人及其新的 FPP 治疗师会面，进行了过渡。一家人讨论了他们在服务过程中学到的知识，社会工作者则分享了他对于这个家庭的优势的印象。自第二次危机以来，尼基没有发表过任何自杀言论，她也不再被认为对自己或他人构成威胁。尼基一家人被告知，如果将来需要的话，他们可以随时联系危机服务。这个案例的复杂性很容易通过罗伯茨框架的应用来解决。

案例研究 2：罗兰多

移动危机响应人员遇到的另一类危机是患有精神病或杀人倾向的来访者。以下案例研究介绍了 R-SSCIM 在一名 16 岁的拉丁裔男性身上的应用，该男性被诊断为精神分裂症，并做出杀人威胁。本案例研究说明了电话分诊、在家庭和医院的服务，以及药物疗法和家庭疗法在解决危机中的应用。 322
在整个案例研究中，西班牙语词汇的使用强调了语言能力和与文化相关服务的重要性。

阶段一：评估致命性

第一个案例说明了对自我伤害的评估。在本案例中，涉及致命性的第二个方面，即对他人伤害的评估：来访者伤害某人（包括危机工作者）的可能性有多大？有自杀倾向的来访者可能会攻击自己以应对压倒性的伤害、愤怒、恐惧和沮丧，而有杀人倾向的来访者则会攻击他人。与自杀评估一样，危机工作者应该评估其想法、意图和伤害他人的计划。除了极少数情况下，当来访者清楚地表达自己的杀人想法时，危机工作者需要做一个明确的致命性评估。需要评估的一些领域包括：

1. 此人是否有对他人的施暴史？（如果执法部门知道此人的名字，则其很有可能有暴力史。）

2. 此人能对自己的行为负责，还是将当前的情况归咎于他人？

3. 他（她）是在说由于发生的一些事而“报复”某人吗？

4. 附近是否有致命性武器？危机工作者应检查周围是否有武器（刀或枪）或可能的武器（沉重的烟灰缸、破瓶子、木头碎片）。

一旦危机工作者掌握了足够的信息来评估来访者的反应，他们就需要询问关于来访者是否有伤害他人的想法、意图或计划的具体问题。

根据罗伯茨（2005）的说法，危机中的大多数最初接触都是通过电话进行的。作为一名危机工作者，作者发现通过电话提供危机干预具体有以下好处：

1. 阅读风险评估检核表，不用担心打断眼神交流；

2. 能在评估过程中记笔记；

3. 在通话期间与其他危机团队成员沟通；

4. 与其他机构和人员协调服务，如督导师、精神科医生和执法部门。

针对罗兰多的情况，致命性评估非常紧迫。卢佩联系 CAPE 团队的原因
323 是她担心罗兰多会伤害他的弟弟。他的病例表明他有暴力史。为了最大限度地确保每个参与者（包括危机工作者）的安全，我们继续通过电话进行干预。在接下来的对话中，金（Kim）采用基于优势的语言、开放式和封闭式的问题来收集和描述具体信息，以及用情绪的反应来维持融洽关系。

危机工作者：卢佩，你现在正在做什么来确保自己的安全？

卢佩：（声音颤抖）我刚把电话带到浴室。

危机工作者：我很高兴你平安无事。罗兰多和他弟弟现在在哪里？

卢佩：在另一个房间里互相大喊大叫。

危机工作者：罗兰多能拿到刀或其他武器吗？

卢佩：从上次开始，刀子就被锁起来了。我想房子里没有别的东西了。

危机工作者：很高兴听到你这么说，你很重视你家人的安全。这一切是怎么开始的？

卢佩：我不知道，我想赫克托是在戏弄罗兰多。我有点担心，不过罗兰多今天表现得很奇怪。

危机工作者：你是在担心罗兰多的行事方式。他一直在服药吗？你能检查一下他的药瓶吗？你在洗手间，对吗？

卢佩：噢，不！金，他看起来至少一周没吃药了。我们要做什么呢［西班牙语］？我不敢离开洗手间。

危机工作者：不用担心［西班牙语］。我听到了你声音中的恐惧。到目前为止，你今晚做得很好，我认为没有理由去改变。

危机干预的挑战之一是，在任何给定的时间，干预可以朝多个方向发展。如果没有罗伯茨的框架来提醒我们尚未完成对致命性的评估，我们可能会专注于卢佩不断升级的焦虑，并继续探索情绪和提供支持（阶段四）。我们没有忽视卢佩的经历，而是利用它来进一步评估致命性。卢佩的陈述为我们提供了有价值的资料，这些资料说明了她自己对安全的评估以及她在这种情况下的家长权威。如前所述，危机工作者应评估青少年的风险等级以及父母的保护能力（Rudd，Joiner，& Rajab，2001）。

迈尔（2001）的分类评估模型有助于评估卢佩的运作能力。在情感、行为和认知上得分较低意味着功能较强。当危机工作者评估卢佩时，基于她对 324
“**恐惧**”（fear）这个词的使用，她的主要情绪是焦虑或恐惧。考虑到这种情形下可能出现暴力，她情绪表现的短暂升级是恰当的。在情绪严重程度量表上，她评级为 3 分（满分 10 分）。她的认知范围是面向未来和专注安全的：“我们**将要**做什么？”她相信会有可怕的事情发生，因为罗兰多没有吃药。她在解决问题和做决定方面表现出一些困难。她对未来的恐惧并非毫无根据，在认知严重程度量表上，她被定为 5 分（满分 10 分）。行为上她是不动的：她无法离开洗手间来处理这种情况。她的举止使情况更加恶化；她在洗手间里待的时间越长，发生暴力事件的可能性就越大。在行为严重程度量表上，她被评估为 8 分（满分 10 分）。迈尔的模型有助于我们解释数据。通过确定最严重的领域，我们可以确定干预的优先顺序。根据我们的评估，我们确定卢佩不能被视为当前危机中的保护因素。

快速反应是危机干预的特点。像金一样，危机工作者需要才思敏捷。认识到卢佩的危机状态，金给我写了张便条："我们应该报警吗？"我写道："问问卢佩，她是否愿意警察来，如果是，告诉她我想和罗兰多谈谈。"让卢佩参与报警的决定涉及了她的认知领域：我们肯定了她作为家长的权威，并为她提供了做出决定的机会。让她离开洗手间，把电话交给罗兰多，解决了她不行动的问题。与罗兰多交谈有三个目的，第一，把他从令人不适的环境（他的弟弟和客厅）中带走；第二，收集更多有关他精神状态的信息，让他参与干预，并确定他是否能够订立安全契约；第三，如果罗兰多被评估为对其他人构成威胁，当警察到达时，确保他不会在客厅里。

我评估了罗兰多目前的机能和精神状态。他确定自己已经停止服药，睡眠不好，没有食欲。他否认使用酒精或其他毒品，表示自己没有自杀的想法，并说他只会伤害他的弟弟而不会杀死他。他拒绝订立安全契约。接下来的对话表明，情况并不安全，金打电话报警是合适的。

罗兰多：赫克托不停地谈论我，一直都是。他和他的朋友总是在背后说我的坏话。他需要停下来，老兄。

危机工作者：你怎么知道他们在谈论你？

罗兰多：我知道。怎么，你不相信我？（笑，然后变得生气）我知
325 道你在想什么，我知道他们在想什么。即使他们不大声说话，我也能听到。

危机工作者：我能理解如果你认为你弟弟和他的朋友在谈论你，你会有多生气。如果你愿意，我会帮你，这样他就不会再提起你了。我们和好了是吗？

罗兰多表现出参照错觉、思维扩散和妄想，这些都是精神病的明显症状。他的妄想在多大程度上是基于真实事件或妄想性思维目前尚不清楚；医疗记录显示，赫克托以嘲笑罗兰多"疯狂"为乐。罗兰多精神病的表现，有意伤害他弟弟的陈述，以及之前不服药时的暴力史，都使他具有极高的致命

性。使用社区整合公司的干预优先级量表（Roberts，2002），由于即将发生暴力威胁，我们将这个电话列为第一优先。第一优先事项需要动员紧急服务以稳定局势。我给金写了一张便条，让他呼叫值班精神科医生进行咨询并报警。精神科医生证实，儿童在停药一两周后就会开始代谢失调。精神科医生建议住院治疗以使罗兰多稳定服药，并说他上次住院治疗时，给他服用了大约一周的时间的抗精神病药物来减少与他的精神病有关的阳性和阴性症状。警察同意在家里与我们见面，警察的介入至关重要，原因有三。(a) 警察的介入增加了家庭和危机工作者的安全。(b) 在得克萨斯州，16 岁的罗兰多已经到了可以自行签署和退出治疗协议的年龄。符合精神科医生建议的唯一方法是让警官签署一份精神科紧急入院令。如果这场危机发生在 2003 年 9 月而不是 1999 年，罗兰多的母亲就可以签字让他住进医院，因为那时同意的法定年龄已经提高到 18 岁。(c) 警官可以把罗兰多安全地送往医院。

当我们前往罗兰多家时，他一直在和我们通电话。在警察在场的情况下，他同意被送往医院。值班精神科医生让他住进青少年病房，并让他开始服药。应罗兰多的要求，并经医院允许，我同意返回医院进行探视。

阶段二：建立融洽的关系和沟通

罗伯茨七阶段干预模型的第二阶段是建立融洽关系和沟通。两年前，在罗兰多第一次住院治疗后，CAPE 团队的工作人员与罗兰多和他的家人们建立了融洽的关系。自从罗兰多坚持服用药物以来，在医院的第一次会谈中，一家人与社会工作者分享了一些促进融洽关系的要素。前两条意见谈到了语言的价值和文化能力在发展工作关系中的重要性（Clark，2002；Fernandez et al.，2004）： 326

罗兰多：伙计，你知道最酷的是什么吗？你（对 CAPE 团队的社会工作者说）跟我妈妈说西班牙语。医院的工作人员都做不到这一点。

卢佩：是啊，真是太好了。你知道吗（西班牙语）？我也喜欢你能有 *personalismo*（西班牙语，友善和亲切的人际关系的意思）。

罗兰多：老兄，最棒的事，就是你不介意我谈论我的一些疯狂的想法，我知道我的世界和你的不一样，但是你不介意。

危机工作者：我很感激你所说的一切。事实是，作为个体和家庭，你的优势之一就是你具有信任他人的强大能力。

罗兰多提到他的“世界”是精神病性障碍患者用来识别自己经历的一种常见方式（Roth & Fonagy，2005）。社会工作者愿意讨论罗兰多的“疯狂想法”，这在发展和维持融洽关系方面比减轻听觉幻觉更重要。

社会工作者继续与医院工作人员共同治疗了一个星期，这时罗兰多已经出院回到了社区。他不再有幻觉或妄想，他的注意力得到了提高，看起来也更放松了。因为他的精神病症状得到了控制，罗兰多能够解决危机前的心理动力问题。

阶段三和阶段四：识别主要问题和处理情感

家庭冲突的程度越高，在识别主要问题时处理情绪就越重要。当家庭成员试图将危机归咎于对方时，对促发事件的识别可能会引发情绪波动。危机工作者可以使用基于优势的技巧来规范情绪，并将个人责任重新概念化为集体责任。

327 下面的对话说明了危机工作者如何使用基于优势的语言来促进三位家庭成员之间的对话：

危机工作者：谁愿意分享一下对上一次压力起因的看法？

卢佩：如果罗兰多把药吃了，这种事就不会一直发生了。

罗兰多：妈妈，你说得好像这都是我的错。那赫克托呢？

赫克托：我怎么了？我什么都没做。

危机工作者：你们的奇妙之处在于，每个人都可以在同一个房间里，看到和听到同样的事情，却有着完全不同的记忆。这些都没有错，只是有所不同。与其谈论上周卢佩打电话给办公室之前发生的事情，不如我们可以谈谈你们在过去7个月中一直在做的事情。

霍夫（Hoff）、哈利西（Hallisey）和霍夫（Hoff）（2009）告诫危机工作者避免将某个家庭成员确定为问题所在，而建议将整个家庭视为服务对象。在这种情况下，服务对象不再是罗兰多，问题也不再是罗兰多的精神分裂症。现在这是关于整个家庭的系统性问题。这并不意味着罗兰多导致家庭危机不应该被忽视。确实，罗兰多的精神病发作（这是严重危机状态的代名词）可能促成了家庭危机（Hoff，Hallisey，& Hoff，2009）。对重大问题的讨论使家庭中的每一位成员都能为自己在危机中的角色承担责任。社会工作者的责任是确保人们感到安全。安全的环境是这样的，在这种环境中，家庭成员承认彼此的责任，在其他人面前相互承担责任，相互表扬并同意努力寻求解决方案。

调解冲突对维持安全环境很重要。在与患有精神分裂症的人合作时，保持镇定和情绪安全的环境至关重要。精神分裂症患者通常在理解和控制自己和他人情绪的能力上存在缺陷（Eack，2012）。一些治疗方法，如认知增强疗法（Eack，Hogarty，Greenwald，Hogarty，& Keshavan，2007），明确地解决了这些缺陷，而其他治疗方法，如艺术疗法，创造了低刺激环境并鼓励非语言表达。家庭艺术疗法是一种表达治疗法，非常适合患有精神分裂症的青少年家庭（Kwiatkowska，2001）。艺术疗法的组成部分（表达想法的集中动觉工作）解决了精神分裂症的治疗目标：发展社交技能以减少家庭冲突并增加服务对象对家庭活动的参与。对于精神分裂症患者来说，创造性或具象性绘画可以是一种常态化活动。社会工作者要求家庭成员画一幅图，具体要画出： 328
（a）家人，（b）他们现在的感觉，（c）他们在危机当晚的感觉，（d）他们想要的感觉。工作人员为讨论活动设置了基本规则。按照卢佩的说法，这是几个月来全家第一次一起大笑。绘画是为数不多的批评被视为好笑的活动之一（例如，“小伙子，你管那叫太阳？它看起来像妈妈的烤肉架”）。尽管罗兰多创作出一幅可辨认的家庭图画十分困难，但他包含情感的描绘却是非凡的。他弟弟和母亲在表达抽象概念方面不如他。罗兰多对自己的成就感到自豪，这是他增强自信的基础。

阶段五：探索可能的替代方案

这家人确定了一个促发因素和三个他们想要解决的主要问题。促发因素是罗兰多对他妈妈大喊大叫，说赫克托把药藏起来了。当家庭处理促发因素时，他们能够看到每个人在这场危机中所起的作用。作为责备、争吵和不断升级情绪的替代方法，家庭成员表示他们希望改善他们之间的关系，减少兄弟之间的冲突，减少家庭中的刺激。科尔凯拉（Korkeila）等（2004）报告了成年后的乐观情绪与积极的亲子关系之间的正相关关系。与家庭合作发展积极的亲子关系的临床重要性怎么强调都不为过。乐观的发展始于牢固的亲子关系。除了家人的建议，社会工作者还推荐了第四个目标。虽然这在传统的门诊治疗中并不常见，但在危机干预中采取积极的方法是合适的，目的是消除对家庭成员的威胁。工作人员解释说，除非家人相信他们都是安全的，否则在其他目标上不会有任何进展。一家人最终都同意了这些目标。

社会工作者单独会见了罗兰多。这样做的目的不是把他作为一个棘手问题单独挑出来，而是为他提供额外的支持，因为他正在从一个最受限制的环境向一个限制最少的环境过渡。他谈到了自己因没有亲密朋友而感到的沮丧。社会工作者没有对这个问题进行长时间的讨论（这对于处理信息困难的人可能是一个挑战），而是帮助罗兰多画了一张社会关系图。社会关系图是一个基因图谱（McGoldrick，Gerson，& Petry，2008），展示了一个人的社交世界而非家庭世界。通过这个练习，罗兰多能够辨认出可以与他度过更多时间的朋友。解决社会关怀对精神分裂症患者意义重大。患有严重精神疾病的
329 青少年往往需要我们全力以赴地来帮助他们参加对他们的社会心理发展至关重要的社会活动。

阶段六：制订行动计划

家庭危机工作面临的一个挑战是每个家庭 30 天时间的方案限制。这个家庭的目标之一就是加强人际关系。社会工作者认识到，为了支持这一目标，家庭将从长期服务中获益最多。解决方案以移交给 FPP 的形式出现。与危机部门类似，FPP 也是移动的，可在人们的家中提供服务。不同之处在于，FPP 服务的集中程度略低（每周 2 次，而不是每天 2 次），但它们的期限更长。FPP 提供个人和家庭治疗，以解决家庭持续关注的问题。

聚焦解决的治疗非常适合阶段六。经典的聚焦解决疗法设定目标的技巧之一就是“奇迹问题”（Berg & Miller，1992）：

> 假设在我们今天的会面之后，你……上床睡觉。当你睡觉的时候，奇迹发生了，你的问题被解决了，就像魔法一样。问题消失了。因为你正在睡觉，你不知道奇迹发生了，但是明天早上醒来，你会变得不一样。你怎么知道奇迹已经发生？什么是第一个告诉你奇迹已经发生并且问题已经解决的小信号？（p. 359）

回应如下：

卢佩：我就不用大喊了，“亲爱的，起床。你上学要迟到了”。

罗兰多：赫克托和我不会互相大喊大叫。

危机工作者：与其大喊大叫，你想象有什么不同的做法？

罗兰多：我不知道。什么都不说吗？

赫克托：罗兰多会像以前一样对我好。

奇迹问题向危机工作者证实了一些具体的行为指标，即当目前的问题不再是问题时，可能会有什么不同。这个想法将被纳入长期治疗，而不是危机干预。行动计划的最后一步是让卢佩加入全国精神疾病联盟的地方分会，该组织提供社会支持并具有可以减轻压力和增加对疾病相关知识的教育功能。

阶段七：跟进 330

罗伯茨模型的最后阶段是跟进。最后两次会谈对结束危机非常重要，倒数第二次会谈回顾了家庭取得的进展。下列对话说明了与家庭合作的终止：

危机工作者：这次经历让你们了解到自己和家人最重要的事情之一是什么？

卢佩：如果我冷静的话，我的房子要安静得多。我从来不知道自己有多重要。我知道这听起来很傻，但这是真的。

罗兰多：我是家里最重要的人！不，开个玩笑，伙计。说真的，我弟弟是个好人。

赫克托：当罗兰多吃药而妈妈去开会时，我不会那么生气。我不知道为什么，但我就是不生气。

危机工作者：听起来你们所有人在过去 4 周中学到了很多东西。我还有一个问题要问你们：假设遇到了一个家庭，这个家庭的生活与你们刚开始 CAPE 服务时所经历的生活相同。对他们有什么建议呢？

罗兰多：我会告诉他们要吃药，这真的很重要。

卢佩：我要告诉妈妈尽其所能使家庭参与危机服务。

赫克托：首先，我要告诉他们不要陷入这种情况。（大家都笑了）

这个家庭成功地实现了他们的目标和该项目的目标。服务期间没有发生暴力事件。卢佩能够建立一个新的支持网络。罗兰多稳定了自己的药物治疗，并成功地扩大了社交圈。赫克托在学校和家里的表现都有所改善。当我们与 FPP 会面时，我们的目标是通过让家人参与沟通技能培训和认知行为治疗来维护罗兰多在社区中的生活。赫克托对罗兰多友善的愿景构成了这个家庭可以加入并朝着这个目标努力的基础。4 周前发生的这场巨大而生动的危机，为这家人建立了一种新的互动方式和家庭团聚的基础。

331

案例研究 3：布兰登

阶段一和阶段二：评估致命性和建立融洽关系

致命性的第三个方面是评估来访者是否有被周围人伤害的危险。危机工作者可以通过以下方式考虑阶段一和阶段二之间的联系：在阶段一，危机工作者帮助来访者相信他们的外部世界是安全的（不会伤害自己或他人，也不会受到他人的伤害）；在阶段二中，危机工作者和来访者之间建立起一种安全感。一旦建立了外部安全和人际安全，危机工作者和来访者可以通过剩余阶段的工作，重建来访者的内部安全。如同罗伯茨的七个阶段一样，如果危机工作者认为来访者的最初报告已经改变或者一开始就不准确，则应重新评估致命性。

在前往收容所的路上，危机工作者想知道布兰登可能面临什么样的伤害威胁。最新的统计数据表明，有 16%～50%的无家可归的年轻人曾尝试自杀（Votta & Manion, 2004；Walls & Bell, 2011）。街头流浪青少年的死亡率估计为 921 人每 10 万人，大约比普通人群的青年死亡率高 20 倍（50 人每 10 万人；Murphy, Xu, & Kochanek, 2013；Roy et al., 2004）。遭受过性虐待和身体虐待的比例在 35%～45%（Votta & Manion, 2004），流浪青少年中有 10%～28%的人报告说，他们已经通过性行为交换住房、食物、毒品或其他生存需求（生存性行为；Walls & Bell, 2011）。对无家可归青少年的暴力行为也比对非无家可归青年的暴力行为更为严重（Kidd, 2003）。对涉及街头流浪青年的任何社会心理评估都应涵盖上述领域，并应转介进行全面的医疗评估（Elliott & Canadian Paediatric Society, Adolescent Health Committee, 2013）。危机工作者评估有关虐待史、生存性行为等基本信息的一种简单方法是创建一个年轻人可以填写的清单，让他们有机会披露信息而无须谈论它。清单上项目的语气应该是尊重和不责备的。以下是介绍这种清单时可能使用的措辞示例：

> 不再生活在家里的年轻人有时会发现自己会思考、感受或做一些他们在离开家之前从未想过、感受到或做过的事情。青少年经常报告虐待、当前物质使用、生存性行为、自杀和杀人念头等历史。

然后，完成清单的年轻人可以选择从 1 到 5 的量表回答问题，其中 1 表 332
示没有时间，5 表示几乎所有时间。问题示例包括："你曾经用性行为来换取食物、衣服、住所或毒品吗？在过去的一周中，你有过自杀的想法吗？"工作人员可以审查清单并跟进任何相关事项。

如果没有建立融洽的关系，评估这些敏感话题是不可能的。然而，由于大多数离家出走的年轻人离开家是因为成人看护者的问题，所以他们对成人和当局有一种内在的不信任。兰比（Lambie）（2004）认为，青少年对成年人的不信任通常表现为第一次见到心理咨询师时表现出的反抗和敌意。优势视角将他们的反抗重新定义为保护因素：生活在街头需要有益的怀疑态度。当危机工作者熟悉青少年文化（电影、音乐、明星、兴趣爱好等）时，与青少年建立融洽的关系将得到简化。幽默同样重要。危机工作者在开车去收容所的路上考虑了所有这些因素。

以下是与处于危机中的青少年合作和传统咨询中的一些基本规则：

> 1. 让他们知道你愿意不受干扰地倾听他们的故事。
> 2. 多反思、多重述，而不是质疑。
> 3. 同情他们的处境。
> 4. 为他们提供在咨询环节和生活中承担责任的机会。
> 5. 当你认为他们在告诉你他们认为你想听到的内容时，要诚实。(Peterson，1995)

在最初的对话中，危机工作者小心翼翼地让服务对象知道，他不会因为自己是青少年而对他有偏见：

危机工作者：嘿，布兰登，我叫乔纳森。我的工作对象是那些想要自杀、杀害他人，或者精神病活跃的孩子。我没走错地方吧？（笑）

布兰登：（不笑）我可没要你过来。

危机工作者：是的，收容所负责人打来电话说，你威胁说如果警察来了你就跑，你不在乎你是死是活。

布兰登：（明显激动）伙计，我讨厌大人替我说话！

危机工作者：你和我都讨厌这样。告诉我这听起来是否正确：成年人认为他们必须负责，所以他们总是告诉青少年如何生活。像我这样的人必须听大人们谈论孩子们的举止是多么的不正确，而大人们是首先告诉孩子们如何行动的人。

333 布兰登：（忍住笑）

危机工作者：我更想听听你的说法。既然我来了，为什么不告诉我发生了什么事？

在这场对话中，危机工作者预见并解决了抗议。在这种情况下，抗议是："我为什么要和你说话？你是个成年人，你就是不明白。"

在运用基本的专注技巧和解释了保密性之后，危机工作者进行了自杀评估。布兰登表达了一种病态的非自杀念头："如果我一觉醒来死了，生活会好得多。"即使他想到了死亡，他也没有结束自己生命的想法，也没有意图和计划。他的胳膊和腿上确实有几十处旧伤痕。当被问及伤痕时，他说他过去常常为了处理自己的愤怒和沮丧情绪而割伤自己，但并不是为了结束自己的生命。在 30 年前，这种没有自杀意图的自残或**非自杀性自残**（nonsuicidal self-injury，NSSI）很少见，但是今天多达 20%的青少年报告至少发生过一次 NSSI（Muehlenkamp，Claes，Havertape，& Plener，2012）。参与 NSSI 的原因包括想要控制无法忍受的情绪，缓解压力，应对沮丧或愤怒，以及想要感受某些东西（Muehlenkamp，Brausch，Quigley，& Whitlock，2013；Singer，2012）。只有小部分有 NSSI 的年轻人有自杀念头或自杀尝试的风险。青少年进行 NSSI 后发生自杀行为的危险因素包括：一段时间内多次、反复的自残，以惩罚他人为目的的自残以及中度到高度的抑郁和物质滥用（Jenkins et al.，2014；Whitlock et al.，2013）。通过致命性评估，危机工作者了解到，布兰登没有自杀的风险，有过 NSSI 史，但目前没有。

致命性评估的下一部分是评估布兰登伤害他人的风险：

危机工作者：你打算伤害谁吗？

布兰登：不在这里。

危机工作者：告诉我更多的信息。

布兰登解释说，他会“做任何事”让他母亲的男朋友受苦。他说他离开加利福尼亚是因为他母亲的男朋友持续的虐待和羞辱。尽管布兰登的报告暗示有伤害他人的风险，但他在奥斯汀，而潜在的受害者在加利福尼亚，这一事实意味着这种风险很低。如果布兰登声称他有计划返回加利福尼亚并伤害他母亲的男朋友，那么风险将是中度到高度的。在大多数州，社会工作者有义务警告他母亲的男朋友潜在的危害。但是，在评估时，布兰登被认为自杀 334
和对他人施暴的风险较低。

阶段三：识别主要问题

危机工作者感兴趣的是找到促发事件，或者说是压垮骆驼的最后一根稻草。阶段三是探索过去几天里发生了什么，由此导致了当前的危机。对于布兰登来说，要确定促发事件需要仔细回顾他生活中最近发生的事。由于无家可归的青少年的基本需求面临着许多挑战（身体和性虐待、生存性行为、物质滥用、街头暴力、饥饿等），因此，危机工作者必须小心，不要假定这些领域中的某个挑战就是促发事件。布兰登不愿意谈论导致他离开加利福尼亚的具体事件。危机工作者使用“我不知道”技巧（G. Maddox, personal communication, April 4, 1997）来维持融洽关系，并鼓励布兰登分享：

危机工作者：是什么原因让你想离开？

布兰登：不知道。

危机工作者：是真的不知道，还是你只是不想告诉我？如果你不知道，我可以帮你弄明白。此外，如果你不想告诉我，请让我知道。我尊重你，不会要求你告诉我任何你觉得不舒服的事。我只是希望你能以诚实来尊重我。

布兰登：好吧，我不想告诉你。

这段对话清楚地表明，布兰登知道发生了什么。工作人员没有必要知道。我们使用否定尺度问题探讨了事件的严重性（Selekman，2002）。在讨论可怕的事情时，这种聚焦解决的问题缩放技术的变体非常有用。根据作者的经验，青少年对这些问题反应良好。

危机工作者：从-1到-10的范围内，-1代表糟糕，-10代表最糟糕，你会怎么评价这个事件？

布兰登：-7。

危机工作者：哇，那-10是什么情况？

布兰登：如果他杀了我妈妈。

危机工作者：（长时间的沉默，看着布兰登）那确实应该是-10，不是吗？

335 当布兰登被问及此事时，他说他并不认为母亲有危险，也不认为母亲的安全取决于他是否在家。对于许多无家可归的青少年而言，回家要比留在街头更加危险（Kidd，2003）。布兰登的复原力的一个表现就是他决定离开一个危险的境地。许多流浪儿童可以被视为幸存者，他们将自己的未来掌握在自己手中。

对这一突发事件的探讨导致了对当前问题的讨论，相关讨论主要包括满足他的基本需求的问题：食物、住所和衣服。既然已经确定了问题并建立了牢固的融洽关系，那么我们就处于开始解决情绪的良好位置。

阶段四：处理情感并提供支持

处于危机中的人往往会经历极端的事情：他们情绪太少或太多；他们过于专注于单一想法，或者被不断涌现的想法所淹没；他们无法采取行动，或者他们无法控制自己的行为。处于危机中的青少年常常感到冷漠和麻木，或常常情绪失控。情感标签化、确认对方的情绪状态，这些简单的行动可以帮助对方减轻压力，更好地控制局面，从而打开解决问题的大门。青少年，特别是那些亲子关系高度冲突的青少年，不习惯成年人认可并理解他们的感受。这样做可以改善与青少年的关系，让他们感觉自己是在和一个安全的成年人在一起。

罗伯茨的模型并不包含处理危机的认知和行为因素的阶段。迈尔（2001）的分类评估模型是评估认知和行为领域的一个有用的框架。下面的对话让我们深入了解社会工作者是如何评估布兰登的情感、行为和认知功能的，并验证了布兰登的经历：

危机工作者：布兰登，过去两个小时我一直在问你很多问题。你在这里，在一个无家可归者的收容所里，远离你的母亲，对你的未来充满不确定。你感觉怎么样？你是快乐、害怕、愤怒、悲伤，还是介于两者之间？

布兰登：（拳头紧握，下巴紧绷，眉头紧皱）我告诉你我的感觉。我觉得我不能再回家了。我妈妈可能跟我断绝关系，因为她的男朋友在说服她我不是个好人。我没有任何朋友，这并不重要，我很快就要离开这里了。

布兰登的非语言暗示表明他感到愤怒和沮丧，他用“我觉得……”这个 336
短语来表达认知内容，而不是情感内容（相信他不能再回家，而不是表达悲伤、愤怒或沮丧），这一事实表明，他要么是缺乏表达情感的语言，要么是在危机工作者面前表现脆弱让他感到不舒服。

危机工作者：布兰登，我完全可以理解为什么你妈妈的男朋友让她反对你会让你如此愤怒。

布兰登：（柔和地）没错。

危机工作者提出一种情绪（愤怒），并验证了布兰登对自己情绪的解释。请注意，危机工作者并没有说布兰登是正确的。有可能布兰登对他母亲和她男朋友的看法完全错误。验证情绪仅仅意味着承认这个人的感受以及他可能有这种感受的原因。

布兰登的声明“我很快就要离开这里了”提供了对他的行为功能的洞察。迈尔（2001）建议，在危机情况下，行为可以被视为是靠近（即，行动——战斗或逃跑）或规避（即，无行动——定格）。布兰登对当前危机的行为反应可以用“靠近”来描述：他离开了加利福尼亚，威胁说如果收容所叫来警察，他就离开，他只是告诉危机工作者他“离开这里”。危机工作者需要确定这些“靠近”行为是否会加剧危机，或者是否有助于解决危机。如果布兰登表示他要回加利福尼亚与母亲和男友解决问题，那么这些靠近行为就可以视为解决危机的方法。离开收容所，没有安全的目的地，也没有找到稳定住房的计划，这就是靠近行为使危机持续存在的一个例子。在解决问题的阶段，危机工作者可以探索如果布兰登离开会发生什么，以及存在哪些解决危机的选择。

布兰登有关“失去”的陈述提供了关于他认知状态的大量信息。他认为他离开时**失去**了他的家（过去），他相信他**将**失去和他母亲的关系（未来），他**没有**朋友（现在）。危机工作者的目标将是帮助布兰登更加开阔地，而不是僵化地来思考自己的现在和未来。基础的认知疗法技术在这里是有效的。

在下面的对话中，危机工作者认可并支持布兰登。在这样做的过程中，他为探索可能的替代方案打开了大门（罗伯茨的阶段五）：

危机工作者：布兰登，你让我印象深刻的一件事是你解决问题的方法：你让自己摆脱了在加利福尼亚的困境，在奥斯汀找到了收容所，你
337 同意和我谈话，所有这些都是真正的优势。

布兰登：（沉默，眼睛紧张地四处移动）

危机工作者：（意识到布兰登对表扬感到不自在，并重新表达了他的沉默）我也很感谢你没有打断我说话，这是一项很少有人具备的能力。

布兰登：谢谢。

危机工作者：我还知道你担心必须离开收容所。我跟你有同样的问题：我要去哪里？我会安全吗？我将如何生存？如果你愿意，我很乐意谈谈这些问题的一些可能的解决办法。

布兰登：好的。

阶段五：探索可能的替代方案

大多数成年人即使不能说出步骤的名称，他们也知道如何解决问题。许多年轻人还没有学会这些步骤。处于危机中的人很难记住东西和集中注意力。我发现，把解决问题的步骤写在一张纸上，可以为会谈提供一种结构化的活动，并且增加遵循这些步骤的可能性。此外，在头脑风暴阶段，使用聚焦解决技术来识别过去的成功经验是非常有帮助的。

危机工作者：既然我们已经确定问题是“我没有地方住”，我们就集思广益寻找解决方案。不管你想到什么，都告诉我，尽管听起来很奇怪，我们会把它们写下来的。完成后，我们将返回并评估哪种选择是最佳解决方案。

布兰登：你可以给我一千美元；我妈妈可以摆脱她男朋友，然后来接我；收容所可以让我留下来；我可以搭便车到下一个城镇，待在他们的收容所里，直到他们把我赶出去……我实在想不出其他的了。

危机工作者：很佩服你这么快就想出了那份清单。你提到你和你妈妈在你小时候无家可归，那你是否曾经与某个安全并保护你的人待在一起？

布兰登：我和妈妈两次去了她表姐的家。

危机工作者：太好了！所以另一个选择是联系你的亲戚，看看你是否可以和他们待在一起。

布兰登的行为应对方式和方法，体现在他对可能性的选择上。如果服务 338
对象的认知能力受损，那么危机工作者必须更加积极地提供替代方案。如果前面的阶段得到了充分解决，阶段五可能会是一个令人兴奋和有意义的阶段。如果危机工作者难以让服务对象参与探索替代方案，那么就有必要重新审视问题或者处理影响、认知或阻碍展望未来的行为。除了住房以外，布兰登还发现了手机的问题，与家人朋友之间的脱节感以及对收容所中其他孩子的厌恶。在行动计划阶段，我们把重点放在他的住房和手机上。

阶段六：制订行动计划

根据阶段五产生的备选方案制订行动计划的过程是由两部分组成的。第一，支持服务对象根据备选方案采取具体的措施。第二，确保这些步骤是现实的、可衡量的，并且有内在的支持。“你怎么知道你什么时候实现目标？”这个问题在评估行动步骤时非常有用。以下是布兰登的行动计划：

1. **问题**：我没有地方住。

解决方案：打电话给北卡罗来纳州的艾默生（Emerson）姨妈，问她我是否可以和她住在一起。

支持工作：社会工作者今晚将发短信，看我是否已与姨妈取得联系。

2. **问题**：我不知道我妈妈怎么样了。我无法给她发短信，因为我的手机没电了。

解决方案：给手机充电，给妈妈发短信。

支持工作：收容所的工作人员会借给我一个充电器，并同意把我的手机放在办公室，这样它就可以安全地充电。

3. **优势**：我擅长解决自己的问题。

计划：当我陷入困境时，我会拿着纸和笔坐下来，写出所有可能的解决方案。

支持工作：如果我在街上，我会打电话给国家逃亡者安全线，或者通过我的手机或图书馆的电脑使用其聊天热线（Singer，2011）。

阶段七：跟进

罗伯茨七阶段干预模型的最后阶段是跟进。在所有的临床关系中，了结是重要的。在这个时候，危机工作者可以提供关于进展的最终反馈，服务对象可以提供关于他们生活中发生了什么变化的反馈。对于许多服务对象而
339 言，了结是亲密关系正式结束的少数情况之一。了结的过程可以让服务对象有所期待，没有遗憾和失落感。这种经验作为一种有效的治疗工具，与前六个阶段中实施的任何治疗工具一样有效。

布兰登在发给危机工作者的短信中说，姨妈很高兴他能来北卡罗来纳州。她在网上为他买了一张火车票。收容所的工作人员同意让布兰登在他们的办公室里打印车票。第二天，危机工作者与布兰登在火车站会面，给了他留在办公室的手机充电器。危机工作者在麦当劳给布兰登买了一个冰激凌甜筒，他们谈到了在服务期间布兰登的经历，以及他接下来 24 小时的计划。危机工作者表示，他会跟布兰登联系，而布兰登同意在他到达北卡罗来纳州或者抵达后出现任何问题时，会致电或发短信给危机工作人员。

总结与结论

本章的内容旨在提供有关儿童移动危机干预的实用观点。评估技术和干预措施更多地基于实践智慧，而不是经验知识。这在一定程度上是因为几乎没有关于青少年门诊危机干预的文章。似乎是为了突出知识库中的这一空白，在最近对青少年门诊心理健康服务的全面回顾中，危机干预作为一种治疗方式被忽略了（Garland et al.，2013）。

实证文献并不是唯一缺乏危机干预信息的地方。研究生经常报告说，他们很少或没有接受过与经历精神疾病急症的人合作的培训（Debski，Spadafore，Jacob，Poole，& Hixson，2007；Singer & Slovak，2011）。即使有研究生教育，如果没有实地经验，也很难获得成为一名有效的危机干预工作者所必需的技能和知识。如果你发现自己面对大量信息不知所措，我鼓励你深呼吸。作为一名专业人士，应学习如何处理危机，包括提高自己的应对技能（Singer & Dewane，2010）：做你自己；了解最新文献；尽可能寻求指导；收听社会工作广播（www.socialworkpodcast.com）；并且让自己接受这样一份神奇礼物，那就是看着那些处于危机中的人重新发现自己。

参考文献

Aguirre, R. T. P., McCoy, M. K., & Roan, M. (2013). Development guidelines from a study of suicide prevention mobile applications (apps). *Journal of Technology in Human Services*, *31*, 269–293. doi:10.1080/15228835.2013.814750

Allen, M., Burt, K., Bryan, E., Carter, D., Orsi, R., & Durkan, L. (2002). School counselors' preparation for and participation in crisis intervention. *Professional School Counseling*, *6*, 96–102.

American Psychiatric Association. (2000). *Diagnostic and statistical manual of mental disorders, text revision: DSM-IV-TR* (4th ed.). Washington, DC: Author.

American Psychiatric Association. (2013). *Diagnostic and statistical manual of mental disorders* (5th ed.). Washington, DC: Author.

Barak, A., & Grohol, J. M. (2011). Current and future trends in Internet-supported mental health interventions. *Journal of Technology in Human Services*, *29*, 155–196. doi:10.1080/15228835.2011.616939

Barlow, D. H., & Durand, V. M. (2014). *Abnormal psychology: An integrative approach* (7th ed.). Belmont, CA: Cengage Learning.

Bennett, D. J., Ogloff, J. R. P., Mullen, P. E., Thomas, S. D. M., Wallace, C., & Short, T. (2011). Schizophrenia disorders, substance abuse and prior offending in a sequential series of 435 homicides. *Acta Psychiatrica Scandinavica*, *124*, 226–233. doi:10.1111/j.1600-0447.2011.01731.x

Berg, I. K., & Miller, S. D. (1992). *Working with the problem drinker: A solution-focused approach*. New York: Norton.

Bongar, B. M., & Sullivan, G. (2013). *The suicidal patient: Clinical and legal standards of care* (3rd ed.). Washington, DC: American Psychological Association.

Brent, D. A., Poling, K. D., & Goldstein, T. R. (2011). *Treating depressed and suicidal adolescents: A clinician's guide*. New York: Guilford Press.

Burns, B., Hoagwood, K., & Mrazek, P. (1999). Effective treatment for mental disorders in children and adolescents. *Clinical Child and Family Psychology Review*, *2*, 199–252.

Clark, L. (2002). Mexican-origin mothers. *Western Journal of Nursing Research*, *24*, 159–180.

Coyne, J. C., & Downey, G. A. (1991). Social factors and psychopathology: Stress, social support, and coping processes. *Annual Review of Psychology*, *42*, 401–425. doi:10.1146/annurev.ps.42.020191.002153

Debski, J., Spadafore, C. D., Jacob, S., Poole, D. A., & Hixson, M. D. (2007). Suicide intervention: Training, roles, and knowledge of school psychologists. *Psychology in the Schools*, *44*, 157–170. doi:10.1002/pits.20213

Dembo, R., Gulledge, L., Robinson, R. B., & Winters, K. C. (2011). Enrolling and engaging high-risk youths and families in community-based, brief intervention services. *Journal of Child and Adolescent Substance Abuse*, *20*, 330–350. doi:10.1080/1067828X.2011.598837

Diamond, G. S., Diamond, G. M., & Levy, S. A. (2013). *Attachment-based family therapy for depressed adolescents*. Washington, DC: American Psychological Association.

Diamond, G., Levy, S., Bevans, K. B., Fein, J. A., Wintersteen, M. B.,

Tien, A., & Creed, T. (2010). Development, validation, and utility of Internet-based, behavioral health screen for adolescents. *Pediatrics*, *126*(1), e163–170. doi:10.1542/peds.2009-3272

Diamond, G. S., Wintersteen, M. B., Brown, G. K., Diamond, G. M., Gallop, R., Shelef, K., & Levy, S. (2010). Attachment-based family therapy for adolescents with suicidal ideation: A randomized controlled trial. *Journal of the American Academy of Child and Adolescent Psychiatry*, *49*, 122–131.

Drapeau, C. W., & McIntosh, J. L. (2014). *U.S.A. suicide: 2012 official final data*. Washington, DC: American Association of Suicidology. Retrieved from http://www.suicidology.org

Eack, S. M. (2012). Cognitive remediation: A new generation of psychosocial interventions for people with schizophrenia. *Social Work*, *57*, 235–246.

Eack, S. M., Hogarty, G. E., Greenwald, D. P., Hogarty, S. S., & Keshavan, M. S. (2007). Cognitive enhancement therapy improves emotional intelligence in early course schizophrenia: Preliminary effects. *Schizophrenia Research*, *89*, 308–311. doi:10.1016/j.schres.2006.08.018

Eack, S. M., Singer, J. B., & Greeno, C. G. (2008). Screening for anxiety and depression in community mental health: The Beck Anxiety and Depression Inventories. *Community Mental Health Journal*, *44*, 465–474. doi:10.1007/s10597-008-9150-y

Eaton, Y. M., & Ertl, B. (2000). The comprehensive crisis intervention model of Community Integration, Inc. Crisis Services. In A. R. Roberts (Ed.), *Crisis intervention handbook* (pp. 31–55). New York: Oxford University Press.

Elias, B. L., Fogger, S. A., McGuinness, T. M., & D'Alessandro, K. R. (2014). Mobile apps for psychiatric nurses. *Journal of Psychosocial Nursing and Mental Health Services*, *52*(4), 42–47. doi:10.3928/02793695-20131126-07

Elliott, A. S., & Canadian Paediatric Society, Adolescent Health Committee. (2013). Meeting the health care needs of street-involved youth. *Paediatrics and Child Health*, *18*(6), 317–326.

Erbacher, T. A., Singer, J. B., & Poland, S. (2015). *Suicide in schools: A practitioner's guide to multi-level prevention, assessment, intervention, and postvention*. New York: Routledge.

Esposito-Smythers, C., Spirito, A., Kahler, C. W., Hunt, J., & Monti, P. (2011). Treatment of co-occurring substance abuse and suicidality among adolescents: A randomized trial. *Journal of Consulting and Clinical Psychology*, *79*, 728–739. doi:10.1037/a0026074

Estroff, S. E., Swanson, J. W., Lachicotte, W. S., Swartz, M., & Bolduc, M. (1998). Risk reconsidered: Targets of violence in the social networks of people with serious psychiatric disorders. *Social Psychiatry and Psychiatric Epidemiology*, *33*(suppl. 1), S95–S101.

Evans, M. E., Boothroyd, R. A., & Armstrong, M. I. (1997). Development and implementation of an experimental study of the effectiveness of intensive in-home crisis services for children and their families. *Journal of Emotional and Behavioral Disorders*, *5*(2), 93–105.

Evans, M. E., Boothroyd, R. A., Greenbaum, P. E., Brown, E. C., Armstrong, M. I., & Kuppinger, A. D. (2001). Outcomes associated with clinical profiles of children in psychiatric crisis enrolled in intensive, in-home interventions. *Mental Health Services Research, 3*(1), 35–44.

Evans, M. E., Boothroyd, R. A., Armstrong, M. I., Greenbaum, P. E., Brown, E. C., & Kuppinger, A. D. (2003). An experimental study of the effectiveness of intensive in-home crisis services for children and their families: Program outcomes. *Journal of Emotional and Behavioral Disorders, 11*(2), 92–102, 121.

Fein, J. A., Pailler, M. E., Barg, F. K., Wintersteen, M. B., Hayes, K., Tien, A. Y., & Diamond, G. S. (2010). Feasibility and effects of a Web-based adolescent psychiatric assessment administered by clinical staff in the pediatric emergency department. *Archives of Pediatrics and Adolescent Medicine, 164*, 1112–1117. doi:10.1001/archpediatrics.2010.213

Fernandez, A., Schillinger D., Grumbach K., Rosenthal, A., Stewart, A. L., Wang, F., & Pérez-Stable, E. J. (2004). Physician language ability and cultural competence: An exploratory study of communication with Spanish-speaking patients. *Journal of General Internal Medicine, 19*, 167–174.

Garland, A. F., Haine-Schlagel, R., Brookman-Frazee, L., Baker-Ericzen, M., Trask, E., & Fawley-King, K. (2013). Improving community-based mental health care for children: Translating knowledge into action. *Administration and Policy in Mental Health and Mental Health Services Research, 40*(1), 6–22. doi:10.1007/s10488-012-0450-8

Gil, E. (1991). *The healing power of play: Working with abused children.* New York: Guilford Press.

Ginnis, K. B., White, E. M., Ross, A. M., & Wharff, E. A. (2013). Family-based crisis intervention in the emergency department: A new model of care. *Journal of Child and Family Studies.* doi:10.1007/s10826-013-9823-1

Green, J. G., McLaughlin, K. A., Alegría, M., Costello, E. J., Gruber, M. J., Hoagwood, K., . . . Kessler, R. C. (2013). School mental health resources and adolescent mental health service use. *Journal of the American Academy of Child and Adolescent Psychiatry, 52*, 501–510. doi:10.1016/j.jaac.2013.03.002

Greene, G., Lee, M., Trask, R., & Rheinscheld, J. (2005). How to work with clients' strengths in crisis intervention: A solution-focused approach. In A. R. Roberts (Ed.), *Crisis intervention handbook: Assessment, treatment, and research* (3rd ed., pp. 64–89). New York: Oxford University Press.

Greenfield, B., Hechtman, L., & Tremblay, C. (1995). Short-term efficacy of interventions by a youth crisis team. *Canadian Journal of Psychiatry, 40*, 320–324.

Gutstein, S. E., Rudd, M. D., Graham, J. C., & Rayha, L. L. (1988). Systemic crisis intervention as a response to adolescent crisis: An outcome study. *Family Process, 27*, 201–211.

Henggeler, S. W., Rowland, M. D., Randall, J., Ward, D. M., Pickrel, S. G., Cunningham, P. B., . . . Santos, A. B. (1999). Home-based multisystemic therapy as an alternative to the hospitalization of youths in psychiatric crisis: clinical outcomes. *Journal of the American Academy of Child and Adolescent Psychiatry, 38*, 1331–1339.

Hepworth, D. H., Rooney, R. H., Rooney, G. D., & Strom-Gottfried, K. (Eds.). (2013). *Direct social work practice: Theory and skills* (9th ed.). Belmont, CA: Brooks/Cole, Cengage Learning.

Hoagwood, K. E., Jensen, P. S., Acri, M. C., Olin, S. S., Lewandowski, R. E., & Herman, R. J. (2012). Outcome domains in child mental health research since 1996: Have they changed and why does it matter? *Journal of the American Academy of Child and Adolescent Psychiatry, 51*, 1241–1260.e2. doi:10.1016/j.jaac.2012.09.004

Hoff, L. A., Hallisey, B. J., & Hoff, M. (2009). *People in crisis: clinical and diversity perspectives* (6th ed.). New York: Routledge.

Hor, K., & Taylor, M. (2010). Suicide and schizophrenia: A systematic review of rates and risk factors. *Journal of Psychopharmacology, 24*(4 suppl.), 81–90. doi:10.1177/1359786810385490

Jenkins, A. L., Singer, J. B., Conner, B. T., Calhoun, S., & Diamond, G. (2014). Risk for suicidal ideation and attempt among a primary care sample of adolescents engaging in nonsuicidal self-injury. *Suicide and Life-Threatening Behavior*, n/a–n/a. doi:10.1111/sltb.12094

Joyal, C. C., Putkonen, A., Paavola, P., & Tiihonen, J. (2004). Characteristics and circumstances of homicidal acts committed by offenders with schizophrenia. *Psychological Medicine, 34*, 433–442.

Kanel, K. (2013). *A Guide to crisis intervention* (5th Ed.). Belmont, CA: Cengage Learning.

Kessler, R. C., Berglund, P., Demler, O., Jin, R., Merikangas, K. R., & Walters, E. E. (2005). Lifetime prevalence and age-of-onset distributions of *DSM-IV* disorders in the National Comorbidity Survey Replication. *Archives of General Psychiatry, 62*, 593–602. doi:10.1001/archpsyc.62.6.593

Kidd, S. A. (2003). Street youth: Coping and interventions. *Child Adolescent Social Work Journal*, 20, 235–261.

King, C. A., Foster, C. E., & Rogalski, K. M. (2013). *Teen suicide risk: A practitioner guide to screening, assessment, and management.* New York: Guilford Press.

Korkeila, K., Kivela, S.-L., Suominen, S., Vahtera, J., Kivimaki, M., Sundell, J., . . . Koskenvuo, M. (2004). Childhood adversities, parent-child relationships and dispositional optimism in adulthood. *Social Psychiatry and Psychiatric Epidemiology, 39*, 286–292.

Kwiatkowska, H. Y. (2001). Family art therapy: Experiments with a new technique. *American Journal of Art Therapy, 40*(1), 27–40.

Lambie, G. W. (2004). Motivational enhancement therapy: A tool for professional school counselors working with adolescents. *Professional School Counseling, 7*, 268–277.

Lindemann, E. (1944). Symptomatology and management of acute grief. *American Journal of Psychiatry, 101*, 141–148.

Masten, C. A., Best, K., & Garmezy, N. (1990). Resilience and development: Contributions from the study of children who overcome adversity. *Development and Psychopathology*, 2, 425–444.

McClellan, J., Stock, S., & American Academy of Child and Adolescent Psychiatry (AACAP) Committee on Quality Issues (CQI). (2013). Practice parameter for the assessment and treatment of children and adolescents with schizophrenia. *Journal of the American Academy of Child and Adolescent Psychiatry*, *52*, 976–990. doi:10.1016/j.jaac.2013.02.008

McGoldrick, M., Gerson, R., & Petry, S. S. (2008). *Genograms: Assessment and intervention* (3rd ed.). New York: Norton.

Merikangas, K. R., He, J.-P., Burstein, M., Swanson, S. A., Avenevoli, S., Cui, L., . . . Swendsen, J. (2010). Lifetime prevalence of mental disorders in U.S. adolescents: Results from the National Comorbidity Survey Replication—Adolescent Supplement (NCS-A). *Journal of the American Academy of Child and Adolescent Psychiatry*, *49*, 980–989. doi:10.1016/j.jaac.2010.05.017

Mishna, F., Bogo, M., Root, J., Sawyer, J.-L., & Khoury-Kassabri, M. (2012). "It just crept in": The digital age and implications for social work practice. *Clinical Social Work Journal*, *40*, 277–286. doi:10.1007/s10615-012-0383-4

Muehlenkamp, J. J., Brausch, A., Quigley, K., & Whitlock, J. (2013). Interpersonal features and functions of nonsuicidal self-injury. *Suicide and Life-Threatening Behavior*, *43*(1), 67–80. doi:10.1111/j.1943-278X.2012.00128.x

Muehlenkamp, J. J., Claes, L., Havertape, L., & Plener, P. L. (2012). International prevalence of adolescent non-suicidal self-injury and deliberate self-harm. *Child and Adolescent Psychiatry and Mental Health*, *6*(1), 10. doi:10.1186/1753-2000-6-10

Murphy, S., Xu, J., & Kochanek, K. (2013). Deaths: Final data for 2010. *National Vital Statistics Reports*, *61*(4), 1–117.

Myer, R. A. (2001). *Assessment for crisis intervention: A triage assessment model*. Pacific Grove, CA: Brooks/Cole.

Myer, R. A., Williams, R. C., Ottens, A. J., & Schmidt, A. E. (1992). Crisis assessment: A three-dimensional model for triage. *Journal of Mental Health Counseling*, *14*, 137–148.

National Runaway Safeline. (2014). NRS statistics on runaways. Retrieved from http://www.1800runaway.org/learn/research/third_party/

Nielssen, O., & Large, M. (2010). Rates of homicide during the first episode of psychosis and after treatment: A systematic review and meta-analysis. *Schizophrenia Bulletin*, *36*, 702–712. doi:10.1093/schbul/sbn144

Nordström, A., & Kullgren, G. (2003). Victim relations and victim gender in violent crimes committed by offenders with schizophrenia. *Social Psychiatry and Psychiatric Epidemiology*, *38*, 326–330. doi:10.1007/s00127-003-0640-5

Nurnberger, J. I., Jr., & Foroud, T. (2000). Genetics of bipolar affective disorder. *Current Psychiatry Reports*, *2*, 147–157.

O'Brien, K. H. M., & Berzin, S. C. (2012). Examining the impact of psychiatric diagnosis and comorbidity on the medical lethality of adolescent suicide attempts. *Suicide and Life-Threatening Behavior*, *42*, 437–444. doi:10.1111/j.1943-278X.2012.00102.x

Okuboyejo, S., & Eyesan, O. (2014). mHealth: Using mobile technology to support healthcare. *Online Journal of Public Health Informatics*, *5*, 233. doi:10.5210/ojphi.v5i3.4865

Phillips, M. L., & Kupfer, D. J. (2013). Bipolar disorder

diagnosis: Challenges and future directions. *Lancet*, *381*(9878), 1663–1671. doi:10.1016/S0140-6736(13)60989-7

Powell, J., Hamborg, T., Stallard, N., Burls, A., McSorley, J., Bennett, K., . . . Christensen, H. (2013). Effectiveness of a web-based cognitive-behavioral tool to improve mental well-being in the general population: Randomized controlled trial. *Journal of Medical Internet Research*, *15*(1), e2. doi:10.2196/jmir.2240

Peterson, E. (1995) Communication barriers: 14 tips on teens. The National Parenting Center. Retrieved from http:// www.tnpc.com/parentalk/ adolescence/teens49.html

Rice, E., Kurzban, S., & Ray, D. (2012). Homeless but connected: The role of heterogeneous social network ties and social networking technology in the mental health outcomes of street-living adolescents. *Community Mental Health Journal*, *48*, 692–698. doi:10.1007/s10597-011-9462-1

Roberts, A. R. (2002). Assessment, crisis intervention, and trauma treatment: The integrative ACT intervention model. *Brief Treatment and Crisis Intervention*, 2, 1–22.

Roberts, A. R. (2005). Bridging the past and present to the future of crisis intervention and crisis management. In A. R. Roberts (Ed.), *Crisis intervention handbook: Assessment, treatment, and research* (3rd ed., pp. 3–34). New York: Oxford University Press.

Roberts, A. R., & Ottens, A. J. (2005). The seven-stage crisis intervention model: A road map to goal attainment, problem solving, and crisis resolution. *Brief Treatment and Crisis Intervention*, *5*, 329–339. doi:10.1093/brief-treatment/mhi030

Roth, A., & Fonagy, P. (2005). *What works for whom? A critical review of psychotherapy research* (2nd ed.). New York: Guilford Press.

Roy, E., Haley, N., Leclerc, P., Sochanski, B., Boudreau, J.-F., & Boivin, J.-F. (2004). Mortality in a cohort of street youth in Montreal. *Journal of the American Medical Association*, *292*, 569–574. doi:10.1001/jama.292.5.569

Rudd, D. M, Joiner, T., & Rajab, H. M. (2001). *Treating suicidal behavior: An effective, time-limited approach*. New York: Guilford Press.

Salkever, D., Gibbons, B., & Ran, X. (2014). Do comprehensive, coordinated, recovery-oriented services alter the pattern of use of treatment services? Mental health treatment study impacts on SSDI beneficiaries' use of inpatient, emergency, and crisis services. *Journal of Behavioral Health Services and Research*, *41*, 434–446.

Schimmelmann, B. G., Schmidt, S. J., Carbon, M., & Correll, C. U. (2013). Treatment of adolescents with early-onset schizophrenia spectrum disorders: In search of a rational, evidence-informed approach. *Current Opinion in Psychiatry*, *26*, 219–230. doi:10.1097/YCO.0b013e32835dcc2a

Schoenwald, S. K., Ward, D. M., Henggeler, S. W., & Rowland, M. D. (2000). Multisystemic therapy versus hospitalization for crisis stabilization of youth: placement outcomes 4 months postreferral. *Mental Health Services Research*, 2(1), 3–12.

Selekman, M. D. (2002). *Living on the razor's edge: Solution-oriented brief family therapy with*

self-harming adolescents. New York: Norton.
Shea, S. C. (2002). *The practical art of suicide assessment: A guide for mental health professionals and substance abuse counselors.* Lexington, KY: Mental Health Presses.
Singer, J. B. (2005). Adolescent Latino males with schizophrenia: Mobile crisis response. *Brief Treatment and Crisis Intervention,* 5, 35–55. doi:10.1093/brief-treatment/mhi002
Singer, J. B. (2006). Making stone soup: Evidence-based practice for a suicidal youth with comorbid attention-deficit/hyperactivity disorder and major depressive disorder. *Brief Treatment and Crisis Intervention*, 6, 234–247. doi:10.1093/brief-treatment/mhl004
Singer, J. B. (Producer). (2011, May 19). #67 – National Runaway Switchboard: Interview with Maureen Blaha [Episode 67]. *Social Work Podcast* [Audio podcast]. Retrieved December 12, 2014 from http://www.socialworkpodcast.com/2011/05/national-runaway-switchboard-interview.html
Singer, J. B. (Producer). (2012, August 10). #73 - Non-suicidal self-injury (NSSI): Interview with Jennifer Muehlenkamp, Ph.D. [Episode 73]. *Social Work Podcast* [Audio podcast]. Retrieved December 12, 2014 from http://www.socialworkpodcast.com/2012/08/non-suicidal-self-injury-nssi-interview.html
Singer, J. B., & Dewane, C. (2010). Treating new social worker anxiety syndrome (NSWAS). *New Social Worker*, Summer. Retrieved from http://www.socialworker.com/feature-articles/career-jobs/Treating_New_Social_Worker_Anxiety_Syndrome_%28NSWAS%29/
Singer, J. B., & Greeno, C. M. (2013). When Bambi meets Godzilla: A practitioner's experience adopting and implementing a manualized treatment in a community mental health setting. *Best Practices in Mental Health*, *9*(1), 99–115.
Singer, J. B., & Sage, M. (2015). Technology and social work practice: Micro, mezzo, and macro applications. In K. Corcoran (Ed.), *Social workers' desk reference* (3rd ed.). New York: Oxford University Press.
Singer, J. B., & Slovak, K. (2011). School social workers' experiences with youth suicidal behavior: An exploratory study. *Children and Schools*, *33*, 215–228. doi:10.1093/cs/33.4.215
Slovak, K., & Singer, J. B. (2011). School social workers' perceptions of cyberbullying. *Children and Schools*, *33*, 5–16. doi:10.1093/cs/33.1.5
Slovak, K., & Singer, J. B. (2012). Engaging parents of suicidal youth in a rural environment. *Child and Family Social Work*, *17*, 212–221. doi:10.1111/j.1365-2206.2012.00826.x
Sobolewski, B., Richey, L., Kowatch, R. A., & Grupp-Phelan, J. (2013). Mental health follow-up among adolescents with suicidal behaviors after emergency department discharge. *Archives of Suicide Research*, *17*, 323–334. doi:10.1080/13811118.2013.801807
Solomon, P. L., Cavanaugh, M. M., & Gelles, R. J. (2005). Family violence among adults with severe mental illness: A neglected area of research. *Trauma, Violence and Abuse*, *6*(1), 40–54. doi:10.1177/1524838004272464

Substance Abuse and Mental Health Services Administration. (2010). *Results from the 2009 National Survey on Drug Use and Health: Mental health findings*. HHS Publication No. SMA 10-4609. Rockville, MD: Office of Applied Studies.

Ungar, M. (2012). Social ecologies and their contribution to resilience. In M. Ungar (Ed.), *The social ecology of resilience: A handbook of theory and practice* (pp. 13–32). New York: Springer.

Votta, E., & Manion, I. (2004). Suicide, high-risk behaviors, and coping style in homeless adolescent males' adjustment. *Journal of Adolescent Health 34*, 237–243. doi:10.1016/j.jadohealth.2003.06.002

Walls, N. E., & Bell, S. (2011). Correlates of engaging in survival sex among homeless youth and young adults. *Journal of Sex Research*, *48*, 423–436. doi:10.1080/00224499.2010.501916

Wenzel, S., Holloway, I., Golinelli, D., Ewing, B., Bowman, R., & Tucker, J. (2012). Social networks of homeless youth in emerging adulthood. *Journal of Youth and Adolescence*, *41*, 561–571. doi:10.1007/s10964-011-9709-8

Whitlock, J., Muehlenkamp, J. J., Eckenrode, J., Purington, A., Baral Abrams, G., Barreira, P., & Kress, V. (2013). Nonsuicidal self-injury as a gateway to suicide in young adults. *Journal of Adolescent Health*, *52*, 486–492. doi:10.1016/j.jadohealth.2012.09.010

Wilmshurst, L. A. (2002). Treatment programs for youth with emotional and behavioral disorders: An outcome study of two alternate approaches. *Mental Health Services Research*, *4*(2), 85–96.

第十二章　针对遭受重大损失的早期青少年的危机干预

玛丽·肖恩·奥哈洛兰（Mary Sean O'halloran）
贾内·R. 索尼斯（Janae R. Sones）
劳拉·K. 琼斯（Laura K. Jones）

348 本章使用三个案例来检验对青少年的危机干预。我们在评估、计划、干预和结果评价中确定了重要的发展考虑因素，并应用罗伯茨（2005）的七阶段危机干预模型来处理青少年生命中遭受的重大损失。这些损失包括亲人的死亡、离婚以及家庭外暴力的影响；但是，我们解决这些问题的方法可以推广到其他类型的危机。

青春期是身体、社交、神经和心理发生重大变化的时期（Anthony, Williams, & LeCroy, 2014; Busso, 2014）。由于在生命中这一阶段的变化是迅速发生的，所以青少年发展领域的作者通常将这段时间分为三个时期：青春期早期，大约 10~14 岁；青春期中期，大约 15~17 岁；青春期晚期，大约 18~23 岁（Hooyman & Kramer, 2006）。我们将重点放在第一个阶段，即青春期早期。

青春期被描述为神经生理发育的关键时期（Marco, Macri, & Laviola, 2011）。在这个发育阶段，早期青少年的大脑不仅面临结构性改变，而且还会经历重要的突触细化、区域结合以及激素和神经化学物质激增的变化，特
349 别是基于认知控制、情绪反应和调节、动机、风险承担以及社会认知等的大脑的发育（Blakemore, 2012b; Brenhouse & Andersen, 2011; Sturman & Moghaddam, 2011）。例如，大脑前额叶皮层（即前额后面的区域）对于认知控制、情绪行为调节和决策制定至关重要，并且是人脑充分发育及建立与其他关键大脑区域（如边缘系统，即大脑的关键情感中心）良好连接（Rahdar

& Galván, 2014）的最后结构之一。此外，在整个青春期，特定多巴胺受体的表达在不同的大脑区域出现高峰和功能性改变，这种模式可能是对奖励和可能的寻求刺激行为的敏感性增加的基础（Blakemore & Robbins, 2012; Casey & Jones, 2010; Casey, Jones, & Hare, 2008）。这种大脑和生理上的变化是青春期许多基本发展任务的基础，例如发展认同感和自主感，包括阐明价值观和目的感；提高决策能力（Blakemore & Robbins, 2012）；以及人际交往能力（Blakemore, 2012a; Burnett, Sebastian, Cohen, Kadosh, & Blakemore, 2011）。

埃里克·埃里克松（Erik Erikson）（1959，1963，1968）撰写了大量有关青少年特征的文章，并向读者介绍了他关于社会心理发展八阶段的著作。此外，斯坦伯格（Steinberg）和勒纳（Lerner）（2004）提到了发展心理学领域的转变，他们认为，青春期是一个"以发展为背景（而非仅仅是内容）的剧烈变化为特征"的时期（p. 49），这一时期突出表现为与父母和兄弟姐妹的冲突、情绪紊乱以及尝试危险行为，上述现象在许多（尽管并非全部）青少年中很普遍（Steinberg & Sheffield Morris, 2001）。在这个已经迅速变化的时期，面临危机的青少年可能比处于不同发展阶段的人受到的影响更大。作者得出的结论是，鉴于青春期发生的重要结构、功能和神经化学变化，青春期的大脑与产前早期和婴儿早期的大脑非常相似，因此对环境压力和创伤具有最大的敏感性（Marco, Macri, & Laviola, 2011; Rahdar & Galván, 2014）。例如，艾兰（Eiland）和罗密欧（Romeo）（2013）在总结全面的文献时指出，杏仁核、前额叶皮层和海马体（即用于记忆巩固的大脑皮质边缘结构）在进入青春期后仍在发育，它们也属于对急性和普遍压力反应最灵敏和最脆弱的部位，因此可能会发生长期的形态和功能适应不良的变化。支持这种观点的发现是，许多心理健康障碍在青春期开始发作，这可能是由于这种压力敏感性所致（Blakemore, 2012b; Spear, 2009）。诸如此类的发现以及对这一年龄群体独特的认知、社会和神经生物学能力的认识，对于任何进行危机干预的人来说，采取相关的、符合发展要求的和有效的干预措施都是至关重要的。

在适当的情况下，我们将讨论从短程疗法中汲取的技术。福纱（Fosha） 350
（2004）指出，在短程疗法中，信念是"工作，就像没有下一次治疗一样"（p. 66）。实际上，危机干预的重点是迅速帮助处于危机中的人恢复正常机能。鉴于危机情况的性质和短期危机形态的效果（例如，Meir，Slone，Levis，Reina，& Livni，2012；Vernberg et al.，2008），在危机情况下这种方法是可取的。

随着对循证研究的日益关注（Lambert，2013），过去十年来，越来越多的人支持对遭受过创伤的儿童和青少年以及那些正在遭受悲痛和损失的人们进行特殊治疗。这些措施包括针对有特殊问题的儿童和青少年设计的特定干预措施，例如针对创伤的认知行为疗法或针对悲痛的认知行为疗法（Cohen，Mannarino，& Deblinger，2006；Spuij，van Londen-Huiberts，& Boelen，2013）。总体而言，大多数关于正在遭受悲痛的儿童和青少年的研究都使用认知-行为框架，该框架已证明对其他形式的创伤有效，并且对伴随悲痛的创伤后应激障碍症状很有用（Cohen et al.，2006）。

2004年国家心理健康研究所儿童和青少年心理健康干预措施开发与部署工作组建议，研究重点应放在单一疾病上，而不是寻求具有普遍性的多疾病治疗策略（National Institute of Mental Health，2004）。最近专门针对悲伤的研究已经考察了精神生活及情感失落（Muselman & Wiggins，2012），父母去世后丧亲和抑郁症状的差异（Cerel，Fristad，Verducci，Weller，& Weller，2006），同伴死亡的影响（Malone，2012），以及父母死亡（Melhem，Moritz，Walker，Shear，& Brent，2007）和兄弟姐妹死亡（Dickens，2014）之后复杂的悲伤表现。此外，艾纳（Haine）、艾尔斯（Ayers）、桑德勒（Sandler）和沃奇克（Wolchik）（2008）概述了与丧亲的儿童和青少年合作的循证最佳实践。他们的评论总结了影响孩子对悲伤反应的几个因素，并为执业医师提供了建议。许多研究并没有专门针对早期青少年。通常，参与者的年龄范围是6~18岁（例如，Cerel et al.，2006）或包括高中年龄段的青少年［15~18岁（例如，Malone，2012）］。

我们通过三个案例说明了如何将罗伯茨的模型应用于早期青少年，以下将详细介绍。

珍妮

珍妮（Jenny），一名13岁的白人女孩，遭受了一系列重大损失。几年来，由于酗酒，父亲的健康状况逐渐恶化。去年她的父母离婚了，而最近她
351 心爱的祖母又去世了。珍妮已越来越疏远朋友和家人，在学校也不活跃，而

且越来越担心自己的外表；她体重轻了近10磅。她的兄弟们注意到珍妮花更多的时间独自待在房间里上网、玩电子游戏以及浏览脸书，并且已经停止参加棒球比赛了。珍妮觉得人与人之间的关系将以悲剧告终，她几乎无法控制，因此避免亲密关系，并试图通过严格的饮食和锻炼来控制自己的生活。罗伯茨（2005）论述的帮助干预危机情况的模型展示了短程疗法如何有助于帮助在遭受一系列损失后被迫应对的早期青少年。

埃斯佩兰萨

埃斯佩兰萨（Esperanza）案例证明了罗伯茨模型在稳定遭受严重损失（亲爱的父母去世）后处于危机中的青少年的效用。埃斯佩兰萨是一名12岁的墨西哥裔美籍女孩。五个月前，她的父母在山上玩雪地摩托时，车子失控，他们被甩出去了。她的母亲受了伤，但不到一个月就康复了；然而，父亲因脖子骨折而死。从那时起，埃斯佩兰萨一直很难入睡和专注。她曾经引以为傲的学习遭受重创，她的成绩急剧下降，以至于她可能无法通过七年级的学业考试。她感到非常沮丧，并在脸书上发布自己想死的信息。

在这个案例中，应特别注意埃斯佩兰萨的致命性。致命性评估是罗伯茨模型的第一步，而第二步则是建立关系。这个案例说明了如何应用罗伯茨的模型提供一个启发式和明智的方法来帮助遭受悲剧后的青少年。

彼得

彼得（Peter）的案例使我们能够在发生悲剧性和灾难性事件后检查罗伯茨模型的效用，在这些事件中，早期青少年直到后来才意识到他可以寻求帮助。

这似乎是富兰克林中学的一个常规的星期二早晨。然而，在中午前不久，学区负责人打来电话，询问附近高中的一次“事件”。这所高中因几名学生被枪杀而被封锁。管理人员告诉中学校长埃尔南德斯先生（Mr. Hernandez），他们将为他们希望如何告知中学生及其家人提供指导。学区管理人员迅速拟定了一份声明，并与学生父母取得了联系，他们意识到这一消息很快就会通过社交网站传播开来。埃尔南德斯先生要求首席咨询师李女士（Ms. Lee）做好准备，与任何可能因在高中有兄弟姐妹而面临危险或受到密切影响的中学生见面。埃尔南德斯先生得知这一消息已经在学生中流传开了，于是打电话给 352

彼得和其他三名学生（据说他们的兄弟姐妹被枪杀），让他们与李女士见面，并帮助孩子与父母团聚。

在这些情况下，咨询师需要传达对服务对象的真诚尊重和接受，以提供安慰（Stanley，Small，Owen，& Burke，2012）。

早期青少年生活中的危机

危机影响着儿童和青少年的生活，其原因近至虐待儿童和离婚的经历，而某些经历则远至飓风桑迪、桑迪胡克小学以及科罗拉多州奥罗拉电影院的屠杀、2001 年 9 月 11 日的恐怖袭击以及世界各地的战争。自然和人为事件加剧了危机，我们每天都会亲自或通过媒体接触这些事件。危机通常以两种方式进行区分：一种是一次性的、急性的危机；另一种是有长期影响的危机。许多作者使用不同术语来进行分类。例如，特尔（Terr）（1990）使用了**I型危机**（Type Ⅰ crisis）（急性的单一事件）和**Ⅱ型危机**（Type Ⅱ crisis）（看似不间断并时间较长的事件的结果）两个术语。现在，尽管这些术语未包含在**《精神障碍诊断和统计手册》**中，但通常使用赫尔曼（Herman）（1992）提出的“复杂性创伤”（complex trauma）来描述反复遭受创伤的事例或形式（例如，Ford & Courtois，2013）。关于危机干预的大多数讨论都集中在创伤的单一经历上，罗伯茨（1996）称之为“急性情境危机”（acute situational crisis）：

> 突发且不可预测的事件发生了……个人或家庭成员认为该事件是对其生命、心理健康或者社交功能紧迫的威胁。这时个人试图应付、逃避危险情况，获得来自其他重要或直系亲属或朋友的必要支持，和（或）通过改变自己的生活方式或环境来适应危机；应对尝试失败，人情绪的严重失衡状态将升级为全面危机。（p. 17）

我们讨论了对困难、急性和激烈事件的即时、短期反应（Roberts，2005）。与长期心理治疗不同，危机干预旨在帮助服务对象重获心理内稳态并恢复其正常的功能水平，而不是专注于长期的精神机能障碍的治疗（Yeager

& Roberts, 2005)。在许多情况下，危机干预正是帮助处于危机中的青少年所需要的，但重要的是要记住，在其他情况下，将需要强化治疗或持续的支持。必须仔细评估每个人的特定需求，并记住要进行长期心理治疗，例如针 353
对创伤的认知行为疗法（Cohen et al.，2006）或青春期悲伤和损失的患者（Malone，2012），对于经历了长期和反复危机的个人而言可能尤其重要。当早期青少年经历过暴力事件，如果这种事件发生在与他（她）亲近的人身上，或者如果早期青少年因亲人的离世或离婚而面临个人损失，危机干预可能会非常有用。

问题范围和临床考虑

在早期青少年中，危机有多种形式，而且危机的影响在个体之间的差异很大。具体的缺陷和风险因素将在后面讨论。在这里，特别值得注意的是，没有哪个青少年能因性别、文化或社会经济地位而免受危机的影响。我们的例子集中在家庭外暴力的影响、亲人之死造成的损失以及父母离婚带来的危机方面。

暴力在年轻人的生活中非常普遍，无论是通过他们的社区、家庭或学校直接接触，还是通过媒体或在线社交网络间接接触。2010 年，暴力夺走了美国 8000 多名年轻人的生命（Heron，2013）。此外，造成青少年死亡的三大主要原因均与暴力有关：事故、杀人和自杀（Heron，2013）。每天，有 7 名 19 岁以下的年轻人被枪杀（Children's Defense Fund [CDF]，2013）。暴力行为在学校环境中也很普遍。2011 年，几乎有 8%的高中学生报告说在学校受到武器的威胁或伤害（US Census Bureau，2012）。2010 年，据报告有 828000 名 12~18 岁的学生在学校遭受过非致命犯罪的伤害（US Census Bureau，2012）。可悲的是，学校中的致命暴力事件急剧增加，例如 2012 年 12 月发生在康涅狄格州纽敦的桑迪胡克小学的枪击案（Fox & DeLateur，2014）以及 2014 年 4 月发生在宾夕法尼亚州默里斯维尔（Murrysville）富兰克林地区高级中学的大规模刺杀事件（Mandak，2014）。

其他危机在早期青少年的生活中也很普遍。在美国，2009 年有超过 110 万儿童和青少年过去一年成长在离异家庭中（US Census Bureau，2009）。虽然离婚通常被认为是家庭危机，但也可能是实现积极变化和成长的机会（Cui，Fincham，& Durtschi，2011）。阿马托（Amato）和安东尼（Anthony）

（2014）利用国家数据库来确定离婚对儿童和青少年的影响。他们发现离婚与儿童和青少年健康状况的持续下降有关，其他的家庭破裂（即军事部署）
354 也有影响，但程度要小一些。具体来说，父母离婚导致自我控制能力、阅读和数学成绩下降，以及外化行为的增加。然而，对于父母关系而言，这些趋势是不同的，父母关系中离婚的风险因素更多，如较低的社会经济地位。例如，父母离婚倾向较低的孩子实际上在父母离婚后的阅读能力和自我控制能力有所提高（Amato & Anthony，2014）。这样的研究可帮助执业医师提供更具体的治疗方法，并开展更有效的并且与他们社区相关的预防工作。

父母或看护人的死亡是最重大和最严重的损失之一，尤其是对于仍依赖成年人的照料和支持的早期青少年而言。在这个年龄段，依恋的纽带是非常牢固的，例如鲍尔比（Bowlby）（1980）和沃登（Worden）（1996）等学者深入探讨了父母死亡对儿童和青少年的影响。神经生理学研究还表明，青春期性腺激素（例如雌性激素）的释放与催产素表达的增加密切相关，催产素是一种与社交依恋和伴侣联接相关的激素，可以导致对社会刺激的敏感性和对社会信息的记忆的增加（Steinberg，2008）。

数据显示，美国 18 岁以下的年轻人中有 4%与丧偶的父亲或母亲生活在一起；与生父生活的人比与生母生活的人要少得多（US Census Bureau，2012）。除了那些将失去父母或看护人的人，许多早期青少年还会遭受同胞、同伴或祖父母的丧失。在一项针对 2000 多名青少年的研究中，只有 7%没有经历家庭成员、朋友或宠物的死亡（Harrison & Harrington，2001）。最近的研究强调，父母的丧失可能会使早期青少年的发展任务进一步复杂化，并确定了通常同时受两种因素影响的四个领域：身份认同、与外部朋友和家人的关系、身体关注以及遗弃和排斥（Keenan，2014）。布伦特（Brent）、梅列姆（Melhem）、马斯滕（Masten）、皮尔塔（Porta）和佩恩（Payne）（2012）发现，因丧亲而苦苦挣扎的青少年在工作、职业规划、同伴依恋和未来的教育愿望等方面会经历长期的发展能力不足。其他研究人员探讨了兄弟姐妹和同伴死亡的影响（例如，Dickens，2014；Malone，2012；Webb，2010）。

复杂的或持续时间超过 15 个月的悲伤，以无法接受悲伤、情绪和（或）行为问题以及难以恢复正常功能状态为特征（Auman，2007），这种悲伤特别难治疗并会导致青少年健康状况不佳。造成复杂悲伤的风险因素包括：创伤性死亡、看护人激烈的情绪反应、与死者的关系类型、看护人情感支持的

不足以及家庭沟通不畅（Dickens，2014）。青少年复杂悲伤的警示信号包 355
括：愤怒、内疚、身体不适、社会退缩、感到被家人忽视和学校表现存在问题（Dickens，2014）。

评估：脆弱性、风险因素和应对措施

预测早期青少年将如何应对危机是很难的。随着青少年的成长，他（她）的生活会出现成千上万的事件，这些事件在大小、持续时间和对个人的意义上都有所不同。个人对类似的生活事件的反应截然不同，因此，了解变异性是压力研究的核心，这对于确定个人对危机情况的反应至关重要。此外，在神经、行为、社交和环境转变的这段时期内，早期青少年必须应对许多来自生理和环境的压力，包括发育期、新经历、增加的责任感以及制订未来的计划和目标。家庭经济困难、教育挑战、社会偏见、疾病和其他外部急性压力源，增加了早期青少年面对危机事件的脆弱性。

青少年以各种不同的方式应对压力源，识别导致个体在危机后容易适应不良的风险因素是重要的研究领域。最初，研究主要集中在内部认知或生理因素上，这些研究表明对世界的期望和事件的归因在确定对急性压力源的反应中特别重要。早期青少年的应对过程和随后的调整取决于他们如何评估压力状况以及谁对结果负责的归因（Seligman，2007）。吕格尔（Rueger）和马莱茨基（Malecki）（2011）发现，在极端的压力时期，归因方式较为悲观且父母支持水平较低的青少年更容易出现抑郁症状。最后，永（Young）、拉蒙塔里（LaMontagne）、迪特里希（Dietrich）和韦尔斯（Wells）（2012）完成了一项针对早期青少年的研究，研究抑郁症状发展过程中负面生活事件与认知脆弱性（如功能障碍）之间的关系。反刍式反应方式，或不采取行动改变的消极情绪状态与消极的生活事件密切相关，并会因此导致更多的抑郁症状。

危机反应敏感性的特定神经和生理具有相关性。例如，在经典的同卵双生子研究中，海马体的体积导致了创伤性事件后的负面后果（Gilbertson
et al.，2002）。其他作者强调了内在因素（如性情、生理倾向）和外在因素 356
（如社会支持）在应对压力或危机情况的能力方面的复杂相互作用（Keller & Feeny，2014）。此外，响应环境中的压力和威胁时，额叶活性的对称性有所不同，特别是儿童的右额叶活性增强，表明存在恐惧、焦虑和负面反应（Pérez-Edgar, Kujawa, Nelson, Cole, & Zapp, 2013; Ishikawa, 2014）。其他更能反映性情的类型（如抑郁、压力反应或精神压力类型）也可能反映出危机事件后产生负面结果的可能性。亚克希奇（Jakšić）、布拉伊科维奇（Brajković）、伊韦齐奇（Ivezić）、托皮奇（Topić）和雅科夫列维奇（Jakovljević）（2012）最近在一项分析人格因素对压力反应影响的荟萃分析中发现，负面情绪、神经质、避免伤害与敌对特征和焦虑特征以及低水平的外向性格和对不利后果的负责性之间存在直接关系。

研究还关注社会文化和家庭因素，它们增加了不适应应对的风险。2005年，米勒（Miller）和汤森（Townsend）的研究强调了基于中产阶级白人参与者去了解青春期压力源，从而限制了我们对来自其他背景和文化的青少年经历的了解。从研究成年人的文献中，我们了解到与欧洲血统的人相比，美国的种族和民族少数群体承受的压力症状更多（Pole, Gone, & Kulkarni, 2008），并且这些群体遭受的压力与感知到的歧视和轻度冒犯有关（Sue & Sue, 2013）。在理解应对水平时，必须将贫困和社会经济地位（socioeconomic status, SES）视为重要因素。例如，赖斯（Reiss）（2013）进行了荟萃分析，评估了 SES 对儿童和青少年总体心理健康状况的影响。她发现 SES 至少在一个方面（例如，父母失业、父母教育、家庭收入）与心理健康之间逆相关，如果儿童和青少年来自一个社会经济困难的家庭，他们面临的心理健康风险会高出两到三倍。居住地区也可能是决定风险的重要因素。在一项针对这些差异的开创性研究中，阿塔夫（Atav）和斯彭切尔（Spencer）（2002）比较了农村、郊区和城市青少年的健康风险行为。农村学生吸烟、饮酒、吸毒、青少年怀孕和携带武器的风险显著增加。多年来，这些研究结果不断被证实（例如，Curtis, Waters, & Brindis, 2011），强调了农村社区的资源匮乏以及通常较低的 SES 加剧了健康状况不佳的风险。此外，哈克曼（Hackman）、法拉（Farah）和米尼（Meaney）（2010）详细介绍了 SES 对大脑发育，特别是负责语言和执行功能区域的影响，并强调了产前因素、父母
357 关怀和认知刺激在这些影响中的中介作用。这表明需要以家庭为基础的干预措施，考虑到外部风险因素对早期青少年的严重影响，这是我们通过本章介绍的三个案例研究所证明的一个重点。

最后，尽管有关此问题的研究尚无定论，但至少风险因素的某些方面会

随性别而变化。维尔纳（Werner）和史密斯（Smith）（2001）通过纵向研究发现，在童年时代，男孩似乎有更多的心理健康问题，青春期期间这种趋势发生了逆转，女孩遇到了更多的问题，而这些问题直接与压力性生活事件有关。此外，特定的脆弱性与性别相关。男性脆弱性的增加往往与父母的精神机能障碍和物质滥用问题相关，而女性似乎更容易受到儿童和青少年疾病，以及与家庭特别是母亲关系方面问题的持久影响。格尔森（Gerson）和拉帕波特（Rappaport）（2013）报告说，女孩受早期创伤的影响可能大于男孩。在最近对 64 项实证研究的荟萃分析中，杜格利（Trickey）、西多韦（Siddaway）、迈泽尔-斯特德曼（Meiser-Stedman）、瑟普尔（Serpell）和菲尔茨（Fields）（2012）的发现支持了早期的研究，表明身为女性是出现 PTSD 的重要风险因素，尤其是在出现有意的、人为创伤性事件的情况下。然而，值得注意的是，一些研究发现在比较早期、中期和晚期青春期时，性别差异的程度存在不同（Young et al.，2012）。

随着美国医疗模式的变化，评估危机干预的结果（如症状的应对或变化）就显得非常重要。结果指标通常由症状严重性检查表组成，例如事件影响量表（Chasson，Vincent，& Harris，2008）或俄勒冈州心理健康转介检查表（Oregon Mental Health Referral Checklists）（Corcoran，2005）。研究中经常使用的评估儿童 PTSD 症状的综合性自我报告检查表（例如，Goldstein et al.，2011）是儿童创伤症状检查表（Trauma Symptom Checklist for Children）（TSCC；Briere，1996），这是一份包含 54 个项目的检查表，用以评估焦虑症、抑郁症、创伤后压力、愤怒、离异和性问题。早期青少年可能难以完成自我报告的测量，因此一些专家建议进行结构化的临床访谈，例如临床医生管理的儿童和青少年 PTSD 量表（Nader，1996），作为 PTSD 评估的“金标准”（Rosner，Arnold，Groh，& Hagl，2012）。重要的是，研究表明，在儿童行为检查表（Child Behavior Checklist）（一种广泛的症状评估）上的子量表对评估 PTSD 无效。相反，建议采取具体的 PTSD 测量（Rosner，2012）。

复原力与保护因素

尽管有关使个体对急性压力源做出不良适应性反应的研究对于理解使某些个体比其他个体更容易受到危机影响的研究很重要，但仅此一项研究提供

358 的视野有限。相反，在过去的十年中，人们在面对危机时如何保持心理健康的研究日益突出。研究人员越来越多地研究那些具有复原力的人，他们在恶劣环境中长大，但后来成为高效的、有爱心的成年人。复原力被描述为能够从创伤中反弹的能力（Davidson et al.，2005）、适应性应对以及在经历逆境后创造积极成果的能力（Bonanno，Galea，Bucciarelli，& Vlahov，2007）。马什（Mash）和多佐伊斯（Dozois）（2003）将有复原力的孩子定义为：尽管有很大的精神机能障碍发展风险，却能够避免出现负面结果和（或）取得积极结果；在压力下表现出持续的能力；能够从创伤中恢复过来。

有助于增强复原力的内部心理和外部社会或家庭优势已经确定了。继韦克尔（Wekerle）和沃尔夫（Wolfe）（2003）讨论人的情绪的重要性以及调节情绪状态的能力之后，戴维斯（Davis）和汉弗莱（Humphrey）（2012）发现，具有较高情商（理解和调节情绪）的青少年在没有复杂创伤史的情况下会出现较低的症状，就像我们案例研究中的三名青少年一样。

另外，布劳恩-勒文森（Braun-Lewensohn）等人（2009）进行了一项研究，研究了创伤性事件后青少年（12~18 岁）最有效的应对策略。结果表明，以问题为中心的应对方法（例如，“尽我最大的能力来解决问题”，p. 592）与创伤后应激症状的相关性最弱，其次是对其他人的参考（例如，“与我在意的人交谈”，p. 592）和非生产性应对（例如，“担心我会发生什么”，p. 592），并显示出更好的幸福感。考虑到危机干预通常遵循短期、解决问题的应对模式，这些发现对危机干预具有显著的影响，并为其使用提供了支持。

其他有助于复原力的保护因素包括发展文化和种族认同、成年人的充分支持、好奇心以及参与促进健康的有组织活动（Zimmerman et al.，2013）。对于特定个人而言，最重要的具体因素可能有所不同。例如，辛格（Singh）（2013）研究了有色人种的变性青年（15~23 岁）的复原力因素，这一人群在早期研究中似乎更容易受到关系和环境压力源的影响。与其他研究类似，在 LGBTQQ① 社区中发展种族/性别认同和社会支持对复原力至关重要；特别是使用社交媒体建立身份认同也很重要。未来的研究可能会进一步明确，对其他青少年来说，社交媒体［即脸书、推特（Twitter）、照片墙（Instagram）］

① LGBTQQ，指性少数群体。关于 LGBT，见本书 179 页的注释 1。QQ 为 Queer 和 Questioning 的首字母，前者泛指所有非传统性别及性取向的人群，后者指质疑或不确定性别或情欲固定认同的人。——译者注

的使用是否也是增强复原力的关键。

复原力研究的最终目标是设计可进一步降低风险因素和（或）增强保护性因素的干预措施，而此类干预措施可能会对危机干预产生影响。关于危机干预的预防干预文献较少；更多的研究是基于抑郁症和物质滥用的背景，以 359
及在学校环境或初级治疗环境中（Green et al.，2013；Knapp & Foy，2012）。关于归因和问题解决方式的一些文献，为这一问题提供了有希望的解决方案。此外，埃利奥特（Elliott）、卡利斯基（Kaliski）、伯鲁斯（Burrus）和罗伯茨（2013）总结了有关复原力的最新研究，并提供了培养和建立青少年的复原力的“蓝图”，包括建模、正强化和进行积极的自我评价。

最后，对儿童和青少年创伤后成长（post-traumatic growth，PTG）的研究越来越受到关注。PTG 强调在发生创伤性事件后获得力量或乐观态度，包括对自我进行积极的改变并提高生活满意度（Levine，Laufer，Stein，Hamama-Raz，& Solomon，2009）。沃奇克（Wolchik）、科克斯（Coxe）、泰恩（Tein）、桑德勒（Sandler）和艾尔斯（Ayers）（2008）追踪了 6 岁以上父母丧亡的青少年，研究发现，自我应对、人际应对以及寻求另一位父母或监护人的支持对 PTG 的某些因素有显著的正向影响。发展阶段也可以改变 PTG，例如，青少年具有更灵活的世界观，因此可能更倾向于创伤后将世界视为一种极端（例如，世界是一个完全危险的地方；Kilmer，2006）。

案　例

我们现在根据罗伯茨（2005）的七阶段危机干预模型研究三个案例分析：（1）评估社会心理需求，尤其是致命性；（2）建立融洽关系；（3）识别主要问题；（4）处理情感；（5）探索替代方案；（6）制订行动计划以将这些替代方案付诸实践；（7）跟进。

珍妮：父母离婚、父亲酗酒和祖母去世

珍妮是美国一位 13 岁、中产阶级家庭的白人女孩，其父亲比尔（Bill）和母亲艾米莉（Emily）都是 40 岁，几年来她父亲的健康状况逐渐恶化，而且经常酗酒、不归家，这导致她父母于一年前离婚。她是家中最大的孩子，还有两个弟弟，一个 10 岁，一个 8 岁。在过去的两年中，她的母亲越来越

多地参与到作为卫生保健网管理员的工作中，并且是家庭收入的唯一贡献者。珍妮和她的家人很少与父亲比尔联系。父亲搬到附近的城镇了，他在那里有一栋公寓大楼。

360 在分居之前，当父亲的健康状况恶化时，珍妮可以与母亲和祖母谈论她对父亲的悲伤和愤怒。她父亲接受过多个治疗计划，但从未坚持康复治疗。上次治疗失败后，艾米莉申请离婚。尽管珍妮试图与母亲沟通，但艾米莉变得更加痛苦，她说："你的父亲无法或不会摆脱他的困扰，但是我们可以做得更好。现在，该继续前进了。"珍妮为无法与母亲沟通而感到悲伤，转而求助于祖母玛格丽特（Margaret），祖母向她提供了极大的情感支持和安慰。

然而，两个月前，珍妮挚爱的祖母去世了。珍妮与朋友和家人越来越疏远。尽管她变得更安静，看起来似乎很伤心，但她对母亲和弟弟们发了几次脾气。她经常在晚上哭着醒来，并向母亲抱怨说，她担心噩梦再来，因此害怕重新入睡。她经常梦见自己正在与家人和朋友一起爬山。每当她转身时，就会有人迷路，她找不到他们。随着夜幕降临，寒冷的夜晚来临时，她独自一人在山上。

在过去的一个月中，珍妮越来越担心自己的外表，体重减轻了近 10 磅。她的母亲担心珍妮吃得越来越少而花更多时间跑步和游泳会导致亚健康。她注意到珍妮的在线搜索记录中包含诸如"如何快速减肥"和"饮食秘诀"之类的语句，她发现这些都与珍妮最近的行为有关。珍妮的弟弟们注意到珍妮在房间里花了更多的时间上网、玩电子游戏，并且不再参加棒球比赛。

危机干预：罗伯茨七阶段模型的应用

珍妮的母亲很担心，在学校辅导员的推荐下，她为自己和女儿安排了社区咨询师的预约。在危机干预的早期，评估致命性并与服务对象建立融洽关系至关重要（Roberts，2005）。尽管咨询师莉娜（Lena）鼓励艾米莉和珍妮都说话，但珍妮不愿分享自己的感受，她说任何人都无能为力，因为她的祖母已经去世，父亲又病得太重而无法照顾她。莉娜尊重和承认珍妮的绝望感，即任何事情都会改变：祖母去世、父亲酗酒以及父母离婚，这让她和珍妮建立起关系。她肯定了珍妮由此所产生的种种情绪失落感，例如悲伤、愤怒、内疚和焦虑，并指出有时人们会感到恶心、疲倦并可能表现出来（Worden，2008），但在类似的情况下这些情感对于青春期前的儿童是很常见的。莉娜鼓励珍妮说，青少年经常发现在咨询中谈论失去是有帮助的。她表示可以帮助珍妮开发新的方式来应对和管理自己的情感。她提到自己曾 361
与其他遭受损失的青少年交谈，尽管每个人都不同，但当不幸发生时，人们也有一些类似的经历。珍妮哭着告诉莉娜，说她的祖母是“无论怎样都会相信我的那个人。我父亲离开了，最近几年对我们没有做太多事情。现在我妈妈必须做很多工作。我知道她爱我们，但她有很多事情要做，而祖母总是在我身边”。珍妮担心自己所爱的人会因生病或死亡而离开她，并认为也许独自一人而不是依靠别人会更好。她说：“每个人都出于某种原因离开，如果我不需要太多依赖别人，如果发生坏事，我也不会感到难过。”莉娜准确地理解了珍妮的担忧，并使用开放式问题进一步探讨，发现珍妮害怕失去所关心的人是她疏远朋友的原因。

珍妮透露，有时她希望自己能和祖母在一起。咨询师进一步询问，珍妮说如果她死了，她会和她的祖母在一起。莉娜问珍妮是否考虑过自杀，珍妮说她曾经想过，但她永远不会这样做，因为她知道这会让母亲感到难过。莉娜进行了一次简短的自杀评估，询问珍妮她曾想过如何自杀。珍妮含糊不清地说：“我不知道，也许用很多阿司匹林。”咨询师要求珍妮将自杀念头按1~10来打分，其中1表示“一点也不”，10表示“非常严重”（更多有关青少年自杀风险评估的信息，请参阅Berman，Jobes，& Silverman，2006）。珍妮回答：“是1。我永远不能对我的家人那样做，我的祖母也不会希望我那样做。”莉娜回应说，即使祖母去世了，珍妮祖母的意见也非常重要。

尽管寻求服务的原因主要是了解珍妮对祖母去世的回应，但莉娜也意识到离婚的事，也想对此进行探讨。K. R. 考夫曼（K. R. Kaufman）和N. D. 考夫曼（N. D. Kaufman）（2005）指出，在像珍妮一样遭受多重损失的悲痛情况下，彼此叠加的压力会对每个人产生不同的影响，但是多重压力的综合影响更有可能导致更大的问题，例如应对能力的丧失。

在危机干预模型的阶段三，治疗师致力于制定干预的重点。珍妮的咨询师查看了珍妮最近遭受损失的次数和重要性，并指出祖母的去世是一系列损失中最近的一次。罗伯茨（2005）讨论了识别导致服务对象寻求帮助的促发事件的重要性，这可能是“最后一根稻草”。但是如果许多事件导致了危机，则必须将问题进行优先级排序，以便可以集中精力。珍妮的咨询师要求她确定她认为导致她寻求咨询的重要事件。珍妮对她有太多需要处理的事情感到

362 愤怒，并且对这么多坏事感到厌倦。莉娜问了一个开放式的问题："你现在正在想的损失是什么？"珍妮解释说，父亲越来越常不在家，晚上不跟家人在一起，母亲忙于工作，父母离婚以及由于经济问题不得不搬进一所小房子，这让她感到丢脸。

莉娜承认并进一步探讨了珍妮的感受。珍妮也认为父母离婚对她来说很难，因为她妈妈很伤心，但她爸爸已经"失踪"很长时间了，这总比保持婚姻好。除了和祖母讨论外，她没有太多讨论离婚的事，但她仍然很难相信父母已经离婚："我的童年是如此美好，我一直在想，如果爸爸能找到合适的医院，他会好起来的，一切都会像以前一样。"面对这么一长串事件，罗伯茨（2005）指出，将事件按优先级排序以阐明重点可能会有所帮助。珍妮认为祖母的去世和父母的离婚是她最关心的问题。

在确定了主要问题之后，治疗师应优先考虑鼓励和探索感觉，这是干预模型阶段四的重点。在整个咨询过程中，莉娜运用积极的倾听和其他基础咨询技能发展了人际关系，并鼓励珍妮表达自己的感受。莉娜通过使用诸如释义、反思和开放式问题等技巧，将过去的经验与现在联系起来。尽管谈话是最常见的表达方式，但珍妮还是喜欢绘画和写诗。富有创造性的方式让她能够更好地接触和探索自己的感受。文献中有大量的各种有用的策略，可以帮助不同年龄段的儿童度过悲伤（Silverman，2000；Webb，2010；Worden，2008）。

珍妮生气地承认，她不愿与父亲在一起是因为父亲大吼大叫而且很刻薄。为了感觉好一点，她选择花更多的时间陪伴对她"好"的人，例如她的祖母和朋友。她对搬到小房子感到尴尬，因为她不得不从"一间我的朋友可以闲逛的地下室有台球桌的大房子搬到房间很少的小房子里，以至于我的弟弟们不得不合住一个房间。尽管搬家很难，但总比离开学校和朋友好"。珍妮还花时间在写日记和做艺术品上，这让她感觉很轻松。尽管这些活动有助于她应对悲伤，但现在她担心自己"太难过"，她的朋友们也不想和她在一起了。

莉娜提到，有时当人们感到痛苦和事情失控时，他们会试图控制自己所能及的事情，例如体重。珍妮提到她的啦啦队教练试图提供帮助，向她建议锻炼有助于改善自己的情绪。因此，珍妮在寻找让自己感觉更好的方法时，开始越来越多地锻炼身体。一些朋友注意到她看上去更苗条了，对此表示称
363 赞，于是珍妮认为节食和减少糖类摄入可以帮助她减掉她在冬天增加的体重。

尽管危机干预模型的阶段四着重于探索和表达情感，但值得注意的是，这种探索发生在大多数干预阶段。在整个咨询过程中，咨询师必须时刻了解孩子的需求并以具有同理心的方式做出回应。在阶段五，重点放在评估过去的应对尝试、开发替代方案和设计特定的解决方案上。在听珍妮讲述的时候，莉娜特别注意珍妮如何有效应对，以便她可以增强适应性行为和认知。在莉娜的帮助下，珍妮探索了她如何应对过往的压力，例如父母的离婚、搬家和父亲酗酒。如前所述，珍妮发现花更多的时间陪伴对她有益的人（如朋友和祖母）会很有帮助。她还把搬到小一点的房子的想法重新定义为不算太坏，因为这比不得不离开学校要好，而且她经常写日记。尽管这些活动过去曾有所帮助，但珍妮抱怨说，现在这些活动没有用了，而且，她失去了最强大的支持者之一。罗伯茨（2005）指出，当服务对象缺乏洞察力或在情绪上苦恼时，临床医生可能需要采取主动措施。珍妮对于以前的应对策略不可用或无法有效使用感到失望。

有时学习其他人如何应对会有所帮助（Supiano，2012）。因此，莉娜问珍妮是否想听听她的一些其他咨询者在遭受损失时如何进行管理。因为珍妮似乎很感兴趣，莉娜给她讲了一个男孩，他最喜欢的叔叔去世了的故事。这个男孩像珍妮一样谈论情感，然后创造了一种方法来解决他的问题。一种技巧是想象将他的愤怒和痛苦深深地吸入肺部，然后将这些感觉呼入气球，再将气球带到室外，之后将气球释放到空中来释放这些感觉。他还给叔叔写了一封信，讲述他们在一起所做的奇妙事情，并将其读给他的咨询师听。之后，他们探索了他这样做的感觉以及发现有帮助的东西。

莉娜让珍妮将自己想象成一名心理咨询师。她会向面临这么多损失的 13 岁或 14 岁的孩子推荐什么应对策略？珍妮大笑，当扮演起专家的角色时，坚持坐在莉娜的椅子上。珍妮有很多想法：与亲密的朋友和家人共度时光，将情感写在便签上，然后将便笺贴在墙上去创作一首诗，绘出情感，从杂志上剪下图片和文字以制作拼贴画，参加放松活动，洗泡泡浴，看有趣的电影以及锻炼身体。

莉娜想要解决的一项应对策略是珍妮的锻炼行为和减肥。她担心这会加剧问题。但珍妮觉得减肥很好，她认为自己有点超重，而且运动很健康。莉 364
娜还曾为有饮食失调症的服务对象提供咨询，因此知道在争论体重方面是徒劳的。相反，她关注的是珍妮通过节食和过度运动来让自己感觉更好的效果

（或者缺乏效果）。珍妮承认，如果自己吃得不够饱会感到疲倦，并且无法集中精力。虽然她喜欢运动，但运动开始让她感到筋疲力尽。

莉娜：从 1 到 10 分，其中 1 代表疲倦，10 代表精力非常充沛，你处在哪个位置？

珍妮：我想说 8，但今天我觉得是 4。

莉娜：好的，将其提高到 5 或 6 需要怎么做？

珍妮：睡上一会儿！

莉娜：你今天怎么办？

珍妮：嗯……我饿了就醒了，所以如果我多吃点东西，少做些运动，我想我会有更多的精力。

莉娜：你今天愿意朝这个方向前进吗？

莉娜：我会吃晚饭，只是骑一小段时间的自行车，而不是一个小时。这样我睡前就有时间放松一下了。

以上谈话将重点从体重和食物转移到帮助珍妮，让珍妮感到精力充沛。重构问题使珍妮看到她有解决问题的办法。珍妮和莉娜开诚布公地谈论了珍妮父母的离婚，以及她的沮丧、饮食失调和悲伤。珍妮还浏览了处理过类似问题的青少年提供的有益健康的网站和博客。通过交谈、绘画和写诗，珍妮开始理解她关于孤独、愤怒、悲伤和沮丧的许多感觉都源于她所遭受的多重损失，而发生此类事件是很正常的。珍妮谈到了自己在咨询方面的感受，并想出了与自己重要的人重新建立联系的方式，尤其是那些她说“相信”她的人。珍妮决定花更多的时间和妈妈的妹妹简（Jane）（她最爱的姨妈）在一起，并多去见见她的朋友们。

在一次小组会谈中，珍妮和莉娜与艾米莉、简和学校辅导员进行了交谈。所有人都认为珍妮遭受了很多损失，需要他们的支持。简把日程安排成每周和珍妮见面。她们远足、看电影以及共进晚餐。艾米莉换了工作，这样她晚上的工作就少了，可以花更多的时间陪伴孩子。艾米莉也更加在意女儿的感受，并为珍妮创造了分享自己的想法和感受的机会。学校辅导员建议珍
365 妮与她的一个或两个最亲密的朋友交谈，以便他们知道发生了什么事。珍妮照着这样做了，与她的朋友交谈后，发现他们一直在担心她，并渴望提供帮

助。学校辅导员得知啦啦队教练的建议后，考虑如何与学校工作人员协商，以帮助孩子们更有效地应对损失和悲伤。

在危机干预模型的阶段六关键步骤要求从产生想法转变为制订和实施行动计划。随着珍妮开始感觉好些，被倾听并且精力充沛，她感到有能力采取更多行动。她开始创作艺术品，以更好地表达、理解和管理自己的情感。她的一些拼贴画表达了愤怒和悲伤，而另一些拼贴画则表达了希望和未来的方向。她创作了一首关于失去与改变的诗，后来被一名年轻作家收录在诗集中。她为将悲伤和愤怒变成希望以及出版的作品而感到自豪。

在危机干预的后续阶段中，在正式终止咨询后的 1 个月和 2 个月内，珍妮感觉良好，她对心理咨询帮助她度过了人生的艰难时期很满意。

埃斯佩兰萨：父亲去世

埃斯佩兰萨是一名 12 岁的墨西哥裔美国籍女孩。她和家人住在一个小牧场上，家里养着美洲驼和马。她有三个姐姐（分别为 18 岁、16 岁和 15 岁），一个弟弟（10 岁）和一匹名叫曲奇（Cookie）的马。她的母亲安娜（Ana）41 岁，与其兄弟在小镇上共同拥有一家保险公司。她的父亲迈克尔（Michael）经营家族企业，直到 5 个月前不幸去世。安娜和迈克尔正在山上玩雪地摩托，车子突然失控，他们被甩了出去。她的母亲摔断了腿，还受了其他轻伤。她的父亲摔断了脖子，死了。

父亲去世后的头几个月，埃斯佩兰萨和她的姐姐弟弟们公开哀悼了父亲的去世，并悉心照顾母亲。母亲时而哭泣，时而担心孩子们。由于她的受伤，孩子们负责打扫卫生、做饭和牧场工作。最大的卡米尔（Camille）刚上大学就休学一个学期。她把家里照料得很好，很有效率地帮助其他孩子做上学准备，完成家庭作业和家务。另外两个姐姐，路易莎（Luisa）和玛格丽特（Margaret）受到父亲去世的打击，但她们花了很多时间在一起，开始了一个项目，收集家庭照片并制作一个数码相册，以纪念父亲。最小的马丁（Martin）虽然经常心烦意乱，很伤心，但他在离家几英里外的叔叔婶婶家和堂亲们度过了很多时间。

父亲去世后，埃斯佩兰萨难以入睡和专注。她向姐姐路易莎抱怨肚子疼，姐姐给她喝茶以舒缓疼痛，并告诉埃斯佩兰萨不要打扰他们的母亲。她曾经为之骄傲的学习变得糟糕，她的成绩急剧下降，以至于可能无法升入七 366

年级。她在学校里有时很消极，有时很好斗。她在脸书上发布了她想死的消息。她认为家里其他人比她“管理”得更好。埃斯佩兰萨告诉路易莎，她对父亲的死亡负有责任，母亲一定对她非常生气。

与埃斯佩兰萨同班的一位堂亲向安娜报告了她在脸书上看到的情况。安娜立即去找埃斯佩兰萨，但她否认有自杀倾向，并说她不是故意的。然而，埃斯佩兰萨在此之后哭了好几个小时，并不断重复说父亲的死是她的错。安娜是一位虔诚的天主教徒，她联系了她的教区牧师。这位教区牧师热情体贴，素以在危机时期随叫随到而闻名。他来到家里，与全家人交谈，看看他们的生活如何。最后，他在安娜面前与埃斯佩兰萨交谈。埃斯佩兰萨伤心不已，哭着说她想和父亲在一起，如果她能和父亲在一起，父亲可能会原谅她。没人能理解为什么埃斯佩兰萨感到如此自责。最后，罗梅罗（Romero）神父建议安娜请一位咨询师，他知道谁在帮助悲伤的孩子方面能提供帮助。埃斯佩兰萨和安娜约好了时间，下一周去见咨询师，到咨询师的办公室有 30 分钟的路程。

危机干预：罗伯茨七阶段模型的应用

考虑到与埃斯佩兰萨亲近的人所表达的担忧（她正在考虑自杀，而且似乎伤心欲绝），她的咨询师必须迅速与她建立关系。这需要同情、尊重和真诚（Joiner, Orden, Witte, & Rudd, 2009; Roberts, 2000; Rogers, 1965）。评估她的致命性也至关重要。埃斯佩兰萨现在 12 岁，可能处于认知发展的阶段三，即形式运思阶段（Piaget, 1968）。在这个阶段，思考是合乎逻辑的，孩子们能够理解抽象意义。与此特别相关的是，这个年龄的孩子可以理解死亡不是一个可逆的过程（Webb, 2010），因此必须非常严肃地对待她的死亡念头。韦伯还指出，虽然孩子在父母去世时表达自杀念头并不常见，但必须非常认真地对待它们的威胁。

包括沃尔登（Worden）（2008）在内的许多作者表示，家庭成员可能会在询问孩子自杀念头时有所犹豫，担心它们会使孩子想起这个念头。沃尔登建议进行温和的询问以切入讨论。按照罗伯茨（2005）的模型，危机干预的第一步是评估致命性，其中包括评估对自己和他人的危险性以及是否满足当下的社会心理需求。该模型的阶段二侧重于融洽交往及迅速建立关系。这两
367 个步骤都是在咨询会谈的前半部分进行的，当时咨询师萨拉（Sara）向埃斯

佩兰萨明确表示，她知道为什么那些爱她的人推荐她去咨询。由于对埃斯佩兰萨强烈的失落感很敏感，咨询师在探究了埃斯佩兰萨对被介绍去心理咨询的感受之后，开始了对致命性的评估。利用自杀评估可以帮助咨询师准确评估和跟踪咨询者的致命性风险。马赫什瓦里（Maheshwari）和乔希（Joshi）（2012）确定了三种适合这个年龄段的自杀风险心理测量方法：自杀意念修正量表（Modified Scale of Suicidal Ideation）、青少年自杀意念问卷（Suicidal Ideation Questionnaire-Junior）、哥伦比亚自杀严重程度评定量表。儒纳（Joiner）和里贝罗（Ribeiro）（2011）还为自杀评估确定了有用的结果指标测量。贝尔托利诺（Bertolino）（2003）强调了与青少年服务对象合作的咨询师的重要性，让他们参与选择治疗计划的方向，并使之成为一种合作计划。解释咨询师的作用以及父母和孩子参与治疗计划的过程将大大有助于消除咨询过程的神秘性，使孩子和父母有控制感。这对于像埃斯佩兰萨这样的服务对象来说很重要，因为失去亲人的孩子可能会觉得自己比没有失去亲人的孩子对事情的控制力差（Silverman，2000）。咨询师应尽可能帮助孩子，使他们感到自己在咨询方面有控制和选择的余地。

在第一次会谈的后半部分，萨拉会见了他们全家人（除了马丁，他和他的堂亲一起旅行去了）。每个家庭成员都被问到他们目前最关心的是什么。所有人都强调了对埃斯佩兰萨和她关于自杀的担忧。令家人感到震惊的是，埃斯佩兰萨想死的原因与她确信母亲对她很生气并将丈夫的死归咎于埃斯佩兰萨有关。安娜对埃斯佩兰萨愿为此负责的想法表示震惊，她向埃斯佩兰萨保证她并没有责任。安娜纠正了埃斯佩兰萨的错误观念——是她“让”父母在这不幸的一天上了雪地摩托。

安娜告诉家人，在发生雪地摩托交通事故的那天早晨，父亲不愿去，因为他“有很多工作要做”。埃斯佩兰萨打趣他的工作，并说如果他答应带雪球给她，她会喂美洲驼并打扫谷仓。他们的关系一向幽默好玩。她父亲不再拒绝，同意去旅行。她哭诉说，如果她没有“让”他离开，他应该还活着。安娜和她的姐姐们试图消除这种误解。尽管这并没有减轻埃斯佩兰萨对父亲去世的痛苦，但这帮助她觉得自己没有责任了。一家人聚在一起很有帮助，因为他们能够提供帮助埃斯佩兰萨度过这场危机所必不可少的支持。埃斯佩兰萨承认她曾经想死是为了摆脱痛苦，但是她没有自杀的具体计划。然后，咨询师开始与埃斯佩兰萨一起制订安全计划，确定几个她可以寻求帮助的

人、当她冒出自杀念头时分散自己注意力的活动以及社区资源（其中包括全
368 国自杀热线）（Joiner & Ribeiro，2011）。在与家人分享这一计划并确保她没有自杀的计划或具体方法之后，会谈以安排几天后再次会见结束。埃斯佩兰萨的计划内含许多策略，包括让她的姐姐们、妈妈、婶婶或叔叔知道她的感受，在日记中画画或写作，散步，骑马，做饭或在 iPod 上听音乐。

在下一次会谈中，再次进行自杀评估之后，萨拉开始完成罗伯茨模型阶段三规定的任务。此阶段主要集中于确定导致危机的主要问题或事件。在某些情况下，这可能有助于识别问题并按优先顺序对其进行排序，以澄清重点并解决问题的潜在有害方面。但是，埃斯佩兰萨清楚地表明，她的危机仅涉及唯一的一个问题：她父亲的去世。

关于这一损失的讨论自然进入了阶段四：表达情感。萨拉帮助埃斯佩兰萨探索她的感受，使用积极而富有同理心的倾听，反映她的感受，当她观察到不一致时也温和面对。举例来说，埃斯佩兰萨曾说过："每个人都比我做得更好。我的姐姐们根本不会想念他。"她在说这句话的时候笑了，同时眼泪从眼中流下。萨拉温和地谈到了埃斯佩兰萨的眼泪和笑声之间的差异。埃斯佩兰萨澄清说，她不相信自己的姐姐们应对得像看上去那么好，但她们专注于纪念父亲的项目让埃斯佩兰萨感到"被排除在外"。

许多作者的文章中都讨论了旨在帮助儿童表达对损失的情感的技巧（例如，Silverman，2000；Webb，1999，2004，2010；Worden，2008）。埃斯佩兰萨发现有用的技巧包括：写一封信给父亲并边读边探索她的感受，去事故现场，种一棵小树以纪念父亲，以及看她家人的照片，尤其是几张照片里她和父亲一起在牧场和县集市上度过的特别时光。埃斯佩兰萨喜欢艺术，她想用照片的彩色副本制作拼贴画。在他们的部分会谈中，她在萨拉的鼓励下开始了这项工作。埃斯佩兰萨不想把拼贴画带回家，因为担心这会使母亲哭泣。在随后与埃斯佩兰萨和她的母亲的会谈中，萨拉帮助他们两个谈论了自己所失去的。双方感到彼此更加亲近，因为他们能够一起谈论失去亲人如何影响他们。安娜要求埃斯佩兰萨把这个拼贴画带回家，这样他们可以一起做，埃斯佩兰萨很高兴能和她母亲一起做一些特别的事情。

这个拼贴画项目是罗伯茨在模型阶段五建议的一个示例，阶段五的重点是在危机期间生成和探索适应性应对策略。很多时候，咨询者过于痛苦
369 而无法制定良好的应对策略。最初，埃斯佩兰萨就是这种情况。K. 吉尔达

德（K. Geldard）和 D. 吉尔达德（D. Geldard）（1999）以及阿夫托普洛斯（Raftopoulos）和巴泰斯（Bates）（2011）指出，那些有自杀倾向的青少年发现应对困难并情绪紧张，以至于自杀似乎是一种应对方式。通过使用前面提到的基础咨询技巧，萨拉讨论了这样一个事实，即许多遭受父母之死的年轻人可能会经历哭泣、悲伤和注意力无法集中的时期。沃尔登（2008）告诫说，切勿将这些症状标记为“抑郁症”，因为它们在父母去世后的第一年是正常现象，通常在一年后会减轻。我们在使用**抑郁症**（depression）来描述个体的正常反应时需要谨慎。

萨拉帮助她看到自己的反应是正常的，但重要的是开发新的应对资源，或找到使用过去对她有帮助资源的方式。萨拉让埃斯佩兰萨描述过去的一段时间里，当一切似乎都没有进展或者发生了一些不好的事情时，她如何应对。埃斯佩兰萨回忆说，表妹的父母离婚时，那对她来说也是一段艰难时期，因为她觉得自己与舅妈和舅舅非常亲近。她祈求上帝帮助她度过这段时间，并花了很多时间和悲伤异常的表妹在一起，她骑马并打扫谷仓。在萨拉的协助下，埃斯佩兰萨有了三个应对方法：（a）在内心深处帮助自己；（b）通过与他人相处来帮助自己；（c）通过做事来帮助自己。萨拉和埃斯佩兰萨针对每个方法进行了头脑风暴。埃斯佩兰萨决定在房间周围的墙壁上贴三张大纸，并使用不同颜色的标记笔，在想法出现时写下它们。埃斯佩兰萨在“在内心深处帮助自己”的标题下写了“祈祷”。自从父亲去世以来，她一直在祈祷，但最初是祈求上帝让父亲康复，然后是上帝将她带到父亲身边。现在她写道：“祈求上帝帮助我度过这个艰难时期”和“赐予我力量”。她的咨询师建议“听令人放松的 DVD”，这是她应埃斯佩兰萨的要求制作的，因为它能帮助她消除胃痛。埃斯佩兰萨添加了“在我的日记中绘画”，因为她喜欢艺术表达。第二个列表（“通过与他人相处来帮助自己”）包括许多项目，例如花更多时间与弟弟一起玩视频游戏，帮助姐姐们做饭，与朋友或堂亲郊游以及与她的教父教母过夜。萨拉将埃斯佩兰萨愿意与他人共度时光视为她进步的一个非常积极的标志，因为自从父亲去世后，她一直与世隔绝，并且远离那些可以提供支持的人。家庭拼贴画以及回忆与父亲在一起的特殊时光，埃斯佩兰萨把这归为最后一个应对方法（“通过做事来帮助自己”）。

正是在罗伯茨模型的阶段六，即制订行动计划时，埃斯佩兰萨陷入了困境。正如埃斯佩兰萨所做的那样，有想法是必不可少的，但这些想法需要计

370 划和执行才能帮助恢复机能（Roberts，2005）。最初，埃斯佩兰萨兴奋地开始采取自己的策略。她毫不费力地制定目标和发展中间步骤，但是当萨拉问她本周要做哪一个时，埃斯佩兰萨变得犹豫不决。在咨询之外，埃斯佩兰萨向她的母亲和姐姐们寻求建议，但她没有采纳她们的建议，当她们鼓励她遵循自己的计划时她又变得暴躁。在咨询中，埃斯佩兰萨强迫萨拉为她选择。萨拉拒绝后，埃斯佩兰萨很生气，说人们不帮助她，如果其他所有人都放弃了，她为什么要尝试？她的情绪变化很明显。

萨拉回忆起她之前的一位咨询者，她的哥哥在一次事故中死亡。这个女孩同样经历了犹豫不决和无力行动的时期。埃斯佩兰萨很好奇地听到这个女孩发现很难接受在哥哥去世后她有权幸福地生活下去。埃斯佩兰萨担心，如果她继续自己的生活并感到幸福，那看起来就好像对怀念父亲的情感的亵渎。正如罗伯茨（2005）所指出的，对服务对象来说，了解我们帮助过执行计划方面有困难的其他人可能会有所帮助，而对他们来说，了解这些服务对象最终成功克服了自身的障碍也同样有帮助。

埃斯佩兰萨担心她会开始忘记与父亲生活中的细节，有时她仍然责怪自己“让”父亲去旅行。在进一步阐明并表达了自己的感受之后，埃斯佩兰萨决定集中精力完成拼贴画，以便使她对忘记父亲的恐惧得以平息。她还说，她会更经常地祈祷上帝给她力量，让她相信自己与事故无关。因此，在探究了执行计划的困难之后，埃斯佩兰萨准备好继续采取行动。

危机干预的最后阶段是跟进。萨拉可能将采纳对埃斯佩兰萨自杀意念的测量结果，以及创伤症状的测量，例如儿童创伤症状检查表（Briere，1996）或临床医生给儿童和青少年使用的 PTSD 量表（Nader et al.，1996），以确定治疗结果和埃斯佩兰萨的整体心理功能。沃尔登和他的同事在“儿童丧亲计划”（Worden，2008；Worden & Silverman，1996；McClatchy & Wimmer，2012）中发现，在各种心理测量上，最近丧亲的孩子与未丧亲的对照组相比，并没有受到更多或更少的干扰。但是，当分别在父母去世后 1 年和 2 年检查数据时，丧亲的孩子与对照组非丧亲的孩子之间存在显著差异。特别是，在父母
371 去世后 1 年没有表现出太大差异的青春期男孩（12~18 岁）确实表现得比对照组更孤僻，并且社交问题略多。青春期前的女孩在丧亲后 1 年没有比未丧亲的对照组显示出更多的问题，但是到 2 年时有了显著的变化，其中包括更多的焦虑和抑郁。这项研究对心理健康专家和其他儿童工作者有一定的启

示。我们必须注意失去父母的长期影响，问题可能要到丧亲后 1 年或 2 年才会出现。

埃斯佩兰萨在治疗方面取得了非常好的进展，经过 4 个月的共同努力，她和萨拉共同决定终止常规治疗，并转入定期检查。在接下来的两年中，萨拉与埃斯佩兰萨进行了五次会面，并与全家人进行了三次会面，以了解其他人的情况。大女儿卡米尔在父亲去世后近 14 个月开始出现失眠和频繁的悲伤。萨拉预计家庭中的另一个孩子以后可能会因父亲的去世而遭受更多的痛苦，所以她鼓励卡米尔与其学校的咨询师会谈。

父亲去世后的 2 年零 4 个月，埃斯佩兰萨感到自己机能运转良好。她在家人和朋友的支持下，在学校的表现非常出色，并数次在全州范围的马术比赛中获胜，这令她感到自豪。她告诉萨拉，将来她可能会回来接受心理咨询，但现在她忙于过一种充实而满足的生活，甚至不再需要定期随访。

彼得：姐姐的悲惨死亡

彼得是一个混血的亚裔美国人，12 岁，来自一个城市家庭，家人们积极参与当地和教会社区。彼得和他的父母，43 岁的朱迪（Judy）和 44 岁的保罗（Paul），以及 16 岁的姐姐谢丽尔（Cheryl）住在一起。朱迪是一家风景园林公司的股东，在她所在社区的市议会任职，同时也是“仁人家园”（Habitat for Humanity）[①] 的志愿者。保罗是一名土木工程师，也是一名志愿消防员。三位祖父母住在同一个城市。彼得的外祖母 3 年前因手术并发症去世。

春假后的一周，彼得正在去廷伯克雷斯特（Timbercrest）中学上历史课的路上。他注意到大厅里一群孩子大声谈论那天早上在南岭高中（Southridge High School）发生的枪击事件。这条消息通过短信和脸书像野火一样传播开来。彼得立刻想到了他的姐姐谢丽尔，她是南岭高中的学生，并给她发了短信。他朝教室走去，但心烦意乱，继续给谢丽尔和父母发短信。彼得查看了脸书和推特上的信息更新。据说，三名学生将武器带入了高中，并在中午前不久开始滥杀无辜。在历史课的中途，彼得和另外三名学生被叫到辅导员办公室。所有这些学生在南岭中学都有已知受伤或下落不明的兄弟姐妹。

① 一个慈善机构。——译者注

372 李女士会见了这些学生，他们在听到有关枪击事件的传闻后都非常沮丧和焦虑不安，她提供了有限的信息，同时向学生们保证他们的父母正在赶来的路上。彼得看到父亲走进李女士的办公室，感到很惊讶，还没来得及反应，父亲就把彼得领走了，校长埃尔南德斯（Hernandez）紧随其后。彼得困惑地坐在埃尔南德斯先生的办公室里，父亲告诉他谢丽尔遭到枪击，情况危急。彼得没有问任何问题，他只是说他想回家。

谢丽尔没有从枪伤中恢复过来，几天后就去世了。在她不幸去世两个星期后，彼得的父母竭尽全力为彼得提供了支持，但他们似乎茫然不知所措。对家人、朋友和亲戚来说，彼得似乎表现得很好，在请假7天后，他回到了教室。许多家人、朋友和邻居仍然来到彼得家，他们带着小礼物、食物并提供帮助。彼得避开了访客，并与祖父克莱（Clay）一起度过了闲暇时间。

南岭高中枪击事件发生后的几个月里，媒体一直持续关注。悲剧的规模（6名学生死亡、10名重伤）引发了国内和国际的新闻报道，彼得每天翻阅他的脸书和推特提要时都要看到这些消息。为受枪击事件影响的学生、教师和家庭提供的心理健康咨询基金已经设立。在该年学业结束前的一个月，李女士鼓励朱迪和保罗带彼得去当地的安护中心看一位悲伤咨询师。彼得似乎需要进一步的支持，特别是因为他的成绩受到了影响，并且他在逃避他的朋友和课后社团活动。彼得拒绝了，但后来为了让父母高兴同意了去咨询。安护中心咨询师安德鲁（Andrew）与彼得进行了三次会谈。他非常友善，并帮助彼得理解他对悲剧的反应（难以入睡、难过、经常想着姐姐、不想见朋友）是正常的。他鼓励彼得加入一个悲伤小组，但在一次治疗后，彼得否认了任何担忧，并告诉开车送他去参加悲伤小组的祖父，他不想再去做咨询。克莱将彼得的挣扎传达给了朱迪和保罗，咨询在学年结束时终止了。

两个月过去了，朱迪和保罗体验了悲伤支持团队咨询的好处。随着他们的恢复，保罗又开始了娱乐活动，如打高尔夫球；朱迪增加了工作时间，回到市议会开会。她决定出差几天。当彼得得知他母亲要离开时，他砰的一声把门关上，导致一个昂贵的花瓶掉下来摔坏了。彼得第二天发烧生病了。朱迪将行程安排在下个月，而当她离开小镇时，彼得没有再出什么事。

彼得开始向祖父反映对身体的担忧和对鬼魂的恐惧。他确信很快就会发
373 生另一场悲剧。当克莱预约医生治疗血压问题时，彼得变得焦虑不安。朱迪和保罗鼓励彼得回去继续接受安德鲁的咨询。

危机干预：罗伯茨七阶段模型的应用

彼得在咨询中提出的担忧与对祖父身体问题的担忧有关。他显得既伤心又生气，哭了一会儿。他说他祖父的遭遇“不公平”。安德鲁只是让彼得讲述。一个始终如一的信息是，他的祖父“为我做了一切”。在认真和同情地听了彼得的担忧之后，安德鲁大体上谈及“人们无法控制的问题”。他承认彼得回来咨询很勇敢，这可能有助于彼得谈论一些他可以和无法控制的事情。

在安德鲁表达了对彼得的真诚尊重和接受之后（Roberts，2005），男孩在会谈上放松了。彼得对咨询过程的接受度越来越高，这使安德鲁开始研究悲剧的各个层面以及随之而来的问题。他们开始讨论彼得在夏天摔门的事。彼得说，他为母亲的离开而生气，并为祖父的身体状况感到难过。当安德鲁问彼得是否害怕时，他只是简单地说“也许吧”，然后反问：“为什么上帝要让人们这么难?”这导致需要进一步探索他的灵性，并且在咨询师公开鼓励彼得讨论他的信仰时，彼得似乎更加放松了。安德鲁意识到咨询者所面对的许多问题都是精神层面的，尤其是悲伤和损失问题。有一个愿意探索灵性的咨询师可以促进有宗教信仰或灵性的咨询者对治疗关系的信任（Post & Wade，2009）。

有关上帝的讨论为安德鲁打开了一扇门，这让他去探究彼得的损失，并评估彼得是否有自残或自杀的危险。彼得悲伤地移开视线，说道：“我姐姐与上帝同在。”他们讨论了她是如何死的，安德鲁直接问彼得是否愿意“与上帝同在”。彼得不由自主地说：“死亡真可怕，孩子们不应该死”，然后哭了起来。安德鲁以尊重的沉默和情感的反映促进了彼得的情感表达。彼得擦着眼泪说：“无论如何我对此无能为力。”然后他说不想再谈论这个话题了。

安德鲁感到彼得情绪激动，于是将谈话转回彼得的祖父那里，这是一个比较安全的话题。他们在会谈结束时简短地谈论了克莱，以及彼得如何与祖父交谈，向他表达自己的担忧。

两次会谈之后，彼得 13 岁了，开始上八年级。朱迪在下次会谈之前给安德鲁打来电话解释说，彼得开学时遇到了困难，正在努力按时完成作业。
开学第二天，他因打架被送回家。在会谈时，彼得爽快承认，他和班上的另 374
一个男孩打架，那个男孩拿金发的人开刻薄玩笑。他哭了起来，说他的祖父必须“回去做更多的检查。这是不公平的。为什么是我们呢?”他焦虑不安。

他换了话题，问为什么在姐姐的葬礼上有人说“上帝以奇怪的方式起作用”。彼得受到鼓励去探索自己的感受，他非常想知道自己是否愿意相信一个允许发生这种可怕事情的上帝。

安德鲁鼓励彼得探索上帝在他生命中扮演的角色。这一讨论使彼得能够谈论他祖母因病去世、姐姐悲惨去世和他祖父的问题。彼得在谈论他的祖母（他回忆说祖母很有趣）和他的姐姐（他过去常拿她开玩笑）时，他的眼睛湿润了。彼得微笑着说，也许他已经准备好谈论姐姐了。当咨询师以同理心和支持性的方式倾听时，他开始讲述前一个春天发生的事情。

安德鲁研究了过去为彼得所做的应对尝试，并确定了将来可能适应的方法。彼得说他曾经是一个解决问题的高手，他相信上帝，喜欢音乐，并且很容易结识朋友。但是，整个夏天，他花了很多时间一个人玩电子游戏和听音乐。他回忆说，在姐姐死后，他不知道该怎么办，感到麻木无助。他讲述了一个最近的故事，讲的是为了纪念南岭高中枪击事件 6 个月，他在学校里默哀了片刻，以及他想如何与另一位在那悲惨的一天被谋杀的学生的兄弟交谈。他为那个男孩看上去很孤僻感到难过，但彼得想起了去年夏天的感受，意识到他已经做出了选择，让自己不那么孤僻。彼得说，他仍然觉得很难谈论悲伤的事情，因为他最喜欢的两个人现在都死了。安德鲁表达了他对彼得在这么小的年纪经历如此强烈不幸的悲伤。

彼得花了两次会谈时间谈论谢丽尔和南岭高中枪击事件。安德鲁鼓励他在每次会谈中更深入地探讨这个故事和他的感受。彼得的父母也越来越愿意与彼得和克莱进行讨论，克莱会定期拜访。安德鲁认为彼得已经准备好进入阶段五，制定并探索适应性应对策略。

彼得深入了解了自己对谢丽尔之死的想法和感受，他讨论了自己情绪的起伏：“有时候我很好，下一刻就难过了。”彼得有时仍然觉得在学校集中精力学习是一个挑战，有时也难以入睡。他意识到自己的侵入性思维，为母亲的出差而烦恼，也为祖父的健康担忧。为了更好地处理和应对，他让母亲外出时更经常地报平安，并让祖父对他日渐衰弱的健康诚实相待。彼得现在愿
375 意承认他害怕他无法控制的事情。他仍然希望上帝“让一切都好”。教会的青年负责人帮助彼得认识到，上帝也许希望彼得专注于使自己好起来。彼得承认，他是通过和他的咨询师交谈、结交新朋友并减少玩电子游戏的时间来做到这一点的。尽管他不喜欢学校里的一些孩子，但他承认打架并没有帮助。

通过探索恐惧、否定、孤立、担忧和他无法控制的事件，彼得得以进入阶段六，即制订行动计划。他开始理解他无法控制的外部事件和他可以采取的制订更现实计划的步骤之间的区别。他认为做家庭作业是他每天可以完成的事情，这样做有助于他获得更大的控制感。

谢丽尔去世 1 周年后，朱迪和保罗将她的房间变成了客房。她的几张照片装饰了墙壁，彼得决定“带着他的悲伤”去那里。他说大约每周他进一次房间。他指出，有时他去那里哭，但在看着与谢丽尔在一起的童年时的相册和 DVD 后会带着微笑离开。彼得决定成为教会坚信礼班的一员。他恢复了对足球的兴趣，并开始在周末与球队一起比赛。彼得决定要重新生活了。

在最后一次危机干预会谈中，彼得感觉很成功，因为他能够调解学校冲突，可以长时间做家庭作业并喜欢参与体育活动。通过在社区中为残疾儿童做义工，他对自己的生活更加感恩。他意识到悲剧和损失改变了社区中的每个人。他知道，对谢丽尔的悲伤并不会在不久的将来结束，但他准备终止咨询了。

咨询结束一年半后，彼得已经准备好进入高中，即使他有其他选择，他也决定去南岭高中。尽管他不再与安德鲁见面，但他现在觉得能够根据需要咨询学校辅导员。他说他很想念姐姐，有时仍然因她的去世而悲伤。

特别注意事项

对遭受严重损失的早期青少年进行治疗时，需要牢记许多注意事项。每个孩子都是独一无二的，咨询师应该期望发现他们在个性风格和性情上的巨大个体差异，这些差异可能会改变他们对急性压力源的反应。重要的是要进一步了解，所有的反应都受到生理、心理、社会、文化和家庭的影响。深入 376
探讨所有这些影响不在本章的范围之内，但我们希望强调发展阶段、文化问题的重要性、青少年在应对单一事件和一系列危机方面的差异，以及治疗青少年时的伦理考虑。

首先，如前所述，青春期可以分为三个阶段。但是，代表每个阶段的发展特征并不总是与孩子的年龄完全一致。例如，父母去世的 13 岁的早期青少年作为家中长子可能会“迅速长大”，因为他（她）需要在家中承担更多责任。这个孩子似乎更类似于 15 岁或 16 岁的大龄青少年。同样，遭受危机的孩子可能会退化，并且看起来比他（她）的年龄小。在这种情况下的干预措施可能包括分别使用针对年龄较大或年龄较小儿童的方法。对于后者，游戏疗法可能被证明是有益的。在科技时代，结合社交媒体、短信或视频游戏的干预可能会卓有成效，并以一种新的方式吸引青少年。虽然关于在危机干预中使用技术的研究有限，但已经对抑郁症预防的网络干预措施进行了试点测试，然而报告的结果受到小样本的限制（Landback et al.，2009；Saulsberry et al.，2013）。博伊德尔（Boydell）及其同事（2014）对使用技术为安大略省的青少年及其家庭提供心理健康服务进行了详尽描述，这对于其他希望增加青少年远程医疗服务的社区来说是一个可以关注的范例。最后，成功的干预措施需要包括仔细评估每个人的认知和情感发展阶段，并针对这一评估设计和应用特定的技术，有助于追踪症状并确认最佳治疗领域的结果指标可用于发展评估。

其次，在治疗青少年时，还必须考虑影响多种行为、态度、价值观和家庭结构的文化差异。例如，在我们的第二个案例中，很明显埃斯佩兰萨和马丁的教父教母在他们的支持体系中发挥了重要作用，但并非所有家庭都是如此。在许多情况下，我们必须尽早评估家庭成员的文化差异，并使用咨询者对家庭的定义来选择治疗对象和干预对象。咨询者的文化价值观可能与咨询师的价值观发生冲突。例如，许多咨询师可能认为卡米尔选择留在家里是“相互依赖”或“陷入困境”；这一类型的咨询师可能建议她应该回到大学继续学业，而不是休学一学期。但是，卡米尔的家人和社区并不认同这种观点。他们更重视家庭的维持和个人对家庭的承诺，而不是避免个人教育的暂
377 时延迟。此外，悲伤和对死亡和垂死的看法与文化背景相关，在这些案例研究中，文化能力特别重要。请注意，我们的观点并**不是**说咨询师应该为任何群体的人假定一套同质的、陈规定型的、由文化决定的价值观，毕竟所有群体内部都有很大的差异。相反，我们强调，必须审视自己的文化假设，并对可能不适合所有人的可能性持开放态度。在罗伯茨模型的阶段五和阶段六，当咨询师和咨询者努力制定目标并制订实现这些目标的计划时，这通常尤其重要。这一问题的复杂性和重要性值得读者特别考虑，我们强烈建议您更广泛地阅读有关青少年、家庭和文化之间关系的文献（Goldstein et al.，2011；McGoldrick，Giordano，& Garcia-Preto，2005；Myer et al.，2014；Ponterotto，Casas，Suzuki，& Alexander，2010；Rueger & Malecki，2011；Stone & Conley，2004；Suzuki，Ponterotto，& Meller，2008；Walsh，2012）。

如前所述，认识到发生单一危机事件的青少年（例如埃斯佩兰萨）和出现一系列危机的青少年（如珍妮）之间的差异也很重要。韦伯（Webb）(2010) 在《帮助失去亲人的孩子》(*Helping Bereaved Children*) 一书中讨论了一个两个孩子的案例，该案例涉及父母双亡以及心爱教父的死亡。在这类复杂的丧亲案件中，狄更斯（Dickens）(2014) 指出，对离婚和死亡后的悲伤表达是相似的，但也存在一些差异可能导致复杂的反应。一个区别是孩子可能会对父母离婚感到强烈愤怒，加上父母婚姻失败导致的自责，并常常希望父母能够团聚（Webb，2010）。当一个人死后，悲伤的反应会发生很大的变化，部分与人们对死者的亲密程度有关。就珍妮而言，她与祖母非常亲密，公开地为她感到难过，比父母离婚时更悲伤。但是，她的反应很复杂，可能部分是由于对父母离婚的复杂情感。沃尔登（Worden）(1996) 还指出，由于父母之间的冲突，孩子可能会觉得在离婚的情况下需要掩饰自己的哀痛。珍妮就是这样，她的母亲没有因为珍妮因她离婚而悲伤来安慰她，但在珍妮祖母去世后更加关心珍妮。

最后，治疗未成年儿童时存在一些道德和法律问题，这些问题咨询师必须谨记。在许多情况下，未成年儿童在法律上不能给予治疗的知情同意 (Knapp, Younggren, VandeCreek, Harris, & Martin, 2013)。知情同意意味着个人理解他们可以使用的方案，可以胜任对这些方案做出决定，并同意他们选择的方案。儿童被视为有能力给予知情同意的年龄因州而异，但在大多数情况下，儿童需要得到监护人的许可和签名，这取决于父母关系的性质。在离婚的情况下，如果父母共同拥有监护权，则父母双方都必须准许未成年的 378
孩子接受治疗才行，这可能会使情况复杂化。因此，如果父母中任何一方不愿意接受心理治疗，则儿童获得所需服务的能力可能会受到影响。对于咨询师而言，至关重要的是要知道谁是监护人，并获得同意儿童接受治疗的权利的证明（Thompson & Henderson，2007）。还存在未成年儿童是否愿意参加的问题，这可能会受到早期青春期发育的典型压力和冲突的严重影响。例如，一个青春期的孩子（如彼得）可能会被转介接受治疗，但他可能不希望获得咨询，并且可能会对“被迫”接受咨询感到不满。此外，在治疗初期，各方之间必须就保密问题进行明确的讨论，包括诸如即使未成年人坚决表示自己不希望父母被告知，咨询师也必须向父母报告的问题（例如：虐待或儿童威胁要伤害自己或其他人）。还必须与父母讨论允许咨询师或孩子不向他们透露有关咨询会谈的信息。咨询师必须了解其职业道德守则和州内有关同意年龄、同意例外、保密权和保密性以及隐私权的法律（Corey，Corey，& Callanan，2011）。这些问题越早得到解决，就越有利。在干预过程中尽早解决这些问题，不仅对于确保咨询师遵守道德和法律要求很重要，而且对于在干预的早期阶段建立融洽关系和信任也很重要。青少年极有可能（从他们的角度）将意料之外的信息暴露视为对信任的根本侵犯，这会损害任何形式的干预。

结　论

危机干预是早期青少年的关键和必要资源。具有危机干预能力的咨询师可以帮助稳定和干预，以防止即时危机成为长期存在的问题。尽管在某些情况下长期治疗是必要的，但危机干预是一种更具成本效益和时效性的解决问题的方法。

咨询师与处于危机中的早期青少年合作时，需要特别注意发展问题对个人应对急性压力的影响。尽管必须假设所有人都在与复杂和普遍的神经生理、行为、社会和环境变化作斗争，但这个年龄段的个体差异很大。任何干预危机的方法都必须建立对这种斗争的认识。影响青少年早期变化过程的一
379 个重要力量是个人的文化背景，咨询师需要意识到这一点以及他们自己的文化观念。运用罗伯茨的干预模型并牢记这些考虑因素，在许多甚至大多数情况下都有可能取得成功。

参考文献

Amato, P. R., & Anthony, C. J. (2014). Estimating the effects of parental divorce and death with fixed effects models. *Journal of Marriage and Family*, *76*, 370–386. doi:10.1111/jomf.12100

American Psychiatric Association. (2013). *Diagnostic and statistical manual of mental disorders* (5th ed.). Arlington, VA: Author.

Anthony, E. K., Williams, L. R., & LeCroy, C. W. (2014). Trends in adolescent development impacting practice: How can we catch up? *Journal of Human Behavior in the Social Environment*, *24*, 487–498. doi:10.1080/10911359.2013.849220

Atav, S., & Spencer, G. A. (2002). Health risk behaviors among adolescents attending rural, suburban, and urban schools. *Family Community Health*, *25*(2), 53–64.

Auman, M. (2007). Bereavement support for children. *Journal of School Nursing*, *23*, 34–39.

Berman, A. L., Jobes, D. A., & Silverman, M. M. (2006). *Adolescent suicide: Assessment and intervention* (2nd ed.). Washington, DC: American Psychological Association.

Bertolino, B. (2003). *Change-oriented therapy with adolescents and young adults*. New York: Norton.

Blakemore, S. J. (2012a). Development of the social brain in adolescence. *Journal of the Royal Society of Medicine*, *105*(3), 111–116. doi:10.1258/jrsm.2011.110221

Blakemore, S. J. (2012b). Imaging brain development: The adolescent brain. *Neuroimage*, *61*, 397–406. doi:10.1016/j.neuroimage.2011.11.080

Blakemore, S. J., & Robbins, T. W. (2012). Decision-making in the adolescent brain. *Nature Neuroscience*, *15*, 1184–1191.

Bonanno, G. A., Galea, S., Bucciarelli, A., & Vlahov, D. (2007). What predicts psychological resilience after disaster? The role of demographics, resources and life stress. *Journal of Consulting and Clinical Psychology*, *75*, 671–682.

Bowlby, J. (1980). *Attachment and loss: Volume 3. Loss*. New York: Basic.

Boydell, K. M., Hodgins, M., Pignatiello, A., Edwards, H., Teshima, J., & Willis, D. (2014). Using technology to deliver mental health services to children and youth in Ontario: A scoping review. *Journal of the Canadian of Child and Adolescent Psychiatry*, *23*, 87–99.

Braun-Lewensohn, O., Celestin-Westreich, S., Celestin, L. P., Verleye, G., Verté, D., & Ponjaert-Kristoffersen, I. (2009). Coping styles as moderating the relationships between terrorist attacks and well-being outcomes. *Journal of Adolescence*, *32*, 585–599. doi:10.1016/j.adolescence.2008.06.003

Brenhouse, H. C., & Andersen, S. L. (2011). Developmental trajectories during adolescence in males and females: A cross-species understanding of underlying brain changes. *Neuroscience and Biobehavioral Reviews*, *35*, 1687–1703.

Brent, D. A., Melhem, N. M., Masten, A. S., Porta, G., & Payne, M. W. (2012). Longitudinal effects of parental bereavement on adolescent developmental competence. *Journal of Clinical Child and Adolescent Psychology*, *41*, 778–791.

Briere, J. (1996). *Trauma symptom checklist for children (TSCC) professional manual.* Odessa, TX: Psychological Assessment Resources.

Burnett, S., Sebastian, C., Cohen Kadosh, K., & Blakemore, S. J. (2011). The social brain in adolescence: Evidence from functional magnetic resonance imaging and behavioural studies. *Neuroscience and Biobehavioral Reviews*, *35*, 1654–1664. doi:10.1016/j.neubiorev.2010.10.011

Busso, D. S. (2014). Neurobiological processes of risk and resilience in adolescence: Implications for policy and prevention science. *Mind, Brain, and Education*, *8*, 34–43. doi:10.1111/mbe.12042

Casey, B. J., & Jones, R. M. (2010). Neurobiology of the adolescent brain and behavior: Implications for substance use disorders. *Journal of the American Academy of Child and Adolescent Psychiatry*, *49*, 1189–1201.

Casey, B. J., Jones, R. M., & Hare, T. A. (2008). The adolescent brain. *Annals of the New York Academy of Sciences*, *1124*, 111–126.

Cerel, J., Fristad, M. A., Verducci, J., Weller, R. A., & Weller, E. B. (2006). Childhood bereavement: Psychopathology in 2 years postparental death. *Journal of the American Academy of Child and Adolescent Psychiatry*, *45*, 681–690. doi:10.1097/01.chi.0000215327.58799.05

Chasson, G. S., Vincent, J. P., & Harris, G. E. (2008). The use of symptom severity measured just before termination to predict child treatment dropout. *Journal of Clinical Psychology*, *64*, 891–904. doi:10.1002/jclp.20494

Children's Defense Fund. (2013). *Protect children, not guns: Key facts*. Washington, DC: Author.

Cohen, J. A., Mannarino, A. P., & Deblinger, E. (2006). *Treating trauma and traumatic grief in children and adolescents.* New York: Guilford Press.

Corcoran, K. (2005). The Oregon Mental Health Referral Checklists: Concept mapping the mental health needs of youth in the juvenile justice system. *Brief Treatment and Crisis Intervention*, *5*, 9–18. doi:10.1093/brief-treatment/mhi003

Corey, G., Corey, M. S., & Callanan, P. (2011). *Issues and ethics in the helping professions* (8th ed.). Belmont, CA: Cengage Learning.

Cui, M., Fincham, F. D., & Durtschi, J. A. (2011). The effect of parental divorce on young adults' romantic relationship dissolution: What makes a difference? *Personal Relationships*, *18*, 410–426. doi:10.1111/j.1475-6811.2010.01306.x

Curtis, A. C., Waters, C. M., & Brindis, C. (2011). Rural adolescent health: The importance of prevention services in the rural community. *Journal of Rural Health*, *27*, 61–70. doi:10.1111/j.1748-0361.2010.00319.x

Davidson, J. R. T., Payne, V. M., Connor, K. M., Foa, E. B., Rothbaum, B. O., & Hertzberg, M. A. (2005). Trauma, resilience, and saliostasis: Effects of treatment in post-traumatic stress disorder. *International Clinical Psychopharmacology*, *20*, 43–48.
Davis, S. K., & Humphrey, N. (2012). Emotional intelligence as a moderator of stressor–mental health relations in adolescence: Evidence for specificity. *Personality and Individual Differences*, *52*, 100–105. doi:10.1016/j.paid.2011.09.006
Dickens, N. (2014). Prevalence of complicated grief and post-traumatic stress disorder in children and adolescents following sibling death. *Family Journal*, 22, 119–126. doi:10.1177/1066480713505066
Eiland, L., & Romeo, R. D. (2013). Stress and the developing adolescent brain. *Neuroscience*, *249*, 162–171. doi:10.1016/j.neuroscience.2012.10.048
Elliott, D. C., Kaliski, P., Burrus, J., & Roberts, R. D. (2013). Exploring adolescent resilience through the lens of core self-evaluations. In S. Prince-Embury & D. H. Saklofske (Eds.), *Resilience in children, adolescents, and adults: Translating research into practice* (pp. 199–212). New York: Springer.
Erikson, E. (1959). Identity and the life cycle. *Psychological Issues*, *1*, 1–171.
Erikson. E. (1963). *Childhood and society*. New York: Norton.
Erikson, E. (1968). *Identity: Youth and crisis*. New York: Norton.
Ford, J. D., & Courtois, C. A. (2013). *Treating complex traumatic stress disorders in children and adolescents: Scientific foundations and therapeutic models*. New York: Guilford Press.
Fosha, D. (2004). Brief integrative therapy comes of age: A commentary. *Journal of Psychotherapy Integration*, *14*(1), 66–92.
Fox, J. A., & DeLateur, M. J. (2014). Mass shootings in America: Moving beyond Newton. *Homicide Studies*, *18*, 125–145. doi:10.1177/1088767913510297
Geldard, K., & Geldard, D. (1999). *Counseling adolescents: The pro-active approach*. Thousand Oaks, CA: Sage.
Gerson, R., & Rappaport, N. (2013). Traumatic stress and posttraumatic stress disorder in youth: Recent research findings on clinical impact, assessment, and treatment. *Journal of Adolescent Health*, 52, 137–143.
Gilbertson, M. W., Shenton, M. E., Ciszewski, A., Kasai, K., Lasko, N. B., Orr, S. P., & Pitman, R. K. (2002). Smaller hippocampal volume predicts pathologic vulnerability to psychological trauma. *Nature Neuroscience*, *5*, 1242–1247.
Goldstein, A. L., Wekerle, C., Tonmyr, L., Thornton, T., Waechter, R., Pereira, J.,... MAP Research Team. (2011). The relationship between post-traumatic stress symptoms and substance use among adolescents involved with child welfare: Implications for emerging adulthood. *International Journal of Mental Health Addiction*, *9*, 507–524. doi:10.1007/s11469-011-9331-8
Green, J. G., McLaughlin, K. A., Alegría, M., Costello, E. J., Gruber, M. J., Hoagwood, K.,... Kessler, R. C. (2013). School mental health resources and adolescent mental health service use. *Journal of the American Academy of*

Child and Adolescent Psychiatry, 52, 510–510.

Hackman, D. A., Farah, M. J., & Meaney, M. J. (2010). Socioeconomic status and the brain: Mechanistic insights from human and animal research. *Nature Reviews Neuroscience, 11*, 651–659.

Haine, R. A., Ayers, T. S., Sandler, I. N., & Wolchik, S. A. (2008). Evidence-based practices for parentally bereaved children and their families. *Professional Psychology: Research and Practice, 39*, 113–121. doi:10.1037/0735-7028.39.2.113

Harrison, L., & Harrington, R. (2001). Adolescents' bereavement experiences: Prevalence, association with depressive symptoms, and use of services. *Journal of Adolescence, 24*, 159–169.

Herman, J. L. (1992). *Trauma and recovery: The aftermath of violence from domestic violence to political terrorism.* New York: Guilford Press.

Heron, M. (2013). Deaths: Leading causes for 2010. *National Vital Statistics Reports, 62*, 1–96.

Hooyman, N. R., & Kramer, B. J. (2006). *Living through loss: Interventions across the lifespan.* New York: Columbia University Press.

Ishikawa, W., Sato, M., Fukuda, Y., Matsumoto, T., Takemura, N., & Sakatani, K. (2014). Correlation between asymmetry of spontaneous oscillation of hemodynamic changes in the prefrontal cortex and anxiety levels: A near-infrared spectroscopy study. *Journal of Biomedical Optics, 19* (2), 027005-1-027005-7.

Jakšić, N., Brajković, L., Ivezić, E., Topić, R., & Jakovljević, M. (2012). The role of personality traits in posttraumatic stress disorder (PTSD). *Psychiatria Danubina, 24*, 256–266.

Joiner, T. R., Orden, K., Witte, T. K., & Rudd, M. (2009). *The interpersonal theory of suicide: Guidance for working with suicidal clients.* Washington, DC: American Psychological Association.

Joiner, T. R., & Ribeiro, J. D. (2011). Assessment and management of suicidal behavior in children and adolescents. *Pediatric Annals, 40*, 319–324.

Kaufman, K. R., & Kaufman, N. D. (2005). Childhood mourning: Prospective case analysis of multiple losses. *Death Studies, 29*, 237–249.

Keenan, A. (2014). Parental loss in early adolescence and its subsequent impact on adolescent development. *Journal of Child Psychotherapy, 40*(1), 20–35. doi:10.1080/0075417X.2014.883130

Keller, S. M., & Feeny, N. C. (2014). Posttraumatic stress disorder in children and adolescents. In M. Lewis & K. Rudolf (Eds.), *Handbook of developmental psychopathology* (pp. 743–759). New York: Springer.

Kilmer, R. P. (2006). Resilience and posttraumatic growth in children. In L. G. Calhoun & R. G. Tedeschi (Eds.), *Handbook of posttraumatic growth: Research and practice* (pp. 265–288). Mahwah, NJ: Erlbaum.

Knapp, P. K., & Foy, J. M. (2012). Integrating mental health care into pediatric primary care settings. *Journal of the American Academy of Child and Adolescent Psychiatry, 51*, 982–984.

Knapp, S., Younggren, J. N., VandeCreek, L., Harris, E., & Martin, J. N. (2013). *Assessing and managing risk in psychological practice: An individualized approach* (2nd ed.). Rockville, MD: American Psychological Association Insurance Trust.

Lambert, M. J. (Ed.). (2013). *Bergin and Garfields's handbook of psychotherapy and behavior change* (6th ed.). Hoboken, NJ: Wiley.

Landback, J., Prochaska, M., Ellis, J., Dmochowska, K., Kuwabara, S. A., Gladstone, T.,... Van Voorhees, B. W. (2009). From prototype to product: Development of a primary care/Internet based depression prevention intervention for adolescents (CATCH-IT). *Community Mental Health Journal*, *45*, 349–354. doi:10.1007/s10597-009-9226-3

Levine, S. Z., Laufer, A., Stein, E., Hamama-Raz, Y., & Solomon, Z. (2009). Examining the relationship between resilience and posttraumatic growth. *Journal of Traumatic Stress*, 22, 282–286. doi:10.1002/jts.20409

Maheshwari, R., & Joshi, P. (2012). Assessment, referral, and treatment of suicidal adolescents. *Pediatric Annals*, *41*, 516–521. doi:10.3928/00904481-20121126-13

Malone, P. A. (2012). The impact of peer death on adolescent girls: An efficacy study of the adolescent grief and loss group. *Social Work with Groups*, *35*, 35–49. doi:10.1080/01609513.2011.561423

Mandak, J. (2014, April 16). Classes resume a week after mass stabbing at Franklin Regional High School. *Huffington Post*. Retrieved from http://www.huffingtonpost.com/2014/04/16/classes-to-resume-mass-stabbing-franklin_n_5158663.html

Marco, E. M., Macrì, S., & Laviola, G. (2011). Critical age windows for neurodevelopmental psychiatric disorders: Evidence from animal models. *Neurotoxicity Research*, *19*, 286–307. doi:10.1007/s12640-010-9205-z

Mash, E. J., & Dozois, D. J. (2003). Child psychopathology: A developmental-systems perspective. In E. J. Mash & R. A. Barkley (Eds.), *Child psychopathology* (2nd ed., pp. 3–71). New York: Guilford Press.

McClatchey, I. S. & Wimmer, J. S. (2012). Healing components of bereavement camp: Children and adolescents give voice to their experiences. *Omega-Journal of Death and Dying*. *65*, 11–32.

McGoldrick, M., Giordano, J., & Garcia-Preto, N. (2005). *Ethnicity and family therapy* (3rd ed.). New York: Guilford Press.

Meir, Y., Slone, M., Levis, M., Reina, L., & Livni, Y. B. D. (2012). Crisis intervention with children of illegal migrant workers threatened with deportation. *Professional Psychology: Research and Practice*, *43*, 298–305. doi:10.1037/a0027760

Melhem, N. M., Moritz, G., Walker, M., Shear, M. K., & Brent, D. (2007). Phenomenology and correlates of complicated grief in children and adolescents. *Journal of American Academy of Child and Adolescent Psychiatry*, *46*, 493–499. doi:10.1097/chi.0b013e31803062a9

Miller, D. B. & Townsend, A. (2005). Urban hassles as chronic stressors and adolescent mental health: The Urban Hassles Index. *Brief Treatment and Crisis Intervention*, *5*, 85–94. doi:10.1093/brief-treatment/mhi004

Muselman, D. M. & Wiggins, M. I. (2012). Spirituality and loss: Approaches for counseling grieving adolescents. *Counseling and Values*, *57*, 229–240.

Myer, R. A., Williams, C., Haley, M., Brownfield, J., McNicols, K. B., & Pribozie, N. (2014). Crisis intervention with families: Assessing changes in family characteristics. *Family Journal*, 22, 179–185. doi:10.1177/1066480713513551

Nader, K., Kriegler, J. A., Blake, D. D., Pynoos, R. S., Newman, E., & Weathers, F. W. (1996). Clinician Administered PTSD Scale, Child and Adolescent Version. White River Junction, VT: National Center for PTSD.

National Institute of Mental Health. (2004). *The National Advisory Mental Health Council Workgroup on Child and Adolescent Mental Health Intervention Development and Deployment blueprint for change: Research on child and adolescent mental health.* Washington, DC: Government Printing Office.

Pérez-Edgar, K., Kujawa, A., Nelson, S. K., Cole, C., & Zapp, D. J. (2013). The relation between electroencephalogram asymmetry and attention biases to threat at baseline and under stress. *Brain and Cognition*, *82*, 337–343.

Piaget, J. (1968). *Six psychological studies.* New York: Vintage Books.

Pole, N., Gone, J. P., & Kulkarni, M. (2008). Posttraumatic stress disorder among ethnoracial minorities in the United States. *Clinical Psychology: Science and Practice*, *15*, 35–61. doi:10.1111/j.1468-2850.2008.00109.x

Ponterotto, J. G., Casas, J. M., Suzuki, L. A., & Alexander, C. M. (Eds.). (2010). *Handbook of multicultural counseling* (3rd ed.). Thousand Oaks, CA: Sage.

Post, B. C., & Wade, N. G. (2009). Religion and spirituality in psychotherapy: A practice-friendly review of research. *Journal of Clinical Psychology*, *65*, 131–146.

Raftopoulos, M., & Bates, G. (2011). "It's knowing that you are not alone": The role of spirituality in adolescent resilience. *International Journal of Children's Spirituality*, *16*, 151–167.

Rahdar, A., & Galván, A. (2014). The cognitive and neurobiological effects of daily stress in adolescents. *NeuroImage*, *92*, 267–273. doi:10.1016/j.neuroimage.2014.02.007

Reiss, F. (2013). Socioeconomic inequalities and mental health problems in children and adolescents: A systematic review. *Social Science and Medicine*, *90*, 24–31.

Roberts, A. R. (1996). Epidemiology and definitions of acute crisis in American society. In A. R. Roberts (Ed.), *Crisis management and brief treatment* (pp. 16–35). Chicago: Nelson-Hall.

Roberts, A. R. (2000). An overview of crisis theory and crisis intervention. In A. R. Roberts (Ed.), *Crisis intervention handbook: Assessment, treatment, and research* (2nd ed., pp. 3–30). New York: Oxford University Press.

Roberts, A. R. (2005). Bridging the past and present to the future of crisis intervention and crisis management. In A. R. Roberts (Ed.), *Crisis intervention handbook: Assessment, treatment and research* (3rd ed., pp. 3–33). New York: Oxford University Press.

Rogers, C. (1965). *Client-centered therapy: Its current practice, implications, and theory.* Boston: Houghton Mifflin.

Rosner, R., Arnold, J., Groh, E., & Hagl, M. (2012). Predicting PTSD from the Child Behavior Checklist: Data from a field

study with children and adolescents in foster care. *Children and Youth Services Review*, *34*, 1689–1694. doi:10.1016/j.childyouth.2012.04.019
Rueger, S. Y., & Malecki, C. K. (2011). Effects of stress, attributional style, and perceived parental support on depressive symptoms in early adolescence: A prospective analysis. *Journal of Clinical Child and Adolescent Psychology*, *40*, 347–359.
Saulsberry, A., Corden, M. E., Taylor-Crawford, K., Crawford, T. J., Johnson, M., Froemel, J.,... Van Voorhees, B. W. (2013). Chicago urban resiliency building (CURB): An Internet-based depression-prevention intervention for urban African-American and Latino adolescents. *Journal of Child and Family Studies*, *22*, 150–160. doi:10.1007/s10826-012-9627-8
Seligman, M. E. P. (2007). *The optimistic child*. Boston: Houghton Mifflin.
Silverman, P. R. (2000). *Never too young to know: Death in children's lives*. New York: Oxford University Press.
Singh, A. A. (2013). Transgender youth of color and resilience: Negotiating oppression and finding support. *Sex Roles*, *68*, 690–702. doi:10.1007/s11199-012-0149-z
Spear, L. P. (2009). Heightened stress responsivity and emotional reactivity during pubertal maturation: Implications for psychopathology. *Development and Psychopathology*, *21*(1), 87–97.
Spuij, M., van Londen-Huiberts, A., & Boelen, P. A. (2013). Cognitive-behavioral therapy for prolonged grief in children: Feasibility and multiple baseline study. *Cognitive and Behavioral Practice*, *20*, 349–361.
Stanley, P. H., Small, R., Owen, S. S., & Burke, T. W. (2012). Humanistic perspectives on addressing school violence. In M. B. Scholl, A. S. McGowan, & J. T. Hansen (Eds.), *Humanistic perspectives on contemporary counseling issues* (pp. 167–190). New York: Taylor and Francis Group.
Steinberg, L. (2008). A social neuroscience perspective on adolescent risk-taking. *Developmental Review*, *28*(1), 78–106.
Steinberg, L., & Lerner, R. M. (2004). The scientific study of adolescence: A brief history. *Journal of Early Adolescence*, *24*(1), 45–54.
Steinberg, L., & Sheffield Morris, A. (2001). Adolescent development. *Annual Review of Psychology*, *52*, 83–110.
Stone, D. A., & Conley, J. A. (2004). A partnership between Roberts' crisis intervention model and the multicultural competencies. *Brief Treatment and Crisis Intervention*, *4*, 367–375. doi:10.1093/brief-treatment/mhh030
Sturman, D. A., & Moghaddam, B. (2011). The neurobiology of adolescence: Changes in brain architecture, functional dynamics, and behavioral tendencies. *Neuroscience and Biobehavioral Reviews*, *35*, 1704–1712.
Sue, D. W., & Sue, D. (2013). *Counseling the culturally diverse* (6th ed.). Hoboken, NJ: Wiley.
Supiano, K. P. (2012). Sense-making in suicide survivorship: A qualitative study of the effect of grief support group participation. *Journal of Loss and Trauma*, *17*, 489–507.
Suzuki, L. A., Ponterotto, J. G., & Meller, P. J. (Eds.). (2008). *Handbook of*

multicultural assessment (3rd ed.). San Francisco: Wiley.
Terr, L. (1990). *Too scared to cry.* New York: HarperCollins.
Thompson, C. L., & Henderson, D. A. (2007). *Counseling children* (7th ed.). Belmont, CA: Brooks/Cole.
Trickey, D., Siddaway, A. P., Meiser-Stedman, R., Serpell, L., & Field, A. P. (2012). A meta-analysis of risk factors for post-traumatic stress disorder in children and adolescents. *Clinical Psychology Review*, *32*, 122–138.
US Census Bureau. (2009). *Marital events of Americans: 2009.* Washington, DC: Author.
US Census Bureau. (2012). *America's families and living arrangements: 2012.* Washington, DC: Author.
Vernberg, E. M., Steinberg, A. M., Jacobs, A. K., Brymer, M. J., Watson, P. J., Osofsky, J. D., &... Ruzek, J. I. (2008). Innovations in disaster mental health: Psychological first aid. *Professional Psychology: Research and Practice*, *39*, 381–388. doi:10.1037/a0012663
Walsh, F. (Ed.). (2012). *Normal family process: Growing diversity and complexity* (4th ed.). New York: Guilford Press.
Webb, N. B. (Ed.). (1999). *Play therapy with children in crisis* (2nd ed.). New York: Guilford Press.
Webb, N. B. (Ed.). (2004). *Mass trauma and violence: Helping families and children cope.* New York: Guilford Press.
Webb, N. B. (Ed.). (2010). *Helping bereaved children: A handbook for practitioners* (3rd ed.). New York: Guildford Press.
Wekerle, C., & Wolfe, D. A. (2003). Child maltreatment. In E. J. Mash & R. A. Barkley (Eds.), *Child psychopathology* (2nd ed., pp. 632–684). New York: Guilford Press.
Werner, E. E., & Smith, R. S. (2001). *Journeys from childhood to midlife: Risk, resilience, and recovery.* Ithaca, NY: Cornell University.
Wolchik, S. A., Coxe, S., Tein, J. T., Sandler, I. N., & Ayers, T. S. (2008). Six-year longitudinal predictors of posttraumatic growth in parentally bereaved adolescents and young adults. *Omega: Journal of Death and Dying*, *58*, 107–128.
Worden, J. W. (1996). *Children and grief.* New York: Guilford Press.
Worden, J. W. (2008). *Grief counseling and grief therapy: A handbook for the mental health practitioner* (4th ed.). New York: Springer.
Worden, J. W., & Silverman, P. R. (1996). Parental death and the adjustment of school-age children. *Omega: Journal of Death and Dying*, *33*, 91–102.
Yeager, K. R., & Roberts, A. R. (2005). Differentiating among stress, acute stress disorder, acute crisis episodes, trauma, and PTSD: Paradigm and treatment goals. In A. R. Roberts (Ed.), *Crisis intervention handbook: Assessment, treatment, and research* (3rd ed., pp. 90–119). New York: Oxford University Press.
Young, C. C., LaMontagne, L. L., Dietrich, M. S., & Wells, N. (2012). Cognitive vulnerabilities, negative life events, and depressive symptoms in young adolescents. *Archives of Psychiatric Nursing*, *26*(1), 9–20. doi:10.1016/j.apnu.2011.04.008
Zimmerman, M. A., Stoddard, S. A., Eisman, A. B., Caldwell, C. H., Aiyer, S. M., & Miller, A. (2013). Adolescent resilience: Promotive factors that inform prevention. *Child Development Perspectives*, *7*, 215–220. doi:10.1111/cdep.12042

第十三章　高校心理咨询中心的危机干预

艾伦·J. 奥滕斯（Allen J. Ottens）
德布拉·A. 彭德（Debra A. Pender）

本章探讨的重点是罗伯茨（1996；2005，pp. 20-25）的七阶段危机干预 387
模型应用于高校心理咨询中心的危机干预服务。面对高校的特殊环境和对象，罗伯茨的模型非常重要，有足够的理由使人相信，危机干预可以作为一种治疗手段。首先，传统年龄段（18~24岁）的大学生通常会遇到很多危机，举例来说，家人或朋友离世（Balk，2008），恋爱暴力（Lawyer，Resnick，Bakaic，Burkett，& Kilpatrick，2010），自杀（Schwartz & Friedman，2009），在就业市场不景气的情况下面临沉重的债务负担（Case，2013；Institute for College Access & Success，2011），以及对学业成绩的无数威胁。这些危机会给他们完成关键的发展任务带来风险，发展任务包括管理情绪、发展智力、实现独立和建立成熟的人际关系（Chickening & Reisser，1993）。

其次，有证据表明，高校心理咨询中心将要面对越来越多的有着严重心理问题的学生（Watkins，Hunt，& Eisenberg，2011）。在最近一项针对高校心理咨询中心主任的调查中，他们估计在咨询的学生中有20%存在严重的心理问题，16%存在自杀念头/行为，36%患有抑郁症（Mistler，Reetz，Krylowicz，& Barr，2012；请参阅 http://files.cmcglobal.com/AUCCCD_Monograph_Public_2013.pdf）。S. A. 本顿（S. A. Benton）、罗伯逊（Robertson）、曾（Tseng）、牛顿（Newton）和 S. L. 本顿（S. L. Benton）（2003）观察到服务对象的问题严重性在过去13年中显著增加，他们认为危机干预和创伤晤谈将是高校心理咨询中心各个方面的重要专业发展领域。事实上，许多高校的 388
咨询服务已将其重点从提供个人咨询转变为危机管理（Kadison & DiGeronimo，2004）。

此外，奥滕斯（Ottens）和费希尔-麦肯（Fisher-McCanne）（1990）指出，危机干预作为一种短程疗法，与大学生的特点和学术环境高度兼容。根据福山（Fukuyama，2001）的观点，限时治疗或短程疗法模式自然适合大多数高校的季度或学期结构。此外，高校心理咨询中心的大多数服务对象满足适合短程治疗干预的标准：急性问题发作，先前的良好调整，人际交往能力和高初始动机（Butcher & Koss，1978）。从机构的角度来看，危机干预（持续时间短暂，通常为3~13周）是有意义的，因为心理咨询中心的等候名单越来越长，并限制了可用会谈的次数。

本章围绕高校咨询师遇到的两种较为常见的危机综合案例展开阐述。我们讨论每个案例的细节，并提供与危机问题相关的临床信息。最后，以案例为模板，我们引导读者完成罗伯茨危机干预模型的七个阶段，演示如何将该模型用于高校环境下短程的、面向危机的治疗。

冒名顶替现象

梅根，“冒名顶替”

20岁的梅根（化名）是一所大型公立大学的大二第二学期的学生，她参加了法律预科课程。梅根是一名认真的优等生（GPA是3.9，满分为4.0），她的目标是有一天成为顶级律师事务所的合伙人。

梅根没有预约就来到了她所在大学的心理咨询中心。她处于明显的困境中，表示担心自己将无法通过重要的期中考试，这反过来又使得她对自己能否成为一名律师产生疑问。

当出诊的咨询师询问她，这次考试的低分会如何影响她的法律职业时，梅根的回答如下。

> 我一直担心下周的大型宏观经济学考试，以及到底我会如何搞砸。它的考试范围涵盖很广，仅仅知晓原理还不够，必须能够应用它们。这使我开始思考。明年我将参加所有一流教授的非公共核心的高级课程。我的意思是，你将无法“忽悠”（b. s.）他们，这基本上就是我一直以
> 389 来和教授入门课程的助教们所做的事情。我不可能仅仅通过在考试中重

复老师想要的内容来获得 A 等级的成绩。然后，所有的想法像雪球一样越滚越大，变成了“如果我不能处理好正常的学业压力，我将如何成为公司律师？”

在揭露了（a）她的学业成绩主要归功于学习轻松的课程和欺骗教员的能力，（b）担心她的学术伪装很快就会被发现，以及（c）她闪闪发光的未来渐渐破灭的绝望之后，梅根瘫坐在椅子上开始静静地啜泣。从现有的角度来看，她一定觉得自己不再脚踏实地了。她说，为了准备考试她已经一周没有睡好觉了；此外，她思绪万千，似乎有自己的想法。因为她认为自己的学业状况和情绪状态已经失控，她不知道自己能否这样继续生活下去。

她考虑了许多冲动性的应对策略：转专业、辍学、避开校园里的几个朋友以及策划欺骗父母。梅根在对这些拙劣计划的压力性描述中穿插了许多自嘲式的语句，比如“我不能继续这样愚弄自己和他人了”和“我知道所有人最终都会看清我是一个怎样的人”。

定义和临床考虑

梅根所经历的是一种综合征，最初由克雷斯（Clance）和伊梅（Imes）（1978）描述为一种在临床和大学环境中的特定女性群体中普遍存在的智力虚假的内在经历，他们将这种现象称为**冒名顶替现象**（*imposter phenomenon*，IP）。根据克雷斯和伊梅的观点，冒名顶替者有三种主要的特征。第一，相信其他人对自己的实际能力有夸大的感觉。第二，担心自己没有达到标准而被发现是冒名顶替者。第三，冒名顶替者坚信他（她）的成功是由于运气或外部因素——或者像梅根的例子一样，是由于轻松的课程和容易被欺骗的助教。对该综合征的出现描述如下：“当自我和（或）其他强加的完美主义被夸大时，大多数大学生所面临的通常预期的、短暂的自我怀疑可能会变成一种冒名顶替者综合征，使学生们觉得自己像冒名顶替者，随时都有被揭穿的风险。”（Girard，2010，p. 190）尽管有独立、客观和确凿的证据来证明事实相反，冒名顶替经历仍然存在。

克雷斯（Clance）和奥图勒（O’Toole）（1988）将女性冒名顶替经历描述为周期性的。当学生面临考试、项目或涉及外部评估的任务时，这个周期就开始了。个体经历了极大的自我怀疑和恐惧，就像梅根的情况一样，可能 390

表现出广泛性焦虑、身心不适或睡眠障碍。对于大学危机咨询师而言，重要的是要记住，“冒名顶替者”实际上是高成就者，他们可能试图通过过度准备或拖延来应对，最终以疯狂的追赶来结束。该周期以冒名顶替者可能已经成功完成测试或项目而结束。当她因自己的成功而受到表扬或奖励时，她会低估这种认可，这进一步助长了她的自我怀疑和苦难会带来成功的信念。因此，这个周期会不断循环，因为人们始终担心将无法维持自己的成功（Langford & Clance，1993）。

冒名顶替者往往性格内向，害怕来自失败的恐惧。这些女性所描述的智力上的不真实常常导致她们害怕在公开场合被揭穿是假的（Jarrett，2010）。这种恐惧使得梅根选择了冲动和不正常的应对方法。

问题范围

未能内化成功最初被认为是女性独有的（Clance & Imes，1978）。随后的研究在 IP 的表达和患病率中的性别差异方面是模棱两可的（Thompson，Davis，& Davidson，1998）。金恩（King）和库利（Cooley）（1995）在对 127 名本科生的研究中发现，女性更高水平的 IP 与其家庭成就取向越强、平均成绩越高以及在学习上花费的时间越多有关联。但是，由于使用了不精确的学术成就（如 GPA）和成就取向的测量方法，这些结论需要谨慎解释。高校咨询师应该记住，当一项研究发现 IP 在女性中更普遍时，这可能是性别刻板印象或者是家长关于分数的信息造成的（King & Cooley，1995）。兰福德（Langford）和克雷斯（1993）在对 IP 研究的综述中指出，研究未能发现男女之间在冒名顶替者感觉上的任何差异。

汤普森（Thompson）等人（1998）比较了来自 164 名本科生样本中的冒名顶替者和非冒名顶替者。冒名顶替者表现出更多的焦虑、更低的自尊心以及对完美主义更大的需求。这项研究中与高校心理咨询师尤为相关的是，冒名顶替者有过度概括的倾向，即把学业的失败等同于人生的失败。早些时候，卡佛（Carver）和加内伦（Ganellen）（1983）指出，这种过度概括的倾向是大学生抑郁的强预测因素。回到案例中，如果高校咨询师尚未对此进行评估，则他（她）应确保向梅根询问有关抑郁症状的信息。

主要的脆弱性和风险因素 391

克雷斯和伊梅（1978）以及马修（Matthews）和克雷斯（1985）提出，IP是在原生家庭的动态互动中形成的。克雷斯（1985）假设家庭环境可能在IP的发展中提供了四个基本要素：第一，冒名顶替者在童年时代就认为她的能力在家庭中是独特且非典型的；第二，她从家庭系统外部收到的反馈与系统内部的反馈相冲突；第三，她的造诣没有得到家人的认可或称赞；第四，家庭成员传递出成功和智慧应该不费吹灰之力的信息。

危机咨询师需要牢记分配给家庭中IP患者的角色，以及这个角色如何影响当前的想法和感受。克雷斯和奥图勒（1988）认为IP患者从家庭中获取了以下两个消息之一：你不是聪明的人，或者你很聪明，成功将很容易来到你身边。金恩和库利（1995）认为，研究中的IP女性患者有可能收到家长的信息，暗示学业成就是由于努力而不是才华。这样的信息可能会给女性留下深刻的印象，那就是她们天生就缺乏足够的智慧帮助她们渡过难关。克雷斯、丁曼（Dingman）、瑞维埃（Reviere）和斯托伯（Stober）（1995）发现，IP似乎与父母对孩子的某些特质相对于其他特征的选择性评价相关，例如，吸引力和社交能力比智慧更重要。因此，孩子认识到自我概念是建立在父母更珍视的美德的基础上的。索纳克（Sonnak）和托威尔（Towell）（2001）对英国大学中的IP患者进进了调查。他们发现，那些认为父母控制欲和保护欲更强的学生在IP测试中的得分更高。

金恩和库利（1995）提出了支持以下假设的数据：强调成就的家庭环境与更高水平的IP相关。他们建议让学生了解成就对他们原生家庭的重要性。米勒（Miller）和卡斯特博格（Kastburg）（1995）采访了六位在高等教育的环境中工作的来自蓝领家庭的女性。尽管IP对所有六个人而言都不是问题，但对于某些女性而言，IP就像“终身伪装”一样纠缠着她们。这是表明社会经济地位（SES）可能会影响IP存在程度的非常初步的证据。

危机咨询师应关注和询问IP患者在其原生家庭中对成就取向的看法，以及父母对其对成就和能力信息的反应。对家庭SES水平的测量还可以填入临床情况，并确定IP患者是不是家庭的初代大学生。

除了关于原生家庭的讨论，利尔（Leary）、巴顿（Patton）、奥兰多（Orlando）和芬克（Funk）（2000）与大学本科生进行的三管齐下的研究强

392 烈表明，IP 的行为具有显著的自我展示元素。例如，那些在 IP 特征上得分很高并且不易被旁人发现的研究参与者，不太可能像那些认为自己的缺点可能会被公布于众的人那样贬低自己的成就。因此，对咨询师来说，这意味着必须仔细检查 IP 的个体自我感知和他（她）的公开自我表现之间的关系（Leary et al.，2000）。近期越来越多的研究对 IP 的特征提出疑问。例如，麦克尔威（McElwee）和尤拉克（Yurak）（2007）发现 IP 患者可能会觉得自己能力不足，但不会认为是在欺骗他人。此外，他们认为，与其将 IP 视为一种特质，不如将其视为一种自我表现策略。因此，将自己表现为 IP 可能会降低对绩效的期望，并减轻人们可能会觉得做得很好的压力。也许这类似于拖延症患者，后者总是将低分归因于缺乏时间而不是缺乏智慧。我们期待这一领域的进一步研究。

复原力和保护因素

高校危机工作者应将梅根的援助和支持请求视为介入 IP 周期的信号。通常，咨询者不会以直率的方式表现冒名顶替者的感觉。由于潜在的羞辱感和被发现的尴尬，IP 患者通常不寻求帮助。因此，建立一个共情的、非专制的、治疗性的联盟（Clance & O'Toole，1988）是至关重要的，这种联盟能够识别和显现这些感觉。

梅根在考试前向心理咨询中心展示了强烈的焦虑感和恐惧感。这是很重要的一点，因为 IP 患者通常会远离那些可以帮助他们的人。克雷斯和奥图勒（1988）将这种离开描述为试图孤立自己，以应对伴随 IP 的恐惧和羞耻感。机智的咨询师从建立支持性和包容性关系开始。无偏见的接纳性的关系减少了梅根孤立自己的倾向。这种关系可以为以后转介到支持小组提供基础。因为咨询师想要避免与像梅根这样的咨询者一起进行过于深入和快速的探讨，所以他（她）会严重依赖有效的危机工作者所需要的个人特征：从零碎的信息中得到来访者复杂的个人、社会、情感和文化背景，需要咨询师优秀的认知能力和思考灵活性（Ottens，Pender，& Nyhof，2009）。

危机咨询师不太可能深入探究咨询者的家庭背景和阐明可能导致咨询者如此热衷于赢得他人认可的育儿行为。回顾过去很可能会勾起愤怒和受伤的情绪，这些情绪在危机减弱后才会得到更好的处理。

393 如果未来的研究证明了麦克尔威和尤拉克的发现——IP 是一种防止过高

期望的自我表现策略——如果咨询师批评这种防御，而不帮助咨询者了解他（她）是如何使用这种防御来应对，以及什么可能是更有适应性的应对选择，那将是不明智的。

危机干预：模型的应用（梅根的案例）

阶段一：建立融洽关系

梅根，法律预科学生，是高校心理咨询中心的“不速之客”。她对即将到来的考试感到恐慌，她描述了自己的症状，包括无法集中注意力以及焦虑加剧。“这次考试我必须考好，”梅根重复说道，同时强调成绩的重要性，因为她的职业抱负是成为一名公司律师。在最初的接触中，咨询师通过间歇性的眼神交流、声调和身体上的靠近来传达她对梅根害怕失败的担忧。建立融洽的关系是至关重要的，因为咨询师推测梅根和其他 IP 咨询者一样，可能羞于求助，这相当于承认自己的失败。咨询师努力用充满希望和意志坚强的性格优势而非软弱来描述梅根寻求帮助的过程：

咨询师：我对你有能力阻止事态失控感到乐观。事实上，来这里和人谈谈表明你知道这样做是正确的。

梅根：好吧，我觉得我无处可去，我不能再这样生活下去了。

咨询师：可难道不是总有在孤立的沉默中“坚持到底”的选择吗？相反，你似乎做出了一个更积极主动的选择。

阶段二：进行全面评估，包括当前的社会心理需要

引发梅根恐慌的事件是，她认为她可能没有从事法律职业所必需的自信，尤其是像考试这样的事情会让她如此的不安。然后，她将这种想法与对她来说没有任何思想内涵的认识联系起来。她在公共核心课程中取得了十分优异的成绩，因为她是一个优秀的“冒名顶替者”：她可以在考试和论文上准确地给出老师想要的答案。但是，她担心当她参加更多德高望重教授的高级课程后，教授们会看穿她的小把戏。根据这个信息，咨询师可以确定梅根 394

所表现出的 IP 现象的初步临床印象。咨询师很明显地发现，“梅根”模式的应对方式是通过担忧来超越和激励自己。通过调查和简短的历史记录，咨询师确定问题的范围和持续时间。事实上，对梅根来说，欺骗的感觉一直是个困扰，但是它在大考试的压力之下出现了极大的缓解。IP 现象的性质使得即使有相反的证据，梅根也可能难以承认自己以前的成功和个人实力。

克雷斯 IP 量表［Clance Impostor Phenomenon Scale（CIPS），Clance，1985］可在线（www. paulineroseclance. com/impostor_ phenomenon. html）获得并在获得许可的情况下使用。它由 20 个项目组成，采用李克特（Likert）5 分量表法。40 分或更高的分数表明 IP 对人的生活有一定程度的影响。在梅根的案例中，咨询师利用她对测试项目的一些回应来促进建立融洽关系和获取简单历史记录，尤其是那些被认为是智力欺诈和因外部因素而成功的项目。

咨询师还注意到了梅根传达的间接信息。它表明某种自我伤害的想法吗？

咨询师：梅根，几分钟前你说过，你不知道是否能继续这样生活下去。这是否表明这种情况已经失控了？

梅根：正是如此。如果这就是重要考试对我的负面影响，那么我不想再继续了。我的意思是，我不能每次考试都弄得自己惊惶失措。

咨询师：我想确定我完全理解你的意思。你是说你的考试方式必须改变了，你不想一有考试就继续惊惶失措？

梅根：是的，这就是我的意思。

咨询师：而不是说，当有人计划伤害自己时，“我不能继续这样生活？”

梅根：你是说自杀？（脸突然变红）哦不，我从来都没有想过。

阶段三：识别主要问题

在本案例中，即将到来的考试这一促发事件很快就被确定了。需要解决的问题是交织在一起的：如何减轻焦虑症状并有效地准备考试。

395 在此阶段，梅根可以表达她的感受，这种感受混合着对考试结果的灾难性描述和对个人批评的自我怀疑。除了原始的情感，咨询师还听取了梅根关于她的智力、职业道德和之前成功的归因的想法。咨询师知道 IP 可能有家庭因素的影响，因此“调入”了有关父母驱动的完美主义、父母对梅根学业成就的期望或父母对成功的定义的所有信息。

阶段四：处理情感和情绪

危机干预模型的这一部分有两个不同的方面。咨询师努力使梅根能够自由表达自己的情感，体验宣泄，并讲述有关她当前危机状况的故事。为此，咨询师依靠标准的积极倾听和治疗性回应技巧：准确的措辞，极少的鼓励，反映情感，总结和肯定（Egan，2014）。这些互补性的咨询师回应不仅可以使服务对象的功能障碍现象得以展现，而且是建立治疗联盟的基础（Kiesler，1988）。在这个阶段，咨询师将非常谨慎地对她与梅根的对话做出“对抗补充”（anticomplementary）的回应。对抗补充回应包括建议、解释、重构和调查。这样的回应旨在开始挑战服务对象的不适应的认知和行为选择的过程（Kiesler，1988）。对抗性干预放松了梅根的不良适应模式，帮助她考虑了行为选择，并质疑她对失败和成功的归因。补充（支持或联结）回应和对抗补充（挑战或挫败）回应的巧妙混合被认为是治疗过程的基础（Hanna & Ottens，1995）。以下是该阶段典型的追问回应：

梅根：（强调）我不能对这次考试掉以轻心。我尝试振作起来——“你要在这次考试中证明你自己！你**不能**搞砸了！如果失败了怎么得了？”

咨询师：考虑一下这个问题：思考一下你考试成功**是因为**这种自言自语行为，**还是尽管有**这种行为却无视它？

阶段五：生成和探索替代方案

危机咨询师必须解决当务之急，即梅根如何应对即将到来的考试。除此之外，更大的问题，即她个人能力和可能的家庭动态的扭曲观点，可能是以后咨询工作要处理的事项。咨询师意识到 IP 咨询者低估了他们自己的观点，却高估了那些“权威”。因此，协作方法被用于头脑风暴来处理考试。所有 396
的选择都是公平的。最终，双方认真讨论了三种选择，这与梅根最初回避的冲动选择相反：（a）与闲散的朋友加入一个学习小组；（b）为在西班牙语课上苦苦挣扎的室友提供辅导，因为这将给梅根一个机会来展示她的专长，这是不容易被否定的；（c）练习快速放松技术（Ottens，1991），以降低学习时的焦虑感。

阶段六：开发和制订行动计划

在短期内，即为了应对即将到来的考试危机，咨询师和梅根采取了三管齐下的方法。首先，他们起草了一份行为契约，其中包括之前概述的三种应对选择。其次，他们确定了梅根可能会用来否定契约的破坏性自言自语的类型（例如，“为什么要浪费我的时间去帮助室友?”“这行不通!”）。最后，咨询师明确承诺会在那里提供帮助：梅根，我希望你知道只要你努力去完成这个契约，我将竭尽所能为你提供帮助和支持。这需要我们双方一起努力。

还有一些更长期的考虑，因为对于 IP 咨询者而言，总会有下一场考试、期末论文或重要评估，这些都会导致自我怀疑。即使梅根在这次大考上表现出色，她也很容易轻视自己的成功或将其归因于外部因素。因此，建议对她围绕消极自我效能、完美主义和使用担忧作为自我激励因素等主题的信念进行持续干预。她还认为，别人可以以某种方式看透她并发现她是个冒名顶替者。在后续的会谈中，咨询师会处理这些问题以及家庭对于成就的期望。团体咨询是一种选择，特别是如果团体由持有同样 IP 理念的其他女性组成。

阶段七：跟进

在这个案例中，短程的危机导向治疗包括 10 个单独的咨询会谈。梅根选择此时不加入团体，但把这个想法作为以后的选择。咨询师和梅根同意在下个学期的第二周安排一次随访。

在这次后续会谈中，咨询师必须注意梅根是否已经回到了 IP 的周期。咨询师将会：（a）评估梅根认知的流动性或刚性；（b）讨论未来的压力源；
397 （c）询问她如何进行排练以应对这些压力源；（d）评估她与同伴的关系；
（e）了解她现在用于衡量表现的证据。

以校园为目标的暴力/危机干预

托马斯的案例

托马斯（Thomas）是一名 20 岁的白人男性，是参加 2008 年 2 月 15 日星期五在北伊利诺伊大学（Northern Illinois University）校园举行的烛光守夜活动的数百人中的一员。那是校园悲惨致命枪击案发生后的晚上。前一天下午 3 点 5 分，一个独行的枪手进入科尔大堂（Cole Hall）的演讲厅教室，向教师和学生开枪。许多学生试图奔跑、躲藏或给 911 打电话，现场一片混乱。其他人一动不动，僵在座位上，无法理解这屠杀的场景（Northern Illinois University，2008）。

今天晚上，哀悼者们忍受着只有 2℃ 的气温以及更低的风寒系数。作为咨询师教育教授、咨询实验室培训中心主任和执业临床专业咨询师，我（药学博士）一直志愿为那些受惊的、麻木的校园社区成员提供服务。到此时，我已经连续 24 小时不间断地提供危机援助。我疲倦地告诉我丈夫，“我已经尽力了，我必须回家”。

当我们走向我们的车时，我回想起我在这 24 小时里所目睹的一切。是命运把我安排在此时此地吗？可以说，我是被要求在这个极端的时刻运用我的危机干预技巧吗？我从未像现在这样感到被需要，也从未像现在这样感激我多年来接受的危机干预培训。我的遐想被一个年轻人打断了，他从人群中挣脱出来，侧身向我走来。他通过询问我在校园里有没有儿子或女儿来开始谈话。当我说没有时，他继续问我是不是学生。对于他做出的难以置信的假设，我抑制住了轻笑，回答说：“不，我是教授。”就在那一点点自我表露之后，他立刻变得非常痛苦而又亢奋起来，“我**必须**和教授谈谈！马上！**今晚！**”

他的激动使我措手不及，但他与人交流的紧迫感激起了我应对危机的本能。“我们可以走进那栋大楼吗？”我建议道。我丈夫跟在后面，但是以一个足够远、超出他听力范围的距离。然后我意识到，当托马斯朝我走来时，他的朋友们也很礼貌地向后退去。

现在有了一些私密性和足够的空间，以便他不会感到拥挤，我试探地询问：“你需要什么？”托马斯回答（实际上是在恳求）：“我需要您答应我带把枪去上课。让教授携带枪支保护学生。您必须做到这一点，以便我可以安 398
全地从这个地方毕业！”随着叙述逐渐展开，他开始解释这个看似无理的要求。大一的时候，他被威胁甚至公开的暴力行为所困扰。他曾见过学生们拿着刀子，并在返校和开学周目睹了一些严重的打斗。大二时，他目睹了一起持刀袭击联谊会（Fraternity Row）事件，袭击者被学校警察逮捕。他现在是一名大三学生，从他的角度来看，他出现在现场，这肯定是校园暴力发展过程中下一个最合乎逻辑的升级。不祥的巧合将托马斯和枪手聚集在那个演讲室里——枪手在讲台前面，托马斯在最后面一排。这一天，他养成的坐得尽可能远离教师目光所及之处的习惯给他带来了好结果。当枪击开始时，他是第一批离开的人之一。托马斯逃了出来，就像北伊利诺伊大学校园和迪卡尔布（DeKalb）社区的其他幸存者一样，他发现这里可能发生了最坏的情况。

在 30 分钟的会面中，我还从托马斯那里了解到，他来北伊利诺伊大学是为了逃避家庭和邻居的暴力。上大学并从大学毕业是他创造自己想要的生活（而不是他迄今为止经历过的生活）的一种方式。他建立了一种世界观，认为高校是一个安全的地方，不幸不会跟着他到那里去。托马斯非常清楚：他感到没有防备、不安全，并且需要承诺，而不仅仅是安慰，尤其是我将建议我的同僚教授们带枪去上课的承诺。**我会为他这么做吗？**

有效危机干预的一个原则是真诚、不撒谎。所以，我大致地告诉他我认为自己在校园的使命是什么，是为了让新一代成年人成为第一线的心理咨询师，能够熟练地识别出哪些人患有精神疾病，哪些人可能有伤害他人的风险。然后我将话题转移到我是每个人都听说过的那些心不在焉的教授中的一员。你几乎可以预计到，我差不多每节课都会丢钥匙。想象一下，如果我把枪遗忘了会怎么样。我对托马斯说："带枪不符合我的性格。但是，我下决心非常努力地通过言语和治疗来制止暴力。"

此时，托马斯已经开始明显地平静下来，所以我开始向他询问危机评估问题，以便从他那里获得重要的信息。毕竟，这个年轻人对我来说几乎是一片空白，他选择了我，一个完全陌生的人，倾吐了他内心的所有恐惧、愤怒和绝望。我问他是不是一个人。"不，"他说，"我有朋友们。我们要回宿舍吃比萨，玩电子吉他游戏"。到现在为止，校园几乎空无一人。对于那些不能或不愿离开的学生，大学提供免费的比萨。

399 当我问他和父母联系的事时，他又激动起来。他坚持说他"绝对不会打电话给他们，甚至也不会尝试去见他们"，于是他开始向我告辞。我回避了这个话题，安慰他说"没关系。你很清楚地知道自己想做什么"。这使他的嘴角露出了微笑，也证实了我已经正确地处理了这个想法。他说："你很擅长这份工作。"

我们讨论了自杀的风险以及他周末的计划。很明显，他没有自残的念头。此外，他还有一个与朋友和宿舍里的其他人联系的计划。我可以从他的肢体语言中看出，他觉得是时候告辞了。他向他的朋友点点头，说他们都饿了，他也饿了。他提到比萨是当地餐馆捐赠的，因此他们要在美味没了前赶到。我与他订好了后续的联系，给了他一张正式的“可以给谁打电话”的名片和我自己的带有个人号码的卡片。我们最后谈论了一些他可能想做的事情来增强他的安全感，包括去看一段时间的咨询师。他谢过我，回到朋友们身边，他们一起消失在宿舍楼间结冰的小路尽头。

危机干预：模型的应用（托马斯的案例）

阶段一：建立融洽关系

在当今媒体即时报道悲剧的世界中，尤其是在高校校园里发生有针对性的暴力行为时（请参阅 http://www2.ed.gov/admins/lead/safety/campus-attacks.pdf），危机咨询师经常被要求立即采取行动。这种服务要求意味着，在发生或未发生的事情的细节出现时能够适应迅速变化的情况，并能够提供心理急救（支持性的倾听，同时积极评估服务对象的稳定性、情绪调节和解决问题的能力；Vernberg et al.，2008）。

托马斯甚至没有意识到他正在和一位咨询师说话。当他自我介绍时，他正处于危机状态，表现为他与一个完全陌生的人接触，声音中带有恳求意味，心烦意乱的样子以及无法进行眼神交流。所有这些症状均与目睹丧生的人一致（American Psychiatric Association，2013）。他讲话很快，似乎很想找人倾听，但是他没有找任何戴着袖标的现场咨询师。当我决定离开现场时，我已经拿掉了我的袖标。

建立融洽关系的第一步是介绍自己是一名专业咨询师，并且是守夜活动 400
上的危机支持人员之一。第二步是快速评估他和我自己的安全。我们决定进入附近的建筑物中，以寻找一个可以保护隐私的场所，但该场所又足够开阔，以至于他的朋友和我的丈夫可以监视而又不会听到说话内容。托马斯能够发泄几分钟，倾诉了他的沮丧，他认为北伊利诺伊大学应该是一个安全的地方，但昨天却不是。我使用了一些干预措施：与他一起踱步，保持柔和而安静的语调以及使他慢下来。

阶段二：进行全面评估，包括当前的社会心理需求

托马斯有发展成创伤后暴露反应甚至是精神障碍的危险。罗伯茨（2005）建议评估人身安全和服务对象的即时心理需求。我让托马斯意识到了保密的范围，然后我们讨论了他是否有自杀倾向。他没有。他担心的是外面的世界和寻求他人的安全。他的恐惧既是即时的，又是长期的（原生家庭），但我们同意将注意力集中在对枪击事件的担忧以及在校园内感到安全的方式上。我担心他的孤立和拒绝与家人联系的程度，但经过进一步评估，我发现他拥有强大的伙伴关系网。在康复的一周中，他和他的朋友们将继续留在校园里。在我们见面后，他一直在寻求帮助并很乐于接受，并透露了一些根深蒂固的问题（家庭创伤，隔阂）以及当前更多的校园暴力事件。他非常清楚地表明自己在校园里并不安全。心理急救（PFA；Ruzek et al.，2007）专为在发生任何灾难或创伤后的现场和现场支持工作而设计。当然，目睹丧生就是这种情况之一。重点是倾听、支持和安全评估，这与罗伯茨模型前两个阶段的目标相吻合。

阶段三：识别主要问题

对于托马斯而言，大学校园现在是一个充满风险和危险的地方，这一事实与他的长期设想——校园是一个安全的、滋养人心的绿洲——相冲突。这些不相容的看法激起了他所经历的焦虑和不安。托马斯制订了一项计划，通过上大学并在那获得成功，以摆脱早期生活的“悲剧和创伤”。在科尔大堂教室里发生的枪击，最终打破了他关于公平、安全和可控的基本世界观。在这一刻，托马斯并不认为生活是公平的，但他仍然相信生活是值得过的，尽管他怀疑自己能否掌握生活摆在面前的一切（Janoff-Bulman，1992）。

401 托马斯在目睹枪击事件和由此引发的混乱后的反应（尽管是对异常事件的自然反应），以及随后回想起那些时刻、告诉朋友（甚至是我）这些时刻时的反应，是未来几周创伤后应激障碍反应的潜在早期预警信号。托马斯的其他脆弱性包括（a）潜在的孤立（拒绝与家人联系）；（b）他的“偶然”寻求帮助行为（求助并碰巧遇到危机专家）；以及（c）他的信念体系，即他需要“有人”对他的安全负责。

阶段四：处理情感和情绪

现场心理干预的目的是支持、评估和稳定。因此，即使有很多问题需要解决，但基本目标还是要产生一种镇定的影响力，探索托马斯的社交网络，并看他是否可以调节自己的情绪。我还检查了他在不久的将来的决策能力是否合适，并确定他不会自残。

托马斯最需要的是发泄出他对枪击事件和不安全感的紧迫情绪。我们短暂相遇中的一个转折点依赖于我与他分享的一些真实的自我表露。在我分享了我个人对枪支的限制（我如何在心理上不适应周围的枪支），以及我关于心理咨询、帮助他人以及在人们伤害他人之前努力有所作为的想法之后，他对新事物持开放态度并开始改变他最初的立场。

阶段五：生成和探索替代方案

减少孤立并恢复自然形成的社交网络是很重要的。枪击惨案发生后，许多住在校园里的学生已经离开或正准备回家休假，以便进入一段治愈期。托马斯非常清楚，回家甚至给父母打电话都不是他的选择。他确实为接下来的一周制订了安全与联系的计划。

阶段六：开发和制订行动计划

托马斯愿意参加心理急救咨询以及公开自己的生活，这无疑是一个保护因素。在话题上，尤其是家庭生活的话题，遵守他的规则是很重要的，所以在谈话中，他能意识到并保持自己的个人界限。当他意识到提供安全保障的方法不止一种，包括在枪击前、枪击中、枪击后尽力帮助他人时，他的躁动 402
状态明显地平静了下来。虽然我没有向他保证我会带武器，也没有承诺提倡所有教授都应该带武器，但我简单而真诚地与他分享了我生活中的另一条路径和技能。托马斯敞开心扉，冷静下来，开始更多地分享他在大学三年里看到的其他暴力行为。

许多学生可能没有充分认识到危机中的复原力。例如：

研究人员收集了2008年北伊利诺伊大学校园情人节枪击事件前后学生的情绪状态报告。枪击事件发生时不在校园的另一组学生提供了情

> 绪状态报告，并预测了枪击案发生两周后他们可能会经历的情绪。这些数据的检验表明：（1）北伊利诺伊大学学生的情绪状态反映了复原力；以及（2）学生出现了情感预测误差，表明这种复原力是出乎意料的。(Hartnett & Skowronski，2010，p. 275)

因此，与托马斯进行的会谈的一部分工作是进行评估，然后指出他不知道的自我识别的复原力是存在的。

阶段七：跟进

托马斯是一个年轻人，他有一种特殊的、短期的需要，要把他目睹的悲剧讲出来。他很犹豫是否要和我约个时间继续跟进，但是他愿意拿我的名片和正式的转介卡，以备之后再谈。他的朋友示意他们已经准备好了，而且饿了，他就和他们一起离开了。

总　结

梅根和托马斯的案例中出现了几个要点。第一，咨询师需要以一种敏感的、有知识的、有文化意识的方式来解决他们两个人所面临的问题，以表明他们理解性别、创伤和家庭病史可能对症状的表现和维持产生的潜在影响。第二，高校心理咨询中心的危机工作者应意识到出现这些症状的个人情况（例如，服务对象的自责能力、追求完美的愿望、学业期望和设想中的世
403 界）。第三，需要从学生对自主性、个人能力和自我定义的发展需要来理解学生与那些能帮助他们的人孤立的可能性。在两个案例中，孤立的可能性都很高。专业护理人员使每个服务对象都可以参与到一个稳定的过程中，这一过程是通过遵循危机干预模型来实现的（Roberts，1996）。最后，有必要进行持续的培训和教育，以便咨询师可以及时了解当今大学生群体所面临的问题。这项培训使咨询人员具备了能力，并可以更有效地提供服务。

对于高校学生而言，面向危机的干预措施是至关重要的宝贵资源。从定义上看，高校危机咨询师是最初的联系人和稳定资源，可以充当各种校园和社区服务的渠道。高校校园中适当的危机干预和后续行动，可以支持学生努力平衡高校学业和情感上的需求，同时也为咨询师提供了有效的策略来管理迅速增长的工作量。

参考文献

American Psychiatric Association. (2013). *Diagnostic and statistical manual of mental disorders* (5th ed.). Arlington, VA: Author.

Balk, D. E. (2008). Grieving: 22 to 30 percent of all college students. In H. L. Servaty-Seib & D. J. Taub (Eds.), *Assisting bereaved college students* (pp. 5–14). San Francisco: Jossey-Bass.

Benton, S. A., Robertson, J. M., Tseng, W-C., Newton, F. B., & Benton, S. L. (2003). Changes in counseling center client problems across 13 years. *Professional Psychology: Research and Practice*, *34*, 66–72.

Butcher, J. N., & Koss, M. P. (1978). Research on brief and crisis-oriented therapies. In S. L. Garfield & A. E. Bergin (Eds.), *Handbook of psychotherapy and behavior change* (2nd ed., pp. 725–767). New York: Wiley.

Carver, C. S., & Ganellen, R. J. (1983). Depression and components of self-punitiveness: High standards, self-criticism, and over-generalisation. *Journal of Personality and Social Psychology*, *48*, 1097–1111.

Case, J. P. (2013). Implications of financial aid: What college counselors should know. *Journal of College Student Psychotherapy*, *27*, 159–173.

Chickering, A. W., & Reisser, L. (1993). *Education and identity* (2nd ed.). San Francisco: Jossey-Bass.

Clance, P. R. (1985). *The impostor phenomenon: When success makes you feel like a fake.* Toronto, ON: Bantam.

Clance, P. R., Dingman, D., Reviere, S. L., & Stober, D. R. (1995). Impostor phenomenon in an interpersonal/social context: Origins and treatment. *Women and Therapy*, *16*, 79–96.

Clance, P. R., & Imes, S. A. (1978). The imposter phenomenon in high-achieving women: Dynamics and therapeutic intervention. *Psychotherapy: Theory, Research, and Practice*, *15*, 241–247.

Clance, P. R., & O'Toole, M. A. (1988). The imposter phenomenon: An internal barrier to empowerment and achievement. *Women and Therapy*, 6, 51–64.

Egan, G. (2014). *The skilled helper* (10th ed.). Belmont, CA: Brooks/Cole.

Fukuyama, M. A. (2001). Counseling in colleges and universities. In D. C. Locke, J. E. Myers, & E. L. Herr (Eds.), *The handbook of counseling* (pp. 319–341). Thousand Oaks, CA: Sage.

Girard, K. A. (2010). Working with parents and families of young adults. In J. Kay & V. Schwartz (Eds.), *Mental health care in the college community* (pp. 179–202). Hoboken, NJ: Wiley-Blackwell.

Hanna, F. J., & Ottens, A. J. (1995). The role of wisdom in psychotherapy. *Journal of Psychotherapy Integration*, *5*, 195–219.

Hartnett, J. L., & Skowronski, J. J. (2010). Affective forecasts and the Valentine's Day shootings at NIU: People are resilient, but unaware of it. *Journal of Positive Psychology*, *5*, 275–280.

Institute for College Access and Success. (2011, October). *Student debt and the class of 2011.* Oakland, CA: Author.

Janoff-Bulman, R. (1992). *Shattered assumptions: Towards a new psychology of trauma.* New York: Free Press.

Jarrett, C. (2010). Feeling like a fraud. *The Psychologist, 23,* 380–383.

Kadison, R. D., & DiGeronimo, T. F. (2004). *College of the overwhelmed: The campus mental health crisis and what to do about it.* San Francisco: Jossey-Bass.

Kiesler, D. J. (1988). *Therapeutic metacommunication.* Palo Alto, CA: Consulting Psychologists Press.

King, J. E., & Cooley, E. L. (1995). Achievement orientation and the imposter phenomenon among college students. *Contemporary Educational Psychology, 20,* 304–312.

Langford, J., & Clance, P. R. (1993). The imposter phenomenon: Recent research findings regarding dynamics, personality and family patterns and their implications for treatment. *Psychotherapy, 30,* 495–501.

Lawyer, S., Resnick, H., Bakanic, V., Burkett, T., & Kilpatrick, D. (2010). Forcible, drug-facilitated, and incapacitated rape and sexual assault among undergraduate women. *Journal of American College Health, 58,* 453–460.

Leary, M. R., Patton, K. M., Orlando, A. E., & Funk, W. W. (2000). The imposter phenomenon: Self-perceptions, reflected appraisals, and interpersonal strategies. *Journal of Personality, 68,* 725–756.

McElwee, R. O., & Yurak, T. J. (2007). Feeling versus acting like an impostor: Real feelings of fraudulence or self-presentation? *Individual Difference Research, 5,* 201–220.

Mistler, B. J., Reetz, D. R., Krylowicz, B., & Barr, V. (2012). *The Association for University and College Counseling Center Directors annual survey: Reporting period September 1, 2011 through August 31, 2012.*

Northern Illinois University. (2008). *Report of the February 14, 2008, shootings, Northern Illinois University.* Retrieved from http://www.niu.edu/feb14report/Feb14report.pdf

Ottens, A. J. (1991). *Coping with academic anxiety* (2nd ed.). New York: Rosen.

Ottens, A. J., & Fisher-McCanne, L. (1990). Crisis intervention at the college campus counseling center. In A. R. Roberts (Ed.), *Crisis intervention handbook: Assessment, treatment, and response* (pp. 78–100). Belmont, CA: Wadsworth.

Ottens, A. J., Pender, D., & Nyhof, D. (2009). Essential personhood: A review of counselor characteristics needed for effective crisis intervention work. *International Journal of Emergency Mental Health, 11*(1), 43–52.

Roberts, A. R. (1996). Epidemiology and definitions of acute crisis in American society. In A. R. Roberts (Ed.), *Crisis management and brief treatment: Theory, technique, and applications* (pp. 16–33). Chicago: Nelson-Hall.

Roberts, A. R. (2005). Bridging the past and present to the future of crisis intervention and crisis management. In A. R. Roberts (Ed.), *Crisis intervention handbook: Assessment, treatment, and research* (3rd ed., pp. 3–34). New York: Oxford

University Press.
Ruzek, J. I., Brymer, M. J., Jacobs, A. K., Layne, C. M., Vernberg, E. M., & Watson, P. J. (2007). Psychological first aid. *Journal of Mental Health Counseling*, *29*(1), 17–49.
Schwartz, L. J., & Friedman, H. A. (2009). College student suicide. *Journal of College Student Psychotherapy*, *23*, 78–102.
Sonnak, C., & Towell, T. (2001). The imposter phenomenon in British university students: Relationships between self-esteem, mental health, parenting rearing style and socioeconomic status. *Personality and Individual Differences*, *31*, 863–874.
Thompson, T., Davis, H., & Davidson, J. (1998). Attributional and affective responses of impostors to academic success and failure outcomes. *Personality and Individual Differences*, *25*, 381–396.
Vernberg, E. M., Steinberg, A. M., Jacobs, A. K., Brymer, M. J., Watson, P. J., Osofsky, J. D.,. . . Ruzek, J. I. (2008). Innovations in disaster mental health: Psychological first aid. *Professional Psychology: Research and Practice*, *39*, 381–388.
Watkins, D. C., Hunt, J., & Eisenberg, D. (2011). Increased demand for mental health services on college campuses: Perspectives from administrators. *Qualitative Social Work*, *11*, 319–337.

第十四章　学校危机干预、危机预防与危机应对

斯科特·纽加斯（Scott Newgass）
戴维·J. 肖恩菲尔德（David J. Schonfeld）

406 **案例 1 简介**

一名四年级男孩在家里发现了一把枪，在玩的时候被他的堂兄打死了。对于孩子的死亡，学校管理人员感到不安，于是决定不与男孩的同学讨论这件事，直到找到可以建议他们如何处理这种情况的人。几天后，他们确定一位顾问医师可以来上课。

在电话中，管理者要求顾问医师与扣动扳机的学生会面，为他们是否需要转介心理健康咨询提供建议。他们告知顾问医师，自死亡发生之日起，其他学生一直称他为“谋杀者”，因此学校将男孩转到另一所学校。鉴于信息有限，顾问医师在电话中告知，考虑到这种情况，转介到心理健康咨询是合适的，并建议没有必要等到几天后再直接对孩子进行评估。

顾问医师在死亡发生大约一周后到达学校。孩子的课桌保持原样。当顾问医师与几名休假回来的学生会面时，他们解释说，他们不想讨论已经发生的事情，也不愿意进行任何交流。当介绍顾问医师时，几个学生开始大声哭起来。尽管有些困难，学生们还是被鼓励开始讨论同学的死亡及其对死亡的反应。

案例 2 简介

周五下午工作到很晚的学校工作人员接到了一位家长的通知，学校

的一名三年级学生刚刚被枪伤到了脸部。这名孩子的兄长在学校上四年级，一直在玩一把手枪，不小心走火了。校长得到了通知，他立即联系了危机小组的其他成员。危机小组在电话中交谈了一个晚上，并开始制订计划，同时校长和学校社工去医院为家庭提供支持。通过使用学校危机电话树，周末学校的教职员都被联系上了，并被告知在周一早上开始上课之前开一个紧急教职员会议。 407

星期一早上，危机小组提前开会讨论计划，区域学校危机预防和应对计划（Regional School Crisis Prevention and Response Program）的顾问医师也加入了该计划。会议结束后，在孩子们到来之前，教职员会议立即召开。会议鼓励教职员谈论他们对最近发生的事件的反应，并就如何促进课堂内的讨论提供建议。通知公告分发了下去，所有老师同意在课前点名教室集合时间阅读公告。

一些孩子上学带着当地报纸的复印版，上面头版头条报道了这场悲剧。谣言已经开始在青少年中间显露。许多孩子刚到学校就从他们的同龄人那里听说了这一情况。

在预先约定的课前点名教室集合时间，每个班的老师都将这一事件告知他们，然后由老师促进讨论。心理健康工作人员和老师一起在涉事的两个孩子的英语和西班牙语课上主导讨论。这些讨论鼓励孩子们表达他们的想法和感受，错误信息得到了纠正（例如，有传言说，孩子因为一场小争执而故意枪杀了他的妹妹），担忧得到了回应（例如，一些学生主动说出，他们的家长建议他们避开他们的同学，因为他有枪，可能会试图杀死他们）。最终，大多数班级决定他们要做点事来表达对受伤害者家庭的支持。学生们开始制作卡片、横幅和信件送给在医院的学生，而且为开枪的学生提供支持卡片。

由于这起事故对社区产生了影响，当天有几位家长来到了学校。这些父母中有相当一部分人的母语不是英语。双语教职员可提供直接支持或翻译服务。有一个房间可以让父母来和其他人见面，这样他们就有机会表达自己的不安和担忧，同时也能得到一些指导，告诉他们如何在这段时间里帮助孩子适应。儿童发展-社区治安项目在学校举行了一次社区会议，讨论手枪暴力问题。

在接下来的几个星期里，许多教职员都在谈论他们自己的苦恼——

有些是因为最近发生的事件，有些是因为危机触发了先前损失的记忆。教职员们组成了一个互助小组，在危机发生后持续了数周。危机小组对学生、教职员和家长的需求提供持续的评估。扣动扳机的那个男孩之后的一星期又回来上课了，受到了同学们的欢迎。他的妹妹随后康复，也
408 被欢迎回到学校。在后续的调查中，学校的工作人员报告说，对危机的处理使新校长获得了更多的尊重，并使他们作为一个学校社区走得更近了。

案例3简介

一名14岁女孩是她家屋外枪击事件的意外受害者。一个月后，一名同学在教学日自杀了。又过了一个月，另一名同学在为期三天的周末自杀了。

第一起事件给学校提供服务的尝试造成了一些障碍。死亡发生在为期一周的假期开始时，这名最近转到学校的学生只建立了一个很小的朋友和熟人网络。当学生们在接下来的一周回到学校时，教职员们在每个教室里发布通告，并为任何想讨论他们对新闻或社区暴力情况的看法的学生提供支持服务。

当第二名学生死亡时，数百名学生在几天的时间里使用了支持室服务。地区危机小组咨询服务协调员从其他学校派了多名工作人员协助进行干预。当干预措施在教室和支持室进行时，一个由危机小组发起的学校内部团体开始计划如何与社区的父母接触，以防止更多的自杀事件发生。媒体协调员接受了所有来自媒体的呼吁，并提供了有关所采取的干预措施的完整信息，包括关于自杀倾向的预警征兆的信息，以及对父母如何与子女讨论这种情况的建议。学生们开始在最近死亡学生的储物柜和一个月前死亡学生的储物柜上涂鸦。在与危机小组讨论了纪念活动后，校长宣布，留在两名学生储物柜上的留言可以保留到下个周末，届时将被擦除。使用支持室服务的孩子的父母被电话直接联系上，以了解他们的孩子所接受的干预程度，以及与外部机构进行后续治疗的随访是否有帮助。

在第三起死亡事件（另一起自杀）发生后，学校再次提供了支持室

服务，并开始委派心理健康工作人员协助课堂干预。一些家长打电话给学校要求对他们的孩子进行评估，因为他们担心孩子有自杀倾向。只有少数学生被转介到校外进行紧急评估，需要评估的学生家长被要求到学校来接送他们的孩子。学校工作人员帮助没有足够保险的家庭确定让他们的孩子接受评估和治疗的心理健康服务的意愿，在第一天的干预后举行了一次会议，又向课堂教职员提供有关筛查自杀意念和风险的有用信息。他们再次联系了媒体，重申了在第一例自杀事件后发表的对父母的 409
建议。学校工作人员给家长和感兴趣的社区成员安排一个社区会议，听取专家关于危机干预、青少年高危行为和自杀的意见。超过 400 名家长参加了此次活动。

对前面几个简短案例的比较可以看出，预先制订全面的危机应对计划，将有助于学校在危机发生时预测和满足学生、教职员工和更广大社区的需要。虽然危机可能对教育过程造成破坏，并与短期和长期的心理影响有关，但如果在危机发生时提供足够的支持，这些后果往往可以得到改善（Kline，Schonfeld，& Lichtenstein，1995）。如果已经制订了系统的学校危机响应计划，这些服务支持更有可能由学校提供。

教育目标是学校的首要目标。虽然学校被要求制订消防疏散计划，并定期进行消防演习，但学校很少制订和实施计划，以应对危机发生时学生和教职员的心理和情感需求。学校内部的一些人员（以及学校系统之外的许多专业人员）将这些后继问题视为超出教育机构范畴的临床问题。因此，许多学校仍然没有做好应对危机的准备，无法在危机发生时最佳地动员学校内部和更广泛社区内部的临床和支持资源来支持学生和教职工。

虽然学校可能试图组建一个特设的危机小组以应对突发事件，但在危机发生时，许多员工对事件的反应方式使他们无法对学生和教职员的需要有一个深思熟虑、广泛和长远的看法（Klingman，1988）。有效的危机应对需要事先做好准备，并有系统地组织应对措施，既要灵活到足以适用于广泛的危机情况，又要足够具体以在发生特定危机时提供指导。

该计划应涉及三大领域：安全和保障；获取、核实并向教职员、学生、家长及公众人士（在适当情况下）传播准确的信息；以及相关人员的情感和心理需求。所有这三个领域必须同时处理，否则将无法有效解决。如果没有一个有组织的学校危机应对计划，事先对学校员工进行培训，以及在学校内部有专门的应对人员和资源，这种情况不太可能发生。

随着从学校和社区危机（包括发生在明尼苏达州红湖、弗吉尼亚理工大学、科罗拉多州奥罗拉的电影院和康涅狄格州纽敦的桑迪胡克小学枪击事
410 件）应对者的经验中获得的新兴和来之不易的知识积累，学校和急救人员已经增加了对受害者和更广泛社区需求的结构与程序方面的响应。例如，在许多人受害的情况下，快速和准确的身份识别成为当务之急。为了避免使用与桑迪胡克小学遇难学生熟悉的已经受到创伤的工作人员来确认受害者，该地区使用班级照片来完成这项任务。学校应考虑在学年早期安排班级照片，以便在需要时做好准备。如果环境需要，学校及其所在地区确定可能的搬迁地点也很重要，无论是临时的还是长期的，而这对于桑迪胡克小学来说是必需的。同样，学校和他们的工作人员熟悉事故指挥系统（Incident Command System，ICS）和国家事件管理系统（National Management Incident System，NIMS）的相关协议也变得越来越有必要。可以通过联邦应急管理局应急管理学院（FEMA Emergency Management Institute）进行在线核心能力培训，网址为 http://training. fema. gov/IS/crslist. aspx。这些培训课程将协助学校工作人员与地方、州及（有时）联邦的急救人员和支持机构合作，提供危机支持。康涅狄格州最近通过了一项立法，要求所有学校的教职员工在每学年开始时都要了解 ICS 和 NIMS 的内容，并通过联邦应急管理局提供的培训努力成为符合 NIMS 要求的人。康涅狄格州还要求每一所公立学校至少每三个月参加一次危机演习。虽然每个学校都应该让其教职员工和学生熟悉“封锁”的程序，但是学校应该模拟各种场景来测试他们的反应能力。每个学校和地区还必须与当地急救机构一起制定《所有危害安全和保安计划》（All Hazards Safety and Security Plan）并与《地方紧急行动计划》（Local Emergency Operations Plan）保持一致，并将这些计划提交给州应急管理和国土安全处（Division of Emergency Management and Homeland Security）。

有效的应对措施应该验证对创伤性事件的典型反应，并为学生和教职员工提供表达和开始解决他们对事件的个人反应的机制。系统的学校危机准备和反应的组织计划使学校能够通过预测需求、评估发展中的危险和确定可用于应对危机的资源以及任何需要解决的服务缺口，来保持积极主动并提前应对危机。完全依赖外部资源来应对危机可能会导致教职员工有一种丧失权力

的感觉，也可能导致公众对学校人员满足学生心理和情感需求的能力的误解，还可能会导致在外部反应团队可能提供的紧急干预之后，无法预测和满足学生和工作人员的长期需求。尽管社区的心理健康资源在协助学校应对危 411
机方面发挥着至关重要的作用，学校教职员工还是应该尽可能地提供主要的干预措施，毕竟他们已经和学生有了一段交往经历，而且在危机结束后很长一段时间里，他们还会继续和学生以及学校在一起。

学校危机应对倡议

1991 年，学校危机应对倡议（School Crisis Response Initiative）形成，旨在解决学校如何最好地应对危机的问题。组织小组代表教育、儿科医学、精神医学、心理学、社会工作和警察部门等领域，成员来自耶鲁大学医学院、儿科和儿童研究中心、心理咨询中心，四个地区的学校系统以及纽黑文市警察局。

该小组设定了三个初步目标：（a）开发系统的组织协议（Schonfeld, Kline, & Members of the Crisis Intervention Committee, 1994; Schonfeld, Lichtenstein, Kline Pruett, & Speese-Linehan, 2002），它将定义和预测可能会影响学生身体和当地社区危机的类型，确定对减轻长期创伤最有效的干预措施，并建立一种结构，以确保对人员和职责有初步定义的快速、可靠和可复制的应对机制；（b）提供必要的培训，使学校教职员能够根据该模式做好提供服务的准备；（c）加强学校与社区、心理健康和社会服务提供者之间的合作关系。迄今为止，参与该计划开发的人员已培训了 4 万多名学校和社区工作人员使用该模式，向 3000 多个地区和学校层面的危机应对小组提供了咨询，并在 400 多个危机情况下为学校提供了技术援助。2003 年，犯罪受害者办公室发布了一份公告，描述了该计划要素的基本结构（Schonfeld & Newgass, 2003; http://www.ovc.gov/publications/bulletins/schoolcrisis/welcome.html）。虽然这项倡议在 2005 年就结束了，但通过培训和咨询，这些理念仍在国内和国际上继续推广，并且于 2006~2007 学年在康涅狄格州全州范围内推广。

2001 年 9 月 11 日凌晨，美国各地的学校面临着繁重的任务，即评估风险、管理电子媒体实时获取的图形图像的可访问性、确保学生和教职员工的安全、提供稳定的环境，并且在家长们感到疑惑和恐惧的时候向他们保证学校对他们的孩子来说仍然是安全的。尽管在那个秋日早晨的最初几个小时里

412 发生了广泛的混乱和困扰，但全美各地的学校都以英雄般的能力完成了这些任务。在随后的几周和几个月里，增强保障和防范措施的意识需求成为决议、立法和规划制定的重点。特别令人关切的是，确保建立提供安全和动员反应的基础设施，以满足危机期间出现的物质和机械需求。

由于需要为缺乏经验和脆弱的群体提供服务，学校尤其需要建立安全和响应系统，以确保采取周密和灵活的干预措施来应对他们可能面临的危险。作为所有危机计划的重要组成部分，学校还必须处理社区危机对心理和情感的影响。培养应对常见挑战的能力，以增强学校社区的幸福感，使工作人员能够识别并提高其应对能力，而不是只为那些最具挑战性的情况做准备。本章介绍了系统的计划，旨在使学校工作人员能够满足危机中产生的多种需求，同时最大限度地减少参与响应的人员的压力。

9 月 11 日，整个国家怀着敬畏和感激之情关注着纽约市的学校，全体员工在漫长的一天和深夜里表现出的非凡的努力和敬业精神，确保了每个学生都安全返回他们的家。纽约市教育局为其 1200 所学校制订了一项全市计划，该计划将提供协调响应的机制。学生及其家人的情感和人身安全是该计划的重要目标。2001 年 12 月，学校危机应对倡议开始向整个纽约市的校本危机处理小组提供综合培训。在随后的两年中，逾 10000 名学校教职员工及逾 1000 个学校及地区危机小组接受了危机防范和应对实践的培训。本章将讨论这些培训所提供的要素。

受益于团队响应的危机

并非所有影响学龄儿童的危机都需要或受益于团队响应（team response）。一般而言，涉及隐私和保密问题的情况，如家庭中儿童虐待或性侵犯，最好通过学生援助小组来处理，除非这些事件的信息已经广为人知，并在学校社区的许多成员中引起相当大的关注。通常会从团队响应中受益的是涉及大量
413 学生或学校教职员工的危机，包括涉及丧失和悲痛的情况（如学生或教职员工的死亡），当个人安全受到可察觉的威胁时（如校车事故、绑架或火灾），环境危机（如飓风、附近道路上的化学品泄漏或学校的煤气泄漏），以及感觉到对情绪健康的威胁（如炸弹威胁、学校留下的仇恨犯罪涂鸦或公开披露的教职员工或学生的性行为不端）。本章概述的组织模型提供了适用于特定

危机情况的总体应对计划。在特殊情况下，如自杀事后干预（postvention）（Brent, Etkind, & Carr, 1992; Davidson, Rosenberg, Mercy, Franklin, & Simmons, 1989; Schonfeld et al., 1994），对模型进行了调整以解决其独特的偶发问题。

干预层级

区域学校危机预防和应对计划在一个层级框架内制订了协议，该框架建立在对学生、教职员工和家庭需要的熟练程度、技能组合和访问的多级层次上。由来自心理健康、警察、学术界、学校管理和支持机构的代表组成的区域或州级资源团队应该每季度召开一次会议，审查项目活动，改进培训学校员工的机制，解决目标地区的服务缺陷，并向区域层面的团队代表提供支持和技术援助。区域或州级团队也作为学校危机预防和应对及相关主题的信息交流中心，为遇到危机的地区提供技术援助和支持。

层次结构中下一层是地区级团队，负责监督单个学校系统的危机应对。这个团队通常由中央办公室行政人员和心理健康人员组成。它制定相关地区的政策，监督资源分配、员工培训和监管，以及在危机发生时向地区内学校提供技术援助。

层次结构中的第三层是学校团队，通常由以下人员组成：学校管理者；护理、社会工作、心理学专业员工和指导/咨询人员；教室工作人员；其他。一些学校可能包括家长代表，以帮助更快地与家长联络并为学校与家长之间提供联系。该团队最有能力预测学生和教职员工的反应和需求，因此最适合在危机发生时为学生和家庭提供直接服务。该团队可以通过地区级团队利用其他资源，例如来自其他学校的补充咨询人员。由于学校级别的团队将为学生提供最直接的服务，因此他们也将承受最大的压力。这些团队尤其必须制 414
订积极的计划，以满足可能遭受替代性创伤或同情疲劳的工作人员提供者的需求。学校为学生、教职员工和社区中的家庭提供了第一级的支持和干预，因此在事件指挥系统的背景和结构内，对他们而言这样做很重要。该做法将减轻学校工作人员和行政当局在资源和人员的部署以及设施的使用和获取方面可能需要做出的许多决定的压力。

组织模型使用了一个包含七个角色的结构。尽管每个角色都有自己的一套任务和职责，但是团队中的每个成员都应该进行交叉培训，以防缺席。这些角色包括危机小组主席、助理小组主席、咨询服务协调员、媒体协调员、员工通知协调员、沟通协调员和人群管理协调员（Schonfeld et al.，1994；Schonfeld et al.，2002）。表 14-1 概述了每个角色的具体职责。

415 **表 14-1　危机小组成员的角色**

成员	角色
危机小组主席	主持危机小组的所有会议，并监督小组及其成员的广泛而具体的职能。
助理小组主席	协助主席的所有职能，并在主席无法到职的情况下替代主席。
咨询服务协调员	确定特定危机所指示的咨询服务的范围和性质，并（与地区团队的对应人员一起）根据需要调动社区资源。监督提供咨询服务的员工的培训和管理。确定并保持与社区资源的持续联系。
媒体协调员	作为所有媒体咨询的唯一联系人（与地区团队的对应人员一起），与团队的其他成员协作，准备一份简短的新闻稿（如果有的话）和适当的声明，以告知工作人员、学生和家长。
员工通知协调员	建立、协调和启动电话树，以便在下班后通知团队成员和其他学校职员。
沟通协调员	监督所有内部直接沟通。筛选来电并维护与危机相关的电话日志。协助员工通知协调员，并帮助维护社区资源和地区级员工的准确电话号码簿。
人群管理协调员	与当地警察和消防部门合作，制定在发生各种潜在危机时的人群管理机制，并在计划启动后直接监督学生和教职员工的行动。人群控制计划必须包括安排与物证隔离区域，召集学生和教职员工进行演讲，以及在对学生的人身安全造成实际威胁的情况下，确保学生安全有序地行动，以尽量减少伤害的风险。

资料来源：经 D. 肖恩菲尔德（Schonfeld，D.）、M. 克莱恩（Kline，M.）和危机干预委员会（1994）成员授权改编。《基于学校的危机干预：一种组织模型》（School-based Crisis Intervention：An Organizational Model），《危机干预和限时治疗》（*Crisis Interrention and Time-Limited Treatment*），1，158。

通知/通信

当小组成员被告知涉及其学生的危机时，应立即通知危机小组的主席，并告知他（她）目前已知的情况以及这些信息是否已得到确认。最好不要从受害者家属那里获得确认，相反，与家属接触的目的应该是表示慰问和支持。与当地或地区警察的联络有助于及时和准确地确认危机事件，并协助协调各项服务。如有需要，应设立紧急服务部门的联系人以确保事件发生时学校系统得到更新。主席将确保在必要时通知学校和地区危机小组的其余成员，并决定是否在下一个上学日之前联系学校的其他工作人员。员工通知协调员将通过预先建立的电话树来促进与所有学校人员的联系。在与一般员工联系之前，危机小组应召开会议或通过电话进行协商，以确定初期将采取哪些步骤来满足预期需求，并将这些信息提供给员工通知协调员。危机小组主席或指定人员将与受害者和（或）家人联系，以提供支持和帮助。

收到危机通知后，工作人员应根据情况和时间在当天结束时或下一个上学日开始之前开会。表 14-2 概述了此会议的议程样本。危机小组需要确保所有与危机相关的信息都能获得并传播给学生和教职员工，以最有意义的方式促进他们对信息的处理和反应。学校应查明离受害者最近的学生，并安排 416
他们在一个安静和能给予帮助和支持的地方得到通知，在那里他们可以私下表达悲痛。对于其余的学生群体，公告应该被安排在大约同一时间向所有班级提供信息，从而减少信息量不同的学生见面并交换意见时可能出现的潜在问题。谣言和猜测应尽快纠正。通常，应避免公共广播公告，因为它们是非个性化的、质量无法令人满意，而且它们不能预测或响应学生的反应。如果是教职工去世了，最好找一个学生已经认识并与他们建立了关系的教师来短期授课。第二节课可以找人代课，但代课老师如果被分配到充满悲伤的教室，将面临巨大的挑战。

表 14-2 紧急人员会议议程

• 分享有关危机事件和应对措施的所有最新信息，以及已经制订的任何纪念计划。
• 为教师和其他工作人员提供一个论坛，以便他们提问、分享自己的个人反应或关注点，并就他们预期或注意到的学生反应提供反馈。
• 分发通知公告，并最终确定通知学生和与父母联系的计划（在适当的时候）。
• 告知教职员工特定的活动以支持学生、教职员工和父母。

通常，家长告知书是在通知当天，以书面形式寄给学生。除了提供有关危机事件的信息外，书面材料还可以为父母如何帮助子女应对危机提供指导，并提供有关社区心理健康资源的信息。宣传册提供有关如何帮助不同发展水平的儿童应对悲伤、丧亲（Schonfeld，1993）、创伤或损失的建议，并概述了典型和非典型反应，以及何时寻求其他心理健康服务的指南。这类宣传册应该在所有危机事件前准备好，并在学校或校区内存档放置。对于那些

在支持室接受个人咨询或服务的孩子，应直接与家长联系，通常是通过电话联系。

如果该事件有可能引起媒体的注意，媒体协调员应联系媒体代表，以新闻稿的方式向他们提供适当的信息。应该提供有关媒体如何最好地提供帮助，并且对学生和教职员工造成最小干扰的建议。除媒体协调员提供的采访外，应禁止学校范围内的采访。

纪　念

团队需要确定纪念活动的内容和时间。通常，有关纪念活动的问题会在危机事件通知后数小时内提出。这可能将注意力从解决学生和教职员工的强烈情感和心理需求上转移出来。团队可能需要尽早解决如何最好地处理带有
417 死者照片的涂鸦标签、海报、标志、徽章或T恤，以及吸引大量学生的近乎神圣的纪念区域。在某些情况下，对纪念的早期讨论可能会促使危机应对提前结束。

不应鼓励在走廊的展示框或公告板上自发进行公共展示。相反，学生和教职员工应该有机会通过更周到的互动来理解和表达他们的需求。应该避免使用学校的资源和设施复印多份报纸文章、制作纪念受害者的徽章或其他产生半永久性提醒的活动，这些活动可能会在最初的创伤消失很久之后仍在社区内持续存在。对于长期的纪念项目，学校应该考虑到，以人的名字命名永久物体或献出一本年鉴的特别鸣谢可能会开创先例，当学校社区的另一位成员去世时，这些做法会被期待。如果追悼会有集体的致谢仪式，比如默哀或点燃一支蜡烛，则会更合适。如果死亡涉及自杀或其他带有污名的死亡原因（例如，在酒精影响下死于车祸），工作人员需要帮助学生承认个别学生或教职员工的去世，同时注意不要美化死亡方式（Schonfeld et al.，1994；Brent et al.，1992）。

团队应该解决如何处理死者的桌子、储物柜、个人财产、挂起展示的作业，等等。团队应该预料到，死者的储物柜可能会被其他学生用于一个非正式的纪念场所，他们可以在这里张贴信息、放置鲜花或以其他方式承认去世。应该定期监测这些自发的表达，以识别任何意外的反应。团队可以与学生所在的班级合作，帮助他们确定如何处理孩子的空课桌。

团队应该记住，最重要的不是纪念活动的内容，而是让学校社区成员参与一项有意义活动的计划过程。虽然为永久纪念物（如树或匾额）筹集资金可能为教职员工和学生提供“做些什么”以表示对他们的关心的手段，但是更有帮助的做法是在学校社区成员之间进行持续的讨论，讨论他们**如何**关心死者和幸存者，以及在筹集此类资金之前（或代替筹集此类资金）能表达这种担忧的最有意义的方式是什么。

引起国家和国际媒体广泛关注的重大危机往往导致捐赠过多，以及大量写满鼓励和支持的卡片和信件。学校应该考虑在他们的协议中包括可能采取 418
的步骤，来处理和解决在资源可能已经紧张的时候到来的捐赠。就像评估提供援助的志愿者的潜在贡献一样，学校也需要优先考虑哪些捐赠需要立即处理，比如食物捐赠，哪些可以留待以后处理。甚至有必要确定一个与学校或地区没有联系的校外地点来接收这些物料。

支持室

学校应考虑何时适合为那些需要强化干预的学生设立支持室，而不是由教师指导课堂讨论。危机应对计划应明确支持室的人员配备和地点（例如，在交通不拥挤的地区）。支持室最适合处理少数，通常有相似的反应和症状的学生。3~6 名参与者的同质小组运转良好，7~10 人的更大小组通常可以容许参与者的反应更加多样化。当几个小组表现出不同的反应时，学校应考虑使用单独的支持室，以满足每个小组的不同需求。如果许多大型小组寻求支持室的服务，则可能需要更多的人员。咨询服务协调员应酌情从地区内其他学校以及社区心理健康资源中吸纳咨询人员。他（她）还应该确定是否需要社区服务提供者的现场协助，或者直接的转介系统是否最有效。在许多方面，大型小组（即超过 8 名或 9 名参与者）的作用与教室里的小组类似。如果许多这种规模的团体通过支持室寻求帮助，可能表明教室中提供的干预措施不能充分满足许多学生的需要，这就突出了对课堂教师进行进一步培训和支持的必要性。

支持室的工作人员应在咨询服务协调员的指导下，按照心理健康分类的原则，对寻求利用支助室提供服务的学生进行初步评估。那些有紧急心理健康需求、需要立即采取行动的学生，应直接转介到适当的社区资源。应该避免在转介这些学生之前在学校环境中进行广泛的评估和咨询服务。将大批学生转介到医院急诊室以排除自杀风险不是一个有效的应对计划，可能只会削弱学校和社区心理健康工作人员之间的合作关系。因此，危机小组需要在社区中确定在危机发生时能够立即响应的适当的紧急服务，以及能够在 48 小时内提供的加急服务。识别需要紧急治疗的学生，例如那些被评估为有潜在
419 自杀倾向的学生，是咨询工作人员的一个关键作用。支持室的心理健康工作人员应被确定为可从事具体的、个性化的任务（例如，一个人可能有最强的自杀评估技能，可以为此目的被分配工作，而另一个人可能在悲伤工作方面具有高级技能）。评估应该是简短和目标明确的，目的是筛选学生以获得最合适的服务水平。咨询人员应该将更长的评估和服务推迟到更晚的时间，比如下一次上学日。被评估为不需要紧急心理健康服务的青少年应该被提供有限的即时干预，或就在小组中进行干预。支持小组可能会持续不断地会面，这可能是支持室的有益成果（Schonfeld et al. ，2002）。

许多学生可能会从额外的评估和干预中受益，但他们可能不会要求也不会为了这些服务而出现在支持室。学校工作人员可能会因为危机的情况（例如，如果学生是危机的见证者或受害者的亲密朋友）或通过其收到通知后做出的反应（例如，如果学生有极端或非典型的反应）来确定学生需要进一步评估。因此，一般的教室工作人员将需要能够确定他们的教室中谁可能处于危险之中，并有一个机制，通过它为这些人提供额外的评估和干预。表 14-3 列出了危机事件发生后增加学生需要额外服务可能性的风险因素。这些因素包括学生与受害者关系的性质和程度，学生应对之前的挑战的质量，当前的危机事件，以及是否存在促发因素和并发的生活压力源。那些属于学校内部早期识别和干预计划的员工（如学生援助团队、心理健康团队、儿童学习团队）应纳入危机应对评估和计划中，以便他们能够分享他们之前对那些在危机前经历困难的学生的了解。

除极少数情况外，个人服务应针对减轻引起个人注意的主要特征或症状，或针对转诊到社区心理健康服务的需要进行初步评估的情况（如针对有严重自杀意念或严重代谢失调的学生）。虽然个别学区的心理健康资源在其工作人员所能提供的咨询服务的数量、程度和性质上存在很大差异，但所有学区都需要与当地社区服务机构建立联系，为危机情况提供补充或专门的心理健康服务。

表 14-3　学生的危险因素 420

与受害者隶属同一团体	学校教职员工应该了解受害者与其他学生共享的正式和非正式的社交网络和活动：学术、手工艺和特殊课程；课后俱乐部、团队和课外活动；参加校外的社区和社会活动；受害者的居住区邻里。 工作人员应考虑遵循受害者第一天的上课时间表。危机小组应与外部人员联系，为可能与其定期接触的非专业人员（如童子军队长、小联盟教练或舞蹈教练）提供支持和指导。
与受害者有共同的特点、兴趣或属性	认为自己与受害者有共同特点、兴趣或属性的学生可能更容易感到焦虑和痛苦。
事先表现出应对不力的学生	社交孤立； 自杀意念/尝试自杀的过往史； 有被逮捕、宣泄行为、侵害或滥用药物/酒精的经历。
表现出极端或非典型反应的学生	学生的悲伤反应超过了一般学生群体，而无法用与受害者的密切联系来解释； 与死者关系密切的学生对这一消息反应甚微。
有创伤性经历的学生	曾经是犯罪或暴力的受害者； 过去曾有威胁或暴力行为的学生。
有两种及以上不利个人情况的学生	家庭问题； 健康问题； 精神疾病史； 同伴之间的重大冲突。

基于学校的危机干预计划和响应不能与社区隔离开来。危机准备计划的一个重要组成部分包括确定社区资源和服务缺口，以解决危机发生时学生和教职员工的紧急心理健康需求。应在社区社会服务和心理健康机构中确定具体的工作人员，作为学校系统的联络人。通过学校与社区心理健康服务提供者之间的有效合作，可以制订解决方案，以提高社区在发生危机时及时有效地解决心理健康需求的能力。这种旨在改善心理健康基础结构的合作和社区计划，将对学校社区成员产生明显的益处，即使是在危机事件之外（例如，为那些有可能需要持续咨询的非危机相关问题的学生进行转介）。

学校还必须考虑那些有明确的特殊教育需要、心理健康问题或行为障碍的学生的独特需求。当暴力行为的行凶者据传或已知患有或曾经患有心理或发展障碍时，这一点尤为重要，正如已经公开讨论过的纽敦校园枪击惨案（Newtown tragedy）的肇事者。残疾学生可能成为学生及其父母没有根据的关注目标，但是通过学校工作人员富有同情心和积极主动的努力，个人自身的需求可以得到满足，同时更大的学校社区可以得到适当的背景信息，而不 421

侵犯隐私。在遇到危机期间和危机之后，家长是学校重要的合作者，可以帮助解决学生内部不断出现的各种问题。父母可以为他们的孩子提供必要的治疗，特别是当他们得到适当的发展信息并被鼓励分享他们自己对孩子需求的理解时。如果学校有因发展障碍、心理障碍或行为健康问题而面临危险的学生，学校应该与家长合作，以确保在任何危机应对过程中，每个学生的需求都得到满足（Newgass & Gurwitz，2009）。

课堂干预

为了满足学校应对危机期间学生不断出现的需求，可以在课堂提供干预措施。课堂活动将减少对个人咨询资源的需求，使它们能够针对那些需要更多干预的学生。

提供这项服务的教师需要进行额外的在职培训。培训应该具有足够的普遍性（例如，儿童对死亡的发展的理解以及他们对损失的反应；Schonfeld，1993），使教师（和管理人员）清楚地认识到所学到的技能可以被更广泛地应用，而不仅仅是在重大危机事件发生时。为了能够在课堂上提供这种服务，教师们可能还需要学校咨询人员的额外支持和援助。危机经常唤醒与先前（或同时）危机相关的感觉，这可能成为特定儿童的主要关注点。在这些压力时刻，如果有适当的机会，孩子可能会倾向于透露各种各样的个人危机（例如，以前的死亡，关于父母冲突或离婚的未解决的问题）。教师需要及时获得适当的后备服务，以解决这些“附带”问题（Schonfeld，1989）。

在危机发生时，教师可以从附加的简报中获益，这些简报涉及他们可能在课堂上预期的反应类型，以及危机过后常见的一些特定行为变化。特别是当人们在识别和表达自己的情感方面遇到困难时，教师需要注意非语言交流。眼神交流、姿势和能量等级可以提供有价值的信息，以指导讨论的流程，并决定学生的需求是否能通过课堂干预得到满足。

422 有助于孩子表达情感和思想的课堂活动大致可分为三类：讨论、书面活动和艺术项目。教师最熟悉学生的发展能力，以及他们应对以前的压力情况的方法，并应该选择最匹配的模式。

由老师带领讨论最有效。但是，如果教师因与危机事件的个人关系而感到无法指导课堂活动，则可能需要另一名工作人员在允许教师观察和参与的情况下进行初步指导讨论。讨论应试图消除事件的神秘性，并通过努力纠正谣言来解决可能影响学生观念的任何神奇想法，对可能发生的情况进行逻辑解释，并勾勒出学生正在形成的印象，以便能够强化准确的理解并纠正错误的印象（Newgass & Schonfeld，1996）。应避免使用描述受伤的图形细节和伴随的图像。考虑到学生的发展需求和能力，可以指导他们根据需要确定要多少信息来处理这段经历，而不至于让他们的防御结构不堪重负（Yussen & Santrock，1982）。

在讨论中，教师不应试图隐藏自己的感受和反应，而是应该被鼓励以有意义和富有同情心的方式来谈论感受。在这些讨论中，学生们需要帮助以关注他们的感受，而不是行为或感觉。教师应该有意识地花时间去了解自己的感受和反应。应该为教师提供机会，让他们与同龄人谈论他们对事件以及与学生讨论的反应。

书面活动通常被用作让学生表达焦虑和悲伤的一种方式。但如果过度或不加区别地使用它们，其影响可能会被减弱。整个班级的学生经常被布置写便条或一些其他练习的“任务”，如写一首诗或回忆与受害者一起度过的快乐时光。然而，这项活动并没有确认个别学生与创伤受害者之间可能存在或曾经存在的独特关系。虽然有些学生可能与受害者有很深的、有意义的关系，但其他人与其的关系可能更疏远或更有矛盾。假设所有关系都是等同的任务可能会降低那些最需要表达他们损失的学生的效率。

书面活动对写作能力和抽象能力得到发展的学生最有益。不论任务及其
目的（例如，在课堂上分享，发送给家人以扩大情感支持，或作为对事件的
个别处理的辅助），所有与应对危机相关的书面任务都应被审查，以识别任 423
何极端情绪困扰的迹象或不适当内容。

在案例3简介中提到的学校发生第三起死亡事件后，几名工作人员和几组学生一起制作了一本写有诗歌和思考的笔记本，准备送给孩子的父母。当许多学生提交的稿件反映出他们的困惑、伤害和悲伤时，表达的方式可能使受害者的家人难以忍受（例如，“对我们这样做很残酷……你把痛苦留给了我们，而你却可以逃避它”），工作人员引导学生们组成小型的同龄人评议小组，反复阅读彼此的作品，并就表达预期情感信息的替代方式提出建议。正如一位学生评论的那样：“因为我们这样做了，我找到了新的方式来描述我的感受。”

艺术项目和手法也可用于促进课堂环境中的情感表达。这些通常采取图片、横幅和临时纪念物的形式。这种干预可能对年龄较小的儿童特别有帮助，但所有年龄组的儿童都可以使用与艺术相关的活动来表达他们的内心状态。当允许使用媒介进行多种感官体验时，这种好处可能会扩大。许多学生可能受益于手指绘画，因为它使用多种感官（即视觉、触觉和嗅觉）。无论采用何种方法，重要的是该活动应被用来引出情感反应，而不是因为作品的内容或结构而“诊断”学生。

为了应对案例 3 简介中的危机，在学校的一间教室里，美术老师邀请学生们把自己的感受画一幅画。有几种可供学生使用的媒介，包括铅笔、蜡笔、蛋彩画颜料和木炭。当学生们画完后，老师要求每个学生走上前，描述一下纸上的图片是如何表达他们的感受的。几名学生在说话时变得情绪化，小组成员自发地给予支持、鼓励，并相互验证评价。一些学生评论说，他们被鼓励去听别人描述自己的感受，这些感受是他们自己也有却不愿分享的。

在使这些干预措施适应特殊教育课程时，允许额外的“安静时间”和（或）通过体育锻炼交替休息可能会有所帮助（Axline，1983）。音乐可以帮助学生放松，这样他们就能更好地处理危机时的情绪反应。对某些学生来说，提供一个框架的具体方法是最有效的，例如使用“情感识别图”来帮助他们更好地识别自己的情感，也可以用讲故事的方式。最有帮助的故事根据班级和学生的情况而定。其中一种技巧是“轮流”讲故事，即老师开始讲故
424 事，学生轮流贡献内容，如果有必要，老师会进行修改。老师最终以一个基于现实而又充满希望的明确解决方案结束故事。

为了应对案例 2 简介中的危机，在学校的一间教室里，主持讨论的人问，是否有人能想出一个故事，说明人们如何应对悲剧。一个少年建议从“一个孩子中枪了”开启故事。主持人补充说：“但是她去了医院，他们正在帮助她恢复健康。”另一个孩子补充说：“她差点就死了”，主持人也做出了贡献，“但每个人都很肯定，她几周后就会好起来的”。当故事发展到这个地步时，他重复了一遍这个故事：“一个孩子中了枪，但是她去了医院，他们正在帮助她恢复健康。她差点就死了，但每个人都很肯定，她几周后就会好起来的。”然后他问有没有人想加上下一行，一个女孩回答：“然后她就能回到学校了。”他又一次重复了这个故事，现在是结语了，并以此为手段来考察孩子们对与枪支有关的暴力的恐惧、对死亡的担忧、对医院的焦虑，以及对

女孩重返学校的渴望。这导致了有关学生的担忧和促进应对技巧的更直接的讨论。

跟进和员工支持

随着时间的推移，儿童和成人都会悲伤并对危机做出反应，对重大事件的长期反应应该是可以预料的。如果有必要，需要有机制将学生和教职员工转到校外进行额外的咨询。教职员工和家长应该得到一份当地社区机构、儿科医生和私人心理健康服务提供者的名单。

教职员工有责任在危急时刻为学生提供服务，但这并不能减轻他们对事件的反应。不应忽视或轻视教职员工对危机事件的紧急反应，相反，应该设法不使许多人将经历的痛苦反应合理化，并提供获得额外支持的机会。不幸的是，心理健康服务和员工援助计划（Employee Assistance Programs，EAPs）可能会在一些员工的心中留下烙印。作为危机应对方案的一部分，学校应该在响应的一开始就主动确定所有 EAP 联系人，以及必要的电话号码和联系人姓名，并鼓励员工使用他们的服务。在提供危机干预服务的整个过程中，应经常提醒有关服务的事项并保证保密。虽然 EAP 服务可能是提供服务的 425
适当场所，但它们仅提供短程的治疗和初步评估，通常需要 3~5 次会谈才能转介到其他服务机构。在危机发生后，学校系统应联络 EAP，以了解其服务是否足以满足教职员工的需要，服务利用不足可能表明需要确定在危机时提供教职员工支持的替代方法。鉴于与重大危机相关的经历让人不知所措的情况并不罕见，使用这些服务无论如何都不应被视为异常，而且应收集所有与提供服务有关的信息，以维护个人隐私。

在小组从响应周期中出来之后，应该提供晤谈，即对活动的回顾，其目标是更好地了解团队的能力。虽然晤谈旨在关注团队在执行危机计划时的活动，但是团队成员也有机会表达他们对事件的个人反应，并确定在未来的危机应对中可能缓解压力的步骤。在某些情况下，晤谈可能会包括危机小组之外的工作人员，例如，其课堂受到了危机最直接影响的老师。晤谈还将允许团队制订计划，评估和解决正在进行的问题，如学生和工作人员的创伤后和周年反应的可能性。

培训和技术援助

对危机应对小组的培训如果能够涵盖小组的所有成员，其产生的效果最好，而这通常需要大量的计划。除了最方便培训师（从而促进外部顾问的参与）之外，最主要的优势是，当各方一起接受培训时，小组建设的发展将更加可以预见。

对学校危机小组的培训应提供危机理论的背景知识，以及儿童对死亡的发展理解和反应（Schonfeld，1993），介绍并熟悉组织模型的参与者（Schonfeld et al.，1994），提供有关课堂干预的信息。培训师在整个培训过程中都应
426 强调确认和处理工作人员需要的重要性。

案例模拟活动（其中，小组成员应采用模型中的角色以解决学校危机情况）可以用来帮助新发展的小组体验在危机中面临的问题解决和决策方式。这个活动应该提供在实际出现危机的时候学校可能可用的大量信息。小组经验的后续处理应该阐明，没有“正确的方式”来做出回应。相反，培训促进者应该引出他们做出结构性决策的理由，并引出干预的基本原理（Gallessich，1990）。其目标是帮助小组学习如何最好地作为一个团队来运作，并认识到应对危机的复杂性，以及组织计划如何帮助预测许多问题并提供有效应对的机制。

将几个小组聚集在一起进行一整天（即5~6小时）的异地培训（尽量减少可能使参与者分心或离开培训的干扰）颇有助益。然后，培训师/顾问医师可以跟进各个团队，以使实践适应与每个团队学校相关的独特问题。在提供技术援助的同时，重要的是要考虑学校及其群体的独特文化、经济和环境方面，并调整计划以适应这些独特的情况。提供技术援助的个人还可以帮助识别学校独特的脆弱性。例如，一所服务于边缘移民人口的学校应该预见到危机发生时翻译和外展服务需求的增多。心理脆弱性也可以被考虑在内，例如在单亲家庭比例较高的社区中，家庭支持减少，或者在弱势社区中，基线压力源增加和资源减少。

总　结

主要由学校教职员工组成的基于学校的危机干预小组非常适合协调危机预防活动，并在发生危机时向学生提供干预服务。本章讨论了一个系统的危机干预模型来组织这个团队的活动，并强调了建立和培训基于学校的危机团队需要考虑的问题。如果社区社会服务机构和心理健康机构的代表参与计划过程，那么在危机发生时，他们的服务更有可能得到利用，从而使学生和社区实现互利。为可能的突发事件制订计划将有助于团队的最佳表现，同时减轻对学生和服务提供者的负面影响。这些学生和服务提供者作为学校社区的成员，可能会对危机本身做出反应。

致谢　作者要感谢地区学校危机预防和响应计划的成员，包括康涅狄格州东黑文、纽黑文、北黑文和西黑文公立学校系统的代表所做的贡献。我们衷心感谢大纽黑文社区基金会、威廉·卡斯帕·格劳斯坦纪念基金会、康涅狄格州（政策和管理办公室）、康涅狄格州哈姆登地区合作教育服务中心（ACES）和犯罪受害者办公室对我们项目的支持。

参考文献

Axline, V. (1983). *Play therapy.* New York: Ballantine.

Brent, D., Etkind, S., & Carr, W. (1992). Psychiatric effects of exposure to suicide among the friends and acquaintances of adolescent suicide victims. *Journal of the American Academy of Child and Adolescent Psychiatry, 31,* 629–640.

Davidson, L., Rosenberg, M., Mercy, J., Franklin, J., & Simmons, J. (1989). An epidemiologic study of risk factors in two teenage suicide clusters. *Journal of the American Academy of Child and Adolescent Psychiatry, 262,* 2687–2692.

Gallessich, J. (1990). *The profession and practice of consultation.* San Francisco: Jossey-Bass.

Kline, M., Schonfeld, D., & Lichtenstein, R. (1995). Benefits and challenges of school-based crisis response teams. *Journal of School Health, 65,* 245–249.

Klingman, A. (1988). School community in disaster: Planning for intervention. *Journal of Community Psychology, 16,* 205–216.

Newgass, S., & Gurwitz, R. (2009, Summer). Crisis and the individual with autism. *Autism Spectrum Quarterly,* 8–10.

Newgass, S., & Schonfeld, D. (1996). A crisis in the class: Anticipating and responding to students' needs. *Educational Horizons, 74,* 124–129.

Schonfeld, D. (1989). Crisis intervention for bereavement support: A model of intervention in the children's school. *Clinical Pediatrics, 28,* 27–33.

Schonfeld, D. (1993). Talking with children about death. *Journal of Pediatric Health Care, 7,* 269–274.

Schonfeld, D., Kline, M., & Members of the Crisis Intervention Committee. (1994). School-based crisis intervention: An organizational model. *Crisis Intervention and Time-Limited Treatment, 1,* 155–166.

Schonfeld, D., Lichtenstein, R., Kline Pruett, M., & Speese-Linehan, D. (2002). *How to prepare for and respond to a crisis.* Alexandria, VA: Association for Supervision and Curriculum Development.

Schonfeld, D., & Newgass, S. (2003). *School Crisis Response Initiative.* Washington, DC: US Department of Justice, Office for Victims of Crime.

Yussen, S., & Santrock, J. (1982). *Child development: An introduction.* Dubuque, IA: Wm. C. Brown.

第十五章 长期校园暴力与动荡局势的危机干预

劳拉·M. 霍普森（Laura M. Hopson）
戈登·麦克尼尔（Gordon MacNeil）
克里斯·斯图尔特（Chriss Sewart）

案例研究

约翰·汉森（John Hanson）是一名17岁的亚裔美国男性。他在博卡维斯塔高中（Boca Vista High School）读高三。约翰是个好学生，整体平均成绩为3.6分。约翰在学校很少遇到麻烦。他最大的过错是逃学去听音乐会被抓住了。他计划上大学并成为一名工程师。他有一个支持他的家庭，与父母和妹妹的关系都很好。约翰是学校惨案的见证人。两天前，一名同学枪杀了几名学生和一名老师，然后自杀。约翰和这名同学并不熟悉，但共同上过几次课故而认识他。其中一个被枪杀的学生是约翰的密友。约翰正经历着极大的悲伤，无法与父母谈论他的感受。 429

杰克·弗雷泽（Jack Fraser）是一名13岁的白人男性，就读于普雷里维尤中学（Prairie View Middle School）。杰克成绩还算可以，所有科目平均成绩为2.5分。就他的年龄而言，杰克显得矮小。他的父母已离婚3年，目前他与支持他的母亲生活在一起。他一直是其他一些学生正在进行的活动的受害者。学校的几名运动员已经欺负杰克好几个月了，因为他是戏剧俱乐部的成员。这些学生在网上发表侮辱性的评论，称他为“讨厌鬼”。他们在学校继续欺负他人。上周，这些男孩殴打杰克，虽然没有骨折，但给杰克造成了中度伤害。

艾瑞莎·杰克逊（Aretha Jackson）是一名16岁的非洲裔美国女性。

她在安德鲁·杰克逊高中（Andrew Jackson High School）读高二。她正常上学，平均成绩为3.0分。她与母亲和祖母住在一起，有一个弟弟和一个哥哥。她得到了母亲和祖母的良好支持。艾瑞莎的父亲在她很小的时候就离开了母亲，她已经不记得他了。艾瑞莎在换课时经历了一次暴
430 力事件。另一个女孩用美工刀威胁她。艾瑞莎不知不觉地闯入了“属于”女孩和她的朋友们的领地。她逃脱时没有受伤，但她对这一事件感到不安，担心可能再次发生。

引　言

在本章中，我们讨论校园暴力的两种主要形式：第一种形式包括从欺凌、抢劫、简单袭击到杀人的暴力行为；第二种形式包括那些针对同学和学校工作人员的灾难性事件，典型的例子就是在科罗拉多州、阿肯色州和肯塔基州发生的枪击事件。这些灾难性的校园暴力事件对其发生的社区产生了巨大的影响。然而，更常见的暴力形式虽然没有引起媒体对灾难性事件那样的关注，但由于其暴力行为发生的时间较长、频率较高，而且全国各地的学校每天都有更多的学生、教师、家长和其他学校人员直接受到这些暴力行为的影响，可能更值得学校关注。两种形式的校园暴力都需要公共服务人员（或受过培训的学校人员）的干预。特别是，应随时向暴力受害者或遭受暴力的人提供全面的危机干预服务。本章展示了一种针对校园暴力幸存者的危机干预策略，采用了罗伯茨的危机干预模型（Roberts，1991，1996），并结合了认知疗法（cognitive therapy）。

在撰写本章时，我们讨论了一般意义上的校园暴力，不为具体的暴力行为（如强奸或暴力攻击）确定干预措施。我们有意忽略了两个暴力领域：我们的讨论范围仅限于针对人的暴力，因此省略了对财产的侵犯，如破坏公物、纵火和炸毁学校建筑物；由于本书的重点是危机干预，因此我们不详细讨论预防干预，而是对应对校园暴力事件有用的干预。

问题的定义

“校园暴力”（school violence）这一术语涵盖了从口头辱骂同伴到大规
模枪击等一系列行为。尽管这些行为多种多样，但它们都是公开的攻击性行
为，会导致身体或心理上的痛苦、伤害或死亡（Fredrick，Middleton，& But- 431
ler，1995）。疾病控制和预防中心将青少年暴力定义为“故意对他人、群体
或社区使用武力或身体的力量，其行为可能会造成身体或心理伤害”。校园
暴力是发生在学校、上学或放学途中以及在参加学校主办的活动期间或途中
的青少年暴力的一个子集（CDC，2012）。

阿斯特（Astor）（1998）建议社会工作者对暴力采取类似的广义定义，如施特劳斯（Straus）、盖利斯（Gelles）和施泰因梅茨（Steinmetz）（1980）提出的，暴力是“出于故意或可感知到意图的造成他人身体上的疼痛或伤害的行为。身体疼痛的范围可能从轻如打耳光到谋杀”（p. 20）。阿斯特倡导应用这一定义，因为它包含了在小学中较为常见的轻度侵犯形式。他认为，在低年级对侵犯行为的宽松规定或对较温和形式的侵犯行为的容忍，会导致在高年级出现更严重的侵犯行为。在我们的讨论中，我们将校园暴力归结为一个可操作的定义，即校园暴力是指在行为接受者处于学校监督下的使行为接受者产生痛苦的任何有意的言语或身体行为。

近年来，与校园暴力有关的许多研究文献都集中在欺凌行为上（Dake，Price，& Telljohann，2003）。基于奥尔韦乌斯（Olweus）（1978）的开创性工作，**欺凌**（bullying）被定义为故意伤害他人的重复侵略行为（Smith，2000）。欺凌事件包括辱骂、谣言、人身伤害威胁，强迫学生做不想做的事情，有目的地将其排除在活动范围之外，故意破坏财产，推搡、绊倒或唾弃（US Department of Education，2013）。

研究表明，许多学生因为被欺凌而每天害怕上学。欺凌对受害者造成的后果包括焦虑、抑郁、旷课、吸毒、暴力行为和自杀行为（Litwiller & Brausch，2013）。这些后果也延伸到旁观者。那些没有直接参与但目睹了欺凌事件的学生报告显示，他们的焦虑和抑郁程度有时超过了受害者报告的水平（Cohen & Geier，2010；Rivers，Poteat，Noret，& Ashurst，2009）。

虽然关于网络欺凌的研究相对较新，但越来越多的研究表明，它会对欺

凌者、受害者和旁观者造成有害的影响。被网络欺凌的学生表示感到悲伤和焦虑（Beran & Li，2005）。网络欺凌事件包括在互联网上发布有害信息；发送骚扰短信、即时短信或电子邮件；有目的地在互联网上分享私人信息；在网上被排挤（US Department of Education，2013）。遭受网络欺凌的学生比没
432 有遭受网络欺凌的学生更有可能逃课和携带武器上学（Ybarra，Diener-West，& Leaf，2007）。

问题的范围

悲惨的灾难性事件成为大众媒体将校园暴力视为关键问题的载体。被广泛报道的校园枪击事件极大地增加了全国对校园暴力程度的关注（Schildkraut & Hernandez，2014）。然而，学校中的暴力死亡相对较少。发生在学校的青少年凶杀案不到2%，这一比例在过去的十年中一直保持稳定（CDC，2012）。虽然这些暴力行为涉及相对较少的学校中的年轻人和成年人，但它们对社区产生了毁灭性的影响。它们还对地方、州、地区和国家各级的政策产生了重要影响（Schildkraut & Hernandez，2014）。

虽然近年来由于校园暴力造成的死亡人数可能有所减少，但不幸的是，其他形式的校园暴力太普遍了。学校报告的一次或多次的暴力、盗窃或其他犯罪事件的比例徘徊在85%左右，并保持稳定（US Department of Education，2013）。

校园欺凌现象持续对学校安全造成严重问题。根据最近的一项调查，12%的学生表示在过去的一年中有过肢体冲突，20%的学生表示曾在学校受到过欺凌（CDC，2012）。2011年，约28%的初高中学生表示在学校受到欺凌，9%的学生表示在网络上受到欺凌。大多数遭受欺凌的学生没有告诉他们的父母或老师有关欺凌的行为，这使得难以识别哪些学生需要干预（Bonanno & Hymel，2013）。无论如何，报告欺凌事件的学生比例在过去的十年中从大约26%增加到40%（US Department of Education，2013）。

风险和保护因素

许多研究校园暴力的学者认为，最好从社会生态学的角度来描述这种情

况（Espelage & Swearer, 2003）。从这个角度来看，个人、家庭、学校和社会因素都对暴力情况的产生有一定的影响。研究校园暴力的文献通常采用多因素交互模型来解释暴力事件（Espelage & Swearer, 2003; Verlinden, Hersen, & Thomas, 2000）。这些生态系统模型描述了多种因素在不同的发展阶段在不同的层次上相互作用，以解释和维持暴力行为。因此，个体特征可能 433
在不同的家庭、学校和社区环境中运行，它们相互作用，从而产生无数种行为结果。

一组危险因素包括生物和社会心理特征，如青少年的冲动控制程度（Fishbein et al., 2006; Pardini, Lochman, & Wells, 2004），心理和情绪问题，青少年与酗酒有关的家族史和遗传因素（Osofsky & Osofsky, 2001; Verlinden, Hersen, & Thomas, 2000）。例如，有对压力敏感的遗传倾向的孩子，当暴露在压力源的环境中时，可能会表现出更有攻击性的行为（Wolff, Santiago, & Wadsworth, 2009）。此外，年轻人的自我控制能力也会影响他们的行为。

青少年与同龄人和成年人的人际关系也很重要。这些因素包括同龄人参与吸毒和犯罪行为以及他们在学校的参与度（Dake, Price, & Telljohann, 2003）。来自家里、社区和学校的亲社会的同龄人和成年人的支持往往会保护年轻人免受攻击性和暴力行为的伤害（Bowen, Hopson, Rose, & Glennie, 2011）。来自低收入家庭的年轻人如果在家庭和邻里环境中受到更多的压力，就更有可能在学校表现出攻击性（Lochman, Wells, Qu, & Chen, 2012）。

此外，许多低收入家庭生活在儿童遭受暴力的贫困社区（Lochman, Wells, Qu, & Chen, 2012）。接触邻里暴力会增加攻击性行为的倾向（例如，Barry, Lochman, Fite, Wells, & Colder, 2012）。邻里问题也可能对育儿产生不利影响（Gutman, McLoyd, & Tokoyawa, 2005），进一步增加儿童攻击性行为的风险（Brody et al., 2003）。

学校的社会环境也可以增加或减轻攻击性和暴力行为的风险。如果学校里的成人关系和师生关系都很好，那么学校的攻击性行为问题就会较少（Crosnoe, 2004; McNeely, Nonnemaker, & Blum, 2002; Powers, Bowen, & Rose, 2005; Whitlock, 2006）。在惩罚措施中培养具有安全感和公平感的学校氛围也有利于减少攻击性行为（Cohen & Geier, 2010）。

干预措施

与校园暴力干预有关的大多数文献都集中在预防工作上。预防比在危机发生后减少暴力的影响更容易、成本更低、更有效（Rich，1992）。许多关
434 于预防校园暴力方案的评论已经公布（见 Allen-Meares，Washington，& Welsh，1996；Dryfoos，1998；Goldstein & Conoley，1997），我们鼓励那些尝试在他们的社区中预防或避免校园暴力的读者熟悉各种预防方案。奥维斯斯欺凌预防计划（Olweus Bullying Prevention Program）可能是研究最广泛的预防项目，它已展示出在减少欺凌事件和改善学校的社会氛围方面的有效性（Limber，Nation，Tracy，Melton，& Flerx，2004）。另一个计划是“立即停止欺凌！”（Stop Bullying Now！）运动，由美国卫生与公众服务部赞助（www. stopbullyingnow. hrsa. gov）。该项目为父母和青少年提供信息，以解决当前的问题并帮助防止将来遭受欺凌。但是，由于本章侧重于危机干预，因此我们不会详细讨论预防计划。相反，我们将重点放在与个别暴力受害者有关的干预措施上。

危机干预应用

校园为学生之间的冲突提供了独特的环境。由于大多数学校的学生人数都很少，因此个人通常会在一天中不断地和相同的同龄人互动。这种熟悉有积极的方面，但它也会加剧个人之间的紧张关系，因为有些人可能无法避开那些和他们在一起会相处不好的人。危机干预计划必须解决这个问题。

初中和高中的青少年经历了剧烈的发展变化。更重要的是他们创造了一种自我认同。在初中和高中时期，青少年通常会加入一些小群体［如“大脑”（brains）、“骑手”（jocks）和“瘾君子”（stoners）］。与这些群体相关的标签可能会导致污名化，而个人身份有时也会被群体身份所包含（Scherr，2012）。经常有巨大的同伴压力要求成员遵守群体规范，成员通常变得无法容忍那些与他们的价值观或信仰不同的人。因此，危机干预工作需要评估受害者的自我认同和亚群体同化程度，以使受害者产生符合其个人价值观的变化。与服务对象群体的规范相冲突的拟议改变需要根据服务对象挑战这些规范的意愿进行评估。

另一个导致使用危机干预模式困难的因素是，学校教职员工通过使用恐吓和武力来强加权威的普遍现象。严格的规则和有辱人格的经历与针对教师和学校财产的暴力有关（Espelage et al.，2013）。人们普遍认为，青 435
少年对成年人不信任。不顾后果地强加权威会导致青少年不愿意利用成年人提供的服务（Curcio & First，1993）。

虽然一些培训师或教育工作者坚持采取一种干预危机的特定治疗模式，但校园暴力行为构成的多样性表明，需要考虑一系列治疗模式。罗伯茨（1996，2005）的七阶段危机干预模型在社会工作和社会服务实践界获得广泛认可。它适用于各种各样的人群和问题。本书的其他章节详细介绍了该模型，所以我们将读者引向那些章节，而不是重述它的一般原则。

根据我们的经验，罗伯茨的七阶段危机干预模型作为结合辅助治疗干预的组织结构或首要框架颇具应用价值。具体而言，经历了最初创伤反应的青少年对行为干预和随后的认知疗法反应良好（Jaycox，Kataoka，Stein，Langley，& Wong，2012；Langley，Nadeem，Kataoka，Stein，& Jaycox，2010）。认知疗法是社会工作实践中应用最广泛的干预方法之一（Hepworth，Rooney，Rooney，& Strom-Gottfried，2012）。它经常与其他干预措施（如自信训练和脱敏治疗）结合使用（Hepworth et al.，2012）。以下内容简要介绍了认知疗法的基本原理，并结合本章开头的一个案例，在罗伯茨危机干预模型的总体结构中对该方法进行了说明性应用。其中包括对特殊问题和考虑事项的简要讨论，这些是执业医师在将罗伯茨的模型应用于校园暴力的受害者时应注意的。

认知疗法

朱迪思·贝克（Judith Beck）（2011）提出了一套基于10条原则的认知疗法：

原则1

认知疗法的基础是永远发展变化的服务对象及其认知方面的问题。提醒工作者，当前的想法至关重要，因为只有当下才能被改变。虽然促发因素和历史发展事件非常重要，尤其是在校园暴力的背景下，但它们最重要的是维 436

持那些阻碍服务对象充分发挥作用的想法。

原则 2

认知疗法需要良好的治疗联盟。与大多数社会服务专业的培训教材一致，治疗师与服务对象的关系至关重要。鼓励展示有同理心的人际交往能力和要求关于关系的反馈。由于工作者和青少年之间的角色差异，建立积极的联盟可能会遇到困难，但我们的经验表明，那些真正处于危机中的人，当他们从可以充当听众的同伴那里移开身体以及当工作人员能够准确地识别出他们的情感和认知状态时，他们很快就会摒弃自己的态度。

原则 3

认知疗法强调工作者和服务对象双方的合作和积极参与。与原则 6 一致，治疗师可能在治疗初期更加积极主动和有指导性，随着治疗的进展，允许服务对象有更多的自由和探索。

原则 4

认知疗法以目标为导向，以问题为着眼点。许多校园暴力的受害者被创伤的经历弄得不知所措，无法认清自己的问题。使用认知疗法结合危机干预模型可以为我们的服务对象提供极大的机会来提高清晰度。根据服务对象解决问题的能力，他们可能只需要识别问题即可得到更多帮助。当服务对象确定停止对该事件反复思考的目标时，尤其如此。

原则 5

认知疗法最初强调当下。虽然重大的违法行为给当事人对校园暴力的特殊行为做出反应带来了困难，但对这些事件的认知过程是一个持久的问题。

原则 6

认知疗法是教育性的，旨在教会服务对象做自己的治疗师，并强调预防复发。在对服务对象进行认知模式的教育时，治疗师为其提供了一种帮助他
437 们自己的方法。与危机干预价值观相一致的是，服务对象有权帮助自己，而不是变得依赖治疗师。

原则 7

认知疗法的目标是有时间限制的，并提出了几个与此目标一致的目标：提供症状缓解服务，帮助障碍缓解，帮助服务对象解决他们最紧迫的问题，并教给他们一些工具，以便他们在未来帮助自己。鉴于服务对象的促发问题是外在的（人际关系），认知疗法在缓解青少年服务对象的痛苦方面往往是有效果的和有效率的。这种时间限制结构与罗伯茨危机干预模型的总体结构是一致的。

原则 8

认知疗法会谈是结构化的。回顾服务对象自上次会谈以来的进展，制订会谈议程，从家庭作业中得到反馈，讨论议程项目，布置新的家庭作业，总结会谈，这些都是认知疗法会谈中常用的任务。

原则 9

认知疗法教会患者识别、评估和回应他们不正常的想法和信念。通过苏格拉底式提问或引导式的探索，治疗师和服务对象会发现不合理或不正常的想法，这些想法维持着阻碍服务对象充分发挥功能的行为。通过识别这些想法并批判性地评估它们的有效性和有用性，服务对象被教导创建新的模式，从而导致更健康的、适应的行为。

原则 10

认知疗法使用多种技术来改变思维、情绪和行为。虽然苏格拉底式的提问和引导式的探索是认知疗法的核心工具，但其他治疗方法的技术也会被使用。

这些原则的应用是通过一个过程，在这个过程中，治疗师帮助服务对象（a）接受他们的自我陈述、假设和信念在很大程度上调解了他们对促发事件的情绪反应；（b）找出导致其问题根源的不正常的信念和思维方式；（c）找出引起认知障碍的情况；（d）用功能性自我陈述代替自我挫败的认知；（e）奖励自己成功应对的努力（Hepworth et al.，2012）。 438

对于校园暴力的幸存者而言，服务对象的某些想法可能是合理的：随后可能会有真正的暴力威胁。有时候，生活真的如此艰难，以至于合理的反应在临床上就表现为抑郁或焦虑。实际上，这种反应可能是自然的悲伤过程的一部分（Benbenishty & Astor，2005）。在这两种情况下，一个主要问题可能是服务对象发现自己无法以以前的方式执行任务，就放弃了，除了从生活中退出什么也做不了。他们将自己对生活某一部分的失控推广至生活的所有领域。扭转这种模式成为认知疗法和危机干预的首要目标。为了达到这个目的，治疗师允许服务对象接受消极的想法（例如，“当我和那些人在一起时，我可能会处于危险之中”），但要么质疑服务对象消极的**自动**想法（例如，“每当我看到他们，我就会不由自主地认为我处于危险之中。但是，也许并非如此，也许我只是担心我可能会陷入一种他们可能会再斥责我的境地”），要么制订策略来帮助服务对象分散自己的注意力，使其不受消极思想的影响并质疑其含义（Beck，2011）。

罗伯茨危机干预模型在认知疗法中的应用

评估致命性

在评估本章开头提到的艾瑞莎·杰克逊案件时，我们要关心的是她是否不会受到进一步的暴力威胁。对校园暴力受害者的危机干预，应从对事件和有关人员的全面评估开始。确保受害者的安全至关重要。虽然暴力的具体施暴者可能被移出现场，但该人所属小群体的成员可能引起关注。我们需要知道那个威胁艾瑞莎的女孩是否仍然对她构成威胁。例如，我们需要确定她是否继续携带武器上学。就美工刀或其他武器而言，仅仅解除暴力行凶者的武装可能是不够的，因为这种武器很容易更换。

确定艾瑞莎是不是一个有组织的团体或帮派的成员非常重要。确定她是否属于任何非正式团体［奇客（geeks）、大脑（brains）等］也很重要。如果我们熟悉大部分的学生，我们可以通过问艾瑞莎她和谁交往来进行这些调
439 查。我们还需要在第一次访谈开始时评估服务对象融入团体的程度。

应仔细记录服务对象对发生争执前相关事件的描述。如果可能的话，治疗师应该获得针对个别学生的学校信息，因为暴力事件后的干预可以通过了解参与者、他们的家庭情况、特定的压力源和力量、社会支持等得到增强

(Jaycox, Kataoka, Stein, Langley, & Wong, 2012)。就艾瑞莎的情况而言，我们会在与她会面之前，试着查看她的学校记录。虽然我们重视她对暴力事件的描述，但我们也试图收集背景信息，以便我们能把她的评论放在背景中考虑。

在艾瑞莎的案例中，我们关注的是三个方面的潜在致命性。首先，她因为受害而伤害自己的可能性有多大？许多青少年关心的是“保全面子”和不失去同伴的尊重。如果个人担心他（她）会因为成为受害者而受到羞辱，那么致命性的威胁就会增加。在这方面，我们更关心年龄较大的青少年，而不是早期青少年或更小的儿童。在艾瑞莎的情况下，我们认为这种风险并不大，因为她很乐意来寻求帮助。其次，有多大的可能性艾瑞莎会想要亲自纠正对她所做的错事？青少年普遍缺乏超越当下的思考能力和延迟满足的能力，这往往会增加他们对“抚平划痕”做出反应的可能性。艾瑞莎担心威胁会再次发生，这表明这种风险并不大。治疗师应评估的致命性的第三个方面是，在何种程度上行凶者小群体存在可实行的相互指责的威胁。在艾瑞莎的案例中，我们确实很担心，并将聘请学校的行政和安全人员代表她进行干预。我们还将与她一起确定她应该避免的潜在危险情况。

建立融洽的关系和沟通

如前所述，许多青少年普遍不信任成年人。受害者可能认为他（她）可以在没有成年人干涉的情况下处理这种情况。但是，根据我们的经验，学生在遇到危机的情况下，更愿意信任有权威的人。

我们会注意使用有效的访谈微技能（注意倾听、肢体语言、释义等），努力营造专业的氛围，而不是对艾瑞莎发号施令。虽然艾瑞莎·杰克逊的情况似乎与此不同，但通常情况下，受害者在造成暴力的情况中扮演了积极的角色。尽管如此，为了危机干预的目的，工作人员应该把服务对象视为受害 440
者。扮演一个权威的角色肯定会破坏工作人员和服务对象之间已经建立的融洽关系。正如梅尔克（Maercker）和马勒（Muller）（2004）所指出的，淡化**“受害者”**一词并灌输服务对象是**幸存者**的观念可能会有所帮助。

识别主要问题

如果服务对象要成功地处理暴力事件，那么就必须识别促发事件。这种资料可能很难获得，特别是如果暴力行为是针对某一典型群体而不是特定个人的无差别的侵犯行为。很多时候，个体在不知不觉中挑起了攻击。在这些情况下，治疗师可以利用他们的专业知识来帮助确定攻击的可能原因是卓有成效的。似乎是艾瑞莎不知不觉或无意中挑起了对她的威胁。帮助她理解为什么另一个女孩会有这样的反应，可以帮助艾瑞莎理解威胁的意图。如果不知道这个意图，我们有时会联系学校安全人员或管理员，以了解他们对这种互动的看法。虽然有可能直接从行凶者那里得到这些信息，但我们发现学校的工作人员可能已经这样做了。

收集有关暴力行为的其他信息的第二个原因是，即使在没有陷入危机的情况下，青少年也不是他们所参与事件的特别好的目击者或报道者，所以努力收集对事件的其他观点可能有助于帮助当事人了解到底发生了什么。这种理解可以帮助服务对象识别或重新定义他（她）的实际问题。

许多暴力事件是受害者与行凶者之间一系列消极遭遇的结果。这些欺凌情况类似于一个人被跟踪，因为受害者可能已经采取了所有已知的步骤来避免争执，但都无济于事。正如 A. R. 罗伯茨和 B. 罗伯茨（1990，2005）所述，当这些步骤失败时，服务对象可能会进入活跃的危机状态。尽管服务对象可能希望回答为什么他（她）被作为目标的问题，但治疗师应该继续关注人际行为模式的本质，因为那才是服务对象的问题。

进入这种活跃的危机状态可能会引起一种不平衡或混乱的感觉，但这也表明服务对象正在生成资源，开始克服引发危机的事件（Roberts & Roberts，2005）。在这一点上，可以应用认知疗法，因为受害者已经开始做出可能干扰正常行为的自我陈述。艾瑞莎可能认为自己在暴力互动中的角色是她应该知道的或她自己做的事情。她的恐惧可能导致她变得过于谨慎。

441 在与艾瑞莎最初的几次会谈中，我们将努力确保她不会对过去的事情耿耿于怀。我们将努力找出那些妨碍她像暴力事件之前那样运转机能的问题。具体来说，我们会帮助她理解是她的认知反应在暴力事件后限制了她。

处理情感和提供支持

社会服务提供者需要注意暴露于创伤性暴力事件的儿童的社交退缩，因为他们对正常活动的抑制可以作为他们的压力程度的一个指标。儿童对悲伤的反应往往比成年人更迟缓。尽管如此，注意到孩子们是安静和礼貌的“天使”可能表明他们很难适应促发事件的后果（Jimerson, Stein, & Rime, 2012; Ursano, Fullerton, & Norwood, 1995）。

当学生受到暴力侵害者的伤害时，他们通常会感到恐惧、愤怒、沮丧、无力、尴尬和羞愧。如果他们目睹了别人受到的伤害，他们也会为自己没有做出更果断、更有效的回应而感到内疚。提供专注的、非评判的支持可以帮助服务对象处理他们对事件的情绪反应。使服务对象的体验正常化有利于这个过程的进行。调和受害者所产生的复杂情绪，可以让服务对象将精力用于积极地解决问题。

我们将与艾瑞莎一起帮助她理解，她对受到威胁的恐惧反应是正常和合理的。如果她的情感词汇有限，我们可以试着帮助她进行扩展，这样她就不会陷入一个常见的问题，即青少年只会说“生气”或“悲伤”，因为他们没有识别出其他的情感。

探索可能的选择

一旦服务对象的情绪困扰程度降低，他（她）就可以开始为这个问题想出替代的解决方案。治疗师可以帮助服务对象开发一系列可行的替代反应，以达到服务对象的目标。当与青少年打交道时，重要的是要促使他们坚持并进行头脑风暴，而不是接受第一个出现在脑海中的想法。

正是在这个阶段，我们开始帮助服务对象挑战他们的非理性认知，或调解他们对促发事件的情绪反应。我们与他们合作，探索他们的认知是否准确反映了外部世界的情况。当我们承认这些思想的保护作用时，我们帮助年轻人认识到，还有其他的方式来思考当前的情况，过去的已经过去了。解释这 442
些概念以便让孩子们能够理解有时是相当具有挑战性的，而我们经常提醒自己，耐心的确是一种美德。

制订行动计划

在此步骤中，应明确制定目标。目标应该是具体的、明确的和可衡量的（Hepworth et al., 2012）。同样，如果目标不是通过合作建立的，则存在服务对象无法投入于实现既定目标的风险。为服务对象提供积极指导治疗目标设定的机制可以为后续的自我授权活动提供模型（Roberts, 2005）。

治疗师需谨记，学校的学生可能缺乏认知或情感上的成熟（或语言的敏锐）来识别实施计划的必要步骤，以实现他们确定的目标。我们发现，采用一个解决问题的模型，如以任务为中心的模型（见 Behrman & Reid，2005），可以为阐明这个计划提供一个结构。认知-行为干预与以任务为中心的模型是相容的，并且该模型的时间限制特性使其能够在学校环境中使用。

虽然此时，我们已经开始通过挑战服务对象的自我对话和信念来进行认知干预，但我们使用这一步来指导其展示表明她正在实现目标的行为任务。就艾瑞莎而言，我们将确保她再次做她在受到暴力威胁后回避做的事情。我们非常支持所有的努力（无论多么小），这些努力表明她在克服暴力事件后紧接着遇到的任何障碍方面取得了进展。我们特别关心的是艾瑞莎是否会因为自己的进步而奖励自己，因为学校的受害者往往不愿意承认自己的进步。我们希望他们能够意识到自己的进步，以及他们是如何克服自己的问题的。如果我们的认知干预是教育性的，艾瑞莎需要意识到她的进步，以便以后复制它。

跟进措施

与其他干预措施一样，积极治疗阶段的持续时间可能有所不同。从定义上讲，危机是有时间限制的，到了某个点，问题的危机方面就会减弱。然后，要么干预是有效的，服务对象将终止服务，要么需要继续签约服务。我们的认知干预嵌入在罗伯茨的危机干预模型中，通常只关注一两个功能失调的信念或想法。然而，我们认识到许多服务对象在受害前有认知或情感的变
443 化，这可能会阻碍他们的全面康复。虽然在危机干预中成功的治疗通常被定义为服务对象恢复到以前的功能水平（Roberts，2005），但受校园暴力伤害或暴露于学校暴力的创伤可能需要超出解决危机方面的必要干预措施。在这些情况下，服务对象应该被转介给服务提供者那里寻求帮助。职业操守标准表明，与服务对象终止治疗后，治疗师应跟进以确保服务对象保持良好的心理健康。

我们与艾瑞莎的合作持续了 3 周，而她对同伴的威胁做出了回应。在那段时间里，她克服了对学校里其他加入有组织团伙的女孩的非理性恐惧。虽然艾瑞莎尊重这些女孩可能出现的暴力行为，但她也意识到自己并不是被单独挑出来作为攻击目标的。她不再回避学校的公共场所。因此，艾瑞莎很高兴她能够消除自己的恐惧，并像与同伴发生暴力争吵之前那样进行社交活

动。我们应该注意到，暴力行凶者已被勒令停学一星期，学校安保人员一直在警惕地监视着与行凶者交往的女孩们。

灾难性事件

虽然如前所述，在所有校园暴力情况中，灾难性事件的数量很少，但凶杀对整个社区的破坏性影响促使媒体关注这一现象。媒体对过去几年灾难性校园凶杀暴力事件毫不动摇的关注提供了大量关于行凶者、受害者和社会对这些事件反应的传闻信息，但是没有系统的研究提供对这一现象的理解。与前一节一样，我们的讨论仅限于这一现象的危机干预方面，关注的是事件的受害者，而不是行凶者。此外，我们的讨论仅限于事后干预。这些来自灾难救援文献，但它们提供了与治疗这些灾难性事件幸存者有关的最佳信息。

评估/风险因素

帮助遭受灾难性校园暴力的幸存者的主要目标是，恢复和促进那些受到
创伤和悲伤不利影响的人的规范性认知、情感和人际交往功能（Murphy， 444
Pynoos，& James，1997）。在这样做时，服务提供者应记住，每个人对灾难性事件的适应能力是不同的。

弗雷迪（Freedy）、雷斯尼克（Resnick）和基尔帕特里克（Kilpatrick）（1992）开发了用于灾难调整的风险因素模型。他们建议工作人员对那些被认为可以预测灾后几天或几周内适应困难的因素进行简短的临床评估。他们确定的风险因素包括在过去的一年中经历过大量负面生活事件的人以及在灾难发生前有心理健康问题的人。在这一现象中，表明适应不良的高风险的经历包括人身伤害（包括死亡）的威胁、人身伤害、暴露于奇异的景象中以及失去家人或爱人（无论是不是目击者）。乌尔萨诺（Ursano）及其同事（1995）认为，灾难的严重程度是灾后精神问题发生的概率和频率的唯一最佳预测因子，这可以通过受伤人数和受伤类型来表示。拥有有效的认知应对技能和促进灾前个人控制和能力的社会支持网络被认为是能够调解对灾害适应不良风险的保护性因素（Freedy et al.，1992）。

事后干预

我们支持将罗伯茨的危机干预模型与认知疗法相结合的综合模型。但是，我们认识到，需要对灾难性事件进行额外的考虑。例如，灾难后的个人需求可以在马斯洛（Maslow，1968）需求层次理论的背景下加以考虑，认为最初的干预努力集中于建立安全和身体健康。社会和心理方面的相互作用也应如此。一项重要的干预措施应该是教育社区成员“对异常事件的正常反应”（Ursano et al.，1995）。这些反应在本质上是生理的、认知的和情感的。身体上的反应通常始于一种震惊和迷失方向的感觉。这通常会引发“战斗或逃跑”反应，表现为心跳加快、呼吸加快和感官知觉增强。由于这种强烈的反应不能长时间保持，疲惫随之而来（Young，1991，1995）。

认知和情感反应与身体反应相似，最初表现为震惊和怀疑，可能包括否认和对现实的一种停滞感。这种震惊之后是情绪混乱，因为个体在应对危机造成的损失时会产生愤怒、沮丧、内疚和悲伤等情绪（Young，1991，1995）。个体可能需要几周或几个月的时间来处理震惊和情绪混乱的反应，这使人在
445 精神上和情感上精疲力竭。这种情绪耗竭通常使个人感觉就像坐上了情绪过山车：一会儿被情绪压倒，一会儿又毫无情绪。一些人通过限制他们对周围外部世界的情感参与范围来建立对这种现象的防御（Young，1991）。危机干预的目标可以被看作促进服务对象在这个过程中的旅程，直到他（她）成为一个“完全响应，完全参与”的人。让家庭成员或朋友参加咨询会谈通常是合适的，因为他们可以强化信息并提供持续的支持。即使这些家庭成员或朋友本身已经受到了精神创伤，情况也是如此。同伴互助小组也为灾难性事件后的支持提供了一个有价值的讨论会（Young，1991）。

近二十年来，全国受害者援助组织（National Organization of Victim Assistance，NOVA）一直在应对灾难性的校园暴力事件（Young，1991，1995）。那些实施的事件后服务将欢迎 NOVA 的专业知识，尤其是它采用的小组晤谈流程。这种干预为罗伯茨危机干预模型的阶段三和阶段四（识别主要问题、处理情感和提供支持）中的幸存者移动小组提供了一个重要的机制。

NOVA 的干预解决了因为灾难性事件使整个社区不堪重负的复杂因素。在这些情况下，对于幸存者及其服务提供者而言，抵御包括媒体人员在内的外部势力的侵扰，形成保护性屏障就变得非常重要。只要成年人自己没有被

创伤压垮，用成年人作为对抗外部力量的缓冲是合适的。实现这一点的一种方法是促进成年人进行危机干预，这样他们就可以照顾自己的孩子。如前所述，儿童的悲伤反应通常会延迟（与成人反应相比）。如果这种震惊或否认持续了很长一段时间，可能会有问题，但它确实提供了一段时间的窗口期，可以将注意力集中在成人护理提供者身上。请注意，我们并不是建议停止对儿童提供必要的危机干预服务，我们也承认，成年人在他们的孩子处于创伤反应期间提供照顾的能力也应该得到评估。

除了直接接触暴力事件的人所经历的创伤外，这些受害者的社会网络也受到暴力的影响。特别是，青少年的父母和兄弟姐妹有发生继发性创伤反应的风险。社会服务工作者需要意识到在事件发生后的几周和几个月内，在遭受校园暴力侵害的家庭中，可能会出现人际关系困难。分发提供支持性服务的文献可以帮助那些没有受过关于继发性应激反应症状教育的人，或者将暴力事件后的心理或社会问题降至最低的人。

最后，要提醒社会工作者和其他危机干预提供者，提供救济服务的人可能也需要心理帮助，特别是警察、医务人员、热线工作人员、保险理赔员和社区领导。应该特别注意“英雄”，因为作为幸存者或救援人员的代言人往往有巨大的压力。这些英雄可能会经历包含内疚、满足和焦虑的矛盾感觉，因为他们的行为不能证明他们的“英雄”地位。 446

约翰·汉森的案例证明了在灾难性事件中进行危机干预的必要性。对约翰的情况的评估是至关重要的。约翰暴露在创伤性事件中的时间长度和他所目睹事件的性质将有助于决定他接受治疗的类型和持续时间。需要特别关注那些目击枪击事件和可能被劫持的学生，他们比那些在场或目睹外围事件的学生更有可能表现出慢性症状。

需要强调 NOVA 参与的必要性，以及小组晤谈的必要性。因为这个事件影响到整个社区，让约翰的父母和密友在康复过程中给予帮助是很重要的。教育约翰的父母和其他支持网络成员对异常情况的正常反应将是一个主要目标，因为那些与约翰最亲近的人需要为这些反应做好准备。在与约翰直接合作时，我们将使用一种类似于治疗艾瑞莎·杰克逊的认知干预疗法。强调约翰对自己在暴力情况下缺乏控制的恐惧，以及灾难性事件反复发生的可能性，需要他解决那些阻碍他在创伤后正常运作的非理性想法。当我们和他一起努力解决他的认知障碍时，我们也仍然支持他的情绪恢复。通过这些干预，约翰很可能会学会应对混乱的局面。

政策干预

为了应对校园暴力行为，大多数学校（至少75%）制定了零容忍纪律政策，该政策规定学生因一些行为会被停学，这些行为从不礼貌的语言到在学校携带武器。这些政策要求将预定的后果（通常是严重的停学处罚）自动应用于一系列行为，而不论其严重程度或背景如何（American Psychological Association Zero Tolerance Task Force，2008）。回顾20年的研究，几乎没有证据
447 表明这些政策在改善学校的社会氛围或使学校更安全方面具有有效性。事实上，它们似乎是有害的，因为它们导致了对有色人种和残疾学生的不成比例的停学处分（American Psychological Association Zero Tolerance Task Force，2008）。改善学校应对暴力行为的建议包括：

- 灵活运用零容忍政策，在适当的时候允许在课堂上处理更多的行为。
- 改善老师和家长之间关于课堂行为问题的沟通。
- 明确界定哪些行为属于违规行为，并为教师和员工提供处理学校问题行为的培训。
- 评估改善行为的策略，以确保它们是有效的。（American Psychological Association Zero Tolerance Task Force，2008）

一系列联邦政策已经被提出，以应对校园大规模枪击和自杀事件，并防止未来再次发生此类事件。这些措施包括对青少年暴力犯罪施以更严厉的惩罚，以及更严格的枪支管制政策，包括对想购买枪支的个人进行背景调查。1999年科隆比纳校园枪击事件后，超过800项与枪支管制相关的法案被提出，但只有10%获得通过（Schildkraut & Hernandez，2014）。最近，校园暴力事件促使联邦政府采取措施，旨在增加学校心理健康服务人员的数量（Klein，2013）。问题仍然在于，这些政策干预是否能有效降低此类灾难性事件的数量或严重性（Schildkraut & Hernandez，2014）。

具有文化能力的干预

虽然特殊人群或特定的人口特征与急性的、灾难性的校园暴力之间似乎没有什么关系，但有一些关于更长期的暴力或欺凌的研究。一般来说，现有的研究表明，没有任何单一的人口统计学因素会使一个人容易受到欺凌，包括属于一个典型的受压迫或弱势群体或认同这个群体（www. stopbullying. gov）。欺凌行为似乎存在性别差异，但欺凌率在性别上似乎没有显著差异（Silva，Pereira，Mendonca，Nunes，& Olivera，2013；Wimmer，2009）。

种族的影响尚不明确，费福尔特（Vervoort）、斯科尔特（Scholte）和奥弗比克（Overbeek）（2010）指出，一些研究结果显示了基于种族的欺凌的证据，而其他研究表明，种族可能只是造成骚扰的几个因素之一。还有另外 448
的证据表明，种族或民族在欺凌中的作用很小（Seals & Young，2003）。

尽管关于种族和民族在欺凌中的影响有相互矛盾的发现，但性取向的影响更加明显。一项研究（Bochenek & Brown，2001）表明，大多数 LGBT 青年遭受的欺凌都是基于他们的性取向。其他研究表明，LGBT 青年不仅更有可能成为欺凌的受害者，而且更有可能因为欺凌而出现心理健康问题，如创伤后应激障碍和抑郁症状（Rivers，2001，2004）。

尽管有关人口统计学特征对欺凌行为影响的研究结果不一，但也提醒执业医师，对属于少数群体服务对象的干预需要对文化因素高度敏感。有许多文化因素会影响人们成功与服务对象互动的能力。文化规范和价值观会深刻影响孩子对暴力事件的反应以及他（她）的长期适应能力（Silva & Klotz，2006）。由于一个人的性别、种族、社会经济地位、性取向以及他（她）身份的其他方面可能是校园暴力和欺凌事件的焦点，因此至关重要的是，从文化上了解对这些事件的反应。在预防文献中，研究人员呼吁采取干预措施，教育学校社区重视差异。这些努力在学校应对暴力事件时也值得强调。

由于社会工作者的职业发展和道德规范都以社会公正问题为中心，他们随时准备呼吁人们注意学校的政策或干预措施，这些政策或干预措施会使学生小群体因个人特征或社会经济状况而被边缘化。他们可以倡导学生之间，学生与学校工作人员之间以及与学生家庭之间的文化响应性的互动（Banks & Banks，2010）。坎普弗（Kumpfer）、普尼古（Pinyuchon）、特西谢拉·德·梅洛（Texixeira de Melo）和怀特赛德（Whiteside）（2008）提供了使干预具有文化相关性的步骤。她主张将干预措施与目标人群的需求及其特征（包括年龄、种族和语言）相匹配（Eggert，Seyl，& Nicholas，1990；Hooven，Herting，& Snedker，2010）。还有一些资源可以指导社会工作者干预来自特定文化群体的学生（见 Cauce et al.，2002；Griner & Smith，2006；Cartledge & Johnson，1997；Castillo，1997；McGoldrick，Giordano，Pearce，& Giordano，1996）。

继发性创伤

服务提供者、学校人员甚至家长对继发性创伤的反应越来越受到关注。来自创伤后应激障碍研究的文献表明，那些间接接触创伤性事件的人自身也
449 容易经历创伤（Figley，1995；Hudnall，1996）。继发性创伤的风险对于那些反复接触有创伤性经历的人来说更高。因此，提供危机干预服务的工作人员需要采取措施确保自己的健康（见 Figley，1995；Hudnall，1996）。

针对服务提供者中普遍存在的继发性创伤，医学博士桑德拉·布鲁姆（Sandra Bloom）、社会工作硕士约瑟夫·福德拉罗（Joseph Foderaro）和注册护士露丝·安·瑞安（Ruth Ann Ryan）开发了避难所模型。避难所模型是一种通过创伤知情的方法来创建一种组织文化，以支持创伤性经历的康复（National Child Traumatic Stress Network，2008；Rivard，Bloom，McCorkle，& Abramovitz，2005）。避难所模型旨在为受创伤的个人及其服务提供者创造一个身心安全的环境。虽然需要对避难所模型进行更严格的评估，但新兴的研究表明，这是一种很有前途的方法，可以为机构人员及其服务对象创造一个健康的环境，促进他们的情绪健康和福祉。该模型主要用于健康和心理健康环境，但目前也应用于学校环境（Esaki et al.，2013；Stanwood & Doolittle，2004）。

结论和政策建议

尽管需要持续的努力和资源投入于预防方案，但危机干预方案始终需要。除了个人之间的暴力，学校里学生子群体之间的紧张关系总是导致这些群体之间的攻击，而对个人进行危机干预是处理这些小冲突或犯罪行为的合适的方法。如果这些紧张局势升级，它们可能导致毁灭性事件，即使不是整个社区，也会给整个学校带来创伤。在这些情况下，危机干预的救灾模型最为合适。最好建议学区行政人员以及社会服务机构行政人员同时制订预防和事后计划，以解决校园暴力问题。

参考文献

Allen-Meares, P., Washington, R. O., & Welsh, B. L. (1996). *Social work services in schools* (2nd ed.). Boston: Allyn and Bacon.

American Psychological Association Zero Tolerance Task Force. (2008). Are zero tolerance policies effective in the schools? An evidentiary review and recommendations. *American Psychologist, 63*, 852–862.

Astor, R. A. (1998). School violence: A blueprint for elementary school interventions. In E. M. Freeman, C. G. Franklin, R. Fong, G. L. Shaffer, & E. M. Timberlake (Eds.), *Multisystem skills and interventions in school social work practice* (pp. 281–295). Washington, DC: National Association of Social Workers Press.

Banks, J. A., & Banks, C. A. M. (2010). *Multicultural education: Issues and perspectives* (7th ed.). Hoboken, NJ: Wiley.

Barry, T. D., Lochman, J. E., Fite, P. J., Wells, K. C., & Colder, C. R. (2012). The influence of neighborhood characteristics and parenting practices on academic problems and aggression outcomes among moderately to highly aggressive children. *Journal of Community Psychology, 40*, 372–379.

Beck, J. S. (2011). *Cognitive therapy: Basics and beyond* (2nd ed.). New York: Guilford Press.

Behrman, G., & Reid, W. J. (2005). Posttrauma intervention: Basic tasks. In A. R. Roberts (Ed.), *Crisis intervention handbook: Assessment, treatment, and research* (3rd ed., pp. 291–302). New York: Oxford University Press.

Benbenishty, R., & Astor, R. A. (2005). *School violence in context: Culture, neighborhood, family, school, and gender.* New York: Oxford University Press.

Beran, T., & Li, Q. (2005). Cyber-harassment: A new method for an old behavior. *Journal of Educational Computing Research, 32*, 265–277.

Bochenek, M., & Brown, A. W. (2001). *Hatred in the hallways: Violence and discrimination against lesbian, gay, bisexual, and transgender students in US schools.* New York: Human Rights Watch.

Bonanno, R. A., & Hymel, S. (2013). Cyber bullying and internalizing difficulties: Above and beyond the impact of traditional forms of bullying. *Journal of Youth and Adolescence, 42*, 685–697. doi:10.1007/s10964-013-9937-1

Bowen, G. L., Hopson, L. M., Rose, R. A., & Glennie, E. J. (2012). Students' perceived parental school behavior expectations and their academic performance: A longitudinal analysis. *Family Relations, 61*(2), 175–191.

Brody, G. H., Ge, X., Kim, S. Y., Murry, V. M., Simons, R. L., Gibbons, F. X., . . . Conger, R. D. (2003). Neighborhood disadvantage moderates associations of parenting and older sibling problem attitudes and behavior with conduct disorders in African American children. *Journal of Consulting and Clinical Psychology, 71*, 211–222.

Cartledge, G., & Johnson, C. T. (1997). School violence and cultural diversity. In A. P. Goldstein and J. C. Conoley (Eds.), *School violence intervention: Practical handbook* (pp. 391–425). New York: Guildford.

Castillo, R. J. (1997). *Culture and mental illness: A client-centered approach.* Pacific Grove, CA: Brooks/Cole.

Cauce, A. M., Domenech-Rodríguez, M., Paradise, M., Cochran, B. N., Shea, J. M., Srebnik, D., & Baydar, N. (2002). Cultural and contextual influences in mental health help seeking: A focus on ethnic minority youth. *Journal of Consulting and Clinical Psychology, 70*(1), 44–55.

Centers for Disease Control and Prevention. (2012). School violence fact sheet. Retrieved from http://www.cdc.gov/violenceprevention/pdf/schoolviolence_factsheet-a.pdf

Cohen, J., & Geier, V. K. (2010). *School climate research summary, January 2010.* Retrieved from www.schoolclimate.org/climate/research.php

Crosnoe, R. (2004). Social capital and the interplay of families and schools. *Journal of Marriage and Family, 66*, 267–280.

Curcio, J. L., & First, P. F. (1993). *Violence in the schools: How to proactively prevent and defuse it.* Newbury Park, CA: Sage.

Dake, J., Price, J., & Telljohann, S. (2003). The nature and extent of bullying at school. *Journal of School Health, 73*(5), 173–181.

Dryfoos, J. (1998). *Safe passage: Making it through adolescence in a risky society.* New York: Oxford University Press.

Eggert, L., Seyl, C., & Nicholas, L. (1990). Effects of a school-based prevention program for potential high school dropouts and drug abusers. *International Journal of the Addictions, 25*, 773–801.

Esaki, N., Benamati, J., Yanosy, S., Middleton, J., Hopson, L. M., Hummer, V., & Bloom, S. (2013). The Sanctuary Model®: A theoretical framework. *Families in Society, 94*(2), 87–95.

Espelage, D., Anderman, E. M., Brown, V. E., Jones, A., Lane, K. L., McMahon, S. D., . . . Reynolds, C. R. (2013). Understanding and preventing violence directed against teachers. *American Psychologist, 68*(2), 75–87.

Espelage, D., & Swearer, S. (2003). Research on school bullying and victimization: What have we learned and where do we go from here? *School Psychology Review, 32*, 365–384.

Figley, C. R. (1995). *Compassion fatigue: Coping with secondary traumatic stress disorder in those who treat the traumatized.* New York: Brunner/Mazel.

Fishbein, D. H., Hydeb, C., Eldreth, D., Paschall, M. J., Hubal, R., Dasa, A., . . . Yung, B. (2006). Neurocognitive skills moderate urban male adolescents' responses to preventive intervention materials. *Drug and Alcohol Dependence, 82*, 47–60.

Frederick, A. D., Middleton, E. J., & Butler, D. (1995). Identification of various levels of school violence. In R. Duhon-Sells (Ed.), *Dealing with youth violence: What schools and communities need to know* (pp. 26–31). Bloomington, IN: National Educational Service.

Freedy, J. R., Resnick, H. S., & Kilpatrick, D. G. (1992). Conceptual framework for evaluating disaster impact: Implications for clinical intervention. In L. S. Austin (Ed.), *Responding to disaster: A guide for mental health professionals* (pp. 3–24). Washington, DC: American Psychiatric Press.

Goldstein, A. P., & Conoley, J. C. (1997). Student aggression: Current status. In A. P. Goldstein and J. C. Conoley (Eds.), *School violence intervention: A practical handbook* (pp. 3–22). New York: Guilford Press.

Griner, D., & Smith, T. B. (2006). Culturally adapted mental health intervention: A meta-analytic review. *Psychotherapy: Theory, Research, Practice, Training, 43*, 531–548.

Gutman, L. M., McLoyd, V. C., & Tokoyawa, T. (2005). Financial strain, neighborhood stress, parenting behaviors and adolescent adjustment in urban African-American families. *Journal of Research on Adolescence, 15*, 425–449.

Hepworth, D. H., Rooney, R. H., Rooney, G. D., & Strom-Gottfried, K. (2012). *Direct social work practice: Theory and skills* (9th ed.). Belmont, CA: Brooks/Cole.

Hooven, C., Herting, J., & Snedker, K. (2010). Long-term outcomes for the Promoting CARE suicide prevention program. *American Journal of Health Behavior, 34*, 721–736.

Hudnall, B. (1996). *Secondary traumatic stress: Self-care issues for clinicians, researchers, and educators*. Lutherville, MD: Sidran Press.

Jaycox, L. H., Kataoka, S. H., Stein, B. D., Langley, A., & Wong, M. (2012). Cognitive behavioral intervention for trauma in schools. *Journal of Applied School Psychology, 28*, 239–255).

Jimerson, S. R., Stein, R., & Rime, J. (2012). Developmental considerations regarding psychological trauma and grief. In S. Brock and S. Jimerson (Eds.), *Best practices in school crisis prevention and intervention* (2nd ed., pp 377–400). Bethesda, MD: National Association of School Psychologists Press.

Klein, A. (2013). Obama presses school safety: Mental health initiatives. *Education Week, 32*(18), 12.

Kumpfer, K. L., Pinyuchon, M., Texixeira de Melo, A., & Whiteside. H. O. (2008). Cultural adaptation process for international dissemination of the Strengthening Families program. *Evaluation in the Health Professions, 31*, 226–239. doi:10.1177/0163278708315926

Langley, A. K., Nadeem, E., Kataoka, S. H., Stein, B. D., & Jaycox, L. H. (2010). Evidence-based mental health programs in schools: Barriers and facilitators of successful implementation. *School Mental Health*, 2, 105–113.

Limber, S. P., Nation, M., Tracy, A. J., Melton, G. B., & Flerx, V. (2004). Implementation of the Olweus Bullying Prevention Programme in the southeastern United States. In P. K. Smith, D. Pepler, & K. Rigby (Eds.), *Bullying in schools: How successful can interventions be?* (pp. 55–79). Cambridge: Cambridge University Press.

Litwiller, B. J., & Brausch, A. M. (2013). Cyber bullying and physical bullying in adolescent suicide: The role of violent behavior and substance use. *Journal of Youth and Adolescence*, 42, 675–684. doi:10.1007/s10964-013-9925

Lochman, J. E., Wells, K. C., Qu,

L., & Chen, L. (2012). Three year follow-up of Coping Power intervention effects: Evidence of neighborhood moderation? *Prevention Science*, *14*, 364–376. doi:10.1007/s11121-012-0295-0

Maercker, A., & Muller, J. (2004). Social acknowledgement as a victim or survivor: A scale to measure a recovery factor of PTSD. *Journal of Traumatic Stress*, *17*, 345–351.

Maslow, A. H. (1968). *Toward a psychology of being*. New York: Van Nostrand Reinhold.

McGoldrick, M., Giordano, J., Pearce, J. K., & Giordano, J. (1996). *Ethnicity and family therapy* (2nd ed.). New York: Guilford Press.

McNeely, C. A., Nonnemaker, J. M., & Blum, R. W. (2002). Promoting student connectedness to school: Evidence from the national longitudinal study of adolescent health. *Journal of School Health*, 72, 138–146.

Murphy, L., Pynoos, R. S., & James, C. B. (1997). The trauma/grief focused group psychotherapy module of an elementary school-based violence prevention/intervention program. In J. D. Osofsky (Ed.), *Children in a violent society* (pp. 223–255). New York: Guilford Press.

National Child Traumatic Stress Network. (2008). Trauma-informed interventions. Sanctuary Model: General information. Retrieved from http://www.nctsnet.org/nctsn_assets/pdfs/promising_practices/Sanctuary_General.pdf

Olweus, D. (1978). *Aggression in the schools: Bullies and whipping boys*. Oxford: Blackwell.

Osofsky, H., & Osofsky, J. (2001). Violent and aggressive behaviors in youth: A mental health and prevention perspective. *Psychiatry*, *64*, 285–295.

Pardini, D., Lochman, J. E., & Wells, K. C. (2004). Negative emotions and alcohol use initiation in high-risk boys: The moderating effect of good inhibitory control. *Journal of Abnormal Child Psychology*, *32*, 505–518.

Powers, J. D., Bowen, G. L., & Rose, R. A. (2005). Using social environment assets to identify intervention strategies for promoting school success. *Children and Schools*, *27*, 177–187.

Regoli, R. M., & Hewitt, J. D. (1994). *Delinquency in society: A child-centered approach*. New York: McGraw-Hill.

Rich, J. (1992). Predicting and controlling school violence. *Contemporary Education*, *64*(1), 35–39.

Rivard, J. C., Bloom, S. L., McCorkle, D., & Abramovitz, R. (2005). Preliminary results of a study examining the implementation and effects of a trauma recovery framework for youths in residential treatment. *Therapeutic Community: The International Journal for Therapeutic and Supportive Organizations*, *26*(1), 83–96.

Rivers, I. (2001). Retrospective reports of school bullying: Stability of recall and its implications for research. *British Journal of Developmental Psychology*, *19*(1), 129–141.

Rivers, I. (2004). Recollections of bullying at school and their long-term implications for lesbians, gay men, and bisexuals. *Crisis: The Journal of Crisis Intervention and Suicide Prevention*, *25*(4), 169–175.

Rivers, I., Poteat, V. P., Noret, N., &

Ashurst, N. (2009). Observing bullying at school: The mental health implications of witness status. *School Psychology Quarterly, 24*, 211–223.
Roberts, A. R. (1991). Conceptualizing crisis theory and the crisis intervention model. In A. R. Roberts (Ed.), *Contemporary perspectives on crisis intervention and prevention* (pp. 3–17). Englewood Cliffs, NJ: Prentice-Hall.
Roberts, A. R. (2005). Bridging the past and present to the future of crisis intervention and crisis management. In A. R. Roberts (Ed.), *Crisis intervention handbook: Assessment, treatment, and research* (3rd ed., pp. 3–34). New York: Oxford University Press.
Roberts, A. R., & Roberts, B. (1990). A comprehensive model for crisis intervention with battered women and their children. In A. R. Roberts (Ed.), *Crisis intervention handbook: Assessment, treatment, and research* (pp. 106–123). Belmont, CA: Wadsworth.
Roberts, A. R., & Roberts, B. S. (2005). A comprehensive model for crisis intervention with battered women and their children. In A. R. Roberts (Ed.), *Crisis intervention handbook: Assessment, treatment, and research* (3rd ed., pp. 441–482). New York: Oxford University Press.
Scherr, T. G. (2012). Addressing the needs of marginalized youth at school. In S. Jimerson, A. Nickerson, M. Mayer & M. Furlong (Eds.), *Handbook of school violence and school safety* (2nd ed., pp. 106–116). New York: Routledge.
Schildkraut, J., & Hernandez, T. C. (2014). Laws that bit the bullet: A review of legislative responses to school shootings. *American Journal of Criminal Justice, 39*, 358–374.
Seals, D., & Young, J. (2003). Bullying and victimization: Prevalence and relationship to gender, grade level, ethnicity, self-esteem, and depression. *Adolescence, 38*, 735–747.
Silva, A., & Klotz, M. B. (2006). Culturally competent crisis response. Retrieved from http://www.nasponline.org/resources/culturalcompetence/cc_crisis.aspx
Silva, M., Pereira, B., Mendonca, D., Nunes, B., & Olivera, W. (2013). The involvement of girls and boys with bullying: An analysis of gender differences. *International Journal of Environmental Research and Public Health, 10*, 6820–6831.
Smith, P. (2000). Bullying and harassment in schools and the rights of children. *Children and Society, 14*, 294–303.
Stanwood, H. M., and Doolittle, G. (2004). Schools as sanctuaries. *Reclaiming Children and Youth, 13*, 169–172.
Stopbullying.gov.(2014, December 2). Risk factors. Washington, DC: US Department of Health and Human Services. Retrieved from http://www.stopbullying.gov/at-risk/factors/index.html
Straus, M., Gelles, R., & Steinmetz, S. K. (1980). *Behind closed doors: Violence in the American family*. New York: Anchor Press/Doubleday.
Ursano, R. J., Fullerton, C. S., & Norwood, A. E. (1995). Psychiatric dimensions of disaster: Patient care, community consultation and preventive medicine. *Harvard Review of Psychiatry, 3*, 196–209.

US Department of Education, National Center for Education Statistics. (2013). Fast facts: School crime. Retrieved from http://nces.ed.gov/fastfacts/display.asp?id=49

Verlinden, S., Hersen, M., & Thomas, J. (2000). Risk factors in school shootings. *Clinical Psychology Review*, *20*(1), 3–56.

Vervoort, M. H., Scholte, R. H., & Overbeek, G. (2010). Bullying and victimization among adolescents: The role of ethnicity and ethnic composition of school class. *Journal of Youth and Adolescence*, *39*(1), 1–11.

Whitlock, J. L. (2006). Youth perceptions of life in school: Contextual correlates of school connectedness in adolescence. *Applied Developmental Science*, *10*, 13–29.

Wimmer, S. (2009). Views on gender differences in bullying in relation to language and gender role socialisation. *Griffith Working Papers in Pragmatics and Intercultural Communication*, 2(1), 18–26.

Wolff, B. C., Santiago, C. D., & Wadsworth, M. E. (2009). Poverty and involuntary engagement stress responses: Examining the link to anxiety and aggression within low-income families. *Anxiety, Stress, and Coping*, 22, 309–325.

Ybarra, M., Diener-West, M., & Leaf, P. J. (2007). Examining the overlap in Internet harassment and school bullying: Implications for school intervention. *Journal of Adolescent Health*, *41*, S42–S50.

Young, M. A. (1991). Crisis intervention and the aftermath of disaster. In A. R. Roberts (Ed.), *Contemporary perspectives on crisis intervention and prevention* (pp. 83–103). Englewood Cliffs, NJ: Prentice-Hall.

Young, M. A. (1995). Crisis response teams in the aftermath of disasters. In A. R. Roberts (Ed.), *Crisis intervention and time-limited cognitive treatment* (pp. 151–187). Newbury Park, CA: Sage.

第四部分

弱势群体

第十六章　针对受虐待妇女及其子女的危机干预综合模型

肯尼斯·R. 耶格尔（Kenneth R. Yeager）
阿尔伯特·R. 罗伯茨（Albert R. Roberts）
贝弗利·申克曼·罗伯茨（Beverly Schenkman Roberts）

亲密伴侣暴力（intimate partner violence，IPV）影响着数百万女性，她 459
们在生活中正受到或曾经受到亲密伴侣和前伴侣的暴力虐待（Black et al.，2011）。如果不更好地对有效的危机干预进行研究，没有训练有素的人员负责的 24 小时家庭暴力热线，没有部署更全面的社会服务供给系统，这些受虐待妇女中的大部分最终将成为医院或凶杀案记录中的一个统计数字，或者，至少过着被情感烦扰、折磨或永久伤害的生活。本章呈现了受虐待妇女及其子女的真实遭遇，这些遭遇让人触目惊心，并提出了最有效的危机干预模型、以警察为基础构成的家庭暴力干预单位、24 小时危机热线和服务提供系统。

案例场景

在接受采访时，20 岁的索尼娅（Sonia）是一名大学生。她高中毕业后的那个夏天认识了布拉德（Brad）。布拉德是第一个带她去昂贵的餐馆和大学联谊会的男朋友。布拉德去索尼娅家拜访和约会时，对索尼娅的父母和妹妹都很有礼貌。索尼娅觉得她自己很爱布拉德。

虽然索尼娅是个处女，但交往 6 个月后，他们第一次发生了性关 460
系。索尼娅表示布拉德非常浪漫，当晚喝的酒也让她心情大好。不久之后，布拉德以为索尼娅在注视他的朋友托尼（Tony），出于嫉妒第一次打了索尼娅一巴掌。第二天，布拉德道了歉，给索尼娅带来了鲜花，并自责是酒后打了索尼娅，还表达了他对索尼娅的爱。索尼娅原谅了布拉德。然而，几个月后，索尼娅一个男同事的恶作剧让布拉德变得极度嫉妒和暴躁，暴力程度迅速升级，完全出乎索尼娅的意料。索尼娅的嘴唇被打出血，牙龈内侧被撕裂，脸也肿了。索尼娅表示，她当时整个人完全蒙了，并怀疑自己今后能否信任别的男友。她在父母的帮助下得到了临时限制令。她回忆道，警察对她受伤的脸进行了拍照，让她写下事情的发生经过，并在警察报告上签字，这对她很有帮助。警方随后前往布拉德家，向他送达了禁止令，禁止他与索尼娅的任何接触，或以任何方式骚扰索尼娅。

24 岁的大学毕业生克里斯蒂（Christy）现在经营着一家餐馆，她在 18 岁，大学一年级时遭到了前男友的身体虐待和跟踪。克里斯蒂说，她仍不时做噩梦，在梦中发现现任男友（继殴打者之后）对她施暴。她不知道这个噩梦和心神不宁是否会消失。克里斯蒂喜欢目前的工作和事业，她觉得最有帮助的是她在受到虐待后不久得到的危机咨询。

29 岁的帕梅拉（Pamela）是一名教师，虔诚的天主教徒，有两个年幼的孩子。最初，她的丈夫因医学专业学习的巨大压力而对她施加情感和身体上的虐待。帕梅拉说服自己，只要丈夫完成医生实习期并开始行医之后，虐待行为就会结束。但此后帕梅拉仍然受到丈夫的虐待，甚至是在她丈夫被公认为是一名受人尊敬的医生的几年之后依旧如此。最终帕梅拉采纳了牧师的良好建议，并接受了当地妇女资源中心和收容所为遭受虐待的妇女提供的社会支持和危机干预。她与丈夫离婚并永久地离开了他。其后帕梅拉在当地的收容所做志愿者工作。

你知道有些女人过生日会得到什么吗？乌青的眼睛，肋骨上挨一拳，或者被打掉几颗牙齿。这太可怕了，因为这不仅仅发生在她们的生日时，还可能是每个月、每个星期甚至每天。更可怕的是，因为有时男人也虐待孩子。或者她怀孕了，男人踢她的肚子，就在几分钟前，她觉得肚子里的孩子在动。太可怕了，因为女人自己不知道该怎么办。她感到很无助。男人控制着一切。她祈祷他恢复理智，停下来，但他从来没有。她祈求他不要伤害他们的孩子，但他威胁说就要这样做。她祈求他不会杀了她，但他保证他会的（Haag，n. d.）。

我们结婚 13 年了。在过去的 5 年中，他开始打我并伤害我。他在 461
吸毒。他通常都很兴奋，或者当他没法吸毒的时候，他就会打我。我们会因为他想要钱而争吵，我会说不给，这就是他对我实施暴力的起因。他对我拳打脚踢。通常我被打得鼻青脸肿，腿上青一块紫一块。他以前偷我的钱——偷了我为圣诞节准备的钱和食品券。他想说有人闯进了房子，但我知道这是他做的。

我前夫每天都喝酒，尤其是在夏天。他很暴力。我担心有一天他会杀了我。他恨我的小狗，因为我很宠爱它。他会告诉我他要去踢小狗（只有 4 磅重）。我不得不把我的狗送走，因为我不想让他伤害它。出于同样的原因，我不得不放弃我的家人和朋友。他连想都没想就打断了我的鼻子。他有几次还想勒死我，直到我假装晕倒，他才放手。我不得不假装眩晕，这是我活着的唯一原因。他认为他把我扔在地板上自己离开的时候，我可能已经死了。

这些对被殴打妇女反复遭受的恐惧、痛苦和身体伤害的描述来自已故的阿尔伯特·罗伯茨的研究档案。本章所包含的案例描述，让危机干预者、社会工作者、护士、心理学家和咨询师了解他们将要提供咨询和协助的妇女的痛苦历史。越来越多的受虐妇女求助于紧急避难所、电话危机干预服务、心理健康中心和援助团体。自 20 世纪 70 年代以来，为受虐妇女综合征受害者提供危机干预服务的必要性和真正建立这种服务的认知急剧提升。

对受虐妇女最有帮助的短期干预措施包括 24 小时危机热线、面向危机的援助团体、受虐妇女收容所和（或）治疗措施。尽管亲密伴侣暴力对社会的负面影响越来越大，而且普遍存在，但在医疗环境中，很少有亲密伴侣暴力干预措施的对照试验。事实上，关于不同类型和严重程度的虐待与妇女健康、生活质量和服务使用以及有效的护理方法之间的关系，显然缺乏定量数据分析（例如，Straus et al.，2009；Wuest et al.，2010）。对虐待类型进行分类是困难且复杂的，因为大多数亲密伴侣的暴力措施并不能表征虐待的严重程度或类型，即使研究已经证明这种分类与更高水平的抑郁、焦虑、创伤后应激和慢性疼痛和更低的生活质量相关（Dutton，Kaltman，Goodman，Weinfurt，& Vankos，2005；Straus et al.，2009；Wuest et al.，2010）。尽管只有少量研究是关于不同类型的危机干预服务于受虐待妇女的有效性，但是一篇分析了 12 项研究成果的文章显示了其中的积极结果。托蒂（Tutty）、比德古（Bidgood）和罗瑟里（Rothery）（1993）研究了加拿大 76 名曾经遭受
462 虐待的妇女在完成支持小组的 10～12 个疗程后的效果，发现在治疗 6 个月后，她们的自尊和控制感有了显著改善，压力和身体虐待不适感也有所减轻。戈登（Gordon）（1996）检验了 12 项关于社区社会服务、危机热线、妇女团体、警察、神职人员、医生、心理医生和律师干预效果的研究成果。结果显示，似乎受虐妇女通常认为危机热线、妇女团体、社会工作者和心理治疗专家非常有帮助。与此形成鲜明对比的是，受虐待的女性受访者认为，通常警察、神职人员和律师并没有针对不同类型的受虐待妇女**提供**帮助（Gordon，1996）。总之，资源的可用性似乎更能预测幸存者是否会使用积极寻求帮助的策略来应对暴力。佐斯基（Zosky）（2011）发现，暴力幸存者如果能够确定他们可以获得一系列可用资源，则更有可能使用主动获取的方式，而不是被动逃避（例如，避免或减少紧张以应对暴力；另见 Taft，Resick，Panuzio，Vogt，& Mechanic，2007）。

本章将探讨妇女被殴打的惊人普遍性、风险因素和脆弱性、危机事件的前兆以及复原力和保护性因素。此外，还将讨论以下类型的危机干预方案：以警察为基础构成的危机小组和受害者援助单位进行早期干预；在医院急诊室进行评估和检测；利用电子技术保护处于急迫危险中的受虐待妇女；危机热线和受虐待妇女收容所使用具体的干预技术；以及对受害者的孩子的短程治疗。本章还将讨论转移受虐待妇女的重要性。

问题的范围

亲密伴侣虐待是美国社会中危害最大、创伤最大、最具生命威胁性的刑事司法和公共健康问题之一。自 20 世纪 70 年代首次确定家庭暴力（Walker，1984）以来，IPV 作为一个社会问题，其重要性不断增加。据估计，25%

的美国妇女一生中至少有一次会沦为亲密伴侣虐待的受害者，美国每年有150万妇女会成为亲密伴侣虐待的受害者（Tjaden & Thoennes，2000）。亲密伴侣虐待仍然是美国15~50岁女性最大的健康威胁。由于亲密伴侣的虐待而受伤的妇女比抢劫和事故的总和还要多。统计数字触目惊心：

- 美国有2200万名妇女在有生之年遭到强奸。(Black et al.，2011，pp. 19-24)
- 在美国，18.3%的妇女在强奸未遂或强奸既遂中幸存下来。(Black et al.，2011) 463
- 在18.3%的遭到强奸或强奸未遂的妇女中，12.3%的人在第一次被强奸时年龄小于12岁，29.9%的人在11~17岁。（Black et al.，2011）
- 每隔90秒，在美国的某个地方，就有人受到性侵犯。(根据司法统计局2012年全国犯罪受害调查计算）（Turman，Langton，& Planty，2012）
- 每5名美国妇女中就有1名在她有生之年是强奸未遂或强奸既遂的受害者。(Black et al.，2011)
- 每年大约有127万名妇女被强奸。另有664.6万人是其他性犯罪的受害者，包括性胁迫、遭强迫的性接触或性经历。(Truman，2011)
- 15%的性侵犯和强奸受害者年龄在12岁以下；29%的人年龄在12~17岁；44%的人年龄在18岁以下；80%的人年龄在30岁以下。风险最高的年龄是12~34岁。(Truman，2011)
- 16~19岁的女孩成为强奸、强奸未遂或性侵犯受害者的可能性是普通人的四倍。(Truman，2011)
- 大多数女性受害者在25岁之前被强奸，几乎一半的女性受害者在18岁以下。(Black et al.，2011)
- 75%的女性受害者在25岁之前遭到强奸或性侵犯。(Black et al.，2011)
- 几乎2/3的强奸案是由受害者所认识的人实施的。73%的性侵犯是由非流浪者实施的（48%的施暴者是受害者的朋友或熟人，17%是密友，8%是其他亲戚）。(Black et al.，2011)

- 近 64%的女性在 18 岁后被强奸、人身攻击和（或）跟踪，她们是被现任或前任丈夫、同居伴侣、男友或约会对象所害。（Black et al., 2011）
- 2010 年，女性强奸或性侵犯受害者中，25%受到陌生人的袭击，48%受到朋友或熟人的袭击，17%受到亲密伴侣的袭击。（Black et al., 2011）
- 每年约有 10%的高中生成为约会暴力的受害者。（Eaton et al., 2010）
- 93%的青少年性侵犯受害者认识攻击者；34.2%的攻击者是家庭成员，58.7%是熟人。（Snyder，2000）
- 校园性侵犯研究估计，1/5~1/4 的大学女生在大学期间经历过强奸或强奸未遂。（Krebs，Lindquist，Warner，Fisher，& Martin，2007）

464
- 大约 1/3 的 12 岁或 12 岁以上的女性谋杀受害者被亲密伴侣杀害。（Truman，2011）
- 据估计，43%的女同性恋和双性恋女性以及 30%的男同性恋和双性恋男性一生中至少遭受过一种形式的性侵犯。（Rothman，2011）
- 约 67.9%的强奸受害者是白人，11.9%是黑人，14%是西班牙裔，6%是其他种族。（Black et al.，2011）
- 估计每年有 17500 名妇女和儿童因性剥削或强迫劳动被贩卖到美国。（美国国务院，http://www.State.gov/documents/organization/192587.pdf）
- 11%的强奸或性侵犯受害者报告称，罪犯都持有枪支、刀或其他武器。（Truman，2011）

IPV 终身发生率最准确的统计数据来自帕特里夏·特贾登（Patricia Tjaden）教授和南希·托恩斯（Nancy Thoennes）教授，他们二人在国家司法研究所与疾病控制和预防中心（CDC）的资助下进行了全国范围内的妇女暴力侵害行为调查。这项具有全国代表性的研究基于对 8000 名男性和 8000 名女性的电话采访，调研结果显示，25%的女性和 7.6%的男性表示，他们曾遭受过配偶、同居伴侣或约会对象的身体殴打和（或）强奸。这些国家统计数据记录了亲密伴侣虐待的高发率和后果。然而，事实上，有些妇女比其他妇女更容易成为亲密伴侣虐待的受害者。从约会对象和当前的男朋友那里遭遇暴力的风险最高的女性是高中生和大学生（Roberts，1998，2002）。

在大学生、高中生和未上学的年轻人经常光顾的酒吧和狂欢派对上，约会虐待、狂饮、俱乐部毒品和毒品引发的性侵犯事件不断升级。女大学生，特别是那些在大学一、二年级远离家庭的大学生，由于同龄人酗酒或吸毒的压力，加上缺乏家庭经常性的监督和保护，她们成为约会暴力受害者的风险更大（Roberts & Roberts，2005）。

妇女遭受殴打是美国社会中最具生命威胁、创伤最深、危害最大的公共健康和社会问题之一。最近的估计表明，每年大约有 8700 万名妇女成为伴侣某种形式攻击的受害者（Roberts，1998；Straus & Gelles，1991；Tjaden & Thoennes，1998；Tjaden & Thoennes，2006）。伴侣暴力仍然是 50 岁以下美国妇女健康的最大威胁。每年，因家庭暴力而受伤的妇女比因抢劫和事故而受伤的妇女总数还要多（Nurius，Hilfrink，& Rafino，1996；Truman，2011；Black et al.，2011）。

受伤最严重的妇女需要在医院急诊室和医院创伤中心接受治疗。在美国，据估计，35%的急诊室就诊者是因家庭暴力相关伤害而需要紧急医疗护 465
理的妇女（Valentine，Roberts，Burgess，1998；Duterte et al.，2008；Truman，2011）。

妇女被施加暴力的频率和持续时间从被打一次或两次（并决定立即结束关系）到仍在关系中并在较长时间（可能持续很多年）内以越来越高的频率被打不等（Roberts & Burman，1998；Lutenbacher，Cohen，& Mitzel，2003）。派佩特雷蒂克-杰克逊（Petretic-Jackson）、杰克逊（Jackson）（1996）和沃克（Walker）（1985）发现女性患有慢性虐待、双相情感障碍、焦虑症、创伤后应激障碍、惊恐障碍和（或）抑郁症等症状与自杀意念之间有很强的相关性。此外，约翰逊（D. M. Johnson）和兹洛特尼克（Zlotnick）（2006）指出，与其他创伤后应激障碍的受害者不同，IPA 的受害者面临非常真实和持续的威胁；因此，仍旧暴露于刺激物中的治疗方法是不适当的，因为那些让妇女习惯性感到害怕的刺激物可能会增大她们进一步受害的风险。

尽管 1974 年只有 7 个为被殴打妇女提供帮助的紧急收容所（Roberts，1981），但到 1998 年，全美各地已经有 2000 多个为被殴打妇女及其子女提供帮助的收容所和危机干预服务（Roberts，1998）。通过危机干预，许多妇女能够通过确定当前的选择和目标，并努力实现这些目标，以重新控制自己的生活。受虐待妇女的子女也可能处于危机之中，但他们的困境有时被忽视，因为家庭暴力处理方案把工作重点放在对妇女的紧急干预上。现在升级后的方案把对儿童（以及母亲）的危机干预纳入治疗计划。

受虐待的妇女通常受到长期的伤害，再加上新近的严重攻击；受害者与收容所联系时，她一般需要个人危机干预和面向危机的支助小组。受虐待的妇女受到长期的压力和创伤，导致能量不断流失。妇女处于易受伤害的地位，当发生特别严重的殴打情况或其他事件（例如，施暴者开始伤害儿童）时，妇女可能会陷入危机状态（Young，1995）。

有效治疗危机中的受虐妇女及其子女需要了解危机理论和危机干预技术。根据卡普兰（Caplan）（1964）、亚诺西克（Janosik）（1984）和罗伯茨（1996b）的观点，当以下四种情况发生时，危机状态会迅速发生：

1. 受害者经历了一个突发的或危险的事件。

2. 妇女认为这一事件威胁到她或她的孩子的安全，因此紧张和痛苦加剧。

3. 被殴打的妇女试图用惯常的应对方法来解决问题，但失败了。

466 4. 情绪上的不适和混乱加剧，受害者感到疼痛或痛苦难以忍受。

当不适感达到最强的时候，也即女人感觉到痛苦和折磨无法忍受之时，她们处于一种紧急的危机状态。这段时间亦成为改变和成长的机会，一些妇女被动员起来，向 24 小时电话危机干预服务、警察、医院急诊室或被殴打妇女收容所寻求帮助。

危机评估的重点是确定突发事件的性质以及女性对突发事件的认知和情感反应。能够引起处于危机中的被殴打妇女寻求家庭暴力方案帮助的五个最常见的诱发事件是：（a）造成严重身体伤害的急性殴打事件；（b）暴力程度的严重升级，例如从推搡和扇耳光到企图勒死或刺伤；（c）由于严重的殴打而直接导致妇女的听力、视力或思维过程受损；（d）新闻媒体上关于一名妇女在沉默多年后被其伴侣残忍杀害的常见报道；以及（e）对该妇女的孩子造成的严重虐待性伤害。通常，在长期的暴力历史中，处于危机中的妇女会认为这是最后的暴力事件，或者说是“最后一根稻草”（L. Edington，personal communication，February 19，1987；R. Podhorin，personal communication，February 12，1987；Roberts，1998；Schiller-Ramirez，1995；Goodyear-Smith，Arroll，& Coupe 2009）。

对受虐待妇女的危机干预需要以有序、有组织和人道的方式进行。对其他暴力犯罪的受害者来说，危机干预过程是一样的。但对受虐待的妇女能够迅速做出反应尤其重要，因为只要她们留在施暴者能够找到她们的地方，她们就可能继续处于危险之中。危机干预活动可以使妇女恢复到危机前的状态，或者从危机干预中成熟，以便她们学习新的应对技能供将来使用（Roberts，1998）。

零容忍

在约会、同居或婚姻关系中，从来不存在借口、正当理由或合理化因素允许男人（或青春期男孩）殴打女人（或青春期女孩）。在有关家庭暴力的专业文献中，大量引用了当妇女卷入长期的关系中，经常受到攻击时，随之而来的可怕问题。本章的目的是指导咨询师、社会工作者、年轻女性及其家人和朋友，使她们了解各种暴力关系，帮助她们防止随着时间的推移，从最初的被掌掴演变到后来成为被严重殴打的受害者。 467

一位 20 岁的女性从与心理医生的良好治疗关系中获益（她 17 岁时曾被男朋友打过），现在她习惯性告诉所有她开始约会的男人，她对约会关系中的暴力行为**零容忍**。她解释说，她被第一个男朋友扇了耳光，她不会允许自己再经历那种不尊重和创伤。到目前为止，她的男朋友们对她之前遭受的伤害很敏感，她再也没有受到虐待。但她的态度是这样的："我需要在第一次约会的时候，就预先设定这些界限，向我约会的每一个男人强调，我再也不会遇到这种事了。如果将来我交往的男朋友违反我的基本原则，那么我会立马摆脱他！"

面临高风险危机事件的受虐妇女

对一些妇女来说，伴侣虐待的影响可能是短期的，而且会迅速恢复，而对另一些妇女来说，其结果却会导致慢性功能障碍和精神健康障碍。家庭暴力研究人员发现，在遭受多年虐待的女性中，那些受到最严重伤害的女性似乎最容易出现以下问题：噩梦和其他睡眠障碍、创伤再现、严重抑郁、创伤后应激症状、物质滥用，自我毁灭行为、性心理障碍和（或）广泛性焦虑障碍。研究表明，一般来说，这些女性的心理健康问题并不是在婚姻关系的早期出现的，而是由于反复的暴力行为而导致的（Gleason，1993；Woods & Campbell，1993；Liang，Goodman，Tummala-Narra，& Weintraub，2005）。

当个体认为一件事威胁到自己或其他重要的人的生命时，创伤后应激障碍即可能发生。临床文献中 PTSD 的特征如下：

1. 通过重新体验创伤性事件整合创伤体验［通过反复和（或）侵入性思维、闪回、噩梦或其他强烈反应］；
2. 后续压力的管理（提高唤醒和管理）；
3. 促进情感表达；
4. 界定受害的含义（Petretic-Jackson & Jackson，1996，p. 210）。

468 由于遭受一次或多次严重的殴打事件，一些被殴打妇女的认知模式或心理地图发生了改变。根据瓦伦丁（Valentine）、罗伯茨和伯雷斯（Burress）（1998）的说法，在极端的胁迫下，受虐妇女的心智模式强烈地烙印着一条生存信息，即使在危机过去之后，这条信息也会影响受害者。然后，受害者要么将该事件同化到其先前存在的心理模式中，要么改变其心理模式以合并此可怕事件。创伤后应激障碍症状包括侵入性思维［噩梦］、过度兴奋［即惊吓反应］和回避［即减弱影响以避免所有事件提醒］（见第四章）。

必须以同情、敏锐和谨慎的态度对待危机干预和对受虐待妇女的限时治疗。当受虐妇女患有创伤后应激障碍时，如果危机干预者要求妇女“重新体验”暴力事件，这可能会无意中促成再次创伤，而达不到预期的治疗效果（Petretic-Jackson & Jackson，1996；Zosky，2011）。在危机干预开始之前，营造一个安全、高度灵活、赋权的环境至关重要，在这种情况下要强调症状缓解策略。如果逃避、惊吓过度反应和噩梦是主要呈现的问题，那么危机干预者可以运用经验技巧、艺术治疗、诗歌、照片和（或）警方报告等手段，将处理过程叙事化和故事化。

压力管理技术可以建立在受虐妇女的内在力量和积极成长的潜力上。这些技巧的例子包括渐进式放松、引导性想象、将注意力重新集中在外部现实中、良好的营养、发展援助系统和使用“物质”——“一种注意力交替转移和离开创伤体验的技巧”上（Petretic-Jackson & Jackson，1996，p. 210）。许多受虐妇女似乎由于压抑情绪而弱化了情感表达。此外，由于被殴打的女性通常压抑愤怒情绪，她们离开殴打者一两年后可能会突然表达出愤怒情绪。

许多遭受过三次或三次以上创伤和严重殴打的妇女往往需要很长时间才能获得对环境的控制感。他们的自尊心、对男人的信任和认知上的假设常常被粉碎。幸存者的自尊心低、决策能力弱、侵入性思维和闪回往往会导致一系列严重的危机事件。危机干预者或咨询师需要帮助女性建立信任，同时增强自尊。这是通过建模、重组、压力接种、放松技巧、锻炼、停止思考、鼓励写日记、聚焦解决的治疗和认知重建来完成的。

作为危机事件前兆的创伤殴打事件、法律诉讼、医疗伤害和睡眠障碍 469

几种类型的创伤、危及生命的心理健康和法律事件或情况往往会引发危机。其中包括：

- 被殴打的妇女受到危及生命的伤害（如脑震荡、多处刺伤、流产或窒息）；
- 一个被殴打者严重伤害了身心的孩子；
- 受害者获得限制令或提出离婚申请，她采取法律行动激怒了殴打者，导致跟踪、恐怖威胁和（或）殴打事件迅速升级；
- 被殴打的妇女遭到明显的绑架或恐吓，威胁到自己、子女和（或）年迈的父母；
- 施暴者已经对曾受虐妇女发出了明确的死亡威胁，他很快将从监狱或是一个住宅戒毒项目中释放出来。

罗伯茨（1996a）对210名被殴打妇女的研究表明，大多数受访的参与者都遭受过一次或多次严重的殴打。这些殴打的结果表现为焦虑、抑郁、睡眠障碍、惊恐发作和侵入性思维。以下是睡眠障碍的示例：

有人在后面追我或者想杀我。我都不记得我做过的最后一个愉快的梦了。

我做噩梦，梦里他把房子烧了。我一直梦到孩子们和我被困在房子里，周围都是火焰，我们无法离开。我能在火焰中看到他的脸，当我们哭泣和痛苦的时候，他指着我们笑。

我一周做几次同样的噩梦。我看到一个看起来像我前男友的人（3年前被纽瓦克警方枪杀的毒贩）。他从棺材里爬起来，说他爱我，回来把我刺死，这样我就可以和他一起下地狱了。我醒来时尖叫，颤抖，出汗。很多时候，即使身心疲惫，我也睡不着觉。第二天上班时，我很紧张，不敢和办公室里的任何一个人说话。当我的上司问我一些事情时，我会回想起我的噩梦，然后我开始哭泣。我有时会进女厕所哭一个小时，然后早早下班。我回到家里，抽着烟，和女儿聊天，试图让自己平静下来。

470 在受虐妇女的危机干预工作中，临床医生必须准备好掌握潜在的诱因和前兆。危机临床医生需要了解创伤性事件的后果、常见的触发事件和危机事件的前兆，以便为受虐妇女提供最适当的干预措施。

复原力和保护性因素

上一节研究了高危人群和创伤、睡眠障碍以及其他危机事件的前兆。那些先前存在危险因素和创伤史的个体更难以恢复。与此形成鲜明对比的是，一些受虐待的妇女有着显著的内在优势，也被称为**复原力**（resilience）和**保护性因素**（protective factors），这些因素被发现可以调解和减轻与殴打有关的压力的影响。最常见的保护因素包括高自尊、社会支持网络和认知应对技能。使受虐妇女康复效果最大化的一个重要因素是通过相信服务对象并帮助她实现自己的优势来达成的。许多受虐待的妇女感到被困住，被社会孤立，被她们所忍受的身体和情感上的痛苦所压倒。危机干预者和咨询师可以帮助女性认识到其他应对策略。

在过去的十年中，越来越多的危机干预者、顾问、社会工作者、心理学家们已经认识到建立在个体复原力基础上的优势视角，比过去 50 年强调的将服务对象病态化的观点（Saleebey，1997；Black，2003）更有助于帮助服务对象朝着积极的方向成长和改变。危机干预的优势视角利用了赋权、复原力、治愈和整体性、协作和不信任的中止等手段。**赋权策略**（empowerment strategies）为个人和社区创造机会（Roberts & Burman，1998）。**复原力**专注于加速增长和识别内部能力、知识和个人见解。**治愈**（healing）是指身体和心灵抵抗疾病和混乱的能力。文献表明，复原力包含了一个强烈的信念，即个人有自我修复的倾向，并且有一种自发的倾向，倾向于治愈和生存（Saleebey，1997；Weil，1995；Black，2003）。**协作**（collaboration）是指服务对象、顾问、危机干预者和家庭成员共同努力，帮助强化服务对象的抵抗力。不信任的中止是指悲观主义和愤世嫉俗的结束，以及对信仰、习得的乐观主义、自我保护策略、幽默感和改变承诺的肯定。

危机干预的综合方法结合了罗伯茨（1996b）的七阶段危机干预实践模
型和聚焦解决的治疗方法。本书的第三章详细讨论了几个聚焦解决的综合治 471
疗模型应用的案例。这种实践模型强调建立和加强一个人的内在力量、保护因素、潜在的应对技能和积极的属性。它系统地强化了现实目标设定的重要性，识别并解释了情境或行为模式中的积极例外情况，以及梦想和奇迹问题的重要性。我们坚信，在提高积极应对技能、重新发现危机的例外情况和积极替代办法、建立和优化服务对象亮点和内在优势、寻求局部和全面解决方案的基础上进行危机干预，将成为 21 世纪的普遍做法。

特德斯基（Tedeschi）和卡尔霍恩（Calhoun）（1995）采访了 600 多名大学生，他们最近经历了重大的生活压力事件，包括父母死亡、成为犯罪受害者或受到意外伤害。他们的研究目的是确定当个人面临危机时，哪些性格因素可能导致个人成长。研究人员发现，性格外向、开放、随和、认真、有“内在控制源”的特征有利于处于危机中的人做出应对，因为这能够帮助他们从一些被视为毁灭性的情境中找到积极的结果。例如，那些表示从创伤性经历中成长的人更有可能报告说他们经历了积极的变化（即发展新的兴趣领域、建立新的关系或增强一个人的精神信仰）。

一些受虐待妇女制定积极的应对策略，而另一些则制定消极的和潜在的自我毁灭性的应对策略。积极应对策略的例子包括使用正式和非正式的社会支持网络、寻求信息支持，以及向受虐待妇女收容所寻求帮助。消极应对机制的例子包括对酒精或毒品的依赖和自杀企图。

积极的应对策略有助于妇女促进自身生存和快速康复。拉撒路（Lazarus）和福尔克曼（Folkman）（1984）对应对过程的概念化和应用的核心焦点在于个体如何对压力事件进行评估。当一个人经历了一件事，并确定它“相对于资源来说过度”时，就会进行评估。有两个级别的评估与应对措施有关：

> 1. 第一级评估是初级评估，其中个体评估事件是否有可能造成伤害（即身体伤害）、灌输恐惧或干扰目标。更具体地说，个体决定某一特定情况是否处于危险之中。结果反映了个体对压力性生活事件的评估以及事件对个体幸福的重要性。
>
> 472 2. 当事件被视为有害或产生威胁时，个体即进入二级评估，也就是检查可用于应对的资源。当一个人面临被视为威胁或有害的情况时，当她努力应对该事件时（如立即离开暴力家庭，与亲属共同生活或在收容所），该人即“进入二级评估”。（Lazarus & Folkman，1984）

处于危机中的受虐待妇女打算离开暴力关系，面临着内外两方面的障碍。最近的立法、政策改革和联邦资助计划增加了过渡住房、就业培训和为受虐待妇女提供具体服务的资金。这些社会和社区的变化赋予了一些受虐待妇女权利，改善了她们的经济状况，否则她们会陷于贫穷，福利支票和食品券匮乏，没有就业技能，负担不起住房费用，也负担不起儿童养育费用。然而，这些政策调整和改革是不够的。

如卡尔森（Carlson）（1997）所指出的，以下四个内部障碍常常使受虐待的妇女陷入一种反复出现的急性危机事件模式：“自卑；因虐待而感到羞耻和自责；应对技能差；被动、抑郁和习得性无助。”（p. 292）卡尔森提出了一个基于生态视角和拉撒路和福尔克曼（1984）压力与应对范式的干预模型。这一实践模式应该由同样接受过家庭暴力培训的持照心理健康临床医生运用（Carlson，1997）。干预措施总结如下：

- 实践导向：非判断性接受、保密和对服务对象自决的信念；
- 参与和发展合作关系；
- 评估［基于 Petretic-Jackson and Jackson（1996），如本章前面所述］；
- 干预：制订安全计划，增加信息，加强应对，提高解决问题和决策技能，通过增加社会支持减少孤立。

不幸的是，尽管研究帮助受虐待妇女解决危机的应对方法很重要，但这方面的研究还很缺乏。对暴力犯罪事件以及认知评估、归因和应对机制之间关系研究的全面回顾表明，尚未取得结论性的发现（Wyatt，Notgrass，& Newcomb，1990；Frieze & Bookwala，1996；Frazier & Burnett，1994；K. Johnson，1997；Straus et al.，2009；Wuest et al.，2010）。具体有效的例子有：高度的自尊、 473
有一个挚爱她的母亲、在工作或工作培训计划中的认真表现或有一个社会支持网络。

关于这一主题的许多专业文献集中于个体在应对意外的、紧张的生活事件时使用的认知资源（Lazarus & Folkman，1984；Folkman & Lazarus，1985）。福尔克曼（1984）将应对定义为“掌握、减少或容忍压力作用产生的内部和（或）外部需求的认知和行为努力”（p. 843）。这些需求包括对潜在损失和（或）伤害的感知，此时个体通过关注问题和关注情绪的策略评估应对选择。以问题为中心的策略是基于问题解决和行动计划的使用，而以情绪为中心的策略则是利用消极或痛苦情绪的控制。

库班尼（Kubany）和他的同事（2003，2004）进行了一项最早被认可的认知创伤治疗临床试验，专门为患有创伤后应激障碍的亲密伴侣暴力幸存者量身定制。他们的治疗方法，被称为受虐妇女认知创伤治疗法（CTT-BW），是与倡导者和幸存者合作设计的。这一疗法包括创伤后应激障碍心理教育、压力管理和暴露（如谈论创伤、做家庭作业、观看家庭暴力相关的电视节目或电影）等标准模式。这种方法还特别设计了四个关注领域，以减轻虐待幸存者治疗过程中需要解决的关键问题。其中包括：

- 许多幸存者报告的与创伤有关的内疚感（对婚姻失败的内疚感、对孩子的影响、留下或离开的决定）；

- 其他创伤性经历的历史；
- 与施虐者在养育子女方面持续的压力接触的可能性；
- 随后再次受虐的风险。

这些模块是专门为解决这些问题而设计的，同时检查和重新构建对自我和错误认知的负面认知扭曲，这些认知扭曲支持和加剧了创伤症状。同时，治疗提供了自信和自我倡导技能培训；管理与前伙伴联系的战略，特别是在监护和探视方面；以及确定和避开未来潜在犯罪者的战略。大多数患者在8~11个90分钟的疗程中以单独形式进行治疗（Kubany et al.，2003）。

个人必须满足以下要求才有资格参加这项研究：必须脱离关系至少30天；必须口头表达不想和解，加上至少30天没有身体或性伤害；必须有与
474 伴侣虐待相关的创伤后应激障碍病史；必须表现出中度或更高的与虐待相关的内疚感；不得经常酗酒或吸毒；不能有精神分裂症或双相情感障碍。这项研究涉及37名不同种族的IPV幸存者，她们被随机分配接受即时或延迟治疗。后来有5名妇女（14%）退出治疗。由于可行性研究的样本量较小，研究人员无法测试接受即时治疗的妇女与延迟治疗组妇女之间可能存在的群体差异。然而，在组内的改进还是有效果的。

IPV幸存者在治疗后PTSD症状得到改善，这些改善维持3个月（保留率=68%）。不管研究对象是只包括完成治疗的妇女还是所有妇女，这一结果都成立。

约翰逊（D. M. Johnson）、兹洛特尼克（Zlotnick）和佩雷斯（Perez）（2011）为生活在家庭暴力收容所的妇女设计了一个项目，他们将该项目命名为“通过授权帮助克服创伤后应激障碍”（Helping to Overcome PTSD through Empowerment，HOPE）。这种方法包括9~12个60~90分钟的单独疗程，每周2次，最多8周。这种治疗方法主要基于赫尔曼（1992）的多阶段模型，该模型包括三个恢复阶段：（a）重建安全感和自我照顾感；（b）记忆和哀悼；（c）重新连接。赫尔曼的方法优先考虑妇女的安全需要，这种方法不包括暴露疗法，而是着重于赋予妇女权力。

在约翰逊等的模式中，治疗师关注女性的个人需求和选择，帮助她们发展达到目标所必需的技能。一旦取得了足够的进展，课程将着重于培养认知和行为技能，以解决创伤后应激障碍症状和触发因素；可选模块可用于

解决物质滥用和悲伤处理等共同发生的问题。约翰逊方法的一个方面是，如果参与者符合阈下创伤后应激障碍标准（例如，满足再体验标准和创伤后应激障碍的回避或唤醒标准），那么他们就有资格参加这项研究。有双相情感障碍或精神疾病的诊断的个体不包括在研究中。如果在前 30 天服用精神药物，参与者必须保持稳定，并且没有明显的自杀意念或风险。

70 名 IPV 幸存者随机接受 HOPE 或继续接受标准的救助所的服务，然后在离开救助所 1 周、3 个月和 6 个月后再次接受访问。与未采取干预措施（控制组）的妇女相比，处于 HOPE 状态的妇女在离开救助所 6 个月后较少遭受虐待。此外，接受至少 5 次 HOPE 治疗的受试者再次遭受虐待的次数比没有接受 HOPE 服务仅接受收容服务妇女约减少 12 次。创伤后应激障碍症状的测量没有显示出明显的状态差异，只有一个例外：接受 HOPE 治疗的女 475
性报告说她们的情感麻木程度较低。随着时间的推移，与“照常服务”组的妇女相比，随机接受 HOPE 治疗的受试者在抑郁严重程度、赋权和社会支持方面有显著改善，此外，对治疗的满意度很高，在救助所接受治疗的程度也很高。有两名参与者退出了这项研究。在被指派接受 HOPE 的 35 名妇女中，总共有 34 人参加了至少 1 次治疗，63%参加了至少 5 次治疗（26%参加了所有 12 次治疗）。69%的妇女没有完成全部 12 个疗程，因为她们在完成 HOPE 之前离开了救助所。

专业的家庭暴力处理单位

除了改变家庭暴力案件的逮捕政策和习惯做法外，许多警察部门还成立了专业的家庭暴力处理单位，对所有与家庭有关的投诉采取进一步行动。专业单位有能力在巡警离开现场很久之后，进一步调查家庭犯罪，进行适当的人员转移和逮捕，确保受害者的安全。在某些情况下，单位成员充当家庭服务电话的第一响应者。各单位一般配备警察调查员或侦探，并经常与检察官办公室的专门单位联系。这就为工作人员提供了一个机会，使他们能够发展有关调查和起诉国内犯罪的专门知识和专业技能。理论上，各单位创造了积极主动应对家庭暴力所必需的基础设施，而不是传统的被动警务方式。

这些单位还提供了一个机会，将警察服务与救助所、被害人/证人和殴打者方案联系起来。综合法律和社会服务干预需要的多学科方法，在保护受害者安全和确保罪犯责任方面可能是最有效的。美国的几个警察部门提供了现代警察应对家庭暴力的实例。

第一个案例是密歇根州安娜堡市安娜堡警察局的家庭暴力执法小组，该小组与当地受虐待妇女宣传计划合作。执法队被战略性地安置在安全屋（SAFE House）附近的一栋大楼内，以努力打破警察和受害者宣传服务之间的障碍，并改善受害者的预后。警察部队能够追踪案件的状况，减少官僚主义的繁文缛节，并加快执行法官令的速度。警方出席每一个被告的传
476 讯，并能认真对待所有家庭案件。警方在逮捕后与安全屋工作人员联系，立即为受害者提供面对面的紧急服务（Littel，Malefyt，Walker，Tucker，& Buel，1998）。

另一个在同一地点提供多种服务的协作型社区家庭暴力应对小组（Domestic Abuse Response Team，DART）的例子，是得克萨斯州特拉维斯县奥斯汀警察局下属的奥斯汀/特拉维斯县（Austin/Travis County）家庭暴力保护小组。这一社区对家庭暴力采取零容忍政策，该小组［由奥斯汀警察局、特拉维斯县治安官办公室、安全屋组织（前殴打妇女和强奸危机中心成员单位）的成员、得克萨斯州中部的法律援助、妇女权益项目（律师）和特拉维斯县组成律师事务所成员组成］合作调查、起诉，并为受害者提供法律和社会服务。调查中心围绕袭击、绑架、跟踪和违反保护令的案件展开。相关法律服务简化了获得紧急或长期保护令的程序。大部分案件由县检察院处理，重罪则由区检察院处理。受害者服务由来自 SafePlace、奥斯汀警察局和特拉维斯县警长局的受害者服务顾问提供。奥斯汀儿童指导中心也为儿童提供免费咨询服务。该小组由针对妇女的暴力问题办公室资助，自 1997 年以来一直在运作（Austin City Connection，2000）。

最后一个例子是华盛顿警察局朗维尤（Longview）家暴处理小组提供的。这个六人小组由 1 名中士、1 名警官、1 名民事调查员、1 名法律协调员、1 名犯罪分析人员和 1 名行政专家组成。该小组致力于协调家庭暴力案件的执法、起诉、缓刑和受害者服务。它向警官、律师、检察官、缓刑官以及其他社区和刑事司法伙伴提供教育和培训。一个自动化的案件管理系统协助小组负责追踪罪犯及其他需要通过该系统处理的活动。

与这里强调的部门不同的是，专门机构为各部门提供了彻底调查轻罪级家庭犯罪的机会，而这一职能过去已被其他重罪调查所取代。对高风险案件

采取后续行动，对于在暴力升级到重罪级别之前打破暴力循环至关重要。在警察部队、受害者方案和受害者之间开展对话，有助于保护受害者，并有机会防止今后的暴力行为。

艾奥瓦州滑铁卢市警察局有专门的警员和家庭暴力应对小组（Domestic Abuse Response Team，DART），每年处理450多起家庭暴力案件。2011年10月，滑铁卢警察局与黑鹰县检察院合作，积极介入家庭暴力案件，得到威瑞森无线（Verizon Wireless）的认可。1995年，在启用DART之前，滑铁卢 477
493起家庭暴力案件中约有1/3因无法成功起诉而被驳回。通过一个名为“希望种子”（Seeds of Hope）的非营利性组织，为黑鹰、格兰迪和哈丁县的居民提供优质教育和综合服务，包括个人和儿童宣传、法律宣传、支持团体、安全之家、过渡性住房、交通和紧急通信，以及24小时服务家庭暴力受害者的危机热线。

警察部门经常通过设立专门的部门或单位来组织活动。小单位分工是当代警察部门管理各种任务的有效工具。例如，警察部门可能有缉毒、性犯罪、青少年犯罪、诈骗、特种武器、纵火等调查单位或小队。专门单位通常围绕特定的犯罪类型组织起来，为警察部门提供了关注特定犯罪的具体动态的机会。

尽管在警察职能的专业化方面存在着固有的挑战，皮克（Peak）（1998）指出了这种专业化的几个优势。专门单位把某些任务的责任交给特定的个人，确保工作的完成。在家庭暴力案件中尤其如此。历史上，警方调查人员只跟踪涉及重罪级袭击或谋杀的国内案件。因此，大多数殴打事件只由现场巡逻人员处理，只有最严重的虐待案件移交调查局处理。专门单位还提供专门知识和培训，最终目的是提高效率、效力、工作人员凝聚力和士气。

尽管专业机构的潜力很大，苏珊·T. 克鲁姆霍尔兹（Susan T. Krumholz）（2001）认为，家庭暴力处理单位的形象与某些单位仅仅起到象征性作用的现实之间可能存在脱节。她对马萨诸塞州169个警察部门的研究揭示了一些值得关注的问题。首先，只有8%的有家庭暴力处理单位的警察部门报告说，它们得到了该部门预算中一个项目的资助，11%的警察部门按项目获得了部分资助。大多数部门承认，它们的经费完全来自捐赠款。这就对这些单位在拨款期结束后的稳定性产生了严重的影响。克鲁姆霍尔兹还发现，拥有此类机构的部门平均每年只需要比没有此类机构的警察部门多2小时的培训。此外，她还发现，平均每个单位配备两名专职干事，大多数单位只在正常工作时间运作。

我们需要进一步研究，才能充分理解专门机构在创建本地社区环境中的作用，在这种环境中受害者可以得到保护并且会向施虐者追究责任。由于许
478 多警察部门发现他们的大多数求助电话都涉及家庭事件，因此专门部门可能会提供最谨慎的组织策略，以严肃对待家庭暴力。

技术在社区协调反应中的作用

科技继续革新警察行业。先进的摄影技术、计算机、DNA 分析、指纹和法医技术的创新、自动化犯罪分析、计算机辅助调查、计算机辅助调度、案件管理系统、模拟训练工具、非致命武器和监视技术等只是打击犯罪的工具创新众多例子中的一小部分。随着警察越来越熟练地使用这类技术，社区也同意在这些技术上投入资源，警察部门可能会广泛地利用这些先进技术来打击家庭暴力。

我们看到了技术在保护妇女不受伴侣虐待伤害和阻止暴力殴打者重复其虐待和残暴行为方面的潜力。手机、电子监控系统和在线警察服务只是现代技术在监控家庭暴力方面的一些应用。互联网资源为家庭暴力受害者提供了有效的帮助。例如，国家制止家庭暴力网络（National Network to End Domestic Violence）网站（2014）提供了保护受害者和幸存者隐私和数据的各种有用帮助。有关技术和安全规划的摘要，请参见 http://nnedv. org/resources/safetynetdocs. html（NNEDV，2014）。

便携式电话

一项为家庭暴力受害者捐赠手机的全国性运动目前正在进行中。由致力于利用无线通信造福公众的慈善组织无线基金会（2004）赞助的“呼叫保护项目”（Call to Protect Program）迄今已收到 30606 部捐赠手机，为受害者及其倡导者提供紧急服务。无线基金会由蜂窝通信行业协会（Cellular Telecommunications Industry Association，CTIA）成立，负责协调全国性的电话捐赠活动“呼叫保护”（“Call to Protect”）。CTIA 成员摩托罗拉、亮点公司（Brightpoint，Inc.）与全国反家庭暴力联盟（National Coalition Against Domestic Violence，NCADV）合作，提供免费无线电话和广播。这些电话是预先被编程好的，一按按钮就会通知有关部门。无线基金会、摩托罗拉和全国反家庭暴力联盟发起了“呼叫保护”行动。由于这项全国性计划与全美其他许多州和市级计划相结合，已经收集了超过 200 万部手机，以帮助家庭暴力受害者。 479

威瑞森（Verizon）无线通信公司通过赞助威瑞森的希望线（HopeLine）继续支持打击 IPV，该计划将家庭暴力幸存者与全国范围内的资源和资金组织联系起来。这个项目始于 1995 年，当时贝尔大西洋移动公司引入了“希望线”概念。自 2001 年以来，威瑞森已经征集了 1080 多万部手机和配件，将它们变成了家庭暴力受害者的支持器材。“希望线”项目提供翻新的手机，这些手机配备了 3000 分钟的通话时间和短信功能。参与家庭暴力解决机构的幸存者可以使用希望线手机。威瑞森还为智能手机和平板电脑提供“希望线”应用程序，提供家庭暴力解决资源。在这个应用程序（可在 http://www. verizonwireless. com/aboutus/hopeline/index. html 下载）中，一个按钮将呼叫者直接连接到国家网络，以结束家庭暴力，进行危机干预、提供信息或转介。此外，自 2001 年以来，威瑞森向家庭暴力组织提供了 2100 多万美元的赠款（Verizon Wireless，2014）。

电子监控

电子监视器、犯罪者和受害者的计算机跟踪以及视频监视技术的最新发展，都有助于加强犯罪调查和预防犯罪工作，其首要目标是通过控制物理环境减少并最终消除暴力犯罪。自 2000 年以来，21 个州和哥伦比亚特区颁布了法律，授权或建议司法机构在预审期间使用全球定位系统（GPS）保护家庭暴力受害者；其他几个州正在审议这类立法。

当用于家庭暴力犯罪时，全球定位系统通常在审前阶段（已确定的高风险时期）进行分配，干预措施从逮捕开始，并在审前和审判阶段（以案件处理结束）继续进行。这种高度不稳定时期的特点往往使受害人的危险性增强，被告人试图劝阻受害人参与案件的起诉。极其重要的是，这些方案应建立在对家庭暴力动态的理解基础上，而不是利用全球定位系统方案来处理与家庭暴力无关的问题（例如监狱人满为患）。对于所有家庭暴力/IPV 方案的全球定位系统来说，机构与受害者之间的有效果和高效率沟通至关重要。作

为警告提示，程序应仔细监视受害者对程序性能的期望以及程序的实际能力
480 和做法，以发现服务中的潜在差距。缺少满足期望的编程可能会导致沮丧、恐惧和对系统失去信心。重要的是要记住，暴力行为的受害者可能会避免直接交流，并且通常难以信任大型组织。因此，要向受害者提供有关所使用的 GPS 平台的功能和局限性的准确信息，这对于受害者的福利和安全至关重要。

被准确告知缺乏保护的受害者可能会感到不安全，但如果将受害者对机构标准和做法的反馈纳入提高效率的方案拟订和规划，特别是在受害者早期学习阶段，他们的实际安全就会得到加强。结合受害者的反馈，使他们能够分享个性化的关注，将受害者的投入转化为机构创新的催化剂。

质量和绩效改进包括从错误、误解、盲点和局限中学习。过程改进对于项目在有效干预方面的持续进展至关重要。以技术为基础的方案编制面临的挑战包括跟上技术创新的步伐，熟悉被告和受害者的情况，并制定有监督的创新办法，以解决技术、服务和政策方面已查明的差距。

鉴于家庭暴力/IPV 的性质，不可能总向受害者提供他们应该拥有的最佳资源，培训受害者如何进行安全规划至关重要。重要的是让受害者知道如何制订和修改他们的安全计划。这就要求受害者向所有援助方提供沟通，以促进所有利益相关方（如监测机构人员、法官、受害者辩护律师、律师、收容所工作人员和警察）之间的准确协调。

促进地方司法系统内所有利益相关方进一步了解全球定位系统对家庭暴力/IPV 的目的和价值，最终可能成为社区制订协调一致的家庭暴力应对措施的先手棋，全球定位系统被纳入处理高风险家庭暴力/IPV 案件的标准方法。

关注滥用监测工具这个问题是重要的。最初全球定位系统被设计成一种“亲社会”工具，提供一种监测和提供积极援助的方法。然而，至少有 39 个国家需要进行监测，这一工具几乎专门用于记录违反规则的行为；由于有 25 万多人因各种犯罪而受到监测，这一工具可能已经发生极大演变，问题仍然是：这是一个亲社会的支持工具，一个监测工具，还是一种控制和惩罚的手段？这个问题的答案仍然由使用这个工具的人控制。

在线信息和应用程序 481

全国各地的警察部门利用互联网作为工具，就犯罪问题与社区进行沟通。通过手机应用程序和网页，警察部门创造了一种工具，通过它可以向广大公众传播有关家庭暴力问题的信息。警察局的电子工具可以为社区成员提供有关家庭暴力的动态，如果你是受害者该怎么办以及在何处获得社区资源的重要信息。

如果你有 iPhone 或 Android，可以去应用程序商店寻找可用于援助和保护家庭暴力受害者/IPV 的应用程序。在搜索我的手机时，我发现了 34 个与家庭暴力相关的应用程序。其中最有趣的是一款名为“Aspire News”的应用程序，它伪装成一款普通的新闻应用程序，但实际上是帮助家庭暴力情况下的人们的工具。“Help”部分包含几个有用的工具，帮助人们脱离危险情况或在危及生命的情况下生存。下载应用程序后，用户可以使用此部分设置“可信任联系人”列表；然后，用户可以创建在紧急情况下将发送到受信任联系人的消息。当用户处于危险境地时，这个应用程序可以通过打开应用程序并轻敲屏幕三次来悄悄地呼叫帮助。手机会立即向每个受信任的联系人发送信息，包括手机的地理位置和预键入的信息。然后，手机会自动开始录制将发送给受信任联系人的音频。作为附加保护，该应用程序包含一个“紧急出口”功能，旨在确保用户的安全。用户只需轻触屏幕上角的一个大“X”，应用程序就会迅速关闭与家庭暴力相关的页面，并打开新闻部分。关于如何利用技术防止家庭暴力和加强人身安全的更多信息，见国家制止家庭暴力网络提供的资源（http://nnedv.org/resources/safetynetdocs.html）。

警察危机小组和受害者援助单位的危机干预

对美国各地警察部门的调查显示，警员 80%~90%的时间用于电话服务，也被称为秩序维护活动，涉及家庭成员之间的袭击、邻居纠纷、酒吧斗殴、交通事故以及涉及醉酒和扰乱治安的个人事件。警察可能有能力干预和解决邻居之间的纠纷、酒吧打架或交通事故，但是他们很少熟练地向家庭暴力受 482
害者提供危机干预和后续咨询（Roberts，1990，1996a）。

由于认识到警察花了大量时间应对重复的家庭暴力电话而缺乏其他干预

技能，越来越多的警察部门建立了危机干预小组，由专业的危机临床医生和（或）受过培训的志愿者组成。面对家庭暴力造成的不可预测的伤害或生命危险，受害者往往求助于当地的市、县或乡镇警察局。由于**瑟曼**（Thurman）案（因未能保护其中一名被殴打妇女免受暴力丈夫的伤害，康涅狄格州托林顿警察局被起诉判罚 230 万美元），更多的警察局对家庭暴力受害者的电话做出了响应。警方可以对家庭暴力电话做出迅速反应，并将受害者送往当地医院急诊室或受虐妇女收容所。在一些城市，警察受到危机小组的支援，在警察将受害者运送到警察总部后不久，危机小组就抵达受害者家中或警察局。第一支这样的危机小组于 1975 年在亚利桑那州图森的皮马县地方检察官办公室成立。图森警察局接受并越来越依赖这一方案，因为向危机小组转介的警察人数显著增加，1977 年共有 840 名警察转介，而 1984 年达 4734 名。应该指出的是，这些数字反映了各类犯罪受害者的转介情况，但大多数转介是针对家庭暴力案件的。由于家庭暴力占报警电话的比例相当大，受虐妇女经常是这一创新制度的受益者。

在 20 世纪 80 年代中期至 90 年代期间，为数不多但数量不断增加的警察部门制订了方案，向家庭暴力受害者以及强奸等其他暴力犯罪的受害者提供紧急危机咨询。危机干预小组提供下列服务：危机咨询、宣传、往返医疗中心和收容所的交通以及转介给社会服务机构。多年来，大多数服务对象都是被殴打的妇女。

危机干预小组的工作人员是文职雇员、来自社区的训练有素的志愿者或临床社会工作者（例如，受害者服务和纽约警察局之间的纽约市协作方案；奥斯汀、达拉斯和休斯敦警察局；新泽西州普兰菲尔德警察局）。一个危机小组（总是由两个人组成）通过警察广播得知危机情况，危机顾问通常在犯罪现场会见警察。警察在确定咨询师不会有危险后，可以离开现场。临床医生利用一个基本的危机干预模式，评估情况，讨论选择，形成行动计划，并
483 协助受害者执行计划。纽约和得克萨斯的项目有 3~18 名全职员工，而且每学期有 2~4 名研究生实习生，以及训练有素的志愿者。

到 1998 年，许多城市在警察部门的支持下，已经制订了类似的计划，包括亚利桑那州的南菲尼克斯（South Phoenix，Arizona）；加利福尼亚州的圣安娜（Santa Ana，California）和斯托克顿（Stockton，California）；印第安纳州的印第安纳波利斯（Indianapolis，Indiana）；密歇根州的底特律（Detroit，

Michigan)；内布拉斯加州的奥马哈（Omaha，Nebraska)；内华达州的拉斯维加斯（Las Vegas，Nevada)；东温莎（East Windsor)、普兰斯伯罗（Plainsboro)、南不伦瑞克（South Brunswick）和新泽西州的南河（South River，New Jersey)；纽约的罗切斯特（Rochester，New York)，田纳西州的孟菲斯（Memphis，Tennessee)，犹他州的盐湖城（Salt Lake City，Utah)。然而，仍有许多社区尚未启动此类计划。希望这些 24 小时危机干预计划的成功将鼓励其他地方建立类似的服务类型。

2004 年，约翰斯·霍普金斯大学护理学院的杰奎琳·坎贝尔（Jacquelyn Campbell）博士开发了致命性评估项目（Lethality Assessment Program，LAP)，目前该项目针对急救人员。LAP 的目标是通过鼓励更多的受害者利用家庭暴力项目的支持和收容服务，防止家庭暴力杀人、重伤和再次攻击。LAP 是一个双管齐下的干预过程，使用基于研究的致命性筛选工具和转介协议，为警员根据筛选过程的结果采取适当行动提供指导。到达家庭暴力电话现场的警官会评估情况，如果符合危险的标准，警官将要求受害者回答致命性筛查工具提出的一个系列 11 个问题。

如果受害者对问题的回答表明其有被蓄意谋杀的危险，警官会私下告诉受害者他（她）处于危险之中，或者在类似的情况下有受害者被杀，进而启动一项移交程序。警官向家庭暴力热线打一个电话，然后做出两个回应，以解决眼前的安全问题。

回应 1：受害者选择不与热线咨询师交谈。警官审查了预测死亡的因素，以告知和保护受害者，使他（她）能够留意已知的危险因素，鼓励受害者联系家庭暴力解决机构，向受害者提供转介信息，并可遵循旨在解决受害者安全和健康问题的其他议定书措施。

回应 2：受害者选择与热线咨询师交谈。警官对受害者和辅导人员之间电话交谈的结果做出回应。执法人员或执法机构可与受害者和辅导人员一起参与协调的安全规划。受害者在与当地家庭暴力服务项目的热线顾问交谈后，也可能不会寻求相应帮助。

据我们所知，LAP 是美国第一个使用基于研究的筛选工具和相关转介协议的致命性评估项目，该项目采用复杂的方法评估家庭暴力情况下的致命性风险（Dixon，2008)。

受虐妇女的职业培训

484 在大城市地区，数千名遭受虐待的妇女被困在贫穷、暴力和缺乏市场工作技能的代际循环中。作为比尔·克林顿总统“从福利到工作”（welfare-to-work）倡议的一部分，一些城市的受虐待妇女方案专门为以前被伴侣虐待的妇女制定了就业培训方案。例如，纽约市的受害者服务处发起了两个创新的就业技能培训方案。受害者服务的第一个“从福利到工作”培训项目“崛起计划”（RISE）于 1997 年底在纽约市启动，旨在帮助曾领取福利金的家庭暴力受害者进入劳动力市场，获得高薪工作。“崛起计划”提供 6 个月的培训课程，教授以前受虐待的女性文字处理计算机技能（特别是 Microsoft Word 和 Excel）。第二个创新项目“超级妇女项目”（Project Superwomen）帮助家庭暴力幸存者在蓝领岗位（传统上只有男性担任）获得非传统就业，这些岗位提供稳定的收入和福利，但不需要高级培训。这些妇女接受 3 个月的培训，使她们能够在建筑维修岗位上工作，这些岗位的优点是工作时间灵活，而且通常是住房免租金。这些妇女学习的技能包括更换坏锁，处理轻管道维修，剥落、打磨和粉刷公寓墙壁。

急诊室的评估与干预

探访急诊室可能会为一些受害者提供最初的机会，使他们认识到暴力关系的生命危险性，并开始制订重要计划来改变他们的处境。在城市地区越来越多的大型医院，急诊室工作人员正在对受殴打的妇女进行危机评估和干预。

急诊室处理殴打检测和评估的推荐方法是利用成人虐待协议。制订这些方案的两位先驱是西雅图的卡里尔·克林贝尔（Karil Klingbeil）和薇姬·博伊德（Vicky Boyd），他们于 1976 年启动了对受虐待妇女进行急诊室干预的计划。西雅图港景（Harborview）医疗中心的社会工作部门制订了一个成人虐待协议，提供了由相关工作人员、分流护士、医生和危机临床医生进行评估的具体信息。使用协议有两个目的：第一，它提醒相关医院工作人员提供适当的临床护理；第二，它记录暴力事件，以便如果妇女决定提出法律申诉，“可以获得可靠的、法庭可接受的证据”（包括照片）（Klingbeil & Boyd，1984）。

尽管该方案是为急诊室危机临床医生定制的，但它可以很容易地被其他卫生保健人员使用。以下案例描述了如何成功使用成人虐待协议。 485

案例

J太太在姐姐的陪同下被送进了急诊室。这是J女士一个月内的第二次就诊，急诊室的分流护士和社工意识到，这次就诊，她的身体受的伤害要严重得多。J太太在哭，显得很害怕，尽管疼痛，她还是不停地回头看。她说她丈夫会跟着她去急诊室，她担心她的生命。社工立即通知保安。

J太太说她只是想休息一会儿，然后从另一个入口离开。她怀孕四个月了，很担心她未出生的孩子。她说这是J先生第一次打她的腹部。社工花了相当长的时间安抚J太太，以便了解暴力性事件的过程。J太太表示她**将**提出指控。“对我孩子的袭击”似乎是她对自己处境严重性认识的一个转折点，尽管J先生在过去两年里至少打了她十几次。

在社工协助记录病史的同时，一位医生提供了紧急医疗服务：在右眼上方缝几针。

在J太太的允许下，与她姐姐进行了一次面谈，她姐姐同意让J女士留在她身边，并同意参与警方的报案工作。当J太太觉得可以的时候，社工和姐姐帮她填写了必要的表格，以便向来到急诊室的警察报警。

尽管医生已向J太太仔细解释了程序和原理，但社工还是重复了这一信息，并告知她殴打的严重性，从她的病历中可以追溯到她最近三次曾经到急诊室就诊。但当社工出示了她的照片，照片上记录了她脸上和脖子上的瘀伤，J太太很快就顾左右而言他，她摇摇头说：“不要再提了，别再说了”，她姐姐提供了很好的支持，更多的家人也在前往急诊室的路上来陪伴J太太。当警察赶到时，J太太能够准确地描述当天的事件……她意识到很难做出决定，于是欣然接受了一个受虐妇女团体的后续咨询预约。（Klingbeil & Boyd，1984，pp. 16-24）

应该指出的是，并不是所有的案件都像这个案件那么容易处理。导致J太太的情况容易解决的两个方面是（a）急诊室工作人员直接参与患者病史
486 和受伤情况的分析，以及（b）亲属提供支持。

在这名妇女离开急诊室之前，危机临床医生应该和她谈谈是回家还是与朋友、家人或受虐待妇女的收容所寻求收容。急诊室工作人员应能提供转介来源的名称和电话号码。如果相关信息印在一张小名片（很容易塞进口袋或钱包）上，并提供给所有虐待受害者以及疑似受害者，则会很有帮助（Klingbeil & Boyd，1984）。即使一个女人拒绝承认她现在的瘀伤是殴打造成的，她也可能决定保留这张卡片以备将来使用。

仅仅有一个成人虐待协议并不能保证它会被使用。弗莱尔蒂（Flaherty）（1985）在费城四家医院进行的一项研究发现，该方案是有选择地使用的，主要是针对自愿接受援助的受害者。医务人员因此忽视了帮助那些无法自愿提供信息的受虐者的机会。研究人员列举了协议使用不足的以下原因：

1. 一些医生和护士并不认为殴打是一个医学问题。

2. 一些急诊室的工作人员认为，向一名妇女询问她是如何受伤的是侵犯隐私的行为。

3. 当他们已经超负荷工作时，许多人都把完成协议看作额外的负担。

那些确实认识到殴打是法律问题的医务人员，最常用的干预手段是撕下印在方案底部的转介来源清单。

弗莱尔蒂（1985）在费城的研究与克林贝尔和博伊德（1984）之前在西雅图描述的程序有着重要的区别。费城的研究要求护士和医生的合作，但没有涉及医疗危机临床医生。相比之下，哈伯维医疗中心（Harboriew Medical Centre）的协议是由医院的社会工作部门制订和实施的。它强调多学科的团队方法，由社会工作者在进行筛查和评估方面发挥主导作用，在医生提供医疗服务的同时，经常与受害者交谈。宾夕法尼亚大学的卡琳·罗兹（Karin Rhodes）博士及其同事（2011）认为，这种趋势还在继续。研究人员调查了4年（1999～2002年）内所有急诊科就诊和与IPV相关的警察事件。这项研究在美国中西部一个半农业县的8个紧急部门、12个警察管辖区和检

察官办公室进行。

在 4 年间，共有 993 名家庭暴力女性受害者反馈了 3246 起相关的家暴事件。大约 80%的人在事件发生后去了急诊室。其中近 80%的人有医疗投诉，72%的人从未被确认为虐待受害者，尽管在研究期间，这些妇女平均去急诊室就诊 7 次。当天已经向警方投诉或被警方送往医院的女性、那些自我披露家庭暴力的女性以及那些有精神健康和物质滥用问题的女性更容易被认定为 IPV 的受害者。 487

在确认受害者身份后，急诊科的应对措施包括：使用限定时间的 86%提供有用的法律文件，使用限定时间的 50%联系警方，使用限定时间的 45%联系社工。不幸的是，只给服务提供者留了限定时间的 33%，以便评估受害者有没有安全的去处，只预留了限定时间的 25%用于将受害者转介到家庭暴力服务机构。

作者的结论是："我们的工作表明，大多数警方认定的亲密伴侣暴力受害者经常使用急诊科进行医疗护理，但他们不太可能在这种情况下被确定或接受任何干预。目前针对亲密伴侣暴力受害者的筛查措施效果不佳，而针对已确认受害者的政策性干预措施充其量也只是在不稳定地实施。"（Rhodes，Kothari，Dichter，Cerulli，Wiley，& Marcus，2011，pp. 97-98）

热线电话和受虐妇女收容所的干预技术

处于危机中的受虐妇女可以通过各种方式寻求帮助。最初的接触通常是通过电话，这使得电话成为许多妇女的生命线。暴力事件通常发生在深夜、周末或节假日，收容所工作人员通常 24 小时都能接到危机电话。但一个刚刚被残忍殴打的危机中的妇女可能不知道当地收容所的名称或电话号码。一种常见的情况是，一名妇女和她的孩子在深夜匆忙逃离家，逃到邻居家中紧急求救。由于没有当地收容所的电话号码，这些妇女通常会联系警察、全州免费的家庭暴力热线，或全城或社区的危机热线（在各种危机中帮助人们）。如果妇女联系社区热线，通常会有短暂的延迟，工作人员就此收集一些基本信息，然后给打电话的人提供最近收容所的电话号码。另一个办法是让危机干预者把来电者的电话号码记下来，让收容所的工作人员给她回电话。

当处于危机中的受虐妇女拨打热线时，重要的是她必须能够立即与训练 488

有素的危机临床医生交谈，而不是被搁置或面对答录机或语音邮件。如果她不能和一个有爱心和知识渊博的危机干预者交谈，她可能会放弃，而干预暴力循环发生的宝贵机会也将丧失。在这种情况下，时间是至关重要的；如果暴力的男性仍在狂暴中，他很可能会寻找她，从而不仅危及他的配偶，也危及邻居。

热线工作人员区分了处于紧急危险或刚刚被殴打的女性的**危机来电**（crisis call）和其他类型的来电，在这些来电中，个人不是处于紧急危险中，而是焦虑或苦恼，正在寻求信息或找人谈话。危机干预的首要目标是确保妇女及其子女的安全。要确定呼叫是否为危机呼叫，员工会提出以下问题：

- 你或你的孩子现在有危险吗？
- 现在施虐者在吗？
- 你想让我报警吗？
- 你想离开吗？你能安全离开吗？
- 你需要医疗护理吗？

这个项目有关运送需要避难但无路可走的妇女有不同的政策。虽然一些收容所会派工作人员到妇女家中接她，但由于工作人员可能受到施暴者的袭击，因而禁止收容所工作人员接需要避难的妇女的政策更为普遍。在设有警察局下属危机干预小组的城市（如纽约市、普兰斯伯罗和新泽西州的东温莎），收容所工作人员可以联系警察，由警察调查情况，并通过无线电让受害者辩护律师或危机顾问将受害者及其子女送往收容所。很多时候警察自己被说服提供交通工具。另一种选择是让收容所的受害者辩护律师在当地医院急诊室会见被殴打的妇女。

一旦与妇女人身安全有关的紧急问题得到解决，危机干预者就可以开始与受害者谈论她的处境并讨论可能的行动方案。在整个过程中，危机干预者必须记住，他（她）可以提出不同的备选方案，但服务对象必须自己做出最终决定，才能获得授权。

以下是一份关于对受虐待妇女进行干预的分步指南（最初由 Jones 1968
489 年制定），该指南包含在佛罗里达州迈尔斯堡虐待咨询和处置（Abuse Counseling and Treatment，ACT）计划编制的培训手册中。它被称为危机管理的

A-B-C 过程，“A”指的是“实现接触”（achieving contact），“B”指的是“解决问题”（boiling down the problem），“C”指的是“处理问题”（coping with the problem）。

A. **实现接触**

1. 介绍你自己：名字、角色和目的。

2. 打个电话，问问服务对象现在是否安全。

3. 询问服务对象希望如何称呼：名字、姓氏或昵称；这有助于服务对象重新获得控制权。

4. 收集服务对象数据；这打破了僵局，允许服务对象和临床医生相互了解，建立信任。

5. 询问服务对象是否有临床医生或是否正在服药。

6. 确认服务对象的感受并要求进行感知检查。

B. **解决问题**

1. 请服务对象简要描述一下刚刚发生的事情。

2. 鼓励服务对象现在就谈这个。

3. 问服务对象最紧迫的问题是什么。

4. 如果不是因为这个问题，她现在会感觉好些吗？

5. 询问服务对象以前是否遇到过类似的问题，如果是，她当时是如何处理的。什么有用？什么没用？

6. 与服务对象一起回顾你听到的主要问题。

C. **处理问题**

1. 服务对象希望发生什么？

2. 什么是最重要的需要——底线？

3. 了解服务对象的感受是最好的解决方案。

4. 找出服务对象愿意做什么来满足她的需求。

5. 帮助服务对象制订行动计划：资源、活动、时间。

6. 安排与服务对象的后续联系。

精心招聘和全面培训危机干预人员对项目的成功至关重要。对于有经验的临床医生来说，在困难的情况下随时待命会诊也是必要的。除了知道该说什么，临床医生还需要了解在处理危机电话时使用的语调和态度。建议临床医生以稳定、平静的声音说话，提出开放性问题，并避免评判。

收容所的政策和程序手册应包括危机工作人员指南。例如，佛罗里达州迈尔斯堡的 ACT 计划制定了一份 45 页的培训手册，其中包括关于收容所政策和程序、转介程序和家庭暴力背景信息的章节，这些章节讨论了受害者和施虐者。ACT 手册解释了求助妇女在情感反应上的巨大差异。服务对象的说
490 话风格可能是“快、慢、犹豫、大声、几乎听不见、漫无边际、失语，或正常”。她的情绪反应可能是“愤怒、高度不安、歇斯底里、孤僻、大笑、平静、冰冷、内疚，或兼而有之”（Houston，1987，p. 5）。无论呼叫者表现出什么样的特征，危机临床医生的任务是尽力帮助受害者应对眼前的情况。然而，该指南也建议危机临床医生避免陷入这样的困境：他们认为自己需要为来访者提供及时、专业的问题解决方案。如果临床医生不能帮助受虐妇女解决问题，他们也不必让自己感到内疚。如果临床医生怀疑儿童受到虐待或忽视，他（她）必须通知上级主管，然后向有关机构报告涉嫌虐待的情况（Houston，1987）。

当打电话的人是一名受虐待的妇女，她受到药物或酒精的影响，或有精神疾病症状时，收容所的工作人员即面临两难的境地。尽管这些妇女受到殴打伤害，但收容所也存在一个显著的问题，即工作人员没有接受过治疗培训。收容所政策一般要求危机干预者将受酒精或毒品影响的受虐妇女排除在外，但也有例外。在新泽西州中部的妇女空间组织（Womanspace），只要妇女有毒品或酒精问题，就被同时接纳进入毒品和酒精治疗项目。同样，危机临床医生有责任确定一名妇女的行为是否过分不理性或怪异，或她是否可能对自己或他人构成危险。如果一名妇女被怀疑有精神问题，她通常会被转介到当地医院的精神疾病筛查部门或精神健康中心进行评估。

艺术疗法

艺术疗法已有效地被用于遭受家庭暴力的妇女和儿童。作为受虐待妇女及其子女收容所综合治疗方法的一部分，艺术治疗可以帮助受害者（包括幼儿）以比传统谈话疗法更不具威胁性的非言语方式交流痛苦经历。艺术治疗的目标是处理发生的暴力，同时也增强母亲的能力和提高她的育儿技能。这

有助于启动治疗过程，让母亲和她的孩子有机会通过他们的绘画交流发生的事情（Riley，1994）。

艺术疗法在帮助语言能力有限的幼儿时也很有帮助。下面的例子展示了在与一位 23 岁的母亲和 4 岁的儿子进行家庭治疗时如何使用艺术疗法：

> 尽管这个孩子不能画出完整的图形，也不能完整地描述他被带到收 491
> 容所的原因，但他能够讲述一个关于他所创造的形象的故事。他说，右上角的那个人影正悄悄地出现在它左边的小圆圈上，他将这个圆圈认定为“摇滚明星”。他说第一个人影咬了摇滚明星的腿。这个很小的男孩能够更详细地表达他母亲表达的同样的故事主题。他的母亲通过她的绘画解释说，施虐者上次袭击自己时，4 岁的孩子咬伤了施虐者的腿。(McGloughlin，1999，p. 53)

儿童个体化治疗

寻找临时收容所以逃避家里暴力的受虐待妇女通常和她们的孩子一起来到收容所。孩子们常常感到困惑、害怕和愤怒。他们想念他们的父亲，不知道是否或何时会再见到他。对于孩子们来说，被错误告知或未被告知他们突然从家里搬出来，离开个人财产、朋友和学校，留在拥挤的收容所的原因的情况并不少见。同样，孩子们可能不会意识到其他孩子都是因为同样的原因来到收容所的。

此外，根据普雷利普（Prelipp）（personal communication，February 13，1987）的说法，这些儿童中的许多人曾一度遭受过身体虐待。威斯康星州格林湾家庭暴力中心 1986 年的年度报告提供了殴打者虐待儿童的数据。该中心发现，148 名虐待妇女的人中，近一半（73 人）曾一次或多次殴打过自己的孩子。

以下是 10 岁的丽莎写的一个真实故事，她的父亲对她的母亲进行了暴力殴打之后，她来到收容所。

我的生活，丽莎（Lisa）

两个月前的一天，我爸妈吵架了。起初，我和妈妈从购物中心回家。我们在那里玩得很开心。但是，当我们回家的时候，我们的美好时光变得糟糕起来。我知道他们要打架，所以我走进卧室做作业。我知道他会和她谈些事情，但具体是什么我不知道。然后我听到我妈妈开始尖叫，我走到门口问出什么事了。我爸爸说："哦，没什么事。去做你的作业吧。"但我知道出事了，所以我就去祷告上帝。那天晚上我爸爸真的很刻薄。我非常恨他。我妈妈不该受伤。我爱她胜过一切。然后我听
492 到我妈妈尖叫，但我不明白她说什么，因为我爸爸用手捂住她的嘴。后来她告诉我要叫警察。不管怎样，我应该回到卧室门口，告诉妈妈我的作业需要帮助，但我没有这样做。我只是想让妈妈从卧室出来，因为我害怕。然后他们都出来了。我抱着妈妈上床睡觉了。然后我爸爸开始勒我妈妈。所以我就出去告诉我爸住手。他叫我回卧室去睡觉。所以，我这样做了。但我太傻了。然后我听到我妈妈尖叫。我回到客厅，看见他踢我妈妈。他不停地踢她的胳膊和腿。我叫他停下来。他叫我回去睡觉，但我说，不！然后他拿起吉他要打她的头。我趴在我妈妈身上。他叫我走开。但我说，不。所以他放下吉他，然后给她拿了冰块。然后我哭着睡着了。第二天早上我没去上学，她也没去上班。然后他打电话到家和她谈了一会儿。他威胁要杀了她。所以我们离开去收容所。现在我在这里。（Arbour，1986）

这个女孩很幸运，因为她的母亲把她带到了新泽西州北部的泽西受虐妇女服务社（Jersey Battered Women's Service，JBWS），那里有一个为受虐母亲及其子女精心制订的咨询计划。然而，不幸的是，仍有一些收容所只提供基本的儿童保育服务；它们不提供必要的艺术治疗和危机咨询，以帮助儿童应对最近的惊恐事件（Alessi & Hearn，1984）。

尽管如此，帮助儿童的创新技术已被纳入更先进的收容所方案之中。圣玛莎礼堂是密苏里州圣路易斯市的一个收容所，为孩子们提供咨询服务，还要求母亲们参加育儿班，并与儿童项目协调员会面，讨论如何确立家庭目标

和满足孩子的个人需要。该方案还为母亲和儿童提供了共同参加娱乐活动的机会（Schiller-Ramirez，1995）。

一些收容所还使用了另外两种类型的干预——彩色书籍和儿童小组。

作为个体化治疗方法的一部分的彩色图书

一些收容所使用特别设计的彩色图书讨论家庭暴力问题，以便于儿童可以理解。新泽西州莫里斯敦泽西被殴打妇女服务中心的劳拉·普拉托（Laura Prato）已经创作了两本彩色图书（Prato，n. d.），一本是给3~5岁的儿童看的，名字是“什么是收容所？”（What Is a Shelter）。另外一本是给6~11岁的孩子看的，名字叫“让我们谈谈吧”（Let's Talk It Over）。除了儿童读物，普拉托还为收容所工作人员编写了两本手册，以作为咨询师的讨论指南。这些书包含了现实的、敏感的插图，描绘了孩子们感到的困惑、悲伤和 493
愤怒等情绪。这些画有黑白插图，这样孩子们可以随心所欲地给插图涂上颜色。这些书和手册的编写和印刷经费来自新泽西州青年和家庭服务部。手册导言中解释了彩色图书的用途和使用方法。手册上说，对所有入住收容所的儿童来说，这些书是入学和迎新流程的一部分。这些书的主要目标如下：

- 保证儿童继续得到照顾和安全；
- 鼓励儿童确定和表达自己的感受；
- 提供儿童了解家庭情况所需的信息；
- 提供有助于提高每个儿童适应收容所环境的能力的信息；
- 开始评估每个孩子的需要和关注点。

临床医生手册强调了向孩子展示这本书的重要性，如下文所示：

> 围绕着使用目标图书的过程是极其重要的。这很可能是咨询师和新来的家庭之间的最初接触，并将为未来的互动定下基调。与JBWS儿童项目的理念一致，这个初始接触传达了对母亲和孩子的尊重以及对他们感情的接受。（Prato，n. d.）

在与孩子见面之前，临床医生会与孩子的母亲私下会面，向她展示这本书，解释这本书的目的，并征得她的许可给孩子读这本书。建议临床医生在与孩子见面之前翻阅所有可用的入院信息，以便他们能够更好地“预测每个孩子的特殊关注点，并将孩子的反应置于有意义的环境中”（Prato，n. d.）。这些书是以鼓励孩子积极参与的方式编写的。在这两本书中，有几个地方可以让孩子把自己的想法写在书页上。例如，《让我们谈谈吧》中的一页，重点讲述了一个住在收容所、想念父亲的孩子。图片下方的标题说明：

> 收容所里的许多孩子都很想念他们的父亲，没关系。在你家里的每个人都有机会仔细考虑之前，你可能暂时不会见到你父亲。照片中的小女孩在想她的父亲……你认为她在问什么问题？

494 在那一页上有一个地方可以让孩子回答这个问题。回答可以由孩子写，也可以口述给咨询师，由咨询师写在书上。下一页是一个很大的空白处和一个标题，上面写着“你可以用这一页来画一张你父亲的照片”。像那些由泽西受虐妇女服务社开发的图书，对于帮助孩子们应对导致他们留在收容所的那些危机是非常有帮助的。

转 介

当干预是为了帮助在危机情况下的受虐待妇女时，了解转介来源至关重要。对于警察、医院和人力服务机构来说，了解和查阅帮助受虐待妇女及其子女的方案，与家庭暴力治疗方案的工作人员向服务对象推荐适当的社区资源同样重要。

通常认为，被殴打的妇女需要各种服务，如职业培训和安置、低成本的过渡性住房、日托和持续的咨询；因此，应向适当的服务提供者转介。在1995年的年终报告中，圣路易斯的圣马大礼堂（st. Martha’s Hall）详细列出了其服务对象被转介的机构（Schiller-Ramirez，1995）。大多数妇女被转介给3个或3个以上的机构，一些服务对象根据其个人需要被转介9个或9个以上。最常用的转介来源如下：

> 法律援助；

医疗护理；

职业银行；

日托计划；

有需要的妇女（Women in Need，WIN），单身妇女的长期住房；

匿名戒酒互助社（Alco Holics Anonymous）；

妇女自助中心，提供咨询和支持团体；

圣帕特（St. Pat's），一个天主教的社会服务机构，寻找低成本的住房，并提供预算资金和其他生活技能的课程。

其他不常使用的转介来源的例子有：

另一个州的收容所（a shelter in another state）	牙科护理（Dental care）
青少年互助会（Alateen）	GED 项目（GED program）
嗜酒者家庭互助会（Al-Anon）	危机托儿所（Crisis nursery）
教育委员会（Literacy Council）	受害者服务机构（Victim Services）
大哥大姐（Big Brothers Big Sisters）	红十字会（Red Cross）

提供危机干预服务的方案中有两种可以促进转介过程的方式：（a）向广 495
大民众和其他服务提供者宣传其服务；（b）了解服务对象所需的社区服务，并在某些情况下陪同服务对象前往适当的机构。

可以通过以下方式宣传服务项目：

1. 印制描述项目服务的小册子，附带包括项目名称和电话号码的名片。这些材料应大量提供给警官、急诊室工作人员和其他可能向该项目转介的人员。

2. 参加关于家庭暴力的跨学科讲习班和研讨会，以便该项目能够广为人知。此外，这使工作人员能够了解他们的服务对象可以被转介的适当的项目。

3. 为警官、全县热线工作人员、急诊室工作人员和其他人员提供培训，讨论被虐待妇女的转介问题，并解决转介过程中可能出现的任何问题。

4. 通过报纸上的文章和广播电视上的公共服务通告，向公众公布项目的电话号码。

熟悉社区资源。危机临床医生关于适当转介来源的信息应以多种方式提供：

1. 最迫切需要的机构，如警察、受害者援助项目、毒品或酒精治疗方案和精神疾病筛查单位的电话号码应随时可用，最好打印在每张录取表或电话记录表上。

2. 该计划的培训手册应包含一个关于最常用转介来源的章节。例如，佛罗里达州迈尔斯堡的 ACT 项目手册包含 8 页经常使用的转介来源，其中列出了每个来源的地址、电话号码、办公时间和提供的服务。

3. 大多数大城市地区有一个全面的资源指南［由当地的联合劝募会或“行动呼吁”（Call for Action）热线的分支机构发布］，提供该地区所有社区服务的全面清单。所有为受虐妇女及其子女服务的项目都应备有一份社区资源手册，并熟悉该手册。

转介的方式非常重要，因为它可能影响结果。通常，处于危机中的受害
496 者在与转介机构进行初步接触时并没有坚持到底。圣马丁大厅和其他收容所的临床医生和辩护律师通过陪同服务对象前往该机构获得援助，以示范如何获得服务。这被视为一个为经常遇到令人恐惧和沮丧的经历但希望保护自己的妇女准备的选择。

总结和结论

本章探讨了与被殴打妇女及其子女的危机干预有关的一些重要问题和技巧。还讨论了在不同环境下进行危机干预的具体方法。随着越来越多的处于紧急危机中的妇女主动寻求帮助，危机临床医生和受害者辩护律师必须准备迅速做出反应。对受虐待妇女及其子女进行危机干预，可能有助于减轻遭受家庭暴力创伤者的情绪痛苦和折磨。由于他们的经验和专业训练，危机临床医生和医疗社会工作者可以在帮助处于危机中的妇女和儿童方面发挥重要作用。

执法人员、受害者辩护律师、医院急诊室工作人员以及在全市危机热线和受虐妇女收容所的临床医生经常与正在经历危机的受虐妇女接触。有效的危机干预需要这些服务提供者了解危机干预的价值和方法，以及应向其转介的社区资源。受虐待的妇女往往只有在危机中或危机后时期才有动机改变她们的生活方式。因此，社区机构的服务提供者必须立即向处于危机中的受虐妇女提供援助。据估计，每年约有 800 万对夫妇卷入殴打事件，决策者和方案制定者应优先考虑扩大对被殴打妇女及其子女的紧急危机导向和后续服务。

参考文献

Alessi, J. J., & Hearn, K. (1984). Group treatment of children in shelters for battered women. In A. R. Roberts (Ed.), *Battered women and their families* (pp. 49–61). New York: Springer.

Arbour, D. (1986, December). *Disabuse Newsletter*. Morristown, NJ: Jersey Battered Women's Service.

Austin City Connection. (2000). Austin Police Department: formal name? Family Violence Protection Team. Retrieved from www.ci.austin.tx.us/police/afvpt

Black, C. J. (2003). Translating principles into practice: Implementing the feminist and strengths perspectives in work with battered women. *Affilia*, *18*, 332–349.

Black, M. C., Basile, K. C., Breiding, M. J., Smith, S. G., Walters, M. L., Merrick, M. T., . . . Stevens, M. R. (2011). *The National Intimate Partner and Sexual Violence Survey (NISVS): 2010 summary report*. Atlanta, GA: Centers for Disease Control and Prevention, National Center for Injury Prevention and Control.

Caplan, G. (1964). *Principles of preventive psychiatry*. New York: Basic Books.

Carlson, B. E. (1997). A stress and coping approach to intervention with abused women. *Family Relations*, *46*, 291–298.

Dixon, T. (2008, January 11). New move against domestic abuse: Police trained to give assessments, refer counselors. *Baltimore Sun*, final edition, B01.

Duterte, E. E., Bonomi, A. E., Kernic, M. A., Schiff, M. A., Thompson, R. S., & Rivara, F. P. (2008). Correlates of medical and legal help seeking among women reporting intimate partner violence. *Journal of Women's Health, 17*(1), 85–95.

Dutton, M. A., Kaltman, S., Goodman, L. A., Weinfurt, K., & Vankos, N. (2005). Patterns of intimate partner violence: Correlates and outcomes. *Violence and Victims*, 20, 483–497.

Eaton, D. K., Kann, L., Kinchen, S., Shanklin, S., Ross, J., Hawkins, J., . . . Centers for Disease Control and Prevention (CDC). (2010, January 1). Youth risk behavior surveillance—United States, 2009. *Morbidity and Mortality Weekly Report Surveillance Summaries, 59*(5), 1–142.

Flaherty, E. W. (1985, February). *Identification and intervention with battered women in the hospital emergency department: Final report*. Philadelphia: Philadelphia Health Management Corp.

Folkman, S. (1984). Personal control, and stress and coping processes: A theoretical analysis. *Journal of Personality and Social Psychology*, *46*, 839–852.

Folkman, S., & Lazarus, R. S. (1985). If it changes it must be a process: Study of emotion and coping during three stages of college examination. *Journal of Personality and Social Psychology, 48*, 150–170.

Frazier, P. A., & Burnett, J. W. (1994). Immediate coping strategies among rape victims. *Journal of Counseling and Development, 72*, 633–639.

Frieze, I., & Bookwala, J. (1996). Coping with unusual stressors: Criminal victimization. In

M. Zeidner & N. S. Endler (Eds.), *Handbook of coping: Theory, research and applications* (pp. 303–321). New York: Wiley.

Gleason, W. J. (1993). Mental disorders in battered women: An empirical study. *Violence and Victims*, *8*, 53–68.

Goodyear-Smith, F. Arroll, B., & Coupe, N. (2009). Asking for help is helpful: Validation of a brief lifestyle and mood assessment tool in primary health care. *Annals of Family Medicine*, 7, 239–244.

Gordon, J. (1996). Community services available to abused women in crisis: A review of perceived usefulness and efficacy. *Journal of Family Violence*, *11*, 315–329.

Haag, R. (n.d.). The birthday letter. In S. A. Prelipp (Ed.), *Family Violence Center, Inc. training manual*. Green Bay, WI: mimeographed.

Herman, J. L. (1992). *Trauma and recovery*. New York: Basic Books.

Houston, S. (1987). *Abuse Counseling and Treatment, Inc. (ACT) Manual*. Fort Myers, FL: ACT.

Janosik, E. H. (1984). *Crisis counseling*. Belmont, CA: Wadsworth.

Johnson, D. M., & Zlotnick, C. (2006). A cognitive-behavioral treatment for battered women with PTSD in shelters: Findings from a pilot study. *Journal of Traumatic Stress*, *19*, 559–564.

Johnson, D. M., Zlotnick, C., & Perez, S. (2011). Cognitive behavioral treatment of PTSD in residents of battered women's shelters: Results of a randomized clinical trial. *Journal of Consulting and Clinical Psychology*, 79, 542–551.

Johnson, K. (1997). Professional help and crime victims. *Social Service Review*, *71*, 89–109.

Jones, W. A. (1968). The A-B-C method of crisis management. *Mental Hygiene*, *52*, 87–89.

Klingbeil, K. S., & Boyd, V. D. (1984). Emergency room intervention: Detection, assessment and treatment. In A. R. Roberts (Ed.), *Battered women and their families: Intervention strategies and treatment programs* (pp. 7–32). New York: Springer.

Krebs, C. P., Lindquist, C. H., Warner, T. D., Fisher, B. S., & Martin, S. L. (2007). *The campus sexual assault (CSA) study*. U.S. Department of Justice. National Institute of Justice, Washington, DC.

Krumholz, S. T. (2001, June). *Domestic violence units: Effective management or political expedience?* Paper presented at the annual meeting of the Academy of Criminal Justice Sciences, Washington, DC.

Kubany, E. S., Hill, E. E., & Owens, J. A. (2003). Cognitive Trauma Therapy for Battered Women with PTSD: Preliminary findings. *Journal of Traumatic Stress*, *16* (1), 81–91.

Kubany, E. S., Hill, E. E., Owens, J. A., Iannce-Spencer, C., McCaig, M. A., Tremayne, K. J., & Williams, P. L. (January 01, 2004). Cognitive trauma therapy for battered women with PTSD (CTT-BW). *Journal of Consulting and Clinical Psychology*, 72(1), 3–18.

Lazarus, R. S., & Folkman, S. (1984). *Stress, appraisal and coping*. New York: Springer.

Liang, B., Goodman, L., Tummala-Narra, P., & Weintraub, S. (2005). A theoretical framework for understanding help-seeking processes among survivors of intimate partner violence. *American Journal of Community Psychology*, *36*(1–2), 71–84.

Littel, K., Malefyt, M. B., Walker, A., Tucker, D. D., & Buel, S. M. (1998). *Assessing justice system response to violence against women: A tool for law enforcement, prosecution and the courts to use in developing effective responses.* Violence Against Women Online Resources, Department of Justice, Office of Justice Programs. Retrieved from www.vaw.umn.edu

Lutenbacher, M., Cohen, A., & Mitzel, J. (2003). Do we really help? Perspectives of abused women. *Public Health Nursing, 20*(1), 56–64.

McGloughlin, M. (1999). *Art therapy with battered women and their children.* M.A. thesis, Eastern Virginia Medical School, Norfolk, Virginia.

National Network to End Domestic Violence. (2014). Web page Retrieved from http://nnedv.org/resources/safetynetdocs.html

Nurius, P., Hilfrink, M., & Rafino, R. (1996). The single greatest health threat to women: Their partners. In P. Raffoul & C. A. McNeece (Eds.), *Future issues in social work practice* (pp. 159–171). Boston: Allyn and Bacon.

Peak, K. (1998). *Justice administration.* Englewood Cliffs, NJ: Prentice-Hall.

Petretic-Jackson, P., & Jackson, T. (1996). Mental health interventions with battered women. In A. R. Roberts (Ed.), *Helping battered women: New perspectives and remedies* (pp. 188–221). New York: Oxford University Press.

Prato, L, (Undated). *What is a shelter? Lets talk it over; What is a shelter? A shelter worker's manual; Let's talk it over: A shelter workers manual.* Morristown, NJ: Jersey Battered Women's Service.

Rhodes, K. V., Kothari, C. L., Dichter, M., Cerulli, C., Wiley, J., & Marcus, S. (January 01, 2011). Intimate partner violence identification and response: time for a change in strategy. *Journal of General Internal Medicine, 26*(8), 894–899.

Riley, S. (1994). *Integrative approaches to family art therapy.* Chicago: Magnolia Street Publishers.

Roberts, A. R. (1981). *Sheltering battered women: A national study and service guide.* New York: Springer.

Roberts, A. R. (1990). *Helping crime victims.* Newbury Park, CA: Sage.

Roberts, A. R. (1996a). A comparative analysis of incarcerated battered women and a community sample of battered women. In A. R. Roberts (Ed.), *Helping battered women: New perspectives and remedies* (pp. 31–43). New York: Oxford University Press.

Roberts, A. R. (1996b). Epidemiology and definitions of acute crisis in American society. In A. R. Roberts (Ed.). *Crisis management and brief treatment: Theory, technique and applications* (pp. 16–33). Chicago: Nelson-Hall.

Roberts, A. R. (1998). *Battered women and their families* (2nd ed.). New York: Springer.

Roberts, A. R. (2002). Myths, facts, and realities regarding battered women and their children: An overview. In A. R. Roberts (Ed.), *Handbook of domestic violence intervention strategies: Policies, programs, and legal remedies* (pp. 3–22). New York: Oxford University Press.

Roberts, A. R., & Burman, S. (1998). Crisis intervention and cognitive problem-solving therapy with battered women: A national survey and practice model. In A. R. Roberts (Ed.), *Battered women and their families: Intervention strategies and treatment programs* (2nd ed., pp. 3–28). New York: Springer.

Roberts, A. R., & Roberts, B. S. (2005). *Ending intimate abuse: Practical guidelines and survival strategies*. New York: Oxford University Press.

Rothman, E. F., Exner, D., Baughman, A. L. (2011). The prevalence of sexual assault against people who identify as gay, lesbian, or bisexual in the United States: a systematic review. *Trauma, Violence, & Abuse*,12(2), 55.

Saleebey, D. (1997). *The strengths perspective in social work practice* (2nd ed.). White Plains, NY: Longman.

Schiller-Ramirez, M. (1995). *St. Martha's Hall year end report 1994*. St. Louis, MO: St. Martha's Hall.

Snyder, H. (2000). Sexual assault of young children as reported to law enforcement: Victim, incident, and offender characteristics. National Center for Juvenile Justice, NCJ 182990.

Straus, H., Cerulli, C., McNutt, L. A., Rhodes, K. V., Conner, K. R., Kemball, R. S., & Houry, D. (2009). Intimate partner violence and functional health status: Associations with severity, danger, and self-advocacy behaviors. *Journal of Women's Health*, 18, 625–631.

Straus, M., & Gelles, R. (1991). *Physical violence in American families*. New Brunswick, NJ: Transaction Books.

Taft, C. T., Resick, P. A., Panuzio, J., Vogt, D. S., & Mechanic, M. B. (2007). Examining the correlates of engagement and disengagement coping among help-seeking battered women. *Violence and Victims*, 22, 3–17.

Tedeschi, R. G., & Calhoun, L. G. (1995). *Trauma and transformation growing in the aftermath of suffering*. Thousand Oaks, CA: Sage.

Thurman v. City of Torrington, 595 F. Supp. 1521 (D. Conn. 1985).

Tjaden, P., & Thoennes, N. (1998). Battering in America: Findings from the National Violence Against Women Survey. *Research in Brief* (pp. 60–66). Washington, DC: National Institute of Justice, US Department of Justice.

Tjaden, P. N. T. (2000). Prevalence and consequences of male-to-female and female-to-male intimate partner violence as measured by the National Violence Against Women Survey. Sage Family Studies Abstracts, 22, 2.

Tjaden, P. G., Thoennes, N., United States, & National Institute of Justice (US). (2006). *Extent, nature, and consequences of rape victimization: Findings from the National Violence Against Women Survey*. Washington, DC: US Department of Justice, Office of Justice Programs, National Institute of Justice.

Truman, J. L (2011, September). *National Crime Victimization Survey: Criminal victimization, 2010* (NCJ Report No. 235508). US Department of Justice, Office of Justice Programs Bureau of Justice Statistics, NCJ 235508.

Turman, J. L., Langton, L., & Planty, M. (2012). Criminal Victimization, 2012. US

Department of Justice, Office of Justice Statistics. *Bulletin*. October 2013. NCJ 243389. http://www.bjs.gov/content/pub/pdf/cv12.pdf

Tutty, L., Bidgood, B., & Rothery, M. (1993). Support groups for battered women: Research on their efficacy. *Journal of Family Violence*, *8*, 325–343.

US Bureau of Justice Statistics (2000). *Sexual assault of young children as reported to law enforcement 2000*. Retrieved from http://www.bjs.gov/index.cfm?ty=pbdetail&iid=1147

US Department of State. (2012, January 1). *The promise of freedom*. The 2012 Trafficking in Persons Report. Washington, DC: Author.

Valentine, P. V., Roberts, A. R., & Burgess, A. W. (1998). The stress-crisis continuum: Its application to domestic violence. In A. R. Roberts (Ed.), *Battered women and their families* (2nd ed., pp. 29–57). New York: Springer.

Verizon Wireless. (2014). HopeLine from Verizon. Retrieved from http://www.verizonwireless.com/aboutus/hopeline/index.html

Walker, L. E. (1985). Psychological impact of the criminalization of domestic violence on victims. *Victimology: An International Journal*, *10*, 281–300.

Weil, A. (1995). *Spontaneous healing*. New York: Knopf.

Wireless Foundation. (2004). Donate a wireless phone, help protect domestic violence victims and save lives. Retrieved from www.wirelessfoundation.org

Woods, S. J., & Campbell, J. C. (1993). Posttraumatic stress in battered women: Does the diagnosis fit? *Issues in Mental Health Nursing*, *14*, 173–186.

Wuest, J., Ford-Gilboe, M., Merritt-Gray, M., Wilk, P., Campbell, J. C., Lent, B., . . . Smye, V. (2010). Pathways of chronic pain in survivors of intimate partner violence. *Journal of Women's Health*, *19*, 1665–1674.

Wyatt, G. E., Notgrass, C. M., & Newcomb, M. (1990). Internal and external mediators of women's rape experiences. *Psychology of Women Quarterly*, *14*, 153–176.

Young, M. A. (1995). Crisis response teams in the aftermath of disasters. In A. R. Roberts (Ed.), *Crisis intervention and time-limited cognitive treatment* (pp. 151–187). Thousand Oaks, CA: Sage.

Zosky, D. (2011). A matter of life and death: The voices of domestic violence survivors. *Affilia*, *26*, 201–212.

第十七章　针对跟踪行为受害者的危机干预

卡伦·S. 诺克斯（Karen S. Knox）
阿尔伯特·R. 罗伯茨（Albert R. Roberts）

案例概况 502

在过去的6个月中，20岁的大三学生芭芭拉（Barbara）遭到前同事的骚扰和网络跟踪。她知道前同事对她有好感，但她还是非常小心地与他保持单纯的工作关系和适当的界限。当前同事请她去喝咖啡时，她明确表示自己并不想与他约会，并且他们的老板也不会同意。

两个月后，芭芭拉辞去了那份工作，不再和那位同事一起工作令她感到如释重负，因为他似乎总在关注她的一举一动，或试图在工作时靠近她。芭芭拉不知道他已经开始通过她的社交网络和电子邮件账号对她进行网络跟踪。他能够获得她的学校和个人电子邮件账号的密码，并且她还发现他正在访问几个大学组织的网站和博客，以查找有关她和她的朋友的更多信息。她告知朋友他的这些行为，更改了密码，并打电话要求他停止骚扰。她希望这能使他停下来，但情况恰恰相反，他开始向她发送威胁性电子邮件、发表仇恨言论，并向同学和一些校园组织散布有关她的谣言。

在过去的两个星期中，她时刻担心这位前同事正在跟踪她。芭芭拉现在不知道该怎么办，因为她没有任何证据能证明他的跟踪行为，她也不愿与校园警察联系，因为担心他的跟踪行为会因此继续升级。芭芭拉开始失眠，也无法专心学习，她一直在逃课，成绩也下降了。她开始限制自己的活动并经常待在家里，因为她担心他会伤害她，她正在考虑辍学或搬家以逃离他。但芭芭拉不知所措，也不愿意与父母或朋友谈论自己的恐惧。昨晚，他发送了一封电子邮件威胁要强奸她。她非常害怕，
503 于是给一个朋友打电话，朋友建议芭芭拉去大学心理咨询中心，并提出要接她和她一起去。

在过去的 20 年中，反跟踪行为立法和有关跟踪行为的研究提高了人们对这些罪行的普遍性及其对受害者的影响的认识。1990 年在加利福尼亚州通过的第一部跟踪法对跟踪行为的受害者和施暴者进行了合法且合理的回应，随后，所有州、联邦政府、哥伦比亚特区（The District of Columbia）和美国属地也通过法律将跟踪定为一种犯罪行为。但是，不同司法管辖区对跟踪犯罪的法律定义和惩罚不同。许多州的法律以《反跟踪行为示范法》（The Model Antistalking Code）所规定的准则为基础，该准则要求的行为需满足两个条件：一是重复且有目的，二是可能会引发对自己或直系亲属受到人身伤害或死亡的恐惧（Cass，2011）。恐惧的因素包括受害者的情绪困扰或由于惊吓而产生的对人身伤害或死亡的恐惧，并且受害者的情绪反应会影响对跟踪者的举报、调查和起诉（Baum，Catalano，Rand，& Rose，2009），包括澳大利亚、新西兰、英格兰和威尔士在内的一些国家和地区并不要求受害者对跟踪行为产生恐惧感。而其他许多国家和地区也有反跟踪法律，比如荷兰、意大利、德国、日本、加拿大和以色列（Cass，2011；McEwan，Mullen，& MacKenzie，2007）。但是，还有一些国家和地区，例如法国、希腊、西班牙、伊朗和巴基斯坦，仍没有反跟踪的刑法。尽管印度和中国台湾地区都有反制网络跟踪的法律或地方性法规，但它们却没有反跟踪的法律或法规（Office on Violence Against Women，2012）。

根据美国司法部（Baum et al.，2009）同疾病控制和预防中心（Office on Violence against Women，2012）进行的两项国家研究报告，在 12 个月的时间里美国分别有 1/6 的女性和 1/19 的男性曾被跟踪，其中有 340 万人年龄在 18 岁以上。报告显示，女性被跟踪的风险是男性的 3 倍，跟踪行为受害率最高的是年轻人，其中一半以上的女性受害者和 1/3 的男性受害者年龄低于 25 岁（Office on Violence against Women，2012）。有 3/4 的被跟踪者能通过一定的方式知道他们的侵害者，其中 66%的女性受害者和 41%的男性受害者是被现任或前任跟踪的（Office on Violence against Women，2012）。据报告，超过

1/4 的跟踪行为受害者也是网络跟踪行为的受害者，超过 40%的大学生称遭到网络跟踪（Baum et al.，2009；Reyns，Henson，& Fisher，2012）。

这些统计数据表明，无论从宏观还是微观上都急需对跟踪行为中的受害者采取干预措施。跟踪行为的受害者需要刑事司法系统和专业咨询人士的有 504
效响应，以确保他们的身体、心理和情感上的安全健康。对跟踪行为受害者和幸存者的危机干预主要发生在受害者服务、性侵犯和家庭暴力领域，因为大多数受害者是与跟踪者相识或有亲属关系的妇女，在这些实践领域使用危机干预和短暂的限时疗法来解决跟踪幸存者的迫切需求。然而，许多幸存者也通过支持小组或个体化疗法继续进行治疗。

本章概述了跟踪行为、其对受害者的影响以及受害者的治疗需求这些复杂问题，讨论了跟踪行为的定义、跟踪者的主要类型和跟踪行为，提供了经验研究和衡量工具以最好地研究跟踪幸存者，概述了关于跟踪幸存者的危机干预并将其作为治疗模型应用于案例。

跟踪行为概述

跟踪行为的定义

跟踪行为的定义要求受害者对犯罪行为有特定的情感反应，这给受害者带来了一些责任，而不是在有关调查和起诉的法律裁决中只着重于罪犯的行为。跟踪行为的定义要求重复的行为，而不仅仅是一个举动，这也可能在法律判决中产生问题。需要多少次才足以建立重复模式？这项要求使受害者或执法人员有责任记录和展示反复跟踪行为的证据。法律定义的目的是识别和起诉犯罪行为，尽管它们在不同的司法管辖区内可能有所不同，但历史上法律定义主要包括三个要素：

> 1. 一种故意、恶意和反复侵犯他人（目标）的行为模式，该行为模式显然是不受欢迎的。
>
> 2. 这些侵犯行为能表明存在潜在的或明显的威胁。
>
> 3. 由于这些侵犯行为，受到威胁的人（目标）会承受极大的恐惧。（Meloy，1998；Tjaden & Thoennes，1998）

临床定义与法律定义在目的和范围上不同，并且就临床理解和研究目的而言，它们更易于操作和测量（Meloy，1998）。这些定义着重于被受害者视
505 为骚扰的特定类型的行为和情节，包括不希望的追踪、威胁、监视和侵犯性行为。临床定义可能包括并不被视为刑事犯罪但仍具有侵犯性和令人困扰的情节或行为。例如，直到重复发生并引起特定关注，才被视为典型的跟踪行为的赠礼、邀请受害者出去约会以及试图建立或调和一段关系。一项研究试图通过分析参与者对类似跟踪行为的感知来确定跟踪行为的定义，发现了两个主要的集群，一个集群由典型的跟踪行为组成，另一个集群主要由威胁性的跟踪行为组成（Cass，2011；Sheridan，Davies，& Boon，2001）：

典型的跟踪行为：

- 不断观察/监视/跟踪目标；
- 在被跟踪目标的家庭或工作场所外蹲点，或在附近闲逛；
- 开车经过目标的家或工作场所，并故意去目标常去的地方；
- 在明确被拒绝之后仍打电话、寄件、发送不想要的东西。

威胁性的跟踪行为：

- 在目标不知情时拍摄和收集目标的照片；
- 提出死亡威胁和自杀威胁；
- 对目标的家或工作场所造成刑事损害或故意破坏；
- 拒绝承认与目标先前的关系已结束；
- 将奇怪或险恶的物品寄到目标的家中或工作场所；
- 将目标限制在自己的意志之下。

性别和多样性因素

临床定义还包括评估和诊断由于跟踪引起的任何情绪症状或精神症状，例如焦虑、抑郁、急性应激或创伤后应激，还应评估受害者自己服药和物质滥用的情况，因为这些是心理健康诊断常见的治疗问题。在这一实践领域中，缺乏关于文化和种族因素的研究，大多数研究样本是白人。一项研究提及中国、新西兰毛利人和日本的文化民俗与小说中单相思与嫉妒之间的联系（Davis，Swan，and Gambone，2012）。库尔卡尼（Kulkarni）、拉辛（Racine）和拉莫斯（Ramos）（2012）研究了拉丁裔对家庭暴力的看法，他们的发现

表明，超过75%的样本对象（n=93）将来自男性的人身攻击视为家庭暴力，506
但只有60%的人认为跟踪是家庭暴力。在样本中，比起遭受过暴力的拉丁裔，更多未遭受过暴力的拉丁裔认为跟踪是家庭暴力（Kulkarni et al.，2012）。

对幸存者关于跟踪行为的认知进行临床评估是非常必要的，因为诸如性别以及与犯罪者的先前关系等因素可能会影响他们的感知。几项研究报告称，男性和女性对跟踪行为有不同的定义和理解方式（Dennison & Thomson，2002；Yanowitz，2006）。另一项研究报告称，男性比女性表现出更多的责备受害者的倾向，并且男性比女性更赞同跟踪是一种臆想（Sinclair，2010）。但是，最近一项研究报告认为，男性和女性参与者关于跟踪行为的看法没有差异，但也提出他们对跟踪行为的定义有很大差异，目前并没有关于跟踪行为的统一定义（Cass，2011）。这项研究发现先前关系确实会影响知觉，与前任之间的案件相比，涉及陌生人和熟人的案件明显更容易被视为跟踪，因为前者的某些行为被视为企图结束关系或和解（Cass，2011）。

研究表明，跟踪行为的定义会影响举报率，只有41%的女性受害者和37%的男性受害者向警方举报（Baum et al.，2009）。最常见的不举报原因是他们认为跟踪是私事或小事（Baum et al.，2009）。这项研究报告还称，只有54%符合跟踪标准的受害者将事件标记为跟踪，这表明未被发现的受害率应该很高（Baum et al.，2009）。另一项研究报告称，当男性受到肢体攻击、网络跟踪、被监视或有跟踪者出现在他们经常出没的地方时，他们更可能承认自己是跟踪行为的受害者（Englebrecht & Reyns，2011）。如果跟踪者潜入女性的家中或汽车里，如果女性在工作中不断被纠缠，如果女性遭受网络跟踪，或者跟踪者自发拜访女性，她们更可能承认被跟踪（Englebrecht & Reyns，2011）。显然，定义跟踪是一个复杂的问题，需要考虑多重因素和条件。

跟踪者的类型

跟踪者的类型通常包括一些特定因素，例如与受害者的关系类型、行为类型、动机，以及精神疾病患病率。基于关系和情景类型学（RECON，relationship and context-based；Mohandie，Meloy，McGowan，& Williams，2006）仅着眼于先前关系类型，并确定了两种类型的跟踪者：

- 第一类跟踪者是与受害者有恋爱关系的人或是受害者的朋友或熟人。
- 第二类跟踪者是不认识或只是略微了解受害者的人以及跟踪名人的人。

507 跟踪者的多轴分类（Dressing，Foerster，& Gass，2010）包括动机和精神障碍，尽管大多数跟踪者没有精神障碍，但精神分裂症或性欲减退同样会导致精神疾病跟踪：

1. 精神病理学	a. 精神病跟踪者 b. 进行性心理病理发展 c. 没有相关的精神病
2. 关系	a. 受害者是前任 b. 受害者是公共生活中的杰出人物 c. 熟人，有工作联系的人，陌生人
3. 动机	a. 积极情绪（爱、喜欢、和解） b. 负面情绪（复仇、愤怒、嫉妒、控制力）

经验证据表明，大多数跟踪者是受害者以前的亲密伴侣，其中48%的女性被前男友跟踪，10.9%的女性被现任丈夫跟踪，而33.7%的女性则是被前夫或已分居的丈夫跟踪（Tjaden & Thoennes，2002；Norris，Huss，& Palarea，2011）。跟踪行为和亲密伴侣暴力之间的联系是显而易见的，有66.7%的参与者至少遭遇过一次跟踪风险评估清单上的跟踪行为（RAIS；Palarea，Scalora，& Langhinrichsen-Rohling，1999）。这项由36份自我报告得出的措施评估了一系列跟踪行为，其严重性及其对受害者的影响，包括四个子量表：

- 远距离联系：不想接到的电话；
- 近距离接触：不想要的拜访；
- 威胁行为：威胁要杀害或自杀；
- 加害行为：对宠物或财产的暴力行为。

有关跟踪的行为、心理与性攻击之间存在紧密联系，这表明了重新建立双方关系以达到对受害者的控制这一动机（Norris et al.，2011）。强迫性关系入侵（obsessive relational instrusion，ORI）是基于希望的或先前的关系，而在尝试建立或重建关系的过程中出现的跟踪，尽管目标方有反对和其他企图摆脱追踪的行为。阮（Nguyen）、施皮茨贝格（Spitzberg）和李（Lee）（2012）将不想要的追随行为分为以下几种类型：

- 与目标的关系中涉及的**过度亲密**行为；
- 通过**中介联系**和网络跟踪；
- **追踪、接近和监视**以跟踪或调查目标； 508
- **侵害**受害者财产、空间或隐私的策略；
- **代理**策略，以参与目标的社交网络或工作；
- **骚扰和恐吓**以吓唬、施压或控制目标；
- 通过**控制、拘禁**或绑架来胁迫并达到控制目的；
- 暴力**侵犯**以及造成人身伤害或死亡。

库帕克（Cupach）和施皮茨贝格（2004）开发的强迫性关系入侵量表是对这些不想要的追随行为的 28 项条款的衡量，是阮（Nguyen）等人（2012）研究中所使用的工具之一，这个量表确定了性别、应对和社会支持之间的几种重要关系。女性比男性更倾向于将被人偷偷地跟踪视为一种威胁，而被男性跟踪的危险程度又高于被女性跟踪。随着 ORI 追求行为的升级或增加，女性认为她们得到的社会支持不够充分。然而，社会支持对男性而言并不是重要的应对策略。而且，随着 ORI 追求行为的加剧，受害者往往会增加应对策略。如果这些措施无效，那么压力和挫败感也会增加（Nguyen et al.，2012）。由于跟踪行为和不希望的 ORI 追求行为是过度和重复的，并且会随着时间的推移而升级，因而，如果没有法律和临床干预，受害者可能没有足够的应变能力和应对能力来有效应对。即使在法律干预下，当犯罪者出狱或处于缓刑或假释状态时，将来也可能会再次犯同样的罪。

研究表明，被定罪的跟踪者中几乎有一半再次犯罪，其中有 80%在被定罪后的 1 年内再次犯同样的罪（Rosenfeld，2004；Malasch，Keijser，& Debets，2011）。此外，跟踪并非跟踪者唯一被宣判的罪行，据报道还有抢劫、入室盗窃、破坏财产、伪造、偷盗和强奸罪（Malsch et al.，2011）。很少有研究考察不同跟踪者之间的文化或性别差异，但一项针对女性跟踪者的研究表明，女性跟踪者实施的中等暴力发生率升高，但严重暴力的实施没有性别差异（Thompson，Dennison，& Stewart，2012）。这项研究的发现支持了女性暴力行为比男性暴力行为更不具破坏性和更具合理性这一社会文化观念，并表明受害者可能不会向警察举报女性中等暴力行为，从而导致对女性跟踪行为的报道不足（Thompson et al.，2012）。

最近较为流行的跟踪类型是网络和社交网站跟踪。**网络跟踪**（Cyberstalking）是指通过电子邮件或其他基于计算机的通信方式而进行的反复性威胁或骚扰。电子邮件和互联网的某些特征助长了这种跟踪，例如匿名性，这
509 使跟踪者可以进行幻想和欺骗，而没有面对面互动的社交焦虑。黑泽尔伍德（Hazelwood）和昆-马格宁（Koon-Magnin）（2013）研究了美国的网络跟踪立法，并识别出法规中存在的几个主题，包括意图、匿名、警惕/恐惧/困扰、事先联系刑事司法系统、管辖权以及未成年人等内容。古德诺（Goodno）（2007）发现了网络跟踪与传统跟踪行为之间的五个重要区别：

1. 在线发送的消息可以发送给能访问互联网的任何人，该消息立即呈现，并且无法撤回或删除；
2. 跟踪者可以在世界上的任何地方；
3. 跟踪者可以保持匿名；
4. 跟踪者可以冒充他人；
5. 跟踪者可以使用第三方工具与受害者联系或交流。

最近的一项研究表明，关系中先前的爱慕、嫉妒和暴力问题是网络跟踪行为的重要预测指标，女性比男性遭受网络跟踪的频率更高（Strawhun，Adams，& Huss，2013）。评估网络跟踪的两种测量工具是电子使用追踪行为指数（EUPBI；Strawhun et al.，2013）和网络追踪（Spitzberg & Cupach，1998）。这些工具记录了网络跟踪的频率和强度，以及参与者是网络跟踪的实施者还是受害者。网络跟踪行为包括：向电子邮件账号不断发送有害或威胁性消息，在博客上发表负面评论，通过公告栏散布谣言，追踪他人的互联网活动，在最初被拒绝后继续在脸书上与某人聊天，在网上揭露他人的私人信息，通过病毒故意入侵他人的计算机（Strawhun et al.，2013）。另一项研究报告称，遭遇网络跟踪的女性比例（46.3%）高于男性（32.1%），非白人

受访者中有 48%经历过某种形式的网络跟踪，与之相对，白人受访者中有此经历的比例为 39.8%（Reyns et al.，2012）。

跟踪行为理论

基于跟踪行为的理论知识集中于四种主要理论，这些理论试图识别和解释其概念和假设如何在跟踪中得以证明。第一种理论是强制控制（coercive control）（Dutton & Goodman，2005；Davis et al.，2012），涉及监视、需求、损害性威胁、威胁/危害的传递以及对目标人员社会环境的持续控制（包括隔离和限制其获得社会支持和财政资源）。第二种理论是自我调节（self-regulation）（Davis et al.，2012；DeWall，Baumeister，Stillman，& Gailliot，2007；Kring & Sloan，2010），它与反社会、成瘾和冲动行为有关。第三种理论是关 510
系目标追求理论（relational goal pursuit theory）（Cupach & Spitzberg，2004；Davis et al.，2012；Spitzberg，Cupach，Hannawa，& Crowley，2008），其中包括自我调节失败和关于跟踪行为重要性及其对目标人员的反应和影响的认知扭曲（Davis et al.，2012）。库帕克和施皮茨贝格（2004）认为，有嫉妒、占有欲、绝望、不安全型依恋和强烈的吸引力风格的人更有可能参与跟踪行为和强迫性的关系侵犯。第四种理论是依恋理论，它预测焦虑型依恋的人更有可能表现出嫉妒、愤怒的气质和控制方式，并且更有可能实施心理和身体上的虐待（Davis et al.，2012；DeSmet，Loeys，& Buysse，2012；Dutton & Winstead，2006；Dye & Davis，2003；Follingstad，Bradley，& Helf，2002；Wigman，Grahma-Kevan，& Archer，2008）。目前尚无关于依恋理论、跟踪行为预测或持续追求的纵向研究，戴维斯（Davis）等人（2012）建议进行更多的纵向研究，并研究依恋理论、强制控制理论、关系目标追求理论和自我调节理论之间是如何关联起来的。

跟踪行为的影响

被跟踪期超过数月甚至数年的受害者容易存在心理恐惧，他们由于无法保护自己的隐私而感到恐惧、愤怒和忧虑（Davis & Frieze，2000）。全国针对妇女的暴力行为调查报告显示，有 30%的女性受害者和 20%的男性受害者寻求咨询，其中 68%的人认为他们的人身安全状况恶化，42%的人非常担心自己的人身安全，45%的人会采取一些措施来保护自己（Tjaden & Thoennes，1998）。伴随攻击和口头威胁的跟踪行为与受害者的严重情感后果紧密相关（Davis & Frieze，2000）。尽管许多跟踪者并未遭受身体暴力，但被前夫跟踪的妇女中有81%受到了身体殴打，而遭受性侵犯的则有31%（Tjaden & Thoennes，1998）。跟踪行为的男性和女性受害者均伴随着健康不良、抑郁、疾病、受伤和物质滥用等诸多问题（Davis，Coker，& Sanderson，2002；Logan & Walker，2010）。

被跟踪的受害者往往会遭受心理创伤和创伤后应激障碍症状，包括反复发作的噩梦、睡眠不好、侵入性思想、沮丧、焦虑以及不堪重负和脆弱的感觉。许多跟踪行为的受害者采取受虐妇女逃避恐怖袭击时的相同策略：搬迁、辞职、改变其名字和外貌、抛弃朋友和家人躲起来，并变得更加孤立和缺乏信任感。在跟踪结束后，许多幸存者仍然生活在恐惧中，他们担心跟踪
511 者会再次出现并找到他们，或者从监狱释放出来后回来继续跟踪他们。

跟踪幸存者的社会和经济成本主要包括：更换或失去工作或学校；搬迁；限制活动和待在家里；失去社会联系和支持系统；改变常规生活；更改电子邮件地址、电话号码和社交网站；遭受破坏；财产损失；以及医疗、法律和咨询费用（Sheridan & Lyndon，2012）。施皮茨贝格和库帕克（2002，2007）将受害者的应对行为分为五类：

- 向内移动：拒绝，冥想，毒品；
- 向外移动：与他人联系以寻求支持或保护；
- 同向或伴随移动：与跟踪者进行谈判或推理；
- 反向移动：威胁或伤害跟踪者；
- 移走：试图逃避跟踪者或搬迁。

研究表明，许多跟踪行为的受害者对执法机构的回应不满意，也不认为警察认真处理了他们的问题或采取了足够的措施（Van der Aa & Groenen，2011）。洛根（Logan）和沃克（Walker）（2010）的报告指出，绝大多数刑事司法代表和受害者服务代表均建议向警方举报跟踪行为，而44.8%的受害者服务代表会建议受害者记录跟踪行为，而有此建议的刑事司法代表仅为20.8%。刑事司法（40.3%）和受害者服务（73.3%）的代表之间的另一个显著差异是在建议受害者保护自己并制订安全计划方面（Logan & Walker，2010）。

处置涉及干预措施，这些干预措施旨在减轻与人身安全和法律应对有关的影响问题和实际问题的症状。跟踪行为的受害者使用的特定理论模型包括危机干预、放松训练、认知行为疗法、聚焦解决疗法以及眼动脱敏。本章重点介绍对跟踪幸存者进行危机干预的方法。

危机干预概述

理论与原理

危机干预是一种以行动为导向的模型，集中关注当前，干预目标特定于导致危机状态的危险事件、情况或问题。因此，该模型着眼于当下的问题，仅在与当前状况相关时才探究过去的历史和心理病理学问题（Knox & Roberts，2007）。

危机理论假设大多数危机情况都限制在 4~6 周。由于危机干预的目标是 512
帮助服务对象动员所需的支持、资源和适应性应对技能，以解决或最大限度减少促发事件所造成的不平衡，因此，危机干预有时间限制。一旦服务对象复原到危机前的功能和内平衡状态，通常会将任何进一步的支持或补充服务转介给适当的社区机构和服务提供商（Knox & Roberts，2007）。

例如，被跟踪的受害者可能会在一段时间内从服务机构及其救助计划中获得紧急危机干预服务。受害者的辩护律师和危机顾问可以就跟踪事件的后果、协助举报和初步调查事项帮助受害者，并提供短期危机干预。医务社会工作者可能会在体格检查期间提供危机咨询，如果发生强奸、性侵犯，危机计划通常会在医院提供紧急响应服务以进行干预，并随后提供咨询和支持服务。大多数强奸危机中心和家庭暴力收容所都提供短期的个人咨询服务和限时团体疗法，并有基本需求服务、收容所和搬迁援助。任何进一步的长期治疗需求之后都将转给其他临床医生、支持小组或咨询计划。

危机干预的时间框架取决于几个因素，包括代理商的使命和服务内容、服务对象的需求和资源以及危机或创伤的类型。危机干预可以简短地只与服务对象进行一次联系，或要求在几天的短暂治疗中进行数次联系，也可以提供长达 8 周的持续跟踪服务。将来很可能需要额外的危机干预促进会议。对于跟踪行为的幸存者而言，应对危机的另一个关键时刻是在进行任何法院诉讼程序时。这可能需要服务对象的参与或法庭证词，以勾起对跟踪事件的记忆和感觉，这可能会对服务对象产生危机反应和二次伤害。

遭受创伤和危机的个人需要尽快得到解脱和援助，必须调整救助过程，以尽可能有效地满足受害者的需求。然而，频繁遭受危机的诉讼委托人（即受害者）更易于服从救助过程，这可以促进完成危机干预，以满足迅速反应的时间框架。对于跟踪行为的幸存者，必须立即评估医疗需求并进行干预。如此，就解决了安全问题。如果跟踪事件发生在家里，或受害者担心跟踪者不会被逮捕并能够找到自己和家人，受害者可能感到在家里也不安全。

在满足其他需求的同时应实施危机干预咨询，由警察和（或）医务社会工作者在首次接触受害者期间提供多种危机服务。此过程可能需要几个小
513 时，具体取决于执法人员和医疗专家的反应时间以及服务对象的应对技巧、支持水平和资源。危机工作者需要继续跟进，直到服务对象稳定下来或联系上其他附带危机服务的提供者为止。

危机工作者必须熟知适当的策略、资源和其他附带服务，以及时启动干预策略并达到处置目标。例如，对家庭暴力的受害者的危机干预需要掌握殴打和虐待的动态和周期，熟悉为该服务对象群体提供服务的社区机构，并了解受害者可用的法律帮助。

危机干预模型的另一个特征是将任务作为主要的变革努力。具体而言，基本需求服务（如紧急安全、医疗关心、食品、衣物和住所）是危机干预中的首要任务。调动所需的资源可能需要社会工作者在倡议、建立工作关系网络以及代理方面为服务对象进行更多直接的活动，因为这些服务对象可能不具备在危机发生时的跟进转介和附带联系的知识、技术或能力。

当然，服务对象和其他重要对象遭受的情感和心理创伤是干预的重要组成部分。公开讨论对危机的感知和反应对于复原过程至关重要，而反思性沟通、积极倾听和建立融洽关系的实践技能对于建立双方关系并为服务对象提供支持性咨询至关重要。

危机干预模型和案例应用

罗伯茨（2000）的七阶段危机干预模型可适用于广泛的危机领域，并且可以促进评估和帮助有效应对各种类型的服务对象和创伤情况的危机干预过

程。该模型用于跟踪行为的幸存者特别有效，因为其中涉及不同类型的关系、行为和举动。接下来讨论和总结七个阶段中每个阶段的临床干预和目标，以使读者了解如何将危机干预应用于芭芭拉的跟踪案件中。

阶段一：评估致命性

该模型的评估需要持续进行，并且对于在所有阶段进行有效干预至关重要，首先要评估服务对象的致死性和安全性问题。对于跟踪行为的幸存者， 514
至关重要的是评估跟踪者的企图、计划或手段造成伤害的风险，尤其是在犯罪者未被合法拘留的情况下。

重要的是要评估服务对象当前是否有任何危险，并在治疗计划中考虑将来的安全隐患。例如，如果跟踪者被逮捕，其可以通过保释金得到释放；如果跟踪者被监禁，则需要告知幸存者其释放日期。除了确定安全性问题和紧急干预的必要性外，在启动紧急程序的同时，还必须通过电话或当面交流，与服务对象保持积极的沟通（Roberts，2000）。

为了计划和实施一次彻底的评估，社会工作者还需要评估跟踪事件的严重程度，以及服务对象当前的情绪状态和即时的社会心理需求。服务对象目前的应对技巧、支持系统和资源在评估和干预计划中也很重要。在初次接触中，评估服务对象的过往或危机前的应对和处理技能水平非常有用。但是，除非与当前的创伤性事件直接相关，否则过往历史不应成为评估的重点。在跟踪案例中，与被受害者的关系是影响跟踪者行为和举止的重要因素，因而收集此信息很有用。

此阶段的目标是评估和确定干预的关键领域，同时也要识别危险事件或创伤，并确认已发生的事情。同时，跟踪行为的幸存者会意识到自己的脆弱状态以及对危机事件的初步反应。关键在于，危机工作者必须在尊重和接受服务对象的基础上与服务对象相处，并提供支持、同理心、担保和支援，让服务对象得以渡过难关并获得帮助（Roberts，2000）。

当芭芭拉和大学心理咨询中心的社会工作者开始第一次会谈时，对跟踪事件的致命性问题进行识别和评估至关重要。由于跟踪行为在她试图进行调解后已经升级，并且跟踪者威胁要对她进行性侵犯，因此临床评估应该是对芭芭拉造成危害性威胁的风险极高。从芭芭拉的情绪状态及其所描述的影响可以明显看出，有必要在法律和咨询层面立即进行干预。社会工作者在此阶段的任务是评估风险水平并验证芭芭拉的恐惧以及她因跟踪事件而遭受的影响。

阶段二：建立融洽的沟通

跟踪行为的幸存者可能会怀疑自己的安全性和抗压能力，这将导致他们难以与旁人建立信任。因此，积极的倾听和移情沟通技巧对于与服务对象建
515 立融洽的关系并使其参与危机干预至关重要。即使迫切需要受害者迅速投入危机干预中，危机工作者也应设法让服务对象设定治疗的节奏。许多跟踪行为的受害者感到失控或无能为力，他们不应被强迫采取行动；一旦他们情绪稳定下来并处理了最初的创伤反应，他们就能够更好地采取行动（Knox & Roberts，2007）。

创伤幸存者可能需要一个积极的未来方向，这需要对他们给予信任与理解，相信他们可以克服当前困难并且转机能够出现。在此阶段，服务对象需要无条件的支持、积极的关心和真诚。善解人意的沟通技巧，例如小小的鼓励、将心比心以及积极的倾听，可以使服务对象放心并有助于建立信任和融洽的关系。危机工作者需要注意口头交流的语气和语调，以帮助服务对象从最初的创伤反应中平静下来，减轻他们的伤痛（Knox & Roberts，2007）。

当芭芭拉向社会工作者讲述跟踪事件时，社会工作者不仅在评估伤害程度，而且还在与芭芭拉建立治疗关系，让她充分表达对已发生事情的感觉。积极的聆听技巧的运用和善解人意的沟通帮助芭芭拉和社会工作者识别出跟踪者所引发的主要问题，并帮助芭芭拉认识到跟踪行为的严重性、自身的脆弱性和风险，从而使她能够积极采取措施，有效安全地应对危机局势。

社会工作者还必须注意自己的肢体语言和面部表情，以免使跟踪行为的幸存者感到恐惧，因为他们可能曾遭受身体侵犯，从而对肢体动作十分敏感。观察幸存者的肢体和面部反应，可以帮助提升社会工作者与服务对象的互动水平，并可以衡量服务对象当前的情绪状态。同样重要的是要记住，反应迟钝或平淡的现象在创伤受害者中很常见，社会工作者不应认为这类反应意味着幸存者没有陷入危机（Knox & Roberts，2007）。

阶段三：确定主要问题

社会工作者通过判断这些问题如何影响芭芭拉的当前状态来帮助她优先

考虑最重要的问题或影响。鼓励服务对象充分描述跟踪事件有助于识别问题，并且一些服务对象非常需要谈论跟踪事件的具体情况。此过程使服务对象能够确定事件的顺序和背景，这可以促进服务对象的心情顺畅，同时提供信息以确定和评估要解决的主要问题。在某些跟踪案例中，可能直到最近事件的发生受害者才知道跟踪行为的整个顺序，当发现跟踪的范围被揭露时， 516
可能会引发受害者的剧烈情绪反应。当芭芭拉与社会工作者讨论跟踪事件时，她开始意识到自己所经历的生活变化，开始生气并要跟踪者承担相应的责任。社会工作者感觉到受害者不堪重负并且以此来评估这种变化，认为这是可以帮助进行干预计划的积极步骤。

尽管芭芭拉没有向家人或朋友倾诉，但他们对于支持干预计划或确保服务对象的安全很重要。但是，他们对危机情况可能会有自己的反应，在制订和实施干预计划时应考虑到这一点。社会工作者必须确保在此阶段服务对象的系统能正常工作；重点应该放在此时需要干预的最急迫和最重要的问题上。此阶段的首要任务是满足身心健康安全的基本需求。在这些问题稳定之后，才可以解决其他问题。

阶段四：处理情感并提供支持

在此阶段至关重要的是，社会工作者必须表现出同理心并对芭芭拉的经历有深刻的了解，这样才能使她的症状和反应正常化，这可以被视作幸存者的攻略。许多幸存者都会存在自责心理，社会工作者必须帮助他们相信成为受害者并非他们的错。许多跟踪行为的受害者都责备自己处于与跟踪者的关系中或责备自己无法预测跟踪者的行为。在此阶段证明这些都不是他们的错并使他们安心会特别有用，因为幸存者可能会感到困惑和矛盾。

许多服务对象在表达情绪时会非常悲伤。首先，幸存者可能否认他们的情绪反应程度，并可能试图避免处理情绪，以期情绪能够逐渐平息。他们可能在惊吓中，无法立即明白自己的感受。但是，明显延迟的情绪表达可能会阻碍服务对象处理和解决自身的创伤问题（Roberts，2000）。

一些幸存者可能对这种情况及其后果表示震怒，只要这些情绪不逐步失控，就不会造成危害。在这种情况下，帮助服务对象冷静下来并注意其生理反应很重要。其他服务对象可能会表达他们的悲伤，危机工作人员需要为这种反应留出时间和空间，不能迫使服务对象过快地走出这种情绪。宣泄和倾 517

诉对于受害者健康地应对危机至关重要，在整个过程中，危机工作者必须理解和支持幸存者面对和处理这些情绪反应和问题时的勇气。社会工作者还必须掌握自己在帮助服务对象度过这一阶段时他们的情绪反应和舒适程度（Roberts，2000）。因为芭芭拉恰当地表达了她的情感和情境需求，所以社会工作者可以进入下一步行动。

阶段五：探索可能的选择

在此阶段，社会工作者可以通过识别芭芭拉的优势和掌握的资源来帮助其掌握正确的应对技能。许多幸存者觉得他们没有太多的选择，因此社会工作者需要熟悉正式和非正式的社区服务，这样才能为他们提供推荐。如果服务对象有不切实际的期望或不合适的应对技巧和策略，社会工作者在此阶段需要更加积极主动地进行指导。请记住，在此阶段，服务对象仍然感到困扰和不平衡，可能需要专业的知识和指导才能为他们提供积极、现实的选择。在跟踪案例中，幸存者生活的很多方面可能都会受到影响，这将导致生活方式或居住环境发生重大变化，因此需要迅速实施安全有效的治疗计划，这需要专业人员的投入和经验。芭芭拉目前在身体（睡眠和自我护理方面的问题）、情绪（感到恐惧和不堪重负）、教育（旷课并且不专注于她的学习）和社交领域（限制活动和待在家里）方面受到困扰。芭芭拉具有许多优势，包括在学校和工作中取得成功的能力、有决心和自立的品德、她的朋友和家人、不让跟踪者继续控制其生活的想法；她很聪明，具有良好的自尊和适应能力，能够适当表达自己对主要问题的感受和想法。

阶段六：制订行动计划

在此阶段，社会工作者必须发挥积极作用；但是，任何干预计划的成功都取决于服务对象的投入、参与和承诺程度。在制订干预计划时，社会工作者必须帮助芭芭拉看到短期和长期影响，主要目标是协助芭芭拉实现正常生活以及掌握适应性的应对技能和资源。制订可管理的治疗计划很重要，这样芭芭拉才能跟进并取得成功。服务对象不应被太多的任务或策略所淹没，因
518 为这可能会使他们失败（Knox & Roberts，2007）。

服务对象在行动计划中还必须具备主人翁意识，以提高对自己生活的控制水平和自主权，并使自己不依赖于其他支持人员或资源。在干预计划中使

用交互进程可以最大限度地从服务对象那里获得承诺，以继续执行行动计划和任何转介。持续进行评估对于确定干预计划在减少或解决服务对象已发现的问题方面是否适当和有效至关重要。在此阶段，服务对象应处理并重新整合危机影响，以实现其生活的动态平衡。

社会工作者讨论了芭芭拉的法律选择，并鼓励芭芭拉向警方举报她的跟踪者，以便他们通过逮捕和起诉跟踪者来干预和协助她。芭芭拉也可以申请限制令，以阻止跟踪者联系她或接近她。警察局的受害者服务顾问可以协助她完成调查过程，并提供额外的支持、转介和危机干预服务。随着案件进入法律系统，受害者的辩护人可以通过法院诉讼程序提供服务并告知芭芭拉她有资格获得的所有受害者赔偿计划服务和福利，包括因犯罪行为导致的咨询、医疗服务、安全和搬迁费用等财政援助。社会工作者还建议芭芭拉向她的朋友和家人倾诉，以便他们可以通过法律诉讼、芭芭拉的日常活动或跟踪对芭芭拉生活的改变来提供额外的支持和帮助。社会工作者指出，她的朋友已经帮助芭芭拉采取了最重要的措施，她将芭芭拉带到心理咨询中心并提供情感支持，来缓解她的处境。

社会工作者建议芭芭拉继续进行大学心理咨询中心和团体治疗提供的个人咨询，这有助于幸存者从同样遭遇过跟踪事件的同龄人那里获得更多的支持。当服务对象实现了行动计划的目标或已通过其他治疗提供者转介获得其他服务时，服务对象就应终止对其的危机干预。重要的是要认识到，许多跟踪行为的幸存者可能需要长期的治疗帮助才能努力解决危机。跟踪有时会持续很长时间，平均案件发生时间超过 1.8 年（Tjaden & Thoennes，1998）。这些幸存者可能会出现需要长期治疗的 PTSD 症状。

阶段七：后续措施

充满希望的是，第六阶段使服务对象在危机后的运作和应对水平方面发 519
生了重大变化，并能够解决危机导致的各种问题。最后阶段应帮助确定这些结果是否已经达到目标，或者是否还需要进一步的工作。通常情况下，应在终止危机干预后的 4~6 周内进行追踪联系。在跟踪者出狱后或被执行缓刑期间，在任何法律程序中，需要保证芭芭拉能够获得大学心理咨询中心的社会工作者和法院受害者辩护人的帮助，以评估并提供进一步的咨询或安全需求，这可能是一个花费数月的漫长过程。重要的是要记住，最终的危机解决方案可能要花费数月或数年才能实现，幸存者应意识到某些事件、地点或日期可能会触发他们对先前创伤的情绪和身体反应。例如，危机事件发生后的一周年往往是一个关键时刻，此时服务对象可能会重新体验之前的恐惧、反应或想法。这是复原过程中的一个正常部分，服务对象应做好度过这些困难时期的准备，制订相应的应急计划或寻求相应的支持性帮助。

参考文献

Baum, K., Catalano, S., Rand, M., & Rose, K. (2009). *Stalking victimization in the United States* (NCJ Report No. NCJ 224527). Washington, DC: US Department of Justice, Bureau of Justice Statistics.

Cass, A. I. (2011). Defining stalking: The influence of legal factors, extralegal factors, and particular actions on judgments of college students. *Western Criminology Review*, *12*(1), 1–14. http://wcr.sonoma.edu/v12n1/Cass.pdf

Cupach, W. R., & Spitzberg, B. H. (2004). *The dark side of relationship pursuit: From attraction to obsession and stalking*. Mahwah, NJ: Erlbaum.

Davis, K. E., Coker, A. L., & Sanderson, M. (2002). Physical and mental health effects of being stalked for men and women. *Violence and Victims*, *17*, 429–443.

Davis, K. E., & Frieze, I. H. (2000). Research on stalking: What do we know and where do we go? *Violence and Victims*, *15*, 473–487.

Davis, K. E., Swan, S. C., & Gambone, L. J. (2012). Why doesn't he just leave me alone: Persistent pursuit: A critical review of theories and evidence. *Sex Roles*, *66*, 328–339.

Dennison, S., & Thomson, D. (2002). Identifying stalking: The relevance of intent in commonsense reasoning. *Law and Human Behavior*, *26*, 543–561.

De Smet, O., Loeys, T., & Buysse, A. (2012). Post-breakup unwanted pursuit: A refined analysis of the role of romantic relationship characteristics. *Journal of Family Violence*, *27*, 437–452.

DeWall, C. N., Baumeister, R. F., Stillman, T. F., & Gailliot, M. T. (2007). Violence restrained: Effects of self-regulation and its depletion on aggression. *Journal of Experimental Social Psychology*, *43*, 62–76.

Dressing, H., Foerster, K., & Gass, P. (2010). Are stalkers disordered or criminal? Thoughts on the psychopathology of stalking. *Psychopathology*, *44*, 277–282. doi:10.1159/000325060

Dutton, M. A., & Goodman, L. A. (2005). Coercion in intimate partner violence: Toward a new conceptualization. *Sex Roles*, *52*, 743–756.

Dutton, M. A., & Winstead, B. A. (2006). Predicting unwanted pursuit: Attachment, relationship satisfaction, relationship alternatives, and break-up distress. *Journal of Social and Personal Relationships*, *23*, 565–586.

Dye, M. L., & Davis, K. E. (2003). Stalking and psychological abuse: Common factors and relationship-specific characteristics. *Violence and Victims*, *18*, 163–180.

Englebrecht, C. M., & Reyns, B. W. (2011). Gender differences in acknowledgement of stalking victimization: Results from the NCVS stalking supplement. *Violence and Victims*, *26*, 560–579.

Follingstad, D. R., Bradley, R. G., & Helf, C. M. (2002). A model for predicting dating violence in college students: Anxious attachment, angry temperament, and need for control. *Violence and Victims*, *17*, 35–47.

Goodno, N. H. (2007).

Cyberstalking, a new crime: Evaluating the effectiveness of current state and federal laws. *Missouri Law Review*, 72, 125–197.

Hazelwood, S. D., & Koon-Magnin, S. (2013). Cyber stalking and cyber harassment legislation in the UnitedStates: A qualitative analysis. *International Journal of Cyber Criminology*, 7, 155–168.

Knox, K., & Roberts, A. R. (2007). The crisis intervention model. In P. Lehmann & N. Coady (Eds.), *Theoretical perspectives for direct social work practice: A generalist-eclectic approach* (pp. 249–274). New York: Springer.

Kring, A. M., & Sloan, D. M. (Eds.). (2010). *Emotional regulation and psychopathology.* New York: Guilford.

Kulkarni, S. J., Racine, E. F., & Ramos, B. (2012). Examining the relationship between Latinas' perceptions about what constitutes domestic violence and domestic violence victimization. *Violence and Victims*, 27, 182–193.

Logan, T. K., & Walker, R. (2010). Toward a deeper understanding of the harms caused by partner stalking. *Violence and Victims*, 25, 440–453.

Malasch, M., Keijser, J. W., & Debets, S. E. C. (2011). Are stalkers recidivists? Repeated offending by convicted stalkers. *Violence and Women*, *26*(1), 3–15. doi:10.1891/0886-6708.26.1.3

McEwan, T. E., Mullen, P. E., & MacKenzie, R. (2007). Anti-stalking legislation in practice: Are we meeting community needs? *Psychiatry, Psychology and Law*, 14, 207–217. Retrieved from https://www.stalkingriskprofile.com/what-is-stalking/stalking-legislation

Meloy, J. R. (1998). The psychology of stalking. In J. R. Meloy (Ed.), *The psychology of stalking: Clinical and forensic perspectives* (pp. 2–27). San Diego, CA: Academic Press.

Mohandie, K., Meloy, J. R., McGowan, M. G., & Williams, J. (2006). The RECON typology of stalking: Reliability and validity based upon a large sample of North American stalkers. *Journal of Forensic Sciences*, *51*(1), 147–155.

Nguyen, L. K., Spitzberg, B. H., & Lee, C. M. (2012). Coping with obsessive relational intrusion and stalking: The role of social support and coping strategies. *Violence and Victims*, 27, 414–433.

Norris, S. M., Huss, M. T., & Palarea, R. E. (2011). A pattern of violence: Analyzing the relationship between intimate partner violence and stalking. *Violence and Women*, *25*(1), 103–115. doi:10.1891/0886-6708.26.1.103

Office on Violence Against Women. (2012). *Grant funds used to address stalking: 2012 report to Congress.* Retrieved from www.ovw.usdoj.gov/docs/bjs-stalking-rpt.pdf-229k-2012-08-15

Palarea, R. E., Scalora, M. J., & Langhinrichsen-Rohling, J. (1999). *Risk assessment inventory for stalking.* Unpublished measure.

Reyns, B. W., Henson, B., & Fisher, B. S. (2012). Stalking in the twilight zone: Extent of cyberstalking victimization and offending among college students. *Deviant Behavior*, *33*, 1–25. doi:10.1080/01639625.2010.538364

Roberts, A. R. (2000). An intro-

duction and overview. In A. R. Roberts (Ed.), *Crisis intervention handbook: Assessment, treatment and research* (2nd ed., pp. 3–21). New York: Oxford University Press.
Rosenfeld, B. (2004). Violence risk factors in stalking and obsessional harassment: A review and preliminary meta-analysis. *Criminal Justice and Behavior, 31*(1), 9–36.
Sheridan, L., Davies, G., & Boon, J. (2001). Stalking: Perceptions and prevalence. *Journal of Interpersonal Violence, 16*, 151–167.
Sheridan, L., & Lyndon, A. E. (2012). The influence of prior relationship, gender, and fear on the consequences of stalking victimization. *Sex Roles, 66*, 340–350.
Sinclair, H. C. (2010). Stalking myth-attributions: Examining the role of individual and contextual variables on attributions in unwanted pursuit scenarios. *Sex Roles, 66*, 378–391. doi:10.1007/s11199-010-9853-8
Spitzberg, B. H., & Cupach, W. R. (1998). *The dark side of close relationships*. Mahwah, NJ: Erlbaum.
Spitzberg, B. H., & Cupach, W. R. (2007). The state of the art of stalking: Taking stock of the emerging literature. *Aggression and Violent Behavior, 12*, 64–86.
Spitzberg, B. H., Cupach, W. R., Hannawa, A. F., & Crowley, J. (July 17–20, 2008). *Testing a relational goal pursuit theory of obsessive relational intrusion and stalking*. Poster presented at the International Association for Relationship Research Conference, Providence, Rhode Island.
Strawhun, J., Adams, N., & Huss, M. T. (2013). The assessment of cyberstalking: An expanded examination including social networking, attachment, jealousy, and anger in relation to violence and abuse. *Violence and Victims, 28*, 715–730. http://dx.doi.org/10.1891/0886-6708.11-00145
Thompson, C. M., Dennison, S. M., & Stewart, A. (2012). Are female stalkers more violent than male stalkers? Understanding gender differences in stalking violence using contemporary sociocultural beliefs. *Sex Roles, 66*, 351–365. doi:10.1007/s11199-010-9911-2
Tjaden, P., & Thoennes, N. (1998). *Stalking in America: Findings from the National Violence Against Women Survey* (NCJ Report No. 169592). Washington, DC: National Institute of Justice and Centers for Disease Control and Prevention.
Tjaden, P., & Thoennes, N. (2002). The role of stalking in domestic violence crime reports generated by the Colorado Springs Police Department. In K. E. Davis, I. H. Frieze, & R. D. Maiuro (Eds.), *Stalking: Perspectives on victims and perpetrators* (pp. 9–30). New York: Springer.
Van der Aa, S., & Groenen, A. (2011). Identifying the needs of stalking victims and the responsiveness of the criminal justice system: A qualitative study in Belgium and the Netherlands. *Victims and Offenders, 6*, 19–37.
Wigman, S. A., Grahma-Kevan, N., & Archer, J. (2008). Investigating sub-groups of harassers: The roles of attachment, dependency, jealousy, and aggression. *Journal of Family Violence, 23*, 557–568.
Yanowitz, K. (2006). Influence of gender and experience on college students' stalking schemas. *Violence and Victims, 21*, 91–99.

第十八章　危机干预中的聚焦解决疗法在成瘾治疗中的应用

肯尼斯·R. 耶格尔（Kenneth R. Yeager）
托马斯·K. 格雷瓜尔（Thomas K. Gregoire）

523 本章在结合优势观点和短期聚焦解决治疗方法基础上，介绍了罗伯茨七阶段危机干预模型在物质依赖治疗中的应用。此外，它讨论了在聚焦解决路径框架内复原力因素以及利用潜在复原力因素的方法。从实践角度来看，危机干预在成瘾中的应用包括三个案例，并利用危机干预方法将关键因素整合至案例中。最后，本章基于实证简要介绍了成瘾治疗。

接下来，将对下面案例进行简要描述，案例的细节贯穿这一章：

案例 1

丹尼斯（Dennis）是一位 41 岁的白人男性，对可卡因高度依赖。由于对可卡因的极度狂热，丹尼斯抛弃了妻子、孩子、生意和责任。当他寻求可卡因和性欲方面的安慰时，他陷入上瘾、吸食和色情物品的重复循环。他不断在失去生命中所有重要的东西，丹尼斯表示要从可卡因依赖中寻求安稳。

---

524 本案例展示了罗伯茨模型作为一种稳定个体的方法的实际应用，以及如何利用该模型在可管理的护理治疗环境中制订有效的治疗计划。

第二个苏珊（Susan）的案例结合了慢性疼痛患者使用阿片类药物依赖解决方法中的优势观点，以此验证了罗伯茨七阶段危机干预模型。

案例 2

苏珊的痛苦是几次车祸导致的。她的慢性疼痛是强迫行为的起因，这种强迫行为源于她在最大限度地减轻痛苦的同时又强化了药物的依赖。苏珊身处危机之中，担心法律后果并被切断了止痛药的供应。

在本案例中，罗伯茨模型展示了根据药物依赖的慢性疼痛患者的特点而进行短期有效干预的方法。在这种情况下，干预方法的应用会改变患者的自然防御结构，从而帮助她建立自己的支持，而不是因受伤而痛苦。

案例 3

斯科特（Scott），20 岁，既依赖于多种药物，也会突然戒掉几种药物（包括可卡因、海洛因和甲基苯丙胺）。斯科特使用药物始于 12 岁，并逐渐发展到完全失去控制。彼时，斯科特被要求离开他一直在读的大学，并且他从父母那里偷了大笔钱后未回到父母家中。斯科特在其祖父的陪同下积极到治疗中心进行治疗，其祖父希望该中心可以帮助他的孙子通过康复过程回归正常生活。

这个案例说明了罗伯茨模型如何与聚焦解决理论相结合，去引导服务对象在制订自我指导的康复计划中承担更多的自我责任。它展示了当斯科特经历危机干预的各个阶段时，奇迹和例外问题在日常实践中的应用。斯科特的故事说明了聚焦解决理论和罗伯茨危机干预模型的结合在解决问题上的有效性，它解决了药物依赖问题，引导患者完成康复过程。 525

危机概述

经历危机是不可避免的现实。对于某些人而言，危机可能很少发生。对于另一些人来说，危机时常发生，且一个危机导致另一个危机。正如危机在不同的时间段发生在不同个体身上一样，个人应对危机的能力也存在差异（Roberts & Dziegielewski，1995）。有些人几乎不需要干预就能“改变”他们对事件的看法和反应。但是，对于许多人来说，成功解决危机事件需要熟练的干预以弄清个人对事件的反应（Roberts，1990）。

当人们解决物质依赖问题时，就会持续发生危机干预。在经历了一种或一系列可能性的危机之后，人会通过物质依赖治疗以寻求帮助。在可管理式护理提供系统中，精神科医生、心理学家和社会工作者的功能受到了挑战，要求在限制性最小的环境中提供具有成本效益的治疗。从事成瘾治疗的专业人员发现，将危机干预技巧与聚焦解决疗法的短期干预策略相结合对于缩短住院时间是有效的；同样的技能也很重要，如果不是更重要的话，那么随着物质滥用治疗过渡到新的场所，医生办公室将与治疗设施一起为患有物质滥用疾病的患者提供护理。伴随着这种新兴模式经历的痛苦越来越多，挑战也将是巨大的。然而，在这种过渡中，物质滥用治疗将与初级保健紧密结合，并将更多地集中于筛查和早期干预。物质滥用治疗将被视为“基本服务”，意味着健康计划中被要求提供它，提供治疗所有失调的机会，包括物质滥用初期的患者，而不是等到病情严重时再进行治疗。

在过去的几十年中，管理式护理加快了物质滥用治疗提供方式的根本转变。如今，《平价医疗法案》（2010）继续影响着治疗领域。《平价医疗法案》将覆盖最大范围的精神健康与物质使用障碍者。从 2014 年开始，根据法律，所有新的小团体和个人市场计划都必须涵盖 10 个基本健康福利类别，包括心理健康和物质使用障碍服务，并要求部分覆盖医疗和外科手术领域。这些新的保护措施将建立在《精神健康平权与成瘾权益法案》（Mental Health Parity and Addiction Equity Act）（2008）的基础上，将精神健康和物质使用
526 障碍福利以及针对行为健康的均等保护措施扩展到 6200 万美国人。目前，只有 230 万美国人接受了一种方式的物质滥用治疗，不到受最严重的物质滥用障碍影响的预估总人口的 1%。尽管几乎所有大型计划和大多数小型计划都涵盖了一些心理健康和物质使用障碍服务，但是收益或承保范围有限，导致许多人在护理方面存在巨大差距。此外，某些计划对物质滥用疾病的范围覆盖非常有限或没有覆盖。实施基本健康福利的最终规则指导个人和小团体市场中未受保护的健康计划，其目标是涵盖精神健康和物质使用障碍服务，并从 2014 年开始遵守联邦平价法要求（Garfield，Lave，& Donahue，2010；

Congressional Budget Office，2013）。

当前，联邦计划（例如医疗补助和医疗保险）专注于住院服务（如戒毒计划），但不包括物质滥用治疗的门诊服务。截至 2014 年底，根据《平价医疗法案》，物质使用障碍的覆盖范围可能与其他慢性疾病（如高血压、哮喘和糖尿病）相当。（提供医疗补助和医疗保险计划）的政府承保人将负责医师门诊（重点在于预防服务，如筛查、简单干预、评估、评价和药物治疗）、门诊随诊、健康家访、家庭咨询、酒精和药物测试、四种戒毒维持与支持药物的供应、监测和戒烟。这种转变意义重大，因为它为成千上万的人提供了获得医疗服务的机会，同时又将全科医生纳入了非常有限的成瘾治疗医生库中。

美国物质依赖问题评估

物质滥用和依赖干预作为一个行业，继续在适应美国当前流行趋势相关的新兴数据和事实。2013 年发布的全美年度药物使用和健康调查（National Survey on Drug Use and Health，NSDUH）显示，12 岁及以上美国人的物质滥用模式的主要信息来源于物质滥用和心理健康服务管理局，它提供了本文出版时的最新数据，引用了 2012 年的使用模式。

酒精

在 2012 年 NSDUH 报告中，未成年人饮酒量有所下降。目前，年龄在 12~
20 岁的饮酒比例从 28.8%下降到 24.3%；12 岁以上的人群中，酗酒的人数 527
比例呈下降趋势，饮酒过量事件的发生率从 6.2%下降至 4.3%。2012 年，12 岁及以上的人口有 30.4%的男性和 16.0%的女性被报告在过去的一个月中酗酒（同一时间喝五杯或更多），有报告称 9.9%的男性和 3.4%的女性过度饮酒（1 个月内至少 5 天酗酒；SAMHSA，2013）。

关于酒驾的预估人数也呈现出明显下降的趋势。在 2012 年一年中，预估有 2910 万人（至少占 12 岁及以上人口的 11.2%）酒驾，这个数字比 2002 年的 14.2%有所下降。尽管酒驾人数的下降令人欣慰，但这仍令人担忧，因为没有可接受或确切安全的受损驾驶员的统计数据。

毒品

2012 年，预估有 2390 万名 12 岁及以上的美国人目前是毒品非法使用者，这意味着他们在接受调查的前一个月内非法使用了毒品。该估计值占了 12 岁及以上人口数量的 9.2%。

在美国大麻是最常用的非法毒品，且使用者的数量一直在增加。在 2012 年，据估计有 1890 万（过去一个月）人吸食了大麻，约占 12 岁及以上人口数量的 7.3%；与 2007 年的 1440 万（5.8%）人相比，有了显著增长。超过一半的新的非法吸毒者开始吸食大麻。在报道首次使用非法药物的 290 万人中，有 65.6%的人将大麻作为第一类毒品。其次是处方止痛药，然后是吸入剂，这在青少年中滥用最普遍（SAMHSA，2013）。

除阿片类药物外，近年来大多数其他毒品的使用没有显著变化或下降。在 2012 年，有 680 万（或 2.6%）12 岁及以上的美国人非处方使用了心理治疗处方药（无处方、无目的或非处方方式）。此外，在过去的一个月中，有 110 万（0.4%）美国人使用了迷幻剂（包括迷魂药和 LSD）（SAMHSA，2013）。

近年来，可卡因的使用有所减少。从 2007 年到 2012 年，年龄在 12 岁及以上人口中，当前使用可卡因的人数从 210 万下降到 170 万。甲基苯丙胺的使用者也从 2007 年的 53 万略微下降到 2012 年的 44 万（SAMHSA，2013）。

528 在美国，对海洛因的依赖继续增长。NSDUH 数据显示，2012 年约有 66.9 万美国人吸食了海洛因，这一数字自 2007 年以来一直在上升。这一趋势似乎主要是由 18~25 岁的年轻人推动的，他们也是增长最快的。首次吸食海洛因的人数非常多，2012 年有 15.6 万人开始吸食海洛因，几乎是 2006 年（9 万）的两倍（SAMHSA，2013）。毋庸置疑，随着鸦片使用量的增加，越来越多的人正在受鸦片复吸带来的负面健康影响。与毒品有关的急诊科就诊总次数从 2004 年（250 万人次）到 2009 年（460 万人次）增加了 84%。同期，涉及非医疗用途药物的急诊就诊人次从 627291 人次增加到 1244679 人次，增加了 98.4%。

羟考酮产品（增长 242.2%）、阿普唑仑（增长 148.3%）和氢可酮产品（增长 124.5%）的增幅最大（SAMHSA，2013）。

根据《精神障碍诊断和统计手册》第四版（*DSM-IV*）达到海洛因依赖或滥用标准的人数翻了一番，从 2002 年的 21.4 万人增加到 2012 年的 46.7

万人（SAMHSA，2013）。最近发布的 *DSM-V* 不再将药物滥用与依赖分开，而是为鸦片类药物使用障碍（从轻度到严重）提供了标准，具体取决于一个人的症状（American Psychological Association，2013，pp. 540–550）。

治疗支付差距

2012 年，美国有 2310 万名 12 岁及以上的人口因非法吸食毒品或饮酒问题而需要治疗（8.9%的 12 岁及以上的美国人）。2012 年的数据结果与 2002～2010 年的年度数据相似（从 2220 万到 2360 万不等），但高于 2011 年的数据（2160 万）。2012 年，有 250 万人（占 12 岁及以上人口的 1.0%，其中需要治疗的人占 10.8%）在专科医院接受治疗。2012 年的比例和数量与 2002 年以及 2004～2011 年的比例和数量相比，并没有差异（SAMHSA，2013），这表明，针对越来越多的需要治疗的人群，为改善获得物质滥用治疗的机会而进行的努力受到了限制。

2012 年在专科医院接受最新物质滥用治疗的人群中，50.2%的人表示去年使用“自己的储蓄或收入”支付他们最近的专科治疗，41.0%的人表示使用私人健康保险支付，30.2%的人表示使用医疗补助以外的公共援助支付，28.7%的人使用医疗补助，24.7%的人使用家庭成员的资金，24.1%的人采用医疗保险支付方式。 529

2012 年，在 2060 万名 12 岁及以上的人口中，有 110 万（占 5.4%）人报告称，他们认为有必要治疗其非法吸食毒品或饮酒问题，但并未在专门机构得到治疗。在这 110 万人中，有 34.7 万（占 31.3%）人表示他们在努力寻求治疗，76 万（占 68.7%）人表示没有为得到治疗做任何努力。根据 2009～2012 年的统计数据（SAMHSA，2012），在 12 岁及以上人口因非法使用毒品或饮酒需要治疗但未接受治疗（尽管他们尽力而为）的报告中显示他们不接受治疗的最常见原因如下：

1. 没有医疗保险，负担不起费用（38.2%）；
2. 不准备停止使用（26.3%）；
3. 有医疗保险，但其不包括治疗或不包括费用（10.1%）；
4. 接受治疗可能会对工作产生负面影响（9.5%）；
5. 不知道去哪里治疗（8.9%）；

6. 没有交通工具或交通不便（8.2%）；
7. 可能导致对邻居/社区产生负面影响（7.9%）；
8. 没有时间去治疗（7.1%）。

严重精神疾病的患病率

在2012年12个月中，有3410万18岁及以上的人（占该年龄段人口的14.5%）接受了心理健康治疗或咨询。过去的一年中，成年人利用心理健康服务的年龄段存在差异性。26~49岁的（15.2%）和50岁及以上的成年人（14.8%）接受心理健康服务的比例高于18~25岁的成年人（12.0%；SAMHSA，2013）。

2012年，成年人接受心理健康服务类型主要如下：

处方药管理（12.4%，或2900万成人）；
门诊临床服务（6.6%，或1550万成人）；
精神健康住院服务（0.8%，或190万成人）。

尽管这一数字每年都出现适度波动，但在过去的十年中，心理健康服务的情况一直相似。应当指出，受访者称得到了不止一种类型的心理健康服务（SAMHSA，2013）。

2012年的报告指出，在过去一年接受过心理健康服务的18岁及以上的
530 成年人中，医疗服务利用呈现以下趋势：66.7%的人利用一种卫生服务（住院、门诊或处方药），30.7%的人接受过两种护理，2.6%的人接受过三种护理。

2012年的数据显示在过去的一年中接受门诊心理健康服务的18岁及以上成年人，称他们在不同地方接受过几种不同类型的心理健康服务。它们是私人治疗师、心理学家、精神病医生、社会工作者或不属于诊所的顾问的办公室（55.1%）；门诊心理健康诊所或中心（23.5%）；不属于诊所的医生办公室（20.1%）；以及门诊诊所（6.6%）。

2012年的统计数据称过去的一年中，患有严重精神疾病（severe mental illness，SMI）的成年人中，年龄在18~25岁的成年人（53.1%）的心理健

康服务利用率低于26~49岁的成年人（63.5%）以及50岁及以上的成年人（66.3%）。2012年统计数据显示，在所有18岁及以上患有任何精神疾病（AMI）的成年人中，在过去的一年中有35.3%的人使用处方药，有22.4%的人接受门诊服务，有3.0%的人利用住院服务来解决精神健康问题。

过去的一年中，使用处方药、门诊服务和住院服务SMI成年人比例分别为57.8%、39.0%和6.2%（受访者称他们利用了不止一种服务）。2012年的统计数据称，过去的一年中，1790万18岁及以上的AMI成年人称接受过心理健康服务，56.2%的人接受过一种护理（住院、门诊或处方药），39.3%的人接受过两种护理，4.5%的人接受过三种护理。

2012年数据显示，过去的一年中，600万18岁及以上的SMI成年人称接受过心理健康服务，43.5%的人接受过一种护理（住院、门诊或处方药），49.3%的人接受过两种护理，7.2%的人接受过三种护理。

2012年，有1150万18岁及以上的成年人（占成年人总数的4.9%），称他们在过去的一年中对心理健康服务的需求未得到满足。其中包括540万成年人，他们在过去的一年中没有接受到任何心理健康服务。在明确获得某种类型的心理健康服务的成年人中，有17.8%（610万人）报告称其对精神保健的需求未得到满足。（接受心理健康服务的成年人中未得到满足的需求可能反映了卫生服务延迟或缺乏。）2012年统计数据显示，过去的一年中540万18岁及以上的成年人称心理健康的需求未满足，且受多种原因影响，未获得心理健康服务，其中包括无法负担护理费用（45.7%），当时认为无需治疗即可解决问题（28.2%），不知道去哪里寻求卫生服务（22.8%），以及没有时间去接受卫生服务（14.3%）。

依赖、紧急压力和危机事件的定义

531

虽然物质依赖相关的危机事件与危机传统模式有所不同，但仍然存在高度的相似性。这是个人缓解当前危机应对策略的失败。通常，在物质依赖人群中，当个人失去控制时，生理因素会加剧危机。

物质依赖人群的危机事件与其他专业领域的危机事件有所不同。有成瘾问题的人维持现状的积极性高，至少在药物使用方面。成瘾者经常过度利用防御机制来避免危机以保护其生活方式。正是在这个时候，暂时失去控制的个人愿意采取新的行为方式来应对危机事件。简单危机模型的应用（如此处所述）在帮助个人解决酒精或其他毒品问题方面有非常有益的（Ewing, 1990；Parad & Parad, 1990；Norman, Turner, & Zunz, 1994；"Embedded Crisis Workers", 2014）。

多年来，对物质依赖的定义各不相同。对于许多人来说，物质依赖的"疾病概念"是主要的诊断工具。关于物质依赖诊断定义的两个例子来自世界卫生组织和美国精神病学协会，到目前为止，它们仍然是关于物质依赖的主要诊断标准：

> 根据世界卫生组织（1974）的研究，物质依赖是一种状态，在精神上，有时甚至是身体上，由身体与药物之间的相互作用而产生的以行为和其他反应为特征，包括强迫或连续或定期服用该药物以满足其心理作用，避免因缺少药物使用而带来的不适。
>
> *DSM-IV*（American Psychiatric Association, 1994）是公认的社会工作专业诊断机构，对每个类别的物质滥用与依赖使用不同的标准定义。值得注意的是，*DSM-IV* 将依赖分为身体依赖与非身体依赖，这种区别是对依赖标准的补充。这可能是由于可卡因的流行和近期似乎不会引起身体依赖的致幻药物的复现。有两个因素可将滥用与依赖分开。

532 一个最简单的**物质依赖**定义是："如果酒精/毒品对你的生活造成问题……那么你可能会饮酒/吸毒。"从危机干预的角度看待成瘾就是这种情况。接受治疗的人称他们过去使用的应对机制无效。如果一个人可以"控制"她（他）的药物使用或生活环境，则无须寻求帮助。华莱士（Wallace）（1983, 1989）的成瘾生物心理社会模型强调了酒精和其他毒品问题的普遍性。患有这种疾病的人的危机很可能是由于精神上的不适、社会冲突或持续使用药物造成的生理后果而引发的。危机的有效评估涉及每个领域。

罗伯茨七阶段危机干预模型的应用以及风险和保护因素的分析

随着罗伯茨七阶段危机干预模型在物质依赖中的应用，社会工作者必须意识到稳定和消除治疗动机之间的微妙平衡。化学药物依赖者会使用不适应的防御结构并结合大量非理性信念，以最大限度地降低其药物依赖的程度和严重性。危机干预通常涉及解决个人的合理化、正当性、灾难性问题，以及使用消极的自我对话来摆脱治疗（Roberts，1990；Dattilio & Freeman，1994；Greene，Lee，& Trask，1996；Yeager，2000）。

为此，物质依赖人群与寻求援助的一般人之间存在差异。罗伯茨七阶段模型中，将建立融洽关系确定为第一阶段。在回顾专业人员在临床实践中应用罗伯茨模型时，可以看到这种模型的持续发展。随后，罗伯茨出版的书建议，将致命性评估（阶段二）与建立融洽关系（阶段一）互换，具体取决于患者提出的问题（Roberts，1996）。

对于可卡因成瘾的人尤其如此，他们在短时间内面临极其严重的危机。然而，由于救治很少，对可卡因成瘾的人可能将危机稳定视为完全救治康复（Yeager，1999）。而重新上瘾的可能性很大；当对可卡因有强烈依赖的渴望时，复发是一个很容易的过程。另外，必须特别重视对问题范围的检查（阶
段二），探索情感和情绪（阶段三）以及应对尝试。这些阶段的重点是确保 533
与依赖物质的个体保持治疗联系。以下对可卡因成瘾者进行危机干预的例子证明了这一过程（Roberts，1990）。表 18-1 概述了罗伯茨的七阶段模型和相应的解决方案（重点干预）。

表 18-1　罗伯茨的七阶段模型和解决方案的应用

阶段	应用
进行心理接触	接受、支持、同情及非语言交流
检查问题的范围以进行定义	扩大规模、检查复原力因素、赋予患者自主决定权、评估支持因素
鼓励探索情感和情绪	接受、支持、同情
探索和评估过去的应对措施	例外问题、延展问题、过去的成功经验
产生并探索替代方案和特定解决方案	罕见问题、异常问题、过去的成功、预测任务、追踪当前的成功
通过执行行动计划来恢复认知功能	扩展、授权、异常问题、过去的成功跟踪、当前的成功跟踪
跟进	以结果研究的形式扩展规模

注：此表是罗伯茨模型每个阶段所用技术的表现。在其他出版物中，罗伯茨并没有对致命性进行评估，这是因为患者在康复过程中使用了聚焦解决治疗方法。这并不意味着因物质依赖而就诊的患者可能不会出现致命性问题。当与那些物质依赖者共处时，需要持续对他们进行精神状态评估。

案例研究1：丹尼斯

丹尼斯，可卡因依赖

丹尼斯是一名41岁的药学研究人员，他介绍了自己食用“可卡因的‘疯狂模式’”。丹尼斯称其在酒精依赖治疗后清醒了10年。随着家庭事务和工作事务的增加，丹尼斯开始逐渐减少参加12步支持疗法的时间。丹尼斯已婚，已育有两个孩子，分别是8岁和11岁。他的8岁的小女儿一年前被诊断出患有白血病。丹尼斯称他与女儿非常亲密，每天晚上都给女儿读书，并且从未错过带小女儿看医生。丹尼斯的工作非
534 常成功。他说已经获得了未来5年的政府合同，这为他的公司带来数百万美元的利润。他说去年的这个时候，他获得了“年度研究人员”奖。他想喝一杯酒庆祝。

此事件之后，没有明显的不良后果。大约1周后，丹尼斯在一场球赛中再次喝酒，达到了微醺的程度。同样，也没有任何不良后果。第二天，他非常疲倦并面临工作的最后期限。于是他购买了1克可卡因，并连续工作了27个小时，完成了两个项目，其中包括一项100万美元的经费申请。

丹尼斯认为他已经成功找回了“以前的丹尼斯”，一个可以连续工作数小时而不知疲倦的人。丹尼斯指出，他对酒精的重新沉溺是“重大记忆事件”。他称整个人的思想均放在了酒精成瘾上。同时他对可卡因的吸食也迅速增加。在1个月内，他每天吸食3克可卡因。为了省钱，他开始抽可卡因。

可卡因采用分时段吸食的方式。丹尼斯回忆起他在凌晨3：00时感受到的恐慌，因为他意识到自己的工作人员将在几个小时内返回工作岗位，他将无法继续在办公室范围内吸食可卡因。于是丹尼斯一时冲动，将电脑从办公室带走，开车去了一家汽车旅馆，身上带着价值约3000美元的可卡因。在汽车旅馆无所事事，丹尼斯开始访问互联网上的色情网站。他称自己开始沉溺于这些网站。当陷入了可卡因吸食的高潮期时，他感觉性幻想、妄想症和孤独感开始主宰并控制着他的行为。尤其

是被一个可以互动的三重 X 级网站所纠缠；他说自己被幻想占据，并被所交往的人占据了时间。直到他的可卡因耗尽，这种循环才被打破。

丹尼斯在回家之前已经失踪了 4 天。他错过了两次带女儿去医院看病的机会，并即将与妻子分居。丹尼斯将分居视为寻求治疗的重要事件。在最初的接触中，他承认希望自己的心脏爆炸，这样他在复发后就不必面对家人的失望。后来他很快补充说，死亡比面对女儿眼中的悲伤要容易得多。

为了了解丹尼斯的处境及其恐惧和情绪的严重性，工作关系迅速建立（Roberts，1990）。与丹尼斯进行心理接触，包括对他表现出真正的兴趣和尊重并给予希望。像许多可卡因成瘾者一样，丹尼斯发现分享他曾经的迷失很容易。对于许多人来说，早期康复中的困难之处在于能否摆脱与可卡因依赖有关的精神错乱。让丹尼斯知道他不是第一个出现此问题的人，这并没有减轻他的焦虑感。他需要听到与可卡因依赖有关的常见症状，包括身体、心理和情感上对毒品的关注。尽管这种讨论是有帮助的，但丹尼斯仍然感到异常 535
焦虑。在讨论性爱问题之前，紧张感没有明显降低。在这一点上，很明显可卡因的吸食已将丹尼斯带到了他未曾预料到的境地。通过详细讨论此问题来避免丹尼斯的抵触，治疗师向他保证，许多人已经讨论了可卡因依赖造成的性爱关系问题（Hser et al.，1999；Balsheim，Oxman，Van Rooyen，& Girod，1992；Wang et al.，2012）。提供给丹尼斯有关此话题的信息，并将他与一个可卡因专业小组联系起来以解决这一问题，似乎促进了认识与理解。这样可以最大限度地减少丹尼斯面对初次见面的焦虑。

罗伯茨（2000）概述的危机干预的阶段二是“检查问题的范围以定义问题”（p. 18）。在这方面，有几个问题需要进一步审查。首先，要进一步了解导致丹尼斯前往治疗中心赴约的诱发事件。治疗师采用探究性问题来扩大了解原有信息。

问：丹尼斯，你说即将分居是导致你寻求帮助的原因。你能告诉我更多有关发生的事情吗？

答：最终当我回家时，没有人问“你在哪里？”“你没事儿吧？”或“感谢上帝，你回家了！”只有沉默和悲伤。当沉默被打破时，剩下的就是蒂芙尼（Tiffany）的哭泣。她正在努力地忍受……但是她无法忍受。

> 我知道她在母亲的要求与她想确保我没事之间感到痛苦。上帝只知道我女儿……毕竟她经历了……担心我，她是我滥用可卡因的受害者……我无法忍受。我请唐娜（Donna）带我去治疗，但没有回应。相反，她递给我分居协议，并说："我们达成了协议。如果你滥用毒品，则必须离开。"我知道她是对的，所以我开车走了。但我无法忍受生活中没有他们。

这件事比之前的快要分居提供了更多的信息和理解。人们对丹尼斯及其家人正在经历的痛苦有了更深的了解。它还提供了有关唐娜愿意做对自己和孩子们最有益的选择的意愿信息。丹尼斯知道这是必然要发生的事情，但是他认为这并没有使痛苦减轻（Roberts，1990；DeJong & Miller，1995）。

罗伯茨七阶段危机干预模型的阶段三包括了丹尼斯提供的相关信息。在研究问题的各个层面时，丹尼斯被鼓励表达自己的感受和情感。丹尼斯清楚
536 地表达了他意识到妻子和孩子已成为其成瘾受害者的痛苦。目前没有必要进一步探讨这个问题。丹尼斯体会到了这种感觉对他的影响。因此，重要的是要鼓励他摆脱痛苦并走出来。丹尼斯指出，对他而言，面对并感受到这种伤害非常重要，因为当他将来渴望毒品时，有必要记住这种痛苦（Roberts，1990）。

丹尼斯说："只有记住吸食后的痛苦才足以阻止复发。"在危机干预中应用聚焦解决疗法的基本原则是，人们无须知道问题的原因即可解决该问题（O'Hanlon & Weiner-Davis，1989）。在这种情况下，认识到丹尼斯最擅长应对自己的毒品成瘾，这为治疗他的毒品成瘾提供了强大的工具。由于医疗人员和患者之间的尊重以及医疗人员的倾听意愿，丹尼斯反过来教会了医疗人员如何解决患者毒品成瘾问题（Berg & Jaya，1993）。

临床问题/干预/特殊注意事项

由于丹尼斯以前很清醒，所以罗伯茨模型的阶段四，即探索和评估过去的应对尝试成为正在进行的康复计划的重要组成部分。咨询师为丹尼斯分配具体任务以协助其重新构建平衡。丹尼斯被指派列出他过去处置疾病的正确和错误方法。例如，他的闹钟在早上响起，并响了四五次，使得他起床较晚并着急上班。另外，他本可以起床准备健康的早餐，阅读令人思考的图书，

并开始制订康复计划。利用丹尼斯的优势并努力寻求解决方案为他提供了一种清晰的方法实现策略应对（Fortune，1985；Levy & Shelton，1990；Roberts，1990）。

当完成任务后，丹尼斯将其康复环境中出现的任何特定区域视为高风险。识别个体与其康复环境之间的相互关系，对于理解患者在解决问题的过程中如何使用环境资源，以及环境如何为个体带来挑战至关重要（Pillari，1998；Zastrow，1996；Newman & Newman，1995）。丹尼斯可以确定三个主要方面。首先是发薪日："对我来说，这是一个非常简单的方程式：**时间加金钱等于可卡因**。"他确定的第二个方面是互联网色情，第三个是他无法控制的情绪波动。

丹尼斯被要求按照 1 到 10 的等级对这三种高风险情况进行排名，其中 10 表示强烈渴望，而 1 表示根本就没有渴望。处理危机时，测量等级为解决当前问题提供了清晰度量方式（Saleebey，1996）。丹尼斯将"有钱"赋值 537
为 10。他的理由是，当他有钱的时候，他无时无刻不在经历着强烈的上瘾感觉。他将互联网色情内容赋值为 7，并说："我不需要总是嗨到那个地步。"当被问及需求是否进一步增加时，丹尼斯回答："绝对。这仍然是我上瘾的真正诱因。"第三个方面的情绪波动带来了更多的问题。最初，丹尼斯将其赋值为 5，然而，经过几分钟的思考，他将其更改为 9，并说："我不知道它何时会发泄。有时候我很平静，其他时候我是一个狂怒的精神病患者。"人们争论它是否被赋值为 9，为了避免争论，同意将其保持为 9。丹尼斯同意在最坏的情况下解决潜在的愤怒问题，以免使情绪波动的严重程度最小化。

讨论之后，治疗师指导丹尼斯列出他可以采取的替代方案或可以采取的导向性行动，以最大限度地降低每种高风险情况的负面影响。这就使以前被视为负面的情况脱离了患者的控制，并为患者提供了积极主动地将这些问题的影响降至最低的机会（Berg，1994）。

治疗计划的特殊情况

丹尼斯被一个简单且适用于每个领域的计划治愈了。为了控制金钱这个导火索，他同意将财务控制权交给业务伙伴。丹尼斯已与此人联系，此人同意接管其支票簿并管理其财务。丹尼斯和他的搭档同意自己每天可获得 10 美元的午餐和杂费津贴，而公司或银行支票将用于较大的交易。

互联网的问题更加复杂，因为丹尼斯在网上完成了大量研究工作。商定了两项更改。首先，丹尼斯要把他的计算机移到主实验室，该实验室作为公共场所可以最大限度地被监督减少对包含色情内容的互联网站点的访问。第二个是利用“网络保姆”程序阻止了他对色情网站的访问。然而，所有人都很快认为丹尼斯有足够的能力去解决他想解决的问题。由于没有理由让他在办公室花费过多的时间，最后达成的更改共识是，丹尼斯将在上午 8：00 至下午 6：00 工作，他认为他需要更多地专注于晚上的复原治疗。

情绪波动的方面更加抽象，因此需要掌握不同的计划实施技巧。丹尼斯提供了一份他同意每天联系的复原者名单，以最大限度地减少情绪波动的发
538 生。他还同意始终保留此清单，并在他开始出现情绪波动时与这些人联系。丹尼斯提出持续治疗的需求并同意每周 4 个晚上参加集中门诊治疗计划，其中包括每周 1 个晚上参与专门的可卡因小组。丹尼斯认为最好是进入一个让人冷静的起居室而不是一个他自己的公寓，并承认自己的情绪波动主要发生在独处时。同样，应将重点放在解决患者康复环境中触发因素的重要性上（Pillari，1998）。

经过大约两天半的时间，丹尼斯已经情绪稳定。他制订了一项行动计划以解决其康复所面临的主要威胁，并同意参加正在进行的门诊治疗并进入到一种清醒的生活安排中。治疗利用了丹尼斯的优点。他制订了治疗计划并认为现在可以继续推进其计划。当被要求按治疗计划报告其满意度时，丹尼斯报告说他对自己的康复计划极为满意，他感觉已准备好接受重症门诊护理。

风险和保护因素分析（丹尼斯）

美国成瘾医学学会（Hoffman，Halikas，Mee-Lee，& Weedman，1991）制定的关于康复维度的概述是分析此病例的有效框架。这种方法要求临床医生考虑各个方面的风险和保护因素。生物医学风险包括家族病史和身体健康因素。潜在的复发与渴望、暗示反应密切相关，当受到使用暗示时，会引起吸毒者的生理反应。当与可卡因成瘾者合作时，提示反应性问题尤为重要，因为恢复使用的信号已被描述为比许多其他药物更强（Chiauzzi，1994）。在这种情况下，过度劳累和陶醉于满足似乎是丹尼斯重吸可卡因的导火索。由于迷恋醉酒所带来身体补偿后果，又或是为提高自己的能力水平，丹尼斯又重新吸食可卡因。

心理或情感行为风险因素包括对使用毒品有潜在积极影响的期待、缺乏有效的应对技巧以及心理病理学的存在（Chiauzzi，1991）。显然，丹尼斯在初次使用可卡因时抱有积极的期望，最初，他的工作能力得到了提高。在描述人体内复发风险因素时，卡明斯（Cummings）、戈登（Gordon）和马拉特（Marlatt）（1980）指出极端的消极情绪和积极情绪都可能导致风险复发。两者都在丹尼斯案中有所体现。丹尼斯在工作上取得了巨大成功，其业务不断 539
增长且利润很高。实际上，他最初喝酒是为了被认可。基奥齐（Chiauzzi）（1994）指出对风险复发的评估通常忽略了积极情绪的作用。就像极端的消极经历一样，极端的高涨情绪也会破坏一个人的平衡，而这往往是引发危机的一个关键因素。同时，丹尼斯的小女儿患有潜在的致命性疾病。当丹尼斯寻求帮助时，由于可卡因吸食所造成的耻辱加剧了他的危机风险。

处于危机和风险复发中的人们具有许多特征（Chiauzzi，1994；Degenhardt et al.，2011），其中包括极端情绪带来的失衡，以及随之而来的应对方式的缺乏。在初次咨询时，丹尼斯想办法摆脱危机的能力仅限于希望自己去死。但是，他的情感和情绪波动代表了另一个心理风险因素。在汇报中，丹尼斯非常沮丧。解决这些情绪症状对于确保他保持戒毒能力至关重要。布朗（Brown）等（1998）发现，在高风险情况下，吸食可卡因、酒精和其他药物的欲望越大，引发的抑郁症程度越高。

需要询问的社会风险因素包含家庭关系的稳定性、不良生活事件的存在以及支持性的社会接触的缺乏（Chiauzzi，1991）。丹尼斯最近的暴饮暴食导致他的妻子威胁要分居。此外，尽管他在工作上取得了巨大成功，但他最近的危机在这种情况下造成了很多负面问题。就业和家庭问题的存在解释了治疗后适应差异很大的原因（McClellan et al.，1994；Degenhardt et al.，2011）。在选择减少参加自助小组会议的过程中，丹尼斯减少了与适当社会支持的联系。豪沃希（Havassy）、霍尔（Hall）和沃瑟曼（Wasserman）（1991）发现缺乏对禁欲这一持续目标的社会支持会导致随后的风险复发。

病例剖析：随访（丹尼斯）

按照计划，丹尼斯过渡到清醒的生活安排阶段。他成功地完成了为期 6 周的集中门诊治疗，包括每周 4 个晚上的 3 小时教育和小组治疗。丹尼斯再次出现在匿名戒酒（AA）和匿名可卡因（CA）团体中。丹尼斯和他的家人团聚。然而，他的女儿在其康复一周年后不久就去世了。丹尼斯无须使用调节情绪的药物就能面对她的死亡。他说，在他伤感的这一时期，他朋友对“计划”的支持是巨大的。

540 丹尼斯在保持了 18 个月的清醒后经历了一次风险复发。他说当时在一场音乐会上喝了大约 24 杯啤酒。过分自信且从他的日程安排中删除了主要的 12 步支持疗法会议，这导致了他的复发。这次复发之后，丹尼斯参加了一次个人会议，他回顾了自己为康复而制订的计划。在这次会议中，丹尼斯在未得到治疗师提示的情况下研究了罗伯茨危机干预模型的阶段二至阶段六。丹尼斯利用他在以前的治疗中学到的技能，审视了问题的严重程度。他厘清了自己的感受和情感，并讨论了“恢复自己的康复计划”所需的东西。如果唐娜不让他回到家中，丹尼斯讨论了几种替代方案以及应对唐娜的具体计划。离开后，他成功实施了该计划。由于自我指导干预的成功实施，丹尼斯能够避免风险复发了。目前，丹尼斯已经成功戒毒了两年多。他去年还当选了年度商人，并声称希望自己不会再复发。

案例研究 2：苏珊

苏珊·C.：鸦片类药物依赖性

大约 6 年前的今天，苏珊·C. 已将其姐夫带到该中心接受可卡因依赖治疗。她对他的无赖行为感到厌恶，包括他如何抛开所有责任以及如何非法吸食毒品使家人处于危险之中。这天，苏珊同样被已经戒毒四年的姐夫送去治疗。曾经她是一名学校老师，如今却坐在评估办公室。

苏珊解释说：“三年多来，我身陷四次车祸。我的脊椎安装了两个压缩盘，这给我造成了很大的痛苦。起初，我的医生开了丁酰氨基酚和对乙酰氨基酚。一段时间内它们的效果很好。但是痛苦逐渐又回来了，它最终还是全部回来了。这可能是由于睡得不好或抽搐造成的，似乎总有些东西加剧了痛苦。有一段时间，我能够忍受这种痛苦，似乎现在我无法忍受。我逐渐增加了药物用量。现在，我使用羟考酮和奥昔康以及盐酸曲马多、泰诺 3、对乙酰氨基酚和丁酰氨基酚来缓解疼痛。

“我一直在看不同的医生，也从他们那里开药。当我正在为痛苦找寻其他解决办法时，发现这一切都是徒劳的。我发现，如果我不告诉他们这次拜访是另寻他法，他们会开相同或相似的药物。接下来我知道我要看五六位医生，所有人都在开类似的药。我曾经信任他们，以防万一我需要他们……随着时间的推移，我需要越来越多的药。现在，我要服用所有处方药，这成了一场噩梦。我无法直视处方、医生和药房。我甚 541
至认为保险公司和药房都在我身边。”

“昨天，在没有先咨询我的医生的情况下，一位药剂师拒绝填写我的处方。他不打算给我开处方。我拿了很多药方，他无奈地把它们退还给了我。我立即去了同一连锁店的另一家药店，他们的确填补了这个空白。我现在很害怕。我想知道处方被填满后会怎样？我去哪里？我怎样看医生？如果这样做的话，我很麻烦。我很害怕我无法得到处方以至于我将数字从 20 更改为 50。我知道这是不对的，但是我很绝望。”

“我的痛苦是真实的……而且我服用的药物全部来自医生。我知道我需要这种药。如果没有的话，痛苦会增加以至于无法忍受。毕竟，是医生让我对它们上瘾。我真正需要的是一位可给我足够强大的力量来应对我所经历的痛苦的医生。好像我不是街头流浪汉，我也不是刚从桥下爬出来的醉鬼。我存在真正痛苦的问题！他们不能将我送进监狱，因为我有健康方面的问题……可以吗？”

苏珊的问题并不罕见，一项研究发现，疼痛诊所中不到 28%的患者符合三种或更多种药物滥用标准（Chabal，Erjavec，Jacobson，Mariano，& Chaney，1997；Degenhardt et al.，2011）。妇女经常使用社会上可接受的物质，例如处方药，并经常以药用方式滥用它们（Nichols，1985）。该案例将证明罗伯茨危机干预模型同优势观点方法结合的有效性。在与苏珊的合作中，建立心理联系是对她慢性疼痛问题的真正的尊重的方式，同时也认识到需要开发新的应对技巧来解决她的疼痛（Saleebey，1996；Sullivan & Rapp，1991；S. D. Miller & Berg，1995）。罗伯茨危机干预的第一阶段与优势观点完美结合，因为它们均可维护患者的尊严。两种方法都需个人天生具有复原能力并寻求建立先前有效的应对技能（Roberts，1990；Saleebey，1992，1996；Harris，Smock，& Tabor，2011）。

在这个案例中，治疗师可以向苏珊保证该计划能解决她的疼痛问题。但是，还需要提醒她，从几个不同的医生那里寻求不同处方是不合法的，并且这样做可能会带来不良后果。有了该附加条款，治疗师向苏珊保证，她现在所采取的行动是她可以采取的最佳措施，可最大限度地减少任何潜在的法律后果。

542 当罗伯茨模型和优势观点结合时，问题首先不是“你是否相信或认为自己可能存在吸毒问题?”相反，它变成“在非常困难的情况下，你要坚持。尽管遭受了痛苦，你正在做的却可以帮助你继续前进?”这种方法使服务对象转而关注今天而不是昨天以及过去的所有痛苦（Roberts，1990；C. A. Rapp，1992；Saleebey，1996；Harris et al.，2011）。

初次访谈应注重于患者的优势。例如，问题不再是“什么让你今天接受治疗”，而是“什么使你今天有勇气寻求帮助?”在慢性疼痛情况中，专注于疼痛只会使服务对象专注于治疗所感知到的疼痛。对如果将痛苦降到最低生活会怎样的关注将最终导致服务对象寻求另外的方法来解决痛苦。

在罗伯茨危机干预模型的阶段二和阶段四，为服务对象提供应对技巧和支持环境，并结合服务对象的优势是一种可行的方法。目的是利用服务对象将其问题视为医疗问题而非成瘾问题，从而消除其对进入复原过程的抵触情绪。理想的结果是，帮助服务对象最大限度地减少对止痛药的依赖，而不是被迫成瘾。

协助者应该让开始使用止痛药来减轻疼痛的服务对象期待使用药物之外的方法来止痛。还应告知他们仅当出现戒断症状反应时才给予药物治疗，例如脉搏、体温和血压。

除了限制患者使用药物来解决疼痛问题外，治疗师还要求苏珊制定个人的替代解决方案，即罗伯茨危机干预模型的阶段五。如有可能，应鼓励服务对象与其所处康复环境中被确定为支持者的个人合作（Mclaughlin，Irby，& Langman，1994；Shorey，Stuart，Anderson，& Strong，2013）。苏珊找到了几个支持者。但是，她对这些人如何提供帮助缺乏了解。此外，苏珊忽略了确定几个重要支持者。为了解决这个问题，协助者要求苏珊从支持人员列表中找出她可能遗漏的人员，并要求她说出上一个列表中遗漏这些人员的理由。在完成此任务之前，有几次错误的开端。苏珊的名单越来越多，包括她的技工、水管工、报童和垃圾收集工。但是，她的医生、雇主和正在康复的姐夫

没有在列出的几份修订名单之中。最终，苏珊决定将她的医生、药剂师甚至 543
她姐夫也加入名单。该名单包括对遗漏人员的简要说明，它写着：“好吧，好吧，我现在知道要如何坚持自己的老路了！”

完成此任务后，苏珊被要求给名单上的每个人写一封信以寻求他们的支持，并就如何通过药物以外的方法缓解疼痛提出建议。考虑到可能涉及的法律问题，协助者提醒她仅提供与促进寻求帮助有关的模糊信息。苏珊完成了 15 封信，并同意每天发送 3 封信。目的是通过提高人们对非正式支持和鼓励的认识来增强患者个人的复原力（Benard，1994；Berg & Miller，1992；Shorey et al.，2013）。

响应是热烈的。随着每封信、每张卡片、一束鲜花和一个电话的到来，苏珊逐渐敞开心扉。她开始认识到，她将药物依赖作为她的孤独应对机制，使她与最愿意帮助她的人隔离开来。此外，苏珊越来越意识到自己所经历的悲伤、沮丧、愤怒和恐惧。对这些感觉的探索（罗伯茨危机干预模型阶段三）使她成为事故发生和问题出现之前的那个自己（Roberts，1990）。

苏珊利用基于优势支持小组向她提供的建议，制订了行动计划。她将每个建议都纳入了（a）每日恢复计划，（b）高危情况下应采取的行动清单，以及（c）监督她戒去毒瘾的主治医师和治疗医师指导协助下所制订的医疗管理计划。

有了这个计划和治疗稳定性的显现，苏珊首次就诊后 5 天就退出了治疗程序。她收到了减少克诺平（Klonopin）用量的处方，以确保在门诊中成功拿到药，并每周接受治疗医师的个体随访。

风险和保护因素分析（苏珊）

在评估苏珊的情况时，重要的是要认识到身体依赖性和忍耐性是她长期使用鸦片类药物治疗疼痛的预期因素。希斯（Sees）和克拉克（Clark）（1993）指出，确定功能障碍行为的存在是成瘾诊断的重点。但是，在这个案例中，继续服用止痛药与身体健康问题无关。最终，苏珊发现她的大部分
疼痛与长期受伤无关。这与罗宾逊（Robinson）（1985）的意见一致，即对 544
于某些人来说，由于药物使用不断增强，在生理过程得到缓解后，疼痛仍然继续存在。

访问苏珊的社交网络是迈向重要保护因素的一步。有成瘾问题的女性通

常比男性拥有的社会支持更少（Kaufmann，Dore，& Nelson-Zlupko，1995），并且经常更倾向于在孤独的时候使用。凯尔（Kail）和利特瓦克（Litwak）（1989）提出亲戚和朋友的参与有助于减少处方药滥用的可能性。其他作者从经验上证明了社会支持在维持治疗方面的重要作用（Bell，Richard，& Feltz，1996；Havassy et al.，1991）。

可能是因为她姐夫的经历，苏珊对自己使用药物成瘾是矛盾的。基于优势方法代表了一种有效的克服阻碍、参与物质滥用治疗的有效机制（R. Rapp，Kelliher，Fisher，& Hall，1994）。避免向苏珊施加压力使其将自己标记为成瘾者的选择也有助于治疗师有能力去建立合作关系。威廉·米勒（William Miller，1995）观察到自我标记并不是决定后续结果的重要因素。相反，初次访谈的目的是"厘清个人的当前行为与其重要目标之间产生显著不一致或差异的原因"（W. Miller，1995，p. 95）。

病例剖析：随访（苏珊）

出院后，苏珊保持了为期 1 个月的每周会诊。随后，她又开始了为期 2 个月的双周会诊，最后以每月 1 次的会诊结束。随着时间的流逝，苏珊承认自己经历的疼痛症状很可能与停药有关。她特别提出，她没有采用改变情绪的物质来缓解疼痛，她发现非甾体类抗炎药对她非常有效。

在她度过第一个摆脱吸毒的年份之后，苏珊的疼痛程度达到了预期水平并且被认为是在合理范围之内，随后她重返工作岗位。危机发生 3 年后，取得了教育学硕士学位，并且担任了城区高中的校长职务。她极力倡导预防方案以使青少年远离毒品。直到今天，苏珊说她不确定自己是不是"瘾君子"，但是，她很快就承认药物依赖是其问题的根源。

545

案例研究 3：斯科特

斯科特，多物质依赖

斯科特在其祖父的陪同下来到治疗机构。他祖父说，早在 20 年前就在这个机构寻求物质成瘾的治疗，此后一直没有使用任何可改变情绪的药物。斯科特向接见者讲述他“处于困境”中。在他从父母的生意资金中拿走约 4500 美元并将其用于一周狂欢花费后，他父母不认他了。

斯科特说，在过去 14 天中他静脉注射了海洛因、饮用了酒精、吸食了可卡因。当大学拒绝让他继续上课时，他最近的狂欢又开始了。斯科特春季回到校园，学校发现他没有达到前一学期的学分要求，因此被停学。但斯科特和朋友一起留在校园，而不是回到父母身边。

斯科特初次尝试服用的改变情绪的物质是麦角酸二乙基西酰胺（LSD），他在约 12 岁时就开始服用。他记得曾被问到“他是否想服用能让他整夜笑嘻嘻的东西”。在服用后不久，他开始抽烟。斯科特被称为整个高中的狂热“头目”，自 13 岁起就每天吸食大麻。他从 14 岁起就开始饮酒，每天喝多达 6 瓶啤酒，每天吸食 1/8 盎司的大麻。

斯科特说，最好将他形容为“混混头目”，并解释说：“这是一个已经掌控了一切的人。”斯科特曾尝试使用镇静催眠药、苯丙胺和吸入剂。他的最爱是 LSD、可卡因、海洛因和酒精。斯科特服用 LSD 和其他致幻剂达到 200 多次。其中大部分是在他 14~17 岁期间服用的。

16 岁时，斯科特开始服用可卡因粉。他最初仅限于周末服用。然而，自高中毕业后，迅速发展到几乎每天服用。他的最高纪录是每天静脉注射 300 美元的可卡因，再加上多达 1/5 的酒精（威士忌）。斯科特觉得自己的服用失控了，他想停止服用可卡因。在此期间，斯科特服用的是甲基苯丙胺。他说：“这是一种会偷走你灵魂的药物。”斯科特说这是他在服用时唯一一次变得恐惧。他说一段时期由于过度服用，他变得极度暴力和失控。

斯科特说：“高潮如此激烈，它似乎永无止境。偶尔会屏住呼吸，但这不会持续很长时间。”斯科特指出，在这段时间里，他开始参与偷窃和“助兴”（boosting）活动，以维持自己的毒瘾。他表示，当他使用这些药物时，他表现得不在意：“这些东西使你感到与众不同，那里有很多暴力和疯狂的人，其中最坏的人就在注射毒品！”

当斯科特加入 Phish 乐队时，一位朋友向斯科特介绍了海洛因。他最初是用鼻子吸食，但很快就转为静脉注射。斯科特说他的使用量已提
高到每天 3 袋 65 美元 1 袋的。他的肝酶测试均升高至正常水平的 10 倍 546
左右，表明他可能患有肝炎。斯科特说他的酒精消耗量已降至每天 2 瓶

40 盎司啤酒。

他目前正因开具“空头支票”和在商店行窃而面临法律后果。斯科特说，他的父亲和斯科特的祖父都毕业于该校，因此他的父亲对此尤其感到沮丧。斯科特说，他已经开始“吸毒成瘾”，真的不在乎这所愚蠢的大学了。他曾尝试自己戒毒，但每次都以失败告终，因为“毒瘾”(jones) 戒断效应变得越来越强烈。

斯科特称，他开车去医院时，至少见过三个可以吸毒的地方。他认为如果他不被迅速收容，他可能会离开并找到一些药品。他说自己并未成瘾，但是需要一些东西来阻止这种疾病，否则他将找到并继续吸食、注射海洛因。斯科特感到生气和沮丧，因为他祖父必须为入学付费。然而，在祖父坚持要求他今天获得帮助后离开整个家庭，他默许了。祖父还提醒斯科特，他很可能是斯科特的最后一位支持者。斯科特承认他已经尽了全力来恢复健康，但失败了。斯科特感到自己别无选择，因此同意接受该治疗计划。

类似于斯科特的使用海洛因的情况并非年轻人所特有。近年来，美国青少年对海洛因的使用急剧增加。斯科特的物质滥用方式带来了许多风险因素。酒精和可卡因的复合依赖导致更严重的依赖性，而更严重的依赖性使提早离开治疗的可能性增加，以至于导致较差的长期后果（Brady, Sonne, Randall, Adinoff, & Malcolm, 1995; Troncale, 2004)。斯科特的酗酒史和初次使用海洛因的年龄也使他处于高风险人群中，这一群体有更大的精神病理、更多的累犯以及持续的负面后果（Barbor, Korner, Wilbur, & Good, 1987; Penick et al. , 1987 ; Troncale, 2004)。

斯科特不是一个很容易信任别人的人。因此，工作人员强调在评估过程中与斯科特进行心理接触。当工作人员要求斯科特决定他祖父是否会参与评估过程时，斯科特选择了“自己做”。评估医师试图建立与斯科特之间的积极关系。首先要检查斯科特的复原力因素，而这不是他的问题；复原力因素包括技能、能力、知识以及对制订缓解危机计划所需的洞察力（Roberts, 1990)。采用这种方式，评估者与斯科特建立了联系，这使他感觉到了自己是作为复原过程的一部分，而不是让复原过程强加于他。斯科特要求采用药物治疗以帮助他缓解过去经历的身体痛苦，但他不想服用任何他可能会继续依赖的药物。他说了先前使用美沙酮的情况，并认为一种药物可以替代另一种药物。斯科特问是否有其他任何形式的戒毒方法可以在不保持依赖的情况下最大限度地减轻身体痛苦症状。他认为可以将口服剂与贴剂联合使用来完成戒毒。丁丙诺司可最大限度地减少上瘾和戒断症状，苯基可最大限度减少与鸦片类药物停药有关的痉挛，布洛芬可解决疼痛，碘可治疗腹泻（Ginther，1999）。 547

虽然斯科特并没有假装了解戒毒过程，但他认为他的请求会被批准，而且他在戒毒时与工作人员约定，如果他感觉自己像一具僵尸，他就会离开。项目工作人员尊重并同意了这一要求。

在与斯科特的单独谈话中，他的社工试图通过引出斯科特对问题的定义，来进一步阐释和检查问题（Roberts，1990）。其目的是通过提供接纳和同理心以及在没有对抗的环境中利用非语言交流来提高斯科特对他生活中存在的紧张和冲突的认识（Greene，1996）。在阐释问题时，重要的是让服务对象摸清面对问题时她（他）的感受和情感，这就是罗伯茨危机干预模型的阶段三（Roberts，1990）。

在这种情况下，斯科特迅速感受到了来自父母的压力；认为他们试图强迫他扮演他不想扮演的角色。他感觉自己像个受虐待的孩子：

> 并非像所有的虐待一样，就像他们从不了解我的需求一样，他们相信，如果他们给我我认为应该拥有的一切，我会很高兴。老实说，他们本可以不给我灌输任何东西而是倾听哪怕几分钟，那样我会很开心。相反，他们不断给我东西，如合适的衣服、合适的俱乐部会员资格、合适的大学，让我变成他们想要的样子，而不是听我真正想要成为的样子！

斯科特说，当他在学校攻读商科学位时，他觉得自己在被“兜售”，并被迫成为他讨厌的样子。他认为矛盾点在于他可以因不必继续上课而松了一口气，可又担心告诉父亲他被学校开除。

罗伯茨危机干预模型的阶段四，即探索过去的应对尝试（Roberts，1990），陈述了聚焦解决疗法与保持不对当事人说明其疾病的合理理由的动机之间的界限。这一阶段与聚焦解决理论融合得很好，因为它提供了应用于特殊问题的机会（Koslowski & Ferrence，1990；Greene，1996）。在这种情况下，工作

548 人员要求斯科特回顾他过去治疗疾病的正确与错误方法。通过列清单的方式，提出对斯科特有用或不起作用的条目。斯科特被鼓励制定一份戒酒清单。

至此，斯科特已经进入戒毒的第二天，显得非常激动。他因难以审视出自身的优缺点而感到无比沮丧。这正好提供了审视问题的机会。工作人员采用问题标识方法，为斯科特提供了一种显示进度的标记。此方法要求服务对象以 1 到 10 的等级对他遇到的问题进行排名，其中 10 表示最理想的结果，1 表示最不理想的结果（De Jong & Miller，1995；S. D. Miller & Berg，1995）。

有时可以将问题标识方法与特殊问题或罕见问题处理方法结合使用（De-Shazer，1988；De Jong & Miller，1995；Greene，1996）。例如，在问诊中，医生问斯科特：

> 医师：以 1 到 10 来评判（如上所述），你今天感觉如何？
>
> 斯科特：我觉得很烦……我病了，脑袋在晃动，胃里翻江倒海，鼻涕不停地流，我忽冷忽热，汗流不止。可能会更糟，所以我想说今天大约评判为 3。
>
> 医生：你上一次类似糟糕的感受且没有使用药物是什么时候？
>
> 斯科特：［沉默］从来没有！
>
> 医师：你必须完全正确地戒毒。如果你从未使用过药物，那么你肯定做对了！你的毒品上瘾正在与你抗争，它正在试图使你自我治疗。只需继续你现在正在做的事情，我们将帮助你度过最糟糕的戒毒期。

这种支持性的互动使得斯科特注意到自己原本被忽略的戒毒进度。他还被鼓励认识到，尽管现在感觉很差，但他的戒毒过程却完全正确。随后他与医生的每次互动都从标识问题和后续支持反馈开始。罗伯茨七阶段危机干预模型的阶段五，探讨替代方案和特定解决方案，为奇迹问题提供了一种框架。奇迹问题要求斯科特为康复设定新的及以前难以想象的目标（DeShaz-
549 er，1988）。例如，他的社工问斯科特："假设在这次会议之后你睡着了，或者在睡觉时发生了奇迹，你的问题突然得到了解决。因为你睡着了，所以你不知道奇迹已经发生。有什么迹象可以告诉你奇迹发生了？"

通过这个问题，斯科特确定了三个明确的指标："首先，我不会生病。

其次，我真的不会评论父母所说的或所做的事。最后，我将过着清醒的生活，实现我真正想要的目标。”后续询问试图对斯科特可能适用的应对机制和替代行为有更清晰的了解。斯科特表示，如果他的父母允许他学习他感兴趣的领域，他就不可能辍学。如果他没有失败并且正在研究自己想要的东西，那么他将朝着成为海洋生物学家的梦想前进。通过这次讨论，斯科特制定了以下目标：

1. 做他需要做的一切以完成戒毒；
2. 告诉他的父母他将要辍学；
3. 安排独立的生活；
4. 进入大学但并非过去的大学，同时将完成基本知识学习；
5. 力争被佛罗里达大学海洋生物学计划录取。

利用奇迹问题来确定斯科特的目标，为制定和实施康复目标提供了总体安排。与社工讨论此事后不久，斯科特成为团体的积极成员。他似乎对恢复过程更加感兴趣。斯科特在戒毒无名会（Narcotics Anonymous，NA）的 12 步戒毒小组中选择了一位发起人。他开始寻求和发起人一起参加其他 NA 的会面活动。斯科特给他父母写信阐明了他从大学离开的原因。这引起了父亲的愤怒，但这都在斯科特的预料之中。尽管如此，斯科特还是用不断完善的支持系统来解决这个问题。由于这些互动，斯科特在 4 天内申请到了一个长期的中途之家（halfway house）住所，在那里他可以学习独立的生活技能并申请大学。

斯科特现在处于罗伯茨七阶段危机干预模型的阶段六，即认知功能的恢复。斯科特认真研究了导致危机的事件。他逐渐对上瘾的过程及其随着时间的进展形成清晰的认识。斯科特开始陈述过度概括的意识，“应该”、预测、灾难性的和自欺欺人的行为，导致他对改变情绪物质的不良依赖。

最终，在付诸行动之前，斯科特利用赞助者和支持小组仔细思考自己的
想法，以新的恢复支持认知取代非理性信念。斯科特称利用支持小组来增强 550
他的行为意识，这对促进他的复原并制订自我指导的复原计划是必需的。

经过 6 天的戒毒和稳定的药物治疗，斯科特制订了 3～6 个月的中途之家计划。他正在制订和实施康复计划。斯科特离开戒毒中心时，表现得

“非常谨慎的乐观”，他说：“这是我第一次走出家庭阴影来冒险做某事。感觉很棒！”

风险和保护因素分析（斯科特）

导致斯科特当前危机的因素包括害怕父母对其在学校失败表现的反应以及与父母在教育目标上的冲突。在某种程度上，斯科特的危机因他需要从父母那里得到解放而加剧。矛盾的是，他的毒瘾和酒瘾只会进一步拖延他的发展，包括为他自己的未来制订计划的任务。本特利（Bentler）（1992）的实证研究表明，年轻人使用毒品和酒精会阻碍他们许多重要的发展任务的实现（Wang et al.，2012）。

治疗师对斯科特认知功能和消极思维模式的关注是帮助斯科特康复的重要一步。卡罗尔（Carroll）、鲁恩斯维尔（Rounsaville）和加温（Gawin）（1991）的研究证明，认知疗法对可卡因依赖者非常有效，在较严重的病例中尤其有益。从认知治疗中获得的有效性可以长期维持（O'Malley et al.，1994）。

斯科特愿意接受 12 步小组活动，这是解决他的危机的非常积极的一步。文献中说明了这些方法的好处。韦斯（Weiss）等（1996）称可卡因依赖患者的自助参与和短期结果之间存在积极正相关关系。其他作者就酒精与毒品上瘾患者，发表了关于 12 步小组活动疗效的类似发现（Stevens-Smith & Smith，1998；Johnsen & Herringer，1993）。实际上，汉普里斯（Humpreys）和诺凯（Noke）（1997）发现仅参加 AA 组的人与接受门诊治疗的人在 1 年或 3 年的健康状况没有显著差异。参加自助小组的好处似乎具有长期影响。一项研究发现，即使在 3 年之后，持续参与自助小组也会带来更好的结果（Longabaugh，Wirtz，Zweben，& Stout，1998；Laudet，2007）。

参加自助小组也与其他生活领域的改善有关。除了发现参与自助小组能
551 更好地预测物质依赖治疗效果外，摩根斯顿（Morgenstern）、拉布维（Labouvie）、麦克拉迪（McCrady）、卡勒（Kahler）和弗雷（Frey）（1997）证实了 12 步参与疗法和自我效能感增强、改变动机和应对能力提高之间呈正相关关系。

参与自助小组对社交领域也有潜在影响。研究发现参加 12 步疗法的小组成员有更多亲密朋友，而使用酒精和其他药物的人朋友较少（Humphreys & Noke，1997）。参加病后护理计划的人旷工、住院和逮捕率显著降低

（N. Miller，Ninonuevo，Klamen，Hoffmann，& Smith，1997）。

病例剖析：随访（斯科特）

斯科特已从戒毒治疗中离开，并转入部分住院治疗项目已有 10 天。其间，他致力于巩固自我诊断，同时建立支持网络。斯科特制订了具体计划以应对高风险情况，包括居住在大学附近的一间清净屋子里。斯科特在医院待了 16 天后离开治疗中心。他在重症门诊继续治疗了 6 周，之后又接受了 3 个月的病后护理。

斯科特意识到与家人较差的关系，导致他在康复社区发展了他所谓的“选择家庭”。他为参与当地的康复研究会而感到自豪，这为实现目标和发展能力提供了机会。他向同伴小组提供的意见使他意识到他的康复需要同伴的帮助。斯科特指出：“我为自己思考的能力很差，但我为他人提供反馈的能力却很强。我能清楚地看到他们需要什么。他们也能清楚地看到我需要什么。作为一个团队，我们在康复方面做得很棒。”康复社社群的工作为斯科特戒瘾和形成发展成熟的问题解决策略提供了有利条件。

斯科特申请了海洋生物学项目并被其录取。他获得了助学金和助学贷款以度过过渡期。戒毒大约 6 个月后，斯科特实现了研究海洋生物学的目标。他还活跃于学生会，为遇到物质滥用和依赖问题的学生提供指导。斯科特戒瘾已经有近 3 年时间。每年斯科特都会拜访治疗中心，去年他和祖父参加了治疗中心成立 24 周年的纪念日。在康复过程中，他仍然通过电话和电子邮件与他的治疗师和同事进行沟通。

循证医学实践在物质依赖治疗中的作用 552

在 20 世纪 90 年代初期，一项全球性的运动开启了循证医学。该运动强调了在护理领域中的决策研究的评估和利用。循证医学的起源可以追溯到 20 世纪初，在玛丽·里士满（Mary Richmond）和理查德·卡伯特（Richard Cabot）的努力下，“循证医学被定义为认真、明确和明智地使用当前最佳证据来对个别患者的护理作出决定”（Roberts & Yeager，2004，pp. 6，11）。

循证上瘾医学（evidence-based addiction medicine，EBAM）涉及将临床专业知识与各种外部收集的最佳可用证据相结合。应用循证方法的从业者试图回答管理或医疗实体经常提出的问题：（a）治疗方法的起源；（b）治疗方法的有效性；（c）治疗方法的性质以及临床医生如何应用最佳实践原则。临床医生回答寻求物质依赖治疗管理式医疗实体提出的这些严肃的问题，同时向个体提供最高质量的护理。

当试图权衡所提出研究的相对有效性时，从业者会面临挑战，因为该研究根据个体治疗需求量身定制。不幸的是，科学研究本质上并不能证明任何事实。不是所有科学研究都适用于每个接受治疗的人。但是，人们越来越希望提供最高质量的护理，这就需要应用有效的研究和临床证据作为决策支持（Roberts & Yeager，2004）。

通常，医学研究是有偏见的，以说服性交流的形式撰写，目的是使读者接受所提出的思想、研究和发现是有说服力的。至少，治疗提供者有责任以批判的眼光审阅和验证研究，并且需要熟练地根据所提供证据的充分程度来对研究的优先次序进行排名。

通常，使用循证方法进行决策是通过一系列步骤实现的（Gibbs & Gambrill，2002；Hayward，Wilson，Tunis，& Bass，1995）。第一步是评估要解决的问题并提出可回答的问题：帮助有依赖性的人的最佳方法是什么？哪种团体治疗方法对减少鸦片类药物上瘾的患者最有效？

下一步是收集并严格评估可用的证据。证据通常根据其科学性进行分级
553 排名。可以理解的是，各种类型的干预措施将根据使用时间长短和环境进行更频繁、更严格的评估。因此，对于较新的治疗方法，只有 4 级证据可用（见表 18-2）。在这种情况下，从业者应谨慎使用该方法，继续寻找有效证据，在自己的从业实践中评估该方法的有效性。最后的步骤包括将评估结果应用到实践或政策中，然后持续跟踪（Roberts & Yeager，2004）。

表 18-2　证据级别

1 级	元分析或包含安慰剂病症的重复随机对照治疗（RCT）/对照试验或精心设计的系列研究或病例对照分析，最好来自多个中心或研究小组，或基于对照随机研究的全国共识小组建议
2 级	RCT 需要好的对照条件，无论有无干预，从多个时间序列获得证据，或获得全国共识专家组的建议，这些建议来自未经控制、具有积极成果的研究或者是干预效果显著的研究

续表

3 级	根据临床经验、描述性研究或专家共识报告，对 10 个或 10 个以上的人进行无对照试验，并得到权威机构的意见
4 级	特殊案例报告和案例研究

最重要的是展示对临床效果的影响，评估特定治疗方法的相对有效性或无效性，然后提出问题，例如，该方法与其他传统的治疗方法相比如何？用这种方法是否可以得到更好的效果？

批判性思维为对证据及其对个体治疗的影响进行批判性分析提供了潜力。值得注意的是，这不是一门精确的科学。目前，遗憾的是，在成瘾治疗领域几乎没有随机对照研究。另外，关于成瘾治疗的循证方法需要更多的研究来支撑，需要发展更有力的证据、更高质量的研究，以及基于证据的实践研究。

在成瘾治疗领域工作的人员可以通过应用循证实践和赞同循证方法来支持这项工作。直接护理提供者可以通过采用以高质量研究为基础的临床实践指南，并通过质疑大众媒体提出的缺乏循证检验的方法，来支持那些提供研究的实体。

最后，总是存在与任何患者任何时候接受最佳治疗方法有关的问题。但
是，随着物质依赖治疗的复杂性和专业性发展，基于证据的方法应用将为成 554
瘾治疗的研究发展奠定坚实的基础。这样一来，将促使从业人员向合理、明智、临床上复杂方法的个人护理方式过渡，提高护理质量，并根据越来越相关的临床证据为临床提供复杂的护理方法。

结　论

社会工作者在物质依赖治疗中面临的挑战是如何在成本和质量之间取得平衡。物质依赖治疗的全新维度正在出现。这个维度是危机干预和短暂治疗，旨在使患者尽快有效地稳定下来（Edmunds et al.，1997；Azzone，Frank，Normand，& Burnam，2011）。

罗伯茨危机干预模型结合了短期聚焦解决疗法和优势观点，提供了极其灵活、实用的方法，来对处于危机中的物质依赖个体进行干预。罗伯茨危机干预模型的既定路径为通过戒毒进入有意义的康复过程的干预和发展提供了

明确的指南。这种方法促进了利用个体优势的自我导向康复计划的制订，而不是借助传统的物质依赖计划所用的更为熟悉、以问题为中心的模型（Day, 1998）。

使用危机干预/聚焦解决疗法的结果是，患者经历快速的复原过程并回到正常环境中。以这种形式进行的危机应对，旨在尽快将物质依赖的个体置于病情稳定的环境中。目的是促进更多地利用日常生活中的社区支持关系。在参加门诊计划时，促进物质依赖的个人与他（她）的社区保持联系，这为解决病情复发和问题触发提供了更多的机会。

危机与患者生活史之间的联系被识别并以作为保持患者过去和现在的连续性的一种方式而被检验。对社区支持的关注为患者提供了机会去将曾经被视为使用药物的环境重新构建为其提供清醒支持的环境。最终结果是通过一个治疗过程，使患者能够度过危机，同时保持其尊严、坚忍、自豪感、信任感、灵性和个性。

555 传统上，物质依赖治疗强调对结果的重视。治疗方式的有效性的检验评估的有意义的结果研究已经进行了 25 年。需要对危机干预与聚焦解决相结合产生的治疗效果进行有效性检查。在短期和长期目标（例如戒毒和长期稳定维持既定的康复目标）中，确定这种治疗有望带来的效果非常重要。聚焦解决危机干预方法的效果检验很重要，有如下几个原因。

首先，强调以服务对象为导向的质量改进可以提供机会，以响应服务对象及其家人在物质依赖治疗中的需求。从本质上讲，物质依赖是令人无力的。许多建立的用于物质依赖治疗的系统已导致患者进一步丧失能力（Day, 1998）。充分了解聚焦解决的危机干预方法如何影响结果将非常重要。

其次，该模型与过去十年建立的政策制定和行为医疗管理系统相一致。该模型旨在结合个性化的治疗计划，利用社区支持、服务对象优势的资本和服务对象选择。该模型可以提供一个框架去检测康复环境中短期干预的有效性。

最后，该模型不仅可以实现服务对象的目标，而且还可以实现公共部门和私营部门中的资金支付者和系统管理员的目标。该目标能降低风险，同时减少计划外成本的增加。当前危机干预聚焦解决疗法的应用似乎可以通过（a）减少住院时间，（b）减少急救服务的使用，（c）增加对社区支持的利用以及（d）减少复发的可能性来应对这一挑战。

本章并不打算用罗伯茨七阶段危机干预模型来替代传统的物质依赖治疗方法。其目的是提供物质依赖治疗的另一种替代方法框架。我们希望，当社会工作者面对越来越复杂的案例，并希望合理减少资源浪费时，这种方法将作为一种可行的选择被认同、应用、完善和研究。

参考文献

American Psychiatric Association. (1994). *Diagnostic and statistical manual of mental disorders* (4th ed.). Washington, DC: Author.

American Psychiatric Association. (2013). *Diagnostic and statistical manual of mental disorders* (5th ed.). Washington, DC: Author.

Azzone, V., Frank, R. G., Normand, S. L., & Burnam, M. A. (2011). Effect of insurance parity on substance abuse treatment. *Psychiatric Services, 62*, 129–124.

Balsheim, K., Oxman, M., Van Rooyen, G., & Girod, D. (1992). Syphilis, sex and crack cocaine: Images of risk and mortality. *Social Science and Medicine, 31*, 147–160.

Barbor, T. F., Korner, P., Wilbur, P., & Good, F. (1987). Screening and early intervention strategies for harmful drinkers: Initial lessons learned from the Amethyst Project. *Australian Drug and Alcohol Review, 6*, 325–339.

Beinecke, R., Callahan, J., Shepard, D., Cavanaugh, D., & Larson, M. (1997). The Massachusetts Mental Health/Substance Abuse Managed Care Program: The provider's view. *Administration and Policy in Mental Health, 23*, 379–391.

Bell, D., Richard, A., & Feltz, L. (1996). Mediators of drug treatment outcomes. *Addictive Behaviors, 21*, 597–613.

Bentler, P. (1992). Etiologies and consequences of adolescent drug use: Implications for prevention. *Journal of Addictive Diseases, 11*(3), 47–61.

Berg, I. K. (1994). *Family-based services: A solution-focused approach.* New York: Norton.

Berg, I. K., & Jaya, A. (1993). Different and same: Family therapy with Asian-American families. *Journal of Marital and Family Therapy, 19*, 31–38.

Berg, I. K., & Miller, S. D. (1992). *Working with the problem drinker: A solution-focused approach.* New York: Norton.

Brady, K., Sonne, E., Randall, C., Adinoff, B., & Malcolm, R. (1995). Features of cocaine dependence with concurrent alcohol abuse. *Drug and Alcohol Dependence, 39*, 69–71.

Brown, R., Monti, P., Myers, M., Martin, R., Rivinus, T., Dubreuil, M., & Rohsenow, D. (1998). Depression among cocaine abusers in treatment: Relation to cocaine and alcohol use and treatment outcome. *American Journal of Psychiatry, 155*, 220–225.

Carroll, K., Rounsaville, B., & Gawin, F. (1991). A comparative trial of psychotherapies for ambulatory cocaine abusers: Relapse prevention and interpersonal psychotherapy. *American Journal of Drug and Alcohol Abuse, 17*, 229–247.

Chabal C., Erjavec, M., Jacobson, L., Mariano, A., & Chaney, E. (1997). Prescription opiate abuse in chronic pain patients: Clinical criteria, incidence, and predictors. *Clinical Journal of Pain, 13*, 150–155.

Chiauzzi, E. (1991). *Preventing relapse in the addictions: A biopsychosocial approach.* New York: Pergamon Press.

Chiauzzi, E. (1994). Turning points: Relapse prevention as crisis intervention. *Crisis Intervention, 1*, 141–154.

Congressional Budget Office. (2013). *Effects of the Affordable Care Act on health insurance coverage—February 2013 baseline*. Retrieved from https://www.cbo.gov/publication/43900

Cummings, G., Gordon, J., & Marlatt, G. (1980). Relapse: Prevention and prediction. In W. Miller (Ed.), *Addictive behaviors: Treatment of alcoholism, drug abuse, smoking, and obesity* (pp. 291–321). Oxford: Pergamon Press.

Dattilio, F., & Freeman, A. (1994). *Cognitive-behavioral strategies in crisis intervention*. New York: Guilford Press.

Day, S. L. (1998). Toward consumer focused outcome and performance measurement. In K. M. Coughlin, A. Moore, B. Cooper, & D. Beck (Eds.) *Behavioral outcomes and guidelines sourcebook 1998: A practical guide to measuring, managing and standardizing mental health and substance abuse treatment* (pp. 179–185). New York: Fulkner and Gray.

Degenhardt, L., Bucello, C., Mathers, B., Briegleb, C., Ali, H., Hickman, M., & McLaren, J. (2011). Mortality among regular or dependent users of heroin and other opioids: A systematic review and meta-analysis of cohort studies. *Addiction*, *106*, 32–51.

DeJong, P., & Miller, S. D. (1995). How to interview for client strengths. *Social Work*, *40*, 729–736.

DeShazer, S. (1988). *Clues: Investigating solutions in brief therapy*. New York: Norton.

Edmunds, M., Frank, R., Hogan, M., McCarty, D., Robinson-Beale, R., & Weisner, C. (1997). Managing managed care: Quality improvement in behavioral health. In K. M. Coughlin, A. Moore, B. Cooper, & D. Beck (Eds.), *Behavioral outcomes and guidelines sourcebook 1998: A practical guide to measuring, managing and standardizing mental health and substance abuse treatment* (pp. 134–143). New York: Fulkner and Gray.

Embedded Crisis Workers help to decompress ED, connect mental health and addiction medicine patients with needed resources. (2014). *ED Management: The Monthly Update on Emergency Department Management*, *26*(2), 13–7.

Ewing, C. P. (1990). Crisis intervention as brief psychotherapy. In R. A. Wells & V. J. Giannetti (Eds.), *Handbook of brief psychotherapies* (pp. 277–294). New York: Plenum.

Fortune, A. E. (1985). The task-centered model. In A. E. Fortune (Ed.), *Task-centered practice with families and groups* (pp. 1–30). New York: Springer.

Garfield, R. L., Lave, J. R., & Donahue, J. M. (2010). Health reform and the scope of benefits for mental health and substance use disorder services. *Psychiatric Services*, *61*, 1081–1086.

Ginther, C. (1999, April). Schuckit addresses state-of-the-art addiction treatments. Special report: Addictive disorders. *Psychiatric Times*, 55–57.

Greene, G. J., Lee, Mo-Yee, & Trask, R. In addition, Rheinscheld, J. (1996). Client strengths and crisis intervention: A solution-focused approach. *Crisis Intervention*, *3*, 43–63.

Harris, K., Smock, S., & Tabor, W. M. K. (2011). Relapse resilience: A process model of addiction and recovery. *Journal of*

Family Psychotherapy, *22*, 265–274.

Havassy, B., Hall, S., & Wasserman, D. (1991). Social support and relapse: Commonalties among alcoholics, opiate users, and cigarette smokers. *Addictive Behaviors*, *16*, 235–246.

Hoffman, N., Halikas, J., Mee-Lee, D., & Weedman, R. (1991). *Patient placement criteria for the treatment of psychoactive substance use disorders*. Chevy Chase, MD: American Society of Addiction Medicine.

Hser, D., Chou, Yihling, Hoffman, Chih-Ping, & Anglin, V. (1999). Cocaine use and high-risk behavior among STD clinic patients. *Sexually Transmitted Diseases*, 26, 82–86.

Humphreys, K., & Noke, J. (1997). The influence of post-treatment mutual help group participation on the friendship networks of substance abuse patients. *American Journal of Community Psychology*, *25*, 1–16.

Kail, B., & Litwak, E. (1989). Family, friends and neighbors: The role of primary groups in preventing the misuse of drugs. *Journal of Drug Issues*, *19*, 261–281.

Kaufmann, E., Dore, M., & Nelson-Zlupko, L. (1995). The role of women's therapy groups in the treatment of chemical dependence. *American Journal of Orthopsychiatry*, *65*, 355–363.

Koslowski, L. T., & Ferrence, R. G. (1990). Statistical control in research on alcohol and tobacco: An example from research on alcohol and mortality. *British Journal of Addiction*, *85*, 271–278.

Koslowski, L. T., Henningfield, R. M., Keenan, R. M., Lei, H., Leigh, G., Jelinek, L. C., … Haertzen, C. A. (1993). Patterns of alcohol, cigarette, and caffeine and other drug use in two drug abusing populations. *Journal of Substance Abuse Treatment*, *10*, 171–170.

Laudet, A., Stanick, V., & Sands, B. (2007). An exploration of the effect of on-site 12-step meetings on post-treatment outcomes among polysubstance-dependent outpatient clients. *Evaluation Review*, *31*, 613–646.

Levy, R. L., & Shelton, J. L. (1990). Tasks in brief therapy. In R. A. Wells & V. J. Giannetti (Eds.), *Handbook of the brief therapies* (pp. 145–163). New York: Plenum.

Longabaugh, R., Wirtz, P., Zweben, A., & Stout, R. (1998). Network support for drinking, Alcoholics Anonymous and long-term matching effects. *Addiction*, *93*, 1313–1333.

McClellan, A., Alterman, A., Metzger, D., Grisson, G., Woody, G., Luborsky, L., & O'Brien, C. (1994). Similarity of outcome predictors across opiate, cocaine, and alcohol treatment: Role of treatment services. *Journal of Consulting and Clinical Psychology*, *62*, 1141–1158.

Miller, N., Ninonuevo, F., Klamen, D., Hoffmann, N., & Smith, D. (1997). Integration of treatment and post-treatment variables in predicting results of abstinence-based outpatient treatment after one year. *Journal of Psychoactive Drugs*, *29*, 239–248.

Miller, S. D., & Berg, I. K. (1995). *The miracle method: A radically new approach to problem drinking*. New York: Norton.

Miller, W. (1995). Increasing motivation for change. In R. Hester & W. Miller (Eds.), *Handbook of alcoholism treat-*

ment approaches: Effective alternatives (2nd ed., pp. 89–104). Boston: Allyn and Bacon.

Morgenstern, J., Labouvie, E., McCrady, B., Kahler, C., & Frey, R. (1997). Affiliation with Alcoholics Anonymous after treatment: A study of its therapeutic effects and mechanisms of action. *Journal of Consulting and Clinical Psychology, 65*, 768–777.

Newman, B. M., & Newman P. R. (1995). *Development through life: A psychological approach* (6th ed.). Pacific Grove, CA: Brooks/Cole.

Nichols, M. (1985). Theoretical concerns in the clinical treatment of substance-abusing women: A feminist analysis. *Alcoholism Treatment Quarterly*, 2, 79–90.

Norman, E., Turner, S., & Zunz, S. (1994). *Substance abuse prevention: A review of the literature.* New York: State Office of Alcohol and Substances Abuse Services.

O'Hanlon, W. H., & Weiner-Davis, M. (1989). *In search of solutions: A new direction in psychotherapy.* New York: Norton.

O'Malley, S., Jaffe, A., Chang, G., Rode, S., Shottenfeld, R., Meyer, R., & Rounsaville, B. (1994). Six-month follow-up of naltrexone and coping skills therapy for alcohol dependence. *Archives of General Psychiatry, 53*, 217–224.

Parad, H. J., & Parad, L. G. (1990). Crisis intervention: An introductory overview. In J. J. Parad & L. G. Parad (Eds.), *Crisis intervention book 2: The practitioner's source-book for brief therapy* (pp. 3–68). Milwaukee, WI: Family Service America.

Penick, E., Powell, B., Bingham, S., Liskow, V., Miller, M., & Read, M. (1987). A comparative study of familial alcoholism. *Journal of Studies on Alcoholism, 48*, 136–146.

Pillari, V. (1998). *Human behavior in the social environment.* Pacific Grove, CA: Brooks/Cole.

Rapp, C. A. (1992). The strengths perspective of case management with persons suffering from severe mental illness. In D. Saleebey (Ed.), *The strengths perspective in social work practice* (pp. 45–48). New York: Longman.

Rapp, R., Kelliher, C., Fisher, J., & Hall, F. (1994). Strengths-based case management: A role in addressing denial in substance abuse treatment. *Journal of Case Management, 3*, 139–144.

Roberts, A., R. (2000). An overview of crisis theory and crisis intervention. In A. R. Roberts (Ed.), *Crisis intervention handbook: assessment, treatment, and research*, 2nd Edition. New York: Oxford University Press.

Roberts, A. R. (1990). Overview of crisis theory and crisis intervention. In A. R. Roberts (Ed.), *Crisis intervention handbook: Assessment, treatment, and research* (pp. 3–16). Belmont, CA: Wadsworth.

Roberts, A. R. & Yeager, K. R. (Eds.) (2004). *Evidence Based Practice Manual: research and outcome measures in health and human services.* New York: The Oxford University Press.

Roberts, A. R., & Yeager, K. (2009). *Pocket guide to crisis intervention.* Oxford: Oxford University Press.

Roberts, A. R. (1996). Battered women who kill: A comparative study of incarcerated participants with a community sample of battered women. *Journal of Family Violence, 5*, 291–304.

Roberts, A. R., & Dziegielewski,

S. F. (1995). Foundation skills and applications of crisis intervention and cognitive therapy. In A. R. Roberts (Ed.), *Crisis intervention and time-limited treatment* (pp. 3–27). Thousand Oaks, CA: Sage.

Robinson, J. (1985). Prescribing practices for pain in drug dependence: A lesson in ignorance. *Advances in Alcohol and Substance Abuse*, *5*, 135–162.

Saleebey, D. (1992). Introduction: Power in the people. In D. Saleebey (Ed.), *The strengths perspective in social work practice* (pp. 3–17). New York: Longman.

Saleebey, D. (1996). The strengths perspective in social work practice: Extensions and cautions. *Social Work*, *41*, 296–305.

Shorey, R. C., Stuart, G. L., Anderson, S., & Strong, D. R. (2013). Changes in early maladaptive schemas after residential treatment for substance use. *Journal of Clinical Psychology*, *69*, 912–922.

Sees, K., & Clark, H. (1993). Opioid use in the treatment of chronic pain: Assessment of addiction. *Journal of Pain and Symptom Management*, *8*, 257–264.

Stevens-Smith, P., & Smith, R. L. (1998). *Substance abuse counseling: Theory and practice*. Upper Saddle River, NJ: Merrill.

Substance Abuse and Mental Health Services Administration. (2002). *Results from the 2001 National Household Survey on Drug Abuse: Volume 1. Summary of national findings* (DHHS Publication No. SMA 02-3758, NHSDA Series: H-17). Rockville, MD: Author.

Substance Abuse and Mental Health Services Administration (2013). *Results from the 2012 National Survey on Drug Use and Health: Summary of national findings*, NSDUH Series H-46 (HHS Publication No. SMA 13-4795). Rockville, MD: Author.

Sullivan, W. P., & Rapp, C. A. (1991). Improving clients outcomes: The Kansas technical assistance consultation project. *Community Mental Health Journal*, *27*, 327–336.

Troncale, J. A. (2004). Understanding the dynamics of polysubstance dependence. *Addiction Professional*, *2*, 3.

Wallace, J. (1983). Alcoholism: Is a shift in paradigm necessary? *Journal of Psychiatric Treatment and Evaluation*, *5*, 479–485.

Wallace, J. (1989). A biopsychosocial model of alcoholism. *Social Casework*, *70*, 325–332.

Wang, X., Li, B., Zhou, X., Liao, Y., Tang, J., Liu, T., . . . Hao, W. (2012). Changes in brain gray matter in abstinent heroin addicts. *Drug and Alcohol Dependence* *126*, 304–308.

Weiss, R., Griffin, M., Najavits, L., Hufford, C., Kogan, J., Thompson, H., . . . Siqueland, L. (1996). Self-help activities in cocaine dependent patients entering treatment: Results from NIDA Collaborative Cocaine Treatment Study. *Drug and Alcohol Dependence*, *43*, 79–86.

World Health Organization Expert Committee on Drug Dependence. (1974). *Twentieth report* (Technical Report Series No. 5(51)). Geneva: Author.

Yeager, K. R. (2000). The role of intermittent crisis intervention in early recovery from cocaine addiction. *Journal of Crisis Intervention and Time-Limited Treatment*, *45*(5), 179–197.

Zastrow, C. (1996). *Introduction to social work and social welfare* (6th ed.). Pacific Grove, CA: Brooks/Cole.

第十九章　移动危机小组：前线社区心理健康服务

扬·利贡（Jan Ligon）

格洛丽亚 561

周五傍晚时分，心理健康中心门诊的一名社会工作者接到了长期服务对象格洛丽亚的电话。格洛丽亚（Gloria）原定那天早上要去拜访这位工作者和心理医生，但她并没有来。她在电话中非常激动，告诉她的社工她不打算回到心理健康中心，并说，“不要再打电话给我，否则你可能会后悔”。格洛丽亚的诊断结果是精神分裂症，多年来，她已经多次由于症状恶化而住院治疗，而且通常是因为中断服药而导致她的病情恶化。她一个人住在公寓里，享受健康福利、月收入、房租补贴和公共交通的福利优惠。门诊周末要关门，所以社工打电话给危机中心传达格洛丽亚所说的话。所有服务对象电话都可以接进危机中心，社区工作人员经常打电话讲述他们对下班后可能打电话或需要服务的服务对象的担忧。格洛丽亚那天晚上 10 点左右打电话给危机中心，告诉热线工作人员，“我告诉你们所有人，如果你们不放过我，有人会受伤的”。热线工作人员立即通过移动电话联系了移动危机小组，以讲述电话内容的细节，并提供网络上包含的关于该服务对象的信息，包括她的诊断、药物治疗和治疗历史。移动危机小组前往格洛丽亚的公寓，这是轮班时打的 5 个电话中的最后一个。

辛迪

那是一个炎热潮湿的夏夜，正是人最烦躁的时候。移动危机小组接到了县警察的一个无线电呼叫，内容是关于该县一条偏僻道路上发生的枪击事件。警方称，19 岁的辛迪（Cindy）曾向她祖母房子的天花板开枪，祖母跑

562 到邻居家并报了警。辛迪和她的父亲住在另一个县。她没有遵守宵禁规则，她的父亲告诉她，“你大可去你祖母家，因为我已经受够你了”。和祖母住在一起几天后，辛迪开始打电话给她父亲，试图去化解他们之间的矛盾，但她父亲强调，他已经忍耐她到了极限。那天晚上，在他挂断辛迪的电话后，辛迪变得非常沮丧，抓起房子里的一把枪，朝天花板开了几枪。警察联系了移动危机小组寻求帮助，他们到达时，那儿已经有五辆警车和许多邻居在他们简陋的房子前沿路溜达。事发后警方已经联系了辛迪的父亲，他很快就赶到了。计算机记录里没有与此有关的历史信息显示。

迈克尔

今晚对于移动危机小组来说本是一个安静的夜晚，直到县警察特警队传来了无线电通信。该小组接到阿曼达（Amanda）的电话，她称她的丈夫迈克尔（Michael）和她在一起，他带着武器并威胁要自杀。特警队在到达后了解到这名男子非常虚弱，身体承受着极大的痛苦，其状况已经变得越来越糟糕。他非常沮丧，已经到了想死的地步。阿曼达说：“我以前就此说服过他，但这次情况要糟糕得多。他想死，但他不想让我一个人待着。我们的父母去世了，我们没有孩子。我们仅有彼此。”尽管特警队希望移动危机小组仅提供补充咨询，但现场很快变成了一个不仅需要与服务对象协商，还需要与介入团队协商的场景。

随着精神问题和物质滥用问题的行为健康服务从机构和住院环境转向社区服务和计划，处理危机事件的方法正在发生变化。过去，许多危机事件都是通过将服务对象强制送往精神病院之类的紧急接收机构来解决。然而，随着住院机构影响力的下降和不断发展的行为健康护理模式及其相关系统的影响越来越大，现在越来越有可能在社区一级来解决危机。移动危机小组被认为是一种有前途的危机干预方法，已在许多社区中实践，通常在服务对象家中进行干预。

问题概述

2011 年，超过 4100 万（18%）美国成年人有精神健康问题，2000 万（8%）人有物质滥用问题（SAMHSA，2013）。疾病控制和预防中心（CDC，

2012）报告称，每年约有 800 万名成年人有自杀想法，自杀在美国 10 岁以 563
上人口的死亡原因中排名第 10 位。

物质滥用和心理健康服务管理局（SAMHSA）（2012）的报告称，“到 2020 年，精神障碍和物质使用障碍将超过其他所有身体疾病，将成为全球范围内致残的最主要的原因”，仅物质滥用一项就给社会造成了 5000 多亿美元的损失。

尽管行为健康问题在整个生命周期中普遍存在，但预防和治疗这些问题的资金在所有医疗保健支出中所占的比例已经下降。服务资金的提供在很大程度上依赖于公共部门，公共部门承担了几乎 2/3 的服务（SAMHSA，2013）。

扩大社区危机服务

雷丁（Reding）和拉费尔森（Raphelson）（1995）指出，早在 20 世纪 20 年代，阿姆斯特丹（Amsterdam）的精神病学家就提供了基于家庭的精神治疗服务，他们认为这种护理比住院护理更有效。在同一时期，急性精神病治疗服务开始出现在综合医院的急诊病房，作为“对紧急情况的现场调整”（Wellin，Slesinger，& Hollister，1987，p. 476）。城市精神病医院的急救服务始于 20 世纪 30 年代，之后发展为 20 世纪 50 年代的社区服务。正如耶杰和罗伯茨在本书概述中所记录的那样，该章节描述了《1963 年社区心理健康中心法案》通过后，社区是如何提供危机服务的，该法案要求所有接受联邦资金的中心都提供 24 小时危机和紧急服务，这属于五种法定服务类别之一。

《1963 年社区心理健康中心法案》侧重于将心理健康服务从机构转移到社区，早期干预是这些方案的重要组成部分。在联邦政府的持续支持下，这些服务在 20 世纪 70 年代继续扩大，从 1976 年到 1981 年，提供紧急服务的社区精神健康中心总数增加了 69%（Wellin et al.，1987）。从 1969 年至 1992 年，男性健康问题事件的数量翻了一番，门诊和部分护理机构的住院人数是原来的三倍，住院率保持不变。从 1975 年到 1992 年，州和县精神病院的住院人数下降了 45%。从 1993 年到 1996 年，接受公共资金提供的物质滥用治疗住院人数保持不变。50%以上的物质滥用治疗资金来自公共部门，90%的
治疗是门诊治疗（Rouse，1998）。近年来，资金来自州政府，重点放在特定 564

的高风险领域。2014 年，加利福尼亚州宣布批准拨款 7530 万美元，以支持 28 个县的医疗服务车队，包括每个车队配备 36 辆汽车，60 名工作人员用于支持活动小组。明尼苏达州又提供了 600 万美元的资金来支持心理健康危机小组。

随着越来越多的服务对象接受各种形式的管理式护理，利用门诊和社区服务的趋势可能会进一步扩大。基于社区的危机干预对行为健康服务的从业者和管理者都提出了特殊的挑战。对危机服务的需求继续增长，而住院和机构支持则继续下降。因此，社区项目开发和实施符合社区需求的服务至关重要。佐治亚州就是一个例子，在该州，心理健康服务是在立法的基础上进行改革的，而立法主要是由服务消费者及其家庭推动的。

佐治亚州的心理健康改革

1993 年，佐治亚州议会通过了众议院第 100 号法案（HB100），将州内的精神健康、智力低下和物质滥用服务重组为 28 个社区服务委员会。社区服务委员会最初由 19 个区域委员会监督。但是，区域委员会的数目现已减少到 13 个。法律要求所有委员会成员中至少 50%必须是服务者或有家庭成员是患者。13 个区域委员会分别获得资金，确定需求，签订服务合同并进行服务效果监督。有关佐治亚州改革的更多详细信息可在其他地方找到（Elliott，1996）。自从 1993 年佐治亚州进行改革以来，现在由位于佐治亚州迪凯特的迪卡尔布社区服务委员会（DeKalb Community Service Board，DCSB）为位于大城市亚特兰的迪卡尔布县的居民提供服务。DCSB 为该县 60 万居民中的 1 万多人提供了广泛的服务。该县长期致力于并倡导解决心理健康、精神发育迟滞和物质滥用问题。早期此类服务通过门诊提供，住院治疗由该州的七所精神病医院中的一家医院提供。

危机服务

随着众议院第 100 号法案的通过，迪卡尔布县开始为危机稳定提供住院
565 服务。这符合患者及其家人的愿望，即在社区中提供服务，以减少住院需求。该机构由医师、精神病学家、护士、社会工作者、专业健康工作者、饮

食工作者和志愿者组成跨学科团队，可全天候提供评估、体格检查、药物治疗、医治和病例管理服务。治疗方法包括个人治疗、12 步小组和教育小组。此外，许多服务对象都被转移到专门的社区计划中，例如日间护理计划或社区中的居住计划。危机处理设施也是该县危机电话服务的运营基础。此外，自 1994 年以来，移动危机小组一直处于持续运行状态，并提供了其成立前所没有的基础干预和支持服务。

移动危机小组的发展

广义上说，**移动危机小组**（mobile crisis units，MCUs）可以被定义为基于社区计划，由受过训练的专业人员组成，他们可以被召唤到任何地点以提供服务。以前的文献中已经记录了许多程序，早期的工作集中在家庭精神病学服务上（Chiu & Primeau，1991）。其他项目专门旨在避免住院（Bengelsdorf & Alden，1987；Henderson，1976）以及为精神病患者提供培训（Zealberg et al.，1990）。新近的研究更多致力于针对包括无家可归的精神病患者的支持计划（Slagg，Lyons，Cook，Wassmer，& Ruth，1994），并提供“医院的法定药物”（Reding，Raphelson，1995，p. 181）。

尽管移动危机小组的具体功能各不相同，泽尔伯格（Zealberg）、桑托斯（Santos）和费希尔（Fisher）（1993）指出了移动危机小组提供服务的许多优势，包括增强服务的可及性，在“患者的本土环境”中进行评估的好处（p. 16），以及能够实施及时干预，以避免不必要的逮捕或住院，并为精神健康专业人员提供危机培训机会。由于警察通常是联系和应对社区危机的第一来源，因此专家还指出，移动危机小组提供了与执法系统合作的机会。

执法的作用

对执法部门来说，与心理健康和物质滥用有关的执法活动尤其成问题，
因为与犯罪行为有关的活动相比，这些案件可能非常耗时，而且经常不被视 566
为“真正的警察工作”（Olivero & Hansen，1994，p. 217）。泽尔伯格等人
（1993）指出，警官在精神健康问题上几乎没有接受过培训，“为罪犯开发的
方法往往不适用于精神疾病患者”（p. 17）。这应成为执法部门的一个重大关

切问题，海尔（Hails）和博鲁姆（Borum）（2003）指出，7%～10%的警方电话与心理健康问题有关。

执法机构和行为健康保健服务机构可能会发生冲突（Kneebone，Roberts，& Hainer，1995）。例如，过去执法部门全面参与为精神疾病和物质滥用患者的非自愿入院提供帮助。但是，当前的制度对非自愿性承诺的限制越来越严格（Olivero & Hansen，1994），而倾向于基于社区的干预措施。支持社区治疗和避免精神疾病住院的努力与去机构化的意图是一致的。然而，因精神病史被监禁而不是住院的人数却相应增加，这种系统性的转变被称为“转制”（Olivero & Hansen，1994，p. 217）。如泽尔伯格等人（1993）所述，“移动危机小组可以减轻执法人员的焦虑，并可以防止警察的过度反应”（p. 17）。孟菲斯（Memphis）的案件正是这种情况，当警察向一名精神疾病患者开枪后，危机干预小组的发展就开始了（Cochran，Deane，& Borum，2000）。作者指出，执法部门与心理健康服务机构之间的伙伴关系对“以有效、便捷和敏感的方式处理公众有关危机干预的呼吁”可能会大有裨益（p. 1315）。

移动危机小组人员配备和服务提供的差异性

移动危机小组的人员配备和服务提供方法差异很大。盖诺（Gaynor）和哈格里夫斯（Hargreaves）（1980）指出，有些移动小组更可能使用心理健康专业人员，而精神科医师则由咨询人员提供，而丘（Chiu）和普里莫（Primeau）（1991）描述了一种团队方式，其中包括精神科医生、注册护士和一名社会工作者。一些移动危机小组被定位为支持和咨询服务，要求执法机构或心理健康系统提供帮助（Bengelsdorf & Alden，1987；Henderson，1976；Zealberg，Christie，Puckett，McAlhany，& Durban，1992）。其他项目
567 则以货车或其他交通工具为基础，并向目标人群提供宣传服务（Chiu & Primeau，1991；Slagg et al.，1994）。

社区移动危机小组在人员配备和服务目标方面有所不同，执法机构在这些过程中的作用也有所不同。前文已经描述了社区危机移动小组旨在提供给警官在处理心理健康问题时的知识和效率的解决方案（Dodson-Chaneske，1988；Teese & Van Wormer，1975），包含由警务人员和心理健康专业人员

（Zealberg et al.，1992）组成的团队（Lamb，Shaner，Elliott，De Cuir，& Foltz，1995）。此外，许多项目被集中在缺乏法律合作的情况下开展（Bengelsdorf & Alden，1987；Chiu & Primeau，1991；Slagg et al.，1994）。迪恩（Deane）、斯蒂曼（Steadman）、博鲁姆（Borum）、维西（Veysey）和莫里西（Morrissey）（1999）调查了城市警察部门对涉及心理健康问题的反应情况，发现应对呼叫的四种方法没有显著差异。

佐治亚州迪卡布尔县的移动危机服务

1994年之前，响应这些呼吁的警官解决了迪卡尔布县发生的涉及精神健康和物质滥用问题的多起危机。在必要的情况下，可以逮捕个人，也可以由警察局将其非自愿运送到州立精神病医院。出于多种原因，社区居民、家庭成员和心理健康倡导者非常不满他们的这种安排。首先，解决事件现场情况的机会受到响应人员的专业知识限制。其次，许多逮捕和监禁是针对与精神健康问题直接相关且有可能避免的行为。最后，当患者在精神病医院接受评估时，该机构做出与社区服务提供者和家庭成员的判断及意见相抵触的决定并不少见。随着佐治亚州开始的以消费者和家庭为中心的改革，县居民现在有可能获得所需的服务，其中包括移动危机小组。

移动危机小组每周7天，从下午3：00到晚上10：30工作，并且将一名身穿制服的警官与一名心理健康专业人员配对，通过一辆带有常规标志的警车实施工作。每个小组每周工作4天，工作地点在该县的精神健康和物质滥用危机中心，该中心包括24小时危机电话服务、上门服务以及住院危机稳定和戒毒治疗部门。大约有一半的移动危机小组转介是由警察调度员或其他官员通过警察无线电通信系统完成的。转介的另一半来自危机部门或其他心理健康工作者，他们通过手机和寻呼机进行转介联络。警官可以随时与现场监督员联系，而心理健康工作者则可以直接咨询，包括行政和精神科医生。568
此外，可以通过法律方式和心理健康信息系统获得服务对象的历史记录。移动危机小组响应在家中、公共场所和学校中发生的大范围的各种呼叫。约有一半的电话涉及精神病发作，1/4的电话与自杀有关，另有约1/4电话还涉及物质滥用问题。每个班次大约要完成6个电话，其中包括危机电话以及预先安排的患者和家庭跟进电话。

罗伯茨七阶段模型的应用

罗伯茨（1991）提供了一种非常实用的危机干预方法，这种方法符合移动危机团队成员的需求。处理模型中七个阶段的每一个都至关重要。首先是阶段一，致命性评估和安全需求，然后是阶段二建立融洽的关系和沟通。阶段三包括识别主要问题，然后是阶段四，处理情感和提供支持。阶段五探索了可能的替代方案，随后在阶段六制订一项计划，并在阶段七采取了后续行动。罗伯茨（1991）恰当地强调了在模型阶段排序中使用合理判断方式的重要性。例如，涉及受惊吓的心理健康患者对移动危机小组的呼叫可以从阶段二开始，以建立融洽的关系，而涉及自杀的服务对象的呼叫将从阶段一的致命性评估开始。

案例运用：格洛丽亚

就格洛丽亚而言，评估其致命性符合阶段一的要求，且从与门诊病例负责人和危机工作人员的电话联络开始。这些都是根据他们的经验和案例记录确定是否存在明显的针对自己或他人的暴力历史的极好的资料来源。在阶段二中，危机工作人员已经与她所在的公寓以及与她在一起并被认为是其支持者的邻居电话沟通。在阶段三中，能够确定格洛丽亚的威胁与她没有得到适当的药物治疗相符。在过去，这通常导致她被非自愿送往精神病医院进行治疗。

接到这个电话后，团队由一名穿制服的警察和一名获得硕士学位的社会工作者组成，他们前往公寓。在阶段四，危机工作人员已经开始向格洛丽亚和她的邻居提供支持，且向格格丽亚提供了表达情感的机会。但是，鉴于格洛丽亚的敌意，此次对话的成效有限，她的邻居得知移动危机小组正在途中
569 时，松了一口气。当移动危机小组进入她的公寓时，格洛丽亚对一个身穿制服的警察感到非常恐惧。现在，重要的是要回到阶段一，以确保公寓中没有武器，并评估格洛丽亚伤害自己或他人的意图。尽管全面评估自杀意图和杀人意图不在本章的讨论范围内，但在其他地方可以获得对风险因素和评估技术进行更全面的审查（Sommers-Flanagan & Sommers-Flanagan，1995）。

继续到阶段二、三、四，团队让格洛丽亚平静下来，并鼓励她讲述她错

过日常预约的细节、药物治疗状况、最近的食欲和睡眠情况，以及最近发生的任何可能影响她的精神状态的事件或情况。在阶段五和阶段六，重点考虑格洛丽亚和她邻居的意见，以及案例负责人和电话工作人员之前的反馈。小组成员获得了她的信任，为制订计划提供了有益的帮助。格洛丽亚并没有停止服药，但是她的药物消耗所剩不多，并试图使自己仅有的药物发挥作用，这导致了她的心理失常。尽管一种选择是将她送到危机中心进行进一步评估，但她的邻居还是愿意和她在一起过夜。如果有任何困难，她的邻居可以通过电话联系危机热线。在阶段七中，邻居愿意将格洛丽亚带到门诊心理健康中心与她的病例负责人和精神科医生进行进一步沟通，并愿意在精神健康中心药房补充药物。

该案例说明了移动危机小组的一些优点。首先，执法人员和心理健康工作者的结合对评估安全性和在需要时提供非自愿运送选择具有极大的好处。第二，穿制服的警察和便衣工作者的出现可以平衡危机工作中对权威和同情支持的需求。如果一名警官独自工作，可能不得不迅速采取本可以避免的逮捕行动。鉴于同样的原因，心理健康专业工作人员单独尝试这样的工作可能不安全。最后，从格洛丽亚的家庭背景来看，解决危机有很大的好处。这包括她的生活环境，也使得更准确地评估邻居的生存能力成为可能，并作为行动计划的替代方案。直到第二天早上，格洛丽亚和她的邻居来到精神健康中心，我们才进一步联系。

案例应用：辛迪

就辛迪而言，执法人员在抵达前已经进行了阶段一中的致命性评估。在许多情况下，移动危机小组并不是警察报警的第一响应者，但在适当的时候会被警员召唤。现场警员通过警方广播电台联系了该移动危机小组。在这一 570
转移中，心理健康工作者是获得许可的临床社会工作者，有权在必要时签署非自愿命令，将该妇女送到精神病急诊医院实施治疗。虽然目标不是逮捕或让人住院，但对当下主动进行非自愿干预是有益的。在阶段二，由于辛迪的父亲已经到了现场，团队成员分别与他和辛迪会面；而在阶段三和阶段四，他们都很乐意分享自己的感受，讲述自己对问题的看法。阶段五的选择包括逮捕、非自愿运送到精神病医院或运送到危机中心，这一选择也是自愿决定。双方同意前往危机中心接受进一步评估。鉴于她的年龄和没有任何病史，她被允许接受通宵观察，第二天早上再次接受评估，并被转到精神健康科室门诊接受个人治疗。在阶段七，工作人员给她父亲打了一个电话并确定辛迪已经回家了，她和她的父亲也确实进行了门诊随访。

该案例描述说明了泽尔伯格及其同事（1993）所提出的关于移动危机小组的若干优点。第一，现场观察和访谈能力“可以使评估最完整，对患者的伤害也最小”（p. 16）。在这种情况下，也有可能单独采访辛迪和她的父亲，然后结合从他们那里获得的信息来识别异同。第二，移动危机小组可以迅速做出反应，防止形势升级，避免不必要的逮捕或住院。第三，一个运行良好的移动危机呼叫电话“可以更好地开展有关心理健康问题和资源的公共教育”（p. 17）。第四，为该县节省的潜在成本不仅包括避免不必要的逮捕或住院，还包括“警官更快地重返岗位”的机会（p. 17）。

案例应用：迈克尔

今天晚上对于移动危机小组来说本是一个安静的夜晚，但恰在此时县警察局特警队传来了无线电通信的声音。该小组接到阿曼达的电话，她说她的丈夫迈克尔和她在一起，带着武器并威胁要自杀。到达后，特警队得知这名男子的身体状况已经变得越来越糟，表现得非常痛苦和虚弱。他沮丧到了想死的地步。阿曼达说，“我以前就这些状况说服过他，但这次情况要糟糕得多。他想死，但他不想让我一个人活着。我们的父母去世了，我们没有孩子。我们真的是彼此的一切”。尽管特警队要求移动危机小组提供咨询支援，但现场很快变成了一个不仅需要与服务对象协商，还需要与移动危机小组这一支援团队协商的场景。

571 迈克尔的案例指出了阶段一在致命性评估和过去应对行为经验方面的重要性。尽管他的妻子没有被扣为人质，但这起案件给迈克尔和阿曼达带来了极大的风险和危险，需要运用谈判技巧（Strentz，1995）。当天晚上，该团队由身穿制服的警察和一名注册护士组成，电脑档案中并未发现有关迈克尔的任何犯罪或心理健康的相关信息。在与特警队协商后，一致同意护士将按照阶段二的要求，尝试首先与阿曼达建立融洽关系，并利用她的支持与迈克尔建立联系。问题（阶段三）很明显，这次通话的主要目的是表示同理心和提供支持（阶段四）。鉴于迈克尔身体和精神状况的严重性，阶段五和六的唯一选择是安排他接受住院治疗。移动危机小组的注册护士和这对夫妇之间的对话进行得非常顺利，迈克尔自愿交出了枪支，并同意与移动危机小组一起去医院。到医院进行阶段七的电话随访确认，迈克尔在医院中安全且稳定。

尽管此案的结果是积极的，但重要的是要注意这一通话与移动危机小组和特警队团队处理的通话之间的区别。与特警队和一名移动危机处置人员举行了一次后续会议，以审查呼叫情况。特警队成员表示，有必要就心理健康和物质滥用问题对自身进行进一步的培训，随后培训被提供。正如斯特朗茨（Strentz）（1995）所指出的那样，“危险因素与问题的成功解决以及个人成长是息息相关的”（p. 147）。因此，向移动危机小组成员提供关于特警队干预措施的交叉培训也很重要。

移动危机小组的效果

关于移动危机小组的效果信息是有限的，盖勒（Geller）、费希尔和麦克德梅特（McDermeit）（1995）注意到“关于移动危机服务的理念远远超过事实”（p. 896）。尽管雷丁和拉弗尔森（1995）说在 6 个月的时间里住院人数减少了 40%，费希尔（Fisher）、盖勒和沃思-考森（Wirth-Cauchon）（1990）的一项研究并没有提及“支持关于移动危机干预减少住院人数能力的无数论调”（p. 249）。然而，费希尔等人（1990）说，“一些移动危机小组在减少住院人数方面可能非常有效，因为他们作为一个系统的一部分发挥作用，该系统有可用于治疗和转介的关键服务”（p. 250）。

此外，费希尔等人（1990）指出，这些移动危机医疗小组经常帮助需要住院治疗的人，因此“被移动危机医疗小组阻止的不必要住院治疗与被发现需要住院治疗的个人相抵消”（p. 251）。另一个问题是“许多犯有轻罪的 572
人被送进监狱，而不是医院或其他精神病治疗机构”（Lamb et al.，1995，p. 1267）。兰博（Lamb）等人（1995）在洛杉矶进行了一项跟踪研究，研究对象是具有犯罪和精神问题史，曾接受过警察和心理健康小组的服务的患者，发现“值得注意的是，该群体中只有 2%被判入狱”（p. 1269）。对三个执法辖区心理健康应对模式的研究进一步证明，警方与心理健康服务机构之间的协作可以减少对有心理健康问题的人的逮捕和不必要的监禁（Steadman，Deane，Borum，& Morrissey，2000）。

戴克斯（Dyches）、比格尔（Biegel）、Johnson（乔森）、果欧（Guo）和敏（Min）（2002）对接受移动危机服务的人和接受医院服务的人进行了一项样本匹配研究。作者发现，危机事件后，接受移动危机服务的患者相较于接受医院服务的患者，可能多获得17%的心理健康服务（p. 743）。对于那些没有接受过心理健康服务的人来说，“医院人群接受危机干预后心理健康服务的可能性比移动危机人群低48%”（p. 744）。利贡（Ligon）和瑟尔（Thyer）（2000）评估了服务对象对佐治亚州移动危机小组服务的满意度，结果发现心理健康服务对象及其家庭成员的满意度与其他门诊服务满意度相当。

西玛荷斯卡亚（Simakhodskaya）、哈达德（Haddad）、昆特罗（Quintero）和马拉瓦德（Malavade）（2009）指出，移动危机服务与基于急诊室（ER）的危机服务相结合，有可能减少急诊就诊次数并提高对后续护理建议的依从性。凯瑟莉（Kisely）等人（2010）发现，新斯科舍省（Nova Scotia）警察和心理健康专业人员组成的移动危机伙伴关系，大大减少了警官的工作时间，可以更好地与服务对象接触，也增加了门诊服务联系。

启动和维护移动危机小组

移动危机小组的未来取决于多个系统重新认识其价值，然后以确保社区中可以维持高质量服务的方式进行协作的能力。尽管无法记录这些年来已组建和解散的移动危机小组数量，但是许多因素会影响这些程序。首先，当在有可能表现出暴力行为或有暴力行为历史的人的邻里和房屋中进行干预时，
573 危机工作可能是危险的（Zealberg et al.，1993）。其次，行为健康和执法系统两个系统之间充斥着的冲突（Dodson-Chaneske，1988；Teese & Van Wormer，1975），因此“必须始终注意这种合作”（Zealberg et al.，1992，p. 614）。最后，遗憾的是，尽管该计划有效，社区中存在的更大的政治和区域因素仍可能导致该计划被过早削减（Diamond，1995；Reding & Raphelson，1995）。实际上，海尔和博鲁姆（2003）发现，在84个大中型执法机构中，只有8%可以进入其辖区的移动危机小组。

这些部门开展业务的政治和组织环境无疑将带来障碍和机遇。与执法部门密切合作，并为警察和心理健康工作者提供持续的监督和培训机会也是必不可少的。此外，接受服务的患者及其家庭必须参与移动危机小组的开发和

完善。国家、州和地方各级的心理健康倡导团体的支持也有利于移动危机小组的进一步发展。

未来的机会

尽管移动危机小组的应用和所取得的成果令人鼓舞，但仍有许多机会可以改善这些服务并扩大其可用性。泽尔伯格（Zealberg）、哈尔德斯提（Hardesty）、梅斯勒（Meisler）和桑托斯（Santos）（1997）确定了几个令人关注的关键领域，包括医疗问题和支持这些部门的技术需求。作者指出，“移动危机工作中一个更令人沮丧的方面是患者的症状，包括医疗诊断和精神诊断”（p. 272）。救护车和急救医疗服务可以帮助解决医疗问题，但是由于社区中有多个医疗服务提供者，加之与移动危机小组的沟通能力差，与这些医疗服务提供者的合作可能会出现问题。由于移动危机小组通常会解决与身体健康和药物有关的问题，因此迪卡尔布小组发现，将经过精神科培训的注册护士与警务人员相结合会非常有益。此外，迪卡尔布移动危机小组还添加了数量有限的抗精神病药物和副作用药物，这些药物随车携带，由小组中的精神科医生订购，并由随车护士管理。

技术为改善移动危机服务提供了巨大的机遇。首先，设备越来越便携，价格也越来越便宜，为移动危机小组配备计算机、移动电话和其他有用的技术是可行的。其次，整合信息源的能力正在提高，移动危机小组可以快速有效地确定患者的任何犯罪和心理健康史。最后，技术使移动危机小组的团队 574
成员无需繁琐的文书工作和表格即可输入数据和更新记录，包括结果数据、新的服务对象信息以及其他有关后续服务的说明。

几乎所有已记录的移动危机小组都位于城市地区，考虑到人口的集中和资源的可用性，这是可以理解的。但是，农村地区的服务水平极低。在所有农村中，有21%没有心理健康服务，而在城市中只有4%。如果需要通宵服务，情况会更糟。78%的农村没有通宵服务，而城市则为27%（Rouse，1998）。加上农村地区缺少公共交通，移动危机小组不仅具备了在需要时提供服务的潜力，而且还提供了启动可能需要的任何后续服务的潜力。事实上，农村地区的危机应对计划有潜力减少昂贵的住院治疗的使用，并使那些需要社区服务的人能够留下来（Boynge，Lee，& Thurber，2005）。

尽管运行移动危机小组的成本是社区的主要关注点，但泽尔伯格等人（1997）却认为必须考虑间接成本的节省，包括减少警官的时间损失，在不逮捕情况下解决而避免的法庭费用，以及在许多情况下避免的高费用的住院治疗。另外，在管理式护理模式下，行为健康护理越来越多地被提供。因此，管理式护理组织也可从诸如避免住院等成本节省中获益，并且需要与公共部门合作开发以支持移动危机小组。

移动危机小组在广泛的地理范围和站点中运作，并遇到了各种各样的人。丘（Chiu）（1994）基于纽约市移动危机小组工作的经验，提供了与亚洲人、西班牙裔、非裔美国人和其他不同群体合作的案例和相关建议。此外，里昂（Lyons）、库克（Cook）、露丝（Ruth）、卡夫尔（Karver）和斯拉格（Slagg）（1996）指出，在响应包括家庭和公共场所在内的各种环境中的呼叫时，将接受精神健康服务的患者纳入移动危机小组可能是有益的。例如，作者发现“与非消费者员工相比，消费者员工更可能进行街头宣传”（p. 38）；他们继续指出，消费者的经验“对于有精神疾病和住房不稳定问题的人来说，采用移动危机评估可能是一个优势”（p. 40）。

如果移动危机小组有所有利益相关方的精心的人员配备和支持，包括服务的消费者及其家庭、执法人员以及行为健康服务的公共和私人提供者，则可以为社区带来巨大的好处。但是，需要进行更多的研究来确定人员、服务和干预技术的最有效组合，以及在什么情况下有效。同样重要的是，要了解更多有关与不同人群合作的知识，并通过在这些服务水平低下的地区实施和评估项目来调查对农村居民的好处。

本书第十章介绍了危机干预小组（CITs）的扩张，这也是值得期待的。尽管危机干预团队的模式各不相同，但在美国和世界各地城市（Franza & Borum，2011）和农村（Skubby，Bonfine，Novisky，Munetz，& Ritter，2013；Tyuse，2012），社区利用涉及跨学科行为卫生专业人员、执法人员和紧急响应服务的合作伙伴关系可能非常有用（Watson & Fulambarker，2013）。

参考文献

Bengelsdorf, H., & Alden, D. C. (1987). A mobile crisis unit in the psychiatric emergency room. *Hospital and Community Psychiatry, 38*, 662–665.

Boynge, E. R., Lee, R. G., & Thurber, S. (2005). A profile of mental health crisis response in a rural setting. *Community Mental Health Journal, 41*, 675–685.

Centers for Disease Control and Prevention. (2012). Suicide. Retrieved from http://www.cdc.gov/violenceprevention/pdf/Suicide-DataSheet-a.pdf

Chiu, T. L. (1994). The unique challenges faced by psychiatrists and other mental health professionals working in a multicultural setting. *International Journal of Social Psychiatry, 40*, 61–74.

Chiu, T. L., & Primeau, C. (1991). A psychiatric mobile crisis unit in New York City: Description and assessment, with implications for mental health care in the 1990s. *International Journal of Social Psychiatry, 37*, 251–258.

Cochran, S., Deane, M. W., & Borum, R. (2000). Improving police response to mentally ill people. *Psychiatric Services, 51*, 1315–1316.

Deane, M. W., Steadman, H. J., Borum, R., Veysey, B. M., & Morrissey, J. P. (1999). Emerging partnerships between mental health and law enforcement. *Psychiatric Services, 50*, 99–101.

Diamond, R. J. (1995). Some thoughts on: "Around-the-clock mobile psychiatric crisis intervention." *Community Mental Health Journal, 31*, 189–190.

Dodson-Chaneske, D. (1988). Mental health consultation to a police department. *Journal of Human Behavior and Learning, 5*, 35–38.

Dyches, H., Biegel, D., Johnson, J., Guo, S., & Min, M. (2002). The impact of mobile crisis services on the use of community-based mental health services. *Research on Social Work Practice, 12*, 731–751.

Elliott, R. L. (1996). Mental health reform in Georgia, 1992–1996. *Psychiatric Services, 47*, 1205–1211.

Fisher, W. H., Geller, J. L., & Wirth-Cauchon, J. (1990). Empirically assessing the impact of mobile crisis capacity on state hospital admissions. *Community Mental Health Journal, 26*, 245–253.

Franza, S., & Borum, R. (2011). Crisis intervention teams may prevent arrests of people with mental illness. *Police Practice and Research, 12*, 265–272.

Gaynor, J., & Hargreaves, W. A. (1980). "Emergency room" and "mobile response" models of emergency psychiatric services. *Community Mental Health Journal, 16*, 283–292.

Geller, J. L., Fisher, W. H., & McDermeit, M. (1995). A national survey of mobile crisis services and their evaluation. *Psychiatric Services, 46*, 893–897.

Hails, J., & Borum, R. (2003). Police training and specialized approaches to respond to people with mental illnesses. *Crime and Delinquency, 49*, 52–61.

Henderson, H. E. (1976). Helping families in crisis: Police and social work intervention. *Social Work, 21*, 314–315.

Kisely, S., Campbell, L. A., Peddle, S., Hare, S., Pyche, M., Spicer, D., & Moore, B. (2010). A controlled before-and-after evaluation of a mobile crisis partnership between mental health and police in Nova Scotia. *Canadian Journal of Psychiatry, 55*, 662–668.

Kneebone, P., Roberts, J., & Hainer, R. J. (1995). Characteristics of police referrals to a psychiatric unit in Australia. *Psychiatric Services, 46*, 620–622.

Lamb, H. R., Shaner, R., Elliott, D. M., DeCuir, W. J., & Foltz, J. T. (1995). Outcome for psychiatric emergency patients seen by an outreach police–mental health team. *Psychiatric Services, 46*, 1267–1271.

Ligon, J., & Thyer, B. A. (2000). Client and family satisfaction with brief community mental health, substance abuse, and mobile crisis services in an urban setting. *Crisis Intervention,* 6, 93–99.

Lyons, J. S., Cook, J. A., Ruth, A. R., Karver, M., & Slagg, N. B. (1996). Service delivery using consumer staff in a mobile crisis assessment program. *Community Mental Health Journal, 32*, 33–40.

Olivero, J. M., & Hansen, R. (1994). Linkage agreements between mental health and law: Managing suicidal persons. *Administration and Policy in Mental Health, 21*, 217–225.

Reding, G. R., & Raphelson, M. (1995). Around-the-clock mobile psychiatric crisis intervention: Another effective alternative to psychiatric hospitalization. *Community Mental Health Journal, 31*, 179–187.

Roberts, A. R. (1991). Conceptualizing crisis theory and the crisis intervention model. In A. R. Roberts (Ed.), *Contemporary perspectives on crisis intervention and prevention* (pp. 3–17). Englewood Cliffs, NJ: Prentice-Hall.

Simakhodskaya, Z., Haddad, F., Quintero, M., & Malavade, K. (2009). Innovative use of crisis intervention services with psychiatric emergency room patients. *Primary Psychiatry,* 16, 60–65.

Skubby, D., Bonfine, N., Novisky, M., Munetz, M. R., & Ritter, C. (2013). Crisis intervention team (CIT) programs in rural communities: A focus group study. *Community Mental Health Journal, 49*, 756–764.

Slagg, N. B., Lyons, J. S., Cook, J. A., Wasmer, D. J., & Ruth, A. (1994). A profile of clients served by a mobile outreach program for homeless mentally ill persons. *Hospital and Community Psychiatry, 45*, 1139–1141.

Sommers-Flanagan, J., & Sommers-Flanagan, R. (1995). Intake interviewing with suicidal patients: A systematic approach. *Professional Psychology: Research and Practice, 26*, 41–47.

Steadman, H. J., Deane, M. W., Borum, R., & Morrissey, J. P. (2000). Comparing outcomes of major models of police responses to mental health emergencies. *Psychiatric Services, 51*, 645–649.

Strentz, T. (1995). Crisis intervention and survival strategies for victims of hostage situations. In A. R. Roberts (Ed.), *Crisis intervention and time-limited cognitive treatment* (pp. 127–147). Thousand Oaks, CA: Sage.

Substance Abuse and Mental Health Services Administration (SAMHSA). (2012). *A behavioral health lens for prevention.* Retrieved from http://captus.samhsa.gov/sites/default/files/capt_resource/capt_behavioral_health_fact_sheets_2012_0.pdf

Substance Abuse and Mental Health Services Administration (SAMHSA). (2013). *Behavioral*

Health, United States, 2012. HHS Publication No. SMA 13–4797. Rockville, MD: Author.

Teese, C. P., & Van Wormer, J. (1975). Mental health training and consultation with suburban police. *Community Mental Health Journal, 11*, 115–121.

Tyuse, T. (2012). A crisis intervention team: Four year outcomes. *Social Work in Mental Health, 10*, 464–477.

Watson, A. C., & Fulambarker, A. J. (2013). The crisis intervention team model of police response to mental health crises: A primer for mental health practitioners. *Best Practices in Mental Health, 8*(2), 71–83.

Wellin, E., Slesinger, D. P., & Hollister, C. D. (1987). Psychiatric emergency services: Evolution, adaptation, and proliferation. *Social Science and Medicine, 24*, 475–482.

Zealberg, J. J., Christie, S. D., Puckett, J. A., McAlhany, D., & Durban, M. (1992). A mobile crisis program: Collaboration between emergency psychiatric services and police. *Hospital and Community Psychiatry, 43*, 612–615.

Zealberg, J. J., Hardesty, S. J., Meisler, N., & Santos, A. B. (1997). Mobile psychiatric emergency medical services. In S. W. Henggeler & A. B. Santos (Eds.), *Innovative approaches for difficult-to-treat populations* (pp. 263–274). Washington, DC: American Psychiatric Press.

Zealberg, J. J., Santos, A. B., & Fisher, R. K. (1993). Benefits of mobile crisis programs. *Hospital and Community Psychiatry, 44*, 16–17.

Zealberg, J. J., Santos, A. B., Hiers, T. G., Ballenger, J. C., Puckett, J. A., & Christie, S. D. (1990). From the benches to the trenches: Training residents to provide emergency outreach services: A public/academic project. *Academic Psychiatry, 14*, 211–217.

第二十章　针对艾滋病毒阳性妇女的危机干预

萨拉·J. 刘易斯（Sarah J. Lewis）

578 本章旨在概述对已诊断出感染人类免疫缺陷病毒（艾滋病毒，HIV）的妇女的危机干预措施，以及与该群体打交道时必须考虑的诸多因素。在危机时期保持稳定，不仅需要了解艾滋病毒呈阳性患者的情感和社会影响，还应了解艾滋病毒对其身体造成的影响。因为艾滋病毒在少数族裔社区中最为普遍，因此临床医生必须了解文化后果和应对策略。临床医生还必须准备好应对其他同时发生的疾病，例如物质滥用、人际冲突和健康差异。

2010年，在美国，估计有47500人新感染了艾滋病毒（Centers for Disease Control and Prevention，2010）。尽管获得性免疫缺陷综合征（即艾滋病，AIDS）的病例数量稳步下降，但自20世纪90年代初以来，艾滋病毒的感染率一直保持相对稳定。2011年，美国报告了10257例艾滋病女性病例。与白人（2.0；Centers for Disease Control and Prevention，2011）相比，非裔美国人（40.0）、拉丁裔（7.9）和多种族（7.5）的每100000人中感染率要高得多。数据显示，黑人妇女的艾滋病毒感染率呈令人鼓舞的下降趋势（2008年至2010年下降了21%）；但是，这需要多年数据以证实这一估计值。

生活在城市中心的妇女最容易受到贫困和犯罪的影响（见表20-1）
579 （Frieden，2011；Watkins-Hayes，Pittman-Gay，& Beaman，2012）。由于女性艾滋病毒呈阳性人群的异质性，重要的是要考虑困扰这些妇女的文化健康观念以及历史种族主义和性别歧视。与艾滋病毒有关的许多危机与疾病无关，而与艾滋病毒迅速发展的情景因素以及与艾滋病的社会发展结果有关，这是一种被污名化的疾病（Burke，Thieman，Gielen，O'Campo，& McDonnell，2005；Larios，Davis，Gallo，Heinrich，& Talavera，2009；Lillie-Blanton et al.，2010）。

表 20-1　按种族/民族对成年和成年女性的 HIV 感染的诊断

种族/民族	编号	感染率
美洲印第安人/阿拉斯加原住民	51	5.5
亚裔	153	2.3
黑人/非裔美国人	6595	40.0
西班牙裔/拉丁裔	1530	7.9
夏威夷原住民/其他太平洋岛民	8	3.9
白人	1776	2.0
多种族	144	7.5
总计	10257	7.7

资料来源：Centers for Disease Control and Prevention，2011。

艾滋病毒感染者经常受到“SAVA 综合征”的影响，这是物质滥用、暴力和艾滋病的协同影响。根据对相关文献的回顾，SAVA 综合征对与 HIV 相关的风险承担、心理健康、医疗卫生保健利用以及对抗逆转录病毒药物的依从性有负面影响（Meyer，Springer，& Altice，2011）。社会工作者和其他护理提供者必须能够评估和解决在文中出现的个体以及协同影响的问题。

2011 年，只有不到 150 例艾滋病个案是通过父母传播而感染的（Dowshen & D'Angelo，2011）。这是由于在怀孕、分娩期间和分娩后立即进行了预防和治疗性抗逆转录病毒药物的测试和治疗，以及提供了母乳喂养的干预措施。但是，由于强大的联合疗法的出现，几代人以前出生的 HIV 阳性婴儿现在已经 20 多岁，并且面临着巨大的发展挑战。许多人把日常决定当作理所当然，如约会或度过短暂假期、随心所欲进食、与朋友玩乐以及计划家庭活动，由于病毒的影响，这些青少年及年轻人经常需要与这些决定和许多其他决定作斗争。

案例小插曲 580

对于那些在提供个案管理的社区艾滋病组织中工作的社会工作者来说，以下案例是他们经常面对的典型个案。

案例一

玛丽（Mary）是一名30岁的非裔美国妇女，在发现同居男友的HIV药物后，她非常沮丧地来到HIV检测中心。琳达（Linda）是一位活性物质滥用者，在与这个男朋友住一起之前，曾经入狱6个月，而且无家可归一段时间。琳达声称，她入狱时HIV的检测为阴性，尽管她在无家可归的时候遭到了人身攻击，但并未遭到强奸。她的男友詹姆斯（James）之前将她从街上救了出来。她知道他很有占有欲，有时可能会变得小气，但总的来说，他对她很好，并且让她住在他家。玛丽认为我们应看到别人的优点而非缺点。她声称即使她过着罪人的生活，她也像圣人一样爱上帝。

玛丽在打扫卫生时，她在詹姆斯的抽屉里找到了一些药瓶，并在互联网上查询了这些药物的名称。当她发现这些药丸是用于治疗艾滋病时，她感到震惊，因为即使詹姆斯可能很残忍，她仍然相信他会告诉她自己是否为艾滋病毒阳性。更糟的是，告诉詹姆斯她翻开他的抽屉发现了他的药物，或者是HIV阳性。知道詹姆斯的艾滋病毒感染状况后，她不知道詹姆斯会怎么做。即使他是艾滋病毒呈阳性，而且可能将病毒传播给她，她也担心他会生气并爆发，尽管他之前打她的次数并不多。甚至更糟的是，他可能会将她赶出屋子。她知道她可以对他提出控告，因为他在事先知道他的状况下使她接触了该病毒，但她并不想这样做。像许多与其处境相似的妇女一样，玛丽不时地和詹姆斯一起吸毒，而他为她提供了一个住所和经济保障。

案例二

玛丽亚（Maria）是一位25岁的西班牙裔女性，她5年前已经知道自己艾滋病毒呈阳性。她在收到了来自一家提供匿名性伙伴网站的电子邮件后去做检测，该邮件写道，“我很抱歉，我不知道我做爱时是否患有性病，（STD）您需要接受测试。”起初她以为是个玩笑，但几天后她决定去，无论如何检测都不会使她受到伤害，因为在过去的六个月里，她与两个不同的男人发生了无保护的性行为，她不想冒任何风险。当她发现自己检测结果为阳性时，她认为这是世界末日，但是在一个互助小组的帮助下，她熬过了最初的打击。尽管玛丽亚与原生家庭关系密切，581
但她从未向他们吐露过自己的艾滋病情况，而且自从被诊断出感染艾滋病毒以来，她从未发生过性关系。

起初，玛丽亚十分遵守医嘱，说她从未忘记任何一剂药。但是，她的病毒载量最近大大超过了可检测的水平，并且 CD4 的水平已降至 200 以下。当一个人的 CD4 降至 200 以下时，这表明他（她）的免疫系统受到严重损害，这也是艾滋病的一个指标。第一次被问到时，玛丽亚声称她现在会时不时地忘记服药，并解释说她想记住，但有时她太忙。经过进一步调查，我们发现玛丽亚的保险已经失效，所有艾滋病毒药物都放在处方中的最高级别，这意味着她必须先付清所有免赔额，然后保险才会为其他药物支付费用。由于玛丽亚没有足够的钱来支付她的药物治疗费用，因此她只服用了处方剂量的一半。玛丽亚是一位非常自傲的女人，她从未请求他人的施舍并且即使她工作了并缴纳了保险费也仍羞于承认需要帮助，以至于现在无法承担其医药费用。自玛丽亚陷入财务困境以来，她便停止参加互助小组，因为她想成为“一个解决问题的人，而非制造麻烦的人”。她说，她已经开始与家人疏远，并且“每分钟变得越来越沮丧”。

危机的定义

危机被定义为对事件或情境的感知或经历，是个人当前资源和应对机制所无法解决的困难。尽管压力事件或危险事件加剧了危机，但这是对事件的评估以及个人无法使用指定危机的先前应对特征或已知的行为来应对事件的感知后果（Berjot & Gillet，2011；Folkman，Lazarus，Dunkel-Schetter，DeLongis，& Gruen，1986；Lazarus，Gruen，& DeLongis，1986）。这些应对特征或已知行为可能是适用的或不适用的，并具体取决于短期和长期的心理后果。危机定义的一个特征是时间有限。但是，根据《精神障碍诊断和统计手册》的规定，情境危机如果符合所有创伤后应激的标准，并且持续时间为 3

天至1个月（American Psychiatric Association，2013），则可能演变成急性应激障碍。

在HIV阳性群体中女性是最重要的应激预测对象（McIntosh & Rosselli，2012）。这种压力包括各种复合事件，这些复合事件不仅是日常生活中的麻
582 烦，更是社会心理功能的真正阻碍。社会经济压力源，例如经济负担、失业、儿童保育、家庭暴力、物质滥用、种族主义和性别歧视，都导致了应对资源的枯竭，并对社会心理和健康状况产生影响。艾滋病毒呈阳性的人还遭受外部和内部污名化，这阻碍了他们的日常生活。一些研究表明，生活中的应激性事件可以预测艾滋病的进展和医疗保健的效用（Pence et al.，2007；Whetten et al.，2006；Wyatt et al.，2011）。这可能是由于压力源和过去以及现在的创伤对心理的影响，或者由于压力的生理影响，而这些导致了对药物和其他初级保健的依从性，我们知道这些压力通过一系列肾上腺和交感神经系统损害免疫系统反应活动（McIntosh & Rosselli，2012）。

歧视和污名继续成为急性和慢性压力源，这可能会导致危机状态。不幸的是，艾滋病毒引发了社会上大多数负面的“主义”。艾滋病毒感染者面临的歧视程度远比其他慢性或绝症患者遭受的歧视要严重得多（Colbert，Kim，Sereika，& Erlen，2010；Vanable，Carey，Blair，& Littlewood，2006；Wagner et al.，2010）。即使一个人没有透露自己的艾滋病毒感染状况，也仍然会受到内部污名化的影响。内部的污名不是明显的虐待，它简单地体现在可感知到的社会评判和被抛弃的威胁。

问题的范围和心理变量

艾滋病危机爆发之后的三十年里，已经发生了很多变化，但不幸的是，有些事情并没有改变。现已有艾滋病毒暴露前和暴露后预防的方法，且已被证明这两种预防对高危人群有效。对感染孕妇的干预措施几乎消除了艾滋病毒的垂直传播，并且可以帮助人们更长寿，使他们更健康生活。但是，仍然存在艾滋病传播。2010年，美国估计有216966名被确诊感染艾滋病毒的妇女（Centers for Disease Control and Prevention，2011）。此外，还有成千上万的妇女不知道自己的艾滋病毒状况。

大多数人都知道，艾滋病毒是通过血液、精液、阴道分泌物和母乳等体

液传播的，并导致免疫系统受到抑制。但是，临床医生应该知晓疾病的进展，监测病例的报告以及艾滋病毒暴露前和暴露后预防等领域的进展。在与艾滋病毒感染者打交道时，临床医生必须愿意并且能够讨论他们的服务对象可能面临的社会心理问题和慢性医学问题。

当一个人初次感染 HIV 时，通常会出现类似流感的症状，包括腺体肿 583
胀、发烧、肌肉疼痛、疼痛、疲劳和头痛（Selik et al.，2014）。这是人体对外来“入侵者”的自然反应，被称为急性病毒综合征（acute viral syndrome，ARS）或原发性 HIV 感染。此时，由于没有抵抗感染的抗体，体内生成大量病毒。结果，在感染的这个阶段，CD4 数量急剧下降。当个体处于感染的急性期时，由于病毒载量高，它极具传感性。随着身体开始产生抗体，病毒载量减少，这被称为**病毒设定值**（viral set point）。此时 CD4 数量增加。当前的建议是在疾病轨迹的设置点上开始抗逆转录病毒治疗（initiate antiretroviral therapy，ART）。

下一阶段被认为是潜伏期（Selik et al.，2014）。在此阶段，身体继续制造病毒，但是，几乎没有症状。采用抗逆转录病毒疗法的个体可能会处于潜伏期数十年，且没有任何与艾滋病毒相关的症状。ART 的目标是将病毒载量降低到无法检测的水平。这并不是说这个个体没有该病毒，而是该人血液中病毒 RNA 的水平低于所用测试的检测所需的阈值。在此阶段，人的传染性较小，并且检测不到病毒载量甚至被认为是一种降低传播风险的策略（Hall，Holtgrave，Tang，& Rhodes，2013；Selik et al.，2014）。

进展的最后阶段是艾滋病，它的产生是由于缺乏免疫系统反应而变得容易受到机会性感染。纳入此阶段，一个人必须具有 200 或以下的 CD4 淋巴细胞数量或已被诊断为机会性感染。HIV 造成的机会感染有二十多种，最常见的是念珠菌病、浸润性宫颈癌、隐球菌病、巨细胞病毒、卡波西氏肉瘤、肺结核、卡氏肺孢子虫肺炎、复发性肺炎和消化系统综合征（Selik et al.，2014）。

病毒控制和生活质量取决于个体对 ART 的依从性。与其他可以在错过服药后重新采取治疗方案的慢性病不同，艾滋病毒通常会对药物产生抗体，而缺乏绝对的依从性。CD4 数量减少导致的免疫系统反应降低不具有依从性的另一个可能结果是，由于病毒载量增加，病毒传播的风险也增加了。依从性存在几个障碍，女性比男性有更高的不依从风险（Puskas et al.，2011）。可能导致这些结果的因素有抑郁症，艾滋病毒状况披露减少，缺乏支持，妇女失去跟进医疗护理的更大可能性。

截至2010年底，居住在美国和六个附属地区的约888921名成年人和青少年被诊断感染HIV（Centers for Disease Control and Prevention，2011）。此
584 数字并未考虑所有未诊断的病例。有223045名女性被诊断感染HIV；这些妇女中有60%是黑人/非裔美国人，有19%是白人，有18%是西班牙裔/拉丁美洲人。大约有2%的妇女属于多种族，其中1%的妇女是亚洲人，不到1%的妇女是美洲印第安人/阿拉斯加原住民和夏威夷原住民/其他太平洋岛民。

2011年，据报告有10512例青少年和成年女性HIV感染者，其中86%是通过异性恋接触而感染的，14%是通过注射吸毒感染的，而通过其他类型的传播感染的感染率不到1%（Centers for Disease Control and Prevention，2011）。这些数据包含了处于疾病任一阶段的人员，是基于对报告延迟和遗露的传播类别进行调整后得出的估计值。在2008年至2011年期间，男性和女性确诊艾滋病毒的百分比最高的是黑人/非裔美国人，其中黑人/非裔美国人的这一比例为46%，白人为28%，西班牙裔/拉丁美洲人为22%，亚洲人和多种族的人均为2%，美洲印第安人/阿拉斯加原住民和夏威夷原住民/其他太平洋岛民则均不到1%。

在2011年女性感染的10512例艾滋病毒中，黑人/非裔美国人占63%，西班牙裔/拉丁裔占17%，白人占17%。大约1%的人是亚洲人和多种族，不到1%的人是美洲印第安人/阿拉斯加原住民和夏威夷原住民/其他太平洋岛民。黑人/非裔美国女性的艾滋病毒感染率（每100000人）（40.0）是白人（2.0）的20倍，大约是西班牙裔/拉丁裔的5倍（7.9；Centers for Disease Control and Prevention，2011）。

HIV感染者的艾滋病诊断率在1992年至1993年期间达到顶峰，此后由于有效的药物治疗方案而急剧下降。但是，种族之间的下降程度并不一致。1994年，黑人/非裔美国人在艾滋病的诊断中首次超过白人，自那以后，其诊断率一直保持较高水平（Centers for Disease Control and Prevention，2011）。2011年被归类为艾滋病的人口比例中，黑人/非裔美国人占49%，白人占26%，西班牙裔/拉丁裔占21%，多种族人占2%，亚裔占2%，美洲印第安人/阿拉斯加原住民，夏威夷原住民/其他太平洋岛民分别少于1%。

亲密伴侣暴力、物质滥用和艾滋病毒

本书中的其他章节讨论了家庭暴力，但重要的是讨论艾滋病毒与家庭暴力的关系以及该关系的复合作用。遭受身体或亲密伴侣暴力的可能性与拥有艾滋病毒高风险的伴侣密切相关（Burke et al.，2005；Gielen，McDonnell，O'Campo，& Burke，2005；Siemieniuk et al.，2013）。相反，艾滋病毒呈阳性 585
妇女中亲密伴侣暴力（IPV）的发生率是全国比例的两倍以上。由于未有效使用安全套，高风险的性行为会伴随毒品的滥用和暴力，经历过 IPV 的女性不太可能拥有较高的自我预防艾滋病毒的能力（El-Bassel et al.，1998；Siemieniuk et al.，2013）。多性伴侣导致的高风险也与虐待相关的心理困扰相关（Andrinopoulos et al.，2011）。艾滋病毒阳性女性在近期遭受创伤后应激障碍（PTSD；30%）、儿童期性虐待（39.3%）、童年的身体虐待（42.7%）、儿童期受虐（58.2%）、终身性虐待（61.1%）、终身身体虐待（72.1%）和未明确的终身虐待（71.6%）方面的患病率更高（Machtinger，Wilson，Haberer，& Weiss，2012）（见表 20-2）。

表 20-2　艾滋病毒阳性妇女中创伤性事件和 PTSD 患病率的荟萃分析

类别	研究编号	汇总 n	患病率[a]	95%CI	患病率[b]
最近的 PTSD	6	499	30	18.8-42.7	5.2
亲密伴侣暴力	8	2285	55.3	36.1-73.8	24.8
成人性虐待	8	2237	35.2	20.1-51.4	–[c]
成人身体虐待	5	1791	53.9	30.2-76.8	–[c]
成人虐待	2	532	65	58.9-70.8	–[c]
儿童期性虐待	7	3013	39.3	33.9-44.8	16.2
童年的身体虐待	6	1582	42.7	31.5-54.4	22.9
儿童期受虐	2	232	58.2	36.0-78.8	31.9
终身性虐待	8	1182	61.1	47.7-73.8	12.0
终身身体虐待	6	878	72.1	60.1-8.1	–[c]
未明确的终身虐待	6	1065	71.6	61.0-81.1	39

a 来自随机效应模型的汇总患病率（Der Simonian-Laird）；

b 美国妇女的国家样本；

c 无法获得国家样本中的数据或国家样本报告的利率相抵触。

资料来源：Machtinger，Wilson，Haberer，& Weiss，2012，p.2097。

物质滥用是可自行检查的一个因素，但是物质滥用与 IPV 的合成作用是毁灭性的。这个问题被认为成为一种流行病，甚至已经获得了专业名称：SAVA 综合征。物质滥用和暴力在多方面加剧了健康和社会问题。2011 年，迈耶（Meyer）、斯普林格（Springer）和阿尔蒂斯（Altice）完成了一篇文献
586 综述，其中包括 45 篇文章，涉及（a）与 HIV 相关的冒险行为，（b）精神健康，（c）医疗保健利用和药物依从性以及（d）暴力与艾滋病毒感染状况之间的双向关系。他们证实，滥用药物的累加效应不仅增加了危险行为，而且还导致决策不力和负面健康后果。在城市贫困妇女中，这些风险尤其高。

从艾滋病毒/艾滋病危机开始，物质滥用就已被确定为主要危险因素。静脉注射吸毒是直接感染途径，但是，其他感染途径也会增加病毒感染风险。通常与高风险行为相关的毒品是海洛因、甲基苯丙胺、可卡因和“俱乐部毒品”，如摇头丸、氯胺酮、羟基丁酸和亚硝酸戊酯。酒精也被证明是艾滋病毒感染的高风险因素。

在任何干预措施中，都必须考虑药物滥用、IPV 和精神健康问题。更重要的是，建议物质滥用和精神疾病治疗以及与药物治疗同时进行。如果一开始不解决药物滥用和（或）精神疾病，则可能会破坏医疗干预以及与患者—医生之间的关系。尽管有多种方式可以解决这些并发问题，但最重要的可能是与不遵守毒品规制相关的严重的个体和社会后果。

坚持服药

对抗逆转录病毒药物的不依从性直接与抗逆转录病毒药物耐药性的发展相关。依从性差可能是所有慢性疾病的问题。然而，早在 1996 年，蛋白酶抑制剂在治疗 HIV 方面就认识到药物不依从问题是一个潜在的灾难（Lewis & Abell，2002）。艾滋病毒每天变异数亿次，产生约 100 亿个病毒颗粒。每次变异都有可能产生耐药性突变（Richman，2004）。当不使用抗逆转录病毒药物时，这些突变大多是随机的自然事故，不会产生任何有意义的变化。当漏服药物时（如不坚持治疗或“禁药假期”的情况），突变会变得系统化，因为服用药物后留下的耐药性颗粒会变异。

过去，持续抑制病毒需要 95%的依从性。但是，现在的研究表明，尽管它不是最佳方法，但当蛋白酶抑制剂的依从性低至 73%、与双核苷类似物结合的更强大的非核苷逆转录酶抑制剂（NNRTIs）的依从性低至 54%（Bangs-

berg, 2006）时，阈值较低是个好消息，因为大多数人的平均依从率为 75%， 587
它不会削弱依从性的重要性；依从率越低，耐药性的可能性就越高。HIV 治疗的目标是持续抑制病毒，这将意味着生活质量的提高以及病毒传播给他人的风险的降低。

复原力和保护因素

2013 年，坎蒂萨诺（Cantisano）、里梅（Rimé）和穆尼契斯-萨特（Muñoz-Sastre）发现，在评估与疾病相关的情感、社交情感共享和情感抑制的问卷中，感染艾滋病毒的女性的内疚和羞耻感明显高于患糖尿病和癌症的女性。他们还发现，艾滋病毒呈阳性的女性在谈论自己的疾病时担心反映出自己的负面形象，并且与癌症和糖尿病患者相比，她们更少与人分享疾病状况。多项研究表明，社会支持增加后，艾滋病毒携带者中的女性可以获得更好的健康效果和更高的生活质量（Dyer, Stein, Rice, & Rotheram-Borus, 2012; Smith, Rossetto, & Peterson, 2008; Vanable et al., 2006; Vyavaharkar et al., 2010）。乐观、宗教信仰和寻找意义也是与 HIV 阳性女性的适应能力有关的因素。

大多数提供病例管理的艾滋病服务组织（ASO）以及独立于 ASO 的临床医生为当前面临危机事件的患者提供服务；他们还尝试为患者将来可能发生的事件做打算，以防止出现危机情况。在收录期间，他们通过为患者讲授疾病谱、体质症状、为保健康该做什么和不该做什么，以及采取更安全性行为的策略，来消除错误观念。保持免疫系统健康的建议通常包括提供营养表、支持小组信息、热线电话、压力管理和其他心理健康问题的顾问，药物依从性问题以及精神支持。有用的互联网站可帮助患者和临床医生与新的临床试验和新闻简报保持联系，并提供简单的非专业的信息，例如网址 www.thebody. 588
com 和网址 www.poz.com。

罗伯茨七阶段危机干预模型

罗伯茨的七阶段危机干预模型为正处于危机状态的艾滋病毒阳性患者提供了一个极好的框架（Roberts & Ottens, 2005）。干预的七个阶段如下：

- 评估致命性和安全需求；
- 建立融洽关系并沟通；
- 辨识主要问题；
- 处理情感并提供支持；
- 探索可能的替代方案；
- 制订行动计划；
- 跟进。

对于临床医生而言，重要的是要记住，将危机与困难局面区分开来的是缺乏工具和对危险的感知。例如，当一个人的汽车爆胎时，如果拥有工具、备用轮胎和安全的更换轮胎的地方，则爆胎只是带来不便。但是，如果这一个体独自在黑暗、空无一人的公路上，没有扳手，危机感就会开始加剧。爆胎事件并非危机，危机的症结在于，事件发生时由于缺乏改善工具而引发的危机感。临床医生对危险感知的认识和评估是进行危机干预的起点。罗伯茨七阶段模型旨在提供一个灵活的实践框架，为危机干预提供灵活指导。

致命性评估和建立融洽关系

自杀与慢性病、物质滥用、自杀史以及自杀家族史有关（Davic, Koch, Mbugua, & Johnson, 2011；World Health Organization, 2006）。除了慢性病之外，其他每个因素在艾滋病感染人群中的比例都高于一般人群（Davis et al., 2011）。艾滋病毒感染者心理健康障碍（包括抑郁症和焦虑症）的发生率更高，这可能是由于非议、歧视和健康问题引起或加剧的。一些药物会产生副作用，例如单相或双相情感障碍。重要的是，每个医护人员都应意识到该人群自杀风险的增加，并进行相应的筛查。世界卫生组织（2006, p. 14）在危机状态下进行自杀评估时提出以下建议：

- 保持镇定和提供支持；
- 不可妄下判断；
- 鼓励自我表达；
- 承认自杀是一种选择，但请不要将自杀正常化；

- 主动倾听并积极加强自我关怀；
- 随时保持咨询过程； 589
- 危机消除前避免深入咨询；
- 呼吁他人帮助评估潜在的自我伤害；
- 询问有关致命性问题；
- 消除自杀手段。

临床医生可以随机在互联网上找到免费的自杀筛查工具，例如哥伦比亚自杀严重程度评定量表（C-SSRS）、自杀评估之五步评估和分诊（SAFE-T）以及自杀行为问卷（SBQ-R；SAMHSA-HRSA Center for Integrated Health Solution，2013）。所有机构和私人执业者在面对从未见过的自杀患者之前，都应制订适当的安全程序规程。如果怀疑存在自我伤害的可能性，临床医生必须遵循上述规程。

对艾滋病毒阳性妇女的危机干预始于产生亲切感或建立信任关系。临床医生在此阶段需要的工具或特质是非评判态度，口头理解和非语言交流的能力、真诚、客观和恰当的幽默感。

当尝试建立融洽关系时，对于临床医生而言，记住与HIV阳性患者有关的污名很重要。临床医生将要求患者透露其个人生活中的隐私部分，而这些部分是她们通常不会与任何人谈论的，更不用说一个陌生人了。与HIV阳性人群打交道一段时间后，人们很容易忘记与性和吸毒等相关的话题的不适感。这些主题成为医生日常经验的一部分。但是，这可能会给患者带来不适。医生必须为这种表达提供安全和尊重的氛围，这可以通过对通常被视为禁忌的敏感话题进行舒适度建模来实现。

在此评估阶段，大多数信息收集工作将会完成。大多数机构都有一份由几页问题组成的常规信息收集表格。这些问题通常用于收集人口统计信息（居住地、家庭规模、收入等）、可能的艾滋病毒感染途径、医疗服务支付方式、一些医疗信息以及有关患者家庭系统或其他支持途径。连珠炮似的提问可能会严重干扰建立相互尊重的关系的意图，因为双方之间没有任何互动：只是病患单方输出所有信息。这种单向沟通建立了一种动态关系，其中临床医生是主导方，使患者处于被动。

当临床医生熟悉信息收集和评估过程时，引导患者讲述自己的故事要容易得多，而不是患者对医生一系列问题给出一句话的答案。这种讲故事的方式既为患者提供了更轻松的氛围，又为临床医生提供了评估认知功能的机会。使用适度且有规划的询问指引能确保收集所有需要的信息。该指引不仅
590 可以提供聊天结构，还给予临床医生灵活性，以便与患者建立融洽的关系。该指引不必一定是固定形式（尽管起初可能会有所帮助），而是一种思考或安排面试的方式。指引的格式呈漏斗状，这意味着访谈从非常开放的问题开始，以引导出更直接的问题，例如：

- 玛丽亚，今天有什么想和我交流的吗？
- 跟我聊聊你的服药方案。
- 让我们谈谈目前你的病毒载量。

前面序列中的每个问题都更加聚焦。这些问题之间可能有也可能没有几个问题，具体取决于玛丽亚的回答的深度和广度。该指引进程得当，因为它给出了要点，而不是确切的问题或问题的时机。机构需要的所有信息都必须收集，但是可以在患者和临床医生双方商定的时间范围内收集。根据情况，另一种选择可使用“文化结构访谈”，这是由美国精神病学协会（2013）开发的工具，可用于患者在其自己的文化框架中识别问题。

问题评估

与艾滋病毒阳性患者合作的临床医生面临的主要挑战是抵制被危机迷住的冲动。由于死亡作为危险最终的负面结果存在于社会观念中，所以人们很难认识到死亡并不是危机。一个艾滋病服务机构的员工休息室墙上的标语写着：“没有危机。”这是为了提醒临床医生，无论什么情况，当患者拥有了他们所需的工具时，就不会有危机。表 20-3 列出了这两种情况下医生需要识别和评估的与 HIV 相关的个人问题和环境问题。

与 HIV 阳性患者合作时，务必考虑可能的生理性认知功能障碍。这并不意味着社会服务临床医生应尝试对 HIV 患者的脑部损害进行医学诊断，但是，临床医生应该能够识别出明显的迹象，以便立即进行医疗转介。这些迹象可能包括但不限于记忆力减退、思维不合理或思维混乱、严重的头痛、视力模糊、言语改变或步态改变。

表 20-3　危险类型和应对策略 591

当前与艾滋病相关的危机	积极和消极应对策略
感知到的危险	**过去的积极/消极应对策略**
玛丽：HIV 感染/家庭暴力	玛丽：毒品和宗教信仰
玛丽亚：财务	玛丽亚：社会支持和自力更生
危险是身体上的、情感上的还是环境上的?	**行动**
玛丽：身体	玛丽：HIV 检测、医疗监督、家庭暴力咨询
玛丽亚：环境/身体	玛丽亚：经济援助；艾滋病药物援助项目

由于艾滋病毒阳性人群的异质性，医护人员应抓住一切机会，了解所服务人群的文化和习俗。例如，研究表明，精神和宗教参与在非裔美国妇女的健康信念和福祉中发挥着作用（Boyd-Franklin，2010；Dalmida，2006；Figueroa，Davis，Baker，& Bunch，2006）。并非所有文化都将生活大事摆在同样重要的位置，重要的是要在服务对象的文化认同背景下考虑当前的危机。

临床医生必须协助服务对象排序或优先处理主要问题以及针对这些问题引发的已知危险。或许临床医生与患者具有不同的现有问题排序，但是，感到困扰的是服务对象。如果医生认为在解决优先问题之前必须做好准备工作，则他（她）有义务与患者一起解决这些问题。

比如，玛丽认为她面临的主要问题是可能感染艾滋病毒、潜在的暴力和（或）成为无家可归者。如果玛丽检测 HIV 为阴性，则需要转介给专科医生，该专科医生可能会采用感染前的预防措施（PrEP），这是 HIV 治疗的特殊过程，旨在防止人们被 HIV 感染。在这种情况下，进行完整的、彻底的家庭暴力评估也很重要。

就玛丽亚而言，她需要得到经济援助来支付药费。她非常自负，甚至甘愿让自己的健康遭受损害，而不是接受她认为的福利援助，但是她没有意识到不接受的后果是多么可怕。缺乏社会支持加上内在的耻辱感直接影响了她的心理健康。在本案例中，临床医生的职责是协助玛丽亚获得药物，同时对她进行坚持服药的医嘱教育，并帮助她重新获得社会支持。

情绪探索 592

被诊断出患有艾滋病的女性可能正在经历一种或多种情绪：

- 羞耻："我是通过吸毒或性交感染这种疾病的。"
- 背叛："我不敢相信他在欺骗我。"
- 愤怒："那惹人烦的某某人让我这样。"
- 失落："我将再也无法做爱或生孩子。"
- 恐惧："如果我告诉另一半我患有艾滋病，我的伴侣会杀了我。"
- 负罪感："我可能已经将艾滋病病毒传染了其他人。"

在本章中我们讨论了思想观念是危机背后的驱动力，根据认知理论家的说法，情绪也是由认知驱动的。因此，危机干预的主要目标是提供信息以纠正歪曲的想法并更好地理解突发事件。干预不是在毫无感情的真空中进行的，而是在强调患者优势的支持性环境中进行的。

在宣泄阶段，临床医生必须积极倾听，并通过提出开放性问题让患者回到正轨。此时，临床医生的工作不仅是积极倾听患者的声音，而且还要在系统中观察患者的意见。这将为下一阶段探索解决方案提供工具。为了看到更大的患者个人系统，从业者必须时刻牢记五件事：（a）患者的发展阶段［例如，埃里克森（Ericson）或其他发展理论学家］；（b）病症阶段；（c）患者在家庭或支持系统中的位置；（d）文化规范；（e）过去在类似情况下有效的策略。

在第一个案例中，玛丽有几个问题需要解决，主要是与恐惧有关的问题：她是一名 27 岁的女性，已经在监狱和街头度过了一段时间。她说，她的男朋友"很好地照顾了她"，即使他在骂人，她在那里也比在街上安全。她不知道自己是不是阳性，但她怀疑因为他是阳性，由于他们之间有不安全性行为，所以她也一定是。玛丽除了詹姆斯外没有其他支持系统。她对他非常忠诚，因为她觉得自己欠他，而且她知道处理这种情况的方法就是保持平静。她会去接受检查并自己处理好自己的事。她相信在经历了这一切之后，"如果她愿意走路，上帝会向她指明道路"。

相比之下，玛丽亚处于羞耻感中。她感到艾滋病毒带来了羞耻感并且这种羞耻感会增强。对她来说，不得不寻求帮助在多个层面上都是沉重的打击。玛丽亚不是为了金钱本身而珍惜金钱，而是因为金钱为她提供了安全感
593 和控制感。当她意识到是因为药物费用太高而使她无法自己照顾自己时，这就是她病情好转的征兆。

探索替代方案和行动计划

在整个评估过程中，信息被收集起来以探索可能的解决方案。在干预过程中，临床医生要确定患者是有自杀的倾向还是杀人的倾向，是否建立了融洽的关系，找出主要问题，并探讨患者因问题而产生的感受和想法。接下来的两个步骤是找到可行的解决方案并制订行动计划。解决方案必须与患者一起得出，并且必须考虑到她不得不使用的工具。

当找到可行的解决方案时，临床医生通常必须扮演积极的引导角色。由于危机的缘故，患者正在经历失衡状态，可能无法找到缓解情况的策略或技巧。患者可能认识不到她过去已经克服了类似或更困难的障碍，因此从业者的职责是指出这些患者的优点和成就。

该行动计划应包含清晰具体的步骤。取出一张纸并与患者一起写下每个步骤是一个好主意。在纸上垂直画一条线，在线的一侧写下目标或任务，在另一侧写下谁要完成任务和完成任务的时间范围。患者一天可能只能打一个电话。这看起来似乎不是很大的成就，但它为目标实现注入了动力。

以玛丽为例，有几个问题需要同时解决。玛丽需要接受 HIV 检测，但无论她的艾滋病病情状况如何，她都需要专业医生来评估是接受艾滋病治疗还是采取感染前的预防措施。但是，与此同时，玛丽需要处理自己的关系。她不想离开詹姆斯，因此必须设计一个计划，以便她如何与他讨论艾滋病毒并免受伤害。她必须找到一个安全的地方，以防詹姆斯变得暴力，这一点很重要。詹姆斯下班回家后，玛丽和詹姆斯经常去公园散步，因为这是一个公共场所，具有私下交谈的区域，因此玛丽和临床医生认为这是进行对话的好地方。她与医生决定在与他交谈之前先接受检查，以便可以告诉他自己的情况，并让他知道她爱他并想和他在一起，无论她是不是艾滋病毒阳性。进行角色扮演是为了为不同的情况做准备，医生和玛丽同意在进行艰难的对话之前不应该使用任何药物或酒精。

医生向她提供了有关感染前的预防措施的信息，如果詹姆斯需要信息， 594
可以向他提供解释。玛丽还从网站上获得了一些有关快速检测的信息，艾滋病毒、家庭暴力和药物滥用的综合征，以及有关家庭暴力的安全信息和计划。然后，医生将玛丽送到卫生部门进行快速检测，并要求她在第二天进行跟进。

玛丽亚的需求和她采用的技能完全不同。她需要经济援助来确保自己的药物治疗，但与此同时，她还需要与支持小组重新建立联系。玛丽亚需要再次控制自己的病毒载量，但直到获得药物治疗资金后她才能这样做。她为艾滋病药物援助计划（ADAP）花了太多钱，因此她不得不直接向制药公司申请援助。接下来，医生帮助玛丽亚在 www. thebody. com 上建立了一个账户，以便在收到药物后每天发送有关服用药物的文字提醒，帮助其坚持治疗。玛丽亚还在两个不同的在线支持小组注册了账户。玛丽亚和顾问都认同，在线小组并不能代替面对面交谈，但它们起着很好的补充作用。

跟　进

每个行动计划的最后一步应该是与危机干预顾问进行某种形式的跟进。与临床医生进行既定会面或跟进联系，既可以激励患者完成目标清单上的每项任务，又可以确保患者不必独自完成所有任务。在后续联系期间，这些问题和为解决该问题而采取的步骤将会被审查。如果问题仍然存在，则需研究其他可能的解决方案；如果问题已解决，对临床医生来说，确认患者的成果很重要。这种确定将有助于锚定这些新情形的应对策略，以备将来使用。

结　论

尽管近期因艾滋病引起的疾病而死亡的人数有所减少，但新的艾滋病毒感染人数并未下降。已经被边缘化的少数族裔妇女不成比例地受到艾滋病毒和艾滋病的影响和感染。由于该病毒的性质以及与之相关的非议，这些妇女可能面临一系列危机。

595 与艾滋病毒呈阳性的妇女合作时，临床医生必须警惕家庭暴力和其他形式的暴力以及药物滥用，所有这些因素都是复杂的。对文化规范敏感也很重要，包括女性在每种文化中扮演的角色。危机干预评估应在考虑服务对象支持系统的文化背景下进行。重要的是要认识到服务对象的优势和过去已经运用过的成功的应对策略。有大量资源可供社会工作者、护士和其他为艾滋病毒呈阳性者提供护理的人使用。新的信息和干预措施经常被提供给患者，重要的是，信息持续更新，以便为患者提供最准确的信息。

参考文献

American Psychiatric Association. (2013). *Diagnostic and statistical manual of mental disorders* (5th ed.). Arlington, VA: American Psychiatric Publishing.

Andrinopoulos, K., Clum, G., Murphy, D. A., Harper, G., Perez, L., Xu, J., . . . Ellen, J. M. (2011). Health related quality of life and psychosocial correlates among HIV-infected adolescent and young adult women in the US. *AIDS Education and Prevention : Official Publication of the International Society for AIDS Education*, *23*, 367–381. Retrieved from http://www.pubmedcentral.nih.gov/articlerender.fcgi?artid=3287350&tool=pmcentrez&rendertype=abstract

Bangsberg, D. R. (2006). Less than 95% adherence to nonnucleoside reverse-transcriptase inhibitor therapy can lead to viral suppression. *Clinical Infectious Diseases : An Official Publication of the Infectious Diseases Society of America*, *43*, 939–941. doi:10.1086/507526

Berjot, S., & Gillet, N. (2011). Stress and coping with discrimination and stigmatization. *Frontiers in Psychology*, 2, 33. doi:10.3389/fpsyg.2011.00033

Boyd-Franklin, N. (2010). Incorporating spirituality and religion into the treatment of African American clients. *Counseling Psychologist*, *38*(7), 97–1000. doi:10.1177/0011000010374881

Burke, J. G., Thieman, L. K., Gielen, A. C., O'Campo, P., & McDonnell, K. A. (2005). Intimate partner violence, substance use, and HIV among low-income women: Taking a closer look. *Violence Against Women*, *11*, 1140–1161. doi:10.1177/1077801205276943

Cantisano, N., Rimé, B., & Muñoz-Sastre, M. T. (2013). The social sharing of emotions in HIV/AIDS: A comparative study of HIV/AIDS, diabetic and cancer patients. *Journal of Health Psychology*, *18*, 1255–1267. doi:10.1177/1359105312462436

Centers for Disease Control and Prevention. (2010). HIV/AIDS surveillance report. *HIV Surveillance Report*, *2010*, 22, 1–79.

Centers for Disease Control and Prevention. (2011). *HIV surveillance report*, *23*. Retrieved from http://www.cdc.gov/hiv/topics/surveillance/resources/reports/

Colbert, A. M., Kim, K. H., Sereika, S. M., & Erlen, J. A. (2010). An examination of the relationships among gender, health status, social support, and HIV-related stigma. *Journal of the Association of Nurses in AIDS Care*, *21*, 302–313. doi:10.1016/j.jana.2009.11.004

Dalmida, S. G. (2006). Spirituality, mental health, physical health, and health-related quality of life among women with HIV/AIDS: Integrating spirituality into mental health care. *Issues in Mental Health Nursing*, *27*, 185–198. doi:10.1080/01612840500436958

Davis, S. J., Koch, D. S., Mbugua, A., & Johnson, A. (2011). Recognizing suicide risk in consumers with HIV/AIDS. *Journal of Rehabilitation*, *77*, 14–19. Retrieved from http://ezproxy.library.wisc.edu/login?url=http://search.ebscohost.com/login.aspx?d

irect=true&db=aph&AN=58200255&site=ehost-live

Dowshen, N., & D'Angelo, L. (2011). Health care transition for youth living with HIV/AIDS. *Pediatrics*, *128*, 762–771. doi:10.1542/peds.2011–0068

Dyer, T. P., Stein, J. A., Rice, E., & Rotheram-Borus, M. J. (2012). Predicting depression in mothers with and without HIV: The role of social support and family dynamics. *AIDS and Behavior*, *16*, 2198–2208. doi:10.1007/s10461-012-0149-6

El-Bassel, N., Gilbert, L., Krishnan, S., Schilling, R., Gaeta, T., Purpura, S., & Witte, S. S. (1998). Partner violence and sexual HIV-risk behaviors among women in an inner-city emergency department. *Violence and Victims*, *13*, 377–393.

Figueroa, L. R., Davis, B., Baker, S., & Bunch, J. B. (2006). The influence of spirituality on health care-seeking behaviors among African Americans. *ABNF Journal : Official Journal of the Association of Black Nursing Faculty in Higher Education, Inc*, *17*, 82–88.

Folkman, S., Lazarus, R. S., Dunkel-Schetter, C., DeLongis, A., & Gruen, R. J. (1986). Dynamics of a stressful encounter: Cognitive appraisal, coping, and encounter outcomes. *Journal of Personality and Social Psychology*, *50*, 992–1003. doi:10.1037/0022-3514.50.5.992

Folkman, S., Lazarus, R. S., Gruen, R. J., & DeLongis, A. (1986). Appraisal, coping, health status, and psychological symptoms. *Journal of Personality and Social Psychology*, *50*, 571–579. doi:10.1037/0022-3514.50.3.571

Frieden, T. R. (2011). Foreward: CDC Health Disparities and Inequalities Report—United States, 2011. *Morbidity and Mortality Weekly Report, Surveillance Summaries / Centers for Disease Control*, *60*(suppl.), 1–2.

Gielen, A. C., McDonnell, K. A., O'Campo, P. J., & Burke, J. G. (2005). Suicide risk and mental health indicators: Do they differ by abuse and HIV status? *Women's Health Issues*, *15*, 89–95. doi:10.1016/j.whi.2004.12.004

Hall, H. I., Holtgrave, D. R., Tang, T., & Rhodes, P. (2013). HIV transmission in the United States: Considerations of viral load, risk behavior, and health disparities. *AIDS and Behavior*, *17*, 1632–1636. doi:10.1007/s10461-013-0426-z

Larios, S. E., Davis, J. N., Gallo, L. C., Heinrich, J., & Talavera, G. (2009). Concerns about stigma, social support and quality of life in low-income HIV-positive Hispanics. *Ethnicity and Disease*, *19*, 65–70.

Lewis, S. J., & Abell, N. (2002). Development and evaluation of the Adherence Attitude Inventory. *Research on Social Work Practice*, *12*(1), 107–123. doi:10.1177/104973150201200108

Lillie-Blanton, M., Stone, V. E., Snow Jones, A., Levi, J., Golub, E. T., Cohen, M. H., . . . Wilson, T. E. (2010). Association of race, substance abuse, and health insurance coverage with use of highly active antiretroviral therapy among HIV-infected women, 2005. *American Journal of Public Health*, *100*, 1493–1499. doi:AJPH.2008.158949 [pii] 10.2105/AJPH.2008.158949 [doi]

Machtinger, E. L., Wilson, T. C., Haberer, J. E., & Weiss, D. S. (2012). Psychological trauma and PTSD in HIV-positive

women: A meta-analysis. *AIDS and Behavior, 16*, 2091–2100. doi:10.1007/s10461-011-0127-4
McIntosh, R. C., & Rosselli, M. (2012). Stress and coping in women living with HIV: A meta-analytic review. *AIDS and Behavior, 16*(8), 2144–2159. doi:10.1007/s10461-012-0166-5
Meyer, J. P., Springer, S. A., & Altice, F. L. (2011). Substance abuse, violence, and HIV in women: A literature review of the syndemic. *Journal of Women's Health, 20*, 991–1006. doi:10.1089/jwh.2010.2328
Pence, B. W., Reif, S., Whetten, K., Leserman, J., Stangl, D., Swartz, M., . . . Mugavero, M. J. (2007). Minorities, the poor, and survivors of abuse: HIV-infected patients in the US Deep South. *Southern Medical Journal, 100*, 1114–1122. doi:10.1097/01.smj.0000286756.54607.9f
Puskas, C. M., Forrest, J. I., Parashar, S., Salters, K. A., Cescon, A. M., Kaida, A.,. . . Hogg, R. S. (2011). Women and vulnerability to HAART non-adherence: A literature review of treatment adherence by gender from 2000 to 2011. *Current HIV/AIDS Reports, 8*(4), 277–287. doi:10.1007/s11904-011-0098-0
Richman, D. D. (2004). HIV drug resistance. *New England Journal of Medicine, 350*, 1065–1071. Retrieved from http://www.pubmedcentral.nih.gov/articlerender.fcgi?artid=2652074&tool=pmcentrez&rendertype=abstract
Roberts, A. R., & Ottens, A. J. (2005). The seven-stage crisis intervention model: A road map to goal attainment, problem solving, and crisis resolution. *Brief Treatment and Crisis Intervention, 5*, 329–339. doi:10.1093/brief-treatment/mhi030
SAMHSA-HRSA Center for Integrated Health Solutions. (2013). Suicide prevention in primary care. *e-solutions newsletter*. Retrieved from http://www.integration.samhsa.gov/about-us/esolutions-newsletter/suicide-prevention-in-primary-care
Selik, R. M., Mokotoff, E. D., Branson, B., Owen, S. M., Whitmore, S., & Hall, H. I. (2014). Revised surveillance case definition for HIV infection—United States, 2014. *Morbidity and Mortality Weekly Report, Recommendations and Reports / Centers for Disease Control, 63*, 1–10. Retrieved from http://www.ncbi.nlm.nih.gov/pubmed/24717910
Siemieniuk, R. C., Krentz, H. B., Miller, P., Woodman, K., Ko, K., & Gill, M. J. (2013). The clinical implications of high rates of intimate partner violence against HIV-positive women. *Journal of Acquired Immune Deficiency Syndromes, 64*, 32–38. doi:10.1097/QAI.0b013e31829bb007
Smith, R., Rossetto, K., & Peterson, B. L. (2008). A meta-analysis of disclosure of one's HIV-positive status, stigma and social support. *AIDS Care, 20*, 1266–1275. doi:10.1080/09540120801926977
Vanable, P. A., Carey, M. P., Blair, D. C., & Littlewood, R. A. (2006). Impact of HIV-related stigma on health behaviors and psychological adjustment among HIV-positive men and women. *AIDS and Behavior, 10*, 473–482. doi:10.1007/s10461-006-9099-1
Vyavaharkar, M., Moneyham, L.,

Corwin, S., Saunders, R., Annang, L., & Tavakoli, A. (2010). Relationships between stigma, social support, and depression in HIV-infected African American women living in the rural southeastern United States. *Journal of the Association of Nurses in AIDS Care*, *21*, 144–152. doi:10.1016/j.jana.2009.07.008

Wagner, A. C., Hart, T. A., Mohammed, S., Ivanova, E., Wong, J., & Loutfy, M. R. (2010). Correlates of HIV stigma in HIV-positive women. *Archives of Women's Mental Health*, *13*, 207–214. doi:10.1007/s00737-010-0158-2

Watkins-Hayes, C., Pittman-Gay, L., & Beaman, J. (2012). "Dying from" to "living with": Framing institutions and the coping processes of African American women living with HIV/AIDS. *Social Science and Medicine*, *74*, 2028–2036. doi:10.1016/j.socscimed.2012.02.001

Whetten, K., Leserman, J., Lowe, K., Stangl, D., Thielman, N., Swartz, M., ... Van Scoyoc, L. (2006). Prevalence of childhood sexual abuse and physical trauma in an HIV-positive sample from the Deep South. *American Journal of Public Health*, *96*, 1028–1030. doi:10.2105/AJPH.2005.063263

World Health Organization. (2006). *Preventing suicide: A resource guide for dounsellors*. Geneva: Author Retrieved from http://whqlibdoc.who.int/publications/2006/9241594314_eng.pdf

Wyatt, G. E., Hamilton, A. B., Myers, H. F., Ullman, J. B., Chin, D., Sumner, L. A.,... Liu, H. (2011). Violence prevention among HIV-positive women with histories of violence: Healing women in their communities. *Women's Health Issues*, *21*. doi:10.1016/j.whi.2011.07.007

第二十一章　动物辅助危机应对

伊冯娜·伊顿-斯塔尔（Yvonne Eaton-Stull）
布莱恩·弗林（Brian Flynn）

华盛顿奥索的泥石流、华盛顿特区海军工厂的枪击事件、桑迪飓风等一系列灾难至今仍在美国人的心灵深处引起共鸣。这些最近的危机和灾难已经把我们的生存空间淹没，我们看到幸存者和响应者试图处理、应对，并从这些创伤性事件中恢复。599

当灾难发生时，它的影响涉及个人和社区。无论灾难是自然发生的还是人为造成的，人们在灾难后所经历的压力和悲伤反应都是对反常情况的正常反应。大多数人认为自己在灾后不需要心理健康帮助，也不会寻求帮助。这常常导致症状加剧，并可能导致长期的精神健康问题。通过在灾难的影响下或之后不久提供情感支持，这些反应可能会减少。北约联合医疗委员会（NATO Joint Medical Committee，2008）将**康复**定义为“一种心理社会护理，包括力量和弱点、可用资源和环境的积极方面，描述了动态的、持续的相互作用过程”（p. 40）。问题是，什么样的方法和技巧对促进创伤后的复原最有价值？

在2002年的一次国际专家共识研讨会上，六个联邦机构对灾害干预文献进行了广泛的回顾，随后又举行了三次圆桌会议。专家们推荐了以下经验支持的干预原则：促进安全感、平静感、自我效能感和社区效能感、关联性和希望（Watson，Brymer，& Bonanno，2011）。心理急救（psychological first aid，PFA）的个人非正式干预被确定符合这些标准（Kaul & Welzant，2005）。600
根据专家的共识建议，心理急救现场操作指南被国家儿童创伤应激网络（National Child Traumatic Stress Network，NCTSN）和美国国家创伤后应激障碍中心（National Center for PTSD，NCPTSD）（Brymer et al.，2006）作为一

种基于证据的方法来帮助人们应对灾难的直接后果。除了来自这些信誉良好、可靠的组织的支持，心理急救也被北约认可为减少痛苦和培养适应功能和应对能力的循证方法（NATO Joint Medical Committee，2008）。

动物辅助危机应对（animal-assisted crisis response，AACR）是指为危机反应者提供一只经认证的危机响应犬，这是一种能提供心理急救和帮助受危机和灾难影响的人们的一种有效方式。为了增加对这种专门形式的危机干预的知识，回顾一些关键的术语是必要的。**“治疗犬”**（therapy dog）指的是根据狗的性情和服从性进行评估，并在某个机构注册，而不是“认证”（certified）的狗。然而，治疗犬组织的数量几乎和狗的品种一样多；因此，评价的类型是多种多样的。例如，一些人可能只对这些狗进行一次评估，而另一些人可能需要对它们进行周期性的重新评估。宠物伙伴（Pet Partners）是一个全国性的组织，除了定期对治疗犬和训犬员进行筛查和评估外，还提供培训（Pet Partners，2012）。关于宠物伙伴的信息可从网站 http://petpartners. org/获得。虽然许多治疗犬可能很适合应对危机和灾难，但大多数并不适合这种情况。那么我们该怎么做呢？需要确保应对小组有 AACR 认证。

AACR 是专门检查已被评估与大量训练过的狗和训犬员团队的组织，其设立是为了能够应对混乱、不可预测的环境以及与个体进行有效互动。这些危机应对犬是用来在危机和灾难后提供安慰和支持的（HOPE AACR，n. d. ）。这些团队必须展示以前和现在与各种群体之间的动物援助经验，并通过严格的评估，以确定其从事动物辅助危机应对工作的能力。认证培训包括危机干预、事件指挥、压力管理、自我照顾和犬类行为的教学信息。额外的经验培训使这些团队能够在情绪激动和混乱的环境中做出有效的反应。急救人员可从 http://www. hopeaacr. ore 获得更多关于动物辅助危机应对的信息，并请求认证团队在应对危机时提供帮助。

与其他应急服务专业人员一样，这些动物辅助危机应对团队需要接受继续教育。2010 年出台的国家标准，概述了动物辅助危机应对团队的要求。这些要求对提供安全和专业服务至关重要（National Standards Committee for AACR，2010）。美国希望之城癌症研究协会（HOPE AACR）和国家癌症研究协会（National AACR）这两个全国性组织达到了这些标准，其中包括最低限度的培训，如事故指挥系统、危机干预、自我护理以及犬类的行为和压力管理。这些动物辅助危机应对组织在持续的基础上组织监控和评估团队，并要求积极参与危机和灾难应对。这些经过认证的团队表现出专业精神，并遵循一定的行为准则。表 21-1 总结了治疗犬访问和动物辅助危机应对之间的区别。这进一步证明了你需要确保你有适合这项工作的狗。

表 21-1　治疗犬访问与动物辅助危机应对的差异 601

	治疗犬	动物辅助危机应对
访问/应对	提前预订的	危机往往在毫无预兆的情况下发生
运输方式	常用汽车	可以乘飞机、公共汽车、轮船、火车、紧急车辆
工作环境	常规、可预测、熟悉	不可预测、混乱、不熟悉
服务对象群体	经常是 1∶1 的访问或小组	通常是非常大的群体，人群
情绪刺激	通常低调的情绪	紧张情绪，高压力，悲伤
其他支持	经常从代理公司工作人员处获得支持和帮助	必须是自给自足的，而不是其他响应者的负担
访问/应对的时间	典型的是 1~1.5 个小时的访问	几个小时到几天
访问/应对模式	经常独自工作	和其他团队一起工作
需求	不会要求太多，通常室内	体力要求高，时间长，可在户外
动物	可以用狗、猫、马及其他小动物	只推荐狗，由于接受它们作为“帮手”

资料来源：HOPE AACR，2008。

提供危机干预的响应者现在意识到我们的四足犬朋友在提供积极的心理急救干预方面的好处。积极的干预策略应侧重于减少生理兴奋，提供情感安慰和支持，并鼓励社会接触和交流（Orner，Kent，Pfefferbaum，Raphael，& Watson，2006），动物辅助危机应对通过提供各种生理、情感和社会福利的创新的方式来实现这些早期干预目标。

生理上的益处

暴露在危机和灾难中会引起生理上的兴奋，但是接触、接近和动物辅助
干预有助于压力的减少以及创伤恢复（Yorke，2010）。在一项涉及 69 项研究 602
的荟萃分析中，比兹（Beetz）、乌夫纳斯-莫伯格（Uvnas-Moberg）、朱利叶斯（Julius）和科特恰（Kotrschal）（2012）的研究证实，与动物互动对身体有充分的益处。这种有价值的干预有可能减轻或防止更严重的影响。许多特

定的因素导致了创伤后应激障碍的发展，但一个已知的预测因素是心率升高（Bryant，Creamer，O'Donnell，Silove，& McFarlane，2008；DeYoung，Kenardy，& Spence，2007；Kassam-Adams，Garcia-Espana，Fein，& Winston，2005；Kuhn，Blanchard，Fuse，Hickling，& Broderick，2006）。研究表明，与狗互动会使人的心率降低（Barker，Knisely，McCain，Schubert，& Pandurangi，2010；Kaminski，Pellino，& Wish，2002；Morrison，2007）。因此，在灾后使用动物辅助危机应对对幸存者的心理健康有预防作用。

几项研究还发现，与动物互动后，作为一种应激激素的皮质醇会降低（Barker et al.，2010；Kaminski et al.，2002；Odendaal，2000；Viau，Arsenault-Lapierre，Fecteau，Champagne，Walker，& Lupien，2010）。有文献也认为血压会降低（Barker et al. 2010；Odendaal，2000）。使用动物辅助危机应对来降低应激激素（皮质醇）、心率或血压，为降低生理兴奋和促进复原提供了创新的、非药物的方法。

情感上的益处

危机和灾难引起的情感影响巨大。最常见的两种反应包括恐惧和焦虑（National Center for PTSD，2010）。重点关注减少这些反应的干预措施当然很有必要。有经验的灾难应对人员对动物辅助危机应对的影响提供了有价值的见解。格林鲍姆（Greenbaum）（2006）根据“9·11”恐怖袭击事件的经验，她断言狗的不加判断的、支持性的天性是一种天然的镇静剂。格林鲍姆（2009）作为对火灾和龙卷风的灾害响应者，觉得这些团队为那些受灾难影响的人创造了一个富有同情心的存在。这些狗通过提供无条件的爱和接纳给予安全感和归属感。事实上，钱德勒（Chandler）（2008）指出，在卡特里娜飓风（Hurricane Katrina）期间，它们在为幸存者提供照顾和减轻焦虑方面比其他干预措施要有效得多。

心理健康领域的研究也证实了动物干预对减少焦虑的益处。弗吉尼亚联邦大学人类与动物互动中心（Virginia Commonwealth University Center for Human Animal Interaction）正在进行一项前沿研究，欢迎读者访问该中心的网站：http://chai.vcu.edu/。几项针对不同人群的研究发现，与动物互动后，焦虑会减少（Barker & Dawson, 1998；Hoffman et al., 2009；Jasperson, 2010； 603
Lang, Jansen, Wertenauer, Gallinat, & Rapp, 2010；Sockalingam et al., 2008）。此外，应对人员也很清楚灾难和危机工作对他们个人的影响。罗塞蒂（Rossetti）、德法比斯（DeFabis）和贝尔佩迪奥（Belpedio）（2008）发现工作场所狗的存在和使用也降低了危机应对的压力。

社会福利

动物辅助危机应对团队与各种专业人士合作应对危机和灾难。应对者在识别那些需要进一步的服务和支持方面起着至关重要的作用，所以任何协助这些有益的联系的策略都应该被考虑。2009 年美国大陆航空公司 3407 航班（Continental Flight 3407）坠毁后，警犬队是心理健康工作者工作的一个很好的补充（Homish, Frazer, McCartan, & Billitier, 2010）。在她关于动物辅助危机应对操作者的定性研究中，布阿（Bua）（2013）发现，AACR 作为危机辅导员的延伸，在幸存者和医师之间起着媒介作用。比兹（Beetz）（2012）和他的同事对 69 项关于人与动物互动的研究进行了广泛的回顾，发现有充分证据证明这种互动对社会注意力、社会行为和人际交往的益处；建立社会联系是危机后的一个重要角色（Wells, 2009）。

理论支持

人与动物的互动提供了一种宝贵的危机干预治疗形式。根据亲生命假说（biophilia hypothesis）的观点，“动物可以发出安全、保险、幸福的信号，因此，与动物的接触是很重要的，可以激活导致改变的经历”（Schaefer, 2002, pp. 4-5）。灾难和危机可以粉碎一个人对世界是一个安全的地方的信念。狗能带来稳定和安全感，增强安全感和希望。一个相关的理论——社会支持理论——“提供了额外的支持，动物的陪伴帮助缓冲压力”（Halm, 2008, p. 373）。危机过后，受害者往往会立即寻求社会联系和支持。动物可以提供这种无条件的爱和鼓励。从业人员可以促进这些相互作用，以促进受害者从灾害和危机中复原。

以前的研究支持了生理上的益处，如降低血压、心率和皮质醇水平。人与动物之间的互动使人产生的生理变化不仅可以保护幸存者免受压力的负面影响，还可以防止出现创伤后应激障碍等严重的长期后果。情感帮助在研究中也得到了很好的支持。

与动物的互动可以使人减轻焦虑，减少恐惧，引导放松，改善情绪。最后，社会优势是有据可查的。与动物互动的社会效益包括增加相互作用，减少孤立，加强与应对方的合作。灾难和危机可能是毁灭性的改变生活，因此，必须继续利用和发展对幸存者的复原产生积极影响的干预措施。

基于上述研究，AACR 团队完成心理急救的方式总结为表 21-2。

604 **表 21-2　动物辅助危机应对如何补充心理急救**

心理急救行动	动物辅助危机应对如何补充心理急救
与幸存者联系	提供不带评判的、无条件地接受
增强安全性和舒适性	给予幸存者身体上的安慰、支持和踏实感
使幸存者镇定	起镇定作用，减少焦虑
收集信息	增强舒适感，使人心情舒畅
联系社会支持	社会催化剂功能，帮助人们参与其中
提供应对资讯	通过令人舒适的渠道传递信息
链接协同服务	构建治疗桥

资料来源：Brymer et al.，2006。

AACR 对那些经历了灾难和创伤的心理影响的人的治疗效果得到了明确的证明。AACR 为心理急救提供了一个宝贵的工具，以应对危机。未来的目标应该包括提高对 AACR 的认识，增加经过培训和认证的队伍数量，以便在事故发生时做出响应。

参考文献

Barker, S. B., & Dawson, K. S. (1998). The effects of animal-assisted therapy on anxiety ratings of hospitalized psychiatric patients. *Psychiatric Services*, *49*, 797–801.

Barker, S. B., Knisely, J. S., McCain, N. L., Schubert, C. M., & Pandurangi, A. K. (2010). Exploratory study of stress-buffering response patterns from interaction with a therapy dog. *Anthrozoos*, *23*, 79–91. doi:10.2752/175303710X12627079939341

Beetz, A., Uvnas-Moberg, K., Julius, H., & Kotrschal, K. (2012). Psychosocial and psychophysiological effects of human-animal interactions: The possible role of oxytocin. *Frontiers in Psychology*, *3*, 234. doi:10.3389/fpsyg.2012.00234

Bryant, R. A., Creamer, M., O'Donnell, M., Silove, D., & McFarlane, A. C. (2008). A multisite study of initial respiration rate and heart rate as predictors of posttraumatic stress disorder. *Journal of Clinical Psychiatry*, *69*, 1694–1701.

Brymer, M., Jacobs, A., Layne, C., Pynoos, R., Ruzek, J., Steinberg, A., Vernberg, E., & Watson, P. (NCTSN, and NCPTSD). (2006). *Psychological first aid: Field operations guide*, 2nd edition. Available at www.nctsn.org and www.ncptsd.va.gov

Bua, F. (2013). *A qualitative investigation into dogs serving on animal assisted crisis response (AACR) teams: Advances in crisis counseling* (Doctoral dissertation). Retrieved from http://hdl.handle.net/1959.9/279067

Chandler, C. K. (2008, March). *Animal assisted therapy with Hurricane Katrina survivors.* Based on a program presented at the annual conference and exhibition of the American Counseling Association, Honolulu, HI. Retrieved from http://counselingoutfitters.com/vistas/vistas08/Chandler.htm

DeYoung, A. C., Kenardy, J. A., & Spence, S. H. (2007). Elevated heart rate as a predictor of PTSD six months following accidental pediatric injury. *Journal of Traumatic Stress*, *20*, 751–756.

Graham, L. B. (2009). Dogs bringing comfort in the midst of a national disaster. *Reflections*, *15*(1), 76–84.

Greenbaum, S. D. (2006). Introduction to working with animal assisted crisis response animal handler teams. *International Journal of Emergency Mental Health*, *8*(1), 49–64.

Halm, M. A. (2008). The healing power of the human-animal connection. *American Journal of Critical Care*, *17*, 373–376.

Hoffman, A., Lee, A. H., Wertenauer, F., Ricken, R., Jansen, J. J., Gallinat, J., & Lang, U. (2009). Dog-assisted intervention significantly reduces anxiety in hospitalized patients with major depression. *European Journal of Integrative Medicine*, *1*, 145–148. doi:10.1016/j.eujim.2009.08.002

Homish, G. G., Frazer, B. S., McCartan, D. P., & Billittier, A. J. (2010). Emergency mental health: Lessons learned from Flight 3407. *Concepts in Disaster Medicine*, *4*, 326–331.

HOPE AACR. (2008). *Comfort in times of crisis* [Brochure]. Retrieved

from http: www.hopeaacr.org
HOPE AACR. (n.d.). Frequently asked questions. Retrieved from http://hopeaacr.org/frequently-asked-questions/#2

Jasperson, R. A. (2010). Animal-assisted therapy with female inmates with mental illness: A case example from a pilot program. *Journal of Offender Rehabilitation*, *49*, 417–433. doi:10.1080/10509674.2010.499056

Kaminski, M., Pellino, T., & Wish, J. (2002). Play and pets: The physical and emotional impact of child-life and pet therapy on hospitalized children. *Children's Health Care*, *31*, 321–335. doi:10.1207/S15326888ChC3104_5j

Kassam-Adams, N., Garcia-Espana, J. F., Fein, J. A., & Winston, F. K. (2005). Heart rate and posttraumatic stress in injured children. *Archives General Psychiatry*, *62*, 335–340.

Kaul, R. E., & Welzant, V. (2005). Disaster mental health: A discussion of best practices as applied after the Pentagon attack. In A. R. Roberts (Ed.) *Crisis intervention handbook: Assessment, treatment, and research* (pp. 200–220). New York: Oxford University Press.

Kuhn, E., Blanchard, E. B., Fuse, T., Hickling, E. J., & Broderick, J. (2006). Heart rate of motor vehicle accident survivors in the emergency department, peritraumatic psychological reactions, ASD, and PTSD severity: A 6-month prospective study. *Journal of Traumatic Stress*, *19*, 735–740.

Lang, U. E., Jansen, J. B., Wertenauer, F., Gallinat, J., & Rapp, M. A. (2010). Reduced anxiety during dog assisted interviews in acute schizophrenic patients. *European Journal of Integrative Medicine*, 2, 123–127. doi:10.1016/j.eujim.2010.07.002

Morrison, M. (2007). Health benefits of animal-assisted interventions. *Complementary Health Practice Review*, *12*(1), 51–62. doi:10.1177/1533210107302397

National Center for PTSD. (2010). Mental health reactions after disaster. Retreived from http://www.ptsd.va.gov/professional/pages/helping-survivors-after-disaster.asp

National Standards Committee. (2010). Animal-Assisted Crisis Response National Standards. Retrieved from http://hopeaacr.org/wp-content/uploads/2010/03/AACRNationalStandards7Mar10.pdf

NATO Joint Medical Committee. (2008). *Psychosocial care for people affected by disasters and major incidents: A model for designing, delivering and managing psychosocial services for people involved in major incidents, conflict, disasters and terrorism.* NATO: Retrieved from http: www.healthplanning.co.uk/nato/

Odendaal, J. S. J. (2000). Animal-assisted therapy—magic or medicine? *Journal of Psychosomatic Research*, *49*, 275–280.

Orner, R. J., Kent, A. T., Pfefferbaum, B. J., Raphael, B., & Watson, P. J. (2006). The context of providing immediate postevent intervention. In E. C. Ritchie, P. J. Watson, & M. J. Friedman (Eds.), *Interventions following mass violence and disasters* (pp. 121–133). New York: Guilford Press.

Rossetti, J., DeFabiis, S., & Belpedio, C. (2008). Behavioral health staff's perceptions of pet-assisted therapy: An exploratory study. *Journal of Psychosocial Nursing*,

46(9), 28–33.

Schaefer, K. (2002). Human-animal interactions as a therapeutic intervention. *Counseling and Human Development*, *34*(5), 1–18.

Sockalingam, S., Li, M., Krishnadev, U., Hanson, K., Balaban, K., Pacione, L.R., & Bhalerao, S. (2008). Use of animal-assisted therapy in the rehabilitation of an assault victim with a concurrent mood disorder. *Issues in Mental Health Nursing*, *29*, 73–84. doi:10.1080/01612840701748847

Viau, R., Arsenault-Lapierre, G., Fecteau, S., Champagne, N., Walker, C., & Lupien, S. (2010). Effect of service dogs on salivary cortisol secretion in autistic children. *Psychoneuroendocrinology*, *35*, 1187–1193. doi:10.1016/j.psyneuen.2010.02.004

Watson, P. J., Brymer, M. J., & Bonanno, G. A. (2011). Postdisaster psychological intervention since 9/11. *American Psychologist*, *66*, 482–494. doi:10.1037/a0024806

Wells, D. L. (2009). The effects of animals on human health and well-being. *Journal of Social Issues*, *65*, 523–543.

Yorke, J. (2010). The significance of human-animal relationships as modulators of trauma effects in children: A developmental neurobiological perspective. *Early Child Development and Care*, *180*, 559–570. doi:10.1080/03004430802181189

第五部分

医疗机构的危机干预

第二十二章　医护人员的创伤支持服务：压力、创伤和复原力计划

肯尼斯·R. 耶格尔（Kenneth R. Yeager）

介　绍 609

在一个阳光明媚的周一下午，你会看到三名护士泪流满面地看着一个生命体征监测仪。一个人迅速向前伸手，敲击电脑键盘，让紧急警报静音。在附近的重症监护室里，你会发现一名医生、另外两名护士和一个家庭围在一名老妪的床边，因为生命支持设备正在被移除。随着显示器上的线趋平，悲伤也在病房内蔓延。所有的医疗工作者都是经验丰富的专业人士，那么是什么让这个案例与众不同呢？为什么这些医护人员有心理创伤的危险呢？

第二天一早，一名住院部的医生独自在办公室哭泣。一串机器代码的产生意味着一个年轻的患者去世了。这位患者是在前一天下午因急性呼吸窘迫症而入院的大学生。尽管工作人员做出了巨大的努力，但他还是未能得救。

第三个案例是这样的：手术室灯光亮起，由于在最初的切口过程中，激光手术刀发生故障并产生火花，基于酒精准备的敷料迅速着火，外科医生和团队意识到在富氧环境中发生火灾的危险，便立即投入工作。外科医生一边拿起手术覆盖布扑灭大火，一边向患者提供医疗救助。手术结束后，外科医生去淋浴间清理伤口，他意识到他的手被烧伤了，左边的头发和眉毛被几乎烧焦了。虽然手术室里包括患者在内，无一人受伤，但外科医生却无法离开 610
准备室。他坐在一张木凳上，茫然地看着天空，这时他的同伴走了进来。

在美国，每天都有遭受医疗危机的人把自己的生命交给有能力的医疗服务提供者。这些在复杂和有时混乱的医疗环境中提供医疗服务的人，都受过良好

教育或具备较高技能。然而，谁来承担这些医疗服务提供者的情感健康问题？这些服务提供者要如何处理他们所看到的以及所做的带来情感创伤的事情？

背 景

创伤性事件往往对每一个直接或间接参与其中的人产生深远持久的影响。由于大多数美国人在一生中都会经历创伤，甚至一部分人会直接经历多种创伤，一些常见的担忧出现了（Kessler，Sonnega，Bromet，& Nelson，1997）。医疗服务提供者只是一个暴露在多重创伤中的专业团体，他们为那些面临生命威胁的患者提供医疗服务。与受创伤人群的持续接触揭示了二次创伤的问题，即因间接暴露于创伤性事件而受到创伤（Peebles-Kleiger，2000；Balch，Shanafelt，Sloan，Satele，& Kuerer，2011）。

二次创伤最近受到心理健康研究的关注（Bride，2007；Figley，2002a；Ortlepp & Friedman，2002；Sabin-Farrell & Turpin，2003；Salston & Figley，2003），越来越多的文献研究了二次创伤对医疗保健服务提供者的影响（如护士、医务人员和牧师）。从这项研究中得出的几个假设表明，长期处于困难护理环境中的护理人员可能会受到“同情疲劳”的影响。米德尔斯（Meadors）和拉姆森（Lamson）（2008）发现，在重症监护提供者中，高水平的个人压力与高水平的临床压力呈正相关关系。

压力与倦怠在医疗环境中的盛行

据报道，与受创伤的人合作的专业人士中，接近7%的人表现出与创伤后应激障碍类似的情感反应（PTSD；Thomas & Wilson，2004）。美国心理协会（2002，2013）指出，这些症状分为三类：重新经历创伤性事件、认知失
611 调及其对相关刺激的持续回避和麻木。越来越多的证据证明了“同情疲劳”对医疗服务提供者的影响。这一点已经通过将同情疲劳与医疗保健服务提供者联系起来的研究得到了证明（Balch et al.，2011；Clark & Gioro，1998；Dyrbye，Shanafelt，Thomas，& Durning，2009；Maytum，Heiman，& Garwick，2004；Peebles-Kleiger，2000；Pfifferling & Gilley，2000；Sabo，2006；Schwam，1998；White，2006；Worley，2005）。另外，沙纳费尔特（Shanafelt）等人

（2012）制定了马斯拉赫职业倦怠量表（Maslach Burnout Inventory）以评估医生工作与生活平衡中的职业倦怠和满意度；在这项研究中，有45.8%的医生不止有一种倦怠症状。沙纳费尔特指出：职业倦怠的显著差异是通过专业观察得到的，一线医护（如家庭医疗、一般内科和急诊科）人员的职业倦怠比例最高。

消除决定性的压力

二次创伤应激指的是与经历过原发性创伤的个体持续接触所带来的痛苦和情绪崩溃（Bride，2007）。菲格利（Figley）（2002b）将其定义为一种“由于了解到重要他者所经历的创伤性事件而产生的自然后果行为和情绪”。在早期的重要出版物中，布莱德（Bride）（2007，p. 88）提出，间接经历过创伤的人可能会表现出与创伤后应激障碍相关的唤醒、侵入和回避症状相似的症状。很可能，许多护理过创伤患者的医疗服务提供者在职业生涯的某个阶段都曾与二次创伤压力作过斗争。有时，医疗服务提供者被迫克服与创伤有关的症状，因为他们认为自己有能力从一个患者转到另一个患者，而很少或根本没有情感联系（Clark & Gioro，1998）。

“**同情疲劳**”最早是由乔伊森（Joinson）（1992）提出的，指的是在急诊科工作的护士们，由于每天都要面对严苛的工作任务而感到精疲力竭。尽管菲格利（2002）提出**同情疲劳和二次创伤应激**这两个术语可以互换使用，但他也将“同情疲劳”描述为与大量受过创伤的个体合作，同时又具有强烈的共情倾向的结果。

倦怠被发现与先前讨论过的同情疲劳和二次创伤应激的概念重叠（Baird & Kracen，2006；Figley，2002b；Jenkins & Baird，2002）。倦怠被概念化为一个多维结构或元结构，有三个不同的领域：情绪耗竭、人格解体和个人成就感降低（Maslach & Leiter，1997）。它被认为是“一种防御反应，是指在 612
职业生涯中长期处于苛刻的人际交往环境中，由此产生的心理压力，并且得不到足够的支持”（Jenkins & Baird，2002，p. 424）。

抑郁症的流行

莱塔瓦克（Letvak）、鲁姆（Ruhm）和麦罗伊（McCoy）（2012）调查

了近1200家医院的护士，发现其中18%的人患有抑郁症，是全国人口该项比例的两倍，他们发现近1/5的护士都在与抑郁症作抗争，这使他们的雇主产生了对他们的健康和工作效率方面的担忧。这些研究人员发现，较高的抑郁分数与较高的体重指数、较多的健康问题和工作满意度有关。他们还指出，在医院工作的护士很难集中注意力，而且容易出现较高的医疗错误率。研究人员发现，疼痛和抑郁与工作时表现不佳显著相关，进而导致用药失误、患者死亡和护理质量下降。

莱塔瓦克等人（2012）调查的护士中，超过70%的人报告说：在过去两周内，工作中遇到了一些疼痛或健康问题，这些问题对他（她）们的工作效率产生负面影响。研究人员得出结论，“高压力环境可能会导致护士出现更多的健康问题，包括精神健康问题”（Letvak et al.，2012，p. 180），而且精神健康比身体健康更不容易被雇主发现。该研究建议对护士的抑郁症筛查和早期治疗给予更多关注。

医生职业倦怠

关于医生的职业倦怠，在《内科医学文献》（*Archives of Internal Medicine*）中，沙纳费尔特（Shanafelt）等人（2012）就关键职业倦怠指标调查了7288名医生。参与者完成了一份包含22个项目的马斯拉赫职业倦怠量表，以评估情绪耗竭、人格解体和个人成就感消沉，45.8%的受访者报告至少有一种职业倦怠症状。研究人员还将医生的反馈与其他行业的3400人进行了比较，发现38%的医生有倦怠症状，而其他行业的工作者只有28%。虽然沙纳费尔特先前的研究表明，外科医生的职业倦怠风险最高，但沙纳费尔特等人（2012）的研究发现，急诊医学、普通内科、神经病学科和家庭医学的医生职业倦怠率最高。2011年，韦斯特（West）、沙纳费尔特和科拉斯
613 （Kolars）使用2008年和2009年内科培训考试分数（IM-ITE）和2008年内科培训考试分数调查收集的数据，对16294名内科住院医师进行了评估。总体而言，在回应的医师中，16294名受访者中有8343人（占51.2①%）、

① 原文为51.5%，疑有误。——译者注

16154 名受访者中有 7394 人（占 45.8%[①]）以及 15737 名受访者中有 4541 人（占 28.9%）分别报告了总体职业倦怠以及高度的情感衰竭和人格解体情况。在 16178 位受访的住院医师中，有 2402 人认为生活质量“糟糕透了”或“有点糟糕”。这些数据表明，内科住院医师在职业倦怠相关因素上的得分高于之前的预期。

护士职业倦怠

研究发现，护士的压力和倦怠率高于其他医护人员，约 40%的护士的倦怠水平高于医护人员的正常水平（Aiken et al.，2001）。许多研究表明，在肿瘤学、心理健康、急诊医学和重症监护等压力特别大的环境中工作的护士，更容易出现倦怠。然而，一项早期研究发现，在获得性免疫缺陷综合征（AIDS）病房、肿瘤病房、重症监护病房和普通外科病房，护士的倦怠率没有差异（van Servellen & Leake，1993）。

护士工作周期的成本

护士职业倦怠是高压力环境的结果，对患者护理不利，对医院来说也是一种损失。据保守估计，雇用一名新护士的直接招聘成本为 1 万美元。对于一家拥有 400 名在编护士的医院来说，每年可能需要招聘和培训多达 80 名新护士，每年的费用总计达 80 万美元——这还只是直接费用。一名医疗外科护士的潜在更换成本为 4.2 万美元，一名专科护士的潜在更换成本为 6.4 万美元。琼斯（Jones）和盖茨（Gates）（2007）对护士流动的估价甚至更高：一名医疗外科护士为 47403 美元，一名专科护士为 85197 美元。假设一家拥有 400 名护士的医院，每年更换 80 名护士的直接和隐性成本总计可达 400 万美元。

管理压力和避免职业倦怠的策略

有两种主要的方法可预防和（或）应对工作压力和倦怠。考虑到影响压力和倦怠最显著的因素与工作环境相关，因而通过改变环境来消除这些因素

① 原文为 45.1%，疑有误。——译者注

614 有可能获得最大成功。然而，改变组织结构通常是困难的，这意味着个人必须做出改变。

在任何情况下，首要目标都是通过防止压力积累来尽早停止疲劳循环。如果实施得当，预防倦怠比解决倦怠更容易，也更划算（Maslach & Leiter, 1997）。在后期阶段解决倦怠，可能需要数月或数年才能完全解决（Lyckholm, 2001）。因此，压力管理技术和确保心理社会福利的其他干预措施应是个人和组织或机构的首要任务，其目标是预防压力并在早期阶段对其加以干预。

注意个人和职业以及生活习惯，对于个人有效的预防和管理压力至关重要。自我照顾、时间管理和良好的人际关系是保持身心健康的关键因素。因此，必须注意养成个人的职业生活习惯。许多医疗机构会提供不同形式的工作人员支持，最常见的方式是同行支持或工作人员晤谈。虽然心理晤谈是对遭受创伤的人最常见的早期干预形式，但几乎没有有力的证据证明心理晤谈技术能够防止出现创伤后应激障碍（Rose, Bisson, Churchill, & Wessely, 2002）。人道主义是为人们在遭受创伤后不久提供心理健康干预的理由，但越来越多的共识是：对心理创伤的早期干预，通常称为**心理晤谈**，并不能预防随后的心理疾病。事实上，有证据表明，心理晤谈可能会加重后续症状（回顾，见 McNally, Bryant, Ehlers, 2003; Rose et al, 2002）。

即便有了这方面的知识，一次性的心理晤谈也不会见效，甚至有时可能是有害的，全国范围内越来越多的项目正在为使用这种方法的医疗工作者提供支持。这并不奇怪，因为需要花费成本对与医疗服务提供者过度疲劳相关的大量个人、公司进行有效管理。在医疗行业，几乎没有人会认为，为那些每天“看到人们不应该看到的东西”和“做人们不应该做的事情”的员工提供支持是一件坏事。而要回答的重要问题是，对于医疗保健提供者的压力、创伤和倦怠，形成组织方法的最佳、最有效的方法是什么？本章的其余部分致力于定义和概述这一过程，以降低压力、创伤和倦怠对医疗服务提供者的有害影响（Hobfoll, Spielberger, Breznitz, Figley, & van der Kolk, 2001; Wilson, Raphael, Meldrum, Bedosky, & Sigman, 2000）。

615 风险因素

创伤暴露是职业倦怠的危险因素前兆，并最终导致更严重的疾病，如急性应激障碍（ASD）、创伤后应激障碍（PTSD），这也是大多数心理晤谈模型的基础因素。然而，这个假定的结果是干预措施通常未能解决创伤性事件暴露后其他风险因素在干扰或阻碍调整中的作用。因此，“标准化”方法未意识到在许多情况下对个人及社会的促进。在医疗保健中，当可能造成精神创伤的事件暴露时，应确定影响因素。职业倦怠、急性应激障碍或创伤后应激障碍的潜在触发因素因个体差异而有差异。下面的讨论并不全面，但提供了一些常见的示例。

职业上的亲近或疏离

在本章的第一个例子中，对护士产生的影响较大，他们对患者家庭了解更多。护士已经和患者的丈夫联系了很长一段时间，了解了这对夫妇是如何相遇，并在高中时成为情侣，并在一起生活了近 50 年。护士们注意到患者丈夫的日常探访和对病情的警觉，并收到了他的一些小礼物，他以这种方式表达对护士所提供照顾的感激之情。所有这些都有助于拉近护理人员和患者之间的距离。这个案例集中体现了来医疗中心工作的动力（例如，提供医疗服务的愿望、帮助他人的愿望，以及对他人生活产生影响的愿望）会使护理人员面对更大的精神创伤风险。当人们联系在一起时，职业上的距离就会缩小，心理压力也可能相应增加。人们可能会得出这样的结论：防止这种创伤的最好方法是不联系；这可能对一些医疗服务提供者有用，但不是长久之计，也不利于体恤照护。我们建议要认识到潜在的创伤，承认潜在创伤的影响，提前联系工作人员，并在困难情况出现之前提供干预。虽然这可能不是最好的办法，但它可以非常有效地降低心理创伤风险。

与自我、家庭和同伴相似

在第二个案例中，住院部一名医生受到了她所照顾的大学生突然死亡的
心理影响。这个案例有些复杂，原因很多，其中包括这个学生很年轻，他的 616
人生还有很长的路要走。这名医生能够理解这名大学生未来的潜力，也能体会到失去儿子的家庭的痛苦。她的弟弟和他年龄相仿，相貌相似，这进一步影响了她。她说：“这可能是我的弟弟，而我又无能为力。”这让我们意识到生命的脆弱。而住院部这名医生很难有机会和时间处理这些问题，因为，她意识到她必须处理其他病例，没有时间缓和在这个病例下受到的创伤。

对自身潜在的危险或伤害

本章的第三个案例突出了急性应激障碍和创伤后应激障碍的一个关键特

征（APA，2013）。在这个案例中，这名外科医生非常清楚已经发生的情况给他自己所带来的风险。当他注意到他脸上的毛发已经被烧掉，并意识到对他和房间里的其他人来说可能会有更大的危险时，他震惊了。他对潜在风险的敏锐意识，以及每次照镜子时的提醒，导致他更难从这段经历中走出来。更需要注意的是，在这种情况下造成痛苦的不是实际结果，而是潜在因素的影响。出于这个原因，一次单纯的心理晤谈不太可能处理掉与该事件相关的想法。研究结果显示，采取 3～5 次的认知行为治疗（cognitive-behavioral therapy，CBT）干预，以处理并跟踪经历事件后的想法和感觉，重点是认知重构，这种方法对个人情绪稳定具有良好效应（Litz，Gray，Bryant，& Adler，2002；Cougle，Resnick，& Kilpatrick，2009）。

在考虑心理创伤最合适的干预方式时，需要考虑的其他因素包括年龄（因为年轻人更容易受到风险的影响）和性别（因为女性患急性应激障碍和创伤后应激障碍的风险更高）。智力是文献中提到的另一个风险指标，但智力因素会影响提供支持的决策。了解先前创伤经历是很重要的，特别是在反应过激的状态下，因为这会受到先前创伤的一些残留影响，并可能导致干预复杂化（Green et al.，2000；Nishith，Mechanic，& Resnick，2000；Cougle et al.，2009）。

在处理可能造成精神创伤的事件时，需要考虑相关个体的社会支持的强度和数量，以及可能失去的支持（Rama-Maceiras，Parente，& Kranke，2012）。例如，医疗保健提供者通常作为团队的一分子响应事件；由于环境因素影响，个人对事件的反应可能是非常有公开意愿的，这可能需要在支持过程中
617 被考虑进去。在其他情况下，重大事件发生后与团队成员的沟通，可以帮助个人重新进入护理机构。个人从创伤中复原，是基于积极支持的存在和力度，以及个人获得支持和披露创伤性事件的倾向（Halpern，Maunder，Schwartz，& Gurevich，2012）。在医疗保健的大多数事件之后，个人希望向机构权威人物讲述他（她）的故事，这也是非常重要的一个环节。因为它提供了一个机会，以分享个人对事件的感知、人与人的互动，并保持个人人格的完整性。迄今为止，早期的心理干预并没有考虑到社会因素对医疗服务提供者从创伤中复原的重要性（Martin，Rosen，Durand，Knudson，& Stretch，2000）。

此外，重要关系中预先存在的冲突，可能会对从潜在的创伤性事件中得到恢复的个体的能力产生负面影响，特别是对那些在恢复过程中利用他人作

为支持的人而言，更为明显。如前所述，表达个人对事件的看法可能受到团队性质的影响。对于一些人来说，恢复平衡和条理性可能在很大程度上依赖于工作环境中同事的支持。对于其他人来说，这一过程可能需要从工作环境中得到喘息，并讨论该事件。如果一个人没有获得来自同事的持续支持，或者没有机会再在返回工作之前获得自我意识和安全感，那么重要关系中的冲突可能会影响复原的有效性。在此过程中，重要的是要考虑个人需求，并将所有的干预措施与个人需求的具体评估相匹配（Halpern et al.，2012）。

总之，由于资源的丰富或稀缺成为考虑所需支持数量的一个重要因素，因此必须考虑多种个人和环境因素，以确保获得或维持支持。这些资源包括生活条件（如婚姻、家庭、同伴支持）、个人资源（如自尊、专业技能/能力）和专业资源（如职业、专业执照和证书）。在医疗环境中，创伤幸存者面临的压力与那些经历过自然灾害而受到创伤的人不同。医疗专业人士担心创伤对他们的职业地位产生影响，这反过来可能会导致重大的专业、收入和社会影响，也可能会导致更深层次的个人问题。因此，压力是由资源受到威胁或实际损失造成的；那些处于即时晤谈情境中的人可能无法参与旨在处理焦虑和心理情感症状的干预措施中，因为他们对职业后果有更多的担忧。现在的问题是，在潜在的创伤性事件发生后，立即与医疗保健服务提供者合作 618
时，什么才是最合适的方法。

我们首先要明确对创伤后存在的问题进行最适当的早期干预的类型，以及能够从早期干预中获益的个人或群体的类型，这些都是有待充分回答的经验主义问题。但是，我们假设，最合适的且可靠的方法是制订一个清晰的方案，对那些经历了潜在创伤的事件的人进行评估，而且，一旦评估完成，表明个人需要接受集中干预，这些人应该立即被提供及时简短的精神支持，并随之进行多阶段干预，这在实践中被证明是处理危机的支持性方法。

创伤支持服务框架

到目前为止，我们已经研究了在确定干预过程之前，知晓什么是最重要的。短程情绪支持治疗（brief emotional supportive therapy，BEST）的框架属于罗伯茨七阶段危机干预模型，这种模型非常适合在工作环境中发生可能造成精神创伤的事件后，向工作人员提供及时的心理支持服务（见图 22-1）。

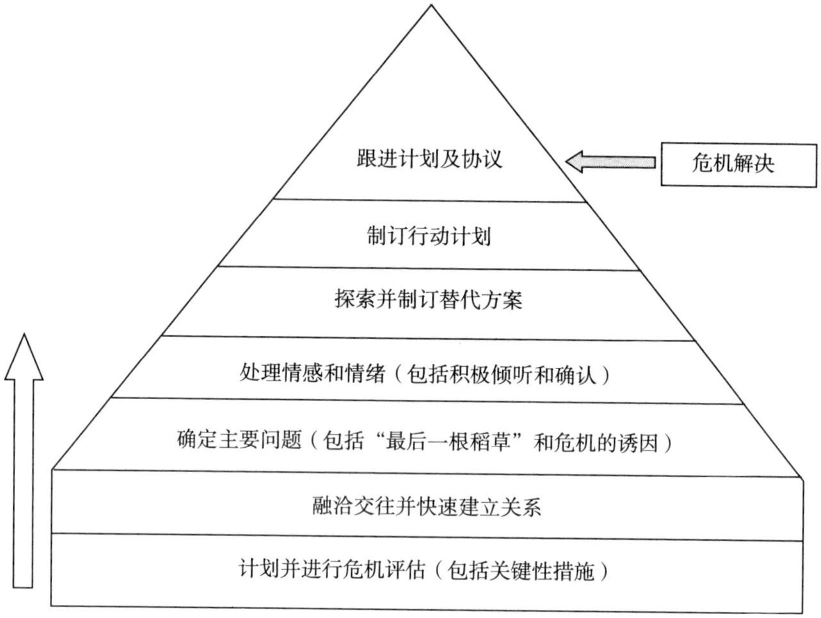

图 22-1　罗伯茨七阶段危机干预模型概述的创伤支持服务的框架

在阶段一和阶段二或罗伯茨七阶段危机干预模型中，应用该模型的关键的第一步是计划和进行危机评估。当与医疗服务提供者合作时，尽可能多地收集危机事件的相关信息是很重要的。这些信息可能是由护士长或单位其他行政人员传达的，也可能是直接参与事件的护理人员提供的。在提供短程情绪支持治疗时，如果没有明确说明原因，以及干预方式，那么最为重要的是要了解事件的性质、地点、涉及的人员数量和类型、事件的关键元素、打电话的原因（如果没有明确表达的话）以及初始互动的设置类型。为与会工作人员确定一个中心会议场所并进行沟通，是进行互动之前的最后一步。由于在危机时刻，沟通可能会很困难，指派特定的工作人员来沟通短程情绪支持治疗或危机干预的时间和地点，这是干预成功的关键（Roberts，1991，2000；Roberts & Yeager，2009）。

创伤支持服务小组一旦进入机构，其在最初的互动基础上将继续收集信息以完成危机评估。由于获得患者对机构的信任是至关重要的，所以要注意迅速建立融洽关系。

619 我们建议，在潜在的创伤性事件发生之前，创伤支持人员要经常前往高风险地区，熟悉小组工作人员。我们把这称为对各小组的巡视、提供项目有关信息、了解小组工作人员以及他们的角色和工作历史，以及他们在工作内外的兴趣，这些都有助于完成此项任务。危机前的跟踪过程极为重要，因为它可以使小组工作人员与支持团队关系融洽，从而提高工作人员接受危机干预支持团队的意愿。

潜在创伤性事件发生后，危机支持团队初次进入小组时，会使用短程情绪支持治疗进入预先设定的地点进行最初的危机干预。在此过程中，观察员工的反应，确保该干预措施的覆盖率，并注意员工现场情绪，观察他们的情绪反应。初步会议后，进行巡视，如果可能的话，与该单位的工作人员进行接触，以确保没有直接参与事件的工作人员没有未解决的压力问题或需要解决的问题。

进入房间时，医护人员首先做一下自我介绍，简要介绍自己是谁，为什 620
么出现在小组中，主要干预过程是什么以及干预过程为什么重要，其中包含很多关于干预时机的讨论。多数人建议在事件发生后尽快干预（Campfield & Hills，2001）；还有人认为，晤谈可以在几天甚至几周后进行（Foa，Hearst-Ikeda，& Perry，1995）。干预的时间取决于与工作人员的互动性质。在初次干预中，目标是收集信息并提供教育和心理支持。这涉及与工作人员进行互动，允许工作人员提供他们对事件的看法，事件发展的进度安排，以及这些事件对工作人员的潜在情感影响。你会经常听到这样的评论：“我不太清楚发生了什么……一切都发生得太快了。”请记住，这不是一个事实调查任务，也不是一个风险管理调查，这是一个收集初步信息的过程，以告知你对个别工作人员和小组功能的评估，出现困惑是正常的。具体细节将在事件的调查中解决。晤谈团队的任务是倾听和支持在进行最初干预的工作人员。关键事件之所以重要，是因为它们不完全符合事件发生时工作人员所持的参考框架。许多人会问：“这样的事情怎么会发生在我们单位？”对这类问题的探索有助于我们准确理解员工对事件的感知。一般来说，与他们的能力差距越大，工作人员就越难以澄清所发生的事情，并难以将其纳入他们能够处理的参考框架。因此，积极倾听工作人员描述，并在听取工作人员对事件的描述的同时与工作人员展开互动，都有助于稳定和理解该小组工作人员经常无法理解的情况。

听员工描述所发生的事情时，听听他们的语气、观察他们的肢体语言，在可能的情况下，确定工作人员之间自然出现的相互支持以及潜在的冲突点。倾听对政府或个人的可能的指责，提醒员工，这不是一个推卸责任的过程，也不是把话题转到员工和他们当前的需要上。倾听员工的侵入性想法，比如“我所能想到的就是……的声音”或“我一直看着她脸上的表情……”这些都是潜在的“症结”，或是员工可能需要帮助处理的问题。通常，这些最初确定的“症结”会成为之后的最佳干预点，使用认知行为方法处理与这些相关的想法、感觉和后续行为。

621 观察员工的互动。观察是否有依赖于压抑性应对过程的参与者，或者特别保守、谨慎、闭口不言或眼含热泪的参与者。请注意，短程情绪支持治疗最初的干预措施是提供和收集信息，并具有教育性和支持性。尽管人们很容易将注意力集中在或针对一位表现出特别心烦意乱的员工身上，但这可能并不是最佳处理方式。如果在干预过程中，一个对事件感到心烦意乱的员工不愿意分享他（她）的看法并接受支持，这种情况下不要在最初干预中把他（她）逼得太紧。大量研究表明，如果干预措施没有正确实施，就会产生潜在的破坏性影响。最好的方法是涵盖每个参与者的个性化应对策略，考虑谁最需要干预，并确定哪些干预或学习方法最能满足个人的需要，以及从长远来看对个人最有帮助。

重要的是要了解，最好的干预是自愿的，而非强迫任何人参与最初的群体干预。强迫干预会让员工再次受到创伤。例如，要求一个人参与心理晤谈可能被认为是不被信任的表现，或者认为这个人不能自己处理困难情况。请注意，在危机时刻如何对待员工，可能会被视为对个人诚信或专业精神的威胁。

提供教育是短程情绪支持治疗干预接下来的步骤。如前所述，参与短程情绪支持治疗干预的人并不总是对刚刚发生的事情有一个概念。同样地，他们也不会有一个对关于接下来会发生什么的参照系。在这一点上，提供信息在恢复“意义建构”中变得很重要。阿尔伯特·吴（Albert Wu）（2000）在约翰·霍普金斯大学与参与潜在创伤性事件的医生合作的里程碑式的研究中，创造了“第二受害者”这个短语。在这项工作中，吴指出了“第二受
622 害者综合征”过程中的六个功能阶段（见图 22-2）。在阐明这些阶段时，吴还为工作人员提供了一个相当准确和可预测的路线图，告诉他们在可能造成精神创伤的事件之后会发生什么。

<table>
<tr><td colspan="9">事件前的同事支持团队开发</td></tr>
<tr><td colspan="3">阶段一至三：冲击实现</td><td rowspan="2">阶段四：接受行政审查过程</td><td rowspan="2">阶段五：获得心理情感支持</td><td colspan="3">阶段六：建立复原力</td></tr>
<tr><td>事件响应的混乱</td><td>侵入性的想法</td><td>恢复个人人格完整性</td><td>隔离或退出</td><td>生存</td><td>发展</td></tr>
<tr><td colspan="3">分类急救支援资源（以同级及管理者为基础）</td><td colspan="5">稳定复原力建设</td></tr>
</table>

图 22-2

从阶段一到阶段三，吴（2000）将医疗服务提供者所经历的影响和实现过程描述为（a）事件响应的混乱，（b）侵入性的想法，（c）恢复个人人格完整性。在最初的访问中，提供该路线图作为讨论或员工心理教育的基础，解释他们的经历（为什么这是正常的和意料之中的）以及他们可能正在经历什么。如前所述，许多人可能会对事件中特定的声音或其他感官的感知产生侵入性的想法。其他人可能产生一种强烈的需求，即需要描述他们所做的事情和采取特定行动的理由，以此来表达他们的观点，努力维护或恢复个人人格的完整性。另一些人对事件的混乱做出反应，试图为已经发生的事情构建一个个性化的参考框架。作为短程情绪支持治疗的干预措施，将罗伯茨的七阶段危机干预模型中的教育功能提供给参与者，旨在进一步告知参与者接下来的步骤。

从本质上讲，系统功能是让那些卷入潜在伤害事件的人进行心理重建。吴将“第二受害者综合征”的阶段四描述为“接受行政审查过程”。幸运的是，尽管危机事件在整个卫生保健中并不罕见，但在个别地区或卫生保健机构中相对较少。医护人员在很大程度上不了解行政、法律和风险管理流程。因此，向员工提供他们所期望的关于行政审查过程中的情况的教育是一项重要的筹备工作，应包括下列内容：

- 风险管理流程（例如，与法律机构和风险管理团队面谈）；
- 描述质量改进调查、根本原因分析和事件相关行动计划的制订，以减轻或消除未来类似的可预见事件；
- 完成面谈或完成警方报告时为工作人员提供支持，以防在医疗机构内发生刑事案件或袭击工作人员的情况；

- 作为证人在场以保证证词的真实性；
- 为媒体报道案件的困难或为受广泛关注的案件提供准备和支持。

一般来说，提供防患于未然的教育，有助于医护人员了解和处理他们所处的情况，以及他们在努力适应可能造成精神创伤的重大事件的后果时可能要采取的干预措施。

623 在为医护人员设计创伤支持服务计划时，一定要将该计划与医院管理、医院法律支持、风险管理以及质量和安全规划相结合。这有助于了解有可能对医护人员造成再次伤害的流程，有助于将创伤支持服务方案与参与可能造成重大且潜在创伤性事件的员工联系起来。

在危机干预的阶段一和阶段二，短程情感支持治疗危机干预的第三步是提供援助，以获得持续的情感和心理支持。大多数成年人都有自己的社交和情感资源。花点时间与小组或其他人一起，以明确他们生活的哪些方面可以得到稳定的支持，并询问员工如何照顾自己。在早期干预中，更重要的是解决问题的方案。建立在个体优势上是危机干预、短程情绪支持治疗干预和创伤支持服务的基础，每个人都有一套内在的技能，可以在面对潜在创伤性事件时得以应用。重要的是将这一阶段的干预看作对知识的检验，从而为解决问题提供准备。此类解决问题的准备包括但不限于：

- 实际解决问题的技能，通常称为常识；
- 情感上的理解和接受知识、技能的能力；
- 建立对复原过程的现实期望；
- 理解和遵循指示的能力；
- 访问潜在支持体系的能力。

在为工作人员提供支持服务时，时机是一个重要的考虑因素。由于医疗保健的特殊性，在相互竞争的环境中，将推动员工追求实际需求作为其优先考虑，而不是关注自己的情感或心理需求（Roberts & Yeager，2009）。逃避是精神创伤的一个关键症状，专注于“手头的任务”会导致一些人选择在危机时刻不关注情感需求。与这些人打交道，对于后续行动和提供帮助很重要，但许多人发现，重返工作岗位是他们集中精力、处理问题以及恢复正常生活的常规做法。另外，其他人可能会因为活在当下而感到疲惫不堪，以至于他们无法认识到自己需要后续护理。这并不是说他们可能无法识别残留的心理症状，并在以后寻求帮助。为此，必须确保工作人员了解后续行动，并确保工作人员能够很容易获得联系支持方案规划的机会。

总之，在罗伯茨七阶段危机干预模型阶段一和阶段二所提供的短程情感 624
支持治疗干预应即时提供以下信息：

- 协助识别正常及潜在创伤情况下的常见反应；
- 识别并改善个人应对机制；
- 识别危机情况下创伤反应相关的重要症状，包括对自身或他人造成伤害的风险的基于心理创伤的症状；
- 提供与正常症状和对潜在创伤情况的反应相关的教育；
- 提高对持续支持服务的认识和利用。

确定可选的干预措施是重建过程中的下一个逻辑步骤。到目前为止，干预的目的是稳定和恢复认知功能；从此处开始，干预者能够使群体和群体内的个体朝着恢复正常功能的方向发展。

理解与应对：罗伯茨七阶段危机干预模型的应用

阶段三和阶段四：确定主要问题并处理情感和情绪

在处理潜在的创伤性经历时，主要问题的确定集中在个体或群体恢复正常功能的障碍上。急性应激障碍和随后的创伤后应激障碍的基础是无法恢复到最初功能（Cougle et al.，2009）。恢复障碍可能与事件本身有关，也可能由工作环境以外的事件或个人生活中的几个并发问题的组合所驱动，这些问题成为干预的重点。

例如，一名经历手术室火灾的护士可能会说，她没有受到事件本身的很大影响。她说，事发时她转过身去，在她知道发生了什么之前，事情基本上已经结束了。她礼貌地微笑着，在会议上称她很好，工作人员很容易认为她不需要额外的干预。但这名护士继续在手术室工作时，她的主管指出她与同 625

龄人之间存在人际交往困难，很容易激动，不像平时积极乐观的她。当手术组主任表示关注时，这名护士说道：

> 我年迈的父母4周前出了车祸，两人都住院了。我的母亲现在在一家专业护理机构，而我父亲由于严重的内伤仍在医院，他的肾脏现在已经衰竭。我在父母家、两个医疗机构、单位和照顾两个小学生的家之间来回奔波。……我受不了。我每晚只有3~4个小时的睡眠，而且我开始感到疲倦。我睡不着觉的部分原因是我一直在想如果那场火灾更严重怎么办。我是家里唯一的孩子……如果我受伤了，谁会来照顾我的孩子和我的父母呢……你不觉得这些很严重吗！

在这个案例中，主要的问题不仅仅是事件本身。工作内外各种因素的结合，已经导致了这名护士生活混乱。通常，那些从事医疗保健工作的人感到有责任照顾他人。在高风险情况下完成复杂任务所产生的帮助欲望和回报，驱使这些人在工作中表现出色。不幸的是，同样的属性经常对医疗保健专业人员产生影响。他们对于出类拔萃的渴望，使他们开始怀疑自己的能力。当求援的愿望与每天遇到的患者、情感和道德上的痛苦结合在一起时，在经历了一次或一系列潜在的创伤性事件之后，建立恢复正常功能的障碍模式就完成了。

既然我们已经看到了一个确定主要问题的例子，让我们把注意力转移到感情和情绪如何发挥作用层面。本章的前面，讨论了如何处理思想、情感和行为。在这个案例中，一名护士正在考虑火灾的其他可能后果，这是基于她需要照顾受伤的年迈父母和幼小的孩子。最基本的情绪状态是感到不知所措，加上潜在的自我伤害，情绪状态就变成了一种恐惧，而这种恐惧已经让她感到不知所措了。

后果是睡眠减少，这名护士醒着在床上躺着，脑子里飞快转动着，想着第二天要完成的任务。睡眠不足会增强她的压迫感，使她感到不适。当她被要求在工作中完成一项额外的任务时，她告诉她的主任："绝对不行……我现在不能承担任何一项额外的任务。"对护理主任来说，这似乎超出了正常的反应范围，当工作问题因为人手不足而被推后时，工作场所就会出现情绪上的对抗。直到整个故事被讲述出来，员工才能够理解驱动个人行为的原因。如果没有在倦怠或同情疲劳的背景下进行研究，这种相互作用很容易导致纪律处分，这将有可能使问题更加复杂化。从长远来看，这可能会导致护士丢掉现有工作而寻找一份新的工作，一份压力更小、领导更能理解的工作。 626

阶段五和阶段六：研究和制订备选方案，并规划和制订行动计划

在危机干预的初始阶段，积极的支持倾听和评估是短程情感支持治疗干预的驱动因素。在罗伯茨危机干预模型的阶段五和阶段六中，这一过程是对作为思想、情感和随后行为驱动力的认知扭曲的重新构建（Roberts，2000）。在本章的前面，有人建议，无论工作角色是什么或经历的严重程度如何，（在可行的情况下）评估任何涉及潜在创伤性事件的人都是合理的。如果评估表明有人需要更有针对性的干预，那么对这些人应该进行有针对性支持的多阶段干预。设置这一步骤的原因是，一次性的晤谈方法往往不足以处理暴露性创伤的全部过程。越来越多的证据表明，对于最近受到创伤的个人，认知行为疗法在减轻其暴露于潜在创伤性事件的长期影响方面显示出有希望的结果（Foa et al.，1995）。

在上述注册护士的案例中，她用了 4 次 45 分钟的疗程来处理她经历的一系列创伤性事件。第一次干预包括审查在初次晤谈会上提供的资料，包括有关事件的影响，以及认知和生理因素如何结合以产生创伤反应的教育。这进一步发展到了对一个或多个事件的讨论，护士开始表现出回避、拖延和抵制某些互动的行为，这些行为可以提醒她注意该事件以及她随后对创伤的反应。对此一个回避行为、拖延行为和抵抗行为的列表被创建出来，并且护士被要求在下一次治疗前的一周内记录这些项目；接着是放松技巧的教学。他们提供了一份放松技巧的电子拷贝材料，并鼓励护士无论是在一天结束时还是在她感到压力的一天中的任何时候，每天都能利用间隙练习这种技巧。

接下来的三个疗程中，每一个都涉及对创伤性事件的感知。在第二阶段，在叙述每个事件中，护士出现不适应的想法时，就引入认知重建。不适应想法的例子包括“我应该更加注意手术过程”和“我本应该知道我母亲会出事的”等陈述。一旦事件的叙述重建完成，这些被数码录音的陈述就会 627
被回放，护士被要求重新考虑她所说的话。谈话如下：

护士：我应该更注意手术过程的。

问：你当时在做什么？

护士：我当时正在为手术的下一步做准备。

问：你会关注手术过程中发生了什么，还是在这个时候会回到手术中去？

护士：我会忙着准备，这就是我要做的……所以我要回到手术中去。

问：如果你是做你应该做的事，为什么你要因为没有做你应该做的事而责备自己呢？

护士：我不知道，我只是觉得我应该多加注意。

问：那么，你能告诉自己关于这件事的情况吗？

护士：我想，我是在做我应该做的事，而我没有在这件事的起因中扮演任何角色？

问：那么，问题是什么呢？

护士：我觉得不安全？

问：你可以采取什么行动来增强你在未来的安全感呢？

护士：如果我们能转动准备台，这样就不碍事了，但我可以在它后面工作，我可以看到发生了什么，我也可以就在电话旁边，万一发生什么事，我可以打电话求助。

该护士被工作人员要求回顾每一个疗程的内容并练习放松技巧，她还收到了一些工作表，记录她一天中出现的其他不适。这个过程在后续流程中重复出现。除了这些治疗措施外，还需制订并实施若干其他举措。该护士参加了质量改进小组检查项目，并提出了重新布置手术台的建议，使她和其他护士能够更清楚地了解手术室内发生的情况；她还制订并实施照顾父母的计划，将父母转至一家长期护理机构，并与丈夫和其他人一起制定时间表，以确保孩子们能参加所有安排好的暑期活动。最后一次疗程中工作人员检查了她的计划及其执行情况，并总结了她在解决危机应对解决方面取得的进展。

就第二受害者综合征所经历的过程而言，最后一个阶段是建立复原力，
628 这与拟议的干预模式不谋而合。在这个阶段，根据吴（2000）的说法，那些参与潜在创伤性事件的人遵循三条路径：孤立或退出、生存、繁荣。当一个人在复原力建设的最后阶段取得进展时，可能受到许多其他经验的影响。在

该事件之后，作为处理事件的有效方法，有人可能会被隔离。鉴于所经历事件的性质，成员可退出社会活动，或较少从事工作。而有些人可能同时经历这两种情况。然而，建立复原力的关键是通过努力实现自我发展。在该案例中，护士经历了质量改进过程，导致工作环境的积极变化（Pipe et al.，2012）。在医护人员中建立复原力不仅需要提供工作机会，还需要为他们找到适应工作环境、为同事和整个社区做出贡献的机会。

危机的核心是掌握彻底的应对技能。当应对技能不堪重负时，结果就是感到焦虑和失去控制（Roberts & Yeager，2005）。人们会感到工作环境中没有任何东西是有意义的，因而，危机常常动摇和挑战我们的思维方式。毕竟，我们面对的是“公正的世界观”——也就是说，如果你努力工作，善待他人，你就会得到好的回报。在医疗行业工作为这种信念提供了充足的挑战机会。在日常生活中，医护人员见证了许多其他人无法看到的事，做了大多数人难以理解的事。然而不仅是医护人员，消防员、警察、急救人员和军人都有共同点，这些也是早期晤谈模式的基础。创伤支持服务和短程情感支持治疗干预的特殊含义是：提供基于经验的干预，超越单一的晤谈并将模型提升到一个新的层次；指导个人掌握潜在的创伤性事件危机并将其转化为贡献，从而加入了复原力建设的概念。在本案例中，该护士不仅能够提高手术效率和增强安全性，而且能够达到所制定的照顾父母的高标准。这种干预会不请自来吗？在大多数情况下，确实会的；然而，这种干预加速了创伤支持服务进程并使之正规化。下一步也是最后一步则是安排后续行动。

阶段七：后续行动

本案例提供了关于管理压力和寻找多个压力源的方法。应护士的要求，她通过医院的保险计划与健康专家联系，获得有关健康饮食、运动和压力管理的持续支持和相关信息。移动应用程序被推荐用于身心放松、运动跟踪、 629
日历和日程安排。该程序每周都会推送短信提醒人们锻炼和放松，以作为应对压力的积极方法。当出现问题时，该程序会推送短信给服务对象，并根据需要提供额外的心理支持。最后，压力、创伤和复原力团队和短程情绪支持治疗干预措施的提供者经常访问各单位，与在高压力地区工作的医院工作人员取得联系。更重要的是，STAR 团队必须始终如一地跟踪所有涉及潜在创伤性事件的员工，以提供支持并保持联系，为未来无法预见的潜在创伤性事件做好准备。每隔6个月和9个月，这名护士报告说自己感觉比以往任何时候都好，并告知她的父母一切都很好，她在“游戏中处于最佳状态”。

总 结

很少有人会质疑在潜在的创伤性事件之后为医护人员提供情感支持的重要性。事实上，我们需要足够关注医疗服务提供者的心理健康。研究表明，解决同情疲劳、压力和焦虑可以减少医疗失误，提高同情护理水平，从而提高患者和医护人员的满意度。此外，解决医护人员的压力、同情疲劳和倦怠具有明显的经济优势，因为这种方法似乎可以降低医护人员的二次创伤的概率。本章概述了使用罗伯茨七阶段危机干预模型的创伤支持服务，结合短程情绪支持治疗干预，这是一种将心理晤谈要素与认知行为治疗重建认知延长疗程相结合的治疗方法。

罗斯等人（2000）在对心理晤谈文献的回顾中得出结论，认为在大多数心理晤谈文献中，单次高强度揭露受试者心理问题可能具有反治疗作用。对于某些人来说，这种短暂的、情绪上强烈的创伤记忆揭露可能会增加痛苦，而没有给治疗提供充足的时间来处理应对和挑战，因此更难培养必要和足够的技能来减少、重塑或解决潜在创伤性经历的强烈负面影响。

有相当多的证据表明，在反复的治疗过程中纳入认知重建，对于解决潜
630 在的创伤性事件和降低患急性应激障碍和创伤后应激障碍风险的作用更大。福安（Foa）等人（1995）和布莱恩特（Bryant）（2000）对认知行为疗法的研究表明，认知重建对减轻症状是有效的。在对潜在创伤性事件的早期反应中，将认知行为治疗包括认知行为治疗结构化方法所产生的结果改善纳入一系列疗程中，这与当前的心理晤谈有着重要区别。

在干预的时间和后续持续干预方面，创伤支持服务模式不同于传统的心理晤谈模式。一般来说，有人建议，在事件发生后尽快与参与可能造成潜在创伤性事件的工作人员进行晤谈，这将提高工作效率。尽管这一建议似乎合乎逻辑，但没有明确证据表明早期干预会更有效。参与潜在创伤性事件的人在事件发生后的早期可能过于心烦意乱，无法充分参与或从参与进程中获益。在本章介绍的模型中，早期干预在事件发生后的24~72小时内实施。一些干预可能在事件结束后5~7天内实施，以适应繁忙的人员和流程安排。创

伤支持服务模式强调了事发前巡视的重要性，即与单位员工保持联络，以便在发生潜在创伤性事件时，彼此之间相互熟悉并能与干预小组迅速建立工作关系。在早期干预措施中，最佳方式是初期阶段的评估、教育以及在活动后稳定和规范应对措施。在评估过程中，重点关注个人和小组的机能，并评估个体机能，以确定工作和家庭环境中的压力源和支持力量。最后，评估将提供有关个人信息，使这些人从认知行为治疗中获益，并在现有单位和个人优势的基础上提出具体建议。

尽管对最近的创伤个体进行早期识别和干预的优势存在大量争议，但使用组织合理、结构化的晤谈进行干预，并结合认知重建，确实为那些在医疗环境中工作的人提供了支持。与处理心理创伤的所有方法一样，采用更严格的科学标准将加强对潜在创伤性事件的管理。针对问题，寻找证据与有效方法将最终改善结果，并明确短期和长期干预措施以解决潜在创伤性事件。

参考文献

Aiken, L. H., Clarke, S. P., Sloane, D. M., Sochalski, J. A., Busse, R., Clarke, H., . . . & Shamian, J. (2001). Nurses' reports on hospital care in five countries. *Health affairs*, *20*(3), 43–53.

American Psychiatric Association. (APA). (2002). *Diagnostic and statistical manual of mental disorders* (4th ed., text rev.). Washington, DC: Author.

American Psychiatric Association. (2013). *Diagnostic and statistical manual of mental disorders* (5th ed.). Washington, DC: Author.

Baird, K., & Kracen, A. (2006). Vicarious traumatization and secondary traumatic stress: A research synthesis. *Counseling Psychology Quarterly*, *19*, 181–188.

Balch, C. M., Shanafelt, T. D., Sloan, J., Satele, D. V., & Kuerer, H. M. (2011). Burnout and career satisfaction among surgical oncologists compared with other surgical specialties. *Annals of Surgical Oncology*, *18*(1), 16–25.

Bride, B. (2007). Prevalence of secondary traumatic stress among social workers. *Social Work*, *52*(1), 63–70.

Bryant, R. A. (2000). Cognitive behavior therapy of violence-related posttraumatic stress disorder. *Aggression and Violent Behavior*, *5*, 79–97.

Campfield, K. M., & Hills, A. M. (2001). Effect of timing of critical incident stress debriefing (CISD) on posttraumatic symptoms. *Journal of Traumatic Stress*, *14*, 327–340.

Clark, M., & Gioro, S. (1998). Nurses, indirect trauma, and prevention. *Image: Journal of Nursing Scholarship*, *30*, 85–87.

Cougle, J. R., Resnick, H., & Kilpatrick, D. G. (2009). A prospective examination of PTSD symptoms as risk factors for subsequent exposure to potentially traumatic events among women. *Journal of Abnormal Psychology*, *118* 405–411.

Dyrbye, L. N., Shanafelt, T. D., Thomas, M. R., & Durning, S. J. (2009). Brief observation: A national study of burnout among internal medicine clerkship directors. *American Journal of Medicine*, *122*, 310–312.

Figley, C. (2002a). Compassion fatigue: Psychotherapists' chronic lack of self-care. *Journal of Clinical Psychology*, *58*, 1433–1441.

Figley, C. (2002b). *Treating compassion fatigue*. New York: Brunner/Routledge.

Foa, E. B., Hearst-Ikeda, D., & Perry, K. J. (1995). Evaluation of brief cognitive-behavioral program for the prevention of chronic PTSD in recent assault victims. *Journal of Counseling and Clinical Psychology*, *63*, 948–955.

Green, B., Goodman, L., Krupnick, J., Corcoran, C., Petty, R., Stockton, P., & Stern, N. (2000). Outcomes of single versus multiple trauma exposure in a screening sample. *Journal of Traumatic Stress*, *13*, 271–286.

Halpern, J., Maunder, R. G., Schwartz, B., & Gurevich, M. (2012). Attachment insecurity, responses to critical incident distress, and current emotional symptoms in ambulance workers. *Stress and Health*, *28* (1), 51–60.

Hobfoll, S. E., Spielberger, C. D., Breznitz, S., Figley, C., & van der Kolk, B. (2001). War-related stress: Addressing the stress of war and other traumatic events. American Psychologist, 46, 848–855.

Jenkins, S., & Baird, S. (2002). Secondary traumatic stress and vicarious trauma: A validational study. *Journal of Traumatic Stress, 15*, 423–432.

Joinson, C. (1992). Coping with compassion fatigue. *Nursing, 22*, 116–122.

Jones, C. B., & Gates, M. (2007). The cost and benefits of nurse turnover: A business case for nurse retention. *OJIN: The Online Journal of Issues in Nursing, 12* (3), Manuscript 4. Retrieved from www.nursingworld.org/MainMenucategories/ANAmarketplace/ANAperiodicals/OJIN/TableofContents

Kessler, R., Sonnega, A., Bromet, E., & Nelson, C. (1997). Posttraumatic stress disorder in the National Comorbidity Study. *Archives of General Psychiatry, 52*, 1048–1060.

Letvak, S., Ruhm, C, J,, & McCoy, T. (2012). Depression in hospital-employed nurses. *Clinical Nurse Specialist., 26*, 177–182.

Litz, B. T., Gray, M. J., Bryant, R. A., & Adler, A. B. (2002). Early intervention for trauma: Current status and future directions. *Clinical Psychology: Science and Practice, 9*, 112–134.

Lyckholm, L. (2001). Dealing with stress, burnout, and grief in the practice of oncology. *The Lancet Oncology*, 2(12), 750–755.

Martin, L., Rosen, L. N., Durand, D. B., Knudson, K. H., & Stretch, R. H. (2000). Psychological and physical health effects of sexual assaults and nonsexual traumas among male and female United States Army soldiers. *Behavioral Medicine, 26* (1), 23–33.

Maslach, C., & Leiter, M. P. (1997). *The truth about burnout: How organizations cause personal stress and what to do about it.* San Francisco, CA: Jossey-Bass.

Maytum, J., Heiman, M., & Garwick, A. (2004). Compassion fatigue and burnout in nurses who work with children with chronic conditions and their families. *Journal of Pediatric Health Care, 18*, 171–179.

McNally, R. J., Bryant, R. A., & Ehlers, A. (2003). Does early psychological intervention promote recovery from posttraumatic stress? *Psychological Science in the Public Interest, 4* (2), 45–79.

Meadors, P., & Lamson, A. (2008). Compassion fatigue and secondary traumatization: Provider self-care on intensive care units for children. *Journal of Pediatric Healthcare, 22*(1), 24–34.

Nishith, P., Mechanic, M., & Resnick, P., (2000). Prior interpersonal trauma: The contribution to current PTSD symptoms in female rape victims. *Journal of Abnormal Psychology, 109*, 20–25.

Ortlepp, K., & Friedman, M. (2002). Prevalence and correlates of secondary traumatic stress in workplace lay trauma counselors. *Journal of Traumatic Stress, 15*, 213–222.

Peebles-Kleiger, M. (2000). Pediatric and neonatal intensive care hospitalization as traumatic stressor: Implications for intervention. *Bulletin of the Menninger Clinic, 64*, 257–280.

Pfifferling, J., & Gilley, K. (2000). Overcoming compassion fatigue. *Family Practice Management, 7*, 39–45.

Pipe, T. B., Buchda, V. L., Launder, S., Hudak, B., Hulvey, L., Karns, K. E., & Pendergast, D. (2012). Building personal and professional

resources of resilience and agility in the healthcare workplace. *Stress and Health*, *28* (1), 11–22.
Rama-Maceiras, P., Parente, S., & Kranke, P. (2012). Job satisfaction, stress and burnout in anaesthesia: Relevant topics for anaesthesiologists and healthcare managers? *European Journal of Anaesthesiology*, *29*, 311–319.
Roberts, A. R. (1991). Conceptualizing crisis theory and crisis intervention model. In A. R. Roberts (Ed.), *Contemporary perspectives on crisis intervention and prevention* (pp. 3–17). Englewood Cliffs, NJ: Prentice-Hall.
Roberts, A. R. (Ed.). (2000). *Crisis intervention handbook: Assessment, treatment and research*. New York: Oxford University Press.
Roberts, A. R., & Yeager, K. (2009). *Pocket guide to crisis intervention*. Oxford: Oxford University Press.
Rose, S., Bisson, J., Churchill, R., & Wessely, S. (2002). Psychological debriefing for preventing post traumatic stress disorder (PTSD). *Cochrane Database Systematic Review*, *2*(2).
Sabin-Farrell, R., & Turpin, G. (2003). Vicarious traumatization: Implications for the mental health of health workers? *Clinical Psychology Review*, *23*, 449–480.
Sabo, B. (2006). Compassion fatigue and nursing work: Can we accurately capture the consequences of caring work? *International Journal of Nursing Practice*, *12*, 136–142.
Salston, M., & Figley, C. (2003). Secondary traumatic stress effects of working with survivors of criminal victimization. *Journal of Traumatic Stress*, *16*, 167–174.
Schwam, K. (1998). The phenomenon of compassion fatigue in perioperative nursing. *Association of Operating Room Nurses Journal*, *68*, 642–645.
Shanafelt, T. D., Boone, S., Tan, L., Dyrbye, L. N., Sotile, W., Satele, D., West, C. P., . . . Oreskovich, M. R. (2012). Burnout and satisfaction with work-life balance among US physicians relative to the general US population. *Archives of Internal Medicine*, *172*, 1377–1385.
Thomas, R., & Wilson, J. (2004). Issues and controversies in the understanding and diagnosis of compassion fatigue, vicarious traumatization and secondary traumatic stress disorder. *International Journal of Emergency Mental Health*, *6*, 81–92.
Van Servellen, G., & Leake, B. (1993). Burn-out in hospital nurses: A comparison of acquired immunodeficiency syndrome, oncology, general medical, and intensive care unit nurse samples. *Journal of Professional Nursing*, *9*, 169–177.
West, C. P., Shanafelt, T. D., & Kolars, J. C. (2011). Quality of life, burnout, educational debt, and medical knowledge among internal medicine residents. *Journal of the American Medical Association*, *306*, 952–960.
White, D. (2006). The hidden costs of caring: What managers need to know. *Health Care Manager*, *25*, 341–347.
Wilson, J. P., Raphael, B., Meldrum, L., Bedosky, C., & Sigman, M. (2000). Preventing PTSD in trauma survivors. *Bulletin of the Menninger Clinic*, *64*, 181–196.
Worley, C. A. (2005). The art of caring: Compassion fatigue. *Dermatology Nursing*, *17*(6), 416.
Wu, A. W. (2000). Medical error: The second victim. *British Medical Journal* (international edition), *320*, 7237.

第二十三章　针对照护人员的危机干预

艾伦·J.奥滕斯（Allen J. Ottens）
唐纳·柯克帕特里克·平森（Donna Kirkpatrick Pinson）

照护的定义目前还未达成共识。**照护人员**（caregiver）被简单定义为“为另一个通常不需要照护的人提供照护的服务者”（Ilardo & Roth-man，1999，p.7）。从全球范围来看，照护人员更多地被定义为“向受损家庭成员提供有形、经济、情感或信息和协调支持的人”（Argüelles，Klausner，Argüelles，& Coon，2003，p.101）。然而无论如何定义，在过去的二十年中，家庭照护已经成为老年心理学领域研究者和临床医生面临的一个突出问题。 634

美国的老龄化是一个既定事实。超过16%的人口的年龄达到62岁或以上，在过去的十年中，美国人口的中位年龄达到了37.2岁的新高，惊人的是比2000年高出了1.9岁（US Census Bareau，2011）。随之而来的是需要照护的这部分人口的增加，提供这种照护的家庭照护者的数量也在迅速增加。最近的一份报告发现，在美国有4210万照护人员帮助在日常活动中受限的成年人（Feinberg，Reinhard，Houser，& Choula，2011）。为应对这一医疗挑战，照护人员的朋友和家人，特别是配偶或女儿、儿媳，建立了一个庞大的非正式（即无报酬）支持系统。这些照护者不仅能为照护对象处理生活中的一些微小又必需的事（如洗澡、穿衣、如厕）和日常生活中的繁重劳动（如购物、房屋清洁），而且通常承担起以前由注册护士提供的照护责任（Hoffman & Mitchell，1998）。例如一名49岁的妇女，作为一名“普通”的 635
照护者，她每周花20个小时照护母亲已经将近5年（National Alliance for Caregiving，2009）。

从历史上看，家庭一直是老年人的主要赡养来源。这种情况现在仍然如此，但已经发生显著的变化。由于成年人的寿命越来越长，提供照护的责任将越来越多地落在家庭护工身上。从某种意义上说，美国人似乎正准备承担这样的角色。如今一半劳动力预计在未来5年内会为朋友或家人提供照护（National Alliance for Caregiving，2009）。83%的美国人认为，如果有需要，他们有极大的义务照护父母（Pew Research Center，2010；www.pewsocialtrends.org/2010/11/18/iv family/）。这些研究表明，照护已经成为一种常态化的“生命体验”（Talley & Crew，2007）。

然而，预期面对照护的诸多复杂之处和准备承担角色是两件截然不同的事情。几乎每一个照护者都被迫面对令人生畏的法律、经济、情感和社会挑战。预计随着21世纪的发展，由于以下因素，照护面临的挑战将变得更加复杂：

- 远距离照护；
- 重组家庭；
- 人口中提供照护的成年子女较少；
- 职业女性数量持续增长；
- 在家中照护年迈的父母和年幼的孩子，30%的照护者占据这个“夹心”位置。（引自 Alzheimer's Association，2013，p. 29）

通常在一夜之间，医疗紧急情况会将配偶和成年子女推入复杂的“未知领域”。在当今复杂的环境中，照护残疾老人可能会对照护者的身体、情感、社交和经济提出较高的要求。当照护者没有准备好应对这些需求时，他们很可能会经历所谓的**照护者负担**（caregiver burden）。例如，照护阿尔茨海默病患者的压力在广为流传的《一天36小时》（*The 36-Hour Day*）（Mace & Rabins，2011）一书中被生动地记录了下来。当负担耗尽了照护者的能力时，她（他）在危机的边缘会摇摇欲坠。在我们与数十名照护人员共事近20年的经验中，可以毫不夸张地说，许多照护人员每天都生活在危机的边缘。

在本章中，我们希望为残疾老年人照护者提供一个理解包容的环境和一种干预方法，来帮助其预防所遇到的危机。具体来说，我们将从对照护经验
636 的粗略描述开始，接下来，我们提出一个结构，以准确解释照护人员负担及可行的干预措施。第三部分是对处于危机中的照护者的个案描述。最后，我们将介绍罗伯茨（2005）的七阶段危机干预模型在解决这种危机中的应用。

照护经验

照护：或许更少的不良反应

人们常常认为，残疾老年人的照护者不仅必须忍受一些枯燥烦琐的要求，而且还必须同时承受身心健康下降的风险。然而，研究表明，事实并非如此。例如，汤普森（Thompson）、加拉格尔-汤普森（Gallagher-Thompson）和哈利（Haley）（2003）指出：对痴呆症患者照护者的纵向研究似乎与传统观点，即照护者的压力会随着痴呆症患者病情的恶化和照护者护理年限的增加而增加相矛盾。

事实上，照护者（包括痴呆症患者的照护者）通常从经验中获得相当大的满足感、重新确立生活目标以及与照护对象关系更密切（例如，Marks，Lambert，& Choi，2002；Sanders，2005；Tarlow et al.，2004）。此外，当照护人员能够确定他们所扮演角色的积极方面时，就可能会起到缓冲作用，以减轻感知到的压力和负担（例如，Cohen，Colantonio，& Vernich，2002；Hilgeman，Allen，DeCoster，& Burgio，2007；McLennon，Havermann，& Rice，2011）。在类似的情况下，护理人员的主观经验负担可能会根据她（他）与照护对象的关系类型而有所不同。西西里（Cicirelli）（1993）发现，对照护对象有较强依恋感的照护者，其主观负担较轻，而承担照护者角色的义务越大，其主观负担越重。

也有证据表明，与传统观点认为提供照护会严重损害一个人的健康相对立的观念也被证实。例如，舒尔茨（Schulz）等人（1997）进行了一项经常被引用的大型研究，其中约 1/3 的照护人员报告没有压力或负面健康影响。在一项精心设计的研究中，詹金斯（Jenkins）、卡贝托（Kabeto）和兰加（Langa）（2009）比较了一项针对 50 岁以上成年人的全国纵向调查数据，得出结论：照护老人并不会对这些上了年纪的照护人员的健康产生有害影响。罗比森（Robison）、福廷斯基（Fortinsky）、克莱宾格（Kleppinger）、舒格（Shugrue）和波特（Porter）（2009）收集了 4000 多个受访者的数据，发现照护人员比非照护人员对其健康状况的评价更高；照护人员与非照护人员在抑郁程度或社会孤立程度上没有差异。最近，罗斯（Roth）等人（2013）对

637 3500多名照护人员和非照护人员进行了为期6年的纵向研究，其中包括有趣的发现，即照护人员的死亡人数（7.5%）少于非照护人员（9.0%）。

照护者可能会有负担，但由于感知到社会支持的存在，他们仍能体验到足够或高水平的幸福感（Chappell & Reid，2002）。社会支持是为减少照护者痛苦的一个有力的保护因素，它被认为是最有效的照护者压力调节剂（Logsdon & Robinson，2000）。加拉格尔-汤普森（Gallagher-Thompson）等人（2000）在其对不同文化之下的照护者的研究中发现，与白人照护者相比，非裔美国人照护者可能表现出较少的抑郁、压力和负担，这是由于非裔美国人社区在支持照护者和照护对象方面发挥了更多优势。

照护关系的质量可以得到改善。金（King）（1993）在加拿大的一项关于女儿照护年迈母亲的一项定性研究中发现，一开始是过度复杂、矛盾重重的照护关系，随着时间的推移，往往演变成女儿学会平衡母亲和自己的需求的关系。因此，当女儿们能够正确对待双方的需求时，他们之间的关系就变得更加正常与健康了：

> （a）做出情境照护决策；（b）对其照护活动设定现实的限制；（c）对其照护决策的结果承担责任；（d）对可能对其自身需求构成威胁的情况保持敏感；（e）理性地处理情境决策必然伴随的内疚感（p. 424）。

对照护对象的依恋感、与照护对象之间的积极关系、感知到的社会支持以及从照护者角色中获得的意义，都可能有助于避免承受过重的负担。尽管如此，照护以其不可预测和不可控制的过程，符合持久压力体验的模式，并被认为是一个公共卫生问题（Schulz & Sherwood，2008）。然而，照护者承受的风险因素很多，这将严重考验保护因素的效力，并可能影响照护者的健康。以下将讨论这些问题。

对照护者健康的影响

阿德尔曼（Adelman）、特曼瓦（Tmanova）、德尔加多（Delgado）、迪昂（Dion）和拉克（Lachs）（2014）以及舒尔茨（Schulz）和舍伍德（Sherwood）（2008）在他们的研究综述中明确指出了一些特别令人不安的因素，这些因素更有可能加重照护者的负担。这些因素包括：

- 与照护对象同住；
- 照护时间长；
- 在承担照护者角色时缺乏选择； 638
- 社会孤立；
- 经济支持不足；
- 照护对象认知障碍和功能残疾程度较高；
- 照护对象表现出的挑战性行为问题，如焦虑和缺乏合作。

老年照护者和那些社会经济地位较低或社会支持网络贫乏的人似乎更容易受到身体和心理健康状况较差的影响（Schulz & Sherwood，2008）。

当在这些充满挑战和压力的环境下工作时，照护者可能会经历各种有害的生理、社会和心理影响。提供照护与较差的身体健康之间的联系弱于提供照护与较差的心理健康之间的联系（Bookwala，Yee，& Schulz，2000），这可能是身体健康运作的不同方式造成的。然而，一份新的文献提供了令人信服的证据，证明长期承受压力的照护人员经常面临健康风险。

身体健康

慢性压力会破坏正常的免疫系统功能。古恩（Gouin）、汉索（Hantsoo）和基科尔特-格拉泽（Kiecolt-Glaser）（2008）回顾了一些研究并发现，压力大的照护者会遭受免疫系统失调和免疫反应较差的困扰。最近的研究表明，多个日常压力源，如照护者所经历的压力源，可能会提高炎症标记物的水平，这在非照护者同龄人中是没有的（Gouin，Glaser，Malarkey，Beversdorf，& Kiecolt-Glaser，2012）。基科尔特-格拉泽和 R. 格拉泽（R. Glaser）（2001）指出，慢性压力可能会加速与年龄相关的正常免疫系统失调的速度。由于照护者人口继续老龄化，这一健康问题必须被考虑。

舒伯特（Schubert）等人（2008）发现，在 153 名痴呆患者照护人员的样本中，24%的人在过去 6 个月内住过院或去过急诊。这些发现在舒尔茨（Schulz）和库克（Cook）（2011）对阿尔茨海默病患者照护者的最新研究中也得到了支持。他们报告说，在为期 18 个月的研究期间，照护人员称所有类型的医疗服务（如急诊、住院、门诊）均增加了 25%。

有研究指出了一个严肃的信息，即照护者的生命正受到威胁。哈利（Haley）、罗斯（Roth）、霍华德（Howard）和斯塔福德（Stafford）（2010）发现，照护压力与更高的中风风险相关，特别是对于照护妻子的非裔美国男
639 性来说更是如此。在一项对一群注册护士为期 4 年的跟踪调查研究中，每周照护残疾或患病配偶 9 小时或更长时间的人被发现患冠心病的风险增加（Lee，Colditz，Berkman，& Kawachi，2003）。痴呆症患者照护者平均患冠心病风险的评分高于非照护者，即使是在控制社会经济状况、健康习惯和心理困扰这些变量时也是如此（von Känel et al.，2008）。也许最令人不安的是舒尔茨（Schulz）和比奇（Beach）（1999）的一项被高引的文献结果，他们进行了一项基于人群队列的前瞻性的研究，平均随访 4.5 年。在对社会人口和某些健康因素进行调整后，他们发现那些提供照护并经历压力（即在每项照护活动中与提供帮助或获得帮助有关的精神或情感压力）的人与对照组的非照护者相比，死亡率风险要高出 63%。

对社会功能的影响

在照护的社会影响方面，照护痴呆症患者的人比照护非痴呆症患者的人休息时间更少，并发症更多，家庭冲突也更多（Ory，Hoffman，Yee，Tennstedt，& Shulz，1999）。**“角色束缚”**（role captivity）用来描述照护者被困在自己的角色中，并被束缚在照护场所的感受。这一点可以从最近的调查结果中得到证明，超过一半（53%）的家庭照护者说减少了与朋友和其他家人之间的联系（National Alliance for Caregiving，2009；http://www.caregiving.org/pdf/research/finalregularexum50plus.pdf.）。此外，“角色束缚”已被确定为预测痴呆症照护者负担的一个因素（Cambell et al.，2008）。

心理影响

在对照护对健康影响进行研究的详尽回顾中，布克瓦拉（Bookwala）等人（2000）注意到照护的压力与有害的心理健康后果密切相关。这些后果之一就是抑郁症，通常反映在负担过重的家庭照护者身上。例如，扎里特（Zarit）（2006）在一项对先前研究的回顾中发现，40%～70%的针对老年人的照护者表现出明显的抑郁症临床症状。一项关于照护压力源的纵向研究表明，照护人员抑郁可能对照护质量产生负面影响（Smith，Williamson，Miller，& Schulz，2011）。此外，有情绪抑郁的照护者，当对护理对象感到高度的愤怒或怨恨时，会出现虐待的风险（MacNeil et al.，2010）。

妇女似乎特别脆弱。例如，伊（Yee）和舒尔茨（2000）发现，与男性照护人员相比，女性照护人员出现的精神疾病症状更多（例如，抑郁和焦虑
程度更高，生活满意度更低）。伊和舒尔茨描述了可能使妇女精神疾病发病 640
率更高的一系列因素，其中两个因素是妇女不太可能获得正式或非正式的援助，她们往往在个人照护中承担更多的实际任务。

在另一项有代表性的研究中，豪格（Haug）、福特（Ford）、斯坦格（Stange）、诺埃尔（Noelker）和盖恩斯（Gaines）（1999）对照护者进行了为期两年的随机抽样调查。值得注意的是，此项研究采用了纵向设计，而不是只关注于痴呆症患者照护者。豪格等人发现，在研究开始时，40.5%的照护者认为他们的精神/情绪状态“很好”。在这项研究的第三个也是最后一个评估点，只有24.8%的人持最初的观点。豪格等人注意到，调查结果数据下降的一个可能因素是，在研究过程中，照护者借助工具的日常生活活动（instrumental activities of daily living，IADLs）和日常生活活动（activities of daily living，ADLs）的平均数量显著增加。然而，具有讽刺意味的是，人们发现即使痴呆症患者的照护者的照护对象已经过渡到需要长期护理的阶段，他们也没有得到任何心理上的缓解。舒尔茨、贝拉（Belle）、查娅（Czaja）、麦金尼斯（McGinnis）和史蒂文斯（Stevens）（2004）发现照护人员在安置后处于相同的抑郁和痛苦水平。

不仅仅是痴呆症患者的照护者受到了情绪的影响。癌症患者的照护者也经常表现出焦虑和抑郁症状，并且发现自己也与社会隔绝开了（Stenburg，Ruland，& Miaskowski，2010）。一个令人深思的发现是，癌症患者照护者报告的心理困扰程度达到或超过了患者实际报告的水平（Hodges，Humphris，& Macfarlane，2005）。

对照护经验的总结

虽然照护所带来的社会、情感和身体影响并不一定是消极的，但在照护中遇到的问题和承担的责任可能会给照护者带来负面压力。布克瓦拉（Bookwala）等人（2000）简洁地阐述了这种压力的结果：

> 总之，根据以上我们提及的所有研究，可以得出以下结论：痴呆症患者和非痴呆患者群体的照护者与非照护者或社区正常人/普通人相比，都有明显的精神病发病率。照护者也总是认为他们的身体健康比非照护者差，在某些情况下，表现出更差的健康状况，如身体残疾、免疫力下降和生理功能受损（p. 127）。

照护者的痛苦从何而来？照护经历中的哪些因素会使照护者的应对能力受到影响？这些问题引导我们考虑照护者负担的问题。

641
照护者的负担

蒙哥马利（Montgomery）（1989）从文献中选择了几个术语来定义负担：压力效应、照护后果和照护影响。戈特利布（Gottlieb）、汤普森（Thompson）和布尔乔亚（Bourgeois）（2003）认为，负担指的是“在照护情况下常见的问题对照护者而言感到痛苦或麻烦的程度”（p. 42）。

目前已经开发了一些工具来评估照护者的负担。据报道，24 项照护者负担量表（Caregiver Burden Inventory）（CBI；Novak & Guest，1989），作为一种常用的工具，具有良好的心理测量特性（Caserta，Lund，& Wright，1996）。CBI 包括五个分量表，测量照护者负担的不同方面，包括：时间依赖、发展、身体、社会和情感。

施维伯特（Schwiebert）、焦尔达诺（Giordano）、张（Zhang）和西兰德（Sealander）（1998）在美国样本上进行了照护者负担量表的因子分析。由此产生的六个因素为负担的定位和危机干预的目标提供了指南。以下将讨论每个因素，并以我们与照护者的咨询经验为例，说明了负担的具体来源。

因素 1：时间依赖性负担

时间依赖性负担源于照护者对时间限制的感知。痴呆病患者的照护者普遍会有这种经历，他们总是在持续不断与紧张中实施照护工作。照护者的危机可能是由各种时间依赖性问题引起的。

例如，危机可能源于**角色束缚**感（Campbell et al.，2008；Givens，Mezzacappa，Heeren，Yaffe，& Fredman，2014）。在我们的工作中，我们已经见

识了“角色束缚”如何将照护者吞噬的，以及被照护者一刻不停的“监视”。最近，我们听说一名照护配偶的照护者在面对题参加一个孙女在外地的第一次圣餐时陷入两难境地：“我很想去，但我不会去。如果我真的出去，我会享受更多的自由，回到这个家里时，他将会是我无法忍受的痛苦。”我们也曾听到一名照护者抱怨，短短几分钟的超市之旅，甚至只是走到门口邮箱，也会引起极大不满：“如果我去寄邮件，他就会惊惶失措！”此外，根据我们的经验，时间依赖性负担与照护者极不愿意请求家庭护理援助有关，这并不奇怪：这些照护者认为，没有人能够提供像他们一样的及时或周到的照护。

随着照护者的时间缩短和活动空间范围的缩小以及社会孤立，他们对被
照护者的怨恨与日俱增。由于社会孤立是虐待老人的一个风险因素（Cooney 642
& Mortimer，1995），我们建议危机处理人员对这种可能性保持警惕。

因素 2：发展负担

这一负担的产生是由于照护者与同龄人相比，在照护过程中感到“落后”。照护者们有一种强烈的被抛在后面的感觉，一种对生活的怀念，一种希望现在的情况有所不同的感觉。

对于照护者来说，发展的负担与为了照护对象而做出的牺牲（如搁置事业、爱好或友谊）有关。作为女儿的身份，她可能会体会到这一点，她希望得到来自丈夫和青春期的孩子的关注和爱，而不是来自认知障碍的叔叔。

发展的负担可以通过多种方式来体验到。照护者的目标、梦想和生活方式可能会因投入在照护经历上的时间和精力而发生偏离（Zegwaard，Aartsen，Cuipers，& Grypdonck，2011）。对于我们的一位服务对象——一个有经济能力的女人来说，这是一场事关存在意义的危机。当她照护一个因中风而永久瘫痪的丈夫时，她意识到自己那种优雅地步入舒适退休的生活的愿望永远不会实现。她常常想象自己和丈夫在他们豪华的沙漠养老院外，沐浴在西南部夕阳的余晖中，和他们的乡村俱乐部的老朋友一起，坐在泳池边，为他们的爱情和好运干杯！这是一张她永远不会拍到的照片。

因素 3：身体负担

施维伯特、焦尔达诺、张和西兰德（1998）发现，与疲劳和照护对象依

赖相关的三个照护者负担量表项目构成了身体负担因素。正因为这个因素，压力就产生了，就像是一个人在跑步机上，已经筋疲力尽，但步伐从不放慢。

“我已经精疲力尽，但这个人全得依靠我”是一个照护者的立场，它具有潜在的危机，因为它既不能轻松地谈判，也没有指明出路。我们建议评估照护者是否存在其他限制性思维，从而阻断她（他）的选择。例如，经常听到照护者说：“我累了，但我们必须坚持我们的正常活动。”

因素 4：社会负担

社会负担感来源于感知到的角色冲突。危机常由与其他家庭成员的矛盾关系导致。考虑一下主要家庭照护者的角色如何转移到几个兄弟姐妹中的一
643 个身上的：她（他）可能被视为父亲的“最爱”，居住在离父母最近的地方，有照护背景，等等。当以这种方式选择照护者时，可能会导致埋怨和一种被迫承担责任的感觉。照护者可能会愤怒地抨击那些需要不断提醒的家庭成员，因为那些家庭成员不情愿按照承诺支付照护费用，所以他们需要被时时提醒。我们还记得有一名照护者，经常接到一个兄弟打来的骚扰性长途电话，强烈指责其在未经他出面的情况下做出的财务决定。然而，更常见的情况是，照护者说他们所做的工作很少得到家人的赞赏。

冲突因其情感上的遗留问题而更加复杂。照护者可能因此担心，他们的愤怒赶走了潜在的宝贵支持。或者，他们可能会因为在愤怒中说了无法收回的话而感到羞愧。

因素 5：情绪负担

照护者对照护对象的消极情绪造成的负担被称为情绪负担。当照护者的埋怨威胁到照护关系时，这种负担可能导致危机。一名过度劳累的照护者可能会把她的埋怨表达成“如果不是你，我的生活就不会是地狱”。

如果家里有过虐待史，埋怨情绪也会高涨。例如，一个妻子忍受了丈夫长期的辱骂，可能会因为需要照护丈夫而感到特别紧张，因此我们应该警惕任何虐待丈夫或威胁丈夫的迹象。同样，在早年间，母亲在父亲施暴过程中未给予孩子（女儿）保护，女儿在给母亲提供照护时，其情绪可能会变得紧张。在此情况下，一个未被重视的问题是，移情如何使照护者的情感健康问题更加复杂化。当照护对象与照护者互动时，愤怒或受伤害的情绪可能会重

现过去未解决的冲突。照护者可以将照护对象视为母亲、阿姨或父亲。如果这种情绪转移是积极的，那么这对照护对象来说可能是健康的；如果母亲被视为“坏母亲”，则可能是消极的（Berman & Bezkor，2010）。

情绪负担也产生于对照护对象的行为感到尴尬。如果照护对象出现失禁，照护者通常会倍感紧张，而且由于处理照护对象的失禁带来的巨大困难，同时他们也不愿意邀请其他人到家里来，往往导致做出养老院安置这一艰难决定（Mittelman，Zeiss，Davies，& Guy，2003）。

关于情绪负担，我们还需要提到许多照护者在协助“不配合”的照护对象进行日常生活能力评估时感到的愤怒。洗澡、如厕和看医生都可成为对其 644
意志的考验。

尽管他们的情绪负担相当迫切地需要帮助，但鉴于他们是在寻求社会服务系统支持方面最抗拒或最谨慎的人群之一，所以照护者遭遇危机的风险有增无减。托斯兰（Toseland）（1995）评论了为社会服务支持小组招募照护者的困难：

> 与足够数量的照护者进行初次接触就希望建立一个小组是困难的。照护者往往不愿意寻求帮助，寻求帮助有时被认为是放弃了他们的责任和他们的照护对象。（p. 232）

因素 6：健康负担

施维伯特等人（1998）从照护者负担量表中确定了第六个因子，该因子未出现在诺瓦克（Novak）和格斯特（Guest）（1989）的原始数据分析中。施维伯特等人将这一因素称为健康负担，它由三个条目组成。这些条目似乎反映了照护者对自身健康状况下降的看法。

在我们对照护者进行咨询时，我们发现他们习惯性地忽视了他们的身体需求。一名和她 100 岁的母亲住在一起的照护者对我们说，她一直依靠园艺来锻炼身体，现在她和她的花园都“快不行了”。研究表明，照护者反馈道，他们的身体活动和休息时间都减少了。例如，在一项全国性调查中，近 60%的照护者报告说他们的饮食和锻炼习惯恶化，而 82%的照护者报告说睡眠受到了负面影响（*Evercare*，2006）。

自我照护、锻炼、良好的营养和压力管理都是针对照护者以健康为导向的干预手段的组成部分（Myers，2003）。然而，正如伊拉尔多（Ilardo）和罗斯曼（Rothman）（1999）指出的那样，照护者认为其必须做的事情正好阻碍了他们真正该做的自我照护。其中之一（也是我们最常听到的）是“我不需要休息，我一切正常”（p. 78）。照护者继续将自己置于紧张和危机的危险中，直到这种必要性与另一种意识相调和：“良好的照护从我自己开始，如果我不照护自己，我的照护对象就会遭殃。”

案例研究：“遇见米莉”

米莉·F. 是一位83岁的高龄老人，她与她结婚57年的丈夫、现年84岁的弗兰克住在一起。就在他从海军退役几周后，他们于1953年11月17日结婚。作为一对没有孩子的夫妇，他们经常谈论他们是如何“领养”了他们街区的所有孩子，以及他们的房子是如何成为孩子们喜
645 欢待的地方。两人都有着漫长的职业生涯，他是邮政部门的邮件欺诈调查员，她是一家大型连锁百货公司的室内设计师。由于她对装饰和色彩的眼光，总是偏爱色彩艳丽、搭配协调的服装和配饰。弗兰克一有机会就喜欢向别人介绍他活泼的妻子。他笑容满面地说：“她在这里。欢迎米莉！”多年来，越来越少的人会注意到弗兰克玩的文字游戏——他也指的是20世纪50年代由埃琳娜·威尔杜戈主演的热门电视剧《邂逅米莉》。

在米莉发现自己处于危机边缘的一年半之前，她注意到弗兰克身上发生了微妙的变化。例如，他似乎在重复他几分钟前问过的问题。后来，他的脾气出了问题。正如她所描述的那样，他一直是个“脾气暴躁的人”，但现在他越来越暴躁。米莉不知道该如何理解她的观察结果，毕竟，弗兰克大部分时间都还是像往常一样。然而，在和送报纸的男孩发生了一件事后，她决定向他们的初级保健医生提及此事：“为什么，他刚才骂了那孩子一顿，而且报纸就在离车道不远的地方。我的意思是，他骂那孩子的话会让一个水手都脸红！”

带着弗兰克去看了几次医生后，他们得到了一些复杂的信息，一份关于弗兰克病情的诊断报告，以及一份他起初拒绝服用的药物处方。“我以为他告诉我们弗兰克得了‘老年病’，”米莉这样总结这些病历。

几周过去了，米莉变得越来越恼火、愤怒，甚至害怕弗兰克。她怀疑出了什么问题，但她不太确定弗兰克那捉摸不定、敏感和自我伤害性的行为的原因。情况慢慢地、稳当地、几乎不知不觉地恶化了。由于弗兰克疏远了老朋友，米莉开始觉得自己在家里像是囚犯。来自他们教会的联谊访问减少了。弗兰克的情绪爆发表现为近乎自虐的批评，并要求米莉服从他的命令。随着前者的到来，一场日益严重的抑郁开始折磨着米莉；随之而来的是米莉对弗兰克日益增长的埋怨。他的要求并没有考虑到米莉正与膝盖和背部疼痛的骨关节炎做斗争，他对她照护他的努力缺乏同理心。

焦虑带来了忧郁和埋怨，并给她火上浇油。在她被转到社区心理健康中心（CMHC）的一周半前，米莉目睹了一天中发生的两件事，这让她认识到弗兰克的情况是多么糟糕。那天早上晚些时候，弗兰克去了车道尽头的邮箱。几分钟后，米莉发现弗兰克还没有回来。经过快速寻找，她发现他在后院，脸上带着困惑的表情。他找了个借口来解释他为什么站在郁金香花坛上。几个小时后，弗兰克忘了他打开了地下室浴缸的水龙头，溢出的水让她花了 2 个小时才清理干净。

仅两天后，米莉就约好和社区老龄化机构（Area Agency on Aging, 646
AAA）的一位服务专家进行交谈，这不仅仅是巧合。她想知道她有资格申请的处方药项目的信息。除了给米莉提供处方计划信息外，服务专家还注意到了她的疲劳和抑郁。专家询问后得知，米莉是一位疑似阿尔茨海默病患者的年长配偶的唯一照护人，她只有一个脆弱的支持网络：一些交情好的朋友和一些从东海岸不定期地打来电话的侄女和侄子。考虑到米莉紧张的自我表现，专家巧妙地提出了转诊到当地社区心理健康中心的话题。幸运的是，老龄化机构和社区心理健康中心已经建立了一个良好的协作安排（Lebowitz, Light, & Bailey, 1987），这样就可以在考虑到这种照护情况固有的风险的情况下迅速进行转诊。

尽管米莉很意外地收到了转诊的建议（“他才是那个有问题的人，你想让我检查一下脑袋吗?”），但她还是同意了。第二天，她和社区卫生服务中心的随访危机顾问进行了一次预约。在得到转诊的情况下，老龄化机构的服务专家很好地了解了米莉情绪困难的情况，并询问了她的照护压力。此外，专家还进行了转介讨论。众所周知，照护者不愿意随意让自己转诊到可以缓解他们抑郁的项目中（Gottlieb et al.，2003）。

危机干预：七阶段模型

米莉虽不是处于迫在眉睫的危机中，但是面临潜在危机风险。如前所述，一种风险是照护对象在负担沉重的照护者手中可能受到虐待，第二种风险是照护者自身的健康和情绪问题。如果缺乏自我照护，照护者可能会危害照护对象的健康，导致照护对象接受较早且可能不太合适的长期护理。罗伯茨（Roberts，2000）的模型适用于处于危机状态的照护情况。

阶段一：进行危机评估（包括致命性）

危机顾问指出，米莉的社会支持非常有限，她未在社区获得任何日间照护或暂托服务的资源，只是偶尔会得到朋友和家人的非正式支持，缺乏社会支持导致了米莉与社会脱轨。她说，她觉得自己像个独行侠。

647 米莉正在经历着抑郁和焦虑的情绪状况。当然，弗兰克对她的批评，慢性疲劳和关节炎疼痛，以及对目前的照护情况将如何解决的日益增长的悲观情绪，都加剧了她的抑郁。对她的健康（关节炎和高血压）的担忧突出地表现在她的焦虑情绪中，缺乏关于疾病的可靠信息以及弗兰克的所作所为又增加了她的紧张不安。尽管她担心有一天他会对她大发脾气，但并未有迹象表明米莉虐待过弗兰克。

照护者负担量表的管理者发现米莉在情绪发展上的负担最高。这种发展的负担来自一种逃避照护的愿望，一种依附于照护的情感流失，一种角色的束缚和被社会孤立的感受，她觉得自己正在陷入更深的困境。这种情绪上的负担是由于弗兰克攻击来访者时的尴尬、他对她的言语攻击所引起的愤怒，以及她正在扮演的一个面临困难但不受赏识和支持的照护角色而产生的抑郁和焦虑。

在初步咨询之后，危机顾问开始对这种照护情况进行描述。除了明显的焦虑和抑郁外，危机顾问还特别指出了其他需要进一步探讨的问题：

- 米莉没有要求医生提供更多关于弗兰克痴呆病的信息和解释；

- 她试图就弗兰克的要求与他进行争论或合理化解释，实际上可能会激起弗兰克的愤怒和不安；
- 即使没有证据表明这些要求是合理的，她最终还是屈服于这些要求。而她忽视了自己的健康需求；
- 她对社区的正式支持和援助计划缺乏了解。

阶段二：建立融洽关系

在提供了一些良好倾听的要素（眼神交流、集中注意力、感受反映）之后，咨询师发现米莉渴望社交接触。令米莉有些吃惊的是，她真的开始喜欢这名有能力理解自己观点的顾问。

最初，危机顾问建议她和米莉一同缓解她明显的压力和疲惫。因为米莉这一代人可能对心理咨询持怀疑态度，所以比起焦虑和抑郁，似乎有生理基础的压力和疲惫是“更重要”的话题。米莉同意了，这是建立融洽关系的第二步。

咨询师又采用其他几种方式使双方建立了融洽的关系。例如，她对老年人可能使用的一些行话和俗语敏感。因此，当米莉下了电梯去赴约，找不到咨询师的办公室时，两人都对米莉把自己描述成“误入歧途的科里根”（Wrong-Way Corrigan）感到好笑。如果咨询师不懂米莉的俚语，她会要求解释，就像米莉描述弗兰克在郁金香花里迷路的那一天感到的“神经紧张”（Cheebie-Jeebies）一样。 648

许多年长的服务对象都带有幽默感，这可用于建立关系。它甚至可以作为解决实质性咨询问题的跳板，如下面的对话片段所示：

> 米莉：（笑）弗兰克总是喜欢吹嘘在海军服役期间的拳击成绩。我想他在次中量级的比赛中赢了几场，但这些年来他确实把这项纪录美化了不少。现在，听他这么说，他几乎打败了太平洋舰队的每一个人！
>
> 咨询师：（一直笑着，然后变得严肃起来）就像一个故事，讲的是一条鱼逃走了，每次复述后它都变得越来越大！但允许我问你一个问题：他还说了什么你不知道的事情吗？
>
> 米莉：想想看，几周前我的朋友海伦来看我。他直截了当地告诉

她，并在这个过程中使用了一些委婉的词，说他不希望她再过来了，因为他说她给我们制造了太多的噪声，打扰到了他。但是他把电视放得很大声，他不可能听到我们的声音！

咨询师：所以，他不让海伦来探望的理由实在是站不住脚。但你遵守了它，主要是为了保持家庭和平，结果却是你感到更加孤独，对吗？

从一开始，咨询师就必须培养与服务对象合作的氛围。通过鼓励与合作，咨询师强烈建议服务对象可以完成一些好的事情，并为服务对象建立一种希望的感觉。

最后，在适当的时间、通过适当的内容进行自我表露，也有助于建立融洽的关系。在第二次咨询访问中，咨询师透露她在自我照护方面有一些好的个人经验。这名咨询师简要地谈到了几年前她是如何代表一位身体残疾的祖母参加一个大家庭活动的。

649

阶段三：确定重大问题或危机应急措施

罗伯茨（2000）指出了识别“最后一根稻草”（p. 18）或诱发事件的有用性，以及服务对象以前的应对方法的有效性。就米莉的情况而言，发现弗兰克在后院和满溢的浴缸这两件事似乎是她看待自己处境的转折点。这些事件很难被解释清楚，它们却代表了一个残酷的事实，即弗兰克在有些地方肯定出了什么问题。这些事与米莉的愿望相冲突，米莉希望一切都好，希望弗兰克能恢复以往的正常状态。

这两个案例符合咨询师对米莉的个体应对方式不断变化的设想。当面对威胁时，特别是可能压倒一切的威胁时，米莉倾向于通过回避或希望事情会好转来应对，这也是她对弗兰克认知能力下降证据的反应。当面对难以被忽略的威胁时，比如弗兰克接二连三的言语攻击或要求照护时，米莉采取了一种**“争论-默认-责备”**（argue-acquiesce-blame）的自我应对模式。也就是说，她会大声而无力地试图与他争辩或说理，而后屈服于他的要求以维持家庭和平，然后又转过来责备自己把他惹火了。

米莉的消极、回避和被动（而不是主动）的应对方式说明了她对阿尔茨海默病的知识缺乏及对社区支持服务缺乏认识。咨询师提出的一个问题激起了米莉的好奇心，使她更多地了解阿尔茨海默病的影响。有一次，咨询师随口问道："对于弗兰克表现出的愤怒和咒骂，你想知道这是弗兰克自己的问题还是疾病导致的吗？"

阶段四：鼓励情感探索

第四阶段有两个重要目标，这是我们从与老客户的合作中发现的。一个目标是让服务对象的"故事"被听到。如米特尔曼（Mittelman）等人（2003）所说，"我们发现，大多数 AD（Alzheimer's Disease，阿尔茨海默病）照护者希望讲述他们的故事，当他们积极参与到这一过程时，他们更容易发现问题和解决问题"（p. 79）。当服务对象讲述他们的故事并告诉我们他们自己对问题的看法时，我们会倾听，尽量还原故事的真实性。在米莉的案例中，咨询师想到的题目是"我是自己家里的囚犯"。当咨询师和米莉分享这个题目时，她的非言语反应特别激烈，让咨询师知道这也引起了共鸣。关于从故事中找出问题和解决办法，咨询师建议："如果以此为标题，我们可否集思广益， 650
想出一个可行的'逃跑计划'？"

第二个目标是确认服务对象的感受。弗兰克需要尽量减少米莉的疲惫感，这一点得到了证实：她精疲力竭，确实很累了。她感到愤怒和产生埋怨是可以理解的。"也许，"咨询师承认，"弗兰克制定的规则和他的暴怒，你对此表示反对，但随后又屈服了，这并不像你对现状的看法那么合理。"对故事标题的提取和对感觉和感知的验证，提供了可能的备选方案。

阶段五：研究和制定备选方案

咨询师被建议用可控的且与之相关的替代方案来循序渐进地推进合作。在集思广益之后，咨询师和米莉想出了以下几种替代方案

需要更多的信息：关于阿尔茨海默病的信息有助于减轻阿尔茨海默病患者的非正式家庭照护者的负担（Schindler，Engel，& Rupprecht，2012），这需要从弗兰克的医生那里获得信息，由于时间有限，医生无法提供的信息可以从其他渠道获得，比如阿尔茨海默病协会的地方分会。

对技能和支持的需要：当然，对米莉来说，和老朋友重新取得联系是很重要的。咨询师还以一种中立的方式为另一个支持来源埋下种子，他说："我不知道你是否考虑过加入一个由其他照护者组成的团队，他

们正在经历许多与你相同的事情。据我所知，有一个组织将支持、信息和重要的新技能结合在一起。与他人共同应对往往会有所帮助，因为他们能提供一个有洞察力的视角，而我们善意的普通朋友却没有这种视角。”

咨询师知道支持小组对米莉是有用的，尤其是（a）采用心理教育和心理治疗方法，让照护者练习新技能并做出行为改变；（b）利用小组过程（如提供反馈、分享类似关注、群体凝聚力）；（c）多层面（即处理多个容易产生压力的问题，例如应对疲劳、与医疗保健提供者沟通、
651 获取帮助照护对象进行日常活动的技巧）（Zarit & Femia，2008）。此外，咨询师希望进行一个循证的团体干预，这种干预在实际提高参与者的自我效能感方面有着良好的记录。自我效能感可以作为一种缓冲剂，以抵御照护带来的一些负面生理和心理后果（Semiatin & O'Connor，2012）。

符合这一要求的心理教育干预是“照护者的有力工具”（Powerful Tools for Caregivers™，PTC），这是一项为期6周的课堂体验，旨在通过改善照护者的情绪和自我照护行为来提高护理者的自我效能（Clelland，Schmall，& Sturdevant，2006；www.powerfultoolsforcarregivers.org/）。2002年在俄勒冈州进行的一项研究显示，照护者的自我照护行为、自我效能感、情绪幸福感以及对社区资源的认识和利用都有显著改善（Boise，Congleton，& Shannon，2005）。最近的一项研究表明，与对照组相比，PTC减少了压力负担（由照护引起的紧张和焦虑）和客观负担（对照护者生活角色的干扰）。照护者的有力工具似乎能有效对抗一些通常与照护相关的常见压力（Savundranayagam，Montgomery Kosloski，& Litlle，2011）。

暂缓的必要性：米莉和顾问一直认为，她和弗兰克都可以从彼此分开的一段时间中受益，尽管米莉非常怀疑弗兰克是否会容忍这种情况。部分的休息还包括一些必要的自我照护，这可能包括一些娱乐，甚至是长期被忽视的物理疗法来治疗她的膝盖。

勇敢面对问题的必要性：这是顾问给出的行为上的一个选择。她理解米莉的倾向，即避免面对问题，不坚持下去，不愿意坚持到底。在讨论这个替代方案时，米莉看到了“勇敢面对”的重要性，即使是在被公牛开始攻击时也不要退缩。

阶段六：规划和制订行动计划

顾问和米莉把前面提到的每一个选择都纳入行动计划。为了获得更多的信息，米莉和咨询师扮演了如何果断地向医生咨询信息的角色。米莉学会了把问题写下来交给医生，这样她就不会在匆忙把弗兰克送往诊所后忘记这些问题。米莉受到鼓励，与老龄化服务机构的服务专家再次预约，学习社区服务以及如何加入即将开始的 PTC 课堂。

在社区老年服务机构中，米莉了解到了一个由美国联邦老年人法案资助的暂托项目，每年提供一定数量的暂托照护时间，她学会了如何申请和获得 652
这项服务的资格。或许更重要的是，她发现了社区里提供成人日托服务的地方，在那里，患有阿尔茨海默病的人可以社交，甚至可以吃午饭。咨询师建议弗兰克每周至少参加两次日托，以使米莉可以从中得到休息（Zarit，Stephens，Townsend，& Greene，1998）。当弗兰克在日托中心或当临时工在她家时，米莉可以利用这段时间去看望朋友或治疗她患关节炎的膝盖。

坚定地面对这个问题也许是米莉面临的最大的挑战。“他不会喜欢去日托中心的。要把他带到那里，简直要费九牛二虎之力。”在过去，弗兰克的抗议让她难以忍受，她会做出让步。这一次，她承诺会坚持自己的立场，给日托和暂托“实验”一个成功的机会。令她惊讶的是，弗兰克开始期待日托，他把日托和做兼职联系在一起。他与工作人员热络起来，天真地和几位出席的妇女说笑，还找到了一名可以与他分享故事的参与过朝鲜战争的老兵。

阶段七：后续行动

咨询师和米莉一致同意，后续（或助推）预约安排在 3 周左右，然后延长到每 6 周一次。这些登记访问的目的是衡量米莉目前的压力水平，顾问计划在每次后续随访时重新管理照护者负担量表。咨询师还将这些后续治疗视为评估米莉保持积极应对方式的机会，而不是回避。例如，当米莉考虑并研究弗兰克的长期照护安排的时候，这将在米莉和弗兰克的照护经历的发展过程中发挥作用。

结 论

照护老年残疾人的挑战，往往成为照护者的应对能力的负担。照护可以是一种有益的，甚至是精神上的深刻体验，当然，只要对照护者有足够的支持和对照护接受者有积极的依恋。然而，当负担造成损失时，照护者可能会受到许多不良的情绪和身体影响，照护对象可能会受到这些影响的反噬，就像虐待老人的情况一样。

危机中的照护者会采取不适应的应对行为，这种行为往往会加剧本就已经困难的局面。此外，照护者在社交、情感和身体上都感到不平衡，这是对痴呆症和非痴呆症照护者情况的真实反映。重要的是要使照护者恢复生活中的平衡感，这样他们的注意力既可以完全放在照护对象身上，又不忽略自己。在这一章中，我们阐述了如何利用广泛危机干预模型的各个阶段来减轻照护者的负担，并帮助照护者从压力中解脱出来。

参考文献

Adelman, R. D., Tmanova, L. L., Delgado, D., Dion, S., & Lachs, M. S. (2014). Caregiver burden: A clinical review. *Journal of the American Medical Association, 311*, 1052–1060.

Alzheimer's Association. (2013). 2013 Alzheimer's disease facts and figures. *Alzheimer's & Dementia, 9*(2).

Argüelles, S., Klausner, E. J., Argüelles, T., & Coon, D. W. (2003). Family interventions to address the needs of the caregiving system. In D. W. Coon, D. Gallagher-Thompson, & L. W. Thompson (Eds.), *Innovative interventions to reduce dementia caregiver distress* (pp. 99–118). New York: Springer.

Berman, C. W., & Bezkor, M. F. (2010). Transference in patients and caregivers. *American Journal of Psychotherapy, 64*, 107–114.

Boise, L., Congleton, L., & Shannon, K. (2005). Empowering family caregivers: The tools for caregiving program. *Educational Gerontology, 31*, 573–586.

Bookwala, J., Yee, J. L., & Schulz, R. (2000). Caregiving and detrimental mental and physical health outcomes. In G. M. Williamson, D. R. Shaffer, & P. A. Parmlee (Eds.), *Physical illness and depression in older adults: A handbook of theory, research, and practice* (pp. 93–131). New York: Kluwer Academic/Plenum.

Campbell, P., Wright, J., Oyebode, J., Job, D., Crome, P., Bentham, P., . . . Lendon, C. (2008). Determinants of burden in those who care for someone with dementia. *International Journal of Geriatric Psychiatry, 23*, 1078–1085.

Caserta, M. S., Lund, D. A., & Wright, S. D. (1996). Exploring the Caregiver Burden Inventory (CBI): Further evidence for a multidimensional view of burden. *International Journal of Aging and Human Development, 43*, 21–34.

Chappell, N. L., & Reid, R. C. (2002). Burden and well-being among caregivers: Examining the distinction. *Gerontologist, 42*, 772–780.

Cicirelli, V. G. (1993). Attachment and obligation as daughters' motives for caregiving behavior and subsequent effect on subjective burden. *Psychology and Aging, 8*, 144–155.

Clelland, M., Schmall, V. L., & Sturdevant, M. (2006). *The caregiver helpbook: Powerful tools for caregiving* (2nd ed.). Portland OR: Legacy Caregiver Services.

Cohen, C. A., Colantonio, A., & Vernich, L. (2002). Positive aspects of caregiving: Rounding out the caregiver experience. *International Journal of Geriatric Psychiatry, 17*, 184–188.

Cooney, C., & Mortimer, A. (1995). Elder abuse and dementia: A pilot study. *International Journal of Social Psychiatry, 41*, 276–283.

Evercare study of caregivers in decline: Findings from a national survey. (2006, September). Minnetonka, MN: Evercare; Bethesda MD: National Alliance for Caregiving.

Feinberg, L., Reinhard, S. C., Houser, A., & Choula, R. (2011, July). *Valuing the invaluable: 2011 update: The growing contributions and costs of family caregiving*. Washington, DC: AARP Public Policy Institute.

Gallagher-Thompson, D., Arean, P., Coon, D., Menendez, A., Takagi, K., Haley, W. E., . . . Szapocznik, J. (2000). Development and implementation of intervention strategies for culturally diverse caregiving populations. In R. Schulz (Ed.), *Handbook on dementia caregiving: Evidence-based interventions for family caregivers* (pp. 151–185). New York: Springer.

Givens, J. L., Mezzacappa, C., Heeren, T., Yaffe, K., & Fredman, L. (2014). Depressive symptoms among dementia caregivers: Role of mediating factors. *American Journal of Geriatric Psychiatry*, 22, 481–488.

Gottlieb, B. H., Thompson, L. W., & Bourgeois, M. (2003). Monitoring and evaluating interventions. In D. W. Coon, D. Gallagher-Thompson, & L. W. Thompson (Eds.), *Innovative interventions to reduce dementia caregivers distress* (pp. 28–49). New York: Springer.

Gouin, J.-P., Glaser, R., Malarkey, W. B., Beversdorf, D., & Kiecolt-Glaser, J. (2012). Chronic stress, daily stressors, and circulating inflammatory markers. *Health Psychology*, *31*, 264–268.

Gouin, J.-P., Hantsoo, L., & Kiecolt-Glaser, J. K. (2008). Immune dysregulation and chronic stress among older adults: A review. *Neuroimmunomodulation*, *15*, 251–259.

Haley, W. E., Roth, D. L., Howard, G., & Stafford, M. M. (2010). Caregiving strain estimated risk for stroke and coronary heart disease among spouse caregivers: Differential effects by race and sex. *Stroke*, *41*, 331–336.

Haug, M. R., Ford, A. B., Stange, K. C., Noelker, L. S., & Gaines, A. D. (1999). Effects of giving care on caregivers' health. *Research on Aging*, *21*, 515–538.

Hilgeman, M. M., Allen, R. S., DeCoster, J., & Burgio, L. D. (2007). Positive aspects of caregiving as a moderator of treatment outcome over 12 months. *Psychology and Aging*, 22, 361–371.

Hodges, L. J., Humphris, G. M., & Macfarlane, G. (2005). A meta-analytic investigation of the relationship between the psychological distress of cancer patients and their careers. *Social Science and Medicine*, *60*, 1–12.

Hoffman, R. L., & Mitchell, A. M. (1998). Caregiver burden: Historical development. *Nursing Forum*, *33*, 5–111.

Ilardo, J. A., & Rothman, C. R. (1999). *I'll take care of you: A practical guide for family caregivers*. Oakland, CA: New Harbinger.

Jenkins, K. R., Kabeto, M. U., & Langa, K. M. (2009). Does caring for your spouse harm one's health? Evidence from a United States nationally-represented sample of older adults. *Ageing and Society*, *29*, 277–293.

Kiecolt-Glaser, J. K., & Glaser, R. (2001). Stress and immunity: Age enhances the risks. *Current Directions in Psychological Science*, *10*, 18–21.

King, T. (1993). The experiences of midlife daughters who are caregivers for their mothers. *Health Care for Women International*, *14*, 419–426.

Lebowitz, B. D., Light, E., & Bailey, F. (1987). Mental health center services for the elderly: The impact of coordination with area agencies on aging. *Gerontologist*, *27*, 699–702.

Lee, S., Colditz, G. A., Berkman, L. F., & Kawachi, I. (2003). Caregiving and risk of coronary heart disease in U.S. women: A prospective study. *American Journal of Preventive Medicine*, *24*, 113–119.

Logsdon, M. C., & Robinson, K. (2000). Helping women caregivers obtain support: Barriers and recommendations. *Archives of Psychiatric Nursing*, *14*, 244–248.

Mace, N. L., & Rabins, P. V. (2011). *The 36-hour day* (5th ed.). Baltimore: Johns Hopkins University Press.

MacNeil, G., Kosberg, J. I., Durkin, D. W., Dooley, W. K., DeCoster, J., & Williamson, G. M. (2010). Caregiver mental health and potentially harmful caregiving behavior: The central role of caregiver anger. *Gerontologist*, *50*, 76–86.

Marks, N. F., Lambert, J. D., & Choi, H. (2002). Transitions to caregiving, gender, and psychological well-being: A prospective U.S. national study. *Journal of Marriage and the Family*, *64*, 657–667.

McLennon, S. M., Havermann, B., & Rice, M. (2011). Finding meaning as a mediator of burden on the health of caregivers of spouses with dementia. *Aging and Mental Health*, *15*, 522–530.

Mittelman, M., Zeiss, A., Davies, H., & Guy, D. (2003). Specific stressors of spousal caregivers: Difficult behaviors, loss of sexual intimacy, and incontinence. In D. W. Coon, D. Gallagher-Thompson, & L. W. Thompson (Eds.), *Innovative interventions to reduce caregiver distress* (pp. 77–98). New York: Springer.

Montgomery, R. J. V. (1989). Investigating caregiver burden. In K. S. Markides & C. L. Cooper (Eds.), *Aging, stress, and health* (pp. 201–218). New York: Wiley.

Myers, J. E. (2003). Coping with care-giving stress: A wellness-oriented, strengths-based approach for family counselors. *Family Journal: Counseling and Therapy for Couples and Families*, *11*, 153–161.

National Alliance for Caregiving (NAC) and the American Association of Retired Persons (AARP). (2009, November). *Caregiving in the U.S. 2009*. Bethesda, MD: NAC; Washington, DC: AARP.

Novak, M., & Guest, C. (1989). Application of a multidimensional caregiver burden inventory. *Gerontologist*, *29*, 798–802.

Ory, M. G., Hoffman, R. R., Yee, J. L., Tennstedt, S., & Schulz, R. (1999). Prevalence and impact of caregiving: A detailed comparison between dementia and nondementia caregivers. *Gerontologist*, *39*, 177–185.

Pew Research Center. (2010, November). *Social and demographic trends: The decline of marriage and rise of new families*. Washington, DC: Author.

Roberts, A. R. (2000). An overview of crisis theory and crisis intervention. In A. R. Roberts (Ed.), *Crisis intervention handbook* (2nd ed., pp. 2–30). New York: Oxford University Press.

Roberts, A. R. (2005). Bridging the past and present to the future of crisis intervention and crisis management. In A. R. Roberts (Ed.), *Crisis intervention handbook; Assessment, treatment, and research* (3rd ed., pp. 3–34). New York: Oxford University Press.

Robison, J., Fortinsky, R., Kleppinger, A., Shugrue, N., & Porter, M. (2009). A broader view of caregiving: Effects of caregiving and caregiver conditions on depressive symptoms, health, work, and social isolation. *Journals of Gerontology, Series B: Psychological Sciences and Social Sciences, 64B*, 788–798.

Roth, D. L., Haley, W. E., Hovater, M., Perkinds, M., Wadley, V. G., & Judd, S. (2013). Family caregiving and all-cause mortality: Findings from a population-based propensity-matched analysis. *American Journal of Epidemiology, 178*, 1571–1578.

Sanders, S. (2005). Is the glass half empty or half full? Reflections on strain and gain in caregivers of individuals with Alzheimer's disease. *Social Work in Health Care, 40*(3), 57–73.

Savundranayagam, M. Y., Montgomery, R. J. V., Kosloski, K., & Little, T. D. (2011). Impact of a psychoeducational program on three types of caregiver burden among spouses. *International Journal of Geriatric Psychiatry, 26*, 388–396.

Schindler, M., Engel, S., & Rupprecht, R. (2012). The impact of perceived knowledge of dementia on caregiver burden. *GeroPsych, 25*, 127–134.

Schubert, C. C., Boustani, M., Callahan, C. M., Perkins, A. J., Hui, S., & Hendric, H. C. (2008). Acute care utilization by dementia caregivers within urban primary care practices. *Journal of General Internal Medicine, 23*, 1736–1740.

Schulz, R., & Beach, S. R. (1999). Caregiving as a risk factor for mortality: The caregiver effects study. *Journal of the American Medical Association, 282*, 2215–2219.

Schulz, R., Belle, S. H., Czaja, S. J., McGinnis, K. A., & Stevens, A. (2004). Long-term care placement of dementia patients and caregiver health and well-being. *Journal of the American Medical Association, 292*, 961–967.

Schulz, R., & Cook, T. (2011, November). *Caregiving costs: Declining health in the Alzheimer's caregivers as dementia increases in the care recipient.* Bethesda, MD: National Alliance for Caregiving.

Schulz, R., Newsom, J., Mittelmark, M., Burton, L., Hirsch, C., & Jackson, S. (1997). Health effects of caregiving: The Caregiver Health Effects Study: An ancillary study of the Cardiovascular Health Study. *Annals of Behavioral Medicine, 19*, 110–116.

Schulz, R., & Sherwood, P. R. (2008). Physical and mental health effects of family caregiving. *American Journal of Nursing, 108* (9 suppl.), 23–27.

Schwiebert, V. L., Giordano, F. G., Zhang, G., & Sealander, K. A. (1998). Multidimensional measures of caregiver burden: A replication and extension of the Caregiver Burden Inventory. *Journal of Mental Health and Aging, 4*, 47–57.

Semiatin, A. M., & O'Connor, M. K. (2012). The relationship between self-efficacy and positive aspects of caregiving in Alzheimer's disease caregivers. *Aging and Mental Health, 16*, 683–688.

Smith, G. R., Williamson, G. M., Miller, L. S., & Schulz, R. (2011). Depression and quality of informal care: A longitudinal investigation of caregiving stressors. *Psychology and Aging*, *26*, 584–591.

Stenburg, U., Ruland, C. M., & Miaskowski, C. (2010). Review of the literature on the effects of caring for a patient with cancer. *Psycho-Oncology*, *19*, 1013–1025.

Talley, R. C., & Crews, J. E. (2007). Reframing the public health of caregiving. *American Journal of Public Health*, *97*, 224–228.

Tarlow, B. J., Wisniewski, S. R., Belle, S. H., Rupert, M., Ory, M., & Gallagher-Thompson, D. (2004). Positive aspects of caregiving: Contributions of the REACH project to the development of new measures for Alzheimer's caregiving. *Research on Aging*, *26*, 429–453.

Thompson, L. W., Gallagher-Thompson, D., & Haley, W. E. (2003). Future directions in dementia care-giving intervention research and practice. In D. W. Coon, D. Gallagher-Thompson, & L. W. Thompson (Eds.), *Innovative interventions to reduce dementia caregiver distress* (pp. 299–311). New York: Springer.

Toseland, R. W. (1995). *Group work with the elderly and family caregivers*. New York: Springer.

US Census Bureau. (2011, May). *Age and sex composition: 2010*. U.US Department of Commerce. Washington, DC: Author.

von Känel, R., Mausbach, B. T., Patterson, T. L., Dimsdale, J. E., Aschbacher, K., Mills, P. J., . . . Grant, I. (2008). Increased Framingham Coronary Heart Disease Score in dementia caregivers relative to non-caregiving controls. *Gerontology*, *54*, 131–137.

Yee, J. L., & Schulz, R. (2000). Gender differences in psychiatric morbidity among family caregivers: A review and analysis. *Gerontologist*, *40*, 147–164.

Zarit, S. H. (2006). Assessment of family caregivers: A research perspective. In *Caregiver assessment: Voices and views from the field: Report from a national consensus development conference* (Vol. 2, pp. 113–137). San Francisco, CA: Family Caregiver Alliance.

Zarit, S. H., & Femia, E. (2008). Behavioral and psychosocial interventions for family caregivers. *Journal of Social Work Education*, *44*(3), 47–53.

Zarit, S. H., Stephens, M. A. P., Townsend, A., & Greene, R. (1998). Stress reduction for family caregivers: Effects of adult day care use. *Journals of Gerontology, Series B: Psychological Sciences and Social Sciences*, *53B*, S267–S277.

Zegwaard, M. I., Aartsen, M. J., Cuipers, P., & Grypdonck, M. H. F. (2011). Review: A conceptual model of perceived burden of informal caregivers for older persons with a severe functional psychiatric syndrome and concomitant problematic behaviour. *Journal of Clinical Nursing*, *20*, 2233–2258.

第二十四章 在综合医院重症监护室的危机干预模式

诺曼·M. 舒尔曼（Norman M. Shulman）

658 从历史上看，当外科医疗医院的患者因医疗危机而被认为需要心理支持时，主治医生会要求心理医生、心理学家或其他心理健康专业人员进行咨询。尽管这个专业人员可以提供关于患者即时精神状态的重要诊断信息，但通常很少（如果有的话）考虑患者持续的情感需求。通常情况下，会给出药物治疗指示，并可能会转介给其他心理健康或社会服务专业人员。一般来说，只有当患者出现行为管理问题时，才会被安排进行日常心理干预。当这些服务不可用时，行为管理往往由护理、病例管理人员或办事人员负责，他们往往没有时间接受培训来处理这些问题，这可能会造成很大的破坏。因此，我认为，如果缺乏对患者的心理需求的适当关注，会给直属人员带来不必要的负担，同时也经常导致患者的病症加剧。在综合医院的重症监护和其他领域提供常设心理咨询服务，将为适当关注患者的身心体验提供手段，同时缓解工作人员既没有受过专业培训也无法得到补偿的工作压力。由此，可以尽量减少潜在的危机局势，并在某些情况下加以预防。自本章分别于1990
659 年、2000年和2005年发表以来，作者对大量研究进行了持续整理，以支持在重症监护室进行早期、系统的心理干预对患者和家庭成员都有益的最初论点。

医疗危机的定义与范围

医疗危机是人类经历中不可避免的一部分。虽然医疗危机的定义是主观的，但危机导致生活方式的急剧变化是一个共同的主题。波林（Pollin）和卡纳安（Kanaan）（1995）将医疗危机定义为“由于医疗状况的发生或重大变化而导致的不寻常的情绪困扰或定向障碍的时期”（p. 15）。医疗危机的另一个定义是，一个人的经历与他对世界的惯常看法大相径庭而产生的反应。这些紧急情况在患者的生活中造成了如此的不稳定和混乱，以至于患者以前所经历的正常状态不复存在。处于危机状态的人表现出以下可识别的特征（Roberts，1990）。

1. 对有意义和有威胁的事件的感知；
2. 无法应对其他事物造成的影响；
3. 恐惧、紧张或困惑增加；
4. 主观感到不适；
5. 迅速发展到充满危机感或不平衡的状态。

与医疗危机有关的压力通常是暂时的，但它可能会产生终身影响。个体的应对技能、认知过程、典型的情感过程和心理病理史不仅决定了其生活受到影响的程度，而且也决定了医疗危机本身（Roberts，1996）。

不论年龄、性别、种族等，医疗危机产生的压力对所有处于危机中的人都是普遍存在的，一些情境因素，包括医疗紧急情况、危及生命的疾病和慢性疾病、家庭健康问题、犯罪和自然灾害，往往可能会引发医疗危机（Roberts，1996）。罗伯茨（1996）引用了美国司法部提供的有价值的统计数据，
确定了由医疗紧急情况引发的医疗危机的普遍性。例如，2007 年由于急性精 660
神病或医疗突发事件，410 万人被送进了急诊室（Owens，Mutter，& Stocks，2010）。在危及生命的疾病方面，2012 年医学专家诊断出 1660290 例癌症新病例（American Cancer Society，2013）。在美国，有 120 多万人感染了艾滋病毒，几乎每 7 人中就有 1 人（14%）不知道自己的病情。2012 年估计有 47989 人被诊断为艾滋病毒感染者（CDC，2014）。慢性病也是危机中人们所经历的许多医疗问题的原因。例如，根据欧文斯（Owens）、马特（Mutter）和斯托克斯（Stocks）（2010）报告得出的结论，2012 年约有 1.298 亿美国人咨询了急诊科。在这一数字中，估计有 2.1%的人会被转移到精神病院或其他医院（Owens，Mutter，& Stocks，2010）。此外，2650 万人患有心脏病；其他导致医疗危机高发的慢性疾病包括关节炎、囊性纤维化、多发性硬化症

和糖尿病（Blackwell，Lucas，& Clark，2014）。家庭健康问题，涉及虐待儿童、药物滥用、家庭暴力等家庭健康问题，也直接关系到医疗危机的根源（如罗伯茨所引述，1996）。最后，对暴力犯罪的估计也说明了当今社会危机的高发率。根据司法局的统计数据，每年每天都有 357 人成为强暴的受害者（Roberts，1996）。医疗危机肆意侵袭着所有人，从而造成了巨大范围的影响。

重症监护室（ICU）经历对患者的负面影响曾经是常识性的预测因素，现在已经被无数强调使用综合心理医疗护理促进健康本质的研究所证实。卡斯蒂欧（Castillo）、艾特肯（Aitken）和库克（Cooke）（2013）发现，创伤后应激障碍、焦虑和抑郁等特定情绪症状已被明确确定为需要心理和（或）精神干预，而患者当时在 ICU 住院治疗。迈伦（Myhren）等人（2010）证实了这些发现，并了解到，即使在 ICU 治疗一年后，患者的创伤后应激障碍症状也是相对常见的症状。

更普遍地说，韦德（Wade）等人（2012）发现，重症监护室的急性心理反应是未来产生精神疾病的最强大风险因素。事实上，住进重症监护室的经历本身就可以促使创伤后应激障碍的加重。

同时，有大量的证据表明早期心理干预对此类症状确有疗效。扎格利（Zugli）等人（2011）了解到，在 ICU 内进行早期心理干预可促进危重患者从创伤后应激障碍、焦虑和抑郁中复原。奥唐纳（O'Donnell）等人（2010）提出一种假设，即如筛查和早期干预这样的心理健康服务可能对 ICU 里的创伤后应激障碍患者特别有用。

这些研究继续为创伤的精神病理后遗症以及在危重症期间改善心理护理、减少不必要的痛苦、促进健康恢复并改善患者和亲人的长期康复提供新的证据。

患者及家属的诊断描述

661 处于危机状态的人经常会经历类似的情绪、反应和一段时间的脆弱期。医疗危机给患者和家庭带来压力。此外，对专科医院患者的检查也同样地显示出处于医疗危机中的人员身上的特征。

通过某些特征和弱点可以识别处于危机中的患者。高危患者通常有压抑的或激动的情绪，或“冷冻恐惧”，也就是完全丧失反应能力（Pollin & Kanaan, 1995)。自杀倾向和抑郁症状清楚地表明一个人具有高风险的可能。抑郁症是医疗危机患者最普遍的心理反应之一。戈德曼（Goldman）和金博尔（Kimball）（1987）提出，25%的重症监护室的患者都有抑郁症状。在特殊风险患者中，四种常见的抑郁状态是：（a）重度抑郁症，（b）调节障碍，（c）心境恶劣症，和（d）器质性情感障碍（Goldman & Kimball, 1987）。导致抑郁症的一个因素是自卑：患者报告说，在治疗期间，由于缺乏隐私权而感到不人道（Rice & Williams, 1997）。

患者的其他常见问题包括生活质量、死亡和死亡的迫近感。危机患者的其他特征包括与照护者的沟通不足和对危机的认知同化不足（Pollin & Kanaan, 1995）。被操纵感、自我臆想、依赖、抛弃、愤怒等都是危机中患者必须处理的问题。这些问题使患者在创伤性事件中的脆弱性增强。在医疗危机所产生的极度压力下，患者易受情绪变化的影响。脆弱程度取决于“压力事件的未知度、强度和持续时间”（Roberts, 1996, p. 26）。在确定患者在医疗危机中的风险时，身体和情绪衰竭、先前的危机经历和可用的物质资源是重要的考虑因素（Roberts, 1996）。

在考虑生活方式改变产生的影响时，不能忽视处于医疗危机中的人的家庭：家庭成员经常否认情况的严重性（Pollin & Kanaan, 1995）。作为住院期间和出院后的主要照护者，对于一个没有做好心理准备的家庭成员来说，一个新的角色可能是一个巨大的负担。慢性病患者的日常护理发生在非正式的非医疗环境中，70%~95%的情况下需要进行此类活动（如 Pollin & Kanaan, 1995, p. 123 所述）。生活安排和财务承诺的困难给所有相关人员造成了新的负担。

由于应对危机的方式不同而导致的家庭动态变化，又带来了额外的压力。家庭成员之间的紧张关系可能升级，给家庭和处于危机中的患者带来另一个必须解决的问题：医疗问题的不可预测性和模糊性对这个家庭来说可能是最困难的。赖斯（Rice）和威廉姆斯（Williams）（1997）描述了家庭成员的恐惧和焦虑的加剧，这些恐惧和焦虑是由吓人的设备的存在和与危重患者的接近引起的。此外，突发事件和强化医疗通常是迅速的，可能对有关家庭成员来说，看上去显得没有人情味。处理维持生命的问题、生死攸关和死亡的可能性会引发家庭情感并发症（Rice & Williams, 1997），家庭成员的心理痛苦还可能包括因医疗危机而产生的内疚感。 662

特殊重症监护室症状

特殊的ICU患者也有类似的症状，例如，康复医院为具有巨大潜在心理痛苦的受伤患者提供服务（Bleiberg & Katz，1991）。由于不同程度的损伤、残疾和残障的医疗问题，患者必须处理自我管理、缺失感、自我意识和认知能力等问题。内科重症监护室（MICU）患者表现出高危患者的症状。被诊断为癌症的患者会经历心理痛苦，包括生活质量问题、毁容或残疾的可能性、疼痛和人际关系的变化（Rozensky，Sweet，& Tovian，1991）。马图斯（Matus）（引用于Creer，Kotses，& Reynolds，1991）证明，心理诱因（情绪唤醒）、心理症状（恐慌）和心理因素（二次获得、自卑等）是哮喘患者的操作因素。晚期肾病患者往往需要每周12~21个小时的透析治疗，不断受到死亡威胁和依赖性增强的干扰。

内科重症监护室治疗的HIV病毒感染者越来越多，这些患者本人及其家人和亲人都需要社会心理服务。心脏重症监护室（CICUs）也为需要心理治疗的危重患者提供了一个机会。汤普森（Thompson）（1990）指出，接受心理治疗的冠心病危重患者的焦虑和抑郁情绪降低。最后，儿科重症监护室（PICUs）是为处于危机中的儿童处理创伤性事件的地方：治疗生病孩子的绝望感会给工作人员和家庭成员带来内心的压力（DeMaso，Koocher，& Meyer，1996）。

综合护理模式

663 本节重点介绍综合医院中已建立的计划如何提高患者承受医疗危机的能力，以及减少风险因素对患者的影响。本节将探讨传统的咨询系统在帮助患者从危机中复原方面如何被证明是无效的。我们将提出建立一个更有效和更方便使用的系统的理由，然后对该模型进行详细说明，包括它如何与医院其他部门和社会援助网络相联系。

传统会诊制度的失败

传统会诊制度在大多数医院内接连失效，因此许多可以预防的医疗危机并没有得到预防。例如，在教学医院里，精神病住院医师依靠心理健康咨询来获得经验，但常常是几个毫无准备的学生对咨询做出反应，并压倒一个已经脆弱的患者。患者的情感需求和住院医生的教育需求之间的平衡可以通过一点点的敏感度和前瞻性来实现，但不幸的是，这种情况比正常情况更为少见。

公众对精神疾病的认知所附加的耻辱感持续弥漫在整个社会，医院也不例外。这种偏见对患者的护理产生了间接的负面影响，因为医院工作人员常常认为，建议做心理咨询可能被理解为对患者的侮辱。事实上，这种观点对员工的影响程度之大，以至于患者的情感需求可能永远不会被考虑。伴随着精神疾病的社会耻辱化，加上现实中医生和护士强烈的医学观点，助长了对有心理咨询需要的患者，特别是危重患者的心理忽视。这种现象即使在治疗情况已经受到患者心理和情绪状态的影响时也会发生。慢性抑郁症（如情绪障碍症）可导致危重患者产生敌意和行为管理问题。 664

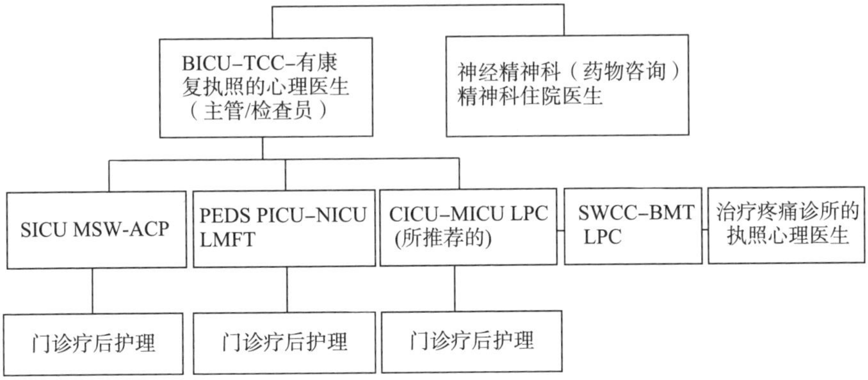

图表注释

BICU：烧伤重症监护室
TCC：临时看护病房
SICU：外科重症监护室
MSW—ACP：社会工作硕士/高级临床医师
PEDS：儿科
PICU：儿科重症监护室
NICU：新生儿重症监护室
LMFT：有执照的婚姻家庭治疗师
CICU：心脏重症监护室
MICU：内科重症监护室
LPC：执照律师
SWCC：西南癌症中心
BMT：骨髓移植组

图 24-1　得克萨斯理工大学医学中心综合医疗模式组织结构

最后，医生们转移对心理治疗的直接关注的倾向会以各种方式对会诊系统产生不利影响。由于危重症护理领域的医生都受过专门的培训，以确定医疗状况和治疗，这种情况下患者的整体护理往往没有得到解决。医生的专业议程也可能受到心理健康临床医生对该病例进行干涉的威胁，特别是如果没有要求，最终导致拒绝心理咨询。最终的结果是，即使在重症监护室，大多数的患者在住院期间没有得到适当的心理辅导。这种忽视往往会使患者现有的医疗问题复杂化并恶化到危机的程度。

常备咨询的理由

665 越来越多的证据表明，在患者住院期间，心理健康干预措施对医疗或外科危机具有特别疗效。例如，内科重症监护室在癌症治疗中心雇用心理健康顾问。罗森斯基（Rozensky）、斯威特（Sweet）和托维亚（Tovian）（1991）描述了心理咨询对癌症患者的治疗效果。他们评估患者的生理和社会环境、心理优势和弱点，对癌症诊断和治疗的反应，并且也评估患者的个性和应对方式，这提供了一个独特的视角，并纳入个性化治疗策略。医学专业人员必须认识到整体治疗方法的价值，因为这在关键的护理领域是必不可少的，包括心理咨询和持续治疗。患者住院期间的此类干预违反了“一次性”咨询的标准，包括提供持续的支持和调整心理治疗。这种考虑患者持续需求的趋势包括家庭治疗，特别是当治疗因不健康的家庭互动而受到损害时。其他服务包括安排心理测试和转介给相关专家（如神经心理学家和门诊善后社区医疗专业人员）。

鉴于严重或危重疾病或伤害的创伤特质，以及在这种情况下对患者进行治疗的必要性，坚持综合康复方法似乎是适当的。长期心理咨询的愿景具体体现了身心互动的观点，即患者的心理健康与住院时间和康复潜力直接相关。这里提出的模型包括持续关注由于创伤或严重医疗状况导致的精神稳定性波动。

前面提到的模型（见图 24-1）已经在得克萨斯州卢伯克的得克萨斯理工大学医学中心建立。它包括 14 张床位的烧伤重症监护室和二级病房（由西南癌症中心和骨髓移植组一位独立的临床医生以类似的方式提供服务）。在 1992 年向得克萨斯理工大学医学院的代理外科主任、医学博士约翰·T. 格里斯沃尔德（John T. Griswold）提出该模型后，经其授权，对这些病房的患者进行了长期心理咨询。

格里斯沃尔德医生在提出这个建议时一直在想，患者的需求在从重症监护区出院时可能只有一半得到满足。精神病学系可能会选择在这些单位提供心理咨询支持，但并不认为这是其课程计划的一部分。其咨询作用被狭义地定义为只是评估和药物治疗。如果要求咨询的话，在极少数情况下，患者会被跟踪治疗几次直到出院，但通常在一次互动后咨询就结束了。还有一个响 666
应方面的问题，就是患者常常会在精神科住院医生看到患者之前出院。不幸的是，当这一问题加上医院工作人员对心理问题缺乏关注就使得从来没有接受过基本心理治疗的患者比比皆是。

传统上，综合医院的自动会诊是有限的。一旦格里斯沃尔德博士坚持让工作人员认识到这项计划的重要性，克服了长设心理咨询的阻力，这项计划就成为整体医疗保健的一个组成部分。心理健康专业人士，在本案例中是一名有执照的心理学家，他能够系统地评估住进有 14 张床位的烧伤重症监护室的每一位患者，这是第一个进行试验的单位。

初步评估包括患者的心理状态、内外部可使用的资源、家庭支持程度和术前心理健康史。评估不仅包括确定患者对服务的需求，还包括确定患者及其家属是否会接受这些服务。心理干预从来没有强加给患者（或家属），患者（或家属）有权随时终止治疗。主治医师在整个治疗过程中始终保留权力，包括取消干预的权力。

烧伤科日常会查房，有必要时周末也查房，此外，如果情况允许，主治医生或工作人员会在任何其他时间呼叫临床医生。如果手术正在进行或需要在治疗期间进行，则应尊重医务人员。在某种意义上，患者的情况也被考虑到了，患者永远不会被强迫忍受超过他或她所能承受的。结果发现，随着患者病情的改善，疗程的效果也增加了。一旦患者病情稳定，出院前所需的时间就会减少。

患者的需要也由任何医生、住院医生、实习生、护士、治疗师或助手先非正式地确认，然后他们发现并将传递相关重要信息给心理学家。他会在出席每周的员工会议时正式提供有关干预程度和类型的信息。通常，不管有没有同事，心理学家都会咨询其他专业人士，他们可能会更清楚地了解患者的状况。心理学家在随后向精神病学家、神经心理学家、物质滥用专家或任何其他有助于患者综合护理的专业人员咨询治疗问题中发挥着独特的作用。

由于采用了系统方法，特别是在无法直接与患者沟通的情况下，家庭也可以定期提供帮助。心理学家把自己传达信息或鼓励从事该病例工作的医生用具体和真实的信息为患者的家庭更新信息作为优先事项，即使此情况不太 667

乐观。有趣的是，可以肯定地说，绝大多数危重患者及其家属都很感谢在重症监护室中始终有一名心理健康护理专业人员在场，即使在死亡威胁已经迫在眉睫的情况下也是如此。这个专业人员可以帮助患者在面对死亡时保持自信和目标感，患者和家属也对提供的心理治疗的持续性感到满意。他们意识到有时候患者需要和中立的一方讨论一些不容易与其他重要的人甚至是神职人员分享的问题。

心理学家显然处于一种独特的地位，可以防止相关问题的发生，并可以对患者、家庭成员和专业护理人员（包括医生）之间偶尔的冲突作出反应。医生对心理学家在治疗团队中的角色持开放态度，他们可以获得通常情况下无法获得的见解并从中受益，也因为不必为非医疗问题投入宝贵的时间和精力而获益。总的来说，患者的整个需求都得到了更有效和高效的治疗。

虽然医院的非附属精神科医生被用作药物问题的顾问，但该模型表明，理想的安排是，将精神科医生与心理学家配对，在重症监护室协同工作。有关精神病药物和后续维护的问题不必仅由主治医生和住院医生负责。

与现有模型提供的有限咨询不同，精神病学家也可以每天跟踪一名接受药物治疗的患者。这样的专业联络对治疗小组的所有成员都是有效的。例如，许多时候，药物相互作用的问题和给危重患者常规用药的心理影响可以由最有资格解决这些问题的专家来处理。在危重病治疗领域经验丰富的精神科医生是团队中非常宝贵的一员，可以让其他医生自由地专注于他们特定的专业领域。

在得克萨斯理工大学医学中心重症监护和康复中心，患者的心理需求不再因为缺乏综合治疗被忽视。治疗现在更加全面，合规性问题、治疗干预和患者-家庭-工作人员冲突等问题得到迅速处理，并被作为整体护理的一个功能，因为心理学家已经参与其中。这样，对工作人员履行工作职责以外的职责的要求就降到最低。出院后，患者的另一个福利是，无论是与病房心理医生还是与社区的另一位专业人员一起进行门诊善后护理的趋势正在增加。

心理医生也适合护理那些可能被特殊的危重护理需求所扰乱的工作人员。个人和团体干预对持续的支持或对在机构中发生的创伤性事件做出反应
668 都是有用的。因此，工作人员认识到有一位值得信赖的专业人员随时可以满足他们的专业和个人需要，因而获得了一定程度的团结和安全保障。

案例说明

案例 1

蒂（T.）是一名35岁的西班牙裔女性，对于她对创伤性双腿截肢的情绪反应正在进行评估。患者在一次车祸中受伤，事故中还有她16岁的儿子，他正在开车，在方向盘上睡着了。事故发生前，患者的儿子告诉她，他很累，想让她开车。此后不久，事故发生，患者的双腿被压得无法修复，而那男孩只受了轻伤。

第一次干预是由患者的丈夫同意的，他希望他的儿子出面。这是为了让这个男孩看到他的母亲，并确定她要活下去，给她一个早日原谅他的机会，去免除他内心的愧疚。一旦完成，每天都与患者交谈，并鼓励她不要放弃，因为考虑到目前的康复能力，她的预后是非常好的。这些干预措施构成了最初的认知重建动力。

在本例中，我们举例说明了采用系统方法的重要性。随着住院心理治疗的进展（最终在5个多月的时间里，包括两次住院，在65个疗程中），治疗师注意到患者的丈夫和另一个儿子（17岁）正处于他们自己的危机之中。这一信息要求家庭和个人治疗必须与家庭成员的各种组合一起进行，并与已确定的患者的治疗相适应。

过去几个月，随着小型危机的爆发，应对方式不得不进行调整和重新适应。例如，第一，父亲和其中一个儿子开始喝更多的酒，以麻痹他们的痛苦，因为他们所爱的人的状况不容乐观。第二，在她不得不忍受的艰难的身体康复过程中，患者变得反复抑郁。此外，她被迫面对膝上截肢造成极难对付的假肢并发症的残酷现实。第三，另一个儿子因无法集中精力在考虑辍学，违背了他母亲的意愿。

在撰写本文时，这些家庭成员仍在努力平衡各自的应对方式。总的来说，这种情况已经部分地得到了成功的改变，因为已经出现了一些积极的调整。例如，蒂回到研究生院并获得心理咨询硕士学位，以便她能帮助他人。

669 她的丈夫已经戒酒，儿子们被单独照护，以帮助他们解决任何残留的内疚、怨恨和物质滥用问题。

在所有可能的最好情况下，家人（家庭）会接受抗抑郁药物的帮助，但即便在没有潜在益处的情况下，患者和她的家人也会配合。他们仍然致力于共同努力，完成他们的集体决议，并继续作为门诊患者接受治疗，直到不再需要治疗为止。值得注意的是，治疗的成功很大程度上归功于患者最初在外科 ICU 接受治疗时，常设咨询所提供的早期持续的干预措施。随后，她可以在普通楼层就诊，后来又作为门诊患者就诊，从而确保了基本的护理连续性。

案例 2

尼（N.）是一名 43 岁白人男性，因丙烷爆炸导致数天无意识而被转诊进行精神状态检查。最初见到他时，患者对这件事只有粗略的记忆，记不住任何细节。他对人很敏感，但对地点和时间不敏感。由于爆炸的一个疑似原因是故意点燃丙烷罐的自杀企图，因此必须对自杀风险进行评估。然而，由于其精神状态的性质，在他入住烧伤重症监护室的头两周内，必须经常进行风险评估。患者强烈否认他想自杀，而且他从未改变他的答复。

由于患者的心理健康史，因而必须经常去看他（在 4 个月的时间里总共 32 次）。入院后不久，从他正在服用的药物中可以清楚地看出，他有双相情感障碍（抑郁症）的先兆症状。插管后，患者无法接受精神药物治疗，其中包括奈法唑酮和替马西泮胶囊。因此，人们担心，当他恢复意识时，他可能会出现行为管理问题和潜在的自杀风险，而他确实有过这样的经历。

在尼住院期间，融洽的关系已经建立并维持，以防止他在地板上的任何破坏性行为或自杀意念。有时患者确实变得烦躁不安，难以控制，但在精神病学的帮助下，适当地服用精神药物使他恢复了镇定。出院前，他与家乡的一位医生取得了联系，在那里，治疗（药物治疗和心理治疗）可以不间断地持续进行。

这再次证明，常设咨询对于预防危机的演变是非常有价值的，因为患者

在入院后不久就被进行相关治疗，之后定期治疗直到出院。在出现行为管理 670
问题后，患者并没有陷入困境，他的心理需求也得到了持续的照护，而不是单独接受重度镇静治疗。他的精神病很快得到了妥善的治疗，并且在医院里接受治疗时对患者和工作人员的干扰很小。

罗伯茨七阶段危机干预模型在危重病护理领域的应用

罗伯茨（1996）的七阶段危机干预模型可以应用于医院环境，对突发卫生事件和其他创伤性事件进行初始干预。然而，在综合性医院的危重症护理领域进行危机干预是一个必须考虑的独特问题。例如，在案例 2 中，彻底的评估只有在患者入院后才能很好地进行，包括致命性评估。由于怀疑有人企图自杀，医务人员必须保持密切联系，以便在拔管后尽快做出这一重要评估。在这一点上，如果自杀意图持续存在，就可以在烧伤重症监护室实施适当的自杀预防方案。

关于案例 1，尽管自杀未遂不是事故的原因，但必须考虑到患者在双腿截肢后的沮丧情绪，并进行致命性评估，直到毫无疑问地确定蒂潜在的意图对自己没有自杀威胁。住院环境的“非自愿的观众”现实允许不同工作人员至少每天或（如有必要）每天多次进行致命性评估。致命性程度的任何变化都会报告给心理健康科的临床医生，临床医生会根据指示改变治疗计划。

住院危机干预的另一个显著特点是，在一段不合理的时间内，必须与患者建立融洽关系（罗伯茨危机干预模型的阶段二）。改善精神状态的止痛药、疼痛本身、由重症监护室隔离引起的定向障碍（导致一种称为重症监护室精神病的现象）以及由于工作人员戴口罩和穿着长袍而使患者难以确定其身份，这些都导致了一段难以建立融洽关系的时期的产生。此外，医务人员频繁中断重症监护程序的应用，必然缩短与患者相处的时间，中断治疗流程。

尼和蒂在入院后很长一段时间都无法沟通。一旦干预措施开始，医院就与两个患者建立了融洽关系，并且持续了几天。有时，由于患者在医疗早期
的精神状态表现相对不连续，信息不得不重复。随着时间的推移（由于精神 671
疾病，与尼的相处时间比与蒂的相处时间长），融洽关系才得以成功建立。

在这两个案例中，对危机诱因（阶段三）的识别是显而易见的（即事故）。尽管尼和蒂的病前问题确实影响了他们对危机的个人反应，但很明显，

这些干预措施对患者的不幸遭遇是必需的。重症监护室的大多数患者中，危机随着他们身体状况的改善而开始并持续得到解决。然而，对于蒂来说，她将遭受许多身体和家庭相关的情感挫折，每一个新的问题必须积极和及时地处理。与她已经建立的融洽关系使她更容易受益于随后的干预措施。

与这两个患者相处的大部分时间都花在处理他们对发生在他们身上的事情的各种感觉上（阶段四）。积极的倾听技巧，以及验证、同理心、温暖和安慰的传递，用来帮助患者认识到他们被一个有爱心的专业人员理解。在支持性心理治疗过程中运用基本的咨询技巧，以促进患者探索他们的情绪，了解他们在康复期间和康复后发生的事情以及等待他们的潜在后果。蒂需要更多和更长的疗程，她对丈夫和两个儿子的担心使她的恢复过程变得复杂。他们在处理蒂的截肢问题上的困难以及截肢对他们的意义最初给她造成了二次危机，比如反应性饮酒和抑郁。尼的改善过程相对简单明了。

在帮助蒂和尼探索他们的情绪感知的过程中，产生和探索了各种备选方案（阶段五）。蒂从了解被截肢者可以利用的资源中受益匪浅，这些资源可以使她恢复相对正常的生活。在她能够表达她对失去双腿的感觉后不久，她重新审视了截肢者的身体康复方案。她得到了很多安慰，因为她知道自己的身体恢复将在家乡如何进行，假肢的安装，重新学会如何行走，并逐渐能够恢复她的教学生涯。她还感到欣慰的是，她的家庭成员可以单独或合力致力于解决他们遇到的各种问题。

尼得知该小组知道他有精神病史，与他的治疗医生和家人进行了接触，因此能够维持他的用药计划和稳定的精神状态，从而感到安慰。此外，他从与前妻的联系中受到鼓励和帮助，前妻在他的生活中仍然是一个宝贵的支持
672 来源。这个人特别重要，因为她是尼唯一的非专业支持者，而蒂有很多支持她的家人、朋友和送来祝福的人。

由于两名患者都延长了住院时间，因此有充足的时间进行进一步恢复和制订各自的行动计划（阶段六）。出院前，医院协助建立医疗和精神治疗资源，以确保他认知和情感的稳定。与尼进行了几次谈话，包括与他的治疗专家和前妻都进行了交谈，前妻将确保尼在回家后会被送回他的心理健康服务提供者那里。患者参与制订了出院计划，并确切了解对其的期望（即依从性），以及他可获得的资源。

蒂对她出院后的康复阶段也有了清晰的认识。心理健康方面的治疗以各

种组合的方式为她和她的家人提供善后心理治疗。她对出院计划的可预见性和可操作性感到满意，她知道她可以向几个不同的专业人士咨询，并得到一个直接的答复。

两个患者都同意随访计划（阶段七）。因为蒂和她的家人会回到治疗最初危机的医院接受医疗和心理治疗，所以后续治疗很容易得到确认。在这段时间里，人们讨论了她的医疗和情绪康复的进展，以及对她下一步的期望和必须应对的问题。相比之下，尼的后续治疗安排在他目前接受治疗的地方。出院后不久，他就给家附近的医疗机构打了电话，以确保后续治疗。

罗伯茨的七阶段模型很好地适应了危重患者的心理需求。我们可以大胆地假设，对这些患者中的大多数进行危机干预是因为他们需要重症监护。尽管该模型的应用必须根据此类装置的具体要求来调整，但七个阶段的基本要素具有普遍的效用。因此，通过及时干预（即尽可能接近诱发事件的时间），患者的危机便可以得到缓解。此外，在日常密集的干预过程中进行的适应性学习，也可以预防未来的危机。

临床考虑与启示

在与危重症患者合作治疗时，必须考虑到几个特殊的直接服务干预因素。第一个考虑因素是尊重医务人员。由于重症监护医疗服务的性质，可能 673
永远没有合适的时间进行适当的评估或干预。在短短 10～15 分钟的时间里，出现几次中断是很常见的，这使得环境不利于危机管理。

有时治疗人员必须尽他（她）最大的努力优先处理治疗问题，并在现有的时间内解决它们。在评估自杀风险或任何其他可能使治疗复杂化的自我伤害行为时，这一点尤为重要。实际上，这可能意味着在确定患者的功能之前，必须进行几次简短的干预。患者虚弱的身体状况可能会限制治疗的效果，这通常是短暂干预的原因，而不是程序性中断。

第二个考虑因素是尽可能在危机发生时进行初步危机干预，这是所要指出的重点。与任何危机一样，医疗危机，特别是创伤性事件，需要在心理障碍系统有机会重建之前尽早处理。这个问题与创伤后应激障碍最为相关，如果不及早治疗，创伤后应激障碍会恶化，并在数月甚至数年后出现无数症状。因此，如果可能，建议患者在入院后尽快就诊，例如拔管后或恢复意识后不久。

早期干预的另一个好处是，即使患者最初可能没有症状，也可以建立关系。一旦建立了联系，患者会更倾向于在症状确实出现时谈论症状的出现，有时甚至在出院后很久也会谈论。对于患者来说，在第一次接触后的几个月内联系治疗师治疗创伤后应激障碍或抑郁症并要求门诊治疗并不罕见。当然，如果没有治疗关系的初步形成，这种情况就不太可能发生。在考虑到重度镇静可能掩盖心理病理症状的影响时，建立这种早期联系尤为重要。

第三个考虑因素是将家庭系统模型纳入危机干预技术的重要性。重大疾病或事故影响到整个家庭或大家庭，因为这些亲属也成为受害者。有效的危机干预要考虑到整个家庭的需要，如果是正确的指导，可以用来进一步治愈患者的情绪状况。

在进行危重护理危机干预时，大部分工作都在等候区或医院走廊进行，与被迫应对严重疾病或事故后果的家庭成员交谈。通常，他们和患者一样甚至需要更多的危机干预服务。因此，为了维持家庭平衡，为了患者的最终康复，应该把时间和注意力集中在他们身上。

674 第四个考虑因素是危机干预者在接踵而至的危及生死的情况下执行日常危机干预服务时都可能会耗尽精力，更不用说那些严重致残或毁容的患者了。当务之急是，对危机专业人员的要求要适当不要过度，干预者要有足够的监督和情感支持。对压力的高度容忍和多种可用的应对资源是危机专业人员在关键护理领域工作时能够获得的主要因素。

前面介绍的两个案例研究为危机干预者提供了有用的信息，因为它们被理所当然地视为反映了重症监护室患者的情况。它们代表的更多的是一般规律而不是例外。对这两名患者进行治疗时，必须考虑到所有四个临床因素（即优先考虑医疗问题、早期干预、关注家庭和工作人员职业倦怠的可能性）。事实上，当出现的干预主题少于所有这些主题时，让患者接受危重护理是不正常的。有时，缺乏家庭参与会成为一个问题。然而，缺乏应对资源通常会加剧倦怠的可能性，因为干预者的工作随着与患者接触的必然增加而变得更加苛刻。

管理照护

管理照护对先前描述的重症监护室工作的保险补偿提出了独特的问题。

在保险公司愿意支付心理治疗服务费用之前，必须预先确定患者护理的首要问题。不幸的是，预认证过程往往是繁琐的，而且可能要过几天才能得到许可。人们会认为，任何患有严重疾病或受伤的患者都起码可以自动获得初步评估的认证，但事实并非如此。

通常，应该为危机干预所花费的时间是无法补偿的，因为会话没有预先认证。然而，等待事前授权对危机干预来说令人无法忍受。尽管没有简便的方法来解决这个问题，但职业道德要求必须在医学上可行的情况下尽快看到患者。在论证逻辑的基础上，重新认证的努力有望能取得成功。也许有一天，有限数量的诊断评估会议将自动为受事故或其他创伤伤害的患者预先认证，但在那之前，与管理式护理的斗争将继续下去。

可以探索两种可能的补偿方式来补偿被拒绝的治疗。第一种方式是医院向在危重病护理区工作的临床医生提供附加津贴。金额可基于非报销治疗的平均数与非资助患者的平均疗程数的结合来设定。第二种方式是该机构向专门资助创新医疗项目的基金会申请赠款。事实上，得克萨斯州卢伯克大学医学中心对这两种选择都进行了探索，该中心的所有重症监护室都在开发前面提到的综合性心理支持计划。 675

结　论

只有综合医院患者的心理需求以及他们的身体问题同时得到照护才有意义，医学的大趋势是认识到患者之间这种逻辑上的、不可分割的联系。虽然个别医生和在更大范围内的某些重症监护单位成功地整合了治疗，但本章的前提是整个医院能够成功地整合治疗。

如果这种治疗得到适当的实施，患者、家属、工作人员和医疗机构将在各种方面受益，其中最重要的是预期住院时间的缩短（以及相关成本的降低）。研究应验证这一假设，其中包括，预测会使用更少的药物、更少的心理问题，以及减轻工作人员的压力。

常识告诉我们，健康照护的一个基本方面是预防和尽量减少潜在的心理危机，这些危机将使正在进行和后续的治疗复杂化和恶化。危急护理小组和重症监护室的危机干预综合模型是在整体健康照护中实现这一必要改进的明智手段。

不幸的是，尽管有充分的证据，重症监护室患者的心理护理落后于身体问题的护理（Rattray & Hull，2008）。本章重点介绍了一种干预修正方法（即开放会诊系统）的开发，该方法已被证明在识别和改善创伤患者的心理预后方面非常成功。

作者希望，重症监护领域未充分利用的开放式心理健康咨询政策，能够被致力于对大多数创伤患者进行综合治疗的医院更广泛地采用。通过这样做，创伤受害者未被检查而被放过的情况将会越来越少，总的来说，可以满足这些长期得不到充分服务的人群的治疗需求。额外的研究应该验证这个假设，预测使用更少的药物，更少的心理问题，以及减轻工作人员的压力。

参考文献

American Cancer Society. (2013). *Cancer Facts & Figures 2013*. Atlanta: American Cancer Society.

Blackwell, D. L., Lucas, J. W., Clarke, T. C. (2014). Summary health statistics for U.S. adults: National Health Interview Survey, 2012. National Center for Health Statistics. *Vital Health Statistics* 10(260).

Bleiberg, R. C., & Katz, B. L. (1991). Psychological components of rehabilitation programs for brain-injured and spinal-cord injured patients. In R. H. Rozensky, J. J. Sweet, & S. M. Tovin (Eds.), *Handbook of clinical psychology in medical settings* (pp. 375–400). New York: Plenum.

Castillo, M. I., Aitken, L. M., & Cooke, M. L. (2013). Study protocol: Intensive care anxiety and emotional recovery (i care)—a prospective study. *Australian Critical Care: Official Journal of the Confederation of Australian Critical care Nurses, 26*, 142–147.

CDC. (2014). Monitoring selected national HIV prevention and care objectives by using HIV surveillance data—United States and 6 dependent areas—2012. *HIV Surveillance Supplemental Report*, 19(3).

Creer, T. L., Kotses, H., & Reynolds, R. V. (1991). Psychological theory, assessment, and interventions for adult and childhood asthma. In R. H. Rozensky, J. J. Sweet, & S. M. Tovin (Eds.), *Handbook of clinical psychology in medical settings* (pp. 497–516). New York: Plenum.

DeMaso, D. R., Koocher, G. P., & Meyer, E. C. (1996). Mental health consultation in the pediatric intensive care unit. *Professional Psychology: Research and Practice*, 27, 130–136.

Goldman, L. S., & Kimball, C. P. (1987). Depression in intensive care units. *International Journal of Psychiatry in Medicine*, *17*, 201–212.

Myhren, H., Ekeberg, O., Toien, K., Karlsson, S., & Stockland, O. (2010). Post-traumatic stress, anxiety and depression symptoms in patients during the first year post intensive care unit discharge. *Critical Care (London, England)*, *14* (1).

O'Donnell, M. L., Creamer, M., Holmes, A. C., Ellen, S., McFarlane, A. C., Judson, R., Silove, D., & Bryant, R. A. (2010). Post-traumatic stress disorder after injury: Does admission to intensive care units increase risk? *Journal of Trauma 69*, 627–632.

Owens, P. L., Mutter, R., & Stocks, C. Mental health and substance abuse-related emergency department visits among adults, 2007. HCUP Statistical Brief #92. July 2010. Agency for Healthcare Research and Quality, Rockville, MD. http://www.hcup-us.ahrq.gov/reports/statbriefs/sb92.pdf

Pollin, I., & Kanaan, S. B. (1995). *Medical crisis counseling*. New York: Norton.

Rattray, J. E., & Hull, A. M. (2008). Emotional outcome after intensive care: Literature review. *Journal of Advanced Nursing*, *64*(1), 2–13.

Rice, D. G., & Williams, C. C. (1997). The intensive care unit: Social work intervention with the families of critically ill patients. *Social Work in Health Care*, 2, 391–398.

Roberts, A. R. (1990). *Assessment and treatment research. Crisis intervention handbook*. Belmont, CA: Wadsworth.

Roberts, A. R. (1996). Epidemiology and definitions of acute crisis in American society. In A. R. Roberts (Ed.), *Crisis management and brief treatment: Theory, technique and application* (pp. 16–31). Belmont, CA: Brooks/Cole.

Rozensky, R. H., Sweet, J. J., & Tovian, S. M. (1991). *Handbook of clinical psychology in medical settings*. New York: Plenum.

Thompson, D. R. (1990 *Counselling the coronary patient and partner*. London: Scutari.

Wade, D. M., Howell, D. C., Weinman, J. A., Hardy, R., Mythen, M. G., Brewin, C. R., Borja-Boluda, S., Matejowsky, C. F., & Raine, R. (2012). Investigating risk factors for psychological morbidity three months after intensive care: A prospective cohort study. *Critical Care, 16* (5), 1–16.

Zugli, G., Bacchereti, A., Debolini, M., Vamini, E., Massimo, S., Balzi, H., Giovanni, V., & Belloni, L. (2011). Early intra-intensive care unit psychological intervention promotes recovery from post-traumatic stress disorders, anxiety and depression symptoms in critically ill patients. *Critical Care, 15* (1), 1–8.

第六部分

最佳实践结果

第二十五章 有效危机干预的模式

伊冯娜·伊顿-斯塔尔（Yvonne Eaton-Stull）
米歇尔·米勒（Michele Miller）

对自杀者做出响应，走进动荡的家庭环境，或处理强烈的悲伤情绪，都是可能导致响应者焦虑的危机。许多人可以学到必要的技能来干预危机局势，而某些特质与这些技能结合起来，将增加干预者受到欢迎和成功缓和局势的可能性。许多咨询师的特质被认为是成功进行危机干预的积极因素，这些特质可以通过决心和实践进一步发展。 681

有效响应者的特质

在危机干预期间，对自己本性的自我意识将为干预者提供视角，同时干预者需要培养自己的耐心。斯坦利（Stanley）（2006）认为，与文化能力相关的自我检查很重要，他认为，通过探索和反思自己的不足及自己与服务对象之间的差异，工作人员将培养从多文化角度看待情况的能力。斯坦利（2006）认为，自我意识可以减轻反移情的感觉，并提高工作人员以“文化敏感和关联”的方式作出反应的能力。万波尔德（Wampold）（n. d.）指出，有效工作的员工在干预过程中会进行自我反思，以尽量减少“反移情”对帮扶性关系的影响。反移情是危机工作中普遍存在的现象，必须通过自我意识进行管理。当了解对方的危机并与对方合作确定合理的解决方案时，自我意识非常有用。

在帮扶性质的职业中经常被提到的三个特点是同理心、真诚和暖心。霍曼（Hohman）（2012）将**同理心**定义为“理解服务对象所看到的世界或问题”，并向对方传达：我理解你的观点。同理心是成功的危机干预者的核心 682

品质，因为它有助于与服务对象建立信任和融洽关系。许多研究表明，成功的移情提供者“无论其理论取向如何，成功率都较高”（Moyers & Miller, 2013，p. 1）。有效应答者的素质和行动可访问 https://www. apa. org/education/ce/effective-therapists. pdf。**真诚**意味着在你的职业关系中表现你真正的自我。一个真正的回应者自然会自发地、一致地行动；真诚有助于向对方表明该工作人员是真实可靠的（Kirst-Ashman & Hull，2008）。一个真正的危机处置人员将与服务对象建立富有人情味联系，因为每个人在一生中都会遇到困难并需要支持。**暖心**被定义为一个人开明、有爱心，愿意积极倾听并暂缓对服务对象的判断（Walsh et al.，2003）。当服务对象与温暖的响应者互动时，他们感到分享自己的感受很舒服（Walsh et al.，2003）。暖心、真诚和同理心是能达到预期良好治疗结果所需要的三个最重要的咨询师特质。

如果有决心成为危机干预者，有效的危机工作者将进一步发展他们的技能和潜力。万波尔德（n. d.）声称，有效的咨询师经常追求专业技能的进步，因为他们希望在实践中有所改进。考虑到危机干预总是在发生变化（James & Gilliland，2005），积极的危机干预者总是定期查找当前信息，并调整其干预措施，使之包括循证实践。决心在个人和职业上都有所发展的危机处置人员更可能在促进与服务对象的关系进一步发展并有效管理工作压力方面做得很好。有关各种危机主题的免费在线继续教育，请访问 http://www.treatmentsolutions. com/education/。

许多特质结合在一起会增加与服务对象一起成功应对危机的可能性。这些特质，再加上危机干预技能，将促进危机工作者的发展和成长。一个熟练的危机处理人员不仅具备成功所必需的特质，而且还具备运用技术缓解危机局势的知识和能力。各种危机干预模式为从业人员应对危机提供了可遵循的框架。我们将介绍三种常用的模型，并将其应用到案例中，为危机响应者提供实施的实际步骤和技能。

在危机中，时间是至关重要的，所以工作人员必须直接询问各种因素，全面评估风险是危机干预的关键组成部分和标准（Joiner et al.，2007）。根据国家自杀预防生命线［NSPL］（2007）网站信息，评估必须包括对欲望、
683 能力、意图和缓冲的调查。欲望是指探索思维和情绪状态；能力是观察先前的历史、手段和因素，如心理健康史或物质滥用史；意图是考虑积极的尝试、计划和准备；缓冲是指保护性支持因素。鼓励读者访问 NSPL 网站，了

解更多详细信息，网址为 http://www.sidepreventionlifeline.org/media/5388/eSuicide-Risk-Assessment-Standards.pdf.（自杀风险评估标准 .pdf）。以下表格（表 25-1——译者注）提供了探索这些标准的分类问题样本（Eaton，2005，p.622）：

自杀风险评估应包括以下问题的答案：

1. 你/服务对象是否有自残的想法？是（　）否（　）未知（　）

2. 你/服务对象有没有故意伤害自己？是（　）否（　）如果是，请描述______________________________

3. 你/服务对象想伤害自己多久了？

4. 你/服务对象会怎样伤害自己？

5. 你/服务对象有没有做任何伤害自己的准备？是（　）否（　）未知（　）如果是，请描述______________________________

6. 你的生活中有没有最近的压力或创伤性事件？是（　）否（　）如果是，请描述______________________________

7. 你觉得事情有改善的希望吗？是（　）否（　）如果是，请描述______________________________

8. 是什么让你/所要干预的对象不伤害自己？

凶杀/暴力风险评估应包括获得以下问题的答案：

1. 你/服务对象是否有伤害他人的想法？是（　）否（　）未知（　）如果是，你/所要干预的对象认为伤害谁？

2. 你有没有口头威胁要伤害别人？是（　）否（　）如果是，请说明你说了什么？______________________________

3. 你/服务对象已经伤害过任何人吗？是（　）否（　）未知（　）如果是，请描述发生了什么？____________你伤害了谁？____________那个人的身体受了什么伤？

4. 你/服务对象想伤害别人多久了？__________

5. 你/服务对象如何伤害他人？__________

6. 你家里有武器吗？是（　）否（　）未知（　）如果是，什么武器？______________________________

684 7. 你/服务对象是否为伤害他人做了任何准备？是（ ）否（ ）未知（ ）如果是，请描述______

8. 是什么让你/服务对象不伤害他人？______

9. 警察逮捕过你吗？是（ ）否（ ）如果是，请解释一下这些指控是什么和调查结果______

罗伯茨（2005）的七阶段危机干预模型为危机干预提供了一个宝贵的框架。

罗伯茨七阶段危机干预模型的应用

阶段一：计划和实施危机评估

阶段一应包括对压力源、应对技能和可用资源的全面评估。这种持续的评估应包括诱发事件、反应以及风险和保护因素（Jackson-Cherry & Erford, 2014）。对自己或他人的危险性是这一步骤的关键组成部分，响应者必须确保了解个人是否试图伤害自己或他人，或是否有计划、方法或意图这样做。表 25-1 对这一步骤进行了详细的分类。在此阶段还应确定医疗问题和所有物质使用。这个阶段与阶段二交织在一起。

阶段二：建立融洽关系

危机处理人员试图与服务对象建立支持性关系，同时获取关键信息（Roberts & Yeager, 2009）。冷静、耐心的风格是获得信任和建立融洽关系的最有效方法。

阶段三：确定相关问题

这一阶段包括尝试获得导致当前危机状态的信息。也许有一个重大的生活事件影响了服务对象的社会援助，或者服务对象不知道如何有效地应对。在这一步骤中，可能还需要与其他担保人协商（Jackson-Cherry & Erford, 2014）。在这一阶段获得的信息将有助于干预者今后的工作。

阶段四：处理情绪 685

这一阶段包括让服务对象在危机处理人员确认和倾听的同时发泄自己的情绪。詹姆斯（James）和吉利兰德（Gilliland）（2005）将**积极倾听**定义为“以同理心、真诚、尊重、接受、非判断和关心的方式参与、观察、理解和响应”（p. 20）。阶段一到四包括提供大量的支持性倾听，因为干预者试图收集对危机的全面评估。在前四个阶段获得的信息有助于为后三个阶段提供信息。

阶段五：生成和探索备选方案

这一阶段涉及工作人员更积极地探索各种方案。利用先前获得的信息，员工可以潜在地鼓励被干预对象利用先前的应对策略或资源。这一阶段还包括向他们提供各种选择，因此在这一过程中，社区资源所带来的知识是必不可少的要素。罗伯茨和耶格尔（2005）认为，集思广益可能是一种有效的协作策略，有助于增强服务对象的可控制感。

阶段六：实施具体行动计划

本阶段包括采取必要步骤确保服务对象安全或实施获得进一步协助的计划。这一阶段可能包括确保服务对象周围环境安全、将服务与资源联系起来、获得药物、减少隔离或住院等行动（Roberts & Yeager，2005）。

阶段七：跟进

这最后一步应包括计划跟进，例如，必须与服务对象或服务提供者核实，以确定他或她在危机后的状态。下面的案例演示了这七个阶段。

案例

公寓生活部工作人员联系了随叫随到的顾问。他们接到一个学生的朋友打来的电话说，这个学生“举止怪异”，公寓生活部的工作人员得知，这个学生一直试图进入汽车和建筑物，原因不明。学生在校园里走来走去，公寓生活部的工作人员发现了他。他口述其感到的困惑，他认为人们在嘲笑他。他说他正在寻找一个“偶像”来阻止这种行为。 686

一到校园，工作人员就开始和学生谈论最近发生的这件事情。在评估期间（阶段一），确定学生前一天晚上参加了聚会并饮酒。既往没有系统性疾病或心理健康状况。这个学生没有表现出任何自杀意念，但他对那些他认为是在嘲笑他的人感到不安。据报道，他是一名一年级学生，因为他来自异国他乡，所以难以适应大学生活。我们讨论了他上大学的决定，他就读的专业，以及他目前的生活状况。随着融洽关系的发展，学生对自己的想法表达得更加坦率（阶段二）。他说，他有时听到声音，告诉他在不同的地方寻找“偶像”，他当时正在做。他还赞同这样的错觉，即这个偶像不仅能阻止嘲笑行为，而且还能赋予他改变他人行为的特殊能力。此时的主要问题是学生似乎正在经历一种认知障碍（阶段三）。我们谈到了他的感受，特别是离家这么远的困惑和不满（阶段四）。工作人员开始温和地讨论其他人对该学生行为的担忧，以及这种令人困惑的行为是如何让人不舒服的。学生被告知可能是前一天晚上他的饮料里被放了什么东西。我们讨论了各种方案，包括在急诊室进行评估，或考虑进入当地的危机寄宿单位（阶段五）。学生在宿舍生活人员的劝说下，同意去医院。最终根据思维障碍程度将学生送入心理健康病房住院实施治疗计划（阶段六）。在整个住院期间，辅导员与住院社工一起跟进，协助出院后计划并与学生家属沟通（阶段七）。

格林斯通与莱维顿危机模型

根据格林斯通（Greenstone）和莱维顿（Leviton）（2011）的说法，危机干预的目标是帮助服务对象从危机状态过渡到他（她）的基本生活能力水平。危机是不可预测的，因此，采用循序渐进的方法进行更成功的干预是有帮助的。格林斯通和莱维顿称他们的干预模型适用于大多数危机情况，并建议干预者在干预时融入他们的个人技能，并使用他们自己应对危机的知识。该模型的六个步骤如下：即时反应、控制、评估、处置、转介和随访（Greenstone & Leviton，2011，pp. 7-14）。

即时反应是指迅速做出反应以缓解对方的情绪困扰。为了做到这一点，响应者的目的是减少服务对象正在经历的焦虑，防止其对自己或他人的伤害。 687

然后，完成**控制**这一步，控制首先是通过确定自己和自身在危机干预中的角色得以实现的，同时也精心组织，直到服务对象能够重新获得自制力。应急人员在进入危机情况时，应通过调整自己的感觉来谨慎行事，这将有助于他们安全地评估和处理情况。重要的是要表现出冷静、自信和支持力，让对方感到放心。如有可能，应该将该人员调离危机现场，反之亦然。响应者应该是真诚的，因为这将有助于赢得对方的信任以及进行干预。

评估阶段是响应者试图完全了解情况的阶段。响应者应设法查明此人对危机的看法以及危机对他（她）意味着什么，以及有关危机的事实。在收集信息的同时，关注现在和过去的两天。问一些简短、直截了当的问题，一次问一个让对方有时间回答，这样他（她）就不会被评估压得喘不过气来。服务对象可能会感到苦恼，所以要接纳沉默，必要时再进一步询问清楚，但只有在需要时才插话。通过使用积极的倾听技巧，让服务对象发泄自己的感受并大胆交流。重要的是，响应者不能对人或危机做出主观判断。服务对象此时需要获得支持与认可，而不是因为其经历而受到惩罚或谴责。

处置是决策阶段，当响应者帮助对方考虑可能的解决方案时，这是干预的重点。干预者将与干预对象合作，探索可用于解决危机的个人和社会资源选择。干预者将能够解决问题的希望带给对方，然后与干预对象一起制订计划。

模型的第五步，**转介**，是服务对象与必要的服务的连接点。获得最新资源有助于干预者在进入危机局势时做好准备。

最后一步是**随访**，干预者跟进服务对象，以确保他（她）与机构取得联系。下面的例子演示了这个模型。

案例

校园保安联系了随叫随到的辅导员。安全部门报告说，一个名叫唐（Dawn）的学生要求和一位辅导员谈谈，因为自从她祖母去世后，她一直感到沮丧。安全部门没有提供进一步的信息。即时反应：接到保安的

688 电话后，辅导员立即给唐打电话，介绍了自己，明确了自己的角色。对安全性进行了评估，这名学生否认有自杀意念，并报告说，她只考虑了人死后会发生什么。辅导员使唐的思维过程正常化，证实了她的悲伤和孤独感。控制：咨询师认为需要为唐解释她的经历和悲伤过程的构成，以帮助她重新控制情绪状态。评估：在评估阶段，唐发现经常哭泣、睡过头和缺乏动力是她最关心的问题。她报告说，她今天不得不请假，因为她开始哭了，这就是她决定寻求帮助的原因。这名学生说，这些症状是在她祖母去世大约 3 天后出现的。辅导员利用积极的倾听技巧，让学生有时间表达与释放有关的感受。处置：顾问和唐合作，考虑不同的选择，以帮助她度过悲伤时期。那个学生指出她姐姐/妹妹可以提供支持。她还认为，定期与治疗师会面，将有助于她从失去亲人的经历中走出来。唐同意当晚 6 点打电话给她的妹妹/姐姐，分享她失去祖母的感受。转介：唐还安排了在第二天的办公时间与顾问会面。随访：第二天，唐来到心理咨询中心预约。

SAFER-R 模型

最后一个应对危机个人的干预模型包括五个步骤。SAFER-R 模型（Everly & Mitchell，2008，p. 174）包括以下阶段：

1. 稳定（stabilize）；
2. 确认（acknowledge）；
3. 促进理解（facilitate understanding）；
4. 鼓励适应性应对（encourage adaptive coping）；
5. 恢复功能（restore functioning）或转介（refer）。

使潜在的不稳定局势稳定下来是减少危机进一步升级或损害服务对象或其他人的可能性的关键的第一步。这一阶段可能包括消除任何加剧危机的压力源，例如使争论者分离或转移到没有听众的区域。在这一阶段可能需要采取的步骤还包括在必要时利用其他资源的援助，例如紧急医务人员或执法人员。

承认危机是阶段二。根据埃弗利（Everly）和米切尔（Mitchell）（2008）的说法，在这一阶段，干预者利用自己的倾听和沟通技巧来确定发生了什么 689
事，以及干预者对情况做出反应。希望这个过程能帮助服务对象在分享自身经历时感受到被倾听和被认可的感觉。

第三，干预者和服务对象对危机有了更多的了解。埃弗利和米切尔（2008）表示，干预者开始积极响应他们所了解到的东西。干预者和服务对象都获得了所需的信息。可以确定必要的资源和应对策略，然后在阶段四使用。

阶段四，鼓励适应性应对，是积极干预的阶段。这包括促进各种干预和应对策略（Everly & Mitchell，2008）。例如，如果一名干预者得知对方以前有一位治疗师，他可以帮助服务对象重新建立联系。此外，在这一点上可以积极利用压力管理或放松。然而，如果危机严重，危及生命，干预者可能需要采取另一种行动。

阶段五，即恢复适应性功能，发生在个人成功解决危机或有解决计划的时候。理想的情况是，服务对象变得不那么情绪化，感觉更能掌控局面。但有时，服务对象可能需要更高水平的护理。此时，转介意味着去医院或其他资源寻求帮助。下面的例子说明了 SAFER-R 模型的应用（Everly & Mitchell，2008）。

案例

随叫随到的辅导员接到一个来自校园保安的电话，是一个男生打来的，他和他现在的前女友发生了口角。这名学生报告说，他曾试图结束这段关系，这让他的女朋友变得心烦意乱，试图刺伤自己，并过量服用一瓶药片。他把这些东西从她身上拿走，然后把她留给了她的室友。当辅导员到达时，女学生正在休息室歇斯底里地哭，室友试图安慰她。

辅导员介绍说："看来你现在正经历一段困难时期。我想看看能不能帮上忙。我们能去你的房间吗？还是你想去我的办公室？"（稳定下来）辅导员试图把这个心烦意乱的学生和宿舍里的其他人分开。给学生一个有助于她在这种情况下感受到一种主导感的选择。那个学生选择在

心理咨询室谈话。抵达后，辅导员通过陈述确认了这一危机，“保安说
690 了你男朋友今晚和你分手的消息。你能告诉我发生了什么事吗?”（确认）这名学生分享了当晚发生的事件以及之前与她男朋友的争吵史。通过积极的倾听，辅导员也能够了解到之前的应对策略，这些策略对这个学生很有帮助。这名学生还说，她不是自杀，她的行为是试图阻止他离开她（促进理解）。这名学生确认她和母亲关系密切，所以这被纳入了计划。记者联系上了她的母亲，她同意来学校带这名学生回家度周末。学生同意在星期一见辅导员，如果她在星期一之前需要帮助（鼓励适应性应对），她可以在家附近的移动危机服务中心获得相关信息。当母亲开车去学校的时候，辅导员对学生保持援助。这名学生目标明确，对未来充满想象，已经在计划周末带什么去完成学业（恢复功能）。

科　技

科技是一个不断发展的领域，对青年人的日常生活产生重大影响，当然在危机期间也是如此。皮尤互联网美国生活项目（Pew Internet American Life Project）报告称，超过93%的年轻人可以上网，超过75%的年轻人有手机（DeAngellis，2011）。大多数人都知道使用热线电话，但一些干预者也会通过视频会议或使用超链接与其他干预者进行连接。一些响应者正试图通过提供先进的危机干预手段来跟上当前的趋势。

可下载的一个科技工具是MY3，这是一个由加州心理健康服务局、国家自杀预防热线和链接2健康解决方案开发的应用程序，为有自杀念头的人提供容易获取的自杀预防资源和安全计划（MY3，n. d.）。MY3指的是当一个人在与自杀作斗争时可以联系的三个支持者。该应用程序允许一个人添加三名支持人员及其联系信息，以便当有需要的人需要寻求支持时，他们已经被记录到手机中。国家自杀预防热线号码和911也被编入电话，以便有需要的人也能方便地获得这些支持。该应用程序的另一个选项详细说明了有需要的人的安全计划，理想情况下，该计划是由一名心理健康专业人员创建的，包括个人的警告标志、应对技能、干扰、支持网络以及确保其安全的方法（MY3，n. d.）。可以增加额外的资源，以容纳可以提供进一步支持的协会或

团体，例如为退伍军人提供的或移动危机组织提供的资源。MY3 不是心理健康专业人员或医生的替代品；但是，它是以一种对有过自杀念头的人来说易于访问和使用的融入了现代科技方式的资源。 691

在危机干预领域，由于责任问题和向服务对象提供适当服务的需要，必须明智地使用科技。不管怎样，MY3 是一个将科技进步与危机干预技术相结合的资源的例子。

结　论

危机是大多数从业者在职业生涯中会多次遇到的不可避免的情况。培养某些个人特质将有助于应对者在提供危机干预时更为有效。培养自我意识，传递同理心、真诚和暖心，寻求持续的专业成长是有益的品质。此外，罗伯茨的七阶段危机干预模型、格林斯通和莱维顿模型或 SAFER-R 模型，也为危机应对者提供了指导其有价值的干预的理论框架。

参考文献

DeAngellis, T. (2011). Is technology ruining our kids? *Monitor on Psychology, 42* (9), 63–64. Retrieved from https://www.apa.org/monitor/2011/10/technology.aspx

Eaton, Y. (2005). The comprehensive crisis intervention model of Safe Harbor Behavioral Health Crisis Services. In A. R. Roberts (Ed.), *Crisis intervention handbook* (3rd ed., pp. 619–631). New York: Oxford University Press.

Everly, G. S., & Mitchell, J. T. (2008). *Integrative crisis intervention and disaster mental health.* Ellicott City, MD: Chevron.

Greenstone, J. L., & Leviton, S. C. (2011). *Elements of crisis intervention* (3rd ed.). Belmont, CA: Cengage Learning.

Hohman, M. (2012). *Motivational interviewing in social work practice.* New York: Guilford Press.

Jackson-Cherry, L. R., & Erford, B. T. (2014) *Crisis assessment, intervention, and prevention.* Upper Saddle River, NJ: Pearson Education.

James, R. K., & Gilliland, B. E. (2005). *Crisis intervention strategies* (5th ed.). Belmont, CA: Thomson Brooks/Cole.

Joiner, T., Kalafat, J., Draper, J., Stokes, H., Knudson, M., Berman, A. L., & McKeon, R. (2007). Establishing standards for the assessment of suicide risk among callers to the National Suicide Prevention Lifeline. *Suicide and Life-Threatening Behavior, 37,* 353–365.

Kirst-Ashman, K. K., & Hull, G. H. (2008). *Generalist practice with organizations and communities* (4th ed.). Belmont, CA: Cengage Learning.

Moyers, T. B., & Miller, W. R. (2013). Is low therapist empathy toxic? *Psychology of Addictive Behaviors, 27,* 878–884. doi:http://dx.doi.org/10.1037/a0030274

MY3. (n.d.). Help your clients stay connected to their network when they are having thoughts of suicide. Retrieved from http://www.my3app.org/get-involved/

National Suicide Prevention Lifeline. (2007). Suicide risk assessment standards. Retrieved from http://www.suicidepreventionlifeline.org/media/5388/Suicide-Risk-Assessment-Standards.pdf

Roberts, A. R. (2005). Bridging the past and present to the future of crisis intervention and crisis management. In A. R. Roberts (Ed.), *Crisis intervention handbook* (3rd ed., pp. 3–34). New York: Oxford University Press.

Roberts, A. R., & Yeager, K. R. (2009). *Pocket guide to crisis intervention.* New York: Oxford University Press.

Stanley, S. A. (2006). Cultural competency: From philosophy to research and practice. *Journal of Community Psychology, 34,* 237–245. doi:10.1002/jcop.20095

Walsh, M., Stretch, B., Moonie, N., Millar, E., Herne, D., & Webb, D. (2003). *BTEC national: Care.* Oxford: Heinemann Educational Publishers.

Wampold, B. E. (n.d.). Qualities and actions of effective therapists. American Psychological Association. Retrieved from https://www.apa.org/education/ce/effective-therapists.pdf

第二十六章　危机状态评估量表：发展与心理测量

萨拉·J. 刘易斯（Sarah J. Lewis）

人之所以心绪不宁，不是因为事物本身，而是因为他们对事物所形成的信条和观念。 693

——爱比克泰德（Epictetus）（55~135年），

《爱比克泰德手册》（*The Enchiridion*）

问题陈述

基于危机理论的危机干预是在社区环境中工作的咨询师、社会工作者和其他心理健康专业人员所使用的最广泛的短程治疗类型之一（Roberts & Everly, 2006）。有大量关于危机干预模式和技术的文献，在这些文献中一个反复出现的主题是对评估的重视（Adesanya, 2005；Myer & Conte, 2006；Roberts & Everly, 2006）。问题是——评估什么？有许多工具可以用来测量致命性、焦虑、压力、抑郁和整体功能。还有一些工具可以测量创伤后应激障碍（PTSD）的症状，如创伤后应激障碍检查表（PCL）、创伤后应激障碍初级护理（PC-PTSD）和临床管理的创伤后应激障碍量表（CAPS；Tiet, Schutte, & Leyva, 2013）。然而，很少有工具被设计来客观地评估个人危机状态的程度。

本研究的目的是设计和测试一个快速评估工具，以衡量两个概念：感知的心理创伤和感知的应对效能问题。这两个概念预测或指示了危机状态的严重程度。

测量的理由

694 临床医生通常通过应用一个公式来计算风险和收益，以证明对这个患者而不是其他患者的治疗的合理性。这个公式可以以多年经验积累的实践智慧为指导，也可以通过仪器来编纂。仪器可以帮助临床医生集中精力，专注于任务，并使他（她）对试图评估的概念保持敏锐的协调。需要强调的是，在临床环境中，测量工具并不是要取代临床医生的实践智慧和专业判断，而是要使之加强。

测量可以定义为“将一个数字分配给某物的系统过程”（Nunnally，1978，p. 176）。这些变量是当事人的思想或认知、行为、情感、感觉或感知。数字的分配或变量的量化，允许临床医生使用数学模型监测变化。标准化测量在危机干预领域非常重要，因为它能使临床医生更准确地了解患者危机状态的各方面（Roberts & Everly，2006）。

准确的测量对于衡量危机状态的严重程度和从客观的角度监测其进展来说也是必要的。准确地测量危机状态的不同方面的严重程度，允许临床医生对与当前危机最相关的领域进行干预，并使用适当程度的干预。这样，可以使用标准化的测量来进行协调：以提供额外的信息来寻找评估的一致性（Nurius & Hudson，1993；Roberts & Everly，2006）。

本研究的重点

本研究的目的是开发和验证多维快速评估工具（rapid assessment instrument RAI），以评估与危机状态相关的两个概念。该工具的主要目标是（a）对两个因素进行标准化测量，即感知创伤和应对所述创伤的感知能力；（b）快速临床评估。该量表所基于的基本假设来源于交互压力理论和危机理论（Folkman，Lazarus，Dunkel-Schetter，DeLongis，& Gruen，1986；Lazarus & Smith，1988）。这些假设如下：

- 危机状态是对新的、激烈的事件的反应，通过初级评估可以感知到该事件对情感或身体安全构成严重威胁（被认为是感知的心理创伤）。
- 一个人的危机应对的特征是通过二次评估，认为他（她）由于缺乏先前经验，缺乏资源，以及身体和（或）情绪上的混乱（被认为是感知的应对效能问题）而无法解决事件。

文献综述

危机理论的基本假设 695

危机理论的一个令人困惑的方面是用来描述其特征的词汇。在文献中区分理论和方法的讨论以及危机干预和其他方法之间的差异通常是具有挑战性的。

没有一种危机理论包含定义危机事件（现象）、危机反应（人类对现象的反应）或危机干预（帮助过程）的内容。相反，有大量的文献资料是以林德曼（Lindemann）（1963）、卡普兰（Caplan）（1964）、罗伯茨（Roberts）和格劳（Grau）（1970）的开创性文章为基础的。自我与认知心理学的综合和个体压力理论也被纳入危机理论。所有这些理论的汇编包括以下主要假设：

- 每个人在人生的某个阶段都会经历剧烈的压力，而这种压力不一定是病态的。压力源是不是一个危机事件取决于它在人们生活的整体环境中的位置。
- 内稳态，或平衡，是所有人寻求的一种自然状态，当一个人处于情绪不平衡状态时，他（她）会努力重新获得情绪平衡。
- 当压力事件成为危机时，一种不平衡的状态就会出现，在这种不平衡状态下，个人或家庭会变得很脆弱，从而容易导致情况进一步恶化。
- 这种不平衡使个人更容易听从干预。
- 需要新的应对机制来应对危机事件。
- 危机事件经验的缺乏会增加焦虑和挣扎，在此期间，个人往往会发现隐藏的资源。
- 危机的持续时间在一定程度上是有限的，这取决于突发事件、响应模式和可用资源。
- 在整个危机阶段，一定的情感、认知和行为任务必须被掌握，以达到解决问题的目的，而不管压力是什么。

这里的基本主题是，非危机状态是一种内在平衡的状态，当这种平衡被打破时，个人努力重新获得平衡。当个人意识到他（她）没有恢复平衡所必需的资源时，危机就发生了。

罗伯茨（2000）对**危机**的恰当定义如下：

> 一种对内稳态的严重破坏，在这种破坏中，一个人通常的应对机制
> 696 失效，并存在痛苦和功能受损的迹象。对压力大的生活经历的主观反应会损害个人的稳定性和应对能力或功能。危机出现的主要原因是有一个有强烈压力的、痛苦的或危险的事件，但其他两个条件也是必要的：（1）个人对事件的理解是造成严重不安和（或）破坏的原因；（2）个人无法通过以前使用的应对方法解决干扰问题。（p. 516）

危机评估的测量方法

在危机评估中现有的标准化工具存在的一个主要难题是，大多数工具着重于自杀的可能性、创伤的焦虑或抑郁等心理影响，或着重于自杀的缓冲。问题是，虽然致命性评估是危机评估的一个绝对关键的组成部分，但它并不是评估过程的唯一部分。也就是说，并不是所有处于危机中的人都会自杀或杀人，但他们仍然处于危机之中。

为了评估除致命性之外的危机状态的其他方面，临床医生通常测量引发危机的事件的严重性，该事件造成的压力，或未解决的危机的情感后果，如抑郁或焦虑（Roberts & Everly，2006）。然而，使用这些变量（突发事件、事件引起的压力或事件的情感后果）来衡量危机状态的大小或危机状态的解决方案会带来一些难题。在一个人经历了一个事件的背景下，他（她）对事件的主观反应决定了这一事件是不是一个危机（Berjot & Gillet，2011；Kuppens，2010）。如果这个假设是正确的，那么任何事件都可能被视为危机，也可能不会被视为危机。更重要的是，定义危机的是对事件的主观反应，而不一定是事件本身。换句话说，一个人在他（她）的主观经验中决定了一个事件或情况是不是一个危机/悲剧/创伤。

除了前面提到的危机理论专家以外，诸如拉撒路（Lazarus）和福尔克曼

(Folkman)（1984）等压力理论专家还声称，压力源是自然的。他们认为，个人生活环境的主观情境和对资源的感知决定了压力是否会导致危机状态。这里再次强调的是，导致危机的是个体对与压力相关的可用资源的感知而不是压力本身。最后，危机状态并不等同于病理，而是最好被视为个人功能的问题（James & Gilliland, 2011；Kanel, 2015）。

根据哈德森（Hudson）、马蒂森（Mathiesen）和刘易斯（Lewis）(2002）的观点，“个人功能代表个人的内部事件、过程和经验……当一个人的痛苦程度变得足够大以至于具有临床意义时，就会出现问题”（p. 76）。为了更好地将危机状态理解为个人问题，可以运用个人和社会问题的微观理论(Faul & Hudson, 1997)。这个理论有两个基本的公理：“人类的问题在有人 697
定义它们之前是不存在的……所有的人类问题都是根据一个价值基础来定义的。”（p. 49）这里已经讨论了第一步：定义危机状态。危机状态被定义为一个问题，这就建立了价值基础。

危机/压力的定义

在20世纪50年代的研究中，拉撒路和他的同事们发现，压力的影响不是泛化的，也不是普遍的；相反，这些影响取决于人们对压力源的看法或评估方式以及缓解压力的动机的个体差异（Lazarus & Eriksen, 1952）。拉撒路和福尔克曼（1984）对压力研究的贡献主要在于将压力概念化，并将应对作为调节个体变量的过程。他们用以下术语定义了现在通常所说的压力过程：事件（压力源）、对事件的初级和次级认知（评估），以及用来处理事件的行为（应对）。

社会认知理论认为压力是认知的功能评估过程或给定情况下的应对自我效能的评估（Bandura, 1986）。当一个环境的要求超过了个人的应付能力时，压力就产生了（Bandura, 1986；Berjot & Gillet, 2011；Hill, 1949）。

这就需要对术语进行澄清。许多领域的作者用许多不同的方式定义了压力，压力没有一个通用的定义。拉撒路和福尔克曼（1984）将**心理压力**定义为“一个人与环境之间的关系，这个人认为这种关系消耗或超过了他（她）的资源，并危及他（她）的福祉”（p. 21）。这种对心理压力的定义与罗伯茨（2000）对危机的定义非常相似：“对压力大的生活经历的主观反应会损害个人的稳定性和处理或运作的能力。”（p. 516）本研究将压力和危机这两个概念联系起来，认为危机的程度，即一种心理状态，是由对一个有压力的生活经历（事件或情况）的大小的思考和对一个人是否能应付有压力的生活事件的思考所介导的。这些想法在压力理论中被称为初级和次级评估。

初级评估

初级评估是评估一个事件或情况的威胁或压力的过程（Lazarus & Folk-
698 man, 1984）。在初级评估过程中，认知集中在威胁或压力的程度上。根据拉撒路和福尔克曼的观点，有三种初级评估：“不相关的、正向的和有压力的。如果事件或情况被认为是不相关的，则与这部分结论‘不相关’。”（p. 32）当一种情况被评价为良性正面的，它被认为仅仅是正向的，没有潜在的负面后果。这项研究涉及第三种初级评估是有压力的，压力评估包括伤害/损失、威胁和挑战。

伤害/损失评估是指个人认为他（她）遭受了一些身体或精神上的伤害或损失。例如，亲人的死亡、身体上的伤害、经济上的损失、友谊的丧失、自尊或价值感的降低，以及诸如婚姻或商业伙伴等承诺的丧失。在这种类型的评估中，损害或损失已经发生。

威胁是初级评估的一种形式，与预期的伤害或损失有关。即使一个事件或情况可能已经发生了，个人可能会预料到事件造成的未来伤害或损失。例如，如果一个学生考试不及格，事件就发生了（考试不及格）。然而，学生可能仍然担心因为考试不及格而失去来自父母的经济支持。

挑战评估可能包括威胁。这些评估往往侧重于积极事件，其中包含未来负面后果的风险。挑战与对事件或情况的掌握有关；然而，挑战中存在固有的风险。例如，一段新的婚姻可能会被视为一个令人兴奋的新挑战：它代表了在一段关系中获得成功的机会。然而，它也蕴藏了失败的可能。

次级评估

次级评估是评估一个人应对威胁或压力的能力的过程。拉撒路和福尔克曼（1984）声称：

> 次级评估不仅仅是一次发现必须做什么的智力练习。这是一个复杂的评估过程，要考虑到哪些应对方案是可用的，给定的应对方案实现其

> 预期目标的可能性，以及一个人能够有效应用某一特定策略或一组策略的可能性。（p. 35）

班杜拉（Bandura）（1977）进一步完善了拉撒路和福尔克曼（1984）的理论模型，将**结果期望**和**功效期望**这两个重要变量加入次级评估的概念中。结果期望是指一个人相信某些行为会导致某些结果。功效期望是指个体相信自己能够有效地进行必要的行动或行为，以产生预期的结果。699

本质上，班杜拉（1977）假设，个体对他（她）处理事件的能力（应对效能）的信念会调节他（她）对该事件的应激反应。个人认为能带来积极结果的信念，是基于他们自己在过去类似压力情况下成功的经验，而不是基于他们总体上对积极结果的信念。

文献中的空白

目前很少有量表衡量压力源的感知程度和特定情境的应对效能（Almeida, Wethington, & Kessler, 2002; Ellsworth, 2013; Ising, Weyers, Reuter, & Janke, 2006）。此外，大多数研究使用单项指标来衡量应对效能，这对有效性要求造成了严重的限制（Rowley, Roesch, Jurica, & Vaughn, 2005）。许多可用的量表并不测量个体的主观状态，而是由临床医生填写的客观行为检查表。创造这些危机工具的研究人员声称，由于个人处于危机之中，他（她）无法完成纸笔测试（Bengelsdorf, Levy, Emerson, & Barile, 1984; Myer & Conte, 2006）。在极端情况下可能是这样；然而，并非所有情况都是如此。在进行评估之前，无法确定一个人是否有能力填写纸笔测试。在没有任何尝试的情况下排除对主观状态进行标准化客观评估的可能性，实际上可能对寻求帮助的个人不利。

本研究之概念架构

本研究关注的是一个人可能因压力而经历的主观状态。这种状态，在这里被称为**危机状态**，是一种内部均衡的不平衡，它是对压力源的主观反应的结果。内部均衡是指精神或情绪的稳定。压力源可以是任何事件或情况。应对效能是指个体相信自己有能力应对被认为是压力源的事件或情况。应对效能并不等同于应对：应对是用来处理压力源的一种或一系列行为。

拉撒路和福尔克曼（1984）提出，对压力的反应是由个体的认知评价来调节的。评估（初级和次级）仅仅是对事件或情况的严重性的感知，以及对
700 是否可以处理事件或情况的信念。在初级评估中，个体会评估被认为是压力源的事件或情况的量级。例如，他（她）可能会想，“哦，我的天哪，这场车祸真的很严重，这辆车开不了了”。这种对压力源的感知被称为**感知心理创伤**。感知心理创伤作为个体对事件或持久状况的独特感知，使个体相信自己的生命健康、生活方式或心智处于危险之中。这个例子与财务困境有关，它可能会危及生活方式。

次级评估紧跟在最初的认知之后发生，如果不是同时发生的话，它关注的是个体对于他（她）是否能够处理这种情况或事件的想法（Lazarus & Folkman，1984）。次级评估的一个例子与先前初级评估的例子相对应的是“我能处理好这件事，因为我的保险包括修理汽车和租车的费用”，或者，“我处理不了，因为我没有保险”。应对才是真正的行动。在这个例子中，应对是打电话给保险公司的行为。相比之下，“应对效能”指的是相信自己可以通过打电话给保险公司来应对。

这些概念构成了一种危机状态。状态是内部的，不一定由诸如应对措施之类的指标确定。换句话说，一个人即使在采取健康的应对行为时也可能处于危机状态。

行为不能作为危机指标的主要原因有两个。第一个原因是，在一种情况下可能是不健康的应对方式，在另一种情况下可能是健康的应对方式。例如，一个人因为有一个想要继续工作的项目而否认他即将死于绝症是有益的，尽管否认通常被认为是一种消极的应对反应。第二个原因是，即使一个人通过行为指标来看可能表现得很好，但他（她）自己可能会有一种无法应对的感觉，因此仍然会有平衡被破坏的可能。

内部平衡（一种非危机状态），在危机相关文献中被称为内稳态，可以被认为是一个完全平衡的游乐场跷跷板。支点的一边是一个人对形势或事件的感知（感知的心理创伤）；另一边是一个人应对这些情况或事件的能力（感知的应对效能）。当感知心理创伤大于感知应对效能时，跷跷板失衡。判断一个人是否处于危机状态的关键是衡量跷跷板的两端，并比较两边的得分：对情况严重性的感知，以及对处理特定事件或情况的能力的

感知。

当从应对效能中的感知问题的角度来看待应对效能时，心理创伤感知和 701
应对效能感知问题都会导致内部平衡的破坏。与单纯的应对效能相比，测量应对效能感知问题的一个重要原因是，临床医生通常关注治疗互动中的问题解决。其原因是，除了通过健康和不健康之间的关系之外，没有方法定义健康。因此，显示个体健康的标志就是个体没有不健康的标志。任何一个因素得分越高，说明问题越大，将成为临床治疗的重点。

危机状态评估量表（Crisis State Assessment Scale，CSAS）测量一种被定义为心理创伤和应对效能问题的危机状态。量表通过让被调查者在仪器的顶部指定事件或情况，将被调查者集中在特定的事件上。这样做的目的是帮助被调查者在回答每一个问题时都能将注意力集中在该事件上。因此，该工具依赖于班杜拉（1997）关于情境特异性应对效能的论证。这种观点也适用于心理创伤。换句话说，该量表对确定的问题区域也很敏感。

心理测验学量表

量表建构

该量表试图捕捉的现象是一种危机状态，其定义为由感知的心理创伤和感知的应对效能问题造成的内部失衡。这两个因素定义如下：

> **感知的心理创伤**，是指个体对某一事件或持续状态的独特感知，使其认为自己的生命健康、生活方式或心智处于危险之中。
>
> **感知的应对效能问题**，是指个体认为他（她）不能有效地把握创伤条件、威胁或挑战的需求，因为这超出了他（她）的资源。

本研究中开发的工具的使用基于项目存在与否的李克特（Likert）7 分量表。缩放比例如下：1 = 从不，2 = 极少，3 = 很少，4 = 有时，5 = 经常，6 = 几乎总是，7 = 总是。仪器上还显示了一个主观心理压力单位的单项指标，并按类别划分进行了缩放。

702 **表 26-1　数据收集地点和参与率**

地点	分发的数据包	回收的数据包	回收率	完成的危机状态评估量表	回收的已完成危机状态评估量表
大学 1	125	114	91	110	88
大学 2	350	298	85	292	83
总计	475	412	87	402	85

根据当前情况的难度，将类别划分为从 1 到 10 的相等部分。该分区以**最容易**和**最困难**的术语来锚定。

课题

本研究以两所大学［一所南方大学（大学 1）和一所东北大学（大学 2）］18 岁及以上的学生为研究样本。共分发了 475 个数据包。南方大学的回收率是 91.2%，而东北大学的回收率是 85.14%（见表 26-1）。

结　果

课题的人口统计

来自大学 1（$n=114$）的样本主要是女性（87%），来自大学 2（$n=298$）的样本 50%是女性。大学 1 样本的种族/民族构成如下：19%的非裔美国人，2%的亚洲人，67%的白人，7%的西班牙裔和 5%的其他人群。大学 2 样本的种族/民族构成如下：9%的非裔美国人、8%的亚洲人、69%的白人、7%的西班牙裔、1%的印第安人、6%的其他人群。

来自大学 1 的样本的平均年龄是 26.68 岁，标准差为 8.02。由于该样本存在异常值，因此报告该样本的内四分位数在 21~28 岁是很重要的。来自大学 2 的样本更年轻，平均年龄为 20.72 岁，标准差是 2.34。该样本的内四分位数在 19~21.5 岁。

以危机状态评估量表报告危机事件/情况

受访者被要求在完成危机状态评估量表（CSAS）时写下他们要参考的
703 危机事件和（或）情况的简短描述（见图 26-1）。表单为三个单独的事件或情况提供了空间。表 26-2 描述了危机事件/情况以及它们被报告的频率。16 名受访者没有报告危机事件/情况，但他们仍然完成了危机状态评估量表（CSAS）。在报告事件的人中，403 人报告了一个事件，69 人报告了两个事件，37 人报告了三个事件。

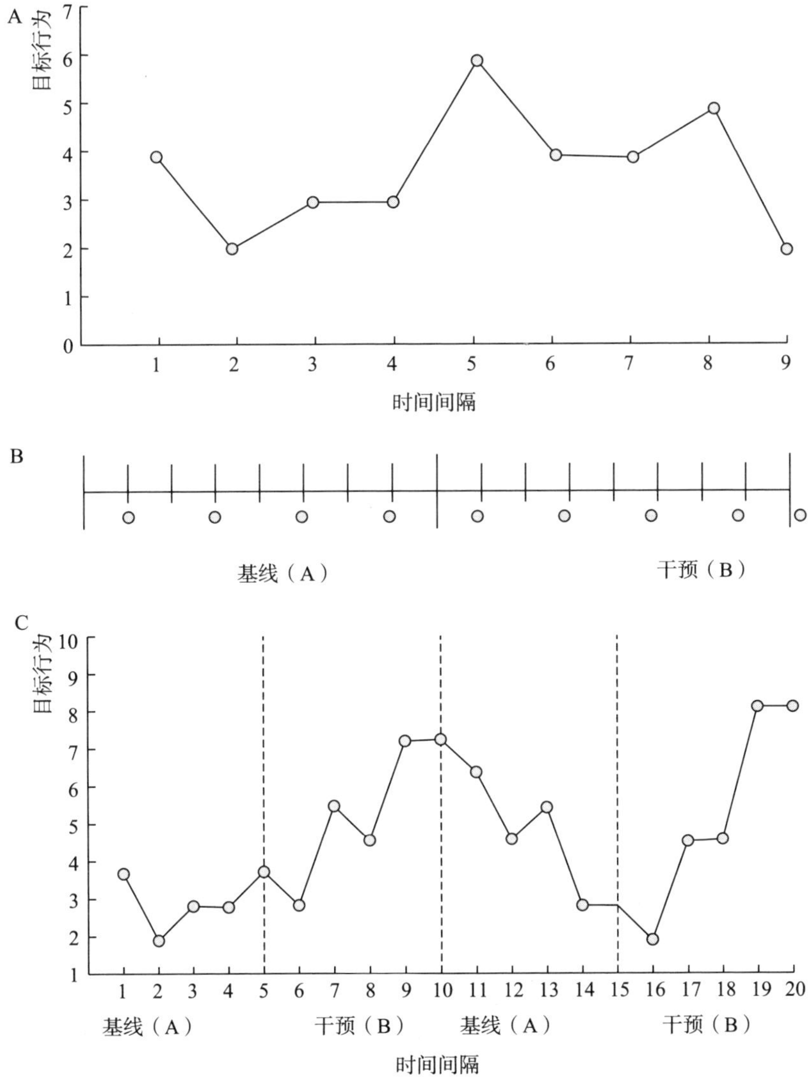

图 26-1　危机状态评估量表

704

表 26-2 危机事件/情况

事件	频率	百分比（%）
与重要他人有纠葛	86	21
成绩/学校问题	53	13
亲人去世	48	12
遭遇父母责难	36	9
父母或祖父母的健康问题	30	7
开心的事	30	7
事故	28	7
工作的问题	25	6
住房/搬家问题	26	4
和朋友的问题	21	5
个人健康	21	5
毕业	19	5
财务问题	19	5
兄弟姐妹的问题	15	4
朋友的悲剧	10	2
知道或看到有人死于暴力	9	2
强奸	7	2
其他（孩子，离婚，汽车故障，出轨，快乐/悲伤的周年纪念，宠物，知道/看到自杀）	60	15

注：受访者最多可以报告三个事件，所以百分比加起来不等于 100。

CSAS 的内容有效性

内容有效性是通过娜娜莉（Nunnally）和伯恩斯坦（Bernstein）（1994）所建议的方法建立的，在该方法中，合格的评判员确定每个项目是不是组成每个域的项目总体的成分。危机理论的三位专家对每个项目进行了判断，并对所有项目达成了一致。最初的 CSAS 由每个域 10～12 个项目组成，整体的弗莱施-金凯德（Fleisch-Kincaid）等级水平指数为 5.3。

CSAS 的可靠性

CSAS 有两种不同的量表：感知心理创伤量表和感知应对效能问题量表。计算了每个量表的 α 值和可靠性，以及整体可靠性。使用列表状态删除来去

除缺少数据的案例。因此，CSAS 的可靠性分析为 403（$n=403$）。这些量表 705
的 α 值和可靠性分别为 0.85、0.84 和 0.92，从好到优。

阶乘的有效性

由于 CSAS 中的每个子量表都是根据理论命题制定的，因此使用了多组验证性因素分析（confirmatory factor any analysis，CFA）来建立因素有效性。计算出子量表得分与项目反应之间的相关性。然后对这些相关性进行检验，以确定项目是否与预期的子量表具有最高的相关性。

CSAS 具有较强的因子结构，这表明存在不同的因子。感知心理创伤与感知应对效能问题之间的强相关性与这两个因素组合为另一个因素——危机状态的理论相一致。强整体可靠性系数也说明了这一点。

聚合有效性

为了建立聚合有效性，我们将 CSAS 上的因素与这些因素的其他指标之间建立了相关性。首先，将感知到的心理创伤平均量表分数与临床应激指数的平均分数进行比较。样本量为 393，皮尔逊系数为 .536，在 $p=.001$ 水平上显著。

项目编号 CSAS22 被用作感知应对效能问题的单项指标。该项目声明："我有信心应付这个事件/情况。"对这一项进行反向评分表明应对效能存在问题。由于该指标是最终的量表项目分组中的一个成分，因此在发现相关性之前必须消除其影响。其余四个项目与感知应对问题和单项指标的相关性为 .296，在样本容量为 403 的 $p=.001$ 水平上显著。

区分有效性

使用背景变量种族、年龄和学术地位来测试 CSAS 的区分有效性。表 26-3 说明了 CSAS 中两个因素的平均评分与背景变量之间的相关性。

表 26-3　区分有效性相关系数 706

	种族	年龄	学术地位
感知的心理创伤	.079	.013	.059*
感知的应对效能问题	.031	.093	.035

* $p=.01$ 水平显著（双尾）。

标准有效性

根据感知心理创伤的单项指标，将心理创伤分为低心理创伤和高心理创伤两组，建立感知心理创伤的并发有效性标准。在单项指标上得分为 0~3 分（n=87）的受试者被归为低心理创伤组，得分为 4~10 分（n=304）的受试者被归为高心理创伤组。逻辑回归分析显示感知心理创伤对团体成员的预测能力。

本研究共纳入 389 例病例，经过 5 次迭代，-2log 似然值为 320.116。Cox 和 Snell R^2 是 0.208，Nagelkerke R^2 是 0.319。感知心理创伤能准确地预测，低心理创伤组和高心理创伤组准确率分别为 41.9%和 93.1%。总的准确率是 81.7。B 的权重值是 1.060，标准误差是 0.137。瓦尔德检验系数为 59.669，在 p=.001 水平上显著。

讨论和结论

危机干预作为一种治疗技术在帮扶性质的职业中蓬勃发展；然而，无论新颖的还是以往的，重要的是确定所使用的技术是否有效。临床医生需要知道患者入院治疗时的危机状态的程度和患者出院时的危机状态的程度。CSAS 是对个人感知危机状态的主观状况的简短、快速的评估。目前，从南非到澳大利亚，世界各地的几个心理健康和危机干预组织都在使用这种方法。

危机理论

本研究的一个有趣发现是，感知心理创伤与特定的危机事件之间存在关系（卡方=0.006）；然而，感知应对效能问题和危机事件彼此独立（卡方=
707 0.261）。这一发现与指导理论相一致，即应对效能独立于创伤性事件，并调节危机状态的大小。从这一发现可以推断，一些人认为他们可以处理一个特定的困难事件，而一些人认为他们不能处理相同的事件。个人对自己处理事件的能力的主观信念决定了个人是否会进入危机状态。

临床意义

制定 CSAS 的目的之一是帮助临床医生评估处于危机状态的个人。CSAS

不应作为评估危机状态的唯一决定因素，而应作为其他临床评估策略的辅助手段。

迄今为止，还没有任何工具试图捕捉到这种结构中危机状态的严重程度。尽管 CSAS 有局限性，如相关的测量误差，但它是测量个人所处危机程度的重要的第一步。危机干预已成为一种日益流行的治疗方式。流行的一个主要原因是，托管医疗机构和其他保险公司通常只支付几次治疗费用，这使得除了富人以外，更长时间的治疗成为过去。这意味着危机干预常常用于最边缘化的个人，即那些没有很多医疗保健选择的人。心理健康临床医生有义务确保向这些弱势群体提供的服务尽可能有效。

CSAS 的一个独特之处在于，它允许当事人识别他（她）认为是危机诱因的事件或情况。然后，当事人必须专注于他（她）对事件的重要性的感受，以及他（她）是否能应付事件的感受。通过要求当事人集中精力完成纸笔测试，量表本身就是干预的一部分，因为它开始了危机降级的过程。CSAS 还提供了临床医生可以参考的谈话要点，以使干预集中于解决与危机状态相关的问题（Lewis & Roberts, 2002）。

CSAS 可用于大学心理咨询中心的紧急/危机会议，以及其他设施。一种策略是给当事人一个比例尺和其他必须在会议前完成的文件。因为 CSAS 对于这两个因素每个只有 5 个项目，所以当事人的负担并不大。CSAS 容易评分：临床医生可以在不到 2 分钟的时间内计算和解释量表。管理和评分的便利性使在紧急会议开始和结束时管理量表以量化改进成为可能。这一建议是 708
在警告评分不应该是一个成功或不成功的治疗结果的唯一指标，临床医生应该认识到该量表的测量误差的可能性。换句话说，除了感知心理创伤和感知应对效能问题外，可能还有其他因素导致了量表得分的变化。

评分说明

这两项因素在 CSAS 的最终版本中都包括 5 个项目，并以 7 分制为基础。这使得计算和解释分数变得又快又容易。在评分过程中有两个步骤：找到每个子尺度分数并计算全局分数。

为了找到子量表分数，将第 10 项的分数替换为如下：1 分替换为 7 分，2 分替换为 6 分，3 分替换为 5 分，4 分替换为 4 分，5 分替换为 3 分，6 分替换为 2 分，7 分替换为 1 分。然后，通过在每个子量表中添加所有条目并除以 5 来找到每个子量表的平均值。要找到 CSAS 整体分数，将每个子量表分数（平均分数）相加并除以 2。

解释

在回答 CSAS 项目时使用的李克特 7 分量表也被用来解读分数。例如，如果一个人在子量表上的感知应对问题得到了 6 分，那么可以推测，他（她）“几乎总是”感觉到他（她）在应对方面遇到了问题。这可能表明需要进行干预，以帮助服务对象找到替代的应对策略。全局得分意味着危机状态的严重程度。更高的分数意味着个人处于更大的危机状态。

参考文献

Adesanya, A. (2005). Impact of a crisis assessment and treatment service on admissions into an acute psychiatric unit. *Australasian Psychiatry*, *13*, 135–139. doi:10.1111/j.1440-1665.2005.02176.x

Almeida, D. M., Wethington, E., & Kessler, R. C. (2002). The daily inventory of stressful events: An interview-based approach for measuring daily stressors. *Assessment*, *9* (1), 41–55. Retrieved from http://www.ncbi.nlm.nih.gov/pubmed/11911234

Bandura, A. (1977). Self-efficacy: Toward a unifying theory of behavioral change. *Psychological Review*, *84*, 191–215. doi:10.1037/0033-295X.84.2.191

Bandura, A. (1986). *Social foundations of thought and action: A social cognitive theory* (Vol. 1).

Bengelsdorf, H., Levy, L. E., Emerson, R. L., & Barile, F. A. (1984). A crisis triage rating scale: Brief dispositional assessment of patients at risk for hospitalization. *Journal of Nervous and Mental Disease*, *172*, 424–430. doi:10.1097/00005053-198407000-00009

Berjot, S., & Gillet, N. (2011). Stress and coping with discrimination and stigmatization. *Frontiers in Psychology*, *2*, 33. doi:10.3389/fpsyg.2011.00033

Caplan, G. (1964). *Principles of preventive psychiatry.* New York: Basic Books.

Ellsworth, P. C. (2013). Appraisal theory: Old and new questions. *Emotion Review*, *5*, 125–131. doi:10.1177/1754073912463617

Faul, A. C., & Hudson, W. W. (1997). The Index of Drug Involvement: A partial validation. *Social Worker*, *42*, *565–572*.

Folkman, S., Lazarus, R. S., Dunkel-Schetter, C., DeLongis, A., & Gruen, R. J. (1986). Dynamics of a stressful encounter: Cognitive appraisal, coping, and encounter outcomes. *Journal of Personality and Social Psychology*, *50*, 992–1003. doi:10.1037/0022-3514.50.5.992

Hill, R. (1949). *Families under stress: Adjustment to the crisis of war, separation, and reunion.* New York: Harper.

Hudson, W. W., Mathiesen, S. G., & Lewis, S. J. (2000). Personal and social functioning: A pilot study. *Social Service Review*, *74* (4), 76–102.

Ising, M., Weyers, P., Reuter, M., & Janke, W. (2006). Comparing two approaches for the assessment of coping. *Journal of Individual Differences*, *27* (1), 15–19. doi:10.1027/1614-0001.27.1.15

James, R. K., & Gilliland, B. E. (2011). *Crisis intervention strategies* (7th ed.). Belmont: CA: Brooks/Cole, Cengage Learning.

Kanel, K. (2015). *A guide to crisis intervention* (5th ed.). Stamford, CT: Cengage Learning.

Kuppens, P. (2010). From appraisal to emotion. *Emotion Review*, 2(2), 157–158. doi:10.1177/1754073909355010

Lazarus, R. S., & Eriksen, C. (1952). Effects of failure stress upon skilled performance. *Journal of Experimental Psychology*, *43*,

100–105.
Lazarus, R. S., & Folkman, S. (1984). *Stress, appraisal and coping*. New York: Springer.
Lazarus, R. S., & Smith, C. A. (1988). Knowledge and appraisal in the cognition-emotion relationship. *Cognition and Emotion*, *2*(4), 281–300. doi:10.1080/02699938808412701
Lindemann, E. (1963). Symptomatology and management of acute grief. *Pastoral Psychology*, *14*, 8–18. doi:10.1007/BF01770375
Myer, R. A., & Conte, C. (2006). Assessment for crisis intervention. *Journal of Clinical Psychology*, *62*, 959–970). doi:10.1002/jclp.20282
Nunnally, J. (1978). *Psychometric theory*. New York: McGraw-Hill.
Nunnally, J., & Bernstein, I. (1994) *Psychometric theory* (3rd ed.). New York: McGraw Hill.
Nurius, P., & Hudson, W. W. (1993). *Human services: Practice, evaluation, and computers*. Pacific Grove, CA: Brooks/Cole.
Roberts, A. R. (2000). An overview of crisis theory and crisis intervention. In A. R. Roberts (Ed.), *Crisis intervention handbook: Assessment treatment, and research* (2nd ed., pp. 3–30). New York: Oxford Univeristy Press.
Roberts, A. R., & Everly, G. S. (2006). A meta-analysis of 36 crisis intervention studies. *Brief Treatment and Crisis Intervention*, *6*, 10–21. doi:10.1093/brief-treatment/mhj006
Roberts, A. R., & Grau, J. J. (1970). Procedures used in crisis intervention by suicide prevention agencies. *Public Health Reports*, *85*, 691–698.
Rowley, A. A, Roesch, S. C., Jurica, B. J., & Vaughn, A. A. (2005). Developing and validating a stress appraisal measure for minority adolescents. *Journal of Adolescence*, *28*, 547–57. doi:10.1016/j.adolescence.2004.10.010
Tiet, Q. Q., Schutte, K. K., & Leyva, Y. E. (2013). Diagnostic accuracy of brief PTSD screening instruments in military veterans. *Journal of Substance Abuse Treatment*, *45*, 134–142. doi:10.1016/j.jsat.2013.01.010

第二十七章　危机干预评估的设计和程序

索菲娅·F. 泽奇勒维施奇（Sophia F. Dziegielewski）
乔治·A. 雅辛托（George A. Jacinto）

有时限的治疗的总体疗效、受欢迎程度和必要性，包括对各种类型的当 711
事人使用的危机干预方法，应始终关注明确确定与当事人变化直接相关的变量（Dziegielewski，2013；Dziegielewski & Roberts，2004）。然而，到目前为止，大多数有时限的干预形式所固有的方法的局限性仍然存在，它们强调有意尝试纳入循证实践方法，以支持竞争性干预方法及其之间的整体有效性（Monette，Sullivan，& DeJong，2005；Nugent，Sieppert，& Hudson，2001）。无论如何，为经验支持提供坚实的基础被认为是所提供服务的基石（Lambert，2013）。从历史上看，在咨询的所有领域确立治疗效果常常遇到阻力，特别是因为服务对象改变行为和由此产生的治疗效果可以被视为主观的。事实上，伯金（Bergin）和苏宁（Suinn）（1975）最初提出，即使没有任何治疗干预，服务对象也可能随着时间的推移而改变。

多年来，很明显，所有从业人员都需要承诺使用基于证据的最佳实践。换句话说，所有的危机工作者和顾问都需要为对许多处于危机中的人进行干预做好充分的准备。只有当从业人员建立了知识基础，以找出哪种危机干预方案最有可能在处于危机的当事人中产生积极的结果并解决危机，才能有效
地做到这一点（Roberts & Yeager，2004）。循证实践必须强调危机临床医生 712
使用经验验证致命性评估、干预方案和项目评估程序，以及在决策中使用批判性思维。专业判断应该系统地建立在实证研究的基础上，并且应该仔细评估每个当事人，以确定预测结果达到的程度。这需要在首选的实践设置中完成，同时考虑相关技术，如利用互联网。对以证据为基础的实践的期望需要与使当事人的独立性最大化相结合，如尊重在最自然的环境即家中死去的请

求（Jack et al.，2013）。危急情况下，在急救室等急症护理环境中评估和治疗自杀倾向时，提供短程治疗特别是涉及家庭的治疗，是最佳实践（Wharff，Ginnis，& Ross，2012）。当从业人员利用互联网时，可能会遇到许多挑战，而应对这些挑战需要一套关于危机干预最佳实践的新技能。为了清楚地帮助当事人和他（她）的家人，同步的评估模式是必要的。此外，评估致命性和其他类型的评估总是需要不断更进最新的研究，以确定最佳的基于证据的方法［National Association of Social Workers（NASW），2007］。

这种主观性使得提高疗效和效率的任务变得复杂（Dziegielewski，2014；Dziegielewski & Roberts，2004）。在制订评估的过程中，首先确定在危机管理和干预领域中作为咨询工作基础的两个基本假设是有用的，然后讨论为什么它们会使干预结果的测量复杂化。

首先，在任何类型的有时限的干预中，大多数从业者都认为，治疗的主要作用不是治愈，而是指导，促进和加速服务对象改变的步伐。这种经验不仅被认为是非治愈性的，而且还必须集中于一种可能导致或可能不会导致深刻变化的体内平衡。当这与即时响应的需求相结合时，有时限的服务交付就成为采用最佳实践的主要模式。这使得早期和短暂干预成为一个一致的要求，尤其是因为服务对象的治疗时间通常少于六个疗程（Dziegielewski，2013）。因此，危机干预策略需要建立一种稳态平衡，以支持和稳定当事人，并帮助他们开发新的应对策略，适应环境经验的变化。

其次，危机本身是一种多方面的现象，对传统的治疗测量和评估形式并不容易产生反应。此外，那些遇到极端压力的生活环境的人不会以同样的方
713 式经历危机。任何特定危机的性质、程度和强度在很大程度上都是个人理解社会现实的产物。干预措施和用于评估它的方法常常构成指导数据收集工作的蓝图，并且必须相应地改变。在缺乏有力证据支持长期治疗是一种更有效的实践模式的情况下，危机干预作为一种独特、短暂、有时限的干预形式往往是首选（ghahramanlou-Holloway，Cox，& Greene，2012）。危机干预作为一种有时限的治疗实际上可能加快治疗效果，因为时间框架的有效性是明确和公开地由当事人和顾问之间确定和商定。

研究和实践相结合的重要性

经常与危机的受害者（或幸存者）合作的专业人士报告说，几乎所有危机情况都有一些共同因素。第一个因素是，人们认识到危机往往会带来一种有时限的不平衡，为了使当事人达到自我平衡，必须解决这种不平衡（Roberts & Dziegielewski, 1995）。这种与危机相关的感知不平衡可以作为一种强大的激励力量，使个人变得开放，并准备好改变。当面对危机时，当事人往往更愿意质疑以前的应对方式，从而探索新的或替代的方式来应对危机前不被认为可以接受的情况。这使服务对象更愿意尝试新的治疗干预措施，以促进具体目标和目的的规划。所有这些都与优势观点完全一致，即当事人被认为已经拥有应对压力状况所需的资源。他们只是没有使用它们，没有充分利用它们，或者目前不知道如何最好地利用它们。

从本质上讲，危机情况和随之而来的反应是自我限制的。从林德曼（1944）对椰林夜总会灾难的经典研究中提出的危机干预的最初方案开始，危机被描述为一种时间有限的现象，不可避免地要在相对较短的时间内以某种方式（有或没有专业帮助）得到解决。当事人希望通过前进来解决危机，以避免他（她）所感受到的痛苦。这种不舒服的状态推动服务对象前进，增强他（她）改变的动机，从而创造一个有利于取得积极的，有时是戏剧性的治疗效果的环境。

鉴于变化的脆弱性范围狭窄，我们认为必须立即为经历危机的当事人提供帮助，以挖掘其建设性成长的潜力。干预过程包括正在进行的任务（评 714
估、安全和支持），这些任务在整个干预过程中都受到监控，必须由与处于危机中的当事人打交道的治疗师进行监控。这些任务包括帮助当事人重新控制环境、定义问题，并跟踪治疗师以监控进展。鉴于危机的无序性，在危机情境中，由于焦虑的普遍存在，当事人可能会取得进展，然后经历倒退（Myer, Lewis, & James, 2013）。

吉利兰德和詹姆斯（2013）以及该地区的其他专业人士认为，危机之后可以实现积极的生活改变。此外，当事人处理当前危机的方式可能不仅对个人当前的调整有深刻和持久的影响，而且对他（她）应付未来危机情况的能力也有深远和持久的影响。从研究的角度来看，这表明从业者应该努力理解并准确解释正在实施的干预方法。此外，准确识别干预的预期影响和预期的适应性反应也很重要。除非结果测量在操作上有明确的定义，否则很难确定干预的目标和目的是否达到。这些目标必须与积极的生活变化和加强患者持续功能的应对方法明确相关。因此，基于结果的研究的中心任务是测量由咨询过程产生的当前和长期变化的存在和程度。

实践者在循证实践中的作用

从临床角度来看，传统上比较短期和长期干预方法的许多研究仍然存在一些重要的局限性。与其他形式的实践类似，在为危机干预建立基于证据的基础时，一个主要的限制在于，不能以一种明确、同质的方式充分处理自变量。此外，尽管已经评估了各种各样的自杀干预措施，但在文献中鲜有系统综述概述其有效性（HEN Synthesis Report，2012）。如果没有明确的比较，缺乏与研究样本细节相关的信息，如与临床医生之间的个体差异及其治疗方法相关的信息，将无证可查。对确保提供危机干预服务的人员得到充分培训的关注是有限的。人们假定所有的从业人员对当事人的进展都有相同的影响。这种对衡量社会工作者的相对有效性的不重视，可能会导致支持某种整体上具有同质的当事人改善指数的神话。这些“一致性神话”，正如凯斯勒
715 （Kiesler）（1966）最初创造的那样，将人们的注意力从可能存在的重要个体差异上转移开，这些个体差异既存在于当事人群体内部，也存在于治疗他们的治疗师群体之间。2006 年，罗伯茨和埃弗利在对 36 项与危机干预策略有效性相关研究的荟萃分析后发现，当把紧急事件应激管理晤谈列入其中时，个人和家庭都得到了改善，但治疗师可能对这一过程产生的影响没有直接联系。在报告治疗的有效性时，似乎仍然强调提供与哪种方法更好的长期或持续影响相关的信息，而与个体差异相关的信息有限。问题在于，在确定治疗效果和最佳实践时，“一种程度适用于所有人”或在这种情况下“一种方法适用于所有人”真的可能吗？简单地说，现在要解决的关键问题与保罗（Paul）（1966）第一次发表他现在著名的格言时基本上没有什么不同：“对于这个有特定问题的人来说，由谁来治疗是最有效的，在什么情况下是最有效的？”（p. 111）

本章的目的是提出基于临床的研究模型，这些模型与那些处于危机情况

下的人相关，并且对治疗范式的三个主要变量仍然敏感：当事人、作为研究者/实践者的社会工作者和结果。在群体设计的一般背景下，或者是无知觉的研究中，我们考虑了几种评估模型，查桑（Chassan）（1967）在他的经典著作中描述了所有这些模型，其他人称之为“密集的”或“具体的”设计。单独使用时，这些方法都不是万无一失的。然而，他们一起提供了一套有用的评估工具，可以帮助社会工作者评估他们的实践的效果，并提高他们提供的服务的质量。一旦提供了这种背景，本书的其他各章将清楚地将其与危机干预策略联系起来，概述罗伯茨（1991，1995）的七阶段危机干预模型的用途。

危机干预的宏观和微观分析

多年来，我们已经采用了各种衡量策略来评估危机干预过程的各个方面。从整体上看，它们提供了一系列有趣的设计，从宏观到微观层次的分析。当从宏观角度衡量有效性时，这些方法主要侧重于地方、区域和国家组织收集的流行病学数据。从这个角度来看，研究可以比较实施特定干预计划前后的自杀率。其他研究采用准实验设计，比较了经过治疗和未经治疗的自 716
杀未遂者的相似人群。在其他的研究中，根据来自美国国家卫生统计中心的数据，将接受治疗的患者的队列与人群参数进行了比较。然而，在使用现有数据方面存在着严重的方法问题，特别是在对内部效度的威胁以及不同特质样本之间的可比性方面。为了解决这些明显的缺陷，当事人或来电者满意度方法有时被用来帮助验证当事人的看法和支持研究的内在价值。基于这些宏观类型的分析，许多自杀项目和危机干预服务未能收集到充分建立项目有效性所需的各种信息（HEN Synthesis Report，2012）。如果没有这些信息，就无法确定负面结果是由于实践理论的不足还是研究方法的缺陷。对于这样的问题，没有简单的答案。

由于危机本质上是一种动态的、多方面的现象，因此衡量过程可能是复杂的，特别是当它是在总体基础上或主要依靠次要资源时。完全依赖自我报告的研究也可能是有问题的。因此，不管数据是如何收集的（通过数据库、支持在线或自我报告），危机干预策略都代表了多方面的观点，始终对专业人员提出具有挑战性的评估问题。

一些实践者认为，在微观层面上评估实践干预效果的最有效方法是将评估镜头聚焦于发生在工作人员和当事人之间的特定交互作用上（Bloom，Fischer，& Orme，2009）。这种方法典型地结合了定量和定性的方法，这些方法强烈依赖于当事人对危机经验的个人构建。这些方法倾向于尽量减少对内部效度的威胁，但它们在可概括性方面提出了严重的问题。在关注当事人-工作人员交易及其后续结果的丰富细节时，放弃了寻求科学的客观概括，取而代之的是深入的见解，只有通过探索个案的主观经验才能获得这些见解。为此，工作人员可以采用多种评估策略。人们普遍认为，没有任何一项单独的措施能够充分抓住危机干预过程中所有相关的微妙之处。因此，登津（Denzin）（2012）等人明确指出了在使用多种测量方法时存在的争议，并最终鼓励了这些方法的使用。通过一种被称为“**三角测量**”（triangulalien）的评估策略，人们相信，工作人员可以合理准确地接近干预过程中实际发生的情况。

当以更小的规模或更个性化的焦点处理服务有效性时，微观层面的**干预**
717 成为主要的关注点。例如，从微观的角度来看，个体工作人员的影响以及随后的治疗效果等问题变得至关重要。为了强调这一观点，有时需要通过模拟通话体验或形式化的角色扮演来衡量技能。在试图量化这个更微观的角度时，使用专门设计的测量工具来直接测量工作人员的技能是必要的。在处理自杀预防时，这些学者还建议可以使用的一种工具是自杀干预反应量表（SIRI-2），用于测量在危机干预设置中的专业干预者的不自然反应。事实上，许多有用的快速评估工具已经被设计并测试用于危机情境，包括测量生活压力、消极期望、抑郁、解决问题的行为和态度、个性特征和其他与精神状况相关的类似特征的指标，以及其他相关危机现象（见 Fischer & Corcoran，2007a，2007b）。微观方法不仅要求使用这些指数来衡量危机行为，而且实际上是强制性的。然而，这些工具的创始人建议在使用它们时要谨慎。他们认识到，对危机局势的评估是一项多方面的工作，如果仅仅依靠一个单一的工具或侧重于一个单一的方面，例如工作人员的效率，就无法对其进行充分的评估。总的来说，这些创始人警告说，从宏观和微观的角度来看，文献都是稀缺的。很少有系统的审查涉及以结果为基础的测量，包括对一般性危机干预或自杀预防服务的评估（HEN Synthesis Report，2012）。

有效评估的前提

本手册的每一章都讨论了危机干预策略的应用，将罗伯茨（1991）的七阶段危机干预模型用于处于危险中的不同人群。虽然治疗策略在危机干预过程的技术特征方面有许多共同之处，但很明显，短期治疗经验的各个方面存在很大差异。危机经历可以根据所确定的问题、当事人的反应、社会工作者对情况的处理、周围的环境和预期的结果而有所不同。虽然一些研究人员已经在历史上使用经典的前测后测设计来测量实践效果（Dziegielewski，1991），但在使用这种复杂的设计时可能会遇到问题。同样，在使用单主题设计时，与设计成功相关的很多信息都与可视化有关（Nugent，2010）。因此，所有 718
的设计都可能被认为存在一定的缺陷，不能得出清晰概括性能的结论，从而导致实际的研究效果和随后得出的结论可能会失实，要么被低估，也有可能会被高估。

在讨论进行成果研究并由此衡量最佳做法时，有必要将问题分解为明确概述具体指标和所取得进展的一系列具体措施和行动（Dziegielewski，2013）。在进行危机干预时，确定进展指标必须始终针对具体情况。这使得测量这一概念变得复杂，因为评估危机情况的技术需要对危机顾问的解释、当事人的感知、危机的阶段等有深入的理解。这要求最终的评估也必须反映所确定的问题行为的多个方面。从经验的角度来看待危机干预，干预经验的各个维度需要被视为一个复杂的功能关系网络，在这个网络中，主要因素之间存在着一系列相互作用（即自变量和因变量）。简单地说，在任何函数关系中，自变量是假定的原因，因变量是假定的结果。因此，在危机干预中，评估过程中重要的第一步是找出在任何特定的危机情况下被认为存在的因果联系。这包括确定一系列相互依存、危机时期特有的问题解决步骤，这些步骤在逻辑上源于提出问题。在这个问题解决过程的逻辑中嵌入了一个隐含的假设，其演算可以表述如下：

> 在危机情况下，如果 X（例如，自杀预防服务）作为干预策略（即自变量），则预计 Y（即恢复到先前的功能水平）将是预测的结果（即因变量）。

危机干预与任何其他形式的干预没有区别。它不可避免地以这样或那样的方式涉及对这一隐含假设的检验。例如，当住房危机服务可以作为处于危机之中的人的一项预防措施时，限制住院和增加稳定将构成概述行动计划的具体步骤。蒂格（Teague）、特拉宾（Trabin）和雷（Ray）（2004）确定并讨论了行为卫生保健中应引导问责制的关键概念和常见绩效指标和措施。成人心理健康工作组（Adult Mental Health Workgroup，AMHW）是由亚特兰大
719 的卡特中心与物质滥用和心理健康服务管理局的心理健康服务中心和物质滥用治疗中心共同发起的全国性代表团体。基于五个工作组的共识，AMHW 最近制订了质量和适当行为治疗关键方面的措施和结果。业绩指标的例子如下：

> 治疗持续时间——在报告期内，接受三个护理级别的服务人员的平均服务时间：住院/24 小时、日/夜结构化门诊计划和门诊；以及入院后随访——24 小时心理健康住院治疗出院人员，在 7 天内接受随访门诊或日/夜心理健康治疗的百分比。（Teague et al.，2004，p. 59）

循证实践要求临床研究人员明确说明他（她）打算与当事人做什么或代表当事人做什么，以及这些行为的预期后果。要做到这一点，干预和结果都必须以可操作的或可测量的术语定义。情绪支持会增强当事人的自尊，或者说公开讨论会减轻抑郁，尽管表面上两者在实践中都可能显得非常重要，但这并不是一个可验证假设的充分陈述。正如所有有时限的干预一样，从业人员需要继续清楚地说明“情绪支持”和“机械通气”等概念的含义，并必须将这些概念与如何集中改善或至少在某种程度上的缓解直接联系起来。

基于这一前提，哈特曼（Hartman）和沙利文（Sullivan）（1996）都是最早为从事住房危机服务的中心工作人员制定具体目标的学者之一。他们认为，关键目标包括通过减轻症状而有效地稳定危机局势；维持或降低住院率或入院前水平；帮助消费者恢复到以前的满意度和服务水平，如住房和职业地位，并获得消费者对服务的高度满意。

尽管从操作上定义概念的任务并不容易，但大多数研究人员都认为，不管一个人的理论取向如何，对循证实践进行有效的评估是至关重要的（Monette，2005）。此外，我们的临床实践工作的价值和随后的认可将证明只有基于经验的观察才是有效的。

测量目标和目的

危机干预服务的时限性给希望评估其实践的临床医生提出了一些有趣的挑战。从一开始，处于危机中的当事人就需要确信，变革是可能的，并且他们有能力为变革过程作出贡献。通过这样做，他们获得了信心和能力，这些 720
特质应该反映在帮助专业人士的行为上。这种相互尊重和对彼此能力的信心的发展为实践及其评价提供了必要的基础。基本上，无论采用哪种评估策略，只有在及早开始并很快结束的情况下，它才可能是有意义的。此外，当事人不应该认为方法本身以任何方式干扰了帮助过程。理想情况下，干预和评估的目的应该是兼容和相互支持的。

社会工作专业人员不仅可以帮助当事人参与制定适当的治疗目标，而且可以使当事人在追求这些目标时保持以任务为导向，从而促进这种目标导向的相互关系。社会工作专业人员可以通过帮助当事人建立具体和有限的目标来促进这一过程（Dziegielewski，2013）。简单地说，目标可以被定义为治疗后要达到的理想目标。陈述明确的目标使从业者能够确定他（她）是否具有与当事人合作的技能和愿望（Cormier，Nurius，& Osborn，2013）。

为了有效，干预目标需要尽可能地具有行为特异性。用可测量的术语对它们下的定义越精确，就越容易验证它们是否实现以及何时实现。一旦确定了目标，就可以根据更具体的近期、中期和长期目标进一步细化。第二，帮助专业人士和当事人双方就所有的目标达成一致。在危机时期，这似乎是困难的，特别是当帮助专业人士被要求扮演一个非常积极的角色来帮助当事人满足他（她）自己的需求。然而，这个角色应该始终是促进当事人实现他（她）认为的恢复稳定的内稳态平衡的关键之一（Dziegielewski，2013）。只有当事人才能确定所寻求的目标和目的是否与他（她）自己的文化和价值观相一致。社会工作者有责任帮助当事人构建并建立干预策略；然而，强调相互关系是制定目标和目的的核心。

社会工作者早就认识到目标设定作为促进干预过程的一种手段的价值。然而，随着管理式护理的出现，来自专业内外的压力提高了对记录结果重要性的认识。现在已经建立了一个新的绩效标准，要求从业者掌握必要的技术技能来评估其干预策略的有效性。为了使以经验为基础的实践有意义，社会工作者必须能够建立一种实践氛围，在这种氛围中，规划目标和为实现这些目标而设计的具体目标被视为现实的、可获得的和可衡量的。然而，鉴于当
721 代实践的复杂性，没有一种方法有可能被证明适用于所有类型的危机情况。危机处理工作者面临的研究挑战是，方法是否适合问题，而不是问题是否适合方法，这在一般的实践中是不可避免的。这需要对研究策略进行深思熟虑的选择，其中的各种线索可以创造性地融入整个干预计划的更广泛的结构中。

目标达成量表

有一个评估模型在历史上得到了关注，并可以继续使用，那就是目标达成量表（Goal Attainment Scaling，GAS；McDougall & Wright，2009）。这种分级最初是由基列舒克（Kiresuk）和谢尔曼（Sherman）（1968）提出的，作为衡量社区心理健康服务规划结果的一种方法，并仍然适用于各种危机干预情况。这里讨论的是一个评估模型的例子，结合了许多非常有用的具体特征和名义上的方法特征。

GAS 采用一种特定于患者的技术，旨在提供关于实现个性化临床目标和社会目标的结果信息。在当今的实践环境中，基于以洞察力为导向的干预策略仍然有限。因此，这些类型的高度结构化的分级方法，以其清晰的概念和方法，将继续在今天的协调性照护环境中的生存实践中被需要（Simmons & Lehmann，2013）。危机干预的结构性是围绕实现有限目标和具体目标而组织起来的，它特别清楚地阐明了 GAS 等标准化措施的方法要求。

GAS 要求根据一组从**最低**到**最有利**的可能结果不等的分级量表维度，指定一些单独定制的干预目标和目的。GAS 建议在构成李克特式量表的 5 个维度中，至少有 2 个维度的定义具有足够的特异性，以便对当事人的行为是否落在给定的维度、偏上还是偏下进行可靠的判断。然后为每个维度分配数值，最不利的结果得分为-2，最有利的结果得分为+2，预期成功的结果得分为 0。这种缩放过程的最终结果是将每个结果转换成一个近似的随机变量，从而允许将特定目标的总体实现作为标准分数对待，当 GAS 用于项目评估时，这一特性变得非常重要。

这一过程以实现目标的形式实施。例如，针对特定自杀患者的干预目标

可能包括（a）消除自杀意念，（b）减轻抑郁，以及（c）增强自尊。表 27-1 阐明了如何根据与特定当事人相关的预期结果来定义这些目标。虽然目标可以 722
根据每个当事人的需求进行调整，但加威克（Garwick）和兰普曼（Lampman）的**目标达成量表**（Dictionary of Goal Attainment Scaling）（1973）可用于帮助临床医生在操作上定义目标和构建目标达成指南。

虽然已经过时了，但是**目标达成指南**（Goal Attainment Guide）中包含的定义仍然与今天的以行为为基础、结果为导向的实践环境相关，因为它是在特定的时间框架中构建的。它还可以与其他措施一起使用，如通过国际残疾和健康儿童与青年分类（ICF-CY）与儿童当事人（McDougall & Wright，2009）合作，或者世界卫生组织，《精神疾病诊断和统计手册》第五版（*DSM-5*； 723
American Psychiatric Association，2013）中概述了残疾评估量表（WHO-DAS）。成功的预期水平的定义（即 5 点量表的中点）代表有关当事人在未来某个预定的日期的临床预测表现（如目标制定后 4~6 周；Lambert & Hill，1994）。目标达成的数量和方向可以通过比较基线功能和在确定的目标日期记录的功能水平来测量。检查标记用于记录初始性能级别，星号用于记录跟踪点的性能。指南可在后续行动中加以修订，以反映新的目标或现有目标的绩效水平的预期变化。虽然目标和目的有时在治疗记录中可以作为同义词使用，但在 GAS 的使用背景中，它们作为与结果变量相关的基准来确定和测量。还可以为每个目标或目的分配特定的权重，以反映其在整个干预计划中的相对重要性或优先级。然而，由于权重是重要程度的一个相对指标，而不是一个绝对指标，因此总和不必等于 100 或任何其他固定总数。只有在使用 GAS 作为比较项目内部或项目之间的替代干预方法的相对有效性的基础时，分配的权重的实际数值才有意义。

表 27-1　目标达成指南示例（给具有自杀倾向的假想患者以图例说明的量表程序）

预期达成水平	目标		
	自杀权重：40	抑郁权重：20	自我意识权重：10
可能认为最不利的结果（-2）	自杀或进行其他自杀企图		
低于预期的成功（-1）	一心想着自杀可能是解决个人问题的办法；说“生命不值得活”	抱怨一直都很沮丧；饮食不规律；每天哭泣；不工作	认为自己是“坏人”；批评自己；觉得没有他（她），人们会过得更好

续表

预期达成水平	目标		
	自杀权重：40	抑郁权重：20	自我意识权重：10
预期成功水平（0）	有时会考虑自杀，但能够考虑其他解决个人问题的方法	抱怨一直沮丧；一天吃至少两顿饭；每晚至少睡 6 个小时；偶尔哭泣；偶尔错过工作	不口头批评自己，而是说自己不太开心
超出预期的成功（+1）		只有偶尔的沮丧感；定期饮食和睡眠；不再哭泣；定期工作	
可能认为最有利的结果（+2）	不再认为自杀是解决个人问题的可行的解决方案；谈论未来的计划		报告他（她）喜欢自己和自己的生活方式以及或报告称"非常高兴"

计算 GAS 分数可以是一件简单的事情，也可以是一件复杂的事情，这取决于使用评估方法的目的。当被作为一种依赖于总数据可用性的项目评估技术使用时，导出复合标准化分数是合适的。这是一个相当复杂的过程，需要一些复杂的统计知识。当用作评估单一个案的架构（如个人、家庭或团体）时，这个过程要简单得多。事实上，唯一有意义的决定是预测的目标是否达到或达到了什么程度。对于那些喜欢量化这些判断的人来说，通过确定与每个目标相关的变化的数量和方向，然后将它们各自的贡献相加，就可以得出一个综合分数。平均得分可以简单地用综合得分除以目标总数来计算。这使得在控制目标数量的同时，在不同的当事人之间比较达成水平成为可能。

可以为特定的当事人指定任意数量的目标，并且可以将任何主题领域作为适当的目标。即使是同一个目标也可以用多种方式来定义。例如，减轻抑郁的目标可以根据自我报告或标准化工具（如贝克抑郁量表）上的特定分界点来衡量（Beck，1967）。然而，至关重要的是，所有的目标都是根据一系列可验证的逐步分级的期望来定义的，并与特定情况的特性相关。

724 应该强调的是，使用 GAS 作为深入研究单一案例的框架，并不能证明干预与结果之间存在因果关系。事实上，过于强调结果因素的重要性，它往往会转移人们对直接涉及干预的问题的注意力。虽然不能断定所确定的干预措施必然对目标的实现负责，但当预期的目标没有实现时，它确实对干预战略的有效性提出了重大问题。此外，目标达成指南的构建可以作为一个有用的集合点，围绕着它，从业者和当事人可以协商干预计划的细节，包括目标的制定、优先级的确定和职责的分配。总而言之，GAS 是一个关于如何指定目标和目标达成的例子，以监控、组织和帮助作为收集评估过程信息的手段，从而建立基于经验的实践（Hart，1978）。

与其他测量系统一样，GAS 也有许多相同的局限性，这些系统设计用来处理本质上是有序的数据，就好像它们具有区间或比值尺度的特征一样。研究人员已经修改了原始版本的 GAS，以适应当地的条件。因此，任何将其视为单一测量系统的想法都会产生误导（Lambert & Hill，1994）。然而，诸如 GAS 这样的测量工具可以提供一种系统而灵活的实践评估模型，其有助于弥合临床和人为干扰之间的方法论上的差距。

使用测量工具

一旦确定了干预的目标和目的，标准化的或基于操作性的术语评估临床干预的困难任务就可以得到解决。当问题以现实目标和操作定义目标而不是用含糊不清的语言表达时，这项任务就会大大简化。**压力**、**焦虑**和**抑郁**等术语常被用来描述精神疾病患者社会心理功能的重要方面，这些术语虽然在我们的专业术语中很常见，但其往往带有相当主观的内涵。这种语义上的不确定性使得建立可靠的变化测量变得非常困难。

如前所述，测量实践的有效性通常涉及一个过程，该过程旨在确定相互协商的目标和目的是否已经达到或达到了什么程度。变更是通过某种具体的测量方法记录下来的，这种测量方法指示了当事人的进展。泽奇勒维施奇（2013，2014）认为，通过与服务对象订立明确的协议，这一过程可以大大加快，而服务对象反过来又为各种个人或团体评估设计提供了一个可行的基础。一旦签订了协议，就可以使用标准化的工具重复测量，以收集从基线到终止和随访的一致数据。当然，社会工作专业人员有责任选择、实施和评估测量工具的适当性。大多数专业人士认可标准化的量表（即一般来说，那些通过可靠性和有效性评估的）是首选。 725

近年来，社会工作者已开始更多地依赖于标准化工具，以便在测量一些较常见的临床问题时更具准确性和客观性。在这方面最显著的发展是出现了许多被称为快速评估工具（rapid assessment instruments，RAIs）的简短的纸笔评估工具。作为标准化的衡量标准，RAIs 具有许多共同的特征。它们是短暂的，它们相对容易管理、评分和解释，而且对于临床医生来说，他们只需要很少的测试程序知识。在大多数情况下，它们是当事人可以在 15 分钟内完成的自我报告测量。它们独立于任何特定的理论方向，因此可以与各种干预方法一起使用。因为它们对当事人的问题提供了一个系统的概述，所以它们常常倾向于激发与工具本身所引出的信息相关的讨论。生成的分数提供了问题的频率、持续时间或强度的操作索引。大多数 RAIs 可以被作为重复的测量方法使用，因此适合于研究设计和目标评估目的的方法要求。除了提供一种标准化的方法，通过这种方法可以对单个服务对象的变化进行一段时间的监控，RAIs 还可以用于对遇到共同问题（如婚姻冲突）的服务对象进行同等的比较。

标准化的 RAIs 的主要优势之一是可以获得关于可靠性和有效性的信息。**可靠性**是指一个措施的稳定性。换句话说，组成工具的问题对于在不同时间回答这些问题的人来说意味着同样的事情吗？不同的人会以同样的方式来解释这些相同的问题吗？除非一个工具产生一致的数据，否则它是不可能有效的。但是，即使是高度可靠的仪器也没有什么价值，除非它们的有效性也能得到证明。**有效性**涉及一个普遍的问题，即一个工具是否真的测量了它声称要测量的东西。

有几种确定有效性的方法，每一种方法的目的都是提供有关我们对作为审议中问题的准确指标的文书能有多大信心的资料。可靠性和有效性的级别在可用工具之间差异很大，这对从业者非常有帮助，可以提前知道这些问题
726 已得到解决的程度。与可靠性和有效性相关的信息，以及与标准化过程相关的其他因素（如管理、评分和解释工具的过程），可以帮助专业人员对任何给定工具的适用性做出明智的判断（Cook，2006）。

选择最好的干预手段的关键是知道在哪里以及如何获得可能有用的措施的相关信息。幸运的是，临床医生可以利用一些优秀的资源来帮助促进这一过程。费舍尔（Fischer）和科科兰（Corcoran）（2007a，2007b）的《临床实践测量方法》（*Measures of Clinical Practice*）就是其中之一。这些参考文献可以作为有价值的资源，以确定适用于临床社会工作实践中用于最常见的各种问题的有效 RAIs。费舍尔和科科兰不仅在确定和评估有用的临床基础的工具的可行横截面方面贡献突出，而且在讨论许多对其使用至关重要的问题方面，也都继续做着出色的工作。除了介绍测量的基本原理外，这些书还讨论

了各种类型的测量工具，包括 RAIs 的优点和缺点。费舍尔和科科兰还为定位、选择、评估和实施预期的措施提供了一些有用的指南。此外，这些文书分两卷提供，以供三类目标人口——成年人、儿童或者夫妇及其家庭成员——之一使用。它们还根据问题区域进行了交叉索引，这使得选择过程非常简单。这些参考资料以及许多其他与特殊兴趣领域有关的类似参考资料的提供，大大方便了社会工作专业人员在监测和评价实践方面的选择。

RAIs 可以作为社会工作者评估工作的有价值的辅助工具。然而，在危机干预中，需要更多地强调它们的效用。到目前为止，对这类评估工具的审查和接受是不同的。例如，在自杀风险领域，乔伊纳（Joiner）、范奥登（Van Orden）、维特（Witte）和陆克文（Rudd）（2009）提出，熟悉这类工具的专业人士往往只是偶尔使用它们。这些专业人士中有许多人认为，当 RAIs 被专门用来量化危机时期的行为和感受时，它们的效用是有限的。在这些已知的缺点得到解决之前，RAIs 可能只能作为更全面的三角评估策略的一个方面。

与危机干预相关的评估文献中提到的一个比较显著的不足是，直接关注社会工作从业者有效性的研究很少。这种类型的内省实践评估的目的是为社会工作者提供他们需要的及时反馈，使他们能够修改和完善他们的技术和策略，以便将来在类似的情况下使用。为了帮助社会工作者做到这一点，他们设计了一些量表和其他具体的测量指标（Fischer & Corcoran，2007a，2007b）。 727

最后，为了进一步加强实践有效性的测量，许多社工对要在治疗计划中加入额外的测量方法感到有压力（Dziegielewski，2013，2014）。吸纳个人、家庭和社会等级的整合压力正变得越来越普遍。这需要一个能够监控当事人功能水平的程序，该程序可以清楚地测量和记录。为了提供这种额外的测量方式，越来越多的专业人员在使用 *DSM-IV* 和 *DSM-IV-TR* 时，转向使用功能综合评估（Generalized Assessment of Functioning，GAF）对每个人进行评分（American Rsychiatric Association，1995，2000）。这样的方法会在治疗开始时和出院时分别对患者的功能进行评分。分配代表当事人行为的适当的数值。这些量表的设计是为了使工作者能够对确定的行为进行从 0 到 100 的不同排序，更高的等级表示更高的整体功能和应对水平，评估当事人在过去一年中达到的最高功能水平，然后与他（她）当前的功能水平进行有益的比较。虽然最新版的 *DSM*［*DSM-5*］中没有提供这种测量量表，但它仍然有助于对当事人问题进行量化，并记录可归因于咨询关系的可观察到的变化。这种测量工具允许工作人员跟踪与当事人功能相关的行为之间的性能变化。

此外，*DSM-IV/DSM-IV-tr* 还介绍了 GAF 的两个修订版本，它们被列入“为进一步研究提供的标准集和坐标轴”一节中。“虽然这两个量表从来没有被要求完成诊断，但它们仍然可以为排名功能提供一种格式，这可能对社会工作专业人员特别有帮助。”第一个是关系功能量表，被称为关系功能全球评估（Global Assessment of Relational Functioning，GARF）。这个指数被用来处理家庭或其他持续关系的状态，假设从有能力（competent）到功能失调（dysfunctional）（American Psychiatric Association，2000）。第二个指标是社会和职业功能评估量表（Social and Occupational Functioning Assessment Scale，SOFAS）。有了这个量表，个人的社会和职业功能水平的测量可以得到解决（American Psychiatric Association，2000）。这三种量表（GARF、GAF 和 SO-FAS）在识别和评估当事人问题方面的互补性是很明显的，因为它们使用相同的评级系统。每个等级的排名范围从 0 到 100，较低的数字代表更严重的问题。由于显而易见的原因，所有这三种工具的使用都受到鼓励。它们共同提供了一个可行的框架，社会工作者可以在其中对各种实践情况应用具体措
728 施。它们还提供了一个多维视角，允许员工记录不同系统规模的功能水平变化，包括个人（GAF）、家庭（GARF）和社会（SOFAS）视角。

在 2013 年 5 月出版的 *DSM-5* 中，测量，尤其是在可靠性方面，被放在了最前面（American Psychiatric Association，2013）。因此，由于缺乏可靠的信息，前面提到的三种量表（GAF、GARF 和 SOFAS）没有被纳入 *DSM-5* 中。*DSM-5* 强调了特异性的重要性，并明确说明了如何满足诊断标准。在最新的版本中，识别和测量与心理健康相关的行为与交叉症状相结合，这种类型的症状测量被设计为从其前身（*DSM-IV-TR*）的基本分类评估系统到更多维的分类评估系统之间的桥梁（Dziegielewski，2015）。从这个角度来看，鼓励医生在记录交叉或重叠症状的明确诊断标准，强调允许解释多种疾病症状特征之间的关系，不创建或添加第二种病症。评估诊断中可能出现的症状——这种情况称为症状的交叉切割，允许对两个级别的症状评估和评级进行测量。第一级是对成人患者的 13 个症状学测量领域和儿童及青少年患者的 12 个症状学测量领域的简短调查。第二级对某些领域提供更深入的评估。作为书面文本的补充，*DSM-5* 还在网站 www. psychiatry. org/dsm5 上提供了第二级交叉评估的一些要点。使用该测量量表，医生可以记录与初次诊断相关的所有症

状和任何第二症候，从而进行更有力的诊断评估，同时避免使用不必要的标签来标识第二次诊断（Dziegielewski，2015）。

综上所述，很明显，帮扶关系是一个复杂的关系，不能完全通过使用标准化的量表或社会工作者评估措施来测量。为了方便有效的测量，具体的目标和目的必须包括许多直接的行为观察技术、自我锚定的评定量表、当事人记录、投射性测试、Q-sort 技术、不显眼的测量和个性测试，以及各种监测生理功能的机械设备等，它们可以为评价实践提供一系列定性和定量的方法。其中有几个特别适合于基于现象学和存在主义理论的实践评估。由于篇幅有限，本章不允许讨论这些方法；然而，有许多优秀的资料来源详细讨论了在选择和适用于具体案件时，做出明智的决定需要哪些信息（Rubin & Babbie, 2011）。

个案相关或危机干预的微观设计 729

作为微观层次设计的一种特殊类型，精细化模型不同于粗放型研究模型，因为精细化模型主要关注单个案例的研究（即 N = 1）。在本章中，精细化模型被称为**单系统**（Bloom et al.，2009）、**单主题**和**单案例设计**（Nugent，2010），这些术语或多或少可以互换使用。然而，对于术语“**单系统**”和“**单案例设计**”的偏爱是值得注意的，因为它们允许对所研究的案例进行更广泛的定义，而不是简单地将一个特定的当事人作为主题。

我们选择在危机干预中强调单一系统或单一案例的设计，尽管有人认为它们对引导科学概括的验证过程几乎没有帮助。这种关注的原因很简单：它们对有兴趣评估自己的实践干预的有效性的以科学为导向的临床医生有巨大的价值（Bloom et al.，2009）。这些深入的设计提供了一种方法，临床医生可以通过这种方法来评估他们的实践的特殊性，同时允许产生与实践相关的假设，这些假设适合通过更传统的广泛的研究方法进行测试。

此外，值得注意的是，精细化型和粗放型研究模式之间的区别与奥尔波特（Allport）（1962）最初提出的关于名义研究和具体研究孰优孰劣的长期争议直接相关。一般规律研究方法（nomothetic opproaches）的拥护者强调科学活动的实证性方面的首要地位，其最终目的是发现适用于一般人的规律。这些研究人员认为，集合化构成的集合个体更重要。因此，普通的研究都是将时间投入群体的研究中，以确认或否定假设陈述，从而得出关于经验世界某些方面的科学结论。相反，具体方法的拥护者更倾向于将个人作为个体来研究。他们不把精力集中在命题的发现上，他们更喜欢调查具体案例丰富而复杂的细节，包括被证明是特例的异常案例。在危机干预中，这两种方法相辅相承，在为我们的实践提供数据的同时，也为我们提供新的理论来源。一个不应该被视为优于另一个，它们有些重叠，并且可以被证明是互补的。在危机干预中，对这两种方法的承认似乎都是相关的，并且都有助于知识的缓冲，为我们的实践提供数据。双方同等重要且优势互补。

这里强调的是深入或具体的研究模式，仅仅是因为它们更直接地适用于
730 临床医生的主要目的，即在个案基础上评估社工自身的实践。我们没有意图去贬低广泛的或一般规律研究方法的重要性。事实上，如果更多的社会工作者能够参与到控制观察和系统验证的研究中去，那么在实践中成功的可能性就会增加。从这个意义上说，这两种方法确实是互补的，一种是在受控的情况下进行科学概括，另一种是在特殊的实践考验中应用和评估它们的效用。

理想情况下，在测量任何有时限的危机情况的有效性时，临床研究人员需要能够自信地确定自变量（即干预）和因变量（即目标行为）之间的因果关系。对于社会工作者来说，当无关联的变量（那些与干预不直接相关的变量）出现，并且在治疗过程中不能被清楚地识别和控制时，这是有问题的。这些无关的变量代表了可能导致目标行为改变的竞争性假设。这种情况会对干预的内部效度造成严重影响，从而降低任何可能得出的因果推论所保证的信心水平。

坎贝尔（Campbell）和斯坦利（Stanley）（1966）的经典著作清楚地描述了许多可能对内部效度构成威胁的设计弱点。对于从事以经验为基础的实践的社会工作者来说，了解这些因素对于衡量有效和高效的服务是至关重要的。重要的是要记住，当一个实践设计能够有效地控制外部（外来）变量的影响和随后的影响效果时，它就是有效的。单一案例设计可以为医生提供衡量临床有效性的方法，但目标的实现受医生的能力化差异影响较大（Richards，Taylor，& Ramasamy，2014）。

时间序列设计

实践研究的强化/具体模型的原型是时间序列设计（Fischer，1976）。这个过程包括在一个或多或少被延长的时间内，在给定的时间间隔内测量一些目标行为（通常是确定的问题）的变化（Bloom et al.，2009）。在这种情况下，在治疗干预过程中所做的连续观察使临床医生能够系统地监测目标行为变化的性质和程度。实际观察和这些观察的记录可以由社工、当事人或任何其他愿意与当事人进行定期交互的调解员（如家庭成员、朋友或老师）来完成。

一旦确定了目标行为并选择了合适的观察方法，记录干预过程中发生的 731
任何变化就相对简单了。变化的数量和方向通常以二维图形的形式表示，如图 27-1 所示。

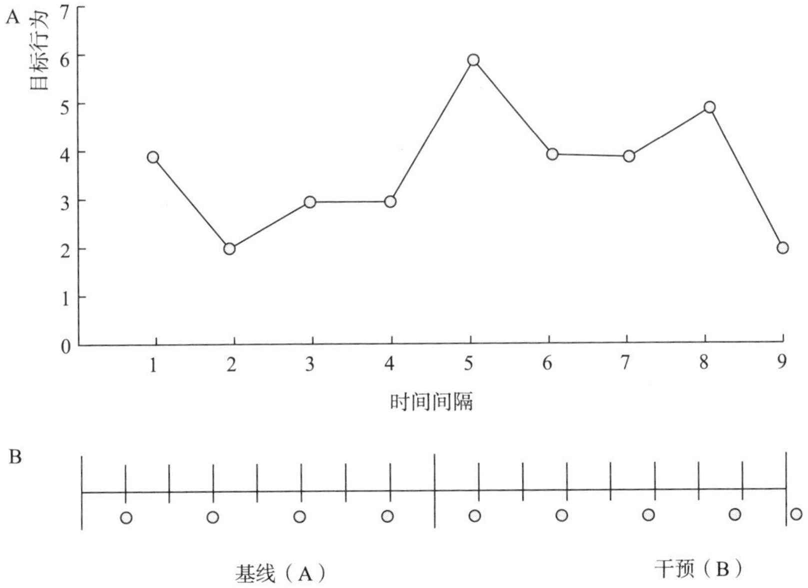

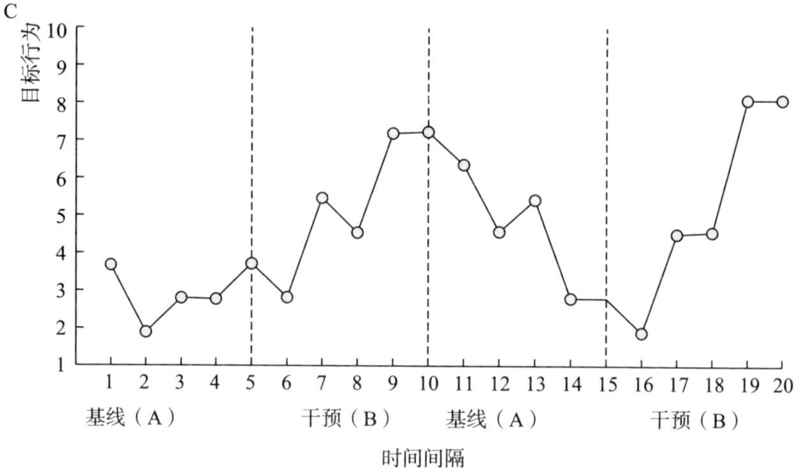

图 27-1 目标行为的变化

总的来说，执行者识别目标行为，并会将其与沿垂直轴排列的层次（频率、持续时间或强度）联系起来。如水平轴所示，连续的观测也同样按一定的时间间隔被记录下来。然后，这些点被连接成一条连续的线，反映出在干预期间发生的行为变化模式。

这种类型的图创建了信息的可视化表达，方便显示当事人的行为变化（Nugent，2010）。例如，如果一个当事人报告说，在他（她）所爱的人去世后，他（她）没有能力或缺乏意愿去处理自己的事务，这种响应可以绘制成图表，提供问题的可视化表示。当一个人在描绘当事人的反应时，可以预期，当给予后续的干预时，挫折感和处理日常事务的无力感会减少，这将在图表上直观地显示出来。相反，如果目的是增加日常生活活动，并最终消除任何与危机相关的功能失调行为，那么视觉显示也可以帮助显示观察到的模式朝相反的方向发展，从而有助于显示在应对干预时发生的变化。

在所有的单受试者设计中，干预前的观察阶段被称为**基线期**（baseline period），通常标记为“A”。基线的目的是确定在基线（即 A 期）期间观察到的行为模式在引入治疗（B 期）后是否在预期方向上发生变化。如果在干预过程中发生了变化，那么社会工作者就有一些依据来推断治疗可能与此有关。

然而，在与处于危机中的当事人在一起时，在治疗前收集基线数据可能是不实际的，因为立即干预的必要性可能会抵消提前收集数据的需要。此外，延迟开始治疗不仅可能被视为在理论上有问题，而且可能造成严重的伦理影响。在危机中，对于基线信息的收集，人们所能期望的最好的结果往往是对当事人或其他可用的线人所报告的相关数据进行回顾性重构。

在某些情况下，如自杀者案例中，获取有关目标行为的可靠干预前数据（即自杀的欲望）可能是不可能的。在这种情况下，可以从家庭成员或朋友那里或从档案记录中获得具有历史性质的干预前数据。在其他情况下，如工作涉及艾滋病患者及其家庭，现有数据可以是一种潜在的有价值的和可靠的资源，有助于系统地重建有关先前困难史的重要基线信息。 732

例如，克里斯特（Christ）、莫伊尼汉（Moynihan）和盖洛-西尔弗（Gallo-Silver）（1995）描述了最近被认定为艾滋病毒感染者的评估过程。他们制定了一项具体的议定书，以协助迅速收集信息和全面地评估。该议定书的目的部分是记录当前性活动和性关系的发生率，并利用收集到的信息处理过 733
去、现在或将来可能发生的高风险行为。只要系统地收集和记录了与特定高风险行为有关的此类“硬数据”，就有可能有选择地利用此类信息来创建有用的基线测量。通过一些修改，这种收集基线信息的策略实际上可以被任何定期与交互的服务交付系统所采用，这些随后可能陷入危机情况中。

显然，设计越严格，人们就越有信心有效地排除对内部效度的威胁。不幸的是，最严格的设计需要使用基线测量。尽管已经指出了一些限制，但理解时间序列设计的一些更复杂的派生是有用的。虽然它们在评价特定的危机情况时不一定具有实际价值，但它们的确提供了有用的模式，可以用来比较其他办法的严谨性。

基本时间序列设计中最常见的两种变体是反转设计和多基线方法（Bloom et al.，2009）。在反转设计中，干预是在规定的时间内引入，然后突然撤回，其结果基本上接近干预前或基线条件。在缺乏干预的情况下，某些类型的当事人行为可能会朝着干预前水平的方向发展。当这种情况发生时，它通常被认为是支持因果关系，特别是在随后恢复治疗（A_1-B_1-A_2-B_2）并伴随当事人功能改善的情况下。

例如，假设一名临床医生使用认知疗法作为一种降低焦虑的方法，这种焦虑与无法控制暴力倾向有关。支持使用这种干预的理论假设，无法控制自己的情绪会因为非理性的想法而升级，而非理性的想法反过来会抑制自我控制，并将暴力作为行动的一个过程。临床医生运用认知技术，观察当事人在干预阶段自我控制能力的提高（B_1）。这些技术随后被撤回，在第二个基线期（A_2），当事人恢复到他（她）以前的非理性思维状态，随之而来的是对失去控制的焦虑和潜在的恐惧。这种回归到基线条件并最终进入第二个干预阶段的情况，为将该过程命名为反转设计提供了理论基础。从这个例子可以看出，反转设计是有问题的，特别是当一个人表现出来的行为对自己或他人是危险的时候。在这种情况下，一旦患者的控制点出现问题，应立即重新开始治疗阶段。

734 在第二种类型的设计中，与 A-B-A-B 对应的多基线方法也被用来最小化由于偶然而导致的行为改变的可能性。然而，与反转设计不同的是，这种方法没有退出干预。相反，基线数据可以在多个目标行为、同一目标行为但处于多个环境中收集，也可以在多个但相似的当事人身上收集。干预技术以顺序的方式被应用，一旦观察到初始目标行为的变化，干预就会被系统地引入下一个目标行为或另一种环境（Hardcastle，2011；Bloom et al. ，2009；Fischer，1976）。

多基线方法的连续特性在当事人干预中特别有用。在当事人干预中，必须处理多个问题，或者预期将受干预影响的目标行为不止一个。在大多数危机情况下都是如此，在这种情况下，突发事件通常会影响当事人整体社会心理功能的各个方面。然而，重要的是要记住，任何多基线方法的有效性都是基于这样的假设，即所选择的目标行为本身是相互独立的。如果一种行为的变化在功能上相互依赖，那么就不鼓励使用多基线方法。

A-B-A-B 设计和多基线方法都开始接近坎贝尔和斯坦利（1966）所称的“真正实验”中所达到的信心水平。然而，它们是最难执行的，而且就危机干预的评估而言，由于前面提到的实践、伦理和方法上的原因，它们的效用有限。

在我们结束对时间序列设计的讨论之前，还有最后一点需要注意。在大多数情况下，可以通过对二维图形的简单视觉检查来确定是否发生了有意义的变化。然而，有时仅凭肉眼观察是不可能确定基线和干预阶段之间发生的变化是否足以构成重大变化的。因此，需要特别注意时间序列数据是否连续相关（Nugent，2010）。在观察到的变化可能是由于序列依赖的情况下，工作人员可以应用一些相当简单的统计过程（称为自相关）来帮助解决问题（Bloom et al. ，2009）。

替代模型

到目前为止，我们已经讨论了一些基本的时间序列设计，将其作为危机情况下密集的、具体的或基于微观的实践研究模型的原型。鉴于已确定的局限性，最近出现了许多建议，其中就涉及对单系统模型的修改。从整体上看，它们为评估过程提供了额外的灵活性。当被单独使用时，它们在方法上 735
不像一些更受控的设计那样严格。然而，它们确实代表了对方法上的软性或模糊性评估技术的显著改进，这些技术通常是评估社会工作实践的大多数努力的典型。这里讨论的大多数研究策略都可以与设计更严格的各种组件结合使用，从而提供一套完整的技术，相关人员可以根据特定案例的特殊需求有选择地使用。此外，有时工作人员可能在当事人系统内或跨当事人系统同时采用几个建议的评估策略。当有意为之时，它被称为**三角测量**（triangulation），这一过程使临床医生能够使用每种策略，并将其作为交叉验证由其他策略产生的结果的一种手段（Denzin，2012；Howe，2012）。

在大多数危机情况下，需要立即进行临床干预。这不可避免地使收集有关基线数据和应用基于经验的措施的任务变得非常困难。虽然直接观察患者干预前或基线功能可能非常有用，但需要谨慎行事，以避免得出无根据的结论（Hardcastle，2011）。因此，仅仅依靠重复测量的样本记录来推断任何观察到的变化必然归因于社会工作者的干预是不合适的。虽然积极（或消极）的变化可能与干预同时发生，但这种方法不允许我们排除其他因素可能导致所观察到的变化的可能性。

为了解决这一局限性，文献中提出了一些有用的建议，包括仔细复制，将其作为利用地理参考技术和定性软件（Fielding，2012）提高因果有效性的手段，以及对基本时间序列设计的变化，还包括基线测量的使用（Richards，Taylor，& Ramasamy，2014）。在这些模型中，用于监视目标行为变化的一系列观察在引入任何正式的治疗之前就开始了，并且依赖于对目标行为进行连续测量的扩展基线。然而，值得注意的是，不应该依赖扩展的基线来控制许多对因果有效性的威胁。只有在受控条件下的仔细复制才能充分解决这一局限性。

干预与评估：二者的整合

将我们的社会工作干预措施与适当的评估策略相结合的过程要求这两种职能以无缝和协同的方式相辅相成。对于许多社会工作者来说，这一要求既令人沮丧又令人困惑。作为评估过程的一部分，社会工作从业者越来越多地
736 被期望实施他们希望在服务对象中发生改变的目标行为（Dziegielewski，2013，2014）。然而，他们实际的实践行为和有效评估所需的策略之间的联系被证明是难以捉摸的。

例如，在案例规划中，循证实践要求清楚地确定问题描述、基于行为的目标和目的，以及相应的干预计划。要想有效地在知情和敏感的情况下实施这一计划，社会工作者应精通以下程序。一开始，工作人员与当事人建立积极的和相互支持的关系是很重要的。一套相互协调的、现实的和具体的、有时限的目标和目的的阐明大大促进了这一进程。这些目标和目的应根据当事人确定的需求和能力清楚地加以概述。此外，社会工作者必须充分了解围绕危机情况的个人、文化和环境动态，以及这些动态如何影响解决问题的过程。社会工作者的角色是行动和方向之一，特别是当个人处于危机经历的早期阶段时。有必要认识到，对于处于危机中的个人来说，通常的应对方法并不总是奏效。有时，当事人可能会觉得他们正在失去控制，因此去寻求社会工作者的积极指导和干预。

第二，社会工作者还必须意识到危机情况中所包含的独有的特征，以及这些特征如何对社会工作者个人产生影响。使用标准化方法，如快速评估工具，在帮助量化干预的主观方面是必不可少的；然而，它们不应被视为包罗万象。它们的效用往往因危机局势本身的性质而受到限制。例如，一个设计用来测量抑郁症的 RAI 实际上可能被证明在测量与慢性抑郁症相关的症状方面是相当可靠的。然而，在危机情况下，抑郁症症候学的发展可能确实对悲伤的鳏夫或寡妇有用。最合适的方法可能是让失去所爱的人的感受自然地发展。在这种情况下，围绕危机形势的动态变化多少有些不典型。简单地说，一个人在经历了一场危机后感到沮丧。对于那些因为特定的心理健康问题而患上抑郁症的人来说，可能需要区别对待。作为一种情境因素，反应性抑郁实际上可能被证明是当事人对危机情况进行全面调整的积极步骤。这类问题

在危机情况中具有一定的特殊性，可能使快速评估工具的使用复杂化。这种模糊性促使社会工作者努力寻求其他形式的测量方法。这增加了要求当事人在自我锚定评分量表等工具上对压力和不满情绪进行评分的方法的使用。为了进一步补充这些方法，社会工作者还使用了诸如 GAF、GARF 和 SOFAS 等 737
量表来协助基于行为的结果测量。总而言之，社会工作者应发展一套测量技术，使他们能在工作上界定其工作的各个层面。

最后，如果我们的目标是建立以经验为基础的实践，那么运用理论所提供的实践智慧的重要性怎么估计都不过分。这不仅要求社会工作者认识到什么可能对特定的当事人有效，而且要求他们具有必要的理论知识，以证明选择和应用适当的干预技术是正确的。理论为实践提供了一个合理的框架，在这个框架内，可以同时提出和解释关键的干预和评估问题。我们对任何特定的聚焦解决疗法的咨询策略的理论基础了解得越多，我们就越能更好地预测和解释整个干预过程的可能后果。如前所述，实践智慧往往决定了如何在危机情况和周围环境的特定性质下最好地帮助当事人。它还可以帮助医生决定在干预过程中何时应用或撤出治疗方案包的不同部分。咨询服务和社会工作专业人员越来越多地被要求在实践技能和经验技术之间取得平衡，这些技术最终将产生更有效的服务模式。对于危机干预工作者来说，使用结构化问卷和心理测量工具等测量手段，需要辅以实践智慧、理论，归根结底还需要生活经验（Fischer & Corcoran, 2007a）。虽然过去对危机干预的方法进行了评估，但互联网上服务范围的扩大提供了许多难以评估的选择。例如，有互联网疗法，包括同步和异步交付模式。异步模式的一些示例包括当事人和执行者之间的电子邮件交换、日志撰写和博客。同步模式可能包括使用网络摄像头和互联网资源，如 Skype、文本聊天和虚拟现实干预，其中可能包括使用替身，也有一些提供测量和缩放工具的自我诊断网站。社会媒体通过自助和心理教育材料提供社会支持，在农村和其他地区提供远程医疗干预。

服务交付系统中的新转变

随着新技术的发展，危机心理健康服务的消费者有许多干预的选择。直到最近一个时期，大多数危机干预服务都是面对面提供的，通常是从业者在 738
同一地点与个人、家庭或团体会面。随着互联网的发展，出现了一系列通信方法，许多人可以在危机中使用它们。有关通过广泛的在线服务评估危机干预措施的文献还处于起步阶段。本章这一节将向可能寻求互联网服务的当事人介绍在线方法和服务的各种特性。

有些人选择使用各种互联网技术来支持他们的社交网络，包括短信、即时消息、视频会议和电子邮件。也有越来越多的在线心理健康从业者通过网络提供治疗（一些例子见表 27-2）。在线心理健康专家也提供了一些治疗方法。其中一些治疗技术包括电子邮件通信、视频会议、异步通信、即时消息传递和其他形式的远程医疗。本章下一节将讨论网络治疗模型、电子医疗文档、在线评估或测量工具、社交媒体和网络或远程医疗干预的影响。

表 27-2　在线心理治疗

网站标题	互联网地址
网络心理治疗基础知识	http://www. metanoia. org/imhs/directry. htm
DMOZ 精神健康目录（28 个目录）	http://www. dmoz. org/Health/Mental _ Health/Counseling _ Services/Directories/
咨询网站	http://www. adca-online. org/links. htm
心理健康中心	http://www. e-mhc. com/
心理健康和心理学在线资源	http://psychcentral. com/resources/
全国在线咨询师名录	www. etherapyweb. com
在线心理治疗	http://psychology. about. com/od/psychotherapy/a/online-psych. htm
远程心理健康治疗比较	http://www. telementalhealthcomparisons. com/? login=provider-networks
雅虎心理健康资源目录	https://dir. yahoo. com/health/mental_ health/
Psychology. com 您的生活方向	http://www. psychology. com/
今日心理学心理健康评估	http://psychologytoday. tests. psychtests. com/take_ test. php? idRegTest=3040

739 ## 网络治疗的意义

关于什么是网络疗法有很多解释。罗克伦（Rochlen）、扎克（Zack）和斯派尔（Speyer）（2004）对在线治疗的定义似乎与这里的讨论相关，他们将其描述为“任何类型的专业治疗互动，利用互联网将合格的心理健康专业人士和他们的当事人联系起来”（p. 270）。随着技术的进步，越来越多的人使用网络摄像头和网络资源（如 Skype）的同步模式。最初，电子邮件是主要的方式，但目前有许多其他服务传递方式，包括虚拟现实、虚拟替身的使用、第二人生（一个三维的虚拟世界）、文本聊天等（Barak & Grohol，2011；Grohol，2001，2005，2011）。

在线工作的好处包括方便、抑制解除、反思和治疗性写作（Rochlen，Zack，& Speyer，2004）。障碍包括：如果治疗师不使用远程会议工具，就会错过视觉提示；如果使用电子邮件，容易出现响应延迟；如果当事人处于危机之中，就不会有直接的个人联系；以及其他对当事人身份的验证（Rochlen，Zack，& Speyer，2004）。

NASW（2007）的一篇题为《社会工作者与电子治疗》的论文对网络治疗和社会工作实践的影响进行了讨论。它讨论了远程医疗的可能用途，例如，允许一个居住在农村地区的当事人，到当地的一个网站上，与一个不在同一地点的治疗师进行电子交流。使用远程医疗通信进行在线治疗的其他方法还包括自助小组和其他类型的心理教育服务。

NASW 的论文引用了最佳实践要求，包括：（a）提交会前信息表格，由当事人填写，包括当事人的个人历史和治疗需求；（b）从业人员获得许可证；（c）当事人的可识别信息；（d）当事人紧急联络人名单；（e）得到广覆盖的支助性互联网资源的超链接目录；（f）治疗师对支付和治疗结果及限制的预期；（g）关于治疗师网站的隐私政策。这些重要的实践元素将使当事人和治疗师的体验更加有益健康。最后，如果当事人所在的州不允许治疗师执业，治疗师不会为其提供服务。

由格罗霍尔（Grohol）（2005）开发的电子治疗（eTherapy）的首选方法是治疗师和当事人之间的电子邮件交流。电子治疗在聚焦解决模式的工作中很有用，并且是一种协助人们解决当前关注问题的方法。电子治疗的目的不是提供对精神疾病的诊断或治疗已确诊的精神或医学疾病，相反，它类似于**指导**（coaching）。在指导过程中，重点是致力于服务对象的未来以及应对技巧和其他技能的发展，以增强服务对象的幸福感。 740 这种治疗方法似乎有与处于危机中的人合作的潜力，因为它侧重于通过帮助当事人澄清他们的生活状况和规划可测量和可实现的目标来改善目前和未来的功能。除了电子治疗，还有其他的干预手段，如虚拟现实、使用虚拟化身、电子邮件和文本聊天等（Grohol，2005，2011）。许多在线执业者都对心理治疗予以关注（一些互联网资源的例子见表 27-3）。

741 **表 27-3 互联网资源**

URL 网站名称	互联网地址
美国自杀学协会（认证中心）	http://www. suicidology. org/crisis-centers
大白墙（支持网络）	http://www. bigwhitewall. com/landing-pages/default. aspx?ReturnUrl=%2f
关怀危机聊天	http://www. crisischat. org/
共同点	http://www. commonground. org/our-programs# . U2FviVcXLXx
康特拉·科斯塔危机聊天室（加利福尼亚）	http://www. crisis-center. org/crisis-lines-chat-program /
危机聊天	http://www. crisischat. org/chat
危机干预资源（联邦资源）	http://healthfinder. gov/FindServcies/SearchContexst. aspx?topic=213&branch= 6&show=1
危机在线（纽约）	http://211lifeline. org/about-2-1-1life-line/
迪迪·赫希心理健康服务中心	http://www. didihirsch. org/chat
GLBT 国家帮助中心同行支持聊天室	http://www. glnh. org/chat/index. html
“希望在线”生命教练聊天室	http://unsuicide. wikispaces. com/The+HopeLine+Live+ Hope-Coach +Chat
生命多美好网站	https://www. imalive. org/
艾奥瓦州危机聊天室（英语和普通话）	http://iowacrisischat. org/
心理健康顾问协会（网络资源）	http://www. amhca. org/public_ resources/cli-ent_ resources. aspx
蒙大拿热线聊天室	http://www. montanawarmline. org/Support. html
美国国家预防自杀生命线	http://www. suicidepreventionlifeline. org/
乱伦全国在线热线（强奸、虐待、乱伦）	http://www. rainn. org/get-help/national-sexual-assault-online-hotline
猩红青春期（在线性教育）	http://www. scarleteen. com/
退伍老兵在线聊天室	http://veteranscrisisline. net/ChatTermsOfService. aspx
旧金山自杀预防	http://betterlifebayarea. org/live-chat
自杀论坛（聊天室）	http://www. suicideforum. com/
青少年网上线	https://teenlineonline. org/
866 少年网	http://866teenlink. org/
特雷弗聊天室（LGBT）	http://www. thetrevorproject. org/pages/get-help-now

续表

URL 网站名称	互联网地址
亲情线在线聊天（国内号码簿按州名排列）	http://www.warmline.org/
我避孕，我做主（青年版块）	http://www.yourlifeyourvoice.org/Pages/default.aspx

电子医疗文档

在过去的二十年中，通过与医疗记录和危机干预相关的电子媒体进行的活动越来越多。此外，电子医疗记录日益广泛的使用也影响了卫生服务提供者提供文档服务的方式（Jha, DesRoches, Kralovec, & Joshi, 2010）。在医疗行业中，基本或综合电子病历的使用已从 2008 年的 8.7%增加到 2009 年的 11.9%（Jha et al., 2010）。蔡（Tsai）和邦德（Bond）（2008）报告称，电子医疗记录反映了更完整的用药文档，检索速度更快。

虽然电子记录的使用可能使对许多患者的药物管理得以改善，但那些被诊断为精神分裂症的患者被发现在所有文件格式中缺乏重要信息。使用带有医生检查项目清单的表单来显示患者的症状已经取代了过去的文档叙述形式，尽管这种趋势开始于纸质文档，但它已经成为电子医疗文档的标准（例如，Clements & Jacinto, 2014）。许多医生使用这种格式，并在表单的底部加上简短的注释，以表示诊断印象、推荐的干预措施和患者朝着治疗目标的进展。

随着加密医疗记录的引入，机密性和对敏感信息的保护得以增强（Jha et al., 2010; Tsai & Bond, 2008）。尽管电子医疗文件改善了服务的提供和对当事人信息的保护，但测量和标度工具的差异带来了不同的挑战。

评估或测量工具

在互联网出现之前，测量和定标工具通常是通过使用纸笔工具或访谈方
法来完成的。近年来，许多在线方法被引入（Metanoia.org, 2014; Patrick,
2011），越来越多的在线心理健康治疗从业者提供诸如咨询、心理治疗和危
机干预等服务，提供使用诊断工具进行评估的服务（About.com, 2014; Pat- 742
rick, 2011）。除了将当事人与在线执业者联系起来的途径外，许多自我诊断
网站还提供在线可用的测量工具，例如今日心理学网站提供的在线心理健康

评估工具（Psychology Today，2014）。该工具由16个项目组成，重点关注各种心理健康症状。因为参加测试的人有选择地做出反应的机会有限，所以对于处于活跃的危机状态的个人来说，这可能不是一个好的衡量标准。

对于那些处于活跃的危机状态的人来说，一个更有用的工具是危机评估工具（CAT）印第安纳版（2002）。该工具是开放领域的，用于评估儿童、青少年及其家庭成员的心理健康。CAT是一个可以囊括最近24小时的信息的综合评估指标，它使用从0到3的李克特类型的刻度，0表示没有理由要求采取行动，3表示需要立即或强烈的行动。CAT分为以下几类：风险行为（10个项目）、行为/情绪症状（9个项目）、功能问题（7个项目）、少年司法（3个项目）、儿童保护（2个项目），以及照护者的需求和能力（7个项目）。CAT对应于印第安纳州版本的儿童和青少年需求和能力（CANS）工具（危机评估工具，2002）。尽管这种工具是在世纪之交左右发展起来的，但它仍然是当今最实用的工具。

社交媒体

对于那些经历危机的人来说，他们可以通过一系列社交媒体网站获得额外的支持。**社交媒体**被定义为“电子交流的形式（如社交网站和微博客），用户通过它创建在线社区来共享信息、想法、个人信息和其他内容（如视频）”（Merriam-Webster，2014）。社交媒体基于个人的生活环境，覆盖了他们关注的许多领域，对那些经历了一系列危机的人也很有帮助。许多在线支持小组和资源都是可用的。

对网站的选择需要识别，以了解一个特定的网站的重点和意图，并区分网站亲社会和反社会的内容。危机中的个人亲社会支持可以通过提供个人和团体支持、指导和心理教育服务，为面临困难生活环境的个人提供帮助。必须指出的是，有许多反社会的网站可能会造成心理、精神、情感和身体上的伤害。

在与处于危机中的个人打交道时，询问他们经常访问哪些社交媒体网站是很重要的。从在线环境中的个体角度出发，需要辨别在他（她）当前的情
743 况下，互联网的使用将如何使当事人受益。如果此人主要通过互联网以文本或虚拟方式获得社会支持，这将对干预策略有影响。使用亲社会和反社会的互联网内容将对治疗结果产生影响，心理健康医生可能会建议使用在线网站

和支持性社区，以补充治疗经验。

社交媒体资源被用来提供社会支持，以防止那些考虑自杀的人这样做。与此同时，越来越多的自杀协议在网上建立。日本一直是**自杀俱乐部**的领军者，通过这些俱乐部，人们可以在网上见面，计划自杀（参考：netto shinju，BBC News，2004；Wikipedia，2014）。在使用社交媒体时，了解网站在预防自杀方面是否合法是很重要的。在社交媒体的保护伞下，有许多可以提供预防性帮助的资源，如利用电子邮件、即时信息等文本服务、在线自助小组、帮助自我评估和设定目标的工具、各种聊天室、视频互动、各种形式的虚拟现实设计、在线心理治疗、在线危机干预和远程医疗等（Patrick，2011）。许多网络资源可以提供免费的电话号码、每天 24 小时与咨询师在线聊天以及在线支持组（见表 27-1）。

社交媒体的一些积极的例子包括：为公众与政府机构互动创造一个双向通道；为 18~25 岁的年轻人提供最新和即时的信息，他们通常主要通过社交媒体获取新闻；支持使用手机快速传播突发新闻；互联网琥珀艺术（Amber Art）系统已协助找回 660 多名被拐儿童（Office of Justice Programs，2014）。2012 年，仅利用这一通信网络，国家失踪和受剥削儿童中心（National Center for Missing and Eoploited Children，NCMEC）就从 52 个黄色警报中提供了与案件相关的信息，帮助 68 名儿童获救。在发出黄色警报后 3 小时内，26 名儿童（38%）（占总案例的 42%）被找回（NCMEC，2014）。

网络或远程医疗干预

远程医疗起源于 20 世纪 70 年代，当时托马斯·伯德（Thomas Bird）创造了这个短语，指的是医生使用远程医疗来提供医疗服务（Turnock，Mastouri，& Jivraj，2008）。**远程医疗**有几种定义；在本章中，最有用的定义是美国医学文献联机数据库（Medline Plus）（2012）提供的一个定义："医生和患者通过双向语音和可视通信（如通过卫星、计算机或闭路电视）被广泛分隔的医疗实践。"

远程医疗使用两种模式：同步和异步。同步模式包括两个参与者同时开会，使用允许实时接口的通信技术（Turnock，Mastouri，& Jivraj，2008）。视 744
频电话和视频会议是同步远程医疗的两种方式。除了提供当事人的可视图像外，视频会议技术还允许将工具（如血糖仪、检眼镜、听诊器等）附加在设备上，可协助检查和观察患者（Turnock，Mastouri，& Jivraj，2008）。

异步技术将图像、视频、音频记录和其他临床数据存储在当事人的计算机上。这些存储的记录可以在以后传输到其他位置。当事人和干预执行者之间的电子邮件通信是另一种异步通信方法，在这种通信方法中，执行者或当事人可能会发送消息，这些消息可能在几个小时或几天内都无法访问。远程医疗的一个潜在障碍是灾难造成的电信基础设施的崩溃，这可能导致一段时间无法访问互联网或使用其他形式的电子或数字通信设备（Turnock，Mastouri，& Jivraj，2008）。另一个问题可能是在灾难期间难以提供必要的通信设备。

总　结

作为较为传统的长期治疗模式的可行替代方案，危机干预的效力继续增强。问题不再是危机干预或短程治疗措施是否有效，而是哪种技术对何种类型的当事人最合适以及在何种情况下最有效（Dziegielewski，2014）。健康照护联合体提出了一种新的服务提供方式，许多以前没有保险的人现在有了保险。因此，社会工作者面临巨大的压力，他们必须表明，有时限的服务要继续无论在传统的医疗环境中，还是在经常发生危机的家庭或社区的自然环境中，提供必要和有效的服务。对于危机干预的倡导者来说，这一挑战尤其严峻，因为任何危机应对措施的性质都是多变的。然而，在这个领域，应对危机的有效性不仅仅局限于帮助当事人，而是要远超这一做法。随着互联网的日益普及，许多互联网服务供应商不接受保险报销这一简单的事实，将明显影响向当事人提供的服务种类和质量。最终，验证当前实践有效性的过程要求我们能够证明，在最短的时间内，用最少的财政和专业资源，取得了最大的具体和可识别的治疗效果。这不仅意味着社会工作者提供的治疗是必要且
745 有效的，而且还意味着，与提供类似治疗策略和技术的其他学科相比，它的提供方式具有专业竞争力。

专业人员对各种形式的限时治疗的兴趣已大大增加，在未来几年内，增加基于数据的最佳做法的愿望可能会继续增长。社会工作实践在计划的、有时限的干预模式框架内运作，这似乎是一种可行的和基本的实践模式，特别是在今天的管理式护理环境中。健康维护组织和员工援助项目通常喜欢高度

结构化、简短的治疗形式；随着这些项目的不断发展，它们所支持的时限模型也将得到应用（Dziegielewski，2013）。此外，以内在为导向的干预策略和以治愈为重点的治疗方法似乎已经让位给更务实的实践策略。

社会工作者和他们的医生同行一样，很少能“治愈”患者的问题，也不应该期望他们这样做。然而，我们应该期望的是，所有的治疗努力都能帮助患者利用他们自己的潜力，减少或减轻引起不适的症状和状态。始终强调服务对象个性化和有时限的具体变化，不仅被公认为是合理的职业期望，而且现在被普遍认为是对最新实践的基本要求（Dziegielewski，2013）。

在这一章中，有人认为评估当前危机干预策略的相对有效性的最佳方法是创造性地使用各种密集的研究设计。近年来，一系列定量和定性的研究方法已经发生演变（Dziegielewski & Roberts，2004）。这些以个体为基础的方法对社会工作和咨询专业人员特别有价值，因为它们是专门设计用于临床实践的，其中主要关注的单位是一个单一的当事人系统（即个人、家庭、夫妻或团体）。在大多数情况下，这些是相对简单、直接的评估策略，可以不显眼地纳入帮助专业人员的日常实践常规。如果使用得当，其不仅能提供有用的评价反馈，还能提高干预本身的整体质量。随着时间的推移，这些类型的基于行为的危机干预策略正在被纳入我们的社区卫生中心和外展设施中（Wells，Morrissey，Lee，& Radford，2010）。

研究的微观或强化设计并不掩饰它们对科学概括的贡献（Baumgartner，Strong，& Hensley，2002）。然而，它们确实使危机临床医生能够在实践的严酷考验中检验科学概括的效用。大多数危机都有时间限制，因此必须迅速进行干预和评估。在许多时候，必须在不太理想的情况下进行。临床医生不可 746
避免地面临着以某种方式在评估要求与实践要求之间取得平衡的问题，当然，在两者之间存在任何明显冲突时，必须始终将后者的利益作为首要考虑因素。因此，方法论纯粹主义者有时可能对我们的评估工作持批评态度，这不足为奇。但是，任何研究工作的方法论的严谨性都不可避免地是一个相对的而非绝对的条件。每一次评估都代表着一次不完美的接近真相的尝试。因此，研究并不能保证确定性。它只是帮助我们在面对不确定性时降低出错的概率。如果我们能容忍它的局限性并开发它的可能性，那么我们为当事人提供的服务的质量可以提高几乎是肯定的。

在结束这一讨论之前的最后一项观察是这样一个简单的事实，即任何人类服务，不论其形式如何，从来不会在道德和政治真空中发生。专业行为应该始终遵循一套明确的专业价值观。所有的职业道德准则都强调了当事人权利的至高无上的重要性，包括自决和保密的权利，这些权利被认为在帮助过程中起着至关重要的作用。然而，实践也发生在行政环境中，这是由成本控制以及对提供服务的机构和偿还服务的供应商的责任驱动的（Dziegielewski，2013）。这些对立的力量有时可能造成意识形态和行政考虑之间的矛盾，特别是当工作人员努力满足多个服务对象相互冲突的期望时。

这类问题从来都不容易解决。他们需要一种不可思议的能力来理解和平衡多个个人和组织的需求，最终服务于我们的当事人的最大利益。假设我们没有被这种道德和政治困境的困扰所束缚，我们可以用已故的约翰·卡迪纳尔·纽曼（John Cardinal Newman）（1902）的话获得安慰："如果一个人等了那么久才把事情做得那么好，以至于别人都找不到他的错，那他就什么事也做不成。"（约翰·卡迪纳尔·纽曼的话在 Brainy. Quotes. com 中被引用，引述#2）。

致谢　特别感谢杰拉尔德·帕瓦斯（Gerald Powers）对本章前一版的贡献。

参考文献

About.com. (2014). *Better Help*. Retrieved from https://www.betterhelp.com/go/?utm_source=AdWords&utm_medium=Search_PPC&utm_term=online%20therapy&utm_content=24858986050&network=s&placement=&target=&matchtype=e&utm_campaign=online_counseling&ad_type=text&adposition=1t1target=&gclid=COqo09bXl74CFWIF7AodlmEAFw

Allport, G. W. (1962). The general and the unique in psychological science. *Journal of Personality, 30*, 405–422.

American Psychiatric Association. (2000). *Diagnostic and statistical manual of mental disorders—text revision* (4th ed.). Washington, DC: Author.

American Psychiatric Association. (2013). *Diagnostic and statistical manual of mental disorders* (5th ed.). Washington, DC: Author.

Barak, A., & Grohol, J. M. (2011). Current and future trends in internet-supported mental health interventions. *Journal of Technology and Human Services, 29*, 155–196.

Baumgartner, T. A., Strong, C. H., & Hensley, L. D. (2002). *Conducting and reading research in health performance* (3rd ed.). New York: McGraw-Hill.

BBC News. (2004, December 7). Japan's Internet suicide clubs. Author.

Beck, A. T. (1967). *Depression: Clinical, experimental and theoretical aspects.* New York: Harper and Row.

Bergin, A. E., & Suinn, R. M. (1975). Individual psychotherapy and behavior therapy. *Annual Review of Psychology, 26*, 509–555.

Bloom, M., Fischer, J., & Orme, J. G. (2009). *Evaluating practice: Guidelines for the accountable professional* (6th ed.). Boston: Pearson.

Campbell, D. T., & Stanley, J. C. (1966). *Experimental and quasi-experimental designs for research and teaching.* Chicago: Rand McNally.

Chassan, J. B. (1967). *Research designs in clinical psychology and psychiatry.* New York: Appleton-Century-Crofts.

Christ, G. H., Moynihan, R. T., & Gallo-Silver, L. (1995). Crisis intervention with AIDS patients and their families. In A. R. Roberts (Ed.), *Crisis intervention and time-limited cognitive treatment.* Thousand Oaks, CA: Sage.

Clements, P. R., & Jacinto, G. A. (2014). *Long term care geropsychiatric-maladaptive behavior record.* Belleair Beach, FL: Neuropsychiatric Guidance Press.

Cook, D. A., & Beckman. T. J. (2006). Current concepts in validity and reliability for psychometric instruments: Theory and application. *American Journal of Medicine, 119*, 166.e7–166.e16.

Cormier, S., Nurius, P. S., & Osborn. C. J. (2013). *Interviewing and change strategies for helpers* (7th ed.). Belmont, CA: Brooks/Cole

Crisis Assessment Tool. (2002). CAT Indiana Version. Winnetka, IL: Buddin Praed Foundation. Retrieved from www.buddinmpraed.org

Denzin, N. K. (2012). Triangulation

2.0. *Journal of Mixed Methods Research*, 6, 80–88. doi:10.1177/1558689812437186

Dziegielewski, S. F. (1991). Social group work with family members who have a relative suffering from dementia: A controlled evaluation. *Research on Social Work Practice*, *1*, 358–370.

Dziegielewski, S. F. (2013). *The changing face of health care social work: Opportunities and challenges for professional practice* (3rd ed.). New York: Springer.

Dziegielewski, S. F. (2014). *DSM-IV-TR™ in action* (2nd ed., *DSM-5* update). Hoboken, NJ: Wiley.

Dziegielewski, S. F. (2015). *DSM-5™ in action*. Hoboken, NJ: Wiley.

Dziegielewski, S. F., & Roberts, A. R. (2004). Health care evidence-based practice: A product of political and cultural times. In A. R. Roberts & K. R. Yeager (Eds.), *Handbook of practice-focused research and evaluation* (pp. 200–204). New York: Oxford University Press.

Fielding, N. G. (2012). Triangulation and mixed methods designs: Data integration with new research technologies. *Journal of Mixed Methods Research*, 6, 124–136.

Fischer, J. (1976). *Effective casework practice: An eclectic approach*. New York: McGraw-Hill.

Fischer, J., & Corcoran, K. (2007a). *Measures of clinical practice: A sourcebook. Vol. 1. Couples, families, and children* (4th ed.). New York: Free Press.

Fischer, J., & Corcoran, K. (2007b). *Measures of clinical practice: A sourcebook. Vol. 2. Adults* (4th ed.). New York: Free Press.

Garwick, G., & Lampman, S. (1973). *Dictionary of goal attainment scaling*. Minneapolis, MN: Program Evaluation Project.

Ghahramanlou-Holloway, M., Cox, D. W., & Greene, F. N. (2012). Post-admission cognitive therapy: A brief intervention for psychiatric inpatients admitted after a suicide attempt. *Cognitive and Behavioral Practice*, *19*, 233–244.

Gilliland, B. E., & James, R. K. (2013). *Crisis intervention strategies* (7th ed.). Pacific Grove, CA: Brooks/Cole.

Grohol, J. M. (2001). *Best practices in eTherapy: Clarifying the definition of eTherapy*. Retrieved from http://psychcentral.com/best/best5.htm

Grohol, J. M. (2005). *Best practices in eTherapy: Confidentiality and privacy*. Retrieved from http://psychcentral.com/best/best2.htm

Grohol, J. M. (2011). Wait, there's online therapy? PsychCentral. Retrieved from http://psychcentral.com/blog/archives/2011/07/14/telehealth-wait-theres-online-therapy/

Hardcastle, D. A. (2011). *Community practice: Theories and skills for social workers*. New York: Oxford University Press.

Hart, R. R. (1978). Therapeutic effectiveness of setting and monitoring goals. *Journal of Consulting and Clinical Psychology*, *46*, 1242–1245.

Hartman, D. J., & Sullivan, W. P. (1996). Residential crisis services as an alternative to inpatient care. *Families in Society: The Journal of Contemporary Human Services*, 77(8), 496–501.

HEN Synthesis Report. (2012). *For which strategies of suicide prevention is there evidence of effectiveness?* Copenhagen, Denmark: WHO, Health Evidence Network.

Howe, K. R. (2012). Mixed methods, triangulation, and causal explanation. *Journal of Mixed*

Methods Research, 6, 89–96. doi:10.1177/1558689812437187

Jack, B. A., Baldry, C. R., Groves, K. E., Whelan, A., Sephton, J., & Gaunt, K. (2013). Supporting home care for the dying: An evaluation of healthcare professionals' perspectives of an individually tailored hospice at home service. *Journal of Clinical Nursing*, 22, 2778–2786. doi:10.1111/j.1365-2702.2012.04301.x

Jha, A. K., DesRoches, C. M., Kralovec, P. D., & Joshi, M. S. (2010). A progress report on electronic health records in U.S. hospitals. *Health Affairs, 29*, 1951–1957.

Joiner, T. E., Jr., Van Orden, K. A., Witte, T. K., & Rudd, M. D. (2009). *The interpersonal theory of suicide: Guidance for working with suicidal clients*. Washington, D.C.: American Psychological Association.

Kiesler, D. J. (1966). Some myths of psychotherapy research and the search for a paradigm. *Psychological Bulletin, 65*, 110–136.

Kiresuk, T. J., & Sherman, R. E. (1968). Goal attainment scaling: A general method for evaluating comprehensive community mental health programs. *Community Mental Health Journal*, 4, 443–453.

Lambert, M. J. (Ed.). (2013). *Bergin and Garfield's handbook of psychotherapy and behavior change* (6th ed.). Hoboken, NJ: Wiley.

Lambert, M. J., & Hill, C. E. (1994). Assessing psychotherapy outcomes and process. In S. L. Garfield & A. E. Bergin (Eds.), *Handbook of psychotherapy and behavior change* (4th ed., pp. 72–113). Hoboken, NJ: Wiley.

Lindemann, E. (1944). Symptomatology and management of acute grief. *American Journal of Psychiatry, 101*, 141–148.

McDougall, J., & Wright, V. (2009). The ICF-CY and Goal Attainment Scaling: Benefits of their combined use for pediatric practice. *Disability and Rehabilitation, 31*, 1362–1372. doi:10.1080/09638280802572973

Medline Plus. (2012). Telemedicine. A service of the U.S. National Library of Medicine. Retrieved from http://www.nlm.nih.gov/medlineplus/mplusdictionary.html

Merriam-Webster. (2014). Social media. Retrieved from http://www.merriam-webster.com/

Metanoia.org. (2014) What can I do to help someone who is suicidal? Retrieved from http://www.metanoia.org/suicide/whattodo.htm

Monette, D. R., Sullivan, T. J., & DeJong, C. R. (2005). *Applied social research: A tool for human services*. Belmont, CA: Books/Cole–Thompson Learning.

Myer, R. A., Lewis, J. S., & James, R. K. (2013). The introduction of a task model for crisis intervention. *Journal of Mental Health Counseling, 35*, 95–107.

National Association of Social Workers (NASW). (2007). Social workers and e-therapy. Retrieved from http://www.socialworkers.org/ldf/legal_issue/2007/200704.sap

National Center for Missing and Exploited Children (NCMEC). (2014). *National Center for Missing and Exploited Children 2012 Amber Alert report*. Retrieved from http://www.missingkids.com/en_US/documents/ 2012AMBERAlertReport.pdf#page=22

Newman, J.H. (n.d.). BrainyQuote.com. Retrieved November 30, 2014, from BrainyQuote.com Website: http://www.brainyquote.com/quotes/quotes/j/johnhen-

ryn126383.html
Nugent, W. R. (2010). *Analyzing single system design data.* New York: Oxford University Press.
Nugent, W. R., Sieppert, J. D., & Hudson, W. W. (2001). *Practice evaluation for the 21st century.* Belmont, CA: Brooks/Cole–Thomson Learning.
Office of Justice Programs. (2014). Amber Alert. Retrieved from http://www.amberalert.gov/statistics.htm
Patrick, R. G. (2011, April). *Using the Internet to provide crisis intervention services.* Paper presented at the 44th annual meeting of the American Association of Suicidology, Houston, TX.
Paul, G. L. (1966). *Insight versus de-sensitization in psychotherapy.* Stanford, CA: Stanford University Press.
Psychology Today. (2014). Mental health assessment. Retrieved from http://psychologytoday.tests.psychtests.com/take_test.php?idRegTest=3040
Richards, S. B., Taylor, R. L., & Ramasamy, R. (2014). *Single subject research: Applications in educational and clinical settings.* Belmont, CA: Wadsworth.
Roberts, A. R. (1991). *Contemporary perspectives on crisis intervention and prevention.* Englewood Cliffs, NJ: Prentice-Hall.
Roberts, A. R. (2005). *Crisis intervention handbook: Assessment, treatment and research* (3rd ed.). New York: Oxford University Press.
Roberts, A. R., & Dziegielewski, S. F. (1995). Foundation skills and applications of crisis intervention and cognitive therapy. In A. R. Roberts (Ed.), *Crisis intervention and time-limited cognitive treatment* (pp. 3–27). Thousand Oaks, CA: Sage.
Roberts, A. R., & Everly, G. S. (2006). A meta-analysis of 36 crisis intervention studies. *Brief Treatment and Crisis Intervention,* 6 (1), 10–21.
Roberts, A. R., & Yeager, K. (2004). Systematic reviews of evidence-based studies and practice-based research: How to search for, develop, and use them. In A. R. Roberts & K. R. Yeager (Eds.), *Evidence-based practice manual: Research and outcome measures in health and human services* (pp. 3–14). New York: Oxford University Press.
Rochlen, A. B., Zack, J. S., & Speyer, C. (2004). Online therapy: Review of relevant definitions, debates, and current empirical support. *Journal of Clinical Psychology,* 60, 269–283.
Rubin, A., & Babbie, E. (2011). *Research methods for social work* (7th ed.). Pacific Grove, CA: Brooks/Cole.
Simmons, C. A., & Lehmann, P. (2013). *Tools for strengths-based assessment and evaluation.* New York: Springer.
Teague, G. B., Trabin, T., & Ray, C. (2004). Toward common performance indicators and measures for accountability in behavioral health care. In A. R. Roberts & K. R. Yeager (Eds.), *Evidence-based practice manual: Research and outcome measures in health and human services* (pp. 46–61). New York: Oxford University Press.
Tsai, J., & Bond, G. (2008). A comparison of electronic records to paper records in mental health centers. *International Journal for Quality in Health Care,* 20, 136–143.

Turnock, M., Mastouri, N., & Jivraj, A. (2008, December). Pre-hospital application of telemedicine in acute-onset disaster situations. Retrieved from http://www.un-spider.org/sites/default/files/Prehospital%20telemedicine%20in%20disasters.pdf

Wells, R., Morrissey, J. P., Lee, I., & Radford, A. (2010). Trends in behavioral health care service provision by community health centers, 1998–2007. *Psychiatric Services*, *61*, 759–764.

Wharff, E. A., Ginnis, K. M., & Ross, A. M. (2012). Family-based crisis intervention with suicidal adolescents in the emergency room: A pilot study. *Social Work*, *57*, 133–143.

Wikipedia. (2014, February). Internet suicide pact. Retrieved from http://en.wikipedia.org/wiki/Internet_suicide_pact.

术语（Glossary）

751 **24 小时热线**（*24-hour hotlines*）：通常由志愿者提供的电话服务，为有各种问题的来电者提供信息、危机评估、危机咨询和转介服务，如抑郁症、自杀倾向、酗酒、药物依赖、性无能、家庭暴力和犯罪受害等。由于他们可以 24 小时提供服务，因此能够提供即时的、短暂的干预。（见第一、二章）

危机管理 A-B-C 模型（*A-B-C model of crisis management*）：危机干预中的三阶段顺序模型。“A”是指“实现接触”（achieving contact），“B”是指“解决问题”（boiling down the problem），而“C”是指“处理”（coping）。（见第十六章）

熟人强奸（*acquaintance rape*）：彼此认识的成年人之间的非自愿性行为。（见第十三章）

青春期（*adolescence*）：通常指从童年到成年的过渡时期，在此期间，年轻人发展出成年机能所必需的身体、社交、情感和智力技能。（见第十二章）

青少年学校亚群体（*adolescent school subgroups*）：学校人群中自然形成的群体，通常通过种族、活动或在校年份来确定。个体可能与多个群组相关联。例子包括“运动员”、“大脑”、“瘾君子”、“宅男”或“老年人”。（见第十五章）

成人日托（*adult day care*）：基于社区的计划，为老年残障人士提供治疗活动和个性化服务，从而为痴呆病患者的家庭照护者提供喘息的机会。

（见第二十三章）

情感障碍（*affective disorders*）：情感障碍会影响情绪，通常也被称为情绪障碍，包括从兴高采烈、抑郁症到躁狂症的各种情绪，其中抑郁症居多。情感障碍还表现为身体症状、自我毁灭行为、社交功能丧失和现实测试受损。情绪的频率、强度和持续时间将情感障碍与普通的日常情绪区分开。（见第十九章） 752

侵略（*aggression*）：意图统治或破坏性行为，对环境、另一个人或自己的身体，或通过言语力量。（见第十六章）

艾滋病服务组织（*AIDS service organization*，*ASO*）：非营利性或营利性社区组织，可以提供或不提供保健服务。ASO 一般由联邦、州和（或）地方资金资助，为艾滋病毒感染者和（或）艾滋病患者提供心理社会服务。（见第十七章）

抗胆碱能药（*anticholinergic*）：一种阻断副交感神经冲动的药物。与尽量减少与阿片类药物停药相关的不适感的药物相关联。（见第十八章）

反补充辅导员的响应（*anticomplementary counselor responses*）：辅导员的响应，例如对旨在使服务对象“放松”对不适应的认知或挑战功能失调的行为选择的解释、改组和探究。（见第八章）

假想世界（*assumptive world*）：由核心或基本信念组成的系统，构成个人对自己所处世界的了解。这种信念体系提供了稳定性、可预测性以及对自己生活的扎根感。（见第十三章）

基线期（*baseline period*）：干预前阶段的时间，在此期间进行一系列观察以监视服务对象目标行为的后续变化。它提供了确定在引入治疗（即 B 期）后在基线（即 A 期）观察到的行为是否在预期方向上变化的基础。（见第十四、十七章）

受虐妇女热线和庇护所（*battered women's hotlines and shelters*）：这些服务的重点是通过危机电话咨询或在安全的庇护所中提供短期住宿来确保妇女的安全。许多庇护所不仅提供安全的住所，还提供同伴咨询、支持小组、有关妇女合法权利的信息咨询以及转介给社会服务机构等服务。在一些社区，为受虐妇女提供的紧急服务进一步扩大，包括为人父母的教育讲习班，协助寻找过渡性和永久性住房，就业咨询和工作安置以及为受虐者提供团体咨询。在美国的每个州和许多大都市地区，都存在这些针对受虐妇女及其子女的危机干预措施和住房安排。（见第一、十六章）

丧亲（*bereavement*）：见“正常丧亲”和“不复杂的丧亲”。

753 **暴饮暴食**（*binge*）：长时间连续饮酒或吸毒超过 24 小时。（见第十八章）

生物恐怖主义（*bioterrorism*）：恐怖分子使用生物武器产生病原体，有机杀生物剂或引起死亡、疾病暴发和伤害的致病性微生物。（见第九章）

跨越边界（*boundary spanning*）：协作型的专业团队合作，试图吸引和聘用先前由于感知的系统、文化或机构分歧而独立运作的个人的综合才能。（见第十章）

短程疗法（*brief therapy*）：一种干预措施，其前提是处于危机中的系统更容易发生变化，并且对不稳定的系统进行某些且通常是短暂的干预可能会导致系统功能的持久变化。（见第一、三和十八章）

丁丙诺啡（buprinex）：一种用于阿片类药物排毒的药物，可与中枢神经系统的阿片受体结合，通过未知的机制改变对疼痛的知觉和情绪反应。（见第十八章）

照护者负担清单（*caregiver burden inventory*）：一种简短（24 项）但功能全面且易于管理的工具，用于衡量照护者负担的五个常见方面。（见第二十三章）

灾难性事件（*catastrophic events*）：给经历或暴露于其中的人们造成广泛的创伤的急性、局部暴力事件。这些事件通常直接使一群人受害，并经常包括多次致命性袭击。（见第五、七至九、十二和十五章）

代码（*code*）：用于警告医疗队开始心肺复苏努力（CPR）以便使心脏和肺部骤停的受害者复活的单词。结合不同的词语来指定医院中不同类型的紧急情况，并通过 PA 系统进行广播。示例：蓝色代码代表心脏骤停的受害者，红色代码代表紧急情况。（见第二十二章）

已完成的自杀（*completed suicide*）：见“自杀”。“自杀”和“已完成的自杀”是可以互换的术语。（见第二章）

应对问题（*coping questions*）：应对问题要求服务对象谈论他们如何生存和忍受问题。应对问题可以帮助服务对象注意到自己在逆境中的资源和优势。（见第一至四章）

反恐（*counterterrorism*）：这是一项外交、战略、执法情报攻势，使用受过专门训练的人员和资源来发现、破坏或摧毁恐怖分子的能力、计划和网络。（请参阅第八、九章。）

渴望（*cravings*）：由各种与吸毒相关的方式定义的术语。通常，它指获 754
得和使用药物的强烈愿望。（见第十八章）

危机（*crisis*）：内稳态的严重破坏，一种通常的应对机制失效，并且存在困扰和功能受损的证据。对压力过大的生活经历的主观反应会损害个人的稳定性和应对或运转的能力。危机的主要原因是强烈的压力、创伤或危险事件，但另外两个条件也是必要的：（a）个人认为该事件是造成严重不安或破坏的原因；（b）个人无法通过以前使用的应对方法来解决干扰问题。危机也指“稳定状态下的不安”。它通常具有五个组成部分：危险或创伤性事件、易受伤害的状态、促发因素、活跃的危机状态以及危机的解决方案。（见第一至四章）

家庭暴力热线危机电话（*crisis call to domestic violence hotline*）：拨打热线电话，呼叫者即将面临危险或刚被亲密伴侣虐待或殴打。（见第一、十六章）

危机干预（*crisis intervention*）：危机干预的第一阶段，也称为情感“急救”，着重于建立融洽关系，进行快速评估以及稳定和减轻人的痛苦症状和危机影响。接下来的阶段将利用危机干预策略（例如主动聆听、通气、感觉反射、讲故事、重新定格和探索替代解决方案），同时帮助处于危机中的个人恢复适应性功能，解决危机和掌握认知的状态。这类及时干预的重点是帮助动员那些受到不同影响的人的资源。危机干预可以通过电话或当面进行。（见第一章和第二章）有关罗伯茨的七阶段危机干预模型在一系列紧急和严重危机事件中的深入案例应用可见第一至五和第十二至二十三章。

危机干预服务（*crisis intervention service*）：这些服务为处于危机中的人提供当地热线电话、社区危机中心、当地社区心理健康中心的危机干预单位、强奸危机中心、受虐妇女庇护所以及家庭危机干预计划，提供跟进和家庭危机处理服务。危机干预服务每周 7 天，每天 24 小时，人员通常由危机临床医生、顾问、社会工作者、医院急诊室工作人员和训练有素的志愿者组成。（见第一、二、十八至二十和二十三章）

危机干预小组（*crisis intervention team*，*CIT*）：基于警察的精神健康应对模型，旨在将受过专门训练的执法人员配对以协助遇到精神健康危机的个人。（见第十章）

755 **危机导向的治疗方法**（*crisis-oriented treatment*）：适用于所有实践模型和技术的治疗方法，其重点是通过最少的联系（通常为一至六次）解决紧急危机情况和情绪波动性冲突，并具有时间限制和目标明确的特点。（见第一章）

危机居民区（*crisis residential unit*）：针对 18 岁或 18 岁以上，健康稳定且对自己或他人没有明显威胁的个人，提供 24 小时有监督的环境。短暂停留（最多 5 天）的重点是通过个人支持咨询、团体治疗、精神病和护理服务以及适当的转介来解决问题和应对危机。（见第十七章）

危机解决（*crisis resolution*）：受过训练的志愿者和专业人员对处于危机中的人们进行干预的目标。解决方案涉及恢复平衡、对情况的认知掌握以及开发新的应对方法。有效的危机解决方案可以消除个人过去的脆弱性，并通过增加应对技能来支持个人，以应对未来的类似情况。（见第一至五章。）

紧急事件（*critical incident*）：有可能使一个人过去的应对机制不堪重负的事件，导致心理困扰和正常的适应功能受损。（见第七章）

紧急事件压力管理（*critical incident stress management*，*CISM*）：一个综合、全面的多组件计划，可提供危机和灾难心理健康服务。向面临生命危险或创伤性事件的紧急服务人员、警察或消防员提供多种压力管理技术/干预措施。（见第二十二章）

网络跟踪（*cyberstalking*）：屡遭通过电子邮件或其他基于计算机的通信威胁或骚扰。（见第十六章）

约会强奸（*date rape*）：约会对象或约会对象之间的非自愿性行为。（见第十三章）

约会强奸药（*date rape drug*）：镇静剂，其中一些是非法药物，使受害者无法为性剥削辩护；酒精、鲁比诺尔（Rohypnol）和摇头丸（Ecstasy）是三种最常见的约会强奸药。（见第十三章）

学校晤谈（*debriefing at school*）：危机事件发生后不久举行的会议，以审查学校危机干预小组在最近的危机应对期间的活动，其主要目标是支持团队成员并最终改善小组整体的未来功能和提供较好的干预措施。（见第十四章）

代偿失调（*decompensation*）：患有慢性精神病的人可能会周期性地经历 756
抑郁或精神病等症状恶化。这种状况的普遍下降称为代偿失调。（见第十一、十九章）

去机构化（*deinstitutionalization*）：《1963 年社区心理健康中心法案》要求心理健康服务从住院机构转移到社区服务机构。这一过渡被称为去机构化，该法规定的服务之一是危机服务。（见第十九章）

因变量（*dependent variables*）：在任何函数关系中代表假定效应的变量。（见第二十七章）

失衡（*disequilibrium*）：一种情绪状态，其特点是情绪混乱、身体不适和行为不稳定。处于危机中的人所经历的严重情绪不适促使他（她）采取行动，减少主观不适。危机干预通常会在治疗的前 6 周内缓解失衡的早期症状，并有望很快恢复平衡。（见第一、二和五章）

拆除治疗策略（*dismantling treatment strategy*）：一种策略，包括有序地拆除治疗包的一个或多个组件，并仔细记录明显的效果。这种系统性的拆除或隔离，使临床医生能够“确定治疗变化的必要和充分的组成部分”。（见第二十三章）

区域危机干预小组（*district-level crisis intervention team*）：由学区中央办公室工作人员组成的学校危机干预小组，负责为校本危机干预小组提供监督、资源和行政支持。（见第十四章）

自我分裂（*ego fragmentation*）：自我分裂，有时被称为分离性障碍，其特征是记忆、同一性或意识的正常整合功能紊乱。它们在创伤后应激障碍、急性应激障碍和躯体化障碍等诊断中被发现。严酷的社会心理压力如身体威胁，处于战时和灾难易感的人容易自我分裂。（见第五章）

急诊室（*emergency room*）：医院的一个部门，每天 24 小时向紧急情况的受害者开放。治疗由医生、护士、呼吸治疗师、实验室技术人员和社会工作者组成的医疗团队提供。（见第二十二章）

例外问题（*exception questions*）：询问问题不存在、不太严重或以服务对

象可接受的方式处理的问题。（见第三章）

兴奋性毒性（*excitatory toxicity*）：大量释放高浓度的神经递质，可能损害或破坏其所服务的神经质。（见第五章） 757

广泛的研究设计（*extensive designs of research*）：强调科学活动证实方面的首要地位的设计。这些设计的目的是发现适用于个体集合的规律，而不是适用于构成集合的个体。在这种方法中，最终的目标是在受控的环境下发现科学概括。（见第二十七章）

第一响应者（*first responder*）：最初被派往或到达危机或紧急情况现场的公共安全专业人员；通常是警察、消防员或护理人员。（见第十章）

冻僵恐惧症（*frozen fright*）：由于医疗危机，高风险患者无法做出反应。（见第二十二章）

目标达成量表（*goal attainment scaling*，*GAS*）：这种评估方法测量干预效果，其中针对一组分级量表点（从最不利到最有利的结果）指定了许多单独定制的治疗目标。建议至少分配 5 分，包括李克特类型的量表，“最不利结果”得分为-2，“最有利结果”得分为+2，“最可能结果”赋值为 0。（见第二十七章）

艾滋病毒轨迹（*HIV trajectory*）：艾滋病毒感染的阶段和伴随这些阶段的症状。（见第二十章）

艾滋病毒载量（*HIV viral load*）：每毫升血液中病毒颗粒的数量（科学定量血浆 HIV RNA）。病毒载量是预后的指标，高载量表明病毒进展迅速。（见第二十章）

具体研究（*idiographic research*）：这种方法侧重于研究个人作为个体，而不是发现一般命题。具体研究调查具体案例的丰富而复杂的细节，包括被

证明是一般规则例外的异常案例。（见第二十七章）

冒名顶替现象（*imposter phenomenon*，*IP*）：一种顽固的信念，尽管有相反的证据，认为一个人的智力或学术能力是通过欺诈或虚假获得的；曾被认为在高成就女性中更为普遍。（见第十三章）

事故指挥系统（*incident command system*，*ICS*）：确保多个系统、能力和人员标准化集成的全危害事故管理系统。事故指挥系统确保在维持可靠的指
758 挥系统的同时，以最小的风险向幸存者和应急人员提供必要的服务，并确保有适当级别的监督来维持对所有行动的监督。这些做法最初源于消防人员的行动，现已加以调整，以应对所有潜在的危机和救灾情况。（见第八章）

自变量（*independent variable*）：表示任何函数关系的假定原因的变量。（见第二十七章）

资讯提供与转介服务（*information and referral services*）：I 和 R 服务的目标是促进获得社区人力服务，并克服可能阻碍一个人获得所需社区资源的许多障碍。（见第一章）

集中研究设计（*intensive designs of research*）：主要研究单个案例的设计。它们提供了临床医生可以评估其实践的特殊方面的手段。密集型研究模式可以用来设定相关的假设，以更传统的广泛的研究方法进行测试。（见第二十七章）

内部效度（*internal validity*）：任何因果推断所保证的置信水平。有效控制外部变量污染的设计被认为是内部有效的。（见第二十七章）

干预期（*intervention period*）：在任何时间序列设计中，有目的地进行治疗的一段时间，通常称为 B 期。（见第二十七章）

干预优先代码（*intervention priority code*）：在临床基础上优先处理危机请

求的方法。优先顺序从 I 到 IV 不等，取决于个人的临床症状和表现问题。这些优先次序决定了案件应按什么顺序和在什么时间范围内做出反应。（见第七章）

强化门诊项目（*intensive outpatient program*，*IOP*）：门诊物质依赖治疗，通常每周 3 个晚上，每晚 3 个小时。（见第十八章）

致命性（*lethality*）：衡量一个人能够造成死亡的程度。评估致命性需要询问自杀意念、先前的自杀企图、杀人想法以及实施自杀意念或杀人的可行性。（见第一、二和二十七章）

麦角酸二乙胺（*lysergic acid diethylamide*，*LSD*）：一类被称为 5-羟色胺致幻剂的药物。（见第十八章）

适应不良反应（*maladaptive reaction*）：一个共同依赖者倾向于继续投入时间和精力来控制物质滥用者的行为，尽管有重复的不良后果。（见第十八章）

管理式照护（*managed care*）：一种医疗照护服务提供模式，尝试以两种 759
方式控制服务成本：首先，将服务限制在接受降低支付水平的批准提供者上；其次，通过要求初级保健医生的转介和某些服务的预认证来限制获得较高成本的服务，例如专科医生或住院服务。（请参阅第五、二十四章）

马斯洛的需求层次（*Maslow's hierarchy of needs*）：由亚伯拉罕·马斯洛（Abraham Maslow）确定的人类不断经历的需求的连续统一体。这些层次有序的需求包括（从最低到最高层次）生理需求、安全需求、归属感和爱的需求、尊重需求、审美和认知需求以及自我实现需求。必须先满足较低层次的需求，然后才能解决下一层次的需求。（见第十五章）

医疗危机（*medical crisis*）：由于疾病的发生或重大变化而引起的不寻常的情绪困扰或迷失方向的时期。（见第二十四章）

悼念活动（*memorialization*）：悼念和缅怀逝者的个人和团体的活动。（见第十二章）

甲基苯丙胺（*methamphetamine*）：合成兴奋剂。刺激或模拟自主神经系统交感支的活动。（见第十八章）

奇迹问题（*miracle question*）：帮助服务对象在没有抱怨的情况下构建人生愿景的问题。一个广泛使用的格式是："假设今天我们开会后你回家睡觉。当你睡着的时候，奇迹发生了，你的问题突然解决了，就像魔法一样。问题消失了。你怎么知道奇迹发生了？告诉你奇迹已经发生，问题已经解决的第一个征兆是什么？"（见第三章）

移动危机服务（*mobile crisis service*）：在危机现场（某人的家、其他机构、社区、监狱等）提供的危机咨询、评估和干预。（见第十九章）

移动危机小组（*mobile crisis unit*）：一个由心理健康和执法专业人员组成的独立小组，他们接受培训，以应对社区任何地方的危机，包括住所、公共场所和学校。（见第十九章）

多基线方法（*multiple baseline approach*）：一种危机干预方法，旨在最大限度地减少因偶然性而导致行为改变的可能性。基线数据可以（a）在多个目标行为上收集，（b）在同一个目标行为上但在多个设置中收集，或者（c）在多个但相似的客户机上收集。然后依次应用干预技术，以便一旦观察到初始目标行为的变化，就在下一个目标行为或替代设置中系统地引入干预。（见第二十七章）

760 **国家事故管理系统**（*national incident management system，NIMS*）：一个确定必要概念和实践的系统，以确保在应对危机或灾害时，无论范围、地点或现有基础设施如何，提供一致和实际的服务。依靠事故指挥系统来监督直接行动，国家信息管理系统为美国各地的需求、资源、部署和反应提供了鉴定。（见第十四章）

网络管家（*net nanny*）：一类著名计算机软件系统，用于阻止访问某些非法互联网网站。（见第十八章）

非急情况（*nonurgent*）：需要在今天某个时候治疗但不一定在急诊室治疗的问题（例如喉咙痛或单纯撕裂伤）。（见第二十四章）

非暴力危机干预（*nonviolent crisis intervention*）：各种预防和干预技术被证明在解决潜在的暴力危机方面是有效的。该模型由危机预防研究所（Crisis Prevention Institute）构建。（见第十五章）

正常丧亲之痛（*normal bereavement*）：对失去一个重要人物的反应，这种反应可能不是立即发生的，但很少发生在失去后的前 2 至 3 个月。正常的丧亲之痛包括人们认为"正常的"抑郁情绪，尽管相关的症状，如失眠症或体重减轻，可以寻求专业的帮助，但不同年龄和文化群体的人的丧亲之痛差别很大。（见第一章）

客观化案例研究（*objectified case study*）：试图将干预过程（工作人员所做的）与干预结果（工作人员所做的是否可以得出有效结论）联系起来的研究。（见第二十七章）

强迫性关系侵入（*obsessional relationship intrusion*）：从一段期望的或先前的关系中产生的跟踪行为，尽管目标有反对或其他试图摆脱不想要的追求行为的行为，但仍试图启动或重新建立这种关系。（见第十七章）

开放式心理咨询（*open psychological consultation*）：重症监护室的常备命令。它要求心理健康专业人员在没有直接干预命令的情况下系统地提供初步筛查和指定的后续护理。（见第二十四章）

结果评估（*outcome evaluation*）：旨在确定一项计划或干预措施是否实现其目标以及结果是否归因于所提供的干预措施的过程。（见第二十七章）

参数化治疗策略（*parametric treatment strategy*）：试图确定治疗方案的组成部分可能产生最有益影响的数量和（或）顺序的策略。通过系统地操作治
761 疗包的一个或多个组件，可以监测不同的效果。（见第二十七章）

扰动（*perturbation*）：系统失衡的状态，以混乱和困扰为特征，导致适应以及出现复杂性和分化。（见第二十六章）

后现代主义（*postmodernism*）：指的是哲学反思，其中独立于观察者的现实概念被实际构成透视社会现实结构的语言概念所取代。（见第三章）

创伤后应激障碍（*post-traumatic stress disorder*，*PTSD*）：一种诊断，适用于在经历或观察到严重伤害、威胁或密切联系者死亡后经历侵入、逃避或过度兴奋的症状的人。当某人将某事件视为威胁生命的事件和（或）该经历挑战其公平和正义观念时，就会发生创伤后应激障碍。（见第四、七章）

事后干预（*postvention*）：通常提供给自杀受害者的幸存朋友和家人，事后干预也可以包括通过环境、气候和社会导向的支持来帮助个人重回危机前的服务。这些支持的结构不如干预服务，通常是在危机或灾难的直接影响发生后提供的，并且个人能够再次吸收新的观点和理解。（见第十四章）

预防（*prevention*）：旨在避免发生不当和反社会行为的努力。（见第十四章）

强大的照护工具（*powerful tools for caregiving*）：针对照护人员的循证自我照护教育计划，旨在改善其自我照护行为、情绪管理、自我效能感以及社区资源的使用。（见第二十三章）

青少年自杀预防（*primary adolescent suicide prevention*）：学校、教堂、娱乐和社会组织中提供的旨在阻止自杀危机的计划。这些计划侧重于教育、同伴咨询和其他预防方法。这些程序中可能包括有关如何预防和识别可能的自杀企图的教导。（见第十三章）

方案（*protocol*）：治疗的分步或有序计划。（见第二十、二十七章）

心理社会危机（*psychosocial crises*）：主要以心理社会问题为特征的危机，例如无家可归、极端的社会隔离和未得到满足的初级保健需求，并且可能导致身体和心理上的创伤和疾病。（见第一章）

强奸危机计划（*rape crisis program*）：这些计划包括针对强奸受害者的专 762
门规程，并且已由医疗中心、社区心理健康中心、妇女心理咨询中心、危机诊所和受害者援助中心制定。这些危机干预服务中的协议通常始于在医院急诊室对受害者进行检查时，由社会工作者、受害者辩护律师或护士进行的初次拜访。在强奸案发生后的 1 至 10 周内，通常通过电话联系和面对面的咨询来进行跟进。（见第一、五章）

支持强奸的态度（*rape-supportive attitudes*）：关于强奸的陈规定型观念或社会“神话”导致以下结果：将妇女描绘成性对象，将强奸的影响轻描淡写为一种创伤性暴力行为，并免除施暴者的全部责任。（见第十三章）

强奸受害者（*rape victim*）：据报告经历过性骚扰并符合强奸法律标准的人。强奸是对他人不希望的和强迫的性渗透。（见第十三、十七章）

快速评估工具（*rapid assessment instruments，RAIs*）：评估工具指的是相对容易管理、评分和解释且可用于测量服务对象目标行为的一个或多个维度的众多评估设备中的任何一种从业者的测试程序。生成的分数提供了问题或目标行为的频率、持续时间或强度的操作指标。（见第一、七、二十六和二十七章）

区域资源团队（*regional resource team*）：代表一系列专职学科（如教育、应急响应、执法、医学、心理健康）的专业人员团队，这些专家不断开会并向区域级的危机干预团队提供咨询和技术援助，制定和实施学校危机干预措施。（见第十四章）

预防复发（*relapse prevention*）：一套旨在维持治疗改变并促进创伤治疗且长期负面影响有限的程序。（见第十八章）

关系问题（*relationship question*）：向服务对象询问其重要的其他人对他们的问题状况以及寻找解决方案的进度如何做出反应；建立多个变化指标有助于服务对象对适合其现实生活环境的理想未来有清晰的认识。（见第三章）

可靠性（*reliability*）：评估术语，指一项措施的稳定性。可靠性的一个方面是，构成一种工具的问题对于在不同时间回答这些问题的一个或多个个人是否意味着同一件事。（见第二十七章）

逆向设计（*reversal designs*）：涉及一个过程的设计，在该过程中先引入一段时间然后突然撤销干预，其结果情况基本上接近干预前或基线情况。在没有干预的情况下，某些类型的服务对象行为可能会朝着干预前水平的方向
763 发展。（见第二十七章）

重复被害（*revictimization*）：当辅导员、警务人员或检察官将自己置于判断报告的强奸或乱伦经历是否“真实”，或者他们认为委托人“激起”了攻击过程时，受害者可能会经历此过程。（见第一、三、四和十七章）

安全合同（*safety contract*）：危机工作者与服务对象之间的书面协议，承认服务对象已同意不伤害他（她）自己或任何其他人；如果服务对象无法抗拒这种冲动，他（她）将首先寻求帮助。（参见第十六章）

评量询问（*scaling question*）：要求服务对象以 1 到 10 的等级对他们的状况和（或）目标进行排名的问题，评量询问为服务对象提供了一个简单的工具来量化和评估其状况和进度，以便他们为自己建立清晰的进度指标。（见第三章）

校本危机干预小组（*school-based crisis intervention team*）：一个由一所学校的学校工作人员组成的团队，为该特定学校内的学生和工作人员提供直接

服务。（见第十四、十五章）

校园危机干预小组（*school crisis intervention team*）：在特定危机事件的背景之外组织的一群人，旨在制订计划和协议，以在发生影响学校社区的危机事件时满足学生和学校工作人员的需求。（见第十四、十五章）

校园暴力（*school violence*）：在校园范围内对财产或人身的侵犯。针对个体而言，该术语表示在校园的监督下有意使用言语或肢体行为，给行为接受者带来生理或情感上的痛苦。同样，此操作定义主要涉及校园环境内发生的暴力行为，而不涉及青少年的一般暴力事件。（见第十四、十五章）

二次创伤反应（*secondary trauma response*）：（也称为继发性受害或同情疲劳。）协助暴力行为受害者的人遭受创伤性伤害的心理后遗症。这种替代性创伤通常发生在协助或治疗创伤性事件受害者的心理健康工作者中。这些响应可能是对与特定服务对象的短期交互的反应，也可能是长期信念的变化，长期信念的变化是随着时间的推移与多个服务对象的交互而受到挑战的。（见第四、七章）

自我效能感（*self-efficacy*）：人们可以成功地执行产生预期结果所需的行为的信念。（见第二十七章）

单系统设计（*single-system design*）：危机干预方法侧重于作为个体的个 764
体研究。这些设计调查了特定案例的丰富而复杂的细节，包括被证明是一般规则例外的异常案例。（参见第二十七章）

聚焦解决模式法（*solution-focused approach*）：聚焦解决治疗是一种有时间限制的治疗模型，旨在帮助人们在尽可能少的会话中找到他们所关注问题的解决方案。这种方法不是关注问题的历史，而是强调个人的优势和资源。（请参阅第三章）

躯体化（*somatization*）：这个术语是“躯体困扰”的同义词。躯体化涉及经历生理症状，这些生理症状表明尚未确定其生理原因的医学状况。通常认为心理因素与多种反复出现的医疗投诉有关。躯体化表现为紧张性头痛、胃肠道问题、背痛、震颤、窒息感和性不适。（见第四、五章）

跟踪（*stalking*）：故意、恶意和反复对他人进行行为入侵的一种模式，显然是不受欢迎的，并且具有隐式或显式威胁，导致受害者恐惧。（见第十六、十七章）

稳定状态（*steady state*）：系统的整体状况，其中内部和环境处于平衡状态，但处于变化之中；动平衡或动态内稳态。（见第九章）

优势观点（*strengths perspective*）：根据个人、家庭和社区的能力、优势、才能、能力、可能性和资源来审视的实践观点。（见第三章）

压力接种培训（*stress inoculation training*，*SIT*）：对于已经解决了许多与袭击有关的问题但仍表现出严重恐惧反应的服务对象来说，这是一个有用的治疗方案。SIT是一种基于认知和行为的焦虑管理方法，旨在帮助服务对象积极应对特定于目标的、与攻击有关的焦虑。（见第一、八和十七章）

学生发展任务（*student developmental task*）：青春期末的大学生面临可预测的挑战，需要某种程度的成功解决或适应措施。典型的与年龄相关的任务包括协调明显的自我矛盾、管理情绪、实现更大的认知复杂性以及形成以相互依存为特征的相互满足的关系。（见第十四章）

自杀行为（*suicidal behavior*）：一种潜在的自我伤害行为，有证据表明该人打算在某种程度上杀死他（她）自己或希望利用这种意图的表象来达到其他目的。（见第二章）

自杀观念（*suicidal ideation*）：任何关于自杀行为的自我报告的想法。（见第二章）

自杀意图（*suicidal intent*）：从事自杀行为的动机。（见第四、五章） 765

自杀（*suicide*）：有证据表明该伤害是自残的，并且该人打算杀死他（她）自己。（见第二、十二章）

自杀尝试（*suicide attempt*）：一种可能导致非致命后果的自残行为，有证据表明该人打算在某种程度上杀死他（她）自己。（见第二章）

自杀预防和危机中心（*suicide prevention and crisis center*）：为自杀和沮丧的来电者提供即时评估和危机干预的中心。这些中心的第一个原型是1906年在伦敦建立的，当时救世军成立了一个旨在帮助自杀未遂者的反自杀局。第一个由联邦资助的自杀预防中心于1958年在洛杉矶成立。埃德温·施奈德曼和诺曼·法伯罗共同领导的洛杉矶自杀预防中心为医学实习生、精神病患者和研究生提供了心理学、社会工作和咨询方面的综合培训。（见第一、七章）

自杀学家（*suicidologist*）：研究自杀行为和自杀相关现象的研究人员。"自杀学"一词是由埃德温·施奈德曼提出的。（见第一、二和五章）

监视报告（*surveillance report*）：疾病控制和预防中心（CDC）或州卫生部门针对艾滋病毒和（或）艾滋病病例数以及上述病例的传播途径、年龄、种族和性别编写的报告。（见第二十章）

特警队（*SWAT team*）：特种武器和战术队是警察部门内的一支部队，接受过专门培训以处理人质情况。特警队通常使用最先进的设备和通信技术，并且团队成员接受了人质谈判技巧的培训。（见第十六、十七章）

目标暴力（*targeted violence*）：由预先选择特定地点或人员进行攻击的已知攻击者实施的暴力事件。（见第十三章）

电话危机服务（*telephone crisis service*）：给任何正在打电话给危机中的人

或任何其他需要呼叫他人的人提供危机咨询、危机稳定、筛查、信息和转介。（见第一、十九章）

时间序列设计（*time-series designs*）：研究设计涉及在给定的时间间隔或多或少的一段时间内测量某些目标行为（通常是已确定的问题）的变化。在治疗干预过程中进行的连续观察使从业者能够系统地监测目标行为改变的性质和程度。通常，时间序列的各个阶段称为基准（A）和干预（B）。（见第二十七章）

766 **透皮输液系统**（*transdermal infusion system*）：一种通过将药物置于特殊的凝胶状基质"贴剂"中来递送药物的方法，该贴剂适用于皮肤。药物以固定的速率通过皮肤吸收。（见第二十章）

治疗方案策略（*treatment package strategy*）：一种治疗评估策略，其中将干预的影响评估为一个整体。为了排除对内部效度的潜在威胁，例如由于动机、自发缓解、介入历史事件等引起的变化，必须将某种控制或比较条件纳入研究设计中。（见第二十七章）

三角剖分（*triangulation*）：涉及在客户端系统内或客户端系统之间同时使用多种评估策略的过程。如果有意地进行了三角剖分，则临床医生可以使用每种策略作为交叉验证替代策略生成的发现的一种手段。（见第二十七章）

触发因素（*trigger*）：用于描述环境线索的术语，该线索导致有物质依赖的人渴望选择他（她）所选择的药物。（见第十八、二十七章）

有害的追求行为（*unwanted pursuit behaviors*）：过度亲密行为是在试图发展与目标的关系或调和或保持与目标的关系中表现出来的打扰的、有害性和侵入性行为。（见第十七章）

紧急（*urgent*）：紧急情况是指几个小时内需要立即注意的情况；如果在医疗上无人看管且该疾病是急性的，则可能对患者造成危险。应该尽快处理

问题，通常在1~2个小时内。（见第二、五和七章）

有效性（*validity*）：一个评估术语，指的是一种工具能否测量其声称要测量的问题。（见第二十七章）

纵向传播（*vertical transmission*）：艾滋病毒从母亲到胎儿的传播。（见第二十章）

可行性（*viability*）：根据构架对个人和社会的影响以及构架与普遍的个人和社会信仰的一致性来评估构架。（见第十九章）

受害者（*victim*）：无辜的人，例如因暴力犯罪或灾难而遭受痛苦、身体伤害、创伤、恐惧、严重焦虑和（或）财产损失的人。（见第八章）

暴力风险因素（*violence risk factors*）：已经证明促成青少年侵略和犯罪的生物学、社会和家庭特征或现象。尽管已发现许多风险因素，但与同伴消极群体相关；过于宽松、不一致或苛刻的育儿方式；与非法使用毒品有关，是与青少年的侵略和暴力行为相关的最有力因素。据信，危险因素数量的增加 767
与攻击行为的可能性增加相关联。（见第七、十二章）

病毒突变（*viral mutation*）：病毒颗粒遗传结构的变化。变异是所有活生物体体内自然发生的过程，当新的或变异的病毒是唯一能够存活和茁壮成长的病毒时，对艾滋病毒是危险的，从而使抗逆转录病毒疗法无效。（见第二十章）

现场危机服务（*walk-in crisis services*）：在危机服务办公室提供危机咨询、评估和干预。（见第十九章）

大规模毁灭性武器（*weapon of mass destruction*）：是指恐怖分子或准军事组织使用的最具破坏性的武器，包括核武器和放射性武器，化学或生物武器，目的是造成恐惧并造成疏散和清理及经济破坏和大量伤亡人数。（见简

介以及第八、九章）

世界观（*weltanschauung*）：个人关于安全、保障或自我意识的看法。（见第五章）

戒断（*withdrawal*）：由于戒酒或减少使用酒精或毒品引起的可确定的疾病。（见第十八章）

预防自杀和危机干预互联网资源目录和24小时热线电话

大卫·奥里萨诺（David Aurisano）

乔纳森·B. 辛格（Jonathon B. Singer）

肯尼斯·R. 耶格尔（Kenneth R. Yeager）

自杀预防网站

组织机构

美国自杀学协会（*American Association of Suicidology*，*AAS*）：美国自杀学 769
协会是一个全国性的组织，致力于通过促进研究、培训专业人员和志愿者以及努力增强公众意识来理解和预防自杀。美国自杀学协会为危机中心和个人危机工作者提供了一项资格认证计划。http://www. suicidology. org

美国预防自杀基金会（*American Foundation for Suicide Prevention*）：该组织致力于促进自杀知识和预防。它提供统计数据、有关自杀的文章以及为幸存者提供的信息和服务。http://www. afsp. org/

国际益友会（*Befrienders International*）：国际益友会为处于危机中的人们提供免费的、非判断性的咨询服务。该网站包含有关自杀的统计数据和文章，以及有关抑郁、自残、同性恋和反欺凌的信息。http://www. befrienders. org

克里斯汀·布鲁克斯希望中心（*Kristin Brooks Hope Center*）：克里斯汀·布鲁克斯希望中心运行国际1-800-SUICIDE热线系统。该网站提供有关危机中心和热线、自杀和宣传的信息。http://www. hopeline. com

生活工程教育-应用的自杀干预培训（*Living Works Education—Applied*

Suicide Intervention Training)：生活工程教育提供有关自杀干预和预防的培训。https://www.livingworks.net/

国家预防自杀生命线（*National Suicide Prevention Lifeline*）：国家预防自杀生命线由遍布美国43个州的100多个24小时危机中心组成。网络和电话热线路由系统由纽约市心理健康协会运营，由美国卫生和公共服务部物质滥
770 用和心理健康服务管理局（SAMHSA）资助。对于处于危机中的呼叫者，24小时热线号码是1-800-273-TALK（8255）。http://www.suicidepreventionlifeline.org

美国自杀预防行动网络（*Suicide Prevention Action Network USA*，*SPAN USA*）：美国自杀预防行动网络通过社区组织促进自杀预防，以增强当地社区以及联邦、州和地方政策制定者的意识。http://www.spanusa.org

自杀预防资源中心（*Suicide Prevention Resource Center*）：自杀预防资源中心旨在通过提供预防支持、培训和信息材料来推进国家自杀预防策略。http://www.sprc.org

黄丝带自杀预防计划（*Yellow Ribbon Suicide Prevention Program*）：这个多维计划为青年提供了一个论坛，也为父母、老师和神职人员提供了教育渠道。http://www.yellowribbon.org

政府网站

自杀预防-美国陆军资源手册（*Suicide Prevention—A Resource Manual for the U.S. Army*）：本手册涵盖自杀的一级、二级和三级预防，包括有关为自杀者提供支持和筛查的培训。它还涵盖了处理指挥链和自杀后关键事件压力晤谈的使用。http://www.Armyg1.army.mil/dcs/docs/Suicide%20Prevention%20Manual.pdf

海军陆战队自杀预防网站（*Marine Corps Suicide Prevention website*）：海军陆战队自杀预防网站是海军陆战队社区服务的一部分。它经常包含有关危险因素和保护因素的信息问题以及针对海军陆战队的自杀预防资源。http://www.med.navy.mil/sites/nmcphc/health-promotion/psychological-emotional-well-being/Pages/suicide-prevention.aspx

采取行动，挽救生命-美国海军自杀预防培训手册（*Taking Action*，*Saving Lives—U.S. Navy Suicide Prevention Training Manual*）：这是针对美国海军

的自杀预防培训手册，其中概述了自杀及其警告标志以及保护因素。它还标识了本地资源，并描述了如何通过军事指挥系统访问它们。http://www. med. navy. mil/sites/nmcphc/healthpromotion/Pages/Test-page. aspx

国家预防自杀策略（*National Strategy for Suicide Prevention*）：该网站由 SAMHSA、CDC、NIH、HRSA 和 IHS 共同努力搭建，提出了减少自杀的国家策略。http://www. surgeongeneral. gov/library/reports/national-strategy-suicide-prevention/full-report. pdf

外科医生的自杀预防行动呼吁（*Surgeon General's Suicide Prevention Call to Action*）：该外科医生的报告涉及自杀统计数据、特殊人群中的自杀以及外科医生的自杀预防建议。http://www. surgeongeneral. gov/library/calltoaction/default. htm

基于网络的资源

北美聚焦解决方案的短程治疗协会：http://www. sfbta. org/Default. aspx 771

协作解决方案的合作伙伴：http://www. partners4change. net/

聚焦解决实践的国际期刊：http://www. ijsfp. com/index. php/ijsfp

欧洲短程治疗协会：http://ebta. eu/

电子资源：为从业者、青少年及其家庭提供的最佳实践和资源

儿童和创伤：心理健康专业人员的最新信息（*Children and Trauma: Update for Mental Health Professional*）：美国心理协会关于儿童和青少年创伤后应激障碍和创伤的工作组提供的关于儿童和青少年创伤后应激障碍和创伤已知情况的信息。https://www. apa. org/pi/families/ resources/children-trauma-update. aspx

国家儿童创伤应激网络　经验支持的治疗方法和可行做法（*National Child Traumatic Stress Network Empirically Supported Treatments and Promising Practices*）：由国家儿童创伤应激反应网络中心实施的描述儿童和青少年临床治疗和创伤知情服务方法的概况介绍。该网站还为父母和照护者提供资

源。http://www.nctsn.org/resources/topics/treatments-that-work/promising-practices

美国卫生和公众服务部儿童和家庭管理局：对受创伤的儿童、青年和家庭成员的治疗：（*US Department of Health and Human Services Administration for Children and Families*：*Treatment for Traumatized Children*，*Youth*，*and Families*）：帮助专业人员确定和实施治疗方案的资源，以满足受创伤影响的儿童、青年和家庭成员的需要。https://www.childwelfare.gov/responding/treatment.cfm

美国卫生和公众服务部：青少年健康办公室：（*US Department of Health and Human Services*：*Office of Adolescent Health*）：提供有关青少年健康的资源，包括网络研讨会、循证方案清单和关于青少年创伤的电子学习模块。http://www.hhs.gov/ash/oah

国家心理健康研究所：帮助儿童和青少年应对暴力和灾难：父母可以做什么：（*National Institute of Mental Health*：*Helping Children and Adolescents Cope with Violence and Disasters*：*What Parents Can Do*）：提供有关暴露于创伤的儿童和青少年的常见反应的信息，以及可以做些什么来帮助他们，也提供创伤方面的资源。http://www.nimh.nih.gov/health/publi-cations/helping-children-and-adolescents-cope-with-violence-and-disasters-parents/index.shtml

772 **创伤性压力研究中心**（*Center for the Study of Traumatic Stress*）：针对美国国防部对创伤性事件的影响所造成的心理影响和健康后果的关注的资源和研究，包括关于儿童和家庭的信息。http://www.cstsonline.org

南卡洛琳医科大学（*Medical University of South Caroline*，*MUSC*）：以创伤为中心的认知行为疗法网络学习课程：TF-CBT Web 教授心理健康专业人员以创伤为中心的认知行为疗法（TF-CBT），也为治疗师、儿童和家长提供资源，包括循证实践。http://tfcbt.musc.edu

国家循证方案和做法登记处（*National Registry of Evidence-Based Programs and Practices*，*NREPP*）：该登记处是众多物质滥用和精神健康干预措施的网上登记处。http://www.nrepp.samhsa.gov/

美国儿童和青少年精神医学学会（*American Academy of Child and Adolescent Psychiatry*）：为家庭提供关于儿童和青少年的资源，其中涵盖的主题包括灾难、军事问题、欺凌、暴力和悲伤。http://www.aacap.org

儿童创伤学院（*Child Trauma Academy*）：为从业人员和护理人员提供关于儿童和青少年创伤和创伤后应激障碍、暴力、虐待和忽视以及干预的信息和资源。http://childtrauma. org

美国退伍军人事务部：国家创伤后应激障碍中心（*US Department of Veterans Affairs: National Center for PTSD*）：为公众和专业人士提供关于儿童和青少年创伤后应激障碍的信息，包括评估、治疗和研究。http://www. ptsd. va. gov/professional/treatment/children/ptsd_ in_ children_ and_ adolescents_ overview_ for_ professionals. asp

通过联邦应急管理局应急管理研究所（http://training. fema. gov/IS/crslist. aspx）提供核心能力的在线培训。

犯罪受害者办公室发布了一份公告，描述了该方案要素的基本结构：http://www. ovc. gov/publications/bulletins/schoolcrisis/welcome. html

2014 年 2 月，康涅狄格州学校安全基础设施委员会报告：http://das. ct. gov/images/1090/SSIC_ Final_ Draft_ Report. pdf

国家犯罪受害者中心：跟踪资源中心：www. victimsofcrime. org

犯罪受害者服务：http://www. crimevictimservices. org/

妇女健康问题办公室：暴力侵害妇女：http://www. wom enshealth. gov/violence-against-women/types-of-violence/stalking. html

针对妇女的暴力问题办公室：http://www. ovw. usdoj. gov/about stalking. htm

美国心理学协会：关于欺凌的信息：http://www. apa. org/topics/bullying/

疾病控制和预防中心：校园暴力信息：http://www. cdc. gov/VIOLENCEPREVENTION/youthviolence/schoolviolence/index. html 773

全国受害者援助组织（NOVA）：http://www. trynova. org

停止欺凌：www. stopbullying. gov

美国教育部校园暴力概况：http://nces. ed. gov/fastfacts/display. asp? id=49

美国自杀学协会（认证中心）：http://www. suicidology. org/crisis-centers

大白墙（支持网络）：http://www. bigwhitewall. com/landing-pages/default. aspx? ReturnUrl=%2f

关怀危机聊天：http://www. crisischat. org/

共同点：http://www. commonground. org/our-programs . U2FviVcXLXx

康特拉·科斯塔危机聊天室（加利福尼亚）：http://www. crisis-center. org/

crisis-lines-chat-program/

危机聊天：http://www. crisischat. org/chat

危机在线（纽约）：http://211lifeline. org/about-2-1-1life-line

迪迪·赫希心理健康服务中心：http://www. didihirsch. org/chat

GLBT 国家帮助中心同行支持聊天室：http://www. glnh. org/chat/index. html

“希望在线”生命教练聊天室：http://unsuicide. wikispaces. com/The+HopeLine+Live+HopeCoach+Chat

生命多美好网站：https://www. imalive. org/

爱荷华州危机聊天室（英语和普通话）：http://iowacrisischat. org/

心理健康顾问协会（网络资源）：http://www. amhca. org/public_ resources/client_ resources. aspx

蒙大拿热线聊天室：http://www. montanawarmline. org/Support. html

国家预防自杀生命线：http://www. suicidepreventionlifeline. org/

乱伦全国在线热线（强奸、虐待、乱伦）：http://www. rainn. org/get-help/national-sexual-assault-online-hotline

猩红青春期（在线性教育）：http://www. scarleteen. com/

退伍老兵在线聊天室：http://veteranscrisisline. net/ChatTermsOfService. aspx

旧金山自杀预防：http://betterlifebayarea. org/live-chat

自杀论坛（聊天室）：http://www. suicideforum. com/

866 少年网：http://866teenlink. org/

特雷弗聊天室（LGBT）：http://www. thetrevorproject. org/pages/get-help-now

热线聊天（按州列出的全国目录）：http://www. warmline. org/

774 我避孕，我做主（青年版块）：http://www. yourlifeyourvoice. org/Pages/default. aspx

孟菲斯大学城市中心：http://cit. memphis. ed

CIT 国际：http://www. citinternational. org

NAMI CIT 资源中心：http://www. nami. org/template. cfm? section=CIT2

NAMI 佐治亚州 CIT：http://www. namiga. org/CIT/

佛罗里达州 CIT：http://www. floridacit. org/

俄亥俄州刑事司法卓越协调中心：http://www. neomed. edu/academics/

criminal-justice-coordinating-center-of-excellence/

得克萨斯州休斯敦警察局心理健康处：http://www.houstoncit.org/

网络心理治疗基础知识：http://www.metanoia.org/imhs/directry.htm

DMOZ 精神健康目录（28 个目录）：http://www.dmoz.org/Health/Mental_Health/Counseling_Services/Directories/

咨询网站：http://www.adca-online.org/links.htm

心理健康中心：http://www.e-mhc.com/

心理健康和心理学在线资源：http://psychcentral.com/resources/

全国在线咨询师名录：www.etherapyweb.com

在线心理治疗：http://psychology.about.com/od/psychotherapy/a/online-psych.htm

远程心理健康治疗比较：http://www.telementalhealthcomparisons.com/?login=provider-networks

雅虎心理健康资源目录：https://dir.yahoo.com/health/mental_health/

Psychology.com 您的生活方向：http://www.psychology.com/

今日心理学心理健康评估：http://psychologytoday.tests.psychtests.com/take_test.php?idRegTest=3040

移动应用

询问和预防自杀（*ASK & Prevent Suicide*）：帮助用户识别自杀警告信号，询问自杀想法，并为有自杀风险的人寻求帮助的应用程序（得州 GLS grant 的一部分）。http://itunes.apple.com/us/app/ask-prevent-suicide/id419595716?mt=8

自杀危机支持（*Suicide Crisis Support*）：QPR 研究所（*QPR Institute*）为 Android 手机提供的免费应用程序，提供一本名为《希望的嫩叶，帮助某人度过自杀危机》（*The Tender Leaves of Hope, Helping Someone Survive a Suicide Crisis*）的小册子的电子版。https://play.google.com/store/apps/details?id=qprinstitute.crisis&hl=en

safeTALK 钱包卡：这是一个免费的 iOS 应用程序，供 safetalk 项目的参与者使用，提供了一个互动版本的钱包卡，允许用户添加“KeepSafe Connections”。http://www.livingworks.net/page/safeTALK%20Wallet%20Card%20App%20for%20iOS

775 Wingman 项目：一个应用程序，教授空军国民警卫队的 ACE 自杀干预方法——询问、照护、护送。http://www.livingworks.net/page/safeTALK%20Wallet%20Card%20App%20for%20iOS

青少年自杀资源

青少年自杀预防计划（*Youth Suicide Prevention Program*）：该网站提供有关预防自杀和自我伤害的信息，以及公众意识和培训。http://www.yspp.org/

青年自杀问题：同性恋、双性恋男性焦点（*Youth Suicide Problems: Gay, Bisexual Male Focus*）：该网站关注的是被高度忽视的同性恋和双性恋青少年自杀的信息和预防。http://www.youthsuicide.com/gay-bisexual

危机干预网站

《短程治疗和危机干预》（*Brief Treatment and Crisis Intervention*）：一份基于证据的实践期刊，致力于推进与行为健康、危机评估和危机干预、创伤治疗和法医研究相关的临床实践、心理健康政策和知识建设。阿尔伯特·R. 罗伯茨是主编，由牛津大学出版社期刊部出版。http://www.oxfordjournals.org/our_journals/btcint/

危机干预网络（*Crisis Intervention Network*）：该网站提供有关危机干预策略和协议的信息，以及关注循证危机干预和有时间限制的治疗的最新图书和期刊文章。它还包括最近基于经验的逐步危机干预协议的新闻提醒、持续时间和严重程度的妇女虐待、家庭暴力安全协议、和其他自杀预防和社会工作网站的链接。该网站由阿尔伯特·R. 罗伯茨博士开发，肯尼斯·R. 耶格尔博士增加了对物质滥用者进行危机干预的部分。http://www.crisisintervention-network.com

危机预防研究所（*Crisis Prevention Institute*）：危机预防研究所通过一项名为"非暴力危机干预"的行为管理项目，培训与潜在暴力个体合作的专业人员。http://www.crisisprevention.com

美国创伤应激专家学会（*American Academy of Experts in Traumatic Stress, AAETS*）：美国创伤压力专家学会是一个由专业人员组成的多学科组织，旨在促进创伤治疗、紧急服务和法医心理健康。该组织致力于为提供创伤服务的专业人员确定专业知识并提供标准和培训。它出版并向其成员散发关于应急人员创伤应激反应规程和暴力预防规程的专著和资料单。由马克·D. 勒 776
纳博士和雷蒙德·谢尔顿博士及其同事开发的创伤反应 10 步方案在本书的第七章中得到了强调。http://www. aaets. org

国家受害者援助组织（*National Organization for Victim Assistance*, *NOVA*）：该专业组织致力于承认受害者的权利和提供受害者服务。该组织在北美各地提供集体危机干预培训，并设有一个全国性的危机应对小组。http://www. trynova. org

全国家庭暴力热线（*National Domestic Violence Hotline*）：全国家庭暴力热线是 1994 年《暴力侵害妇女法》规定的全国热线。除了有关热线的信息外，该网站还提供有关家庭暴力、青少年和约会暴力、工作场所家庭暴力的信息、家庭暴力受害者和幸存者的信息以及施虐者的信息。http://www. ndvh. org/

儿童虐待和忽视

ChildhelpUSA：治疗和预防虐待儿童。ChildhelpUSA 是一个私人非营利组织，成立于 1959 年。ChildhelpUSA 的服务包括咨询、寄宿治疗、小组家庭、寄养、专业培训、教育计划、社区外展和公众意识。ChildhelpUSA 赞助了 ChildhelpUSA® 全国虐待儿童热线 1-800-4-A-CHILD®，该热线为美国和加拿大的当地机构和成人幸存者团体提供免费的 24 小时危机咨询和转介服务。http://www. childhelpusa. org/

虐待和忽视儿童问题国家数据档案（*National Data Archive on Child Abuse and Neglect*, *NDACAN*）。虐待和忽视儿童问题国家数据档案的目的是改善和扩大研究人员收集的数据的使用。国家数据档案馆设在康奈尔大学，从研究人员和国家数据收集工作中获取微观数据，并将这些数据集提供给研究界进行二次分析。http://www. ndacan. cornell. edu/

防止虐待儿童网络（*The Child Abuse Prevention Network*, *CAPN*）：防止虐待儿童网络的目标受众是虐待和忽视儿童领域的专业人员。防止虐待儿童网络是与防止虐待儿童有关的网站的信息交换中心。http://child-abuse. com/

亲人的死亡

HealthyPlace. com：提供有关悲痛和损失的基本信息。三个在线视频讨论了如何为亲人的死亡做准备，如何应对父母的去世，以及如何帮助您的孩
777 子度过家人去世的难关。http://www. healthyplace. com/communities/depression/related/loss_ grief_ 3. asp

AARP：关于悲痛和损失的资源交流中心，包括社区资源、关于一生中的悲痛和损失的文章、财务准备和纪念仪式的链接。http://www. aarp. org/life/griefandloss/

Alive Alone，Inc：为失去孩子的父母提供资源。包括双月刊通信和自助支持小组的信息。http://www. alivealone. org

美国失去亲人的父母（*Bereaved Parents of the USA*）：为失去亲人的父母，包括子女、宠物、父母等提供服务的非营利性自助团体。包括一个极好的资源网页，提供关于悲伤和损失的信息、医疗信息和财务资源。http://www. bereavedparentsusa. org/

被害儿童的父母（*Parents of Murdered Children*，*POMC*）：被害儿童父母协会最初只为被害儿童的父母服务，现在该协会的工作重点已经扩大，包括支持被害亲人的所有幸存者。服务包括每月在地方分会举行会议，对服务提供者进行培训，以及全国危机热线 1-800-818-POMC。http://www. pomc. com/

全国婴儿猝死症/婴儿死亡资源中心（*The National SIDS/Infant Death Resource Center*）：提供有关婴儿猝死症和婴儿死亡的免费在线出版物。有用的资源网页，附有相关网站的链接。http://www. sidscenter. org/

患有危及生命的疾病的人

艾滋病信息（*AIDS Info*）：美国国立卫生研究院网站提供有关治疗指南、临床试验和疫苗的信息，并回答常见问题。http://www. aidsinfo. nih. gov

疾控中心艾滋病毒/艾滋病防治部（*CDC Division of HIV/AIDS Prevention*）：该网站提供全国疾控中心性病/艾滋病/结核病热线的信息，该热线是

全天候开放的（电话：1-800-342-2437）。该网站还提供有关特殊人群中的检测、传播、症状和艾滋病毒/艾滋病的信息。http://www.cdc.gov/hiv/dhap.htm

全国卵巢癌同盟（*National Ovarian Cancer Coalition*）：全国卵巢癌同盟是一个关于卵巢癌的信息交换中心，提供有关卵巢癌症状、诊断、治疗和应对的信息。Http://www.ovarian.org/

全国卵巢癌联盟（*Ovarian Cancer National Alliance*）：全国卵巢癌联盟为卵巢癌患者、幸存者和家庭成员提供信息和支持。http://www.ovariancancer.org/

结直肠癌网络（*Colorectal Cancer Network*）：结直肠癌网络提供有关结肠
癌和治疗方案的信息。它还为患有结直肠癌的人提供支持团体。http:// 778
www.colorectal-cancer.net/

白血病和淋巴瘤协会（*The Leukemia and Lymphoma Society*）：白血病和淋巴瘤协会提供关于白血病、淋巴瘤、骨髓瘤和其他血癌的信息。它为血癌患者提供免费的教育材料和支持团体的信息。http://www.lls.org/

自助小组/支助小组信息交换所

美国自助小组信息交换所（*American Self-Help Group Clearinghouse*）：该交换所位于纽约市立大学研究生中心，提供有关如何建立同伴支持小组的研究报告和信息。会员机构可以获得超过 1100 个国家、国际、地方和在线支持团体的信息，这些团体涉及成瘾、丧亲、健康、心理健康、残疾、虐待、育儿、照护者问题和其他可能引起危机的情况。请拨打 1-212-817-1822。http://www.selfhelpgroup.org

新泽西州自助组织信息交换所（*New Jersey Self-Help Group Clearinghouse*）：这是圣克莱尔健康系统的一项非营利性服务，由新泽西州精神健康服务部资助。它通过电话提供新泽西州 4500 多个当地自助组织的信息，这些组织包括全国支持组织的分支机构。在新泽西州，请拨打 1-800-367-6274；在新泽西州以外，请拨打 973-326-6789。http://www.njgroups.org/

患有严重精神疾病的成人

全国精神疾病联盟：（*National Alliance for Mental Illness*，*NAMI*）：全国精神疾病联盟是一个为患有精神疾病的消费者、朋友和家庭提供自助、支助和宣传的团体。该网站包括有关精神疾病的在线信息、教育和培训，以及当地的支持团体和资源。全国信息热线（非危机）：1-800950-NAMI（6264）。http://www.nami.org

全国无家可归和精神疾病资源和培训中心（*National Resource and Training Center on Homeless and Mental Illness*）：作为物质滥用和心理健康服务管理局的一项服务，该网站提供了关于向无家可归的精神疾病患者或物质滥用问题患者有效提供服务的信息。http://www.nrchmi.samhsa.gov/

全国精神分裂症和抑郁症研究联盟（*National Alliance for Research on Schizophrenia and Depression*，*NARSAD*）：该组织提供关于精神分裂症、抑郁症、躁郁症和焦虑症研究的最新信息。它还提供关于循证治疗方案和最佳做法的信息。http://www.narsad.org

物质滥用和其他成瘾

779 全国酗酒和药物依赖问题委员会（*National Council on Alcoholism and Drug Dependence*，VCADD，*Inc.*）：全国酗酒和药物依赖问题委员会列出了地方资源，提供免费出版物，并赞助全国酗酒问题热线：1-800-622-2255。http://www.ncadd.org/

物质滥用和心理健康服务管理局（*Substance Abuse and Mental Health Services Administration*，*SAMHSA*）：物质滥用和心理健康服务管理局为服务提供者、消费者和研究人员提供最新和最全面的物质滥用信息、免费出版物。酒精和药物信息全国热线：1-800-729-6686。http://www.samhsa.gov/treatment

聚焦青少年服务（*Focus Adolescent Services*）：这个网站是为消费者设计的，有美国和国际资源的链接，描述不同类型的药物，并识别与之相关的俚语。药物滥用部分是一个更全面的网站的一部分，该网站解决了青少年面临的许多问题。http://www.focusas.org/

嗜酒者家庭互助会/青少年互助会：为酗酒者提供支助的最大和最古老的团体之一。全国热线：1-800-344-2666。http://www.al-anon.org/

美国酗酒问题委员会（*American Council on Alcoholism*）：为公众提供关于酗酒影响的资源，提供有关治疗资源的信息。全国热线：1-800-527-5344。http://www.aca-usa.org/

失控的青年

全国离家出走总机（*National Runaway Switchboard*，*NRS*）：家庭和青年服务局的一项服务，NRS 为离家出走的青少年提供 24 小时热线。州政府支持的热线（如得克萨斯州和佛罗里达州）连接到 NRS 的全国热线。该热线提供危机干预、向当地服务机构转介，以及关于如何回家的教育。该网站还为家长、教育工作者、社会服务提供者和执法官员提供信息。1-800-RUNAWAY。http://www.nrscrisisline.org/kids.asp

青少年和青年精神疾病

物质滥用和心理健康服务管理局（*Substance Abuse and Mental Health Services Administration*，*SAMHSA*）：SAMHSA 为消费者、服务提供者和研究人员提供关于儿童和青少年心理健康的信息。儿童和青少年部分提供关于解决与儿童心理健康有关的各种问题的国家方案的信息。http://www.samhsa.gov/ 779

青年与精神疾病（*Youth and Mental Illness*）：加拿大精神医学协会编写的自助手册：http://www.cpa-apc.org/browse/documents/46

分居和离婚

加拿大心理健康协会（*Canadian Mental Health Association*）：为消费者提供有关分居和离婚的信息。http://www.cmha.ca/english/info_centre/mh_pamphlets/mh_pamphlet_08.htm 780

索 引

Page numbers followed by "f" and "t" indicate figures and tables.

译后记

危机事件涉及领域广泛，影响公众日常生活，威胁公众生命安全，社会对危机干预、危机应对、危机管理和危机稳定的知识需求也相应产生。选择翻译本书，基于三个初心，即持续推动重庆市高校维护稳定研究咨政中心的建设工作，深化校园安全治理的科学研究，普及风险干预、风险处置与预警防控的社区知识。作为校园安全治理的专业研究咨政团队，我们唯有将更多的风险防控、危机处置、预警响应等相应知识及时、迅速地传递给更多人，才能更好地体现智库知识传播、研究济世经民的旨趣。可以说，本书的出版，恰逢其时。

《危机干预手册：评估、处置和研究》是一本关于危机干预的实践操作指导手册，也是危机干预的经典权威著作。本书是诸多专家学者集体智慧的结晶，主编选择了国际公认的专家作为本书的章节作者，这些作者都是危机事件快速评估与危机应对处置领域的杰出专家。每章都为读者提供了案例分析，其中包括对儿童及学生的心理健康问题、物质滥用循证实践、妇女家暴干预、老年人健康管理干预等危机事件的快速评估与处置等，上述案例有助于读者更好地理解危机干预流程与关键环节。

本书主要面向一线危机工作者，旨在服务于危机干预人士的专业需求。本书将危机理论、风险评估、循证实践三者相结合，着力探讨危机干预、危机咨询、危机处置、危机社会工作实践和危机心理咨询等危机管理领域重点议题，为风险评估、安全治理、危机预防等提供了良好的学术指引与操作指南。本书不仅有发人深省的理论批判，也有丰富翔实的案例分析，适合危机管理、公共安全、风险治理等相关领域的研究者和实践人士阅读和参考。可为心理健康医生、危机咨询师、医疗保健专家、危机干预者和危机管理志愿者培训提供相关知识借鉴，也可以作为社会工作、社区护理、社区心理学、社会心理学等领域教材的补充内容。

本书近90万字，翻译工作异常艰巨，在此要感谢彭书怀、朱瑞、谷翠林、李远志、唐敬、王鑫、罗玉兰、罗尼宇、吴世坤、饶万婷、何敏、刘恒、朱晓燕、赵琴、王欣妍、张晨贤等同学为这部译著出版所做的基础性工作，他们查阅了大量资料，在本书译者的指导下做了尝试性翻译以及文字排版、校对。此外，也感谢社会科学文献出版社的宋浩敏编辑为本书出版付出的积极努力。

我们团队将持续关注高校稳定与危机管理研究，力争建成集社会调查、统计分析、案例集成、政策建议、应急方案供给于一体的特色鲜明的专业机构。

译者 谨识

2024年1月30日

图书在版编目（CIP）数据

危机干预手册：评估、处置和研究：第四版 /
（美）肯尼斯 · R. 耶格尔（Kenneth R. Yeager）主编；
（美）阿尔伯特 · R. 罗伯茨（Albert R. Roberts）原主编；
周振超等译. -- 北京：社会科学文献出版社，2024. 7

书名原文：Crisis Intervention Handbook：
Assessment, Treatment, and Research（Fourth Edition）

ISBN 978-7-5228-1809-2

Ⅰ. ①危… Ⅱ. ①肯… ②阿… ③周… Ⅲ. ①突发事件-心理干预-手册 Ⅳ. ①B845. 67-62

中国国家版本馆 CIP 数据核字（2023）第 136060 号

危机干预手册：评估、处置和研究（第四版）

主　　编 / ［美］肯尼斯 · R. 耶格尔（Kenneth R. Yeager）
原 主 编 / ［美］阿尔伯特 · R. 罗伯茨（Albert R. Roberts）
译　　者 / 周振超　花美娜　祁泉淞　贺知菲　刘斯阳　郭春甫
校　　译 / 郭春甫

出 版 人 / 冀祥德
责任编辑 / 宋浩敏
责任印制 / 王京美

出　　版 / 社会科学文献出版社 · 区域国别学分社（010）59367078
地址：北京市北三环中路甲 29 号院华龙大厦　邮编：100029
网址：www. ssap. com. cn
发　　行 / 社会科学文献出版社（010）59367028
印　　装 / 北京联兴盛业印刷股份有限公司

规　　格 / 开　本：787mm × 1092mm　1/16
印　张：52. 25　字　数：873 千字
版　　次 / 2024 年 7 月第 1 版　2024 年 7 月第 1 次印刷
书　　号 / ISBN 978-7-5228-1809-2
著作权合同登记号 / 图字 01-2020-4565 号
定　　价 / 298. 00 元

读者服务电话：4008918866